U0288245

混凝土结构工程施工手册

（按最新规范编写）

杨嗣信　主　编
高玉亭　程　峰　侯君伟　吴　琏　副主编

中国建筑工业出版社

图书在版编目（CIP）数据

混凝土结构工程施工手册/杨嗣信主编，—北京：中国建筑工业出版社，2013.11

ISBN 978-7-112-15901-7

Ⅰ.①混… Ⅱ.①杨… Ⅲ.①混凝土结构-混凝土施工-技术手册 Ⅳ.①TU755-62

中国版本图书馆CIP数据核字（2013）第225276号

《混凝土结构工程施工手册》共分为7章，主要内容包括：1. 概述，2. 模板工程，3. 钢筋工程，4. 预应力工程，5. 现浇混凝土结构工程，6. 装配式结构工程，7. 施工管理与环境保护。本手册编写的内容为工业与民用建筑和构筑物混凝土结构工程施工内容，不包括轻骨料混凝土、特殊混凝土（为膨胀、耐酸碱、耐油、耐热、防辐射等混凝土）以及水工结构等混凝土内容。

近十年来我国混凝土施工技术有了较快的发展，随着混凝土强度等级的不断提高、钢筋混凝土结构和钢-混凝土混合结构的发展，以及建筑高度迅速增长等，对混凝土的施工技术提出了新的要求，在施工方面随着建筑工业化的发展，专业化、机械化、工厂化水平也得到了迅速提高。本书为了配合贯彻《混凝土结构工程施工规范》GB 50666—2011的实施，对近年来发展较快的施工技术内容作了大量的详细介绍，是建筑施工技术人员的好参谋、好助手。

本书可供建筑施工工程技术人员、管理人员使用，也可供大专院校相关专业师生参考。

* * *

责任编辑：郦锁林 郭雪芳
责任设计：张 虹
责任校对：肖 剑 陈晶晶

混凝土结构工程施工手册

（按最新规范编写）

杨嗣信 主 编

高玉亭 程 峰 侯君伟 吴 琏 副主编

*

中国建筑工业出版社出版、发行（北京西郊百万庄）

各地新华书店、建筑书店经销

北京红光制版公司制版

环球印刷（北京）有限公司印刷

*

开本：850×1168毫米 1/16 印张：48½ 字数：1370千字

2014年5月第一版 2014年5月第一次印刷

定价：**118.00**元

ISBN 978-7-112-15901-7

（24667）

混凝土结构工程施工手册

编　写　人　员

组织编写单位：北京双圆工程咨询监理有限公司

主　编： 杨嗣信

副主编： 高玉亭　程　峰　侯君伟　吴　琏

参　编　人　员

1. 概述　杨嗣信
2. 模板工程　赵玉章　王国卿　侯君伟　毛风林　胡裕新
3. 钢筋工程　侯君伟
4. 预应力工程　王　丰　周黎光　徐　刚　张开臣　李　铭　吕李青　张　喆　张立森　苏　浩　高晋栋
5. 现浇混凝土结构工程　艾永祥　王亚冬
6. 装配式结构工程　李晨光　朱文键　李　浩　杨　卉　杨　洁　李晓光
7. 施工管理与环境保护　侯君伟

其他参加编写的人员（按姓氏笔画排序）：

于益生　马　迅　马　锴　王　远　王书成　邓克斌
刘　东　刘　扬　刘文航　刘永忠　关伯卿　安　民
寿建绍　李　佳　李　峥　李克锐　杨　晅　吴大为
狄　超　汪学军　张　婷　张新军　赵碧华　娄晞欣
郭　珺　郭劲光　陶利兵　曹　力　潜宇维

前　言

混凝土是土木建筑工程重要的结构材料，有关混凝土结构工程施工的国家标准是我国建筑行业规范施工、保证工程质量的重要依据。《混凝土结构工程施工规范》GB 50666—2011 的公布实施结束了我国近十年来只有验收标准缺少技术规范的现状，为在混凝土结构施工中贯彻国家技术经济政策，采用先进技术和合理工艺，节约资源，保证工程质量，保护环境制订了标准。为了配合贯彻《混凝土结构工程施工规范》GB 50666—2011 从 2012 年 8 月 1 日起实施，特此组织编写了本手册。

本手册编写的内容为工业与民用建筑和构筑物混凝土结构工程施工内容，不包括轻骨料混凝土、特殊混凝土（为膨胀、耐酸碱、耐油、耐热、防辐射等混凝土）以及水工结构等混凝土内容。

本手册内容包括：1. 概述，2. 模板工程，3. 钢筋工程，4. 预应力工程，5. 现浇混凝土结构工程，6. 装配式结构工程，7. 施工管理与环境保护。

本手册于 2012 年 6 月开始筹划并组织人员进行编写，由于时间紧迫及编写人员水平所限，难免存在挂一漏万之误，望广大读者批评指正。

目　　录

1 概　述

中华人民共和国国家标准《混凝土结构工程施工规范》GB 50666—2011 已于 2011 年 7 月 29 日发布，从 2012 年 8 月 1 日开始实施。规范总结了近年来我国混凝土结构工程施工的实践经验和科技成果，参考应用了有关国外先进标准，经过广泛征求意见，反复讨论最后定稿，是一部结合实际，具有先进性和操作性的好规范。

本书为了配合贯彻新规范而编写的，近十年来我国混凝土施工技术有了较快的发展，随着混凝土强度等级的不断提高、钢筋混凝土结构和钢-混凝土混合结构的发展，以及建筑高度迅速增长等，对混凝土的施工技术提出了新的要求，在施工方面随着建筑工业化的发展，专业化、机械化、工厂化水平也得到了迅速提高。

1.1 混凝土技术

首先是在混凝土配合比方面，近十年来有着很大的变化，每立方米混凝土的水泥用量明显减少，大力推广了较大掺量的粉煤灰和掺磨细矿渣粉等矿物掺合料的技术，大大节约了水泥和能源，并且有利于控制混凝土裂缝。不少超高层建筑基础底板 C40 混凝土水泥用量仅为 230kg/m^3，粉煤灰用量达 190kg/m^3，水胶比为 0.39，后期强度（60d）达 C50 以上。如深圳平安金融中心屋顶高度为 597m（建成后将成为国内第一高楼），底板混凝土厚 4.5m，混凝土强度等级 C40（采用 60d 强度作为验收依据），坍落度（180±20）mm，混凝土总量为 312 万 m^3，其中配合比水泥（P·O42.5 水泥）用量为 220kg/m^3；粉煤灰用量为 180kg/m^3；又如北京国贸中心三期（高 330m）A 段底板 C45 混凝土水泥（P·O42.5）用量仅为 230kg/m^3，粉煤灰用量为 190kg/m^3。还有不少工程如天津嘉里中心、沈阳恒隆市府广场（办公楼 1 座）等超高层建筑的基础混凝土底板 C40 混凝土的水泥用量均在 250kg/m^3 左右。所以，大掺量粉煤灰的应用使单方混凝土的水泥用量有较大幅度的降低，是近十年来在混凝土施工领域中的一项重大突破。

其次是在混凝土施工工艺方面也有了显著的变化，商品混凝土已从大城市发展到了中、小城市，尤其在北京、上海等城市基本上消灭了现场搅拌。随着集中搅拌的发展，混凝土达不到强度等级的事故也大幅度地减少，劳动效率和工程进度大大加快。由于高层和超高层建筑的迅速发展，泵送混凝土技术大大提高，目前泵送混凝土一次泵送高度已达 400m 左右，正在向 500m 高度进军，泵送混凝土已得到了普遍推广应用，大大加快了混凝土施工速度，减轻了塔式起重机的负担，提高了劳动效率，加快了整体工程进度。对现场文明施工、绿色施工都起到了较显著的作用。

关于混凝土伸缩缝的处理问题，从 20 世纪 80 年代开始实施“后浇带”（指伸缩缝后浇带）以来，给施工造成了很大困难，近十年来采用了“分仓法施工”，取消了后浇带，这对混凝土施工是一项重大的突破，《混凝土结构工程施工规范》GB 50666—2011 也专门提出这项新工艺。其实这项技术在上海宝钢三四十年前已采用，但未能得到推广；北京从 2000 年以来才大力推广应用，先后在梅兰芳剧场、蓝色港湾等工程中应用，效果显著。如蓝色港湾工程长宽都超 150m 的基础底板，分成了十几个仓位，采用“分仓法”施工，经过半年多时间观察未发现裂缝。“分仓法施工”目前在北京已经较普遍地推广应用。取消“后浇带”对施工非常有利，可消除后浇带部位长期不能拆模的隐患，并可以加快施工进度和模板周转，减少许多管理上的麻烦。最近中建一局集团建设发展有限公司和清华大学共同研发了《超高层建筑大体积混凝土底板连续无缝施工技术》科研课题，他们从混凝土配合比下手，在低热、低收缩、低钙、高工作性和高抗裂性方面进行研究，经过足尺模型试验与计算，并改革了施工工艺和采取快速施工等，在国贸三期、深圳平安金融中心等五个工程中使用，达到了满意的效果，并通过了鉴定。这项技术如果能推广，对解决混凝土伸缩存在的问题将会起到显著成效，这项成果宜进一步进行开发研究，以便在更大的范围中推广应用。

随着高层、超高层结构的发展，诸如钢管混凝土、劲性混凝土结构的出现，近几年来对混凝土的性能、施工都提出了许多新的要求，都促进了混凝土性能和施工工艺的不断发展。近几年来对钢管混凝土结构中混凝土浇筑的工艺，较普遍地采用了混凝土从管底顶升浇灌的新工艺，这种新工艺目前已在许多工程中都成功应用，取得了显著的效益。

大体积混凝土施工近十年来获得了显著的发展。目前大体积混凝土不仅用于高层和超高层建筑的基础底板上，在主体结构中也用于转换层的柱、梁结构构件。另外大体积混凝土容易出现裂缝的原因和防治均取得可喜的进展，主要是混凝土构件内的温度和表面及大气温度之间的温差过大（超过 25℃）造成的；另外单方混凝土水泥用量过多也是造成混凝土收缩裂缝的重要原因。尤其是在低温施工阶段，室外温度降到 0℃以下，如果拆模时间过早，且不加强保温、保湿养护，混凝土内部水化热造成体内与表面温差达到 40～50℃，混凝土构件表面必然会出现开裂。所以不仅是大体积混凝土存在这类问题，一般体积混凝土也同样存在这类问题，所以任何混凝土构件都应该重视，控制混凝土构件的内部温度和大气温度的温差不大于 25℃。关于水泥的用量，根据中建一局集团的经验，C40 混凝土水泥用量控制在 230～250kg/m^3 是可行的。大于 C40 强度的混凝土也应该尽量掺用活性较高的掺合料取代水泥用量。

大体积混凝土出现塑性裂缝的主要原因，是由于完成混凝土浇筑后表面有一层强度很低的薄水泥浆，如果不立即用塑料薄膜覆盖，遇风或强烈的阳光照射，水分蒸发过快就会形成表面开裂裂缝，解决方法：一是浇筑混凝土后立即用塑料布覆盖；二是每隔 2～3h 揭开塑料布进行多次抹压，直到初凝。另外，为了控制裂缝的产生，不宜采用高强度混凝土，并应采用以龄期为 60d 或 90d 的后期强度作为配合比设计、强度评定及验收的依据。即使是梁、柱结构也不宜采用高强度等级混凝土，可用其他措施保证梁、柱承载能力即可。关于加膨胀剂等措施一般不宜采用，原因很复杂，不再详述。

近十年来清水混凝土迅速发展，清水混凝土技术可以分为两大类，其一是混凝土构件拆模不再抹灰，只是简单打磨后，刮 2～3mm 粉刷石膏，再刮 1～2mm 耐水腻子即可；这不仅节约抹面水泥砂浆和大量人工，加快了施工进度，并且彻底解决了抹灰易起鼓、开裂等质量通病。目前北京市基本能做到现浇混凝土不抹灰达到清水混凝土的要求。第二类清水混凝土是属于装饰性的，一般带有各种装饰线条，表面连涂料也不做，拆模后即成活。这种清水混凝土主要用于外墙面，目前较少使用。

混凝土冬施技术，除严寒地区外，一般都以综合蓄热法为主，以保温为主，掺加防冻剂。近十年来高强度等级混凝土日益增多，根据黑龙江省寒地建科院以及国内部分大专院校的研究表明，强度等级为 C50 及 C50 以上的混凝土其受冻临界强度一般在混凝土设计强度等级值的 21％～34％。鉴于高强度混凝土多作为结构的主要受力构件，其受冻对结构的安全影响重大，因此新规范将 C50 及 C50 级以上的混凝土受冻临界强度确定为不宜小于 30％。

1.2 钢筋与模板工程技术

钢筋工程近十年来也有新的发展。首先是各种高强度钢筋近几年来迅速发展，得到推广应用。粗钢筋连接技术经过一段时间的实践，一致认为直螺纹连接技术是当前较为理想的连接技术，所以在全国得到广泛推广应用，已是最受欢迎的钢筋连接工艺。其他机械接头技术除在特殊情况下应用外，几乎都已被淘汰。另外钢筋集中工厂化加工的问题近年来有了进展，尤其是在大城市，现场施工场地紧缺，一般都在工厂进行配制运至工地进行安装、绑扎。钢筋预制网片的应用，虽有进展，但还须继续努力。

模板工程近十年有滞退趋势，20 世纪 80～90 年代发展以钢代木的各种新型模板已很少采用，木模板卷土重来。目前只是梁、板支柱还使用钢管。造成这种局面的主要原因是由于目前在“工程项目经理负责制”的这种体制中，为了单纯追求项目工程的经济效益，不愿花重金购买先进的钢制定型工具式模板，而愿意采用成本较低的木模等多层板模板，一般工程完工后可全部摊销；再加上模板租赁行业不景气，所以模板工程中以钢代木的定型、工具化模板走向下坡。但是近几年来液压爬升模板发展较快，尤其在高层、超高层建筑核心筒中的施工采用很多，最快达到 2～3d 一层，深受大家欢迎。如北京建工集团三建公司在长沙某超高层工程中，与安得固和奥宇模板公司共同协作引进、研制应用的新型液压爬升模板，采用大油缸一次直接提升一层配置有钢制大桁架、钢梁形成整体的工作平台，效果显著。为了节约木材，目前各地都在纷纷起步研制工具化、标准定型的铝合金模板和塑料模板，目前使用范围较小，有待进一步大力发展，应该指出塑料模板是发展方向，在国外很多先进国家很早都已推广应用，这既是可以回收反复使用的再生材料，又可提高周转次数（50 次以上），板面平整光滑，对控制混凝土质量十分有利。目前国内有很多厂家正在研制各种不同构造的塑料定型模板，不久将会供应市场需要。

1.3 装配式结构工程技术

早在 20 世纪第一个五年计划开始，国家实行建筑工业化以来，在建造单位工业厂房中采用了预制装配化技术；在住宅建筑中采用了全装配式墙板建筑。到了 1976 年研发了预制与现浇相结合技术，首先在北京“前三门”工程中建造了“内浇外挂”，这项技术一直延伸发展到 20 世纪 90 年代，后来随着商品房的发展由全现浇钢筋混凝土替代。近几年来在北京、沈阳等地区的住宅工程中采用结构、装修、保温一体化的外墙预制装配墙板，内墙大模板现浇、预制阳台、楼梯以及预制、现浇相结合的叠合楼板，并在保障性住房中扩大推广，预计在近几年会有较大的发展。应该指出发展装配式结构，特别在一般住宅建筑中是发展方向，是向建筑工业化迈出的重要一步，是工业化施工的重要组成部分。建筑施工没有装配化就谈不上高水平的机械化和工厂化。近十几年来美国、日本等国家装配化结构发展很快，与 20 世纪 90 年代相比有了显著的变化，而我国在 20 世纪 80 年代装配化结构施工已有成熟经验，完全具备大力推广“装配式结构工程”的施工条件，尤其是近十年来，劳动力价格猛涨，劳动力占建筑物整个造价快接近三分之一，今后可能还会上涨，根本原因是建筑工人从事露天作业的笨重体力劳动，劳动条件差，招募建筑工人困难，劳动力已经显得紧张。所以必须走建筑工业化的道路，改善劳动条件、提高劳动效率、减少现场作业，提高工厂化、机械化水平，节能减排，逐步实现绿色施工和建筑工业化。

《混凝土结构工程施工规范》GB 50666—2011 从 2012 年 8 月 1 日正式实施了，在实施中一定还会遇到一些问题。因此，必须依靠广大施工人员在实践中不断积累经验，开展科研工作，使我国的混凝土结构工程施工技术不断创新完善。

2 模 板 工 程

2.1 模板制作和安装基本要求

2.1.1 一般规定

1. 模板工程应编制专项施工方案。滑模、爬模、飞模等工具式模板工程及高大模板支架工程的专项施工方案，应进行技术论证。

2. 对模板及支架应根据施工过程中各种工况进行设计，模板及支架应具有足够的承载力、刚度和稳定性，应能可靠地承受施工过程中所产生的各类荷载。

3. 模板及支架应保证工程结构和构件各部分形状、尺寸和位置准确，且应便于钢筋安装和混凝土浇筑、养护。

2.1.2 材料

1. 模板及支架材料的选用，应贯彻“以钢代木”原则，其技术指标应符合国家现行有关标准的规定。

2. 模板及支架宜选用轻质、高强、耐用的材料。连接件宜选用标准定型产品。

3. 接触混凝土的模板表面应平整，并应具有良好的耐磨性和硬度；清水混凝土的模板面板材料应保证脱模后所需的饰面效果。

4. 脱模剂涂于模板表面后，应能有效减小混凝土与模板间的吸附力，应有一定的成模强度，且不应影响脱模后混凝土表面的后期装饰。

2.1.3 制作与安装

1. 模板应按图加工、制作。通用性强的模板宜制作成定型模板。

2. 模板面板背侧的木方高度应一致。制作胶合板模板时，其板面拼缝处应密封。地下室外墙和人防工程墙体的模板对拉螺栓中部应设止水片，止水片应与对拉螺栓环焊。

3. 与通用钢管支架匹配的专用支架，应按图加工、制作。搁置于支架顶端可调托座上的主梁，可采用木方、木工字梁或截面对称的型钢制作。

4. 支架立柱和竖向模板安装在基土上时，应符合下列规定：

(1) 应设置具有足够强度和支承面积的垫板，且应中心承载；

(2) 基土应坚实，并应有排水措施；对湿陷性黄土，应有防水措施；对冻胀性土，应有防冻融措施；

(3) 对软土地基，当需要时可采用堆载预压的方法调整模板面安装高度。

5. 竖向模板安装时，应在安装基层面上测量放线，并应采取保证模板位置准确的定位措施。对竖向模板及支架，安装时应有临时稳定措施。安装位于高空的模板时，应有可靠的防倾覆措施。应根据混凝土一次浇筑高度和浇筑速度，采取合理的竖向模板抗侧移、抗浮和抗倾覆措施。

6. 对跨度不小于 4m 的梁、板，其模板起拱高度宜为梁、板跨度的 1/1000～3/1000。

7. 采用扣件式钢管作高大模板支架的立杆时，支架搭设应完整，并应符合下列规定：

(1) 钢管规格、间距和扣件应符合设计要求；

(2) 立杆上应每步设置双向水平杆，水平杆应与立杆扣接；

（3）立杆底部应设置垫板。

8. 采用扣件式钢管作高大模板支架的立杆时，除应符合第 7 条的规定外，还应符合下列规定：

（1）对大尺寸混凝土构件下的支架，其立杆顶部应插入可调托座。可调托座距顶部水平杆的高度不应大于 600mm，可调托座螺杆外径不应小于 36mm，插入深度不应小于 180mm；

（2）立杆的纵、横向间距应满足设计要求，立杆的步距不应大于 1.8m；顶层立杆步距应适当减小，且不应大于 1.5m；支架立杆的搭设垂直偏差不宜大于 1/200，且不应大于 100mm；

（3）在立杆底部的水平方向上应按纵下横上的次序设置扫地杆；

（4）承受模板荷载的水平杆与支架立杆连接的扣件，其拧紧力矩不应小于 40N·m，且不应大于 65N·m。

9. 采用碗扣式、插接式和盘销式钢管架搭设模板支架时，应符合下列规定：

（1）碗扣架或盘销架的水平杆与立柱的扣接应牢靠，不应滑脱；

（2）立杆上的上、下层水平杆间距不应大于 1.8m；

（3）插入立杆顶端可调托座伸出顶层水平杆的悬臂长度不应超过 650mm，螺杆插入钢管的长度不应小于 150mm，其直径应满足与钢管内径间隙不小于 6mm 的要求。架体最顶层的水平杆步距应比标准步距缩小一个节点间距；

（4）立柱间应设置专用斜杆或扣件钢管斜杆加强模板支架。

10. 采用门式钢管架搭设模板支架时，应符合下列规定：

（1）支架应符合现行行业标准《建筑施工门式钢管脚手架安全技术规范》JGJ 128 的有关规定；

（2）当支架高度较大或荷载较大时，宜采用主立杆钢管直径不小于 48mm 并有横杆加强杆的门架搭设。

11. 支架的垂直斜撑和水平斜撑应与支架同步搭设，架体应与成形的混凝土结构拉结。钢管支架的垂直斜撑和水平斜撑的搭设应符合国家现行有关钢管脚手架标准的规定。

12. 对现浇多层、高层混凝土结构，上、下楼层模板支架的立杆宜对准。模板及支架钢管等应分散堆放。

13. 模板安装应保证混凝土结构构件各部分形状、尺寸和相对位置准确，并应防止漏浆。

14. 模板安装应与钢筋安装配合进行，梁柱节点的模板宜在钢筋安装后安装。

15. 模板与混凝土接触面应清理干净并涂刷脱模剂，脱模剂不得污染钢筋和混凝土接槎处。

16. 模板安装完成后，应将模板内杂物清除干净。

17. 后浇带的模板及支架应独立设置。

18. 固定在模板上的预埋件、预留孔和预留洞均不得遗漏，且应安装牢固、位置准确。

2.1.4 拆除与维护

1. 模板拆除时，可采取先支的后拆、后支的先拆，先拆非承重模板、后拆承重模板的顺序，并应从上而下进行拆除。

2. 当混凝土强度达到设计要求时，方可拆除底模及支架；当设计无具体要求时，同条件养护试件的混凝土抗压强度应符合表 2-1-1 的规定。

3. 当混凝土强度能保证其表面及棱角不受损伤时，方可拆除侧模。

4. 多个楼层间连续支模的底层支架拆除时间，应根据连续支模的楼层间荷载分配和混凝土强度的增长情况确定。

5. 快拆支架体系的支架立杆间距不应大于 2m。拆模时，应保留立杆并顶托支承楼板，拆模时的混凝土强度可取构件跨度为 2m，按第 2 条的规定确定。

底模拆除时的混凝土强度要求 表 2-1-1

构件类型	构件跨度（m）	按达到设计混凝土强度等级值的百分率计（%）
板	≤2	≥50
	＞2，≤8	≥75
	＞8	≥100
梁、拱、壳	≤8	≥75
	＞8	≥100
悬臂结构		≥100

6. 对于后张预应力混凝土结构构件，侧模宜在预应力张拉前拆除；底模及支架不应在结构构件建立预应力前拆除。

7. 拆下的模板及支架杆件不得抛掷，应分散堆放在指定地点，并应及时清运。

8. 模板拆除后应将其表面清理干净，对变形和损伤部位应进行修复。

2.1.5 质量要求

1. 模板、支架杆件和连接件的进场检查应符合下列规定：

(1) 模板表面应平整；胶合板模板的胶合层不应脱胶翘角；支架杆件应平直，应无严重变形和锈蚀；连接件应无严重变形和锈蚀，并不应有裂纹；

(2) 模板规格，支架杆件的直径、壁厚等，应符合设计要求；

(3) 对在施工现场组装的模板，其组成部分的外观和尺寸应符合设计要求；

(4) 有必要时，应对模板、支架杆件和连接件的力学性能进行抽样检查；

(5) 外观质量应在进场时和周转使用前全数检查；

(6) 尺寸和力学性能可按国家现行有关标准的规定进行抽样检查。

2. 对固定在模板上的预埋件、预留孔和预留洞，应检查其数量和尺寸，允许偏差应符合表 2-1-2 的规定。

预埋件、预留孔和预留洞的允许偏差 表 2-1-2

项目		允许偏差（mm）
预埋钢板中心线位置		3
预埋管、预留孔中心线位置		3
插筋	中心线位置	5
	外露长度	+10，0
预埋螺栓	中心线位置	2
	外露长度	+10，0
预留洞	中心线位置	10
	截面内部尺寸	+10，0

注：检查数量和方法按《混凝土结构工程施工规范》GB 50666—2011 执行。

3. 对现浇结构模板应检查，尺寸允许偏差和检查方法应符合表 2-1-3 的规定。

表 2-1-3 现浇结构模板允许偏差和检查方法

项　目		允许偏差（mm）	检查方法
轴线位置		5	钢尺检查
底模上表面标高		±5	水准仪或拉线、钢尺检查
截面内部尺寸	基础	±10	钢尺检查
	柱、墙、梁	+4，−5	钢尺检查
层高垂直度	全高不大于 5m	6	经纬仪或吊线、钢尺检查
	全高大于 5m	8	经纬仪或吊线、钢尺检查
相邻两板表面高低差		2	钢尺检查
表面平整度		5	2m 靠尺和塞尺检查

注：检查数量和方法按《混凝土结构工程施工规范》GB 50666—2011 执行。

4. 对预制构件模板，首次使用及大修后应全数检查其尺寸，使用中应定期检查并不定期抽查其尺寸，允许偏差和检查方法应符合表 2-1-4 的规定。

表 2-1-4 预制构件模板允许偏差和检查方法

项　目		允许偏差（mm）	检 查 方 法
长　度	板、梁	±5	钢尺量两角边，取其中较大值
	薄腹梁、桁架	±10	
	柱	0，−10	
	墙板	0，−5	
宽　度	板、墙板	0，−5	钢尺量一端及中部，取其中较大值
	梁、薄腹梁、桁架、柱	+2，−5	
高（厚）度	板	+2，−3	钢尺量一端及中部，取其中较大值
	墙板	0，−5	
	梁、薄腹梁、桁架、柱	+2，−5	
构件长度 l 内的侧向弯曲	梁、板、柱	l/1000 且≤15	拉线、钢尺量最大弯曲处
	墙板、薄腹梁、桁架	l/1500 且≤15	
板的表面平整度		3	2m 靠尺和塞尺检查
相邻两板表面高低差		1	2m 靠尺和塞尺检查
对角线差	板	7	钢尺量两个对角线
	墙板	5	
翘曲	板、墙板	l/1500	调平尺在两端量测
设计起拱	薄腹梁、桁架、梁	±3	拉线、钢尺量跨中

注：l 为构件长度（mm），其他用表 2-1-2。

5. 对扣件式钢管支架，应对下列安装偏差进行检查：

（1）混凝土梁下支架立杆间距的偏差不应大于 50mm，混凝土板下支架立杆间距的偏差不应大于 100mm；水平杆间距的偏差不应大于 50mm；

（2）应全数检查承受模板荷载的水平杆与支架立杆连接的扣件；

（3）采用双扣件构造设置的抗滑移扣件，其上下顶紧程度应全数检查，扣件间隙不应大于 2mm。

6. 对碗扣式、门式、插接式和盘销式钢管支架，应对下列安装偏差进行全数检查：

（1）插入立杆顶端可调托座伸出顶层水平杆的悬臂长度；

（2）水平杆杆端与立杆连接的碗扣、插接和盘销的连接状况，不应松脱；

（3）按规定设置的垂直和水平斜撑。

2.2 组合式模板

组合式模板是指可按设计要求组拼成梁、柱、墙、楼板模板的一种通用性很强的模板，用于现浇混凝土结构施工。

2.2.1 全钢组合模板

目前采用较多的为肋高 55～70mm，板块宽度为 600mm 的模板。钢模板的部件，主要由钢模板、连接件和支承件三部分组成。

2.2.1.1 模板

肋高 55mm 钢模板主要包括平面模板（图 2-2-1）、阴角模板、阳角模板、连接角模等。平面模板由面板和肋条组成，采用 Q235 钢板制成，面板厚 2.5mm，对于≥400mm 宽面钢模板的钢板厚度采用 2.75mm 或 3.0mm 钢板。肋条上设有 U 形卡孔。平面模板利用 U 形卡和 L 形插销等可拼装成大块模板。U 形卡孔两边设凸鼓，以增加 U 形卡的夹紧力。这肋倾角处有 0.3mm 的凸棱，可增强模板的刚度，并使拼缝严密。

肋高 70mm 钢模板主要包括平面模板块（图 2-2-2）和角模、连接角模调节板等组成。全部采用厚度 2.75～3mm 的优质薄钢板制成；四周边肋呈 L 形，高度为 70mm，弯边宽度为 20mm，模板块内侧，每 300mm 高设一条横肋，每 150～200mm 设一条纵肋。模板边肋及纵、横肋上的连接孔为蝶形，孔距为 50mm，采用板销连接，也可以用一对楔板或螺栓连接。

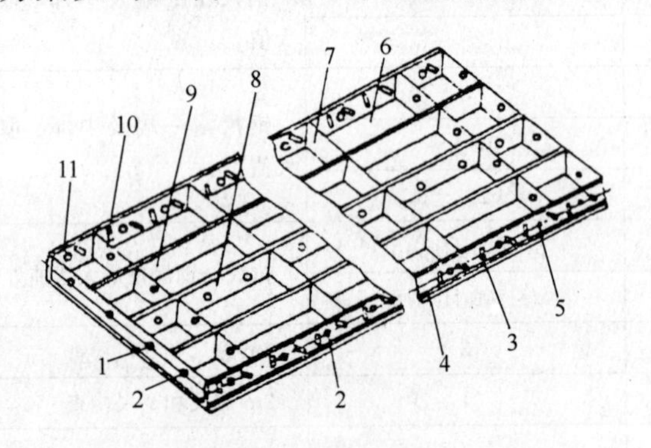

图 2-2-1 模板块

1—插销孔；2—U 形卡孔；3—凸鼓；4—凸棱；5—边肋；6—主板；7—无孔横肋；8—有孔纵肋；9—无孔纵肋；10—有孔横肋；11—端肋

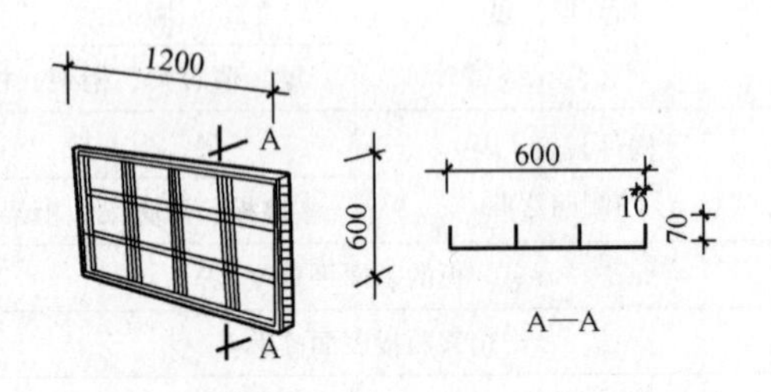

图 2-2-2 G70 平面模板示意图

2.2.1.2 连接件

55mm 肋高的钢模板的连接件由 U 形卡（图 2-2-3）、L 形插销（图 2-2-4）、钩头螺栓、紧固螺栓、扣件、对拉螺栓（图 2-2-5）等组成。

肋高 70mm 钢模板的连接件由楔板、大小钢卡、双环钢卡、模板卡、板销、各种对拉螺栓及塑料堵塞等组成（图 2-2-6）。

2.2.1.3 支承件及配件

肋高 55mm 钢模板的支承件由钢楞、柱箍、梁卡具、钢支柱、早拆柱头、斜撑、桁架等组成，见图 2-2-7～图 2-2-12。

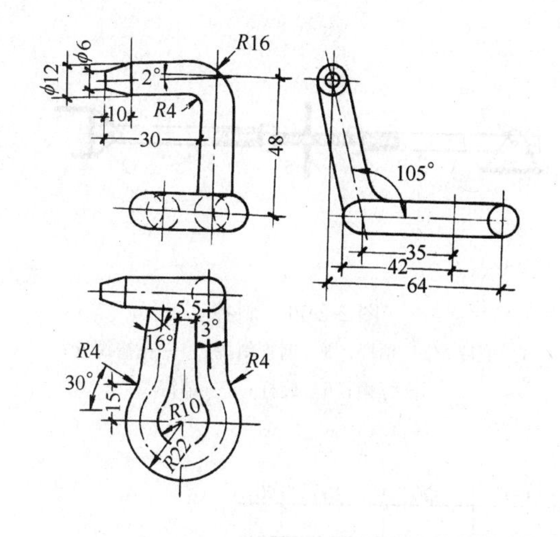

图 2-2-3　U形卡

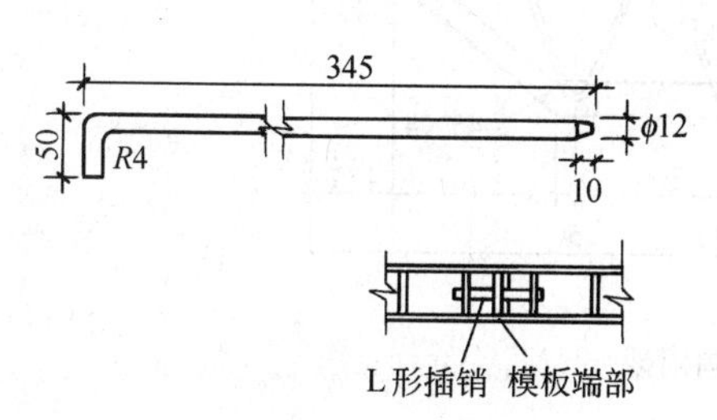

图 2-2-4　L形插销

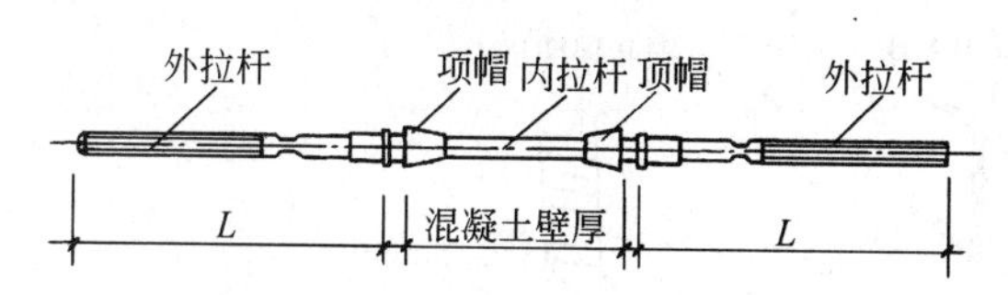

图 2-2-5　对拉螺栓

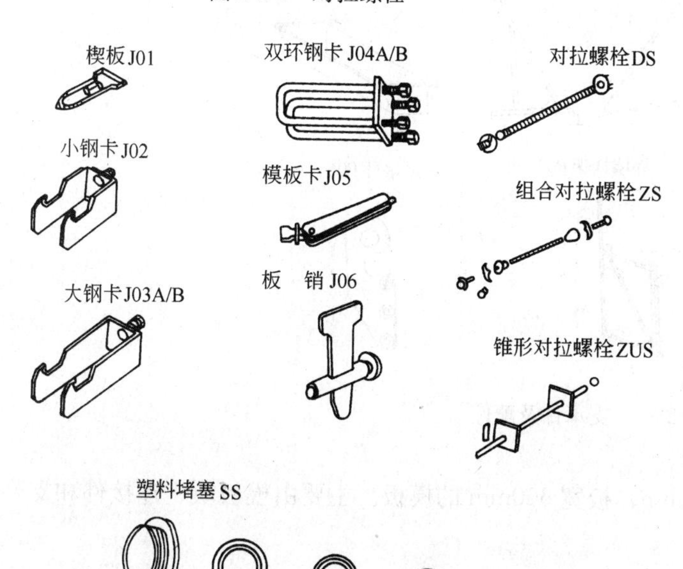

图 2-2-6　连接件

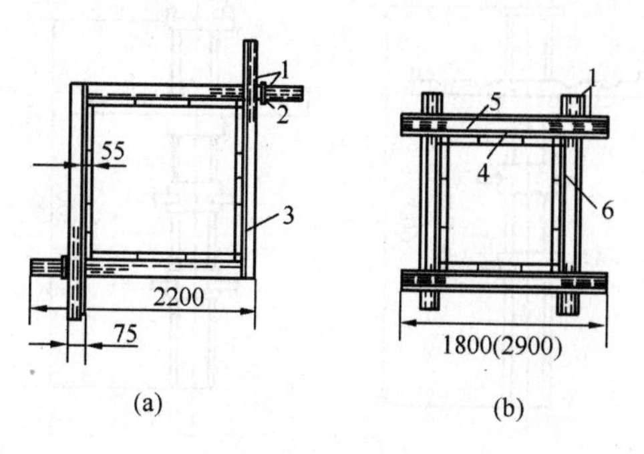

图 2-2-7　柱箍

(a) 角钢型；(b) 型钢型

1—插销；2—限位器；3—夹板；4—模板；5—型钢；6—钢型 B

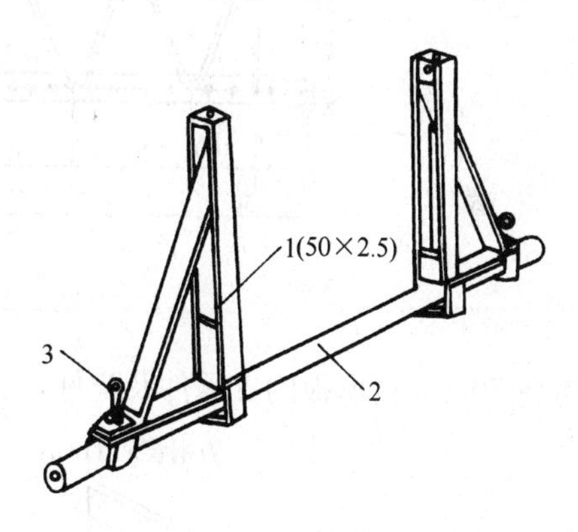

图 2-2-8　扁钢和圆钢管组合梁卡具

1—三角架；2—底座；3—固定螺栓

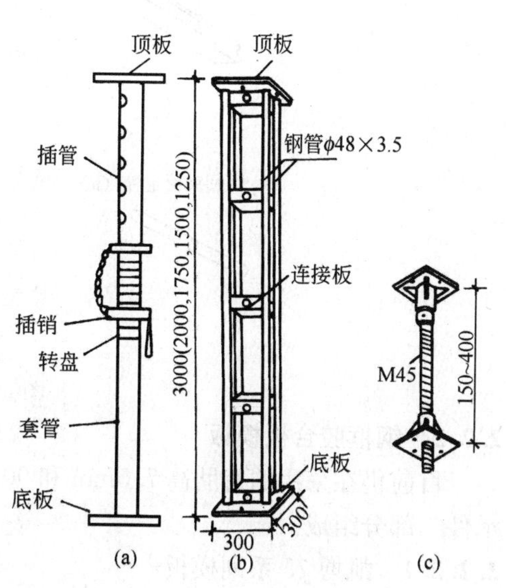

图 2-2-9　钢支柱

(a) 单管支柱；(b) 四管支柱；(c) 螺栓千斤顶

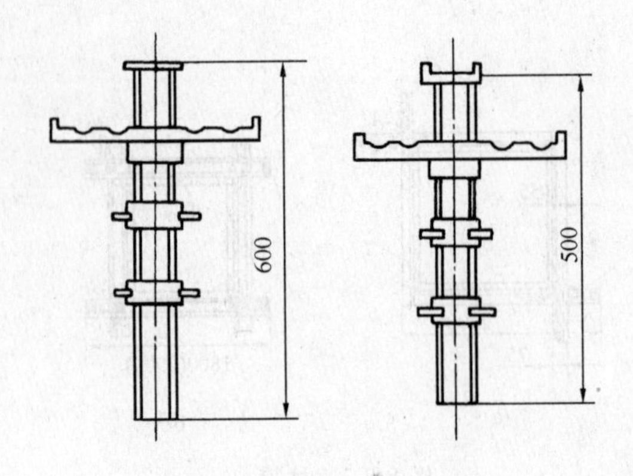

图 2-2-10　螺旋式早拆柱头

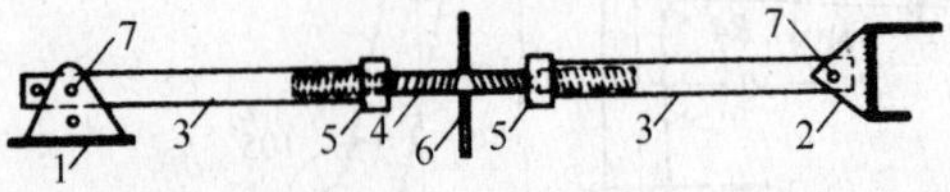

图 2-2-11　斜撑

1—底座；2—顶撑；3—钢管斜撑；4—花篮螺栓；5—螺帽；6—旋杆；7—销钉

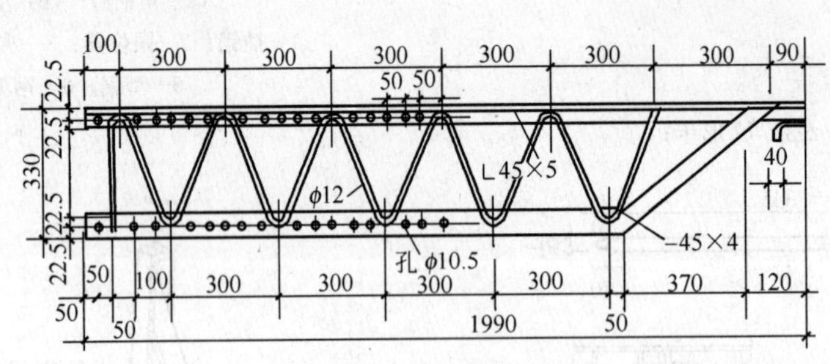

图 2-2-12　平面可调桁架

肋高 70mm 钢模板的支承件及配件，见图 2-2-13。

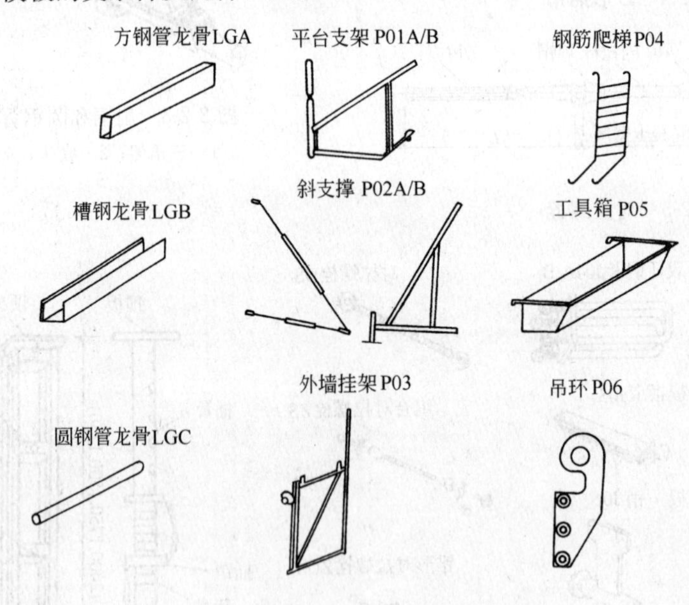

图 2-2-13　支承件及配件

2.2.2　钢框胶合板模板

目前仍在采用的有肋高 7.5mm 和 90mm、板宽 600mm 的模板。主要由模板块、连接件和支承件三部分组成。

2.2.2.1　凯博 75 系列模板

1. 模板块

由平面模板（图 2-2-14）和阴角模、连接角模、调缝角钢四种组成。

2. 连接件

由楔形销、单双管背楞卡、L形插销、扁杆对拉、厚度定位板等（图 2-2-15）组成。

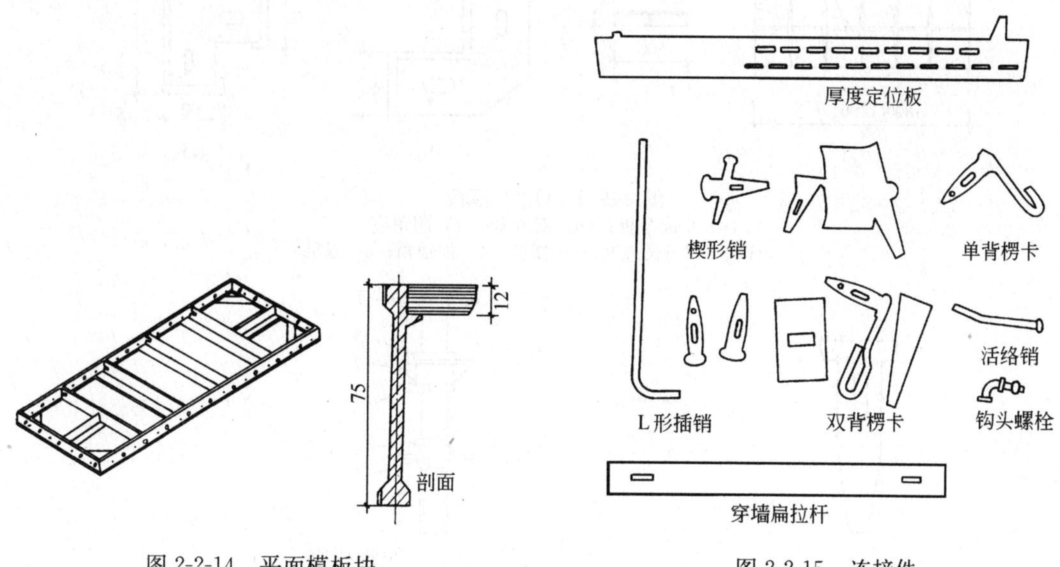

图 2-2-14　平面模板块　　　　图 2-2-15　连接件

3. 支承件

由脚手架钢管背楞、操作平台、斜撑等（图 2-2-16）组成。

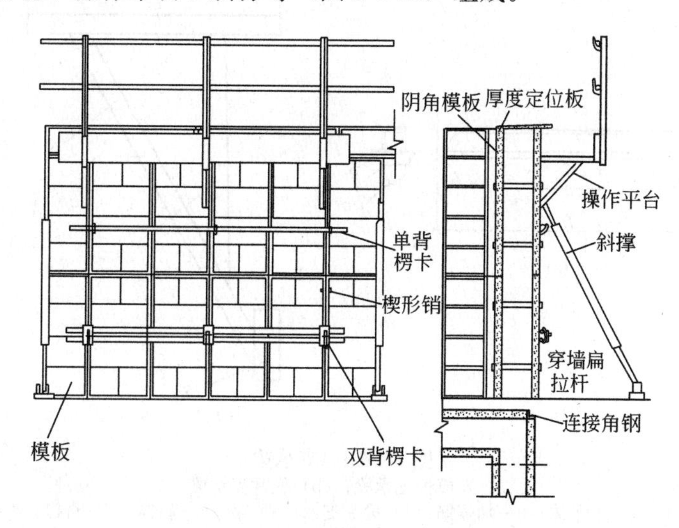

图 2-2-16　操作平台与斜撑用法

2.2.2.2　GZ90 模板

GZ-90 早拆模板体系，是由北京市建筑工程研究院研究的多项专利技术组成，主要用于现浇楼（顶）板模板。

1. 模板块

主要由平面模板和角模（图 2-2-17）组成。

2. 连接件

模板销（图 2-2-18），用于模板块相互之间的组装连接。

3. 支承件

由早拆托座（图 2-2-19）、支承梁（图 2-2-20）、门架（图 2-2-21）等组成。

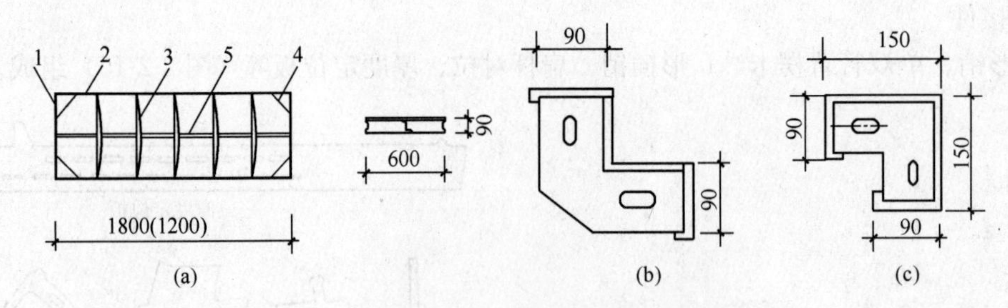

图 2-2-17　GZ90 模板

（a）平面模板；（b）阳角模；（c）阴角模

1—短边框；2—长边框；3—横肋；4—加强角；5—纵肋

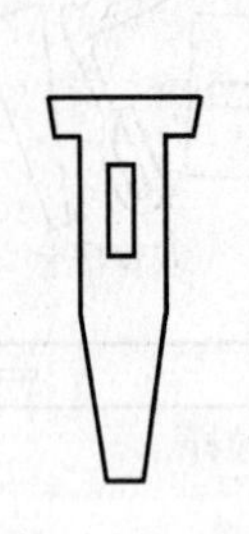

图 2-2-18　模板销

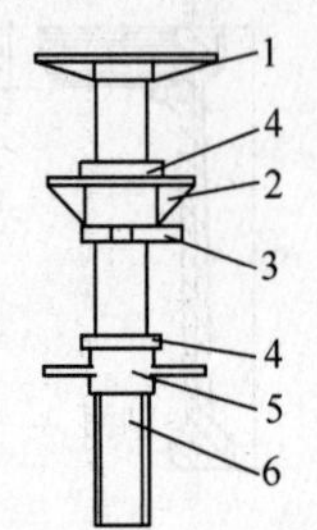

图 2-2-19　早拆托座

1—顶板；2—托板；3—卡板；4—挡板；5—螺母；6—托杆

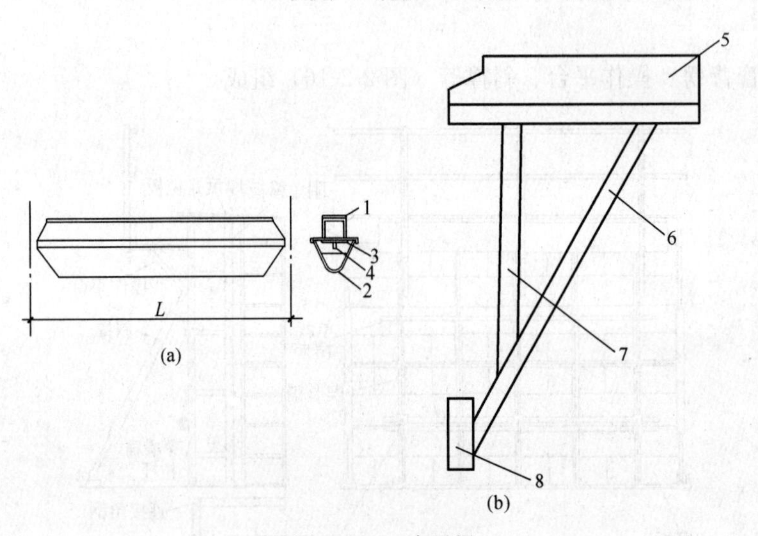

图 2-2-20　支承梁

（a）模板支承梁；（b）悬臂支承梁

1—上梁体；2—下梁体；3—加强筋；4—梁头支承；5—梁；6—斜撑；7—直撑；8—附墙块

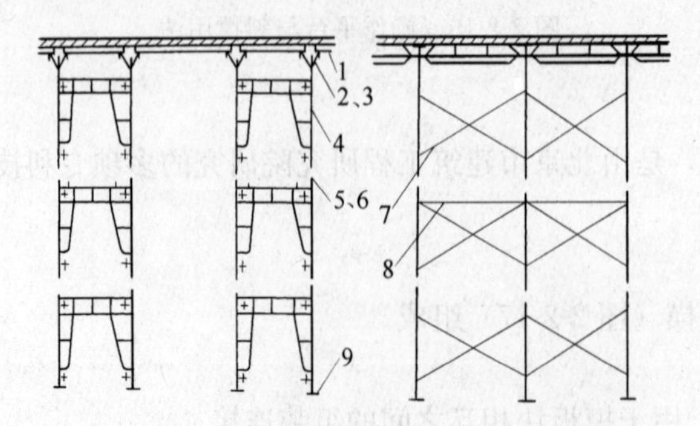

图 2-2-21　90 模板门架支撑与早拆模板体系

1—组合模板；2—模板支承梁；3—早拆托座；4—门式架；5—连接棒；6—自锁销钩；7—斜拉杆；8—水平拉杆；9—底座

2.2.3 钢管脚手支架

主要用于层高较大的梁、板等水平构件模板的垂直支撑。

2.2.3.1 扣件式钢管脚手支架

由钢管（外径 $\phi 48$、壁厚 3.5mm 焊接钢管）、扣件（表 2-2-1）、底座（图 2-2-22）、调节杆（可调高度 150～350mm，容许荷载 20kN，图 2-2-23）组成。

钢管脚手架用扣件 **表 2-2-1**

扣件品种	用途分类	简 图	容许荷载（N）	重量（kg）
玛钢扣件	直接扣件		6000	1.25
	回转扣件		5000	1.50
	对接扣件		2500	1.60
钢板扣件	直角扣件		6000	0.69
	回转扣件		5000	0.70
	对接扣件		2500	1.00

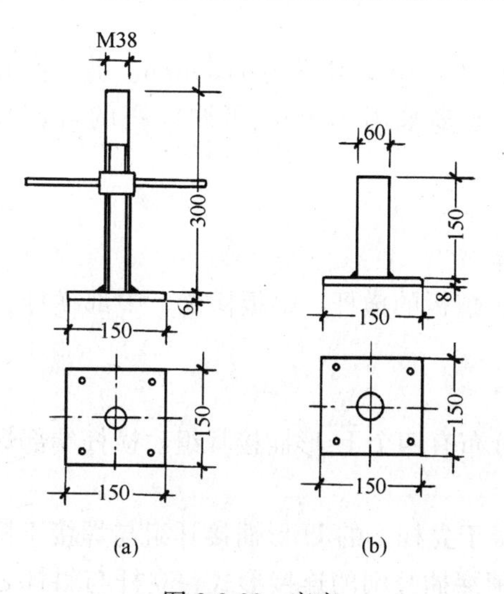

图 2-2-22 底座

（a）可调式底座；（b）固定式底座（外径 60mm，壁厚 3mm）

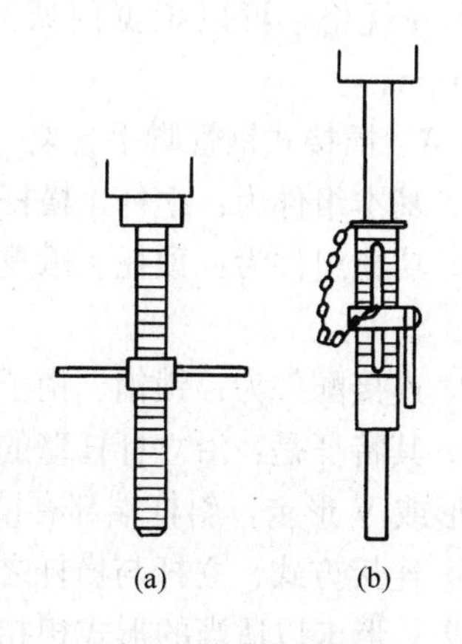

图 2-2-23 调节杆

（a）螺栓调节杆；（b）螺管调节杆

2.2.3.2 碗扣式钢管脚手支架

又称多功能碗扣型钢脚手架。它由上、下碗扣，横杆接头和上碗扣的限位销等组成（图 2-2-24）。碗扣接头是该脚手架系统的核心部件。

碗扣接头可以同时连接 4 根横杆，完全避免了螺栓作业。上、下碗扣和限位销按 600mm 间距设置在钢管立杆上。

碗扣式钢管脚手架的构配件，主要有以下几种：

立杆：长度分 1800mm 和 3000mm 两种。

顶杆：支撑架顶部立杆，其上可装设承座或托座，长度有 900mm 和 1500mm 两种。

立杆与顶杆配合可以构成任意高度的支撑架。

横杆：支承架的水平承力杆，长度分 300mm、900mm、1200mm、1800mm 和 2400mm 五种。

斜杆：支承架的斜向拉压杆，长度有 1690mm、2160mm、2550mm 和 3000mm 四种，分别用于 1.2m×1.2m，1.2m×1.8m，1.8m×1.8m 和 1.8m×2.4m 网格。

支座：用于支垫立杆底座或做支撑架顶撑支垫，分有垫座和可调座两种形式。

2.2.3.3 门式支架

又称框组式脚手架，其主要部件有：门形框架、剪刀撑、水平梁架和可调底座等（图 2-2-25）。

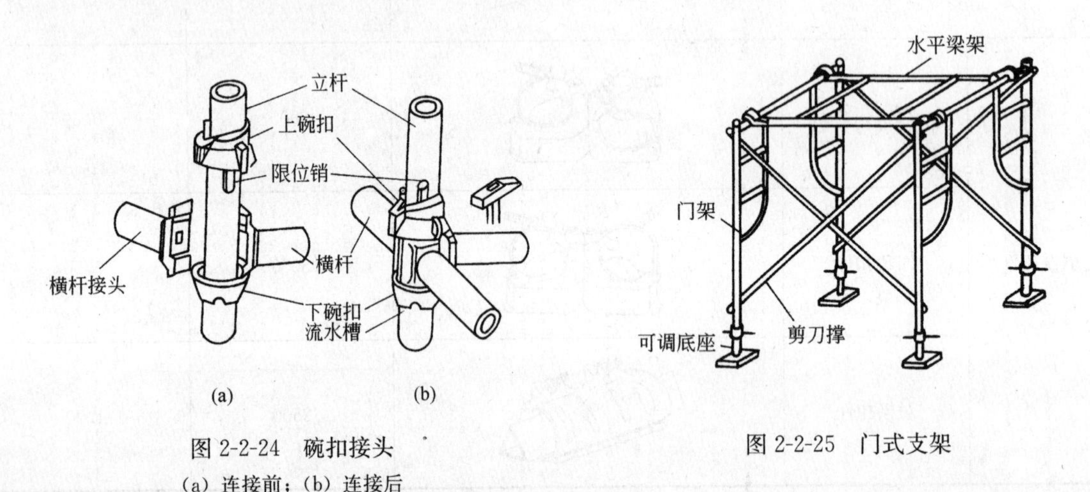

图 2-2-24 碗扣接头

（a）连接前；（b）连接后

图 2-2-25 门式支架

门形框架有多种形式，标准型门架的宽度为 1219mm，高度为 1700mm。剪刀撑和水平梁架亦有多种规格，可以根据门架间距来选择，一般多采用 1.8m。可调底座的可调高度为 200～550mm。

2.2.3.4 插接式钢管脚手支架

1. 基本组件为：立杆、横杆、斜杆、底座等。

2. 功能组件为：顶托、承重横杆、用于安装踏板的横杆、踏板横梁、中部横杆、水平杆上立杆。

3. 连接配件为：锁销、销子、螺栓。

4. 其特征是：沿立杆杆壁的圆周方向均匀分布有四个 U 形插接耳组，横杆端部焊接有横向的 C 形或 V 形卡，斜杆端部有销轴。

5. 连接方式：立杆与横杆之间采用预先焊接于立杆上的 U 形插接耳组与焊接于横杆端部的 C 形或 V 形卡以适当的形式相扣，再用楔形锁销穿插其间的连接形式；立杆与斜杆之间采用斜杆端部的销轴与立杆上的 U 形卡侧面的插孔相连接；根据管径不同，上下立杆之间可采用内插或外套两种连接方式，见图 2-2-26。

6. 节点的承载力由扣件的材料、焊缝的强度决定，并且由于锁销的倾角远小于锁销的摩擦角，受力状态下，锁销始终处于自锁状态。

7. 架体杆件主要承重构件采用低碳合金结构钢，结构承载力得到极大的提高。该类产品均热镀锌处理。

2.2.3.5　盘销式钢管脚手支架

1. 盘销式钢管脚手架的立杆上每隔一定距离焊有圆盘，横杆、斜拉杆两端焊有插头，通过敲击楔形插销将焊接在横杆、斜拉杆的插头与焊接在立杆的圆盘锁紧，见图 2-2-27。

图 2-2-26　插接式脚手架节点

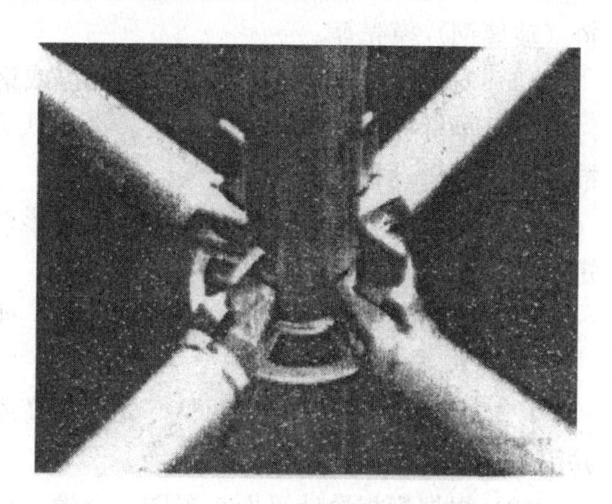

图 2-2-27　盘销式脚手架节点

2. 盘销式钢管脚手架分为 $\phi 60$ 系列重型支撑架和 $\phi 48$ 系列轻型脚手架两大类：

(1) $\phi 60$ 系列重型支撑架的立杆为 $\phi 60 \times 3.2$ 焊管制成（材质为 Q345、Q235）；立杆规格有：1m、2m、3m，每隔 0.5m 焊有一个圆盘；横杆及斜拉杆均采用 $\phi 48 \times 3.5$ 焊管制成，两端焊有插头并配有楔形插销；搭设时每隔 1.5m 搭设一步横杆。

(2) $\phi 48$ 系列轻型脚手架的立杆为 $\phi 48 \times 3.5$ 焊管制成（材质为 Q345）；立杆规格有：1m、2m、3m，每隔 1.0m 焊有一个圆盘；横杆及斜拉杆均为采用 $\phi 48 \times 3.5$ 焊管制成，两端焊有插头并配有楔形插销；搭设时每隔 2.0m 搭设一步横杆。

3. 盘销式钢管脚手架一般与可调底座、可调托座以及连墙撑等多种辅助件配套使用。

2.2.4　梁板模板早拆技术

早拆模板施工技术是指利用早拆支撑头、钢支撑或钢支架、主次梁等组成的支撑系统，在底模拆除时的混凝土强度要求符合现行《混凝土结构工程施工质量验收规范》GB 50204—2002 表 4.3.1 规定时，保留一部分狭窄底模板、早拆支撑头和养护支撑后拆，使拆除部分的构件跨度在规范允许范围内，实现大部分底模和支撑系统早拆的模板施工技术，见图 2-2-28。

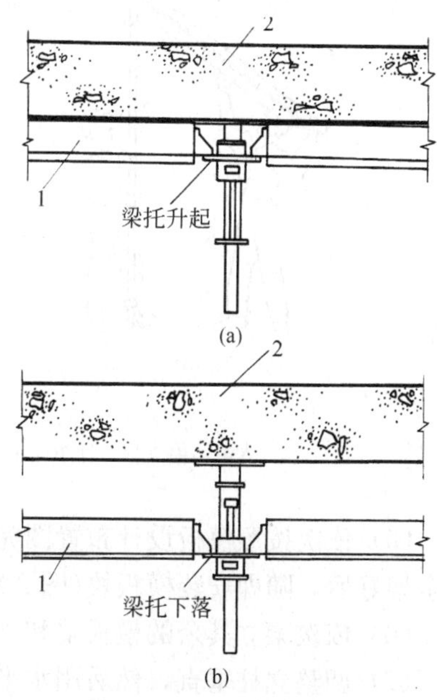

图 2-2-28　早期拆模原理

(a) 支模；(b) 拆模

1—模板主梁；2—现浇楼板

按照常规的支模方法，现浇楼板施工的模板配置量，一般均需 3～4 个层段的支柱、龙骨和模板，一次投入量大。采用早拆体系模板，就是根据现行《混凝土结构工程施工质量验收规范》GB 50204—2002对于小于等于2m跨度的现浇楼盖，其混凝土拆模强度可比大于2m且小于等于8m的跨度的现浇楼盖拆模强度减少25%，即达到设计强度的50%即可拆模。早拆体系模板就是通过合理的支设模板，将较大跨度的楼盖，通过增加支承点（支柱），缩小楼盖的跨度（≤2m），从而达到“早拆模板，后拆支柱”的目的。这样，可使龙骨和模板的周转加快，模板一次配置量可减少1/3～1/2。

早拆体系模板的关键是在支柱上装置早拆柱头。

1. 早拆模板及支撑设计

（1）早拆模板可以采用覆膜竹（木）胶合板模板、钢（铝）框胶合板模板、塑料模板和塑料（玻璃钢）模壳等。

（2）支撑系统由早拆支撑头、钢支撑或钢支架、主次梁和可调底座等组成。

（3）早拆柱头有螺杆式升降头、滑动式升降头和螺杆与滑动相结合的升降头三种形式，宜推广螺杆与滑动相结合的升降头。

（4）主次梁可以选用木工字梁、工字形钢木组合梁、矩形钢木组合梁、几字形钢木组合梁、矩形钢管和冷弯型钢等。

（5）支撑系统可以采用独立式钢支撑、插接式支架、盘销式支架、门式支架等。

2. 支模工艺

（1）根据楼层标高初步调整好立柱的高度，并安装好早拆柱头板，将早拆柱头板托板升起，并用楔片楔紧；

（2）根据模板设计平面布置图，立第一根立柱；

（3）将第一榀模板主梁挂在第一根立柱上(图2-2-29(a))；

（4）将第二根立柱及早拆柱头板与第一根模板主梁挂好，按模板设计平面布置图将立柱就位(图2-2-29(b))，并依次再挂上第一根模板主梁，然后用水平撑和连接件做临时固定。上下层立柱应对齐，并在同一个轴线上；

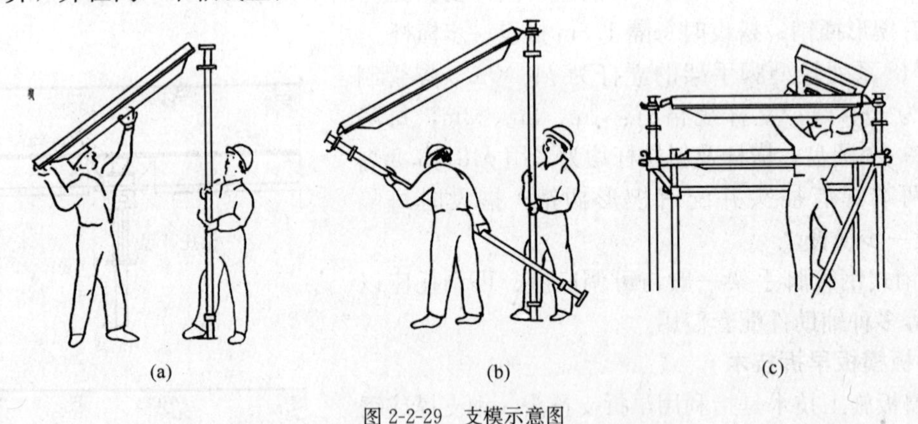

图2-2-29 支模示意图

(a) 立第一根立柱，挂第一根主梁；(b) 立第二根立柱；(c) 完成第一格构、随即铺模板块

（5）依次按照模板设计布置图完成第一个格构的立柱和模板梁的支设工作，当第一个格构完全架好后，随即安装模板块(图2-2-29(c))；

（6）依次架立其余的模板梁和立柱；

（7）调整立柱垂直，然后用水平尺调整全部模板的水平度；

（8）安装斜撑，将连接件逐个锁紧。

3. 拆模工艺

（1）用锤子将早拆柱头板铁楔打下，落下托板，模板主梁随之落下；

（2）逐块卸下模板块；

（3）卸下模板主梁；

（4）拆除水平撑及斜撑；

（5）将卸下的模板块、模板主梁、悬挑梁、水平撑、斜撑等整理码放好备用；

（6）待楼板混凝土强度达到设计要求后，再拆除全部支撑立柱（架）。

4. 二次顶撑工艺

二次顶撑工艺是指采用早拆工艺后仍保留的部分支撑主柱（架）进行二次顶撑。采用多功能早拆托座，可以在支撑系统原封不动的情况下实现二次顶撑技术。其工艺流程是：即调节（松动）早拆托座的螺母，使顶板离开楼板10～20mm→停留一段时间（10～20min）→调节（拧紧）早拆托座的螺母，使顶板顶紧楼板→待楼板混凝土强度达到规范要求后再拆除支撑。

二次顶撑操作，一般应分小区段顺次进行，区段要适中不宜太大。操作时，要使用力矩扳手，确保螺母的拧紧程度一致。

5. 效果

（1）早拆模板成套技术可以大量节省模板一次投入量，减少模板配置量的1/3～1/2；

（2）可以缩短施工工期50%左右，加快施工速度，提高工效30%以上；

（3）可以延长模板使用寿命，节省施工费用20%以上。

2.2.5 组合式模板施工要点

1. 施工设计

（1）施工前，应根据结构施工图及施工现场实际条件，编制模板工程施工设计，作为工程项目施工组织设计的一部分。模板工程施工设计应包括以下内容：

1）绘制配板设计图、连接件和支承系统布置图，以及细部结构、异形模板和特殊部位详图；

2）根据结构构造形式和施工条件，对模板和支承系统等进行力学验算；

3）制定模板及配件的周转使用计划，编制模板和配件的规格、品种与数量明细表；

4）制定模板安装及拆模工艺，以及技术安全措施。

（2）为了加快模板的周转使用，降低模板工程成本，宜选择以下措施：

1）采取分层分段流水作业；尽可能采取小流水段施工；

2）竖向结构与横向结构分开施工；

3）充分利用有一定强度的混凝土结构，支承上部模板结构；

4）采取预装配措施，使模板做到整体装拆；

5）水平结构模板宜采用“先拆模板（面板），后拆支撑”的“早拆体系”；充分利用各种钢管脚手架作模板支撑。

（3）模板的强度和刚度验算，应按照下列要求进行：

1）模板承受的荷载参见《混凝土结构工程施工规范》GB 50666—2011的有关规定进行计算；

2）组成模板结构的钢模板、钢楞和支柱应采用组合荷载验算其刚度，其容许挠度应符合表2-2-2的规定；

钢模板及配件的容许挠度（mm）　　表2-2-2

部件名称	容许挠度	部件名称	容许挠度
钢模板的面积	1.5	柱　箍	$b/500$
单块钢模板	1.5	桁　架	$L/1000$
钢　楞	$L/500$	支承系统累计	4.0

注：L为计算跨度，b为柱宽。

3）模板所用材料的强度设计值，应按国家现行规范的有关规定取用，并应根据模板的新旧程度、荷载性质和结构不同部位，乘以系数 1.0～1.18；

4）采用矩形钢管与内卷边槽钢的钢楞，其强度设计值应按现行《冷弯薄壁型钢结构技术规范》GB 50018—2002 有关规定取用；强度设计值不应提高；

5）当验算模板及支承系统在自重与风荷载作用下抗倾覆的稳定性时，抗倾覆系数不应小于 1.15。风荷载应根据现行国家标准《建筑结构荷载规范》GB 50009—2012 的有关规定取用。

（4）配板设计和支承系统的设计，应遵守以下规定：

1）要保证构件的形状尺寸及相互位置的正确。

2）要使模板具有足够的强度、刚度和稳定性，能够承受新浇混凝土的重量和侧压力，以及各种施工荷载。

3）力求构造简单，装拆方便，不妨碍钢筋绑扎，保证混凝土浇筑时不漏浆。柱、梁、墙、板的各种模板面的交接部分，应采用连接简便、结构牢固的专用模板。

4）配制的模板，应优先选用通用、大块模板，使其种类和块数最小，木模镶拼量最少。设置对拉螺栓的模板，为了减少钢模板的钻孔损耗，可在螺栓部位改用刨光方木代替。或应使钻孔的模板能多次周转使用。

5）相邻钢模板的边肋，都应用销、卡插卡牢固，间距不应大于 300mm，端头接缝上的卡孔，也应插上卡、销。

6）模板长向拼接宜采用错开布置，以增加模板的整体刚度。

7）模板的支承系统应根据模板的荷载和部件的刚度进行布置：

①内钢楞应与钢模板的长度方向相垂直，直接承受钢模板传递的荷载；外钢楞应与内钢楞互相垂直，承受内钢楞传来的荷载，用以加强钢模板结构的整体刚度，其规格不得小于内钢楞；

②内钢楞悬挑部分的端部挠度应与跨中挠度大致相同，悬挑长度不宜大于 400mm，支柱应着力在外钢楞上；

③一般柱、梁模板，宜采用柱箍和梁卡具作支承件。断面较大的柱、梁，宜用对拉螺栓和钢楞及拉杆；

④模板端缝齐平布置时，一般每块钢模板应有两处钢楞支承。错开布置时，其间距可不受端缝位置的限制；

⑤在同一工程中可多次使用的预组装模板，宜采用模板与支承系统连成整体的模架；

⑥支承系统应经过设计计算，保证具有足够的强度和稳定性。当支柱或其节间的长细比大于 110 时，应按临界荷载进行核算，安全系数可取 3～3.5；

⑦对于连续形式或排架形式的支柱，应适当配置水平撑与剪刀撑，以保证其稳定性。

8）模板的配板设计应绘制配板图，标出钢模板的位置、规格型号和数量。预组装大模板，应标绘出其分界线。预埋件和预留孔洞的位置，应在配板图上标明，并注明固定方法。

（5）配板步骤

1）根据施工组织设计对施工区段的划分、施工工期和流水段的安排，首先明确需要配制模板的层段数量。

2）根据工程情况和现场施工条件，决定模板的组装方法。

3）根据已确定配模的层段数量，按照施工图纸中梁、柱、墙、板等构件尺寸，进行模板组配设计。

4）明确支撑系统的布置、连接和固定方法。

5）进行夹箍和支撑件等的设计计算和选配工作。

6）确定预埋件的固定方法、管线埋设方法以及特殊部位（如预留孔洞等）的处理方法。

7）根据所需钢模板、连接件、支撑及架设工具等列出统计表，以便备料。

2. 施工前的准备工作

（1）安装前，要做好模板的定位基准工作，其工作步骤是：

1）进行中心线和位置的放线：首先引测建筑的边柱或墙轴线，并以该轴线为起点，引出每条轴线。

模板放线时，根据施工图用墨线弹出模板的内边线和中心线，墙模板要弹出模板的边线和外侧控制，以便于模板安装和校正。

2）做好标高量测工作：用水准仪把建筑物水平标高根据实际标高的要求，直接引测到模板安装位置。

3）进行找平工作：模板承垫底部应预先找平，以保证模板位置正确，防止模板底部漏浆。常用的找平方法是沿模板边线（构件边线外侧）用1：3水泥砂浆抹找平层[图2-2-30（a）]。另外，在外墙、外柱部位，继续安装模板前，要设置模板承垫条带［图2-2-30（b）]，并校正其平直。

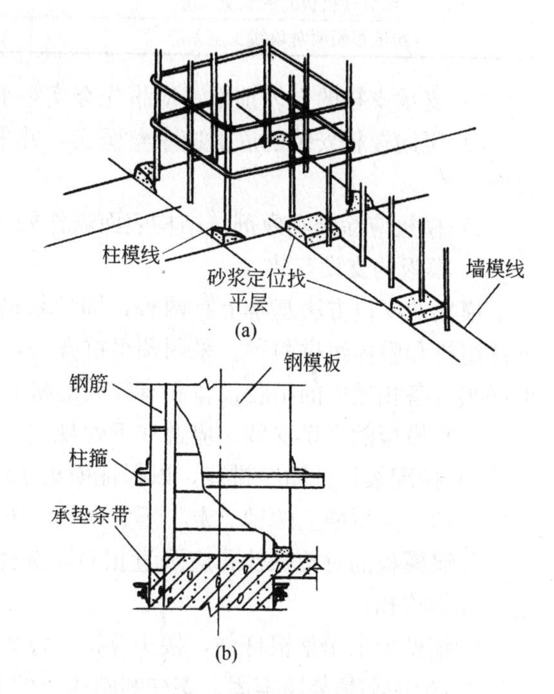

图2-2-30　墙、柱模板找平

（a）砂浆找平层；（b）外柱外模板设承垫条带

4）设置模板定位基准：传统做法是，按照构件的断面尺寸先用同强度等级的细石混凝土浇筑50～100mm的导墙，作为模板定位基准。

另一种做法是采用钢筋定位：墙体模板可根据构件断面尺寸切割一定长度的钢筋焊成定位梯子支撑筋（钢筋端头刷防锈漆），绑（焊）在墙体两根竖筋上[图2-2-31(a)]，起到支撑作用，间距1200mm左右；柱模板，可在基础和柱模上口用钢筋焊成井字形套箍撑住模板并固定竖向钢筋，也可在竖向钢筋靠模板一侧焊一短截钢筋，以保持钢筋与模板的位置[图2-2-31(b)]。

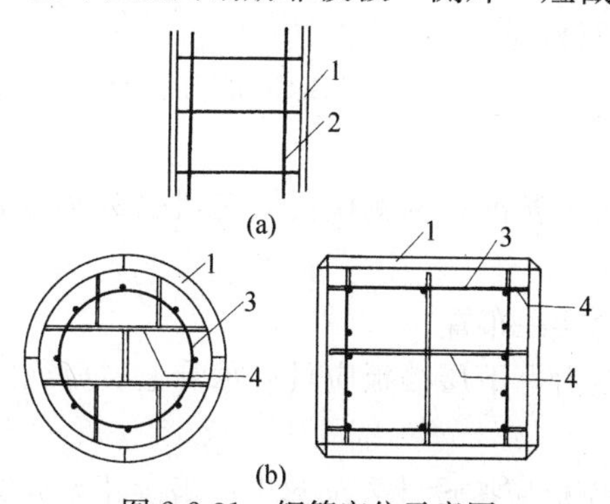

图2-2-31　钢筋定位示意图

（a）墙体梯子支撑筋；（b）柱井字套箍支撑筋

1—模板；2—梯形筋；3—箍筋；4—井字支撑筋

5）合模前要检查构件竖向接槎处面层混凝土是否已经凿毛。

（2）按施工需用的模板及配件对其规格、数量逐项清点检查，未经修复的部件不得使用。

（3）采取预组装模板施工时，预组装工作应在组装平台或经平整处理的地面上进行，并按表2-2-3要求逐块检验后进行试吊，试吊后再进行复查，并检查配件数量、位置和紧固情况。

（4）经检查合格的模板，应按照安装程序进行堆放或装车运输。重叠平放时，每层之间应加垫木，模板与垫木均应上下对齐，底层模板应垫离地面不小于10cm。

运输时，要避免碰撞，防止倾倒。应采取措施，保证稳固。

（5）模板安装前，应做好下列准备工作：

1）向施工班组进行技术交底，并且做样板，经监理、有关人员认可后，再大面积展开；

钢模板施工组装质量标准(mm) **表 2-2-3**

项 目	允许偏差
两块模板之间拼接缝隙	≤2.0
相邻模板面的高低差	≤2.0
组装模板板面平面度	≤2.0（用 2m 长平尺检查）
组装模板板面的长宽尺寸	≤长度和宽度的 1/1000，最大±4.0
组装模板两对角线长度差值	≤对角线长度的 1/1000，最大≤7.0

2）支承支柱的土体地面，应事先夯实整平，并做好防水、排水设置，准备支柱底垫木；

3）竖向模板安装的底面应平整坚实，并采取可靠的定位措施，按施工设计要求预埋支承锚固件；

4）模板应涂刷脱模剂。结构表面需作处理的工程，严禁在模板上涂刷废机油或其他油类。

3. 模板的支设安装

模板的支设方法基本上有两种，即单块就位组拼（散装）和预组拼，其中预组拼又可分为分片组拼和整体组拼两种。采用预组拼方法，可以加快施工速度，提高工效和模板的安装质量，但必须具备相适应的吊装设备和有较大的拼装场地。

（1）模板的支设安装，应遵守下列规定：

1）按配板设计循序拼装，以保证模板系统的整体稳定：

①同一条拼缝上的销、卡，不宜向同一方向卡紧；

②墙模板的对拉螺栓孔应平直相对，穿插螺栓不得斜拉硬顶。钻孔应采用机具，严禁采用电、气焊灼孔；

③钢楞宜采用整根杆件，接头应错开设置，搭接长度不应少于 200mm。

2）配件必须装插牢固。支柱和斜撑下的支承面应平整垫实，要有足够的受压面积。支承件应着力于外钢楞；

3）预埋件与预留孔洞必须位置准确，安设牢固；

4）基础模板必须支撑牢固，防止变形，侧模斜撑的底部应加设垫木；

5）墙和柱子模板的底面应找平，下端应与事先做好的定位基准靠紧垫平，在墙、柱子上继续安装模板时，模板应有可靠的支承点，其平直度应进行校正；

6）楼板模板支模时，应先完成一个格构的水平支撑及斜撑安装，再逐渐向外扩展，以保持支撑系统的稳定性；

7）预组装墙模板吊装就位后，下端应垫平，紧靠定位基准；两侧模板均应利用斜撑调整和固定其垂直度；

8）支柱所设的水平撑与剪刀撑，应按构造与整体稳定性布置；

9）多层支设的支柱，上下应设置在同一竖向中心线上，下层楼板应具有承受上层荷载的承载能力或加设支架支撑。下层支架的立柱应铺设垫板；

10）对现浇混凝土梁、板，当跨度不小于 4m 时，模板应按设计要求起拱；当设计无具体要求时，起拱高度宜为跨度的 1/1000～3/1000；

11）曲面结构可用双曲可调模板，采用平面模板组装时，应使模板面与设计曲面的最大差值不得超过设计的允许值。

（2）柱模板支设

1）保证柱模的长度符合模数，不符合部分放到节点部位处理；或以梁底标高为准，由上往下配模，不符合模数部分放到柱根部位处理；高度在 4m 和 4m 以上时，一般应四面支撑。当柱高超过 6m 时，不宜单根柱支撑，宜几根柱同时支撑连成构架。

2）柱模根部要用水泥砂浆堵严，防止跑浆；柱模的浇筑口和清扫口，在配模时应一并考虑留出。

3）梁、柱模板分两次支设时，在柱子混凝土达到拆模强度时，最上一段柱模先保留不拆，以便于与梁模板连接。

4）柱模的清渣口应留置在柱脚一侧，如果柱子断面较大，为了便于清理，亦可两面留设。清理完毕，立即封闭。

5）柱模安装就位后，立即用四根支撑或有张紧器花篮螺栓的缆风绳与柱顶四角拉结，并校正其中心线和偏斜（图 2-2-32），全面检查合格后，再群体固定。

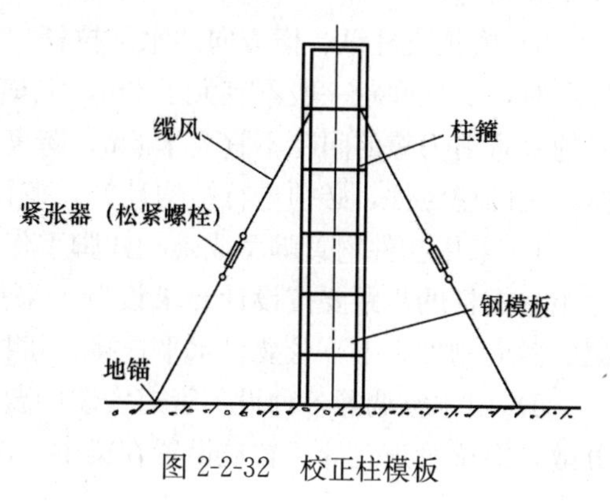

图 2-2-32　校正柱模板

（3）梁模板支设

1）梁柱接头模板的连接特别重要，一般可按图 2-2-33 和图 2-2-34 处理；或用专门加工的梁柱接头模板。

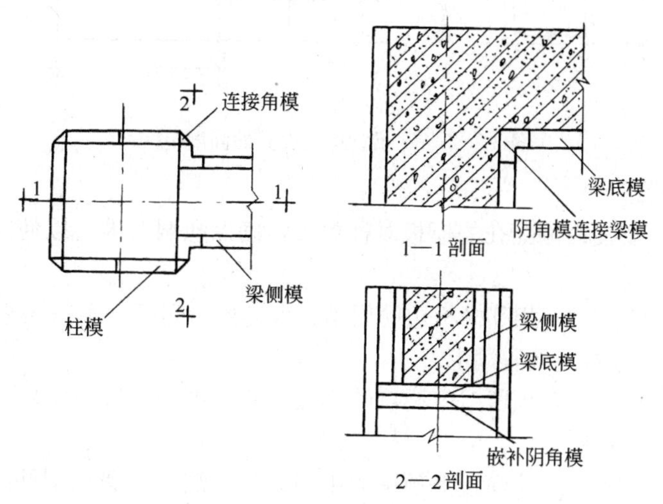

图 2-2-33　柱顶梁口采用嵌补模板

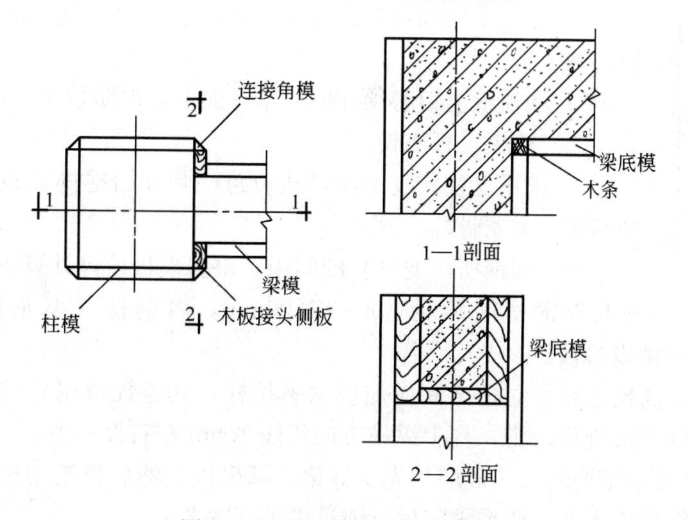

图 2-2-34　柱顶梁口用木方镶拼

2）梁模支柱的设置，应经模板设计计算决定，一般情况下采用双支柱时，间距以60～100cm为宜。

3）模板支柱纵、横方向的水平拉杆、剪刀撑等，均应按设计要求布置；一般工程当设计无规定时，支柱间距一般不宜大于2m，纵横方向的水平拉杆的上下间距不宜大于1.5m，纵横方向的垂直剪刀撑的间距不宜大于6m；跨度大或楼层高的工程，必须认真进行设计，尤其是对支撑系统的稳定性，必须进行结构计算，按设计精心施工。

4）采用扣件钢管脚手或碗扣式脚手作支架时，扣件要拧紧，杯口要紧扣，要抽查扣件的扭力矩。横杆的步距要按设计要求设置。采用桁架支模时，要按事先设计的要求设置，要考虑桁架的横向刚度，上下弦要设水平连接，拼接桁架的螺栓要拧紧，数量要满足要求。

5）由于空调等各种设备管道安装的要求，需要在模板上预留孔洞时，应尽量使穿梁管道孔分散，穿梁管道孔的位置应设置在梁中（图2-2-35），以防削弱梁的截面，影响梁的承载能力。

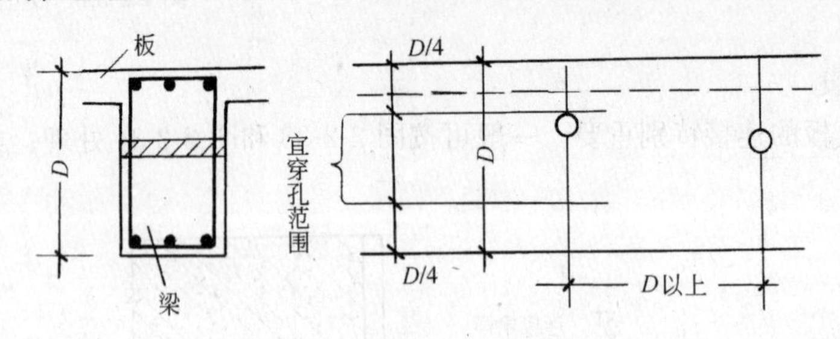

图2-2-35 穿梁管道孔设置的高度范围

（4）墙板模板支设

1）组装模板时，要使两侧穿孔的模板对称放置，确保孔洞对准，以使穿墙螺栓与墙模保持垂直。

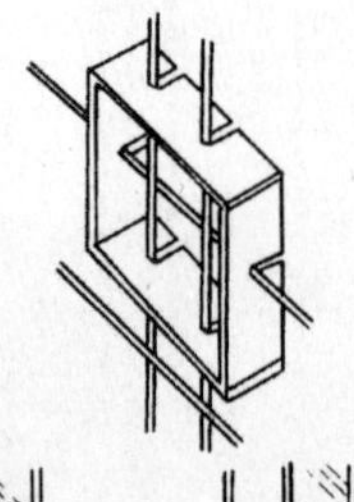

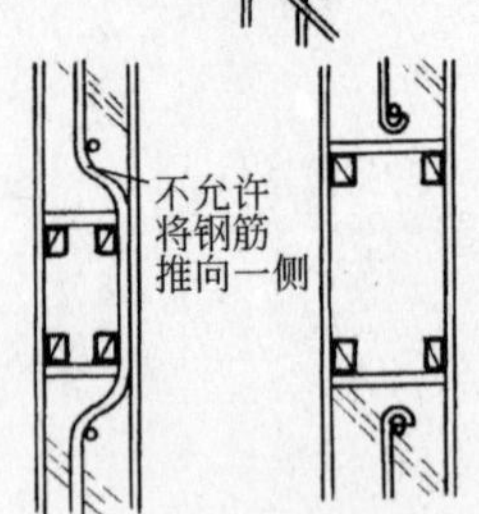

图2-2-36 墙模板上设备孔洞模板做法

2）相邻模板边肋用销、卡连接的间距，不得大于300mm，预组拼模板接缝处宜满上。

3）预留门窗洞口的模板应有锥度，安装要牢固，既不变形，又便于拆除。

4）墙模板上预留的小型设备孔洞，当遇到钢筋时，应设法确保钢筋位置正确，不得将钢筋移向一侧（图2-2-36）。

5）优先采用预组装的大块模板，必须要有良好的刚度，以便于整体装、拆、运。

6）墙模板上口必须在同一水平面上，严防墙顶标高不一。

（5）楼板模板支设

1）采用立柱作支架时，从边跨一侧开始逐排安装立柱，并同时安装外钢楞（大龙骨）。

立柱和钢楞（龙骨）的间距，根据模板设计计算决定，一般情况下立柱与外钢楞间距为600～1200mm，内钢楞（小龙骨）间距为400～600mm。调平后即可铺设模板。

在模板铺设完标高校正后，立柱之间应加设水平拉杆，其道数根据立柱高度决定。一般情况下离地面200～300mm处设一道，往上纵横方向每隔1.6m左右设一道。

2）采用桁架作支承结构时，一般应预先支好梁、墙模板，然后将桁架按模板设计要求支设在梁侧模通长的型钢或方木上，调平固定后再铺设模板（图2-2-37）。

3）楼板模板当采用单块就位组拼时，宜以每个节间从四周先用阴角模板与墙、梁模板连

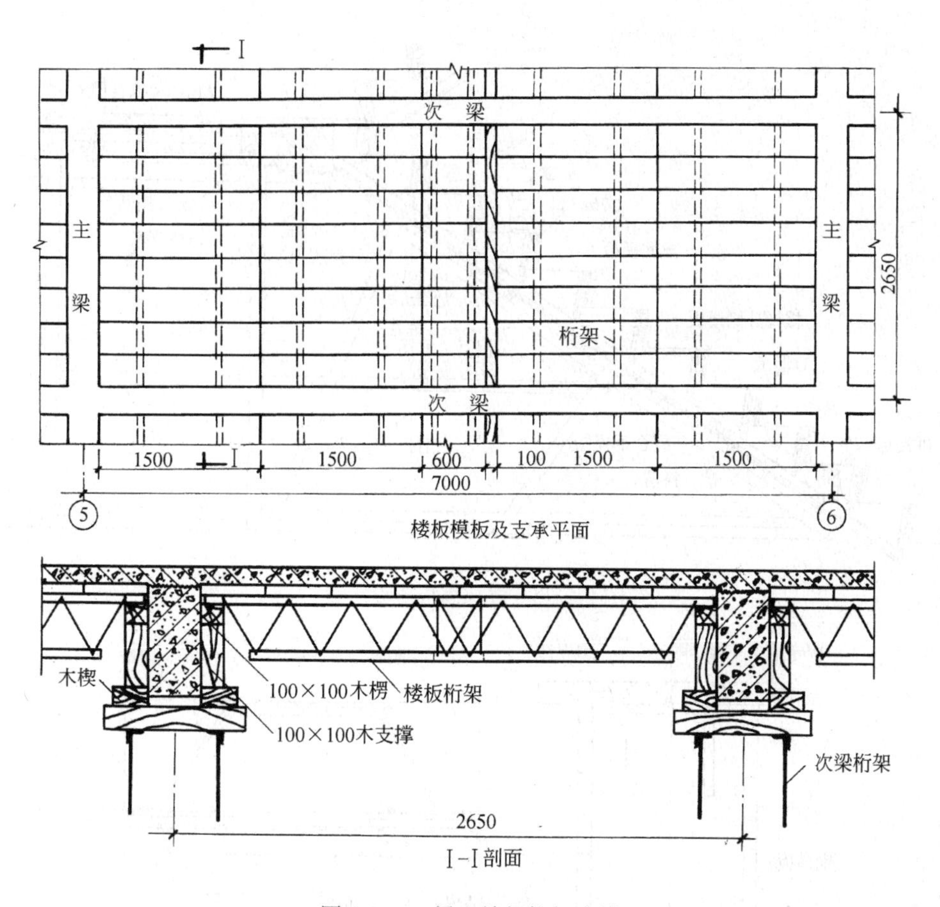

图 2-2-37　梁和楼板桁架支模

接，然后向中央铺设。相邻模板边肋应按设计要求用U形卡连接，也可用钩头螺栓与钢楞连接。亦可采用销、卡预拼大块再吊装铺设。

4）采用钢管脚手架作支撑时，在支柱高度方向每隔1.2～1.3m设一道双向水平拉杆。

5）要优先采用支撑系统的快拆体系，加快模板周转速度。

（6）楼梯模板支设

楼梯模板一般比较复杂，常见的有板式和梁式楼梯，其支模工艺基本相同。

施工前应根据实际层高放样，先安装休息平台梁模板，再安装楼梯模板斜楞，然后铺设楼梯底模、安装外帮侧模和踏步模板。安装模板时要特别注意斜向支柱（斜撑）的固定，防止浇筑混凝土时模板移动。

楼梯段模板组装情况，见图2-2-38。

（7）预埋件和预留孔洞的设置

梁顶面和板顶面预埋件的留设方法，见图2-2-39。

预留孔洞的留置，见图2-2-40。

当楼板板面上留设较大孔洞时，留孔处留出模板空位，用斜撑将孔模支于孔边上（图2-2-41）。

（8）钢模板工程安装质量检查及验收

1）钢模板工程安装过程中，应进行下列质量检查和验收：

①钢模板的布置和施工顺序；

②连接件、支承件的规格、质量和紧固情况；

③支承着力点和模板结构整体稳定性；

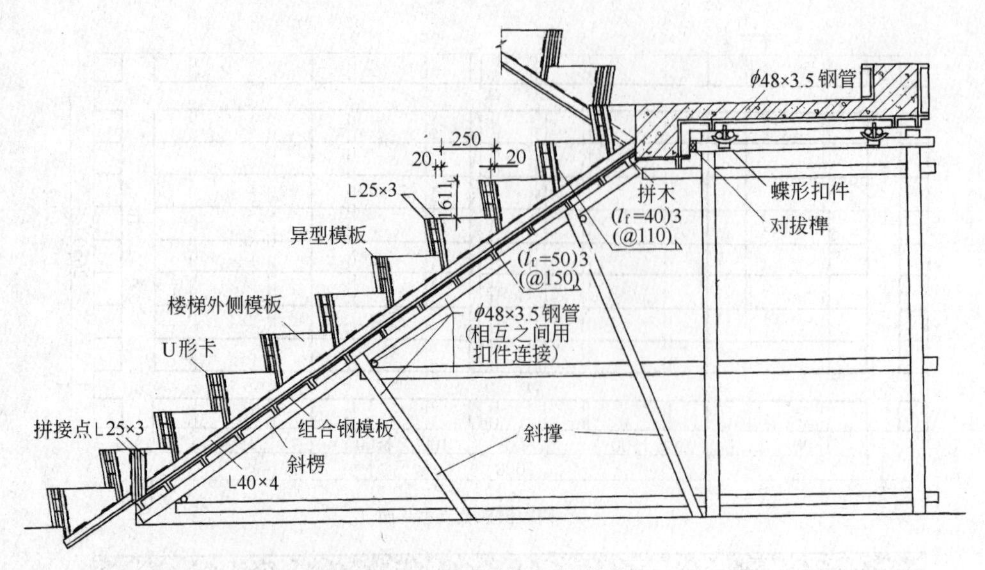

图 2-2-38　楼梯模板支设示意

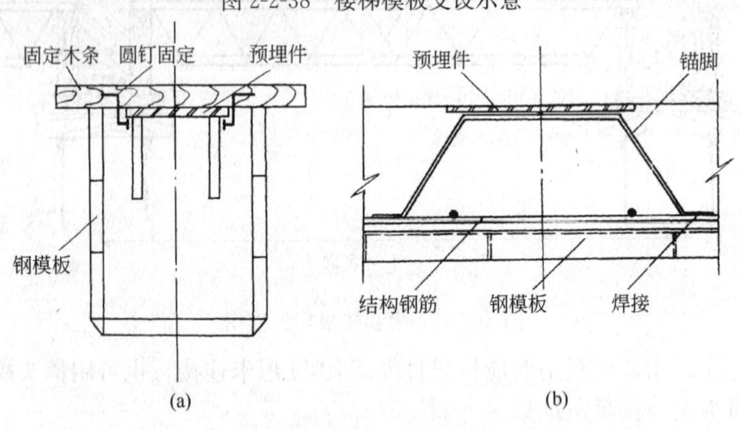

图 2-2-39　水平构件预埋件固定示意

（a）梁顶面；（b）板顶面

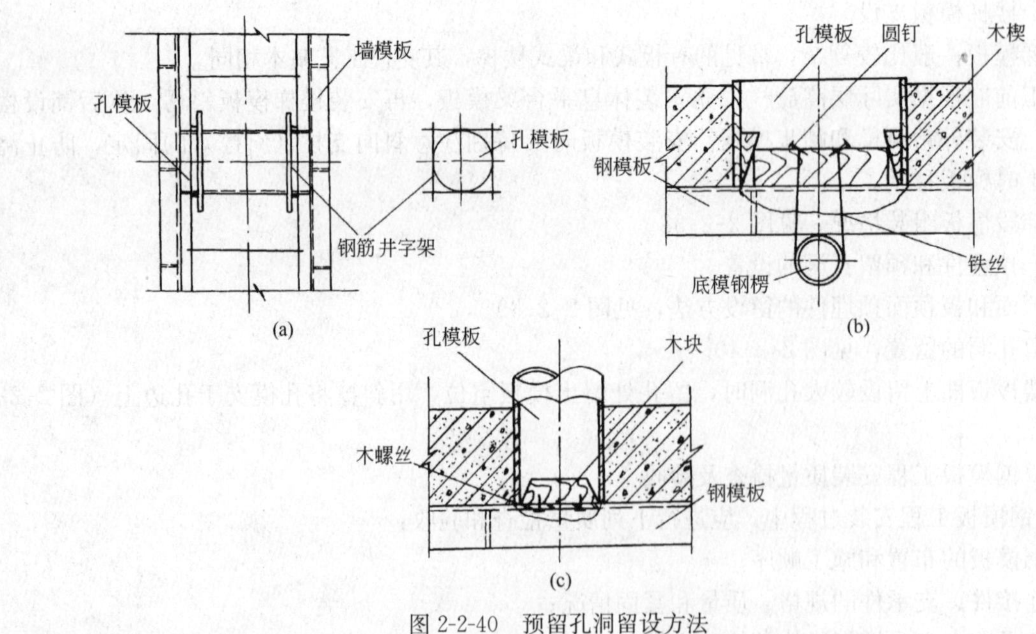

图 2-2-40　预留孔洞留设方法

（a）梁、墙侧面；（b）、（c）楼板板底

④模板轴线位置和标志；

⑤竖向模板的垂直度和横向模板的侧向弯曲度；

⑥模板的拼缝度和高低差；

⑦预埋件和预留孔洞的规格数量及固定情况；

⑧扣件规格与对拉螺栓、钢楞的配套和紧固情况；

⑨支柱、斜撑的数量和着力点；

⑩对拉螺栓、钢楞与支柱的间距；

⑪各种预埋件和预留孔洞的固定情况；

⑫模板结构的整体稳定；

⑬有关安全措施。

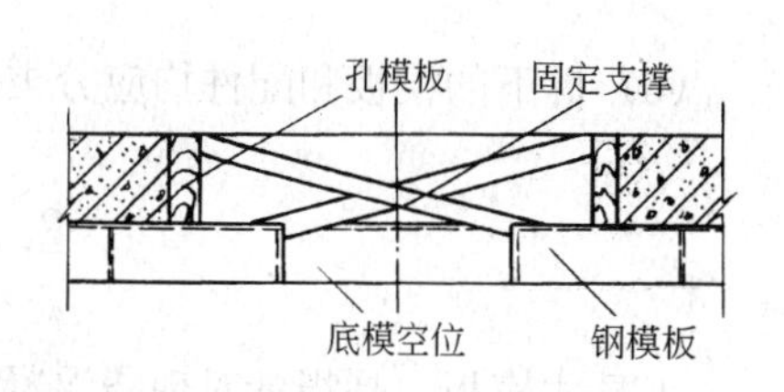

图 2-2-41　支撑固定方孔孔模

2）模板工程验收时，应提供下列文件：

①模板工程的施工设计或有关模板排列图和支承系统布置图；

②模板工程质量检查记录及验收记录；

③模板工程支模的重大问题及处理记录。

4. 施工安全要求

模板安装时，应切实做好安全工作，应符合以下安全要求：

（1）模板上架设的电线和使用的电动工具，应采用 36V 的低压电源或采取其他有效的安全措施；

（2）登高作业时，各种配件应放在工具箱或工具袋中，严禁放在模板或脚手架上；各种工具应系挂在操作人员身上或放在工具袋内，不得掉落；

（3）高耸建筑施工时，应有防雷击措施；

（4）高空作业人员严禁攀登组合钢模板或脚手架等上下，也不得在高空的墙顶、独立梁及其模板等上面行走；

（5）模板的预留孔洞、电梯井口等处，应加盖或设置防护栏，必要时应在洞口处设置安全网；

（6）装拆模板时，上下应有人接应，随拆随运转，并应把活动部件固定牢靠，严禁堆放在脚手板上和抛掷；

（7）装拆模板时，必须采用稳固的登高工具，高度超过 3.5m 时，必须搭设脚手架。装拆施工时，除操作人员外，下面不得站人。高处作业时，操作人员应挂上安全带；

（8）安装墙、柱模板时，应随时支撑固定，防止倾覆；

（9）预拼装模板的安装，应边就位、边校正、边安设连接件，并加设临时支撑稳固；

（10）预拼装模板垂直吊运时，应采取两个以上的吊点；水平吊运应采取四个吊点。吊点应作受力计算，合理布置；

（11）预拼装模板应整体拆除。拆除时，先挂好吊索，然后拆除支撑及拼接两片模板的配件，待模板离开结构表面后再起吊；

（12）拆除承重模板时，必要时应先设立临时支撑，防止突然整块坍落。

5. 模板拆除

（1）模板拆除的顺序和方法，应按照配板设计的规定进行，遵循先支后拆，先拆非承重部位，后拆承重部位以及自上而下的原则。拆模时，严禁用大锤和撬棍硬砸硬撬；

（2）先拆除侧面模板（混凝土强度大于 $1N/mm^2$），再拆除承重模板；

（3）组合大模板宜大块整体拆除；

（4）支承件和连接件应逐件拆卸，模板应逐块拆卸传递，拆除时不得损伤模板和混凝土；

(5) 拆下的模板和配件均应分类堆放整齐，附件应放在工具箱内。

2.3 工具式模板

工具式模板，是指针对现浇混凝土结构的墙体、柱、楼板等构件的构造及规格尺寸，加工制成定型化模板，整支整拆，多次周转，实行工业化施工。

2.3.1 大模板

大模板，是大型模板或大块模板的简称。它的单块模板面积较大，通常是以一面现浇混凝土墙体为一块模板。大模板是采用定型化的设计和工业化加工制作而成的一种工具式模板，施工时配以相应的吊装和运输机械，用于现浇钢筋混凝土墙体。它具有安装和拆除简便、尺寸准确和板面平整等特点。

采用大模板进行建筑施工的工艺特点是：利用工业化建筑施工的原理，以建筑物的开间、进深、层高尺寸为基础，进行大模板的设计和制作。以大模板为主要施工手段，以现浇钢筋混凝土墙体为主导工序，组织有节奏的均衡施工。这种施工方法工艺简单，施工速度快，工程质量好，结构整体性和抗震性能好，混凝土表面平整光滑，并可以减少装修抹灰湿作业。由于它的工业化、机械化施工程度高，综合经济技术效益好，因而受到普遍欢迎。

采用大模板进行结构施工，主要用于剪力墙结构或框架-剪力墙结构中的剪力墙施工。

2.3.1.1 大模板工程分类

1. 内浇外板工程

又称内浇外挂工程。这种工程的特点是：外墙为预制钢筋混凝土墙板，内墙为大模板现浇钢筋混凝土承重墙体，是预制与现浇相结合的一种剪力墙结构。预制外墙板的材料种类有：轻骨料混凝土外墙板及普通混凝土与轻质保温材料复合外墙板。内、外墙板的节点构造如图2-3-1所示。

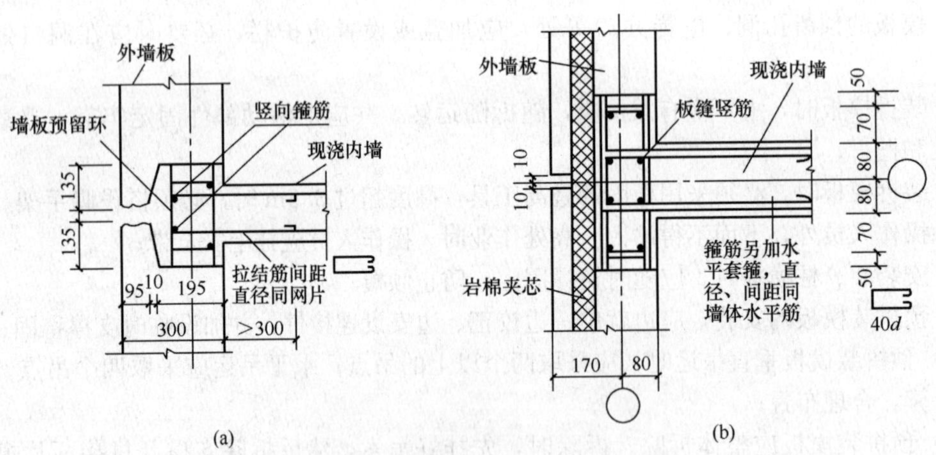

图 2-3-1 内浇外板内、外墙节点

(a) 单一材料外墙板；(b) 岩棉复合外墙板

预制外墙板的饰面，可以采用涂料或面砖等块材类饰面一次成型，亦可采用装饰混凝土一次成型。

2. 内外墙全现浇工程

内墙与外墙全部以大模板为工具浇筑的钢筋混凝土墙体。由于这种工艺不受外墙板生产、运输和吊装能力的制约，减少了施工环节，加强了结构整体性，降低了工程成本。

内外墙全现浇工程，内墙与外墙可以采用普通混凝土一次浇筑成型，然后用高效保温材料做外墙内保温处理或外墙外保温处理，从而达到舒适和节能的目的。

内外墙全现浇工程中内墙采用普通混凝土，外墙也可以采用热工性能良好的轻骨料混凝土。这种做法宜先浇内墙，后浇外墙，并且在内外墙交接处做好连接处理。

3. 内浇外砌工程

外墙为砖砌体或其他材料砌体，内墙为大模板现浇钢筋混凝土墙体。这种体系一般用于多层建筑，有的也用于10层左右的住宅和宾馆。

2.3.1.2 大模板的板面材料

大模板的板面是直接与混凝土接触部分，要求表面平整，有一定刚度，能多次重复使用。

1. 整块钢板面

通常采用4～6mm的钢板拼焊而成，具有良好的强度和刚度，能承受较大的混凝土侧压力及其他施工荷载。重复使用次数多，一般可周转使用200次以上，故比较经济。另外，由于钢板面平整光洁，容易清理，耐磨性能好，这些均有利于提高混凝土的表面质量。但也存在耗钢量大、重量大（$40kg/m^2$）、易生锈、不保温和损坏后不易修复的缺点。

2. 组合钢模板组拼板面

这种面板虽具有一定的强度和刚度，自重较整块钢板面要轻（$35kg/m^2$）等特点，但拼缝较多，整体性差，浇筑的混凝土表面不够光滑，周转使用次数也不如整块钢板面多。

3. 多层胶合板板面

采用多层胶合板，用机螺钉固定于板面结构上。胶合板货源广泛，价格便宜，板面平整，易于更换，同时还具有一定的保温性能。但周转使用次数少。

4. 覆膜胶合板板面

以多层胶合板作基材，表面敷以聚氰胺树脂薄膜，具有表面光滑、防水、耐磨、耐酸碱、易脱模（在前8次使用中可以不刷脱膜剂）等特点。

5. 覆面竹胶合板板面

以多层竹片互相垂直配置，经胶粘压接而成。表面涂以酚醛薄膜或其他覆膜材料。它具有吸水率低、膨胀率小、结构性能稳定、强度和刚度好、耐磨、耐腐蚀、阻燃等特点。这种板面原材料丰富，对开发农村经济，提高竹材的利用率，降低工程成本，都具有一定的意义。

6. 高分子合成材料板面

采用玻璃钢或硬质塑料板作板面，它具有自重轻、表面平整光滑、易于脱模、不锈蚀、遇水不膨胀等特点，缺点是刚度小、怕撞击。

2.3.1.3 构造形式

大模板主要由面板、支撑系统、操作防护系统组成。按照其构造和组拼方式的不同，用于内横、纵墙的大模板可分为固定式大模板、组合式大模板、拼装式大模板、筒形模板，以及外墙大模板。

1. 固定式大模板

固定式大模板是我国最早采用的工业化模板。由板面、支撑桁架和操作平台组成，如图2-3-2所示。

板面由面板、横肋和竖肋组成。面板采用4～5mm厚钢板，横肋用[8槽钢，间距300～330mm，竖肋用[8槽钢成组对焊接，与支撑桁架连为一体，间距1000mm左右。桁架上方铺设脚手板作为操作平台，下方设置可调节模板高度和垂直度的地脚螺栓。

桁架式大模板通用性差。为了解决横墙和纵墙能同时浇筑混凝土，需要另配角模解决纵横墙间的接缝处理，如图2-3-3所示。适用于标准化设计的剪力墙施工，目前已很少采用。

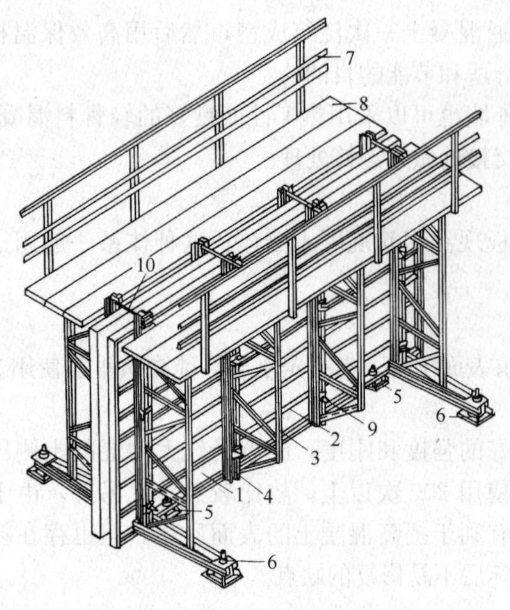

图 2-3-2　桁架式大模板构造示意

1—面板；2—水平肋；3—支撑桁架；4—竖肋；5—水平调整装置；6—垂直调整装置；7—栏杆；8—脚手板；9—穿墙螺栓；10—固定卡具

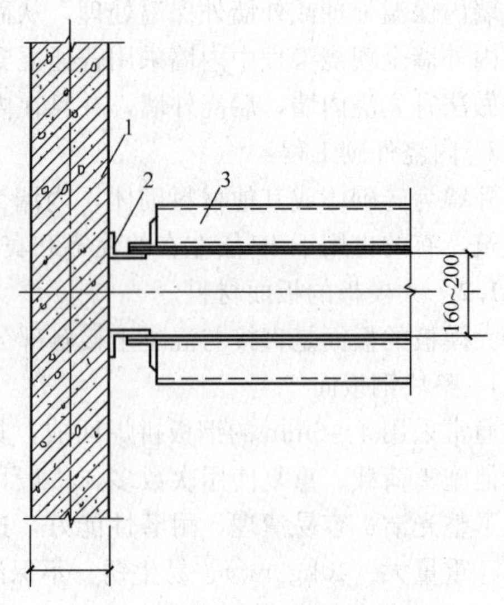

图 2-3-3　横、纵墙分两次支模

1—已完横墙；2—补缝角模；3—纵墙模板

2. 组合式大模板

组合式大模板是通过固定于大模板上的角模，能把纵、横墙模板组装在一起，用以同时浇筑纵、横墙的混凝土，并可利用模数条模板调整大模板的尺寸，以适应不同开间、进深尺寸的变化。

该模板由板面、支撑系统、操作平台及连接件等部分组成。如图 2-3-4 所示。

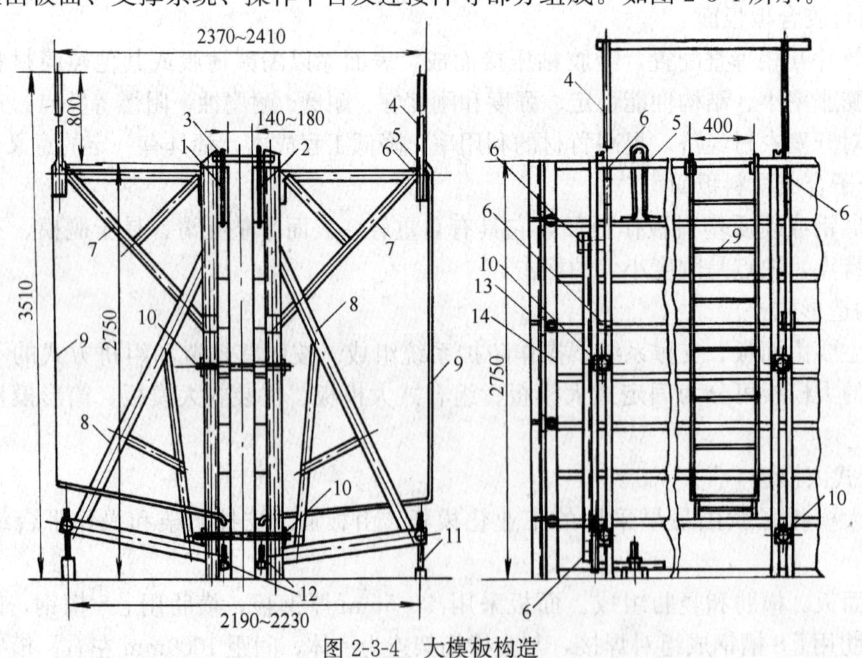

图 2-3-4　大模板构造

1—反向模板；2—正向模板；3—上口卡板；4—活动护身栏；5—爬梯横担；6—螺栓连接；7—操作平台斜撑；8—支撑架；9—爬梯；10—穿墙螺栓；11—地脚螺栓；12—地脚；13—反活动角模；14—正活动角模

（1）板面结构

板面系统由面板、横肋和竖肋以及竖向（或横向）背楞（龙骨）所组成，如图 2-3-5 所示。

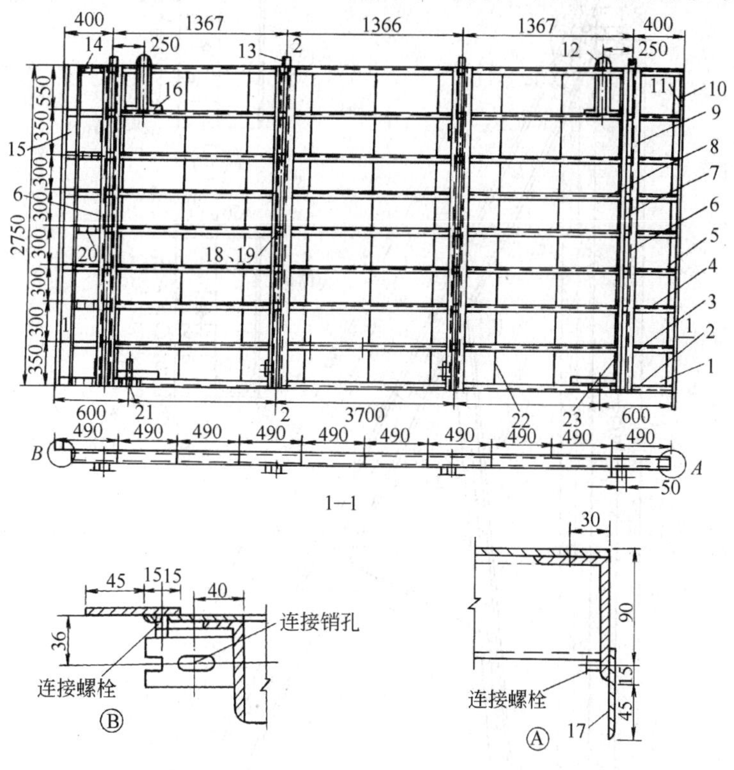

图 2-3-5　组合大模板板面系统构造

1—面板；2—底横肋（横龙骨）；3、4、5—横肋（横龙骨）；6、7—竖肋（竖龙骨）；8、9、22、23—小肋（扁钢竖肋）；10、17—拼缝扁钢；11、15—角龙骨；12—吊环；13—上卡板；14—顶横龙骨；16—撑板钢管；18—螺母；19—垫圈；20—沉头螺丝；21—地脚螺栓

面板通常采用材质 Q235A，厚度 4～6mm 的钢板，也可选用胶合板等材料。由于板面是直接承受浇筑混凝土的侧压力，因此要求具有一定的刚度、强度，板面必须平整，拼缝必须严密，与横、竖肋焊接（或钉接）必须牢固。

横肋一般采用［8 槽钢，间距 300～350mm。竖肋一般用 6mm 厚扁钢，间距 400～500mm，以使板面能双向受力。

背楞骨（竖肋）通常采用［8 槽钢成对放置，两槽钢之间留有一定空隙，以便于穿墙螺栓通过，龙骨间距一般为 1000～1400mm。背楞骨与横肋连接要求满焊，形成一个结构整体。

在模板的两端一般都焊接角钢边框（图 2-3-5），以使板面结构形成一个封闭骨架，加强整体性。从功能上也可解决横墙模板与纵墙横板之间的搭接，以及横墙模板与预制外墙组合柱模板的搭接问题。

（2）支撑系统

支撑系统的功能在于支持板面结构，保持大模板的竖向稳定，以及调节板面的垂直度。支撑系统由三角支架和地脚螺栓组成。

三角支架用角钢和槽钢焊接而成，见图 2-3-6 所示。一块大模板最少设置两个三角支架，通过上、下两个螺栓与大模板的竖向龙骨连接。

三角支架下端横向槽钢的端部设置一个地脚螺栓（图 2-3-7），用来调整模板的垂直度和保证模板的竖向稳定。

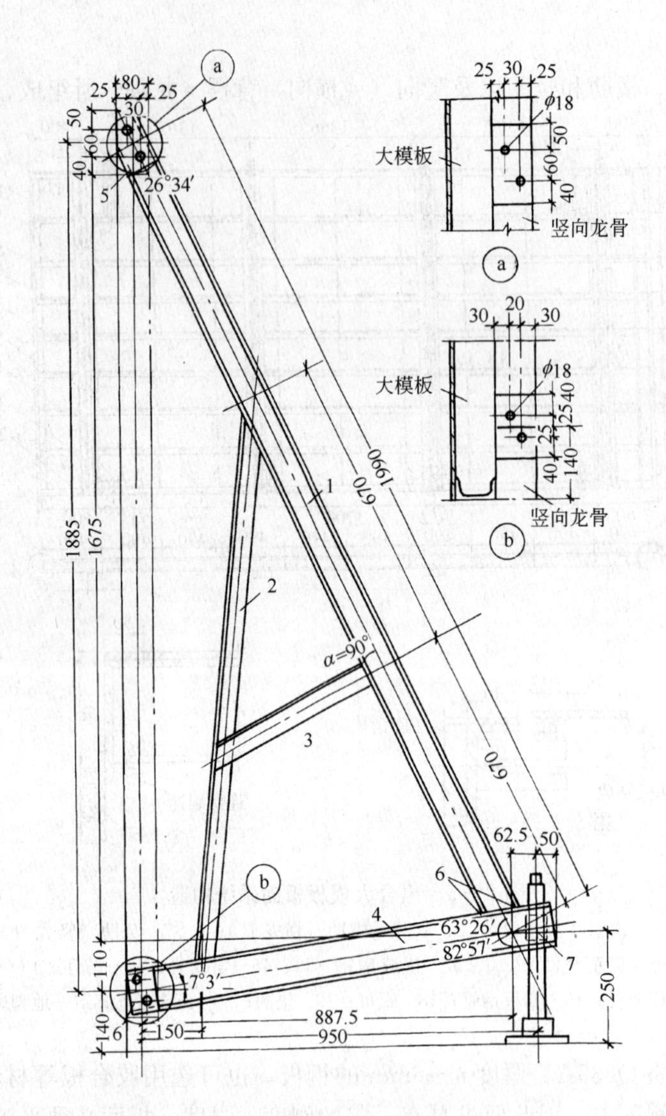

图 2-3-6　支撑架

1—槽钢；2、3—角钢；4—下部横杆槽钢；5—上加强板；6—下加强板；7—地脚螺栓

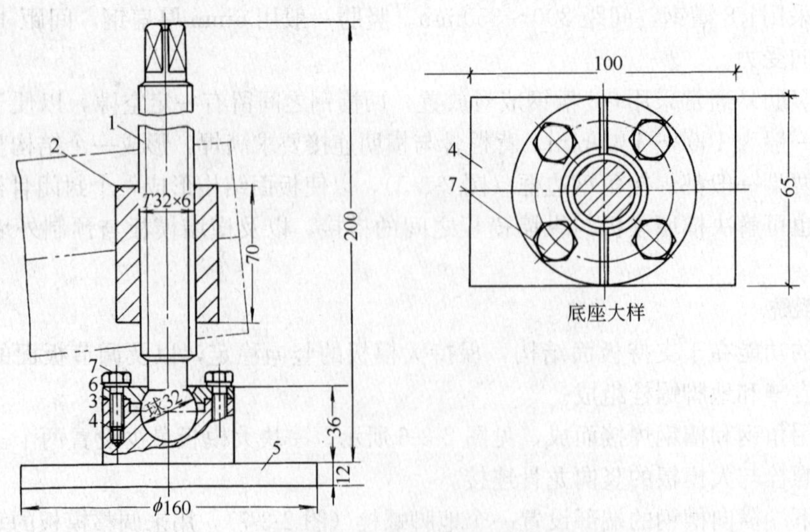

图 2-3-7　支撑架地脚螺栓

1—螺杆；2—螺母；3—盖板；4—底座；5—底盘；6—弹簧垫圈；7—螺钉

(3) 操作平台

操作平台系统由操作平台、护身栏、铁爬梯等部分组成。

(4) 模板连接件

1) 穿墙螺栓与塑料套管：穿墙螺栓是承受混凝土侧压力、加强板面结构的刚度、控制模板间距（即墙体厚度）的重要配件，它把墙体两侧大模板连接为一体。

为了防止墙体混凝土与穿墙螺栓粘结，在穿墙螺栓外部套一根硬质塑料管，其长度与墙厚相同，两端顶住墙模板，内径比穿墙螺栓直径大 3～4mm。这样在拆模时，既保证了穿墙螺栓的顺利脱出，又可在拆模后将套管抽出，以便于重复使用，如图 2-3-8 所示。

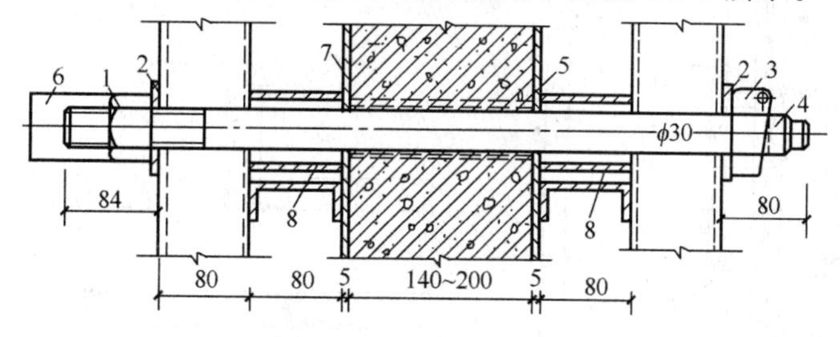

图 2-3-8 穿墙螺栓构造

1—螺母；2—垫板；3—板销；4—螺杆；5—塑料套管；6—丝扣保护套；7—模板；8—加强管

穿墙螺栓用 Q235A 钢制作，一端为梯形螺纹，长约 120mm，以适应不同墙体厚度(140～200mm) 的施工。另一端在螺杆上车上销孔，支模时，用板销打入销孔内，以防止模板外涨。板销厚 6～8mm，做成大小头，以方便拆卸。

穿墙螺栓一般设置在模板的中部与下部，其间距、数量根据计算确定。为防止塑料管将面板顶凸，在面板与龙骨之间宜设加强管。

2) 上口卡子：上口卡子设置于模板顶端，与穿墙螺栓上下对直，其作用与穿墙螺栓相同。直径为 $\phi30$，依据墙厚不同，在卡子的一端车上不同距离的凹槽，以便与卡子支座相连接，如图 2-3-9 (a) 所示。

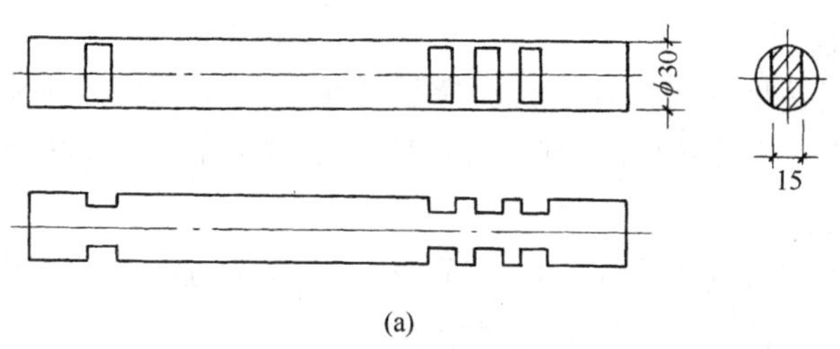

(a)

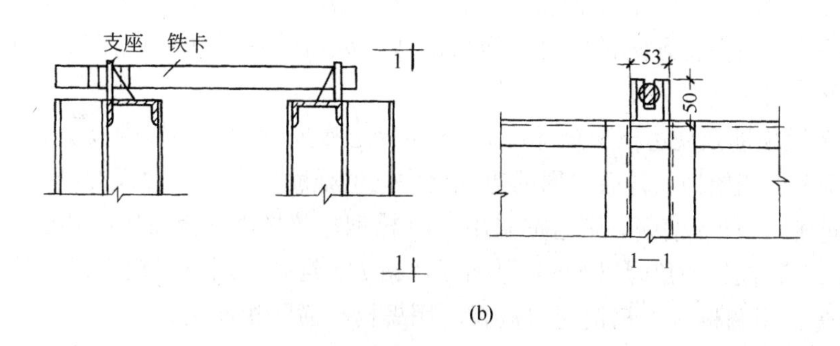

(b)

图 2-3-9 上口卡子

(a) 铁卡子大样；(b) 支座大样

卡子支座用槽钢或钢板焊接而成，焊于模板顶端，如图 2-3-9（b）所示，支完模板后将上口卡子放入支座内。

(5) 模数条及其连接方法

模数条模板基本尺寸为 30cm、60cm 两种，也可根据需要做成非模数的模板条。模数条的结构与大模板基本一致。在模数条与大模板的连接处的横向龙骨上钻好连接孔，然后用角钢或槽钢将两者连接为一体，见图 2-3-10（a）所示。

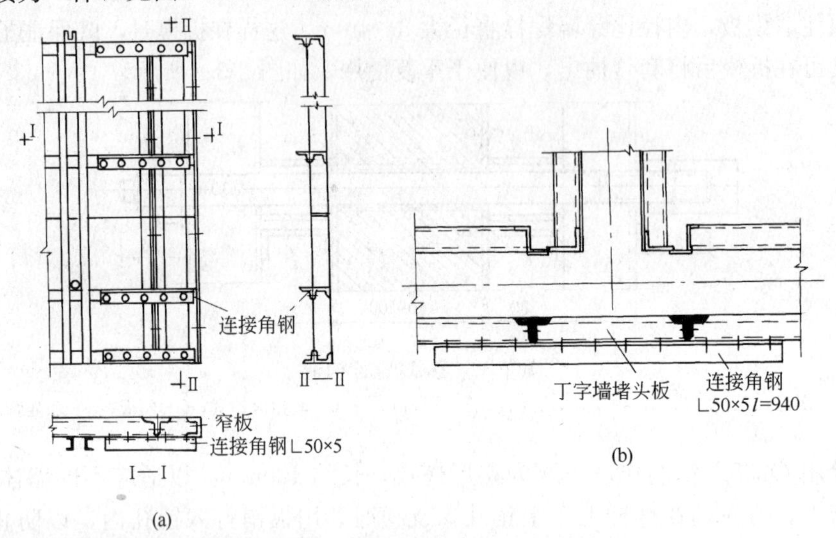

图 2-3-10　组合式大模板模数条的拼接
(a) 平面模板拼接；(b) 丁字墙节点模板拼接

采用这种模数条，能使普通大模板的适应性提高，在内墙施工的“丁”字墙处及大模板全现浇工程的内外墙交接处，都可采用这种办法解决模板的适应性问题。图 2-3-10（b）为丁字墙处的模板做法。

3. 拼装式大模板

拼装式大模板是将面板、骨架、支撑系统全部采用螺栓或销钉连接固定组装成的大模板，这种大模板比组合式大模板拆改方便，也可减少因焊接而产生的模板变形问题。

(1) 全拆装大模板

全拆装式大模板（图 2-3-11）由板面结构、支撑系统、操作平台等三部分组成。各部件之间的连接不是采用焊接，而是全部采用螺栓连接。

1) 面板：采用钢板或胶合板等面板。面板与横肋用 M16 螺栓连接固定，其间距为 350mm。为了保证板面平整，在高度方向拼接时，面板的接缝处应放在横肋上；在长度方向拼接时，在接缝处的背面应增加一道木龙骨。

2) 骨架：各道横肋及周边框架全部用 M16 螺栓连接成骨架，连接螺孔直径为 ϕ18。为了防止胶合板等木质面板四周损伤，故四周的边框比中间的横肋要大一个面板的厚度。如采用 20mm 厚胶合板，中间横肋为［8 槽钢，则边框采用［10 槽钢；若采用钢板面板，其边框槽钢与中部横肋槽钢尺寸相同。边框的四角焊以 8mm 厚钢板，钻 ϕ18 螺孔，用以互相连接，形成整体。

3) 竖向龙骨：用两根［10 槽钢成对放置，用螺栓与横肋相连接。

4) 吊环：用螺栓与上部边框连接（图 2-3-12）。材质为 Q235A，不准使用冷加工处理。

面板结构与支撑系统及操作平台的连接方法与组合式大模板相同。

这种全装拆式大模板，由于面板采用钢板或胶合板等木质面板，板块较大，中间接缝少，

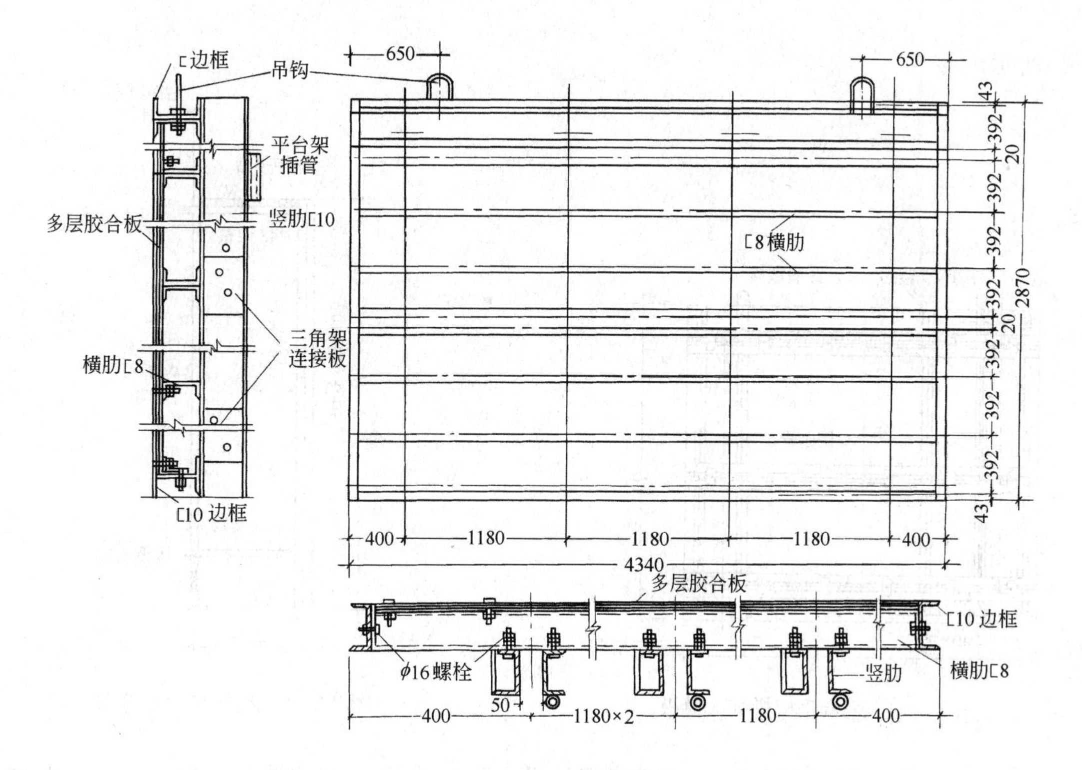

图 2-3-11　拼装式大模板

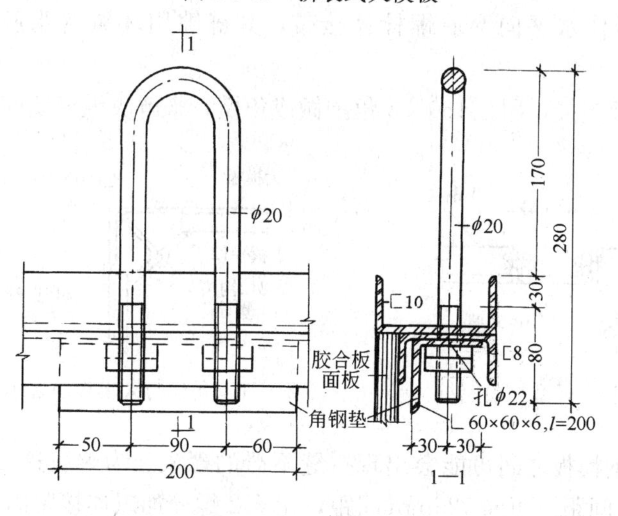

图 2-3-12　活动吊环

因此浇筑的混凝土墙面光滑平整。

(2) 用组合模板拼装大模板

这种模板是采用组合钢模板或者钢框胶合板模板作面板，以管架或型钢作横肋和竖肋，用角钢（或槽钢）作上下封底，用螺栓和角部焊接作连接固定。它的特点是板面模板可以因地制宜，就地取材。大模板拆散后，板面模板仍可作为组合模板使用，有利于降低成本。

1) 用组合钢模板拼装大模板（图 2-3-13）：这种大模板竖肋采用 ϕ48 钢管，每组两根，成对放置，间距视钢模的长度而定，但最大间距不得超过 1.2m。横向龙骨设上、中、下三道，每道用两根⊏ 8 槽钢，槽钢之间用 8mm 厚钢板作连接板，龙骨与模板用 ϕ12 钩头螺栓与模板的肋孔连接。底部用∟ 60×6 封底，并用 ϕ12 螺栓与组合钢模板连接，这样就使整个板面兜住，防止吊装和支模时底部损坏。大模板背面用钢管作支架和操作平台，其连接可以采用钢管扣件，如图

2-3-14所示。

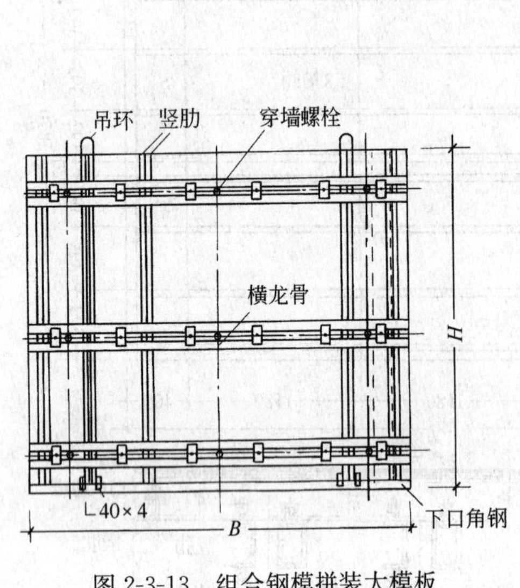

图 2-3-13　组合钢模拼装大模板

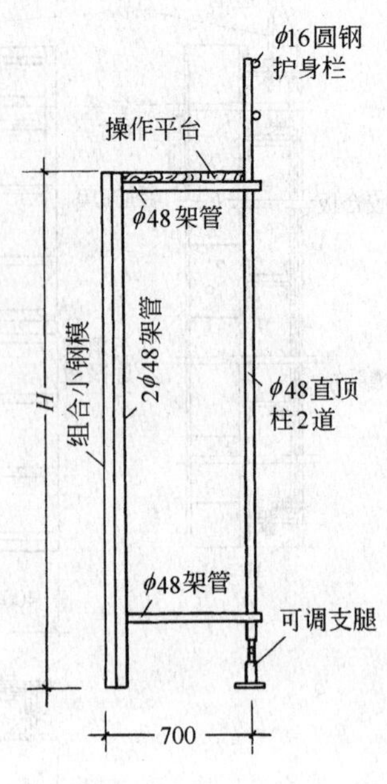

图 2-3-14　支架平台示意图

为了避免在组合钢模板上随意钻穿墙螺栓孔，可在水平龙骨位置处，用[10 轻型槽钢或 10cm 宽的组合钢模板作水平向穿墙螺栓连接带，其缝隙用环氧树脂胶泥嵌缝，如图 2-3-15 所示。

纵横墙之间的模板连接，用∟160×8 角钢做成角模，来解决纵横墙同时浇筑混凝土的问题，如图 2-3-16 所示。

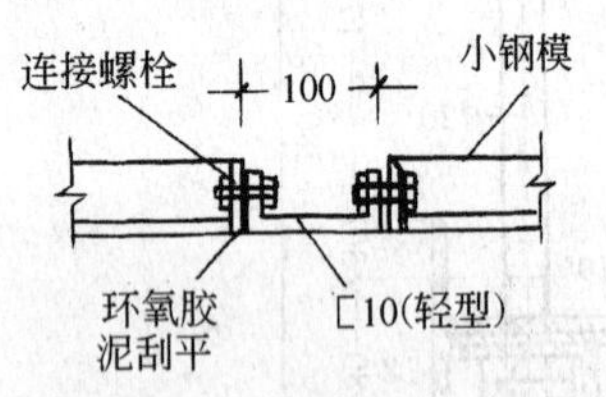

图 2-3-15　轻型[10 补缝

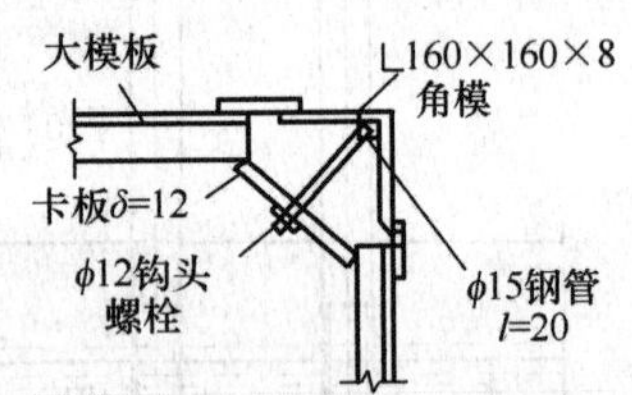

图 2-3-16　角模与大模板组合示意图

以上做法，组合钢模板之间可能会出现拼缝不严的现象。为解决这一问题，可在组合钢模板的长向每隔 450mm 间距及短向 125mm 间距，用 ϕ12 螺栓加以连接紧固形成整体。

用这种方法组装成的大模板，可以显著降低钢材用量和模板重量，并可节省加工周期和加工费用。与采用组合钢模板浇筑墙体混凝土相比，能大大提高工效。

2）用钢框胶合板模板拼装的大模板：由于钢框胶合板模板的钢框为热轧成型，并带有翼缘，刚度较好，组装大模板时可以省去竖向龙骨，直接将钢框胶合板和横向龙骨组装拼装。横向龙骨为两根[12 槽钢，以一端采用螺栓，另一端为带孔的插板与板面相连，如图 2-3-17 所示。

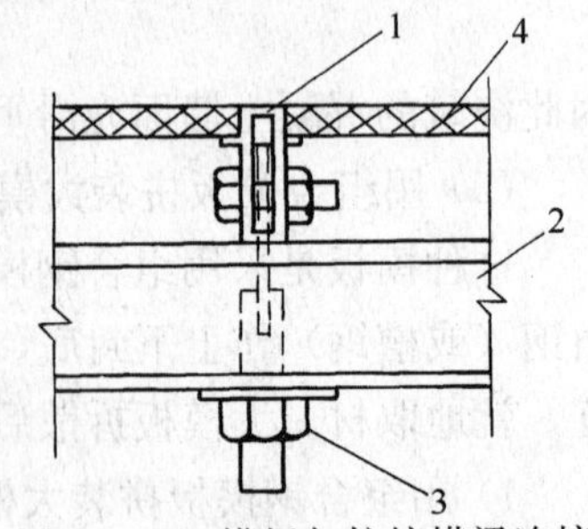

图 2-3-17　模板与拉接横梁连接

1—模板钢框；2—拉接横梁；
3—插板螺栓；4—胶合板板面

大模板的上下端采用∟65×4 和槽钢进行封顶和兜底，板面结构如图 2-3-18 所示。

为了不在钢框胶合板板面上钻孔，而又能解决穿墙螺栓安装问题，同样设置一条 10cm 宽的

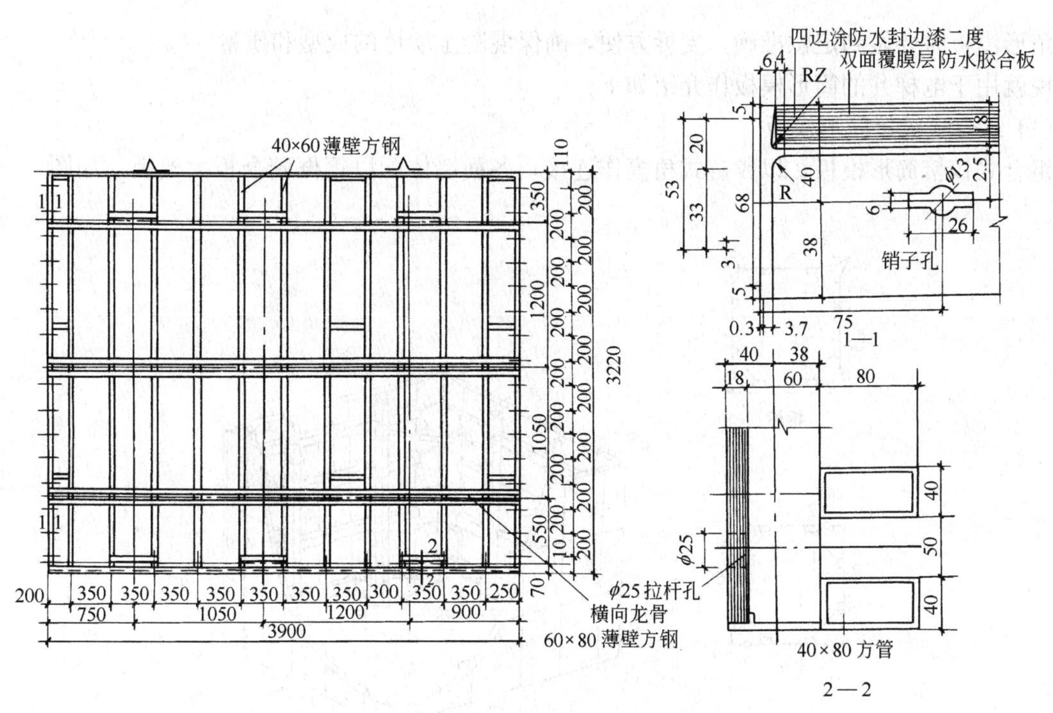

图 2-3-18　钢框胶合板模板拼装的大模板

穿墙螺栓板带。该板带的四框与模板钢框的厚度相同，以使与模板能连为一体，板带的板面采用钢板。

角模用钢板制成，尺寸为150mm×150mm，上下设数道加劲肋，与开间方向的大模板用螺栓连接固定在一起，另一侧与进深方向的大模板采用伸缩式搭接连接，见图 2-3-19。

模板的支撑采用门形架。门架的前立柱为槽钢，用钩头螺栓与横向龙骨连接，其余部分用 ϕ48 钢管组成；后立柱下端设地脚螺栓，用以调整模板的垂直度。门形架上端铺设脚手板，形成操作平台。门形架上部可以接高，以适应不同墙体高度的施工。门形架构造见图2-3-20所示。

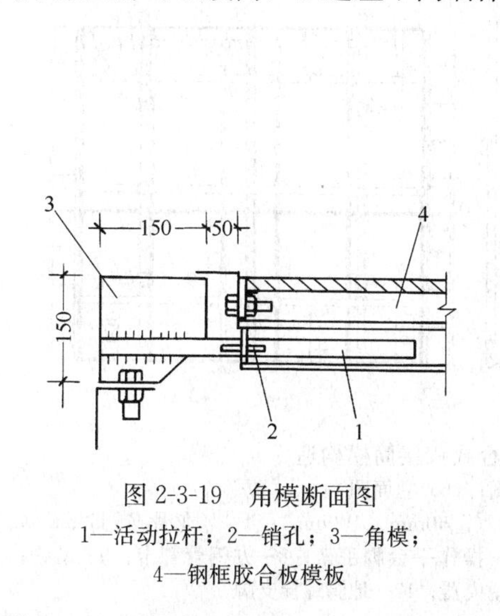

图 2-3-19　角模断面图

1—活动拉杆；2—销孔；3—角模；4—钢框胶合板模板

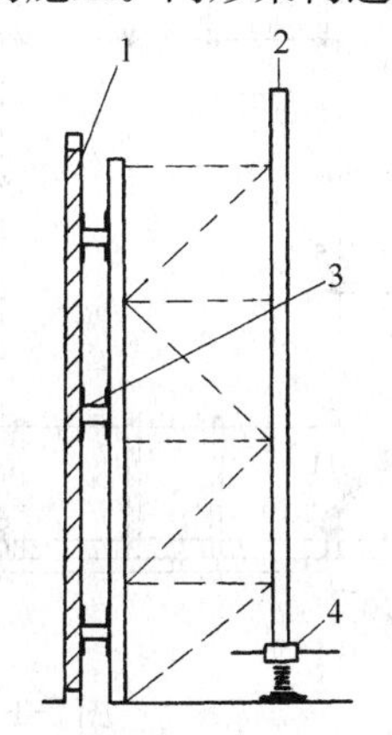

图 2-3-20　支撑门形架

1—钢框胶合板模板；2—门形架；3—拉接横梁；4—可调支座

4. 筒形模板

筒形大模板是将一个房间或电梯中筒的两道、三道或四道墙体的大模板，通过固定架和铰链、脱模器等连接件，组成一组大模板群体。它的特点是将一个房间的模板整体吊装就位和拆除，因而减少了塔吊吊次，简化了工艺，并且模板的稳定性能好，不易倾覆。缺点是自重较大。

设计角形模板时要做到定位准确，支拆方便，确保混凝土墙体的成型和质量。

现就用于电梯井的筒形模板作介绍如下：

(1) 组合式铰接筒形模板

组合式铰接筒形模板，以铰链式角模作连接，各面墙体配以钢框胶合板大模板，如图2-3-21所示。

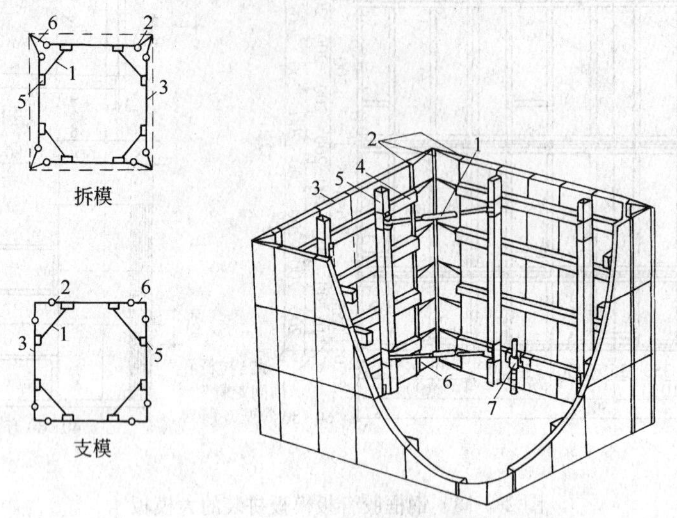

图 2-3-21　组合式铰接筒模

1—脱模器；2—铰链；3—模板；4—横龙骨；5—竖龙骨；6—三角铰；7—支脚

组合式铰接筒模是由组合式模板组合成大模板、铰接式角模、脱模器、横竖龙骨、悬吊架和紧固件组成，见图 2-3-22。

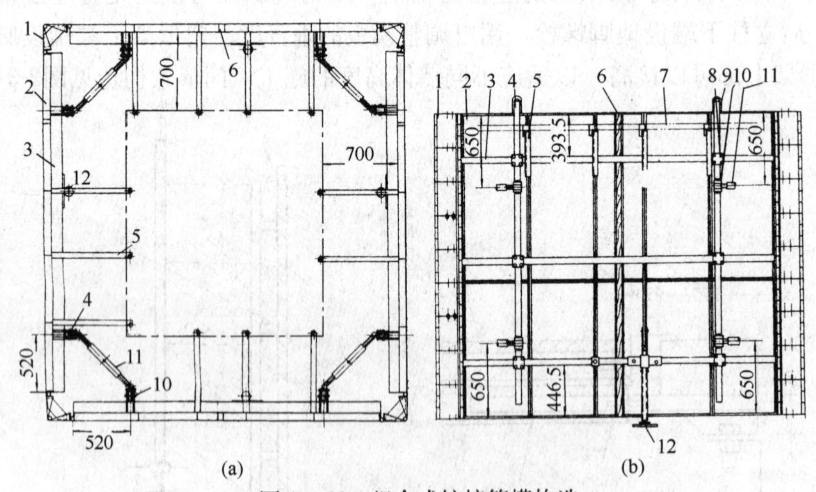

图 2-3-22　组合式铰接筒模构造

(a) 平面图；(b) 立面图

1—铰接角模；2—组合式模板；3—横龙骨（□50mm×100mm）；4—竖龙骨（□50mm×100mm）；5—轻型悬吊撑架；6—拼条；7—操作平台脚手架；8—方钢管管卡；9—吊钩；10—固定支架；11—脱模器；12—地脚螺栓支脚

1) 大模板：大模板采用组合式模板，用铰接角模组合成任意规格尺寸的筒形大模板（如尺寸不合适时，可配以木模板条）。每块模板周边用 4 根螺栓相互连接固定，在模板背面用方钢管横龙骨连接，在龙骨外侧再用同样规格的竖向方钢管龙骨连接。模板两端与角模连接，形成整体筒模。

2）铰接角模：铰接式角模除作为筒形模的角部模板外，还具有进行支模和拆模的功能。支模时，角模张开，两翼呈90°；拆模时，两翼收拢。角模有三个铰链轴，即A、B_1、B_2，如图2-3-23所示。脱模时，脱模器牵动相邻的大模板，使大模板脱离墙面并带动内链板的B_1、B_2轴，使外链板移动，从而使A轴也脱离墙面，这样就完成了脱模工作。

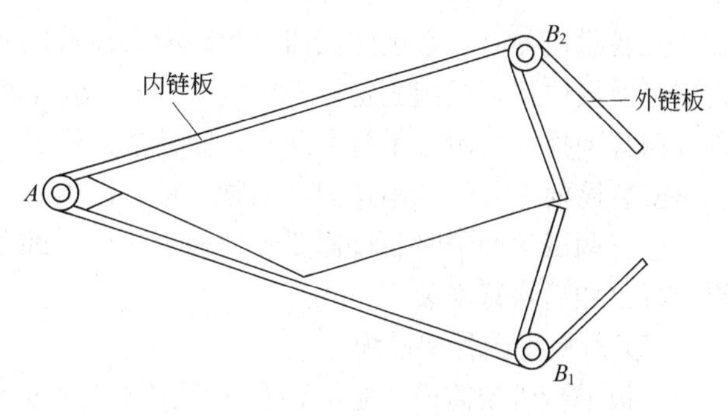

图2-3-23　铰链角模

角模按0.3m模数设计，每个高0.9m左右，通常由三个角模连接在一起，以满足2.7m层高施工的需要，也可根据需要加工。

3）脱模器：脱模器由梯形螺纹正反扣螺杆和螺套组成，可沿轴向往复移动。脱模器每个角安设2个，与大模板通过连接支架固定，如图2-3-24所示。

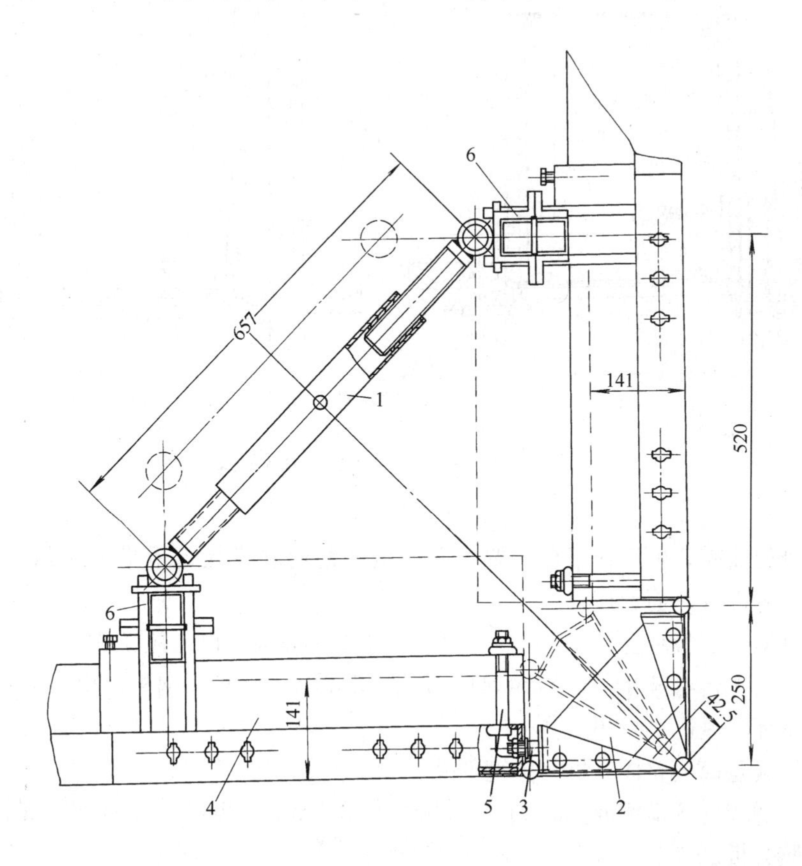

图2-3-24　脱模器

1—脱模器；2—角模；3—内六角螺栓；4—模板；5—钩头螺栓；6—脱模器固定支架

脱模时，通过转动螺套，使其向内转动，使螺杆作轴向运动，正反扣螺杆变短，促使两侧大模板向内移动，并带动角模滑移，从而达到脱模的目的。

铰接式筒模的组装：

按照施工栋号设计的开间、进深尺寸进行配模设计和组装。组装场地要平整坚实。

组装时先由角模开始按顺序连接，注意对角线找方。先安装下层模板，形成筒体，再依次安装上层模板，并及时安装横向龙骨和竖向龙骨。用底脚螺栓支脚进行调平。

安装脱模器时，必须注意四角和四面大模板的垂直度，可以通过变动脱模器（放松或旋紧）调整好模板位置，或用固定板先将复式角模位置固定下来。当四个角都调到垂直位置后，用四道方钢管围拢，再用方钢管卡固定，使铰接筒模成为一个刚性的整体。

安装筒模上部的悬吊撑架，铺脚手板，以供施工人员操作。

进行调试。调试时脱模器要收到最小限位，即角部移开 42.5mm，四面墙模可移进 141mm。待运行自如后再行安装。

(2) 滑板平台骨架筒模

滑板平台骨架筒模，是由装有连接定位滑板的型钢平台骨架，将井筒四周大模板组成单元筒体，通过定位滑板上的斜孔与大模板上的销钉相对滑动，来完成筒模的支拆工作（图2-3-25)。

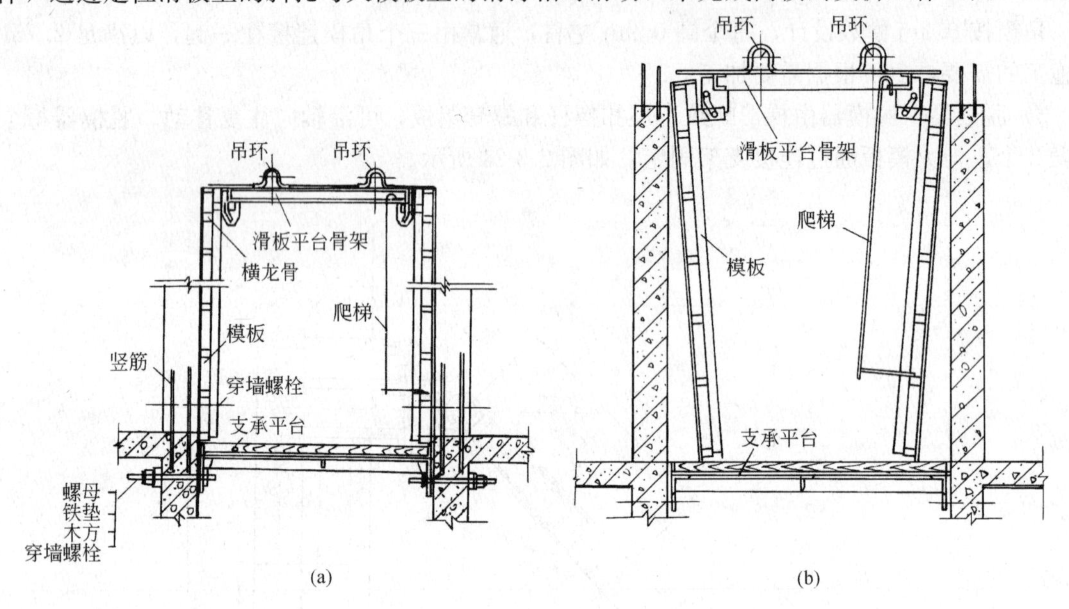

图 2-3-25　滑板平台骨架筒模安装示意

(a) 安装就位；(b) 拆模

滑板平台骨架筒模，由滑板平台骨架、大模板、角模和模板支承平台等组成。根据梯井墙体的具体情况，可设置三面大模板或四面大模板。

滑板平台骨架：滑板平台骨架是连接大模板的基本构架，也是施工操作平台，它设有自动脱模的滑动装置。平台骨架由[12 槽钢焊接而成，上盖 1.2mm 厚钢板，出入人孔旁挂有爬梯，骨架四角焊有吊环，见图 2-3-26。

连接定位滑板是筒模整体支拆的关键部件。

1) 大模板：采用[8 槽钢或□50mm×100mm×2.5mm 薄壁型钢做骨架，焊接 5mm 厚钢板或用螺栓连接胶合板。

2) 角模：按一般大模板的角模配置。

3) 支承平台：支承平台是井筒中支承筒模的承重平台，用螺栓固定于井壁上。

(3) 电梯井自升筒模

这种模板的特点是将模板与提升机具及支架结合为一体，具有构造简单合理、操作简便和适用性强等特点。

自升筒模由模板、托架和立柱支架提升系统两大部分组成，如图 2-3-27 所示。

1) 模板：模板采用组合式模板及铰链式角模，其尺寸根据电梯井结构大小决定。在组合式模板的中间，安装一个可转动的直角形铰接式角模，在装、拆模板时，使四侧模板可进行移动，

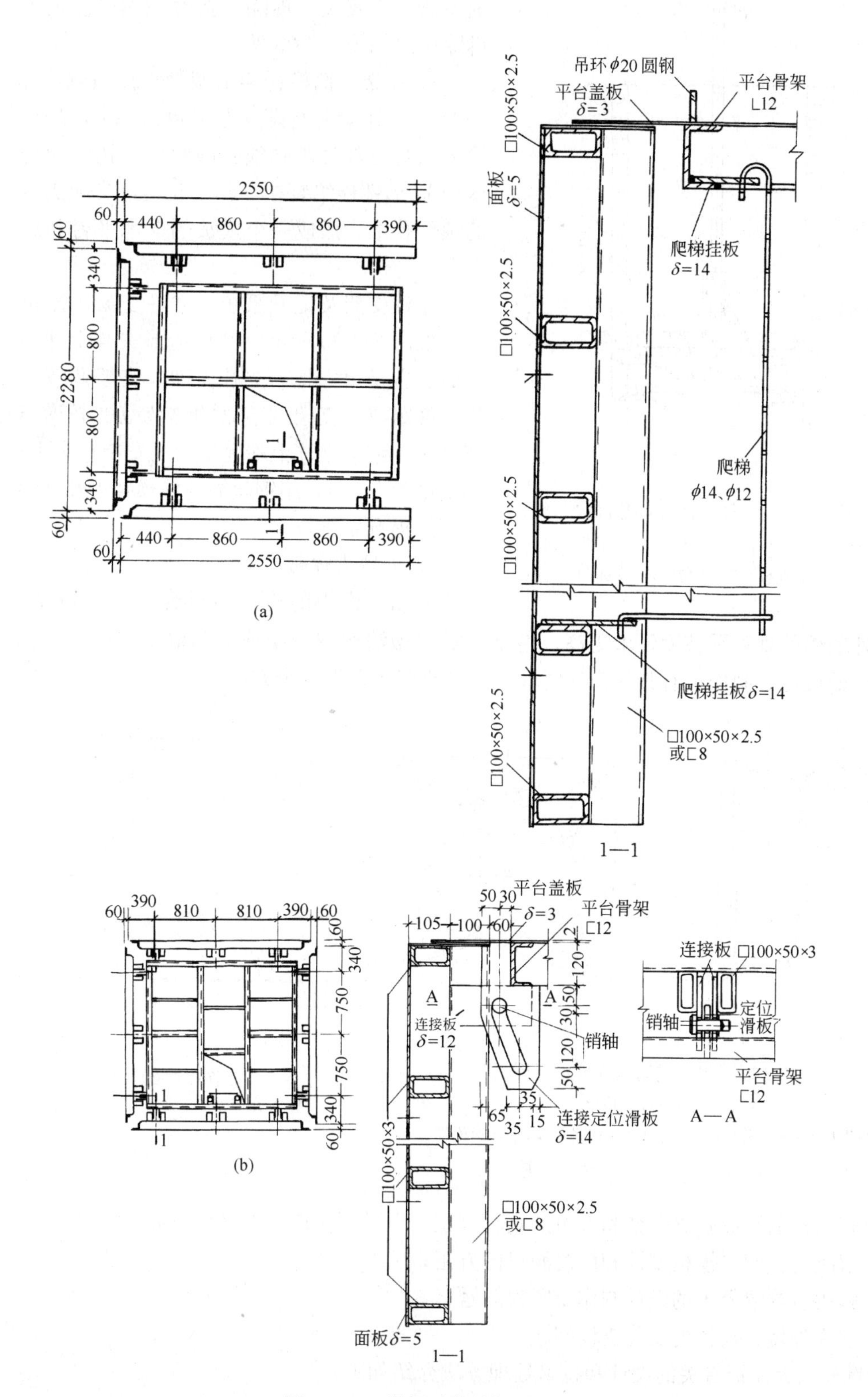

图 2-3-26 滑板平台骨架筒模构造

(a) 三面大模板；(b) 四面大模板

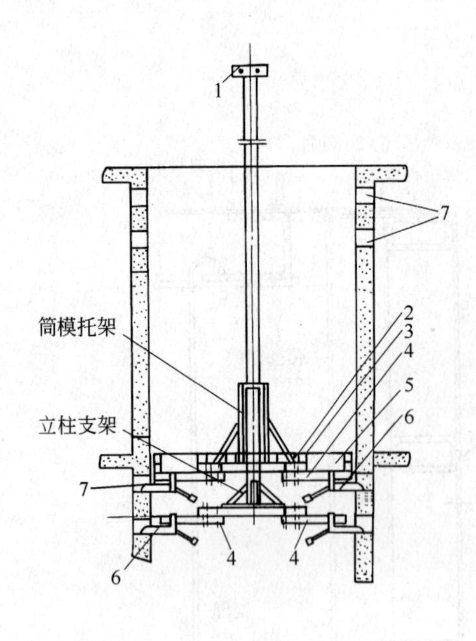

图 2-3-27　电梯井筒模自升机构

1—吊具；2—面板；3—方木；4—托架调节梁；
5—调节丝杠；6—支腿；7—支腿洞

以达到安装和拆除的目的。模板中间设有花篮螺栓退模器，供安装、拆除模板时使用。模板的支设及拆除情况如图 2-3-28 所示。

2）托架：筒模托架由型钢焊接而成，如图 2-3-29 所示。托架上面设置方木和脚手板，托架是支承筒模的受力部件，必须坚固耐用。托架与托架调节梁用 U 形螺栓组装在一起，并通过支腿支撑于墙体的预留孔中，形成一个模板的支承平台和施工操作平台。

立柱支架及提升系统：立柱支架用型钢焊接而成，如图 2-3-30 所示。其构造形式与上述筒模托架相似。它是由立柱、立柱支架、支架调节梁和支腿等部件组成。支架调节梁的调节范围必须与托架调节梁相一致。立柱上端起吊梁上安装一个手拉捯链，起重量为 2～3t，用钢丝绳与筒模托架相连接，形成筒模的提升系统。

5. 外墙大模板

外墙大模板的构造与组合式大模板基本相同。由于对外墙面的垂直平整度要求更高，特别是需要做清水混凝土或装饰混凝土的外墙面，对外墙大模板的设计、制作也有其特殊的要求。主要要解决以下几个方面的问题：

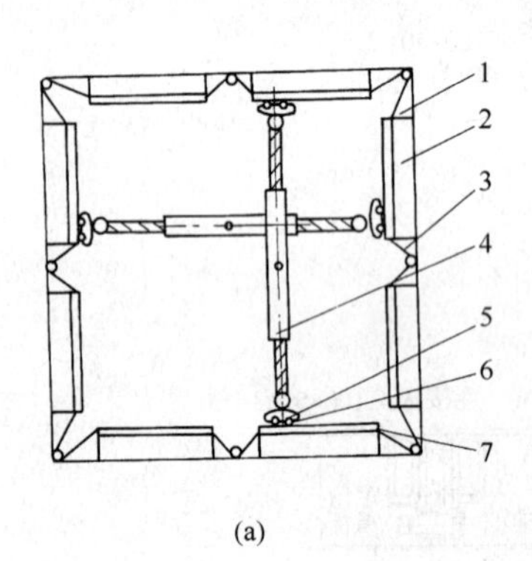

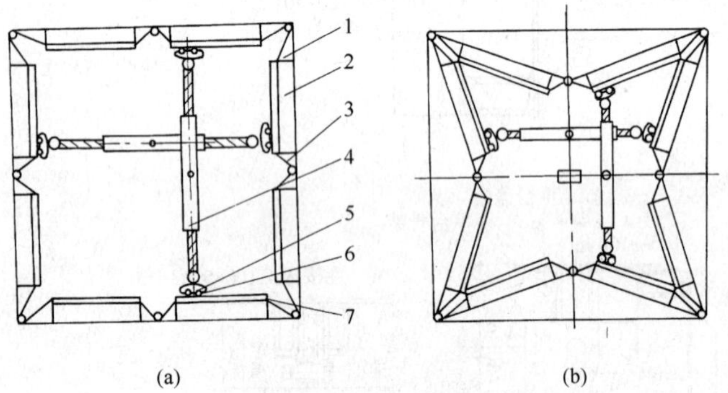

(a)

(b)

图 2-3-28　自升式筒模支拆示意图

（a）支模；（b）拆模

1—四角角模；2—模板；3—直角形铰接式角模；4—退模器；
5—3 形扣件；6—竖龙骨；7—横龙骨

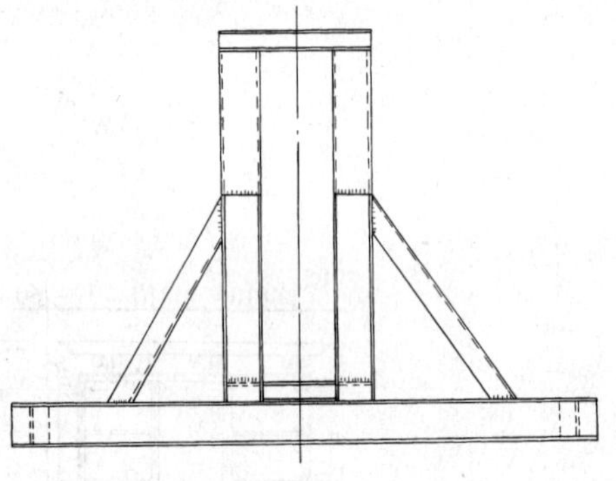

图 2-3-29　托架

① 解决外墙墙面垂直平整和大角的垂直方正，以及楼层层面的平整过渡；

② 解决门窗洞口模板设计和门窗洞口的方正；

③ 解决装饰混凝土的设计制作及脱模问题；

④ 解决外墙大模板的安装支设问题。

现将外墙大模板有关的设计和技术处理方法介绍如下：

(1) 保证外墙面平整的措施

着重解决水平接缝和层间接缝的平整过渡问题，以及大角的垂直方正问题。

1）大模板的水平接缝处理

可以采用平接、企口接缝处理。即在相邻大模板的接缝处，拉开 2～3cm 距离，中间用梯形橡胶条、硬塑料条或 30×4 的角钢作堵缝，用螺栓与两侧大模板连接固定，见图 2-3-31 所示。这样既可以防止接缝处漏浆，又可使相邻开间的外墙面有一个过渡带，拆模后可以作为装饰线条，也可以用水泥砂浆抹平。

在模板制作时，相邻大模板可以做成企口对接，见图 2-3-32 所示。这样既可以保证墙面平整，又解决了漏浆问题。

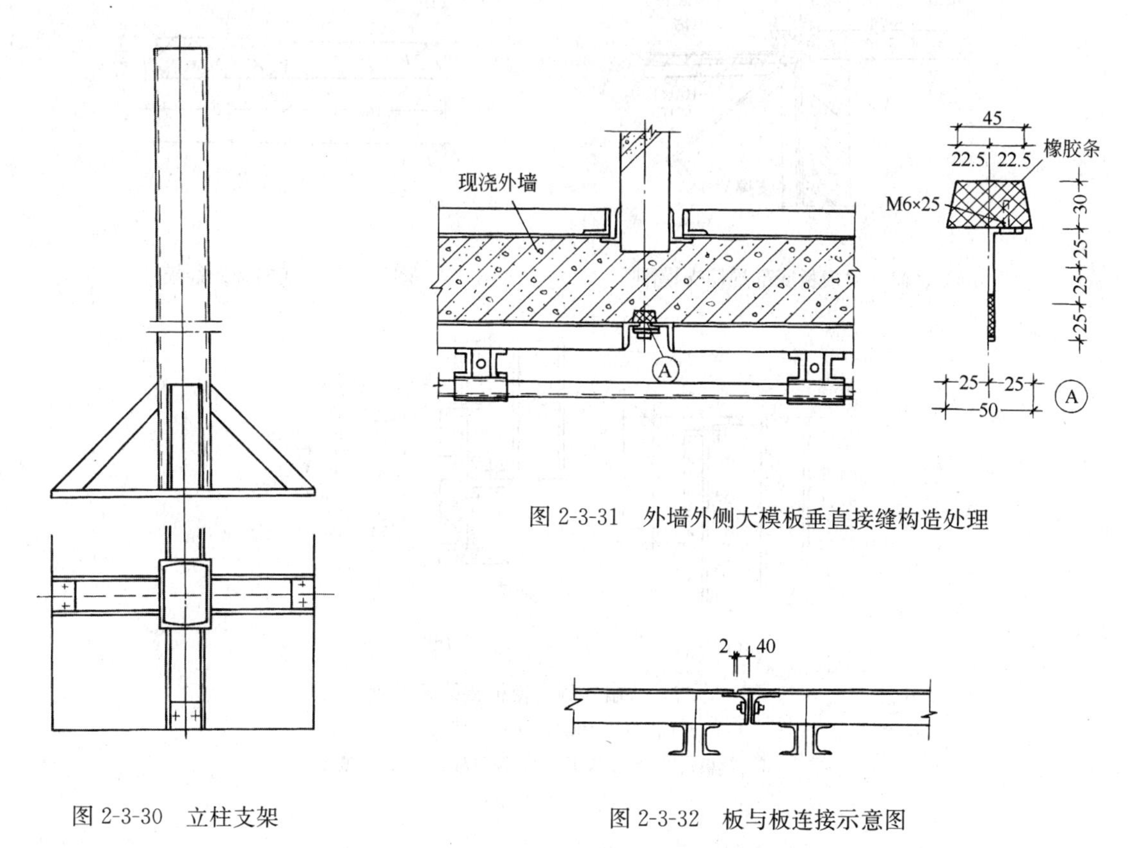

图 2-3-30　立柱支架

图 2-3-31　外墙外侧大模板垂直接缝构造处理

图 2-3-32　板与板连接示意图

2）层间接缝处理

设置导墙：采用外墙模板高于内墙模板，浇筑混凝土时，使外墙外侧高出内侧，形成导墙，见图2-3-33所示。在支上层大模板时，使其大模板紧贴导墙。为防止漏浆，还可在此处加塞泡沫塑料处理。

模板上下设置线条：常见的做法是在外墙大模板的上端固定一条宽 175mm、厚 30mm 与模板宽度相同的硬塑料板；在模板下部固定一条宽 145mm、厚 30mm 的硬塑料板，为了防止漏浆，利用下层的墙体作为上层大模板的导墙。在大模板底部连接固定一根［12 槽钢，槽钢外侧固定一根宽 120mm、厚 32mm 的橡胶板，如图 2-3-34 和图 2-3-35 所示。连接塑料板和橡胶板的螺栓必须拧紧，固定牢固。这样浇筑混凝土后的墙面形成两道凹槽，即可做装饰线，也可抹平。

3）大角方正问题的处理：

为了保证外墙大角的方正，关键是角模处理，必要时可采用机加工刨光角模。图 2-3-36 为大角模组装示意图，图 2-3-37 为小角模固定示意图。要保证角模刚度好、不变形，与两侧大模板紧密地连接在一起。

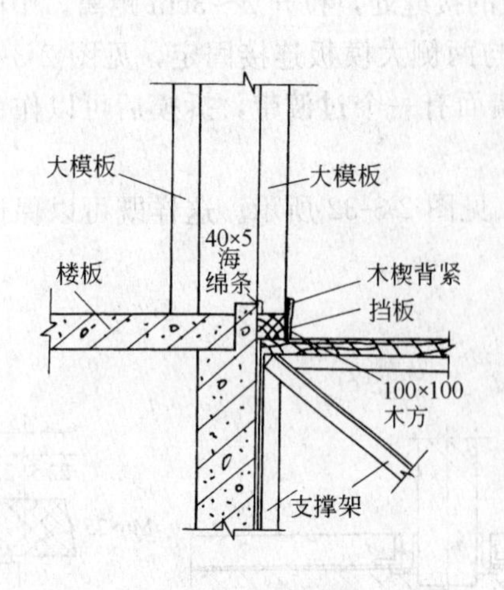

图 2-3-33　大模板底部导墙支模图

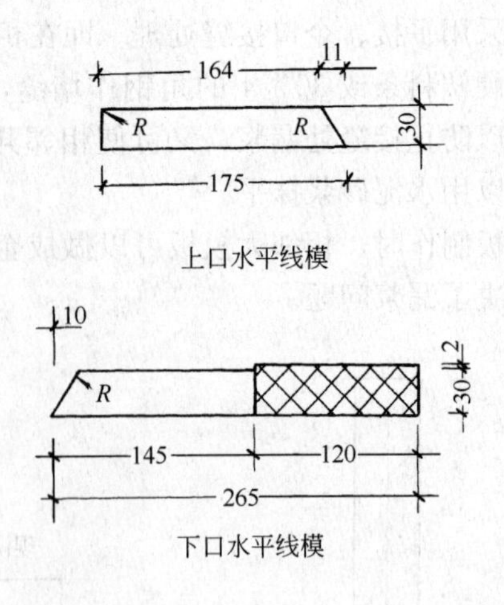

图 2-3-34　横向腰线线模

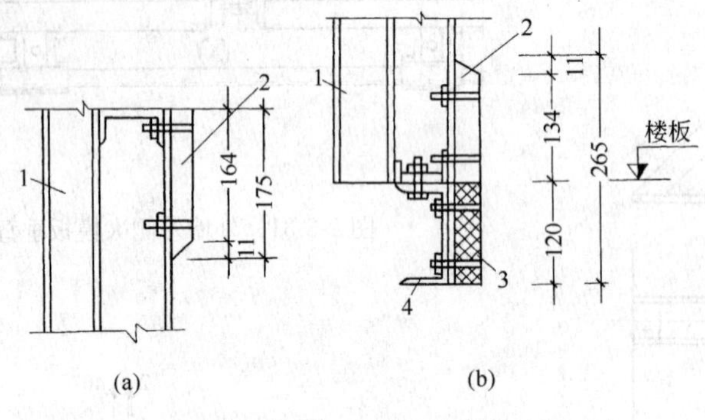

图 2-3-35　外墙外侧大模板腰线条设置示意

（a）上部作法；（b）下部作法

1—模板；2—硬塑料板；3—橡胶板；4—连接槽钢

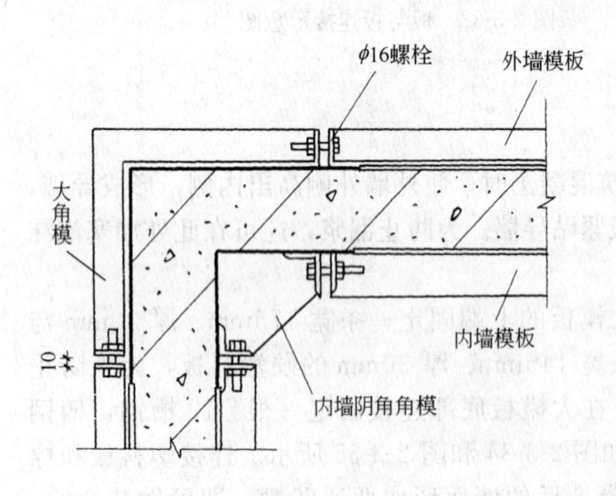

图 2-3-36　大角模做法示意图

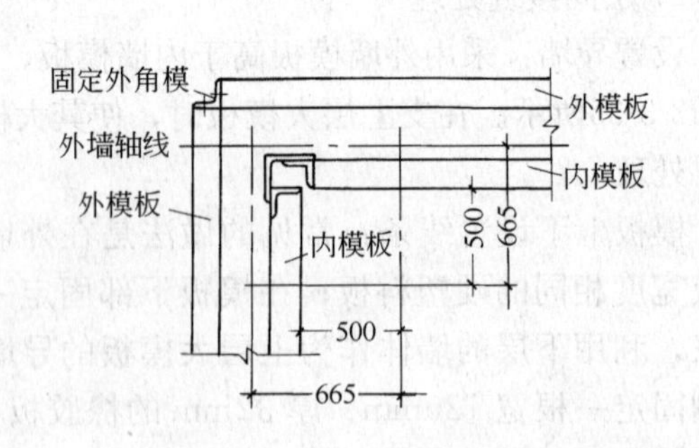

图 2-3-37　外墙外侧大模板大角部位的连接构造

（2）外墙门窗口模板构造与设置方法

外墙大模板需解决门窗洞口模板的设置，既要克服设置门窗洞口模板后大模板刚度受到削弱的问题，还要解决支、拆和浇筑混凝土的问题，使浇筑的门窗洞口阴阳角方正，不位移、不变形。常见的做法是：

1）将门窗洞口部位的模板骨架取掉，按门窗洞口的尺寸，在骨架上作一边框，与大模板焊接为一体（图 2-3-38）。门窗洞口宜在内侧大模板上开设，以便在振捣混凝土时便于进行观察。

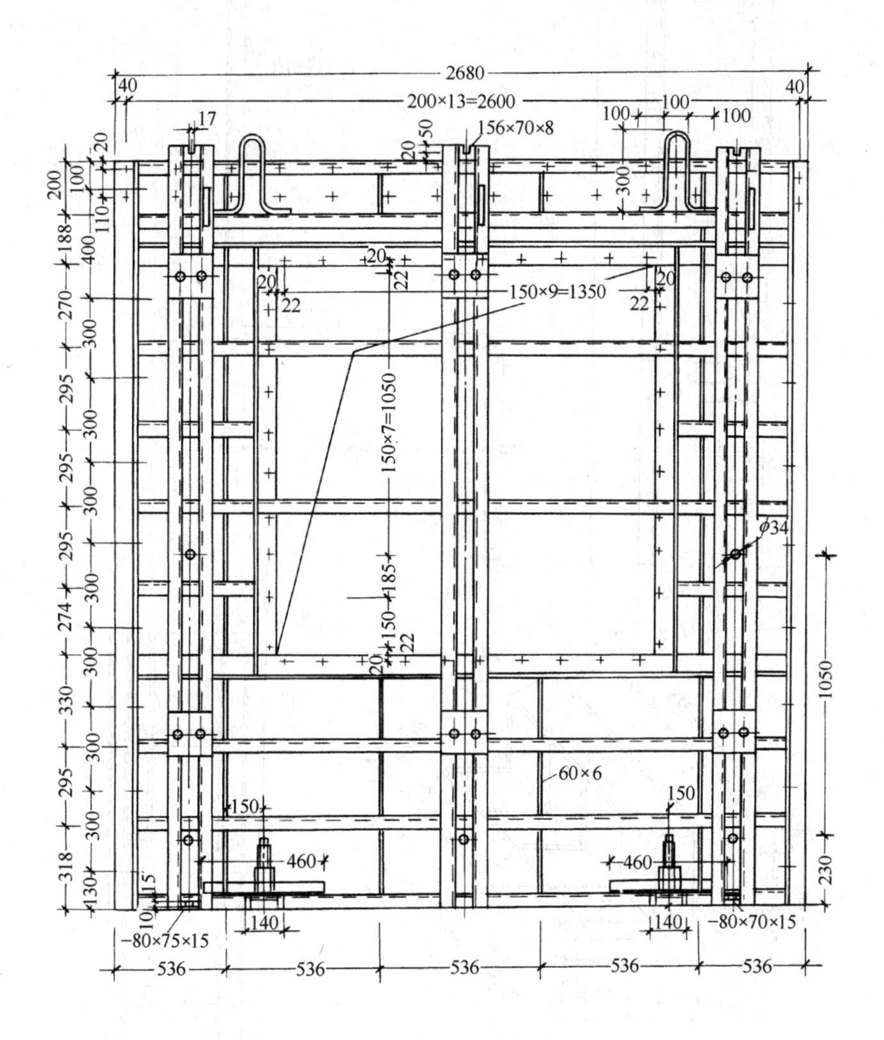

图 2-3-38　外墙大模板门窗洞口

2）保存原有的大模板骨架，将门窗洞口部位的钢板面取掉。同样做一个型钢边框，并采取以下三种方法支设门洞模板：

① 散支散拆：按门窗洞口尺寸加工好洞口的侧模和角模，钻好连接销孔。在大模板的骨架上按门窗洞口尺寸焊接角钢边框，其连接销孔位置要和门窗洞口模板上的销孔一致（图 2-3-39）。支模时将各片模板和角模按门窗洞口尺寸组装好，并用连接销将门窗洞口模板与钢边框连接固定。拆模时先拆侧帮模板，上口模板应保留至规定的拆模强度时方能拆除，或在拆模后加设临时支撑。

② 板角结合形式：把门窗洞口的各侧面模板用钢铰铰链固定在大模板的骨架上，各个角部用等肢角钢做成专用角模，形成门窗洞口模板。支模时用支撑杆将各侧侧模支撑到位，然后安装角模，角模与侧模采用企口连接，如图 2-3-40 所示。拆模时先拆侧模，然后拆角模。

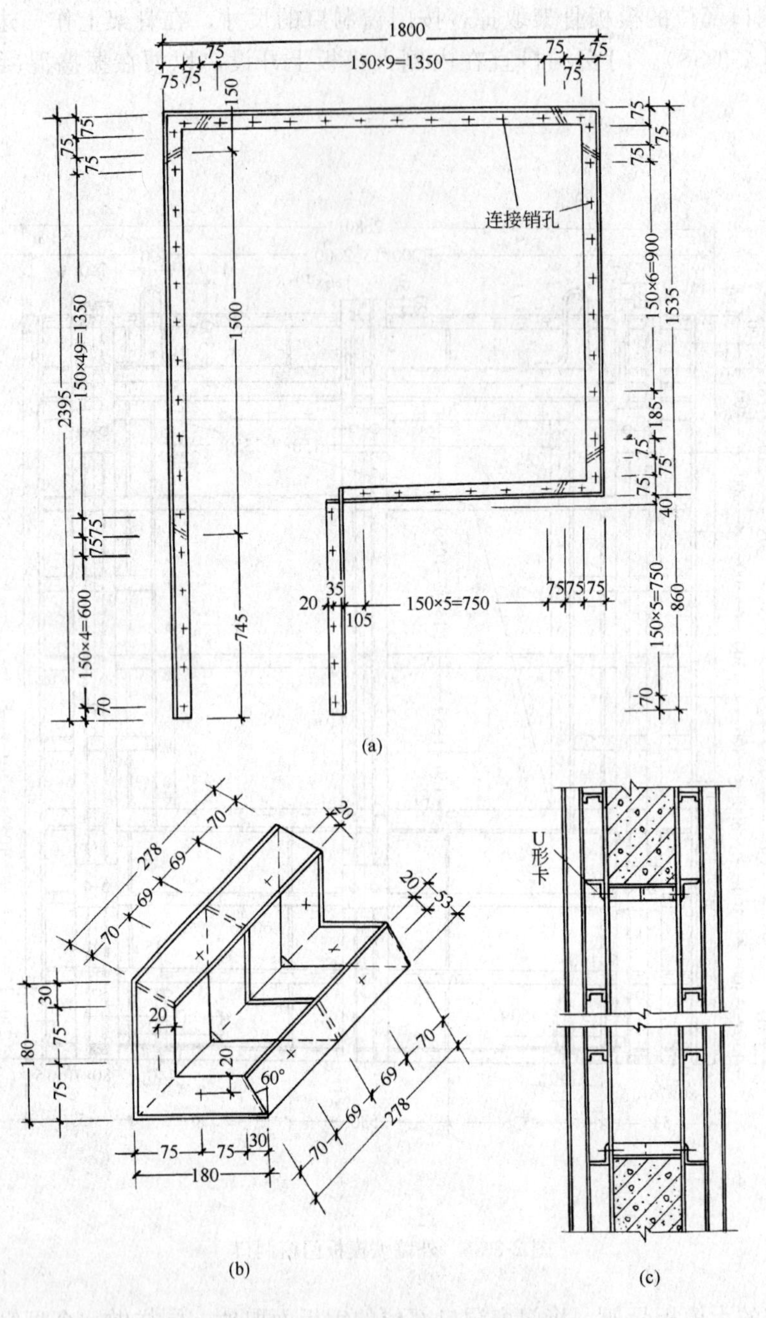

图 2-3-39　散装散拆门窗洞口模板示意

(a) 门、窗洞口模板组装图；(b) 角模；(c) 门、窗洞口模板安装后剖面图

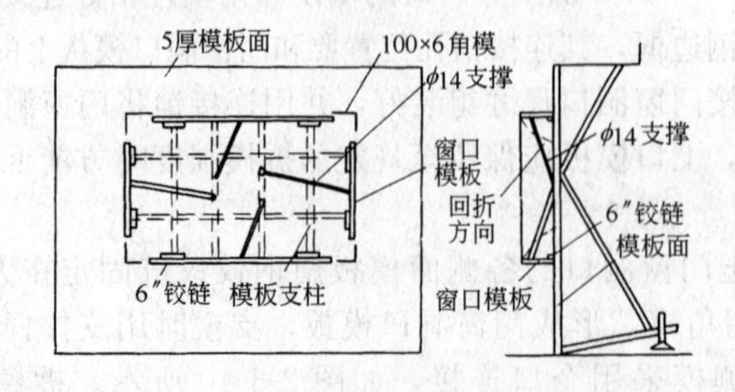

图 2-3-40　外墙窗洞口模板固定方法

③ 独立式门窗洞口模板：将门窗洞口模板采用板角结合的形式一次加工成型。模板框用5cm厚木板做成，为便于拆模，外侧用硬塑料板做贴面，角模用角钢制作，见图2-3-41所示。支模时将组装好的门窗洞口模板整体就位，用两侧大模板将其夹紧，并用螺栓固定。洞口上侧模板还可用木条做成滴水线槽模板，一次将滴水槽浇筑成型，以减少装修工作量。

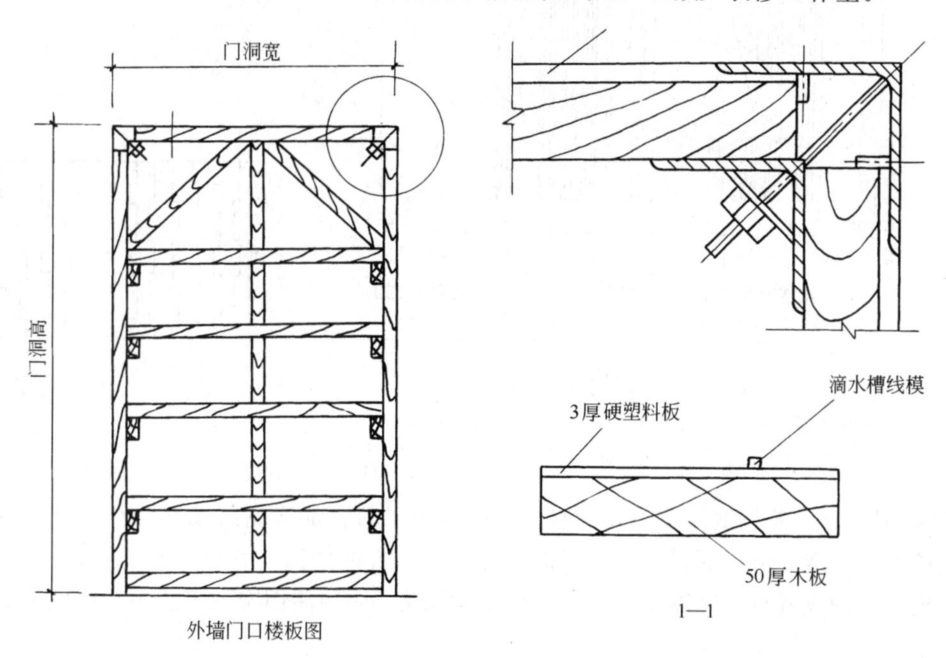

图2-3-41　独立式门窗洞口模板

(3) 装饰混凝土衬模设置

为了丰富现浇外墙的质感，可在外墙外侧大模板的表面设置带有不同花饰的聚氨酯、玻璃钢、型钢、塑料、橡胶等材料制成的衬模，塑造成混凝土表面的花饰图案，起到装饰效果。

衬模材料要货源充裕、易于加工制作、安装简便；同时，要有良好的物理和机械性能，耐磨、耐油、耐碱，化学性能稳定、不变形，且可周转使用多次。常用的衬模材料有：

1) 铁木衬模：铁木衬模是用1mm厚薄钢板轧制成凹凸型图案，用机螺栓固定于大模板表面。为防止凸出部位受压变形，需在其内垫木条，如图2-3-42所示。

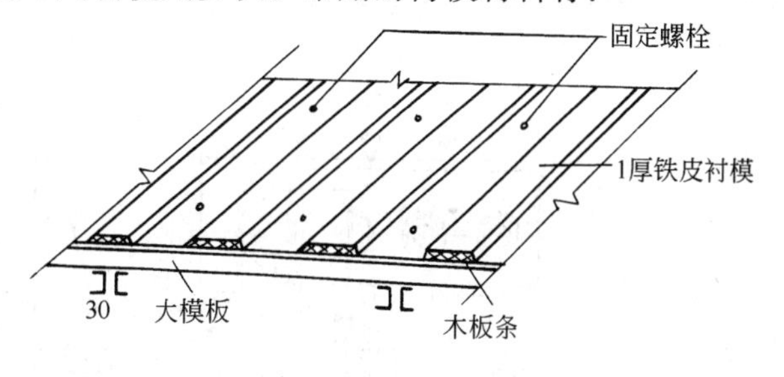

图2-3-42　铁木衬模

2) 聚氨酯衬模：聚氨酯衬模有两种作法：一种是预制成型，按设计要求制成带有图案的片状预制块，然后粘贴在大模板上；另一种作法是在现场制作，将大模板平放，清除板面杂质和浮锈后先涂刷聚氨酯底漆，厚度0.5～1.2mm，然后再按图案设计涂刷聚氨酯面漆，待固化后即可使用。这种做法多做成花纹图形。

3) 角钢衬模：用30×30角钢焊在外墙外侧大模板表面（图2-3-43）。焊缝须磨光，角钢端部接头、角钢与模板的缝隙以及板面不平整处，均需用环氧砂浆嵌填、刮平、磨光，干后再涂刷两遍环氧清漆。

4) 铸铝衬模：用模具铸造成形，可以做成各种花饰图案的板块，将它用木螺钉固定于模板上。这种衬模可以多次周转使用，图案磨损后，还可以重新铸造成形。

5）橡胶衬模：由于衬模要经常接触油类脱模剂，应选用耐油橡胶制作衬模。一般在工厂按图案要求辊轧成形（图 2-3-44），在现场安装固定。线条端部应做成 45°斜角，以利于脱模。

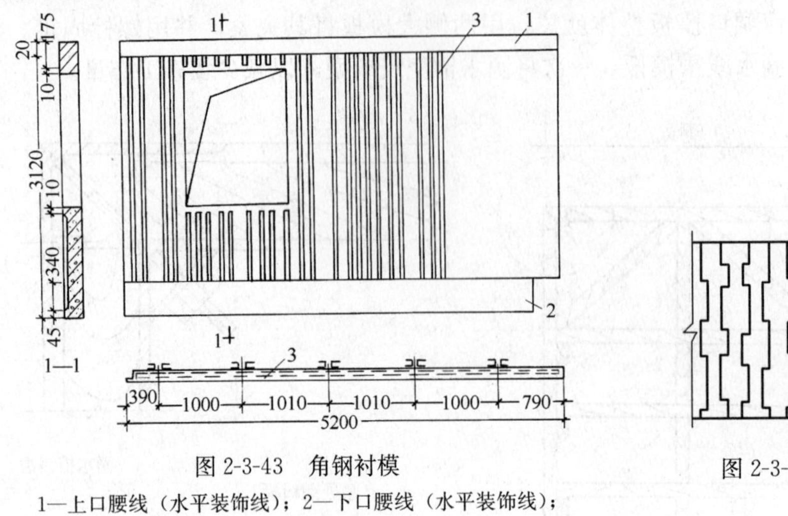

图 2-3-43　角钢衬模

1—上口腰线（水平装饰线）；2—下口腰线（水平装饰线）；3—30×30 角钢竖线衬模

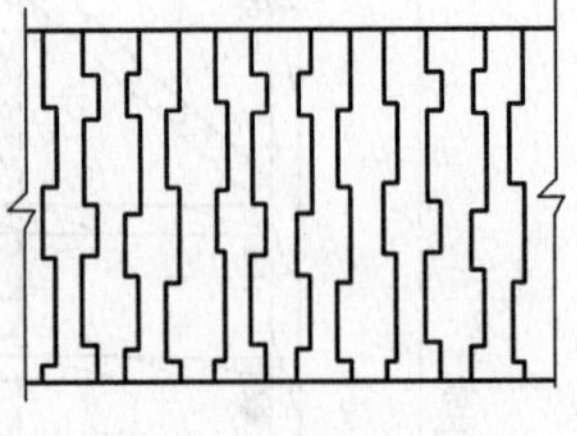

图 2-3-44　橡胶衬模

6）玻璃钢衬模：玻璃钢衬模是采用不饱和树脂为主料，加入耐磨填料，在设计好的模具上分层裱糊成形，固定 24h 后脱模。在进行固化处理后，方能使用。它是用螺栓固定于模板板面。玻璃钢衬模可以做成各种花饰图案，耐油、耐磨、耐碱，周转使用次数可达 100 次以上。

（4）外墙大模板的移动装置

由于外墙外侧大模板采用装饰混凝土的衬模，为了防止拆模时碰坏装饰图案，应在外墙外侧大模板底部设置轨枕和移动装置。

移动装置（又称滑动轨道）设置于外侧模板三角架的下部（图 2-3-45），每根轨道上装有顶丝，大模板位置调整后，用顶丝将地脚盘顶住，防止前后移动。滑动轨道两端滚轴位置的下部，各设一个轨枕，内装与轨道滚动轴承方向垂直的滚动轴承。轨道坐落在滚动轴承上，可左右移动。滑动轨道与模板地脚连接，通过模板后支架与模板同时安装或拆除。这样，在拆除大模板时，可以先将大模板作水平移动，既方便拆模，又可防止碰坏装饰混凝土。

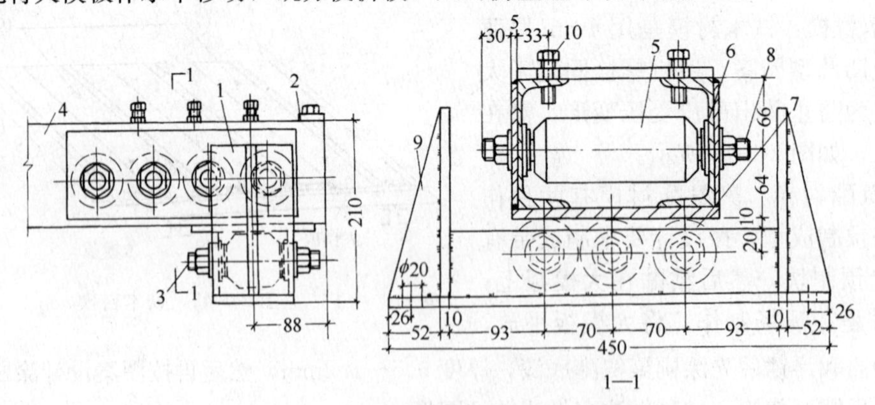

图 2-3-45　模板滑动轨道及轨枕滚轴

1—支架；2—端板；3、8—轴辊；4—活动装置骨架；5、7—轴滚；6—垫板；9—加强板；10—螺栓顶丝

（5）外墙大模板的支设平台

解决外墙大模板的支设问题是全现浇混凝土结构工程的关键技术。主要有以下两种形式：

①三角挂架支设平台：三角挂架支设平台由三角挂架、平台板、护身栏和安全立网组成，

见图 2-3-46。它是安放外墙外侧大模板，进行施工操作和安全防护的重要设施。

外墙外侧大模板在有阳台的部位时，可以支设在阳台板上。

三角挂架是承受大模板和施工荷载的部件，必须保证有足够的强度和刚度，安装拆除简便。各种杆件用 2 根 50×50 的角钢焊接而成。每个开间设置 2 个，用料 ϕ40 的“L”形螺栓固定在下层的外墙上，如图 2-3-46 所示。

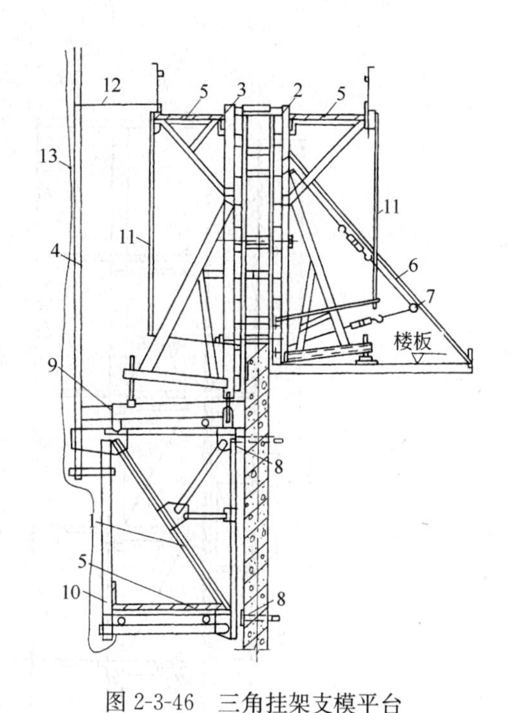

图 2-3-46　三角挂架支模平台

1—三角挂架；2—外墙内侧大模板；3—外墙外侧大模板；4—护身栏；5—操作平台；6—防侧移撑杆；7—防侧移位花篮螺栓；8—∟形螺栓挂钩；9—模板支承滑道；10—下层吊笼吊杆；11—上人爬梯；12—临时拉结；13—安全网

平台板用型钢做大梁，上面焊接钢板或满铺脚手板，宽度与三角挂架一致，以满足支模和操作。在三角挂架外侧设可供两个楼层施工用的护身栏和安全网。为了施工方便，还可在三角挂架上做成上下二层平台，上层供结构施工用，下层供墙面修理用。

②利用导轨式爬架支设大模板：导轨式爬架由爬升装置、桁架、扣件架体及安全防护设施组成。在建筑物的四周布置爬升机构，由安装在剪力墙上的附着装置外侧安装架体，它利用导轮组通过导轨进行安装，导轨上部安装提升倒链，架体依靠导轮沿轨道上下运动，从而实现导轨式爬架的升降。架体由水平承力桁架和竖向主框架和钢管脚手架搭设而成。宽 0.9m，距墙 0.4～0.7m，架体高度大于或等于 4.5 倍的标准层层高。架体上设控制室，内设配电柜，并用电缆线与每一个电动倒链连接。电动倒链动力为 500～750W，升降速度为 9cm/min。

这种爬架铺设三层脚手板，可供上下三个楼层施工用，每层施工允许荷载 $2kN/m^2$。脚手板距墙 20cm，最下一层的脚手板与墙体空隙用木板和铰链做成翻板，防止施工人员及杂物坠落伤人。架体外侧满挂安全网，在每个施工层设置护身栏。图 2-3-47 为导轨式爬架安装立面。

导轨式爬架须与支模三角架配套使用。导轨爬架的最上层设置安放大模板的三角支架，并设有施工平台。支模三角架承受大模板的竖向荷载，如图 2-3-48 所示。

导轨式爬架当用于上升时供结构施工支设大模板，下降时又可作为外檐施工的脚手架。

导轨式爬架的提升工艺流程为：墙体拆模→拆装导轨→转换提升挂座位置→挂好电动倒链→检查验收→同步提升挂除限位锁、保险钢丝绳→同步提升一个楼层的高度→固定支架、保险绳→施工人员上架施工。

爬架的提升时间以混凝土强度为依据，常温时一般在浇筑混凝土之后 2～3d。爬架下降时，要考虑爬架的安装周期，一般控制在 2d 以上为宜。

爬架在升降前要检查所有的扣件连接点是否紧固，约束是否解除，导轨是否垂直，防坠套环是否套住提升钢丝绳。在升降过程中，要保持各段桁架的同步，当行程高差大于 50mm 时，应停止爬升，调平后再行升降。爬架升降到位后，将限位锁安装至合适位置，挂好保险钢丝绳。升降完毕投入使用前，应检查所有扣件是否紧固，限位锁和保险绳能否有效地传力，临边防护是否等位。

对配电柜要做好防雨防潮措施，对电源线路和接地情况也要经常进行检查。

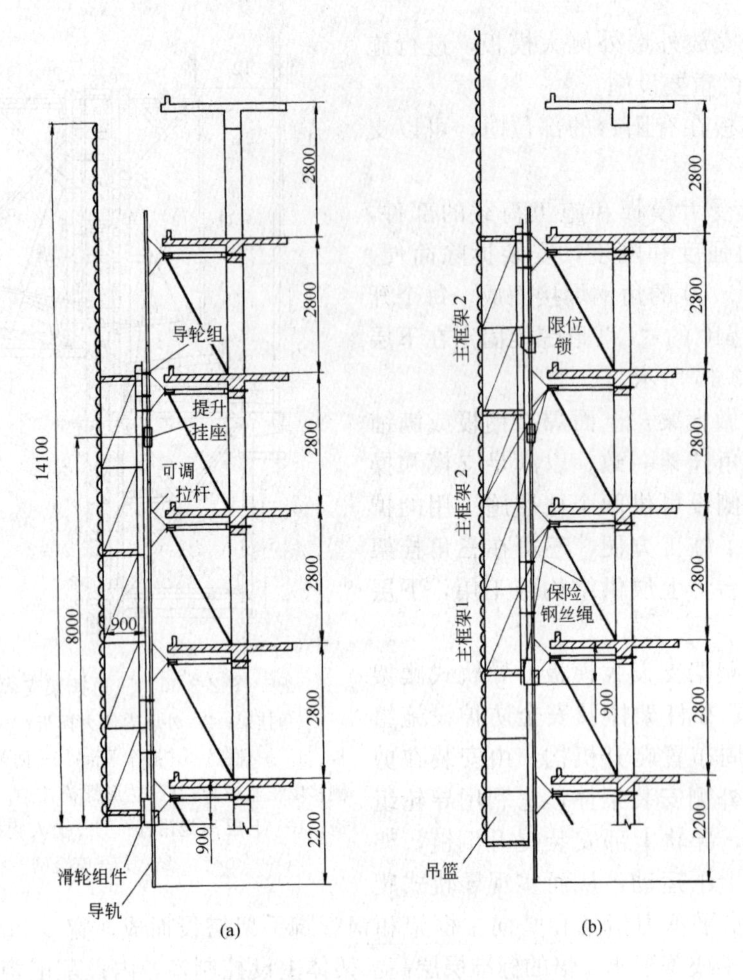

图 2-3-47 导轨式爬架安装立面

(a) 爬升前使用工况；(b) 爬升后使用工况

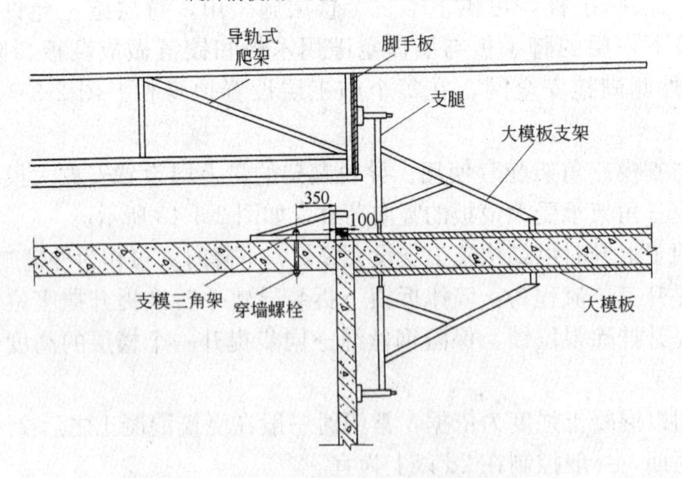

图 2-3-48 支模三角架与大模板安装示意图

2.3.1.4 大模板的配制设计和维修

1. 大模板的配制设计

(1) 设计原则

1) 大模板的配制设计应根据工程类型和施工设备情况进行设计。做到通用性强，规格类型少，能满足不同平面组合的要求并兼顾后续工程的需要。

由于建筑物的构造和用途不同，其开间、进深、层高的尺寸也不相同，所以要求大模板的设计能有一定的通用性，并便于改装，以适用不同开间、进深和层高的要求，这样使大模板的周转使用次数增加，以降低模板摊销费用。

2）力求结构构造简单，制作、装拆灵活方便：模板的结构在满足施工要求的前提下，应力求结构简单，便于加工制作，便于安装、拆除，以利于提高施工效率。其平块大模板重量应满足现场起重能力的要求。

3）模板组合方便：模板的组合，便于划分施工流水段，尽量做到纵横墙同时浇筑混凝土，以利于加强结构的整体性。做到接缝严密，不漏浆，阴阳角方正，棱角整齐。

4）坚固耐用，经济合理：大模板的设计首先要满足刚度要求，确保大模板在堆放、组装、拆除时的自身稳定，以增加其周转使用次数。同时应采用合理的结构构造，恰当地选材，尽量做到减少一次投资量。虽然模板做到坚固耐用，会使钢材用量和投资增多，但由于周转次数的增加，摊销费用可以降低。如果模板质量不好，不仅周转次数少，经常维修费用增高，而且还要增加墙面修理的费用。所以在设计模板时，应把坚固耐用放到第一位。

（2）设计方法

1）按建筑物的平面尺寸确定模板型号：根据建筑设计的轴线尺寸，确定模板的尺寸，凡外形尺寸和节点构造相同的模板均为同一种型号。当节点相同，外形尺寸变化不大时，可以用常用的开间、进深尺寸为基数作定型模板，另配模板条。如开间为 3.6m 和 3.3m 时，可以依 3.3m 为基数制作模板，用于 3.6m 轴线时，配以 30cm 的模板条，与之连接固定。

每道墙体由两片大模板组成，一般可采用正反号表示。同一侧墙面的模板为正号，另一侧墙面用的模板则为反号，正反号模板数量相等，以便于安装时对号就位。

2）根据流水段大小确定模板数量：常温条件下，大模板施工一般每天完成一个流水段，所以在考虑模板数量时，必须以满足一个流水段的墙体施工来确定。

另外，在考虑模板数量时，还应考虑特殊部位的施工需要。如电梯间以及全现浇工程中山墙模板的型号和数量。

3）根据开间、进深、层高确定模板的外形尺寸：

① 内墙模板高度：与层高和模板厚度有关，一般可以通过下式确定：

$$H=h-h_1-C_1 \tag{2-3-1}$$

式中 H——模板高度（mm）；

h——楼层高度（mm）；

h_1——楼板厚度（mm）；

C_1——余量，考虑到模板找平层砂浆厚度及模板安装不平等因素而采用的一个常数，通常取 20～30mm。

② 内横墙模板长度：横墙模板长度与进深轴线、墙体厚度以及模板的搭接方法有关，按下式计算：

$$L=L_1-L_2-L_3-C_2 \tag{2-3-2}$$

式中 L——内横墙模板长度（mm）；

L_1——进深轴线尺寸（mm）；

L_2——外墙轴线至外墙内表面的尺寸（mm）；

L_3——内墙轴线至墙面的尺寸（mm）；

C_2——为拆模方便，外端设置一角模，其宽度通常取 50mm。

③ 内纵墙模板长度：纵墙模板长度与开间轴线尺寸、墙体厚度、横墙模板厚度有关，按下式确定：

$$B=b_1-b_2-b_3-C_3 \quad (2\text{-}3\text{-}3)$$

式中 B——纵墙模板长度（mm）；

b_1——开间轴线尺寸（mm）；

b_2——内横墙厚度（mm）。端部纵横墙模板设计时，此尺寸为内横墙厚度的 1/2 加外轴线到内墙皮的尺寸；

b_3——横墙模板厚度×2（mm）；

C_3——模板搭接余量，为使模板能适应不同的墙体厚度，故取一个常数，通常取 20mm。

④ 外墙模板高度与楼梯间墙体模板高度：

$$H=h+h_0 \quad (2\text{-}3\text{-}4)$$

式中 H——模板高度（mm）；

h——楼层高度（mm）；

h_0——考虑到模板与导墙的搭接，取一常数，通常为 5cm。

⑤ 外墙模板长度：通常按轴线尺寸设计，如采用塑料条做接缝处理时，可比轴线尺寸小 2cm。

(3) 设计要求

大模板设计除绘制构造、节点、拼装和零配件图纸外，尚应绘制配板平面布置图和施工说明书。

2. 大模板制作质量要求

(1) 加工制作模板所用的各种材料与焊条，以及模板的几何尺寸必须符合设计要求。

(2) 各部位焊接牢固，焊缝尺寸符合设计要求，不得有漏焊、夹渣、咬肉、开焊等现象。

(3) 毛刺、焊渣要清理干净，防锈漆涂刷均匀。

(4) 质量允许偏差，应符合表 2-3-1 的规定。

表 2-3-1

序　号	检查项目	允许偏差(mm)	检　查　方　法
1	表面平整	2	2m 靠尺、楔尺检查
2	平面尺寸	长度−2，高度±3	尺　检
3	对角线差	3	尺　检
4	螺孔位置偏差	2	尺　检

组合式大模板制作钢材参考用量，见表 2-3-2。

表 2-3-2

序　号	开间尺寸(m)	使用部位	钢材用量(kg)			
			型　钢	扁　钢	钢　板	总　重
1	2.7	外墙模板	945.5	32.4	342.4	1321.3
2	2.7	内模板	553.4	24.5	273.4	851.3
3	3.3	外墙模板	984.2	38.2	403.8	1426.2
4	3.3	内模板	574	36.1	345.4	955.5
5	3.9	外墙模板	989.5	45.6	533.5	1586.6
6	3.9	内模板	627.6	36.1	417.5	1081.2
7	4.8	外墙模板	1172.1	60.1	641.2	1873.3
8	4.8	内模板	761	58.2	515.2	1334.4
9	5.1	外墙模板	1197.1	67.33	672.6	1937
10	5.1	内模板	782.7	64.2	560.4	1406.9
11	2.15	电梯井外模	362.4	—	315.4	677.8
12	2.15	电梯井内模	321.9	—	256.7	578.6

注：本表为一般高层住宅模板加工钢材参考用量。

3. 大模板的维修保养

大模板的一次性耗资较大，用钢量较多，要求周转使用次数在400次以上。因此要加强管理，及时做好维修、维护保养工作。

(1) 日常保养要点

1) 在使用过程中应尽量避免碰撞，拆模时不得任意撬砸，堆放时要防止倾覆。

2) 每次拆模后，必须及时清除模板表面的残渣和水泥浆，涂刷脱模剂。

3) 对模板零件要妥善保管，螺母螺杆经常擦油润滑，防止锈蚀。拆下来的零件要随手放在工具箱内，随大模一起吊走。

4) 当一个工程使用完毕后，在转移到新的工程使用前，必须进行一次彻底清理，零件要入库保存，残缺丢件一次补齐。易损件要准备充足的备件。

(2) 大模板的现场临时修理

板面翘曲、凹凸不平、焊缝开焊、地脚螺栓折断以及护身栏杆弯折等情况，是大模板在使用过程中的常见病和多发病。简易的修理办法是：

1) 板面翘曲可按前述制作方法修理。

2) 板面凹凸不平。常见部位在穿墙螺栓孔周围，其原因是：塑料套管偏长（板面凹陷）或偏短（板面外凹）修理时，将模板板面向上放置，用磨石机将板面的砂浆和脱模剂打磨干净。板面凸出部分可用大锤砸平或用气焊烘烤后砸平；板面凹陷，可在板面与纵向龙骨间放上花篮丝杠，拧转螺母，把板面顶回原来的位置。整平后，在螺栓孔两侧加焊扁钢或角钢，以加强板面局部的刚度。

3) 焊缝开裂。先将焊缝中的砂浆清理干净，整平后再在横肋上多加几个焊点即可。当板面拼缝不在横肋上时，要用气焊边烤边砸，整平后满补焊缝，然后用砂轮磨平。周边开焊时，应用卡子将板面与边框卡紧，然后施焊。

4) 模板角部变形。由于施工中的碰撞和撬动，容易出现模板角部后闪现象，造成骨架变形。修理时，先用气焊烘烤，边烤边砸，使其恢复原状。

5) 地脚螺栓损坏。应及时更换。

6) 护身栏撞弯。应及时调直，断裂部位要焊牢。

7) 胶合板面局部破损。可用扁铲将破损处剔凿整齐，然后刷胶，补上一块同样大小的胶合板，再涂以覆面剂。如损坏严重，需在工厂进行大修。

4. 脱模剂的选用

脱模剂对于防止模板与混凝土粘结、保护模板、延长模板的使用寿命以及保持混凝土表面的洁净与光滑，都起着重要的作用。

对脱模剂的基本要求是：a. 容易脱模，不粘结和污染混凝土表面；b. 涂刷方便，易干燥和清理；c. 对模板无腐蚀作用；d. 材料来源方便，价格便宜。

新制作的大模板运进现场后，要用扁铲、砂纸进行清渣、除锈，擦去表面油污，板面拼缝处要用环氧树脂腻子嵌缝，然后涂刷脱模剂。

(1) 脱模剂的种类

1) 水性脱模剂：主要有海藻酸钠脱模剂。其配制方法是：海藻酸钠∶滑石粉∶洗衣粉∶水=1∶13.3∶1∶53.3（重量比）配合而成。先将海藻酸钠浸泡2～3d，再加滑石粉、洗衣粉和水搅拌均匀即可使用，刷涂、喷涂均可。

2) 甲基硅树脂脱模剂：为长效脱模剂，刷一次可用6次，如成膜好可用到10次。

甲基硅树脂用乙醇胺作固化剂，重量配合比为1000∶3～1000∶5。气温低或涂刷速度快，可以多掺一些乙醇胺；反之，要少掺。甲基硅树脂成膜固化后，透明、坚硬、耐磨、耐热和耐水性能都很好。涂在钢模面上，不仅起隔离作用，也能起防锈、保护作用。该材料无毒，喷、刷均可。

配制时容器工具要干净，无锈蚀，不得混入杂质。工具用毕后，应用酒精洗刷干净晾干。由于加入了乙醇胺易固化，不宜多配。故应根据用量配制，用多少配多少。当出现变稠或结胶现象时，应停止使用。甲基硅树脂与光、热、空气等物质接触都会加速聚合，应储存在避光、阴凉的地方，每次用过后，必须将盖子盖严，防止潮气进入，储存期不宜超过三个月。

在首次涂刷甲基硅树脂脱模剂前，应将板面彻底擦洗干净，打磨出金属光泽，擦去浮锈，然后用棉纱沾酒精擦洗。板面处理越干净，则成模越牢固，周转使用次数越多。采用甲基硅树脂脱模剂，模板表面不准刷防锈漆。当钢模重刷脱模剂时，要趁拆模后板面潮湿，用扁铲、棕刷、棉丝将浮渣清理干净，否则，干涸后清理就比较困难。

涂刷脱模剂可以采用喷涂或刷涂，操作要迅速。结膜后，不要回刷，以免起胶，起胶后就起不到脱模剂的作用。涂层要薄而均匀，太厚反而容易剥落。

(2) 涂刷施工注意事项

1) 在首次涂敷脱模剂前，必须对模板进行检查和清理。板面的缝隙应用环氧树脂腻子或其他材料进行补缝。当清除掉模板表面的污垢和锈蚀，然后才能涂刷脱模剂。

2) 涂敷脱模剂要薄而均匀，所有与混凝土接触的板面都应涂刷，不可只涂大面而忽略小面及阴阳角。但在阴角处不得积存脱模剂。

3) 不管采用何种脱模剂，均不得涂刷在钢筋上，以免影响对钢筋的握裹力。

4) 现场配制脱模剂时要随用随配，以免影响脱模剂的效果和造成浪费。

5) 涂刷时要注意周围环境，防止散落在建筑物、机具和人身衣物上。

6) 脱模后应及时清理板面的浮渣，并用棉丝擦净，然后再涂敷脱模剂。

7) 涂敷脱模剂后的模板不能长时间放置，以防雨淋或落上灰尘，影响脱模效果。

2.3.1.5 大模板工程施工

1. 流水段的划分与模板配备

(1) 流水段划分的方法

大模板工程施工的周期性很强，必须合理划分施工流水段，组织流水作业，实行有节奏的均衡施工，以提高效率，加快模板周转和施工进度。划分流水段要注意以下几点：

1) 根据建筑物的平面、工程量、工期要求和机具设备等条件综合考虑，尽量使各流水段的工程量大致相等，模板的型号和数量基本一致，劳动力配备相对稳定，以利于组织均衡施工。

2) 要使各流水段的吊装次数大致相等，以充分发挥垂直起重设备的能力。

3) 采用有效的技术组织措施，做到每天完成一个流水段的支、拆模板工序，使大模板得以充分利用。由于大模板的施工周期与结构施工的一些技术要求有关，如：墙体混凝土达到 $1N/mm^2$ 时方可拆模，达到 $4N/mm^2$ 时方可安装楼板。因此施工周期的长短，与每个流水段是否能在 24h 内完成有着密切关系。所以要采取一定的技术措施和周密的安排，实现每天完成一个流水段。

4) 内外墙全现浇工程，必须根据其结构工艺特点划分流水分段。因为现浇外墙混凝土强度必须达到 $7.5N/mm^2$ 以上时，才能挂三角挂架，达到这一强度常温下 C20 混凝土需要 3d 时间，加上本段施工及安装三角挂架和护身栏等工序，则共需 5d。施工流水段的划分和施工周期的安排，必须满足这一要求。所以全现浇工程的流水段数宜在五段或五段以上。如果混凝土强度等级高，施工流水段数量也可减少。

(2) 模板配备

模板配备的数量应根据流水段的大小和结构类型来决定。另外，在山墙及变形缝墙体部位还需另外配备大模板。

在冬期施工中，由于施工周期相对延长，模板占用量也相对增大，此时，可以采取增加每个流水段的轴线，或多配备供两个流水段施工用的模板，以满足冬期施工混凝土强度增长的需要。

2. 施工前的准备工作

大模板工程的施工，除了按照常规要求，编制施工组织设计做好施工准备总体部署外，并要针对大模板施工的特点，做好以下准备工作：

(1) 安排好大模板堆放场地

由于大模板体形大、比较重，故应堆放在塔式起重机工作半径范围之内，以便于直接吊运。在拟建工程的附近，留出一定面积的堆放区。每块组合式大模板平均占地约 8m²，按五条轴线的流水段的外板内浇工程，模板占地约 270m²；内外墙全现浇工程，模板占地430～480m²；筒形模占地面积应适当增加。

如为外板内浇工程，在平面布置中，还必须妥善安排预制外墙板的堆放区，亦应堆放在塔式起重机起吊半径范围之内。

(2) 做好技术交底

针对大模板施工的特点和每栋建筑物的具体情况做好班组的技术交底。交底必须有针对性、指导性和可操作性。

(3) 进行大模板的试组装

在正式安装大模板之前，应先根据模板的编号进行试验性安装，以检查模板的各部尺寸是否合适，操作平台架及后支架是否“打架”，模板的接缝是否严密，如发现问题应及时进行修理，待问题解决后方可正式安装。

如采用筒形模时，应事先进行全面组装，并调试运转自如后方能使用。

(4) 做好测量放线工作

1) 轴线和标高的控制和引测方法

① 轴线：每栋建筑物的各个大角和流水段分段处，均应设置标准轴线控制桩，据此用经纬仪引测各层控制轴线。然后拉通尺放出其他墙体轴线、墙体的边线、大模板安装位置线和门洞口位置线等。

由于受场地限制，用经纬仪外测控制轴线非常困难。近年来一些单位使用激光铅垂仪进行竖向轴线控制。它具有精度高、误差小等优点，是高层建筑施工中较简便易行的测量方法。通常做法是用激光铅直仪垂直投点，用经纬仪在楼层水平布线。具体做法是：

在制定施工组织设计或测量方案时，根据建筑物的轴线情况设计出激光测量用的洞口位置。该位置宜选在墙角处，每个流水段不少于 3 个，呈“L”形，分别控制纵、横墙的轴线，见图 2-3-49。在现浇楼板施工时，每层楼板上预留 20cm×20cm 的孔洞，垂直穿越各层楼板，作为激光的通视线。在首层地面上设垂直控制点，于相邻两外墙内皮 50cm 控制线的交点处，即为铅垂控制点。控制点可以用预埋钢板或钢筋制作，用经纬仪量测出中心点，并刻画出十字线。以上各层测量时均以此点为准。如图 2-3-50 所示。

测量时，在首层支放激光铅直仪，使其定位于控制点上，将水平气泡对中，使激光束垂直通过铅垂控制点。在要测设的楼层预留的洞口上，放置激光接收板，激光板为 250mm×5mm 的玻璃，上贴半透明靶心纸，如图 2-3-51 所示。打开激光仪，分别在 0°、90°、180°、270°四次投射激光，在激光接收板上确定相应的 4 个激光斑点的位置，然后移动靶心，使 4 个激光斑点分别重合在同一个圆上，其靶心即为该楼层的铅垂控制点。依上述方法将本流水段各控制点作完，然后在“L”形控制线的转角处架设经纬仪，测设本流水段的各条轴线和模板位置线。如图 2-3-52所示。

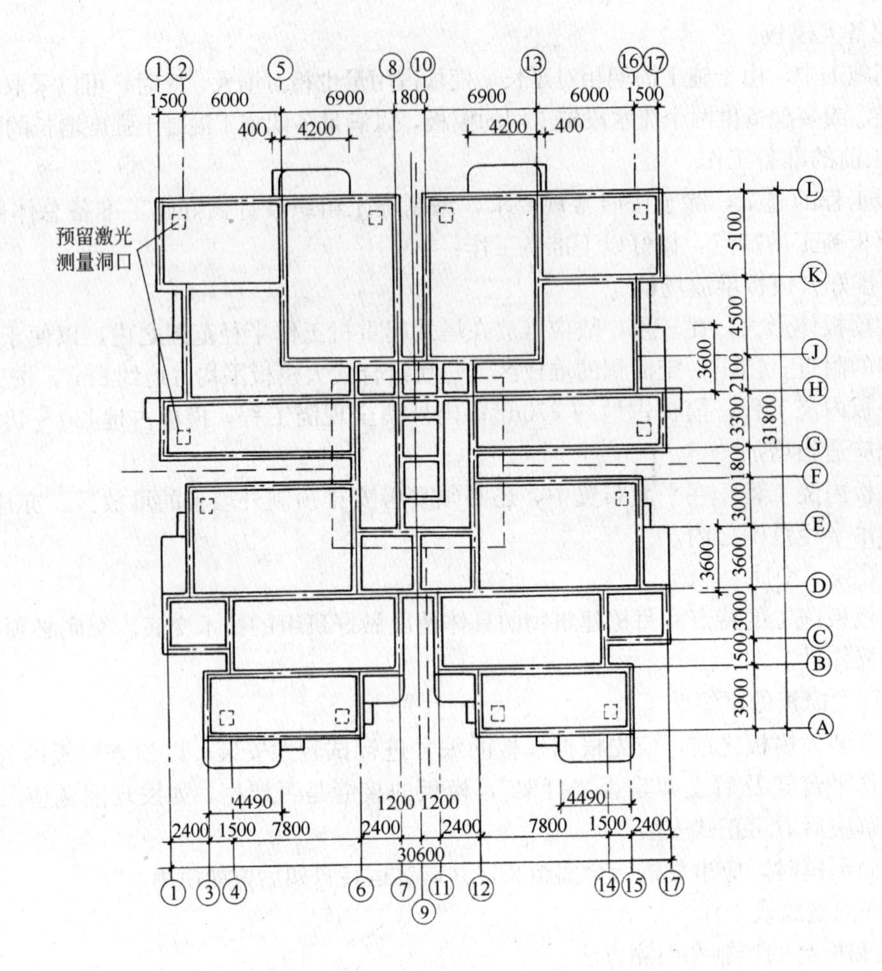

图 2-3-49 某工程铅垂控制点平面留洞图

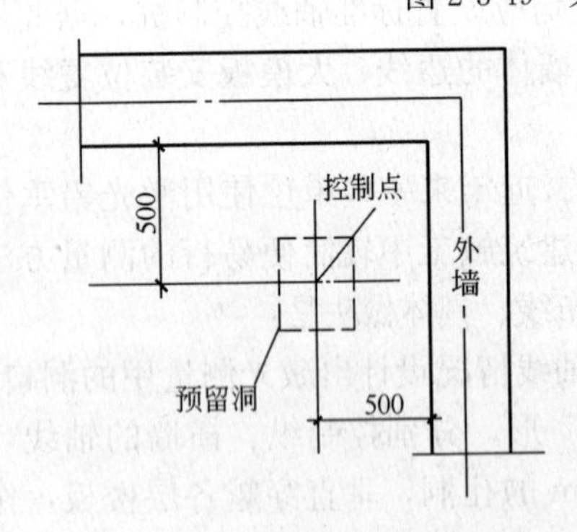

图 2-3-50 预留孔洞具体位置图

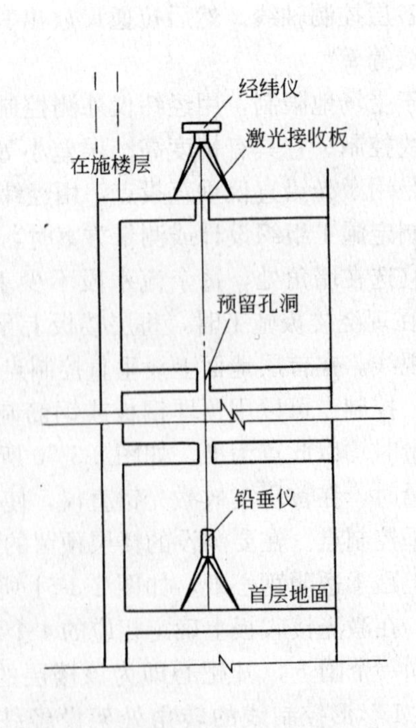

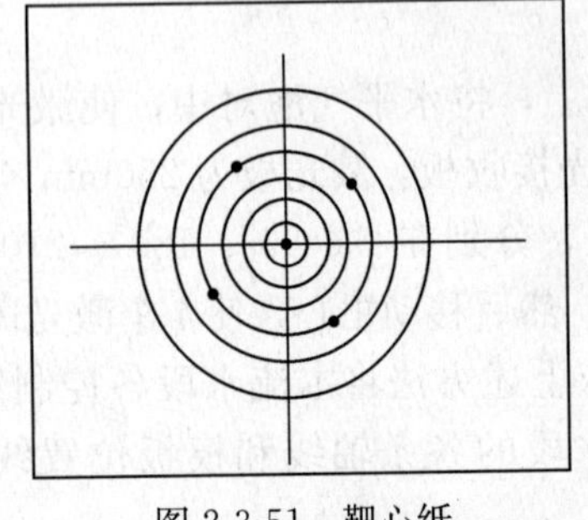

图 2-3-51 靶心纸

图 2-3-52 垂直投点水平布线示意图

测设时，激光铅直仪要安放稳定，在其上方设立防护板，防止坠物伤害仪器。操作时，上下联系使用对讲机。操作后，预留的测量方孔要用盖板封严，防止坠物伤人。当结构封顶不再需要激光测量时，要将预留洞周边剔出钢筋，与加强筋焊接后浇筑混凝土进行封堵。

② 水平标高：每幢建筑物设标准水平桩 1～2 个，并将水平标高引测到建筑物的首层墙上，作为水平控制线。各楼层的标高均以此线为基准，用钢尺逐层引测。每个楼层设两条水平线，一条离地面 50cm 高，供立口和装修工程用；另一条距楼板下皮 10cm，用以控制墙体找平层和楼板安装的高度。

另外，在墙体钢筋上应弹出水平线，据此抹出砂浆找平层，以控制墙板和大模板安装的水平度。

2）验线

轴线、模板位置线测设完成后，应由质量检查人员、施工员或监理进行验线。

3. 大模板施工工艺流程

（1）内浇外板工艺流程

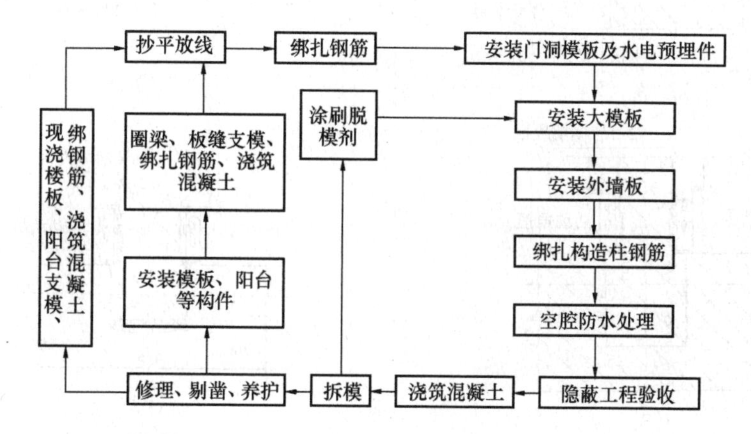

（2）内外墙全现浇工艺流程

内、外墙为同一品种混凝土时，应同时进行内、外墙施工，其工艺流程如下：

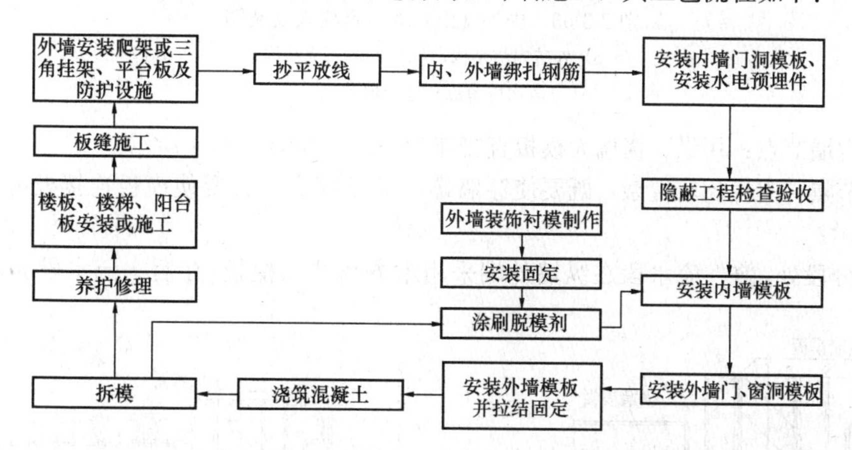

4. 大模板的安装

（1）普通内墙大模板的安装

1）安装大模板之前，内墙钢筋必须绑扎完毕，水电预埋管件必须安装完毕。外砌内浇工程安装大模板之前，外墙砌砖及内墙钢筋和水电预埋管件等工序也必须完成。

2）大模板安装前，必须做好抄平放线工作，并在大模板下部抹好找平层砂浆，依据放线位置进行大模板的安装就位。

3）安装大模板时，必须按施工组织设计中的安排，对号入座吊装就位。先从第二间开始，安装一侧横墙模板靠吊垂直，并放入穿墙螺栓和塑料套管后，再安装另一侧的模板，经靠吊垂直后，旋紧穿墙螺栓。横墙模板安装后，再安装纵墙模板。安装一间，固定一间。

4）在安装模板时，关键要做好各个节点部位的处理。采用组合式大模板时，几个建筑节点部位的模板安装处理方法如下：

外（山）墙节点：外墙节点用活动角模，山墙节点用木方解决组合柱的支模问题，如图 2-3-53所示。

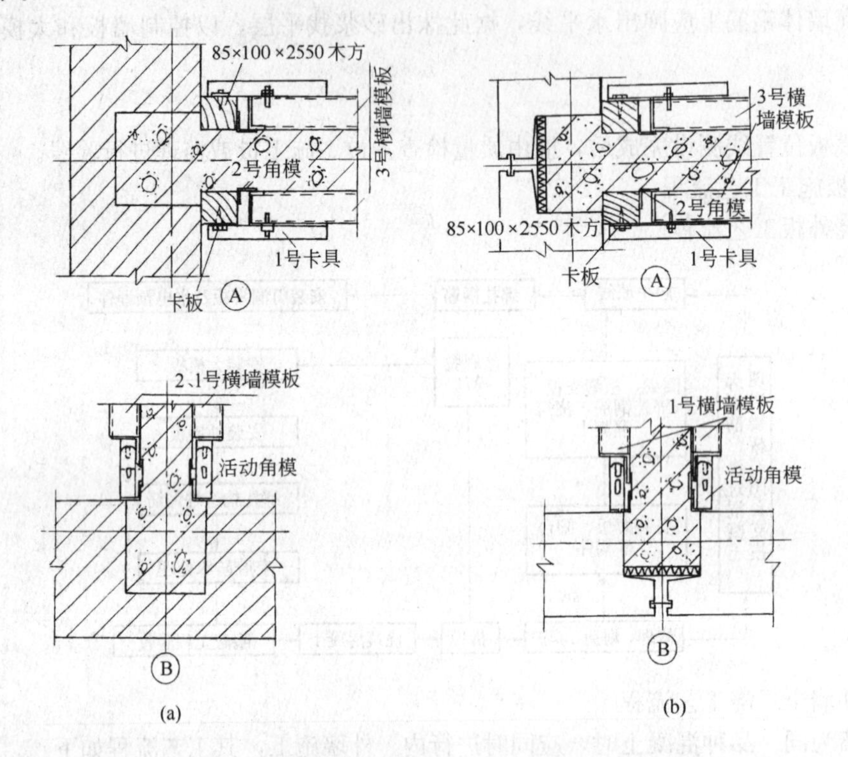

图 2-3-53　内外（山）墙节点模板安装图

（a）外砖内浇结构；（b）外板内浇结构；

Ⓐ山墙节点；Ⓑ外墙节点

十字形内墙节点：用纵、横墙大模板直接连为一体，如图 2-3-54 所示。

错墙处节点：支模比较复杂，既要使穿墙螺栓顺利固定，又要使模板连接处缝隙严实，如图 2-3-55 所示。

流水段分段处：前一流水段在纵墙外端采用木方作堵头模板，在后一流水段纵墙支模时用

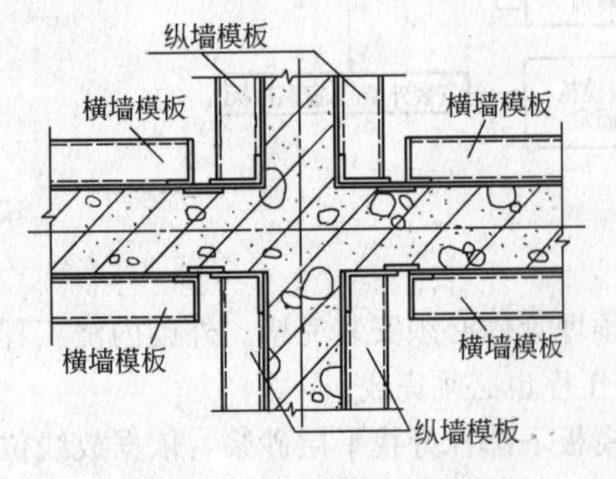

图 2-3-54　十字节点模板安装图

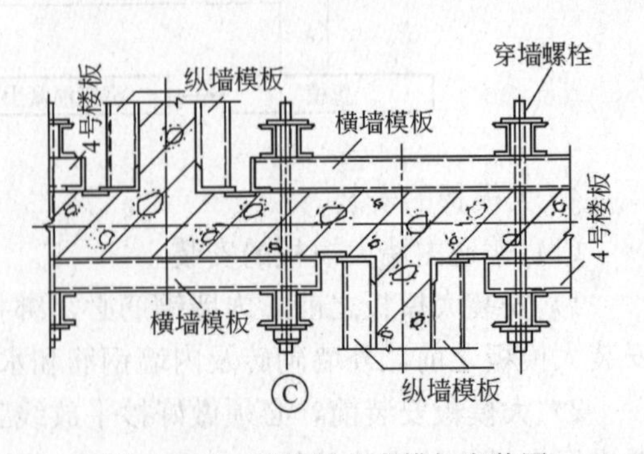

图 2-3-55　错墙处节点模板安装图

木方作补模，如图 2-3-56 所示。

5）拼装式大模板，在安装前要检查各个连接螺栓是否拧紧，保证模板的整体不变形。

6）模板的安装必须保证位置准确，立面垂直。安装的模板可用双十字靠尺在模板背面靠吊垂直度（图 2-3-57）。发现不垂直时，通过支架下的地脚螺栓进行调整。模板的横向应水平一致，发现不平时，亦可通过模板下部的地脚螺栓进行调整。

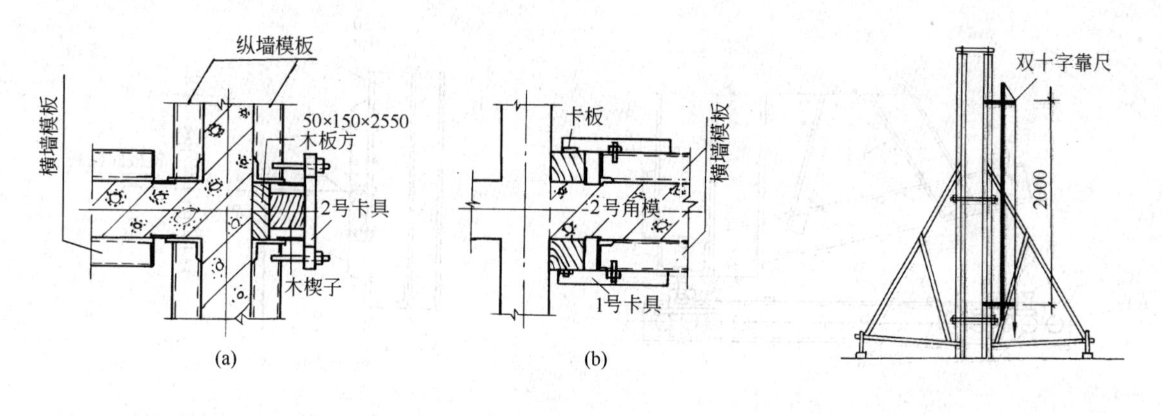

图 2-3-56　流水段分段处模板安装图
（a）前流水段；（b）后流水段

图 2-3-57　双十字靠尺

7）模板安装后接缝部位必须严密，防止漏浆。底部若有空隙，应用聚氨酯泡沫条、纸袋或木条塞严，以防漏浆。但不可将纸袋、木条塞入墙体内，以免影响墙体的断面尺寸。

8）每面墙体大模板就位后，要拉通线进行调直，然后进行连接固定。紧固对拉螺栓时要用力得当，不得使模板板面产生变形。

（2）外墙大模板的安装

内外墙全现浇工程的施工，其内墙部分与内浇外板工程相同；现浇外墙部分，其工艺不同，特别当采用装饰混凝土时，必须保证外墙面光洁平整，图案、花纹清晰，线条棱角整齐。

1）施工工艺：

外墙墙体混凝土的骨料不同，采用的施工工艺也不同。

① 内外墙为同一品种混凝土时，应同时进行内外墙的施工。

② 内外墙采用不同品种的混凝土时，例如外墙采用轻骨料混凝土，内墙采用普通混凝土时，为防止内外墙接槎处产生裂缝，宜分别浇筑内外墙体混凝土。即先进行内墙施工，后进行外墙施工，内外墙之间保持三个流水段的施工流水步距。

2）外墙大模板的安装：

① 安装外墙大模板之前，必须先安装三角挂架和平台板。利用外墙上的穿墙螺栓孔，插入“L”形连接螺栓，在外墙内侧放好垫板，旋紧螺母，然后将三角挂架钩挂在“L”形螺栓上，再安装平台板。也可将平台板与三角挂架连为一体，整拆整装。“L”形螺栓如从门窗洞口上侧穿过时，应防止碰坏新浇筑的混凝土。

② 要放好模板的位置线，保证大模板就位准确。应把下层竖向装饰线条的中线，引至外侧模板下口，作为安装该层竖向衬模的基准线，以保证该层竖向线条的顺直。在外侧大模板底面10cm 处的外墙上，弹出楼层的水平线，作为内外墙模板安装以及楼梯、阳台、楼板等预制构件的安装依据。防止因楼板、阳台板出现较大的竖向偏差，造成内外侧大模板难以合模，以及阳台处外墙水平装饰线条发生错台和门窗洞口错位等现象。

③ 当安装外侧大模板时，应先使大模板的滑动轨道（图 2-3-58）搁置在支撑挂架的轨枕上，要先用木楔将滑动轨道与前后轨枕固定牢，在后轨枕上放入防止模板向前倾覆的横栓，方可摘除塔吊的吊钩。然后松开固定地脚盘的螺栓，用撬棍拨动模板，使其沿滑动轨道滑至墙面位置，调整好标高位置后，使模板下端的横向衬模进入墙面的线槽内（图 2-3-59），并紧贴下层外墙面，防止漏浆。待横向及水平位置调整好以后，拧紧滑动轨道上的固定螺钉，将模板固定。

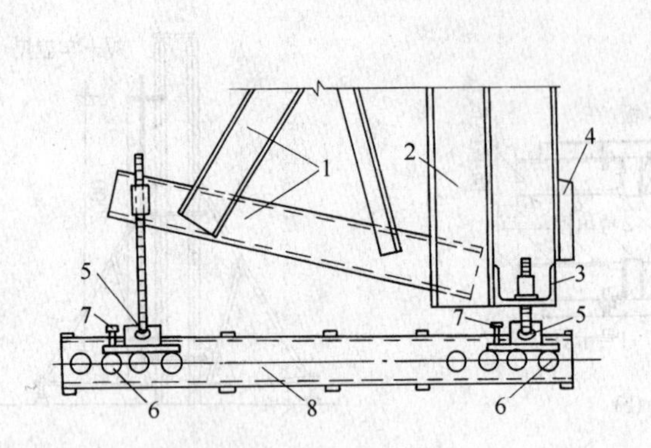

图 2-3-58　外墙外侧大模板与滑动轨道安装示意图

1—大模板三角支撑架；2—大模板竖龙骨；3—大模板横龙骨；4—大模板下端横向腰线衬模；5—大模板前、后地脚；6—滑动轨道辊轴；7—固定地脚盘螺栓；8—轨道

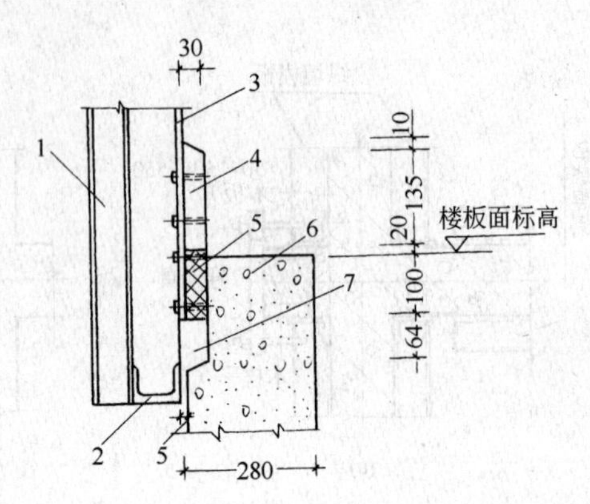

图 2-3-59　大模板下端横向衬模安装示意图

1—大模板竖龙骨；2—大模板横龙骨；3—大模板板面；4—硬塑料衬模；5—橡胶板导向和密封衬模；6—已浇筑外墙；7—已形成的外墙横向线槽

④ 外侧大模板经校正固定后，以外侧模板为准，安装内侧大模板。为了防止模板位移，必须与内墙模板进行拉结固定。其拉结点应设置在穿墙螺栓位置处，使作用力通过穿墙螺栓传递到外侧大模板，防止拉结点位置不当而造成模板位移。

⑤ 当外墙采取后浇混凝土时，应在内墙外端留好连接钢筋，并用堵头模板将内墙端部封严。

⑥ 外墙大模板上的门窗洞口模板必须安装牢固，垂直方正。

⑦ 装饰混凝土衬模要安装牢固，在大模板安装前要认真进行检查，发现松动应及时进行修理，防止在施工中发生位移和变形，防止拆模时将衬模拔出。镶有装饰混凝土衬模的大模板，宜选用水乳性脱模剂，不宜用油性脱模剂，以免污染墙面。

3）外墙装饰混凝土施工注意事项：外墙装饰混凝土施工，除应遵守一般规定外，尚应注意以下几点：

① 装饰衬模安装固定后，与大模板之间的缝隙必须用环氧树脂腻子嵌严，防止浇筑混凝土时水泥浆进入缝内，造成脱模困难和装饰图案被拉坏或衬模松动脱落。

② 外侧大模板安装校正后，应在所有衬模位置加设钢筋的保护层垫块，以防止装饰图案成型后出现露筋现象。

③ 外墙浇筑混凝土之前，应先浇筑 50 厚与混凝土同强度等级的砂浆，以保证墙体接槎处混凝土密实均匀。

④ 浇筑墙体混凝土时要使用串筒下料，避免振捣器触碰衬模。为保证混凝土浇捣密实，减少墙面气泡，应采用分层振捣并进行二次振捣。

⑤ 宽度较大的门窗洞口，两侧应对称浇筑混凝土，并从窗台模板的预留孔处再进行补浇和振捣，防止窗台下部出现孔洞和露筋现象。

⑥ 外墙若采用轻骨料混凝土，应加强搅拌，采用保水性能好的运输车，防止离析，保证混凝土的和易性和坍落度。应选用大直径振捣棒振捣，振捣时间不宜过长，插点要密，提棒速度要慢，防止出现骨料、浆料的分层现象。

(3) 筒形大模板的安装

1) 组合式提模的安装：模板涂刷脱模剂后，便可进行安装就位。校正好位置后，再校正垂直度，并用承力小车和千斤顶进行调整，将大模板底部顶至筒壁。再用可调卡具将大模板精调至垂直。连接好四角角模，将预留洞定位卡压紧，门洞处将内外模的钢管紧固，穿好穿墙螺栓，检查无误后，即可浇筑混凝土。

2) 组合式铰接筒模的安装：先在平整坚实的场地上将筒模组装好。成形后要求垂直方正，每个角模两侧的板面保持一致，误差不超过10mm，两对角线长度误差不超过10mm。

筒模吊装就位之前，要将筒模通过脱模器收缩到最小位置，然后起吊入模，就位找正。

3) 自升筒模的安装：在电梯井墙绑扎钢筋后，即安装筒模。首先调整各连接部件，使其运转自如，并注意调整好水平标高和筒模的垂直度，接缝要严密。

当浇筑的混凝土强度达到 $1N/mm^2$ 时，即可脱模。通过花篮螺杆脱模器使模板收缩，脱离混凝土，然后拉动倒链，使筒模及其托架慢慢升起，托架支腿自动收缩。当支腿升至上面的预留孔部位时，在配重的作用下会自动的伸入孔中。当支腿进入预留孔后，让支腿稍微上悬，停止拉动倒链。然后找正托架面板与四周墙壁的位置，使其周边间隙均保持在30mm。通过拧动调节丝杠使托架面板调至水平，再将筒模调整就位。

当完成筒模提升就位后，再提升立柱支架，做法是：在筒模顶部安装专备的横梁，并注意放在承力部位，然后在横梁上悬挂捯链，通过钢丝绳和吊钩将立柱支架徐徐升起，其过程和提升筒模相似。最后将立柱及支架支撑于墙壁的下一排预留孔上，与筒模支架支腿预留孔上下错开一定距离，以免互相干扰，并将立柱支架找正找平。自升式筒模的提升过程，如图 2-3-60 所示。其工艺流程如下：

筒模就位找正→绑扎钢筋→浇筑混凝土→提升平台→抽出筒模穿墙螺栓和预留孔模板→吊升筒模井架、脱模→吊升筒模及其平台至上一层→就位找正。

(4) 门窗洞口模板安装

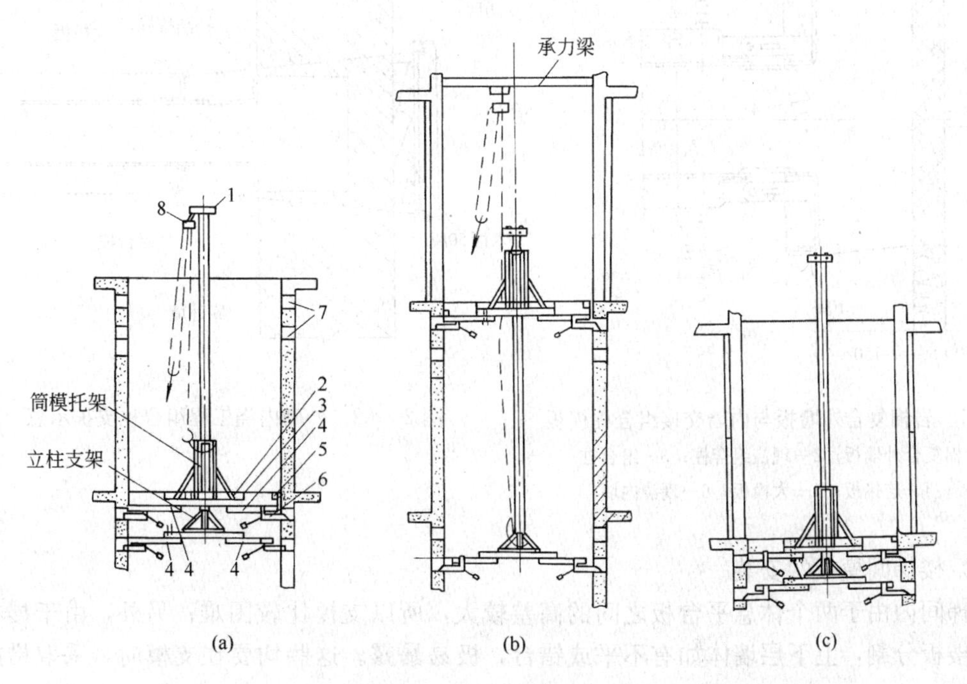

图 2-3-60 自升式筒模提升过程

(a) 悬挂倒链，提升筒模及托架、找平；(b) 提升立柱支架；(c) 立柱支架固定找平

1—起吊梁；2—面板；3—方木；4—托架调节梁；5—调节丝杠；6—支腿；7—支腿洞；8—捯链

墙体门窗洞口有两种做法：一种是先立口，即把门窗框在支模时预先留置在墙体的钢筋上，在浇筑混凝土时浇筑于墙内。做法是用方木或型钢做成带有斜度的（1～2cm）门框套模，夹住安装就位的门框，然后用大模板将套模夹紧，用螺栓固定牢固。门框的横向用水平横撑加固，防止浇捣混凝土时发生变形、位移。如果采用标准设计，门窗洞口位置不变时，可以设计成定型门窗框模板，固定在大模板上，这样既方便施工，也有利于保证门窗框安装位置的质量。

另一种是后立口，即用门窗洞口模板和大模板把门窗洞口预留好，然后再安装门窗框。随着钻孔机械和粘结材料的发展，现在采用后立口的做法较为普遍。

（5）外墙组合柱模板安装

预制外墙板与现浇内墙相交处的组合柱模板，不需要单独支模，一般借助内墙大模板的角模，但必须将角模与外墙板之间的缝隙封严，防止出现漏浆。

山墙及大角部位的组合柱模板，需另配钢模或木模，并设立模板支架或操作平台，以利于浇筑混凝土。对这一部位的模板必须加强支撑，保证缝隙严密，不走形，不漏浆。

预制岩棉复合外墙板的组合柱模板，需另设计配置。可采用2mm厚钢板压制成型，中间加焊加劲肋，通过转轴与大模板连接固定。支模时模板要进入组合柱0.5mm，以防拆模后剔凿。大角部位的组合柱模板，为防止振捣混凝土时模板变形、位移，可用角钢框与外墙板固定，并通过穿墙螺栓与组合柱模板拉结在一起。如图2-3-61所示。

外砖内模工程的组合柱支模时，为了防止在浇筑混凝土时将组合柱外侧砖墙挤坏，应在组合柱砖墙外侧加以支护。办法是沿组合柱外墙上下放置模板，并用螺栓与大模板拉结在一起，拆模时再一起拆除。如图2-3-62所示。

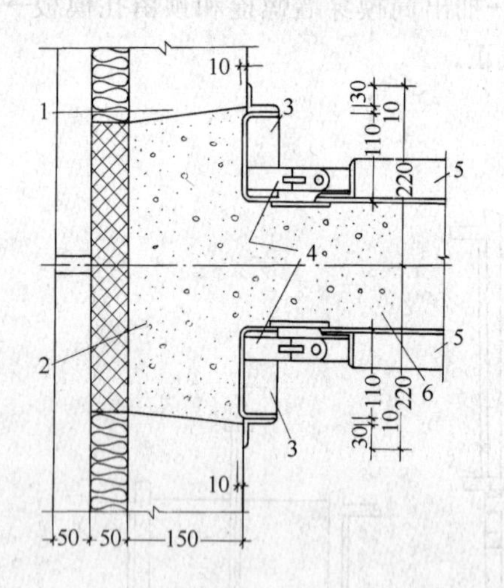

图2-3-61　岩棉复合外墙板与内墙交接组合柱模板

1—岩棉复合外墙板；2—现浇组合柱；3—组合柱模板；4—连接板；5—大模板；6—现浇内墙

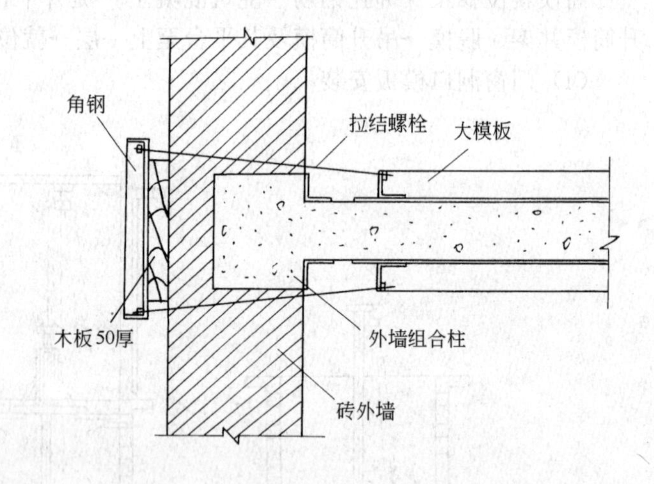

图2-3-62　外砌内浇工程组合柱支护示意

（6）楼梯间模板的安装

楼梯间内由于两个休息平台板之间的高差较大，所以支模比较困难；另外，由于楼梯间墙体未被楼板分割，上下层墙体如有不平或错台，极易暴露。这些均要在支模时，采取措施妥善处理。

1）支模方法：

① 利用支模平台（图2-3-46）安放大模板。将支模平台安设在休息平台板上，以保持大模

板底面的水平一致，如有不平，可用木楔调平。

② 解决墙面错台和漏浆的措施：楼梯间墙体由于放线误差或模板位移，容易出现错台，影响结构质量，也给装修造成困难。另外，由于模板下部封闭不严，常常出现漏浆现象，所以，必须在支设模板时采取措施，解决这一质量通病。方法是：

a. 把墙体大模板与圈梁模板连接为一体，同时浇筑混凝土。具体做法是：针对圈梁的高度，把一根 24 号槽钢切割成 140mm 和 100mm 高的两根，长度可根据休息平台至外墙的净空尺寸决定，然后将切割后的槽钢搭接对焊在一起。在槽钢下侧打孔，用 $\phi 6$ 螺栓和 3mm×50mm 的扁钢固定两道 b 字形的橡皮条（图 2-3-63a），作为圈梁模板。在圈梁模板与楼梯平台的相交处，根据平台板的形状做成企口，并留出 20mm 的空隙，以便于支拆模板（图 2-3-63b）。圈梁模板与大模板用螺栓连接固定在一起，其缝隙用环氧腻子嵌平。

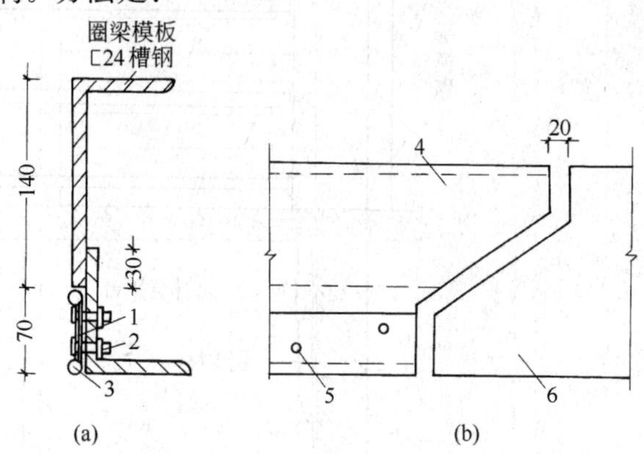

图 2-3-63　楼梯间圈梁模板作法之一

1—压胶条的扁钢，3mm×50mm；2—$\phi 6$ 螺栓；3—b 字形橡胶条；4—[24 圈梁模板，长度按楼梯段定；5—$\phi 6.5$ 螺孔，间距 150；6—楼梯平台板

b. 直接用[16 或[20 槽钢与大模板连接固定，槽钢外侧用扁钢固定 b 字形橡皮条，如图 2-3-64所示。

支模板时，必须保证模板位置的准确和垂直度。先安装一侧的模板，并将圈梁模板与下层墙体贴紧，靠吊垂直度，用 100mm×100mm 的木方将两侧大模板撑牢，如图 2-3-65 所示。

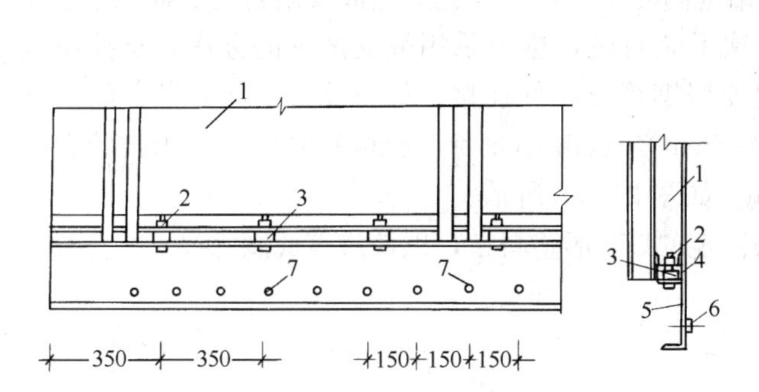

图 2-3-64　楼梯间圈梁模板作法之二

1—大模板；2—连接螺栓（$\phi 18$）；3—螺母垫；4—模板角钢；5—圈梁模板；6—橡皮压板（3mm × 30mm）；7—橡皮条连接螺孔

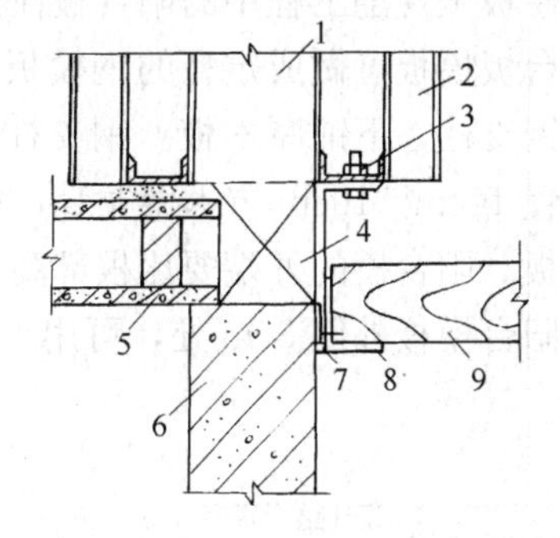

图 2-3-65　楼梯间支模示意图

1—上层拟浇筑墙体；2—大模板；3—连接螺栓；4—圈梁；5—圆孔楼板；6—下层墙体；7—橡皮条；8—圈梁模板；9—木横撑

安装楼梯踏步段模板前，先进行放线定位。然后安装休息平台模板，再安装楼梯斜底模，最后安装楼梯外侧模板和踢脚挡板。施工时注意控制好楼梯上下平台标高和踏步尺寸。

c. 利用导墙支模：楼梯间墙的上部设置导墙（在模板设计一节中已介绍）。

楼梯间墙大模板的高度与外墙大模板相同，将大模板下端紧贴于导墙上，下部用螺旋钢支柱和木方支撑大模板。两面楼梯间墙用数道螺旋钢支柱做横撑，支顶两侧的大模板。大模板下部用泡沫条塞封，防止漏浆，如图 2-3-66 所示。

d. 楼梯踏步段支模：在全现浇大模板工程中，楼梯踏步段往往与墙体同时浇筑施工。楼梯模板支撑采用碗扣支架或螺旋钢支柱。底模用竹胶合板，侧模用[16 槽钢，依照踏步尺寸，在

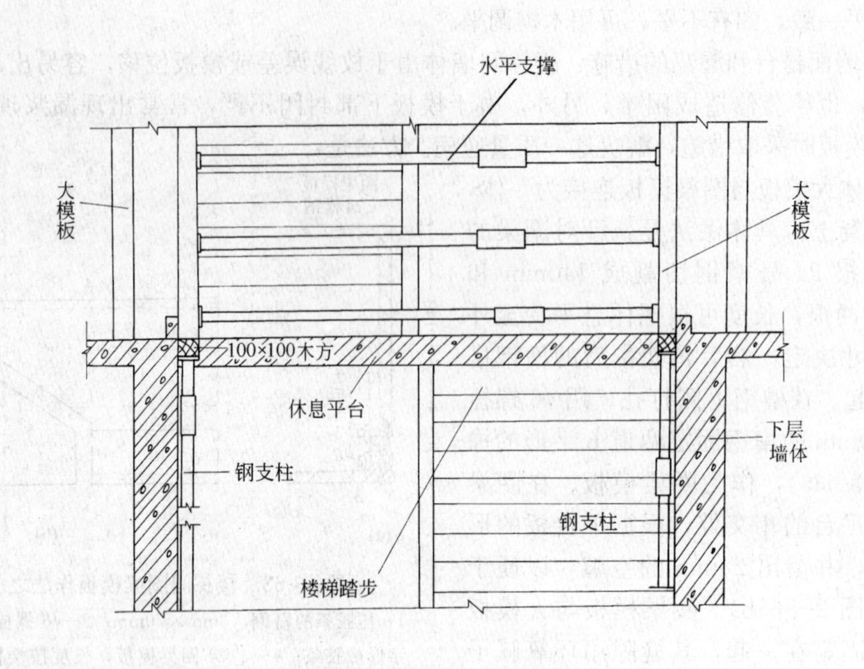

图 2-3-66　楼梯间导墙支模

槽钢上焊 12mm 厚三角形钢板，踢面挡板用 6mm 厚钢板做成，各踢脚挡板用［12 槽钢做斜支撑进行固定，如图 2-3-67 所示。

（7）现浇阳台底板支模

大模板全现浇工程中的阳台板往往与结构同时施工，因此也必然涉及阳台的支模问题。

阳台板模板可做成定型的钢模板，一次吊装就位，也可采用散支散拆的办法。支撑系统采用螺旋钢支柱，下铺厚木板。钢支柱横向要用钢管及扣件连接，保持稳定。散支散拆时，立柱上方放置 10cm×10cm 方木做龙骨，然后铺 5cm×10cm 小龙骨，面板和侧模可采用竹胶合板或木胶合板。阳台模的外端要比根部高 5mm。如图 2-3-68 所示。

在阳台模板外侧 3cm 处，可用小木条固定"U"形塑料条，以使浇筑成滴水线。

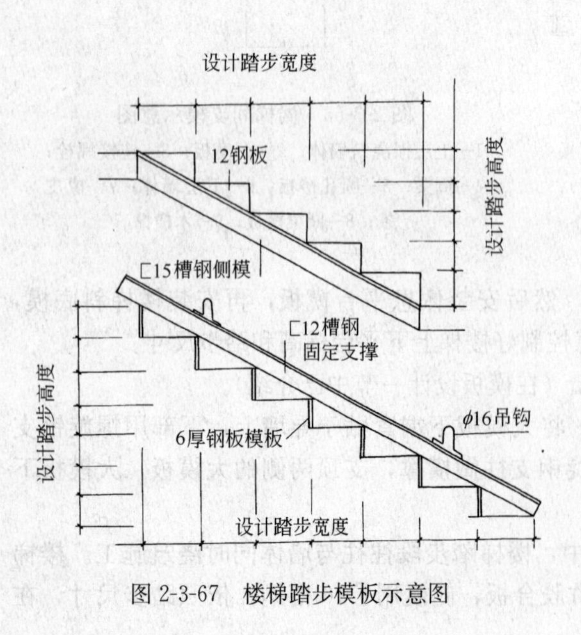

图 2-3-67　楼梯踏步模板示意图

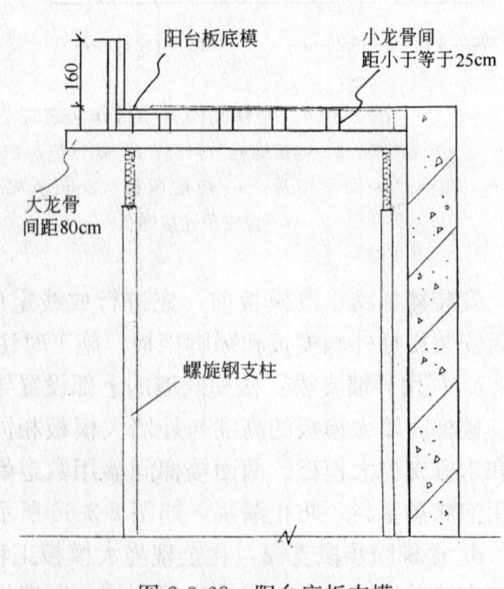

图 2-3-68　阳台底板支模

(8) 大模板安装质量要求

1) 基本要求:

① 模板安装必须垂直，角模方正，位置标高正确，两端水平标高一致。

② 模板之间的拼缝及模板与结构之间的接缝必须严密，不得漏浆。

③ 门窗洞口必须垂直方正，位置准确。如采用先立口的做法，门窗框必须固定牢固，连接紧密，在浇筑混凝土时不得位移和变形；如采用后立口的做法，位置要准确，模框要牢固，并便于拆除。

④ 脱模剂必须涂刷均匀。

⑤ 拆除大模板时严禁碰撞墙体。对拆下的模板要及时进行清理和保养，如发现变形、开焊，应及时进行修理。

⑥ 装饰衬模及门窗洞口模板必须牢固，不变形，对大于1m的门窗洞口拆模后应加以支护。

⑦ 全现浇外墙、电梯井筒及楼梯间墙支模时，必须保证上下层接槎顺直，不错台，不漏浆。

2) 大模板安装质量标准：大模板安装的质量标准见表2-3-3所示。

表2-3-3

序　号	检 查 项 目	允许偏差(mm)	检查方法
1	模板垂直	$h \leqslant 5m$，3；$h > 5m$，5	2m靠尺
2	轴线位置	4	钢尺量测
3	截面尺寸	±2	钢尺量测
4	相邻模板高低差	2	水平仪测量、验线20m内上口拉直线尺检下口按模板定位线检查
5	表面平正度	<4	

2.3.1.6 大模板的拆除

大模板的拆除时间，以能保证其表面不因拆模而受到损坏为原则。一般情况下，当混凝土强度达到1.0MPa以上时，可以拆除大模板。但在冬期施工时，应视其施工方法和混凝土强度增长情况决定拆模时间。

门窗洞口底模、阳台底模等拆除，必须依据同条件养护的试块强度和国家规范执行。模板拆除后混凝土强度尚未达到设计要求时，底部应加临时支撑支护。

拆完模板后，要注意控制施工荷载，不要集中堆放模板和材料，防止造成结构受损。

1. 内墙大模板的拆除

(1) 拆模顺序是：先拆纵墙模板，后拆横墙模板和门洞模板及组合柱模板。

每块大模板的拆模顺序是：先将连接件，如花篮螺栓、上口卡子、穿墙螺栓等拆除，放入工具箱内，再松动地脚螺栓，使模板与墙面逐渐脱离。脱模困难时，可在模板底部用撬棍撬动，不得在上口撬动、晃动和用大锤砸模板。

(2) 角模的拆除:

角模的两侧都是混凝土墙面，吸附力较大，加之施工中模板封闭不严，或者角模位移，被混凝土握裹，因此拆模比较困难。可先将模板外表的混凝土剔除，然后用撬棍从下部撬动，将角模脱出。千万不可因拆模困难用大锤砸角模，造成变形，为以后的支模、拆模造成更大困难。

(3) 门洞模板的拆除:

固定于大模板上的门洞模板边框，一定要当边框离开墙面后，再行吊出。

后立口的门洞模板拆除时，要防止将门洞过梁部分的混凝土拉裂。

角模及门洞模板拆除后，凸出部分的混凝土应及时进行剔凿。凹进部位或掉角处应用同强度等级水泥砂浆及时进行修补。

跨度大于1m的门洞口，拆模后要加设支撑，或延期拆模。

2. 外墙大模板的拆除

（1）拆除顺序：拆除内侧外墙大模板的连接固定装置如捯链、钢丝绳等→拆除穿墙螺栓及上口卡子→拆除相邻模板之间的连接件→拆除门窗洞口模板与大模板的连接件→松开外侧大模板滑动轨道的地脚螺丝紧固件→用撬棍向外侧拨动大模板，使其平稳脱离墙面→松动大模板地脚螺栓，使模板外倾→拆除内侧大模板→拆除门窗洞口模板→清理模板、刷脱模剂→拆除平台板及三角挂架。

（2）拆除外墙装饰混凝土模板必须使模板先平行外移，待衬模离开墙面后，再松动地脚螺栓，将模板吊出。要注意防止衬模拉坏墙面，或衬模坠落。

（3）拆除门窗洞口框模时，要先拆除窗台模并加设临时支撑后，再拆除洞口角模及两侧模板。上口底模要待混凝土达到规定强度后再行拆除。

（4）脱模后要及时清理模板及衬模上的残渣，刷好脱模剂。脱模剂一定要涂刷均匀，衬模的阴角内不可积留有脱模剂，并防止脱模剂污染墙面。

（5）脱模后，如发现装饰图案有破损，应及时用同一品种水泥所拌制的砂浆进行修补，修补的图案造型力求与原图案一致。

3. 筒形大模板的拆除

（1）组合式提模的拆除

拆模时先拆除内外模各个连接件，然后将大模板底部的承力小车调松，再调松可调卡具，使大模板逐渐脱离混凝土墙面。当塔吊吊出大模板时，将可调卡具翻转再行落地。

大模板拆模后，便可提升门架和底盘平台，当提至预留洞口处，搁脚自动伸入预留洞口，然后缓缓落下电梯井筒模。预留洞位置必须准确，以减少校正提模的时间。

由于预留洞口要承受提模的荷载，因此必须注意墙体混凝土的强度，一般应在 1N/mm^2 以上。

提模的拆模与安装顺序，见图 2-3-69。

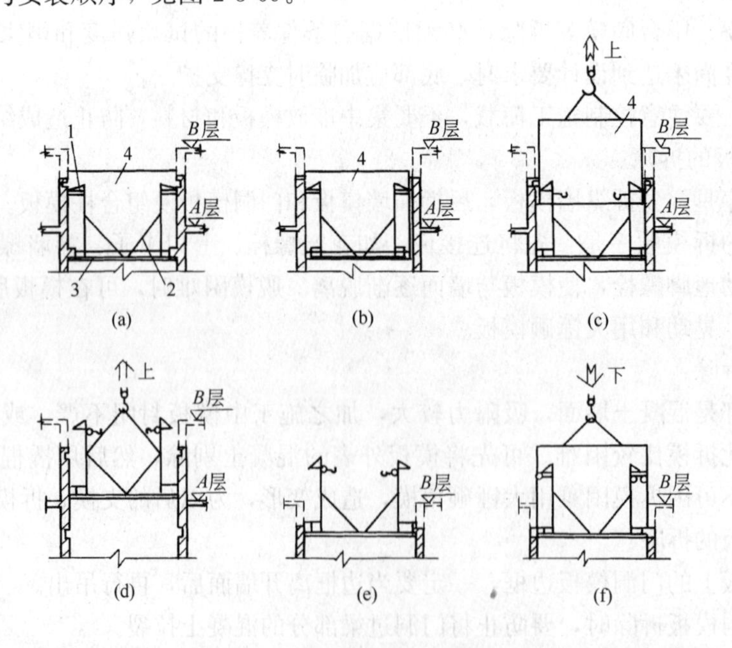

图 2-3-69　电梯井组合式提模施工程序

(a) 混凝土浇筑完；(b) 脱模；(c) 吊离模板；(d) 提升门架和底盘平台；(e) 门架和底盘平台就位；(f) 模板吊装就位

1—支顶模板的可调三角架；2—门架；3—底盘平台；4—模板

（2）铰接式筒形大模板应先拆除连接件，再转动脱模器，使模板脱离墙面后吊出。

筒形大模板由于自重大，四周与墙体的距离较近，故在吊出吊进时，挂钩要挂牢，起吊要平稳，不准晃动，防止碰坏墙体。

2.3.1.7 大模板施工安全技术措施

1. 基本要求

（1）在编制施工组织设计时，必须针对大模板施工的特点制定行之有效的安全措施，并层层进行安全技术交底，经常进行检查，加强安全施工的宣传教育工作。

（2）大模板和预制构件的堆放场地，必须坚实平整。

（3）吊装大模板和预制构件，必须采用自锁卡环，防止脱钩。

（4）吊装作业要建立统一的指挥信号。吊装工要经过培训，当大模板等吊件就位或落地时，要防止摇晃碰人或碰坏墙体。

（5）要按规定支搭好安全网，在建筑物的出入口，必须搭设安全防护棚。

（6）电梯井内和楼板洞口要设置防护板，电梯井口及楼梯处要设置护身栏，电梯井内每层都要设立一道安全网。

2. 大模板的堆放、安装和拆除安全措施

（1）大模板的存放应满足自稳角的要求，并进行面对面堆放，长期堆放时，应用杉篙通过吊环把各块大模板连在一起。没有支架或自稳角不足的大模板，要存放在专用的插放架上，不得靠在其他物体上，防止滑移倾倒。

（2）在楼层上放置大模板时，必须采取可靠的防倾倒措施，防止碰撞造成坠落。遇有大风天气，应将大模板与建筑物固定。

（3）在拼装式大模板进行组装时，场地要坚实平整，骨架要组装牢固，然后由下而上逐块组装。组装一块立即用连接螺栓固定一块，防止滑脱。整块模板组装以后，应转运至专用堆放场地放置。

（4）大模板上必须有操作平台、上人梯道、护身栏杆等附属设施，如有损坏，应及时修补。

（5）在大模板上固定衬模时，必须将模板卧放在支架上，下部留出可供操作用的空间。

（6）起吊大模板前，应将吊装机械位置调整适当，稳起稳落，就位准确，严禁大幅度摆动。

（7）外板内浇工程大模板安装就位后，应及时用穿墙螺栓将模板连成整体，并用花篮螺栓与外墙板固定，以防倾斜。

（8）全现浇大模板工程安装外侧大模板时，必须确保三角挂架、平台板的安装牢固，及时绑好护身栏和安全网。大模板安装后，应立即拧紧穿墙螺栓。安装三角挂架和外侧大模板的操作人员必须系好安全带。

（9）大模板安装就位后，要采取防止触电的保护措施，将大模板加以串联，并同避雷网接通，防止漏电伤人。

（10）安装或拆除大模板时，操作人员和指挥必须站在安全可靠的地方，防止意外伤人。

（11）拆模后起吊模板时，应检查所有穿墙螺栓和连接件是否全都拆除，在确认无遗漏、模板与墙体完全脱离后，方准起吊。待起吊高度超过障碍物后，方准转臂行车。

（12）在楼层或地面临时堆放的大模板，都应面对面放置，中间留出 60cm 宽的人行道，以便清理和涂刷脱模剂。

（13）筒形模可用拖车整车运输，也可拆成平模重叠放置用拖车运输；其他形式的模板，在运输前都应拆除支架，卧放于运输车上运送，卧放的垫木必须上下对齐，并封绑牢固。

（14）在电梯间进行模板施工作业，必须逐层搭好安全防护平台，并检查平台支腿伸入墙内的尺寸是否符合安全规定。拆除平台时，先挂好吊钩，操作人员退到安全地带后，方可起吊。

(15) 采用自升式提模时，应经常检查捯链是否挂牢，立柱支架及筒模托架是否伸入墙内。拆模时要待支架及托架分别离开墙体后再行起吊提升。

2.3.2 爬升模板

爬升模板技术是指爬模装置通过承载体附着或支承在混凝土结构上，当新浇筑的混凝土脱模后，以电动葫芦、液压油缸或液压升降千斤顶为动力，以导轨或支承杆为爬升轨道，将爬模装置向上爬升一层，反复循环作业的施工工艺，简称爬模。目前国内应用较多的是以液压油缸为动力的爬模。《液压爬升模板工程技术规程》JGJ 195 已于 2010 年 2 月 10 日发布，于 2010 年 10 月 1 日实施。液压爬升模板技术列入《建筑业 10 项新技术（2010）》。

液压爬模架是高层、超高层建筑施工中应用最广泛的专用施工技术，也适用于高耸构筑物、筒仓、塔台、桥墩的结构施工，除了具有爬架的自动导向、自动爬升、自动定位功能，爬模架爬升时可带模板一起爬升，有效地节省了塔吊吊次和施工现场用地；架体爬升及模板作业采用自动化控制，只需 1～2 名操作人员便可完成一组架体爬升，减少操作人员的数量，降低劳动强度；爬模架施工速度快，工期短，节省脚手架施工用料、机具及设备租赁时间；架体强度高，通用性好，可多次重复使用，最大程度的节省成本。

液压爬模架具有以下技术特点：

① 架体与模板一体化爬升。架体既是模板爬升的动力系统，也是支撑体系。

② 爬升动力设备采用液压油缸或液压千斤顶；操作简单、顶升力大、爬升速度快、具有过载保护。

③ 采用专用的同步控制器，爬升同步性好，爬升平稳、安全。

④ 采用钢绞线锚夹具式防坠，最大制动距离不超过 50mm。

⑤ 模板随架体爬升，模板合模、分模、清理维护采用专用装置，省时省力。

⑥ 架体设计多层绑筋施工作业平台，满足不同层高绑筋要求，方便工人施工。

⑦ 架体结构合理，强度高，承载力大，高空抗风性好，安全性高。

⑧自动化程度高，施工速度快，工艺简单，劳动强度低，节省塔吊吊次和现场施工用地。

⑨ 架体一次性投入较大，但周转使用次数多，综合经济性好。

本手册介绍的这种爬升模板是由北京市建筑工程研究院最早研制的导轨倒座式液压爬升模板（国家级工法编号 YJGF43—2002），从 2001 年 1 月开始已先后用于北京林业大学新生公寓工程、清华同方科技广场工程、首都机场新航站楼塔台工程、国家大剧院歌剧院工程、北京城建大厦工程、北京财富中心一期工程、北京尚都国际中心工程等共约 150 万 m^2 的混凝土剪力墙结构、框架结构以及钢筋混凝土结构工程施工，取得了良好效果。这种将大模板安放在爬架架体上随架体一起自动爬升的液压爬模，与现在已有的有架爬模及无架爬模相比，有较大的创新和发展。

2.3.2.1 构造

1. 液压爬模架一般由四大部分组成：附着机构、升降机构、架体系统、模板系统。

(1) 附着机构：附着装置采用预埋件或穿墙套管式，主要由预埋套管、穿墙螺栓、固定座、附着套、导轨挂板等组成。导轨挂板可用于固定导轨，附着套上设有插槽，使用防倾插板将架体和附着装置固定在一起。附着装置直接承受传递全套设备自重及施工荷载和风荷载，具有附着、承力、导向、防倾功能。

(2) 升降机构：升降机构由 H 型导轨、上下爬升箱和液压油缸等组成，具有自动爬升、自动导向、自动复位和自动锁定的功能。通过爬升机构的上下爬升箱、液压油缸、H 型导轨上的踏步承力块和导向板以及电控液压系统的相互动作，可以实现 H 型导轨沿着附着装置升降，架体沿着 H 型导轨升降的互爬功能。

图 2-3-70 JFYM-50 型液压爬模

（3）架体系统：架体系统一般竖跨 4 个半层高，由上支撑架、架体主框架、防坠装置、挂架、水平桁架、各作业平台、脚手板组成。上支撑架一般为 2 层高，提供 3～4 层绑筋作业平台，可以满足建筑结构不同层高绑筋需求。主框架是架体的主支撑和承力部分，主框架提供模板作业平台和爬升操作平台。防坠装置采用新型的钢绞线锚夹具式防坠，最大制动距离 50mm。挂架提供清理维护平台，主要用于拆除下一层已使用完毕的附着装置。水平桁架与脚手板主要起到安全防护目的。

（4）模板系统：模板系统由模板、模板调节支腿、模板移动滑车组成。模板爬升完全借助架体，不需要单独作业；模板的合模、分模采用水平移动滑车，带动模板沿架体主梁水平移动，模板到位后用楔铁进行定位锁紧。模板垂直度及位置调节通过模板支腿和高低调节器完成。

导轨倒座式液压爬模，主要由附着装置、H 型钢导轨、架体系统、模板系统、液压升降系统及控制系统、吊篮设备系统、安全防护系统与防坠落装置等组成。

图 2-3-70 是带模板自动爬升的 JFYM-50 型液压爬模，主要用于高层建筑工程和高耸工程结

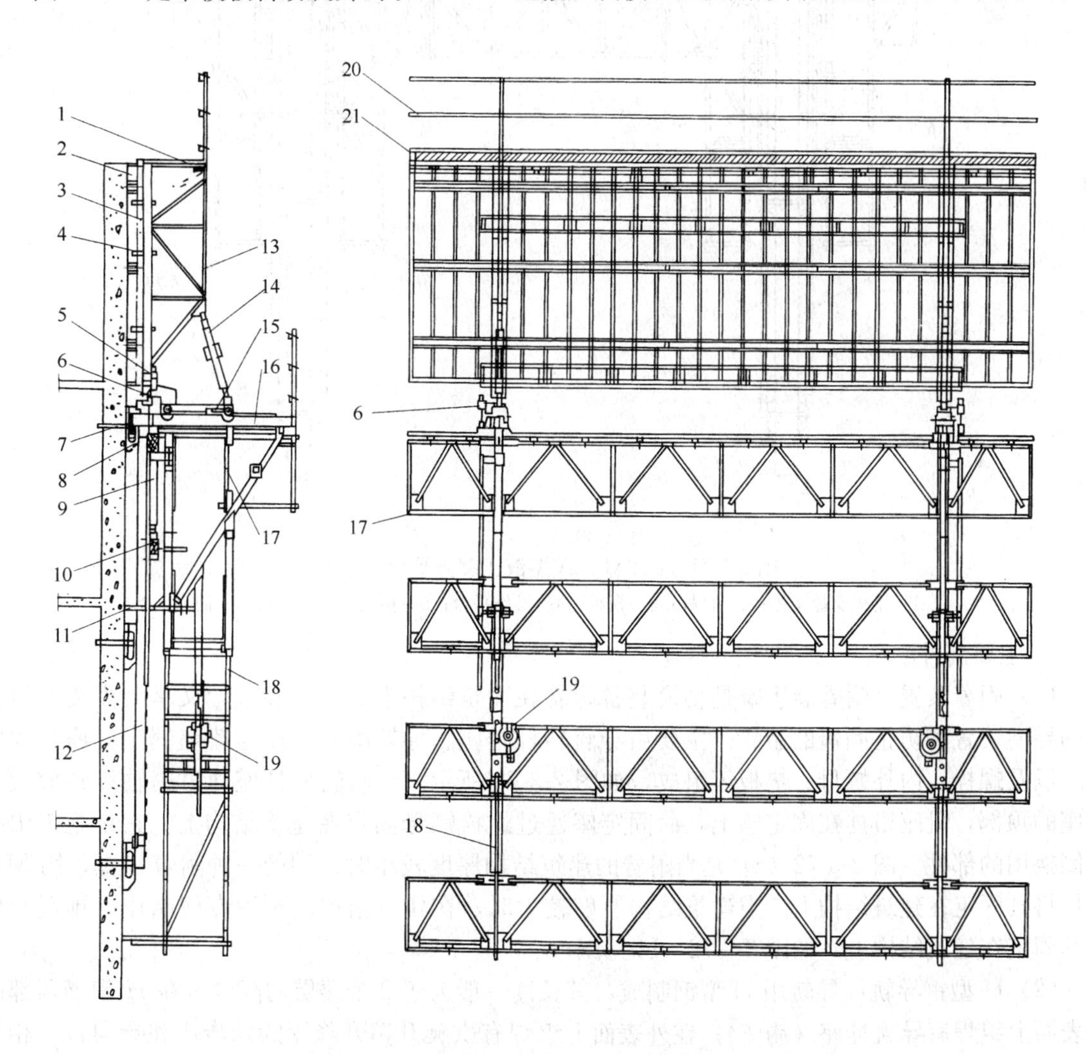

图 2-3-70 JFYM-50 型液压爬模

1—平台板；2—外模板；3—附加背楞；4—锁紧板；5—模板高低调节装置；6—防坠装置；7—穿墙螺栓；8—附墙装置；9—液压缸；10—爬升箱；11—上架体支腿；12—导轨；13—模板支撑架体；14—调节支腿；15—模板平移装置；16—上架体；17—水平梁架；18—下架体；19—下架体提升机；20—栏杆；21—踢脚板

构的爬模施工；图 2-3-71 是带模板或不带模板自动爬升的 JFYM-50A 型液压爬升平台，主要用于电梯井或中筒结构内筒壁的爬模施工。

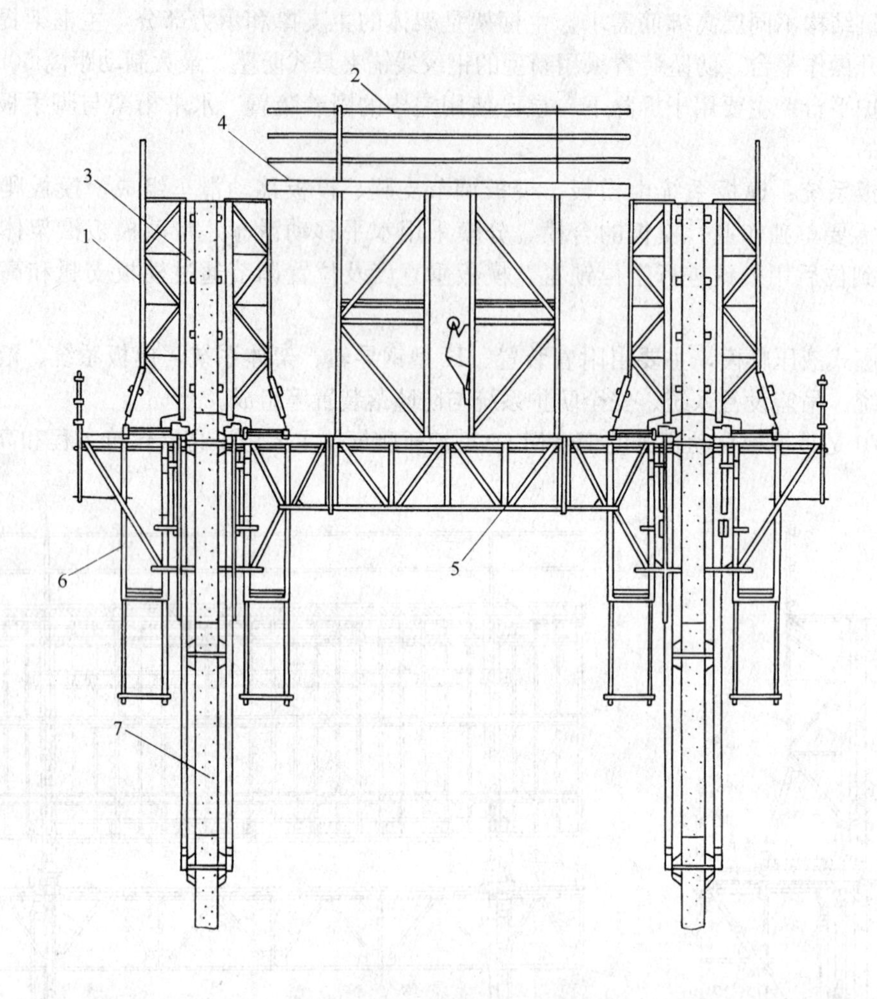

图 2-3-71　JFYM-50A 型液压爬升平台示意图

1—模板支撑架体；2—栏杆；3—模板；4—操作平台；5—桁架；6—架体；7—筒壁

2. 主要部件

（1）附着装置：附着装置既是爬模装备附着在建筑结构上的承力装置，又是爬模爬升过程中的导向装置和防止倾覆的装置。主要由导轨转杠挂座、导轨附着靴座与靴座固定套座（固定座）以及螺栓、内外螺母、垫板等组成，如图 2-3-71 所示。导轨转杠挂座通过销轴旋转放置在靴座的顶部，靴座钳挂在固定座上，而固定座通过螺栓螺母固定在建筑结构上。它是施工中唯一倒换用的部件。图 2-3-72（a）是当附着的建筑结构厚度较小时使用的一种附着装置，用 M48 螺杆将其固定在建筑结构上。当建筑结构厚度较大时，在建筑结构内预埋专门制作的预埋套件将其固定在建筑结构上，如图 2-3-72（b）所示。

（2）H 型钢导轨：导轨用 H 型钢制成，其长度一般大于 2 个楼层的高度，在 H 型钢顶部的内表面上组焊有导轨挂座（钩座）；在外表面上组焊有供爬升箱升降用的踏步块和导向板，相邻的踏步块之间的距离与相邻的导向板之间的距离相同，并与液压油缸的行程相一致。

（3）竖向承力架体：竖向承力架体由上部承力架（主承力架）和悬挂其下的下部承力架（次承力架）两部分组成。

主承力架为三角方框组合形，模板操作平台宽度≥2.0m，内端带有与附着装置锁紧用的 U

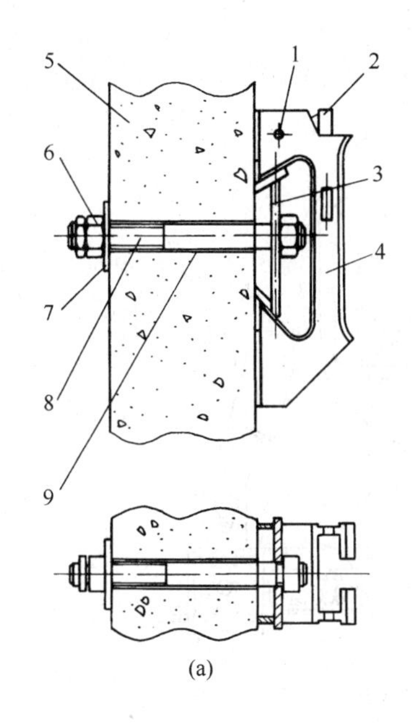

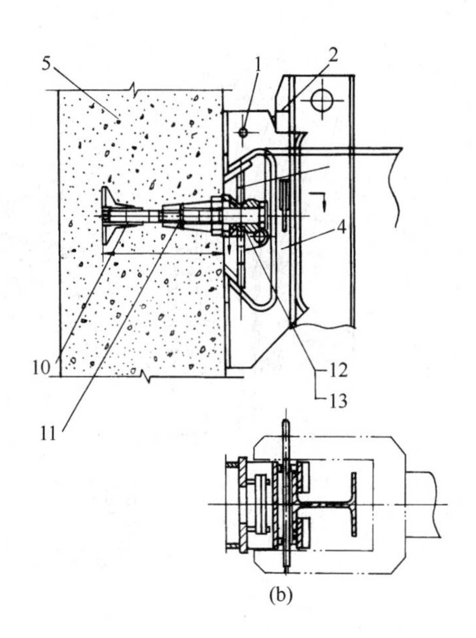

图 2-3-72　附着装置

（a）穿墙套管式；（b）预埋套件式

1—销轴；2—导轨转杠挂座；3—固定座；4—导轨附着靴座；5—墙体；6—螺母；7—垫板；8—穿墙螺杆；9—穿墙管；10—反拔盘；11—锥套；12—套；13—螺栓

形挂座和与上爬箱箱轴连接用的轴套座；外端带有栏杆固定座，呈长方形框架的宽度小于等于1.0m，中下部位附着的支腿呈 U 形，长度可以调节，支腿内侧设有双向开口式夹板供导轨升降时通过。

次承力架为长方框形，通过销轴悬挂在主承力架 2 根立柱的下边。

主次承力架的两侧均设有供连接横向承力架用的座板（耳板）。

（4）横向承力架：除了在模板上部设置作业平台外，相邻竖向承力架之间的作业平台，也均为桁架式水平梁架，由钢管扣件以及脚手板等组装而成。水平梁架的端头设有连接板以便与竖向承力架的耳板通过螺栓连为一体。

上下承力架与相应的横向承力架等组装而成的架体，分别称为上架体（主架体）和下架体，两者可以联体也可以分体。

（5）模板系统：模板系统除了大模板外，主要由模板附加背楞、竖向支撑架、模板移动台车（水平移动装置）以及垂直调节装置、高度调节装置、模板锁紧机构等组成，如图 2-3-73 所示。

爬模用的模板应使外模与对应的内模一致。可以采用无背楞大模板，也可以采用全钢大模板或用组合式模板组装。

图 2-3-74 是无背楞大模板的构造示意图。无背楞大模板是指模板骨架的边框、主肋（横肋）、次肋（竖肋）均用同一截面高度的矩形钢管分别组焊在同一板面上，或者是模板主肋的截面高度与模板边框的截面高度相等并组焊在一个板面上，类似这种构造形式的模板，不再在模板骨架的外侧设计通常所指的背楞。其板面可以是钢面板，也可以是竹木胶合板模板或其他材质的面板。

（6）液压升降系统：爬模的液压升降系统，主要由附着在导轨上的上下爬升箱及液压缸和液压油管、液压油泵等组成。上下爬升箱内均设有供自动升降用的承力块及其导向、复位、锁定装置等。

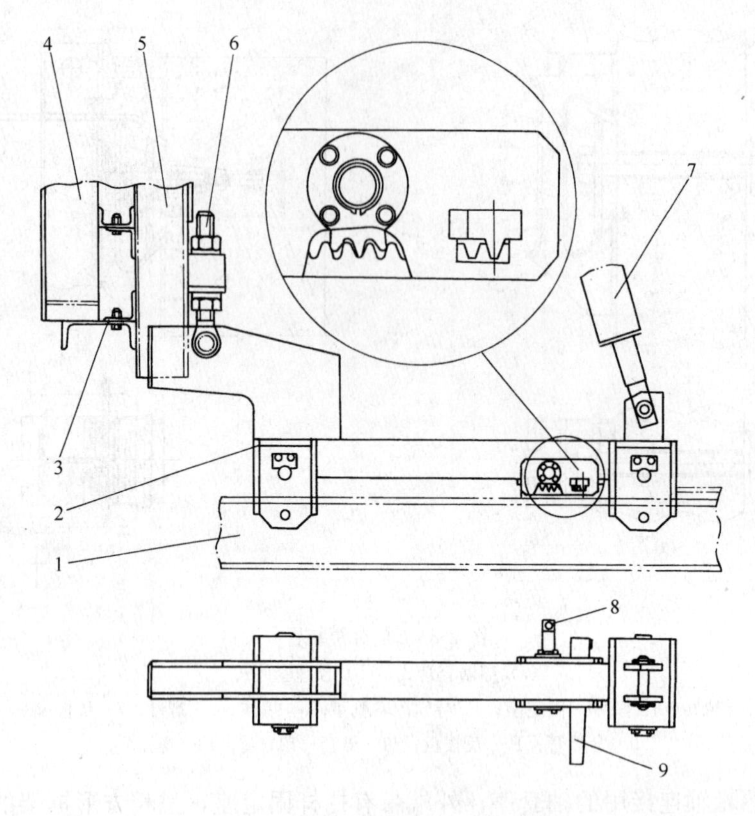

图 2-3-73　模板附加支撑示意图

1—承力架主梁；2—模板移动台车；3—模板附加背楞；4—大模板；5—模板支承架；6—高度调节装置；7—垂直调节装置；8—齿轮轴；9—锁紧板

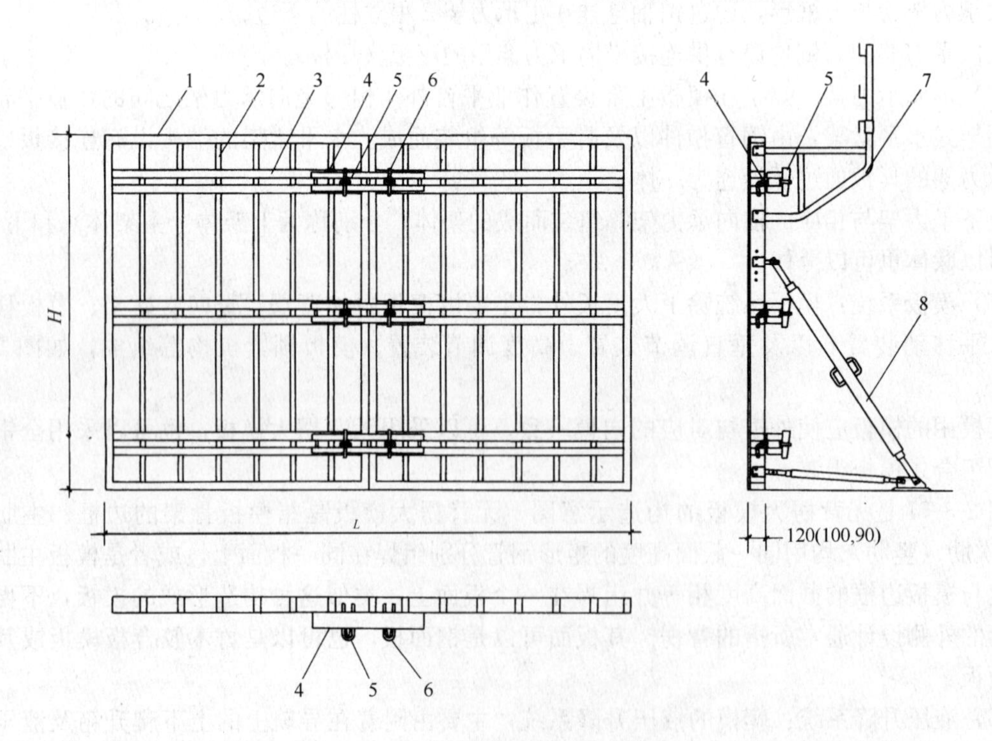

图 2-3-74　无背楞大模板构造示意图

1—边框；2—次肋；3—主肋；4—连接背楞；5—U 形销钩；6—楔销；7—操作架；8—调节支撑

（7）吊篮设备系统：悬挂在主架体下面使用时要先安装好可用的吊篮设备，主要有：提升机、滑轮、钢丝绳、安全锁等。

（8）防坠装置：如图 2-3-75 所示，主要由预应力钢丝束的锚座、锁座以及钢丝束和护管等组成。锚座固定在 H 型钢导轨的顶部，锁座固定在竖向主承力架的 U 形挂座上。

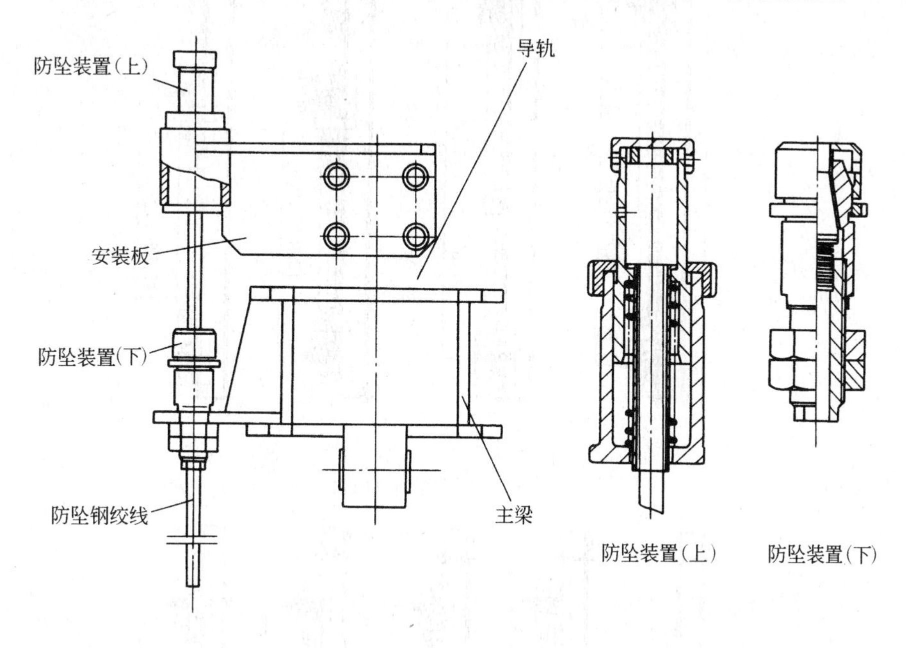

图 2-3-75　防坠装置构造示意图

（9）控制系统：根据爬模施工工艺与使用要求，分别设置两种控制系统：一是由一般电器部件组成的手动控制系统；二是由行程传感器及可编程控制器等部件组成的自动控制系统。

（10）安全防护系统：按照高空作业要求，设置了相应的护栏、护杆、护板和安全护网等防护设施。

2.3.2.2　爬模主要特征与技术原理

1. 主要特征

（1）联体爬升，分体下降：爬模的架体如图 2-3-76 和图 2-3-77 所示，为联体爬升分体下降的组合式，具有多种功能，既能够用于结构施工，又能够进行外装饰施工。

在结构施工期间。架体的三部分（即竖向主承力架、竖向次承力架和模板支承系统）连为一体。由于外模板及其作业系统是坐落在主架体上，可随主架体一起爬升；又由于下架体是通过销栓挂在主架体的下面，也随主架体一起爬升，即联体爬升。当工程结构施工到一定高度而下部结构需提前进行外装饰施工时，可在架体上及时安装吊篮设备系统，使下架体作为吊篮架与主架体分开，即分体下降，以满足外装饰提前施工的要求。

当用于现浇混凝土框架结构施工时，只需进行适当的改造，即在相应的主架体上安装框架结构施工用的支撑及作业平台即可。架体仍可联体爬升和分体下降，也可以不安装下架体。

（2）导轨、架体相互自动爬升：采用 H 形钢制作的导轨，它的顶部设有钩座，外表面上有间距一样的踏步块和导向板，架体通过爬升箱和附着支腿附着在导轨的外侧翼缘上。导轨和架体之间相互为依托进行升降时，是通过爬升箱之间液压油缸的往复运动而实现升降过程中的自动导向、自动复位与自动锁定。所以，当启动液压系统，导轨架体之间的升降就有节奏地进行（图 2-3-75）。

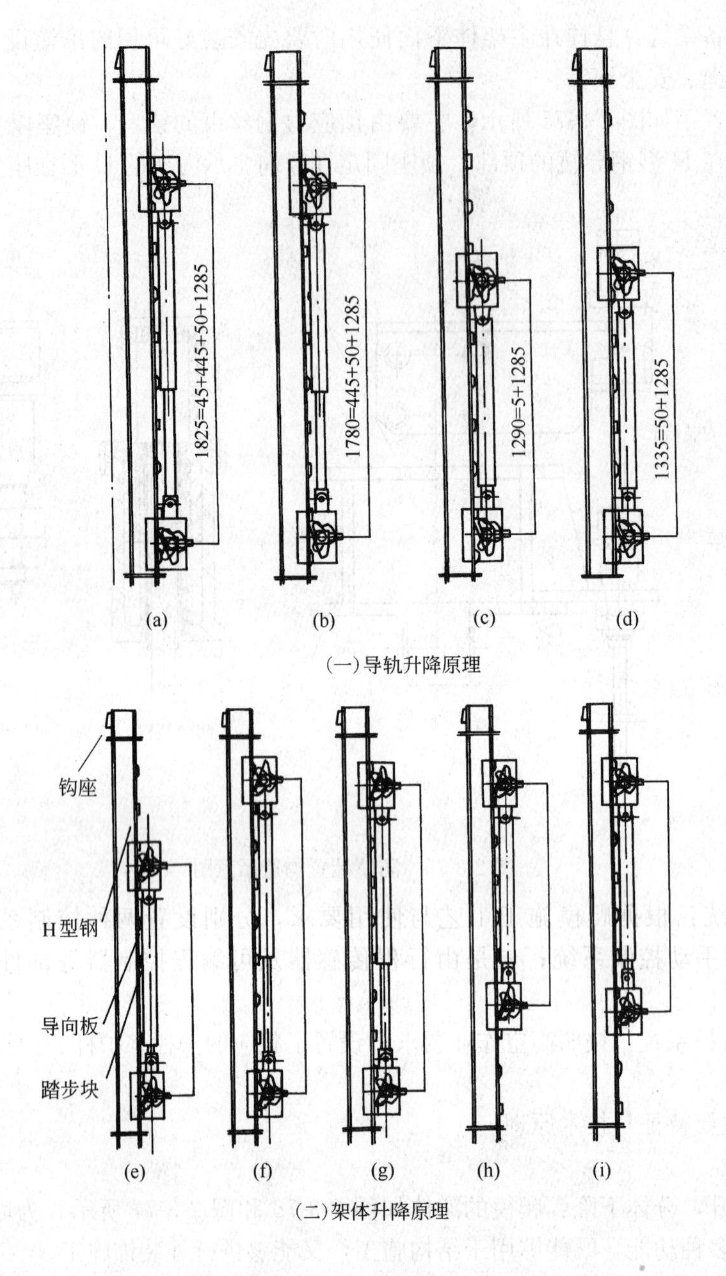

图 2-3-76　导轨架体相互自动爬升原理示意图

(a) 伸出缸体；(b) 伸缸到位，带导轨上升；(c) 凸轮复位；(d)、(e) 准备缸体伸出；(f) 伸出缸体，带架体上升；(g) 架体到位，准备缩缸；(h) 收缩缸体；(i) 准备伸缸

(3) 多功能附着装置：附着装置，通过 M48 螺栓螺母或采用预埋套件等方法将它牢固地固定在工程结构上。它既是爬模全套装备和施工荷载等的附着承力装置；又是导轨和架体升降时的附着导向装置和防倾装置。

(4) 轻型大模板和灵活多用的模板支承装置：组装支承在主架体上的大模板为轻型大模板，自重为 70～90kg/m^2，能抵抗 70～80kN/m^2 的侧压力。

在大模板支承机构中，设有模板高度调节装置、垂直调节装置和水平移动调节装置，水平移动的最大距离为 0.75m，能满足支拆模和清理模板涂刷脱模剂等要求。同时，在大模板水平移动装置中设有模板锁紧机构，锁紧力达 5kN，有利于提高施工质量。

(5) 灵活的组架方式与简单适用的自动控制同步装置：爬模架的组架、爬升和控制是以爬架组

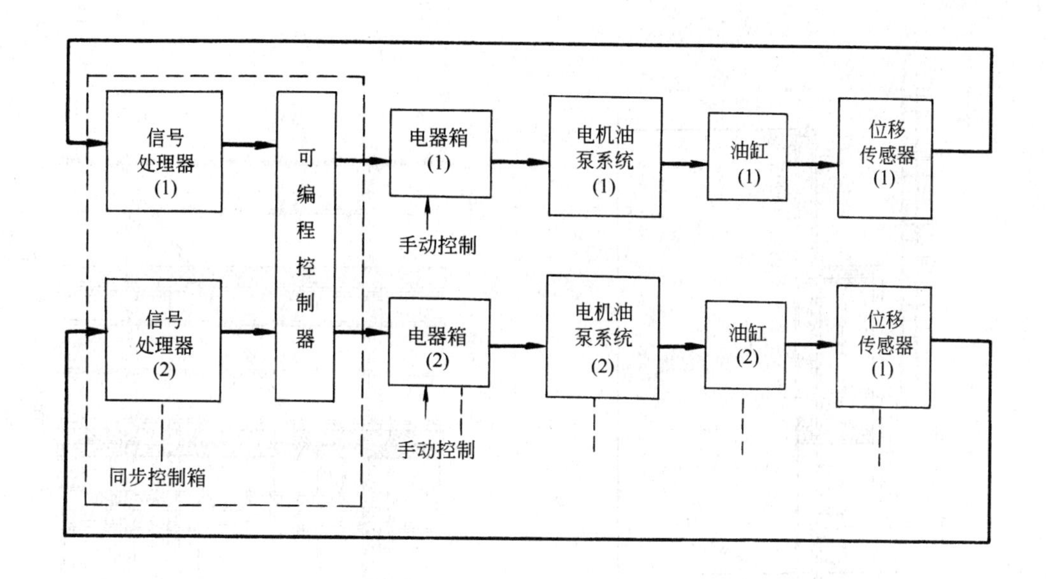

图 2-3-77　同步控制系统框架图

为单元。爬架组可由 1 根导轨或多根导轨与相应的架体装备组成，其导轨数量的多少，主要是根据工程结构平面的外形尺寸以及施工区段的划分和施工要求等，进行方案比较后合理配置。

多个爬架组爬升时，可分组爬升，也可以整体爬升。其控制方法由于是采用液压爬升，易于做到同步升降，通常采用由一般电器元件组成的控制系统，达到平稳爬升和同步升降的目的。另一种控制方法是在液压系统中设置行程传感器，采用由可编程控制器组成的闭环控制系统，能够达到高精度的同步自动控制（图 2-3-76）。

（6）多道完备的安全装置：爬升装备中设置了多道安全装置。如：为了确保升降安全，在 H 形钢导轨上组焊有钩座、踏步块和导向板；在爬升箱内设有承力块及其自动导向、自动复位和自动锁定的控制装置；为了防止液压油缸、油管的破裂，在液压系统中设置了双向液压锁和过载保护；另外，还设置了防坠装置，以及安全防护栏杆、防护板及防护网等。

（7）架体高度小，一般不影响塔吊附着：爬模的架体始终位于塔吊附着臂杆的上部空间作业，因此不会影响塔吊臂杆与结构的附着。

（8）设有多层桁架式水平梁架作业平台：爬模架体设有 3～6 层作业平台，安装在竖向承力架之间，便于操作，如图 2-3-78 所示。

2. 技术原理

爬模的模板安放在附加背楞上，并通过模板支撑坐落在主架体的上面，跟随架体一起逐层升高，其技术原理主要是指：导轨架体升降原理、附着导向防倾覆原理、同步升降原理以及防止坠落原理。

（1）导轨、架体升降原理：导轨、架体的相互升降是由附着固定在导轨和架体上的上下爬升箱之间的升降机构完成的。爬升时，导轨、架体两者相互为依托，先爬升导轨，待导轨到位后再爬升架体。

爬升导轨时，架体仍然停留在静止不动的施工状态，爬升过程中，导轨以架体为依托逐级爬升，直至爬升到位。

爬升架体时，导轨已升至上一层的附着装置部位，并处于静止状态，此时，架体与附着装置固定用的锁紧板已经卸掉，调节支腿已不再顶靠建筑结构；架体以导轨为依托逐级爬升，直至爬升到位并固定好。

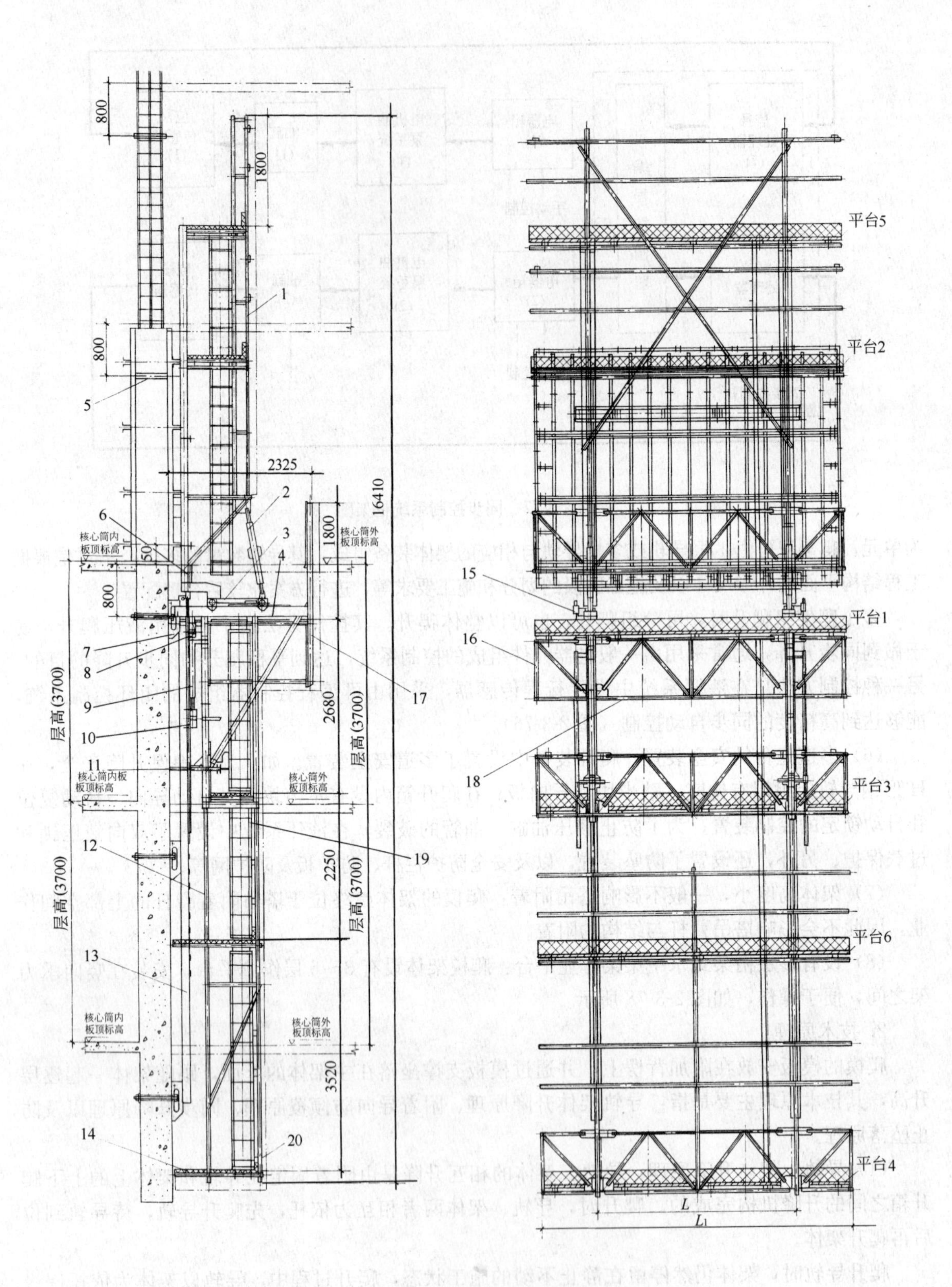

图 2-3-78　爬模架体

1—模板竖支撑；2—支腿；3—滑座；4—架体；5—预埋套管；6—模板高度调节装置；7—附墙装置；8—上爬升箱；9—油缸；10—下爬升箱；11—架体支腿；12—下架体；13—导轨；14—防护板；15—防坠装置；16—悬挑架；17—防护栏；18—水平梁架；19—竖梯；20—护网

导轨或架体升降时，启动泵站，通过液压油缸的伸缩，上下爬升箱内的承力块就会沿着 H 形钢导轨上的导向板和踏步块而变换方向，从而实现其自动导向、自动复位和自动锁定的功能，带动导轨或架体逐级爬升，直至完成导轨或架体的爬升。

（2）附着、导向、防倾覆原理。

由导轨靴座、靴座套座和导轨转杠支座等部件组成的附着装置如图 2-3-71 所示，通过 M48 螺栓螺母或预埋组合套件等方法牢固地固定在工程结构上。

施工作业期间，H 形导轨上端带斜面的座钩钩挂在附着装置的导轨挂座上面，架体主承力架上部的 U 形挂座通过楔形锁紧板与附着装置联系在一起，架体主承力架下部的支腿顶靠在工程结构上。与此同时，架体通过爬升箱内两侧的燕尾槽以及调节支腿的双向开口式夹板附着并支承在 H 形导轨上。

爬模架爬升时，先爬升导轨，当导轨爬升至上一个附着装置时，导轨上端的钩座就钩挂在附着装置的挂座上，当爬升架体时，先将锁紧架体的楔形锁紧板卸掉，使架体主承力架上部的 U 形挂座与附着装置脱开，此时直至架体爬升到位，架体全套设备包括随其爬升的模板等全部荷载是通过爬升箱的承力块和液压油缸附着支承在导轨的踏步块上，并通过主承力架下部调节支腿的双向开口式夹板而附着在导轨上。由于附着装置中附着靴座是根据导轨截面尺寸设计的，两者之间的间隙较小，爬升箱的燕尾槽与导轨之间的间隙也较小，同时又由于导轨及主承力架的刚度较大，所以架体在作业工况和爬升工况都具有安全可靠地附着、导向和防倾覆的功能。

（3）液压油缸升降控制与同步升降原理。

液压爬升的同步升降是由液压油缸的同步伸缩完成的。根据工程应用实践，设计有两种控制方式：一种是采用手动控制，一种是自动控制。

爬升用的液压油缸为便携式，设有液压锁，压力是按设计预先调定的，在一个大约 500mm 的行程内，升降误差较小，一般小于 5～10mm，当误差较大时可用电控手柄按键进行控制。在同步自动控制系统中，由于油缸内设有位移传感器，油缸的顶升距离由传感器自动测出，测量信号经自动处理后再递送到可编程控制器进行位移差处理，当某台油缸出现大于设定的升降差值时，就会暂时自动停止运行；一旦位移差值小于设定的升降差值时，将自动重新启动。所以，在整个顶升过程中，由于采用了可编程控制器闭环自动同步控制技术，既能使各油缸在荷载不均的情况下自动调节同步顶升，又能在升降过程中遇到障碍时会使油缸顶升力达到设定的最大值而暂时停机报警，确保安全。

（4）防坠落原理：在液压爬升设计中，由于采用的爬升箱具有特殊的构造，在升降过程中爬升箱内的承力块能够自动转向、自动复位与自动锁定，并且在升降的全过程中，始终有一个爬升箱的承力块交替地支承在导轨的踏步块上，所以在升降过程中能够防止坠落而达到安全施工的目的。根据我国关于附着式升降脚手架必须设置防坠装置的规定与要求，专门设计了如图 2-3-74 所示采用楔块锁紧钢绞线防止架体坠落的防坠装置。其原理是：防坠装置的固定端安装在 H 形钢导轨的顶部，锁紧端安装在竖向主承力架的主梁上，预应力钢绞线一端锚固在固定端内；另一端从锁紧端内穿过。爬升导轨时，将紧固端的螺母旋紧，使紧固端内的夹片与钢绞线处于松弛状态，钢绞线跟随导轨的爬升而顺利通过紧固端；导轨爬升到位后再爬升架体时，先将紧固端的螺母旋松，使夹片与钢绞线处于锁紧的触发状态，架体在爬升过程中一旦发生下坠时，锁紧端内的弹簧会自动推动夹片将钢绞线锁紧，从而使架体立刻停止下坠，达到防止坠落的目的。

2.3.2.3 爬模性能参数

1. 爬模架体系统性能参数

架体支承跨度：≤8.0m（轻型模板）

≤6.0m（重型模板）

架体悬挑长度：≤2.0m

架体高度：≥建筑结构2个标准层高+1.8m

架体平台宽度：0.8～2.3m

架体步距（上下平台的距离）：1.9～3.6m

架体步数（平台层数）：4～6

2. 模板系统性能参数

模板平台挑出宽度：≤2.3m

平台护栏高度：≥1.8m

模板台车移动距离：≤0.75m

模板台车锁紧力：≥5.0kN

模板倾斜调节角度：70°～90°

模板高度调节尺寸：≤100mm

模板自重：≤1.0kN/m^2（轻型模板）

≤1.5kN/m^2（重型模板）

3. 液压升降系统性能参数

油缸顶推力：50kN，75kN，100kN

额定压力：16MPa

油缸行程：500mm

升降速度：450～550mm/min

同步误差：≤12mm（手动控制）

≤5mm（自动控制）

油缸自重：≤0.28kN

油泵自重：≤0.12kN（便携式）

控制操作：单缸、双缸、多缸手动操作

单缸、双缸、多缸自动操作

4. 吊篮设备系统性能参数

提升力：5.0kN，8.0kN

电机功率：1.1kW

提升速度：6～7m/min

倾斜角度≤8°

安全锁型号：SAL800型，SAL500型

同步操作：可实现多机同步升降

5. 防坠落装置性能参数

制动载荷能力：≥130kN

下坠制动距离：≤50mm

预应力钢绞线直径：15.24mm

钢绞线长度：≥2个楼层高度+1.5m

2.3.2.4 设计

1. 液压爬模架设计依据

结构设计遵循：《建筑结构荷载规范》GB 50009、《混凝土结构设计规范》GB 50010、《混凝土结构工程施工规范》GB 50666、《混凝土结构工程施工质量验收规范》GB 50204、《钢结构设

计规范》GB 50017、《钢结构工程施工质量验收规范》GB 50205、《冷弯薄壁型钢结构技术规范》GB 50018、《滑动模板工程技术规范》GB 50113、《液压系统通用技术条件》GB/T 3766、《高层建筑混凝土结构技术规程》JGJ 3、《建筑机械使用安全技术规程》JGJ 33、《建筑现场临时用电安全技术规范》JGJ 46、《建筑施工高处作业安全技术规范》JGJ 80、《钢框胶合板模板技术规程》JGJ 96、《建筑施工模板安全技术规范》JGJ 162、《建筑施工大模板技术规程》JGJ 74、《液压爬升模板施工技术规程》JGJ 195 以及《建设工程安全生产管理条例》国务院第 393 号令、《危险性较大的分部分项工程安全管理办法》建质［2009］87 号等标准、规范、规定等有关要求。

2. 液压爬模架施工设计流程

工程概况分析→工程施工流程及重点难点分析→爬模架平面、立面图设计→架体结构改造→爬模架施工流程及周期设计→架体安装工艺设计→架体爬升工艺设计→架体拆除工艺设计。

3. 主要技术内容

(1) 采用液压爬升模板施工的工程，必须编制爬模专项施工方案，进行爬模装置设计与工作荷载计算。

(2) 采用油缸和架体的爬模装置由模板系统、架体与操作平台系统、液压爬升系统、电气控制系统四部分组成。

(3) 根据工程具体情况，爬模技术可以实现墙体外爬、外爬内吊、内爬外吊、内爬内吊等爬升施工。

(4) 模板优先采用组拼式全钢大模板及成套模板配件。也可根据工程具体情况，采用钢框（铝框）胶合板模板、木工字梁槽钢背楞胶合板模板等；模板的高度为标准层层高，模板之间以对拉螺栓紧固。

(5) 模板采用水平油缸合模、脱模，也可采用吊杆滑轮合模、脱模，操作方便安全；所有模板上都应带有脱模器，确保模板顺利脱模。

4. 技术指标

(1) 液压油缸额定荷载 50kN、100kN、150kN；工程行程 150～600mm。

(2) 油缸机位间距不宜超过 5m，当机位间距内采用梁模板时，间距不宜超过 6m。

(3) 油缸布置数量需根据爬模装置自重及施工荷载进行计算确定，根据《液压爬升模板工程技术规程》JGJ 195 规定，油缸的工作荷载应小于额定荷载 1/2。

(4) 爬模装置爬升时，承载体受力处的混凝土强度必须大于 10MPa，并应满足爬模设计要求。

5. 适用范围

适用于高层建筑剪力墙结构、框架结构核心筒、桥墩、桥塔、高耸构筑物等现浇钢筋混凝土结构工程的液压爬升模板施工。

导轨入位后，爬升架体，完成液压爬模的变截面爬升作业。

6. 爬模的配置

(1) 模板的配置：

1) 应优先选用自重较轻、刚度较大、强度较高和板块尺寸较大的大模板。

2) 当外墙外侧模板需要随架体一起爬升时，应优先考虑整层配置，并按照施工区段的要求分别组装在爬模用的附加背楞上。如果按分段流水作业配置应考虑施工周期和吊装等因素，同时应考虑模板便于在附加背楞上进行组装与拼接。

3) 当外墙的内侧模板和外侧模板均随架体一起爬升施工时，则要配置齐全外墙施工的全套模板，配置的模板要便于安装与拆卸（图 2-3-79）。

4）配置模板时，尚应考虑绑扎钢筋、浇灌混凝土等施工要求。

（2）爬模施工作业层的配置爬模施工中作业平台层的设置，应以满足框架结构、剪力墙结构、筒体结构多种结构工艺体系的施工需求，进行合理、灵活地配置。

（3）爬升机位的配置：

1）爬升机位或附着装置的位置，应根据工程的结构与外形尺寸、施工用模板的重量、爬模的构造形式和爬升用液压油缸的顶升力等因素，进行综合分析确定。

2）附着爬升机位的结构混凝土强度，要进行复核验算，并在合格的基础上进行选择和确定。配置时，要选择有利附着位置，既要避开门窗洞口部位，又要避开暗柱、暗梁以及型钢等需要避让的部位，如果难以避让时应采取相应的补强措施。

3）爬升机位附着位置之间的距离，主要应依据所用爬升设备液压油缸的顶升力与所要顶升的模板重量、爬模装备与架管的自重等，经计算确定。并应考虑爬升中不同步产生的抗力等因素，进行综合分析与比较后再行确定。见表 2-3-4 所示。当液压油缸的顶升力为 50kN 时，对于自重≤1.0kN/m² 的轻型模板，架体最大跨度宜＜8.0m；对于自重≤1.5kN/m² 的重型模板，架体最大跨度宜＜6.0m。

4）当工程采用分段流水施工时，爬升机位附着位置的设置，尤其是架体悬挑长度的确定，应满足分段流水对支模、拆模等的使用要求。

5）爬升机位附着位置的设置，既要利于架体的安全围护，又要利于平稳爬升，满足爬模施工对质量和安全的要求。

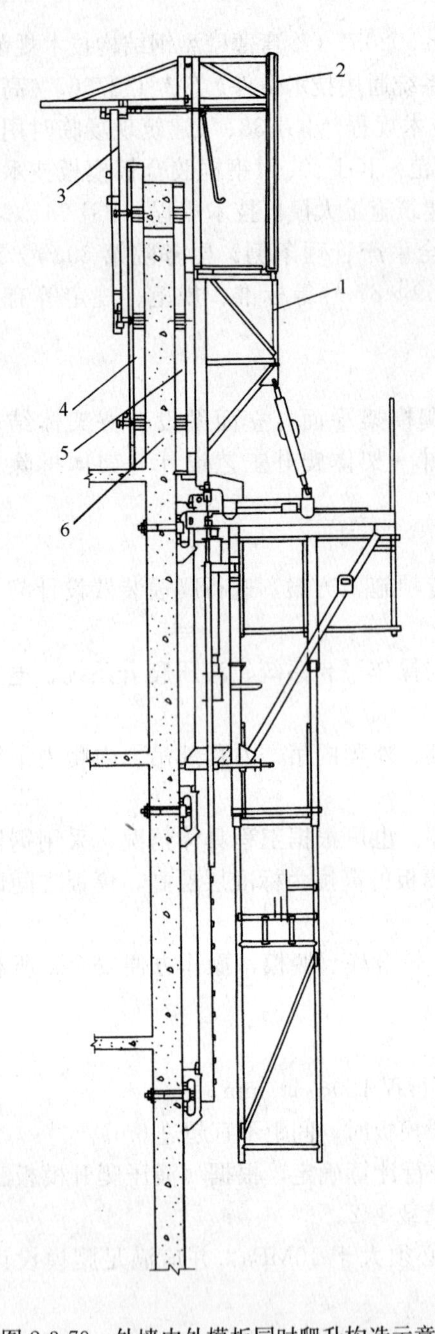

图 2-3-79　外墙内外模板同时爬升构造示意图

1—模板支撑；2—内模悬挑架；3—内模吊挂装置；4—内模；5—外模；6—墙体

2.3.2.5　爬模施工要点

1. 爬模施工工艺

图 2-3-80 是爬模施工工艺流程示意图。

液压爬模爬升机位附着位置间距方案比较表　　**表 2-3-4**

爬模、装备、架体、模板参数		单　位	第 1 方案	第 2 方案	推　荐　方　案
爬模架组	架体跨度（爬升机位间距）	m	8.0	6.0	1. 采用轻型全钢大模板时，架体最大跨度宜＜8.0m； 2. 采用重型全钢大模板时，架体最大跨度宜＜6.0m
	架体两端悬挑长度	m	2.0	1.5	
	架体总长度	m	12.0	9.0	
	架体高度	m	13.8	13.8	
	作业平台层数	层	5	5	
	爬模装备架管自重	kN	40	35	

续表

爬模、装备、架体、模板参数		单位	第1方案	第2方案	推荐方案
液压油缸	液压油缸顶升力	kN	50	50	1. 采用轻型全钢大模板时，架体最大跨度宜<8.0m； 2. 采用重型全钢大模板时，架体最大跨度宜<6.0m
	液压油缸数量	支	2	2	
	液压油缸总顶升力	kN	100	100	
轻型模板	模板自重	kN/m²	≤1.0	≤1.0	
	模板高度	m	3.0	3.0	
	模板重量	kN	≤36.0	≤27.0	
重型模板	模板自重	kN/m²	≤1.5	≤1.5	
	模板高度	m	3.0	3.0	
	模板重量	kN	≤54.0	≤40.5	
说明	1. 爬模装备架管自重包括模板装备、架管扣件、脚手板、安全防护设施等全套爬模架的自重； 2. 模板重量是指安装在架体总长度上的模板自重之和				

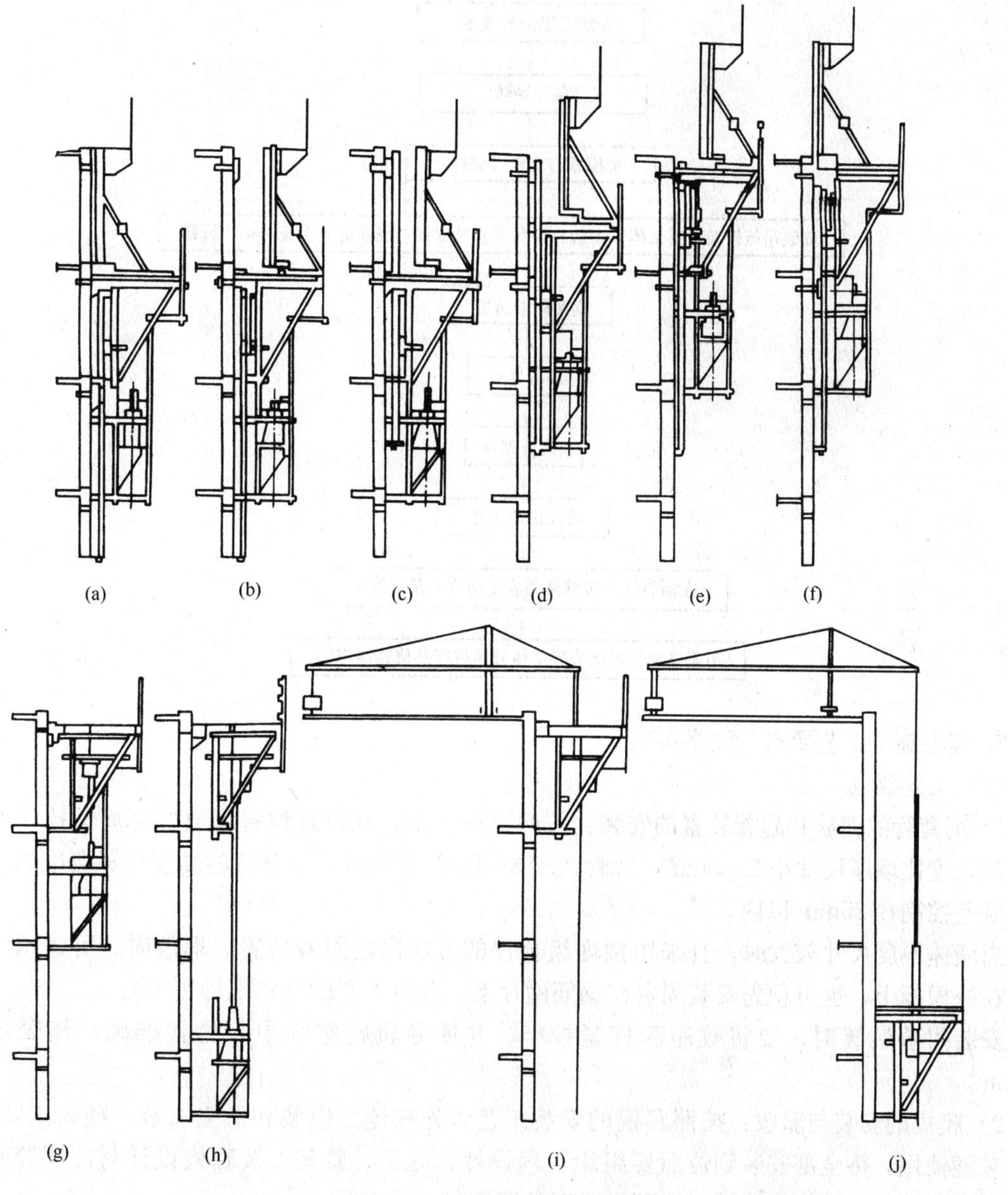

图 2-3-80 爬模工艺流程图

(a) 浇灌；(b) 拆模；(c) 提升导轨；(d) 提升架体；(e) 架体爬升到位；(f) 支模；(g) 拆导轨安装吊篮装置；(h) 装饰作业；(i) 安装屋面悬挂装置；(j) 拆除主架体

爬模施工工艺流程如下所示。

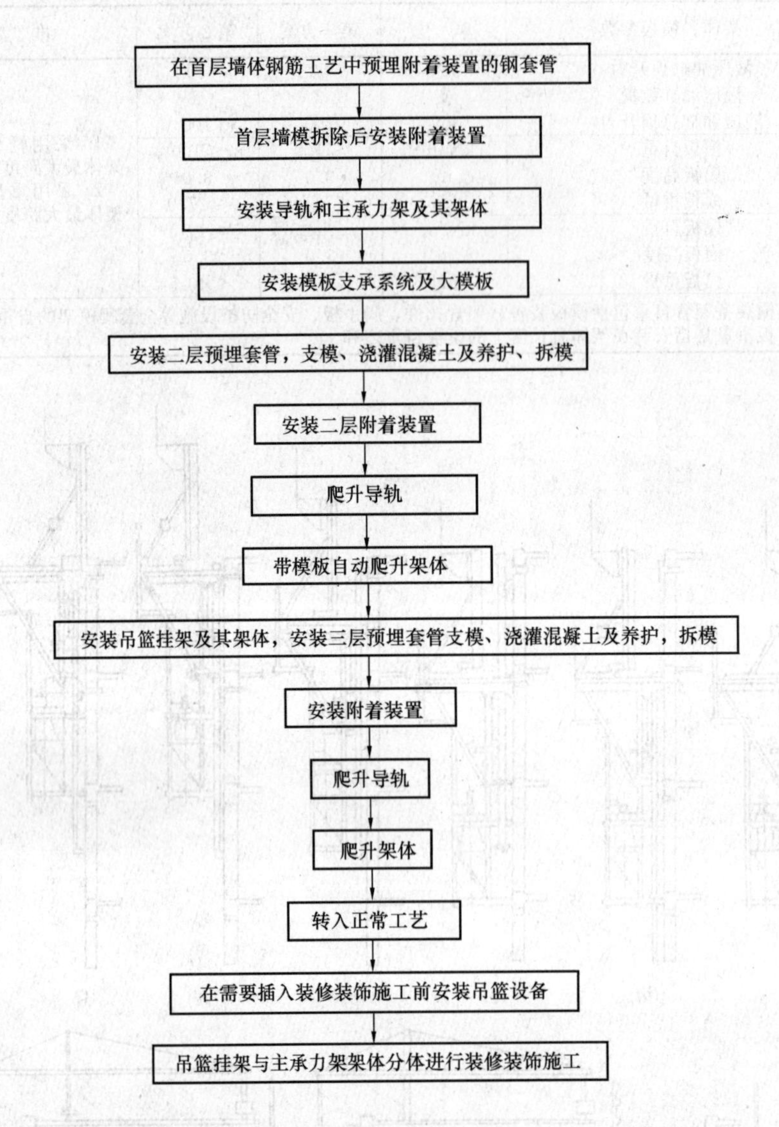

2. 爬模施工工艺要点与注意事项

（1）工艺要点

1）钢套管的埋放和附着装置的安装：按照设计方案，在设计位置埋放好穿墙螺栓用的钢套管，其长度比墙厚尺寸小 2～3mm，套管两端要用胶带密封好；钢套管的高度位置要准确，水平位置偏差控制在 25mm 以内。

当墙体厚度尺寸较大时，宜采用预埋组合件的方法固定附着装置。埋放时，可将预埋套件安装在外模板上，也可预先安装固定在钢筋网片上，并将外露的环状螺母密封好。

安装附着装置时，要将靴座套拧紧拧牢，并使导轨靴座的中心位置准确，其误差小于±5mm。

2）爬模的安装与验收：按照爬模的安装工艺，先在地面组装和低空安装，随施工随安装，随安装随使用，待全部安装到位后要组织工程设计、施工、监理以及爬模设计与使用等有关方面人员参加验收，验收合格后，方可投入正常运行。

3）爬模的爬升和安全操作：爬模在安装与使用前，要对有关人员进行技术交底和专门培训，爬模施工人员要持证上岗。每次爬升前和爬升后，要认真做好安全检查，及时拆除各部位的障碍物；当结构混凝土强度≥10MPa时方可下达爬升通知书；爬升时，要统一指挥，各负其责，确保平稳爬升，并逐层做好安全操作记录。

4）吊篮设备的安装与使用：爬模在结构施工期间，为了及早插入对下部的外装饰作业，应及时做好下架体吊篮架使用时所用设备的准备工作，并要掌握好安装的时期。通常当结构施工到1/2～2/3高度时，下部结构的外装饰作业方可开始。

5）爬模架的拆除：当结构施工完毕后，使用塔吊先将模板系统的装备拆除，导轨可在塔吊拆除前进行。当用于装饰时，下架体要在装饰作业基本完成后降落在地面再行拆除；上架体应在装修作业基本完工时，在屋面上临时安装屋面机构，由屋面机构吊挂上架体完成最后的装饰修补作业后再降落到地面进行拆除。

如果不用爬模架进行装饰施工，可在结构施工完成后将下架体和上架体一起用塔吊进行拆除，也可以不安装下架体。

（2）注意事项

1）在架体设计中，每层作业平台的桁架水平梁架，都是采用螺栓螺母连接固定在竖向承力架之间。为了减小不同步升降产生的水平力，在安装时螺栓不要拧得过紧。

2）架体上的荷载，不应超过规定的数值，即上下各作业平台上的载荷之和应≤600kg/m²；尤其是在爬升时，不应有较大的集中堆载与偏载，尚应使模板系统的重心尽量靠近墙体，以利于平稳爬升。此外，遇有5级以上大风时，不应爬升。

3）架体在爬升前和爬升到位之后，应将爬架组相互间的连接以及与工程结构之间的联系等，按要求处置好。当采取分组爬升时，爬升前应拆除相互之间和与工程结构的连接，待爬升到位后再恢复到原状。

4）采用手动控制的爬升施工中，应密切注视各个油缸伸出的长度，避免出现较大的升降差，做到平稳升降。

5）当下架体分体下降进行装饰施工时，应与上部结构施工密切配合好。当模板爬升时，下架体应停止作业，与主架体联体爬升；当分体下降进行施工时，尤其要把作业平台以及架体与墙体之间的空隙、缝隙密封好，防止混凝土等物料坠落伤人，确保安全施工。

6）在安装与拆卸爬模装备时，应安全有序装拆，将各部件分类堆放整齐，不得乱扔乱放，避免碰撞弄伤部件。

2.3.2.6 爬模拆除

1. 条件准备

（1）人员组织：爬模爬架技术提供单位或专业承包单位配备现场工程、安全负责人1名、技术指导2名、专门负责爬模爬架拆除过程中的技术指导和安全培训工作，工程总承包方和专业承包单位共同成立爬模架拆除工作小组，负责爬模爬架的拆除工作。

拆除工作应配20名专业架子工分成2个作业班组，并事先由设备所有方进行培训，合格后颁发上岗证，持证上岗。

（2）机械设备：由现场已有塔吊配合爬模爬架的拆除作业。

（3）爬模爬架拆除条件：当结构施工完毕，即可对爬模爬架进行拆除。

爬模爬架的拆除必须经项目生产经理、总工程师签字后方可。爬模爬架拆除前，工长要向拆架施工人员进行书面安全交底工作。交底有接受人签字。

① 拆除时，写书面通知，拆架前先清理架上杂物，如脚手板上的混凝土、砂浆块、U型卡、活动杆件及材料。爬模爬架拆除后，要及时将结构周圈搭设防护栏杆。

② 拆架前，先对爬模爬架进行检查验收，待检查合格后方可拆除。

③ 拆架前，先将进入楼的通道封闭，并做醒目标识，画出拆除警戒线，严禁人员进入警戒

线内。

2. 拆除方法

(1) 拆除顺序：按机位编号，顺时针方向依次拆除。

(2) 拆除步骤：

1) 清理架体杂物，拆除架体上的脚手板和踢脚板，将架体分割为2～4个机位的独立单元，将两独立单元间机位架体的连接解除。

2) 用塔吊吊住支模体系，拔出调节支腿和高低调节螺栓上的销轴，将支模体系吊离主承力架至地面分解。

3) 用液压油缸将导轨提升出来，然后用塔吊吊离作业面。

4) 拆除上、下爬升箱、液压电控系统和爬模爬架下两层附墙座并吊离作业面。

5) 将主承力架及挂架体系整体吊至地面进行分解。

6) 以上拆除的爬模爬架各零部件要统一堆放，统一管理。

2.3.2.7 质量、安全要求

1. 爬模施工质量要求

对爬模施工质量的要求，见表2-3-5。

爬模施工质量要求 **表2-3-5**

项目		质量标准（技术要求）	检验方法
模板	外形尺寸	−3mm	钢尺检查
	对角线	±3mm	钢尺检查
	板面平整度	<2mm	2m靠尺和塞尺检查
	侧边平直度	<2mm	2m靠尺和塞尺检查
	螺栓孔位置	±2mm	钢尺检查
	螺栓孔直径	+1mm	钢尺检查
	连接孔位置	±1mm	钢尺检查
	连接孔直径	+1mm	钢尺检查
	板块拼接缝隙	<2mm	塞尺检查
	板块拼接平整度	<2mm	2m靠尺和塞尺检查
模板支撑系统	垂直调节支腿	调节角度为70°～90°	角度尺检查
	高度调节装置	调节高度≤100mm	钢尺检查
	模板台车移动距离	300～750mm	卷尺检查
	模板锁紧力	≥5kN	
	模板附加背楞	能放置多种形式的模板，便利模板拼接，不影响对拉螺栓的装拆	复核设计方案和查看
	模板连接组件	每块模板用4～6个≥ϕ14的连接钩组合件与附加背楞连接在一起，移动模板时不松动	安装操作中观察
	模板竖向支撑宽度	≥0.8m	卷尺检查
	模板竖向支撑高度	≥1～2个层高+1.8m	卷尺检查
	竖向支撑承载力	≤3kN/m²	复核施工方案和查看
附着装置	转杠支座	转动灵活自如	操作查看
	导轨靴座	左右移动>50mm	钢尺检查
	靴座套座	负荷肩宽≥200mm	钢尺检查
	穿墙螺栓	M48，两端头有螺纹	钢尺检查
	垫板	≥100mm×100mm×10mm	钢尺检查
	螺母	M48，内双，外单，拧紧力达60～80N·m,外露3扣以上，中心位置±20mm	扭动扳手检查和查看
	预埋套管		卷尺检查

续表

项　目		质量标准（技术要求）	检 验 方 法
导 轨	截面尺寸	≥140mm×140mm×10mm	钢尺检查
	长　度	相邻2个楼层高度+0.5m	卷尺检查
	直 线 度	$\leqslant\frac{5}{1000}$，且≤30mm	直线和钢尺
	爬升状态挠度	$\leqslant\frac{5}{1000}$，且≤20mm	直线和钢尺
	踏步块中心距	±2mm	钢尺检查
	导向板中心距	±2mm	钢尺检查
	导轨座钩长度	+5mm	钢尺检查
	导轨座钩宽度	+5mm	钢尺检查
	焊 缝 高 度	≥10mm	目　测
爬升箱	承 力 块	转动灵活	示　范
	定位装置	转动灵活	示　范
	限位装置	转动灵活	示　范
	导向装置	转动灵活	示　范
	导轨滑槽宽度	≥14mm，通畅	目测和钢尺
竖向主承力架与主架体	三角形框架主梁长度	≥2000mm	卷尺检查
	主梁截面尺寸	≥140mm×140mm×10mm	钢尺和卡尺
	爬升状态主梁挠度	$\leqslant\frac{1}{500}$，且≤5mm	直线和钢尺
	长方形框架宽度	800～1000mm	卷尺检查
	长方形框架高度	≥2000mm	卷尺检查
	框架内立柱截面尺寸	≥80mm×80mm×4mm	钢尺和卡尺
	内立柱中心至墙面距离	400～600mm	卷尺检查
	爬升状态内立柱弯曲	≤3mm	直线和钢尺
	调 节 支 腿	调 节 灵 活	示　范
	施工状态支腿弯曲	≤1mm	钢尺检查
	主架体直线跨度	≤8.0m	卷尺检查
	主架体折线跨度	≤5.4m	卷尺检查
	桁架式水平梁架高度	≥900mm	卷尺检查
液压与电气控制系统	液压油泵电压	380V±10V	电压表检测
	油泵电机功率	1泵双缸1.1kW，1泵1缸750W	功率表检测
	油泵工作情况	工作正常，不漏油	查　看
	液压油缸伸出长度	≤550mm	钢尺检查
	油缸伸出长度误差	≤12mm	钢尺检查
	液压油缸工作情况	工作正常，不漏油	查　看
	液压油管	不破裂，不漏油	查　看
	电气控制工作电压	380V±10V	电压表检测
	电气控制工作电流	≤2A	电流表检测
	控制器电压	24V	电压表检测
	控制器电流	≤500mA	电流表检测

（1）施工单位要结合工程实际情况，对爬模的安装、使用、拆除等制定切实可行的施工方案。

（2）爬模施工，要组建专门的爬模施工队伍，培训上岗，把好爬模施工质量关。

（3）爬模的板面应平整，符合清水混凝土施工要求。

（4）爬模用的模板支撑系统，应能满足支模、拆模、清理模板以及绑扎钢筋、浇筑混凝土等施工的基本要求。清理模板的空间宽度应≥0.6m。

（5）附着装置的安装应尽量准确，使其中心位置差（±5～10mm）降低到最小。

（6）导轨及主架体的安装，要求H型钢导轨的垂直偏差≤5/1000或20～30mm，爬升状态下最大挠度≤5/1000或20mm；要求架体的最大跨度为6.0m，折线时≤5.4m，主承力架主梁的最大挠度或6～8mm。

（7）在爬模施工中，要做到同步爬升，及时消除升降差，使不同步升降差≤12mm。

2. 爬模施工安全要求

（1）按照爬模施工方案的要求，预先配备齐全可用的爬模装备。（包括各个零部件）。并要符合设计要求，产品质量或加工制作的质量要达到合格品的要求。

（2）爬模装备进场前，要对质量进行检查和确认，出具产品合格证和使用说明书，不允许不符合安全使用要求的产品进入施工现场。

（3）在安装爬模装备之前，要进行技术交底，按照安装工艺与要求进行安装。安装过程中，要有专人进行逐项检查。并在安装完毕后，要组织联合检查与验收，合格后方可投入使用。

（4）爬模的每一层作业平台，脚手板要满铺，铺平铺稳，护脚板要铺设到位，符合安全使用与安全防护等要求。

（5）对于爬架组相互之间的间隙，相邻作业平台之间的空隙，架体与墙体之间的空隙，要用盖板、护板和护网等封闭。严防物料坠落伤人。

（6）爬模施工完毕，要按照爬模拆卸工艺，进行安全有序的拆除。拆卸的部件要分类堆放整齐，并及时组织安全退场。

（7）爬升之前，必须暂时拆除爬架组之间的联系，及时在作业平台两端的开口部位安装好防护栏杆，及时拆除架体与墙体之间妨碍爬升的防护设施或障碍物；经安全检查后方可下达爬升指令。

（8）爬升到位后，要及时做好各个部位的固定或安装；相邻爬升架组之间，要做好相互联系以及架体与墙体之间的安全防护。待整个施工层都爬升到位并经检查后、要及时完成爬升作业的记录。

（9）爬升时，作业平台上禁止堆放施工料具。

（10）遇有6级以上大风时，不得爬升。以避免由于推移晃动而导致伤人。

（11）支拆模所用工具，应放入专用箱内，不要乱扔乱放。

（12）爬模施工中的垃圾，应及时清理入袋，集中处理，严禁抛扔。

（13）冬、雪天施工时，应及时清扫作业平台上的积雪，防止滑倒伤人。

（14）附着装置的安装必须准确牢靠，安装与拆卸必须及时。

（15）液压油缸的拆装，要相互配合协作好，做到安全操作。

（16）施工前，要制定专项安全管理与安全检查制度；在与厂家签订租赁合同时，要签订爬模施工安全协议，强化安全管理。

3. 爬模安全使用要求

（1）架体使用应符合建筑施工附着升降脚手架有关管理规定。

（2）架体支承跨度的布置，不能超过液压油缸的顶升能力。

（3）在使用工况下，应有可靠措施保证物料平台荷载不传递给架体。

（4）架体使用前应由相关人员进行全面检查，包括架体的安装、防坠装置是否灵敏有效、爬升动力系统超载保护及同步控制等。

（5）爬升时架体上不得有任何活动零件。

（6）严禁在夜间进行架体的安装和搭设、爬升、拆除等工作。

（7）从事作业人员必须年满18岁，两眼视力均不低于1.0、无色盲、无听觉障碍，无高血压、心脏病、癫痫、眩晕和突发性昏厥等疾病，无其他疾病和生理缺陷。

(8) 正确使用个人防护用品和采取安全防护措施。进入施工现场，必须戴好安全帽，作业时必须系好安全带，工具使用完要放在工具套内。

(9) 操作人员必须经过培训教育，考核、体检合格，持证上岗。任何人不得安排未经培训的无证人员上岗作业。现场施工人员，都要自觉遵守国家和施工现场制定的各种安全技术规程和制度。

(10) 施工作业时，必须严格按照设计图纸要求和施工操作规程进行。

(11) 模板的合模、拆模必须严格按照爬模架合模、拆模施工工艺进行。

(12) 严格保证安全用电。

(13) 认真做好班前班后的安全检查和交接工作。有权拒绝违章指挥违章作业的指令。非爬架专职操作人员不得随便搬动、拆卸、操作爬架上的各种零配件和电气、液压等装备。

(14) 结构施工时，与架体无关的其他东西均不应在脚手架上堆放，严格控制施工荷载，不允许超载。

(15) 架体附墙作业时，墙体混凝土强度应达到10MPa（特殊要求的另行规定）以上。

(16) 五级(含五级)以上大风应停止作业，大风前须检查架体悬臂端拉接状态是否符合要求，大风后要对架体做全面检查符合要求后方可使用，冬天下雪后应清除积雪并经检查后方可使用。

2.3.2.8 施工验算

为了适应液压爬模对不同类型和不同结构形式的使用要求，在编制爬模方案时应结合工程实际情况，对关键部件或关键项目进行必要的施工验算。验算的内容包括附着结构的强度、穿墙螺栓的抗冲剪能力、导轨的强度与刚度、导轨钩座与踏步块的焊缝强度和抗冲剪能力以及液压油缸的顶升能力等。鉴于导轨钩座、踏步块设计得比较坚实，穿墙螺栓直径较大等，故只需进行一般验算，但对于厚度≤200mm的结构，使用重型模板时的油缸顶升力以及爬升施工层高度较大时的导轨刚度等，由于使用条件多变需要进行详实验算。

【例】 北京某工程位于高层建筑较多的区域内，钢筋混凝土剪力墙结构，外围尺寸38m×38m，地上38层，总高148m，采用JFYM-50型液压爬模施工，模板重为1.5kN/m^{2}全钢大模板。

1) 基本条件

① 该工程地下4层，地上38层，总高148m，标准层高3.9m，墙厚0.5m，部分墙厚0.2m，混凝土强度等级为C30～C50。

② 爬模装备为JFYM-50型，液压油缸单缸顶升力为50kN或75kN，型钢导轨长8.0m，截面尺寸为150mm×150mm×7mm×10mm；穿墙螺栓为M48，垫板尺寸为160mm×160mm×12mm；由2个爬升机位组成的爬模架，跨度最大为6.0m，两端各悬挑1.5m，架体长9.0m，高16.4m；设6层作业平台。

③ 随架体一起爬升的全钢大模板重1.5kN/m^2，高4.0m。

④ 爬升施工层高度为3.9m。

2) 基本要求与验算内容

① 在上述条件下，一个爬升机位设1支液压油缸，需要将顶升力调定到多大方能满足要求？

② 处于最不利工况下，导轨跨中的变形是否符合设计与使用要求？

③ 处于最不利工况下，穿墙螺栓的冲剪能力是否符合设计与使用要求？

④ 当墙厚为0.2m，混凝土强度达到10MPa时，混凝土结构的冲切承载力和局部受压承载力是否满足爬升要求？

3) 荷载计算

若由2个爬升机位组成最大的爬模架，跨度为6.0m，长度为9.0m，高度为16.4m，设有6层作业平台，平台累积宽度为7.0m，木脚手板厚50mm，如图2-3-81所示。

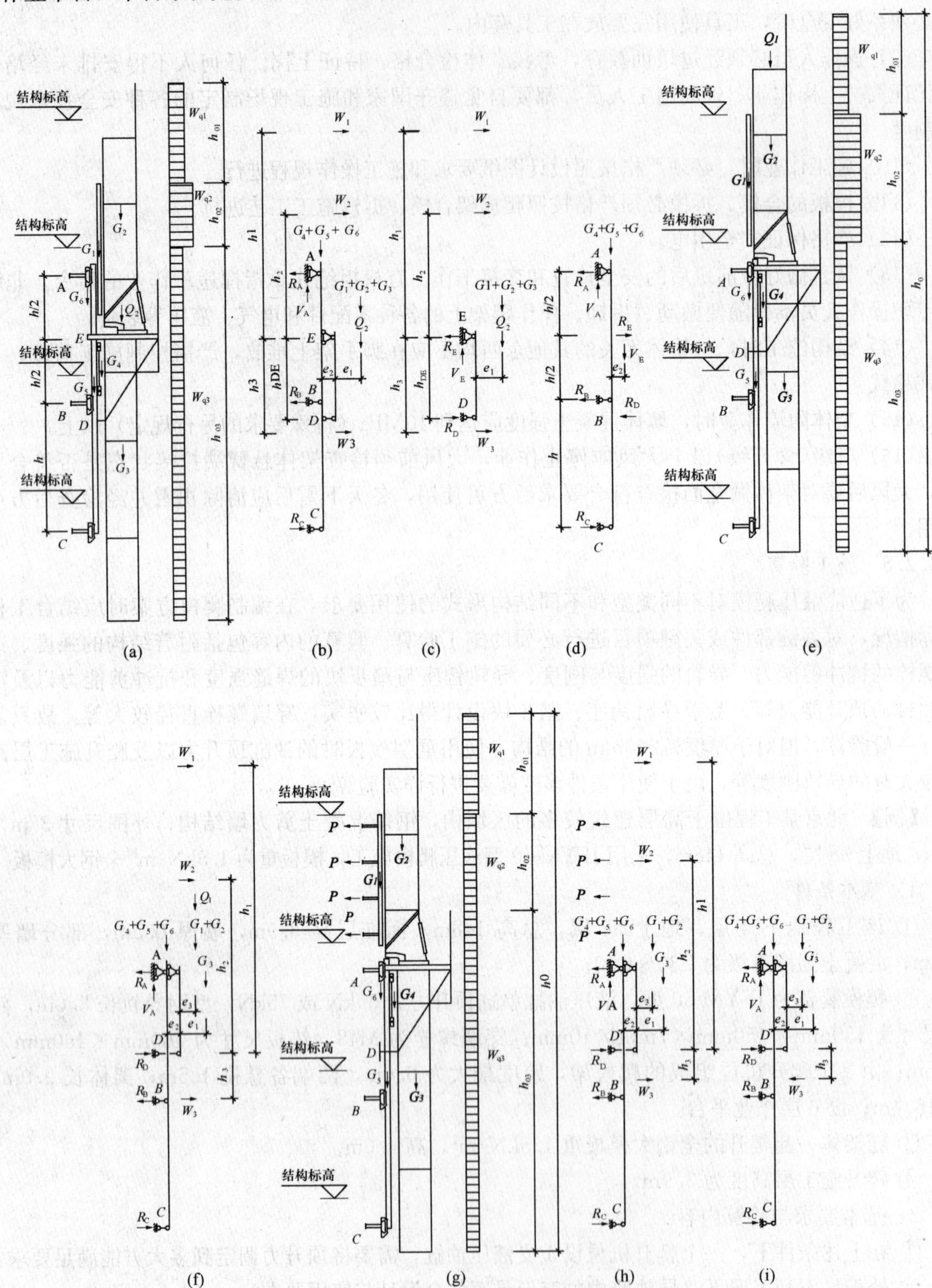

图2-3-81　液压爬模施工验算计算简图

1个爬升机位上的荷载为：

①自重荷载，由6部分组成，共计49.60kN：

$G_1 = 27.0\text{kN}$，是模板自重；

$G_2 = 5.3\text{kN}$，是模板支撑自重；

$G_3 = 13.6\text{kN}$，是架体自重（包括油泵设备自重）；

$G_4 = 0.4\text{kN}$，是爬升箱和液压油缸自重；

$G_5 = 3.0\text{kN}$，是导轨自重；

$G_6 = 0.3\text{kN}$，是附着装置自重；

② 施工荷载

作用在爬模装备上的施工荷载，是指作用在上操作平台（宽 1.0m）上的荷载 4.0kN/m^2 和下操作平台（宽 2.3m）上的荷载 1.0kN/m^2，施工总荷载为：

$$Q_1 = 4.0 \times 4.5 \times 1.0 = 18.0\text{kN}$$

$$Q_2 = 1.0 \times 4.5 \times 2.3 = 10.35\text{kN}$$

③ 风荷载

液压爬模在施工中依附于建筑结构体，作用其上的风荷载应根据现行《高层建筑混凝土结构技术规程》JGJ 3（以下称规程）和《建筑结构荷载规范》GB 50009（以下称规范）中的有关计算公式与图表并结合实际情况，进行相应的计算。

a. 关于风荷载标准值的计算公式

垂直于液压爬模装备表面上的风荷载标准值，按式（2-3-5）计算，风荷载作用面积应取垂直于风向的最大投影面积。

$$\omega_k = \beta_{gz}\mu_s\mu_2\omega_0 \tag{2-3-5}$$

式中 ω_k——风荷载标准值（kN/m^2）；

β_{gz}——高度 z 处的阵风系数；

ω_0——基本风压（kN/m^2）；

μ_2——风压高度变化系数；

μ_s——风荷载体型系数。

b. 关于基本风压 w_0。

液压爬模一般是用于高层建筑或高耸构筑物，其基本风压按《液压爬升模板工程技术规程》JGJ 195 附录 A.0.4 计算。

$$w_0 = \frac{v_0^2}{1600} \quad (\text{kN/m}^2)$$

式中 v_0——距地面 10m 高度处相当风速（m/s）按表 2-3-6 取值。

风力等级 **表 2-3-6**

风力等级	距地面 10m 高度处相当风速 v_0（m/s）	风力等级	距地面 10m 高度处相当风速 v_0（m/s）
5	8.0～10.7	9	20.8～24.4
6	10.8～13.8	10	24.5～28.4
7	13.9～17.1	11	28.5～32.6
8	17.2～20.7	12	32.7～36.9

由表 2-3-6 求得：

施工、爬升工况下 $w_{07}=\frac{v_{07}^2}{1600}=\frac{17.1^2}{1600}=0.183\text{kN/m}^2$，

停工工况下 $w_{09}=\frac{v_{09}^2}{1600}=\frac{24.4^2}{1600}=0.372\text{kN/m}^2$。

c. 关于风压高度变化系数 μ_z。

风压系数既随建筑高度的增加而增大，又与建筑所在位置的地面粗糙度有关。《规范》将地面粗糙度分为四类，见表 2-3-7。表 2-3-8 是相应的系数。

地面粗糙度分类 **表 2-3-7**

类别	粗糙度的描述	类别	粗糙度的描述
A	近海海面和海岛、海岸、湖岸及沙漠地区	C	有密集建筑群的城市市区
B	田野、乡村、丛林、丘陵以及房屋比较稀疏的乡镇	D	有密集建筑群且房屋较高的城市市区

风压高度变化系数 μ_z **表 2-3-8**

离地面或海平面高度（m）	地面粗糙度类别			
	A	B	C	D
5	1.09	1.00	0.65	0.51
10	1.28	1.00	0.65	0.51
15	1.42	1.13	0.65	0.51
20	1.52	1.23	0.74	0.51
30	1.67	1.39	0.88	0.51
40	1.79	1.52	1.00	0.60
50	1.89	1.62	1.10	0.69
60	1.97	1.71	1.20	0.77
70	2.05	1.79	1.28	0.84
80	2.12	1.87	1.36	0.91
90	2.18	1.93	1.43	0.98
100	2.23	2.00	1.50	1.04
150	2.46	2.25	1.79	1.33
200	2.64	2.46	2.03	1.58
250	2.78	2.63	2.24	1.81
300	2.91	2.77	2.43	2.02
350	2.91	2.91	2.60	2.22
400	2.91	2.91	2.76	2.40
450	2.91	2.91	2.91	2.58
500	2.91	2.91	2.91	2.74
≥500	2.91	2.91	2.91	2.91

d. 关于风荷载的体型系数 μ_s

μ_s 参照《建筑施工扣件式钢管脚手架安全技术规范》JGJ 130—2011、《建筑施工工具式脚手架安全技术规范》JGJ 202—2010 脚手架的风荷载体型系数采用，见表 2-3-9。

脚手架的风荷载体型系数 μ_s **表 2-3-9**

背靠建筑物的状况		全封闭墙	敞开、框架和开洞墙
脚手架状况	全封闭、半封闭	1.0Φ	1.3Φ

Φ 为挡风系数，规范中要求密目式安全立网全封闭脚手架挡风系数 Φ 不宜小于 0.8。密目式

安全立网的挡风系数试验结果为 0.5，规范规定是考虑施工中安全立网上积灰等因素确定的。本计算中密目式安全立网全封闭的爬模架部分挡风系数取 0.8；对于施工工况，在模板爬升到位，尚未连接对侧模板的情况下，按照模板一侧承受正风压，挡风系数取 1.0；爬升工况中超出已浇筑混凝土墙体部分的模板高度内，按照模板一侧承受正风压，挡风系数取 1.0。

爬模装置风荷载体型系数 μ_s 分段计算表见表 2-3-10。架体分段范围见图 2-3-81。各工况 h_{01} 为大模板上方的操作架高度；施工工况 h_{02} 为大模板高度，爬升工况 h_{02} 为超出已浇筑混凝土墙体部分的模板高度；停工工况 h_{02} 和各工况 h_{02} 为已浇筑混凝土墙体部分的爬模架体高度。

爬模装置风荷载体型系数 μ_s 分段计算表 **表 2-3-10**

项目	工况		背靠建筑物状况	计算公式	挡风系数 Φ	μ_s
	爬升、施工	停工				
架体分段范围	h_{01}	h_{01}	敞开	$\mu_s=1.3\Phi$	0.8	1.04
	h_{02}	—	敞开	$\mu_s=1.3\Phi$	1.0	1.3
	h_{03}	h_{02}、h_{03}	全封闭墙	$\mu_s=1.0\Phi$	0.8	0.8

e. 关于风荷载的阵风系数 β_{gz}

β_{gz}按照《规范》GB 50009—2012 取值，见表 2-3-11。

阵风系数 β_{gz} **表 2-3-11**

离地面高度（m）	地面粗糙度类别			
	A	B	C	D
5	1.65	1.70	2.05	2.40
10	1.60	1.70	2.05	2.40
15	1.57	1.66	2.05	2.40
20	1.55	1.63	1.99	2.40
30	1.53	1.59	1.90	2.40
40	1.51	1.57	1.85	2.29
50	1.49	1.55	1.81	2.20
60	1.48	1.54	1.78	2.14
70	1.48	1.52	1.75	2.09
80	1.47	1.51	1.73	2.04
90	1.46	1.50	1.71	2.01
100	1.46	1.50	1.69	1.98
150	1.43	1.47	1.63	1.87
200	1.42	1.45	1.59	1.79
250	1.41	1.43	1.57	1.74
300	1.40	1.42	1.54	1.70
350	1.40	1.41	1.53	1.67
400	1.40	1.41	1.51	1.64
450	1.40	1.41	1.50	1.62
500	1.40	1.41	1.50	1.60
550	1.40	1.41	1.50	1.59

f. 关于风荷载标准值 w_k 的计算

由表 2-3-8 求得地面粗糙度为 D 类、高度为 148m 时的风压高度变化系数 $\mu_z=1.32$。

由表 2-3-10 可知风荷载体型系数 μ_s。

由表 2-3-11 求得地面粗糙度为 D 类、高度为 148m 时的阵风系数 $\beta_{gz}=1.87$。

将上述相关系数代入式（2-3-11），求得 w_k，见表 2-3-12。

w_k 为风荷载标准值，W_{qi} 为沿高度方向的折算线荷载，W_i 为折算集中荷载。

一个机位覆盖范围为 4.5m，风荷载折算为线荷载标准值 $W_{qi}=4.5w_{ki}$ kN/m

风荷载折算为集中荷载 $W_i=W_{qi}h_{0i}$ kN

风荷载标准值计算表 **表 2-3-12**

<table>
<tr><th rowspan="2">工况</th><th rowspan="2">架体分段，i</th><th>h_{0i}</th><th>w_0</th><th rowspan="2">β_{gz}</th><th rowspan="2">μ_z</th><th rowspan="2">μ_s</th><th>$w_k=\beta_{gz}\mu_z\mu_s w_0$</th><th>$W_{qi}$</th><th>$W_i$</th></tr>
<tr><th>(m)</th><th>(kN/m²)</th><th>(kN/m²)</th><th>(kN/m)</th><th>(kN)</th></tr>
<tr><td rowspan="3">爬升</td><td>1</td><td>3.05</td><td rowspan="6">0.183</td><td rowspan="9">1.87</td><td rowspan="9">1.32</td><td>1.04</td><td>0.47</td><td>2.11</td><td>6.45</td></tr>
<tr><td>2</td><td>1.95</td><td>1.30</td><td>0.59</td><td>2.64</td><td>5.15</td></tr>
<tr><td>3</td><td>11.40</td><td>0.80</td><td>0.36</td><td>1.63</td><td>18.54</td></tr>
<tr><td rowspan="3">施工</td><td>1</td><td>3.05</td><td>1.04</td><td>0.47</td><td>2.11</td><td>6.45</td></tr>
<tr><td>2</td><td>3.90</td><td>1.30</td><td>0.59</td><td>2.64</td><td>10.31</td></tr>
<tr><td>3</td><td>9.45</td><td>0.80</td><td>0.36</td><td>1.63</td><td>15.37</td></tr>
<tr><td rowspan="3">停工</td><td>1</td><td>3.05</td><td rowspan="3">0.372</td><td>1.04</td><td>0.95</td><td>4.30</td><td>13.11</td></tr>
<tr><td>2</td><td>2.95</td><td>0.80</td><td>0.73</td><td>3.31</td><td>9.75</td></tr>
<tr><td>3</td><td>10.40</td><td>0.80</td><td>0.73</td><td>3.31</td><td>34.38</td></tr>
</table>

4）内力计算

①计算简图：

鉴于爬模架体是一种较为复杂的空间组合结构，为便于计算简化为平面结构。图 2-3-81（a）、（e）、（g）分别是爬升、施工、停工三种工况时的示意图，图 2-3-81（b）～（d）、2-3-81（f）、2-3-81（h）～（i）分别是爬升、施工、停工三种工况相应的计算简图。

若标准施工层高 $h=3.9$m，相应的架体参数见表 2-3-13，单位：mm。

②各工况和荷载构成：

爬升工况选择附着在导轨上的上爬升箱升至 1/2 层高位置，作用在导轨跨中的力达到最大值，处于不利的受力状态。导轨荷载主要有自重荷载 G_1、G_2、G_3，7 级风荷载 W_1、W_2、W_3 和下操作平台施工荷载 Q_2。

施工工况选择在模板爬升到位尚未连接对侧模板的情况下，上操作平台堆放适量的钢筋、并进行钢筋绑扎作业，模板一侧承受正风压、爬模装置下架体承受负风压的情况下，承载螺栓、与混凝土接触处的混凝土受力处于不利的受力状态。荷载主要有自重荷载 G_1、G_2、G_3、G_4、G_5、G_6，7 级风荷载 W_1、W_2、W_3 和上操作平台施工荷载 Q_1。

停工工况取恶劣气候下，爬模停止施工和爬升，并且爬模与对侧模板、已浇筑混凝土或已绑扎钢筋进行可靠拉接措施情况下进行安全验算。荷载主要有自重荷载 G_1、G_2、G_3、G_4、G_5、G_6，9 级风荷载 W_1、W_2、W_3 和模板穿墙螺栓的拉力 P。

各工况下荷载取值及作用位置尺寸见表 2-3-13，单位：kN。

爬模装置架体参数及荷载取值表 **表 2-3-13**

<table>
<tr><th>工况</th><th>计算简图</th><th>e_1 (mm)</th><th>e_2 (mm)</th><th>e_3 (mm)</th><th>h_0 (mm)</th><th>h_{01} (mm)</th><th>h_{02} (mm)</th><th>h_{03} (mm)</th><th>h_{DE} (mm)</th><th>h_1 (mm)</th><th>h_2 (mm)</th><th>h_3 (mm)</th></tr>
<tr><td>爬升</td><td>图 2-3-81 (a) ～ (d)</td><td rowspan="3">680</td><td rowspan="3">75</td><td>—</td><td rowspan="3">16400</td><td rowspan="3">3050</td><td>1950</td><td>11400</td><td>2300</td><td>6275</td><td>3775</td><td>2900</td></tr>
<tr><td>施工</td><td>图 2-3-81 (e) (f)</td><td rowspan="2">480</td><td>3900</td><td>9450</td><td>2300</td><td>8755</td><td>5280</td><td>1395</td></tr>
<tr><td>停工</td><td>图 2-3-81 (g) ～ (i)</td><td>3050</td><td>2950</td><td>1040</td><td>8755</td><td>5755</td><td>920</td></tr>
</table>

<table>
<tr><th>工况</th><th>计算简图</th><th>G_1 (kN)</th><th>G_2 (kN)</th><th>G_3 (kN)</th><th>G_4 (kN)</th><th>G_5 (kN)</th><th>G_6 (kN)</th><th>Q_1 (kN)</th><th>Q_2 (kN)</th><th>W_1 (kN)</th><th>W_2 (kN)</th><th>W_3 (kN)</th></tr>
<tr><td>爬升</td><td>图 2-3-81 (a) ～ (d)</td><td rowspan="3">27</td><td rowspan="3">5.3</td><td rowspan="3">13.6</td><td rowspan="3">0.4</td><td rowspan="3">3</td><td rowspan="3">0.3</td><td>—</td><td>10.35</td><td>6.45</td><td>5.15</td><td>18.54</td></tr>
<tr><td>施工</td><td>图 2-3-81 (e) (f)</td><td>18</td><td>—</td><td>6.45</td><td>10.31</td><td>15.37</td></tr>
<tr><td>停工</td><td>图 2-3-81 (g) ～ (i)</td><td>—</td><td>—</td><td>13.11</td><td>9.75</td><td>34.38</td></tr>
</table>

③荷载组合

爬模装置荷载效应组合依据《液压爬升模板技术规程》JGJ 195—2010：强度计算采用基本组合，自重荷载分项系数 1.2，施工荷载、风荷载分项系数 1.4，施工荷载、风荷载组合系数取 0.9；刚度计算采用标准组合，荷载分项系数取 1.0，组合系数取 1.0。

④计算支座反力

爬模施工验算项目包括爬升、施工、停工三种工况下承载螺栓承载力、混凝土冲切承载力、混凝土局部受压承载力、顶升力、导轨变形，其对应各工况下需要计算的反力项目见表 2-3-14。

爬模施工验算项目表 **表 2-3-14**

<table>
<tr><th rowspan="2">工况</th><th rowspan="2">荷载组合</th><th colspan="5">施工验算项目</th></tr>
<tr><th>承载螺栓承载力</th><th>混凝土冲切承载力</th><th>混凝土局部受压承载力</th><th>顶升力</th><th>导轨变形</th></tr>
<tr><td rowspan="2">爬升</td><td>基本组合</td><td>R_A、V_A</td><td>R_A</td><td>R_A</td><td>V_E</td><td>—</td></tr>
<tr><td>标准组合</td><td>—</td><td>—</td><td>—</td><td>—</td><td>R_E</td></tr>
<tr><td>施工</td><td>基本组合</td><td>R_A、V_A</td><td>R_A</td><td>R_A</td><td>—</td><td>—</td></tr>
<tr><td>停工</td><td>基本组合</td><td>R_A、V_A</td><td>R_A</td><td>R_A</td><td>—</td><td>—</td></tr>
</table>

爬升工况（荷载基本组合）

对于图 2-3-81（c）：

由 $\Sigma Y=0$，即竖向力平衡，求得 V_E

$$V_E-\gamma_G S_{GK}-\psi\gamma_Q S_{QK}=0$$

$$\begin{aligned}V_E&=\gamma_G S_{GK}+\psi\gamma_Q S_{QK}\\&=\gamma_G(G_1+G_2+G_3)+\psi\gamma_Q Q_2\\&=1.2\times(27+5.3+13.6)+0.9\times1.4\times10.35\\&=68.12\text{kN}\end{aligned}$$

由 $\Sigma M_E=0$，可求得 R_D

$$\gamma_G S_{GK}+\psi\gamma_Q(S_{QK}+S_{WK})-R_D h_{DE}=0$$

$$R_D=\frac{1}{h_{DE}}[\gamma_G S_{GK}+\psi\gamma_Q(S_{QK}+S_{WK})]$$

$$=\frac{1}{h_{DE}}[\gamma_G(G_1+G_2+G_3)e_1+\psi\gamma_Q(Q_2e_1+W_1h_1+W_2h_2-W_3h_3)]$$

$$=\frac{1}{2.3}\Big[1.2\times(27+5.3+13.6)\times0.68+0.9\times1.4\times(10.35\times0.68+6.45\times6.275+5.15\times3.775-18.54\times2.9)\Big]$$

$$=23.51\text{kN}$$

由 $\Sigma M_D=0$，可求得 R_E。

$$\gamma_G S_{GK}+\psi\gamma_Q(S_{QK}+S_{WK})-R_E h_{DE}=0$$

$$R_E=\frac{1}{h_{DE}}[\gamma_G S_{GK}+\psi\gamma_Q(S_{QK}+S_{WK})]$$

$$=\frac{1}{h_{DE}}\{\gamma_G(G_1+G_2+G_3)e_1+\psi\gamma_Q[Q_2e_1+W_1(h_1+h_{DE})+W_2(h_2+h_{DE})-W_3(h_3-h_{DE})]\}$$

$$=\frac{1}{2.3}\Big\{1.2\times(27+5.3+13.6)\times0.68+0.9\times1.4\times[10.35\times0.68+6.45\times(6.275+2.3)+5.15\times(3.775+2.3)-18.54\times(2.9-2.3)]\Big\}$$

$$=61.49\text{kN}$$

对于图 2-3-81（d）：

由 $\Sigma Y=0$，即竖向力平衡，求得 V_A。

$$V_A-\gamma_G S_{GK}-V_E=0$$

$$V_A=\gamma_G S_{GK}+V_E$$

$$=\gamma_G(G4+G5+G6)+V_E$$

$$=1.2(0.4+3+0.3)+68.12$$

$$=72.56\text{kN}$$

由 $\Sigma M_B=0$，可求得 R_A。鉴于传递到支座 C 的力较小，可以忽略不计。

$$R_E\frac{h}{2}+R_D\left(h_{DE}-\frac{h}{2}\right)+V_Ee_2-R_Ah=0$$

$$R_A=\frac{1}{h}\left[R_E\frac{h}{2}+R_D\left(h_{DE}-\frac{h}{2}\right)+V_Ee_2\right]$$

$$=\frac{1}{3.9}\left[61.49\times\frac{3.9}{2}+31.51\times\left(2.3-\frac{3.9}{2}\right)+68.12\times0.75\right]$$

$$=34.88\text{kN}$$

爬升工况（荷载标准组合）

对于图 2-3-81（c）：

由 $\Sigma M_D=0$，可求得 R_E。

$$S_{GK}+S_{QK}+S_{WK}-R_Eh_{DE}=0$$

$$R_E=\frac{1}{h_{DE}}[S_{GK}+S_{QK}+S_{WK}]$$

$$=\frac{1}{h_{DE}}[(G_1+G_2+G_3)e_1+Q_2e_1+W_1(h_1+h_{DE})+W_2(h_2+h_{DE})-W_3(h_3-h_{DE})]$$

$$=\frac{1}{2.3}[(27+5.3+13.6)\times 0.68+10.35\times 0.68$$

$$+6.45\times(6.275+2.3)+5.15\times(3.775+2.3)$$

$$-18.54\times(2.9-2.3)]$$

$$=49.44\text{kN}$$

施工工况（荷载基本组合）

对于图 2-3-81（f）：

由 $\Sigma Y=0$，即竖向力平衡，求得 V_A

$$V_A-\gamma_G S_{GK}-\psi\gamma_Q S_{QK}=0$$

$$V_A=\gamma_G S_{GK}+\psi\gamma_Q S_{QK}$$

$$=\gamma_G(G_1+G_2+G_3+G_4+G_5+G_6)+\psi\gamma_Q Q_1$$

$$=1.2\times(27\times 5.3+13.6+0.4+3.0+0.3)+0.9\times 1.4\times 18.0$$

$$=82.2\text{kN}$$

由 $\Sigma M_D=0$，可求得 R_A。

$$\gamma_G S_{GK}+\psi\gamma_Q(S_{QK}+S_{WK})-R_A h_{DE}=0$$

$$R_A=\frac{1}{h_{DE}}[\gamma_G S_{GK}+\psi\gamma_Q(S_{QK}+S_{WK})]$$

$$=\frac{1}{h_{DE}}\{\gamma_G[(G_1+G_2)(e_2+e_3)+G_3(e_1+e_2)]+\psi\gamma_Q[Q(e_2+e_3)+W_1h_1+W_2h_2-W_3h_3]\}$$

$$=\frac{1}{2.3}\Big\{1.2\times[(27+5.3)(0.075+0.48)+13.6\times(0.68+0.075)]+0.9\times 1.4\times$$

$$\Big[18.0\times(0.075+0.48)+6.45\times 8.755+10.31\times 5.28-15.37\times 1.395\Big]\Big\}$$

$$=66.85\text{kN}$$

停工工况（荷载基本组合）

停工工况下，爬模装置采取可靠拉接措施后上架体处于平衡稳定状态，故只近似取上架体自重、下架体受自重和风荷载效应组合计算。考虑此时 W_3 为正压，承载螺栓和混凝土受力处于最不利状态。

对于图 2-3-81（i）：

由 $\Sigma Y=0$，即竖向力平衡，求得 V_A。

$$V_A-\gamma_G S_{GK}=0$$

$$V_A=\gamma_G S_{GK}$$

$$=\gamma_G(G_1+G_2+G_3+G_4+G_5+G_6)$$

$$=1.2\times(27+5.3+13.6+0.4+3.0+0.3)$$

$$=59.52\text{kN}$$

由 $\Sigma M_D=0$，可求得 R_A。

$$\gamma_G S_{GK}+\gamma_Q S_{WK}-R_A h_{DE}=0$$

$$R_A=\frac{1}{h_{DE}}(\gamma_G S_{GK}+\gamma_Q S_{WK})$$

$$=\frac{1}{h_{DE}}[\gamma_G(G_1+G_2)(e_2+e_3)+G_3(e_1+e_2)+\gamma_Q W_3h_3]$$

$$=\frac{1}{2.3}\{1.2\times[(27+5.3)\times(0.075+0.48)+13.6\times(0.68+0.075)$$

$$+1.4\times 34.38\times 0.92]\}$$

$$=33.96\text{kN}$$

爬模施工荷载效应汇总表（kN） **表 2-3-15**

工况	荷载组合	施工验算项目				
		承载螺栓承载力	混凝土冲切承载力	混凝土局部受压承载力	顶升力	导轨变形
爬升	基本组合	$R_A=33.57$ $V_A=72.56$	$R_A=33.57$	$R_A=33.57$	$V_E=68.12$	—
	标准组合	—	—	—	—	$R_E=49.44$
施工	基本组合	$R_A=66.85$ $V_A=82.20$	$R_A=66.85$	$R_A=66.85$	—	—
停工	基本组合	$R_A=33.96$ $V_A=59.52$	$R_A=33.96$	$R_A=33.96$	—	—

说明：验算时采用三种工况下荷载效应的最大值。

5）施工验算

① 单支液压油缸顶升力的验算

由支座内力计算可知，在爬升工况下 $R_N=68.12\text{kN}>50\text{kN}$，须将液压油缸的顶升力调定为75kN 方能满足安全爬升要求。

② 穿墙螺栓冲剪承载力的验算

1 个爬升机位在每一施工层的附着位置使用 1 个 M48 穿墙螺栓，同时承受剪力和拉力。由内力计算可知，承受的剪力为 82.20kN、拉力的 66.85kN，用式（2-3-6）进行验算：

$$\sqrt{\left(\frac{N_v}{N_v^b}\right)^2+\left(\frac{N_t}{N_t^b}\right)^2}\leqslant 1 \tag{2-3-6}$$

式中 N_v^b——螺栓受剪承载力设计值；

N_t^b——螺栓受拉承载力设计值；

N_v——螺栓承受剪力的最大值；

N_t——螺栓承受拉力的最大值。

对于 M48 螺栓，材质为 Q235，$N_v^b=185\text{kN}$，$N_t^b=242\text{kN}$；由表 2-3-15，$N_v=82.20\text{kN}$，$N_t=66.85\text{kN}$。代入式（2-3-6），得：

$$\sqrt{\left(\frac{82.20}{185}\right)^2+\left(\frac{66.85}{242}\right)^2}=\sqrt{0.20+0.08}$$

$$=\sqrt{0.28}=0.53<1.0$$

满足使用要求。

③ 导轨跨中最大变形的验算

导轨是用 150×150 优质 H 型钢制造的，截面特性为：$I_X=166\times10^5\text{mm}^4$，$E=2.06\times10^5\text{N/mm}^2$。计算简图如图 2-3-81（d）所示，由图 2-3-81（c）求得的 $R_E=49.44\text{kN}$，亦即导轨跨中最大的集中力 $F=49.44\text{kN}$，跨中的最大变形为：

$$\Delta L=\frac{FL^3}{48EI}$$

$$=\frac{49440\times3900^3}{48\times2.06\times10^5\times166\times10^5}$$

$$=17.87\text{mm}$$

$$=\frac{4.6L}{1000}<\frac{5L}{1000}=19.5\text{mm}$$，按照《液压爬升模板工程技术规程》JGJ 195—2010，导轨的刚度要求其跨中变形值 $\Delta L \leqslant 5\text{mm}$，该取值较为严格。

④ 爬升时墙体混凝土冲切承载力和局部受压承载力的验算

由表 2-3-15 可知，支座 A 处最大拉力为 66.85kN。爬升时要求结构混凝土强度达到 10MPa 以上，分别验算承载螺栓与混凝土接触处混凝土冲切承载力和局部受压承载力，图 2-3-82为计算简图。

（1）混凝土冲切承载力验算

承载螺栓采用预埋套管设置。

承载螺栓垫板尺寸为 160mm×160mm×12mm，即 $a=0.16\text{m}$；混凝土墙厚为 0.2m 时，$h_0=0.165\text{m}$；

混凝土强度达到 10MPa 时，混凝土抗拉强度设计值取 $f_t=0.65\text{N/mm}^2=650\text{kN/m}^2$。

$$2.8(a+h_0)h_0 f_t=2.8(0.16+0.165)\times 0.165\times 650=97.60\text{kN}$$

$$F=66.85\text{kN}<97.60\text{kN}$$

混凝土冲切承载力满足爬升要求。

（2）混凝土局部受压承载力验算

混凝土强度达到 10MPa 时，混凝土抗压强度设计值取 $f_c=5\text{N/mm}^2=5000\text{kN/m}^2$

$$2.0a^2 f_c=2.0\times 0.162\times 5000=256\text{kN}$$

$$F=66.85\text{kN}<256\text{kN}$$

混凝土局部受压承载力满足爬升要求。

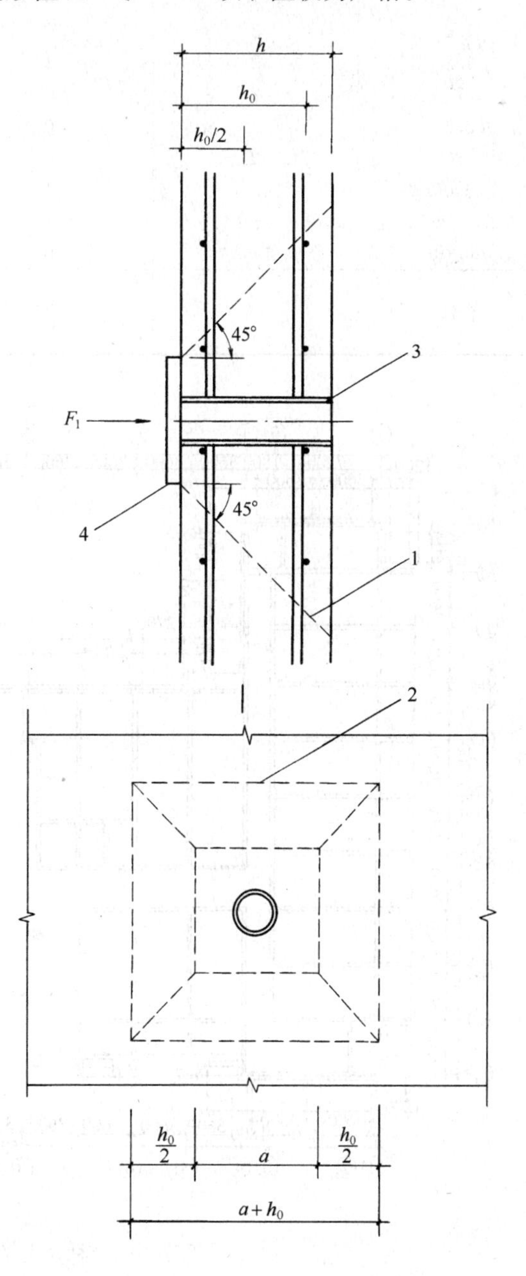

图 2-3-82　混凝土墙面抗冲切计算示意图

1—冲切破坏时的锥体斜截面；2—距承力面 $\frac{h_0}{2}$ 处的锥体截面边长；3—穿墙螺栓钢套管；4—穿墙螺栓方形垫板

2.3.2.9　工程实例

1. 方案实例

××新生公寓工程，建筑面积为 36557m²，现浇混凝土剪力墙结构，地下 2 层，地上 24 层，总高度 72.3m，标准层高 2.8m，楼板厚 0.1m，墙厚 0.2m，结构施工工期××年 1～6 月。图 2-3-83 为爬模施工平面图。

该工程共配置了由 48 根导轨、8 个辅助支点组成的 23 组爬架组。爬架组中多数是由 2 个爬升机位组成，但也有仅由 1 个爬升机位组成的爬模平台，爬架组最大跨度为 6m，为了增加模板支撑架的刚度，在跨中设置 1 个不带导轨的辅助支撑，见表 2-3-16。

××工程爬模配置表 表 2-3-16

爬升机位间距（架体跨度）（m）	爬模架组		爬架组数	备注
	爬升机位（导轨）数	辅助支点数		
0	1	0	2	
1.2	2	0	2	
1.2	2	1	2	小阴角部位
7	2	0	2	
3.6	2	0	6	
4.0	2	0	1	中轴线部位
6.0	2	1	4	
2.4+2.1	2+1	1	2	大阴角部位
3.6+0	2+1	0	2	阴角部位
合计	48	8	23	配置8个液压油缸和4套1泵带2缸的泵站

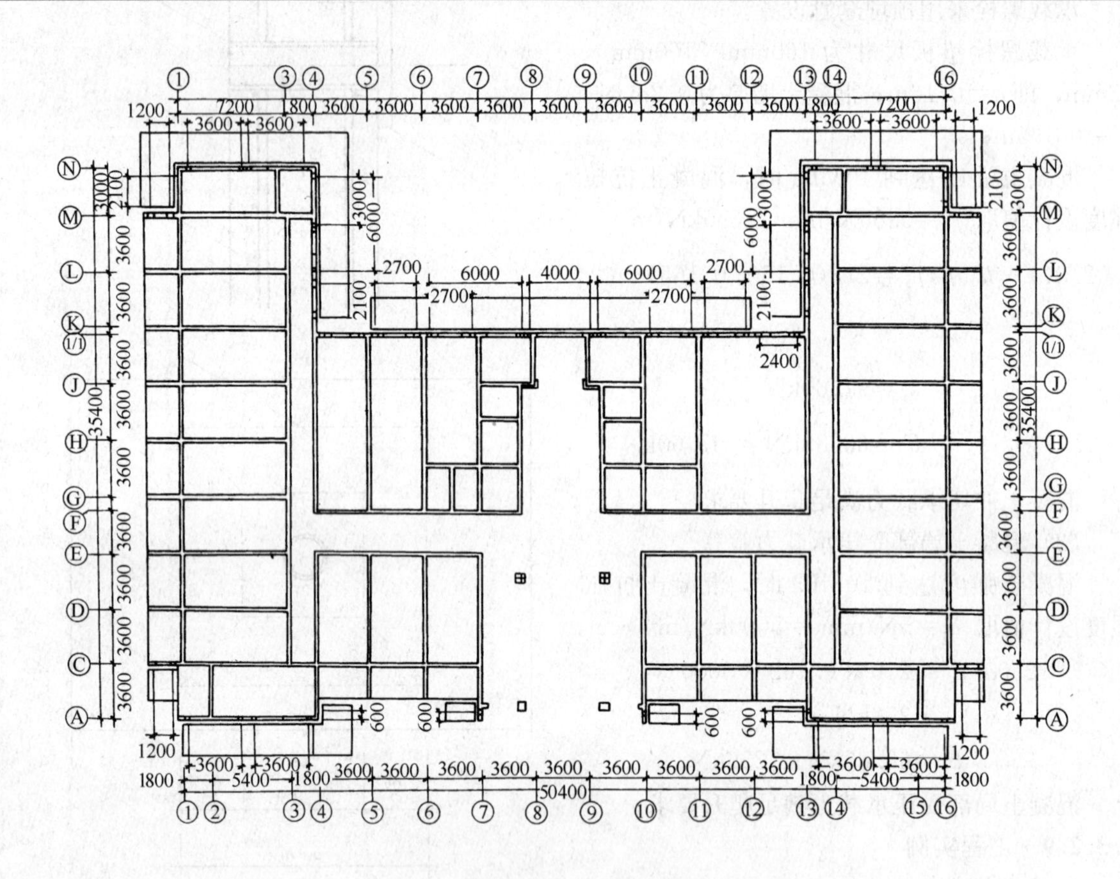

图 2-3-83 林业大学工程爬模施工平面图

该工程使用的大模板有两种，多数是自重为120～130kg/m² 的普通型全钢大模板，另一种是与爬模配套研究开发的120系列无背楞大模板，自重为90kg/m²。模板附加支撑系统均能够满足这两种大模板的使用要求，在结构施工到十二层时开始安装爬模的吊篮设备并投入使用。结构施工质量荣获“北京市结构长城杯”奖。

2. 典型工程应用实例

（1）××机场新塔台工程（图 2-3-84）

××市重点工程，主体结构为全现浇剪力墙结构，建筑面积2885.5m²，标准层高为9m，地上高度98.7m，采用液压爬模架施工，主体结构提前20d完成。

（2）××广电中心工程（图 2-3-85）

××省重点工程、××市“十五”期间重点文化基础建设项目、奥运配套工程，是杭州实施大都市战略的标志性建筑之一，该工程建筑面积 87221m²，地上 23 层，地下 2 层，主体结构为钢-钢筋混凝土筒中筒结构。施工采用液压爬模架施工，施工工期到达平均 4d 一层，主体结构提前 30d 封顶。

（3）××公司中国总部办公楼工程（图 2-3-86）

××市重点工程。该工程建筑高度 123m，地上 32 层，标准层高 3.9m，属于钢管混凝土结构与剪力墙混合结构，节点形式复杂，核心筒外墙结构施工采用液压爬模架施工，核心筒结构施工达平均 4d 一层，主体结构提前 50d 完成。

（4）北京××大厦工程（图 2-3-87）

图 2-3-84　液压爬模架在机场新塔台工程中的应用

图 2-3-86　液压爬模架在××公司中国总部办公楼工程中的应用

图 2-3-85　液压爬模架在杭州广电中心工程中的应用

图 2-3-87　液压爬模架在北京××大厦工程中的应用

北京市重点工程。地上21层，标准层高3.6m，建筑物高度85.2m，主体结构为钢结构-钢筋混凝土核心筒结构。核心筒外墙结构施工采用液压爬模架施工，施工工期到达平均4d一层，主体结构提前45d封顶。

2.3.3 滑动模板

滑动模板（简称滑模）工程，是现浇混凝土工程的一项机械化程度较高的施工工艺，与常规施工方法相比，这种施工工艺具有施工速度快、机械化程度高、可节省支模和搭设脚手架所需的工料、能较方便地将模板进行拆除和灵活组装并可重复使用。滑模和其他施工工艺相结合（如预制装配、砌筑或其他支模方法等），可为简化施工工艺创造条件，更好地取得综合经济效益。

近年来，随着我国高层建筑、新型结构以及特种工程日益增多（图2-3-88、图2-3-89），滑模技术又有了许多创新和发展，例如，大（中）吨位千斤顶的应用、支承杆在结构体内和体外的布置、高强度等级混凝土的应用、混凝土泵送和布料机的应用、“滑框倒模”、“滑提结合”、“滑砌结合”、“滑模托带”以及竖井筑壁、复合筒壁、抽孔筒壁等特种工程滑模施工，均得到了应用，说明这项技术已逐步成熟。

图2-3-88 北京国际饭店

图2-3-89 中央电视塔

为了进一步提高滑模施工技术水平，保证滑模工程质量和施工安全，并使滑模施工规范化，我国自1988年以来，相继颁布了《液压滑动模板施工技术规范》、《液压滑动模板施工安全技术规程》、《滑模液压提升机》和《滑动模板工程技术规范》等国家标准和行业标准。采用滑模工艺施工的工程，在设计和施工中除应遵照上述标准外，还应遵照其他有关的国家标准和行业标准，如：《混凝土结构设计规范》、《混凝土结构工程施工与验收规范》、《烟囱工程施工与验收规范》等，对于矿山井巷工程和水电工程，还应遵照《矿山井巷工程施工及验收规范》、《水工建筑物滑动模板施工技术规范》和《水电水利工程模板施工规范》等，进行滑模工程的设计和施工。

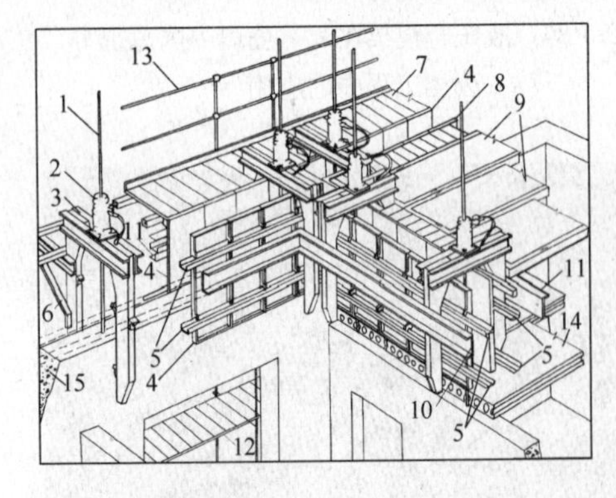

图2-3-90 滑模装置示意图

1—支承杆；2—液压千斤顶；3—提升架；4—模板；5—围圈；6—外挑三脚架；7—外挑操作平台；8—固定操作平台；9—活动操作平台；10—内围梁；11—外围梁；12—吊脚手架；13—栏杆；14—楼板；15—混凝土墙体

2.3.3.1 滑模装置的组成

滑模装置主要由模板系统、操作平台系统、液压系统以及施工精度控制系统和水、电配套系统等部分组成（图2-3-90）。

1. 模板系统

(1) 模板

模板又称作围板，依靠围圈带动其沿混凝土的表面向上滑动。模板的主要作用是承受混凝土的侧压力、冲击力和滑升时的摩阻力，并使混凝土按设计要求的截面形状成型。

模板按其所在部位及作用不同，可分为内模板、外模板、堵头模板以及变截面工程的收分模板等。

模板的高度一般为 900～1200mm，烟囱等筒壁结构可采用 1400～1600mm。模板的宽度一般为 200～500mm。图 2-3-91 为一般墙体钢模板，主要用于平面形墙体。

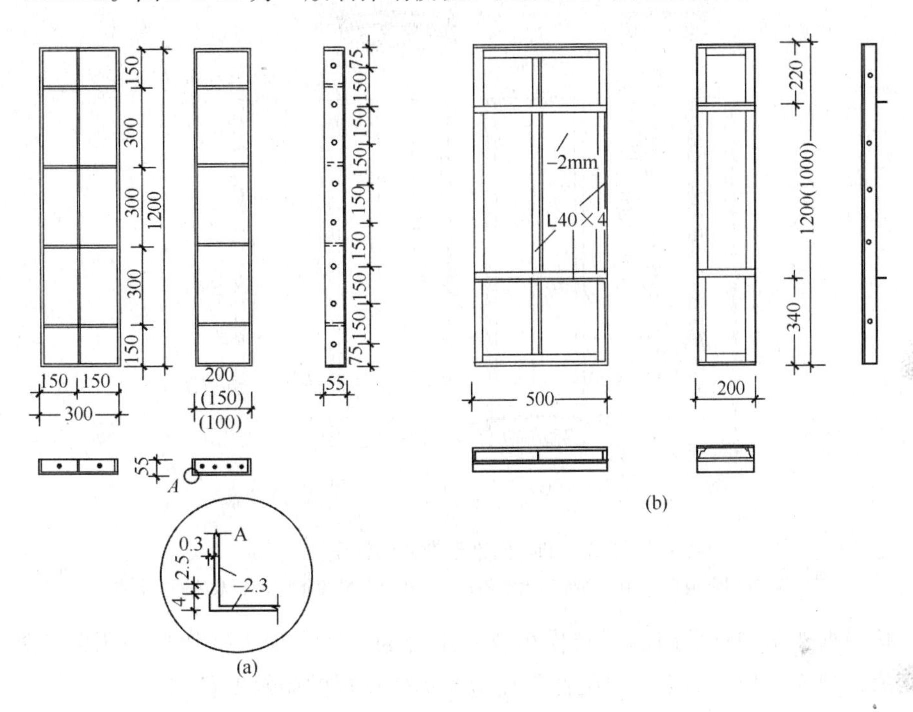

图 2-3-91 一般墙体钢模板

(a) 压轧组合钢模板；(b) 焊接钢模板

当施工对象的墙体尺寸变化不大时，亦可将模板宽度适当加大，或采用围圈与模板组合成的大块模板，以节约安装拆卸用工（图 2-3-92）。

模板可采用钢材、木材或钢木混合制成；也可采用胶合板等其他材料制成。钢模板一般采用钢板压轧成型或加焊角钢、扁钢肋条制成。也可采用定型组合式钢模板，但需在边肋加开适当孔洞，以便于与围圈连接。

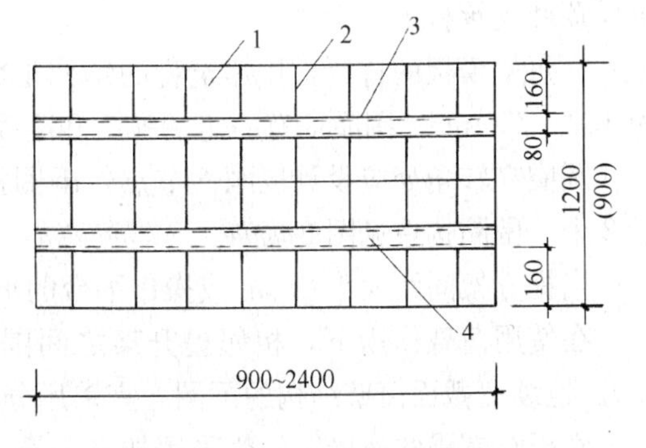

图 2-3-92 围圈组合大块模板

对于圆锥形变截面工程，模板在滑升过程中，要按照设计要求的倾斜度及壁厚，不断调整内外模板的直径，使收分模板与活动模板的重叠部分逐渐增加，当收分模板与活动模板完全重叠且其边缘与另一块模板搭接时，即可拆去重叠的活动模板。收分模板必须沿圆周对称成双布置，每对收分模板的收分方向应相反。收分模板的搭接边必须严密，不得有间隙，以免漏浆。图 2-3-93 为圆锥形变截面钢模板。

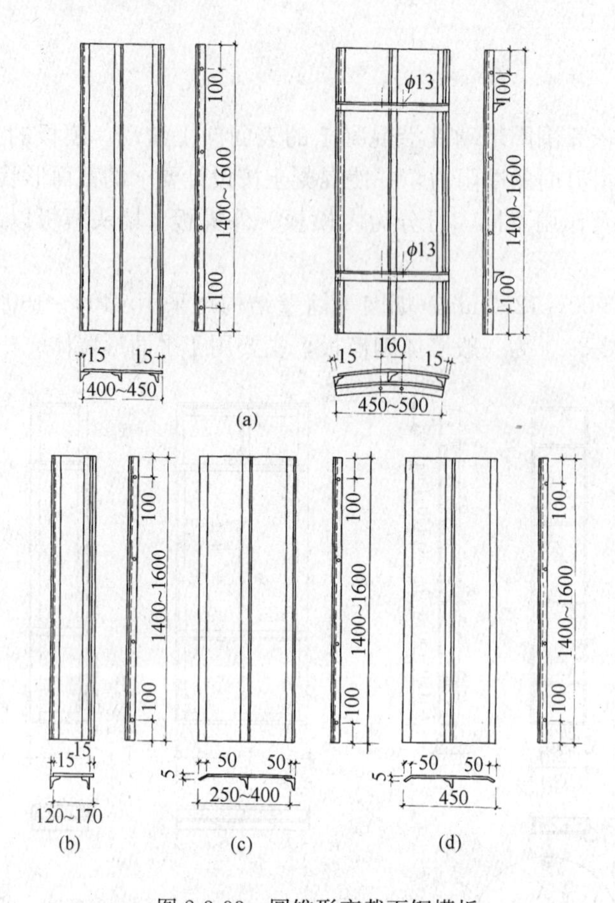

图 2-3-93 圆锥形变截面钢模板
（a）内外固定模板；（b）内外活动模板；（c）单侧收分模板；（d）双侧收分模板

墙板结构与框架结构宜采用围圈与模板合一组合的大块模板。框架柱的阴阳角处，宜采用相同材料制成的角模。角模的上下口的倾斜度应与墙体模板的倾斜度相同。

（2）围圈

围圈又称作围檩。其主要作用，是使模板保持组装的平面形状，并将模板与提升架连接成一个整体。围圈在工作时，承受由模板传递来的混凝土侧压力、冲击力和风荷载等水平荷载，及滑升时的摩阻力，作用于操作平台上的静荷载和施工荷载等竖向荷载，并将其传递到提升架、千斤顶和支承杆上。

在每侧模板的背后，按建筑物的结构形状，通常设置上下各一道闭合式围圈，其间距一般为 450～750mm。围圈应有一定的强度和刚度，其截面应根据实际荷载通过计算确定。

围圈在转角处应设计成刚性节点，围圈接头应用等强度的型钢连接，连接螺栓每边不得小于 2 个。围圈构造见图 2-3-94。

当提升架间距大于 2.5m 或操作平台的承重骨架直接支承在围圈上时，宜采用桁架式围圈。

在使用荷载作用下，相邻提升架之间围圈的垂直与水平方向的变形，不应大于跨度的 1/500。连续变截面筒壁结构的围圈，宜采用分段伸缩式。

模板与围圈的连接，一般采用挂在围圈上的方式。当采用横卧工字钢作围圈时，可用双爪钩将模板与围圈钩牢，并用顶紧螺栓调节位置（图 2-3-95）。

（3）提升架

提升架又称作千斤顶架。它是安装千斤顶并与围圈、模板连接成整体的主要构件。提升架的主要作用是控制模板、围圈由于混凝土的侧压力和冲击力而产生的向外变形；同时承受作用

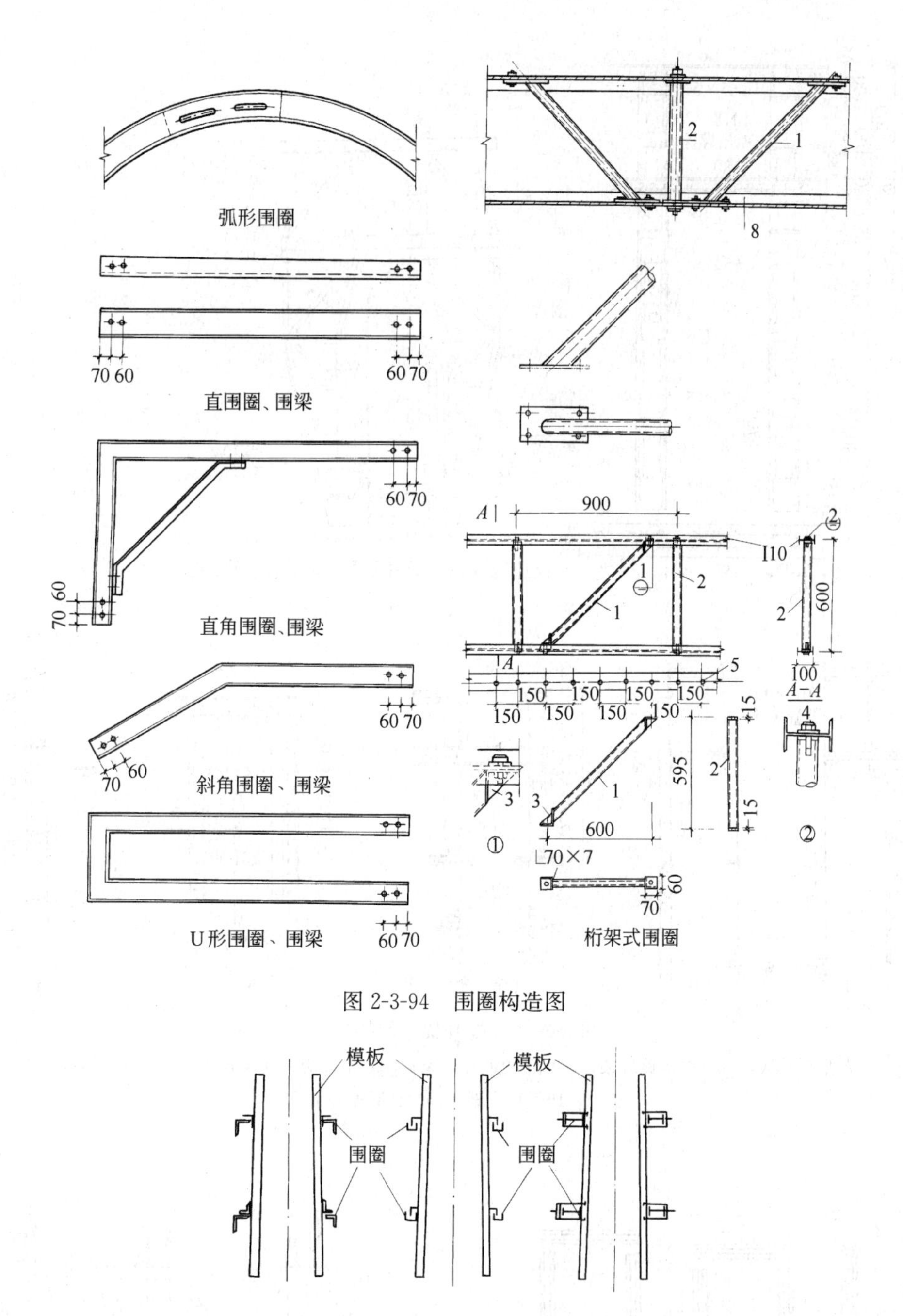

图 2-3-94　围圈构造图

图 2-3-95　模板与围圈的连接

于整个模板上的竖向荷载，并将上述荷载传递给千斤顶和支承杆。当千斤顶等提升机具工作时，通过它带动围圈、模板及操作平台等一起向上滑动。

提升架的立面构造形式，一般可分为单横梁“Π”形，双横梁的“开”形或单立柱的“Γ”形等几种（图 2-3-96）。

提升架的平面布置形式，一般可分为“I”形、“Y”形、“X”形、“Π”形和“口”形等几种（图 2-3-97）。

对于变形缝双墙、圆弧形墙壁交叉处或厚墙壁等摩阻力及局部荷载较大的部位，可采用双千斤顶提升架。双千斤顶提升架可沿横梁布置（图 2-3-98）；也可垂直于横梁布置（图 2-3-99）。

墙体转角和十字交接处，提升架立柱可采用 100mm×100mm×4－6mm 方钢管。

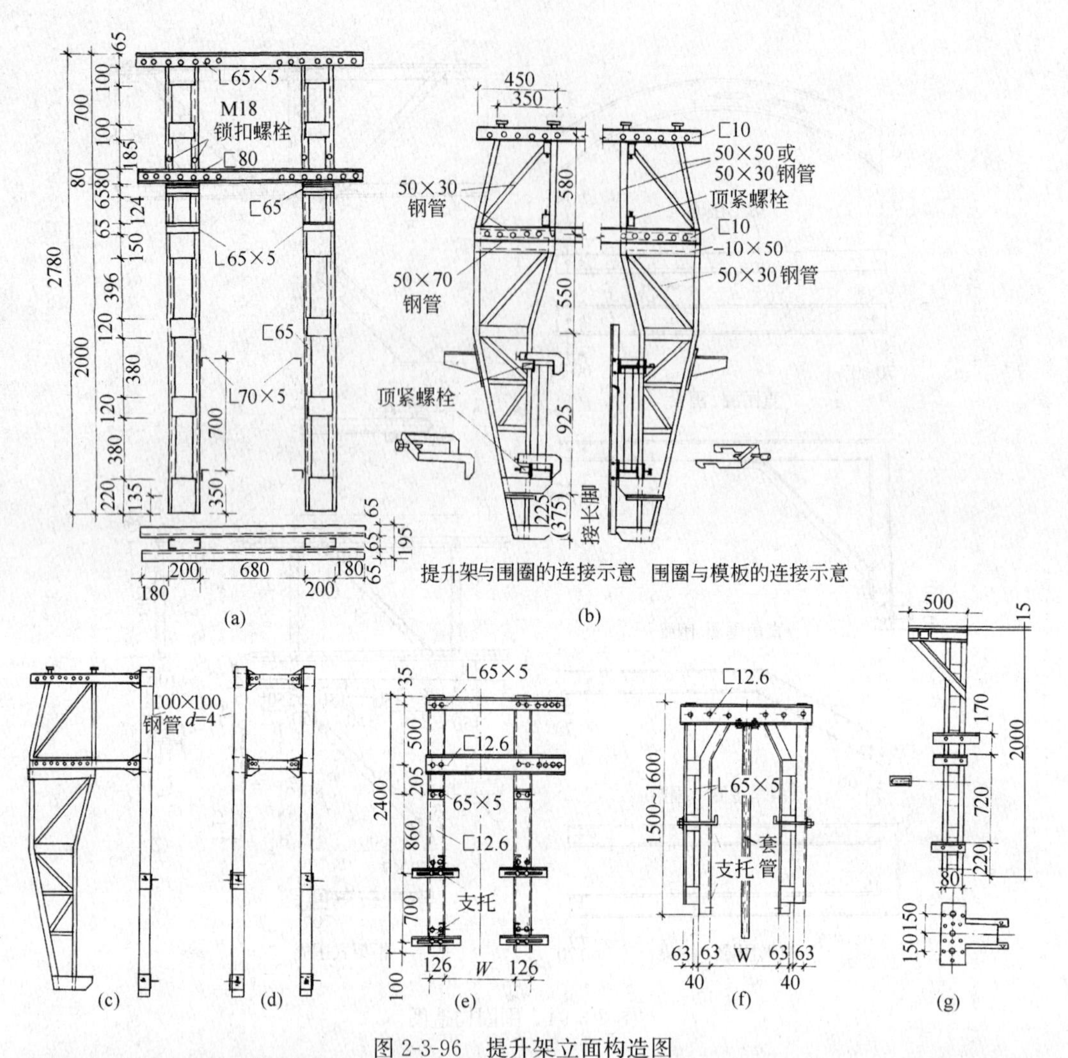

(a) (b) (c) (d) (e) (f) (g)

图 2-3-96 提升架立面构造图

(a) 开形提升架；(b) 钳形提升架；(c) 转角处提升架；(d) 十字交叉处提升架；(e) 变截面提升架；(f) Ⅱ形提升架；(g) Γ形提升架

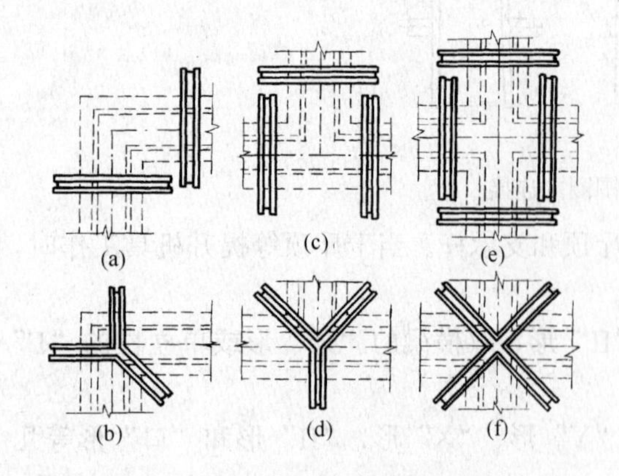

图 2-3-97 提升架平面布置图

(a)“I”形提升架；(b) L形墙用“Y”形提升架；(c)“Ⅱ”形提升架；(d) T形墙用“Y”形提升架；(e)“口”形提升架；(f)“X”形提升架

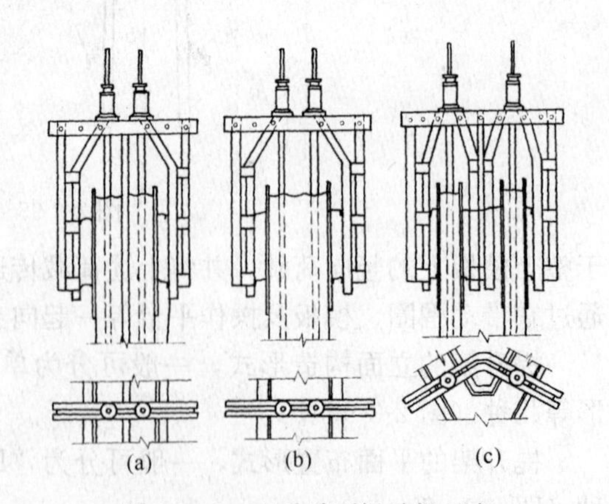

图 2-3-98 双千斤顶提升架示意（沿横梁布置）

(a) 用于变形缝双墙；(b) 用于厚墙体；(c) 用于转角墙体

提升架一般可设计成适用于多种结构施工的通用型，对于结构的特殊部位也可设计成专用型。提升架必须具有足够的刚度，应按实际的水平荷载和垂直荷载进行计算。对多次重复使用的提升架，宜设计成装配式。

提升架的横梁与立柱必须刚性连接，两者的轴线应在同一平面内，在使用荷载作用下，立柱的侧向变形应不大于 2mm。

提升架横梁至模板顶部的净高度，对于配筋结构不宜小于 500mm，对于无筋结构不宜小于 250mm。

用于变截面结构的提升架，其立柱上应设有调整内外模板间距和倾斜度的装置（图 2-3-100）。

在框架结构框架柱部位的提升架，可采取纵横梁“井”字式布置，在提升架上可布置几台千斤顶，其荷载分配必须均匀(图 2-3-101)。

当采用工具式支承杆时，应在提升架横梁下设置内径比支承杆直径大 2～5mm 的套管，其长度应达到模板下缘(图 2-3-109)。

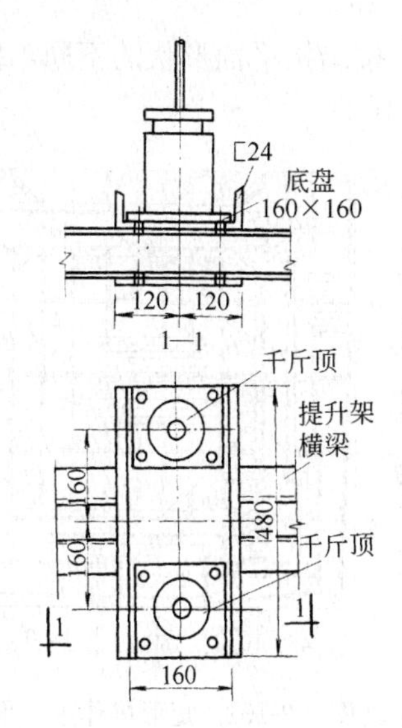

图 2-3-99 双千斤顶提升架示意
（垂直于横梁布置）

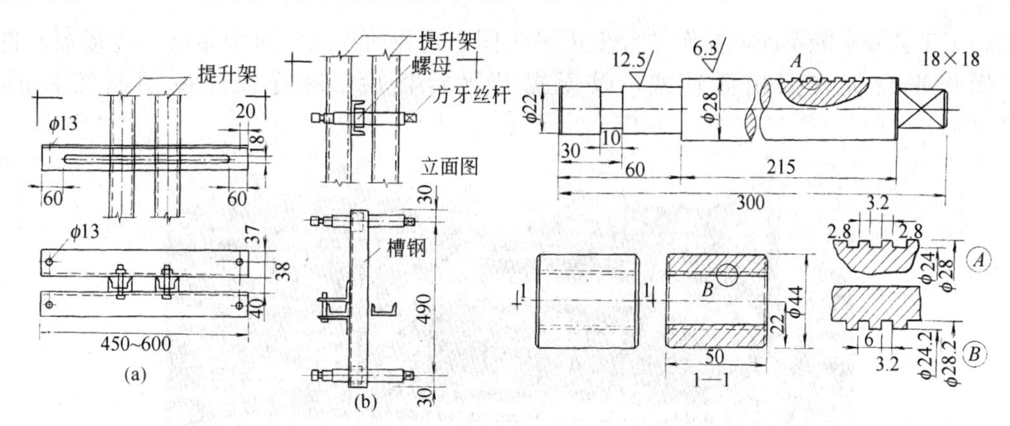

图 2-3-100 围圈调整装置与顶紧装置

（a）固定围圈调整装置；（b）活动围圈调整装置

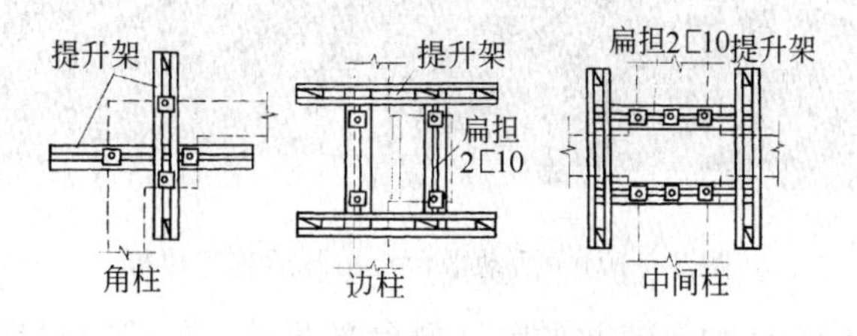

图 2-3-101 框架柱提升架与千斤顶布置

2. 操作平台系统

（1）操作平台

滑模的操作平台即工作平台，是绑扎钢筋、浇筑混凝土、提升模板、安装预埋件等工作的场所，也是钢筋、混凝土、预埋件等材料和千斤顶、振捣器等小型备用机具的暂时存放场地。液压控制机械设备，一般布置在操作平台的中央部位。有时还可利用操作平台架设垂直运输机械设备，也可利用操作平台作为现浇混凝土顶盖的模板。

按结构平面形状的不同，操作平台的平面可组装成矩形、圆形等各种形状（图 2-3-102、图 2-3-103）。

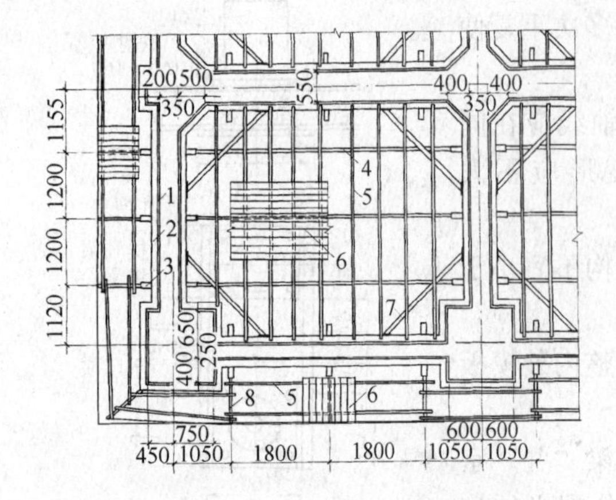

图 2-3-102 矩形操作平台平面构造图

1—模板；2—围圈；3—提升架；4—承重桁架；5—楞木；6—平台板；7—围圈斜撑；8—三角挑架

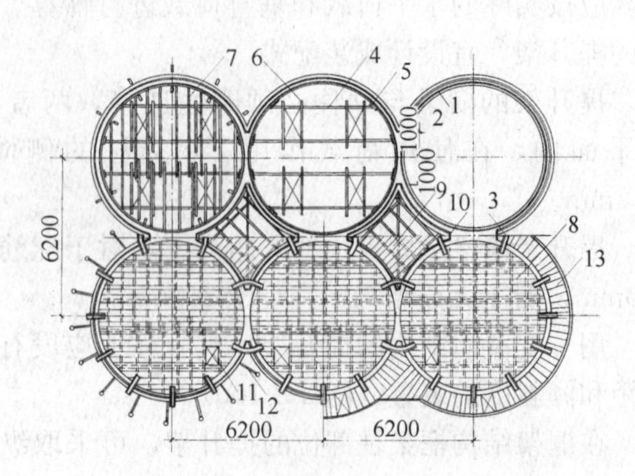

图 2-3-103 圆形操作平台平面构造图

1—模板；2—围圈；3—提升架；4—平台桁架；5—桁架支托；6—桁架支撑；7—楞木；8—平台板；9—星仓平台板；10—千斤顶；11—人孔；12—三角挑架；13—外挑平台

按施工工艺要求的不同，操作平台板可采用固定式或活动式。对于逐层空滑楼板并进施工工艺，操作平台板宜采用活动式，以便揭开平台板后，进行现浇或预制楼板的施工(图2-3-104)。

图 2-3-104 活动平台板吊开后施工楼板

操作平台分为主操作平台和上辅助平台（料台）两种，一般只设置主操作平台。上辅助平台的承重桁架（或大梁）的支柱，大多支承于提升架的顶部（图 2-3-105）。设置上辅助平台时，应特别注意其结构稳定性。

主操作平台一般分为内操作平台和外操作平台两部分。内操作平台通常由承重桁架（或梁）与平台铺板组成，承重桁架（或梁）的两端可支承于提升架的立柱上，亦可通过托架支承于上下围圈上（图 2-3-106）。

外操作平台通常由支承于提升架外立柱的三角挑架与平台铺板组成，外挑宽度不宜大于1000mm，在其外侧需设置防护栏杆。

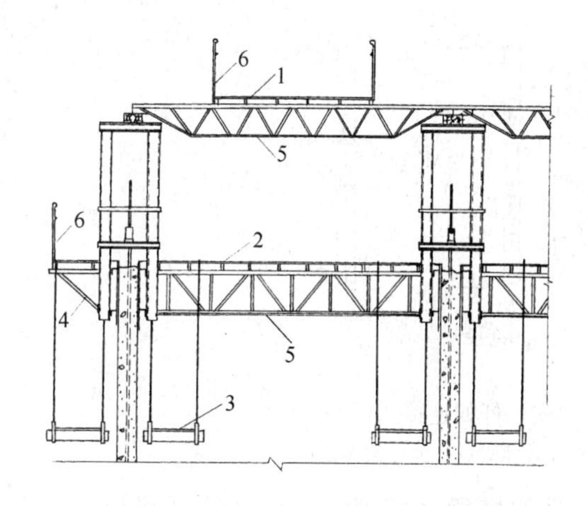

图 2-3-105　操作平台剖面示意图

1—上辅助平台；2—主操作平台；3—吊脚手架；
4—三角挑架；5—承重桁架；6—防护栏杆

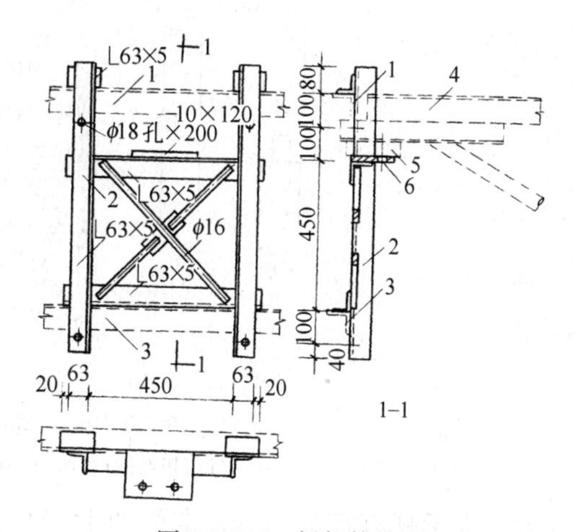

图 2-3-106　托架构造图

1—上围圈；2—托架；3—下围圈；4—承重桁架；
5—桁架端部垫木；6—连接螺栓

操作平台的桁架或梁、三角挑架及平台铺板等主要构件，需按其跨度和实际荷载情况通过计算确定。当桁架的跨度较大时，桁架间应设置水平和垂直支撑。当利用操作平台作为现浇混凝土顶板的模板时，除应按实际荷载对操作平台进行验算外，尚应考虑与提升架脱离和拆模等措施。

（2）吊脚手架

吊脚手架又称下辅助平台或吊架。主要用于检查混凝土的质量、模板的检修和拆卸、混凝土表面修饰和浇水养护等工作。根据安装部位的不同，一般分为内、外两种吊脚手架。内吊脚手架可挂在提升架和操作平台的桁架上，外吊脚手架可挂在提升架和外挑三脚架上(图 2-3-107)。

吊脚手架铺板的宽度，宜为 500～800mm，钢吊杆的直径不应小于 φ16mm，吊杆螺栓必须采用双螺帽。吊脚手架的外侧必须设置安全防护栏杆，并应满挂安全网。

3. 液压提升系统

液压提升系统主要由支承杆、液压千斤顶、液压控制台和油路等部分组成。

（1）支承杆

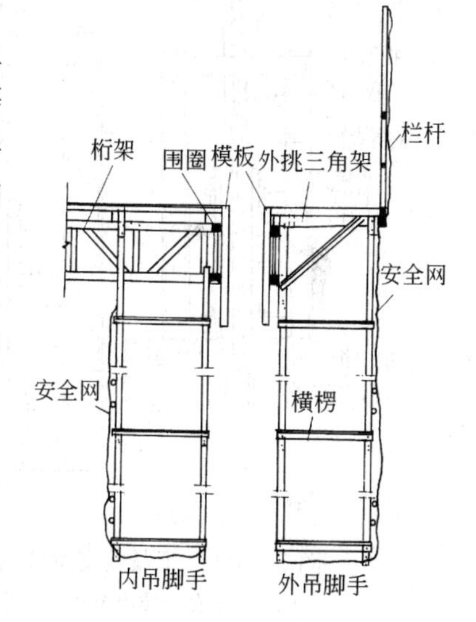

图 2-3-107　吊脚手架

支承杆又称作爬杆、千斤顶杆或钢筋轴等。它支承着作用于千斤顶的全部荷载。为了使支承杆不产生压屈变形，应用一定强度的圆钢或钢管制作。目前使用的额定起重量为 30kN 的滚珠式卡具液压千斤顶，其支承杆一般采用直径 φ25mm 的圆钢制作。如使用楔块式卡具液压千斤顶时，亦可采用直径 25～28mm 的螺纹钢筋作支承杆。因此，对于框架柱等结构，可直接以受力钢筋作支承杆使用。为了节约钢材用量，应尽可能采用工具式支承杆。

φ25mm 支承杆的连接方法，常用的有三种：丝扣连接、榫接和焊接（图 2-3-108）。

支承杆的焊接，一般在液压千斤顶上升到接近支承杆顶部时进行，接口处如略有偏斜或凸疤，可采用手提砂轮机处理平整，使能顺利通过千斤顶孔道，也可在液压千斤顶底部超过支承杆后进行。当这台液压千斤顶脱空时，其全部荷载应由左右两台液压千斤顶承担。因此，在进行千斤顶数量及围圈设计时，就要考虑到这一因素。采用工具式支承杆时，应在支承杆外侧加

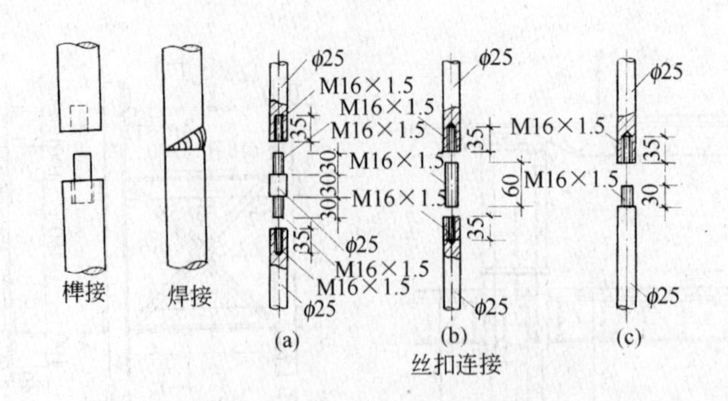

图 2-3-108　ϕ25mm 支承杆的连接

(a) 双母丝扣连接；(b) 双母丝扣连接；(c) 公母丝扣连接

设内径大于支承杆直径的套管，套管的上端与提升架横梁底部固定，套管的下端至模板底平，套管外径最好做成上大下小的锥度，以减少滑升时的摩阻力。套管随千斤顶和提升架同时上升，在混凝土内形成管孔，以便最后拔出支承杆。工具式支承杆的底部，一般用套靴或钢垫板支承(图 2-3-109)。

工具式支承杆的拔出，一般采用管钳、双作用液压千斤顶、倒置液压千斤顶或杠杆式拔杆器。

杠杆式拔杆器见图 2-3-110。

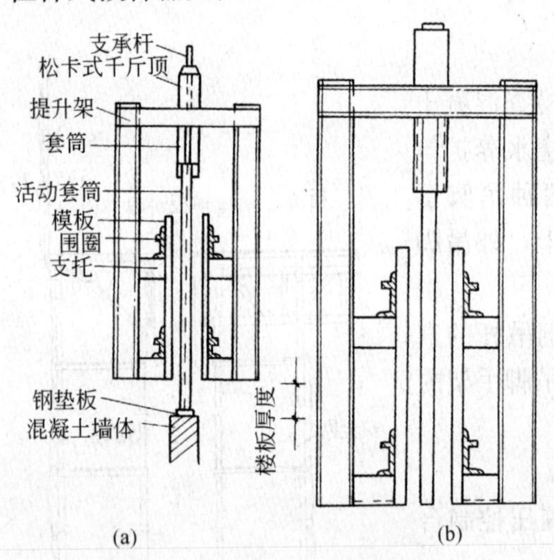

图 2-3-109　工具式支承杆回收装置

(a) 活动套管伸出至搂板底部墙体；

(b) 活动套管缩固，下端与模板下口相平

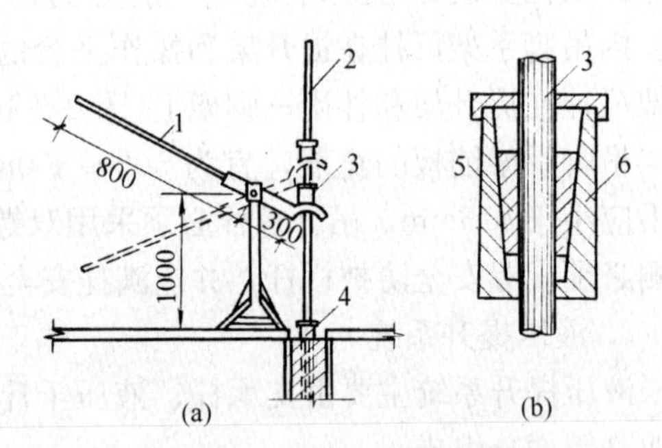

图 2-3-110　杠杆式拔杆器

(a) 工作图；(b) 夹杆盒

1—杠杆；2—工具式支承杆；3—上夹杆盒（拔杆用）；4—下夹杆盒（保险用）；5—夹块；6—夹杆盒外壳

为防止支承杆失稳，在正常施工条件下，直径 ϕ25mm 圆钢支承杆的允许脱空长度，不应超过表 2-3-17 所示数值。

ϕ25 支承杆允许脱空长度　　表 2-3-17

支承杆荷载 P（kN）	10	12	15	20
允许脱空长度 L（cm）	152	134	115	94

注：允许脱空长度 L，系指千斤顶下卡头至混凝土上表面的距离，它等于千斤顶下卡头至模板上口距离加模板的一次提升高度。

当施工中超过上表所示脱空长度时，应对支承杆采取有效的加固措施。支承杆一般可采用方木、钢管、拼装柱盒、假柱及附加短钢筋等加固方法（图 2-3-111）。

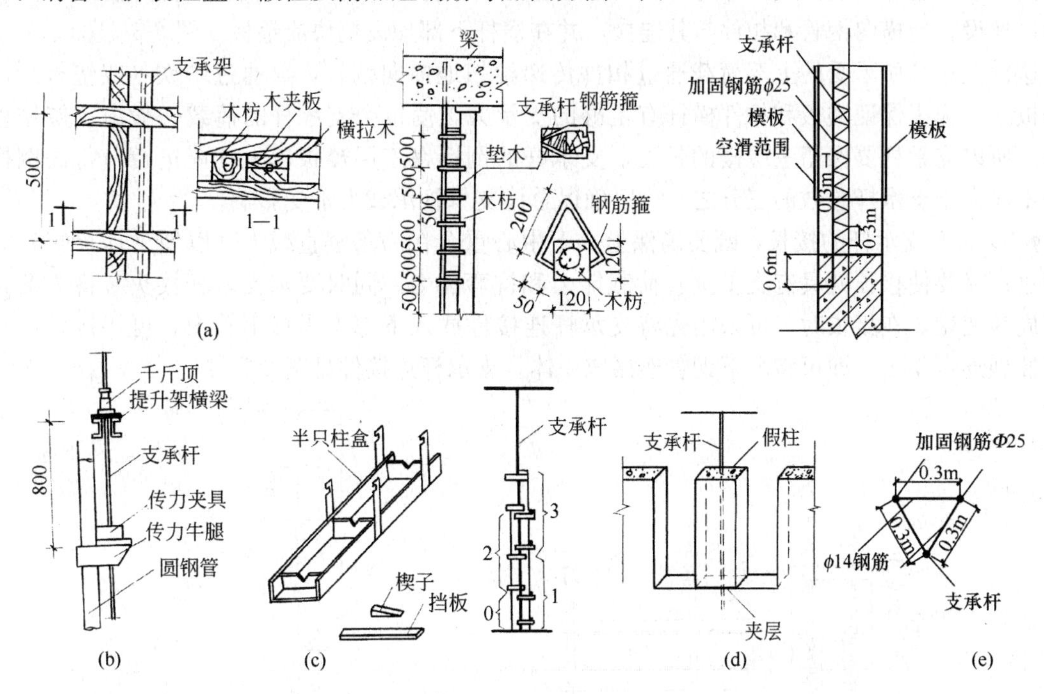

图 2-3-111　支承杆的加固

（a）方木加固；（b）钢管加固；（c）柱盒加固（0、1、2、3 为先后拼装顺序）；（d）假柱加固；（e）附加短钢筋加固

方木、钢管及拼装柱盒等方法，均应随支承杆边脱空一定高度，边进行夹紧加固。假柱加固法为随模板的滑升，与墙体一起浇筑一段混凝土假柱，其下端用夹层（塑料布）隔开，事后将这段假柱凿掉。

对于梁跨中部位的成组脱空支承杆，也可采用扣件式钢管脚手架组成支柱进行加固(图2-3-112)。

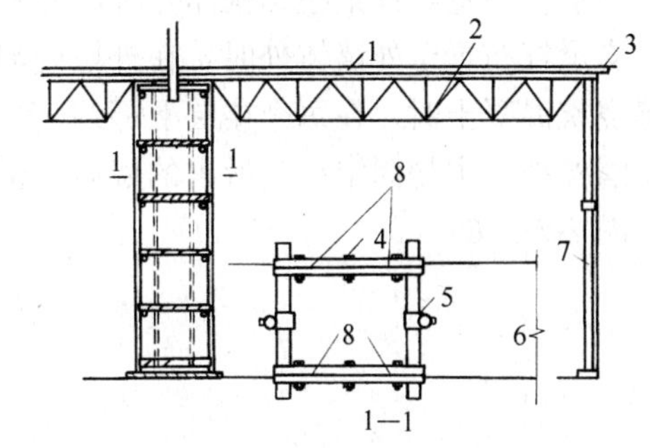

图 2-3-112　梁跨中成组支承杆加固

1—梁底模；2—梁桁架；3—梁端；4—夹紧支承杆螺栓；5—钢管扣件；6—大梁；7—支柱；8—支承杆

近年来我国各地相继研制了一批额定起重量为 60～100kN 的大吨位千斤顶（其型号见表 2-3-18）。与之配套的支承杆采用 $\phi48\times3.5$ 的钢管，其基本参数为：

外径：48mm；内径：41mm；壁厚：3.5mm；

截面面积：$4.89cm^2$；重量：3.83kg/m；

外表面积：$0.152m^2/m$；

截面特征：$J=12.296mm^4$；$\omega=5.096cm^3$；$r=1.58cm$。

弹性模量：$E=2.1\times10^5MPa$。

根据西北工业大学对 $\phi48\times3.5$ 钢管支承杆承载能力的理论计算和荷载—变形曲线分析，在滑模施工中，当采用 $\phi48\times3.5$ 钢管作支承杆且处于混凝土体外时，其最大脱空长度不能超过 2.5m（采用 60kN 的大吨位千斤顶工作起重量为 30kN），当脱空长度控制在 2.4m 以内时，支承杆的稳定性是可靠的。

$\phi48\times3.5$ 钢管为常用脚手架钢管，由于其允许脱空长度较大，且可采用脚手架扣件进行连接，因此作为工具式支承杆和在混凝土体外布置时，比较容易处理。

支承杆布置于内墙混凝土体外时，在逐层空滑楼板并进法施工中，支承杆穿过楼板部位时，可通过加设扫地横向钢管和扣件与其连接，并在横杆下部加设垫块或垫板（图 2-3-113）。

这样支承杆所承受的上部荷载通过扣件传递给扫地横向钢管，再通过垫铁（或垫板）传递到楼板上。为了保证楼板和扣件横杆有足够的支承力，使每个支承杆的荷载一般由三层楼板来承担。所以支承杆要保留三层楼的长度，支承杆的倒换在三层楼板以下才能进行，每次倒换的数量不应大于支承杆总数的三分之一，以确保总体支承杆承载力不受影响。

ϕ48×3.5 支承杆的接长，既要确保上、下中心重合在一条垂直线上，以便千斤顶爬升时顺利通过；又要使接长处具有支承垂直荷载能力和抗弯能力。同时要求支承杆接头装拆方便，以便于周转使用。在接长时，可采用先将支承杆连接件插入下部支承杆钢管内，再将接长钢管支承杆插到连接件上，即可将上下钢管连接成一体。支承杆连接件见图 2-3-114。

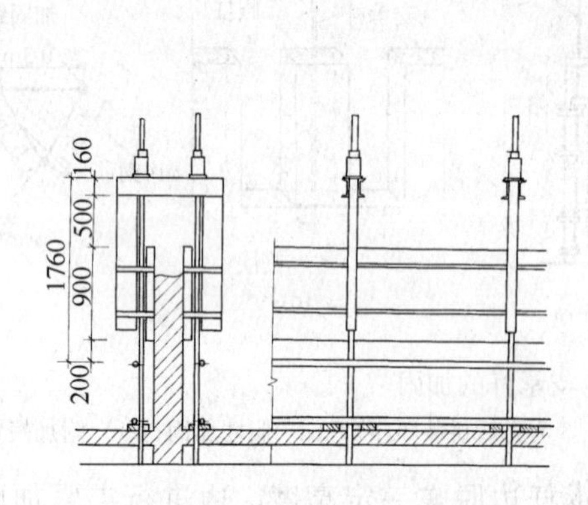

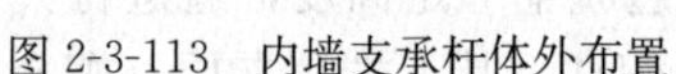

图 2-3-113　内墙支承杆体外布置

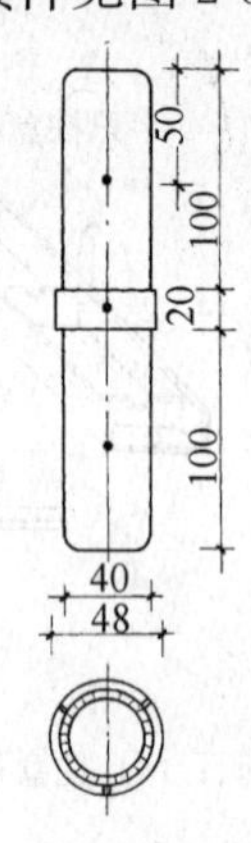

图 2-3-114　ϕ48×3.5 支承杆连接件

为了防止钢管向上移动，在连接件及钢管支承杆的两端，均分别钻一个销钉孔，当千斤顶爬升过连接件后，用销钉把上下钢管和连接件销在一起，或焊接在一起。

支承杆布置在框架柱结构体外时，可采用钢管脚手架进行加固（图 2-3-115）。

支承杆布置于外墙体外时，在外墙外侧，由于没有楼板可作为外部支承杆的传力层，可在外墙浇筑混凝土时，在每个楼层上部约 150～200mm 处的墙上，预留两个穿墙螺栓孔洞，通过穿墙螺栓把钢牛腿固定在已滑出的墙体外侧，以便通过横杆将支承杆所承受的荷载传递给钢牛腿（图 2-3-116）。

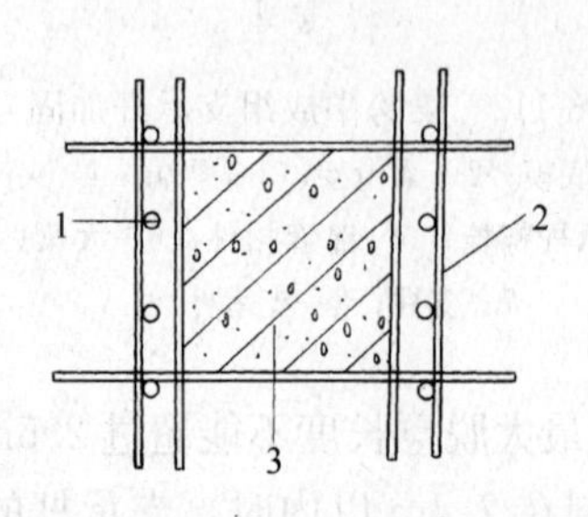

图 2-3-115　框架柱体外支承杆加固示意图

1—支承杆；2—钢管脚手架；3—框架柱

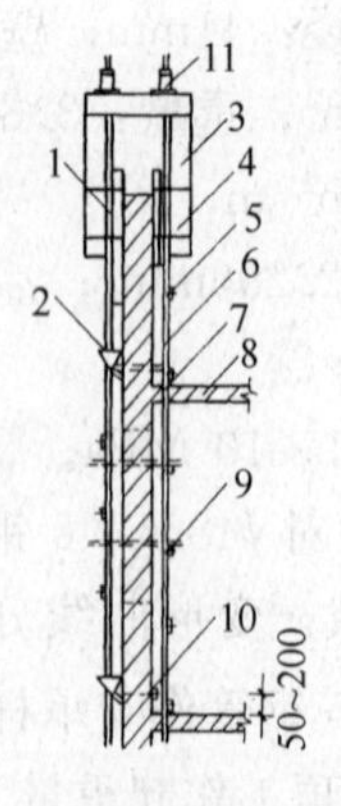

图 2-3-116　外墙支承杆体外布置

1—外模板；2—钢牛腿；3—提升架；4—内模板；5—横向钢管；6—支承杆；7—垫块；8—楼板；9—横向杆；10—穿墙螺栓；11—千斤顶

钢牛腿的作用，是将上部支承杆所承受的荷载，通过横杆和扣件传到已施工的墙体上。因此，必须有一定的强度和刚度，受力后不发生变形和位移，且便于安装。其构造见图 2-3-117。

钢牛腿的安装，可利用滑模的外吊脚手架进行，并按要求及时安装横杆，以增强其稳定性。在窗口处可将外支承杆或横杆与内支承杆相连接，每层至少两道。钢牛腿依靠 2 根 M18 螺栓与墙体固定。

为了提高 $\phi48\times35$ 钢管支承杆的承载力和便于工具式支承杆的抽拔，在提升架安装千斤顶的下方，宜加设 $\phi60\times3.5$ 或 $\phi63\times3.5$ 的钢套管。

（2）液压千斤顶

液压千斤顶又称为穿心式液压千斤顶或爬升器。其中心穿支承杆，在周期式的液压动力作用下，千斤顶可沿支承杆作爬升动作，以带动提升架、操作平台和模板随之一起上升。

目前国内生产的滑模液压千斤顶型号主要有滚珠卡具 GYD-35 型（图 2-3-118）、GSD-35 型、GYD-60 型和楔块卡具 QYD-35 型、QYD-60 型、QYD-100 型、松卡式 SQD-90-35 型以及混合式 QGYD-60 型等型号，额定起重量为 30～100kN。

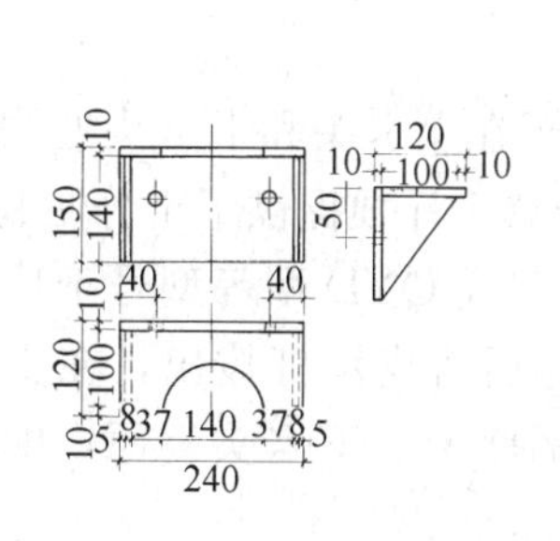

图 2-3-117　钢牛腿构造图

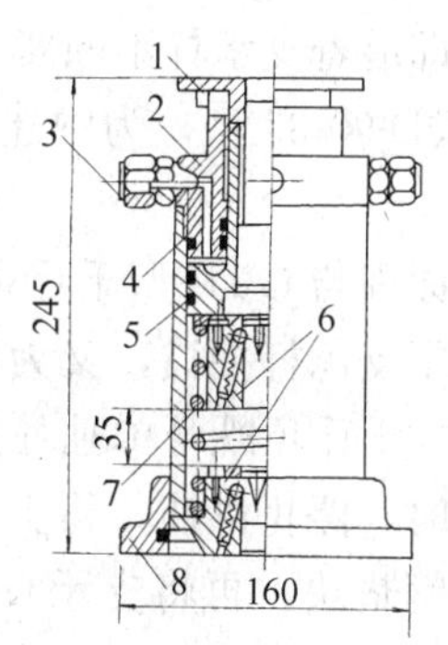

图 2-3-118　GYD-35 型千斤顶

1—行程调节帽；2—缸盖；3—油嘴；4—缸筒；5—活塞；6—卡头；7—弹簧；8—底座

液压千斤顶的主要技术参数见表 2-3-18。

液压千斤顶主要技术参数　　**表 2-3-18**

项　目	单位	型号与参数							
		GYD-35 滚珠式	GYD-60 滚珠式	QYD-35 楔块式	QYD-60 楔块式	QYD-100 楔块式	QGYD-60 滚珠楔块混合式	SQD-90-35 松卡式	GSD-35 松卡式
额定起重量	kN	30	60	30	60	100	60	90	30
工作起重量	kN	15	30	15	30	50	30	45	15
理论行程	mm	35	35	35	35	35	35	35	35
实际行程	mm	16～30	20～30	19～32	20～30	20～30	20～30	20～30	16～30
工作压力	MPa	8	8	8	8	8	8	8	8
自重	kg	13	25	14	25	36	25	31	13.5
外形尺寸	mm	160×160×245	160×160×400	160×160×280	160×160×430	180×180×440	160×160×420	202×176×580	16×160×300
适用支承杆	mm	$\phi25$ 圆钢	$\phi48\times3.5$ 钢管	$\phi25$ 圆钢 $\phi28$ 钢管	$\phi48\times3.5$ 钢管	$\phi48\times3.5$ 钢管	$\phi48\times3.5$ 钢管	$\phi48\times3.5$ 钢管	$\phi25$ 圆钢
底座安装尺寸	mm	120×120	120×120	120×120	120×120	135×135	120×120	140×140	120×120

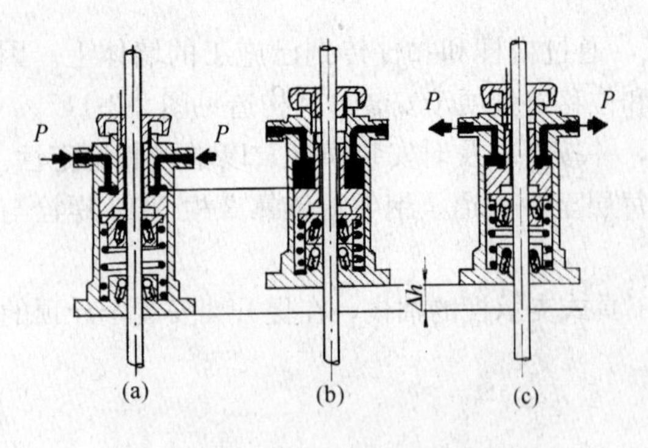

图 2-3-119　液压千斤顶工作原理
(a) 进油；(b) 爬升；(c) 排油

GYD 型和 QYD 型千斤顶的基本构造相同。主要区别为：GYD 型千斤顶的卡具为滚珠式，而 QYD 型千斤顶的卡具为楔块式。其工作原理为：工作时，先将支承杆由上向下插入千斤顶中心孔，然后开动油泵，使油液由油嘴 P 进入千斤顶油缸（图 2-3-119（a）），此时，由于上卡头与支承杆锁紧，只能上升不能下降，在高压油液的作用下，油室不断扩大，排油弹簧被压缩，整个缸筒连同下卡头及底座被举起，当上升至上、下卡头相互顶紧时，即完成提升一个行程（图 2-3-119（b））。回油时，油压被解除，依靠排油弹簧的压力，将油室中的油液由油嘴 P 排出千斤顶。此时，下卡头与支承杆锁紧，上卡头及活塞被排油弹簧向上推动复位（图 2-3-119（c））。一次循环可使千斤顶爬升一个行程，加压即提升，排油即复位，如此往复动作，千斤顶即沿着支承杆不断爬升。

滑模液压千斤顶 SQD-90-35 型，为中建建筑科学技术研究院研制的专利产品，其构造见图 2-3-120。

这种千斤顶的工作原理与 GYD 型千斤顶基本相似，但由于在上卡头和下卡头处均增设了松卡装置，因此，既便利了支承杆抽拔，又为施工现场更换和维修千斤顶提供了十分便利的条件。

SQD-90-35 型松卡式千斤顶既可单独使用，也可与 GYD 型或 QYD 型等型号千斤顶混合使用。当需要抽拔支承杆时，停止供油，将上、下卡头松开，然后将支承杆拔出，在支承杆拔出的孔洞处，垫上合适的钢垫块，再将支承杆落在其上面，最后将上、下卡头复原，即可进行下步工作。

QGYD-60 型液压千斤顶是我国用于滑模施工的一种中级千斤顶（图 2-3-121），主要技术参数见表 2-3-2。这种千斤顶的上卡头为双排滚珠式，下卡头为楔块式。其优点是，既可减少千斤顶的下滑量；又可减少对卡头的污染。

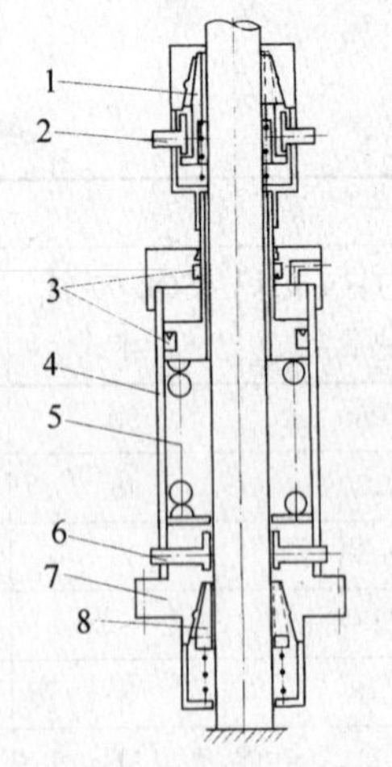

图 2-3-120　SQD-90-35 型松卡式千斤顶
1—上卡头；2—上松卡装置；3—密封件；4—缸筒；5—排油弹簧；6—下松卡装置；7—底座；8—下卡头

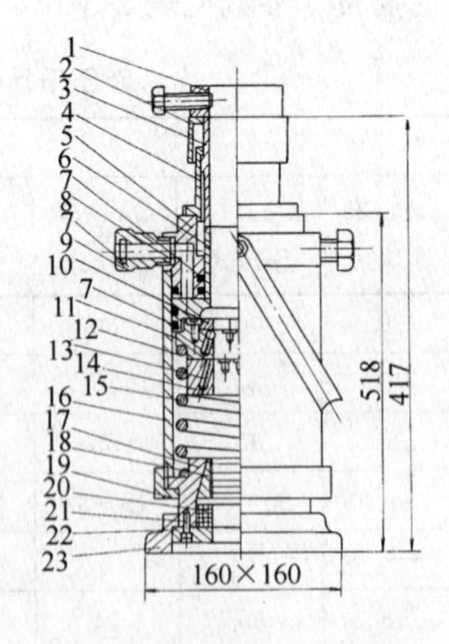

图 2-3-121　QGYD-60 型液压千斤顶
1—限位挡环；2—防尘帽；3—限位管；4—套筒；5—缸盖；6—活塞；7—密封圈；8—垫圈；9—油嘴；10—卡头盖；11—上卡头体（Ⅰ）；12—滚珠；13—小弹簧；14—上卡头体（Ⅱ）；15—回油弹簧；16—缸筒；17—下卡头体；18—楔块；19—连接螺母；20—支架；21—楔块弹簧；22—夹紧垫圈；23—底座

液压千斤顶出厂前，应按下列要求进行检验：

1）千斤顶空载起动压力不得高于0.35MPa。

2）在额定起重量内，千斤顶在支承杆上应锁紧牢固，放松灵活，爬升过程应连续平稳。

3）在额定起重量内，当载荷方向与千斤顶轴线成0.5°夹角时，千斤顶应能正常工作，各零部件不得产生塑性变形，各密封部位不得有渗漏现象。

4）千斤顶应能经受5000次由零压至公称工作压力的交变压力的试验，各密封部位不得有渗漏现象。

5）在额定起重量内，千斤顶反复进行全行程的爬升，其可靠性试验累计次数应符合表2-3-19规定。

千斤顶可靠性试验 **表2-3-19**

产品质量等级	合格品	一等品	优等品
累计爬升次数	14000	16000	20000

首次无故障爬升次数不低于6000次，平均无故障爬升次数不低于5000次。

平均无故障爬升次数按下式计算：

$$平均无故障爬升次数=\frac{总爬升次数}{当量故障数}$$

式中当量故障数由故障类型和故障内容确定，在其值小于1时按1计算。

故障类型分为：

1）致命故障：千斤顶主要零部件受到破坏，故障发生后不能继续操作，造成施工危险事故。

2）一般故障：故障发生后，千斤顶主要性能降低，影响与其他千斤顶协同动作，必须停机进行修复。

3）轻微故障：故障发生后，外观受到影响，但主要性能不受影响，千斤顶还可继续工作。

故障内容和当量故障数按表2-3-20规定。

故障内容和当量故障数 **表2-3-20**

故障类型	故　障　内　容	当量故障数
致命故障	壳体开裂	10
	弹簧断裂，不能爬升	10
	钢球或楔块碎裂，不能卡紧	10
一般故障	爬升达不到规定行程	1
	千斤顶轴端漏油（10min内渗油成滴或渗油面积达到200cm²）	1
轻微故障	千斤顶渗油（10min内不成滴或渗油面积小于200cm²）	0.1
	接头渗油（10min内不成滴或渗油面积小于200cm²）	0.1

可靠性试验结束后，检查每次爬升行程，在额定起重量内，其行程值不得小于16mm。

液压千斤顶使用前，应按下列要求检验：

1）耐油压12MPa以上，每次持压5min，重复三次，各密封处无渗漏；

2）卡头锁固牢靠，放松灵活；

3）在1.2倍额定荷载作用下，卡头锁固时的回降量，滚珠式不大于5mm，卡块式不大于3mm；

4）同一批组装的千斤顶，在相同荷载作用下，其行程应接近一致，用行程调整帽调整后，行程差不得大于 2mm。

液压千斤顶的试验方法：

1）千斤顶液压系统耐压试验

将液压控制台、分油器、压力胶管及千斤顶（数量为 5 个）连接好。调节系统的溢流阀，使压力达到 10MPa，保压 5min，观察控制台、分油器、压力胶管及千斤顶各部工作是否正常，有无渗漏现象。

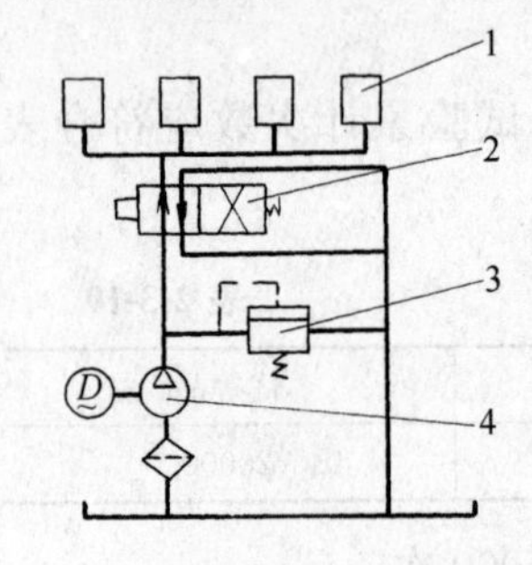

图 2-3-122 千斤顶工作压力试验系统图

1—千斤顶；2—换向阀；3—溢流阀；4—液压泵

2）千斤顶工作压力试验

试验系统如图 2-3-122 所示。

将一定数量的千斤顶（数量按《滑模液压提升机》JG/T 93—1999 选定）置于平整水泥地面，使之与液压源接通，然后启动液压泵并调节溢流阀，使压力逐渐上升到额定工作压力 10MPa，在千斤顶到达上死点后使其卸压、回油，如此重复 5000 次，检查千斤顶有无渗漏。

3）千斤顶最低启动压力试验

将被测千斤顶置于平整水泥地面上，接通液压源，然后启动液压泵使千斤顶全行程动作数次，排除内部空气，接着卸压，并从零压开始，缓慢调节溢流阀，使压力缓慢上升，至千斤顶中的活塞开始运动，记录此时压力值。每个千斤顶重复测量 3 次，算出其平均值，并以启动压力最高的值，作为该批千斤顶的最低启动压力。

4）千斤顶额定提升质量试验

试验装置见图 2-3-123。

千斤顶 6 与悬吊的支承杆 5 按图 2-3-124 装配，并使千斤顶的油嘴与液压源连通。在悬挂的吊篮 7 中对称地放置砝码，使砝码与吊篮的总质量为千斤顶的额定起重量，然后启动液压泵，使千斤顶全行程正常运行，接着卸载，使千斤顶处于下死点，重复爬升 3 次，观察千斤顶从下死点运动到上死点过程中的压力变化。

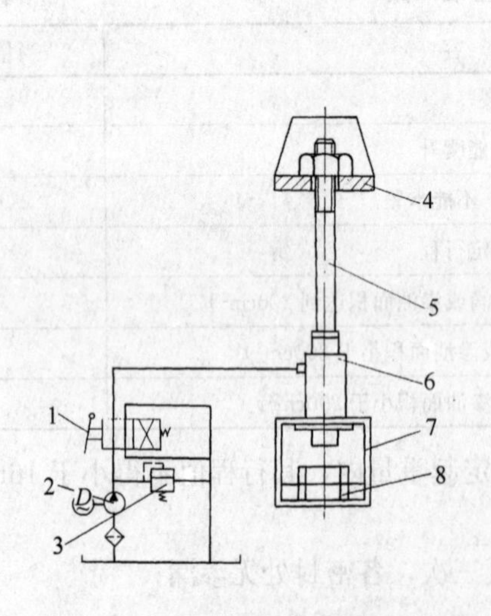

图 2-3-123 千斤顶额定提升质量和爬升行程试验装置图

1—手动换向阀；2—液压泵；3—溢流阀；4—悬挂板；5—支承杆；6—千斤顶；7—吊篮；8—砝码

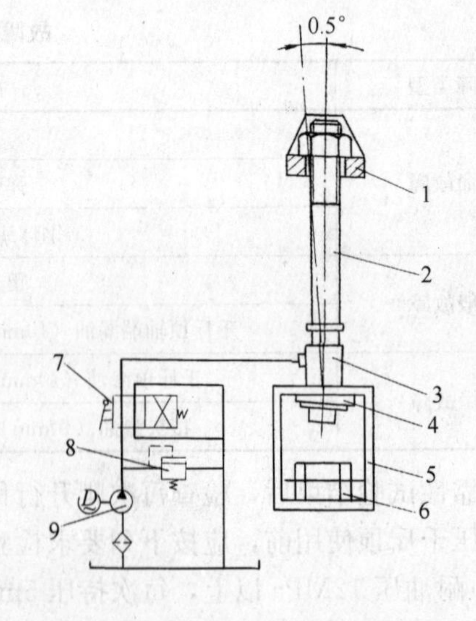

图 2-3-124 千斤顶偏心加载试验装置图

1—悬挂板；2—支承杆；3—千斤顶；4—倾斜度为 0.5°的斜垫板；5—吊篮；6—砝码；7—手动换向阀；8—溢流阀；9—液压泵

5）千斤顶爬升行程的试验

试验装置见图 2-3-123。

千斤顶处于下死点位置，在吊篮中对称地放置砝码，使砝码与吊篮的总质量为千斤顶的额定起重量，并用高度尺测此时的高度 h_1，然后启动液压泵并均匀地调节溢流阀，使被测千斤顶带着吊篮连续均匀地上升到上死点，接着用手控回油，用高度尺测此时新高度 h_2。千斤顶行程为 h_2 与 h_1 之差值，每个千斤顶测定 3 次，取其平均值。

6）千斤顶偏心加载试验

试验装置见图 2-3-124。

千斤顶处于下死点位置，在吊篮中对称地放置砝码，使砝码与吊篮的总质量为千斤顶的额定起重量，然后启动液压泵，并连续均匀地调节溢流阀，使千斤顶带着负载连续均匀地上升至上死点，接着手控回油，重复 10 次，目测千斤顶运动是否平稳，各结合面处有无渗漏现象，试验结束后解体检测各零件，除弹簧自由长度根据设计要求允许缩短一定数值外，其余零件均不得出现永久变形。

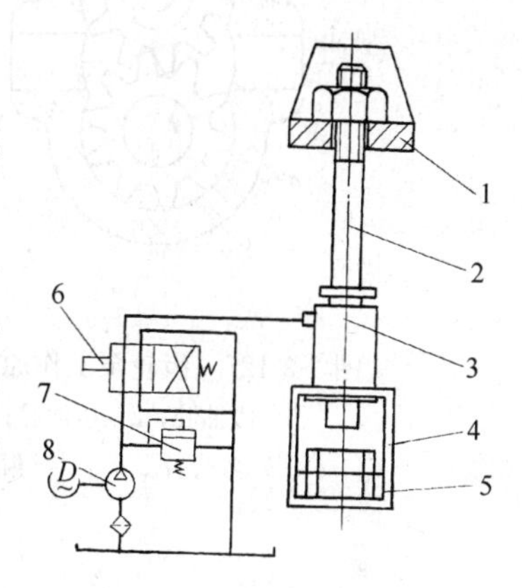

图 2-3-125 千斤顶可靠性试验系统图
1—悬挂板；2—支承杆；3—千斤顶；4—吊篮；5—砝码；6—电磁换向阀；7—溢流阀；8—液压泵

7）千斤顶可靠性试验

试验系统见图 2-3-125。

在吊篮中对称地放置砝码，使砝码与吊篮的总质量为千斤顶的额定起重量，然后启动液压泵并连续均匀地调节溢流阀，使被测千斤顶带着载荷连续均匀地上升至上死点。系统正常工作以后，由时间继电器控制电磁阀换向，使千斤顶不断连续爬升，在支承杆高度有限的情况下，允许被测千斤顶升到支承杆顶部后重新组装，重复进行上述试验，试验结果应符合表2-3-19的规定。

8）千斤顶超载试验

试验装置见图 2-3-123。

千斤顶按图安装于规定直径的支承杆上，并在与千斤顶连接的吊篮中对称地放置砝码，使砝码与吊篮的总质量为额定重量的 125%，然后启动液压泵并连续均匀地调节溢流阀，使负载上升到上死点，接着手控回油再加压、回油，连续完成 10 个爬升行程，试验结果应符合可靠性试验的规定。

其他检验包括外观质量检查以及出厂检验和型式检验等，按照我国行业标准《滑模液压提升机》JG/T 93—1999 等有关规定执行。

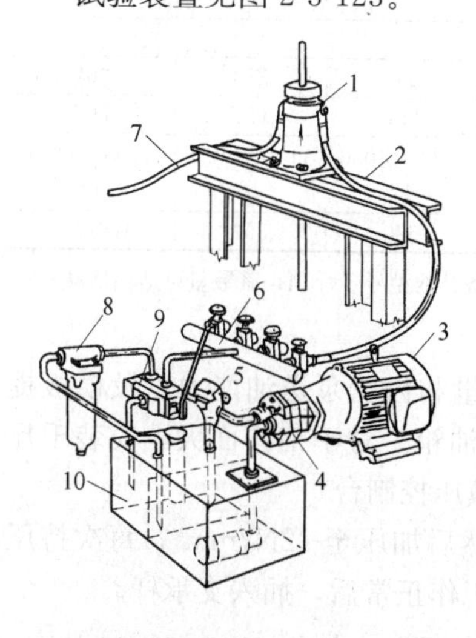

图 2-3-126 液压传动系统示意图
1—液压千斤顶；2—提升架；3—电动机；4—齿轮油泵；5—溢流阀；6—液压分配器；7—油管；8—滤油器；9—换向阀；10—油箱

（3）液压控制台

液压控制台是液压传动系统的控制中心，是液压滑模的心脏。主要由电动机、齿轮油泵、换向阀、溢流阀、液压分配器和油箱等组成（图 2-3-126）。

其工作过程为：电动机带动齿轮油泵运转，将油箱中的油液通过溢流阀控制压力后，经换向阀输送到液压分配器，然后，经油管将油液输入进千斤顶，使千斤顶沿支承杆爬升。当活塞走满行程之后，换向阀变换油液的流向，千斤顶中的油液从输油管、液压分配器，经换向阀返回油箱。每一个工作循环，可使千斤顶带动模板系统爬升一个行程。

齿轮油泵的工作原理见图 2-3-127。

电磁换向阀的工作原理见图 2-3-128。

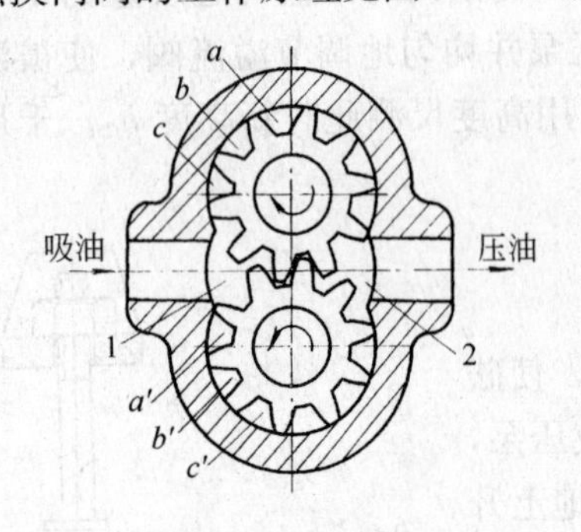

图 2-3-127 齿轮泵工作原理图

1—吸油腔；2—压油腔；

a、b、c、a′、b′、c′—齿间

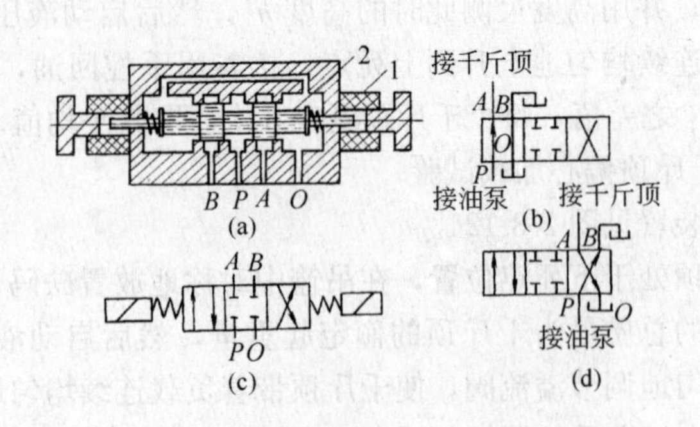

图 2-3-128 电磁换向阀工作原理图

(a) 阀芯在中间位置；(b) 三位四通电磁换向阀简图；

(c) 阀芯推向右侧；(d) 阀芯推向左侧

1—电磁铁；2—阀芯

截止阀又叫针形阀，用于调节管路及千斤顶的液体流量，控制千斤顶的升差。一般设置于分油器上或千斤顶与管路连接处。

液压控制台按操作方式的不同，可分为手动和自动控制等形式；按油泵流量（L/min）的不同，可分为 15、36、56、72、100 等型号。常用的型号有 HY-36、HY-56 型以及 HY-72 型等。

其基本参数见表 2-3-21。

液压控制台基本参数表 **表 2-3-21**

项目	单位	基本参数						
		HYS-15	HYS-36	HY-36	HY-56	HY-72	HY-80	HY-100
公称流量	L/min	15	36		56	72	80	100
额定工作压力	MPa	8						
配套千斤顶数量	只	20	60	40	180	250	280	360
控制方式		HYS	HY		HY	HY	HY	HY
外形尺寸	mm	700×450×1000	850×640×1090	850×695×1090	950×750×1200	1100×1000×1200	1100×1050×1200	1100×1100×1200
整机重量	kg	240	280	300	400	620	550	670

注：1. 配套千斤顶数量是额定起重量为 30kN 滚珠式千斤顶的基本数量，如配备其他型号千斤顶，其数量可适当增减；

2. 控制方式：HYS-代表手动；HY-同时具有自动和手动功能。

每套液压控制台供给多少只千斤顶，可以根据千斤顶用油量和齿轮泵送油能力以及模板提升时间等条件，通过计算确定。如油箱容量不足，可以增设副油箱。对于工作面大，安装千斤顶较多的工程而又采用同一操作平台时，可同时安装两套以上液压控制台。

液压系统安装完毕，应进行试运转，首先进行充油排气，然后加压至 12N/mm^2，每次持压 5min，重复 3 次，各密封处无渗漏，进行全面检查，待各部分工作正常后，插入支承杆。

液压控制台应符合下列技术要求：

1）液压控制台带电部位对机壳的绝缘电阻不得低于 0.5MΩ。

2）液压控制台带电部位（不包括 50V 以下的带电部位）应能承受 50Hz、电压 2000V，历时 1min 耐电试验，无击穿和闪烁现象。

3）液压控制台的液压管路和电路应排列整齐统一，仪表在台面上的安装布置应美观大方，固定牢靠。

4）液压系统在额定工作压力 10MPa 下保压 5min，所有管路、接头及元件不得漏油。

5）液压控制台在下列条件下应能正常工作：

①环境温度为－10～40℃；

②电源电压为 380±38V；

③液压油污染度不低于 20/18（注：液压油液样抽取方法按 JJ37，污染度测定方法按 JJ38 进行）；

④液压油的最高油温不得超过 70℃，油温温升不得超过 30℃。

为了解决滑模施工中临时停电问题，北京市第一住宅建筑工程公司研制成功了一种简便的停电提模装置——汽油机动力油泵装置，已获国家专利，并转让给江都建筑机械厂生产供应。

这种设备结构紧凑，重量仅有 35kg，本身的进出油管均为 ϕ19 高压胶管，一端与原液压控制台的油箱联结，另一端与原控制台的分油器联结。当停电时，可马上将汽油机开动，投入使用。

其主要技术参数见表 2-3-22。

停电提模装置主要技术参数表 **表 2-3-22**

项　目	单　位	技术参数	项　目	单　位	技术参数
油泵流量	L/min	6	整机重量	kg	35
工作油压＋	MPa	10	外形尺寸	mm	500×500×550

（4）油路系统

油路系统是连接控制台到千斤顶的液压通路，主要由油管、管接头、液压分配器和截止阀等元器件组成。

油管一般采用高压无缝钢管及高压橡胶管两种，根据滑升工程面积大小和荷载决定液压千斤顶的数量及编组形式。

主油管内径应为 14～19mm，分油管内径应为 10～14mm，连接千斤顶的油管内径应为 6～10mm。

高压橡胶管的耐压力标准见表 2-3-23。

钢丝编织增强液压型橡胶软管及软管组合件（GB/T 3683—2011） **表 2-3-23**

公称内径	最大工作压力（MPa）		公称内径	最大工作压力（MPa）	
	1ST，ISN，R1ATS 型	2ST，2SN、R2ATS 型		1ST，ISN，R1ATS 型	2ST，2SN，R2ATS 型
5	25.0	41.5	19	10.5	21.5
6.3	22.5	40.9	25	8.7	16.5
8	21.5	35.0	31.5	6.2	12.5
10	18.0	33.0	38	5.0	9.0
12.5	16.0	27.5	51	4.0	8.0
16	13.0	25.0	63*	—	7.0

注：根据结构、工作压力和耐油性能的不同，软管分为六个型别。
1. 1ST 型：具有单层钢丝编织层和厚外覆层的软管；
2. 2ST 型：具有两层钢丝编织层和厚外覆层的软管；
3. 1SN 和 R1ATS 型：具有单层钢丝编织层和薄外覆层的软管；
4. 2SN 和 R2ATS 型：具有两层钢丝编织层和薄外覆层的软管；
除具有较薄的外覆层以便总成管接头时而无须剥掉外覆层或部分外覆层外，1SN 和 R1ATS 型、2SN 和 R2ATS 型软管的增强层尺寸分别与 1ST 型和 2ST 型相同。
软管的验证压力与最大工作压力比率近似为 2，最小爆破压力与最大工作压力比率近似为 4。
63*公称内径仅适用于 R2ATS 型。

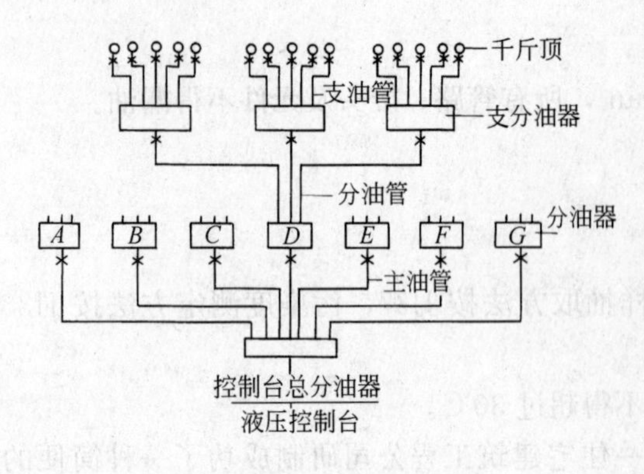

图 2-3-129　油路布置示意图

无缝钢管一般采用内径为 8～25mm，试验压力为 32MPa。与液压千斤顶连接处最好用高压胶管，油管耐压力应大于油泵压力的 1.5 倍。

油路的布置一般采取分级方式。即：从液压控制台通过主油管到分油器，从分油器经分油管到支分油器，从支分油器经胶管到千斤顶。示意如图 2-3-129。

由液压控制台到各分油器及由分、支分油器到各千斤顶的管线长度，设计时应尽量相近。油管接头的通径、压力应与油管相适应。胶管接头的连接方法是用接头外套将软管与液压控制台分油器接头芯子连成一体，然后再用接头芯子与其他油管或元件连接，一般采用扣压式胶管接头或可拆式胶管接头；钢管接头可采用卡套式管接头。

液压油应具有适当的黏度，当压力和温度改变时，黏度的变化不应太大。一般可根据气温条件选用不同黏度等级的液压油，其性能见表 2-3-24。

L-HL 液压油的技术要求和试验方法（摘自《液压油》GB 11118.1—2011）　　**表 2-3-24**

项　目		质量指标					试验方法
黏度等级(GB/T 3141)		15	22	32	46	68	
密度(20℃)[a]/(kg/m³)		报告					GB/T 1884 和 GB/T 1885
色度/号		报告					GB/T 6540
外观		透明					目测
闪点/℃ 开口	不低于	140	165	175	185	195	GB/T 3536
运动黏度(mm²/s) 40℃		13.5～16.5	19.8～24.2	28.8～35.2	41.4～50.6	61.2～74.8	GB/T 265
0℃	不大于	140	300	420	780	1400	
黏度指数	不小于	80					GB/T 1995
倾点/℃	不高于	−12	−9	−6	−6	−6	GB/T 3535
水分(质量分数)%	不大于	痕迹					GB/T 260
机械杂质		无					GB/T 511
液相锈蚀(24h)		无锈					GB/T 11143 (A法)
泡沫性(泡沫倾向/泡沫稳定性)/(mL/mL) 程序Ⅰ(24℃)	不大于	150/0					GB/T 12579
程序Ⅱ(93.5℃)	不大于	75/0					
程序Ⅲ(后 24℃)	不大于	150/0					
空气释放值(50℃)/min	不大于	5	7	7	10	12	SH/T 0308
密封实用性指数不大于		14	12	10	9	7	SH/T 0305
氧化安定性 1000h 后总酸值(以 KOH 计)/(mg/g)	不大于	—	2.0				GB/T 12581
1000h 后油泥/mg		—	报告				GB/T 0565

液压油在使用前和使用过程中均应进行过滤。冬季低温时可用 15～22 号液压油，常温用 32 号液压油，夏季酷热天气用 46 号液压油。

4. 施工精度控制系统

施工精度控制系统主要包括：提升设备本身的限位调平装置、滑模装置在施工中的水平度和垂直度的观测和调整控制设施等。详见本章中“施工精度控制系统”和“滑模施工的精度控制”的部分。

5. 水、电配套系统

水、电配套系统包括动力、照明、信号、广播、通讯、电视监控以及水泵、管路设施等。详见“水、电配套系统”和“滑模施工的安全技术”的部分。

2.3.3.2 滑模装置的设计、制作

1. 滑模施工准备工作

滑模施工应根据工程结构特点及滑模工艺的要求，对工程设计进行全面细化，提出局部修改意见，确定不宜滑模施工部位的处理方法以及划分滑模施工作业的区段等。

(1) 滑模施工必须根据工程结构的特点及现场的施工条件编制滑模施工组织设计，并应包括下列主要内容：

1) 施工总平面布置（包括操作平台平面布置）；

2) 滑模施工技术设计；

3) 施工程序和施工进程计划（包含针对季节性气象条件的安排）；

4) 施工安全技术、质量保证措施；

5) 现场施工管理机构、劳动组织及人员培训；

6) 材料、半成品、预埋件、机具和设备等供应保证计划；

7) 特殊部位滑模施工方案。

(2) 施工总平面布置应满足下列要求：

1) 应满足施工工艺要求，减少施工用地和缩短地面水平运输距离；

2) 在施工建筑物的周围应设立危险警戒区。警戒线至建筑物边缘的距离不应小于1/10，且不应小于10m。对于烟囱类圆锥形变截面结构，警戒线距离应增大至其高度的1/5，且不小于25m。不能满足要求时，应采取安全防护措施；

3) 临时建筑物及材料堆放场地等均应设在警戒区以外，当需要在警戒区内堆放材料时，必须采取安全防护措施。通过警戒区的人行道或运输通道均应搭设安全防护棚；

4) 材料堆放场地应靠近垂直运输机械，堆放数量应满足施工速度的需要；

5) 根据现场施工条件确定混凝土供应方式，当设置自备搅拌站时，宜靠近施工地点，其供应量必须满足混凝土连续浇灌的需要；

6) 现场运输、布科设备的数量，必须满足滑升速度的需要；

7) 供水、供电必须满足滑模连续施工的要求。施工工期较长，且有断电可能时，应有双路供电或自备电源。操作平台的供水系统，当水压不够时，应设加压水泵；

8) 确保测量施工工程垂直度和标高的观测站、点不遭损坏，不受振动干扰。

(3) 滑模施工技术设计应包括下列主要内容：

1) 滑模装置的设计；

2) 确定垂直与水平运输方式及能力，选配相适应的运输设备；

3) 进行混凝土配合比设计，确定浇灌顺序、浇灌速度、入模时限，混凝土的供应能力应满足单位时间所需混凝土量的1.3～1.5倍；

4) 确定施工精度的控制方案，选配观测仪器及设置可靠的观测点；

5) 确定初滑程序、滑升制度、滑升速度和停滑措施；

6) 制定滑模施工过程中结构物和施工操作平台稳定及纠偏、纠扭等技术措施；

7) 制定滑模装置的组装与拆除方案及有关安全技术措施；

8) 制定施工工程某些特殊部位的处理方法和安全措施，以及特殊气候（低温、雷雨、大

风、高温等）条件下施工的技术措施；

9）绘制所有预留孔洞及预埋件在结构物上的位置和标高的展开图；

10）确定滑模平台与地面管理点、混凝土等材料供应点及垂直运输设备操纵室之间的通讯联络方式和设备，并应有多重系统保障；

11）制定滑模设备在正常使用条件下的更换、保养与检验制度；

12）烟囱、水塔、竖井等滑模施工，采用柔性滑道、罐笼及其他设备器材、人员上下时，应按现行相关标准做详细的安全及防坠落设计。

2. 滑模装置的设计

（1）滑模装置的总体设计

1）滑模装置设计的主要内容

① 绘制滑模初滑结构平面图及中间结构变化平面图；

② 确定模板、围圈、提升架及操作平台的布置，进行各类部件和节点设计，提出规格和数量；当采用滑框倒模时，应专门进行模板与滑轨的构造设计；

③ 确定液压千斤顶、油路及液压控制台的布置，提出规格和数量；

④ 制定施工精度控制措施，提出设备仪器的规格和数量；

⑤ 进行特殊部位及特殊措施（附着在操作平台上的垂直和水平运输装置等）的布置与设计；

⑥ 绘制滑模装置的组装图，提出材料、设备、构件一览表。

2）滑模装置设计计算必须包括下列荷载：

① 模板系统、操作平台系统的自重（按实际重量计算）；

② 操作平台上的施工荷载，包括操作平台上的机械设备及特殊措施等的自重（按实际重量计算），操作平台上施工人员工具和堆放材料等；

③ 操作平台上设置的垂直运输设备运转时的附加荷载，包括垂直运输设备的起重量及柔性滑道的张紧力等（按实际重量计算）；垂直运输设备刹车时的制动力；

④ 卸料对操作平台的冲击力，以及向模板内倾倒混凝土时混凝土对模板的冲击力；

⑤ 混凝土对模板的侧压力；

⑥ 模板滑动时混凝土与模板之间的摩阻力，当采用滑框倒模施工时，为滑轨与模板之间的摩阻力；

⑦ 风荷载。

3）设计滑模装置时，荷载标准值取值如下：

① 操作平台上的施工荷载标准值

施工人员、工具和备用材料：

设计平台铺板及檩条时	25kN/m²
设计平台桁架时	2.0kN/m²
设计围圈及提升架时	1.5kN/m²
计算支承杆数量时	1.5kN/m²

平台上临时集中存放材料，放置手推车、吊罐、液压控制台、电气焊设备、随升井架等特殊设备时，应按实际重量计算设计荷载。

脚手架的设计荷载（包括自重和有效荷载）按实际重量计算，且不得低于 1.8kN/m²。

② 模板与混凝土的摩阻力标准值

钢模板　　1.5～3.0kN/m²

当采用滑框倒模法施工时，模板与滑轨间的摩阻力标准值，按模板面积计取 1.0～1.5kN/m²。

③ 操作平台上设置的垂直运输设备运转时的额定附加荷载，包括：垂直运输设备的起重量及柔性滑道的张紧力等，按实际荷载计算。

垂直运输设备制动时刹车力按下式计算：

$$w=\left[\left(\frac{V_a}{g}\right)+1\right]Q=K_dQ \tag{2-3-7}$$

式中 w——刹车时产生的荷载（N）；

V_a——刹车时的制动减速度（m/s^2）；

g——重力加速度（$9.8m/s^2$）；

Q——料罐总重（N）；

K_d——动荷载系数。

式中 V_a 值与安全卡的制动灵敏度有关，其数值应根据不同的传力零件和支承结构对象按经验确定。为简化计算因刹车制动而对滑模操作平台产生的附加荷载，K_d 值可取 1.1～2.0。

④ 混凝土对模板的侧压力：对于浇灌高度为 800mm 左右的侧压力分布，见图 2-3-130。

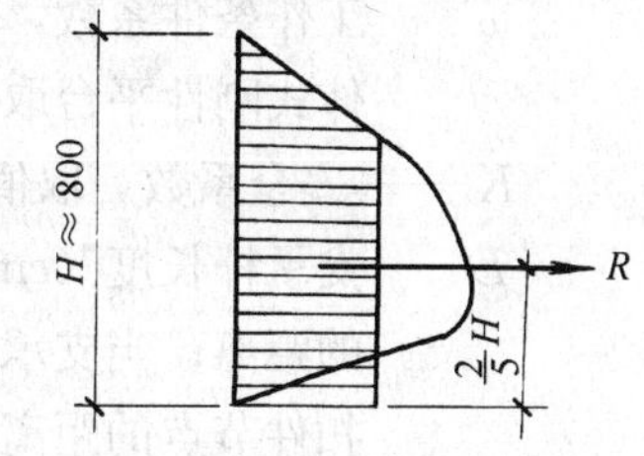

图 2-3-130 模板的侧压力分布

H_P——为混凝土与模板接触的高度

其侧压力合力取 5.0～6.0kN/m，合力作用点约在 2/5 H_P 处。

倾倒混凝土时模板承受的冲击力：用溜槽串筒或 $0.2m^3$ 的运输工具向模板内倾倒混凝土时，作用于模板侧面的水平集中荷载为 2.0kN。

⑤ 当采用料斗向平台上直接卸混凝土时，混凝土对平台卸料点产生的集中荷载按实际情况确定，且不应低于下式计算的标准值 W（kN）：

$$W_K=\gamma[(h_m+h)A_1+B] \tag{2-3-8}$$

式中 γ——混凝土的重力密度（kN/m^3）；

h_m——料斗内混凝土上表面至料斗口的最大高度（m）；

h——卸料时料斗口至平台卸料点的最大高度（m）；

A_1——卸料口的面积（m^2）；

B——卸料口下方可能堆存的最大混凝土量（m^3）。

⑥ 风荷载按现行《建筑结构荷载规范》GB 50009—2012 的规定采用。模板及其支架的抗倾倒系数不应小于 1.15。

⑦ 可变荷载的分项系数取 1.4。

4）千斤顶数量的确定

液压提升系统所需的千斤顶和支承杆的最少数量（n_{min}）按下式计算：

$$n_{min}=\frac{N}{P_0} \tag{2-3-9}$$

式中 N——总垂直荷载（kN），见前述滑模装置设计中有关荷载部分；

P_0——单个支承杆的计算允许承载力（kN），或千斤顶的允许承载能力（为千斤顶额定承载力的二分之一），两者取其较小者。

5）支承杆允许承载力的计算

① 当采用 ϕ25 圆钢支承杆，模板处于正常滑升状态时，即从模板上口以下，最多只有一个浇灌层高度尚未浇灌混凝土的条件下，支承杆的允许承载力按下式计算：

$$P_0 = \alpha \cdot 40EJ / [K(L_0 + 95)^2] \tag{2-3-10}$$

式中 P_0——ϕ25 圆钢支承杆的允许承载力（kN）；

α——工作条件系数，取 0.7～1.0，视施工操作水平、滑模平台结构情况确定。一般整体式刚性平台取 0.7，分割式平台取 0.8，采用工具式支承杆取 1.0；

E——支承杆弹性模量（kN/cm^2）；

J——支承杆截面惯性矩（cm^4）；

K——安全系数，取值应不小于 2.0；

L_0——支承杆脱空长度，从混凝土上表面至于斤顶下卡头的距离（cm）。

② 当采用 $\phi48\times3.5$ 钢管作支承杆时，支承杆的允许承载力按下式计算：

$$P_0 = (\alpha/K) \times (99.6 - 0.22L) \tag{2-3-11}$$

式中 P_0——$\phi48\times3.5$ 钢管支承杆的允许承载力（kN）；

α——工作条件系数，取 0.7～1.0，视施工操作水平、滑模平台结构情况确定．一般整体式刚性平台取 0.7，分割式平台取 0.8，采用工具式支承杆取 1.0；

K—— 安全系数，取值应不小于 2.0；

L——支承杆长度（cm）。当支承杆在结构体内时，L 取千斤顶下卡头至浇筑混凝土表面的距离；当支承杆在结构体外时，L 取千斤顶下卡头至模板下口第一个横向支撑扣件节点的距离。

6）千斤顶的布置原则

千斤顶的布置应使千斤顶受力均衡，布置方式应符合下列规定：

① 筒壁结构宜沿筒壁均匀布置或成组等间距布置；

② 框架结构宜集中布置在柱子上，当成串布置千斤顶或在梁上布置千斤顶时，必须对支承杆进行加固。当选用大吨位千斤顶时，支承杆也可布置在柱、梁的体外，但应对支承杆进行加固；

③ 墙板结构宜沿墙体布置，并应避开门、窗洞口。洞口部位必须布置千斤顶时，支承杆应进行加固；

④ 平台上设有固定的较大荷载时，应按实际荷载增加千斤顶数量。

7）提升架的布置原则

提升架的布置应与千斤顶的位置相适应，其间距应根据结构部位的实际情况、千斤顶和支承杆允许承载能力以及模扳和围圈的刚度确定。

8）操作平台的设计原则

操作平台结构必须保证足够强度、刚度和稳定性。其结构布置宜采用下列形式：

① 连续变截面筒壁结构可采用辐射梁、内外环梁以及下拉环和拉杆（或随升井架和斜撑）等组成的操作平台；

② 等截面筒壁结构可采用桁架（平行或井字形布置）、小梁和支撑等组成操作平台，或采用挑三脚架、中心环、拉杆及支撑等组成的环形操作平台；

③ 框架、墙板结构可采用桁架、梁与支撑组成桁架式操作平台，或采用桁架和带边框活动平台板组成可拆装的围梁式活动操作平台；

④ 柱子或排架的操作平台，可将若干个柱子的围圈、柱间桁架组成整体稳定结构。

（2）滑模装置部件的设计与制作

1）模板

模板应具有通用性、耐磨性、拼缝紧密、装拆方便和足够的刚度，并应符合下列规定：

① 模板高度宜采用 900～1200mm，对圆锥形变截面结构宜采用 1200～1500mm。滑框倒模的滑轨高度宜为 1200～1500mm，单块模板宽度宜为 300mm～600mm；

② 框架、墙板结构宜采用围圈组合大钢模，标准模板宽度为 900～2400mm。对筒体结构宜采用小型组合钢模板，模板宽度宜为 100～500mm，也可以采用弧形带肋定型模板；

③ 异形模板，如转角模板、收分模板、抽拔模板等，应根据结构截面的形状和施工要求设计；

④ 围圈组合大钢模的板面采用 4～5mm 厚的钢板，边框为 5～7mm 厚扁钢，竖肋为 4～6mm 厚、60mm 宽扁钢，水平加强肋为[8 槽钢，直接与提升架相连。模板连接孔为 ϕ18、间距 300mm。模板焊接除节点外，均为间断焊。小型组合钢模板的面板厚度宜采用 2.5～3mm，角钢肋条不宜小于 L40×4，也可采用定型小钢模板；

⑤ 模板制作必须板面平整，无卷边、翘曲、孔洞及毛刺等，阴阳角模的单面倾斜度应符合设计要求；

⑥ 滑框倒模施工所使用的模板宜选用组合钢模板，当混凝土外表面为平面时，组合钢模板应横向组装，若为弧面时，宜选用长 300～600mm 的模板竖向组装。

2）围圈

围圈的构造应符合下列规定：

① 围圈截面尺寸应根据计算确定，上、下围圈的间距一般为 450～750mm，上围圈距模板上口的距离不宜大于 250mm；

② 当提升架间距大于 2.5m 或操作平台的承重骨架直接支承在围圈上时，围圈宜设计成桁架式；

③ 围圈在转角处应设计成刚性节点；

④ 固定式围圈接头应采用等刚度的型钢连接，连接螺栓每边不得少于 2 个；

⑤ 在使用荷载作用下，两个提升架之间围圈的垂直与水平方向的变形，不应大于跨度的 l/500；

⑥ 连续变截面筒体结构的围圈宜采用分段伸缩式；

⑦ 设计滑框倒模的围圈时，应在围圈内挂竖向滑轨，滑轨的断面尺寸及安放间距，应与模板的刚度相适应；

⑧ 高耸烟囱筒壁结构上、下直径变化较大时，应按优化原则，配置多套不同曲率的围圈。

3）提升架

提升架宜设计成适用于多种结构施工的形式。对于结构的特殊部位，可设计专用的提升架。对多次重复使用或通用的提升架宜设计成装配式。提升架的横梁、立柱和连接支腿应具有可调性，但使用中不得松动。

提升架设计时，应按实际的垂直与水平荷载验算，必须有足够的刚度，其构造应符合下列规定：

① 提升架宜用钢材制作，可采用单横梁“Π”形架、双横梁的“开”形架或单立柱的“Γ”形架。横梁与立柱必须刚性连接，两者的轴线应在同一平面内，在使用荷载作用下，立柱的侧向变形应不大于 2mm；

② 模板上口至提升架横梁底部的净高度，对于 ϕ25 支承杆宜为 400～500mm. 对于 ϕ48×3.5 支承杆宜为 500～900mm；

③ 提升架立柱上应设有调整内外模板间距和倾斜度的调节装置；

④ 当采用工具式支承杆设在结构体内时，应在提升架横梁下设置内径比支承杆直径大 2～5mm 的套管，其长度应到模板下缘；

⑤ 当采用工具式支承杆设在结构体外时，提升架横梁相应加长，支承杆中心线与模板的距离应大于50mm。

4）操作平台

操作平台、料台和吊脚手架的结构形式应按所施工工程的结构类型和受力情况确定，其构造应符合下列规定：

① 操作平台由桁架或梁、三脚架及铺板等主要构件组成，与提升架或围圈应连成整体，当桁架的跨度较大时，桁架间应设置水平和垂直支撑。当利用操作平台作为现浇顶盖、楼板的模板或模板支承结构时，应根据实际荷载对操作平台进行验算和加固，并应考虑与提升架脱离的措施；

② 当操作平台的桁架或梁支承于围圈上时，必须在支承处设置支托或支架；

③ 外挑脚手架或操作平台的外挑宽度不宜大于800mm，并应在其外侧设安全防护栏杆；

④ 吊脚手架铺板的宽度，宜为500～800mm，钢吊杆的直径不应小于ϕ16mm，吊杆螺栓必须采用双螺帽。吊脚手架的双侧必须设安全防护栏杆，并应满挂安全网。

5）液压控制台

液压控制台的设计应符合下列规定：

① 液压控制台内，油泵的额定压力不应小于12MPa，其流量可根据所带动的千斤顶数量、每只千斤顶的油缸容积及一次给油的时间确定，一般可在15～100L/min范围内选用。大面积滑模施工时，可采用多个控制台并联使用；

② 液压控制台内，换向阀和溢流阀的流量及额定压力均应等于或大于油泵的流量和液压系统最大工作压力（12MPa），阀的公称内径不应小于10mm，宜采用通流能力大、动作速度快、密封性能好、工作可靠的三通逻辑换向阀；

③ 液压控制台的油箱应易散热、排污，并应有油液过滤的装置，油箱的有效容量应为油泵排油量的2倍以上；

④ 液压控制台的供电方式应采用三相五线制，电气控制系统应保证电动机、换向阀等按滑模千斤顶提升的要求正常工作，并应加设多个备用插座；

⑤ 液压控制台应设有油压表、漏电保护装置、电压及电流表、工作信号灯和控制加压、回油、停滑报警、滑升次数时间继电器等。

6）油路

油路设计应符合下列规定：

① 输油管应采用高压耐油胶管或金属管，其耐压力不得小于油泵额定压力的3倍。主油管内径不得小于16mm，二级分油管内径宜用10～16mm，连接千斤顶的油管内径宜为6～10mm；

② 油管接头、针形阀的耐压力和通径应与输油管相适应；

③ 液压油应定期进行过滤，并应有良好的润滑性和稳定性，其各项指标应符合国家现行有关标准的规定。

7）千斤顶

液压千斤顶使用前必须逐个编号经过检验，并应符合下列规定：

①液压千斤顶在液压系统额定压力为8MPa时的额定提升能力分别为35kN、60kN、90kN等；

② 液压千斤顶空载启动压力不得高于0.3MPa；

③ 液压千斤顶最大工作油压为额定压力1.25倍时，卡头应锁固牢靠、放松灵活，升降过程应连续平稳；

④ 液压千斤顶的试验压力为额定油压的1.5倍时，保压5min，各密封处必须无渗漏；

⑤ 液压千斤顶在额定压力提升荷载时，下卡头锁固时的回降量对滚珠式千斤顶应不大于5mm，对楔块式或滚楔混合式千斤顶应不大于3mm；

⑥ 同一批组装的千斤顶应调整其行程，使其行程差不大于1mm。

8）支承杆选材和加工要求

支承杆的选材和加工应符合下列规定：

① 支承杆的制作材料为HPB235级圆钢、HRB335级钢筋或外径及壁厚精度较高的低硬度焊接钢管，对热轧退火的钢管，其表面不得有冷硬加工层；

② 支承杆直径应与千斤顶的要求相适应，长度宜为3～6m；

③ 采用工具式支承杆时应用螺纹连接。圆钢ϕ25支承杆连接螺纹宜为M18，螺纹长度不宜小于20mm：钢管ϕ48支承杆连接螺纹宜为M30，螺纹长度不宜小于40mm。任何连接螺纹接头中心位置处公差均为±0.15mm；支承杆借助连接螺纹对接后，支承杆轴线偏斜度允许偏差为（2/1000）L（L为单根支承杆长度）；

④ HPB235级圆钢和HRB335级钢筋支承杆采用冷拉调直时，其延伸率不得大于3%；支承杆表面不得有油漆和铁锈；

⑤ 工具式支承杆的套管与提升架之间的连接构造，宜做成可使套管转动并能有50mm以上的上下移动量的方式；

⑥ 对兼作结构钢筋的支承杆，应按国家现行有关标准的规定进行抽样检验。

9）施工精度控制系统

精度控制仪器、设备的选配应符合下列规定：

① 千斤顶同步控制装置，可采用限位卡挡、激光水平扫描仪、水杯自动控制装置、计算机同步整体提升控制装置等；

② 垂直度观测设备可采用激光铅直仪、自动安平激光铅直仪、全站仪、经纬仪和线锤等，其精度不应低于1/10000；

③ 测量靶标及观测站的设置必须稳定可靠，便于测量操作，并应根据结构特征和关键控制部位确定其位置。

10）水、电配套系统

水、电系统的选配应符合下列规定：

① 动力及照明用电、通讯与信号的设置均应符合国家现行有关标准的规定；

② 电源线的选用规格应根据平台上全部电器设备总功率计算确定，其长度应大于从地面起滑开始至滑模终止所需的高度再增加10m；

③ 平台上的总配电箱、分区配电箱均应设置漏电保护器，配电箱中的插座规格、数量应能满足施工设备的需要；

④ 平台上的照明应满足夜间施工所需的照度要求，吊脚手架上及便携式的照明灯具，其电压不应高于36V；

⑤ 通讯联络设施应保证声光信号准确、统一、清楚，不扰民；

⑥ 电视监控应能监视全面、局部和关键部位；

⑦ 向操作平台上供水的水泵和管路，其扬程和供水量应能满足滑模施工高度、施工用水及施工消防的需要。

（3）滑模装置构件制作的允许偏差

滑模装置各种构件的制作，应符合现行国家标准《钢结构工程施工质量验收规范》GB 50205和《组合钢模板技术规范》GB 50214的规定，其允许偏差应符合表2-3-25的规定。其构件表面除支承杆及接触混凝土的模板表面外，均应刷防锈涂料。

滑模装置构件制作的允许偏差 表 2-3-25

名称	内容	允许偏差（mm）
钢模板	高度	±1
	宽度	－0.7～0
	表面平整度	±1
	侧面平直度	±1
	连接孔位置	±0.5
围圈	长度	－5
	弯曲长度≤3m	±2
	弯曲长度＞3m	±4
	连接孔位置	±0.5
提升架	高度	±3
	宽度	±3
	围圈支托位置	±2
	连接孔位置	±0.5
支承杆	弯曲	小于（1/1000）L
	直径 ϕ25 圆钢	－0.5～＋0.5
	ϕ48×3.5 钢管	－0.2～＋0.5
	椭圆度公差	－0.25～＋0.25
	对接焊缝凸出母材	＜＋0.25

注：L 为支承杆加工长度

2.3.3.3 滑模工程施工

近年来，滑模施工工艺不断得到改进，并且吸收了其他施工工艺的一些特点。目前，除一般滑模施工工艺外，滑框倒模、支承杆在结构体外滑模以及液压千斤顶提升模板等施工工艺也相继出现，并不断得到完善。这些施工工艺各有特点，可根据滑模工程的具体情况，因地制宜地加以选用。

1. 滑模装置的组装

滑模施工的特点之一，是将模板一次组装好，一直到施工完毕，中途一般不再拆改。因此，要求滑模基本构件的组装工作，一定要认真、细致、严格地按照设计要求及有关操作技术规定进行。否则，将给施工中带来很多困难，甚至影响工程质量。

（1）准备工作

滑模装置装组前，应做好各组装部件编号、操作平台水平标记，弹出组装线、做好墙与柱钢筋保护层标准垫块及有关的预埋铁件等工作。

（2）组装顺序

滑模装置的组装宜按下列程序进行，并根据现场实际情况及时完善滑模装置系统。

1）安装提升架，应使所有提升架的标高满足操作平台水平度的要求，对带有辐射梁或辐射桁架的操作平台，应同时安装辐射梁或辐射桁架及其环梁；

2）安装内外围圈、调整其位置，使其满足模板倾斜度的要求；

3）绑扎竖向钢筋和提升架横梁以下钢筋，安设预埋件及预留孔洞的胎模，对结构体内工具式支承杆套管下端进行包扎；

4）当采用滑框倒模工艺时，安装框架式滑轨，并调整倾斜度；

5）安装模板，宜先安装角模后再安装其他模板；

6）安装操作平台的桁架、支撑和平台铺板；

7）安装外操作平台的支架、铺板和安全栏杆等；

8）安装液压提升系统，垂直运输系统及水、电、通讯、信号、精度控制和观测装置，并分别进行编号、检查和试验；

9）在液压系统试验合格后，插入支承杆；

10）安装内外吊脚手架及挂安全网，当在地面或横向结构面上组装滑模装置时，应待模板滑至适当高度后，再安装内外吊脚手架，挂安全网。

（3）组装要求

模板的安装应符合下列规定：

1）安装好的模板应上口小，下口大，单面倾斜度宜为模板高度的0.1%～0.3%；对带坡度的筒壁结构如烟囱等，其模板倾斜度应根据结构坡度情况适当调整；

2）模板上口以下2/3模板高度处的净间距应与结构设计截面等宽；

3）圆形连续变截面结构的收分模板必须沿圆周对称布置，每对模板的收分方向应相反，收分模板的搭接处不得漏浆；

4）液压系统组装完毕，应在插入支承杆前进行试验和检查，并符合下列规定：

① 对千斤顶逐一进行排气，并做到排气彻底；

② 液压系统在试验油压下持压5min，不得渗油和漏油；

③ 空载、持压、往复次数、排气等整体试验指标应调整适宜，记录准确。

5）液压系统试验合格后方可插入支承杆，支承杆轴线应与千斤顶轴线保持一致，其偏斜度允许偏差为2‰。

（4）滑模装置组装的允许偏差

滑模装置组装的允许偏差应满足表2-3-26的规定。

滑模装置组装的允许偏差 **表2-3-26**

内容		允许偏差（mm）
模板结构轴线与相应结构轴线位置		3
围圈位置偏差	水平方向	3
	垂直方向	3
提升架的垂直偏差	平面内	3
	平面外	2
安放千斤顶的提升架横梁相对标高偏差		5
考虑倾斜度后模板尺寸的偏差	上口	−1
	下口	+2
千斤顶位置安装的偏差	提升架平面内	5
	提升架平面外	5
圆模直径、方模边长的偏差		−2～+3
相邻两块模板平面平整偏差		1.5

2. 一般滑模施工

（1）钢筋

1）钢筋的加工应符合下列规定：

① 横向钢筋的长度一般不宜大于7m；

② 竖向钢筋的直径小于或等于 12mm 时，其长度不宜大于 5m；若滑模施工操作平台设计为双层并有钢筋固定架时，则竖向钢筋的长度不受上述限制。

2）钢筋绑扎时，应保证钢筋位置准确，并应符合下列规定：

① 每一浇灌层混凝土浇灌完毕后，在混凝土表面以上至少应有一道绑扎好的横向钢筋；

② 竖向钢筋绑扎后，其上端应用钢筋定位架等临时固定（图 2-3-131）；

③ 双层配筋的墙或筒壁，其立筋应成对排列，钢筋网片间应用 V 字形拉结筋或用焊接钢筋骨架定位；

④ 门窗等洞口上下两侧横向钢筋端头应绑扎平直、整齐，有足够钢筋保护层，下口横筋宜与竖钢筋焊接；

⑤ 钢筋弯钩均应背向模板面；

⑥ 必须有保证钢筋保护层厚度的措施（图 2-3-132）；

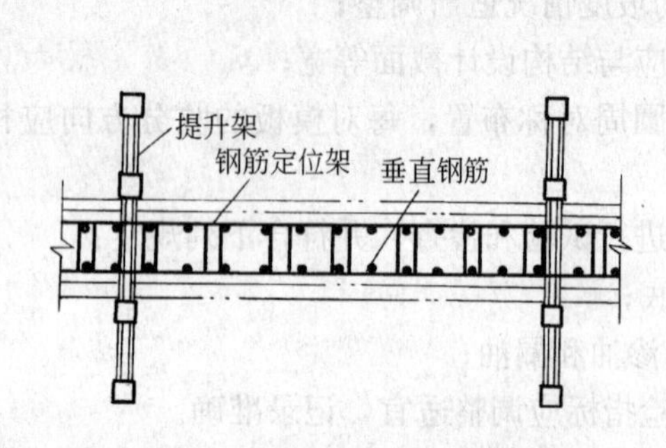

图 2-3-131 竖向钢筋定位架

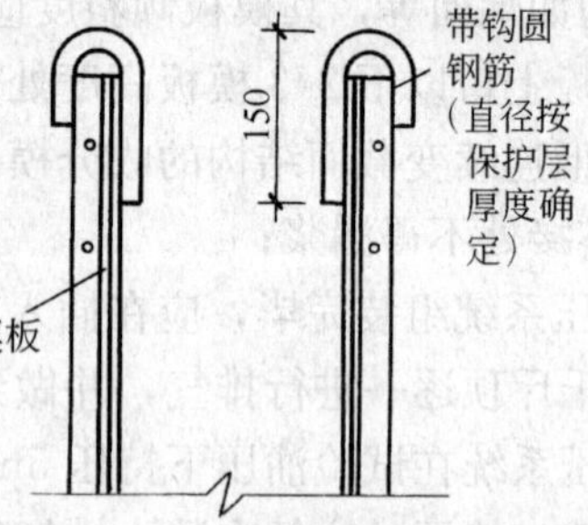

图 2-3-132 保证钢筋保护层措施

⑦ 当滑模施工结构有预应力钢筋时，对预应力筋的留孔位置应有相应的成型固定措施；

⑧ 顶部的钢筋如挂有砂浆等污染物，在滑升前应及时清除。

3）梁的配筋采用自承重骨架时，其起拱值应满足下列规定：

① 当梁跨度小于或等于 6m 时，应为跨度的 2‰～3‰；

② 当梁跨度大于 6m 时，应由计算确定。

（2）支承杆

1）支承杆的直径、规格应与所使用的千斤顶相适应，第一批插入千斤顶的支承杆其长度不得少于 4m，两相邻接头高差应不小于 1m，同一高度上支承杆接头数不应大于总量的 1/4。

当采用钢管支承杆且设置在混凝土体外时，对支承杆的调直、接长、加固应作专项设计，确保支承体系的稳定。

2）支承杆上如有油污应及时清除干净，对兼作结构钢筋的支承杆其表面不得有油污。

3）对采用平头对接、榫接或螺纹接头的非工具式支承杆，当千斤顶通过接头部位后，应及时对接头进行焊接加固。当采用钢管支承杆并设置在混凝土体外时，应采用工具式扣件及时加固。

4）采用钢管做支承杆时应符合下列规定：

① 支承杆宜为 ϕ48×3.5 焊接钢管，管径及壁厚允许公差为－0.2～＋0.5mm；

② 采用焊接方法接长钢管支承杆时，钢管上端平头，下端倒角 2×45°；接头处进入千斤顶前，先点焊 3 点以上并磨平焊点，通过千斤顶后进行围焊；接头处加焊衬管或加焊与支承杆同直径钢筋，衬管长度应大于 200mm；

③ 作为工具式支承杆时，钢管两端分别焊接螺母和螺杆，螺纹宜为 M30，螺纹长度不宜小于 40mm，螺杆和螺母应与钢管同心；

④ 工具式支承杆必须调直，其平直度偏差不应大于 l/1000，相连接的两根钢管应在同一轴线上，接头处不得出现弯折现象；

⑤ 工具式支承杆长度宜为 3m。第一次安装时可配合采用 4.5m、1.5m 长的支承杆，使接头错开；当建筑物每层净高（即层高减楼板厚度）小于 3m 时，支承杆长度应小于净高尺寸。

5）选用 ϕ48×3.5 钢管支承杆时，支承杆可分别设置在混凝土结构体内或体外，也可体内、体外混合设置，并应符合下列要求：

① 当支承杆设置在结构体内时，一般采用埋入方式，不回收。当需要回收时，支承杆应增设套管，套管的长度应从提升架横梁下至模板下缘；

② 设置在结构体外的工具式支承杆，其加工数量应能满足 5～6 个楼层高度的需要；同时在支承杆穿过楼板的位置处用扣件卡紧，使支承杆的荷载通过传力钢板、传力槽钢传递到各层楼板上；

③ 设置在体外的工具式支承杆，可采用脚手架钢管和扣件进行加固。当支承杆为群杆时，相互间宜采用纵、横向钢管水平连接成整体；当支承杆为单根时，应采取其他措施可靠连接。

6）用于筒体结构施工的非工具式支承杆，当通过千斤顶后，应与横向钢筋点焊连接，焊点间距不宜大于 500mm，点焊时严禁损伤受力钢筋。

7）当发生支承杆局部失稳，被千斤顶带起或弯曲等情况时，应立即进行加固处理。对兼作受力钢筋使用的支承杆，加固时应满足受力钢筋的要求。当支承杆穿过较高洞口或模板滑空时，应对支承杆进行加固。

8）工具式支承杆可在滑模施工结束后一次拔出，也可在中途停歇时拔出。分批拔出时应按实际荷载确定每批拔出的数量，并不得超过总数的 1/4。对于 ϕ25 圆钢支承杆，其套管的外径不宜大于 ϕ36；对于壁厚小于 200mm 的结构，其支承杆不宜抽拔。

拔出的工具式支承杆应检查合格后再使用。

（3）混凝土

1）用于滑模施工的混凝土，应事先做好混凝土配比的试配工作，其性能除应满足设计所规定的强度、抗渗性、耐久性以及季节性施工等要求外，尚应满足下列规定：

① 混凝土早期强度的增长速度，必须满足模板滑升速度的要求；

② 混凝土宜用硅酸盐水泥或普通硅酸盐水泥配制；

③ 混凝土入模时的坍落度，宜符合表 2-3-27 的规定：

混凝土入模时的坍落度 **表 2-3-27**

结构种类	坍落度（mm）	
	非泵送混凝土	泵送混凝土
墙板、梁、柱	50～70	100～160
配筋密集的结构（筒体结构及细柱）	60～90	120～180
配筋特密结构	90～120	140～200

注：采用人工捣实时，非泵送混凝土的坍落度可适当增大。

④ 在混凝土中掺入的外加剂或掺和料，其品种和掺量应通过试验确定。

2）正常滑升时，混凝土的浇灌应满足下列规定：

① 必须分层均匀对称交圈浇灌，每一浇灌层的混凝土表面应在一个水平面上，并应有计划、均匀地变换浇灌方向；

② 每次浇灌的厚度不宜大于 200mm；

③ 上层混凝土覆盖下层混凝土的时间间隔，不得大于混凝土的凝结时间（相当于混凝土贯

入阻力值为 0.35kN/cm^2 时的时间），当间隔时间超过规定时，接茬处应按施工缝的要求处理；

④ 在气温高的季节，宜先浇灌内墙，后浇灌阳光直射的外墙；先浇灌墙角、墙垛及门窗洞口等的两侧，后浇灌直墙；先浇灌较厚的墙，后浇灌较薄的墙；

⑤ 预留孔洞、门窗口、烟道口、变形缝及通风管道等两侧的混凝土，应对称均衡浇灌。

3）当采用布料机布送混凝土时，应进行专项设计，并符合下列规定：

① 布料机的活动半径，宜能覆盖全部待浇混凝土的部位；

② 布料机的活动高度，应能满足模板系统和钢筋的高度；

③ 布料机不宜直接支承在滑模平台上，当必须支承在平台上时，支承系统必须专门设计，并有大于 2.0 的安全储备；

④ 布料机和泵送系统之间，应有可靠的通讯联系，混凝土宜先布料在操作平台上，再送入模板，并应严格控制每一区域的布料数量；

⑤ 平台上的混凝土残渣应及时清出，严禁铲入模板内或掺入新混凝土中使用；

⑥ 夜间作业时应有足够的照明。

4）混凝土的振捣应满足下列要求：

① 振捣混凝土时振捣器不得直接触及支承杆、钢筋或模板；

② 振捣器应插入前一层混凝土内，但深度不应超过 50mm。

5）混凝土的养护应满足下列规定：

① 混凝土出模后应及时进行检查修整，且应及时进行养护；

② 养护期间，应保持混凝土表面湿润，除冬施外，养护时间不少于 7d；

③ 养护方法宜选用连续均匀喷雾养护或喷涂养护液。

（4）用贯入阻力测量混凝土凝固的试验方法

1）贯入阻力试验是在筛出混凝土拌合物中粗骨料的砂浆中进行。其原理为：以一根测杆在 10s±2s 的时间内，垂直插入砂浆中 25mm±2mm 深度时，测杆端部单位面积上所需力-贯入阻力的大小来判定混凝土凝固的状态。

2）试验仪器与工具应符合下列要求：

① 贯入阻力仪：加荷装置的指示精度为 5N，最大荷载测量值不小于 1kN。测杆的承压面积有 100、50、20mm^2 等三种。每根测杆在距贯入端 25mm 处刻一圈标记；

② 砂浆试模高度为 150mm，圆柱体试模的直径或立方体的边长不应小于 150mm。试模需用刚性不吸水的材料制作；

③ 捣固棒：直径 16mm，长约 500mm，一端为半球形；

④ 标准筛：筛取砂浆用，筛孔直径为 5mm。应符合现行国家标准《试验筛金属丝编织网、穿孔板和电成型薄板筛孔的基本尺寸》GB/T 6005 的有关规定；

⑤ 吸液管：用以吸除砂浆试件表面的泌水。

3）砂浆试件的制备及养护应符合下列要求：

① 从要进行测试的混凝土拌合物中，取有代表性的试样，用筛子把砂浆筛落在不吸水的垫板上，砂浆数量满足需要后，再由人工搅拌均匀，然后装入试模中，捣实后的砂浆表面低于试模上沿约 10mm；

② 砂浆试件可用振动器，也可用人工捣实。用振捣器的振动时间，以砂浆平面大致形成为止；人工捣实时，可在试件表面每隔 20～30mm 用棒插捣一次，然后用棒敲击试模周边，使插捣的印穴弥合，表面用抹子轻轻抹平；

③ 把试件置于所要求的条件下进行养护，如标准养护、同条件养护。避免阳光直晒，为不使水分过快蒸发可加覆盖。

4）测试方法应符合下列要求：

① 在测试前5min吸除试件表面的泌水，在吸除时，试模可稍微倾斜，但要避免振动和强力摇动；

② 根据混凝土砂浆凝固情况，选用适当规格的贯入测杆，测试时首先将测杆端部与砂浆表面接触，然后约在10s的时间内，向测杆施以均匀向下的压力，直至测杆贯入砂浆表面下25mm深度，并记录贯入阻力仪指针读数、测试时间及混凝土龄期。更换测杆宜按表2-3-28选用：

更换测杆选用表 **表 2-3-28**

贯入阻力值（kN/cm^2）	0.02～0.35	0.35～2.0	2.0～2.8
测杆截面积（mm^2）	100	50	20

③ 对于一般混凝土，在常温下，贯入阻力的测试时间，可以从搅拌后2h开始进行，每隔1h测试一次，每次测3点（最少不少于2点），直至贯入阻力达到2.8kN/cm^2时为止。各测点的间距应大于测杆直径的2倍且不小于15mm，测点与试件边缘的距离应不小于25mm。对于速凝或缓凝的混凝土及气温过高或过低时，可将测试时间适当调整。

④ 计算贯入阻力，将测杆贯入时所需的力除以测杆截面面积，即得贯入阻力。每次测试的3点取平均值，当3点数值的最大差异超过20%，取相近两点的平均值。

$$P=\frac{F}{S} \tag{2-3-12}$$

式中 P——贯入阻力；

F——贯入深度25mm的压力；

S——贯入测杆断面面积。

5）试验报告应符合下列要求：

① 给出试验的原始资料：

混凝土配合比，水泥、粗细骨料品种，水灰比等；

附加剂类型及掺量；

混凝土坍落度；

筛出砂浆的温度及试验环境温度；

试验日期。

② 绘制混凝土贯入阻力曲线，以贯入阻力为纵坐标（kN/cm^2），以混凝土龄期（h）为横坐标，绘制曲线的试验数据不得少于6个。

③ 分析及应用：

按施工技术规范所要求的混凝土出模时应达到的贯入阻力范围，从混凝土贯入阻力曲线上，可以得出混凝土的最早出模时间（龄期）及适宜的滑升速度的范围，并可以此检查实际施工时的滑升速度是否合适；

当滑升速度已确定时，可从事先绘制好的许多混凝土凝固的贯入阻力曲线中，选择与已定滑升速度相适应的混凝土配合比；

在现场施工中，及时测定所用混凝土的贯入阻力，校核混凝土出模强度是否满足要求，滑升时间是否合适。

（5）模板滑升

1）滑升过程是滑模施工的主导工序，其他各工序作业均应安排在限定时间内完成，不宜以停滑或减缓滑升速度来迁就其他作业。

2）在确定滑升程序或平均滑升速度时，除应考虑混凝土出模强度要求外，还应考虑下列相关因素：

① 气温条件；

② 混凝土原材料及强度等级；

③ 结构特点，包括结构形状、构件厚度及配筋的变化数；

④ 模板条件，包括模板表面状况及清理维护情况等。

3）初滑时，宜将混凝土分层交圈浇筑的至 500～700mm（或模板高度的 1/2～2/3）高度，待第一层混凝土强度达到 0.2～0.4MPa 或混凝土贯入阻力值达到 0.30～1.05kN/cm² 时，应进行 1～2 个千斤顶行程的提升，并对滑模装置和混凝土凝结状态进行全面检查，确定正常后，方可转为正常滑升。

混凝土贯入阻力值测定方法见前述用贯入阻力测量混凝土凝固的有关内容。

4）正常滑升过程中，两次提升的时间间隔不应超过 0.5h。

5）滑升过程中，应使所有的千斤顶充分的进油、排油。当出现油压增至正常滑升工作压力值的 1.2 倍，尚不能使全部千斤顶升起时，应停止提升操作，立即检查原因，及时进行处理。

6）在正常滑升过程中，每滑升 200～400mm，应对各千斤顶进行一次调平。特殊结构或特殊部位，应采取专门措施保持操作平台基本水平。各千斤顶的相对标高差不得大于 40mm，相邻两个提升架上千斤顶升差不得大于 20mm。

7）连续变截面结构，每滑升 200mm 高度，至少应进行一次模板收分。模板一次收分量不宜大予 6mm。当结构的坡度大于 3%时，应减小每次提升高度；当设计支承杆数量时，应适当降低其设计承载能力。

8）在滑升过程中，应检查和记录结构垂直度、水平度、扭转及结构截面尺寸等偏差数值。检查及纠偏、纠扭应符合下列规定：

① 每滑升一个浇灌层高度应自检一次，每次交接班时，应全面检查、记录一次；

② 在纠正结构垂直度偏差时，应徐缓进行，避免出现硬弯；

③ 当采用倾斜操作平台的方法纠正垂直偏差时，操作平台的倾斜度应控制在 1%之内；

④ 对筒体结构，任意 3m 高度上的相对扭转值不应大于 30mm，且任意一点的全高最大扭转值不应大于 200mm。

9）在滑升过程中，应随时检查操作平台结构、支承杆的工作状态及混凝土的凝结状态，发现异常时，应及时分析原因并采取有效的处理措施。

10）框架结构柱子模板的停歇位置，宜设在梁底以下 100～200mm 处。

11）在滑升过程中，应及时清理粘结在模板上的砂浆和转角模板、收分模板与活动模板之间的夹灰，不得将已硬结的灰浆混进新浇的混凝土中。

12）滑升过程中不得出现油污，凡被油污染的钢筋和混凝土，应及时处理干净。

13）因施工需要或其他原因不能连续滑升时，应有准备地采取下列停滑措施：

① 混凝土应浇灌至同一标高；

② 模板应每隔一定时间提升 1～2 个千斤顶行程，直至模板与混凝土不再粘结为止。对滑空部位的支承杆，应采取适当的加固措施；

③ 采用工具式支承杆时，在模板滑升前应先转动并适当托起套管使之与混凝土脱离，以免将混凝土拉裂；

④ 继续施工时，应对模板与液压系统进行检查。

14）模板滑空时，应事先验算支承杆在操作平台自重、施工荷载、风荷载等共同作用下的稳定性。当稳定性不能满足要求时，应对支承杆采取可靠的加固措施。

15）混凝土出模强度宜控制在 0.2～0.4MPa 或贯入阻力值为 0.30～1.05kN/cm²；采用滑

框倒模施工的混凝土出模强度不得小于 0.2MPa。

16）模板的滑升速度，应按下列规定确定：

① 当支承杆无失稳可能时，应按混凝土的出模强度控制，滑升速度按下式确定：

$$V=\frac{H-h_0-a}{t} \tag{2-3-13}$$

式中 V——模板滑升速度（m/h）；

H——模板高度（m）；

h_0——每个浇筑层厚度（m）；

a——混凝土浇筑后其表面到模板上口的距离，取 0.05～0.1m；

t——混凝土从浇灌到位至达到出模强度所需的时间（h）。

② 当支承杆受压时，应按支承杆的稳定条件控制模板的滑升速度。

对于 $\phi 25$ 圆钢支承杆，滑升速度按下式确定：

$$V=\frac{10.5}{T_1\times\sqrt{KP}}+\frac{0.6}{T_1} \tag{2-3-14}$$

式中 V——模板滑升速度（m/h）；

P——单根支承杆承受的荷载（kN）；

T_1——在作业班的平均气温条件下，混凝土强度达到 0.7～1.0MPa 所需的时间（h），由试验确定；

K——安全系数，取 $K=2.0$。

对于 $\phi 48\times 3.5$ 钢管支承杆，滑升速度按下式确定：

$$V=\frac{26.5}{T_2\times\sqrt{KP}}+\frac{0.6}{T_2} \tag{2-3-15}$$

式中 T_2——在作业班平均气温条件下，混凝土强度达到 2.5MPa 所需的时间（h），由试验确定。

当以滑升过程中工程结构的整体稳定控制模板的滑升时，应根据工程结构的具体情况，计算确定。

17）当 $\phi 48\times 3.5$ 钢管支承杆设置在结构体外且处于受压状态时，该支承杆的自由长度（千斤顶下卡头到模板下口第一个横向支撑扣件节点的距离）L_0 不应大于下式的规定：

$$L_0=\frac{21.2}{\sqrt{KP}} \tag{2-3-16}$$

模板完成滑升阶段，又称作末升阶段。当模板滑升至距建筑物顶部标高 1m 左右时，滑模即进入完成滑升阶段。此时应放慢滑升速度，并进行准确的抄平和找正工作，以使最后一层混凝土能够均匀地交圈，保证顶部标高及位置的正确。

（6）阶梯形变截面壁厚的处理

1）调整丝杠法

在提升架立柱上设置调整围圈和模板位置的丝杠（螺栓）和支撑，当模板滑升至变截面的位置，只要调整丝杆移动围圈和模板即可。此法调整壁厚比较简便，但提升架制作比较复杂，而且在调整过程中，必须处理好转角处围圈和模板变截面前后的节点连接（图 2-3-133）。

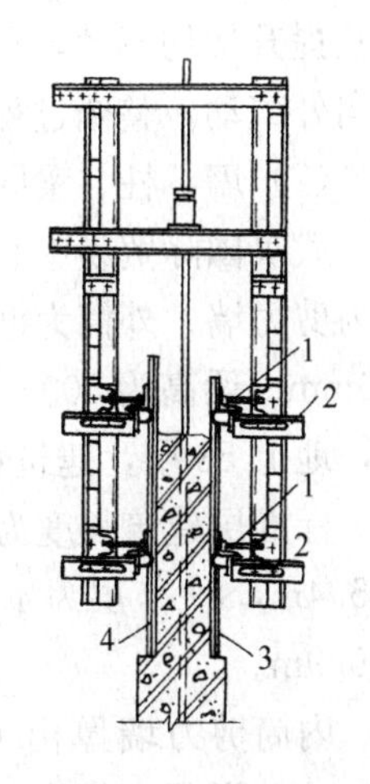

图 2-3-133 调整丝杠法
1—调整丝杠；2—承托角钢；3—内模板；4—外模

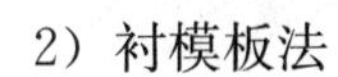

2）衬模板法

按变截面结构宽度制备好衬模，待滑升至变截面部位时，将衬模固

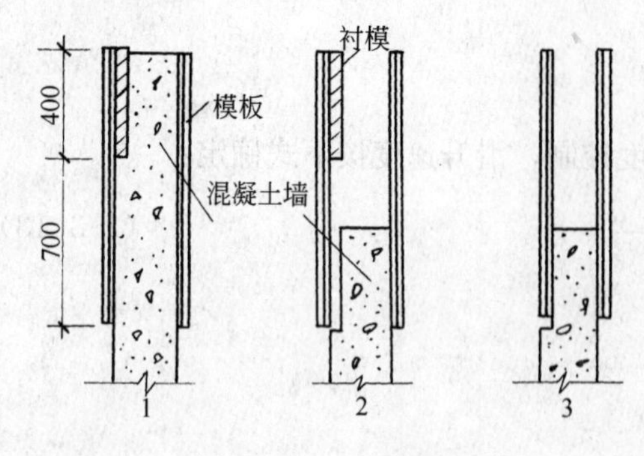

图 2-3-134 衬模板法

定于滑动模板的内侧，随模板一起滑动。这种方法构造比较简单，缺点是需另制作衬模板（图 2-3-134）。

3）平移提升架立柱法

在提升架的立柱与横梁之间装设一个顶进丝杠，变截面时，先将模板提空，拆除平台板及围圈桁架的活接头。然后拧紧顶进丝杠，将提升架立柱连带围圈和模板向变截面方向顶进，至要求的位置后，补齐模板，铺好平台，改模工作即告完成（图 2-3-135）。

4）模板双挂钩法

在需要变截面一侧的模板背后，设计成双挂钩，依靠挂钩的不同凹槽位置，来调整模板的位置（图 2-3-136）。

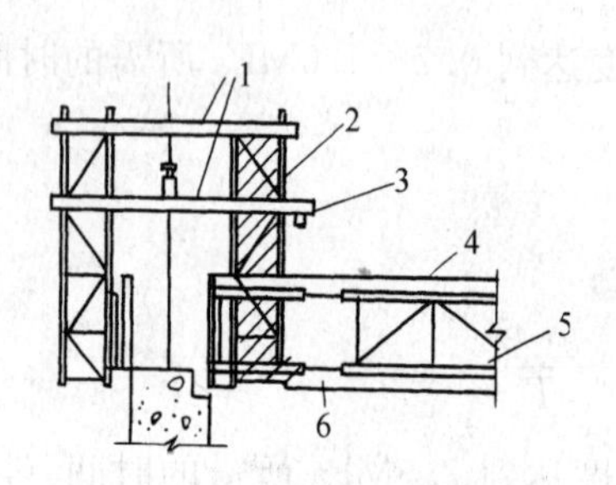

图 2-3-135 平移提升架立柱法

（图中阴影线为位移示意）

1—提升架横梁；2—提升架立柱；3—顶进丝杠；4—向内模板；5—围圈桁架；6—围圈活接头

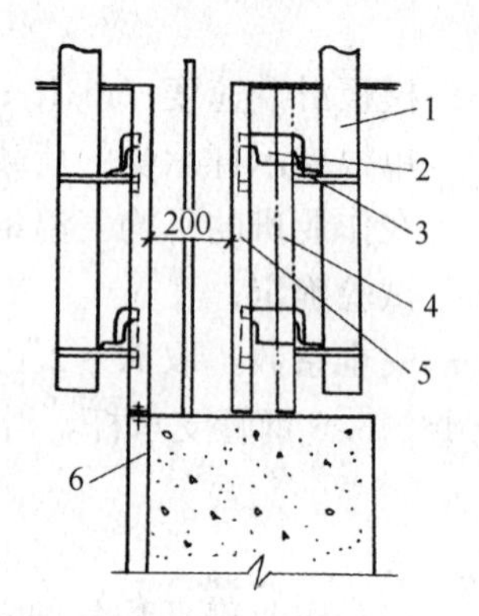

图 2-3-136 模板双挂钩装置

1—提升架；2—模板双挂钩；3—围圈；4—调正前内圆模板位置；5—调正后内圆模板位置；6—外挂模板

当滑升至需要改变壁厚时，停止浇灌混凝土，空滑到一定高度后停止。此时上下围圈与桁架及提升架均不动，只将模板的双挂钩的外钩挂在上下围圈上，与模板双挂钩相连的模板也相应向外窜动。整个过程仅需一天半时间，即改变了壁厚，也大大缩短了工期。

（7）墙、柱、梁同步滑模工程实例

武汉国际贸易中心工程，总建筑面积 125000m^2。主楼平面呈纺锤形，结构形式为内筒及四角为剪力墙、外筒为框架现浇钢筋混凝土结构。水平结构为无粘结预应力密肋梁楼板，梁宽为 200mm、梁高为 500～650mm、间距为 800～850mm。每层密肋梁数量为 144 根。该工程地下 2 层，地上 53 层，建筑物高度为 205m，标准层建筑面积 2300m^2（图 2-3-137）。

标准层建筑长度为 63m、中部宽度为 37m、两端宽度为 32m，四角为圆弧形。层高：首层为 5.4m，2～4 层为 4.9m，5 层为 5.7m，6 层 5.4m，7～51 层为 3.5m，52 层为 4.9m，53 层为 6.9m。

内筒剪力墙厚由 650mm 变四次截面至 300mm，框架梁柱宽由 1350mm 变四次截面至 550mm。混凝土等级 11 层以下为 C55，12～20 层为 C50，24～35 层为 C45，36 层以上为 C40。标准层混凝土量为 1495m^3。

自±0.00 开始，主体结构（墙、柱、梁）采用逐层空滑楼板并进同步整体滑模工艺施工。

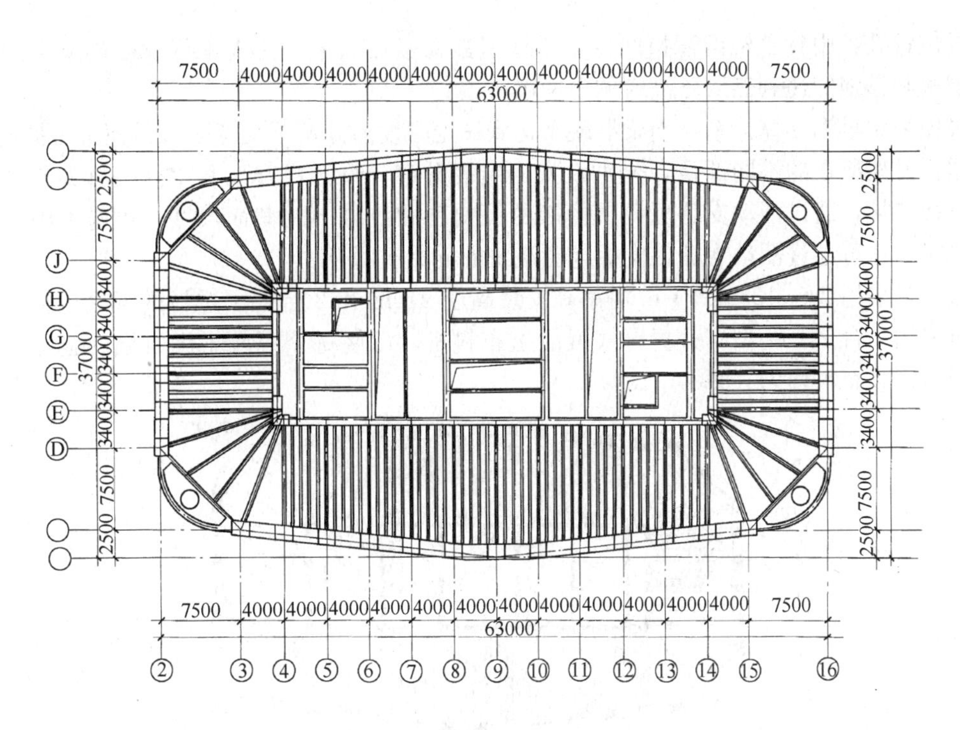

图 2-3-137　武汉国贸中心标准层平面图

滑模的模板面积（包括插板）共 3600m²，总长度为 4000m。采用中建柏利工程技术发展公司的围圈模板合一的大型钢模板，标准模板高度为 900 和 1200mm，宽度为 900，1200，1500、1800，2100，2400mm，宽度不足部分采用非标准调节模板或拼条。外墙模板由于无粘结预应力筋同其交叉，被分割成 600mm 宽一块，包括 200mm 宽的插板在内，中距 800mm。将模板和围圈、活动支腿组成为模板空间结构，即可固定又可调节，保证了外形尺寸的准确。

滑模总荷载 20000kN，采用 QYD-60 型楔块式千斤顶 886 台。每台千斤顶额定起重量 60kN，工作起重量 30kN。实际每台千斤顶的平均荷载为 22.6kN。

液压系统采用分区、分组并联环形油路，4 台 HY-72 型控制台，分 10 个区形成同步增压系统，每个区的环形油路至控制台的主油管长度基本相等。

支承杆采用 $\phi48\times3.5$ 钢管。在剪力墙与框架梁、柱部位，支承杆设在结构体内；在密肋梁与斜梁部位，支承杆设在结构体外，体内、体外同步整体滑升（图 2-3-138）。

本工程埋入式支承杆占三分之一，工具式支承杆占三分之二。工具式支承杆之间用钢管扣件连接加固。工具式支承杆穿过三层楼板，底部悬空。即：只配备三层长度。在工具式支承杆

图 2-3-138　密肋梁支承杆设在结构体外

穿过楼板位置处，用脚手架钢管扣件将支承杆卡紧在楼板面上，使支承杆承受的荷载通过扣件及传力钢板和槽钢传递到三层已浇筑的密肋梁板上。

梁底模采用早拆支撑体系，当梁混凝土达到一定强度后，留下支撑，其余模板可提前拆除。

根据提升架所在的不同部位，分别设置固定提升架、收分提升架和单柱提升架等，提升架同模板直接连接，通过活动支腿可调节模板的倾斜度和混凝土的截面尺寸。当施工中万一出现粘模现象时，也可通过活动支腿将模板与已浇筑的混凝土脱开。

垂直运输采用2台1250kN·m塔吊，安装高度240m和2台德国进口的混凝土输送泵。混凝土浇筑采用2台ZB-17型自升折臂式混凝土布料机，可使每个混凝土浇筑层的施工时间缩短1/3～1/2，而且布料均匀（图2-3-139）。

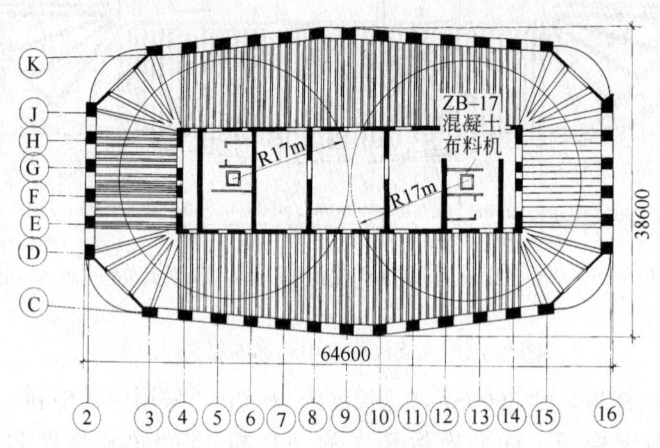

图2-3-139 武汉国贸中心工程滑模混凝土布料图

武汉国贸中心工程不仅墙、柱、梁整体滑升的每层建筑面积（2300m²）为目前我国滑模工程之最，而且采用了多项滑模施工新技术和新工艺，主要有：

1）采用大吨位（60kN）千斤顶，配合$\phi 48 \times 3.5$钢管支承杆，布置于结构体内和体外整体同步滑升液压滑模工艺；

2）每层水平结构144根内外筒密肋连系梁采用无粘结预应力钢绞线并与滑模同步施工；

3）混凝土浇筑采用ZB型自升式折臂布料机；

4）采用激光观测和计算机、闭路电视进行纠正偏、扭等监控动态管理等。

进一步完善了大型高层建筑工程滑模施工工艺，取得了较好的效益。每层结构施工时间，非标准层7d，标准层5d。该工程由中建三局二公司承建。

3. 预埋件、孔洞、门窗及线条的留设

（1）预埋件的留设

预埋件安装应位置准确，固定牢靠，不得突出模板表面。滑模施工前，预埋件出模后，应及时清理使其外露，其位置偏差应满足现行国家标准《混凝土结构工程质量验收规范》GB 50204的要求。一般不应大于20mm。对于安放位置和垂直度要求较高的预埋件，不应以操作平台上的某点作为控制点，以免因操作平台出现扭转而使预埋件位置偏移。应采用线锤吊线或经纬仪定垂线等方法确定位置。

（2）孔洞及门窗的留设

1）孔洞的留设

预留穿墙孔洞和穿楼板孔洞，可事先按孔洞的具体形状，用钢材、木材及聚苯乙烯泡沫塑料、薄膜包土坯等材料，制成空心或实心孔洞胎模。

预留孔洞的胎模应有足够的刚度，其厚度应比模板上口尺寸小 5～10mm，并与结构钢筋固定牢靠。胎模出模后，应及时校对位置，适时拆除胎模，预留孔洞中心线的偏差不应大于 15mm。

2）框模法

框模可事先用钢材或木材制作，尺寸宜比设计尺寸大 20～30mm，厚度应比内外模板的上口尺寸小 5～10mm。安装时应按设计要求的位置和标高放置。安装后，应与墙壁中的钢筋或支承杆连接固定。也可用正式工程的门窗口直接作框模，但需在两侧立边框加设挡条。挡条可用钢材或木材制成，用螺钉与门窗框连接（图 2-3-140）。

3）堵头模板法

堵头模板通过角钢导轨与内外模板配合。当堵头模板与滑模相平时，随模板一起滑升。堵头模板宜采用钢材制作，其宽度应比模板上口小 5～10mm（图 2-3-141）。

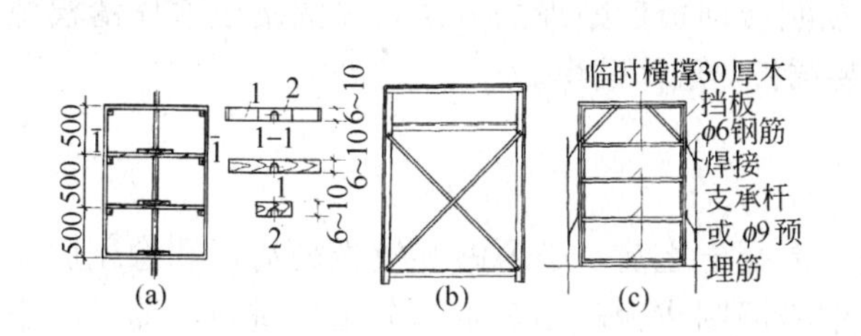

图 2-3-140 孔洞及门窗框模

（a）有支撑杆穿过；（b）无支撑杆穿过；

（c）与钢筋或支撑杆焊接

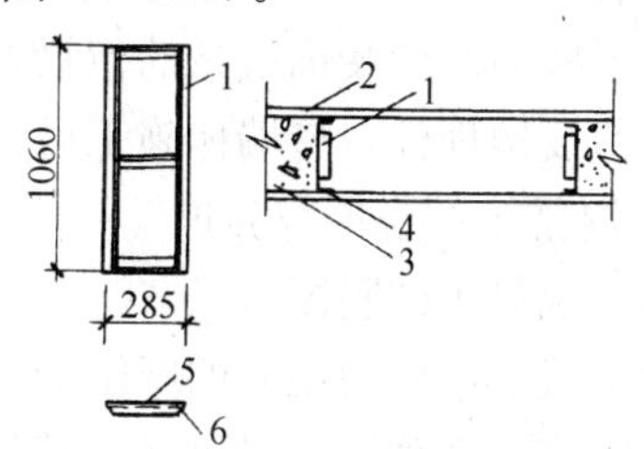

图 2-3-141 堵头模板

1—堵头模板；2—滑升模板；3—墙体；

4—L25×3 导轨；5—3mm 钢板；6—L40×4

为了防止滑升时混凝土掉角，可在孔洞棱角处的模板里层加衬一层白铁皮护角板。当模板滑升时，护角板不动，待整个门窗孔洞滑完后，将护角板取下，继续用于上层门窗孔洞的施工。护角板的长度，可做成 1m 左右。

4）预制混凝土挡板法

当利用正式工程的门窗框兼作框模，随滑随安装时，在门窗框的两侧及顶部，可设置预制混凝土挡板，挡板一般厚 50mm。宽度应比内外模板的上口小 10～20mm。为了防止模板滑升时将挡板带起，在制作挡板时可预埋一些木块，与门窗框钉牢；也可在挡板上预埋插筋，与墙体钢筋连接。必要时，门窗框本身亦应与墙体钢筋连接固定。

5）门、窗框安装的允许偏差

当门、窗框采用预先安装时，门、窗和衬框（或衬模）的总宽度，应比模板上口尺寸小 5～10mm。安装应有可靠的固定措施，其允许偏差应满足表 2-3-29 的规定。

门、窗框安装的允许偏差 **表 2-3-29**

项　　目	允许偏差（mm）	
	钢门窗	铝合金（或塑钢）门窗
中心线位移	5	5
框正、侧面垂直度	3	2
框对角线长度≤2000mm >2000mm	5 6	2 3
框的水平度	3	1.5

(3) 墙面线条的留设

1) 垂直线条的留设

当建筑物墙面有垂直线条时，无论线条为凸出或凹槽形状，均可将该部位的模板做成凹凸形状。模板的凸出或凹槽部位也应考虑倾斜度，以利于滑升。

2) 横向线条的留设

① 横向凹槽的留设

当建筑物墙面有横向凹槽状线条时，可在混凝土中放置木条，待模板滑升过后，立即将木条取出。

② 横向凸状线条的留设

当建筑物墙面设计有横向凸状线条时，可在墙内预埋钢筋，待模板滑升过后，将钢筋剔出，另支模后作。

对于横向凸状装饰线条的留设，也可采用预制装饰板后贴焊的方法，在混凝土墙体滑模施工时，留设预埋件，待墙体施工后，再将预制装饰板与墙体贴焊。

4. 混凝土的脱模与养护

(1) 混凝土的脱模

为了减小滑模滑动时的摩阻力，在每次浇筑混凝土之前，必须做好模板的清理和涂刷脱模剂等项工作。清理模板时可采用特制的扁铲、钢板网刷或钢丝刷等工具分工序进行，即先用扁铲清掉粘在模板上的较大块混凝土，再用钢板网刷或钢丝刷将模板面彻底刷干净为止。模板清理完毕后，均匀涂刷脱模剂。模板清理的是否彻底，将直接影响混凝土的脱模质量。

北京中建建筑科学研究院研制成功的DT型电脱模器，较适用于滑模工程混凝土的脱模。

1) 电脱模技术的原理

是利用电脱模器和置于新浇混凝土中的电极与导电模板形成的电场，使混凝土中所含胶体粒子与水在电场的作用下，产生电渗和电解效应，导致在混凝土与金属模板的界面处，形成一薄层汽和水混合的润滑隔离层，从而可减少混凝土与模板之间的粘结力和摩阻力，达到易于脱模的效果。

2) 电脱模器的组成

电脱模装置主要由电脱模器、电极、导线、电源及导电模板和新浇筑的混凝土等组成（图2-3-142）。

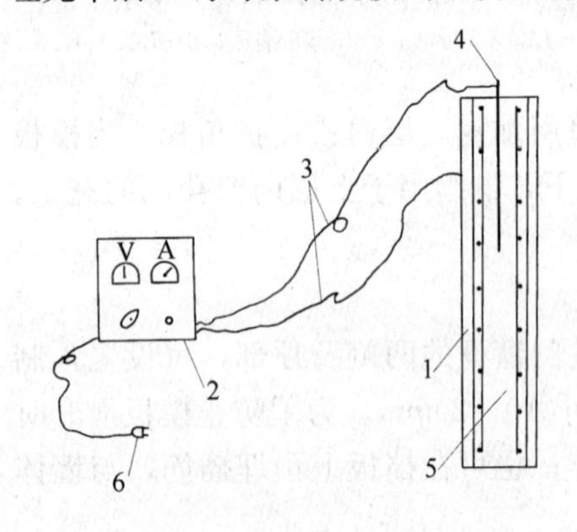

图2-3-142 电脱模器安装示意图

1—模板；2—电脱模器；3—导线；4—电极；5—混凝土墙体；6—电源

① 电脱模器（DT-Ⅱ型）：其技术指标见表2-3-30。

DT-Ⅱ型电脱模器技术指标 表2-3-30

项目	技术指标	项目	技术指标
输入电压	交流220V、50Hz	工作时间	120h
输出功率	0.6kVA	最高升温	60℃
输出电压	6V，9V，12V，15V	外形尺寸	400mm×200mm×200mm
输出电流（max）	40A	整机重量	14kg
工作温度	−40℃～+40℃		

② 电极：以ϕ10钢筋为宜。电极面积与模板面积的比例关系为1/100～1/160。电极的间距可在2m以内。电极与模板的最小间距d与脱模器设定的电压有关（表2-3-31）。

电极与模板的间距 **表 2-3-31**

电压档	1（6V）	2（9V）	3（12V）	4（15V）
间距 d（cm）	10～15	14～20	20～26	25～30

电极与钢筋的最小间距不小于 2cm，且应避免与钢筋和模板相碰。

电极在混凝土外的部分，应加塑料管进行绝缘防护。

3）电脱模器的配置

每平方米模板的电流密度一般为 200～400mA，选配脱模器时，可按每平方米模板 600mA 计算。DT-Ⅱ型电脱模器额定最大电流为 40A，当在 15V 档位时，可负担模板面积 66m^2。当一个工程同时需用多台脱模器时，应分区布置，不可交叉使用，且尽可能同时开关。

电脱模器可在混凝土振捣后通电 1h 左右，通电后，在模板与混凝土的界面上会出现微小的气泡或细缝，如果气泡过大，应将电压调小。也可边滑动模板边连续通电。

电脱模器在使用时应注意防雨、防潮，在有雨水的环境中应停用。

（2）混凝土的养护

脱模的混凝土必须及时进行修整和养护。混凝土开始浇水养护的时间应视气温情况而定。夏季施工时，不应迟于脱模后 12h，浇水的次数应适当增加。当气温低于 5℃时，可不浇水，但应用岩棉被等保温材料加以覆盖，并视具体条件采取适当的冬期施工方法进行养护。

对于在夏季高温下施工的高大筒壁工程，可采用水浴法养护，既可使筒壁降温；又可消除日照不匀引起的偏差。当气温在 30℃以上时，可相隔 0.5h 断续对筒壁进行喷淋水浴养护。环形喷淋管宜设在吊脚手下部。水压力不足时，应设置高压水泵供水。养护水流至地面后，应注意立即排走或回收，以免浸入建筑物地基造成基础沉陷。喷水养护时，水压不宜过大。

近年来，我国有些单位采用养护液对滑模工程新脱模的混凝土进行薄膜封闭养护，取得了较好的效果。目前国内生产的养护液主要有三大类：石蜡水乳液、氯乙烯一偏氯乙烯（简称氯一偏）和硅酸盐（水玻璃）类。施工时，可以采用喷涂、滚涂等方法。

当采用喷涂时，其工具可根据混凝土表面积的大小而定。面积较小时，可采用农用的喷雾器；面积较大时，可采用墙面喷浆机，并在喷口处换上农用喷雾器的喷嘴。

按正常情况，养护液的消耗量为：200～250g/m^2。养护液一般喷刷 2 层，第一层喷涂时间可在混凝土脱模后 1～1.5h，且混凝土表面开始收水时进行。第二层应在第一层干燥后进行。两层分别按水平、垂直方向交叉喷涂。

养护液喷刷温度应大于 4℃。用养护液同浇水养护混凝土相比，不仅可提高强度 10%左右；而且可以节约用水。是一项很有发展前途的施工技术措施。

5. 滑框倒模施工

滑框倒模施工工艺是在滑模施工工艺的基础上发展而成的一种施工方法。这种方法兼有滑模和倒模的优点，因此，易于保证工程质量。但由于操作较为烦琐，因而施工中劳动量较大，速度略低于滑模。

（1）滑框倒模的组成与基本原理

1）滑框倒模施工工艺的提升设备和模板装置与一般滑模基本相同，亦由液压控制台、油路、千斤顶及支承杆和操作平台、围圈、提升架、模板等组成。

2）模板不与围圈直接挂钩，模板与围圈之间增设竖向滑道，滑道固定于围圈内侧，可随围圈滑升。滑道的作用相当于模板的支承系统，既能抵抗混凝土的侧压力，又可约束模板位移，且便于模板的安装。滑道的间距按模板的材质和厚度决定，一般为 300～400mm；长度为 1～1.5m，可采用内径 25～40mm 钢管制作。

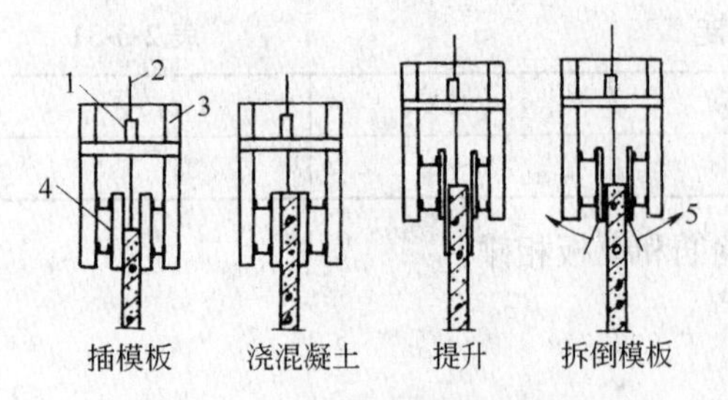

图 2-3-143　滑框倒模示意图

1—千斤顶；2—支承杆；3—提升架；
4—滑道；5—向上倒模

3）模板在施工时与混凝土之间不产生滑动，而与滑道之间相对滑动，即只滑框，不滑模。当滑道随围圈滑升时，模板附着于新浇灌的混凝土表面留在原位，待滑道滑升一层模板高度后，即可拆除最下一层模板，清理后，倒至上层使用（图 2-3-143）。

模板的高度与混凝土的浇灌层厚度相同，一般为 500mm 左右，可配置 3－4 层。模板的宽度，在插放方便的前提下，尽可能加大，以减少竖向接缝。

模板应选用活动轻便的复合面层胶合板或双面加涂玻璃钢树脂面层的中密度纤维板，以利于向滑道内插放和拆除倒模。

4）滑框倒模的施工程序

墙体结构滑框倒模的施工程序见图 2-3-144。

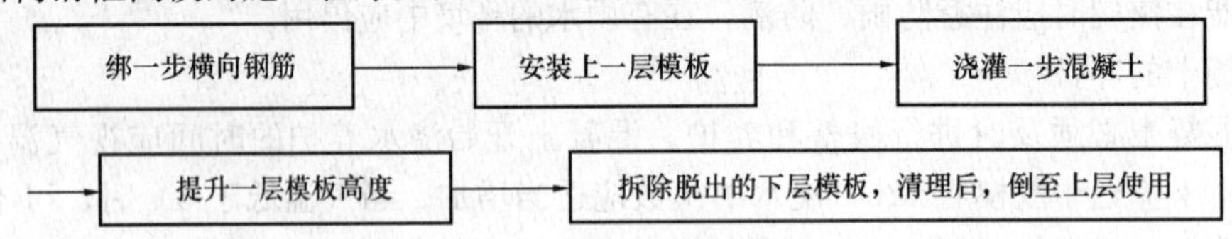

图 2-3-144　墙体结构滑框倒模的施工程序图

如此循环进行，层层上升。

（2）滑框倒模工艺的特点

1）滑框倒模工艺与滑模工艺的根本区别在于：由滑模时模板与混凝土滑动，变为模板与滑道之间滑动，而模板附着于新浇灌的混凝土表面，由滑动脱模变为拆倒脱模。与之相应，滑升阻力也由滑模施工时模板与混凝土之间的摩擦力，变为滑框倒模时的模板与滑道之间的摩擦力。模拟试验说明，滑框倒模施工时摩擦力的数值，不仅小于滑模时的摩阻力，而且随混凝土硬化时间的延长呈下降趋势（图 2-3-145）。

2）滑框倒模工艺只需控制滑道脱离模板时的混凝土强度下限大于 0.05MPa，不致引起混凝土坍塌和支承杆失稳，保证滑升平台安全即可。不必考虑混凝土硬化时间延长，造成的混凝土粘模、拉裂等现象，给施工创造很多便利条件。

3）采用滑框倒模工艺施工有利于清理模板，涂刷隔离剂，以防止污染钢筋和混凝土；同时可避免滑模施工容易产生的混凝土质量通病（如蜂窝麻面、缺棱掉角、拉裂及粘模等）。

4）施工方便可靠。当发生意外情况时，可在任何部位停滑，而无须考虑滑模工艺所采取的停滑措施。同时也有利于插入梁板施工。

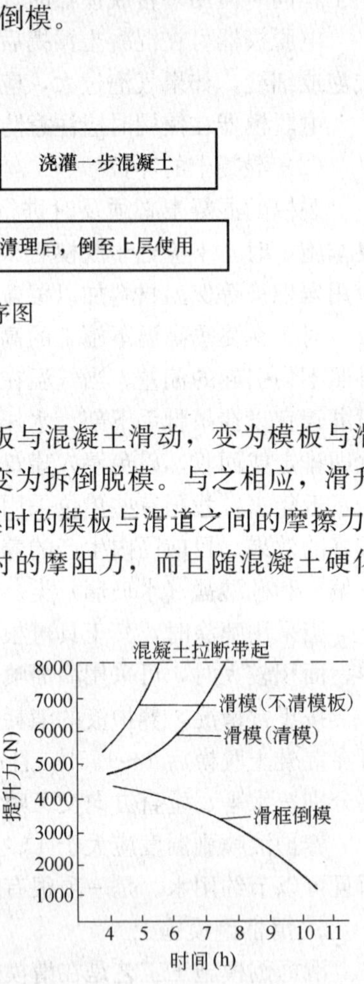

图 2-3-145　滑框倒模与滑模提升阻力模拟试验

5）可节省提升设备投入。由于滑框倒模工艺的提升阻力远小于滑模工艺的提升阻力，相应地可减少提升设备。与滑模相比可节省 1/6 的千斤顶和 15％的平台用钢量。

6）采用滑框倒模工艺施工高层建筑时，其楼板等横向结构的施工以及水平、垂直度的控制，与滑模工程基本相同。

6. 滑模施工的精度控制

滑模施工的精度控制主要包括：滑模施工的水平度控制和垂直度控制等。

（1）滑模施工的水平度控制

1）水平度的观测

水平度的观测，可采用水准仪、自动安平激光测量仪等设备。在模板开始滑升前，用水准仪对整个操作平台各部位千斤顶的高程进行观测、校平，并在每根支承杆上以明显的标志（如红色三角）划出水平线。当模板开始滑升后，即以此水平线作为基点，不断按每次提升高度（20～30cm）或以每次50cm的高程，将水平线上移和进行水平度的观测。以后每隔一定的高度（如每滑升一个楼层高度），均须对滑模装置的水平度进行观测与检查、调整。

2）水平度的控制

在模板滑升过程中，整个模板系统能否水平上升，是保证滑模施工质量的关键，也是直接影响建筑物垂直度的一个重要因素。由于千斤顶的不同步因素，每个行程可能差距不大，但累计起来就会使模板系统产生很大升差，如不及时加以控制，不仅建筑物垂直度难以保证，也会使模板结构产生变形，影响工程质量。

目前，对千斤顶升差（即模板水平度）的控制，主要有以下几种方法：

① 限位调平器控制法

筒形限位调平器是在GYD或QYD型液压千斤顶上改制增设的一种机械调平装置。其构造主要由筒形套和限位挡体两部分组成，筒形套的内筒伸入千斤顶内直接与活塞上端接触，外筒与千斤顶缸盖的行程调节帽螺纹连接（图2-3-146）。

限位调平器工作时，先将限位挡按调平要求的标高，固定在支承杆上，当限位调平器随千斤顶上升至该标高处时，筒形套被限位挡顶住并下压千斤顶的活塞，使活塞不能排油复位，该千斤顶即停止爬升，因而起到自动限位的作用（图2-3-147）。

图2-3-146　筒形限位调平器

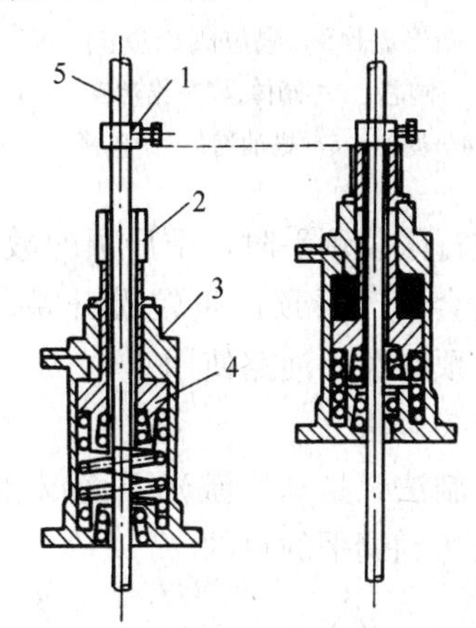

图2-3-147　筒形限位调平器工作原理图

1—限位挡；2—限位调平器；3—千斤顶；4—活塞；5—支承杆

模板滑升过程中，每当千斤顶全部升至限位挡处一次，模板系统即可自动限位调平一次。这种方法简便易行，且投资少，是保证滑模提升系统同步工作的有效措施之一。

这种限位调平器为北京市第一住宅建筑工程公司的专利，由江苏省江都建筑机械厂生产供应。

②限位阀控制法

限位阀是在液压千斤顶的进油嘴处增加一个控制供油的顶压截止阀。限位阀体上有两个油嘴，一个连接油路，另一个通过高压胶管与千斤顶的进油嘴连接（图2-3-148）。

使用时，将限位阀安装在千斤顶上，随千斤顶向上爬升，当限位阀的阀芯被装在支承杆上的挡体顶住时，油路中断，千斤顶停止爬升。当所有千斤顶的限位阀都被限位挡体顶住后，模板即可实现自动调平。

限位阀的限位挡体与限位调平器的限位挡体的基本构造相同，其安装方法也一样。所不同的是：限位阀是通过控制供油，而限位调平器是控制排油来达到自动调平的目的。

使用前，必须对限位阀逐个进行耐压试验，不得在12MPa的油压下出现泄漏或阀芯密封不严等现象。否则，将使千斤顶失控并将挡体顶坏。另外，向上移动限位挡体时，应认真逐个检查，不得有遗漏或固定不牢的现象。

③截止阀控制法

截止阀一般安设在千斤顶的油嘴与进油路之间。施工中，通过手动旋紧或打开截止阀来控制向千斤顶供油的油路，其工作原理与限位阀相似（图2-3-149）。

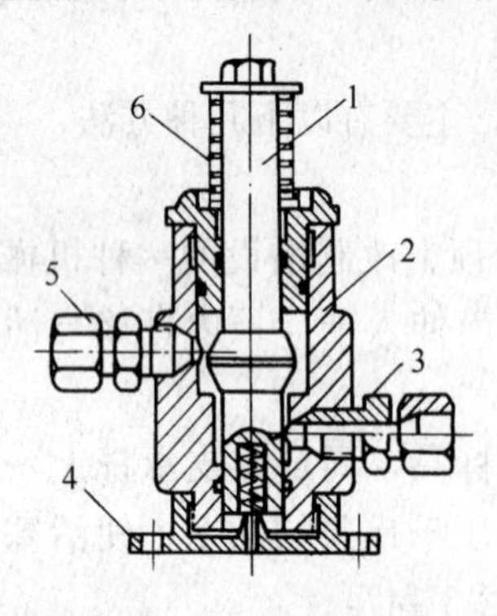

图2-3-148　限位阀构造图

1—阀芯；2—阀体；3—出油嘴；
4—底座；5—进油嘴；6—弹簧

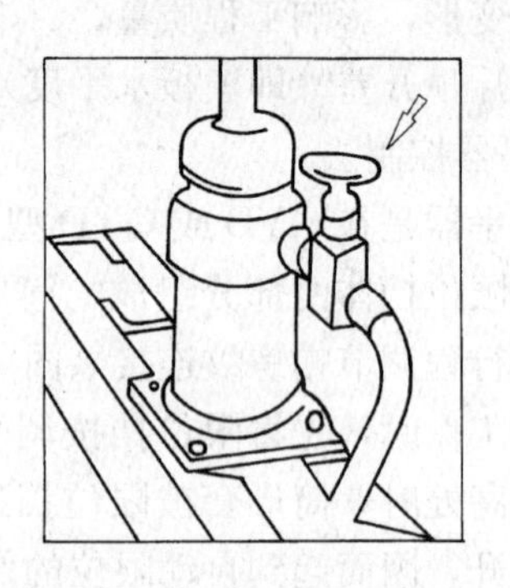

图2-3-149　截止阀安装图

利用这种方法进行限位调平时，千斤顶的数量不宜过多，否则，不仅用人过多，不易操作，而且，稍有遗漏，就会使千斤顶产生较大升差。因此，单纯应用截止阀调平的方法已不常用，一般只作为更换千斤顶时关闭油路使用。

④激光自动调平控制法

激光自动调平控制法，是利用激光平面仪和信号元件，使电磁阀动作，用以控制每个千斤顶的油路，使千斤顶达到调平的目的。

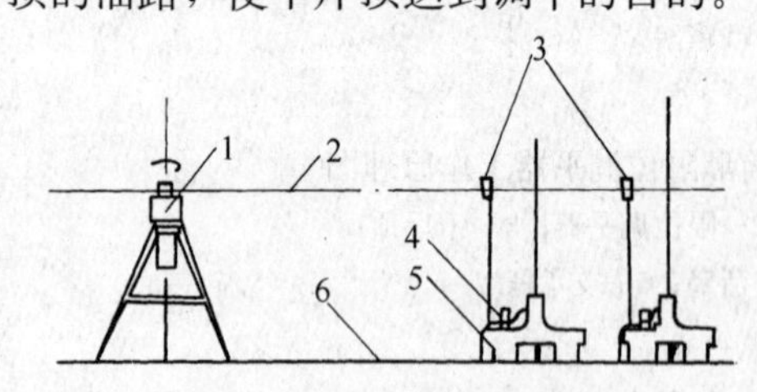

图2-3-150　激光平面仪控制千斤顶爬升示意图

1—激光平面仪；2—激光束；3—光电信号装置；
4—电磁阀；5—千斤顶及提升架；
6—滑模操作平台

图2-3-150是一种比较简单的激光自动控制方法。激光平面仪安装在施工操作平台的适当位置，水准激光束的高度为2m左右。每个千斤顶都配备一个光电信号接收装置。它收到的脉冲信号后，通过放大，使控制千斤顶进油口处的电磁阀开启或关闭。

这种控制系统一般可使千斤顶的升差保持在10mm范围内。但应注意防止日光的影响，而使控制失灵。

(2) 滑模施工的垂直度控制

1）垂直度的观测

① 激光铅直仪

激光铅直仪是由经纬仪、氦氖气体激光管和激光电源组成。它具有操作方便、节约时间、精度高等优点。作为垂直测量时的装配方法，如图2-3-151。

激光接收靶是在硫酸纸上绘出40cm直径的环形靶，夹在两块透明玻璃之间装于滑升平台对正地面的定点，激光束射在上面，呈现出明亮的红色光斑，以便观测。

激光铅直仪安装前，应预先校正好光束的垂直度，并将望远镜调焦，使光斑直径最小。架设方法与普通经纬仪相似。测量前应检查水准管气泡是否居中，垂直球或激光管的阴极是否对准。接通激光电源，光束射到平台接收靶上，然后将仪器平转 360°，取光斑画的圆心即为正确中心。

激光铅直仪在使用中，应设置具有良好抗冲击强度的防护罩，以防高空坠落重物。防护罩内应设防潮剂或采用灯泡烘干，以防仪器受潮。

② 激光导向法：利用激光经纬仪进行观测，可在建筑物外侧转角处，分别设置固定的测点（图 2-3-152）。

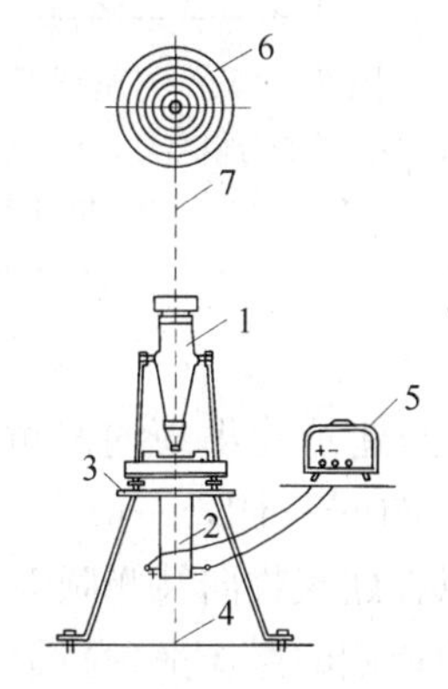

图 2-3-151 激光铅直仪

1—望远镜；2—激光管；3—支架平板；4—中心点；5—激光电源；6—接收靶；7—光束

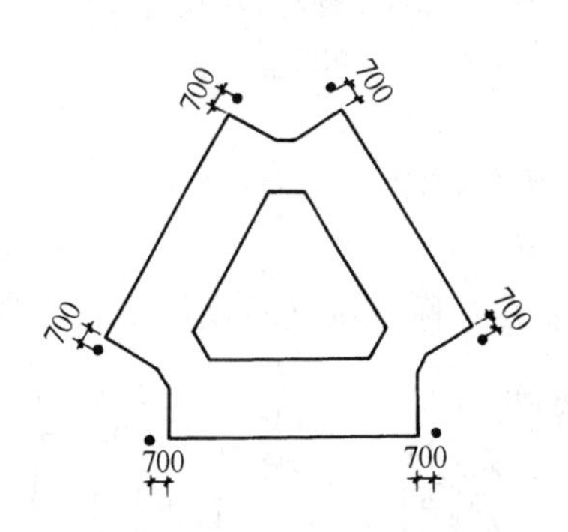

图 2-3-152 观测点平面布置图

（图中"·"系观测点位置）

当模板滑升前，在操作平台对应地面测点的部位，设置激光接收靶，接收靶由毛玻璃、坐标纸及靶筒等组成。接收靶的原点位置与激光经纬仪的垂直光斑重合。施工中，每个结构层至少观测一次（图 2-3-153）。

具体做法：在测点水平钢板上安放激光经纬仪，直接与钢板上的十字线所表示的测点对中，仪器调平校正并转动一周，消除仪器本身的误差。然后，以仪器射出的铅直激光束打在接收靶上的光斑中心为基准位置，记录在观测平面图上。与接收靶原点位置对比，即可得到该测点的位移。

③ 激光导线法：主要用于观测电梯井的垂直偏差情况，同时与外筒大角激光导向观测结果相互验证，并可考察平台刚度对内筒垂直度的影响。

具体做法是：在底层事先测设垂直相交的基准导线，用激光经纬仪通过楼板预留洞。施工中，随模板滑升将此控制导线逐层引测至正在施工的楼层。据此量测电梯井壁的实际位置，与基准位置对比，即可得出电梯井的偏扭结果。如再与外筒观测数据对比，则可检验平台变形情况（图 2-3-154）。

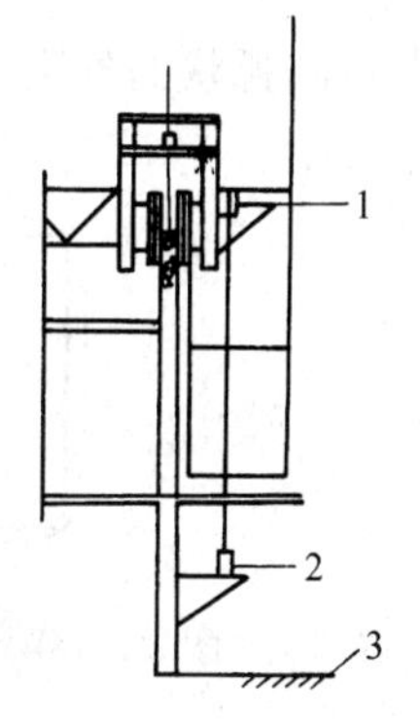

图 2-3-153 激光导向观测

1—接收靶；2—激光经纬仪；3—地面

④ 导电线锤法

导电线锤是一个重量较大的钢铁圆锥体，重约 20kg 左右。线锤的尖端有一根导电的紫铜棒触针。使用时，靠一根直径为 2.5mm 的细钢丝悬挂于吊挂机构上。导电线锤的工作电压为 12V 或 24V。通过线锤上的触针与设在地面上的方位触点相碰，可以从液压控制台上的信号灯光，得知垂直偏差的方向及大于 10mm 的垂直偏差（图 2-3-155）。

导电线锤的上部为自动放长吊挂装置。主要由吊线卷筒、摩擦盘、吊架等组成。吊线卷筒分为两段，分别缠绕两根钢丝绳，一根为吊线、一根为拉线，可分别绕卷筒转动。为了使线锤不致因重量太大而自由下落，在卷筒一侧设置摩擦盘，并在轴向安设一个弹簧，以增加摩擦阻力。当吊挂装置随模板提升时，固定在地面上的拉线即可使卷筒转动将吊线同步自动放长。

图 2-3-154　激光导线观测

1—预留洞

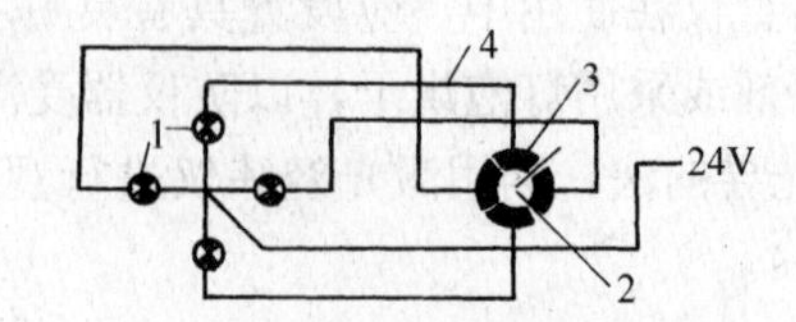

图 2-3-155　导电线锤原理图

1—液压控制台信号灯；2—线锤上的触针；3—触点；4—信号线路

2）垂直度的控制

① 平台倾斜法

平台倾斜法又称作调整高差控制法。其原理是：当建筑物出现向某侧位移的垂直偏差时，操作平台的同一侧，一般会出现负水平偏差。据此，可以在建筑物向某侧倾斜时，将该侧的千斤顶升高，使该侧的操作平台高于其他部位，产生正水平偏差。然后，将整个操作平台滑升一段高度，其垂直偏差即可得到纠正（图 2-3-156）。

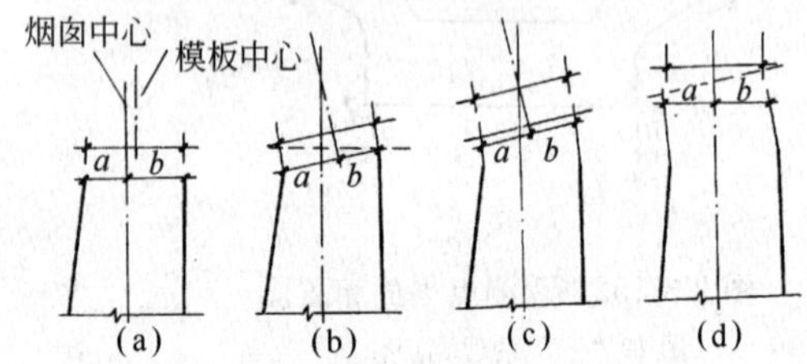

图 2-3-156　利用平台倾斜法纠正垂直偏差

（a）模板中心偏离烟囱中心 a＜b；（b）适当提高操作平台 b 侧；（c）操作平台倾斜滑升，两中心趋近；（d）当 a＝b 时，逐渐恢复操作平台水平

对于千斤顶需要的高差，可预先在支承杆上做出标志（可通过抄平拉斜线，最好采用限位调平器对千斤顶的高差进行控制）。

② 导向纠偏控制法

当发现操作平台的外墙中部模板较弱的部位，产生圆弧状的外胀变形时（图 2-3-157），可通过限位调平器将整个平台调成锅底状的方法进行纠正（图 2-3-158）。

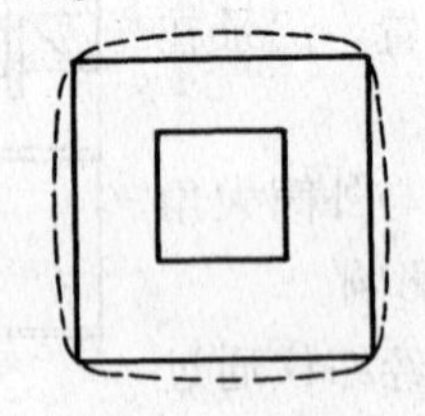

图 2-3-157　外墙中部外涨变形

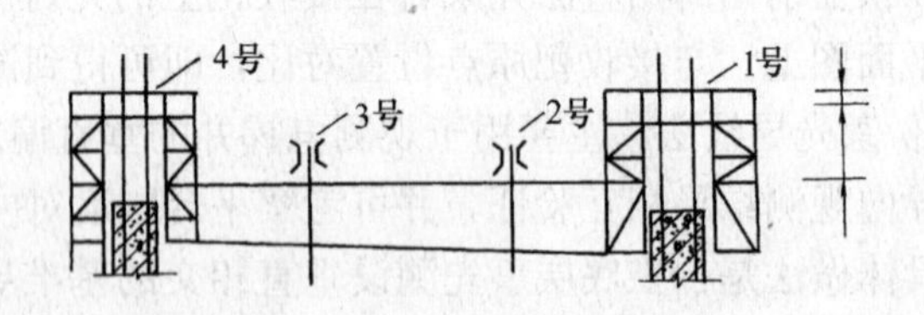

图 2-3-158　将平台调成锅底状

调整后，操作平台产生一个向内倾斜的趋势，使原来因构件变形而伸长的模板投影水平距离，稍有缩短；同时，由于千斤顶的内外高差，使得外墙的提升架（图 2-3-158 中 4 号）也产生向内倾斜趋势，改变了原有的模板倾斜度，这样，利用模板的导向作用和平台自重产生的水平分力，促使外涨的模板向内移位。另外，对局部偏移较大的部位，也可采用这种方法来改变模板倾斜度，使偏移得到纠正和控制。

③ 顶轮纠偏控制法

这种纠偏方法是利用已滑出模板下口并具有一定强度的混凝土作为支点，通过改变顶轮纠偏装置的几何尺寸而产生一个外力，在滑升过程中，逐步顶移模板或平台，以达到纠偏的目的。

纠偏撑杆可铰接于平台桁架上（图 2-3-159a）；也可铰接于提升架上（图 2-3-159b）。

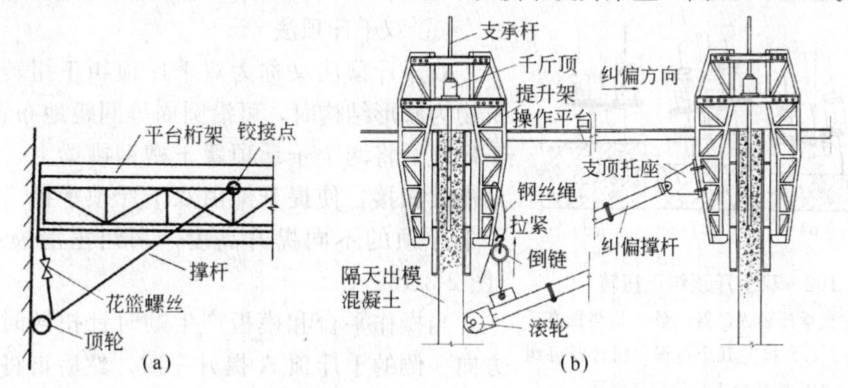

图 2-3-159 顶轮纠偏示意

(a) 顶轮铰接于平台上；(b) 顶轮铰接于提升架上

顶轮纠偏装置由撑杆顶轮和拉紧装置等组成。撑杆的一端与平台或提升架铰接，另一端安装一个滚轮，并顶在混凝土墙面上。拉紧装置一端挂在平台或提升架上，另一端与顶轮撑杆相连接。当提拉顶轮撑杆时，撑杆的水平投影距离加长，使顶轮紧紧顶住混凝土墙面，在混凝土墙面的反力作用下，模板装置（包括操作平台、模板等）向相反方向移位。

图 2-3-160 为深圳国贸大厦工程纠偏、纠扭顶轮的平面布置实例。为了便于纠偏与纠扭工作的进行，沿外墙内侧布置了一圈顶轮，其中每根柱子上设有两个顶轮，四大角上设置 8 个顶轮。当某个部位某一边发生偏移或平台扭转时，就可及时拧紧相应位置处顶轮的拉紧装置，产生纠偏力或纠扭力矩。

这种纠偏、纠扭顶轮设备加工简单，装拆方便，操作灵巧，效果显著，是滑模纠偏、纠扭的一种较好方法之一。

纠偏、纠扭工作，不仅需要从技术上采取有效措施，而且在管理上也必须有严格的制度。

④ 外力法

当建筑物出现扭转偏差时，可沿扭转的反方向施加外力，使平台在滑升过程中逐渐向回扭转，直至达到要求为止。

具体做法：采用手扳葫芦或倒链（3～5t）等拉紧装置作为施加外力的工具，通过钢丝绳，将一端固定在已有强度的下部结构的预埋件上，另一端与提升架立柱相连。当启动拉紧装置时，相对于结构形心可以得到一个较大的反向扭矩（图 2-3-161）。

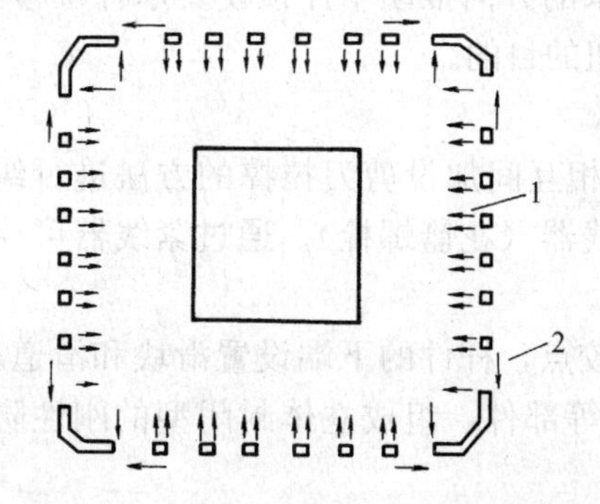

图 2-3-160 纠偏、纠扭顶轮平面布置

1—纠偏顶轮；2—纠扭顶轮

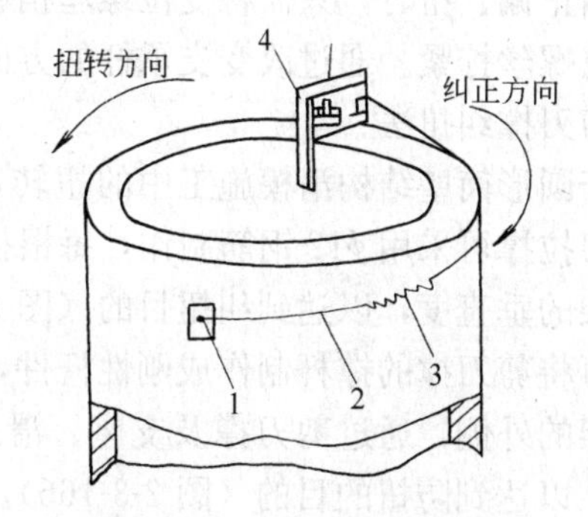

图 2-3-161 外力法纠扭示意图

1—下部结构预埋件；2—钢丝绳；3—拉紧装置；4—提升架

采用外力法纠扭时，动作不可过猛，一次纠扭的幅度不可过大；同时，还要考虑连接拉紧

装置的两端高度差不宜过大，以减小竖向分力。

⑤ 双千斤顶法

双千斤顶法又称为双千斤顶纠正扭转法，是当建筑物为圆形结构时，可沿圆周等间距地布置4～8对双千斤顶，将两个千斤顶置于槽钢挑梁上，挑梁与提升架横梁相接，使提升架由双千斤顶承担。通过调节两个千斤顶的不同提升高度，来纠正滑模装置的扭转（图2-3-162）。

当操作平台和模板产生顺时针扭转时，先将扭转方向一侧的千斤顶A提升一次，然后再将全部千斤顶提升一次。如此重复提升数次，即可达到纠扭目的。

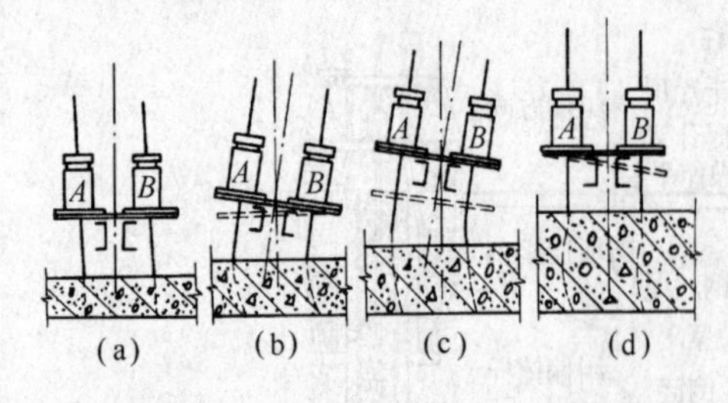

图2-3-162　双千斤顶纠正扭转

(a) 模板扭转、支承杆必然歪斜；(b) 适当提高千斤顶A的高程；(c) 提升几个行程，扭转即可纠正；(d) 然后使两台千斤顶恢复水平

⑥ 变位纠偏器纠正法

变位纠偏器纠正法，是在滑模施工中，通过变动千斤顶的位置，推动支承杆产生水平位移，达到纠正滑模偏差的一种纠偏、纠扭方法。

变位纠偏器实际是千斤顶与提升架的一种可移动的安装方式，双千斤顶变位纠偏器的构造和安装见图2-3-163。

单千斤顶变位纠偏器的构造和安装见图2-3-164。

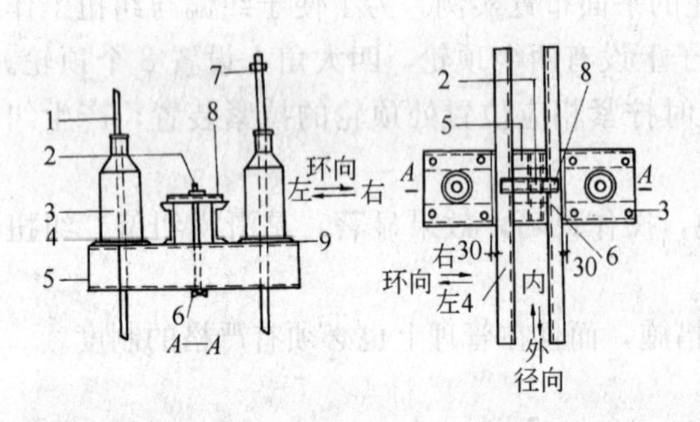

图2-3-163　双千斤顶变位纠偏器的构造和安装

1—ϕ25支承杆；2—变位螺丝；3—千斤顶；4—提升架横梁；5—千斤顶扁担梁；6—变位螺丝下担板；7—限位调平卡；8—变位螺丝上担板；9—千斤顶垫板

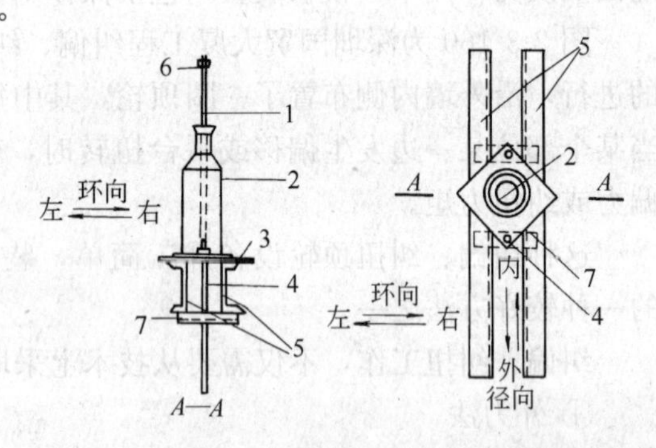

图2-3-164　单千斤顶变位纠偏器的构造和安装

1—ϕ25支承杆；2—千斤顶；3—千斤顶垫板；4—变位螺丝；5—提升架下横梁；6—限位调平卡；7—变位螺丝扭板

当纠正偏、扭时，只需将变位螺丝稍微松开，即可按要求的方向推动千斤顶使支承杆位移，再将变位螺丝拧紧。通过改变支承杆的方向，达到纠偏、纠扭的目的。

⑦剪刀撑纠扭法

对于圆形筒壁结构滑模施工中的扭转，可采用在提升架相互间加设剪刀拉撑的方法进行纠正。剪刀拉撑可采用ϕ12钢筋制作，每根拉撑上装置1个紧线器（花篮螺栓）。通过紧线器可控制提升架的垂直度，以达到纠扭目的（图2-3-165）。

也可将剪刀撑的撑杆制作成刚性杆件，在交叉处设中间铰点，杆件的下端设置滑块和滑道，在提升架的外侧，通过剪刀撑及支座、滑道、滑块、上下轴等部件，组成立体封闭型的刚性防扭装置，以达到防扭的目的（图2-3-166）。

除上述方法外，还可采用在千斤顶底座下部加斜垫等方法，使千斤顶斜向爬升，也可达到调整垂直偏差的目的。但这类方法操作比较繁琐，工作量较大。

2.3.3.4　横向结构的施工

（1）按整体结构设计的横向结构，当采用后期施工时，应保证施工过程中的结构稳定和满足设计要求。

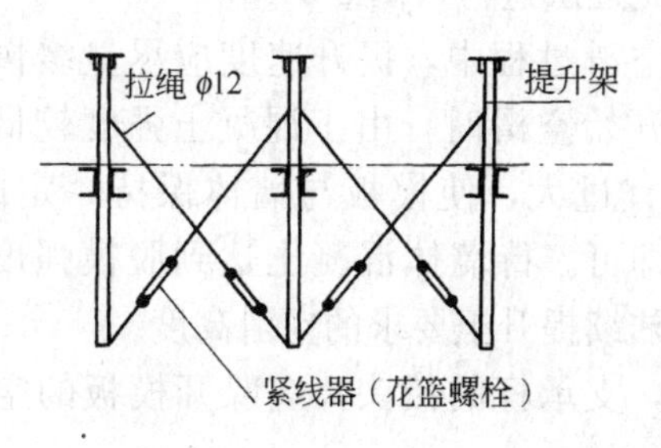

图 2-3-165　剪刀拉撑纠扭

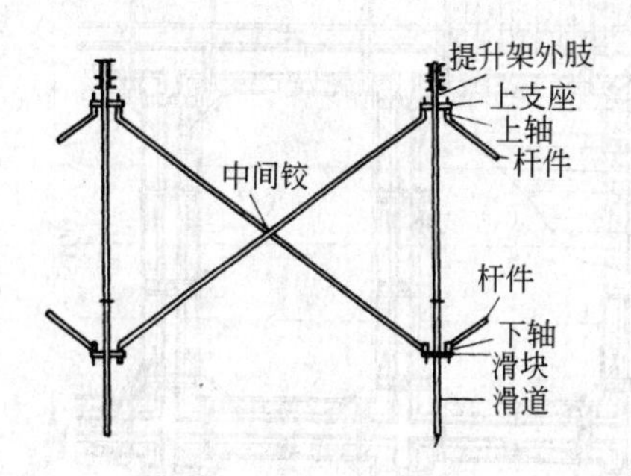

图 2-3-166　刚性防扭装置

（2）滑模工程横向结构的施工，宜采取在竖向结构完成到一定高度后，采取逐层空滑现浇楼板和安装预制楼板或用降模法及其他支模方法施工。

（3）墙板结构采用逐层空滑现浇楼板工艺施工时，应满足下列规定：

1）当墙体模板空滑时，其外周模板与墙体接触部分的高度不得小于 200mm；

2）楼板混凝土强度达到 1.2MPa，方能进行下道工序。支设楼板的模板时，不应损害下层楼板混凝土；

3）楼板模板支柱的拆除时间，除应满足《混凝土结构工程施工质量验收规范》GB 50204 的要求外，还应保证楼板的结构强度满足承受上部施工荷载的要求。

（4）墙板结构的楼板采用逐层空滑安装预制楼板时，应符合下列规定：

1）非承重墙的模板不得空滑；

2）安装楼板时，板下墙体混凝土的强度不得低于 4.0MPa，并严禁用撬棍在墙体上挪动楼板。

（5）梁的施工应符合下列规定：

1）采用承重骨架进行滑模施工的梁，其支承点应根据结构配筋和模板构造绘制施工图；悬挂在骨架下的梁底模板，其宽度应比模板上口宽度小 3～5mm；

2）采用预制安装方法施工的梁，其支承点应设置支托。

（6）墙板结构、框架结构等的楼板及屋面板采用降模法施工时，应符合下列规定：

1）利用操作平台作楼板的模板或作模板的支承时，应对降模装置和设备进行验算；

2）楼板混凝土的拆模强度应满足现行《混凝土结构工程施工质量验收规范》GB 50204 的有关规定，并不得低于 15MPa。

（7）墙板结构的楼板采用在墙上预留孔洞或现浇牛腿支承预制楼板时，现浇区钢筋应与预制楼板中的钢筋连成整体。预制楼板应设临时支撑，待现浇区混凝土达到设计强度标准值 70%后，方可拆除临时支撑。

（8）后期施工的现浇楼板，可采用早拆模板体系或分层进行悬吊支模施工。

（9）所有二次施工的构件，其预留槽口的接触面不得有油污染，在二次浇筑之前，必须彻底清除酥松的浮渣、污物，并严格按处理施工缝的程序做好各项作业，加强二次浇筑混凝土的振捣和养护。

1. 逐层空滑楼板并进法

逐层空滑楼板并进法又称为“逐层封闭”或“滑一浇一”，就是采用滑模施工高层建筑时，当每层墙体滑升至上一层楼板底标高位置，即停止墙体混凝土的浇灌，待混凝土达到脱模强度后，将模板连续提升，直至墙体混凝土脱模，再向上空滑至模板下口与墙体上皮脱空一段高度为止（脱空高度根据楼板的厚度而定）。然后，将操作平台的活动平台板吊开，进行现浇楼板的

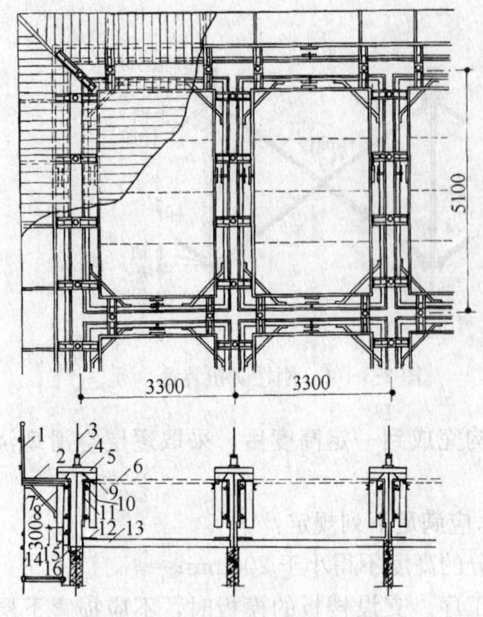

图 2-3-167　活动平台板操作平台

1—栏杆；2—固定平台板；3—支承杆；4—千斤顶；5—提升架；6—活动平台板；7—挑三角架；8—外围梁；9—内围梁；10—围圈；11—模板；12—脱空挡板；13—楼板；14—外吊架；15—山墙提升架接长腿；16—山墙接长外模板

支模、绑扎钢筋与浇灌混凝土或预制楼板的吊装等工序，如此逐层进行（图 2-3-167）。

模板空滑过程中，提升速度应尽量缓慢、均匀地进行。开始空滑时，由于混凝土强度较低，提升的高度不宜过大，使模板与墙体保持一定的间隙，不致粘结即可。待墙体混凝土达到脱模强度后，方可将模板陆续提升至要求的空滑高度。

另外，支承杆的接头，应躲开模板的空滑自由高度。

逐层空滑模板并进施工工艺的特点，是将滑模连续施工改变为分层间断周期性施工。因此，每层墙体混凝土，都有初试滑升、正常滑升和完成滑升三个阶段。

当墙体混凝土浇灌完毕后，必须及时进行模板的清理工作。即模板脱空后，应趁模板面上水泥浆未硬结时，立即用小铁铲、长把钢丝刷等工具将模板面清除干净，并涂刷隔离剂一道。在涂刷隔离剂时，应力争避免污染钢筋，以免影响钢筋的握裹力。

（1）逐层空滑现浇楼板施工法

逐层空滑现浇楼板施工法，就是施工一层墙体，现浇一层楼板，墙体的施工与现浇楼板逐层连续地进行。其具体做法是：当墙体模板向上空滑一段高度，待模板下口脱空高度等于或稍大于现浇楼板的厚度后，吊开活动平台板，进行现浇楼板支模、绑扎钢筋和浇灌混凝土的施工（图 2-3-168）。

1）模板与墙体的脱空范围

模板与墙体脱空范围，主要取决于楼板和阳台的结构情况。当楼板为单向板，横墙承重时，只需将横墙模板脱空，非承重纵墙应比横墙多浇灌一段高度（一般为 50cm 左右），使纵墙的模板不脱空，以保持模板的稳定。当楼板为双向板时，则全部内外墙的模板均需脱空，此时，可将外墙的外模板适当加长（图 2-3-169）。

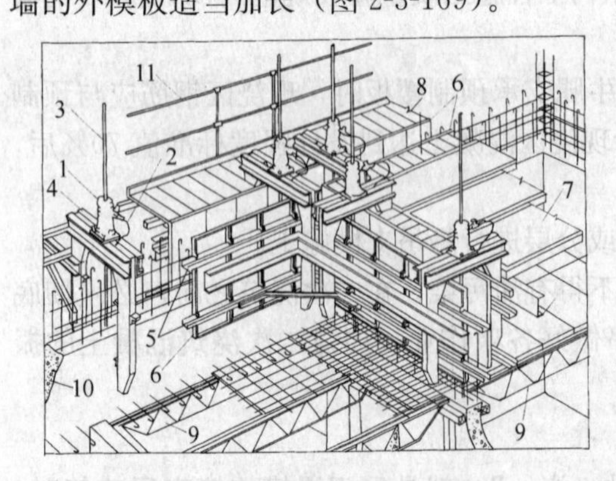

图 2-3-168　模板空滑现浇楼板

1—千斤顶；2—油管；3—支承杆；4—提升架；5—围圈；6—模板；7—活动平台板；8—固定平台板；9—楼板模板；10—混凝土墙体；11—栏杆

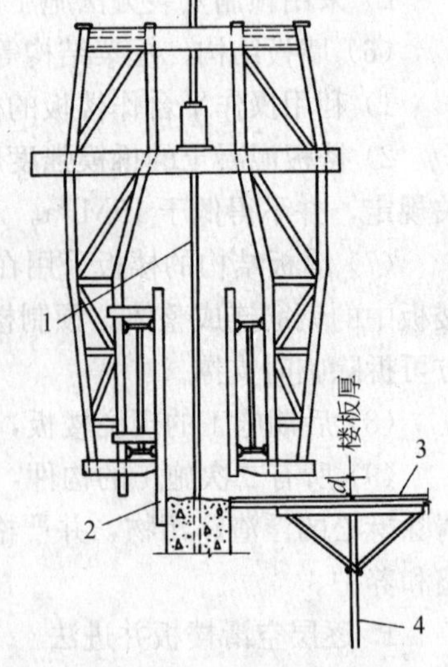

图 2-3-169　墙体脱空时，外模加长

1—支承杆；2—外模加长；3—楼板模板；4—楼板支柱

或将外墙的外侧 1/2 墙体多浇灌一段高度（一般为 50cm 左右），使外墙的施工缝部位成企口状（图 2-3-170）。以防止模板全部脱空后，产生平移或扭转变形。

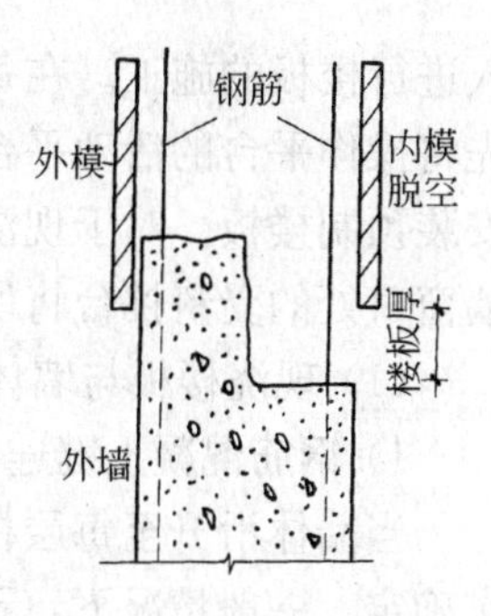

图 2-3-170 外墙企口施工缝

2）现浇楼板的模板

逐层空滑楼板并进滑模工艺的现浇楼板施工，是在吊开活动平台板后进行，与普通逐层施工楼板的工艺相同，可采用传统方法，即模板为钢模或木胶合板，下设桁架梁，通过钢管或木柱支承于下一层已施工的楼板上；也可采用早拆模板体系，将模板及桁架梁等部件，分组支承于早拆柱头上。可使模板周转速度提高 2～3 倍，从而大大减少模板的投入量。

（2）逐层空滑预制楼板施工法

逐层空滑预制楼板施工法的做法是：当墙体滑升到楼板底部标高后，待混凝土达到脱模强度，将模板连续提升，直至墙体混凝土全部脱模，再继续将模板向上空滑一段高度（应大于预制楼板的厚度一倍左右），然后，在模板下口与墙体混凝土之间的空当，插入安装预制楼板。空滑时，为保证模板平台结构的整体稳定，应继续向非承重墙体模板内浇灌一定高度（一般为 500mm 左右）的混凝土，使非承墙模板不脱空。

安装楼板时的墙体混凝土强度，一般不应低于 4.0MPa。为了加快施工速度，每层墙体的最上一段（300mm 左右）混凝土，可采用早强混凝土或将标号适当提高。也可采用硬架支柱法，即将楼板架设在临时支柱上，使板端不压墙体。

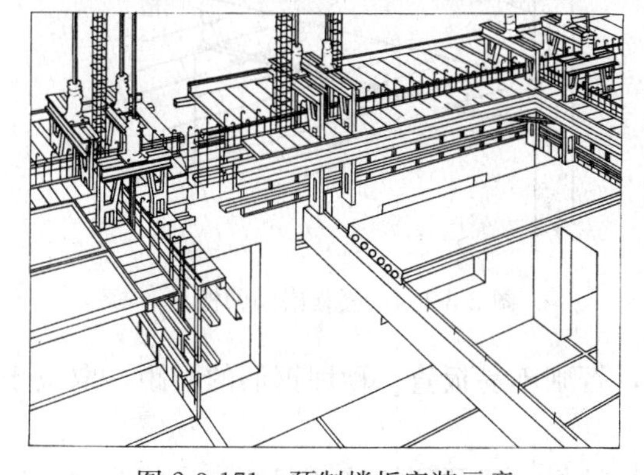
图 2-3-171 预制楼板安装示意

安装楼板前，必须对墙体的标高进行认真检查，并在每个房间内，划出水平标准线，然后在墙体顶部，铺上 5～10mm 厚的 1∶1 水泥砂浆，进行找平（硬架支柱法可不抹找平层）。安装楼板时，先利用起重设备，将操作平台的活动平台板揭开，然后顺房间的进深方向吊入楼板。楼板下放到模板下口之间的空位时，作 90°的转向，进行就位（图 2-3-171）。

安装楼板时，不得以墙体为支点撬楼板，也不得以模板或支承杆为支承点撬楼板，同时，严禁在操作时碰撞支承杆或蹬踩墙体。当发现墙体混凝土有损坏时，必须及时采取加固措施。

楼板安装后，模板下口至楼板表面之间的水平缝，一般可采用薄钢板制成的角铁形活动挡板堵塞，用木楔固定。模板滑升后，角铁形活动挡板与模板自行脱离（图 2-3-172）。

采用逐层空滑预制楼板施工工艺时，外挑阳台可采取现浇或预制，其做法与逐层空滑现浇楼板施工工艺相似。

逐层空滑预制楼板施工工艺的主要优点是：施工完一层墙体，即可插入安装一层楼板。因此，为立体交叉施工创造了有利的条件，同时，保证了施工期间的墙体结构稳定。其缺点是：每层承重墙体的模板需空滑一段高度。因此，模板空滑前，必须严格验算每根支承杆的稳定性。

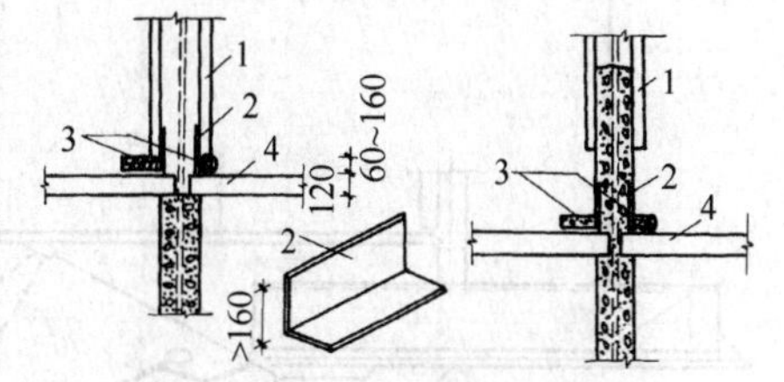

图 2-3-172 脱空部位的挡板

1—滑模；2—角铁形活动挡板；3—木楔；4—楼板

2. 先滑墙体楼板跟进法

当墙体连续滑升至数层高度后，即可自下而上地插入进行楼板的施工。在每间操作平台上，一般需设置活动平台板。其具体做法是：施工楼板时，先将操作平台的活动平台板揭开，由活动平台的洞口吊入楼板的模板、钢筋和混凝土等材料或安装预制楼板。对于现浇楼板的施工，在操作平台上也可不必设置活动平台板，而由设置在外墙窗口处的受料挑台将所需材料吊入房间，再用手推车运至施工地点。

（1）现浇楼板与墙体的连接方式

1）钢筋混凝土键连接

当墙体滑升至每层楼板标高时，沿墙体间隔一定的间距需预留孔洞，孔洞的尺寸按设计要求确定。一般情况下，预留孔洞的宽度可取200～400mm。孔洞的高度为楼板的厚度或按板厚上下各加大50mm，以便操作。相邻孔洞的最小净距离，应大于500mm。相邻两间楼板的主筋，可由孔洞穿过，并与楼板的钢筋连成一体。然后，同楼板一起浇灌混凝土，孔洞处即构成钢筋混凝土键（图2-3-173）。

采用钢筋混凝土键连接的现浇楼板，其结构形式，可为双跨或多跨连续密肋梁板或平板。大多用于楼板主要受力方向的支座节点。

2）钢筋销与凹槽连接

当墙体滑升至每层楼板标高时，沿墙体间隔一定的距离，预埋插筋及留设通长的水平嵌固凹槽。待预留插筋及凹槽脱模后，扳直钢筋，修整凹槽，并与楼板钢筋连成一体，再浇灌楼板混凝土（图2-3-174）。

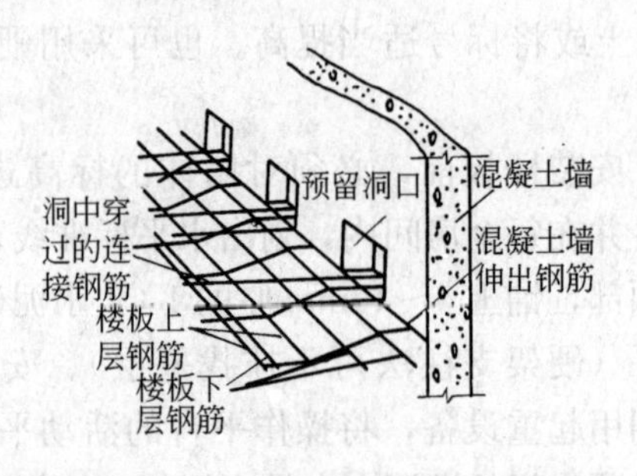

图2-3-173　钢筋混凝土键连接

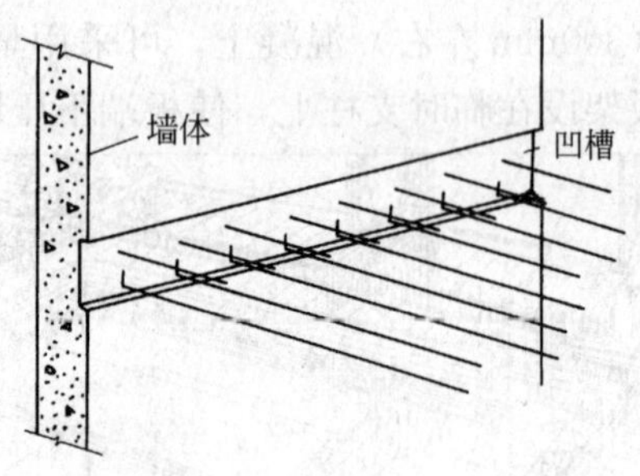

图2-3-174　楼板嵌固凹槽

预留插筋的直径不宜过大，一般应小于ϕ10mm，否则不易扳直。预埋钢筋的间距，取决于楼板的配筋，可按设计要求通过计算确定。

这种连接方法，楼板的配筋可均匀分布，整体性较好。但预留插筋及凹槽均比较麻烦，扳直钢筋时，容易损坏墙体混凝土。因此，一般只用于一侧有楼板的墙体工程。此外，也可采用在墙体施工时，预留钢板埋件再与楼板钢筋焊接的方法。但由于施工较繁琐，而且不经济，故一般很少采用。

（2）现浇楼板的模板

采用先滑墙体现浇楼板跟进施工工艺时，楼板的施工顺序为自下而上地进行。现浇楼板的模板，除可采用一般支模方法和快拆模板体系外，还可利用在梁、柱及墙体预留的孔洞或设置一些临时牛腿、插销及挂钩，作为桁架支模的支承点。当外墙有洞口时，也可采用飞模法（图2-3-175）。

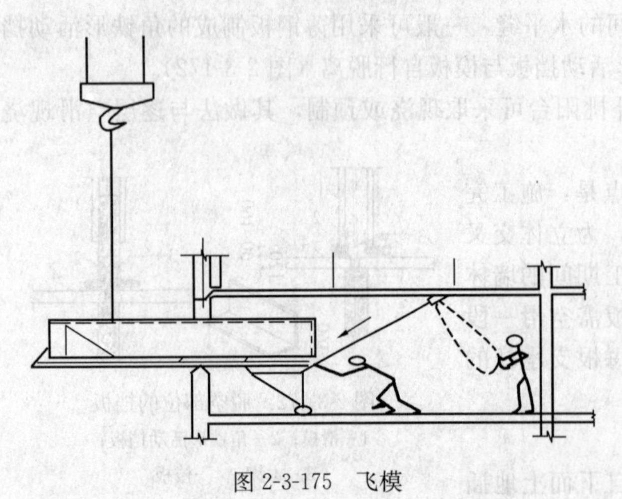
图2-3-175　飞模

3. 先滑墙体楼板降模法

先滑墙体楼板降模施工法，是针对现浇楼板结构而采用的一种施工工艺。其具体做法是：当墙体连续滑升到顶或滑升至8～10层左右高度后，将事先在底层按每个房间组装好的模板，用卷扬机或其他提升机具，徐徐提升到要求的高度，再用吊杆悬吊在墙体预留的孔洞中，即可进行该层楼板的施工（图2-3-176）。

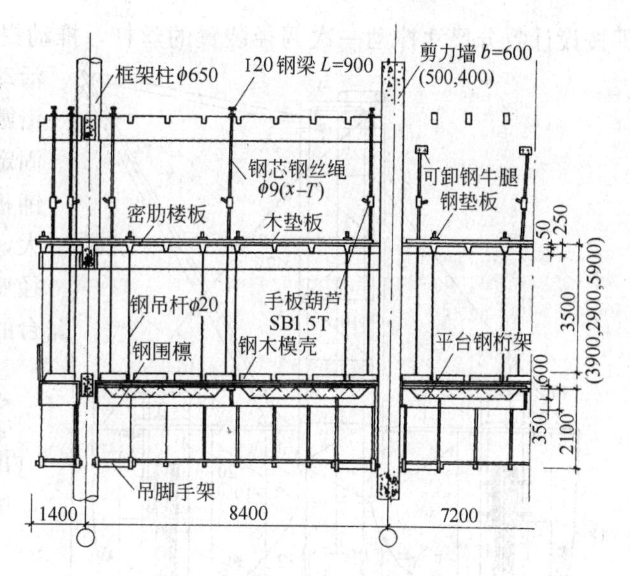

图2-3-176 悬吊降模法

当该层楼板的混凝土达到拆模强度要求时（不得低于15MPa），可将模板降至下一层楼板的位置，进行下一层楼板的施工。此时，悬吊模板的吊杆也随之接长。这样，施工完一层楼板，模板降下一层，直至完成全部楼板的施工，降至底层为止。

对于楼层较少的工程，降模只需配置一套或以滑模本身的操作平台作为降模使用，即当滑模滑升到顶后，可将滑模的操作台改制为楼板模板。也可分段配置模板进行降模施工。如以20层为例，可将1～10层和11～20层划为两个降模段，当墙体超过10层后，即可进行第一降模段10～1层的楼板施工；当墙体施工至20层后，即可进行第二降模段20～11层的楼板施工。

采用降模法施工时，现浇楼板与墙体的连接方式，基本与采用间隔数层楼板跟进施工工艺的做法相同，其梁板的主要受力支座部位，宜采用钢筋混凝土键连接方式。即事先在墙体预留孔洞，使相邻两间楼板的主筋，通过孔洞连成一个整体。非主要受力支座部位，可采用钢筋销凹槽等连接方式。如果采用井字形密肋双向板结构时，则四面支座均须采用钢筋混凝土键连接方式。

对于外挑阳台及通道板等，可采用现浇和预制两种方法，均可采用在墙体预留孔洞的方式解决。当阳台及通道板为现浇结构时，阳台的主筋可通过墙体孔洞与楼板连接成一个整体，楼板和阳台可同时施工；当阳台及通道板为预制结构时，可将预制阳台及通道板的边梁插入墙体孔洞，并使边梁的尾筋锚固在楼板内，与楼板的主筋焊在一起，也可焊在楼板面的预埋件上。阳台及通道板的吊装时间，可与楼板同步，也可待楼板施工后再安装。

降模施工工艺的机械化程度较高，耗用的钢材及模板量较少，垂直运输量也较少，楼层地面可一次完成。但在降模施工前，墙体连续滑升的高度范围内，建筑物无楼板连接，结构的刚度较差，施工周期也较长。同时，降模是一种凌空操作，安全方面的问题也较多。此外，不便于进行内装修及水、暖、电等工序的立体交叉作业。

2.3.3.5 圆锥形变截面筒体结构滑模施工

圆锥形变截面筒体结构主要包括烟囱、排气塔、电视塔以及桥墩等工程。可采用无井架液压滑模、滑框倒模、外滑内提、外滑内砌及自升平台式翻模等液压滑模工艺施工。

1. 无井架液压滑模工艺

无井架液压滑模工艺是将操作平台和模板等荷载全部由支承杆承担，利用液压千斤顶来带动操作平台和模板沿筒壁滑升。

(1) 无井架液压滑模构造：见图2-3-177和图2-3-178。

平台的辐射梁为提升架的滑道。每组辐射梁上部或下部装设有调径装置，调径装置的螺母底座固定在提升架外侧辐射梁的推进孔上，调径装置的丝杠顶紧提升架外侧。每提升一次模板，即按设计收分尺寸拧动一次调径装置的丝杠，推动提升架向内移动一次。在推动压力作用下，活动围圈与固定围圈、收分模板与活动模板则沿圆周方向作环向移动，相互重叠一些。吊架固定在提升架上，随提升架向内移动，吊架上铺板的搭接重叠长度随着吊架的移动逐渐加大，整个模板结构的直径和周长，可随烟囱直径变化的要求而逐渐减小。提升架与模板、平台的组装见图 2-3-178。

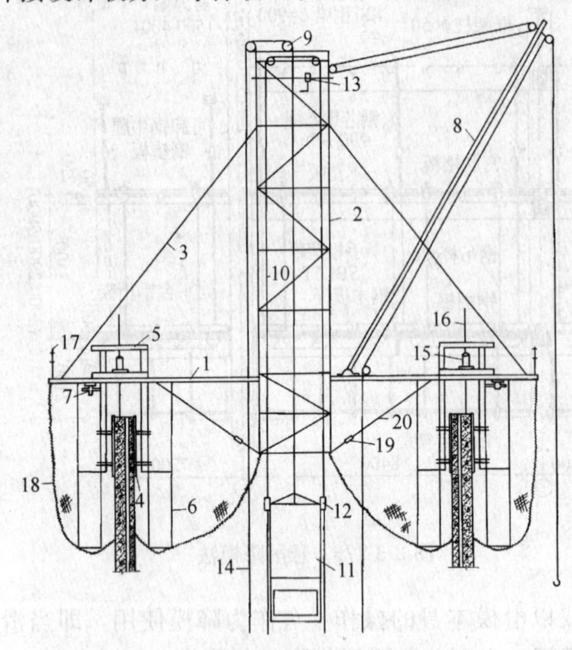

图 2-3-177　无井架液压滑模构造示意图

1—辐射梁；2—随升井架；3—斜撑；4—模板；5—提升架；6—吊架；7—调径装置；8—拔杆；9—天滑轮；10 一柔性滑道；11—吊笼；12—安全抱闸；13—限位器；14—起重钢丝绳；15—千斤顶；16—支承杆；17—栏杆；18—安全网；19—花篮螺丝；20—悬索拉杆

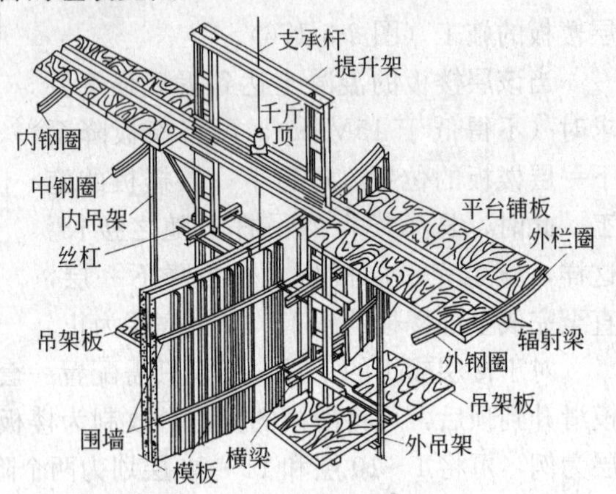

图 2-3-178　滑模提升架、模板、操作平台组装图

(2) 无井架液压滑模操作平台

1) 滑模操作平台结构：

滑模操作平台结构示意图 2-3-179。

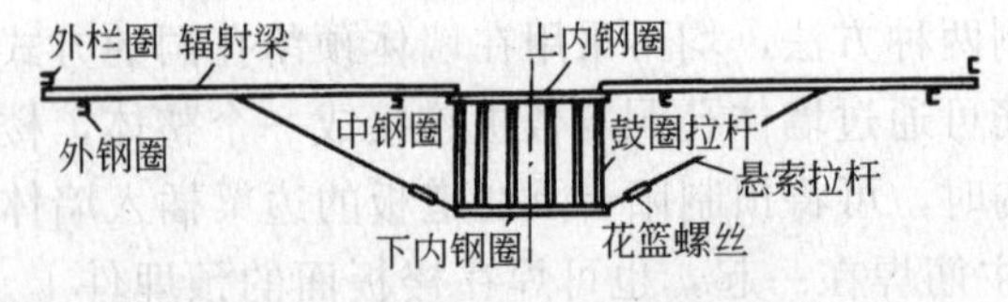

图 2-3-179　滑模平台结构示意图

2) 滑模操作平台平面布置：

滑模操作平台平面布置见图 2-3-180。

(3) 电视塔无井架液压滑模工艺

我国采用无井架液压滑模工艺施工的电视塔主要有：天津电视塔和辽宁电视塔等工程。

天津电视塔为钢筋混凝土筒中筒结构，由塔基、塔座、塔身、塔楼和桅杆天线等部分组成。总高度±0 以上为 405m（图 2-3-181）。

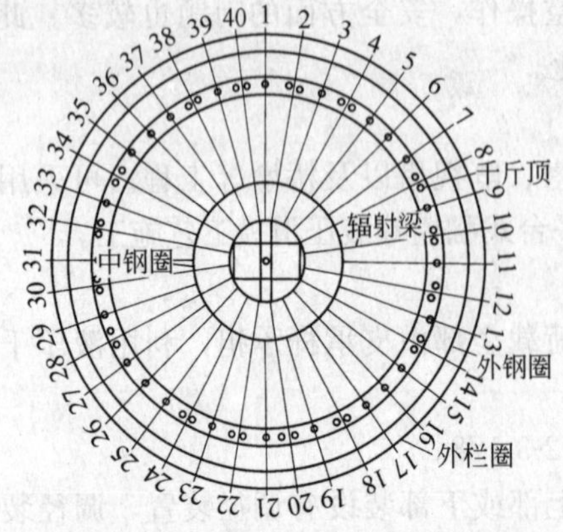

图 2-3-180　滑模操作平台平面布置

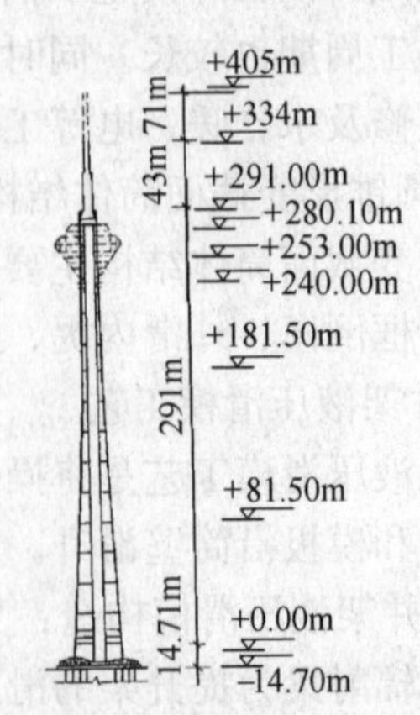

图 2-3-181　天津电视塔结构简图

塔身由内筒、外筒和横隔板构成。内筒为电梯井和楼梯间，平面为切角矩形，壁厚200和400mm，从底至顶不变，内设4部电梯；外筒为正圆锥形，直径与壁厚随高度而变。内外筒之间每20m高设一层横隔板连接成整体。外筒±0m处外径为33.9m，＋240m处外径为12.5m，高度＋20～＋40m，其壁厚为0.65m，高度＋40～＋160m，其壁厚为0.6m，高度＋170～＋291m，其壁厚为0.7m，高度＋240～＋291m的筒壁为直线段，筒身钢筋混凝土为C40。筒壁采用预应力钢筋混凝土结构，在外筒壁设置三种不同长度的预应力钢绞线。

在标高＋236m和＋240.2m处设有挑台，悬臂2.41m和3m。标高＋243.15m～＋278m为塔楼，全部采用钢结构。在钢筋混凝土桅杆施工完毕后，进行预制吊装。

标高＋291～＋334m为二节钢筋混凝土桅杆，筒身分别为：5m×5m和3.8m×3.8m，壁厚为0.6m和0.55m。标高＋334m～＋405m为钢桅杆。自标高＋20m至标高＋334m采用“内外筒不等高整体同步滑模工艺”施工。筒体混凝土总量为16000m^3。滑模施工期跨越春夏秋三季，最高气温37℃，最大风力7级以上。

1）滑模操作平台的设计

塔身外筒是变径的正圆锥形筒体，在滑模过程中易发生扭转，内筒系电梯井道。为保证电梯高速运行，井道垂直偏差限制在50mm以内，扭转偏差不得大于40mm。这就要求滑模平台要有足够的整体刚度，而又必须尽可能减小外筒扭转对内筒的影响。最后确定平台辐射梁与内筒围圈的连接采用铰接，辐射梁设计成简支梁形式，外端通过开字形提升架、千斤顶、支承杆支承于外筒壁上，内端则通过钢围圈、π形提升架、千斤顶、支承杆支承于内筒壁上，辐射梁用槽钢成对相背组成，提升架可在两相背槽钢中滑动收分变径。环向以型钢钢圈与辐射梁连接成平台骨架，上铺脚手板构成操作平台，下挂二层吊脚手架。

2）提升架与模板系统

提升架均用槽钢、角钢制作，外筒开字形，内筒π形，均设有调整模板倾斜度用的锁定丝杆，外筒还设有收分装置，每个提升架可同时安装1～4台千斤顶，与烟囱滑模提升架基本相同。

模板系统与烟囱滑模模板基本相同，模板高度1.25～1.4m，也分为固定、抽拔和收分模板三种类型。为减少扭转，外筒内外固定模板设有防扭条。

3）液压控制系统

采用GYD-35型滚珠式千斤顶和HY-36型液压控制台，千斤顶平均数量视平台荷重与施工荷载而定。共使用312台（后减至245台）千斤顶和4台液压控制台。油路设计成三级并联，由中央一台液压控制台统一控制。在每根支承杆上均安装限位卡，控制千斤顶同步爬升。

4）垂直运输系统

在电梯井道中设置一台双笼建筑施工电梯，梯笼专门设计成两层，上层装料，下层乘人，可降低电梯使用时停车高度，从而对电梯井架自由高度的要求也可随之降低。为满足滑模施工的运料要求，在另一井道中增设一台运混凝土的吊笼；在平台上对称设置四台拔杆，承担钢筋、钢管与料具的运输。

5）水平运输

地面利用机动翻斗车运输。平台在标高120m以下用手推车运混凝土，标高120m以上平台操作面变小，使用悬挂式水平运输系统，即利用钢管与内筒架子相连，搭成外挑悬臂架，在悬臂下环绕内筒以工字钢架设环形轨道，在环形轨道上安装两台起重量500kg的电动链环葫芦，配以相应的混凝土料斗，承担平台上的水平运输。

6）测量控制系统

① 垂直度与扭转的监测

高耸构筑物滑模施工对垂直度与扭转的监测极为重要，可选用方向性、准直度强、精度高

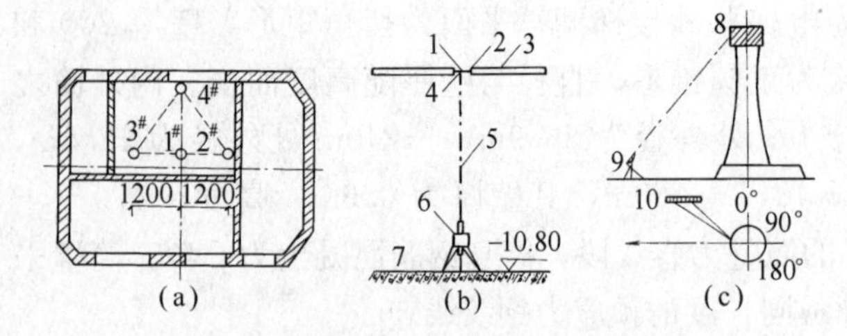

图 2-3-182　激光靶平面布置及测试示意图

(a) 激光靶布置；(b) 激光观测示意；(c) 扭转观测示意
1—激光靶；2—保护板；3—操作平台；4—观测口；5—激光束；
6—激光铅直仪；7—内筒基础面；8—平台；9—激光经纬仪；
10—钢尺

的激光铅直仪和激光经纬仪来监测。为了及时反映平台偏移与扭转情况，可在内筒平台上设置4个激光靶，平面布置如图 2-3-182。

激光室设置在内筒±0m平台。采用BJ-84型自动安平激光铅直仪和JDY-2型激光铅直仪。此外，还在远离塔身80m以外的地方设置一个激光经纬仪施测点，在滑模平台外钢圈上安置一根钢尺，可随时利用J2-JD激光经纬仪观测扭转数据。内筒的4台激光铅直仪每提升一次模板，即观测一次，以便及时采取纠偏纠扭措施。

② 标高控制

在内筒+1m标高处设基点，用钢尺向上量度，每40m设置一换尺点，各段采取累计读数。滑模施工过程中，选择内筒两根竖向钢筋作度量标志，作为预留洞口的标高量度基准。钢筋上的标志每3～4m向上翻一次，每40m以筒壁上的换尺点校准一次。

③ 平台上水平度的观测与调平

平台上水平度的观测，可用三种方法进行。一是利用FA-32型自动安平水准仪找平；二是利用BJ-84激光铅直仪加水平扫描头找平；三是利用连通水管找平。

三种方法均应在全部支承杆上画出一条水平线，以此为依据校正限位卡挡体的标高，从而控制平台水平度。水平线的测画工作须在停滑时进行，以免人多干扰，使观测结果失准。

2. 中央电视塔滑框倒模工艺施工

我国采用滑框倒模滑模工艺施工的电视塔工程主要有中央电视塔和南通电视塔等。其中中央电视塔和南通电视塔分别采用“滑框倒模”工艺和“内滑外倒”工艺。

中央电视塔±0以上总高度为396m(从室外地坪算起为405m)。由塔基、塔座、塔身、塔楼、桅杆等组成。塔身为钢筋混凝土筒中筒结构，包括外筒、中筒和内筒(梯筒)三部分。外筒为正圆锥形，标高±0处半径为16m，标高+200mm处半径变为6m。标高±0～+30m处外筒壁厚为600mm，标高+30m～+200m处壁厚为500mm。混凝土强度等级为C40(图 2-3-183)、(图 2-3-184)。

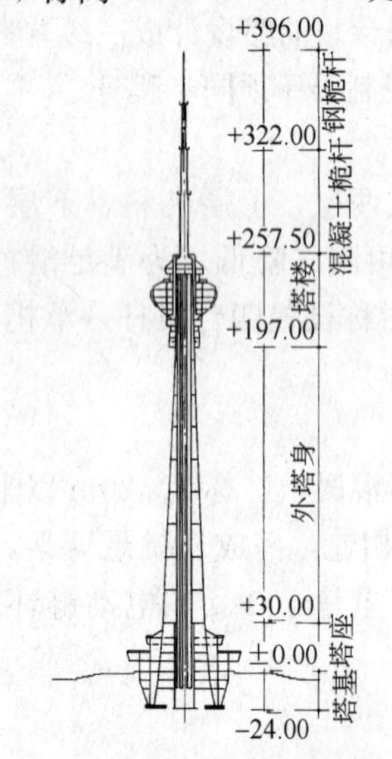

图 2-3-183　中央电视塔建筑结构剖面示意

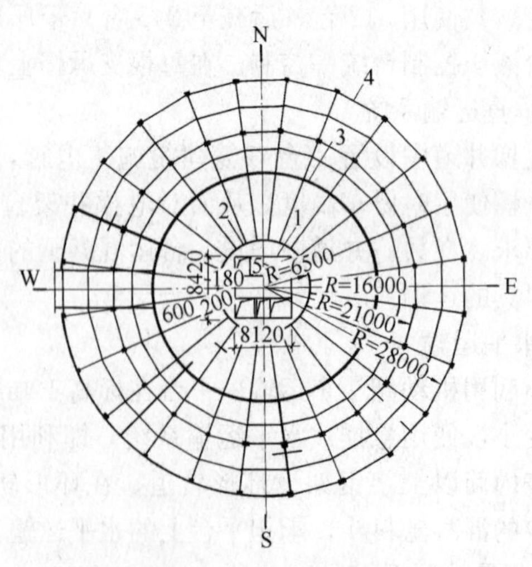

图 2-3-184　±0结构平面示意
1—内筒（梯筒）；2—中筒；3—外筒；
4—塔座框架；5—楼梯间

(1) 滑模平台

根据外筒、中筒、内筒不同步滑升的条件，将控制提升架缩径和承受施工荷载用的滑模平台，设计成环形平板网架结构。环形滑模平台的外侧，通过提升架支承于千斤顶上，内环没有支撑。在其平面内，48 榀提升架的轴线均通过圆心呈放射线布置，以便于提升架向内收缩和模板安装找正及整体纠偏（图 2-3-185）。

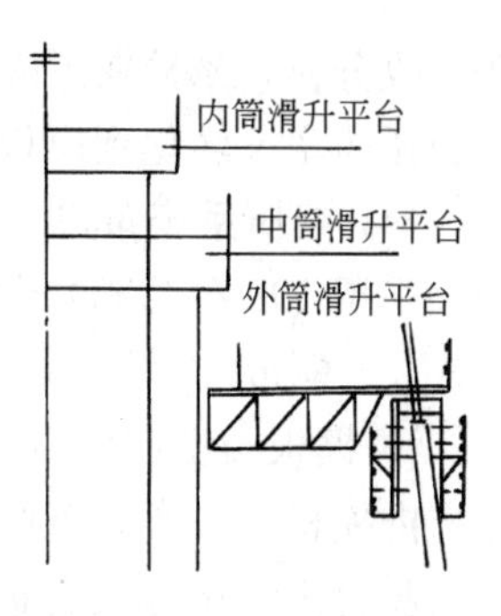

图 2-3-185　滑框倒模平台结构示意图

当施工至标高＋30m 时，中筒施工到顶，滑模平台内环处须将 24 根辐射梁接长至内筒外壁，在其端部焊接成方形环梁，环梁的内侧与内筒外壁留有 17cm 间隙，以便于调整平台的偏扭。当施工至标高＋150m 时，拆除 1/2 数量的辐射梁，然后增加 24 榀反桁架，并设 3 圈环梁，形成新的环形空间受力平台结构。在标高＋150m 以下，滑模平台环状结构外侧的网架杆件，可随外筒提升架的向内收缩变径，随时拆去多余部分（图 2-3-186）。

(2) 提升架

提升架由型钢焊接成“开”形，高 4.5m，宽 2.2m，共 48 榀。提升架的下横梁的下部，设有可调角度的千斤顶座，每榀提升架安装 4 台液压千斤顶。在提升架的每侧支腿上，设有 3 层围圈托架，该托架通过可调丝杠与提升架连接，以便于通过径向移动围圈来调整筒壁的厚度（图 2-3-187）。

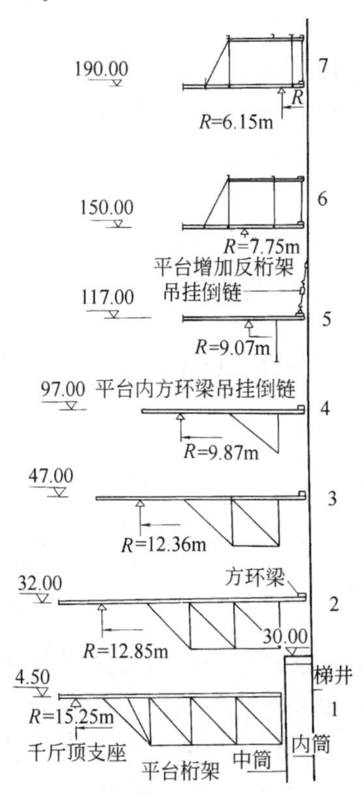

图 2-3-186　滑框倒模平台演变示意图

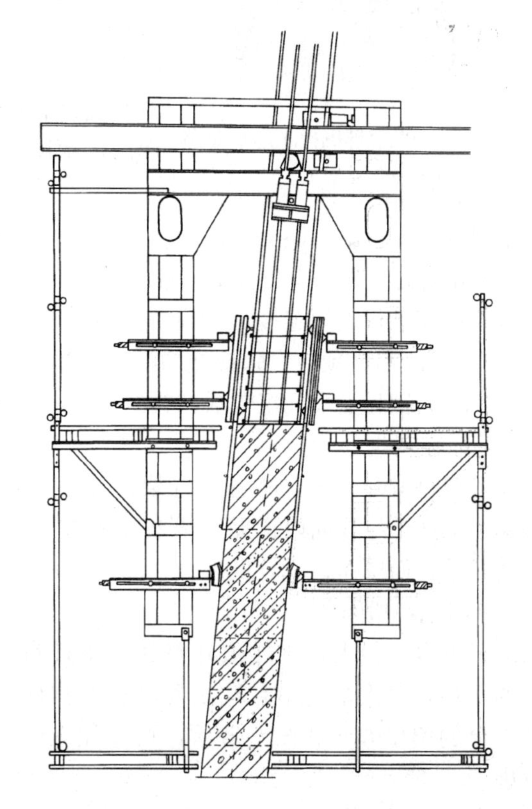
图 2-3-187　滑框倒模构造图

(3) 围圈

围圈为支撑模板的横向主龙骨（L80×8），模板背面用 5×10 木方作次龙骨，主、次龙骨之间通过钩环连接。围圈为直线形，两个提升架之间（7.5°）设置上、下各 1 个围圈。通过调整主、次龙骨的规格（厚度），使模板成弧。围圈一端固定，另一端可伸缩，用 M20 螺栓连在托架上，收分时，螺栓在围圈活动端的长孔内滑动，这样48根直围圈构成封闭的48条边，每条边上的圆弧曲率又转化到模板上，即由模板成弧来实现塔身的圆弧度。

(4) 液压系统布置

采用192台GYD-35型液压千斤顶，由1台HY-56型控制台集中控制。

(5) 模板

1) 模板类型：为适应外塔身的变化和简化施工程序，内外模板均分为两种类型：

内模板：一类为钢收分模板，从底到顶尺寸不变，位置不变（模板尺寸：900×400×3）；另一类为12mm厚胶合板模板；

外模板：从底到顶分5种规格：标高±0～＋20m为900mm×1800mm；标高＋20～＋56m为900mm×1500mm；标高＋56～＋114m为900mm×1200mm；标高＋114～＋171m为900mm×900mm；标高＋171～200m以上为900mm×1200mm（后改为1200mm×1800mm)。

2) 模板材料：外模选用12mm厚覆膜胶合板为面材；内模原选用8mm厚的竹塑胶合板，后改成与外模一致；收分模板为3mm厚钢板，加工出压口舌边。

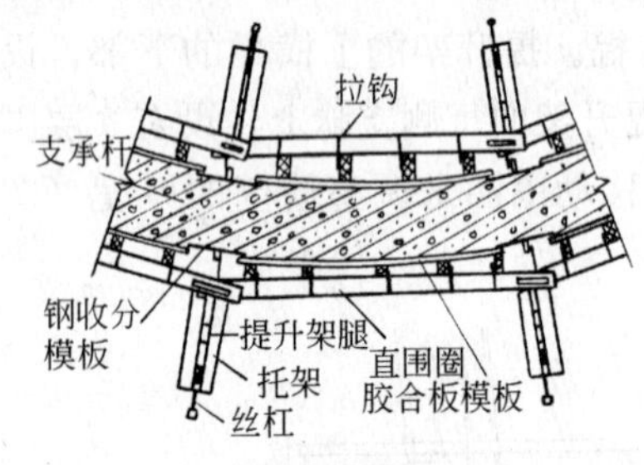

图2-3-188 外筒滑框倒模平面示意图

3) 模板平面布置：为保证收分模板脱模后痕迹规律美观，每榀提升架所在的轴线对应一对收分模板（即标高＋150m以下7.5°圆心角对应一对收分模板，标高＋150m以上15°圆心角对应一对收分模板)，覆膜胶合板与收分模板相间布置（图2-3-188)。

4) 模板构造：模板与围圈的联结采用拉钩形式。模板竖楞侧面设有连接挂钩孔，支模时用拉钩将模板拉在直围圈上，然后用木楔子挤紧即可。

(6) 支承杆稳定性

正常施工时，浇完混凝土即绑扎千斤顶座底至混凝土面0.9m高度内的钢筋。钢筋绑扎完后进行0.9m高的滑升。为防止支承杆失稳，在0.9m钢筋绑完后，将4根一组的支承杆与结构主筋通过拉接筋进行点焊连接，形成一个由支承杆和主筋组成的受压柱。

在＋112m标高预应力张拉端的混凝土牛腿施工中，需将整个系统空滑3.7m高，也可采取用L50×5角钢和支承杆组焊成格构式受压柱的方式进行加固。

(7) 缩径及收分

外塔身每滑升一步，所有提升架都要沿平台辐射梁的刻度向圆心收缩，收缩方法有两种：一是采用手摇千斤顶向内顶提升架缩径的方法；二是采用牵挂捯链向内缩径的方法。这两种方法工具简单，但操作效率较低。

(8) 纠偏纠扭问题

由于平台直径大，千斤顶升差和支承杆自由度大，外加荷载分布不均，受风力影响诸多因素的干扰，每次滑升平台均出现漂移和扭转。根据激光铅直仪和经纬仪的观测数值，在确定了平台的偏扭方向和偏差值后，可采用3～4个倒链（3～5t）斜拉，即可纠正或控制偏差的发展。

外塔身滑框倒模施工工艺流程（正常施工阶段）如图2-3-189。

施工工艺流程中，关键工序是滑框（即滑升）→支模板→浇混凝土→绑钢筋。绑钢筋可在混凝土浇完后立即插入，在混凝土养护的4～6h内完成，不单独占工时。

在正常的施工条件下，一昼夜能够完成1.5步，即1.35m。

3. 桥墩液压自升平台式翻模工艺

(1) 液压自升平台式翻模的构造与工作原理

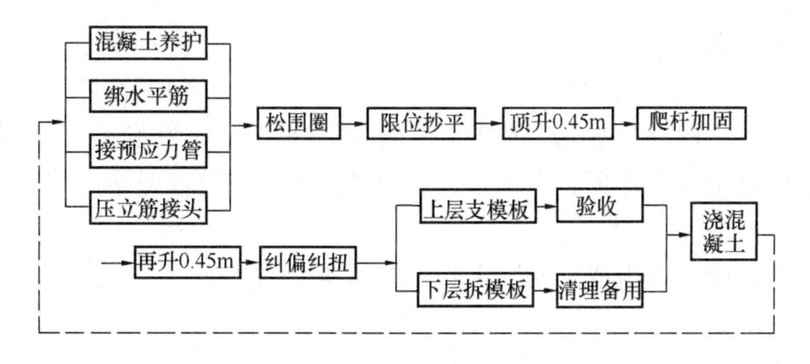

图 2-3-189　外筒滑框倒模工艺流程图

液压自升平台式翻模由操作平台、提升架、吊架、模板系统、液压提升设备、抗风架、中线控制系统和附属设备等组成。图 2-3-190 为内昆铁路花土坡大桥 110m 高墩采用的翻模结构。

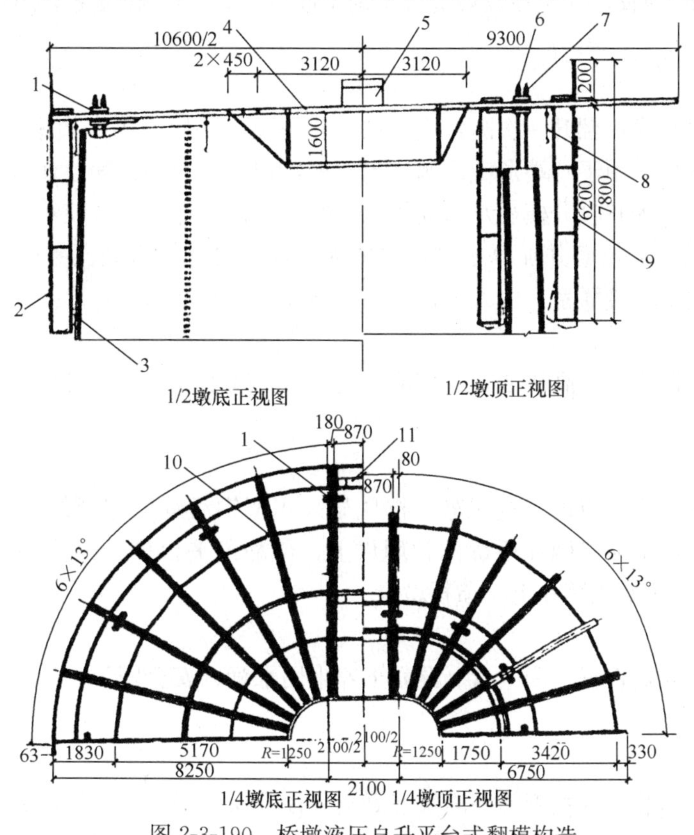

图 2-3-190　桥墩液压自升平台式翻模构造

1—收坡提升架；2—安全网；3—墩身模板；4—操作平台；5—液压控制台；6—支承杆及套管；7—千斤顶；8—捯链滑车；9—吊架；10—固定提升架；11—抗风架

其工作原理是，将工作平台支撑于已达到一定强度的墩身混凝土上，以液压千斤顶为动力，不断提升操作平台和吊架、提升架等，施工人员在吊架上进行模板的拆卸、提升、安装、绑扎钢筋等项作业。在平台上进行混凝土的灌筑、捣固、吊架移位和中线控制等作业。内外模板各设三层，循环交替翻升。当第三层混凝土浇灌完成后，提升工作平台，拆卸并提升第一层模板至第三层上方，安装、校正后，浇筑混凝土。周而复始，直至完成整个墩身的施工。

1）操作平台

由内上、下钢环，连杆，中钢环，外钢环，辐射梁，栏杆及模板等组成，各杆件之间全部采用螺栓连接。是安装各零部件、安放机具、堆放材料及施工作业的主要场所。操作平台通过千斤顶带动提升架使其提升。

2）收坡提升架

由上下联杆、立柱、丝杆与螺母、丝杆座、滚轮与轴组成，它套装在辐射梁上，通过转动丝杆上的螺母和滚轮可推动千斤顶、支承杆、套管及内外吊架沿辐射梁向圆心移动。

3）内外吊架

由吊杆、吊架板、围栏等组成，安装在收坡提升架的立柱下端，是修整混凝土和拆装模板等施工作业的场所。

4）支承杆与套管

支承杆采用 ϕ48mm 钢管，用于千斤顶爬升、支承操作平台和施工荷载。下端穿入千斤顶与套管内，支撑在混凝土中，通过千斤顶内的上下卡头的交替作用，使操作平台提升。

套管采用 ϕ60mm 钢管，安装在收坡提升架的下联杆上，用于增强支承杆的稳定和便于支承杆的抽换。

5）模板

根据墩内外坡率和模板翻升一次圆弧周长的变化情况，外模分固定模板，大、小抽拔模板，收分模板及直线段模板（用于圆端形截面墩）等五种，相互之间均为螺栓连接，外用围带箍紧。

内模板用组合钢模板和收分模板及与其相配套的竖横带和连接件拼装组成。

内外模板之间用 ϕ12 拉筋并加撑木楔使之成为整体。内外模板竖向各分三节，每节 1.5m，模板与操作平台不发生直接联系，由人工借助倒链（0.5t）拆装翻升。

6）液压提升设备

由液压千斤顶、控制台、高压油管及分油器等组成。选用 YHJ-56 型控制台和 GYD-60 型滚珠式大吨位千斤顶。

7）抗风架

施工风力较大时，翻模应设置抗风架。抗风架采用型钢组焊的门形结构，设置在桥墩直线段的两根辐射梁之间，下端锚固在桥墩的预埋件上，待翻模平台提升到位翻升模板时，解除下端锚固，提升 1.5m，重新锚固在上一节桥墩上。

8）辅助设备

辅助设备包括激光铅直仪、配电盘、混凝土养生用水管、安全网等。

（2）施工工艺

1）工艺流程

施工准备→翻模组装→绑扎钢筋→浇筑混凝土→提升操作平台→模板翻升→翻模拆除

实施作业时，模板翻升、绑扎钢筋、浇筑混凝土和提升操作平台等项工作循环进行，直至墩帽下端为止。中间穿插操作平台调平、接长支承杆、混凝土养生和安装预埋件等项工作。

2）翻模组装

以方便组装、保证安全为原则。首先拼装好第一节模板，然后拼装工作平台。可在墩位上直接拼装；也可根据现场起重设备的最大起重量，将工作平台在墩旁预先拼装组合后，整体吊装就位。

3）组装精度要求见表 2-3-32。

组装精度表 **表 2-3-32**

序　号	内　容	精度要求	备　注
1	中心误差	+2mm	—
2	水平高度	<4/1000	—

续表

序　号	内　容	精度要求	备　注
3	截面尺寸	D外<D+ 5mm；d内 <d−5mm	
4	水平接缝	<1mm	
5	竖向接缝	<1mm	

4）混凝土的浇筑

① 混凝土浇筑应分层对称进行，每层厚度为 30cm；

② 振捣应密实。不得漏振、重振和振捣过深。振捣棒不应接触模板和错动预埋件；

③ 混凝土应对准模板口入模，防止外砸伤人。

5）操作平台的提升

① 操作平台的初次提升，应在混凝土浇筑一定高度后进行，一般不小于 0.6m，同时应在混凝土初凝后终凝前进行。提升高度为千斤顶的 1～2 个行程；

② 正常提升，每隔 1～1.5h 提升一次，提升高度以能满足一节模板组装即可，切忌空提过高。提升到位后，应及时转动丝杆螺母，按要求坡度使收坡提升架向圆心收坡；

③ 在提升过程中，当发现操作平台水平偏斜，可边提升边调整。

6）模板翻升

① 模板解体：先将模板 3～4 块分成 1 个单元，解体前先用挂钩吊住模板，并悬吊在捯链滑车吊钩上，然后拆下拉筋、竖带与围带。

② 模板翻升：将模板吊升到相邻的上节模板位置，待操作平台提升到 1.7m 高度后，再吊升到安装位置，按收分后要求重新进行组装。

7）翻模拆除

模板翻升至墩顶后，按以下顺序进行翻模的拆除：先拆除模板→拆除吊架→拆除内钢环→拆除收坡提升架→拆除平台铺板→拆除液压控制台→拆除千斤顶→拆除套管连接螺栓→利用缆索吊车将平台整体吊于地面→抽拔支承杆后灌孔。

2.3.3.6　圆形筒壁结构滑模施工

圆形筒壁结构，主要是指上下直径不变或壁厚只作阶梯形变化的各种贮仓、水塔、造粒塔、沉井以及油罐等工程。这类工程适宜采用滑模施工。其组成见图 2-3-191。

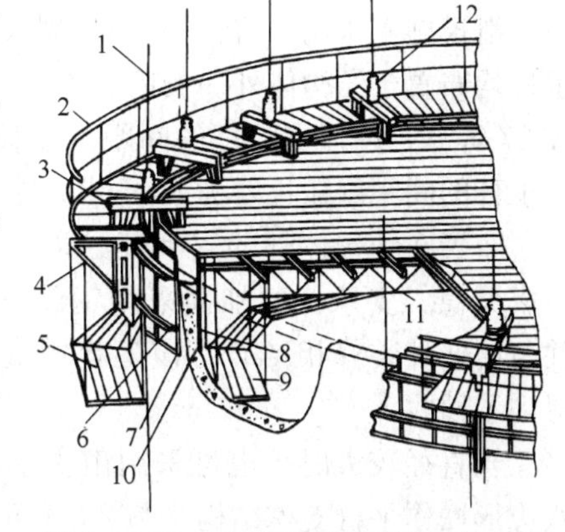

图 2-3-191　圆形筒壁结构滑模示意图
1—支承杆；2—栏杆；3—提升架；4—三角挑架；5—外吊脚手架；6—外围圈；7—外模板；8—内围圈；9—内吊脚手架；10—内模板；11—平台桁架；12—千斤顶

筒壁上不设置洞口时，提升架和千斤顶可沿筒壁均匀布置，其间距一般不大于 2.5m。筒壁上设置有洞口时，提升架和千斤顶应尽可能避开洞口布置，以减少因支承杆脱空而造成的加固工作。

1. 圆形筒壁结构滑模操作平台

根据筒壁直径的大小、有无现浇钢筋混凝土顶板和平台荷载的变化情况，一般可采用下列几种结构形式。

（1）桁架式滑模操作平台

当圆形筒壁结构的直径小于 10m 或顶部有现浇钢筋混凝土盖板时，通常可用桁架作为操作平台的承重结构，在桁架上按一定的间距铺设木楞，在木楞上铺设钢、木制平台板或竹胶合板的平台板。对于有现浇顶盖的工程，可将

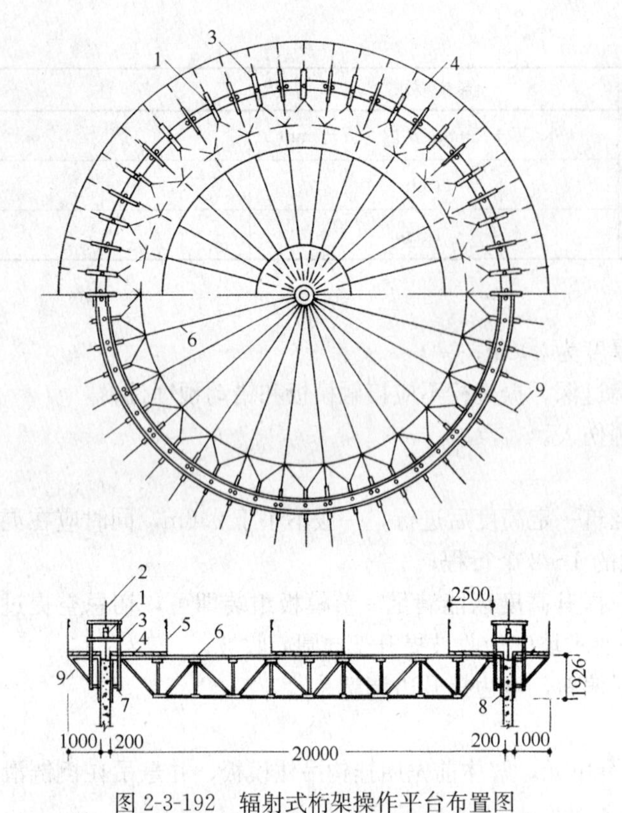

图 2-3-192　辐射式桁架操作平台布置图

1—千斤顶；2—支承杆；3—提升架；4—平台板；5—栏杆；6—辐射式桁架；7—围圈；8—模板；9—三角挑架

平台板作为顶盖混凝土的模板。内操作平台的承重桁架可支承于提升架的内立柱上，或通过托架支承于加固后的内围圈上，桁架的端部通过螺栓与支座连接。外操作平台的三角挑架可通过螺栓支承于提升架的外立柱上或外围圈上，在三角挑架上亦铺设木楞和木板。沿操作平台的外侧设置防护栏杆。在内、外操作平台的下部，悬挂环形的内、外吊脚手架（图2-3-191）。

操作平台的承重构件，尽可能用钢材做成工具式的，既可多次重复使用，又易于适应不同直径平台的需要。操作平台的桁架可以采取平行式、井字式或辐射式布置。采取平行式布置时，为了保持桁架的侧向稳定，在相邻两个桁架的上下弦之间，需设置水平支撑，将两个桁架连成一组。

图 2-3-192 为辐射式桁架操作平台的布置实例。该工程是一个内径 20m、壁厚 20cm，高 68m 的圆筒形造粒塔。标高 57.8m 处为劲性钢筋混凝土井字梁楼盖。辐射形桁架跨度为 19.26m，高 1.926m。桁架的上弦用 2 根 L70×6，下弦用 2 根 L63×6，腹杆用 2 根 L50×5，中心交接处用 1 根 ϕ159×4 无缝钢管，中心处上下弦的连接板均采用 8mm 厚的钢板。

（2）挑架式滑模操作平台

图 2-3-193 为内外双环挑架式滑模操作平台构造平面实例。该工程为内径 25m，壁厚 260mm，高 16m 的钢筋混凝土结构。

滑模施工采用 54 台 GYD-60 型大吨位千斤顶，全部支承杆均布置于结构体外。按内、外环各 27 根均匀布置，形成 27 等分，内环支承杆的间距（弧长）为 2862mm，外环支承杆的间距（弧长）为 3006mm（图 2-3-194）。

布置在结构体外的支承杆必须严格进行加固，否则将造成失稳。支承杆的加固采用钢管脚手架的扣件和钢管，并与筒壁外装修相结合。该工程的支承杆（18.66t）全部得到了回收。

当直径较大时，也可采用由主副桁架、主副梁组成的八边形操作平台支撑结构（图 2-3-195）。

经使用证明，这种八边形操作平台支撑结构用钢量省，组装方便。当直径不同时，稍加改装即可继续周转使用。上表面铺板后，便可形成一条宽 30m 的内环工作平台。滑模施工时，可作为堆放材料和操作的场所。

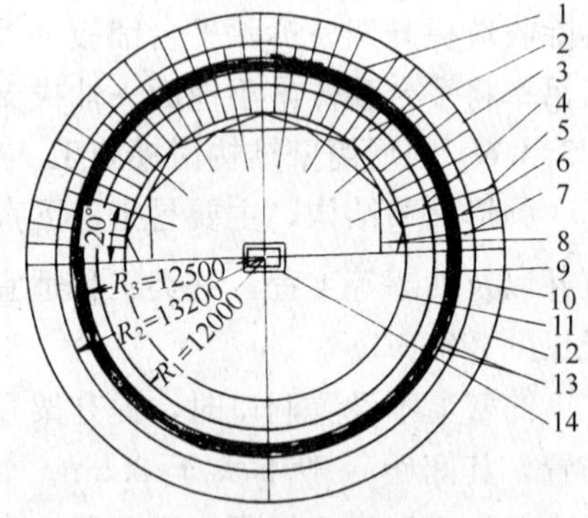

图 2-3-193　内外双环挑架式滑模操作平台构造平面

1—桁架分段线（按 20°分段）；2—内平台；3—外平台；4—内挑架；5—外挑架；6—提升架；7—千斤顶（54 台）；8—支承桁架；9—内桁架；10—外桁架；11 —内围栏；12—外围栏；13—内、外模；14—液压控制台（设在地面）

说明：

1）千斤顶按提升架间隔布置，每榀提升架体外布置 2 台千斤顶，滑过后支承杆作为内外架的立管使用；

2）内外桁架按 20°分段，每段接头采用螺栓拆除每段整体吊装，便于二次组装。

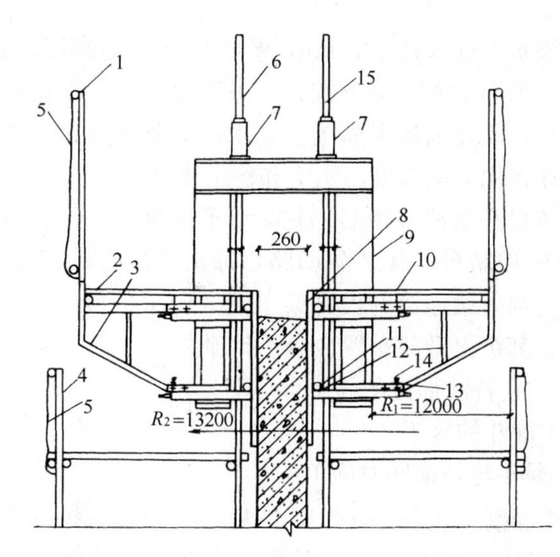

图 2-3-194 内外双环挑架式滑模操作平台剖面

1—平台栏杆；2—外平台铺板；3—外挑架；4—外墙脚手架；5—安全网；6—仓外支承杆；7—千斤顶；8—钢模板；9—提升架；10—内平台板；11 一钢管围圈；12—围圈挂钩；13—围圈桁架；14—围圈挂钩；15—仓内支承杆

说明：

1）围圈桁架安装高度（桁架下弦至混凝土始滑面）400mm；

2）模板安装高度按模板上口距钢管围圈 225 mm（第二个销孔）。

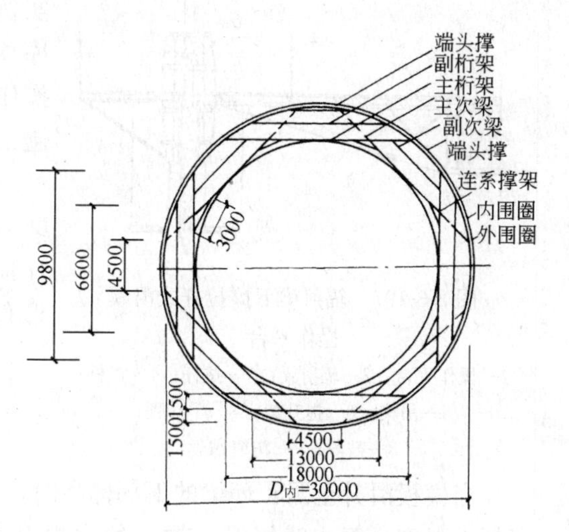

图 2-3-195 内径 30m 浅圆仓八边形操作平台支撑结构布置

当采用起重量为 60kN 以上的千斤顶时，可将支承杆布置于结构体外。

(3) 井架环梁式滑模操作平台

对于直径较大，顶部有现浇混凝土盖板的圆形墙壁结构，可采用井架环梁式滑模操作平台。这种平台主要由内外环梁和辐射梁等承重构件组成。在内环梁的中间，设置一个竖井架，沿竖井架顶部，根据需要向下吊挂数根受拉支承杆（图 2-3-196）。

在内环梁与外环梁或筒壁提升架之间，设置辐射梁（或桁架）。辐射梁（或桁架）外端与外环梁（或筒壁提升架）连接，并以螺栓固定。内端与内环梁连接固定。在辐射梁（或桁架）的上部，铺设搁栅和平台板，组成环形操作平台。

千斤顶除布置在筒壁提升架外，根据平台荷载情况，在围绕井架周围的内环梁与辐射梁相交处，可另外布置一些千斤顶，沿井架吊挂下来的受拉支承杆爬升。

竖井架既是吊挂支承杆的支承点；又是材料和人员的运输通道。还可作为现浇混凝土顶盖模板的支柱。

位于井架周围内环梁部位的千斤顶，也可采用与筒壁千斤顶同步滑升的方法（即支承杆受压），但需边滑升边对脱空支承杆进行加固。

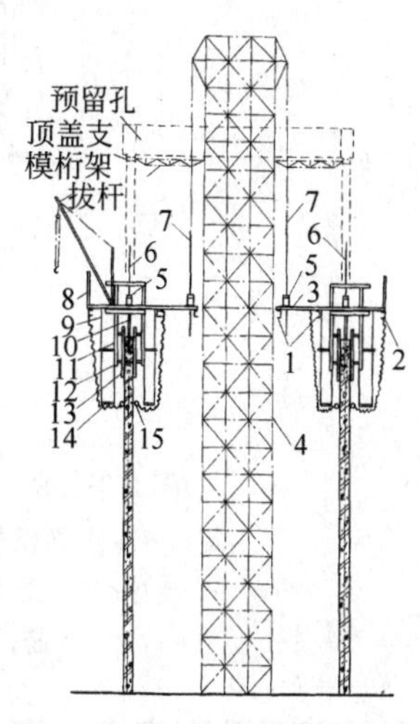

图 2-3-196 井架环梁式滑模操作平台

1—内环梁；2—外环梁；3—辐射梁；4—井架；5—千斤顶；6—受压支承杆；7—吊挂受拉支承杆；8—栏杆；9—吊脚手架；10—套管；11—提升架；12—围圈；13—模板；14—安全网；15—养护水管

(4) 辐射梁下撑拉杆式滑模操作平台

这种滑模操作平台是一种空间悬索结构，具有结构合理、安全可靠、轻便省料等特点，适于大直径筒仓的滑模施工。主要由中心鼓圈、辐射梁、下撑式拉杆及花篮螺丝等组成。

图 2-3-197 是一座水泥筒仓的辐射梁下撑拉杆式滑模操作平台的

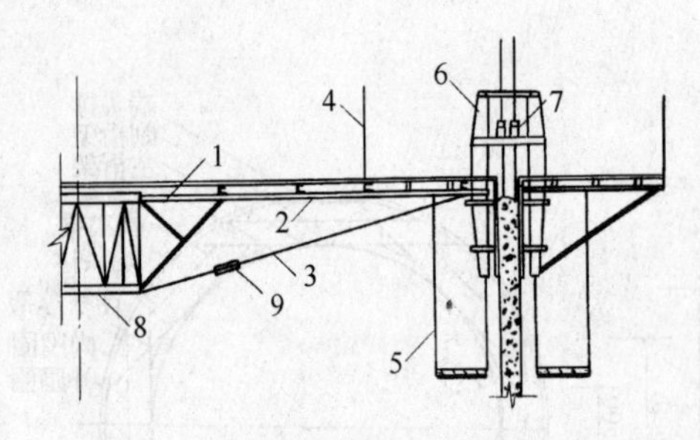

图 2-3-197 辐射梁下撑拉杆式滑模操作平台

1—操作平台；2—辐射梁；3—拉杆；4—栏杆；5—吊架；6—提升架；7—千斤顶；8—鼓圈；9—花篮螺丝

实例。该水泥仓外径 23.16m，壁厚 38cm，总高度 60m。库顶为一圆形钢筋混凝土锥壳。采用辐射梁下撑拉杆式操作平台，既要满足滑模施工要求；又要满足仓顶锥壳施工荷载作用下的强度、刚度和稳定要求。

液压提升系统采用 GYD-35 型千斤顶 105 台和 HY-56 型液压控制台，共 7 条油路，每条油路控制 15 台千斤顶。与辐射梁连接的提升架布置 3 台千斤顶，呈三角形布置，其余提升架布置 2 台千斤顶。

2. 贮仓特殊部位的施工

(1) 漏斗的施工

1) 漏斗与环梁同时施工法

当模板滑升至漏斗环梁的下部标高时，筒壁混凝土先找平振实，然后进行空滑。根据出模混凝土强度，每小时提升一次，每次提升高度 150～200mm。当混凝土面低于滑升模板上口 300mm 时应加固支承杆，提升加固交替进行。当滑升模板下口与环梁顶面平齐时，停止滑升。然后，按一般支模方法，将漏斗壁与环梁同时施工。待漏斗壁及环梁浇筑混凝土后，再继续进行上部筒壁的施工（图 2-3-198）。

2) 漏斗与环梁二次施工法

与上述模板空滑方法相同，将模板空滑至漏斗环梁的上表面标高后，用一般支模方法，进行环梁的施工。同时，在环梁与漏斗壁的接槎处，预留出接槎钢筋或铁件（图 2-3-199）。

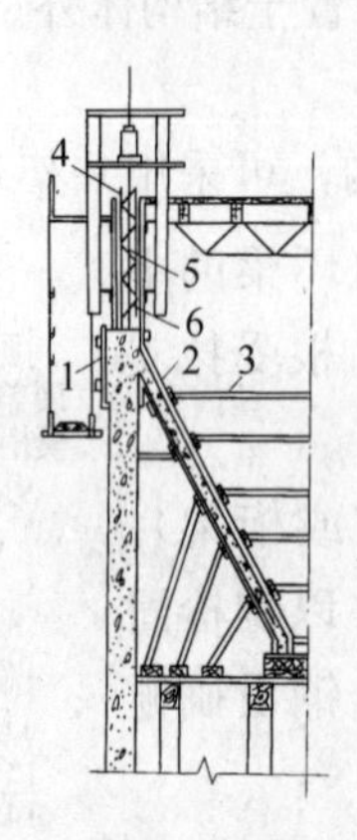

图 2-3-198 漏斗与环梁同时施工

1—漏斗梁模板；2—漏斗模板；3—支撑；4—受力钢筋；5—环向加固筋；6—斜短钢筋

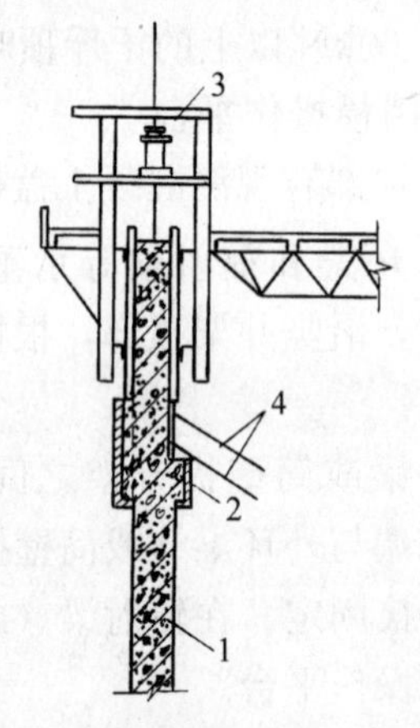

图 2-3-199 漏斗壁与环梁二次施工法

1—已脱模混凝土；2—漏斗环梁模板；3—提升架；4—环梁与漏斗接槎钢筋或铁件

当筒壁施工完毕，绑扎漏斗壁的钢筋时，将预留接槎钢筋或铁件与漏斗壁的钢筋或漏斗铁件按设计要求进行焊接，再按一般支模方法进行漏斗壁混凝土的施工。或与钢漏斗进行焊接。

采用上述两种模板空滑施工方法时，必须及时做好支承杆的加固工作。有条件时，最好采用支承杆成组布置或采用大吨位千斤顶。

(2) 群仓的分组施工

贮仓群为数个至数十个贮仓组合而成的群体，一般分为主仓和星仓。为了节省一次投入的模板、机具和劳动力等，可采取分组施工的方法。

图 2-3-200 为大连北良粮库贮仓群滑模分段施工情况，该工程由 128 只内径 12m 的连体筒仓组成。分为九段进行流水施工，每段 8～20 只筒仓。

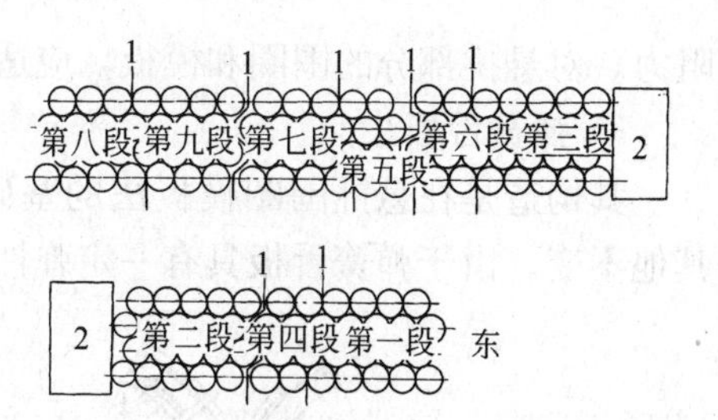

图 2-3-200　128 只贮仓群滑模分段施工
1—施工缝

图 2-3-201 为一组由 27 只筒仓组成的贮仓群滑模分组布置示意图。该工程每排 3 只，采取分 5 组施工，即 1～4 组每组 6 只；第 5 组为 3 只。

对于仓壁相交处的墙体加厚和转角部位，可采用特制的双千斤顶提升架（图 2-3-99～图 2-3-100）。对于第 2 组筒仓与第 1 组已施工筒仓的连接处，除采用 г 形单肢提升架和单侧模板外，其竖向施工缝的接槎处理问题，可采取以下几种方法：

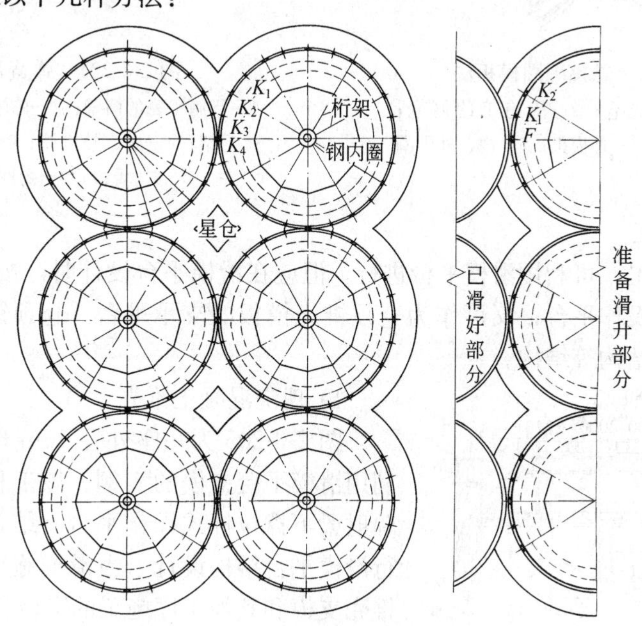

图 2-3-201　27 只贮仓群滑模分组布置示意图
K_1—单千斤顶提升架；K_2—双千斤顶提升架（垂直于横梁布置）；K_3—转角部位＜形双千斤顶提升架；K_4—厚墙体部位的双千斤顶提升架（沿横梁布置）；F—单千斤顶单侧模板 г 形提升架

1）预埋滑道法

在先施工的一组贮仓接槎处，对应于下一组贮仓的外围圈端部位置，垂直预留两排埋设铁件，在预埋件上垂直安装两根槽钢，作为下一组贮仓施工时的滑道。当下一组贮仓施工时，在外围圈的端部各设置一个滑轮。模板滑升时，滑轮即沿滑道上升。施工完毕，型钢滑道即可拆卸，重复使用。

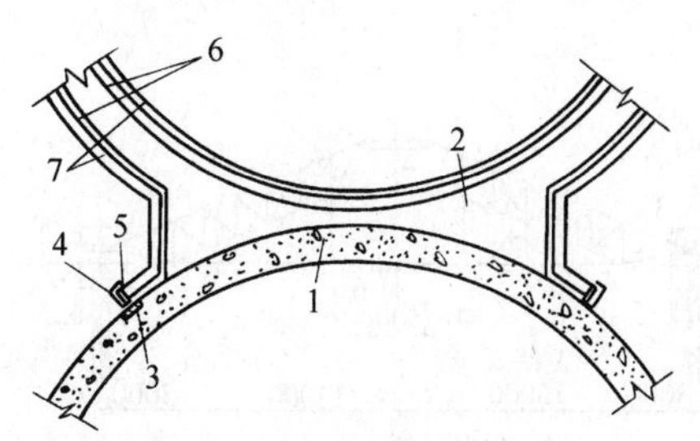

图 2-3-202　预埋滑道法
1—已施工完的筒仓；2—待施工的筒仓；3—埋设铁件；4—槽钢滑道；5—滑轮；6—模板；7—围圈

两组贮仓的接槎处，应按施工缝处理。在前一组贮仓施工时，应预留出接槎钢筋，并将接槎部位的混凝土凿毛。待施工下一组贮仓时，将贮仓钢筋与接槎钢筋按设计要求进行焊接或绑扎（图 2-3-202）。

2）悬挑围圈模板法

贮仓接槎处的模板装置，除尽可能将提升架与千斤顶靠近接槎处布置外；可采用悬挑围圈模板的方法，将悬挑的外围圈和外模板，均做成圆弧形状，以减小滑升时的摩阻力。对悬挑部分的围圈和模板，应适当加固，使其具有足够的刚度（图 2-3-203）。

3）弹簧舌板法

其构造是在悬挑围圈模板法的基础上改进而成。将悬挑的折角模板取消，改为弹簧舌板，其他不变。由于弹簧舌板具有一定弹性，能伸能缩，使接缝处更加严密（图 2-3-204）。

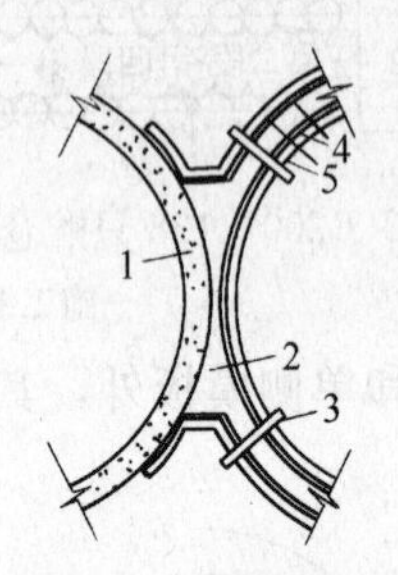

图 2-3-203　悬挑围圈模板法

1—已施工完的筒仓；2—待施工的筒仓；3—提升架；4—内、外模板；5—内、外围圈

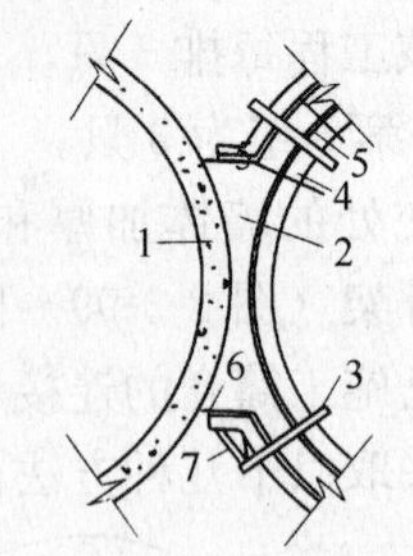

图 2-3-204　弹簧舌板法

1—已施工完的筒壁；2—待施工的筒壁；3—提升架；4—内、外围圈；5—内、外模板；6—舌板；7—劲性格构

（3）仓顶锥壳施工

筒仓顶锥壳的施工，可利用滑模平台进行。但应在滑模平台设计时，按实际荷载进行计算。使其既可作滑模施工操作平台；又可作为仓顶锥壳模板的支承平台。仓顶锥壳可采用现浇混凝土、预制混凝土和钢结构等结构。

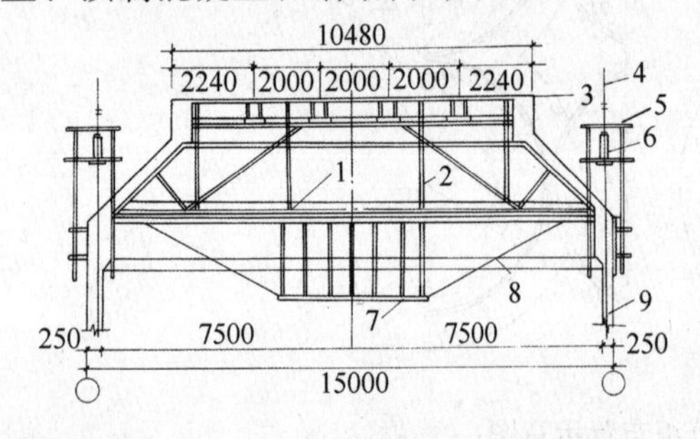

图 2-3-205　利用滑模平台施工现浇混凝土仓顶

1—滑模平台；2—锥壳支模；3—锥壳混凝土；4—支承杆；5—提升架；6—千斤顶；7—鼓圈；8—下撑拉杆；9—仓壁

1）现浇混凝土锥壳

图 2-3-205 为一座外径 15m 现浇混凝土仓顶锥壳利用滑模平台支模的实例。该工程滑模施工时，采用辐射梁下撑拉杆式操作平台。结合锥壳支模要求，进行滑模平台结构设计。当滑模施工到顶后，即可作为锥壳支模和其他工序施工的平台。

2）预制混凝土锥壳

预制混凝土锥壳的施工其支撑系统可利用滑模平台进行。具体可参照现浇混凝土锥壳的模板结构。安装预制板时应轻吊轻放、对称吊装。

3）钢结构仓顶

钢结构仓顶的施工可与滑模平台的结构设计相结合，并可在滑模平台组装时，将钢结构仓顶的桁架支承于提升架的特制支座上。为了保证平台不承受桁架支座的水平力，可对称加设水平拉杆以保持平衡（图 2-3-206）。

3. 复合壁同步现浇滑模施工

复合壁滑模施工适用于保温复合壁贮仓、节能型建筑、冷库、冻结法施工的矿井复合壁及保温、隔音等工程。

（1）工艺原理与构造

复合壁滑模施工，是在常规滑模装置的内外模板之间（双层墙壁的分界处）增设一个隔离板，隔离板通过连接件固定于提升架上，并随提升架同步提升。在隔板两侧，使两种混凝土入模时分开，隔板滑升后，

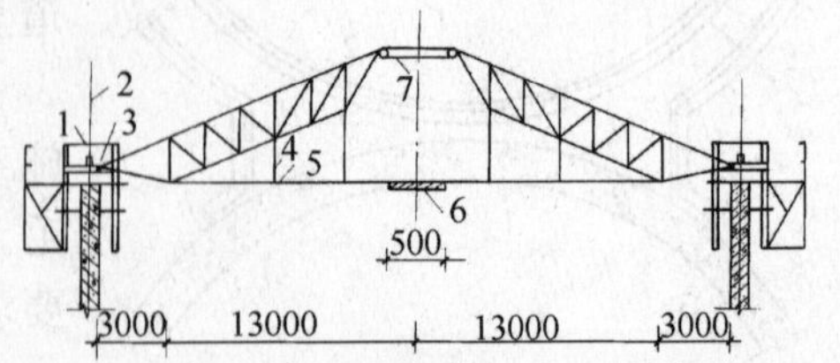

图 2-3-206　利用滑模平台同步提升钢结构仓顶

1—提升架；2—支承杆；3—桁架支座；4—吊杆；5—水平拉杆；6—中心钢圈；7—仓顶中心环

两种混凝土又自动结合成一体（图 2-3-207）。

隔离板应符合下列规定：

1）隔离板用 1.2～2.0mm 厚的钢板制作；

2）在面向有配筋墙壁一侧，隔板竖向加焊直径 ϕ25～28 的圆钢，圆钢的下部与隔离板底部相齐，上部与提升架间的连系梁刚性连接，圆钢的间距为 1000～1500mm；

3）隔离板安装后应保持垂直，其上端应高于模板上口 50～100mm，深入模板内的高度可根据现场情况确定，应比混凝土的浇灌层减少 25mm。

滑模的支承杆应布置在强度较高一侧的混凝土内。

浇灌两种不同性质的混凝土时，应先浇灌强度高的混凝土，后浇灌强度较低的混凝土；振捣时，先振捣强度高的混凝土，再振捣强度较低的混凝土，直至密实（图 2-3-208）。

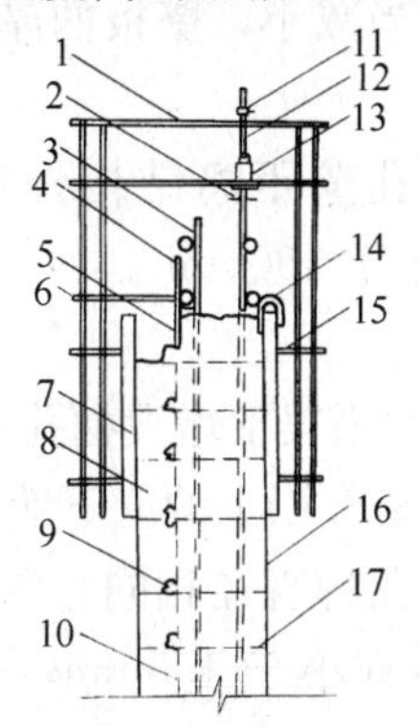

图 2-3-207　同步现浇双滑工艺原理与构造

1—开形提升架；2—槽钢；3—结构钢筋；4—导具；5—双滑隔板；6—连接件；7—滑模；8—轻质混凝土；9—吃出牛腿；10—界面缝；11—限位卡；12—支承杆；13—千斤顶；14—保护层工具；15—上下围圈；16—结构混凝土；17—分层水平线

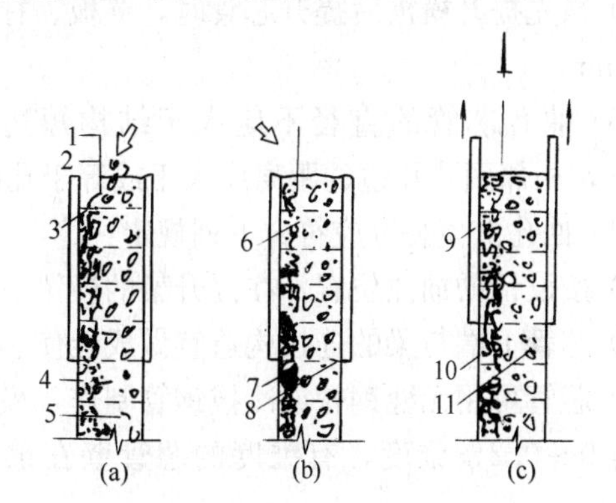

图 2-3-208　复合竖壁同步现浇双滑顺序

（a）先浇结构混凝土；（b）浇轻质混凝土；（c）完成一层同步双滑

1—双滑导具；2—隔离板；3—“吃出”混凝土牛腿；4—珍珠岩轻质混凝土；5—结构普通混凝土；6—灌浆孔道；7—复合壁界面；8—分层水平缝；9—普通滑模；10—新出模轻混凝土；11—新出模结构混凝土

同一层两种不同性质的混凝土浇灌层厚度应一致，浇灌振捣密实后，其上表面应在同一平面上。

隔板上黏结的砂浆应及时清除。两种不同的混凝土内掺加的外加剂应调整其凝结时间、流动性和强度增长速度。轻质混凝土内宜加入早强剂、微沫剂和减水剂，使两种不同性能的混凝土均能满足在同一滑升速度的需要。

在复合壁滑模施工中，不宜进行空滑施工，除非另有防止两种不同性质混凝土混淆的措施。停滑时应按 2.3.3.3 中（5）采取停滑措施，但模板总的提升高度不宜超过一个混凝土浇灌层的厚度。

复合壁滑模施工结束，最上一层混凝土浇筑完毕后，应立即将隔离板提出混凝土表面，再适当对混凝土进行振捣，使两种混凝土之间的隔离缝密合。

预留洞或门窗洞口四周的轻质混凝土宜用普通混凝土代替，代替厚度不宜小于 60mm。

复合壁滑模施工的壁厚允许偏差应符合表 2-3-33 的规定。

复合壁滑模施工的壁厚允许偏差　　表 2-3-33

项　目	壁厚允许偏差（mm）		
	混凝土强度较高的壁	混凝土强度较低的壁	总壁厚
允许偏差	－5～＋10	－10～＋5	－5～＋8

4. 空心筒壁抽孔滑模施工

(1) 滑模施工的墙、柱在设计中允许留设或要求连续留设竖向孔道的工程，可采用抽孔工艺施工，孔的形状应为圆形。

(2) 采用抽孔滑模施工的结构，柱的短边尺寸不宜小于 300mm，壁板的厚度不宜小于 250mm，抽孔率及孔位应由设计确定。抽孔率宜按下式计算：

1) 筒壁和墙（单排孔）

抽孔率（%）＝单孔的净面积/相邻两孔中心距离×壁（墙）厚度×100%；

2) 柱子

抽孔率（%）＝柱内孔的总面积/柱子的全截面积×100%；

3) 当先提升模板后提升芯管时，壁板、柱的孔边净距可适当减小，壁板的厚度可降至不小于 200mm。

(3) 抽孔芯管的直径不应大于结构短边尺寸的 1/2，且孔壁距离结构外边缘不得小于 100mm，相邻两孔孔边的距离应大于或等于孔的直径，且不得小于 100mm。

(4) 抽孔滑模装置应符合下列规定：

1) 按设计的抽孔位置，在提升架的横梁下或提升架之间的联系梁下增设抽孔芯管；

2) 芯管上端与梁的连接构造宜做成能使芯管转动，并能有 5cm 以上的上下活动量；

3) 芯管可用无缝钢管或冷拔钢管制作，模板上口处外径与孔的直径相同，深入模板内的部分宜有 0～0.2%锥度，有锥度的芯管壁在最小外径处厚度不宜小于 1.5mm，其表面应打磨光滑；

4) 芯管安装后，其下口应与模板下口齐平；

5) 抽孔滑模装置宜设计成模板与芯管能分别提升，也可同时提升的可间歇作业装置；

6) 每次滑升前应先转动芯管。

(5) 抽孔芯管表面应涂刷隔离剂。芯管在脱出混凝土后或做空滑处理时，应随即清理粘结在上面的砂浆，再重新施工时，应再刷隔离剂。

(6) 抽孔芯管的组装质量和抽孔滑模质量标准见表 2-3-34。

抽孔芯管的组装质量和抽孔滑模质量标准 **表 2-3-34**

项目	管或孔的直径偏差	管的安装位置偏差	管中心垂直度偏差	管的长度偏差	管的锥度范围
质量标准或允许偏差	±3mm	<10mm	<2‰	±10mm	0～0.2%

注：不得出现塌孔及混凝土表面裂缝等缺陷。

图 2-3-209 为内径 22m 空心壁贮仓滑模抽空示意图。

该工程的空心仓壁厚 450mm，抽孔直径 ϕ159mm；孔距 349mm（图 2-3-210）。

抽孔系统由工具式钢管芯模和提升机具两部分组成，芯模为 ϕ159mm 无缝钢管，安装间距 349mm，沿仓壁中心线布置，每仓 228 只。芯管上端通过附加环梁与提升架相连接，使竖向自动抽孔和模板滑升同步完成，符合安全、适用、经济的原则。

5. 沉井滑模施工

沉井采用滑模施工，其方法与圆筒仓基本相同。沉井的滑模施工有两种方式：一种是将沉井井壁先在地面施工后下沉。另一种方式是边滑边沉。采用此法，必须注意沉井每个阶段的自重都能克服下沉的摩阻力，否则，就应采取前一种方式。

边滑边沉的施工方式，其特点有以下几方面：

（1）在地面下沉时，其刃脚部分混凝土强度必须达到设计强度的70%以后方可开始；

（2）滑模施工始终在离地面或水面不太高的位置进行；

（3）在操作平台的中央，必须有足够的空间，作为垂直运输通道；

（4）中心线的控制必须与下沉挖土密切配合，找出不均匀下沉原因（要分析是由不均匀下沉造成，还是提升时的不同步所造成），应先校正下沉的偏斜，然后再调整平台的倾斜；

（5）沉井下沉的速度应与滑升速度相适应，以确保施工的顺利进行；

（6）必须注意沉井每个阶段的自重均能克服下沉摩阻力，如仍不能克服摩阻力时，则应设法增加配重。

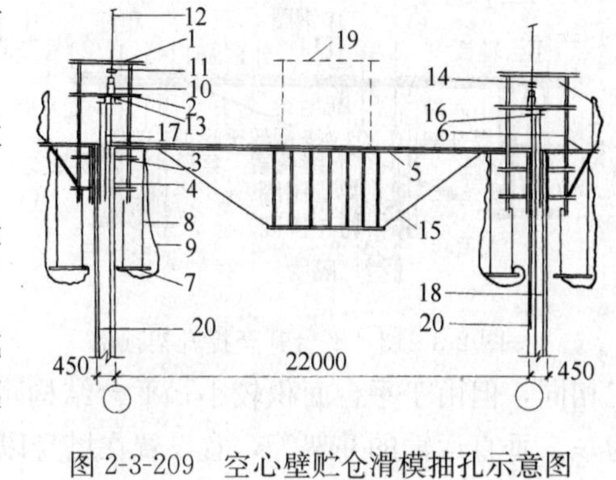

图 2-3-209　空心壁贮仓滑模抽孔示意图

1—开形提升架；2—开形架下横梁；3—围圈工具式支托；4—滑升模板；5—辐射梁式刚性平台；6—外挑三脚架平台；7—吊脚手架；8—吊脚手架吊索；9—兜底封闭安全网；10—液压千斤顶；11 —限位调平卡；12—ϕ25 支承杆；13—千斤顶扁担梁；14—外挑架封闭围栏；15—辐射下撑拉杆；16—抽孔芯管附加环梁；17—仓壁抽孔芯模；18—仓壁竖向孔道；19—液压控制台；20 —空心壁混凝土

图 2-3-211 为一圆筒形钢筋混凝土沉井工程实例，筒体外径 20.60m，壁厚 0.80m，刃脚以上高度 26m，井内设有丁字形隔墙。根据结构特点，采用辐射梁下撑拉杆式操作平台。该结构平面由辐射梁及内外钢圈组成，每组辐射梁由 2 根［14 槽钢拼装并沿径向布置，一端与中心鼓筒上钢圈相连；另一端分别与提升架支托相连，节点采用螺栓连接。中心鼓筒下钢圈与辐射梁靠近筒壁一端采用 ϕ16 钢丝绳斜拉索张紧装置，组成类似悬索状结构。组装时，辐射梁与四周筒壁提升架相对布置，数量相等。

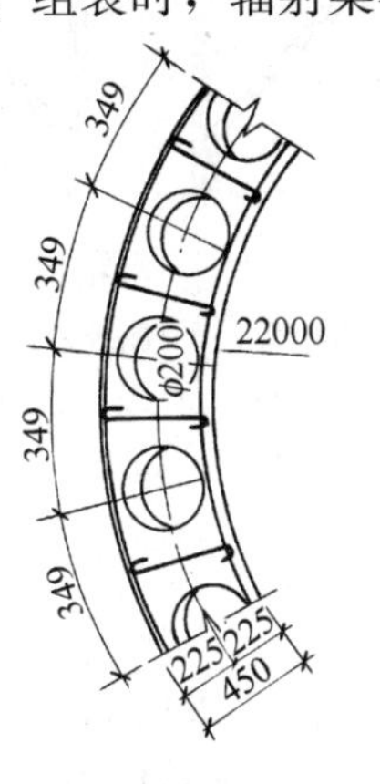

图 2-3-210　空心仓壁图

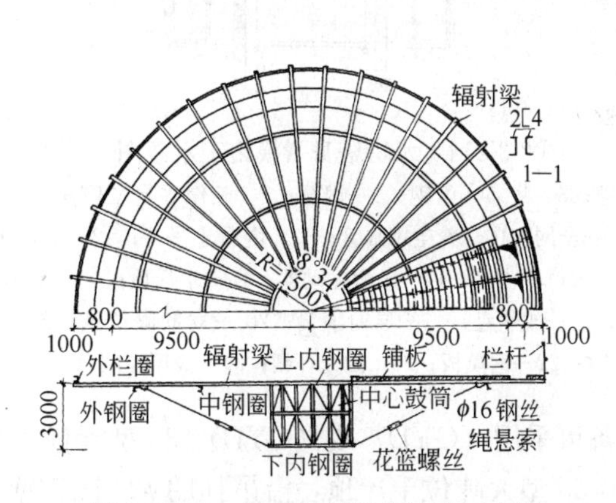

图 2-3-211　沉井滑模平台结构示意图

液压系统采取沿筒壁四周等距离布置提升架 42 个，每个提升架相应布置千斤顶 2 台，丁字隔墙部分布置提升架 11 个及千斤顶 22 台，共布置 GYD-35 型千斤顶 106 台。油路布置采用混合单线管路。整个滑升动力由 1 台液压控制台驱动，从控制台引出 10 条主干管，通过三通和连接阀引出 53 条支管，每条支管连接 2 根高压胶管和 2 台千斤顶，具体布置如图 2-3-212 所示。

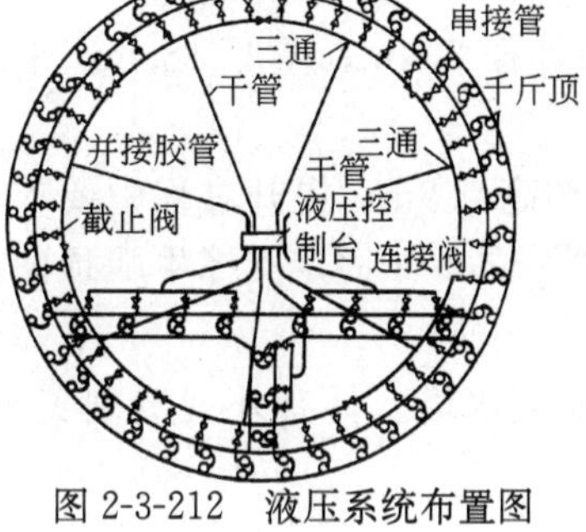

图 2-3-212　液压系统布置图

对于平台结构上的斜拉索与隔墙部分模板发生立体交叉问题。采用平台辐射梁升至提升架顶部，并相应降低安装高度的方法解决。具体做法如图 2-3-213 所示。

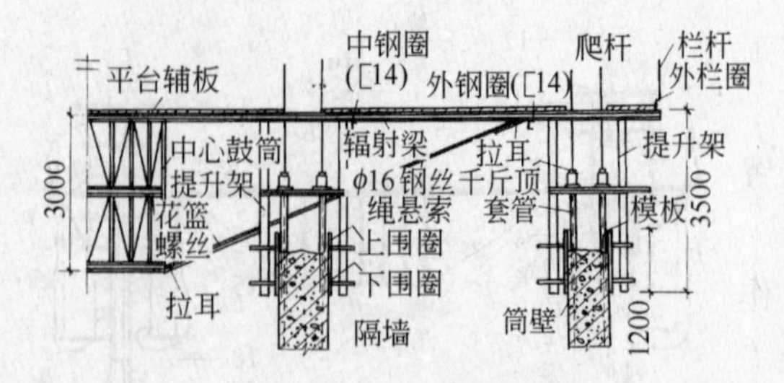

图 2-3-213 平台升至提升架顶部

6. 水塔的施工

水塔由塔身和水箱两部分组成。目前采用较多的倒锥形水塔，塔身为圆形筒壁结构，水箱为倒锥形斜环状箱体。水箱的容积一般为 200m^3、300m^3，较大者为 500～1000m^3。高度一般为 20～40m。

水塔塔身的施工与一般圆形筒壁结构滑模施工相同，但由于平台面积较小，平台结构可与提升架组成一体，且应考虑与水箱提升平台合二为一。垂直运输的井架等，宜设置在塔身以外（图 2-3-214）。

当塔身滑模施工完毕，拆去模板等多余部分，将滑模平台固定在筒壁顶部的预埋件上，即可作为提升水箱的作业平台，进行提升水箱设备的安装提升作业（图 2-3-215）。

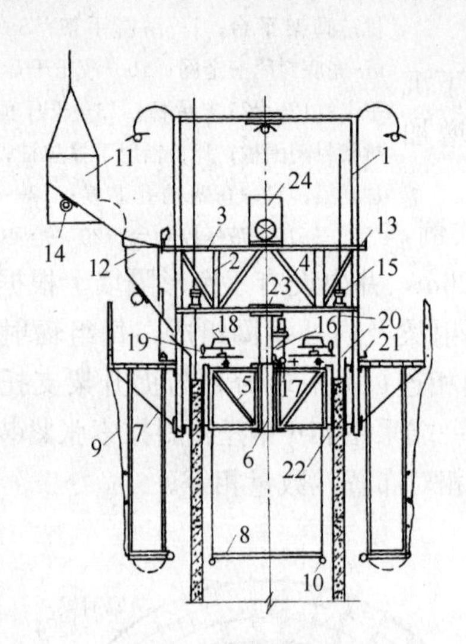

图 2-3-214 水塔塔身滑模施工示意图

1、2—槽钢；3、4、5—角钢；6—钢管；7—操作平台三脚架；8—吊脚手；9—安全网；10—养生用水管；11—混凝土吊斗；12—混凝土布料斗；13—布料斗轨道；14—微型振动器；15—千斤顶；16—支承杆；17—摆杆；18—放丝盘；19—导向滚筒；20 —立筋限位铁；21 —围圈；22—钢模板；23—激光环靶；24—液压控制台

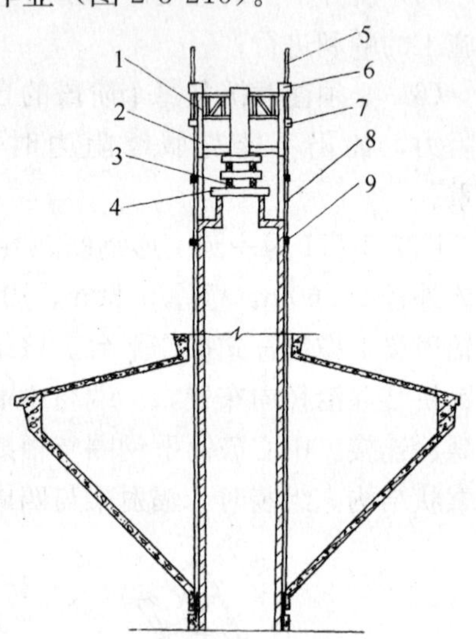

图 2-3-215 水箱提升示意

1—提升桁架；2—提升柱；3—方木垫格；4—钢梁；5—丝杠；6—提升机；7—槽钢扁担；8—吊杆；9—活络接头

提升设备可采用（GYD）或（QYD）-35 型滑模千斤顶倒置串接法或采用 GYD（QYD）-60 型和 SQD-90-35 型大吨位千斤顶，沿吊挂的 ϕ25 圆钢或 ϕ48×3.5 钢管支承杆爬升（图 2-3-216）。也可采用 YC60A 穿心式预应力张拉千斤顶和 QM15-4 锚具，牵引吊挂的 ϕ15（7ϕ5）钢绞线提升(图 2-3-217)。

图 2-3-218 为一座有效容积 300t 的球形水塔。该水塔外直径 10m，下半球壁厚 25～42cm，上半球壁厚 10cm。塔身为圆形筒壁结构，高 35m，筒壁外径 2.4m，壁厚 18cm，采用滑模施工。

球形水箱的提升，与倒锥形水塔相同。但由于球形水箱重心约高 0.9m，提升过程中要求速度缓慢，严格控制水箱平稳上升，保证水箱安全准确落位，位于塔身的 6 个固定支撑牛腿顶面需保持在同一平面上。施工中遇有大风时应停止提升作业。

球形水塔是近年来在倒锥形水塔基础上，开发研制的一种新型水塔。具有外观造型美观、结构合理等特点。

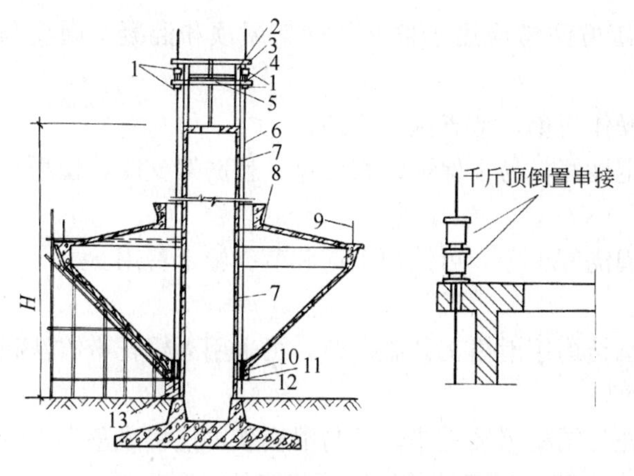

图 2-3-216　千斤顶倒置串接提升水箱

1—千斤顶（倒装）；2—提升架；3—上横梁；4—承重圈；5—下横梁；6—吊杆；7—塔身；8—水箱；9—栏杆；10—预留孔；11—环形承压预埋件；12—螺帽；13—砖砌底模

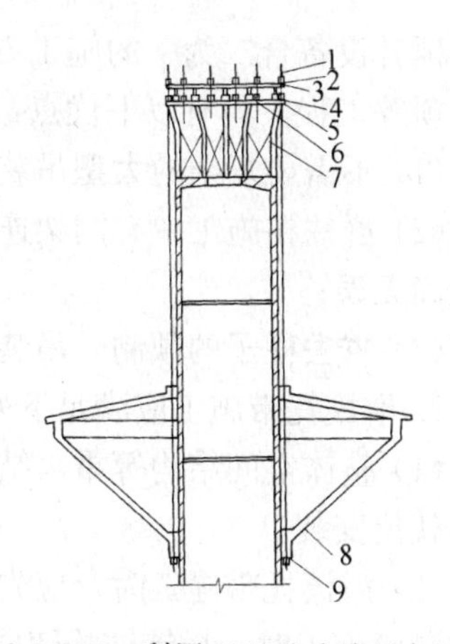

图 2-3-217　利用 YC 型千斤顶牵引钢绞线提升水箱

1—钢绞线；2—上锚具；3—上钢梁；4—下锚具；5—下钢梁；6—YC 型千斤顶；7—钢支架；8—水箱；9—固定锚

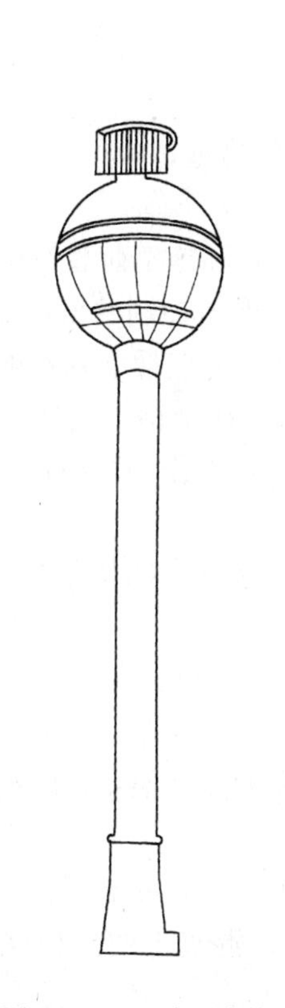

图 2-3-218　球形水塔

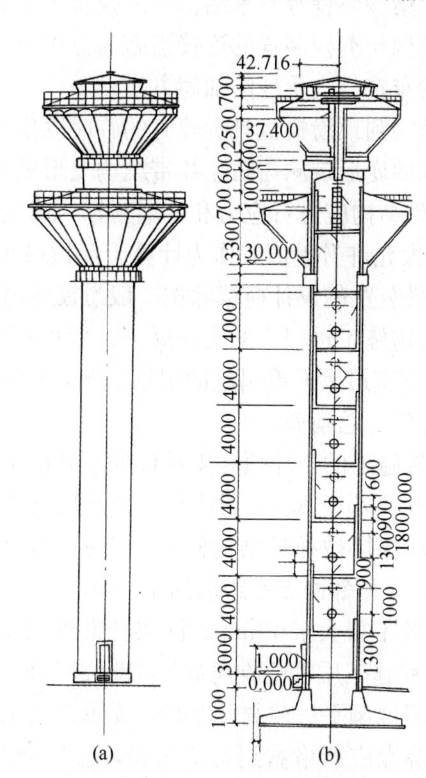

图 2-3-219　双水箱水塔

(a) 立面；(b) 剖面

图 2-3-219 为一座双水箱倒锥壳水塔滑模施工实例。该水塔的顶部为 150m³ 的冷水水箱，其下部为 200m³ 的热水水箱。水箱的施工，需分两次进行，先施工塔顶水箱，其工艺与单水箱倒锥壳水塔相同。第一个水箱吊装就位后，再进行第二个水箱的施工。两水箱的吊装孔位制作时必须完全一致，安装时严格对位。

2.3.3.7　滑模托带施工

1. 滑模托带施工，是利用滑模装置将在地面组装好的钢结构托带顶升，是一种将滑模与钢结构顶升设备合二为一的施工方法。这种施工方法常应用于群柱与网架屋顶和混凝土筒仓与钢结仓顶等工程。具有以下优点：

(1) 不需要复杂的大型吊装设备，施工操作简单，节省施工用地；

(2) 群柱在施工中有网架连接，整体稳定性好，易于保证工程质量，且网架支座就位可以做到准确无误；

(3) 省去柱子的预制、吊装或一般支模现浇等工序，可缩短工期和节省施工费用。

2. 滑模托带施工应满足下列要求：

(1) 整体空间结构等重大结构物，其支承结构用滑模工艺施工时，可采用滑模托带方法进行整体就位安装。

(2) 滑模托带施工时，应先在地面将被托带结构组装完毕，并与滑模装置连接成整体；支承结构滑模施工时，托带结构随同上升直到其支座就位标高，并固定于相应的混凝土顶面。

(3) 滑模托带装置的设计，应能满足钢筋混凝土结构滑模和托带结构就位安装的双重要求，其施工技术设计应包括下列主要内容：

1) 滑模托带施工程序设计；

2) 墙、柱、梁、筒壁等支承结构的滑模装置设计；

3) 被托带结构与滑模装置的连接措施与分离方法；

4) 千斤顶的布置与支承杆的加固方法；

5) 被托带结构到顶滑模机具拆除时的临时固定措施和下降就位措施；

6) 拖带结构的变形观测与防止托带结构变形的技术措施。

(4) 对被托带结构应进行应力和变形验算，确定在托带结构自重和施工荷载作用下各支座的最大反力值和最大允许升差值，作为计算千斤顶最小数量和施工中升差控制的依据之一。

(5) 滑模托带装置的设计荷载除按一般滑模应考虑的荷载外，还应包括下列各项：

1) 被托带结构施工过程中的支座反力，依据托带结构的自重、托带结构上的施工荷载、风荷载以及施工中支座最大升差引起的附加荷载，计算出各支承点的最大作用荷载；

2) 滑模托带施工总荷载。

(6) 滑模托带施工的千斤顶和支承杆的承载能力应有较大安全储备：对楔块式和滚楔混合式千斤顶安全系数应不小于 3.0，对滚珠式千斤顶安全系数应不小于 2.5。

(7) 施工中应保持被托带结构同步稳定提升，相邻两个支承点之间的允许升差值不得大于 20mm，且不得大于相邻两支座距离的 1/400，最高点和最低点允许升差值应小于托带结构的最大允许升差值，并不得大于 40mm；网架托带到顶支座就位后的高度允许偏差，应符合现行国家标准《钢结构工程施工质量验收规范》GB50205 的规定。

(8) 当采用限位调平法控制升差时，支承杆上的限位卡应每 150～200mm 限位调平一次。

(9) 混凝土浇灌应严格做到均衡布料，分层浇筑，分层振捣；混凝土的出模强度宜控制在 0.2～0.4MPa。

(10) 当滑摸托带结构到达预定标高后，可采用一般现浇施工方法浇灌固定支模的混凝土。

图 2-3-220 为某车间网架屋盖工程结构示意图。其平面尺寸为 72m×84m，柱距：中柱 12m，边柱 6m。柱顶标高为＋8.50m。屋盖设计为正方四角锥平板网架。网格尺寸为 3m×3m，矢高 2.12m，腹杆倾斜 45°。下弦及腹杆的几何长度（球节点中心矩）均为 3m。网架杆件为 ϕ51mm～ϕ133mm 无缝钢管，共 4992 根，重 85t。焊接空心球为 Q235 钢，直径 ϕ240mm～ϕ400mm，共 1349 个，重 25t。网架总重 110t，每 1m 用钢量 18.18kg。网架采取上弦支承形式，支座为平板滑动连接。

3. 构造

（1）网架与滑模装置

网架及滑模荷载2350kN。考虑到支座反力及滑模施工的构造要求，通过设计计算，中柱（12根）每根柱布置8台千斤顶；边柱26根（柱距12m），每根柱布置4台千斤顶。总计滑模柱38根，共布置GYD-35型千斤顶200台和HY-36型液压控制台2台（串联），中心设总控制台。油路采取三级并联，干管为无缝钢管，支管为高压胶管。在柱周围的网架上、下弦，均铺设脚手板，作为操作平台和运输道路，网架下吊挂脚手架，以作修整柱子使用（图2-3-221）。

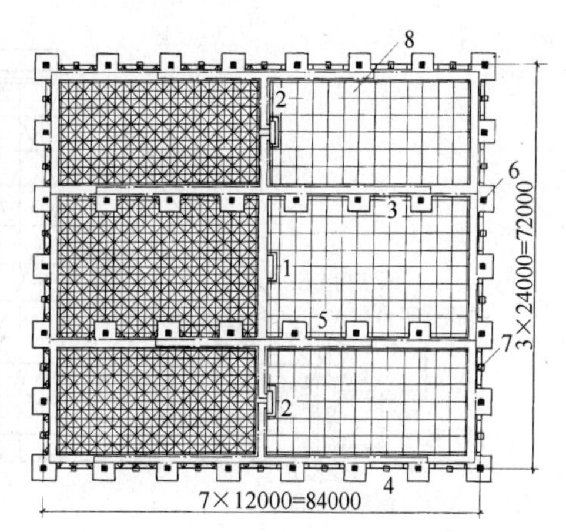

图2-3-220　网架屋盖柱滑模平面布置图
1—总控制台；2—液压控制台；3—八头分油器；4—四头分油器 5—混凝土运输道路；6—滑模顶升柱；7—后浇柱；8—网架屋盖

（2）网架顶升支座与柱滑模构造

结合网架支座设计，在柱顶设一块与柱断面相同大小、厚20mm的钢板（加肋），作为千斤顶的支座，既固定千斤顶；同时也直接承托网架支座。钢板的下部通过L50×5角钢、螺栓与柱的钢模板相连接（图2-3-222）。

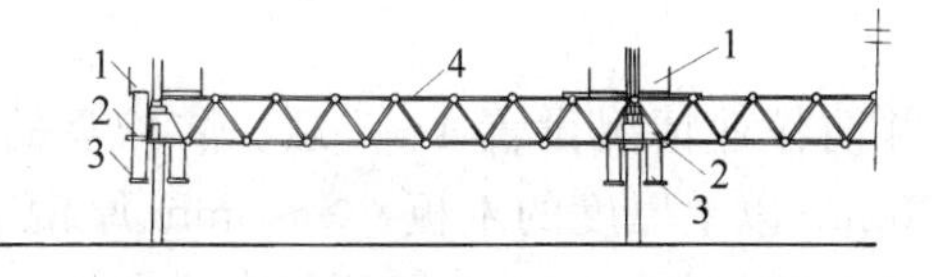

图2-3-221　网架与滑模装置剖面示意图
1—上弦操作平台及运输道路；2—下弦操作平台；3—吊脚手架；4—网架

柱模板采用1200mm组合钢模板，中间夹木条，形成滑模倾斜度。模板上口用角钢卡具卡紧，模板下口用ϕ5 1钢管和木楔卡紧，并与网架下弦卡牢固定。

当网架提升至设计标高后，再补浇千斤顶下的柱头混凝土。千斤顶支座钢板留在柱头上，切去支承杆的多余部分，并与千斤顶支座钢板焊接牢固。

图2-3-223为大直径混凝土筒仓与钢结构仓顶托带施工前在地面同步组装示意图。滑模托带施工前，先在地面将滑模装置与钢结构仓顶组成1个一体化的稳定空间钢结构，共同完成混凝土仓壁与仓顶钢结构的托带施工。

2.3.3.8　单侧筑壁滑模工艺

地下竖井，以及其他墙体加厚混凝土或钢筋混凝土工程，可采用单侧筑壁滑模工艺施工。

1. 竖井井壁滑模施工

竖井井壁滑模施工示意见图2-3-224。

（1）竖井井壁滑模施工的准备工作

1）采用滑模施工的竖井，除遵守《滑动模板工程技术规范》GB 50113的规定外，还应遵守《煤矿井巷工程质量验收规范》GB 50213等现行国家标准的有关规定。

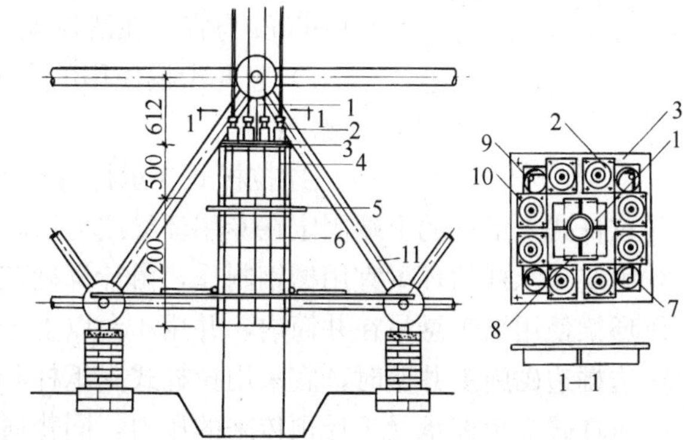

图2-3-222　网架顶升支座与柱滑模构造示意图
1—网架支座；2—千斤顶；3—柱头钢板；4—提升角钢；5—柱卡具；6—柱钢模板；7—柱头混凝土浇灌孔；8—柱钢筋；9、10—支承杆；11—网架

2）滑模施工的竖井混凝土强度不宜低于C25，井壁厚度不宜小于150mm，井壁内径不宜小于2m 。当井壁结构设计为内、外两层或内、中、外三层时，采用滑模施工的每层井壁厚度不宜小于150mm。

3）竖井为单侧滑模施工，滑模设施包括凿井绞车、提升井架、防护盘、工作盘（平台）、提升架、提升罐笼、通风、排水、供水、供电管线以及常规滑模施工的机具。

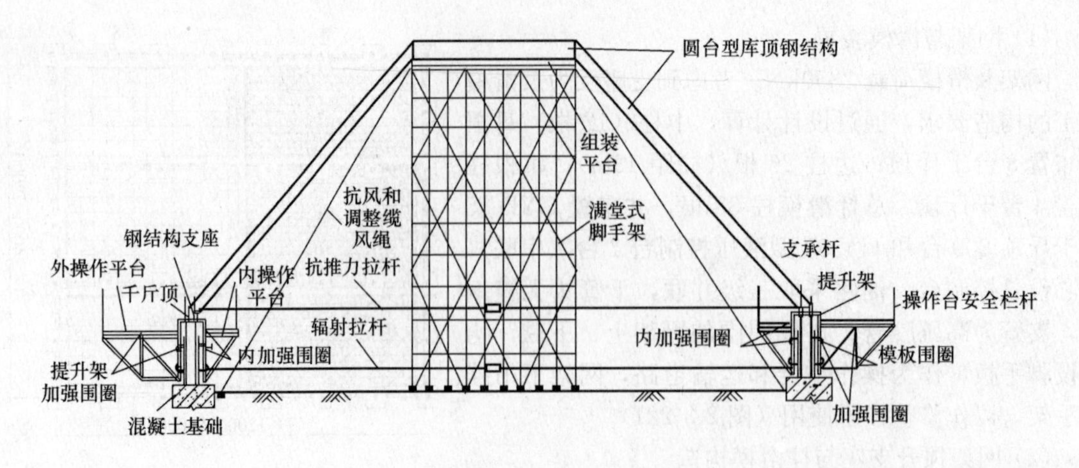

图 2-3-223 滑模平台与仓顶钢结构在地面同步组装

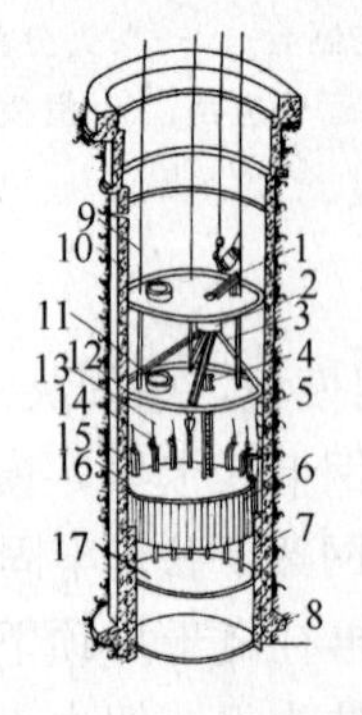

图 2-3-224 竖井井壁滑模施工示意图

1—混凝土槽；2—分灰器；3—溜槽；4—爬梯；5—竹节串筒；6—模板；7—内井壁；8—壁座；9—吊盘稳绳；10—外井壁；11—喇叭口；12—吊盘；13—支承杆；14—千斤顶；15—单腿提升架；16—滑模盘；17—下辅助盘

4）井壁滑模应设内围圈和内模板。围圈宜用型钢加工成桁架形式；模板宜用 2.5～3.5mm 厚钢板加工成大块模板，按井径可分为 3 块～6 块，高度以 1200～1500mm 为宜。在接缝处配以收分或楔形抽拔模板。模板的组装单面倾斜度以 5‰～8‰为宜。提升架为单腿"Γ"形。

5）防护盘应根据井深和并筒作业情况设置 4～5 层。防护盘的承重骨架宜用型钢制作，上铺 60mm 以上厚度的木板，2～3mm 厚钢板，其上再铺一层 500mm 厚的松软缓冲材料。防护盘除用绞车悬吊外，还应用卡具（或千斤顶）与井壁固定牢固。其他配套设施按现行国家标准的有关规定执行。

6）外层井壁宜采用边掘边砌的方法. 由上而下分段进行滑模施工，分段高度以 3～6m 为宜。

当外层井壁采用掘进一段再施工一段井壁时，分段滑模的高度以 3 0～60m 为宜. 在滑模施工前，应对井筒岩（土）帮进行临时支护。

7）竖井滑模使用的支承杆，可分为压杆式和拉杆式，并应符合下列规定：

① 拉杆式支承杆宜布置在结构体外，支承杆接长采用丝扣连接；

② 拉杆式支承杆的上端固定在专用环梁或上层防护盘的外环梁上；

③ 固定支承杆的环梁宜用槽钢制作，由计算确定其尺寸；

④ 环梁使用绞车悬吊在井筒内，并用 4 台以上千斤顶或紧固件与井壁固定；

⑤ 边掘边砌施工井壁时，宜采用拉杆式支承杆和升降式千斤顶；

⑥ 压杆式支承杆承受千斤顶传来的压力，同普通滑模的支承杆。

8）竖井井壁的滑模装置，应在地面进行预组装，检查调整达到质量标准，再进行编号，按顺序吊运到井下进行组装。

9）每段滑模施工完毕，应按国家现行的安全质量标准对滑模机具进行检查，符合要求后，再送到下一工作面使用。需要拆散重新组装的部件，应编号拆、运，按号组装。

10）滑模设备安装时，应对井筒中心与滑模工作盘中心、提升罐笼中心以及工作平台预留提升孔中心进行检查；应对拉杆式支承杆的中心与千斤顶中心、各层工作盘水平度进行检查。

11）井壁滑模装置组装的质量标准见表 2-3-35。

井壁滑模装置组装质量标准 表 2-3-35

项目	滑模平台中心与井筒中心偏差	模板上口水平偏差	工作平台水平偏差	模板直径与井筒设计直径偏差	拉杆或支承杆中心与千斤顶中心偏差	模板单面倾斜度范围
质量标准	<15mm	≤20mm	≤20mm	< 30mm	≤0.5mm	5‰～8‰

注：其他项目的质量标准，同常规滑模施工要求。

12）外层井壁在基岩中分段滑模施工时，应将深孔爆破的最后一茬炮的碎石留下并整平，作为滑模机具组装的工作面，碎石的最大块径不宜大于 200mm。

13）在组装滑模装置前，沿井壁四周安放的刃脚模板应先固定牢固，滑升时，不得将刃脚模板带起。

14）滑模中遇到与井壁相连的各种水平或倾斜巷道口、峒室时，应对滑模系统进行加固，并做好滑空处理。在滑模施工前，应对巷道口、峒室靠近井壁的 3～5m 的范围内进行永久性支护。

15）滑模施工中必须严格控制井筒中心的位移情况。边掘边砌的工程每一滑模段应检查一次；当分段滑模的高度超过 15m 时，每 10m 高应检查一次。其最大偏移不得大于 15mm。

16）滑模施工期间应绘制井筒实测纵横断面图，并应填写混凝土和预埋件检查验收记录。

17）井壁质量应符合下列要求：

① 与井筒相连的各水平巷道或峒室的标高应符合设计要求，其允许偏差为±100mm；

② 井筒的最终深度，不得小于设计值；

③ 井筒的内半径最大允许偏差：有提升设备时不得大于 50mm，无提升设备时不得超过±50mm；

④ 井壁厚度局部偏差不得小于设计厚度 50mm，每平方米的表面不平整度不得大于 10mm。

（2）竖井拉杆式滑模筑壁工艺

竖井拉杆式滑模筑壁工艺，是指滑模装置的千斤顶沿吊挂的支承杆爬升过程中，支承杆在混凝土体外始终处于受拉状态。

某矿风井井筒垂深 342.2m，内（净）径为 5m，外径为 6.6m。冻结地层深度为 230m，冻结段为双层钢筋混凝土井壁，分两次浇筑，基岩段为单层井壁，采用地面预注浆法。内、外井壁厚度各为 0.4m。冻结段为 C35 混凝土，基岩段为 C25 混凝土。该工程由兖州矿务局施工。

内、外井壁均采用拉杆式滑模筑壁工艺，外井壁由上向下分段浇筑，每段高度 2～4m。内井壁由下向上连续浇筑，全段高度 230m。

1）外井壁施工

外井壁施工采用掘进与滑模筑壁平行作业工艺，由上向下分段进行。

① 竖井拉杆式滑模筑壁装置

拉杆式滑模装置主要由刃角、模板、围圈、上下吊盘、拉柱、千斤顶、液压控制台及油路等组成；悬吊设施主要由支承杆（拉杆）、悬吊圈、钢丝绳和凿井绞车等组成（图 2-3-225）。

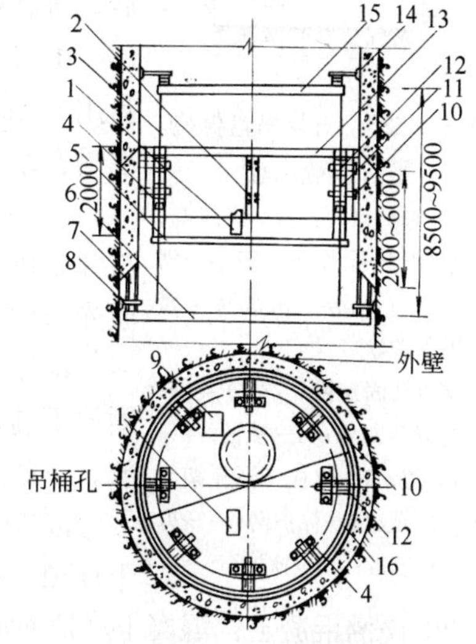

图 2-3-225 竖井拉杆式滑模筑壁示意

1—液压控制柜；2—松紧装置；3—支承杆；4—千斤顶；5—四层（滑模辅助盘）；6—五层（掘进工作盘盘）；7—刃脚模板；8—刃脚处手动千斤顶；9—人孔；10—模板；11—拉柱（提升架）；12—支撑；13—三层（滑模操作盘）；14—固定圈处手动千斤顶；15—固定圈；16—收缩装置

刃角：采用 3mm 钢板和 L50×6 角钢焊成圆弧形，高 1m，共 8 块。以伸缩螺栓来调整直径，径向可调范围为

200mm，有效高 400mm。刃脚随吊盘下送，以激光指向仪找中。

模板：采用 3mm 钢板和L60×6 角钢焊成圆弧形，共 16 块。模板高度为 1.4m，以螺栓连接，可以伸缩。模板的倾斜度为 7‰～10‰。

拉柱：采用［10 槽钢和扁钢焊接而成，共 8 根。相当于普通滑模的提升架，在拉柱的两侧设有千斤顶的底座，每根拉柱上安装两台千斤顶。

滑模盘：由操作盘和辅助盘组成，操作盘为五层吊盘中的第三层盘，辅助盘为第四层盘，两盘间距为 2m。

千斤顶：采用 GYD-35 型，共 16 台，双顶对称均匀布置。

液压控制台：采用 HY-36 型，一台工作，一台备用。

油路：采用高压胶管。

② 施工工艺

外井壁的施工，采用掘进与滑模筑壁平行作业，通过五层吊盘来实施。吊盘全高 15m，总重量为 41.5t。第一层为保护盘，第二层浇筑盘，第三层滑模盘，第四层辅助盘，第五层掘进工作盘，盘上安设刃角、悬吊刚性掩护筒以及中心回转式抓岩机（图 2-3-226）。

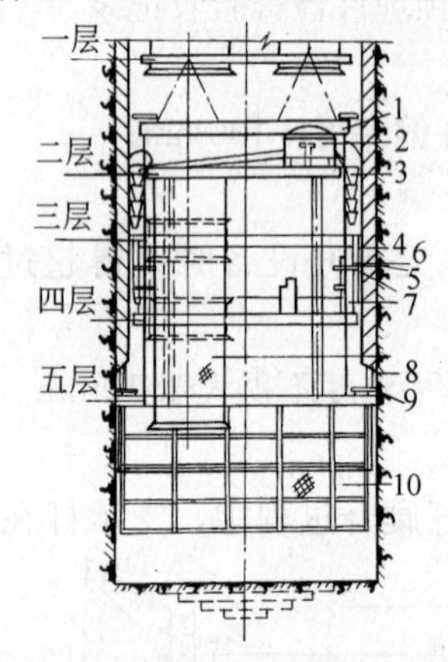

图 2-3-226　五层吊盘掘砌平行作业示意

一层—保护盘；二层—浇筑盘；三层—滑模操作盘；四层—滑模辅助盘；五层—吊盘固定盘（掘进工作盘）

1—支承杆固定圈；2—分灰器；3—竹节溜灰管；4—模板；5—收缩装置；6—拉柱（提升架）；7—千斤顶；8—保护网；9—刃脚模板；10—掩护筒

施工顺序如下：

a. 松吊盘：当掘进段高度可以满足砌筑段高度要求时，立即进行筑壁。筑壁前先整体下送五层吊盘，到预定的标高，将吊盘固定；

b. 安设刃角：当吊盘固定后，根据激光指向仪在第五层吊盘上安设刃角；

c. 下送和绑扎钢筋：在吊盘下送前，将钢筋下送到吊盘，然后由第二层吊盘传递到第三层吊盘上，存放和进行绑扎。竖筋一端与上段井壁竖筋绑扎连接，另一端安设在刃角的钢筋孔内。安设全部竖筋后，绑扎横筋，其高度超过刃角时，再浇灌混凝土；

d. 下送第三层和第四层吊盘：绑扎钢筋前，将第三层和第四层吊盘用 5t 捯链下送 2m 左右，待固定好全部竖筋后，再将第三层和第四层吊盘落到预定位置；

e. 调整模板：五层吊盘下送前，将模板径向收缩 30mm，使模板与井壁脱离。待模板随吊盘落到刃角后，再将模板向外撑 30mm，以激光指向仪找正；

f. 下放固定圈：井壁每浇筑一个段高度，下放一次固定圈。固定圈放下前，需松开固定千斤顶，卸开支承杆螺帽，根据段高度要求下放。下放后，再固定好千斤顶，上紧螺帽；

g. 安装支承杆：支承杆的上端用螺帽固定在固定圈上，下端穿过千斤顶，中间由不同长度支承杆来调整。长度为 0.5 ～ 3m；

h. 浇灌混凝土：混凝土经地面搅拌站搅拌后装入吊桶，用平板车送到井口，再由绞车下送到第二层吊盘，卸入 1.5m³ 分灰器，经竹节串筒直接入模，用风动振捣器振捣密实。

2）内井壁施工

内井壁在外井壁全部完成后进行，采用拉杆式液压滑模筑壁工艺，由下至上连续浇筑。内井壁滑模筑壁施工高度为 230m，平均日进度 8.21m，最高日浇筑高度 12m。

内井壁滑模筑壁的模板装置与外井壁基本相同，但需进行部分改装。其施工顺序如下：

① 改制吊盘

施工内井壁时，由于施工条件的变化，不仅需将直径改小（拆除外圈 500mm），而且由原五层吊盘改成四层，去掉第五层吊盘。同时，将第三层和第四层吊盘与第一层、第二层吊盘脱离。

② 安装模板

拆除吊盘外圈后，将滑模改装成为不可伸缩的固定式模板，上下找平找正，保证7‰～10‰的倾斜度，最后安装支承杆（拉杆）。经过空滑2～3个行程，检查无误后，方可浇筑混凝土。

③ 浇筑混凝土

混凝土由提升机下送至分灰器，经过竹节串筒直接入模，每次浇筑高度为300mm。

④ 提升固定圈，

每提升一次吊盘和固定圈，需拆卸及安装一次支承杆（拉杆），其高度根据浇筑段高度而定，一般10m左右。

⑤ 模板滑升

滑模装置在井下安装后，即可连续滑升至顶，中间不需拆卸。钢筋随模板滑升提前绑扎。垂直度中线和水平度每隔30min找正一次。

(3) 竖井压杆式滑模筑壁工艺

竖井压杆式滑模筑壁工艺，是指滑模装置的千斤顶沿埋置于混凝土中的支承杆爬升，施工过程中，支承杆始终处于受压状态。与一般滑模基本相同。

1) 竖井压杆式滑模筑壁装置

竖井压杆式滑模装置主要由模板、围圈、滑模盘、提升架、支承杆、千斤顶、控制台和油路等组成（图2-3-227）。

模板：采用固定式，以3mm钢板和L50×6角钢焊接成圆弧形模板，每块宽1.2～1.5m，高1.3～1.5m，一般分成12～16块，用螺栓连接成整体。表土冻结段模板倾斜度为7‰，基岩段模板倾斜度为10‰。

围圈：共设二道，由三段［14槽钢加工而成，用螺栓连接。其中两段留有斜岔，便于安装和拆卸。

滑模盘：由操作盘和滑模盘组成框架结构。该盘由［14槽钢加工而成，面板用3mm厚花纹钢板铺设，两盘间距2.8m。

提升架：为“Γ”形，由［8槽钢和10mm厚钢板焊接而成。表土冻结段高为2m，基岩段高为1.8m。每榀提升架上安设1～2台千斤顶。采取单向、均匀、对称和同心圆布置，间距为1m左右。

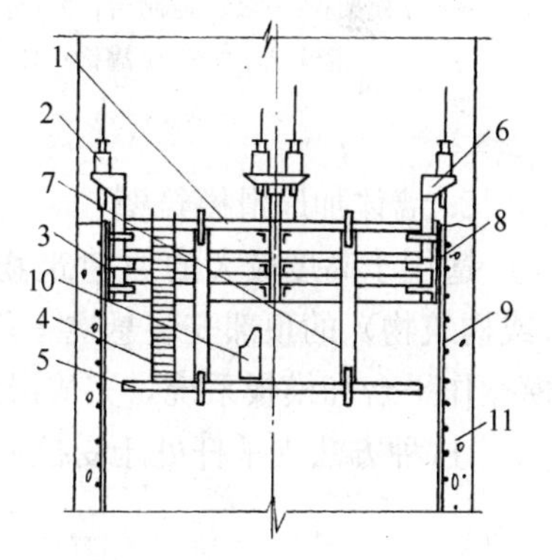

图2-3-227 竖井压杆式滑模筑壁示意

1—滑模上盘；2—GYD-35型千斤顶；3—围圈；4—铁梯；5—滑模下盘；6—提升架；7—立柱；8—模板；9—支承杆；10—HYS-36型控制台；11—内壁

2) 施工工艺

竖井压杆式滑模筑壁工艺与一般滑模工艺基本相同。

3) 特殊部位的施工

① 马头门施工

马头门净高4.5～5.5m、净宽4.8～5.4m。竖井掘进时，向里各掘进4m，采用喷锚支护。竖井滑模筑壁时，同时施工马头门（图2-3-228）。

当模板滑升至马头门部位时，仅有1/3井壁可浇筑混凝土，其余部位大部分为空滑。可采取增加纵横向支撑的方法，对脱空支承杆进行加固，以防失稳变形。

② 双面箕斗装载峒室施工

峒室对称布置，预留口高度为19.16m，宽为7.3m，预留口采取喷锚支护。滑模筑壁时峒室预留口的施工，见图2-3-229。

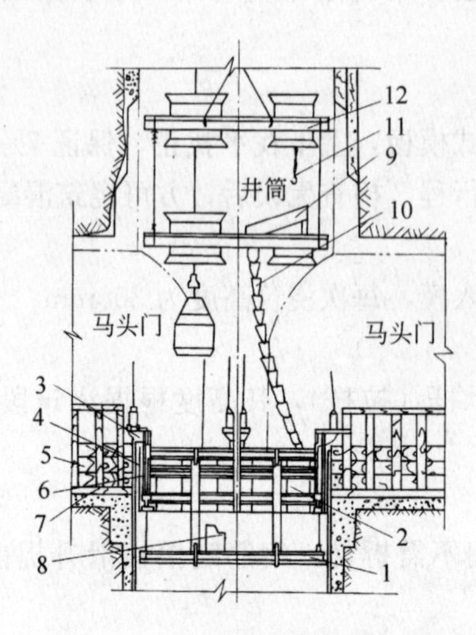

图 2-3-228　马头门施工示意图

1—滑模辅助盘；2—滑模操作盘；3—提升架；4—支承杆加固圈；5—块状模板；6—支承杆加固筋；7—下层立模架；8—液压控制台；9—分灰盘；10—竹节溜灰器；11—卡罐钩；12—吊盘

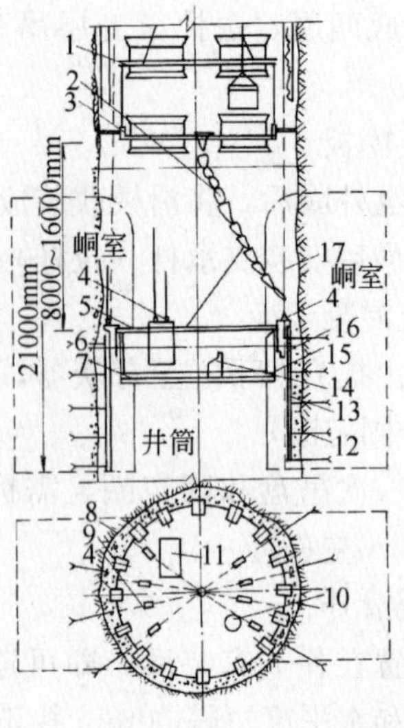

图 2-3-229　竖井滑模筑壁时箕斗装载峒室预留口的施工

1—双层吊盘；2—竹节溜灰器；3—吊盘手动千斤顶；4—GYD-35 型千斤顶；5—操作盘；6—模板；7—辅助盘；8—提升架；9—花篮螺丝；10—通风孔；11—梯子孔；12—锚杆；13—环筋；14—控制台；15—高压管；16—加固管；17—支承杆

2. 墙体加厚滑模筑壁

适用于高度较大的原建筑物（或构筑物）墙体加厚部位的施工。其构造为：在原建筑物（或构筑物）的顶部安装悬挑三角架，将千斤顶倒装其上，利用千斤顶拔提 ϕ25 支承杆，提升滑模操作平台和模板系统，完成滑模作业（图 2-3-230）。

这种方法支承杆处于受拉、铅垂状态，液压系统全部位于原建筑物（或构筑物）的顶板上，对操作平台无影响。模板滑升时，只需控制千斤顶行程一致，即可达到筒壁垂直的目的。

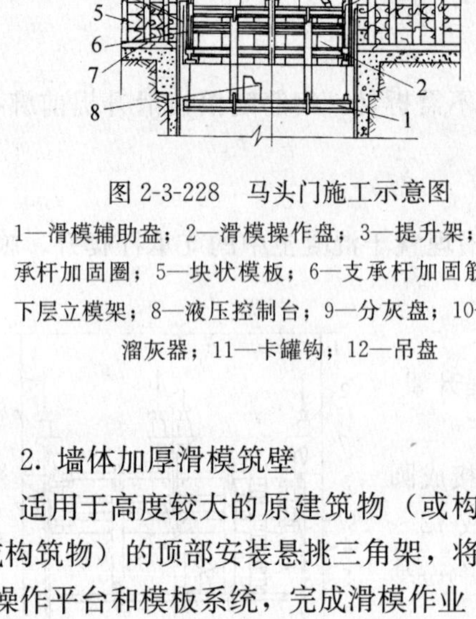

图 2-3-230　墙体加厚滑模筑壁示意图

1—脚手板满铺；2—ϕ48 钢管@600；3—钢桁架；4—千斤顶（倒置）；5—高压油管；6—与原墙壁钢筋焊接；7—支承杆（受拉）；8—托梁；9—钢模板；10—钢牛腿；11—L 75×7 围圈；12—L 75×7 支托；13— L75×6 斜撑；14—吊脚手架

3. 罐体衬壁滑模施工

罐体衬壁滑模与一般滑模的主要区别是，除采用 r 形提升架和单侧模板外，支承杆采用悬吊方式，变受压杆为受拉杆。

图 2-3-231 为内、外衬壁单侧滑模的构造。钢罐体内衬壁混凝土厚 33cm，外衬壁混凝土厚 77cm，其内、外衬壁单侧滑模的构造相同。支承杆悬挂在罐体顶部的钢三角挑架上，钢三角挑架与罐体临时固定，待衬壁施工到顶后再行拆除。操作平台采用环形，提升架为“Γ”形，围圈、模板的构造和组装方式，与立井筑壁单侧滑模基本相同。

2.3.3.9　滑模施工工程的质量检查和验收

1. 质量检查

(1) 滑模工程施工应按《滑动模板工程技术规范》GB 50113 和国家现行的有关强制性标准的规定进行质量检查和隐蔽工程验收，并认真做好检查验收记录。

(2) 工程质量检查工作必须适应滑模施工的基本条件。

(3) 兼作结构钢筋的支承杆的连接接头、预埋插筋、预埋件等应做隐蔽工程验收。

(4) 施工中的检查应包括地面上和滑模平台上两部分：

1) 地面上进行的检查应超前完成，主要包括：

① 所有原材料的质量检查；

② 所有加工件及半成品的检查；

③ 影响平台上作业的相关因素和条件检查；

④ 各工种技术操作上岗资格的检查等。

2) 滑模平台上的跟班作业检查，必须紧随各工种作业进行，确保隐蔽工程质量符合要求。

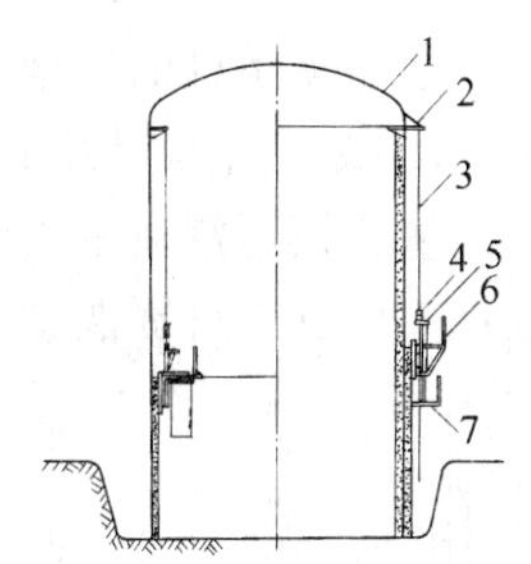

图 2-3-231 罐体衬壁滑模示意图

1—钢罐体；2—钢三角挑架；3—悬吊支承杆；4—千斤顶；5—г形提升架；6—栏杆；7—吊脚手架

(5) 滑模施工中操作平台上的质量检查工作除常规项目外，尚应包括下列主要内容：

1) 检查操作平台上各观测点与相对应标准控制点之间的位置偏差及平台的空间位置状态；

2) 检查各支承杆的工作状态；

3) 检查各千斤顶的升差情况，复核调平装置；

4) 当平台处于纠偏或纠扭状态时，检查纠正措施及效果；

5) 检查滑模装置质量情况，检查成型混凝土的壁厚、模板上口的宽度及整体几何形状等；

6) 检查千斤顶和液压系统的工作状态；

7) 检查操作平台的负荷情况，防止局部超载；

8) 检查钢筋的保护层厚度，节点处交汇的钢筋及接头质量；

9) 检查混凝土的性能及浇灌厚度；

10) 提升作业前，检查障碍物及混凝土的出模强度；

11) 检查结构混凝土表面质量状态；

12) 检查混凝土养护。

(6) 混凝土质量检验应符合下列规定：

1) 标准养护混凝土试块的组数，应按现行国家标准《混凝土结构工程施工质量验收规范》GB 50204—2002 的要求进行。

2) 混凝土出模强度的检查，应在滑模平台现场进行测定，每一工作班应不少于一次；当在一个工作班上气温有骤变或混凝土配合比有变动时，必须相应增加检查次数。

3) 在每次模板提升后，应立即检查出模混凝土的外观质量，发现问题应及时处理，重大问题应做好处理记录。

(7) 对于高耸结构垂直度的测量，应考虑结构自振、风荷载及日照的影响，并宜以当地时间 6：00～9：00 点间的观测结果为准。

2. 质量问题的处理

(1) 支承杆弯曲

1) 原因分析：

在模板滑升过程中，由于支承杆本身不直、自由长度太大、操作平台上荷载不均及模板遇有障碍而硬性提升等原因，均可使支承杆失稳弯曲。对于弯曲的支承杆，必须立即进行加固，否则弯曲现象会继续发展，而造成严重的质量问题或安全事故。

2) 处理方法：

弯曲支承杆的处理方法，按弯曲部位的不同，可采取以下措施：

① 支承杆在混凝土内部弯曲

从脱模后混凝土表面裂缝、外凸等现象，或根据支承杆突然产生较大幅度的下坠情况，可以观察出支承杆在混凝土内部发生弯曲。

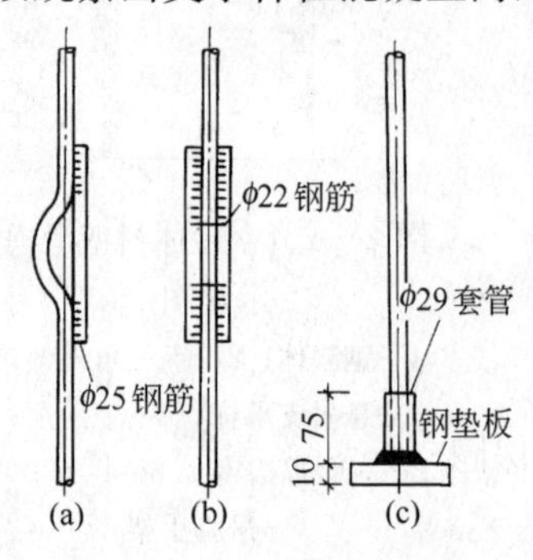

图 2-3-232　支承杆弯曲后的加固处理

(a) 弯曲不大时；(b) 弯曲过长时；(c) 弯曲严重时

对于已弯曲的支承杆，其上的千斤顶必须停止工作，并立即卸荷。然后，将弯曲处混凝土挖洞清除。当弯曲程度不大时，可在弯曲处加焊一根与支承杆同直径的绑条（图 2-3-232（a））；当弯曲长度较大或弯曲程度较严重时，应将支承杆的弯曲部分切断，在切断处加焊两根总截面积大于支承杆的绑条（图 2-3-232（b））。加焊绑条时，应保证必要的焊缝长度。

② 支承杆在混凝土外部弯曲

支承杆在混凝土外部易发生弯曲的部位，大多在混凝土上表面至千斤顶下卡头之间或门窗洞口及框架梁下等支承杆的脱空处。

发现支承杆弯曲后，首先必须停止千斤顶工作，并立即卸荷。对于弯曲不大的支承杆，可参照图 2-3-232（a）的做法；当支承杆的弯曲程度较大时，应将弯曲部分切断，并将上段支承杆下降或另接一根新杆，上下两段支承杆的接头处，可采用一段钢套管或直接对头焊接。如用上述方法不便，可将弯曲的支承杆齐混凝土上表面切断，另换一根新支承杆，并在混凝土上表面原支承杆的位置上，加设一个由钢垫板及钢套管焊接的套靴，将上段支承杆插入套靴内顶紧即可（图 2-3-232（c））。

（2）混凝土水平裂缝或被模板带起

1）原因分析：

① 模板倾斜度太小或出现上口大、下口小的倒倾斜度时，而硬性提升；

② 纠正垂直偏差过急，使混凝土拉裂；

③ 提升模板速度太慢，使混凝土与模板粘结；

④ 模板表面不光洁，摩阻力太大。

2）处理方法：

① 纠正模板的倾斜度，使其符合要求；

② 加快提升速度，并在提升模板的同时，用木锤等工具敲打模板背面，或在混凝土的上表面垂直向下施加一定的压力，以消除混凝土与模板的粘结。当被模板带起的混凝土脱模后，应立即将松散部分清除、需另外支模，并将模板的一侧做成高于上口 100mm 的喇叭口，重新浇筑高一级强度等级的混凝土，使喇叭口处混凝土向外斜向加高 100mm，待拆模时，将多余部分剔除；

③ 纠正垂直偏差时，应缓慢进行，防止混凝土弯折；

④ 经常清除粘在模板表面的脏物及混凝土，保持模板表面的光洁。停滑时，可在模板表面涂刷一层隔离剂。

（3）混凝土的局部坍塌

1）原因分析：混凝土脱模时的局部坍塌，最容易在模板的初升阶段出现。主要原因是提升过早，或混凝土浇灌层太大和没有按分层交圈的方法浇灌。因此，当模板开始滑升时，虽大部分混凝土已开始凝固，但最后浇筑的混凝土，仍处于流动或半流动状态。

2）处理方法：对已坍塌的混凝土，应及时清除干净。然后在坍塌处补以比原标号高一级的干硬性豆石混凝土（同品种的水泥），修补后，将表面抹平，做到颜色及平整度一致。当坍塌部位较大或形成孔洞时，应另外支模补浇混凝土，处理方法同“混凝土水平裂缝或被模板带起”做法。

(4) 混凝土表面鱼鳞状外凸（出裙）

1）原因分析：

① 提升架设计刚度不够或振捣过猛等造成侧压力过大，引起模板外胀变形；

② 模板组装或进行调整时质量不合格。模板单面倾斜度过大，不符合规范要求。这样的模板浇灌混凝土后，就必然会出现鱼鳞状外凸。如果前一层浇灌的混凝土发现“出裙”后，模板不能及时得到纠正，则后一层浇灌的混凝土将继续“出裙”（图 2-3-233）。

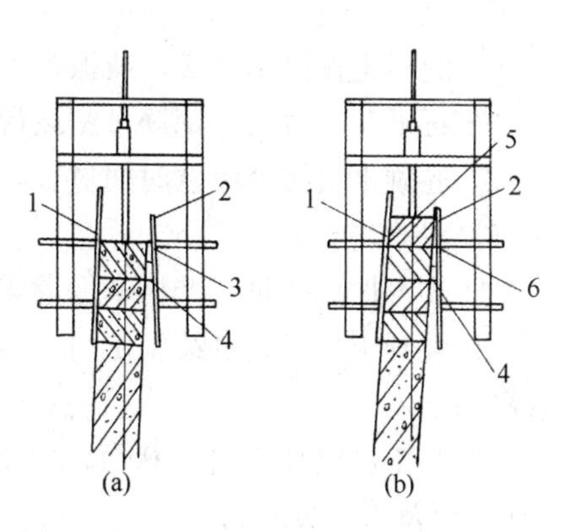

图 2-3-233　鱼鳞状外凸（出裙）示意图
(a) 后一层混凝土浇灌前，内模倾斜度过大；(b) 后一层混凝土浇灌后，也出现鱼鳞状外凸
1—外模；2—内模；3—内模倾斜度过大；4—前一层浇灌的混凝土出现鱼鳞状外凸；5—后一层浇灌的混凝土；6—出现鱼鳞状外凸

2）治理方法

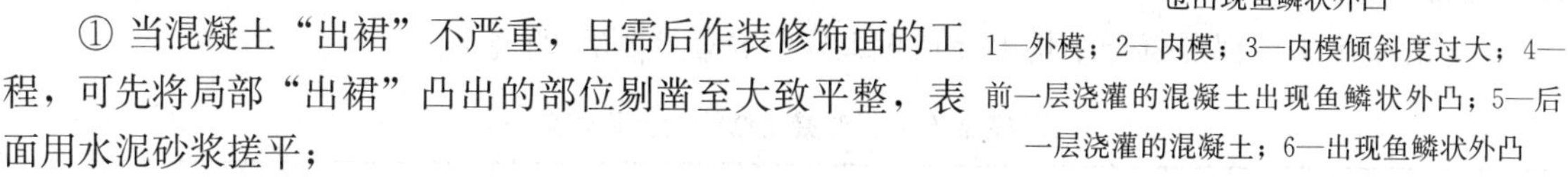

① 当混凝土“出裙”不严重，且需后作装修饰面的工程，可先将局部“出裙”凸出的部位剔凿至大致平整，表面用水泥砂浆搓平；

② 当“出裙”比较严重且接槎处有麻面、漏浆等质量问题时，应在剔凿“出裙”凸出部位的同时，清理麻面和漏浆部位的浮渣后，表面用与混凝土同品种的水泥砂浆抹平。当麻面松散部位有一定深度时（如 20mm 以上），应采用豆石混凝土填实抹平；

③ 继续施工时，混凝土的浇筑应严格按薄层浇灌、均匀交圈等要求进行，浇灌层的厚度不宜大于 200mm，禁止将吊罐混凝土直接入模或超厚浇灌。

(5) 混凝土缺棱掉角

1）原因分析：

① 模板滑升时棱角处的摩阻力比其他部位大，采用木模板时，尤为明显；

② 因模板提升不均衡，使混凝土保护层厚薄不匀，过厚的保护层容易开裂掉下；

③ 钢筋绑扎不直，或有外凸部分，使模板滑升时受阻；

④ 振捣混凝土时，碰动主筋（尤其采用高频振捣器时），将已凝固的混凝土棱角振掉；

⑤ 棱角处模板倾斜度过大或过小。

2）处理方法：

① 采用钢模板或表面包铁皮的木模板，同时，将模板的角模处改为圆角或八字形，或采用整块角模，并严格控制角模处模板的倾斜度在 0.2%～0.5%范围内，以减小模板滑升时的摩阻力；

② 严格控制振捣器的插入深度，振捣时不得强力碰动主筋，尽量采用频率较低及振捣棒头较短（如长度为 250～300mm）的振捣器。

(6) 保护层厚度不匀

1）原因分析：

① 混凝土入模浇筑时，只向一侧倾倒，使模板向一侧偏移；

② 钢筋绑扎的位置不正确。

2）处理方法：

① 混凝土浇筑时，两侧同时入模，尤其注意不得由吊罐直接向模板一侧倾倒混凝土；

② 经常注意检查和保持钢筋位置的正确。按图 2-3-131、图 2-3-132 采用钢筋定位架。

(7) 蜂窝、麻面、气泡及露筋

1）原因分析：

① 混凝土振捣不密实，或振捣不匀；

② 石子粒径过大、钢筋过密或混凝土可塑性不够，因石子阻挡，水泥浆振不下去；

③ 混凝土接搓处停歇时间过长，而且未按施工缝处理。

2）处理方法：

① 改善振捣质量，严格掌握混凝土的配合比，控制石子的粒径；

② 混凝土接搓处继续施工时，应先浇灌一层按原配合比减去石子的砂浆或减去一半石子的混凝土；

③ 对于已出现蜂窝、麻面、气泡及露筋的混凝土，脱模后，应立即修补，并用木抹搓平，做到颜色及平整度一致。

3. 工程验收

(1) 滑模工程的验收应按现行国家标准《混凝土结构工程施工质量验收规范》GB 50204的要求进行。

(2) 滑模施工工程混凝土结构的允许偏差应符合表2-3-36的规定。

滑模施工工程混凝土结构的允许偏差 **表 2-3-36**

项目			允许偏差（mm）
轴线间的相对位移			5
圆形筒壁结构	半径	≤5m	5
		＞5m	半径的0.1%，不得大于10
标高	每层	高层	＋5
		多层	±10
	全高		±30
垂直度	每层	层高小于或等于5m	5
		层高大于5m	层高的0.1%
	全高	高度小于10m	10
		高度大于或等于10m	高度的0.1%，不得大于30
墙、柱、梁、壁截面尺寸偏差			＋8，－5
表面平整（2m靠尺检查）	抹灰		8
	不抹灰		5
门窗洞口及预留洞口位置			15
预埋件位置偏差			20

钢筋混凝土烟囱的允许偏差，应符合现行国家标准《烟囱工程施工及验收规范》GB 50078的规定。特种滑模施工的混凝土结构允许偏差，尚应符合国家现行有关专业标准的规定。

2.3.3.10 滑模施工的安全技术

滑模施工工艺是一种使混凝土在动态下连续成型的快速施工方法。施工过程中，整个操作平台支承于一群靠低龄期混凝土稳固且刚度较小的支承杆上，因而确保滑模施工安全是滑模施工工艺的一个重要问题。

滑模施工中的安全技术工作，除应遵照一般施工安全操作规程外，尚应遵照《液压滑动模板施工安全技术规程》JGJ 65规定，在施工前制定具体的安全措施。

(1) 一般规定

1）采用滑模进行施工应编制滑模专项施工方案，该专项施工方案应通过专家论证。

2）滑模专项施工方案应包括下列主要内容：

① 工程概况和编制依据；

② 施工计划和劳动力计划；

③ 滑模装置设计、计算及相关图纸；

④ 滑模装置安装与拆除；

⑤ 滑模施工技术设计；

⑥ 施工精度控制与防偏、纠偏技术措施；

⑦ 危险源辨识与不利环境因素评价；

⑧ 施工安全技术措施、管理措施；

⑨ 季节性施工措施；

⑩ 消防设施与管理；

⑪ 滑模施工临时用电安全措施；

⑫ 通讯与信号技术设计和管理制度；

⑬ 应急预案。

3）滑模专项施工方案应经施工企业技术负责人、项目总监理工程师和建设单位项目负责人签字。施工单位应按照审批后的滑模专项方案组织施工。

4）滑模工程施工前，项目技术负责人应按滑模专项施工方案的要求向参加滑模工程施工的现场管理人员和操作人员进行安全技术交底。参加滑模工程施工的人员，应通过专业培训考核合格后方能上岗工作。

5）滑模装置的设计、制作及滑模施工应符合现行国家标准《滑动模板工程技术规范》GB50113 和现行行业标准《建筑施工高处作业安全技术规范》JGJ80、《建筑施工模板安全技术规范》JGJ162 的规定。

6）滑模施工中遇到雷雨、大雾、风速 10.8m/s 以上大风时，必须停止施工。停工前应先采取停滑措施，对设备、工具、零散材料、可移动的铺板等进行整理、固定并作好防护，切断操作平台电源。恢复施工时应对安全设施逐一加以检查，发现有松动、变形、损坏或脱落现象，应立即修理完善。

7）滑模操作平台上的施工人员应身体健康，能适应高处作业环境。

8）冬期采用滑模施工时，其冬期施工安全技术措施应纳入滑模专项施工方案中，应按现行行业标准《建筑工程冬期施工规程》JGJ/T 104 的有关规定执行。

9）塔式起重机安装、使用及拆卸应符合现行国家标准《塔式起重机安全规程》GB 5144 及行业标准《建筑施工塔式起重机安装、使用、拆卸安全技术规程》JGJ 196 的规定。

10）施工升降机安装、使用及拆卸应符合现行国家标准《吊笼有垂直导向的人货两用施工升降机》GB 26557 的规定。

11）滑模施工现场的防雷装置应符合现行国家标准《建筑物防雷设计规范》GB 50057 的规定。

12）滑模施工现场的动力、照明用电应符合现行行业标准《施工现场临时用电安全技术规范》JGJ 46 的规定。

（2）施工现场

1）滑模施工现场应具备场地平整，道路通畅，排水顺畅等条件，现场布置应按批准的总平面图进行。

2）在施工建（构）筑物的周围应设立危险警戒区，拉警戒线，设警示标志。警戒线至建（构）筑物边缘的距离不应小于高度的 1/10，且不应小于 10m。对烟囱等变截面构筑物，警戒线距离应增大至其高度的1/5，且不应小于25m。

3）滑模施工现场应与其他施工区、办公和生活区划分清晰，并应采取相应的警戒隔离措施。

4）滑模操作平台上应设专人负责消防工作，不得存放易燃易爆物品，平台上不得超载存放建筑材料、构件等。

5）警戒区内的建筑物出入口、地面通道及机械操作场所，应搭设高度不低于2.5m的安全防护棚；滑模工程进行立体交叉作业时，上下工作面之间应搭设隔离防护棚，防护棚应定期清理坠落物。

6）防护棚的构造应符合下列规定：

① 防护棚结构应通过设计计算确定；

② 棚顶可采用不少于2层纵横交错的木跳板、竹笆或竹木胶合板组成，重要场所应增加1层2～3mm厚的钢板；

③ 建（构）筑物内部的防护棚，坡向应从中间向四周，外（四周）防护棚的坡向应外高内低，其坡度均不应小于1∶5；

④ 当垂直运输设备穿过防护棚时，防护棚所留洞口周围应设置围栏和挡板，其高度不应小1200mm；

⑤ 对烟囱类构筑物，当利用平台、灰斗底板代替防护棚时，在其板面上应采取缓冲措施。

7）施工现场楼板洞口、内外墙门窗洞口、漏斗口等各类洞口，应按下列规定设置防护设施：

① 楼板的洞口和墙体的洞口应设置牢固的盖板、防护栏杆、安全网或其他防坠落的防护设施；

② 电梯井口应设防护栏杆或固定栅门；

③ 施工现场通道附近的各类洞口与坑槽等处，除设置防护设施与安全示警标志外，夜间应设红色示警灯；

④ 各类洞口的防护设施均应通过设计计算确定。

8）施工用楼梯、爬梯等处应设扶手或安全栏杆。脚手架的上人马道和连墙件应符合现行行业标准《建筑施工扣件式钢管脚手架安全技术规范》JGJ 130的规定。独立施工电梯通道口及地面落罐处等施工人员上下处应设围栏。

9）各种牵拉钢丝绳、滑轮装置、管道、电缆及设备等均应采取防护措施。

10）现场垂直运输机械的布置应符合下列规定：

① 垂直运输用的卷扬机，应布置在危险警戒区以外；

② 当采用多台塔机同场作业存在干涉时，应有防止互相碰撞的措施。

11）地面施工作业人员在警戒区内防护棚外进行短时间作业时，应与操作平台上作业人员取得联系，并应指定专人负责警戒。

（3）滑模装置制作与安装

1）滑模装置的制作应具有完整的加工图、施工安装图、设计计算书及技术说明，并应报设计单位审核。

2）滑模装置的制作应按设计图纸加工；当有变动时，应有相应的设计变更文件。

3）制作滑模装置的材料应有质量合格文件，其品种、规格等应符合设计要求。材料的代用，应经设计人员同意。机具、器具应有产品合格证。

4）滑模装置各部件的制作、焊接及安装质量应经检验合格，并应进行荷载试验，其结果应符合设计要求。滑模装置如经过改装，改装后的质量应重新验收。

5）液压系统的千斤顶、油路、液压控制台和支承杆的规格应根据计算确定，千斤顶额定荷载必须大于或等于2倍工作荷载。

6）操作平台及吊脚手架上走道宽度不宜小于800mm，安装的铺板应严密、平整、防滑、固定可靠。操作平台上的洞口应有封闭措施。

7）操作平台的外侧应按设计安装钢管防护栏杆，其高度不应小于1800mm；内外吊脚手架周边的防护栏杆，其高度不应小于1200mm；栏杆的水平杆间距应小于400mm，底部应设高度不小于180mm的挡脚板。在防护栏杆外侧应采用钢板网或密目安全网封闭，并应与防护栏杆绑扎牢固。在扒杆部位下方的栏杆应加固。内外吊脚手架操作面一侧的栏杆与操作面的距离不应大于100mm。

8）操作平台的底部及内外吊脚手架底部应设兜底安全平网，并应符合下列规定：

① 应使用有安全生产许可证厂家生产的、符合防火要求的、合格的安全网。安全网的网纲应与吊脚手架的立杆和横杆连接，连接点间距不应大于500mm；

② 在靠近行人较多的地段施工时，操作平台外侧的吊脚手架外侧应采取硬防护措施；

③ 安全网间应严密，连接点间距与网结间距相同；

④ 吊脚手架的吊杆与横杆采用钢管扣件连接时，应采取双扣件等防滑措施；

⑤ 在电梯井内的吊脚手架应连成整体，其底部应满挂一道安全平网；

⑥ 采用滑框倒模工艺施工的内外吊脚手架，对靠结构面一侧的底部活动挡板应设有防坠落措施。

9）当滑模装置设有随升井架时，在人和材料的出入口应安装防护栅栏门；在其他侧面栏杆上应采用钢板网封闭。防护栅栏、防护栏杆和封闭用的钢板网高度不应低于1200mm。随升井架的顶部应设有防止吊笼冲顶的限位开关。

10）当滑模装置结构平面或截面变化时，与其相连的外挑操作平台应按专项施工方案要求及时改装，并应拆除多余部分。

11）当滑模托带钢结构施工时，滑模托带施工的千斤顶，安全系数不应小于2.5，支承杆的承载能力应与其相适应。滑模托带钢结构施工过程中应有确保同步上升措施，支承点之间的高差不应大于钢结构设计要求。

（4）垂直运输设备

1）滑模施工中所使用的垂直运输设备应根据滑模施工特点、建筑物的形状、高度及周边地形与环境等条件，宜选择标准的垂直运输设备通用产品。

2）滑模施工使用的非标准垂直运输装置，应由专业工程设计人员设计，设计单位技术负责人审核；并应附有安全技术规范要求的设计文件、产品质量合格证明、安装及使用维修说明等文件。

3）非标准垂直运输装置应由设计单位提出检测项目、检测指标与检测条件，使用前应由使用单位组织有关设计、制作、安装、使用、监理等单位共同检测验收。安全检测验收应包括下列主要内容：

① 非标准垂直运输装置的使用功能；

② 金属结构件安全技术性能；

③ 各机构及主要零、部件安全技术性能；

④ 电气及控制系统安全技术性能；

⑤ 安全保护装置；

⑥ 操作人员的安全防护设施；

⑦ 空载和载荷的运行试验结果。

4）非标准垂直运输装置应按设计的各技术性能参数设置标牌，应标明额定起重量、最大提升速度、最大架设高度、制作单位、制作日期及设备编号等。设备标牌应永久性地固定在设备的醒目处。

5）对垂直运输设备和非标准垂直运输装置应建立定期检修和保养的责任制。

6）操作垂直运输设备和非标准垂直运输装置的司机，应通过专业培训、考核合格后持证上岗，严禁无证人员操作垂直运输设备。

7）非标准垂直运输装置的司机，在有下列情况之一时，不得操作设备，并有权拒绝任何人指使启动设备；

① 司机与起重物之间视线不清、夜间照明不足、无可靠的信号和自动停车、限位等安全装置；

② 设备的传动机构、制动机构、安全保护装置有故障；

③ 电气设备无接地或接地不良，电气线路有漏电；

④ 超负荷或超定员；

⑤ 无明确统一信号和操作规程

8）当采用随升井架作滑模垂直运。输时，应验算在最大起重量、最大起重高度、井架自重、风载、柔性滑道（稳绳）张紧力、吊笼制动力等最不利情况下结构的强度和稳定性。

9）高耸构筑物滑模施工中，当采用随升井架平台及柔性滑道与吊笼作为垂直运输时应做详细的安全及防坠落设计，并应符合下列规定：

① 安全卡钳中楔块工作面上的允许压强应小于150MPa；

② 吊笼运行时安全卡钳的楔块与柔性滑道工作面的间隙，不应小于2mm；

③ 安全卡钳安装后应按最不利情况进行负荷试验，合格后方可使用。

10）吊笼的柔性滑道应按设计安装测力装置，并应有专人操作和检查。每对两根柔性滑道的张紧力差宜为15%～20%。当采用双吊笼时，张紧力相同的柔性滑道应按中心对称设置。

11）柔性滑道导向的吊笼采用拉伸门，其他侧面用钢板或带加劲肋的钢板网密封，与地面接触处应设置缓冲器。

（5）动力及照明用电

1）滑模施工的动力及照明用电电源应使用220V/380V的TN-S接零保护系统，并应设有备用电源。对没有备用电源的现场，必须设有停电时操作平台上施工人员撤离的安全通道。

2）滑模操作平台上设总配电箱，当滑模分区管理时，每个区应设一个分区配电箱，所有配电箱应由专人管理；总配电箱应安装在便于操作、调整和维修的地方，其分路开关数量应大于或等于各分区配电箱总数之和。开关及插座应安装在配电箱内，并做好防雨措施。配电箱及开关箱的设置应符合现行行业标准《施工现场临时用电安全技术规范》JGJ46的规定。

3）滑模施工现场的地面和操作平台上应分别设置配电装置，地面设置的配电装置内应设有保护线路和设备的漏电保护器，操作平台上设置的配电装置内应设有保护人身安全的漏电保护器。附着在操作平台上的垂直运输设备应有上下两套紧急断电装置。总开关和集中控制开关应有明显的标志。

4）滑模操作平台上采用380V电压供电的设备，应装漏电保护器和失压保护装置。经常移动的用电设备和机具的电源线，应采用五芯橡套电缆线，并不得在操作平台上随意牵拉。钢筋、支承杆和移动设备的摆放不得压迫电源线。

5）敷设于滑模操作平台上的各种固定的电气线路，应安装在人员不易接触到的隐蔽处，对无法隐蔽的电线，应有保护措施。操作平台上的各种电气线路宜按强电、弱电分别敷设，电源线不得随地拖拉敷设。

6）滑模操作平台上的用电设备的保护接零线应与操作平台的保护接零干线有良好的电气通路。

7）从地面向滑模操作平台供电的电缆应和卸荷拉索连接固定，其固定点应加绝缘护套保护，电缆与拉索不得直接接触，电缆与拉索固定点的间距不应大于2000mm，电缆应有明显的卸荷弧度。电缆和拉索的长度应大于操作平台最大滑升高度10m以上，其上端应通过绝缘子固定在操作平台的钢结构上，其下端应盘圆理顺，并加防护措施。

8）滑模施工现场的夜间照明，应保证工作面照明充足，其照明设施应符合下列规定：

① 滑模操作平台上的便携式照明灯具应采用安全电压电源，其电压不应高于36V；潮湿场所电压不应高于24V；

② 操作平台上有高于36V的固定照明灯具时，应在其线路上设置漏电保护器；

9）施工中停止作业1小时以上时，应切断操作平台上的电源。

（6）通讯与信号

1）在滑模专项施工方案中，应根据施工的要求，对滑模操作平台、工地办公室、垂直及水平运输的控制室、供电、供水、供料等部位的通讯联络制定相应的技术措施和管理制度，应包括下列主要内容：

① 应对通讯联络方式、通讯联络装置的技术要求及联络信号等做出明确规定；

② 应制定相应的通讯联络制度；

③ 应确定在滑模施工过程中通讯联络设备的使用人；

④ 各类信号应设专人管理、使用和维护，并制定岗位责任制；

⑤ 应制定各类通讯联络信号装置的应急抢修和正常维修制度。

2）在施工中所采用的通讯联络方式应简便直接、指挥方便。

3）通讯联络装置安装好后，应在试滑前进行检验和试用，合格后方可正式使用。

4）当采用吊笼等作垂直运输设备时，应设置限载、限位报警自动控制系统；各平层停靠处及地面卷扬机室，应设置通讯联络装置及声光指示信号。各处信号应统一规定，并应挂牌标明。

5）垂直运输设备和混凝土布料机的启动信号，应由重物、吊笼停靠处和混凝土出口处发出。司机接收到指令信号后，在启动前应发出动作回铃，提示各处施工人员做好准备。当联络不清，信号不明时，司机不得擅自启动垂直运输设备。

6）当滑模操作平台最高部位的高度超过50m时，应根据航空部门的要求设置航空指示信号。当在机场附近进行滑模施工时，航空指示信号及设置高度，应符合当地航空部门的规定。

（7）防雷

1）滑模施工过程中的防雷措施，应符合下列规定：

① 滑模操作平台的最高点应安装临时接闪器，当邻近防雷装置接闪器的保护范围覆盖滑模操作平台时，可不安装临时接闪器。

② 临时接闪器的设置高度，应使整个滑模操作平台在其保护范围内；

③ 防雷装置应具有良好的电气通路，并应与接地体相连；

④ 接闪器的引下线和接地体应设置在隐蔽处，接地电阻应与所施工的建（构）筑物防雷设计匹配。

2）滑模操作平台上的防雷装置应设专用的引下线，当采用结构钢筋做引下线时，钢筋连接处应焊接成电气通路，结构钢筋底部应与接地体连接。

3）防雷装置的引下线，在整个施工过程中应保证其电气通路。

4）安装避雷针的机械设备，所有固定的动力、控制、照明、信号及通信线路，宜采用钢管敷设。钢管与该机械设备的金属结构体应做电气连接。

5）机械上的电气设备所连接的PE线应同时做重复接地，同一台机械电气设备的重复接地和机械的防雷接地可共用同一接地体，但接地电阻应符合重复接地电阻值的要求。

6）当遇到雷雨时，所有高处作业人员应撤出作业区，人体不得接触防雷装置。

7）当因天气等原因停工后，在下次开工前和雷雨季节到来之前，应对防雷装置进行全面检查，检查合格后方可继续施工。在施工期间，应经常对防雷装置进行检查，发现问题应及时维修，并应向有关负责人报告。

（8）消防

1）滑模施工前，应做好消防设施安全管理交底工作，滑升过程中加强日常看护和安全检查。

2）滑模施工现场和操作平台上应根据消防工作的要求，配置适当种类和数量的消防器材设备，并应布置在明显和便于取用的地点；消防器材设备附近，不得堆放其他物品。

3）高层建筑和高耸构筑物滑模施工，应设计、安装施工消防供水系统，并应逐层或分段设置施工消防接口和阀门。

4）在操作平台上进行电气焊时应采取可靠的防火措施，并应经专职安全人员确认安全后再进行作业，作业时现场应设专人实施监护。

5）施工消防设施及疏散通道的施工应与工程结构施工保持同步。

6）消防器材设施应有专人负责管理，并应定期检查维修，保持完整适用。寒冷季节应对消防栓、灭火器等采取防冻措施。

7）在建工程结构的保湿养护材料和冬期施工的保温材料不得采用易燃品。操作平台上严禁存放易燃物品，使用过的油布、棉纱等应妥善处理。

（9）滑模施工

1）滑模施工开始前，应对滑模装置进行技术安全检查，并应符合下列规定：

① 操作平台系统、模板系统及其连接应符合设计要求；

② 液压系统调试、检验及支承杆选用、检验应符合现行国家标准《滑动模板工程技术规范》GB50113 中的规定。

③ 垂直运输设备及其安全保护装置应试车合格；

④ 动力及照明用电线路的检查与设备保护接零装置应合格；

⑤ 通讯联络与信号装置应试用合格；

⑥ 安全防护设施应符合施工安全的技术要求；

⑦ 消防、防雷等设施的配置应符合专项施工方案的要求；

⑧ 应完成员工上岗前的安全教育及有关人员的考核工作、技术交底；

⑨ 各项管理制度应健全。

2）操作平台上材料堆放的位置及数量应符合滑模专项施工方案的限载要求，应在规定位置标明允许荷载值。设备、材料及人员等荷载应均匀分布。操作平台中部空位应布满平网，其上不得存放材料和杂物。

3）滑模施工应统一指挥、人员定岗和协作配合。滑模装置的滑升应在施工指挥人员的统一指挥下进行，施工指挥人员应经常检查操作平台结构、支承杆的工作状态及混凝土的凝结状态，在确认无滑升障碍的情况下，方可发布滑升指令。

4）滑模施工过程中，应设专人检查滑模装置，当发现有变形、松动及滑升障碍等问题时，应及时暂停作业，向施工指挥人员反映，并采取纠正措施。应定期对安全网、栏杆和滑模装置中的挑架、吊脚手架、跳板、螺栓等关键部位检查，并应做好检查记录。

5）每个作业班组应设专人负责检查混凝土的出模强度，混凝土的出模强度应控制在 0.2～0.4MPa。当出模混凝土发生流淌或局部坍落现象时，应立即停滑处理。当发现混凝土的出模强度偏高时，应增加中间滑升次数。

6）混凝土施工应做到均匀布料、分层浇筑、分层振捣，并应根据气温变化和日照情况，调整每层的浇筑起点、走向和施工速度，确保每个区段上下层的混凝土强度相对均衡，每次浇灌的厚度不宜大于200mm。

7）每个作业班组的施工指挥人员应按滑模专项施工方案的要求控制滑升速度，液压控制台应由经培训合格的专职人员操作。

8）滑升过程中操作平台应保持水平，各千斤顶的相对高差不得大于40mm。相邻两个提升架上千斤顶的相对标高差不得大于20mm。液压操作人员应对千斤顶进行编号，建立使用和维修记录，并应定期对千斤顶进行检查、保养、更换和维修。

9）滑升过程中应严格控制结构的偏移和扭转。纠偏、纠扭操作应在当班施工指挥人员的统一指挥下，按滑模专项施工方案预定的方法并徐缓进行。当烟囱等平面面积较小的工程采用倾斜操作平台纠偏方法时，操作平台的倾斜度不应大于1%。当圆形筒壁结构发生扭转时，任意3m高度上的相对扭转值不应大于30mm。高层建筑及平面面积较大的构筑物工程不得采用倾斜操作平台的纠偏方法。

滑模平台垂直、水平、纠偏、纠扭的相关观测记录应按现行国家标准《滑动模板工程技术规范》GB50113有关表格执行。

10）施工中支承杆的接头应符合下列规定：

① 结构层同一平面内，相邻支承杆接头的竖向间距应大于1m；支承杆接头的数量不应大于总数量的25%，其位置应均匀分布；

② 工具式支承杆的螺纹接头应拧紧到位；

③ 榫接或作为结构钢筋使用的非工具式支承杆接头，在其通过千斤顶后，应进行等强度焊接。

11）当支承杆设在结构体外时应有相应的加固措施，支承杆穿过楼板时应采取传力措施。当支承杆空滑施工时，根据对支承杆的验算结果，应进行加固处理。滑升过程中，应随时检查支承杆工作状态，当个别出现弯曲、倾斜等现象时，应及时查明原因，并采取加固措施。

12）滑模施工过程中，操作平台上应保持整洁，混凝土浇筑完成后应及时清理平台上的碎渣及积灰，铲除模板上口和板面的结垢，并应根据施工情况及时清除吊脚手架、防护棚等上的坠落物。

13）滑模施工中，应加强对滑模装置正常的检查、保养、维护，还应经常组织对垂直运输设备、吊具、吊索等进行检查。

14）构筑物工程外爬梯应随筒壁结构的升高及时安装，爬梯安装后的洞口处应及时用安全网封严。

（10）滑模装置拆除

1）滑模装置拆除前，应确定拆除的内容、方法、程序和使用的机械设备、采取的安全措施等；当施工中因结构变化需要局部拆除或改装滑模装置时，同样应有相关措施，并应重新进行安全技术检查；当滑模装置采取分段整体拆除时应进行相应计算，并应满足所使用机械设备的起重能力。

2）滑模装置拆除应指定专人负责统一指挥。拆除作业前应对作业人员进行必要的技术培训和技术交底，不宜中途更换作业人员。

3）拆除中使用的垂直运输设备和机具，应经检查，合格后方准使用。

4）拆除滑模装置时，在建（构）筑物周围和塔吊运行范围周围应划出警戒区，拉警戒线，应设置明显的警戒标志，并设专人监护。

5）进入警戒线内参加拆除作业的人员应佩戴安全帽，系好安全带，服从现场安全管理规定。非拆除人员未经允许不得进入拆除危险警戒线内。

6）应保护好电线，确保操作平台上拆除用照明和动力线的安全。拆除操作平台的电气系统时，应切断电源。

7）支承杆拆除前，提升架必须采取临时固定措施，所有支承杆必须采取防坠落措施；当滑模装置分段整体拆除时，应在起重吊索绷紧后割除支承杆或解除与体外支承杆的加固连接。

8）拆除作业应在白天进行，建（构）筑物外围的滑模装置宜采用分段整体拆除，并应在地面解体。拆除的部件及操作平台上的物品宜集中吊运。拆除的木料、支承杆和剩余钢筋等细长物品应捆扎牢固，严禁凌空抛掷。

9）当遇到雷、雨、雾、雪、风速 8.0m/s 以上大风天气时，不得进行滑模装置的拆除作业。

10）对烟囱类构筑物宜在顶端设置安全行走平台。

2.3.3.11 滑模冬期施工

由于滑模施工的工程一般多为高耸建筑，在冬期施工需要采取较复杂的保温、加热和挡风等技术措施，而且必然会大幅度增加施工费用。因此，滑模工程一般不宜安排在冬期施工。如果必须在冬期进行滑模施工时，施工单位应根据滑模施工的特点制定专门的技术措施。除了满足一般冬施要求的条件外，还应解决以下技术问题：

(1) 满足滑升速度要求下混凝土所必需的最低环境温度；

(2) 脱模混凝土的抗冻强度；

(3) 在不同温度条件下混凝土达到抗冻强度所需的时间（h）；

(4) 根据滑升速度要求，选用保温材料和确定供热方法；

(5) 确定有关暖棚结构和设备、管线的配置等。

总之，不论采用何种冬施方案，均应通过热工计算，以确保滑模施工的工程质量和结构安全。

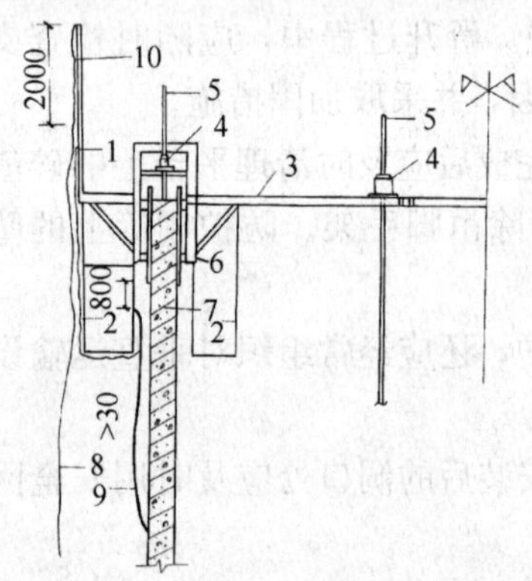

图 2-3-234 裙幔式保温棚

1—平台栏杆；2—内、外吊架；3—操作平台；4—千斤顶；5—支承杆；6—提升架；7—模板；8—帆布帷幔；9—石棉被；10—挡风墙

滑模的冬期施工，可根据工程对象及气温情况的不同，分别采用混凝土掺早强型外加剂法、蓄热法、暖棚法、蒸汽套法及电热法等冬施养护方法，并可综合应用。

1. 初冬及冬末阶段

一般指最低气温为－5℃左右，平均气温为 0℃左右。可采用综合蓄热法，其具体做法如下：

(1) 在迎风面设挡风墙和用岩棉被或石棉布将吊架及门窗口封闭，形成裙幔式保温棚（图 2-3-234）；

(2) 热拌混凝土：水加热 60～70℃，砂加热 30～40℃。搅拌后的混凝土出机温度为 20℃；

(3) 混凝土中掺加复合抗冻早强剂；

(4) 在模板背面设置保温层，可采用聚氨酯泡沫或岩棉被等材料制作；

(5) 对脱模的混凝土进行修饰后，待水分晾干不黏结时，用石棉被覆盖保温，也可采用乳液喷涂养护。

(6) 具体实例如下：

① 北京某粮食中心库 30m 大直径浅圆仓滑模施工中，采用裙幔式保温棚，施工时（11 月中旬）最低气温曾达－10℃，通过在混凝土中掺加 SL-Ⅲ防冻剂和 SL-Ⅳ型早强减水剂，使水温在 50～60℃之间，砂石料预热消除冻块并提高温度，混凝土的出机温度一般保持在 18～23℃之间。入模温度在 11～18℃之间。滑升一段高度后，仓内增设火炉 8 个，使仓内环境温度基本保持在 4℃以上。混凝土出模 54 小时后降至 0℃时，同条件下试件强度已达到 4.5MPa。

② 某电厂 210m 和 180m 烟囱滑模施工中，采用综合蓄热法进行冬施。施工期间最低气温为 −3℃，在混凝土中掺用亚硝酸钠-三乙醇胺复合早强剂，具体掺量为：亚硝酸钠 1%、三乙醇胺 0.05%和氯化钠 0.5%（均按水泥重量计）。

施工中采用硅酸盐水泥和普通硅酸盐水泥，砂、石保持正温度，水加温在 50～60℃，搅拌时间延长 50%，使混凝土出机温度控制在 10～12.5℃，入模温度不低于 5℃。平均日滑 4～5m。掺用亚硝酸钠-三乙醇胺复合早强剂后，混凝土强度 3d 可达设计强度的 50%，7d 可达设计强度的 70%。

③ 上海某高层建筑滑模施工中，冬施措施采用综合蓄热法。施工期间最低气温为−4℃，在混凝土中掺加 3F 早强减水剂（主要成分由木质素磺酸钙、硫酸钠及硅、铝等复合而成），掺量为水泥用量的 1%～3%。

搅拌用水温度控制在 60～70℃，并采用二次投料法进行搅拌，混凝土的入模温度控制在 15℃左右。在自然养护（−2℃）条件下，C35 混凝土 3d 强度为 7.25MPa，7d 强度为 16.2MPa，28d 强度为 26.4MPa。

2. 严冬阶段

一般指最低气温为−10℃左右，平均气温为−5℃左右，可采取下列冬施方法：

（1）电暖气暖棚法（干热空间法）

北京一建公司在北京国际饭店滑模施工中，冬施措施采用电暖气暖棚法，具体措施如下：

1）将吊脚手架外侧用石棉布封严，在吊脚手架下口靠墙一侧，围挂 5cm 厚岩棉被，悬挂长度为 2m 左右；

2）将楼梯口及墙、梁模板上口用岩棉被和石棉布封盖，以减少热量损失；

3）将电暖气放置室内和滑模外吊架上，利用电暖气提高暖棚内的温度（图 2-3-235）；

4）在钢模板背面喷涂 5cm 厚聚氨酯泡沫，作为模板保温层；

5）在浇筑混凝土前，电暖气应先通电不少于 2h，进行预热。墙体混凝土浇筑完成后，还必须有不少于 24h 的加热养护期，以满足混凝土临界强度 4MPa 的要求；

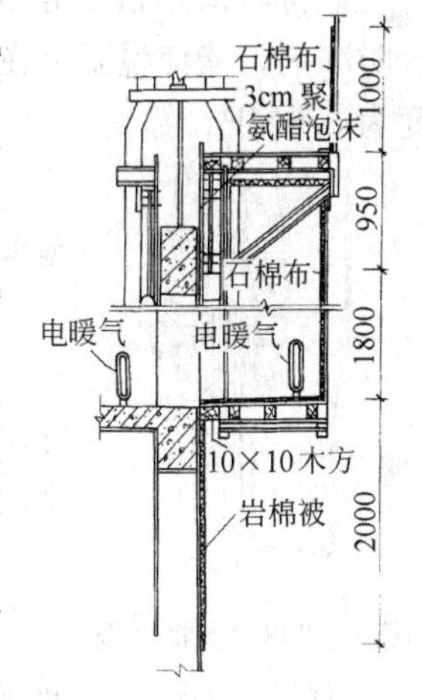

图 2-3-235 电暖气暖棚法

6）热拌混凝土：水加热 60～70℃，砂子加热 30～40℃，混凝土入模温度为 5～10℃。同时在混凝土中掺加抗冻早强剂；

7）使用普通硅酸盐水泥。

采用上述方法，根据实测记录，当室外气温为−10℃左右时，暖棚内气温可保持在 0℃以上，混凝土可保持 4d 左右的正温度。

（2）其他热源暖棚法

其他热源暖栅法与电暖气暖棚法作法相似，均为干热空间法。热源可采用蒸汽管、远红外线电热器以及热风机和生火炉等。其他热源暖棚法的布置方法与电暖气暖棚法大致相同（图 2-3-236）

具体实例如下：

1）某贮仓群滑模施工中，采用蒸汽管暖棚法进行冬施。在滑模外挑架和外吊架周围，包一层尼龙编织布，上至护身栏杆，下至外吊架脚手板底。在提升架下悬挂蒸汽排管散热器，通入 0.3MPa 高压蒸汽（图 2-3-237）。

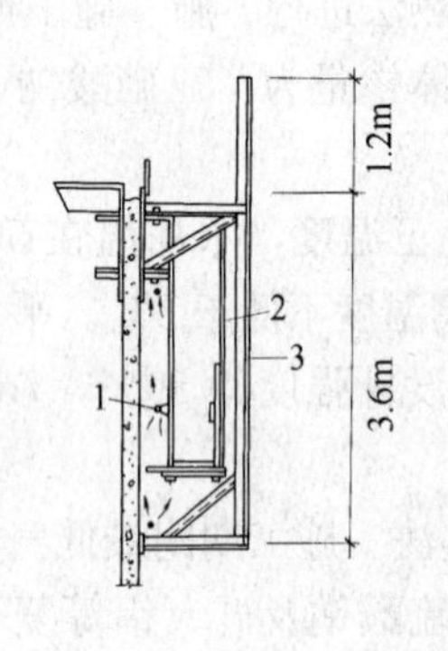

图 2-3-236　蒸气管暖棚法

1—蒸汽管；2—吊脚手架；3—暖棚

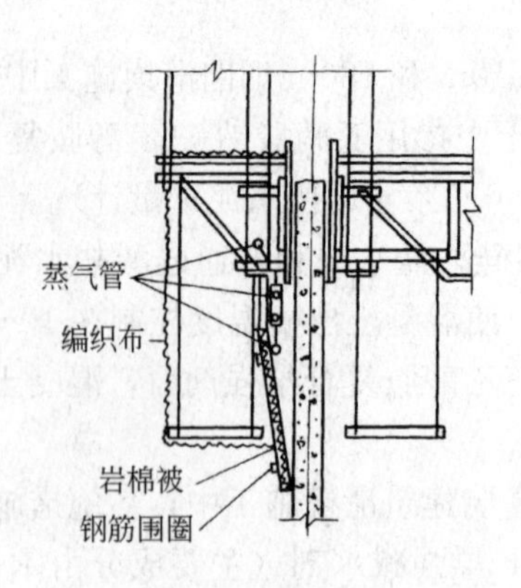

图 2-3-237　蒸气管布置图

沿散热器外侧直至吊架下端的混凝土外壁，围包一层高 3m、厚 5cm 的岩棉被，沿外壁四周连成一体，岩棉被下端用两道钢筋围圈箍栏。形成一个外包编织布加岩棉被，内有蒸汽管供热的暖棚。可保证出模的混凝土在 2 昼夜内不受冻。出模后的混凝土压光后，表面涂刷两遍薄膜养生液，形成一层薄膜后，可兼起挡风和保温作用。

原材料采用强度等级为 42.5 的硅酸盐水泥，水加热不高于 80℃。外加剂采用耐RJF-1型复合防冻剂，能使混凝土在负温度下强度继续增长。对混凝土试验表明，在－10℃下，3d 抗压强度为 8.8MPa。

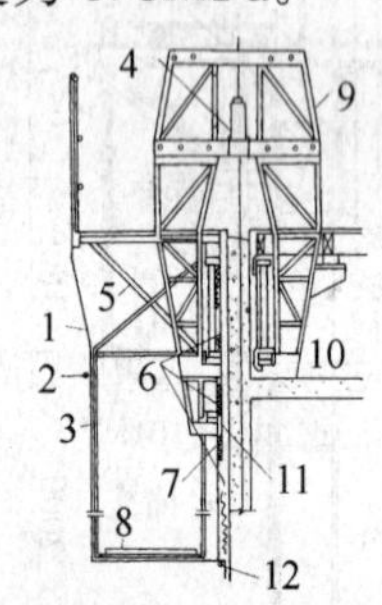

图 2-3-238　滑模外围保温示意图

1—帐篷布；2—钢丝绳围圈；3—吊脚手架；4—千斤顶；5—三角挑架；6—岩棉被；7—钢模板；8—脚手板；9—提升架；10—楼板；11—围圈；12—下钢丝绳围圈

2）北京某高层建筑滑模施工中，冬施措施采用生火炉暖棚法。具体措施如下：

① 滑模保温套

在滑模装置四周用篷布进行围护，外模板外侧覆盖岩棉被，并下悬至外吊架以下（图 2-3-238）。外墙门窗洞口用塑料布堵严，在每个房间和走廊内生炭火炉，保持正温环境。楼板混凝土浇筑后，表面用岩棉被覆盖。

② 搅拌机暖棚及砂、水加热

搅拌机棚四周用石棉瓦和红砖围护封闭，棚内生火炉。水和砂加热，混凝土出机温度在 15℃以上。采用强度等级为 42.5 的硅酸盐水泥或普通硅酸盐水泥。混凝土中掺加 KD-2 型早强抗冻剂，该抗冻剂在气温－10℃环境中早强性能明显。

③ 混凝土运输保温

对混凝土运输车和料斗用岩棉被覆盖，使混凝土入模温度保证在 10℃以上。

④ 浇筑时间

加强与气象部门联系，遇寒流、大风天气停止浇筑混凝土。开盘时间在上午 10 点以后，避免夜晚浇筑。墙体滑升速度适当放慢。

⑤ 测温

每昼夜测大气及工作环境温度四次（早 7：00，中午 13：00，下午 19：00，夜间 2：00），混凝土浇筑后，每 4h 测混凝土内部温度一次。

滑模冬施期内，测得最低气温为－7℃，温度曲线见图 2-3-239。

(3) 远红外线加热器在滑模模板上的布置

远红外线加热器一般分为管式和板式等类型，用于滑模冬施的功率为 1～1.5kW。

图 2-3-240 图是远红外线加热器在滑模模板上的布置示意。图中 BGF-1500W 和 BGF-1000W 加热器交叉放置。

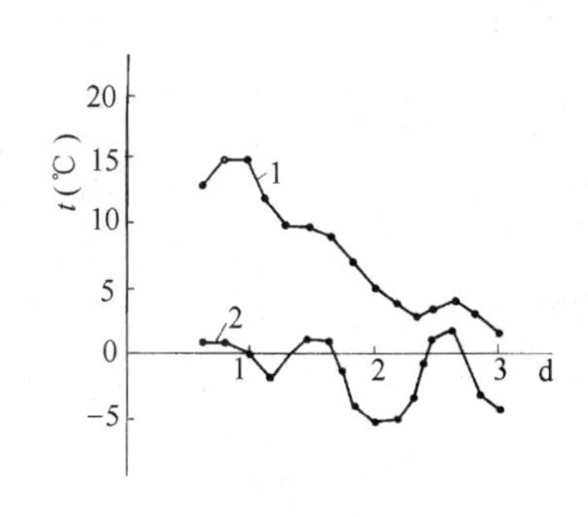

图 2-3-239　温度曲线图

1—混凝土温度曲线；2—大气温度曲线

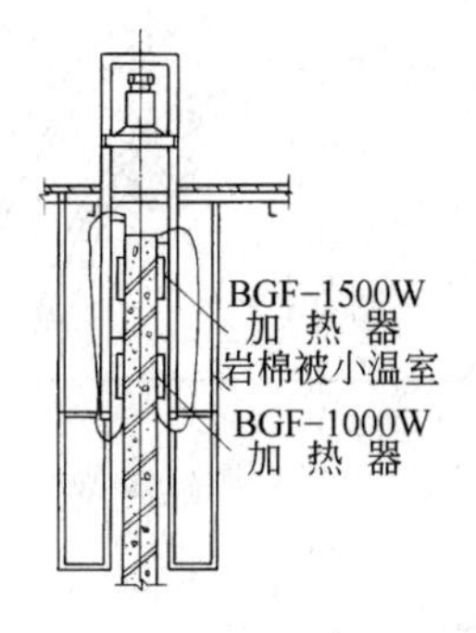

图 2-3-240　远红外线加热器在模板上的布置示意

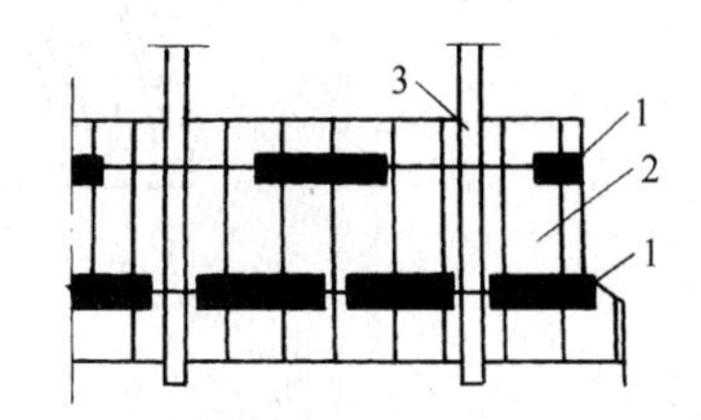

图 2-3-241　远红外线加热器在模板上的正面布置示意

1—远红外线加热器；2—模板；3—提升架

BGF-1000W 距混凝土面 80mm，单面控制为 400mm×500mm。

BGF-1500W 距混凝土面 80mm，单面控制为 440mm×530mm。

两榀提升架之间，上部安装 1 台 BGF-1500W 电热器，下部安装 2 台 BGF-1000W 电热器（图 2-3-241）。

模板装置的保温和围护作法与暖棚法作法相同。

2.3.4　柱模板

2.3.4.1　钢柱模

1. 一般圆柱钢模

一般圆柱模板可分两个半圆加工，现场拼装组合。

（1）构造

圆柱模板的面板采用 4mm 钢板卷曲成型，竖向边框弧形，边框及弧形加强肋均为 6mm 厚钢板，竖向加强肋为－50×5 扁钢，边框四周设 17×21 椭圆孔作组合连接用（图 2-3-242）。每块圆柱模均设节点板，用于斜撑及平台挑架的连接。

（2）常用规格

直径：500、600、700、800、900、1000、1200mm；

模板长度：2400、2100、1800、1500、1200、900mm；

模板厚度：84mm。

当柱子外径大、中间空心时，其外模做法同一般圆柱模，而内模应设收缩装置和调节缝板，以利拆除。为此，在竖向边框内侧焊支腿，两块模板之间用螺栓调节，形成空心圆柱模（图 2-3-243）。

有梁柱接头的 1/2 圆柱钢模，见图 2-3-244。

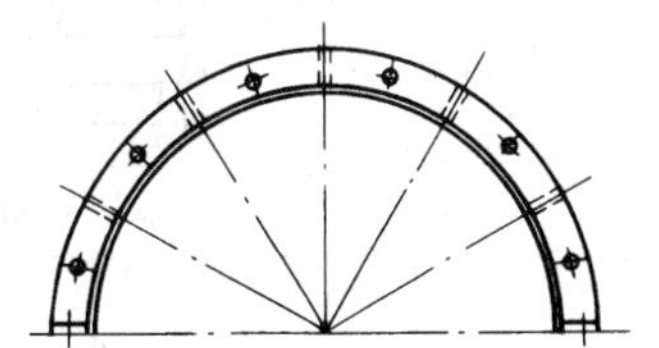

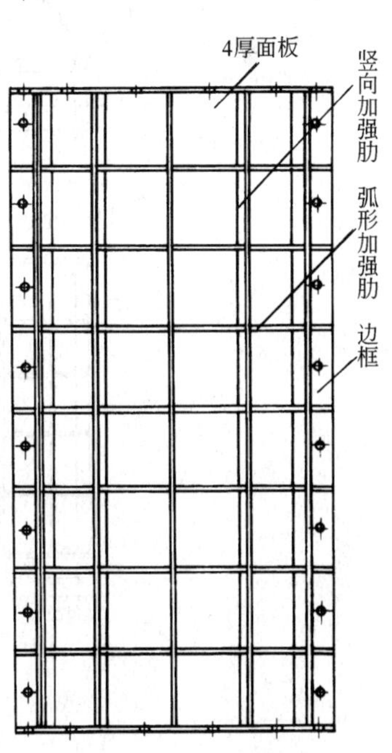

图 2-3-242　1/2 圆柱钢模（一）

2. 大直径圆柱钢模

大直径圆柱钢模，采用 1/4 圆柱钢模组拼（图 2-3-245）。圆柱钢模面板采用 $\delta=4$mm 钢板，竖肋为 $\delta=5$mm 钢板，横肋为 $\delta=6$mm 钢板，竖龙骨采用[10 槽钢；梁柱节点面板。竖肋和横肋均采用 $\delta=4$mm 钢板。每根柱模均配有 4 个斜支撑，且沿柱高每 1.5m 增设 $\delta=6$mm 加强肋。

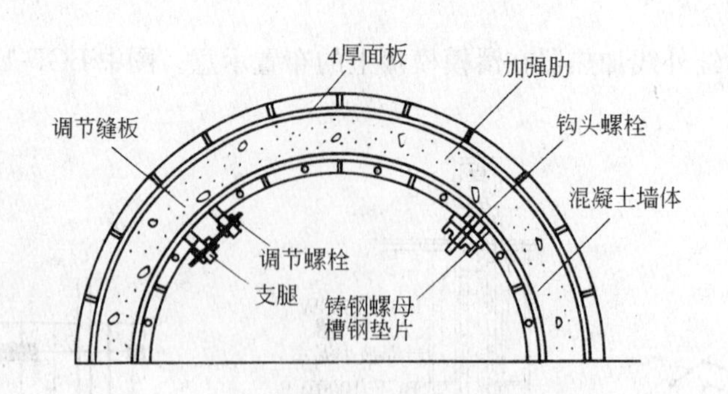

图 2-3-243　空心圆柱模板

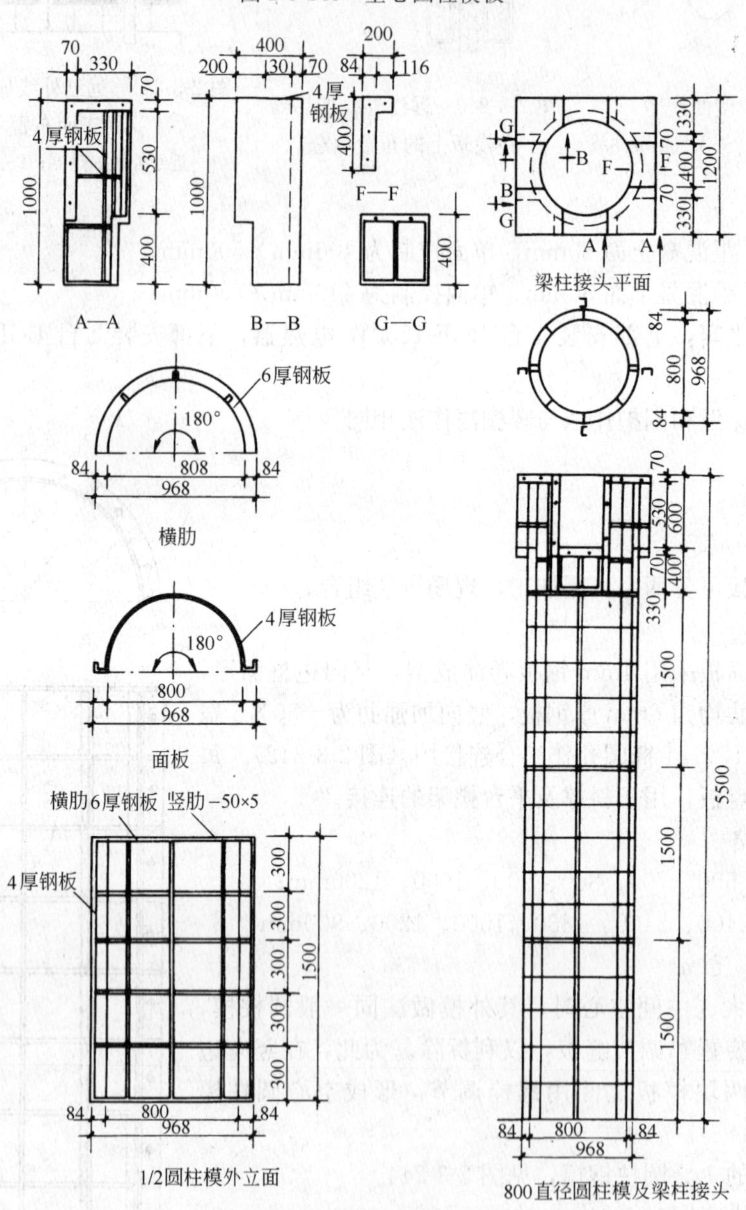

图 2-3-244　1/2 圆柱钢模（二）

3. 无柱箍可变截面方形钢柱模，如图 2-3-246 所示。

2.3.4.2　玻璃钢圆柱模板

玻璃钢圆柱模板采用不饱和树脂作粘结材料，低碱玻璃布作增强材料，加入引发剂、促凝

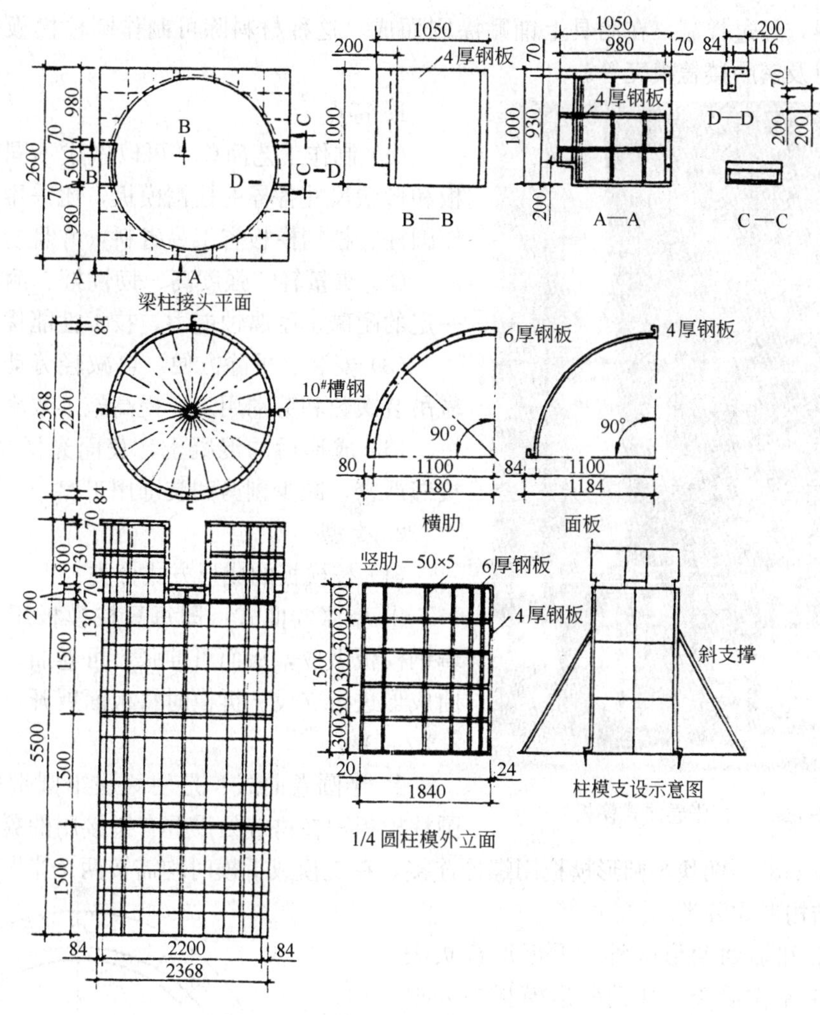

图 2-3-245　1/4 圆柱钢模

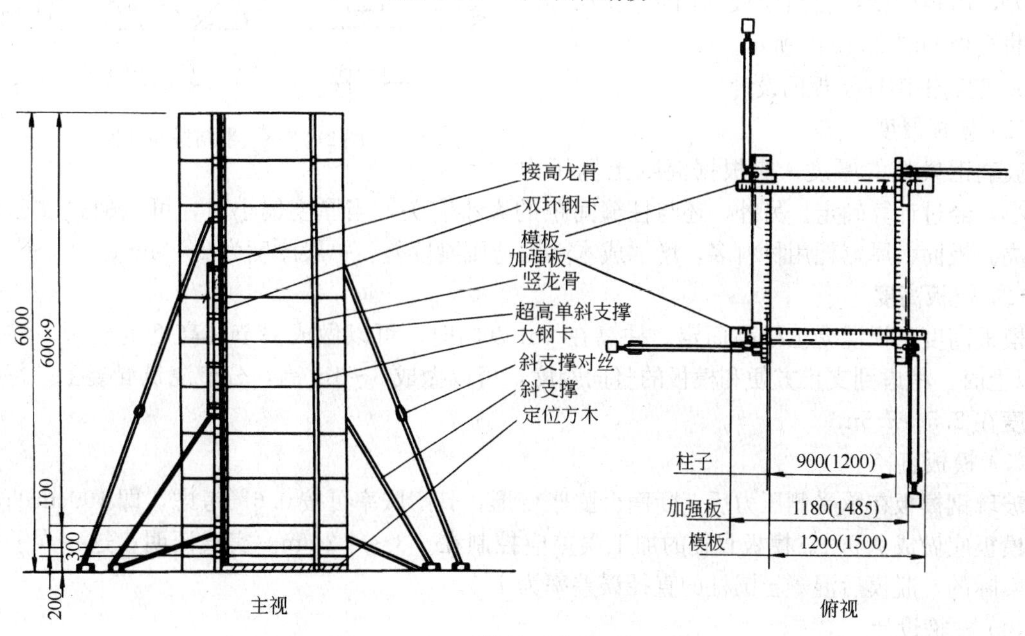

图 2-3-246　无柱箍可变截面钢柱模

剂、耐磨材料，经过拌制，在胎具上铺贴涂刷而成。这种材料除可制作圆柱模板外，还可制作柱帽模板，以及密肋楼盖模壳等。

图 2-3-247 整张卷曲式模板

1. 特点

(1) 制作工艺简单，可以做成不同直径的圆柱模板和形状尺寸各异的柱帽模板，比采用木材、钢材制作圆柱、柱帽模板省工、省料，并且易于成形。

(2) 重量轻、强度高、韧性好、耐磨性好，具有一定的耐碱、耐腐蚀能力，技术性能优良。

(3) 安装、拆除方便，可减轻劳动强度，减少机械吊装次数和劳动用工，提高施工效率。

(4) 成形后的混凝土，表面光滑平整，拼缝少，接缝严密，减少剔凿和装饰用工。

2. 类型

(1) 按模板的成形方式分类

① 整张卷曲式：即每只柱模板用一个整张的玻璃钢模板做成，板面可伸张，可卷曲。支模时整张卷曲成形进行支设。拆模时将板面展开，即可脱模（图 2-3-247）。

② 半圆卷曲式：是用两块半圆形的模板拼装成圆柱模板，在拼缝处设置有拼接用的翼缘，并用扁钢加强（图 2-3-248）。两块半圆形模板用螺栓连接，在支模或拆模时均需按两个半圆支设或拆除。

(2) 按结构形式分类

有平板形和加劲肋形两种。平板形模板表面平整，加工制作简单。加劲肋形模板在外壁上增设若干玻璃钢肋，以增强模板承受侧压力的能力，增强刚度，提高模板的周转使用次数。加劲肋模板如图 2-3-249 所示。

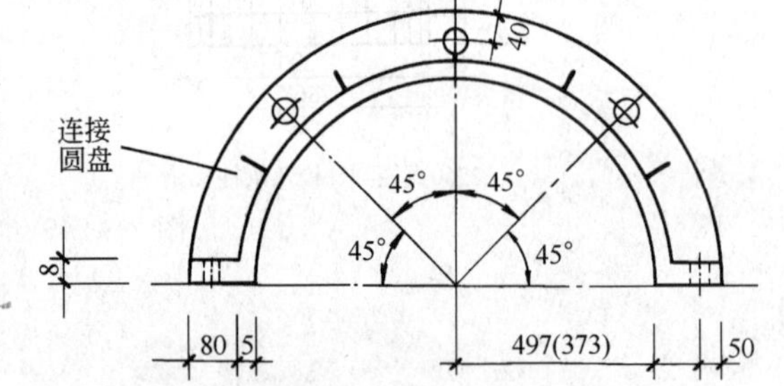

图 2-3-248 半圆拼装柱模

3. 玻璃钢圆柱模板的设计

(1) 模板厚度

玻璃钢模板的厚度，应根据混凝土侧压力的大小，经过计算确定。另外，还与柱箍间距的大小有关，当厚度偏小时，可以通过加密柱箍来解决。板面太厚，耗用材料多，增加成本，太薄则刚度差。一般厚度为 4～5mm。

(2) 模板高度

模板高度重视混凝土柱高而定。柱高在 4m 以内时，可以做成一节同高度的模板。柱高在 4m 以上时，考虑到支模方便和模板的竖向刚度，可以做成 3～4m 高，分节浇筑混凝土，每次浇筑高度在 2.5～3.5m。

(3) 模板直径

玻璃钢模板在承受侧压力后，断面会膨胀变形，其膨胀率可按 0.6%考虑，即 100cm 直径的圆柱模板应做成 ϕ99.4。模板直径的加工误差应控制在－3～＋2mm。实践证明，这一误差率是符合实际的，脱模后混凝土圆柱的直径误差率为 1%。

(4) 柱箍设计

为了增强模板的刚度，保证模板的圆度，在模板外侧必须设置柱箍，柱箍用角钢∟40mm×

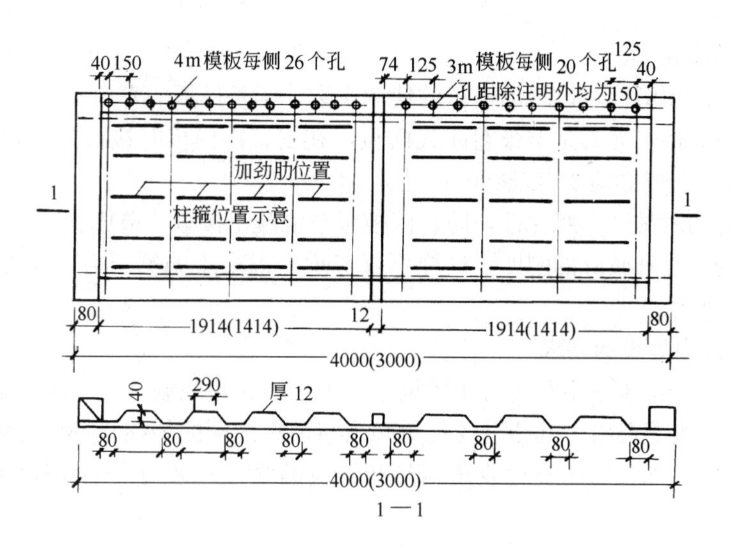

图 2-3-249　加劲肋玻璃钢柱模

4mm 或扁钢—56mm×6mm 做成，如图 2-3-250 所示。

最少应设置三道柱箍，分别设于柱模的上、中、下三个部位。柱箍的内径与圆柱模板的外径一致，接口处用螺栓连接。柱箍的另一个作用是供设置柱模的斜撑或缆绳用以调整模板的垂直度，保证模板的竖向稳定。中部柱箍设在模板的 2/3 高度，下部的柱箍还可用于固定柱模的位置。

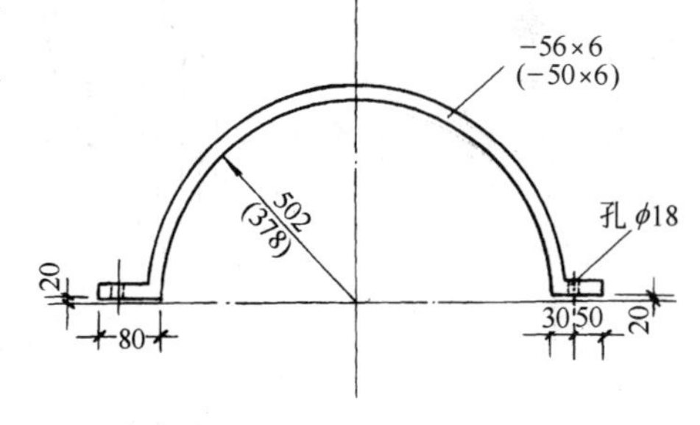

图 2-3-250　柱箍

(5) 柱帽模板

柱帽模板通常设计为两块半圆形的漏斗状，然后用螺栓拼装而成。圆漏斗的接缝部位要保证平直，接缝严密。周边及接缝处均用角钢加强。对于直径较大的柱帽，为了增强悬挑部分的刚度，防止下垂，还应增设型钢环梁或玻璃钢环梁，以承受浇筑混凝土时的荷载。柱帽及环梁形式如图 2-3-251 和图 2-3-252 所示。

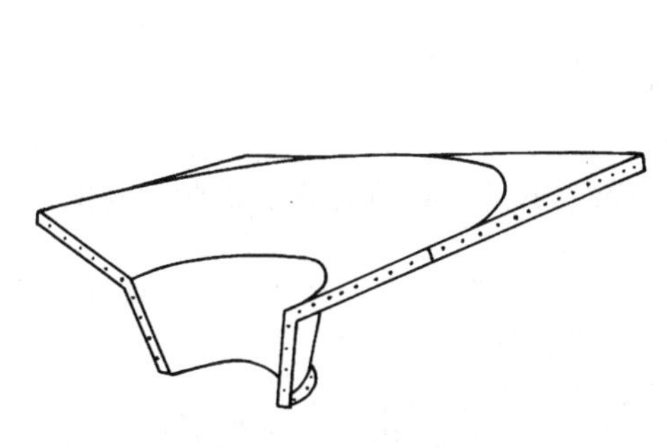

图 2-3-251　柱帽模板

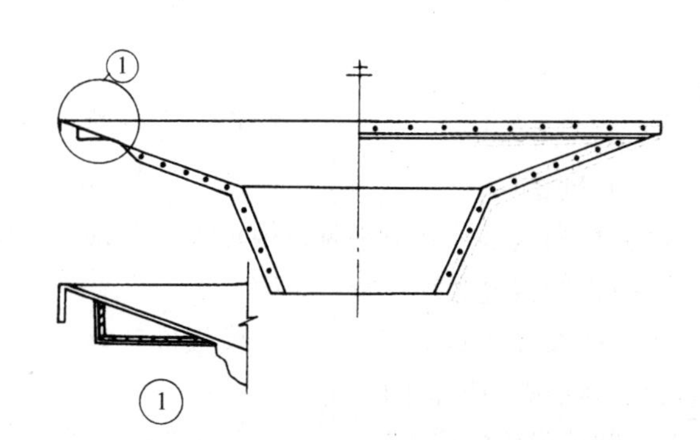

图 2-3-252　柱帽环梁

用玻璃钢代替钢材或木材制作的柱帽模板，无论是加工制作，还是安装使用，都更为简便适用，其经济技术效果更为显著。

为了使柱帽模板与楼板模板能严密的结合在一起，可把半圆漏斗柱帽展宽，做成玻璃钢平台，并在平台底面设若干道加劲肋，如图 2-3-251 所示。

4. 玻璃钢圆柱模板的制作要求

（1）对材料性能的要求

① 应具有较好的耐磨性，以增加模板的使用次数，延长模板的寿命。

② 应用较好的韧性。尤其是整张卷曲式模板，在支、拆模板时接口处要反复开合，容易造成模板的纵向裂缝，所以必须要有较好的韧性。

③ 应具有较好的耐碱、耐腐蚀性，防止因模板与混凝土接触，造成腐蚀、碱化。

④ 要有一定的强度和较好的刚度，这样不仅能承受混凝土的侧压力，还能承受在安装、拆除和运输中的各种外力。

（2）对拼接处加强处理的要求

在模板的拼接处，由于使用时应力比较集中，为了防止模板破坏，应采用扁钢或角钢加强，为此玻璃钢模板也应设置凸沿，其凸沿的拐角必须与模板内侧的切线呈 90°，两侧凸沿要保证顺直，以使拼接处严密。加强肋的扁钢或角钢与凸沿应贴紧，并采用不饱和聚酯树脂粘结，如图 2-3-253 所示。

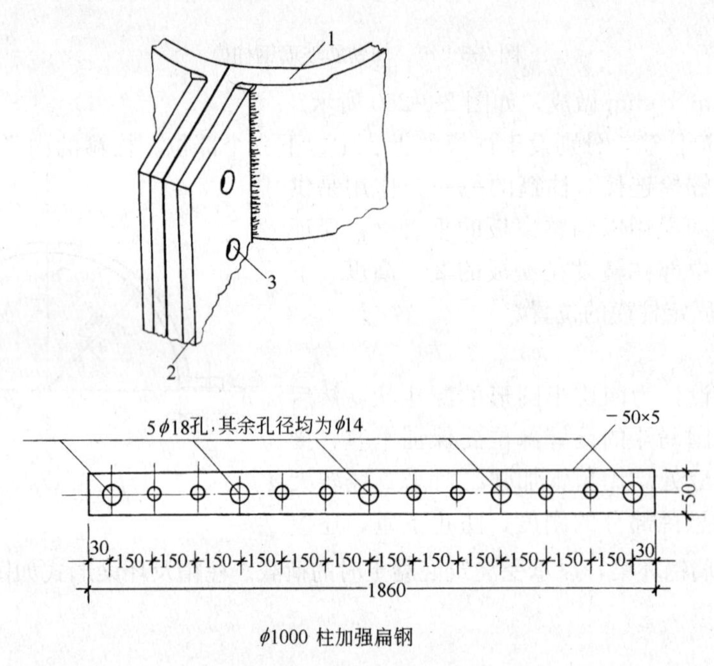

图 2-3-253　拼缝处加强处理

1—模板；2—加强肋扁钢；3—连接螺孔

（3）质量要求

① 模板内侧必须光滑平整，模板表面不得有气泡、空鼓、皱纹、纤维外露、毛刺等现象。

② 模板的接缝必须严密。

③ 边肋及加强肋安装牢固，与模板成一整体。

5. 玻璃钢圆柱模板的施工

（1）圆柱模板的施工

1）施工准备

安装柱模前，要清除柱基的杂物，焊接或修整模板的定位预埋件，做好测量放线工作，抹好模板下面的找平层砂浆。

2）工艺流程

柱模就位安装→闭合柱模→固定连接件→安装柱箍→安装支撑或缆绳→校正并固定柱模→搭设脚手架→浇筑混凝土→拆除脚手架→拆除柱模→清理并涂刷脱模剂。

3）施工要点

① 安装整张卷曲式柱模时，需要两人将模板的接口由下而上逐渐扒开，套在柱钢筋的周围，下端与定位铁件贴紧，套好后将模板接口转向任一支撑的方向。

② 安装半圆拼装式柱模时，可将两片柱模分别从柱钢筋两侧就位，然后将接口对准支撑的方向，再安装紧固件。

③ 设置柱箍与支撑。每个柱模最小设置三个柱箍，中间柱箍要设在 2/3 柱模高度处，为防止下滑，可用 5cm×5cm 木方或角钢进行支顶。

整张卷曲式柱模一般设置三道缆绳或斜撑，按 120°夹角分布，与地面呈 45°～60°夹角。半圆拼装式柱模要设置四道缆绳或斜撑，按 90°夹角分布。各道缆绳或斜撑的延长线要通过柱模的圆心，防止柱模扭转。缆绳上要设置花篮螺栓，以便于调整柱模的垂直度。

④ 当混凝土柱过高时，可以采用下列两种方法支模：

拼接法：采用两节柱模板上下进行拼接。拼接处设立连接法兰盘。拼接时要注意柱模对齐，上下同一圆心，防止竖向偏差。上下柱模要分别设置缆绳。北京梅地亚中心工程施工时，即采用此法。

提模法：混凝土柱分节支模，分节浇筑混凝土。待柱下部混凝土脱模后，将模板拆除，向上提升，使模板下部与混凝土搭接 40～50cm，拧紧连接螺栓，并注意接缝严密，不漏浆。依次将模板提升至柱子的设计高度。此方法在北京市高级人民法院工程施工时采用，浇筑高度达 10m。

上述两种方法，都必须做好测量工作，保证上下垂直，并使缆绳安装牢固。

⑤ 待混凝土达到 1MPa 以上时，即可拆除柱模。首先拆除缆绳或斜撑，撤除中部柱箍的支柱，再拆除柱箍，然后卸掉连接螺栓，松动模板接口将模板卸下。

（2）柱帽模板的施工

1）施工准备

安装柱帽模板时必须先将柱模板拆除，并使混凝土养护 7d 以上。

2）工艺流程

安装柱帽模板支架→安装楼板模板→混凝土柱顶安装柱箍→柱帽模板分片安装→固定连接螺栓→调整柱帽模板标高→与楼板模板接缝处理→浇筑柱帽及楼板混凝土→养护→拆除柱帽模板支架→拆除连接螺栓及模板→清理模板，涂刷脱模剂。

3）操作要点

① 柱帽模板支架的安装必须牢固，支柱、横梁及斜撑必须形成结构整体。

② 在柱顶安装柱帽模板，定位柱箍高度要准确，安装要牢固，以防止柱帽模板下滑，保证柱帽模板高度合适。

③ 柱帽模板分两片就位，要先对正接口，再安装连接螺栓。柱帽的下口坐落在定位柱箍上。

④ 柱帽模板的环形梁要安装在支架横梁上，以增加环梁和柱帽模板的承载能力。与横梁搭接要牢固，不平处可用木楔填实。

⑤ 校正好柱帽模板的标高，处理好与楼板模板的接缝，做到标高准确，接缝严密。

⑥ 待柱帽混凝土强度达到设计强度的 75%时方准拆模。先拆除柱帽模板的支架和柱顶的柱箍，再拆除连接螺栓。为了防止柱帽模板下落时摔坏，斜放两根 ϕ50 钢管或 10cm×10cm 木方，让模板沿着钢管或木方下滑，下边设专人接着，防止模板损坏。

4）施工注意事项

① 由于水泥的碱性较大，拆模后一定要及时清除模板表面的水泥残渣，防止腐蚀模板，并刷好脱模剂。

② 圆柱模板要竖向放置，水平放置时只准单层码放，严禁叠层码放，以免受压变形。

③ 对于接口处的加强肋要倍加爱护，不得摔碰，否则容易出现裂缝。

④ 安装柱帽模板时，如楼板钢筋已绑扎，上面应铺放脚手板，防止踩坏钢筋。

2.3.5 飞（台）模

飞模是一种大型工具式模板，因其外形如桌，故又称桌模或台模。由于它可以借助起重机械从已浇筑完混凝土的楼板下吊运飞出转移到上层重复使用，故称飞模。

飞模主要由平台板、支撑系数（包括梁、支架、支撑、支腿等）和其他配件（如升降和行走机构等）组成。适用于大开间、大柱网、大进深的现浇钢筋混凝土楼盖施工，尤其适用于现浇板柱结构（无柱帽）楼盖的施工。

飞模的规格尺寸，主要根据建筑物结构的开间（柱网）和进深尺寸以及起重机械的吊运能力来确定，一般按开间（柱网）×进深尺寸设置一台或多台。

采用飞模用于现浇钢筋混凝土结构标准层楼盖的施工，具有以下特点：

(1) 楼盖模板一次组装，重复使用，从而减少了逐层组装、支拆模板的工序，简化了模板支拆工艺，节约了模板支拆用工，加快了施工进度。

(2) 由于模板可以采取由起重机械整体吊运，逐层周转使用，不再落地。从而减少了临时堆放模板场地的设置，尤其在施工用地紧张的闹市区施工，更有其优越性。

飞模按其支承方式分为有支腿式和无支腿式两大类，其中有支腿式又分为分离式支腿、伸缩式支腿和折叠式支腿三种。我国目前采用较多的是伸缩支腿式，无支腿式也在个别工程中采用。

2.3.5.1 常用的几种飞模

1. 立柱式飞模

立柱式飞模是飞模中最基本的一种类型，由于它构造比较简单，制作和施工也比较简便，故首先在国内得到应用。

立柱式飞模主要由面板、主次（纵模）梁和立柱（构架）三大部分组成，另外辅助配备斜支撑、调节螺旋等。这种飞模，承受的荷载由立柱直接支承在楼面上，为便于施工，立柱常做成可以伸缩形式。

(1) 双肢柱管架式飞模

是引进美国帕顿特（Patent）公司产品（图 2-3-254 和图 2-3-255），曾用于北京长城饭店工程。

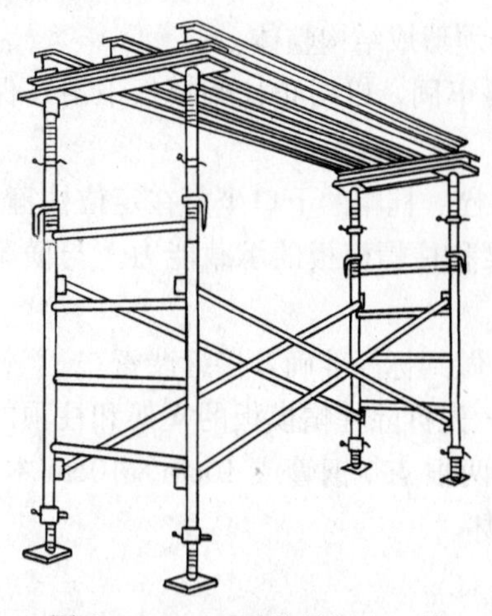

图 2-3-254 双肢柱管架式飞模

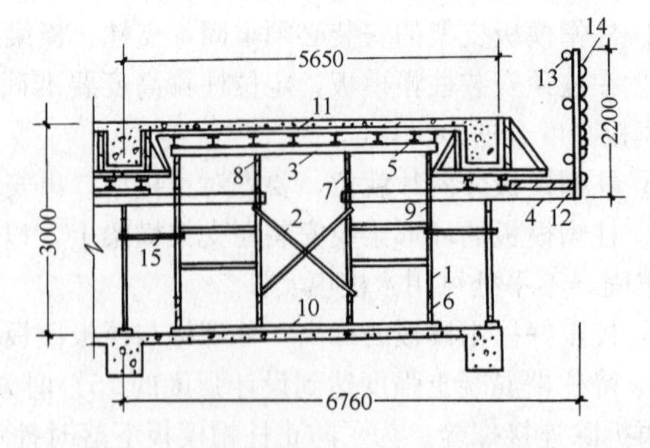

图 2-3-255 双肢柱管架式飞模用于有梁楼盖施工情况

1—承重支架；2—剪刀撑；3—纵梁；4—挑梁；5—横梁；6—底部调节螺旋；7—顶部调节螺旋；8—顶板；9—接长管（或延伸管）；10—垫板；11—面板；12—脚手板；13—护身栏；14—安全网；15—拉杆

1）构造：这种飞模系列，见表 2-3-37。

表 2-3-37

型　号	简　图	管架高度（mm）	管架宽度（mm）
203E	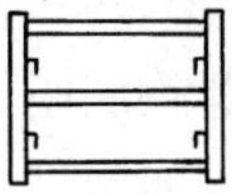	1067	1219
217E		1067	610
203C	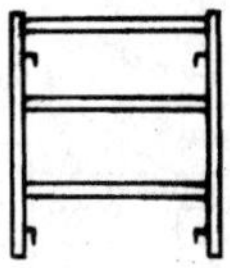	1524	1219
217C		1524	610
203D	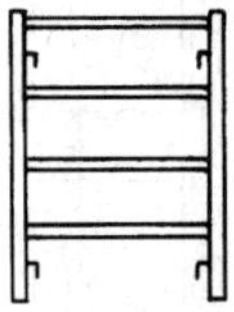	1829	1219
217D		1829	610
203EH	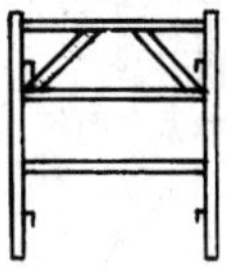	1067	1219
203CH		1524	1219
203DH		1829	1219

面板——由 1220mm×2400mm×18mm 的九合板（或七合板）拼接而成。

支架——由 ϕ65×2.5 钢管焊成的双肢柱管架。支柱的两端有供连接用的圆孔，每个支柱上还有两个可滑动的夹子，供安装剪刀撑用。

剪刀撑——横向布置的剪刀撑，由两根∟32×3.2 组成，角钢中间用铆钉连接。纵向布置的剪刀撑，由 ϕ51 薄壁钢管用扣件与支架连接。

纵梁——原装材料为 W6×12 工字钢，高 152mm。我国改用 I16 工字钢代替（图2-3-256），其长度有 3m、3.6m 和 4.8m 三种，可以拼接成各种长度。

横梁——用 J400 铝梁（图 2-3-257），由铝合金轧制而成，长度有 9 种（1981～4876mm），重量为 6kg/m，截面惯性矩为 692cm^4，允许最大弯矩为 9300N·m。横梁上端嵌入木方，以便与面板铺设钉接。

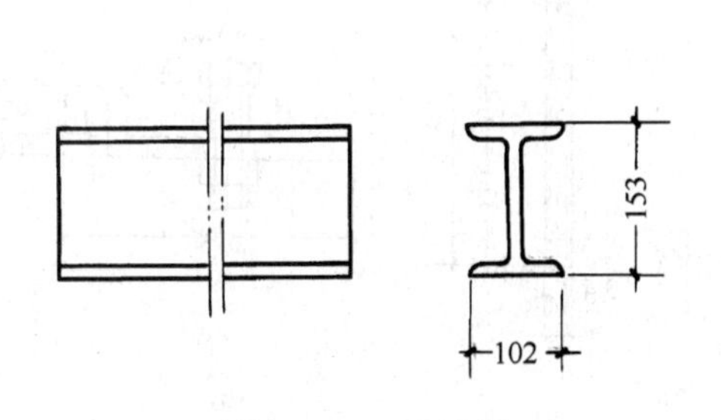

图 2-3-256　纵梁断面

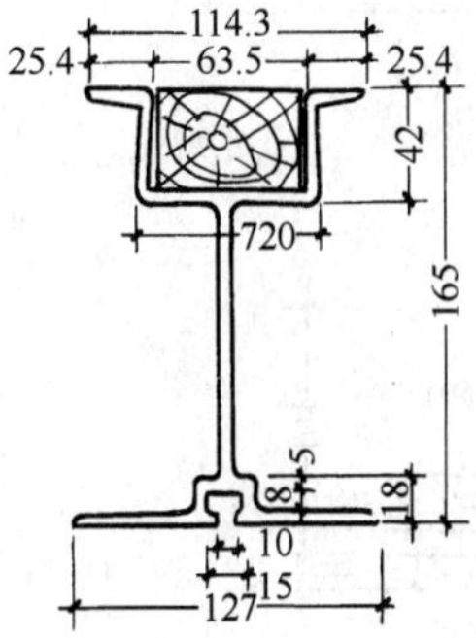

图 2-3-257　横梁

挑梁——原装材料为 W6×12 槽钢，高 152mm。我国改用［16 槽钢代替。

伸缩插管——延长管，长914mm（图2-3-258c）；接长管，长220mm（图2-3-258d），均用于接高承重支架。插在管支架顶部，待支架下部调平后，再微调顶部调节螺旋。可调高度150mm。

底部调节螺旋——插入支架下端，用于调平支架下部（图2-3-258a、b），调节量为300mm。

钢底座——用于承托底部调节螺旋（图2-3-259a）每排钢底座下方，要垫通长脚手板。

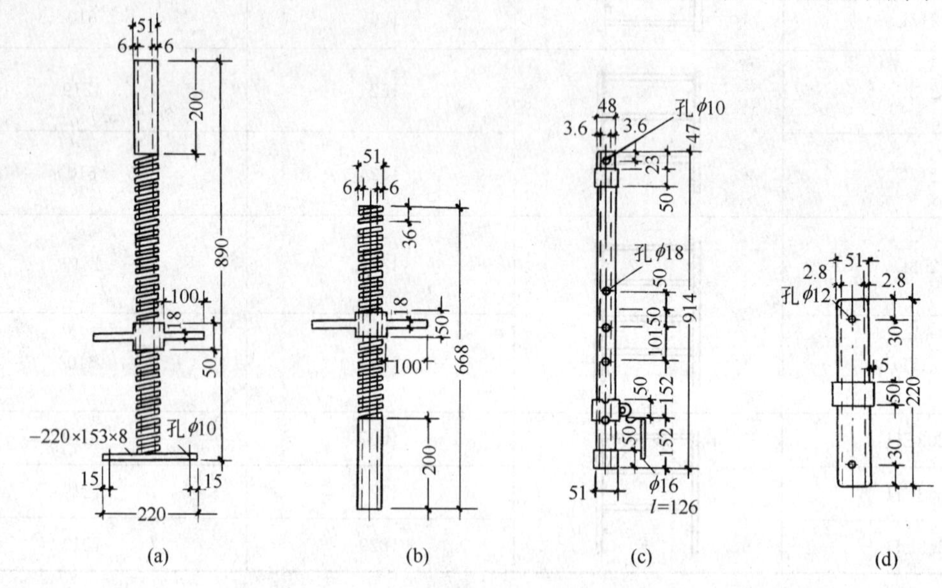

图2-3-258　底部调节螺旋和伸缩插管

（a）底部调节支腿；（b）调节螺旋支腿；（c）延伸管；（d）接长管

U形柱帽——固定于伸缩插管顶部调节螺旋上方，用以支撑和固定纵梁。

其他配件，如单腿支柱（图2-3-260a）、铝梁卡（图2-3-260b）等。

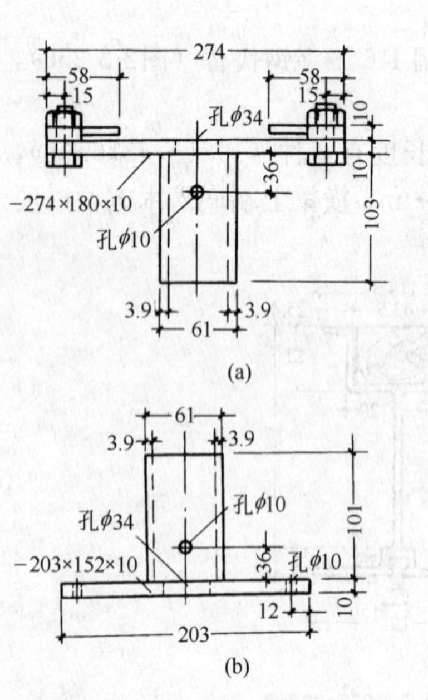

图2-3-259　钢底座和U形柱帽

（a）底座；（b）柱帽

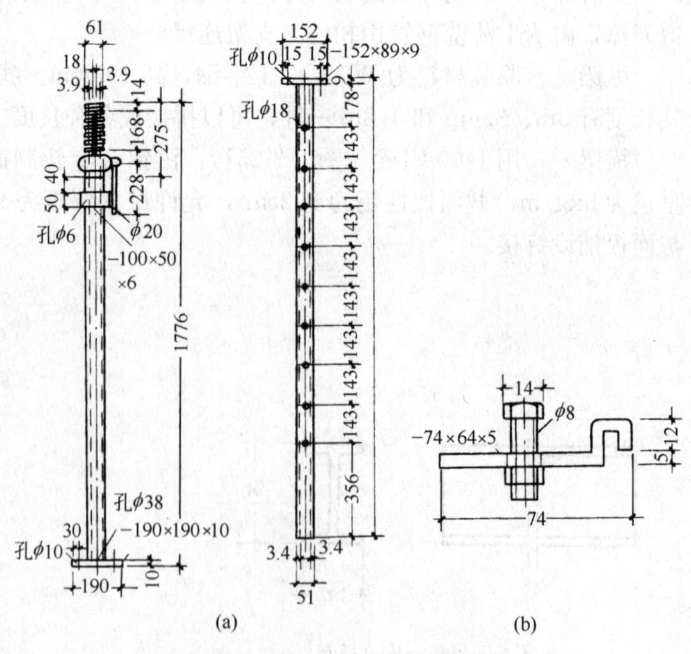

图2-3-260　单腿支柱和铝梁卡

（a）单腿支柱；（b）铝梁卡

2）特点：双肢柱钢管式飞模具有以下特点：

① 构件连接简单，安装方便，对操作技术要求不高；

② 重量轻，承载力大（每个支架约可承载90kN左右），结构稳定；

③ 胶合板拼缝少，表面平整光滑，混凝土外观质量好；

④ 通用性强，可适用于各种结构尺寸。

（2）钢管组合式飞模

是我国自行研制的一种立柱式飞模，一般可以根据工程结构的具体情况和起重设备的能力进行设计，做到既定型又可变换。

钢管组合式飞模的面板，一般可以采用组合钢模板，亦可采用钢框覆面胶合板模板、木（竹）胶合板；主、次梁一般采用型钢；立柱多采用普通钢管，并做成可伸缩式，其调节幅度最大约800mm。

图2-3-261和图2-3-262，为两种规格的钢管组合式飞模。

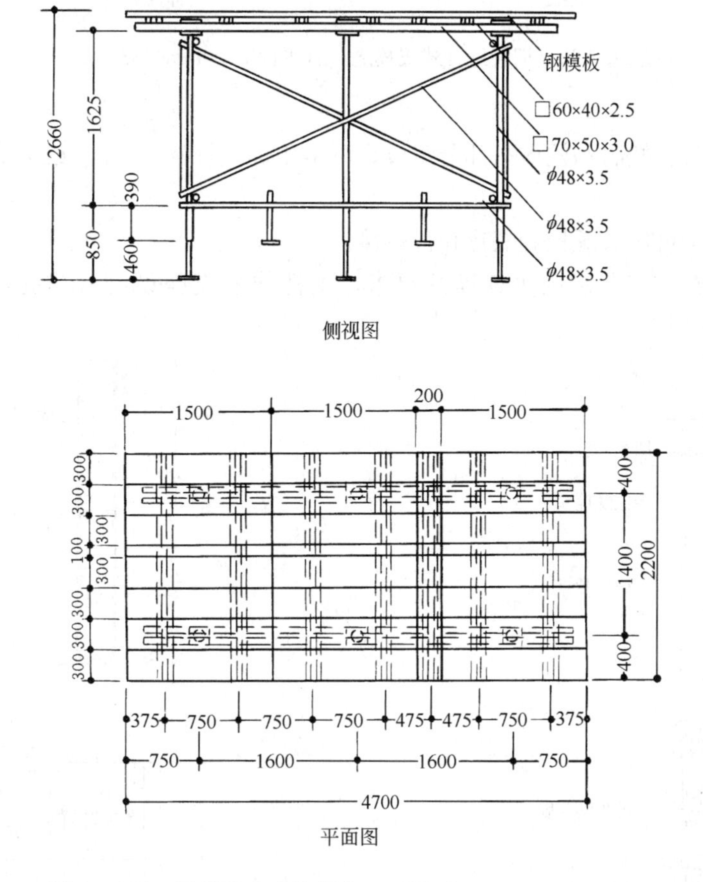

图2-3-261　钢管组合式飞模之一（平面2200mm×4700mm）

钢管组合式飞模的设计，以具有足够的强度、刚度和良好的稳定性为前提，并做到经济适用。其构件材料的选用，要符合现行的普通光圆钢或普通低合金钢等国家标准。组合钢模板和钢管脚手组合的飞模构造如下：

面板——按照组合钢模板的规格组拼，用U形卡和L形插销连接。为了减少缝隙，尽量采用大规格模板。

次梁——可采用组合钢模板系统的□60mm×40mm×2.5mm或ϕ48×3.5，用钩头螺栓和蝶形扣件与面板连接。

主梁——可采用组合钢模板系统的□70mm×50mm×3.0mm，主、次梁可采用紧固螺栓和

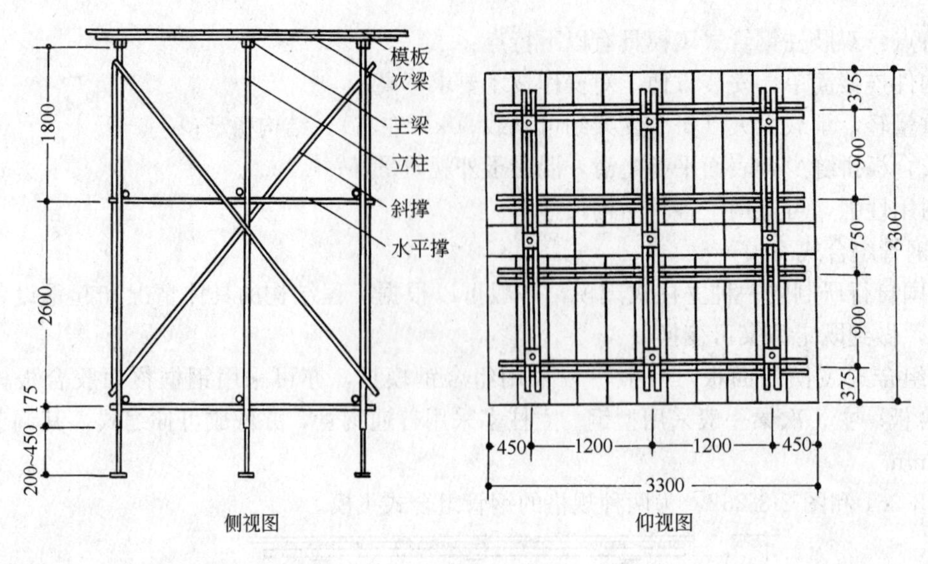

图 2-3-262　钢管组合式飞模之二（平面 3300mm×3300mm）

蝶形扣件连接。

立柱——由柱头、柱脚和柱体三部分组成。可采用焊接管 $\phi48\times3.5$ 或无缝管 $\phi38\times4$（图 2-3-263）。

立柱顶座与主梁可用长螺栓和蝶形扣件连接。

为了适应楼层在一定范围内可变动的要求，主柱伸缩支腿设有一排孔眼，用于调节高低（图 2-3-264）。

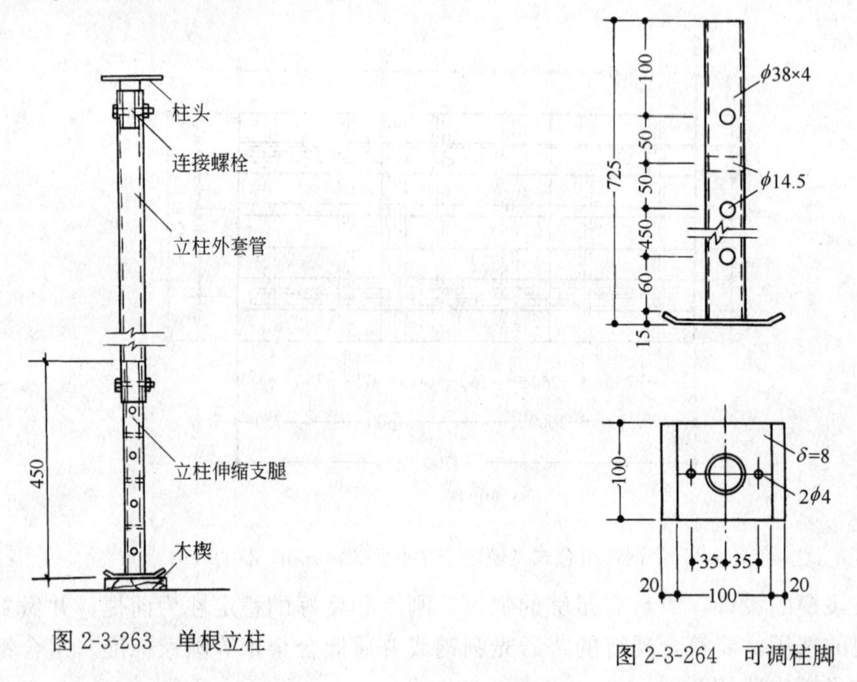

图 2-3-263　单根立柱

图 2-3-264　可调柱脚

水平支撑和斜支撑——一般采用 $\phi48\times3.5$ 焊接钢管，与立柱用扣件连接。立柱的下端，可加上柱脚或垫板（图 2-3-265）。

钢管组合式飞模具有以下特点：

1）不受开间（柱网）、进深平面尺寸的限制，可以任意进行组合，故有较强的独立性，适用范围较广。

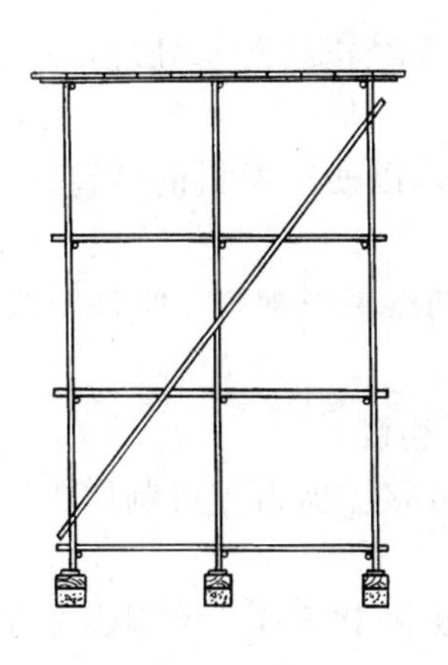

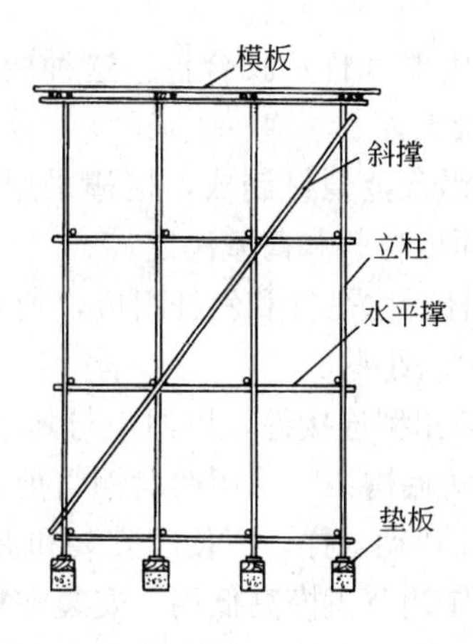

图 2-3-265　钢管脚手架组合飞模

2）结构构造简单，部件来源容易，加工制作简便，一般建筑施工企业均具备制作条件。

3）组拼飞模的部件，除升降机构和行走机构需要一定的加工或外购外，其他部件拆卸后还可当其他工具、材料使用，故这种飞模制作的投资较少，且上马快。

4）重量较大，约为 80～90kg/m²。

5）由于组装的飞模杆件相交节点不在一个平面上，属于随机性较大的空间力系，故在设计时要考虑这一点。

（3）构架式飞模

构架式飞模主要由构架、主梁、搁栅（次梁）、面板及可调螺栓组成（图 2-3-266）。为确保构架的刚度，每榀构架的宽度在 1～1.4m，构架的高度与建筑物层高接近（图 2-3-267）。

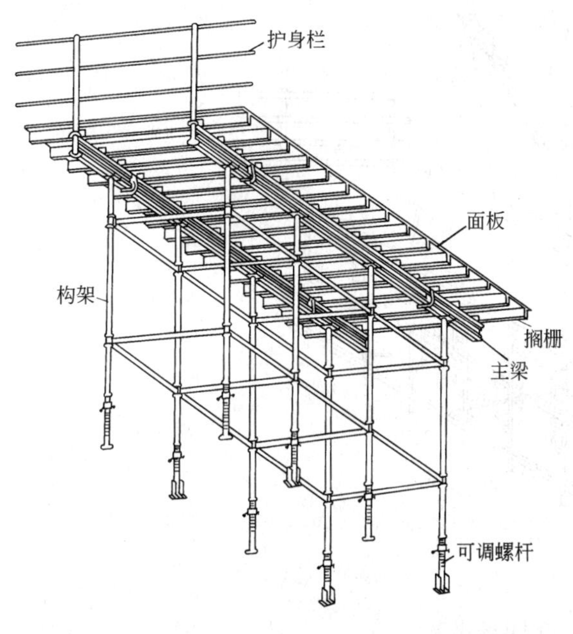

图 2-3-266　构架飞模

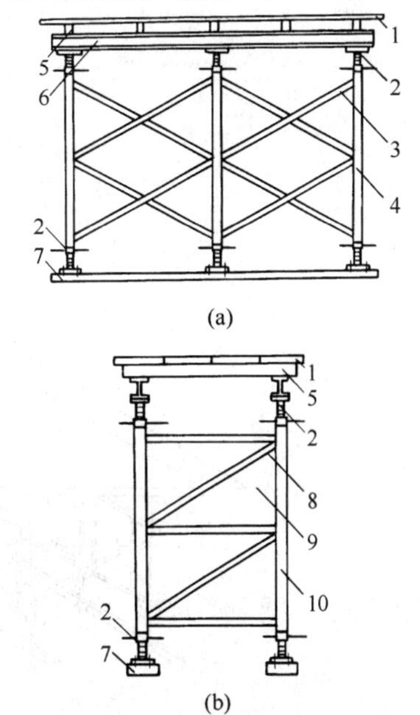

图 2-3-267　构架飞模主视和侧视图
（a）主视图；（b）侧视图
1—面板；2—可调螺杆；3—剪刀撑；4—构架；5—格栅；6—主梁；7—支承连杆；8—水平杆；9—斜杆；10—竖杆

这种飞模与双肢柱管架式飞模不同处，在于结合我国国情，充分利用钢、铝、竹、木的特点，优化配置。其构造如下：

1）面板：可采用木（竹）胶合板。这种板材表面经覆膜防水处理，平整光滑，强度较高，可用于浇筑清水混凝土。

2）主梁：采用铝合金型材制成，格栅采用方木，以便于面板的铺钉。主梁为连续梁受荷，格栅间距的大小由面板材料和荷载决定。

3）构架：由竖杆、水平杆和斜杆组成，均采用薄壁圆形钢管。竖杆一般采用 $\phi42\times2.5$，水平杆和斜杆的直径可略小些。

竖杆上加焊钢碗扣型连接件，以便于与其他各杆连接。

4）剪刀撑：每两榀构架间采用两对钢管剪刀撑连接。剪刀撑可制作成装配式，即将每对两根杆件做成绕中心铰转动式样，以便于安装和拆卸。

5）可调螺杆：作调节飞模高低用，安装在构架竖杆上下端。可调螺杆配有方牙丝和螺母旋杆，可随着螺母旋杆的上下移动来调节构架高低。上下可调螺杆的调节幅度相同，总调节量上下可以叠加。

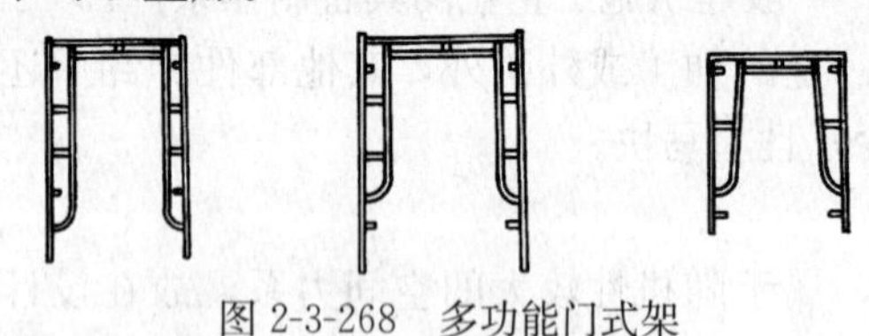

图 2-3-268　多功能门式架

6）支承连杆：安放在各构架底部，可以采用钢材或木材，但其底面要求平整光滑。支承连杆的作用主要起整体连接作用，也便于采用地滚轮滑移飞模。

（4）门式架飞模

门式架飞模，是利用多功能门式脚手架作支承架（图 2-3-268），根据建筑物的开间（柱网）、进深尺寸拼装成的飞模（图 2-3-269）。

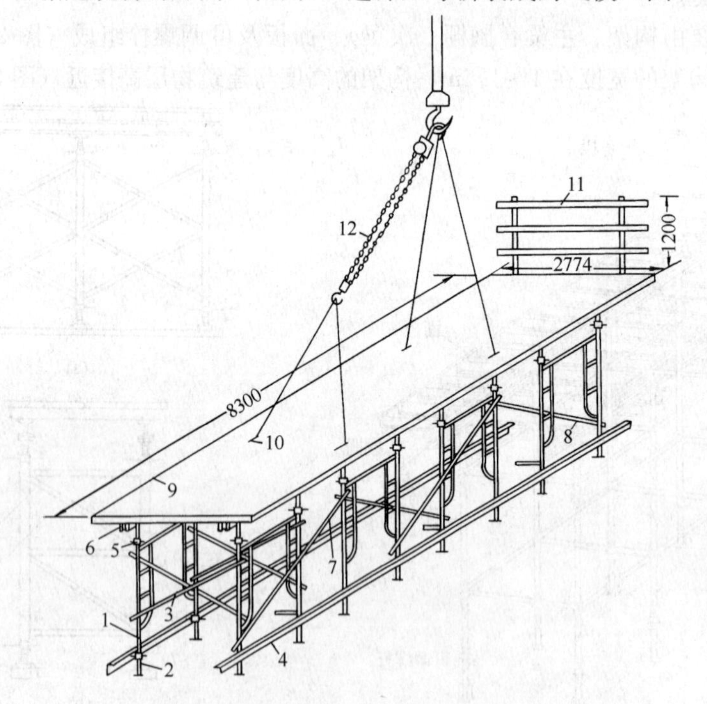

图 2-3-269　门式架飞模

1—门式脚手架（下部安装连接件）；2—底托（插入门式架）；3—交叉拉杆；4—通长角铁；5—顶托；6—大龙骨；7—人字支撑；8—水平拉杆；9—面板；10—吊环；11—护身栏；12—电动环链

这种飞模曾用于北京高级法院办公楼工程和北京前门邮局高层业务楼工程。

1）构造：门式架飞模由多功能门式架、面板和升降移动设备等组成。

① 在多功能门式架上部，用两根 45mm×80mm×3mm 的薄壁方钢管做大龙骨，大龙骨用

蝶形扣件连接固定在门式架顶托；下部外侧用∟50×50×4角铁通长连接，组成一个整体桁架，使板面荷载通过门式架支腿传递到底托并传到楼板上。为了加强飞模桁架的整体刚度，用ϕ48×3.5钢管在门式架之间进行支撑拉结。

② 大龙骨上架设45mm×80mm×3mm薄壁方钢管和50mm×100mm木方各一根，共同组成小龙骨（次梁）。薄壁方钢管20mm的空隙，可用木板垫平。小龙骨的间距以1m左右为宜。

③ 小龙骨上钉铺飞模面板。面板材料可以用覆膜多层胶合板，也可以用20mm厚的木板上加铺一层2～3mm的薄钢板，用以增加面板的周转次数，并使板面平整光滑。

④ 门式架的下端插入可调式底托上。

⑤ 在飞模横向相对的两榀门式架之间，设交叉拉杆，把支撑飞模的门式架组成一个整体。拉杆可采用ϕ48×3.5钢管，用扣件连接。

2）特点

① 选用门式架作为飞模的竖向受力构件，不但避免了桁架式飞模的大量金属加工，也可消除如钢管组成的飞模所存在的繁杂连接。

② 由于门式架本身受力比较合理，能最大程度的减少杆件与材料的应用，所以在保证整体刚度的情况下，飞模比较轻巧坚固。

③ 门式架为工具式脚手架定型产品，用它组成的飞模在工程应用后，仍可解体作为脚手架使用，所以，具有较大的经济效益。

2. 桁架式飞模

桁架式飞模是由桁架、龙骨、面板、支腿和操作平台组成，它是将飞模的板面和龙骨放置于两榀或多榀上下弦平行的桁架上，以桁架作为飞模的竖向承重构件。桁架材料可以采用铝合金型材，也可以采用型钢制作，前者轻巧并不易腐蚀，但价格较贵，一次投资大；后者自重较大，但投资费用较低。

(1) 木铝桁架式飞模

是引进美国赛蒙斯模板公司的一种飞模。主要构件均采用铝合金制作，适合于大柱网（大开间）、大进深的板柱体系结构的施工，最大可达59m²，重26.9t。由于它的重量轻（40kg/m²），允许荷载大，是一种比较先进的飞模（图2-3-270）。这种飞模首次用于北京饭店贵宾楼工程。

1）面板：面板采用2440mm×1220mm×18mm多层板（七合板）拼接而成。板材表面经覆

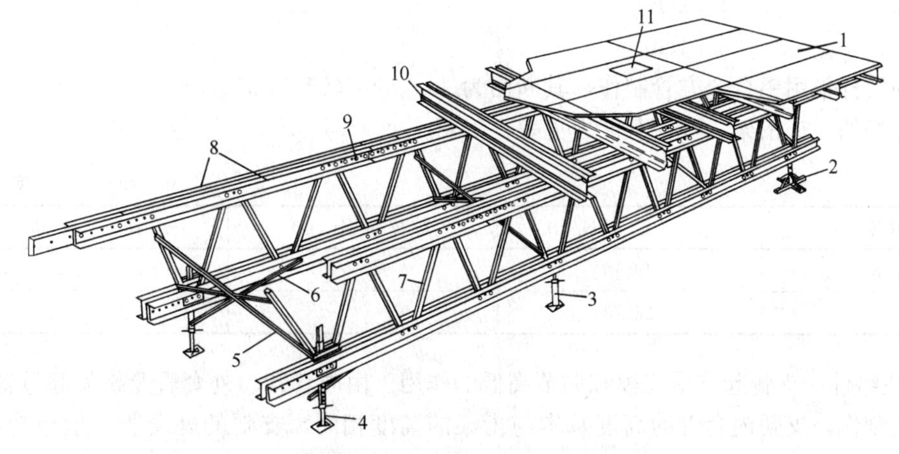

图2-3-270　木铝桁架式飞模

1—面板；2—阔底脚顶；3—高脚顶；4—可调脚顶；5—剪刀撑；6—脚顶撑；7—铝腹杆；8—槽型铝桁架；9—螺栓连接点；10—铝合金梁；11—预留吊环洞

膜或其他方法处理，具有表面平整光滑且耐水和可以任意钉、锯等特点。

2）铝合金梁（格栅）：铝合金梁为中空形工字梁（图 2-3-271），长度有 2.44m、3.05m、3.66m 和 4.27m 等几种，可根据飞模的不同宽度选择，放置在桁架上弦上部，并用专制卡板相连接。梁的凹槽内嵌木方，以便于和板面钉接。梁的力学性能如下：

截面面积：　　$22cm^2$

重量：　　6.84kg/m

惯性矩：　　$I_x=1215.4cm^4$

　　$I_y=181.9cm^4$

弹性模量：　　$E=7.1\times10^4 N/mm^2$

梁（格栅）与桁架上弦的连接，如图 2-3-272 所示。

3）槽型铝合金桁架：桁架由上弦、下弦和腹杆组成。桁架长度为 152～1219cm，高度为 122～183cm。上下弦的断面由两根槽形铝合金组成，中间留空隙（图 2-3-273），以便于放置腹杆并用螺栓与其上下连接，构成桁架结构。桁架可根据房间大小设置，当采用多榀小桁架接长时，小桁架之间要用螺栓连接。上下弦接缝应错开。

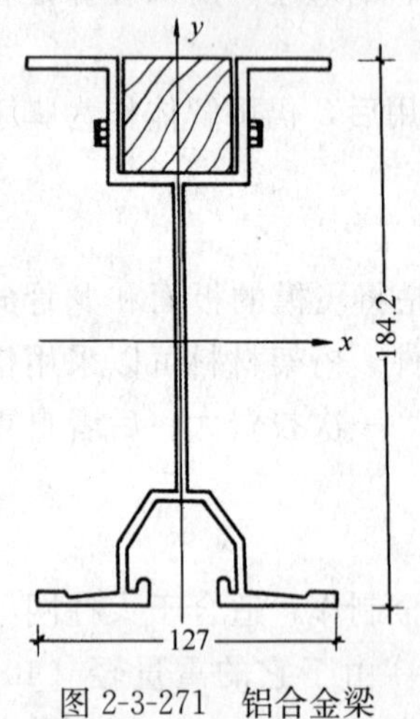

图 2-3-271　铝合金梁

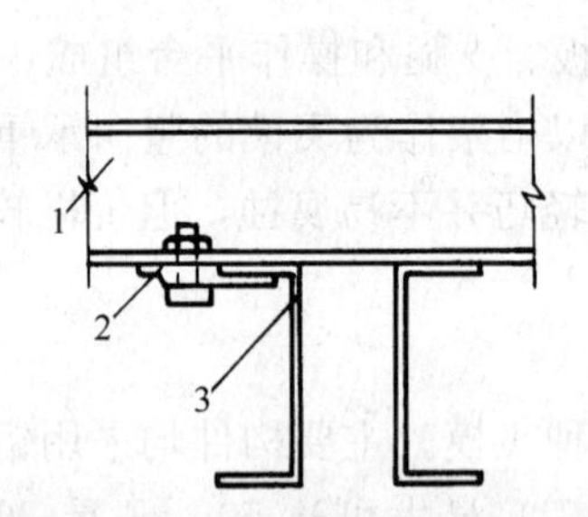

图 2-3-272　梁与桁架上弦连接

1—梁；2—卡板；3—桁架

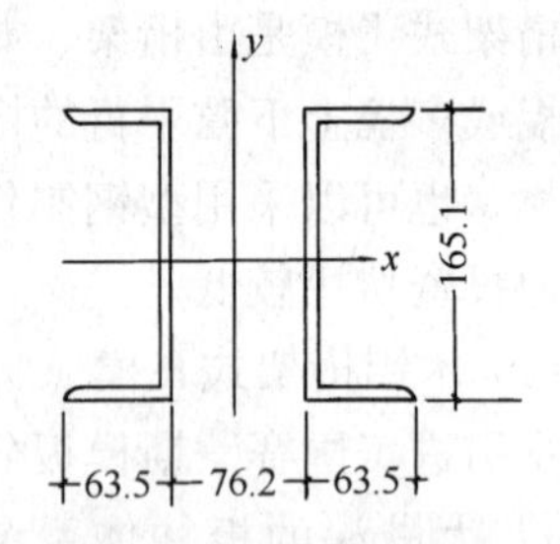

图 2-3-273　桁架上下弦断面

上下弦的力学性能如下：

截面面积：　　$15.2cm^2$

惯性矩：　　$65.1cm^4$

桁架的腹杆采用铝合金方管制作，其断面为 76.2mm×76.2mm×5mm。

经组装好的一榀桁架，其荷载能力见表 2-3-38。

表 2-3-38

支撑间距（m）	荷　载（kN/m）	支撑间距（m）	荷　载（kN/m）
3.05	49.10	6.10	20.83
4.57	26.78		

4）支腿组件：支腿起支承飞模和调节高低的作用。由内套管、外套管及螺旋起重器等组成，均用高碳钢制作。支腿内套管的高度基本与桁架的高度相同，支腿的外套管一般较短，并与桁架下弦作固定连接，在支腿节点处的两根腹杆之间，用相对等长的两根槽钢作横梁，横梁两端与腹杆用螺栓固定，横梁中间与支腿的外套管固定。内套管上开有一排孔眼，既可在外套管内上下伸缩，又可用销钉将它固定在上下弦所需的标高位置。内套管采用 63.5mm×63.5mm 的方

钢，其孔距作大幅度调节使用，微调靠螺旋起重器完成。脱模时，只需将支腿收入桁架内即可。支模时，支腿可在其长度范围内任意调节。支腿下部放置螺旋起重器，以便支模时找平及脱模时落模作微调（图 2-3-274）。

5）护身栏及吊装盒：在飞模的最外端设护身栏插座，与桁架的上弦连接，以便施工时安插木制或钢制护身栏立柱和横梁。另外每榀飞模有 4 个吊点，设在飞模重心两边大致对称布置的桁架节点上，四个吊装点设有钢制吊装盒，与上弦用螺栓连接（图 2-3-275）。在吊点外的面板上，留出 300mm×200mm 的活动盖板。

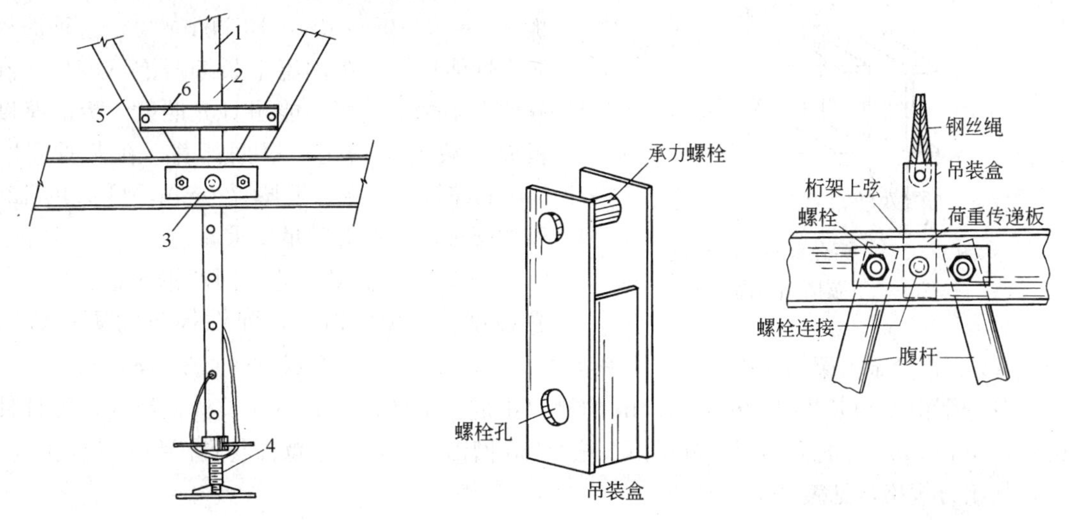

图 2-3-274　支腿构造

1—内套管；2—外套管；3—销钉；
4—螺旋千斤顶；5—腹杆；6—横梁

图 2-3-275　吊点设置

6）桁架间剪刀撑：为了加强飞模整体的稳定性，桁架之间设有剪刀撑。剪刀撑采用 38mm 和 44mm 的铝合金方管组成，两种规格的管子均在相同的间距上打孔，组装时将小管插入大管，调整好安装尺寸，然后将方管两端与桁架腹杆用螺栓固定，再将两种规格管子用螺栓固定。另外，当支腿高度较高时，也要加设腿间的纵向剪刀撑（图 2-3-276）。

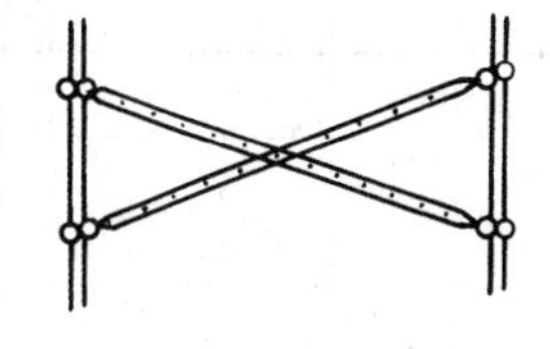

图 2-3-276　剪刀撑

（2）竹铝桁架式飞模

竹铝桁架式飞模，是国内仿制美国赛蒙斯飞模的一种工具式飞模（图 2-3-277），但在构造上

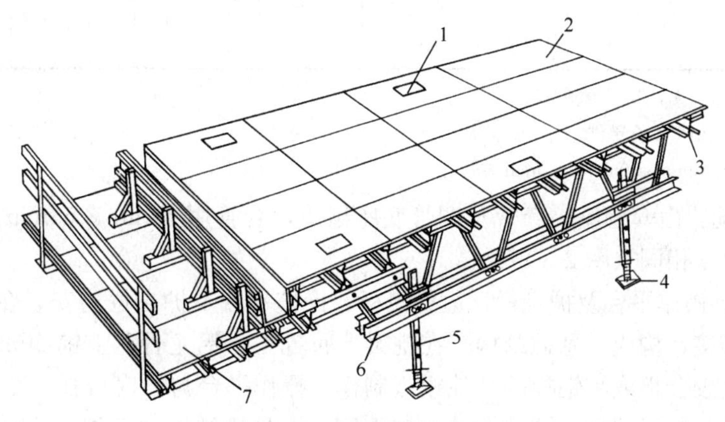

图 2-3-277　竹铝桁架式飞模

1—吊点；2—面板；3—铝龙骨（格栅）；4—底座；5—可调钢支腿；6—铝合金桁架；7—操作平台

增加了悬挑操作平台，以便于施工人员操作；在材料上，结合国情进行了选用。现以北京科技中心工程曾使用的竹铝飞模为例进行介绍。

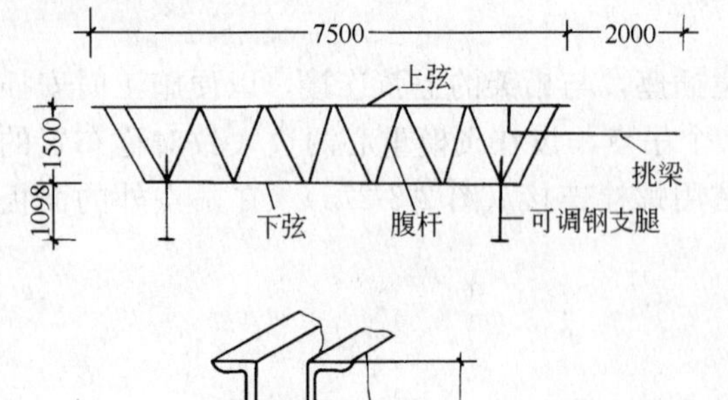

图 2-3-278 铝合金桁架示意及上、下弦槽铝断面

1）面板：采用竹塑板覆以木胶合板的复合板，即表面为木片，中间为竹片，板材表面经过了防水处理。板材的规格为 900mm×2100mm 或 1200mm×2400mm，厚度为 8～12mm。板材表面顺纹弹性模量 $E=8.1\times10^4\text{N/mm}^2$，优于木胶合板（$E=5\times10^4\sim5.4\times10^4\text{N/mm}^2$）。这种面板的防水性能较好，在常温下长期浸泡不变形，沸水煮两个小时不损坏，能耐日光照射。板的厚度按板面荷载大小选用，根据计算，在龙骨间距为 500mm 时，混凝土板厚 220mm，可选用 12mm 厚竹塑板，变形能满足要求。

2）铝合金桁架：选用国产铝合金型材，其屈服强度为 240N/mm^2，弹性模量为 $E=0.71\times10^5\text{N/mm}^2$。铝合金桁架结构的上弦、下弦都由高 165mm 的槽铝组成（图 2-3-278）。

上弦分别由 2 根长度为 3m 和 4.5m 的槽铝组成，下弦由 4 根 3m 长槽铝组成。腹杆使用 76mm×76mm×5mm 的方铝管。挑梁由 2 根［165 槽铝组成，通过螺栓与腹杆和上弦连接。

桁架组合规格，见表 2-3-39 所见。

表 2-3-39

型号	长×高（mm）	组合部件						
		上弦		下弦		腹杆（根）	水平支撑	垂直支撑
		规格（m）	根数	规格（m）	根数			
HJ60	6×1.5	3	2	4.5	1	8	×	√
HJ75	7.5×1.5	3 4.5	1 1	3	1	10	×	√
HJ90	9×1.5	4.5	2	3 4.5	1 1	12	√	√
HJ105	10.5×1.5	3 4.5	2 1	4.5	2	14	√	√
HJ120	12×1.5	3 4.5	1 2	3 4.5	2 1	16	√	√

注：1. 表中“×”表示无，“√”表示有。
2. 本表均为一榀桁架组合部件。
3. 支撑规格为 100mm×50mm×2.5mm 方管。

3）可调钢支腿：由套管座、套管及调管底座组成，套管用 63mm×63mm×5mm 方钢管制作，长度与桁架高度相同（图 2-3-279）。

4）边梁模板、操作平台及护身栏：边梁模板、操作平台及护身栏均安装在挑架上，通过挑梁与飞模的桁架连接，构成一悬挑结构。在挑梁上布置工字铝龙骨。上铺 50mm×100mm 木龙骨。边梁模板可用胶合板或小钢模等其他模板制作。操作平台与梁底可在一个标高，铺 2cm 厚木板。护身栏立柱与挑梁用螺栓连接，外挂安全网。在悬挑结构的下端设附加支撑，加在边梁模板下面，支撑间距可通过计算决定，但一般经验不大于 1.5m（图 2-3-280）。

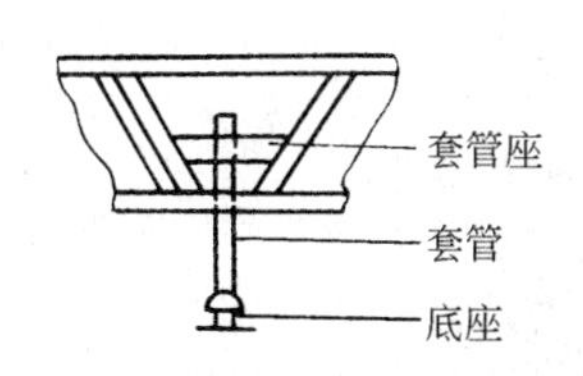

图 2-3-279　可调钢支腿示意图

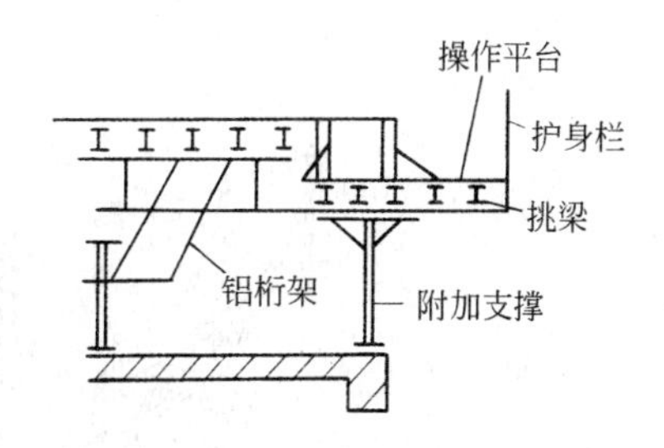

图 2-3-280　附加支撑

其他构件如吊装盒、剪刀撑等，基本和赛蒙斯飞模相同。

(3) 钢管组合桁架式飞模

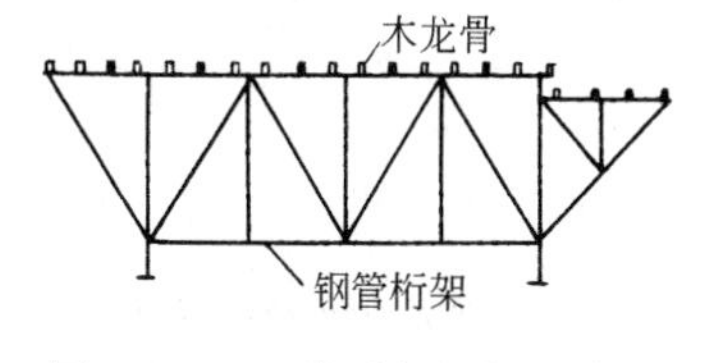

图 2-3-281　脚手架钢管组合式平面桁架示意图

钢管组合桁架式飞模，是以 ϕ48×3.5 脚手架钢管组合成的桁架式支承飞模。曾用于北京燕翔饭店工程客房施工，每间使用一座飞模，整体吊运，其平面尺寸为 3.6m×7.56m。这种飞模的特点与立柱式钢管脚手架飞模相同。

1) 支承系统：飞模支承系统由三榀平面桁架组成，杆件采用 ϕ48×3.5 脚手架钢管，杆件用扣件连接（图 2-3-281）。

平面桁架间距为 1.4m，并用剪刀撑和水平拉杆作横向连接。材料均为 ϕ48×3.5 脚手架钢管。

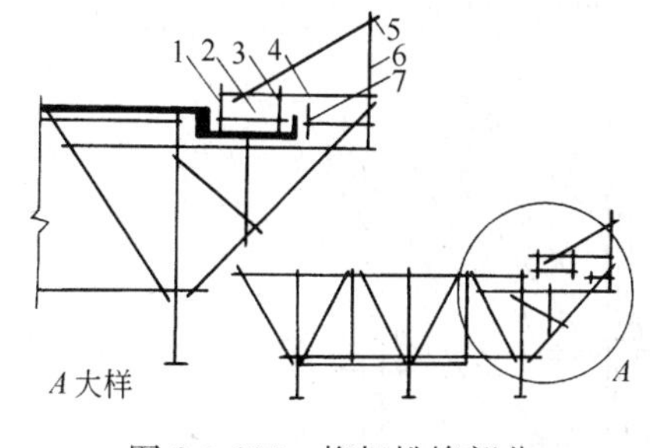

图 2-3-282　桁架挑檐部分

当每榀桁架用于阳台支模的挑檐部位时，其构造自成体系（图 2-3-282）。杆件 1～4 用以支承挑檐模板，杆件 5～7 作为杆件 1～4 的依托，其中杆件 6 还可兼作护身栏杆的立柱。

每榀桁架设 3 条支腿。组装时，中部桁架上弦起拱 15mm，边部桁架上弦起拱 10mm。桁架腹杆轴线与上、下弦杆轴线的交点离开相应节点的距离为 200mm。

2) 龙骨：桁架上弦铺设 50mm×10mm 方木龙骨，间距 350mm，用 U 形铁件将龙骨与桁架上弦连接。

3) 面板：采用 18mm 厚胶合板，用木螺钉与木方龙骨固定。

(4) 跨越式钢管桁架式飞模

跨越式钢管桁架式飞模，是一种适用于有反梁的现浇楼盖施工的工具式飞模，其特点与钢管组合式飞模相同。这种飞模曾用于重庆沙坪大酒家工程施工（图 2-3-283）。

1) 钢管组合桁架：采用 ϕ48×3.5 钢管用扣件相连。每台飞模由 3 榀平面桁架拼接而成。两边的桁架下弦焊有导轨钢管，导轨至模板面高按实际情况决定。

2) 龙骨和面板：桁架上弦铺放 50mm×100mm 木龙骨，用 U 形螺栓将龙骨与桁架上弦钢管连接。

木龙骨上铺放面板，面板采用 18mm 厚的 7 层胶合板拼成，顶面覆盖 0.5mm 厚的铁皮，板面设 4 个开启式吊环孔。

3) 前后撑脚和中间撑脚：每榀桁架设前后撑脚和中间撑脚各一根，均采用 ϕ48×3.5 钢管。它们的作用是承受飞模自重和施工荷载，且将飞模支撑到设计标高。

撑脚上端用旋转扣件与桁架连接。当飞模安装就位后，在撑脚中部用十字扣件与桁架紧固；当飞模跨越窗台时，可打开十字扣件，将撑脚移离楼面向后旋转收起，并用钢丝临时固定在桁架的导轨上方。

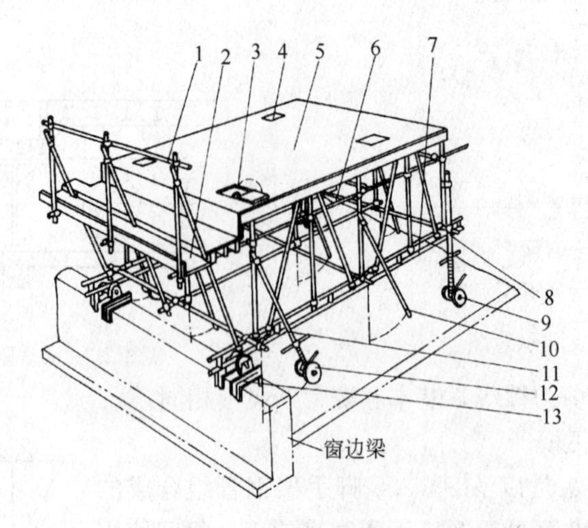

图 2-3-283 跨越式飞模示意图

1—平台栏杆（挂安全网）；2—操作平台；3—固定吊环；4—开启式吊环孔；5—面板；6—钢管组合桁架；7—钢管导轨；8—后撑脚（已装上升降行走杆）；9—后升降行走杆；10—中间撑脚（正做收脚动作）；11—前撑脚（正做拆卸升降行走杆动作）；12—前升降行走杆；13—窗台滑轮（钢管导轨已进入滑轮槽）

4）窗台边梁滑轮：是把飞模送出窗口的专用工具，由滑轮和角钢架组成（图 2-3-284）。吊运飞模时，将窗边梁滑轮角钢架子卡固在窗边梁上，当飞模导轨前端进入滑轮槽后，即可将飞模平移推出楼外。

窗台边梁滑轮可以周转使用，毋需按每台飞模配置。

5）升降行走杆：是飞模升降和短距离行走的专用工具（图 2-3-285）。

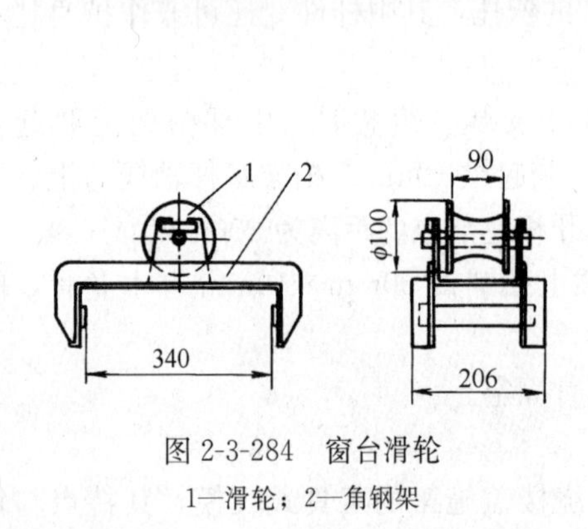

图 2-3-284 窗台滑轮

1—滑轮；2—角钢架

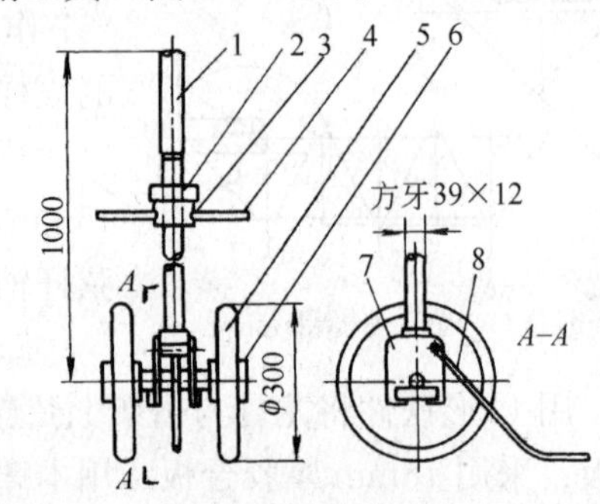

图 2-3-285 升降行走杆

1—螺杆；2—螺母；3—轴承（8208）；4—手柄；5—车轮；6—轴承（206）；7—车轮座；8—牵引杆

支模时，将其插入前、后撑脚钢管内。脱模后，当飞模推出窗口时，可从撑脚钢管中取出。

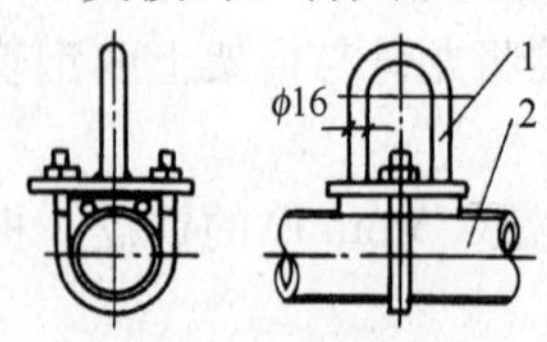

图 2-3-286 吊环

1—吊环；2—桁架上弦

6）吊环：由钢板和钢筋加工而成，用 U 形螺栓紧固在桁架上弦（图 2-3-286）。

7）操作平台：由栏杆、脚手板和安全网组成，主要用于操作人员通行和进行窗边梁支模、绑扎钢筋用。

3. 悬架式飞模

（1）特点

1）与立柱式飞模和桁架式飞模相比，不设立柱，飞模支承在钢筋混凝土建筑结构的柱子或墙体所设置的托架上，这样，模板的支设不需要考虑到楼面的承载能力或混凝土结构强度发展的因素，这样，可以减少模板的配置量。

2）由于飞模无支撑，飞模的设计可以不受建筑物层高的影响，从而能适应层高变化较多的建筑物施工。并且飞模下部有较大空旷的空间，有利于立体交叉施工。

3）飞模的体积较小，下弦平整，适应于多层叠放，从而可以减少施工现场的堆放场地。

4）采用这种飞模时，托架与柱子（或墙体）的连接要通过计算确定。并且要复核施工中支承飞模的结构在最不利荷载情况下的强度和稳定性。

这种飞模曾用于上海市天目中路市工具公司高层住宅楼施工。

（2）构造

悬架式飞模的结构构造基本属于梁板结构，由桁架、次梁、面板、活动翻转翼板以及垂直与水平剪刀撑等组成。主桁架和次梁的构造可根据建筑物的进深和开间尺寸设计，也可以采用主、次桁架结构形式，但应对桁架的高度加以控制，主、次桁架的总高度以不大于1m为宜。

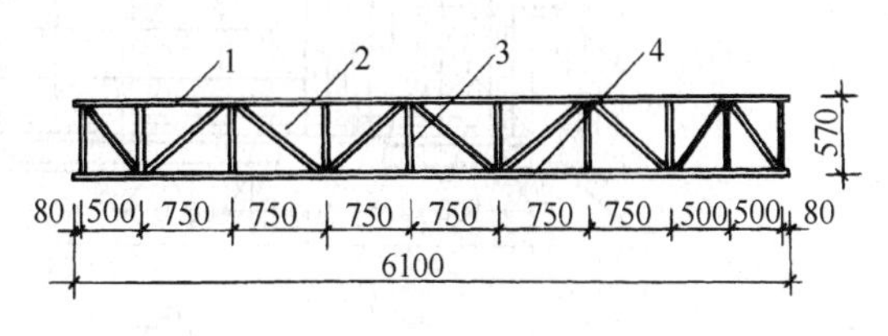

图 2-3-287　悬架式飞模桁架

1—上弦；2—腹杆；3—竖杆（ϕ48×3.5）；4—下弦

1）桁架：桁架沿进深方向设置，它是飞模的主要承重件，要通过设计确定。一般上、下弦采用□70mm×50mm×3mm的薄壁型钢，尤其下弦表面必须保持平整光滑，以利桁架用地滚轮进行滑移。腹杆采用ϕ48×3.5钢管，与上、下弦连接（图2-3-287）。加工时桁架上弦应稍起拱，设计允许挠度不大于跨度的1/1000。

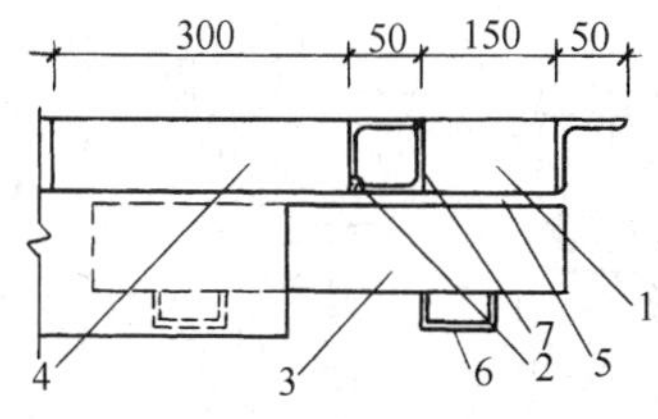

图 2-3-288　次梁伸缩悬壁和翻转翼板

1—翻转翼板；2—钢铰链；3—伸缩悬壁；4—飞模面板；5、6—垫块；7—连接角钢∟50×5

2）次梁（格栅）：沿开间方向放置在桁架上弦，用蝶形扣件和紧固螺栓紧密连接。为了防止次梁在横向水平荷载作用下产生松动，可在腹杆上预焊螺栓把两者扣紧。

一般3m左右的次梁，可选用⊏100mm×50mm×20mm×2.8mm卷边薄壁型钢，间距750mm。

为了使飞模从柱网开间或剪力墙开间中间顺利拖出，尽量减少柱间拼缝的宽度，在飞模两侧需装有能翻转的翼板。翼板需用次梁支承，这样，在次梁两端需要做成可伸缩的悬臂（图2-3-288），可选用⊏60mm×40mm×2.5mm薄壁型钢。

3）面板：可采用组合钢模板，亦可采用钢板、胶合板等。

组合钢模板与次梁之间采用钩头螺栓连接。钩头螺栓的长度要保证连接的整体效果。组合钢模板之间采用U形卡连接。间距不大于300mm。

4）活动翻转翼板：活动翻转翼板与面板应用同一种模板，两者之间可用活动钢铰链连接（图2-3-288），这样易于装拆，便于交换，并可作90°向下翻转（当伸缩悬臂缩进次梁时）。

活动翻转翼板，可以根据不同开间的变化采用各种规格，以提高飞模的适用范围。

5）阳台模板：阳台模板搁置在桁架下弦挑出部分的伸缩支架上（图2-3-289）。

伸缩支架用以调节标高。拆模时，亦先使阳台模板下落脱模。阳台模板的面板和大梁的底侧模，均可采用与飞模面板相同的材料。

6）剪刀撑：包括水平和垂直剪刀撑，设置在每台飞模的两端和中部，选用与腹杆同样规格（ϕ48×3.5）的钢管，用扣件与腹杆连接。

（3）支设的节点处理

1）支承悬架式飞模的托架，可采用钢牛腿。钢牛腿采用预埋在柱子（或墙体）中的螺栓固定。如果将螺栓插入预埋的塑料管内，螺栓还可抽出重复使用。螺栓和钢牛腿的截面均需根据飞模支点的荷载计算确定。

2）柱子之间的空隙处理，可采用特制的柱箍和钢盖板解决（图2-3-290）。

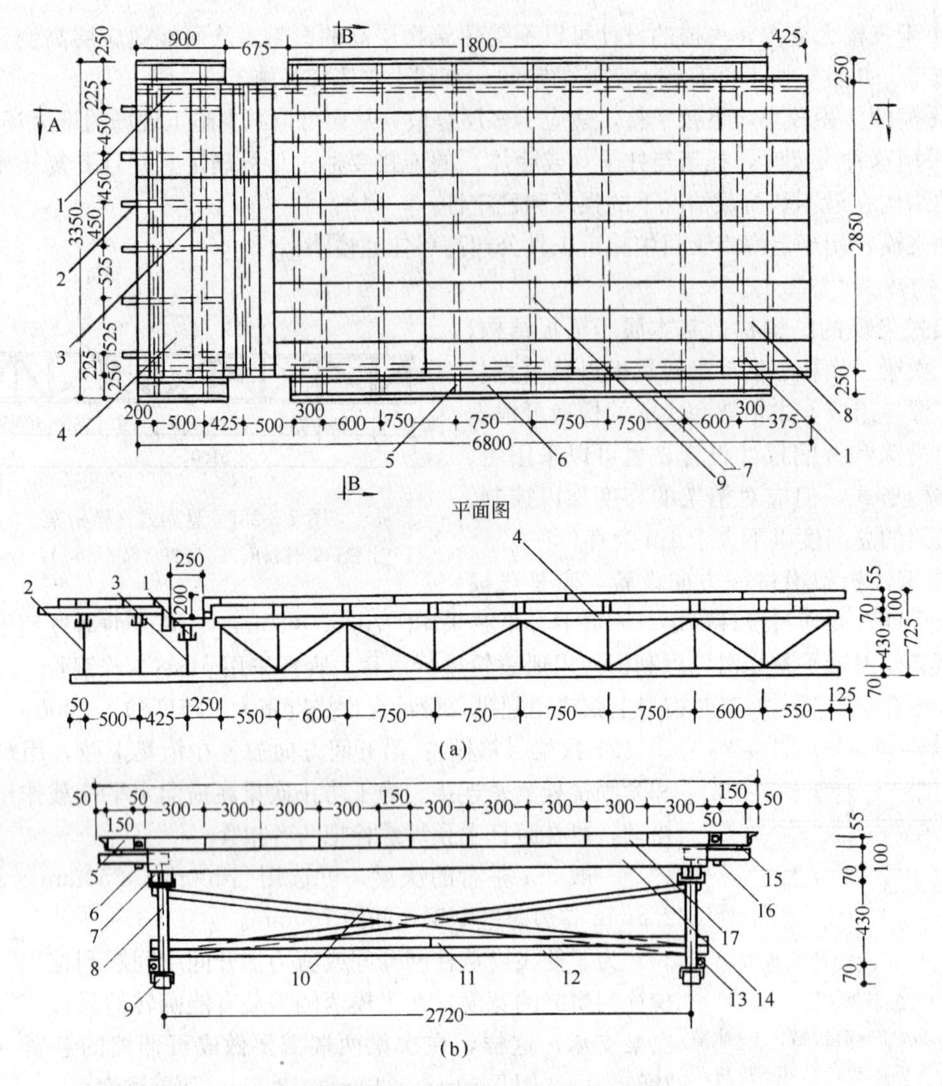

图 2-3-289　悬架式飞模平面、剖面图

(a) A—A 剖面；(b) B—B 剖面

平面图注：1—桁架；2—次梁 2ϕ48×3.5；3—主梁[100×20×2.8；4—下降处钢模板；5—伸缩悬臂 2□60×40×2.5；6—翻转翼板；7—连接角钢；8—飞模面板；9—次梁 2□100×50×20×2.8

剖面图注：1—2□100×50×20×2.8；2—承托支架；3—伸缩支架；4—桁架；5—翻转翼板；6—垫块 2∟30×3；7—桁架上弦 2□70×50×3；8—桁架腹杆 ϕ48×3.5；9—桁架下弦 2□70×50×3；10—垂直剪刀撑 ϕ48×3.5；11—水平剪刀撑 ϕ48×3.5；12—垂直剪力撑下连杆 ϕ48×3.5；13—吊环；14—次梁 2□100×50×20×2.8；15—垫块；16—伸缩悬臂 2□60×40×2.5；17—飞模面板

柱箍设在楼板底部标高附近的位置，在相对两个方向分别用一副角钢以螺栓连接，固定在柱子上。飞模就位后，柱子之间的空隙部位用钢盖板铺盖。

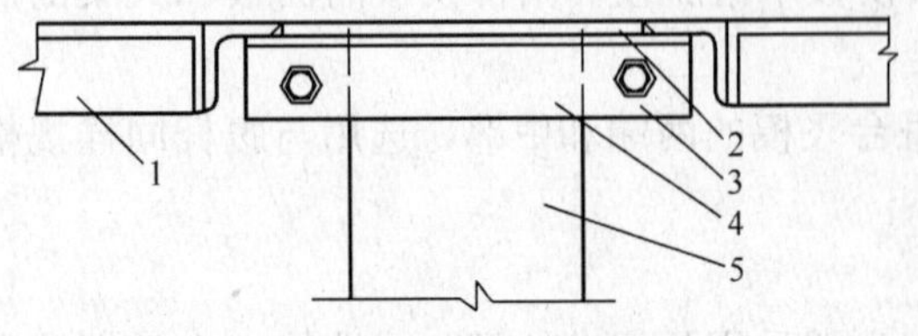

图 2-3-290　柱子之间飞模板面处理

1—飞模面板；2—钢盖板；3—螺栓；4—柱箍；5—柱子

2.3.5.2　飞模施工的辅助机具

飞模在施工中，为了便于脱模和在楼层上运转，通常需配备一套使用方便的辅助机具，其中包括升降、行走、吊运等机具，现介绍几种常用的辅助机具。

1. 升降机具

飞模的升降机具，是使飞模在吊装就位后，能调整飞模台面达到设计要求标高；以及当现浇梁板混凝土达到脱模强度时，能使飞模台面下降，以便于飞模运出建筑物的一种辅助机具。

(1) 杠杆式液压升降器

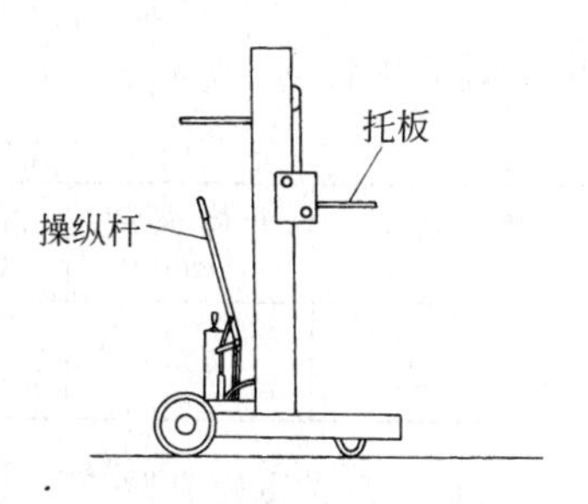

图 2-3-291 杠杆式液压升降器

杠杆式液压升降器为赛蒙斯飞模附件，其升降方式是在杠杆的顶端安装一个托板。飞模升起时，将托板置于飞模桁架上，用操纵杆起动液压装置，使托板架从下往上作弧线运动，直至飞模就位。下降时操作杆反向操作，即可使飞模下降（图 2-3-291）。

这种升降机构的优点是升降速度快，操作简便。其缺点是因杠杆作弧线运动，升降时不容易就位于预定的位置，故在升降后，常因位置不正确需进行位置校正工作。

(2) 螺旋起重器

螺旋起重器分为两种，一种为工具式（图 2-3-292），其顶部设 U 形托板，托在桁架下部。中部为螺杆和调节螺母及套管，套管上留有一排销孔，便于固定位置。升降时，旋动调节螺母即可。下部放置在底座下，可根据施工的具体情况选用不同的底座。一般一台飞模用4～6个起重器。

另一种螺旋起重器安装在桁架的支腿上，随飞模运行，其升降方法与前者工具式螺旋起重器相同，但升降调节量比较小。升降量要求较大的飞模，支腿之间需另设剪刀撑。

这种螺旋升降机构，可按具体情况进行设计和加工。螺纹的加工以双头梯形螺纹为好，操作时应注意升降的同步。

(3) 手摇式升降器

手摇式升降器（竹铝桁架式飞模配套工具），由摇柄、传动箱、升降台、导轨、导轮、升降链、行走轮、限位器和底板等组成（图 2-3-293）。操作时，摇动手柄通过传动箱将升降链带动升降台使飞模升降，下设行走轮以便于搬运，是一种工具式的升降机构。适用于桁架式飞模的升降，一般每台飞模使用四个升降器。

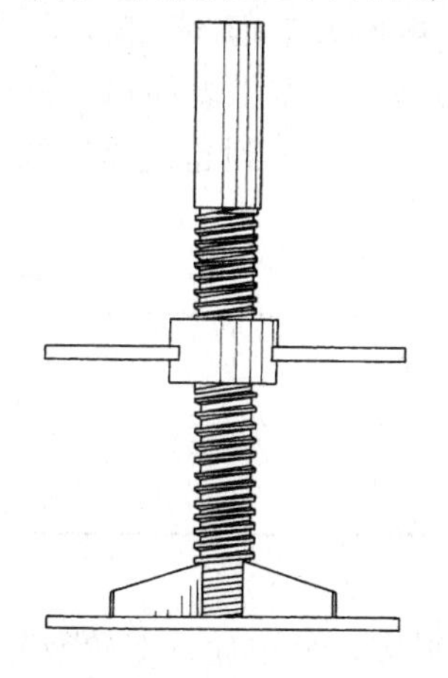
图 2-3-292 螺旋起重器

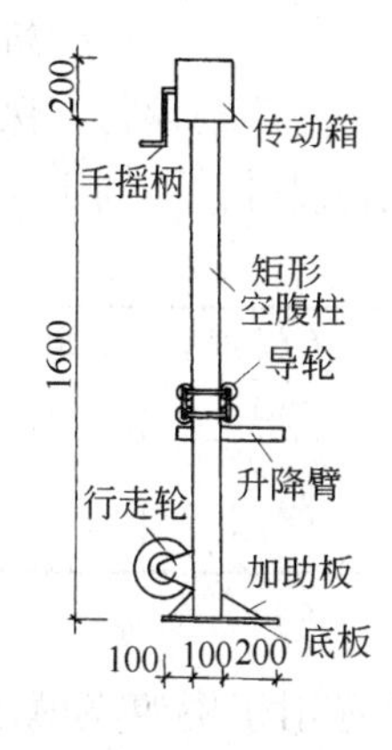

图 2-3-293 手摇式升降器

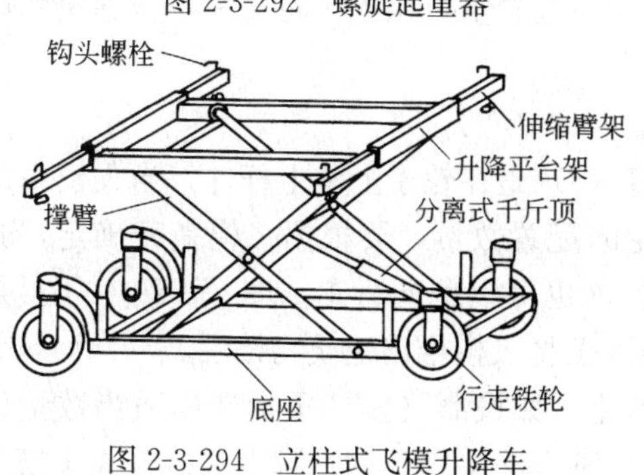

图 2-3-294 立柱式飞模升降车

(4) 升降车

1) 钢管组合式飞模升降车：这种升降车的特点是既能升降飞模和调平飞模台面；又能在楼层作飞模运输车使用。它是利用液压顶升撑臂装置来达到升高平台的目的。由底座、撑臂、升降平台架、液压顶升器、称动液轮和行走铁轮等组成（图 2-3-294）。曾在上海市爱国建设公寓工程施工中应用。其主要技术参数见表 2-3-40。

表 2-3-40

顶升荷载 (kN)	升降高度 (mm)	顶升速度 (m/min)	下降速度 (m/min)	重量 (kg)	外形尺寸 (mm)	升降设备
5～10	500	0.5	0～5	200	1600×1200×400	10t 分离式千斤顶

2）悬架式飞模升降车：这种升降车的特点也是多功能的，既能升降又能行走。它由基座、立柱、伸缩构架、悬臂横梁、伸缩斜撑以及行车铁轮、手摇绳筒等组成（图 2-3-295）。其主要升降机构是伸缩构架。

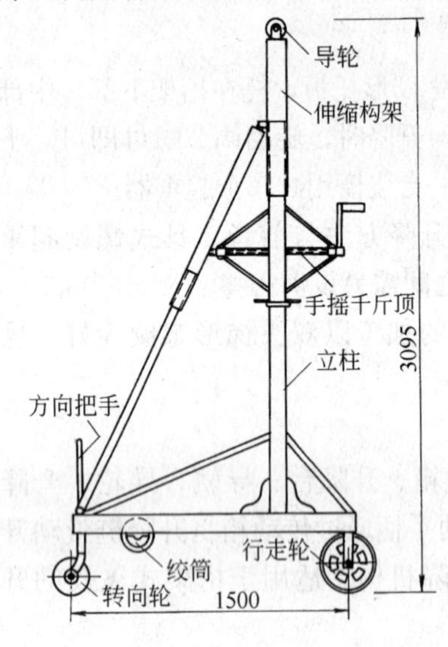

图 2-3-295　悬架式飞模升降车

构架为门形，悬臂横梁上装有导轮，承受飞模和滑移飞模。立柱和伸缩构架之间安装两台手摇千斤顶，千斤顶两端分别与立柱和伸缩构架用钢板相连接。小车升降由手摇千斤顶控制，随着手摇千斤顶的升降，伸缩构造沿着立柱升降，并带动悬臂横梁完成飞模升降。

在飞模升降车承载后，将手摇绳筒的钢丝绳取出，固定在飞模出口处，然后摇动绞筒手柄，使飞模在楼层上行走。

悬架式飞模升降车的技术参数，见表 2-3-40 所示。

2. 行走工具

(1) 滚杠

这是一种飞模最简单的行走工具，一般用于桁架式飞模的运行。即当浇筑的梁板混凝土达到一定强度时，先在飞模下方铺设脚手板，在脚手板上放置若干根钢管，然后用升降工具将飞模降落在钢管上，再用人工推动飞模，将它推出建筑物以外。这种方法的特点是，所需工具简单，操作比较费力，需要随时注意防止飞模偏行，保持飞模直行移动。另外，当飞模滚到建筑物边缘时，钢管容易滚动掉落建筑物以外，不利于安全施工。

表 2-3-41

顶升荷载 (kN)	升降幅度 (mm)	顶升速度 (m/min)	下降速度 (m/min)	重量 (kg)	外形尺寸 (mm)
10～20	30	0.5	2	400	1850×2850×3100

(2) 滚轮

这是一种较普遍用于桁架飞模运行的工具。滚轮的形式很多，分单轮、双轮及轮式组等，可按照具体情况选用（图 2-3-296）。使用时，将飞模降落在滚轮上，用人工将飞模推至建筑物以外，滚轮内装有轴承，所以操作起来比滚杠轻便。

(3) 车轮

飞模采用车轮作运行的工具其形式很多，图 2-3-297（a）是在轮子上装上杆件，当飞模下落时插入飞模预定的位置中，用人工推行即可。这种车轮的配置数量，要根据飞模荷载确定，其主要特点是轮子可以作 360°转向，所以可以使飞模直行，也可以侧向行走。图 2-3-297（b）是一种带有架子的轮车，将飞模搁置在车轮架上，即可由人工将飞模推出建筑物楼层。

除此以外，还可以根据不同的情况，配备不同的车轮。如按照飞模的重量选用适当数量的人力车车轮组装成工具式飞模行走机构（图 2-3-298），这种方法多用于钢管脚手架组合式飞模的运行。

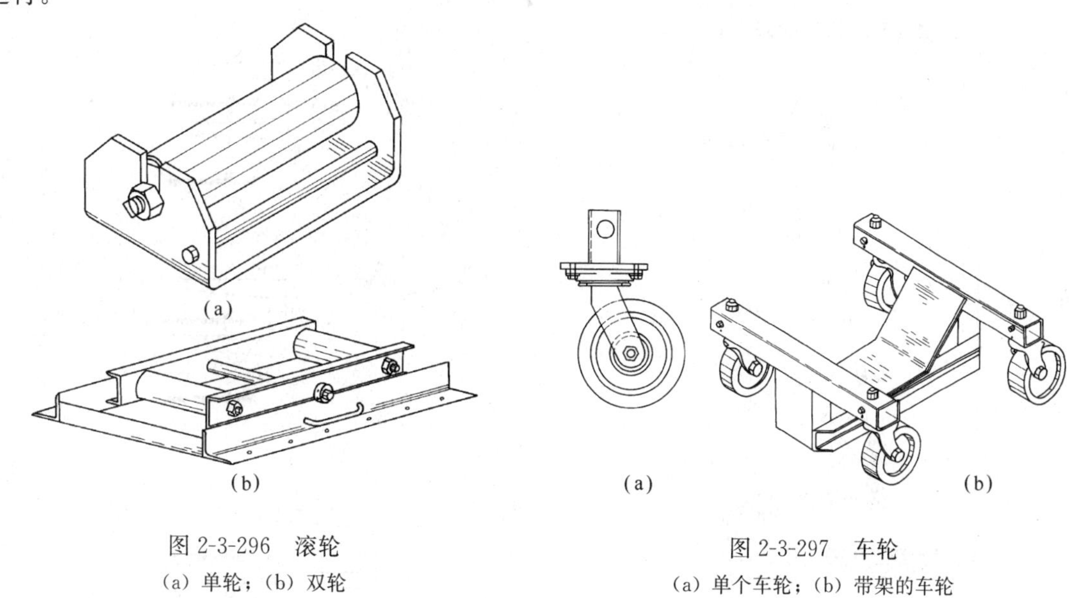

图 2-3-296　滚轮

(a) 单轮；(b) 双轮

图 2-3-297　车轮

(a) 单个车轮；(b) 带架的车轮

3. 吊运工具

(1) C形吊具

飞模除了利用滚动摩擦来解决在楼层的水平运行，用吊索将飞模吊出楼层外，还可采用特制的吊运工具，将飞模直接起吊运走，这种吊具又称C形吊具。

图 2-3-299 是可以平衡起吊的一种C形吊具，由起重臂和上、下部构架组成。上、下构架的截面可做成立体三角形桁架形式，上下弦和腹杆用钢管焊接而成，上、下构架用钢板连接；起重臂与上部构架用避震弹簧和销轴连接，起重臂可随上部构架灵活平稳地转动。在操作过程中，下部构架的上表面始终保持水平状态，以便确保飞模沿水平方向拖出楼面。即在起吊未负荷时，起重臂与钢丝绳成夹角，将起吊架伸入飞模面板下；当缓慢提升吊钩，使起重臂与钢丝绳逐步成一直线，同时使飞模坐落在平衡架上；当飞模离开楼面，钢丝绳受力，使飞模沿水平方向外移（图 2-3-300）。

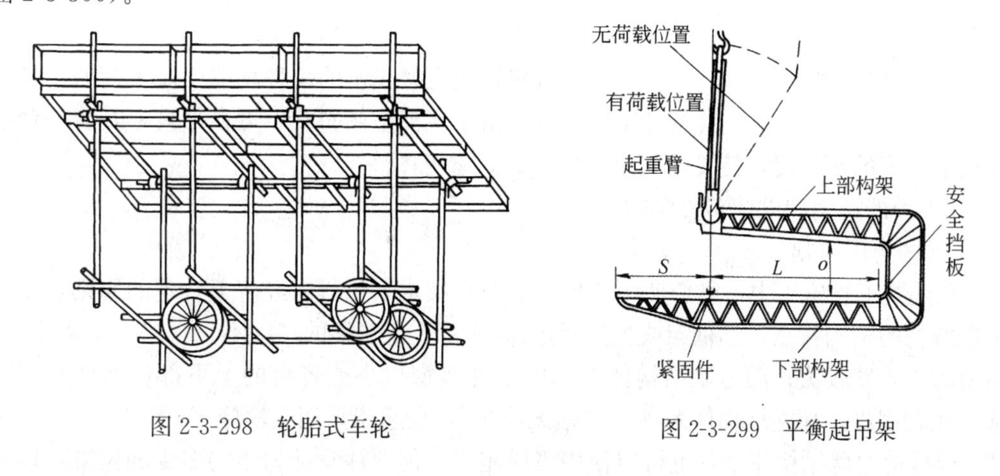

图 2-3-298　轮胎式车轮　　　　图 2-3-299　平衡起吊架

图 2-3-301 是一种用于吊运有阳台的钢管组合飞模的C形吊具，吊具采用钢结构，吊点设计充分考虑到吊运不同阶段的需要，图中①的 A、B 吊点能保证吊具平稳地进入飞模；②设置临时支承柱，确保吊点由 B 换至 C；③以吊点 A、C 将飞模平稳飞出。

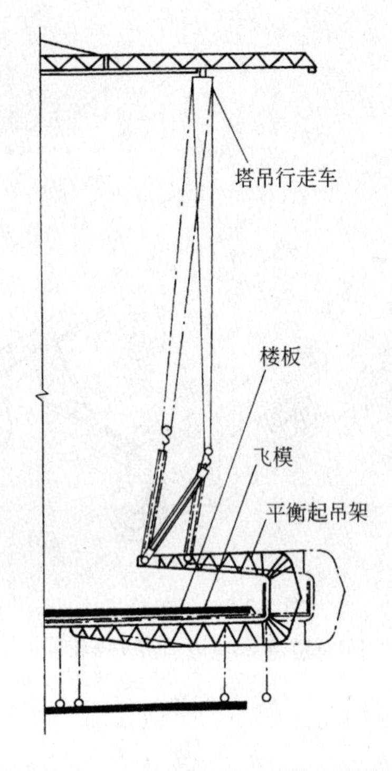

图 2-3-300　平衡起吊 C 形架操作过程

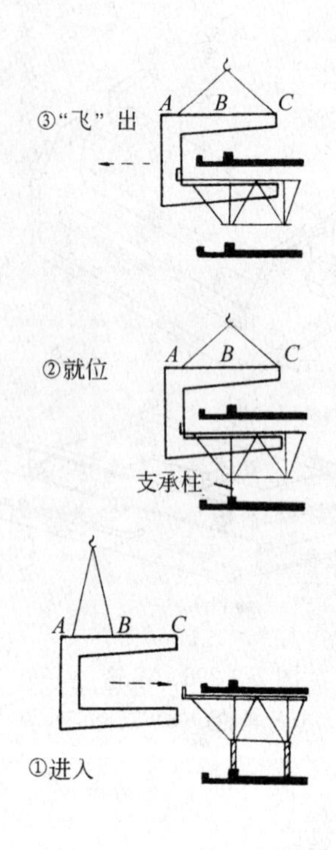

图 2-3-301　C 形吊具工作过程示意图

(2) 外挑出模操作平台

在建筑物的平面布置中，往往因为剪力墙或其他构件的障碍，使飞模不能从建筑物的两侧或一侧飞出；或因塔吊的回转半径不能覆盖整个建筑物，飞模尚需在预定的出口飞出，这样，在飞模出口处要设立出模操作平台。出模时，将所有飞模都陆续推至一个或两个平台上，然后用吊车吊走(图 2-3-302)。这种操作平台一般用钢材制作，尺寸可根据飞模的大小设计，平台的根部与建筑物预留的螺栓锚固，端部要用钢丝绳斜拉于建筑物的上方可靠部位上，平台要随施工的结构进度逐步向上移动。

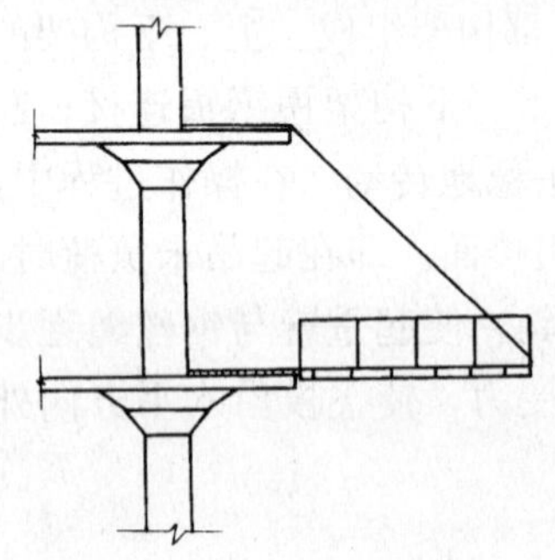

图 2-3-302　外挑操作平台示意图

(3) 电动环链

用于飞模从建筑物直接飞出的一种调节飞模平衡的工具。当飞模飞出建筑物时，由于飞模呈倾斜状，可在吊具上安装一台电动环链，以调节飞模的水平度，使飞模安全飞出上升，参见图 2-3-269。

2.3.5.3　飞模的选用和设计布置原则

1. 飞模的选用原则

(1) 在建筑工程施工中，能否使用飞模，要按照技术上可行、经济上合理的原则选用。主要取决于建筑物的结构特点。如框架或框架-剪力墙体系，由于梁的高度不一，梁柱接头比较复杂，采用飞模施工难度较大；剪力墙结构体系，由于外墙窗口小或者窗的上下部位墙体较多，也使飞模施工比较困难；板柱结构体系（尤其是无柱帽），最适于采用飞模施工。

(2) 板柱剪力墙结构体系，也可以使用飞模施工，但要注意剪力墙的多少和位置，以及飞模能否顺利出模。重要的是要看楼板有无边梁，以及边梁的具体高度。因为飞模的升降量必须大于边梁高度才能出模，所以这是影响飞模施工的关键因素。

(3) 在选用飞模施工时，要注意建筑物的总高度和层数。一般说来，十层左右的民用建筑使用飞模比较适宜；再高一些的建筑物，采用飞模施工经济上比较合理。另外，一些层高较高，开间较大的建筑物，采用飞模施工，也能取得一定的效果。

（4）飞模的选型要考虑两个因素，其一要考虑施工项目的规模大小，如果相类似的建筑物量大，则可选择比较定型的飞模，增加模板周转使用，以获得较好的经济效果；其二是要考虑所掌握的现有资源条件，因地制宜，如充分利用已有的门式架或钢管脚手架组成飞模，做到物尽其用，以减少投资，降低施工成本。

2. 飞模的设计布置原则

（1）飞模的结构设计，必须按照国家现行有关规范和标准进行设计计算。引进的定型飞模或以前使用过的飞模，也需对关键部位和改动部分进行结构性能校核。另外，各种临时支撑、附设操作平台等亦需通过设计计算。在飞模组装后，应作荷载试验。

（2）飞模的布置应遵循以下原则：

1）飞模的自重和尺寸，应能适应吊装机械的起重能力。

2）为了便于飞模直接从楼层中运行飞出，尽量减少飞模的侧向运行。图 2-3-303 为在柱网轴线沿进深方向设置小飞模，脱模时，先将大飞模飞出，再将小飞模作侧向运动后飞出。图 2-3-304 是在一个开间内设置两台飞模，沿轴线进深方向，飞模板面可设计成折叠式或伸缩式板面，其支撑结构可采用斜支撑支承在飞模主体结构上；亦可在板面下加临时支撑，拆模时，先将这部分板面脱模，飞模即可顺利飞出。

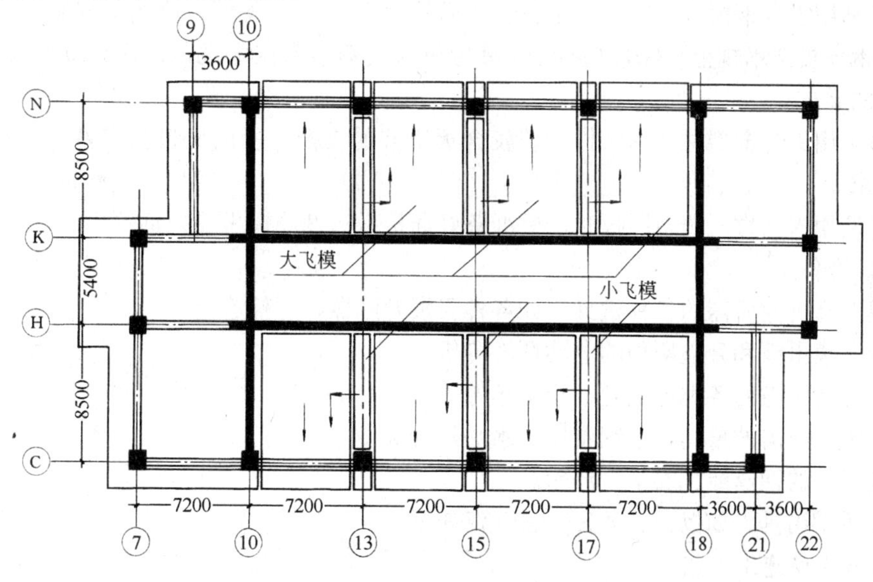

图 2-3-303 飞模布置方案之一

2.3.5.4 飞模施工工艺

1. 施工准备

（1）施工场地准备

1）飞模宜在施工现场组装，以减少飞模的运输。组装飞模的场地应平整，可利用混凝土地坪或钢板平台组拼。

2）飞模坐落的楼（地）面应平整、坚实，无障碍物，孔洞必须盖好，并弹出飞模位置线。

3）根据施工需要，搭设好出模操作平台，并检查平台的完整情况，要求位置准确，搭设牢固。

（2）材料准备

1）飞模的部件和零配件，应按设计图纸和设计说明书所规定的数量和质量进行验收。凡发

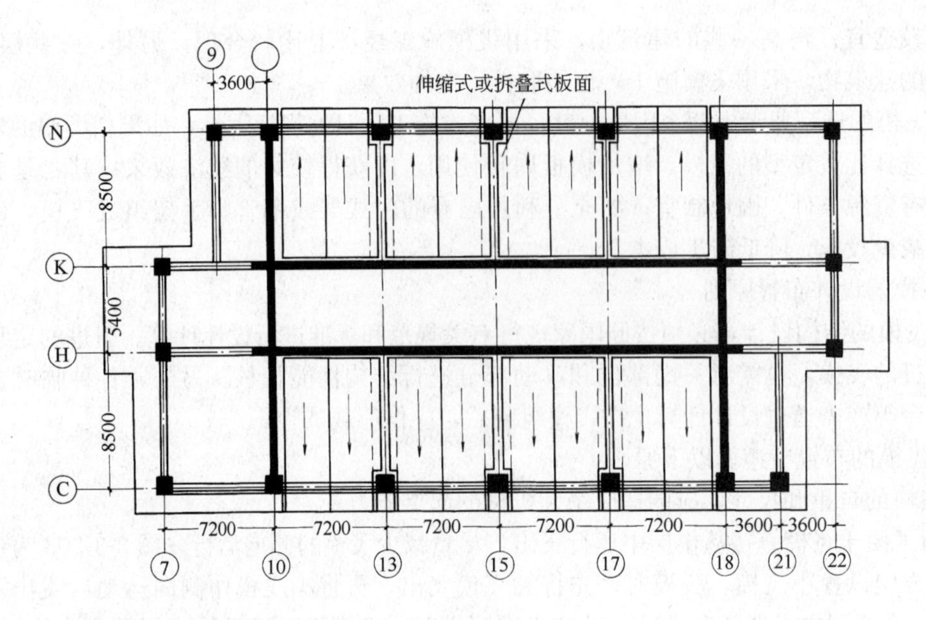

图 2-3-304　飞模布置方案之二

现变形、断裂、漏焊、脱焊等质量问题，应经修整后方可使用。

2）凡属利用组合钢模板、门式脚手脚、钢管脚手架组装的飞模，所用的材料、部件应符合现行《组合钢模板技术规范》GB 50214、《冷弯薄壁型钢结构技术规范》GB 50018 以及其他专业技术规定的要求。

3）凡属采用铝合金型材、木（竹）塑胶合板组装的飞模，所用材料及部件，应符合有关专业规定的要求。

4）面板使用木（竹）塑多层板时，要准备好面板封边剂及模板脱模剂等。

（3）机具准备

1）飞模升降机构所需的各种机具，如各种飞模升降器、螺栓起重器等。

2）吊装飞模出模和升空所用的电动环链等机具。

3）飞模移动所需的各类地滚轮、行走车轮等。

4）飞模施工必需的量具，如钢卷尺、水平尺等。

5）吊装所用的钢丝绳、安全卡环等。

6）其他手工用具，如扳手、锎头、螺钉旋具等。

2. 立柱式飞模施工工艺

（1）双肢柱管架式飞模施工工艺

1）飞模组装及吊装就位。

① 工艺流程：

清扫楼（地）面 → 放飞模位置线 → 铺放模架支腿木垫板和底部调节支腿 → 将螺栓调到同一高度 →

安装支架和剪刀撑 → 通过支腿底板上的孔眼用钉子与木垫板钉牢 →

安装顶部调节螺旋和顶板，并调到同一高度 → 安装工字钢纵梁，并用顶板上的夹子进行固定 →

用 U 形螺栓将槽钢挑梁固定在支架 支腿的规定高度上 →

按照规定的间距把横梁固定在工字钢纵梁和槽钢挑梁上 → 用木螺栓或钉子将胶合板固定在横梁上 →

用钢丝把脚手板绑在槽钢挑梁上 → 安设护身栏、挂好安全网

② 飞模组装时，胶合板的边应设在横梁中心线处，其外边缘距横梁端至少突出 50mm。

③ 飞模组装后，即可整体吊装就位。飞模就位前，应检查楼（地）面是否坚实、平整，有无障碍物，预留孔洞是否均已覆盖好，并应按事先弹好的位置线就位。

④ 飞模就位后，旋转上、下调节螺旋，使平台调到设计标高。然后在槽钢挑梁下安放单腿支柱和水平拉杆。

⑤ 当飞模就位后，即可进行梁模、柱模的支设、调整和固定工作。最后填补飞模平台四周的胶合板以及修补梁、柱、板交界处的模板。

⑥ 清扫梁、板模板，贴补缝胶条，刷脱模剂，绑扎钢筋，固定预埋管线和铁件。

⑦ 在浇筑梁、板混凝土前，还需用空压机清除模板内杂物一次，然后才能进行浇筑。双肢柱管架式飞模支设情况，如图 2-3-305 所示。

2）飞模脱模和转移

① 当梁、板混凝土强度达到设计强度的 75％时方可脱模。

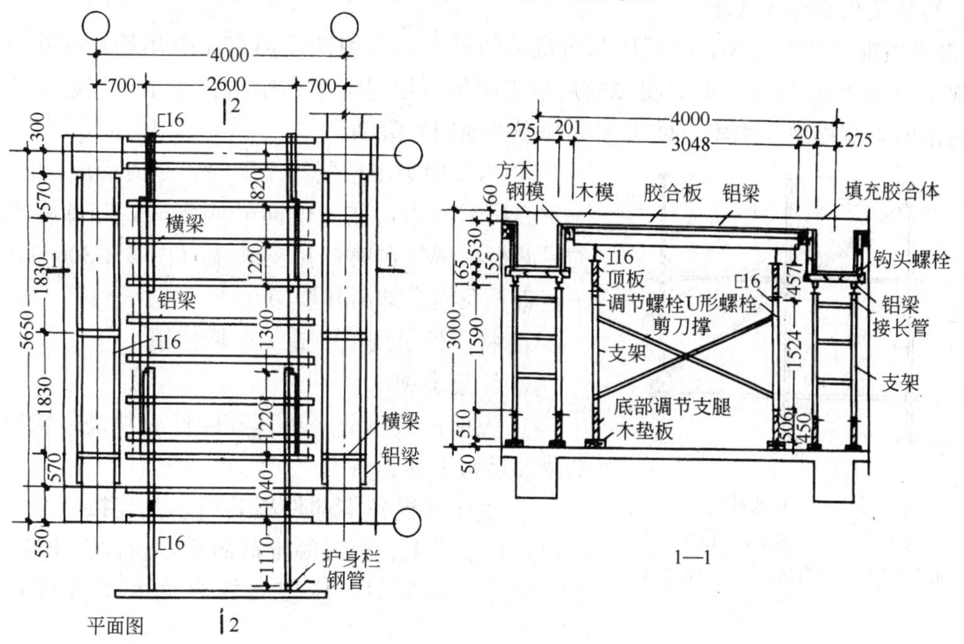

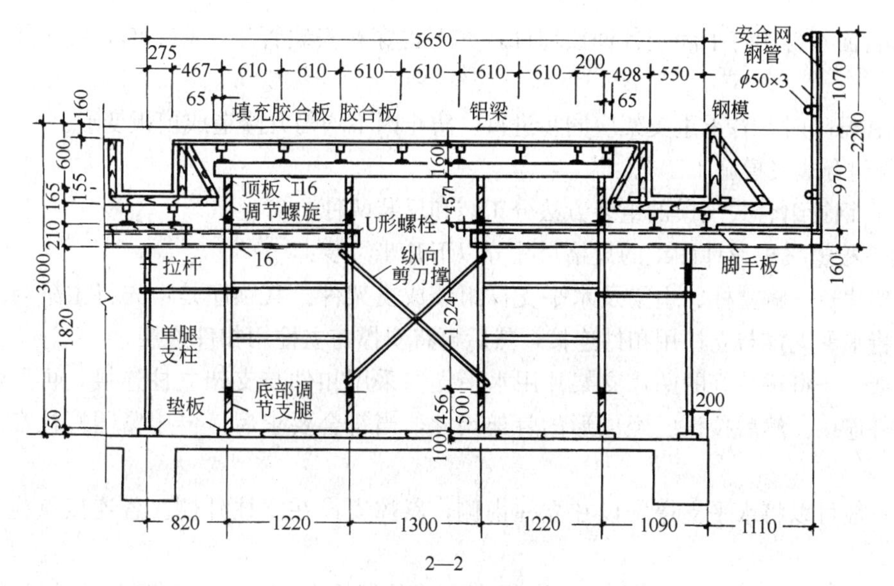

图 2-3-305　双肢柱管架式飞模支设情况

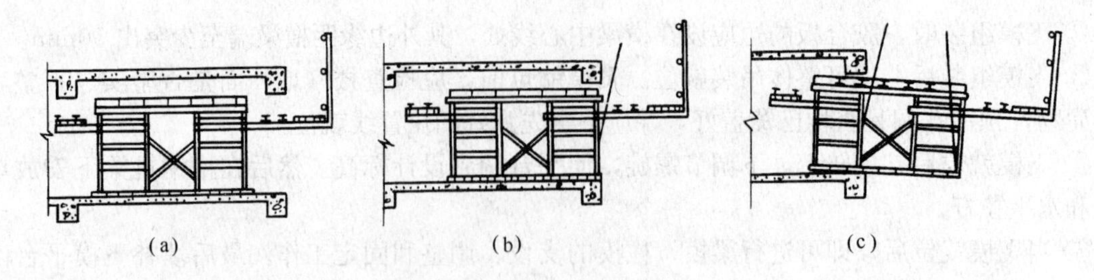

图 2-3-306　飞模脱模和转移过程

(a) 飞模平台下落脱模；(b) 向外滚动；(c) 飞出

② 先将柱、梁模板（包括支承立柱）拆除，然后松动飞模顶部和底部的调节螺旋，使台面下降至梁底以下 50mm（图 2-3-306a）。

③ 将楼（地）面上的杂物清除干净，用撬棍将飞模撬起，在飞模底部木垫板下垫入 ϕ50 钢管滚杠。每块垫板不少于 4 根。

④ 将飞模推到楼层边缘，然后用起重机械的吊索（专用铁扁担有 4 个吊钩）挂在飞模前端两个支腿上（图 2-3-306b），同时将飞模后端支腿用两根绳索系在结构柱子上。当起重机械的吊索微微起吊时，缓慢放松绳索，使飞模继续缓慢地向外滚动。

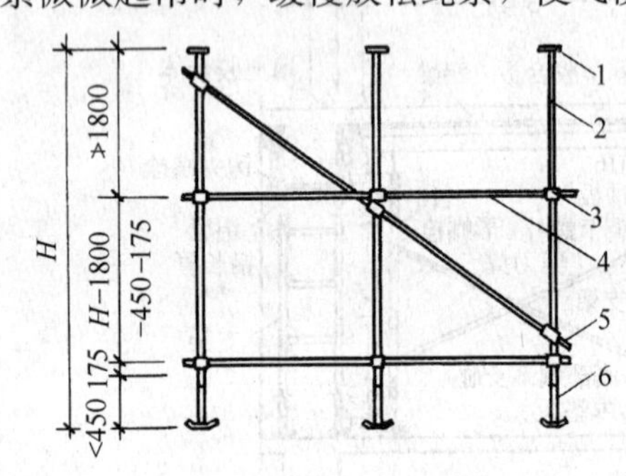

图 2-3-307　支架片

1—立柱顶座；2—立柱；3—扣件；4—水平支撑；5—斜撑；6—立柱脚

⑤ 当飞模滚出楼层约 2/3 时，一方面放松起重吊索，一方面拉紧绳索，在飞模向外倾斜时，随即将起重机械的另两根吊索挂在第三排支腿上（图 2-3-306c），继续起吊，直至飞模全部离开楼层。

⑥ 将飞模吊到下一施工区域使用。

3）注意事项

① 飞模在组装前，对其零配件必须进行检查，螺旋部分要经常上油。

② 由于飞模各零部件组装后，其连接处会存在微小空隙，在承受梁、板混凝土荷载后，台面会下降 5mm 左右。因此在组装时，应使飞模台面和梁底模抬高 3～5mm。

③ 飞模台面不得用钉子固定各种预埋件，亦不得穿孔安装管道。必要时，应采用其他措施解决。

④ 飞模在升降时，各承重支架应同步进行，防止因不均匀升降造成模板变形。

（2）钢管组合式飞模施工工艺

1）组装：钢管组合式飞模的组装方法分正装和反装两种。

① 正装：根据飞模设计图纸的规格尺寸分以下几步组装：

拼装支架片——将立柱、主梁及水平支撑组装成支架件。其顺序是：先将主梁与立柱用螺栓连接，再将水平支撑与立柱用扣件连接，然后再将斜撑与立柱用扣件连接。

拼装骨架——将拼装好的两片支架片用水平支撑采用扣件与支架立柱连接，再用斜撑将支架片采用扣件连接。然后校正已经成形的骨架尺寸，当符合要求后，再用紧固螺栓在主梁上安装次梁。

拼装时一般可以将水平支撑安设在立柱内侧，斜撑安设在立柱外侧。各连接点应尽量相互靠近。

拼装面板——按飞模设计面板排列图，将面板直接铺设在次梁上，面板之间用 U 形卡连接，面板与次梁用钩头螺栓连接。

② 反装法：反装法的组装顺序正好与正装法相反，其步骤如下：

拼装面板——按面板排列图将面板铺设在操作平台上。拼缝应错开，一般仅允许负偏差。面板之间用U形卡连接。

拼装主、次梁——按设计要求放置次梁，并用钩头螺栓与面板和蝶形扣件连接，使次梁与面板形成整体。

主梁在次梁安放后按设计要求放置，主、次梁之间用蝶形扣件和紧固螺栓连接。

单独拼装支架片——先将柱顶座和立柱脚分别插入立柱钢管两端，并用螺栓连接；然后按正装法拼装支架片的方法组装水平支撑和斜撑，如图2-3-307所示。

拼装整体飞模——将支架片吊装就位，使柱顶座与主梁贴紧，校正后用螺栓和蝶形扣件相互连接。然后安装第二片支架，两片支架间用水平支撑和斜撑相互连接，如此即可完成飞模的整体拼装。再用吊车将整体飞模翻转180°，使台面向上以备使用。

2）吊装就位：

① 先在楼（地）面上弹出飞模支设的边线，并在墨线相交处分别测出标高，标出标高的误差值。

② 飞模应按预先编好的序号顺序就位。为了保证位置相对正确，一般应由楼层中部形成“+”字形向四面扩展就位。

③ 飞模就位后，即将面板调节至设计标高，然后垫上垫块，并用木楔楔紧。当整个楼层标高调整一致后，再用U形卡将相邻飞模连接。

④ 飞模就位工序经验收合格后，方可进行下道工序。

3）脱模：

① 当浇筑的楼层混凝土强度达到设计强度的75%时，方可脱模。

② 脱模前，先将飞模之间的连接件拆除，然后将升降运输车推至飞模水平支撑下部合适位置，拔出伸缩臂架，并用伸缩臂架上的钩头螺栓与飞模水平支撑临时固定。

③ 退出支垫木楔，拔出立柱伸缩腿插销，同时下降升降运输车，使飞模脱模并降低到最低高度。如果飞模面板局部被混凝土粘住，可用撬棍撬动。

④ 脱模时，一般应由6～8人操作，并应由专人统一指挥，使各道工序顺序同步进行。

4）转移

① 飞模由升降运输车用人力推动，运至楼层出口处。

② 飞模出口处可根据需要安设外挑操作平台。

③ 当飞模运抵外挑操作平台上时，可利用起重机械将飞模吊至下一流水段就位，同时撤出升降运输车。

（3）门式架飞模施工工艺

1）组装：

① 平整场地，按飞模设计图纸核对所用材料、构配件的规格尺寸。

② 铺垫板，放足线尺寸，安放底托。

③ 将门式架插入底托内，安装连接件和交叉拉杆。

④ 安装上部顶托，调平找正后安装大龙骨。

⑤ 安装下部角铁和上部连接件。

⑥ 在大龙骨上安装小龙骨，然后铺放木板，刨平后在其上安装钢面板。

⑦ 安装水平和斜拉杆，安装剪刀撑。

⑧ 加工吊装孔，安装吊环及护身栏。

2）吊装就位：

① 飞模在楼（地）面吊装就位前，应先在楼（地）面上准备好四个已调好高度的底托，换下飞模上的四个底托。待飞模在楼（地）面上落实后，再放下其他底托。

② 一般一个开间采用两吊飞模，这样形成一个中缝和两个边缝。边缝考虑柱子的影响，可将面板设计成折叠式。较大的缝隙（100mm 以内），在缝上盖 5mm 厚、宽 150mm 的钢板，钢板锚固在边龙骨下面。较小缝隙（60mm 以内），可用麻绳堵严，再用砂浆抹平，以防止漏浆而影响脱模。

③ 飞模应按照事先在楼层上弹出的位置线就位，就位后再进行找平、调直、顶实等工序。找平应用水准仪检查板面标高。调整标高，应同步进行。门架支腿垂直偏差应小于 8mm。另外，边角缝隙、板面之间及孔洞四周要严密。

④ 在调平的同时，安装水暖立管的预留洞，即将加工好的圆形铁筒拧在板面的螺钉上，待混凝土浇筑后及时拔出。

3）脱模和转移：

待浇筑的楼层混凝土强度达到设计强度的 75%时，方可脱模。其脱模和转移工序如下：

① 拆除飞模外侧护身栏和安全网。

② 每架飞模除留四个底托不动外，松开其他底托，拆除或升起锁牢在固定部位。

③ 在留下的四个底托处，安装四个升降装置，并放好地滚轮。

④ 用升降装置勾住飞模的下角铁，但不要拉的太紧。开动升降装置，上升到顶住飞模。

⑤ 松开四个底托，使飞模面板脱离混凝土楼板底面，开动升降机构，使飞模降落在地滚轮上。

⑥ 将飞模向建筑物外推到能挂外部（前）一对吊点处，将吊钩挂好前吊点。

⑦ 在将飞模继续推出的过程中，安装电动环链，直到能挂好后吊点。然后启动电动环链，使飞模平衡。

⑧ 飞模完全推出建筑物后，调整飞模平衡，塔吊起臂，将飞模吊往下一个施工部位。

3. 支腿桁架式飞模施工工艺

（1）铝桁架式飞模施工工艺

1）组装：

① 平整组装场地，要求夯实夯平。支搭拼装台，拼装台由 3 个 800mm 高的长凳组成，间距为 2m 左右。

② 拼接上下弦槽铝。按图纸要求的尺寸，将两根槽铝用弦杆接头夹板和螺栓连接。

③ 将上下弦与方铝管腹杆用螺栓拼成单片桁架。

④ 安装钢支腿组件。

⑤ 安装吊装盒。

⑥ 立起桁架，并用木方作临时支撑。

⑦ 将两榀或三榀桁架用剪刀撑组装成稳定的飞模骨架。

⑧ 安装梁模、操作平台的挑梁及护身栏和立杆。

⑨ 将方木镶入工字铝梁中，并用螺栓拧牢，然后把工字铝梁安放在桁架的上弦上。

⑩ 安装边梁龙骨。

⑪ 铺好面板，在吊装盒处留 400mm×500mm 的活动盖板。

⑫ 将面板用电钻打孔，用木螺栓拧在工字梁的木方中，或用钉子将面板钉在木方上。

⑬ 安装边梁底模和里侧模（外侧模板在飞模就位后组装）。

⑭ 铺设操作平台脚手板。

⑮ 绑护身栏（安全网在飞模就位后安装）。

2）吊装就位：

① 在楼板上放飞模位置线和支腿十字线，在墙体或柱子上弹出 1m（或 50cm）水平线。

② 在飞模支腿处放好垫板。

③ 飞模吊装就位。当飞模吊装距楼面 1m 左右时，拔出伸缩支腿的销钉，放下支腿套管，安好可调支座，然后飞模就位。

④ 用可调支座调整面板标高，安装附加支撑。

⑤ 支四周接缝模板及边梁、柱头或柱帽模板。

⑥ 模板面板上刷脱模剂。

⑦ 检查验收。

3）脱模和转移：

当楼层浇筑的混凝土强度达到设计强度的 75%时，即可脱模，其工序如下：

① 拆除边梁侧模、柱头或柱帽模板，拆除飞模之间、飞模与墙柱之间的模板和支撑。拆除安全网。

② 每榀桁架下放置三个地滚轮，分别放置在桁架前方、前支腿下和桁架中间。

③ 在紧靠四个支腿部位，用升降机构托住桁架下弦。

④ 将可调支腿松开，把飞模重量卸到升降机构上。

⑤ 将伸缩支腿销钉拔出，支腿收入桁架内并用销钉销牢，将可调支座插入支座腿夹板缝隙内。

⑥ 操纵升降机构，使飞模同步下降，面板脱离混凝土，飞模落在地滚轮上。

⑦ 在飞模上挂好安全绳，防止飞模外滑。

⑧ 将飞模用人工缓缓推出，当飞模的前两个吊点超出边梁后，锁牢地滚轮，这时要使飞模的重心不得超出中间的地滚轮。

⑨ 塔吊落钩，用钢丝绳和卡环将飞模前面的两个吊装盒内的吊点卡牢，再将装有平衡吊具电动环链的钢丝绳将飞模后面的两个吊点卡牢。

⑩ 松开地滚轮，将飞模继续缓缓向外推出，同时放松安全绳，并操纵平衡吊具，调整环链长度，使飞模保持水平状态。

⑪ 飞模完全推出建筑物以外后，拆除安全绳，将平衡吊具控制器放在飞模的可靠部位，用塔吊将飞模提升吊到下一个施工部位，重复支模程序（图 2-3-308）。

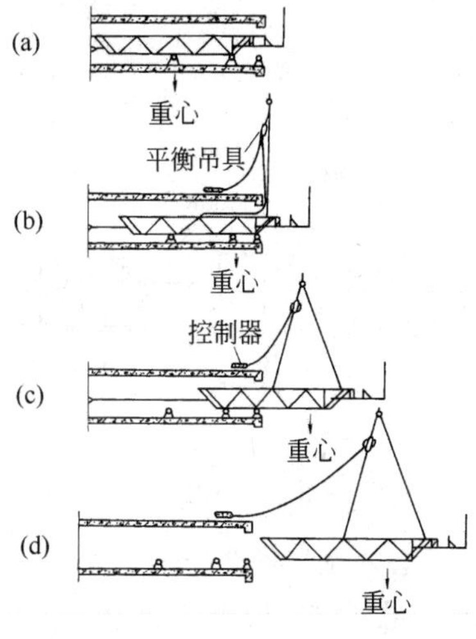

图 2-3-308　铝桁架式飞模脱模转移示意图
（a）向外推时；（b）挂钩；（c）平衡后外吊；（d）提升

（2）跨越式钢管桁架式飞模施工工艺

1）组装：

① 先将导轨钢管和桁架上弦钢管焊接。

② 按飞模设计要求用钢管和扣件组装成桁架。

③ 安装撑脚。

④ 安装面板（预留出吊环孔）和操作平台。

其他可参照立柱式钢管组合式飞模进行。

2）吊装就位：

① 按楼（地）面弹线位置，用塔式起重机吊装飞模就位。

② 放下四角钢管撑脚，装上升降行走杆，并用十字扣件扣紧。

③ 将飞模调整到设计标高，校正好平面位置。

④ 放下其余撑脚，扣紧十字扣件。

⑤ 在撑脚下楔入木楔（此时飞模已准确就位）。

⑥ 将四角处升降行走杆拆掉，换接钢管撑脚，扣上扫地杆，并用钢管与周围飞模或其他模板支撑连成整体。

3）脱模：

① 首先拆除飞模周围的连接杆件，再拆除四角撑脚下的木楔和撑脚中部扣件。

② 装上升降行走杆，旋转螺母顶紧飞模后，将其余撑脚下木楔拆除，并把撑脚收起。

③ 旋转四角升降行走杆螺母，使飞模下降脱模。

④ 当导轨前端进入已安装好的窗台滑轮槽后，前升降行走杆卸载。

4）转移飞出：

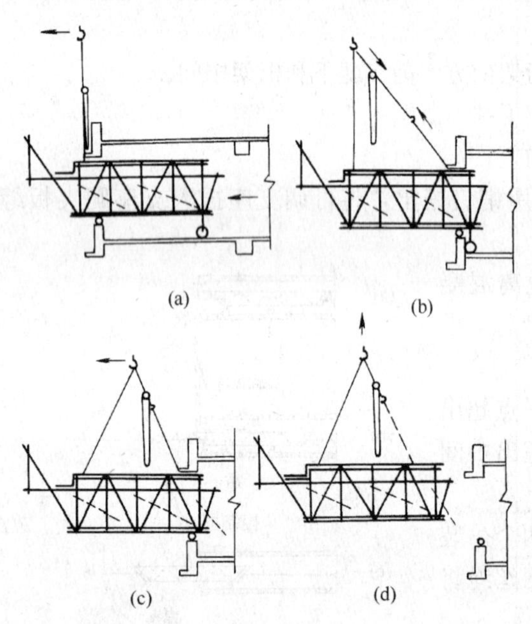

图 2-3-309　跨越式飞模吊运示意图

① 取下前升降行走杆，将飞模平移推出窗口1m，打开前吊装孔，挂好前吊绳（图 2-3-309a）。

② 再将飞模推至后升降行走杆靠近窗边梁为止，打开后吊装孔，挂上后吊绳（图 2-3-309b）。

③ 用手动葫芦调整飞模的起吊重心，取下后升降行走杆（图 2-3-309c）。

④ 飞模继续平移，使它完全离开窗口，此时塔吊吊钩提升，将飞模吊至下一个施工区域就位（图 2-3-309d）

5）注意事项：

① 飞模吊出前应检查桁架整体性。

② 每次飞模就位后应维修面板，涂刷脱模剂。

③ 飞模边缘缝隙和吊环孔盖处均应先铺上油毡条，才能浇筑混凝土。

④ 飞模吊运时，挂吊绳和拉手动葫芦的操作人员，必须系好安全带。

4. 悬架式飞模施工工艺

（1）组装

1）飞模加工

① 悬架式飞模的部件应由加工厂按设计图纸要求进行加工。

② 桁架加工应符合《钢结构设计规范》GB 50017 和《冷弯薄壁型钢结构技术规范》GB 50018 的规定要求。

③ 桁架上弦应起拱。翻转翼板的铰链安装应转动灵活、焊接牢固，边角钢上的相对孔眼位置必须准确。

2）飞模组装：飞模组装可在施工现场设专门拼装场地组装，亦可在建筑物底层内进行组装。其后一种组装方法如下：

① 组装前，在结构柱子的纵横向区域内分别用 $\phi48\times3.5$ 钢管搭设两只组装架，高约 1m。

为便于能够重复组装，在组装架两端横杆上安装四只铸铁扣件，作为组装飞模桁架的标准。使铸铁扣件的内壁净距即为飞模桁架下弦的外壁间距。

组装架搭设完毕应进行校正，使两端横杆顶部的标高处于同一水平，然后紧固所有节点扣件，使组装架牢固、稳定。

② 将桁架用吊车起吊安放在组装架上，使桁架两端分别紧靠铸铁扣件。安放稳妥后，在桁架两端各用一根钢管将两榀桁架作临时扣接，然后校正桁架上下弦垂直度、桁架中心间距、对角线等尺寸，无误后方可安装次梁（格栅）。

③ 安放次梁（格栅）。在桁架两端先安放次梁，并与桁架紧固。然后放置其他次梁在桁架节点处或节点中间部位，并加以紧固。所有次梁挑出部分均应相等，防止因挑出的差异而影响翻转翼板正常工作。

④ 铺设面板。全部次梁经校正无误后，方可在其上部铺设面板（组合钢模板）。面板应按排列图铺设，面板之间用U形卡卡紧，U形卡间距不应大于300mm。钢模板与次梁用蝶形扣件加钩头螺栓连接，间距不大于500mm。面板铺放安装完毕后，应进行质量检查。

⑤ 配置翻转翼板。翻转翼板由组合钢模板与角钢、铰链、伸缩套管等组合而成。翻转翼板应单块设置，以便翻转。

铰链的角钢与面板用螺栓连接。伸缩套管的底面焊上承力支块，当装好翼板后即将套管插入次梁的端部。

如果柱网尺寸发生变化，可在套管伸缩范围内调换翼板的宽度，仍可使用。相邻飞模翼板之间的空隙，可用钢板或其他材料覆盖，以防漏浆。

⑥ 布置剪刀撑。每座飞模在其长向两端和中部分别设置剪刀撑；在飞模底部设置两道水平剪刀撑，以防止飞模在脱模，吊运过程中产生变形。剪刀撑采用ϕ48×3.5钢管，用扣件与桁架腹杆连接。

⑦ 组装阳台梁、板模板。将预组装好的倒L形阳台梁、板模板用顶升机具就位后，坐落在桁架下弦的悬挑部位上，用花篮短螺栓与飞模连接。

⑧ 安装外挑操作平台。组装好的飞模可用塔吊吊至室外场地堆放，一般可重叠四层堆放，要求桁架均位于同一铅垂方向。飞模支设前，应再作一次质量检查。

3）飞模支设

① 待柱（墙）模板拆除后，且其强度达到能承载施工荷载时，方能支设飞模。

② 支设飞模前，先将钢牛腿与柱（墙）上的预埋螺栓连接，并在钢牛腿上安放一对硬木木楔，使木楔的顶面符合标高要求。

③ 吊装飞模就位，使飞模座落在四个钢牛腿的木楔上，经校正无误后，方能卸除吊钩。

④ 支起翻转翼板，处理好梁、柱、板等处的节点和缝隙。

⑤ 连接相邻飞模，使其形成整体。

⑥ 面板涂刷脱模剂，埋设各类暗管。

4）飞模脱模、降模和转移

① 当梁、板混凝土强度达到脱模强度时，方可脱模。

② 先拆除柱子节点处柱箍，推进伸缩内管，翻下翻转翼板和拆除盖缝板。然后卸下飞模之间的连接件，拆除连接阳台梁、板的U形卡，使阳台模板便于脱模。

③ 在飞模四个支承柱子内侧，斜靠上梯架（图2-3-310），梯架备有吊钩，将0.1t手动或电动葫芦悬于吊钩下（有剪力墙处设附墙承力架）。待四个吊点将靠柱梯架与飞模桁架连接后，用手动或电动葫芦将飞模同步微微受力，随即退出钢牛腿上的木楔及钢牛腿。

④ 降模前，先在承接飞模的楼（地）面上预先放置六只地滚轮（沿每榀桁架下落位置的两

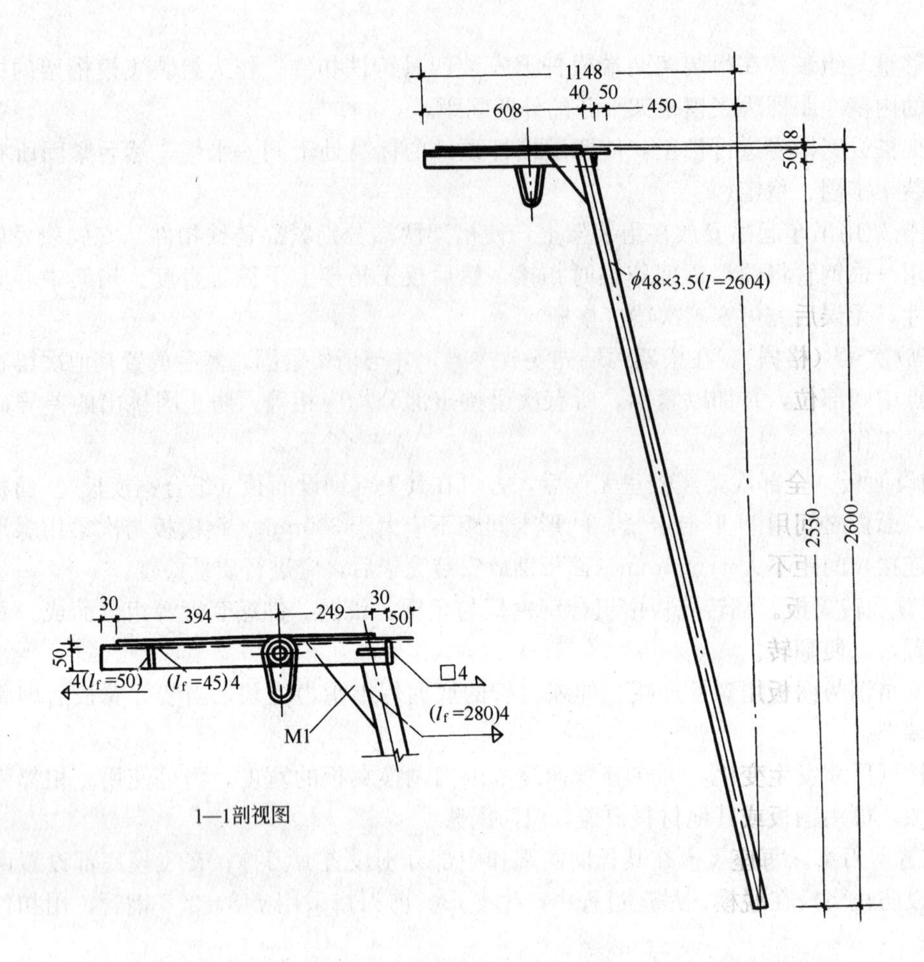

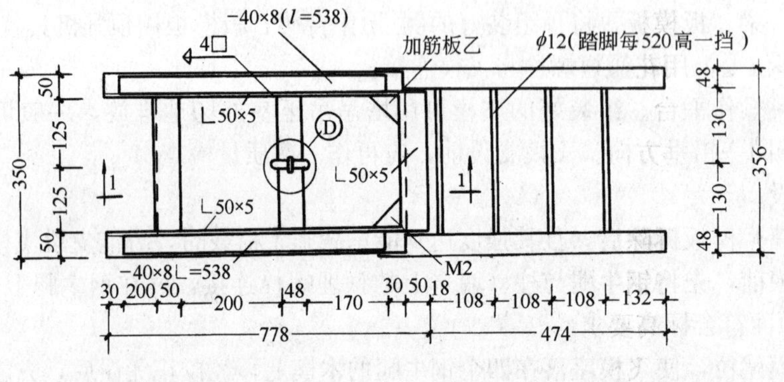

图 2-3-310 靠柱梯架

端和中部各一只），然后用手动或电动葫芦将飞模降落在楼（地）面上的地滚轮上（图 2-3-311），随后由 2～3 人将飞模向外推移。

⑤ 待部分飞模移至楼层口外约 1.2m 时（重心仍处于楼层支点里面），将四根吊索与飞模吊耳扣牢，然后使安装在吊车主钩下的两只倒链收紧。

⑥ 起吊时，先使靠外两根吊索受力，使飞模处于外略高于内的状态，随着主吊钩上升，走二葫芦慢慢松退，使飞模一直保持平衡状态外移。

采用这种方法，对钢丝绳的规格、尺寸配制，应根据楼层层高、主钩、吊耳、走二葫芦等的位置，经过精确计算确定。

5. 飞模施工质量要求

(1) 质量要求

1）采用飞模施工，除应遵照现行的《混凝土结构工程施工质量验收规范》GB 50204 等国家标准外，尚需对飞模的部位进行设计计算，并进行试压试验，以保证飞模各部件有足够的强度和刚度。

2）飞模组装应严密，几何尺寸要准确，防止跑模和漏浆，其允许偏差如下：

① 面板标高与设计标高偏差±5mm；

② 面板方正≤3mm（量对角线）；

③ 面板平整≤5mm（用 2m 直尺检查）；

④ 相邻面板高差≤2mm。

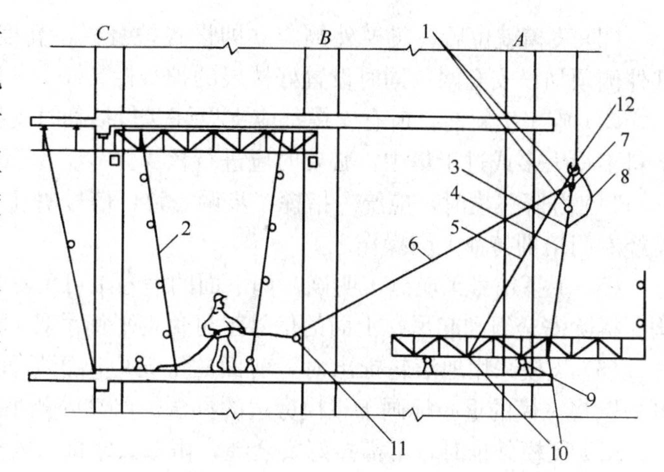

图 2-3-311　悬架式飞模降模转移示意图

1—2t 倒链；2—靠柱梯架；3—卸扣；4—1/2″×2.4m 钢丝绳；5—1/2″×3.3m 钢丝绳；6—尼龙绳；7—1/2″×0.5m 钢丝绳；8—5/8″×1m 钢丝绳；9—地滚轮；10—卸扣；11—ϕ48×3.5 钢管；12—吊钩

（2）保证质量措施

1）组装时要对照图纸设计检查零部件是否合格，安装位置是否正确，各部位的紧固件是否拧紧。

2）竹铝桁架式飞模组装时应注意：

① 组成上下弦时，中间的连接板不得超出上下弦的翼缘，以保证上弦与工字铝梁的安装和下弦与地滚轮接触的平稳。

② 要注意可调支腿安装时位置的准确，以保证支腿收入弦架时，可以用销钉销牢。

③ 工字铝梁上开口嵌入的木方，不得高出梁面，以防止飞模面板安装不平。

④ 面板的拼接接头要放在工字铝梁上，工字铝梁位置应避开吊装盒和可调支腿的上方，以避免吊装时碰动铝梁和降模时支腿收不到底。

⑤ 飞模的钢制零部件应镀锌或涂防锈漆及银粉。

⑥ 要保证桁架不得扭转。桁架的垂直偏差应≤6mm，侧向弯曲应≤5mm，两榀桁架之间要相互平行，并垂直于楼面。工字铝梁的间距应≤500mm。剪力撑必须安装牢固。

3）各类飞模面板要求拼接严密。竹木类面板的边缘和孔洞的边缘，要涂刷模板的封边剂。

4）立柱式飞模组装前，要逐件检查门式架、构架和钢管是否完整无缺陷，所用紧固件、扣件等是否工作正常，必要时要作荷载试验。

5）所用木材应无劈裂、糟朽等缺陷。

6）面板使用多层板类材料时，要及时检查有无破损，必要时要翻面使用。使用组合钢模板作面板时，要按有关标准进行检查。

7）飞模模板之间、模板与柱及墙之间的缝隙一定要堵严，并要注意防止堵缝物嵌入混凝土中，造成脱模时卡住模板。

8）各类面板在绑钢筋之前，都要涂刷有效的脱模剂。

9）浇筑混凝土前要对模板进行整体验收，质量符合要求后方能使用。

10）飞模上的弹线，要用两种颜色隔层使用，以免两层线混淆不清。

6. 飞模施工安全要求

采用飞模施工时，除应遵照现行的《建筑安装工程安全技术规程》等规定外，尚需采取以下一些安全措施：

（1）组装好的飞模，在使用前最好进行一次试压试吊，以检验各部件有无隐患。

(2) 飞模就位后，飞模外侧应立即设置护身栏，高度可根据需要确定，但不得小于1.2m，其外侧须加设安全网。同时设置好楼层的护身栏。

(3) 施工上料前，所有支撑都应支设好（包括临时支撑或支腿），同时要严格控制施工荷载。上料不得太多或过于集中，必要时应进行核算。

(4) 升降飞模时，应统一指挥，步调一致，信号明确，最好采用步话机联络。所有操作人员需经专门培训持证上岗操作。

(5) 上下信号工应分工明确。如下面的信号工可负责飞模推出、控制地滚轮、挂安全绳和挂钩、拆除安全绳和起吊；上面的信号工可负责平衡吊具的调整，指挥飞模就位和摘钩。

(6) 飞模采用地滚轮推出时，前面的滚轮应高于后面的滚轮1～2cm，防止飞模向外滑移。可采取将飞模的重心标画于飞模旁边的办法。严禁外侧吊点未挂钩前将飞模向外倾斜。

(7) 飞模外推时，必需挂好安全绳，由专人掌握。安全绳要慢慢松放，其一端要固定在建筑物的可靠部位上。

(8) 挂钩工人在飞模上操作时，必须系好安全带，并挂在上层的预埋铁环上。挂钩工人操作时，不得穿塑料鞋或硬底鞋，以防滑倒摔伤。

(9) 飞模起吊时，任何人不准站在飞模上，操作电动平衡吊具的人员亦应站在楼面上操作。要等飞模完全平衡后再起吊，塔吊转臂要慢，不允许斜吊飞模。

(10) 五级以上的大风或大雨时，应停止飞模吊装工作。

(11) 飞模吊装时，必须使用安全卡环，不得使用吊钩。起吊时，所有飞模的附件应事先固定好，不准在飞模上存放自由物料，以防高空物体坠落伤人。

(12) 飞模出模时，下层需设安全网。尤其使用滚杠出模时，更应注意防止滚杠坠落。

(13) 在竹木板面上使用电气焊时，要在焊点四周放置石棉布，焊后消灭火种。

(14) 飞模在施工一定阶段后，应仔细检查各部件有无损坏现象，同时对所有的紧固件进行一次加固。

2.3.6 密肋楼板模壳

钢筋混凝土现浇密肋楼板，是国外20世纪70年代发展起来的一种新型楼板体系，它能很好地适应大空间、大跨度的需要，从而得到广泛的应用。

由于密肋楼板是由薄板和间距较小的双向或单向密肋组成的，其薄板厚度一般为60～100mm，小肋高一般为300～500mm，从而加大了楼板的截面有效高度，减少了混凝土的用量，这样在相同跨度的条件下，可节省混凝土30%～50%，钢筋40%，使楼板的自重减轻，抗震性能好，造型新颖美观，密肋楼板能取得很好的技术经济效益，关键因素决定于模壳，其次是支撑系统。双向密肋楼板如图2-3-312所示，单向密肋楼板如图2-3-313所示。

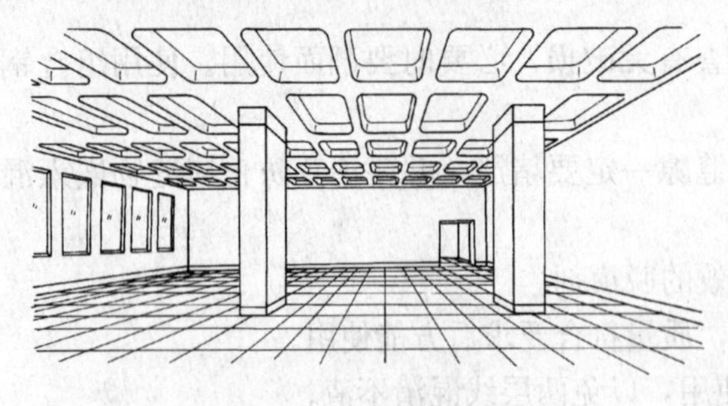

图2-3-312 双向密肋楼板

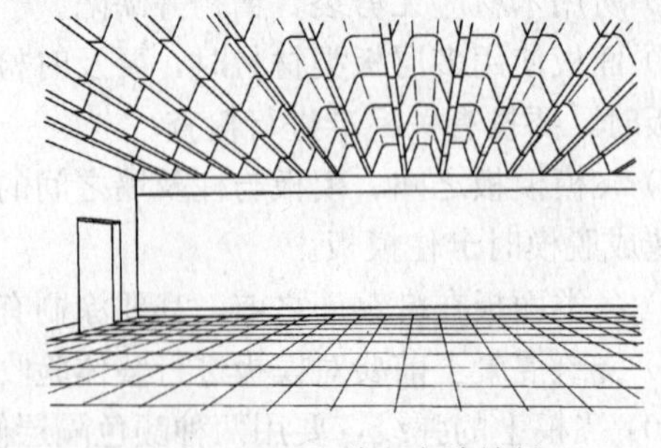

图2-3-313 单向密肋楼板

2.3.6.1 模壳

1. 种类

(1) 按材料分类

1）塑料模壳：塑料模壳是以改性聚丙烯为基材，采用模压注塑成型工艺制成。由于受注塑机容量的限制，采用四块组装成钢塑结合的整体大型模壳（图 2-3-314、图 2-3-315）。其规格见表 2-3-42。

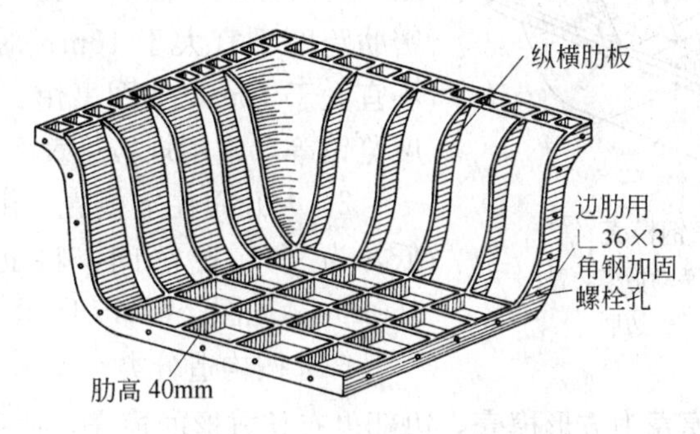

图 2-3-314　1/4 聚丙烯塑料模壳

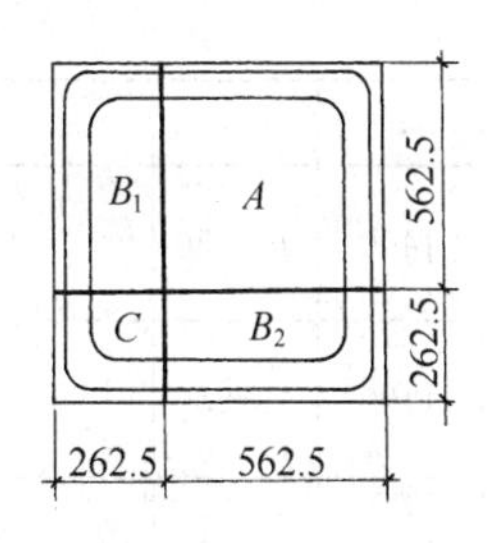

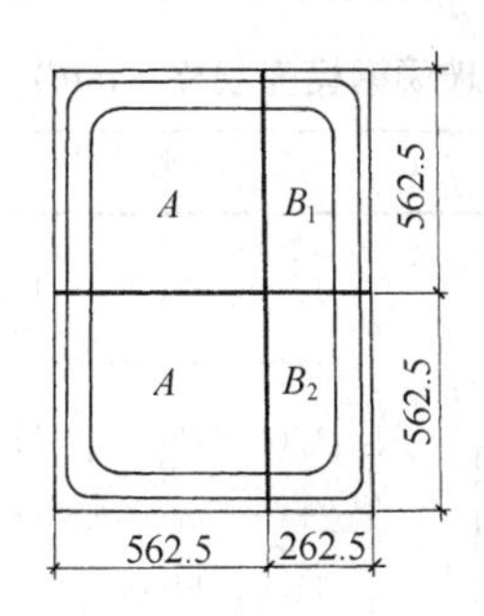

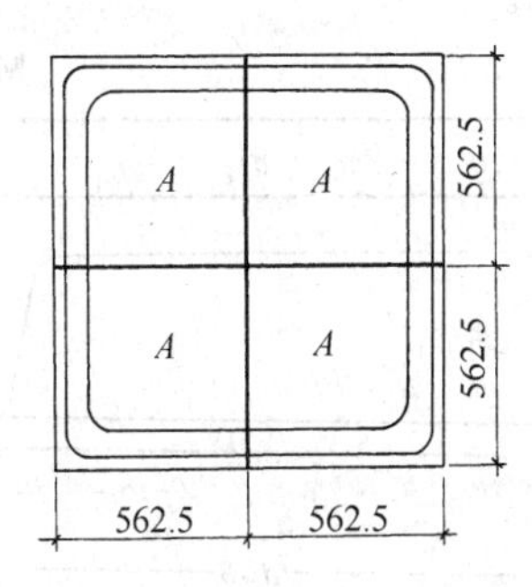

图 2-3-315　四合一聚丙烯塑料模壳

塑　料　模　壳　　　　　　　　　　**表 2-3-42**

系　　列		序　　号	规格（外形尺寸） 长×宽×高（mm）
300mm 肋高现浇密肋塑料模壳	双向	T_1	1200×1125×330
		T_2	1200×825×330
		T_3	1125×900×330
		T_4	900×825×330
		T_5	1125×1125×330
		T_6	1125×825×330
		T_7	825×825×330
400mm 肋高现浇密肋塑料模壳	双向	F_1	1200×1125×430
		F_2	1200×825×430
		F_3	1125×900×430
		F_4	900×825×430
		F_5	1125×1125×430
		F_6	1125×825×430
		F_7	825×825×430

2）玻璃钢模壳：玻璃钢模壳是以中碱方格玻璃丝布做增强材料，不饱和聚酯树脂做粘结材料，手糊阴模成形，采用薄壁加肋的构造形式，先成型模体，后加工内肋，可按设计要求制成不同规格尺寸的整体大模壳如图 2-3-316 所示。

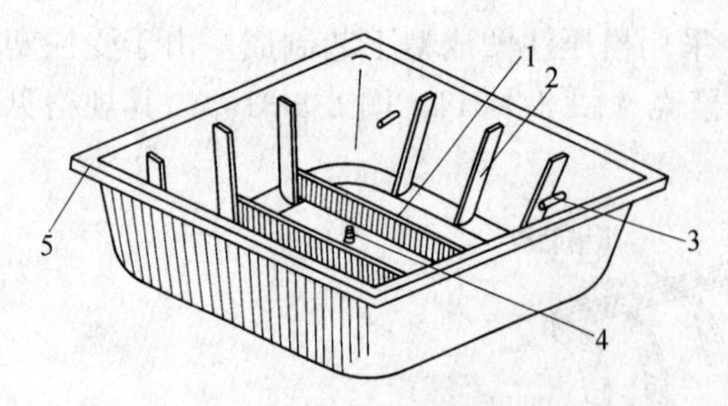

图 2-3-316　玻璃钢模壳

1—底肋；2—侧肋；3—手动拆模装置；4—气动拆模装置；5—边肋

（2）按适用范围分类

1）公共建筑模壳：适用于大跨度，大空间的多层和高层建筑，柱网一般在 6m 以上，对普通混凝土密肋跨度不宜大于 10m；对预应力混凝土密肋跨度不宜大于 12m，如图书馆、火车站、教学楼、商厦、展览馆等，常用规格见表 2-3-43 所示。

2）大开间住宅模壳：由于住宅建筑楼层层高较低，为了节省空间，将肋的高度降低到 100～150mm，见图 2-3-317 所示。

（3）按构造分类

1）M 形模壳：M 形模壳为方形模壳，边部也有长方形的模壳，适用于双向密肋楼板，如图 2-3-318 所示。

M 型玻璃钢模壳规格（mm）　　　　**表 2-3-43**

图　例	小肋间距	*a*	*b*	*c*	*d*	*h*
1:5　*h*　*d*　*c*　*a*×*b*　模壳规格	1500×1500	1400	1400	40～50	50	300～500
	1200×1200	1100	1100	40～50	50	300～500
	1100×1100	1000	1000	40～50	50	300～500
	1000×1000	900	900	40～50	50	300～500
*δ*板厚　肋高 *h*　肋底宽　小肋间距　密肋楼盖	900×900	800	800	40～50	50	300～500
	800×800	700	700	40～50	50	300～500
	600×600	500	500	40～50	50	300～500

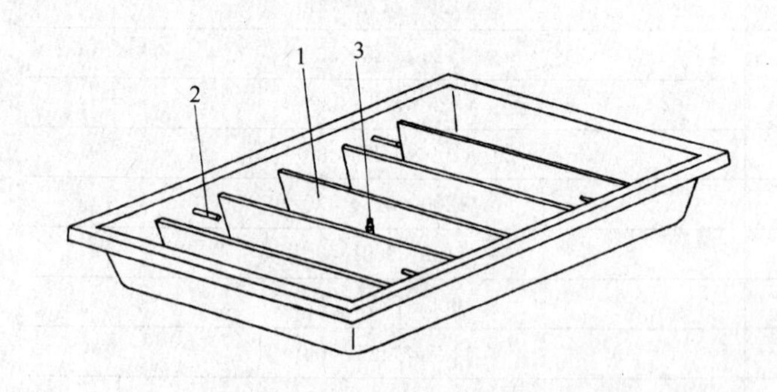

图 2-3-317　大开间住宅楼板玻璃钢模壳

1—底肋；2—手动拆模装置；3—气动拆模装置

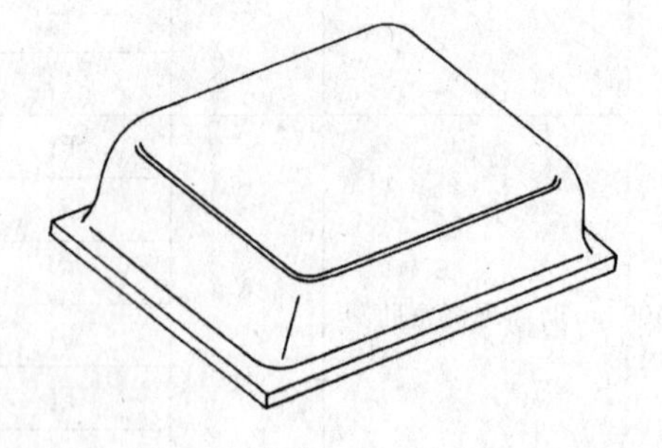

图 2-3-318　M 形模壳

2）T 形模壳：T 形模壳为长形模壳，适用于单向密肋楼板，如图 2-3-319 所示。

2. 特点

（1）塑料模壳

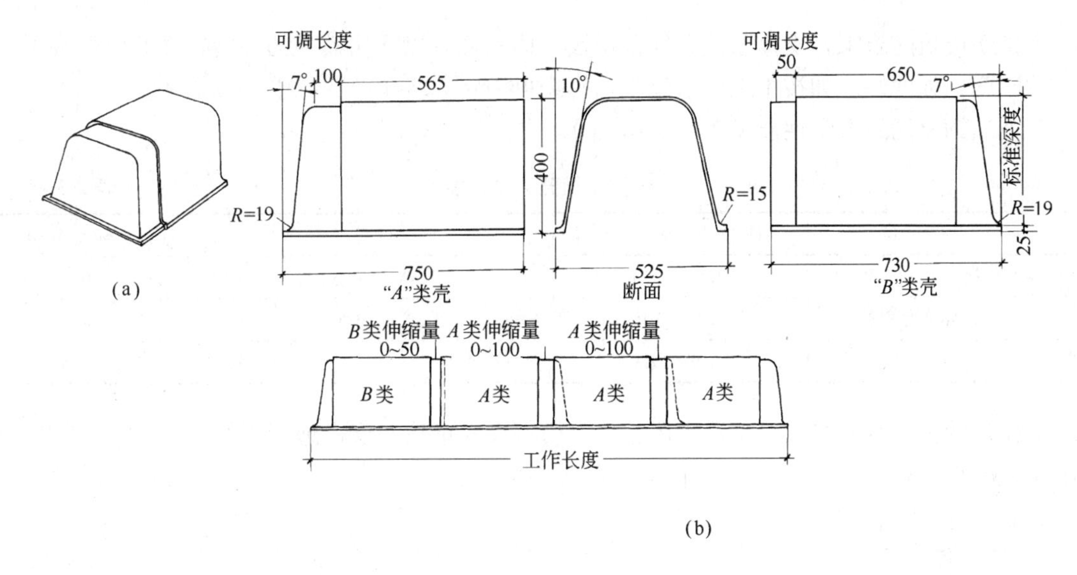

图 2-3-319　T形模壳

(a) 外形图；(b) 组装图

1）采用聚丙烯为原料，易于注塑成形，价格也便宜，但其刚度、强度、耐冲击性能均较差。用注塑压力机注塑成形，生产效率高，但模具费用昂贵，一次性投资大，因此模壳构造、尺寸存在一些问题，修改较困难。

2）自重轻，以1.2m×1.2m塑料模壳为例，其重量每个约30kg。

3）拆模方式用人工撬模壳的边部，密肋楼板模壳与混凝土的接触面大，因此吸附力大，拆除模壳的控制强度为10MPa，如脱模剂效果好，比较好拆；当超过控制强度时，十分难拆，劳动强度大，模壳易撬坏，是施工技术上的一大难点，必须要采取气动拆除。

4）使用寿命，根据施工单位统计，在正常使用情况下，其破损率达到30%。

5）塑料模壳的力学性能见表2-3-44所示。

塑料模壳力学性能　　**表 2-3-44**

序号	项目	性能指标（MPa）	序号	项目	性能指标（MPa）
1	拉伸强度	40	3	弯曲强度	38.7
2	抗压强度	46	4	弯曲弹性模量	1.8×10^{3}

（2）玻璃钢模壳

1）材料：表层为胶衣树脂，中间层增强材料为中碱方格玻璃丝布，粘接材料为不饱和聚酯树脂，这种材料自重轻，刚度、强度、韧性较好。

2）成型方法：手糊阴模成型，这种成型方法，可保证模壳表面光滑平整，并使脱模后的混凝土表面平整美观，可以简化施工工艺，降低成本，阴模成型模具费便宜，但生产效率较低，因工艺要求每个模具一天只能生产一个模壳，如正常生产1000个模壳一般需3个月的工期。

3）重量轻：1.2m的模壳每个重27～28kg，两人即可搬运。

4）采用气动拆模：拆模是密肋楼板施工的一大难点，气动拆模解决了拆模的难题，它是在模壳中心部位预留拆模气孔，气孔要固定牢固。成型时将气孔用石蜡封死，以免树脂流入孔内。除此之外模体上设两个拆模装置，以防施工过程中因违反操作规程，将气孔堵死时，可用拆模装置补救。

5）密肋楼板的施工，支撑系统必须采用快拆体系，可以加快模壳的周转，降低模板费用。

6）刚度、强度好。如按工艺要求施工，模壳可周转80～100次以上。

7）玻璃钢模壳的力学性能见表2-3-45所示。

玻璃钢模壳力学性能　　表2-3-45

序号	项目	性能指标（MPa）	序号	项目	性能指标（MPa）
1	拉伸强度	1.68×10^2	4	弯曲强度	1.74×10^2
2	拉伸强度模量	1.19×10^4	5	弯曲弹性模量	1.02×10^4
3	冲剪	9.96×10			

8）模板的投入量：当采用小流水段施工，模壳投入量按一层占地面积的1/2～1/4即可，可以节约模板费用3/4。

3. 加工质量要求

（1）塑料模壳

1）模壳表面要求光滑平整，不得有气泡、空鼓。

2）如果模壳是用多块拼成的整体，要求拼缝处严密、平整，模壳的顶部和底边不得产生翘曲变形，并应平整，其几何尺寸要满足施工要求。

3）加工的规格允许偏差见表2-3-46所示。

塑料和玻璃钢模壳规格尺寸偏差　　表2-3-46

序号	项目	允许偏差（mm）	序号	项目	允许偏差（mm）
1	外形尺寸	−2	4	侧向变形	−2
2	外表面不平度	2	5	底边高度尺寸	−2
3	垂直变形	4			

（2）玻璃钢模壳

1）模壳表面光滑平整，不得有气泡、空鼓、分层、裂纹、斑点条纹、皱纹、纤维外露、掉角、破皮等现象。

2）模壳的内部要求平整光滑，任何部位不得有毛刺。

3）拆模装置的部位，要按图纸的要求制作牢固，气动拆模装置周围要密实，不得有透气现象，气孔本身要畅通。

4）模壳底边要平整，不得有凹凸现象。

5）规格尺寸允许偏差，见表2-3-46所示。

6）入库前将模壳内外用水冲洗一遍。

2.3.6.2　支撑系统

密肋楼板模壳的支撑系统，自20世纪80年代以来，几经发展，共有以下几种：

1. 钢支柱支撑系统

钢支柱采用标准件，顶部增加一个柱帽（扣件），以防止主龙骨位移。支柱在主龙骨方向的间距一般为1.2～2.4m，个别异形部位支柱可视具体位置决定增减。钢支柱系统因龙骨和支撑件的不同可分四种（表2-3-47），均采取"快拆体系"先拆模壳、后拆支柱，即可松动螺栓卸下角钢，先拆下模壳，以加快模壳的周转。图2-3-320为钢支柱支撑系统的一种。该种支撑的主龙骨采用3mm厚的钢板压制成方管，其截面尺寸为150mm×75mm，在静载作用下垂直变形≤1/300。如静载过大，钢梁不能满足要求时，则应加大钢梁截面或缩小支柱间距。主龙骨每隔

400mm 穿一销钉，在穿销钉处预埋 ϕ20 钢管，这样不仅便于安装销钉，而且能在销紧角钢的过程中防止主龙骨侧面变形。角钢采用∟50×5，用 ϕ18 销钉固定在主龙骨上，作为模壳支撑点。四种钢支柱支撑系统的特点，见表 2-3-47 所示。

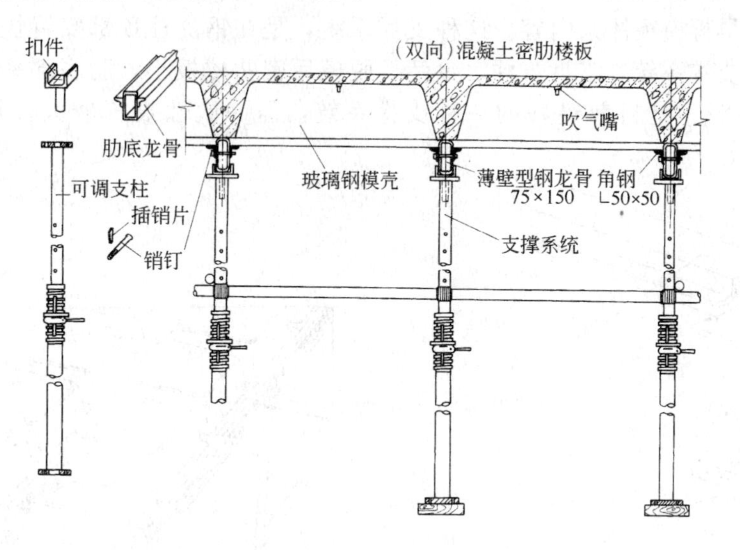

图 2-3-320　模壳钢支柱支撑系统之一

四种钢支柱支撑系统的特点　　**表 2-3-47**

序号	支撑系统的构造形式	优　点	缺　点	备　注
1	见图 2-3-320	成形尺寸准确，表面光滑，周转次数较高	一次性投资较大，加工要求高，加工周期较长	曾在北京图书馆等工程中使用
2	方木龙骨 方木 钢支柱	材料来源充足，加工容易，造价比较便宜	木材易变形，损坏率高，不能保证质量	用于大开间住宅等工程
3	角钢 ∟50×5 方木龙骨 钢支柱	材料来源充足，加工容易，造价低	木材易变形，损坏率高，不易保证质量	用于北京华侨大厦等工程
4	玻璃钢模壳 ⊏10槽钢龙骨 角钢 螺栓 钢支柱	加工容易，槽钢还可以利用，造价比图 3-2-320 低	成形后小密肋底，平整程度不如图 3-2-320 效果好	用于北京大学新教学楼等工程

以上这四种支撑系统均为施工单位自己加工制作。

2. 早拆柱头支撑系统

由支柱、柱头、模板主梁、次梁、水平支撑、斜撑、调节地脚螺栓组成，详见本手册 3.1 组合式模板有关早拆模板体系内容。这种支撑系统，是在钢支柱顶部安置快拆柱头（图 2-3-321）。采用这种支撑系统，支拆方便、灵活，脱模后密肋楼板小，肋底部平整光滑，特别是它的适用范围广泛，是目前最好的一种支撑系统，但一次性投资较大。其支撑系统图见图 2-3-322。

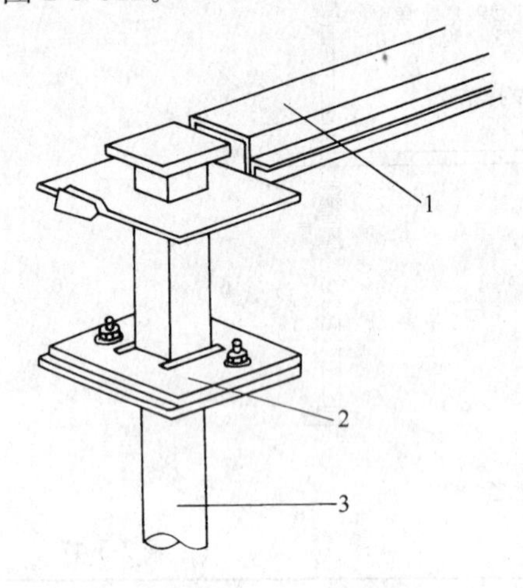

图 2-3-321 快拆柱头

1—桁架梁；2—柱头板；3—支柱

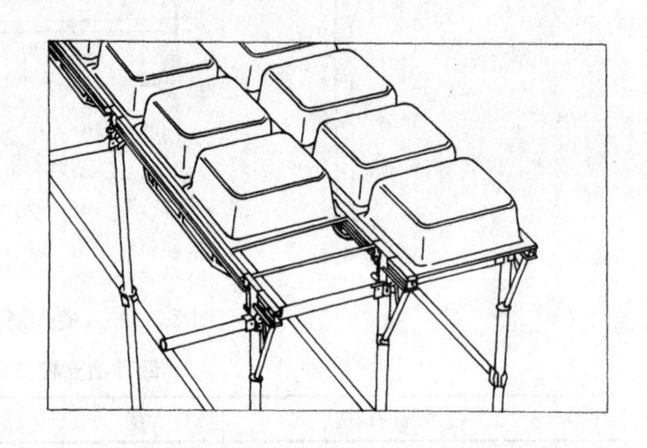

图 2-3-322 早拆体系支撑系统

2.3.6.3 施工工艺

1. 工艺流程

弹线→立支柱、安装纵横拉杆→安装主次龙骨→安装支撑角钢→安放模壳→堵拆模气孔→刷脱模剂→用胶带堵缝→绑扎钢筋（先绑扎肋梁钢筋、后绑扎板钢筋）→安装电气管线及预埋件→隐蔽工程验收→浇筑混凝土→养护→拆角钢支撑→卸模壳→清理模壳→刷脱模剂备用→用时再刷一次脱模剂。

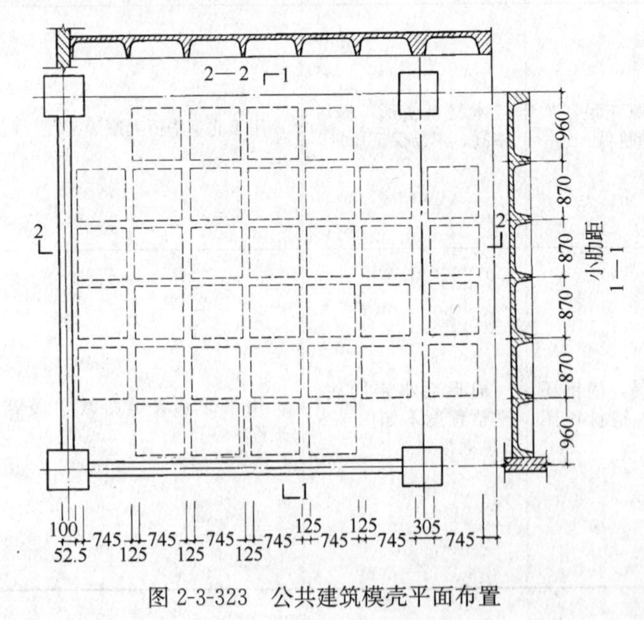

图 2-3-323 公共建筑模壳平面布置

2. 模壳支设方法

（1）施工前，根据图纸设计尺寸，结合模壳的规格，按施工流水段做好工具、材料的准备。

（2）模壳进厂堆放，要套叠成垛，轻拿轻放。

（3）模壳排列原则，均由轴线中间向两边排列，以免出现两边的边肋不等的现象，凡不能用模壳的地方可用木模代替。图 2-3-323 为公共建筑平面布置图。

（4）安装主龙骨时要拉通线，间距要准确，做到横平竖直。

（5）模壳加工时只允许有负差，因此模壳铺好后均有一定缝隙，需用布基胶带或胶带将缝粘贴封严，以免漏浆。

(6) 拆模气孔要用布基胶布粘贴，防止浇筑混凝土时灰浆流入气孔。在涂刷脱模剂前先把气孔周围擦干净，并用细钢丝疏通气孔，使其畅通，然后粘贴不小于50mm×50mm的布基胶布堵住气孔。这项工作要作为预检项目检查。浇筑混凝土时应设专人看管。

(7) 模壳安装完毕后，应进行全面质量检查，并办理预检手续。要求模壳支撑系统安装牢固，允许偏差见表2-3-48所示。

模壳支模验收标准允许偏差 **表2-3-48**

项次	项目	允许偏差(mm)	检验方法
1	表面平整	5	用2m直尺和塞尺量
2	模板上表面标高	±5	用尺量
3	相邻两板表面高低差	2	用尺量

3. 绑扎钢筋及混凝土施工注意事项

(1) 钢筋绑扎应按图纸设计要求及《混凝土结构工程施工质量验收规范》GB 50204施工。但双向密肋楼板的钢筋应由设计单位根据具体工程对象，明确纵向和横向底筋上下位置，以免因底筋互相编织而无法施工。

(2) 混凝土根据设计要求配制，骨料选用粒径为0.5～2cm的石子和中砂，并根据季节温度差别选用不同类型的减水剂。混凝土搅拌严格控制用水量，坍落度控制在6～8cm。密肋部位采用ϕ30或ϕ50插入式振捣器振捣，以保证楼板混凝土质量。

(3) 模壳的施工荷载应控制在不大于2～2.5kN/m^2。

(4) 混凝土养护。密肋楼板板面较薄，因此要防止混凝土水分过早蒸发，早期宜采用塑料薄膜覆盖的养护方法，这样有利于混凝土早期强度的提高和防止裂缝的产生。

4. 脱模

由于模壳与混凝土的接触面呈碗形，人工拆模难度较大，模壳损坏较多，尤其是塑料模壳。采用气动拆模，效果显著。

气动拆模是在混凝土成型后，根据现场同条件试块强度达到9.8MPa后，用气泵作能源，通过高压皮管和气枪，将气送进模壳的进气孔，由于气压作用和模壳富有弹性的特点，使模壳能完好地与混凝土脱离。

(1) 施工准备

1) 工具准备：气泵（一般工作压力不少于0.7MPa）高压胶管、气枪、橡皮锤、撬棍等。

2) 作业准备：接好气泵电源和输气高压胶管；铺好脚手板；拆除支承模壳的角钢。

3) 劳动组织：4～5人一组，其中送气1人，拆模2人，接模壳1～2人。

(2) 工艺要点

1) 接通电源，启动气泵。

2) 将气枪对准模壳的气孔，充气后使模壳与混凝土脱离。

3) 人工辅助将模壳拆下。

5. 安全注意事项

(1) 模壳支柱应安装在平整、坚实的底面上，一般支柱下垫通长脚手板，用楔子夹紧，用钉子与垫板钉牢。

(2) 当支柱使用高度超过3～5m时，每隔2m高度用直角扣件和钢管将支柱互相连接牢固。

(3) 当楼层承受荷载大于计算荷载时，必须经过核验后，加设临时支撑。

(4) 支拆模壳时，垂直运送模壳，配件应上下有人接应，严禁抛扔，防止伤人。

2.3.7 脱模剂选用

1. 性能要求

脱模剂（隔离剂）用于涂刷模板表面，能在拆模时，既能使混凝土与模板顺利脱离，又不污染混凝土表面，使混凝土表面保持光洁。

脱模剂的施工性能应满足以下几点要求：

(1) 涂刷方便，成膜快，易于干燥和清理。

(2) 能够保持模板，对模板无侵蚀和污染。

(3) 容易脱模，不粘结不污染混凝土表面。

(4) 具有较好的耐候性、耐水性和适应性。

(5) 无毒性、无刺激性，不妨碍洒水养护混凝土，确保混凝土表面的湿润。

(6) 货源广泛，价格便宜。

2. 种类

脱模剂的种类繁多，其隔离效果不完全相同，因此选用时要根据模板材料、混凝土表面装饰要求等因素综合考虑。

常用的脱模剂见表 2-3-49。

常用的脱模剂 表 2-3-49

类别	配　制	用法与特点
Ⅰ	用 1.5kg 海藻酸钠，20kg 洗衣粉，80kg 水，先将海藻酸钠浸泡 2～3d，再与其他材料混合，调制成白色脱模剂	用于涂刷钢模板、一次涂刷只能一次使用，不宜冬期、雨期使用
Ⅱ	按质量比用 50%～55%的乳化机油（皂化石油），60～80℃的水 40%～45%，1.5%～2.5%的脂肪酸（油酸、硬脂酸或棕榈脂酸），2.5%的煤油或汽油，0.01%的磷酸（85%浓度），0.02%的苛性钾，先将乳化机油加热到 50～60℃，并将硬脂酸稍加粉碎然后倒入已加热的乳化机油中，进行搅拌，使其溶解（硬脂酸溶点为 50～60℃），再加入一定量的热水（60～80℃），搅拌成白色乳液为止。最后将一定量磷酸和苛性钾溶液倒入乳化液中，并搅拌以改变其酸度或碱度。	使用时用水冲淡，按质量比乳液：水＝1：5用于钢模；乳液：水＝1：5 或 1：10 用于木模
Ⅲ	按质量比： (1) 不饱和聚酯树脂：甲基硅油：丙酮：环己酮：萘酸钴＝1：(0.01～0.15)：(0.30～0.50)：(0.03～0.04)：(0.015～0.02) (2) 6101 号环氧树脂：甲基硅油：苯二甲酸二丁酯：丙酮：乙二胺＝1：(0.10～0.15)：(0.05～0.06)：(0.05～0.08)：(0.10～0.15) (3) 低沸水质有机硅，按有机硅水解物：汽油＝1：10 调制	三种均为长效脱模剂，用前必须先进行试配。 涂刷时，必须等底层干透方可刷第二层。 涂刷一次一般可以使用 10 次。涂刷比较复杂。 价格较贵

3. 施工要点

(1) 首次涂刷，模板板面缝隙必须用环氧树脂腻子或其他材料补缝，模板板面污垢和锈蚀应清除干净。

（2）脱模剂可以涂刷亦可喷除，涂层应薄且均匀，不得漏涂，也不应涂厚，防止脱模剂积存和流坠。脱模剂结膜后不得回刷，以免起胶。

（3）脱模剂不得涂刷在钢筋上，以免影响钢筋握裹力。

（4）脱模剂应随用随配，防止影响隔离效果。

（5）涂刷甲基硅树脂脱模剂前，应将模板板面擦洗干净，擦除浮锈，打磨出光泽，再用棉纱沾酒精擦洗干净。

（6）采用甲基硅树脂脱模剂，模板板面不得刷涂防锈漆。

（7）钢模板重刷脱模剂时，要及时（板面还潮湿时）将板面的浮渣、污物清理干净。然后才能涂刷脱模剂。

（8）涂刷脱模剂时，要防止污染周围环境。脱模剂涂刷后的模板要防止雨水淋湿，灰尘污染，以免影响隔离效果。

（9）冬雨期不宜使用水性脱模剂。

2.4 永久性模板

永久性模板，亦称一次性消耗模板，是在结构构件混凝土浇筑后模板不拆除，并构成构件受力或非受力的组成部分。这种模板，一般广泛应用于房屋建筑的现浇钢筋混凝土楼板工程，作为楼板的永久性模板。它具有施工工序简化、操作简便、改善劳动条件、不用或少用模板支撑、模板支拆量减少和加快施工进度等优点。

目前，我国用在现浇楼板工程中作永久性模板的材料，一般有压型钢板模板和钢筋混凝土薄板模板两种。永久性模板的采用，要结合工程任务情况、结构特点和施工条件合理选用。

2.4.1 压型钢板模板

压型钢板模板，是采用镀锌或经防腐处理的薄钢板，经成型机冷轧成具有梯波形截面的槽型钢板或开口式方盒状钢壳的一种工程模板材料。

1. 压型钢板模板的特点

压型钢板一般应用在现浇密肋楼板工程。压型钢板安装后，在肋底内面铺设受拉钢筋，在肋的顶面焊接横向钢筋或在其上部受压区铺设网状钢筋，楼板混凝土浇筑后，压型钢板不再拆除，并成为密肋楼板结构的组成部分。如无吊顶顶棚设置要求时，压型钢板下表面便可直接喷、刷装饰涂层，可获得具有较好装饰效果的密肋式顶棚。压型钢板组合楼板系统如图 2-4-1 所示。压型钢板可做成开敞式和封闭式截面（图 2-4-2、图 2-4-3）。

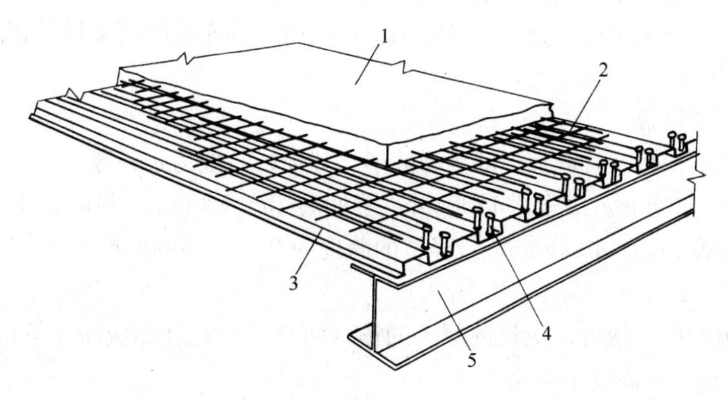

图 2-4-1　压型钢板组合楼板系统图

1—现浇混凝土层；2—楼板配筋；3—压型钢板；4—锚固栓钉；5—钢梁

封闭式压型钢板，是在开敞式压型钢板下表面连接一层附加钢板。这样可提高模板的刚度，提供平整的顶棚面，空格内可用以布置电器设备线路。

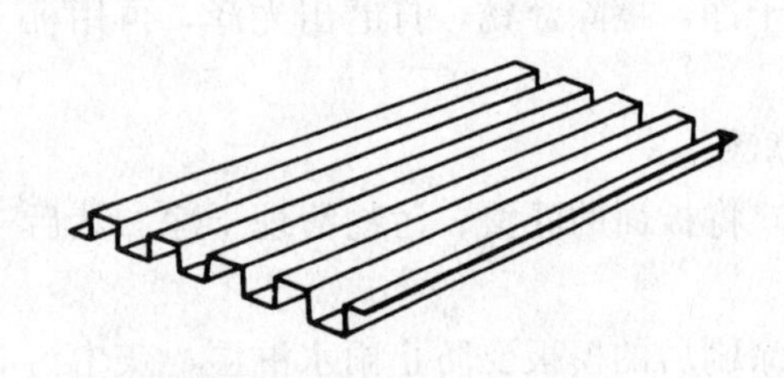

图 2-4-2　开敞式压型钢板

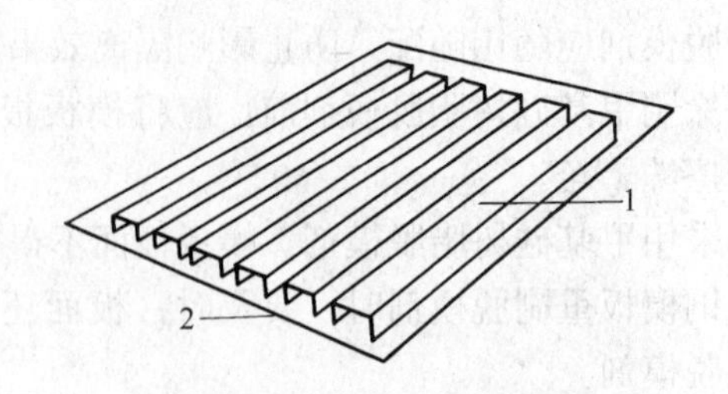

图 2-4-3　封闭式压型钢板
1—开敞式压型钢板；2—附加钢板

压型钢板模板具有加工容易，重量轻，安装速度快，操作简便和取消支、拆模板的繁琐工序等优点。

2. 压型钢板模板的种类及适用范围

压型钢板模板，主要从其结构功能分为组合板的压型钢板和非组合板的压型钢板。

（1）组合板的压型钢板

既是模板又是用作现浇楼板底面受拉钢筋。压型钢板，不但在施工阶段承受施工荷载和现浇层钢筋和混凝土的自重，而且在楼板使用阶段还承受使用荷载，从而构成楼板结构受力的组成部分。

此种压型钢板，主要用在钢结构房屋的现浇钢筋混凝土有梁式密肋楼板工程。

（2）非组合板的压型钢板

只作模板使用。即压型钢板在施工阶段，只承受施工荷载和现浇层的钢筋混凝土自重，而在楼板使用阶段不承受使用荷载，只构成楼板结构非受力的组成部分。

此种模板，一般用在钢结构或钢筋混凝土结构房屋的有梁式或无梁式的现浇密肋楼板工程。

3. 压型钢板模板的材料与规格

（1）压型钢板材料

1）压型钢板一般采用 0.75～1.6mm 厚的 Q235 薄钢板冷轧制而成。用于组合板的压型钢板，其净厚度（不包括镀锌层或饰面层的厚度）不小于 0.75mm。

2）用于组合板和非组合板的压型钢板，均应采用镀锌钢板。用作组合板的压型钢板，其镀锌厚度尚应满足在使用期间不致锈蚀的要求。

3）压型钢板与钢梁采用栓钉连接的栓钉钢材，一般与其连接的钢梁材质相同。

（2）压型钢板规格

1）楼板底板压型钢板

① 单向受力压型钢板，其截面一般为梯波形，其规格一般为：板厚 0.75～1.6mm，最厚达 3.2mm；板宽 610～760mm，最宽达 1200mm；板肋高 35～120mm，最高达 160mm，肋宽 52～100mm；板的跨度从 1500～4000mm，最经济的跨度为 2000～3000mm，最大跨度达 12000mm。板的重量 9.6～38kg/m^2。

② 用于组合板的压型钢板，浇筑混凝土的槽（肋）平均宽度不应小于 50mm。当在槽内设置栓钉时，压型钢板的总高度不应超过 80mm。

③ 压型钢板的截面和跨度尺寸，要根据楼板结构设计确定，目前常用的压型钢板截面和参数见表 2-4-1～表 2-4-4。

常用的压型钢板截面和参数　　表 2-4-1

型　号	截面简图	板　厚 (mm)	重　量 (kg/m)	(kg/m²)
M型 270×50	80 100 50 40 100 80 50 270	1.2 1.6	3.8 5.06	14.0 18.7
N型 640×51	51 35 166.5 35 35 640	0.9 0.7	6.71 4.75	10.5 7.4
V型 620×110	90 220 110 30 250 60 250 30 620	0.75 1	6.3 8.3	10.2 13.4
V型 670×43	80 40 43 40 40 80 30 670	0.8	7.2	10.7
V型 600×60	100 100 60 120 80 600	1.2 1.6	8.77 11.6	14.6 19.3
U型 600×75	135 65 75 58 142 58 600	1.2 1.6	9.88 13.0	16.5 21.7
U型 690×75	135 95 75 142 88 690	1.2 1.6	10.8 14.2	15.7 20.6
W型 300×120	60 90 120 52 98 300	1.6 2.3 3.2	9.39 13.5 18.8	31.3 45.1 62.7

冶金部建筑研究总院生产的压型钢板重量及截面特性（一）　　表 2-4-2

型　号	截面基本尺寸（mm）	有效宽度（mm）	有效利用系数（%）	展开宽度（mm）	板厚（mm）	板重（kg/m）	每平方米型板重（kg/m²）	惯性矩 J（cm⁴/m）	截面系数 W（cm³/m）	备注
W-550	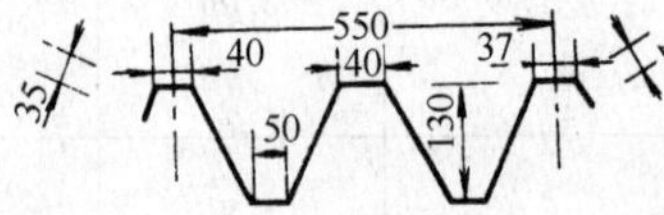	550	60	914	0.6	4.58	8.33	213	30.3	均为理论计算值，仅供参考
					0.8	6.02	10.95	285	40.5	
					1.0	7.45	13.55	356	50.6	
					1.2	8.96	16.29	428	60.7	
W-600	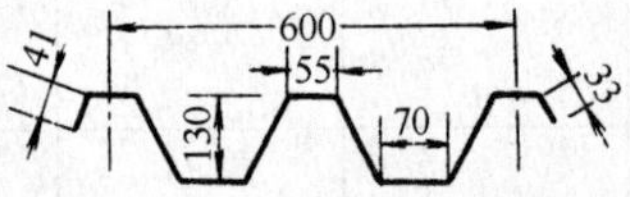	660	60	1000	0.8	6.28	10.79	307.8	43.9	
					1.0	7.85	13.49	384.2	54.8	
					1.2	9.42	16.19	460.3	65.7	
					1.4	10.99	18.89	536.1	76.5	
					1.6	12.55	21.59	611.8	87.3	

冶金部建筑研究总院生产的压型钢板重量及截面特性（二）　　表 2-4-3

型　号	截面基本尺寸	有效宽度（mm）	有效利用系数（%）	展开宽度（mm）	板厚（mm）	板重（kg/m）	每平方米型板重（kg/m²）	型板宽 1m			
								全断面		有效断面	
								惯性矩 J（cm⁴/m）	截面系数 W（cm³/m）	惯性矩 J（cm⁴/m）	截面系数 W（cm³/m）
UKA-7523	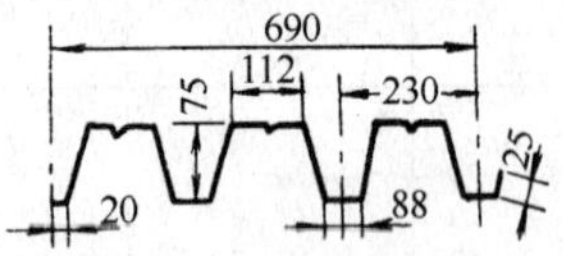	690	63	1100	0.8	7.29	10.6	117	29.3	82	18.8
					1.0	8.99	13.0	148	36.3	110	26.2
					1.2	10.70	15.5	173	43.2	140	34.5
					1.6	14.0	20.3	226	56.4	204	54.1
					2.3	19.80	28.7	316	79.1	316	79.1
UKA-N-7523	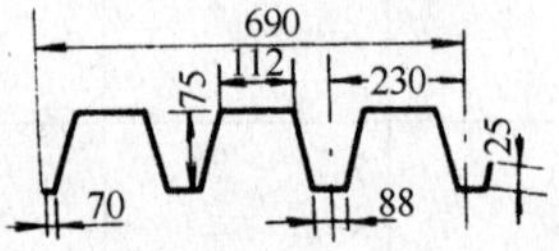	690	63	1100	1.0	8.96	13.0	146	36.5	110	26.2
					1.2	10.6	15.4	174	43.4	140	34.5
					1.6	14.0	20.3	228	57.0	204	54.1
					2.3	19.7	28.6	318	79.5	318	79.5

冶金部建筑研究总院生产的压型钢板重量及截面特性（三）　　表 2-4-4

型　号	截面基本尺寸	有效宽度（mm）	有效利用系数（%）	展开宽度（mm）	板厚（mm）	每米型板重（kg/m）	每平方米型板重（kg/m²）	单跨简支板		连续板	
								惯性矩 J（cm⁴/m）	截面系数 W（cm³/m）	惯性矩 J（cm⁴/m）	截面系数 W（cm³/m）
YB-W-5125	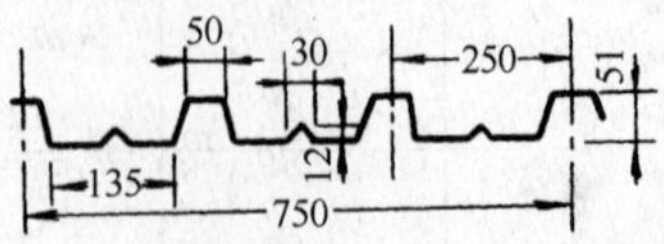	750	75	1000	0.6	4.71	6.28	27.035	7.962	24.687	8.631
					0.8	6.28	8.37	39.451	11.955	35.727	11.901
					1.0	7.85	10.47	52.392	16.201	47.171	15.185
					1.2	9.42	12.56	65.558	20.560	57.156	18.240
U-125	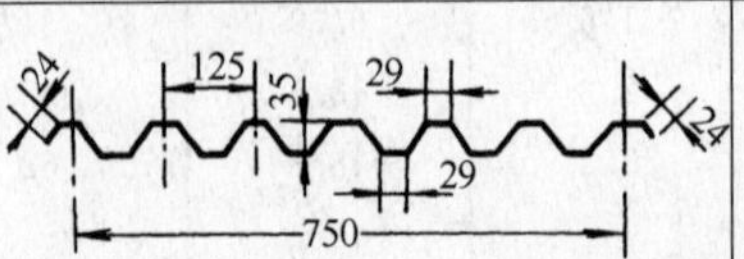	750	75	1000	0.5	3.93	5.24	11.9	6.3		
					0.6	4.71	6.28	14.2	7.6		
					0.8	6.28	8.37	19	10.2		

注：以上数值均为理论计算值，仅供参考。

2）楼板周边封沿钢板

封沿钢板为楼板边沿封边模板（或称堵头模板），其选用的材质和厚度一般与压型钢板相同，板的截面为L形（图2-4-4）。

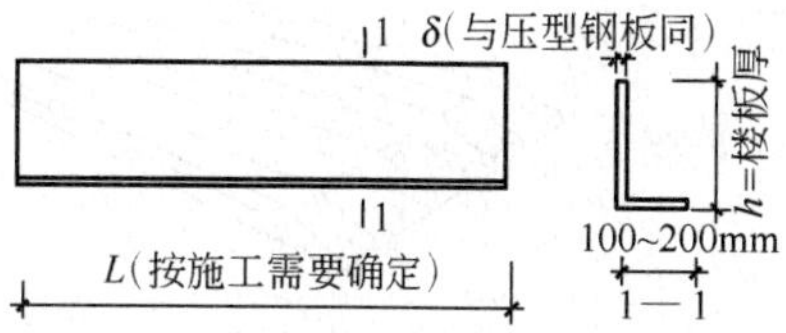

δ（与压型钢板同）
h=楼板厚
100~200mm
L（按施工需要确定）
1—1

图2-4-4 楼板周边封沿钢板

4. 压型钢板模板的构造

（1）组合板的压型钢板

为保证与楼板现浇层组合后能共同承受使用荷载，一般做成以下三种抗剪连接构造：

1）压型钢板的截面做成具有楔形肋的纵向波槽（图2-4-5）。

2）在压型钢板肋的两内侧和上、下表面，压成压痕、开小洞或冲成不闭合的孔眼（图2-4-6）。

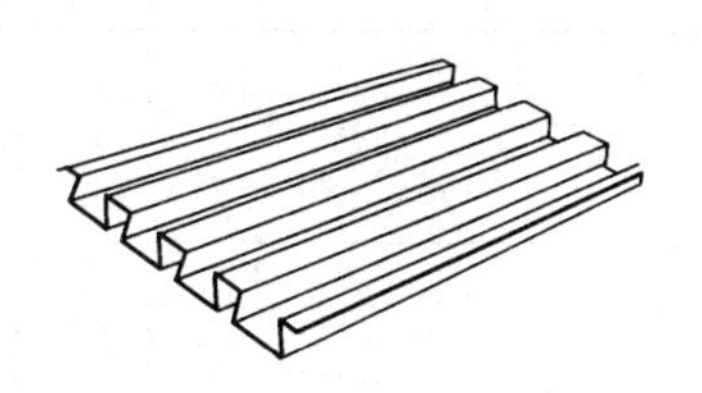

图2-4-5 楔形肋压型钢板

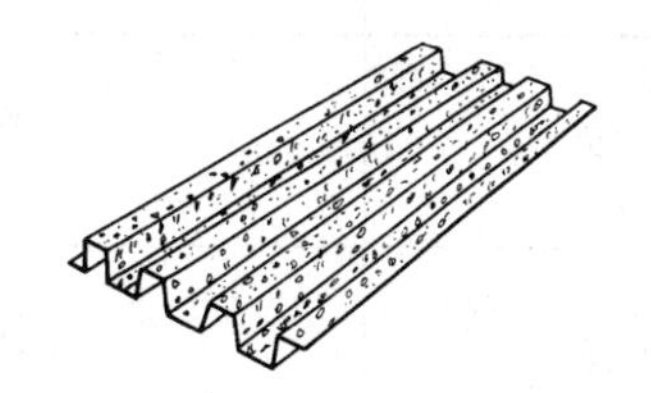

图2-4-6 带压痕压型钢板

3）在压型钢板肋的上表面，焊接与肋相垂直的横向钢筋（图2-4-7）。

在以上任何构造情况下，板的端部均要设置端部栓钉锚固件（图2-4-8）。栓钉的规格和数量按设计确定。

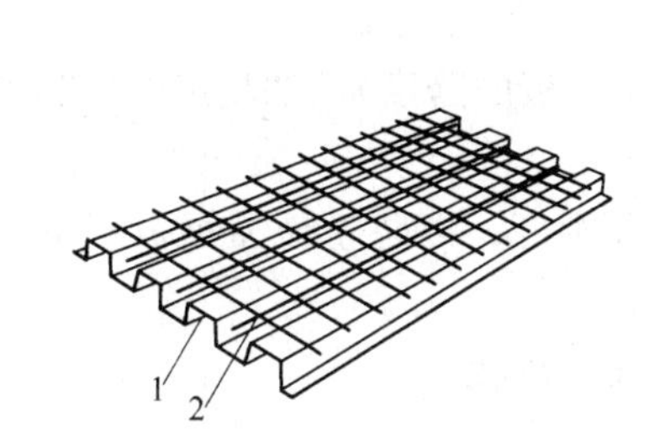

图2-4-7 焊有横向钢筋压型钢板

1—压型钢板；2—焊接在压型钢板上表面的钢筋

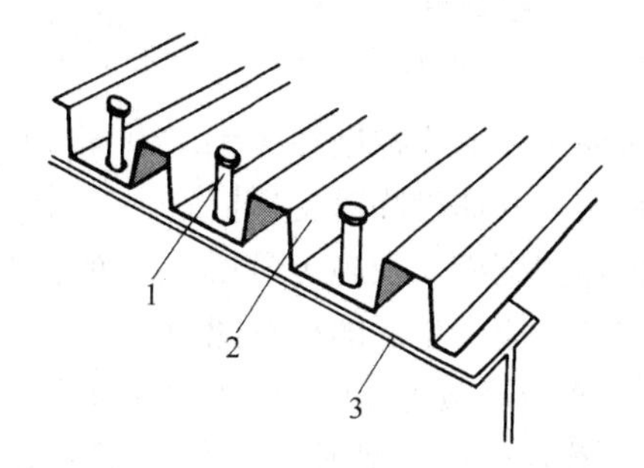

图2-4-8 压型钢板端部栓钉锚固

1—锚固栓钉；2—压型钢板；3—钢梁

（2）非组合板的压型钢板

可不需要做成抗剪连接构造。

（3）压型钢板的封端

为防止楼板浇筑混凝土时，混凝土从压型钢板端部漏出，对压型钢板简支端的凸肋端头，要做成封端（图2-4-9，图2-4-10）。封端可在工厂加工压型钢板时一并做好，也可以在施工现场，采用与压型钢板凸肋的截面尺寸相同的薄钢板，将其凸肋端头用电焊点焊、封好。

5. 压型钢板模板的应用

（1）压型钢板强度和变形验算

1）组合板或非组合板的压型钢板，在施工阶段均须进行强度和变形验算。单向受力压型钢板可参照表2-4-5中公式进行应力和挠度计算。

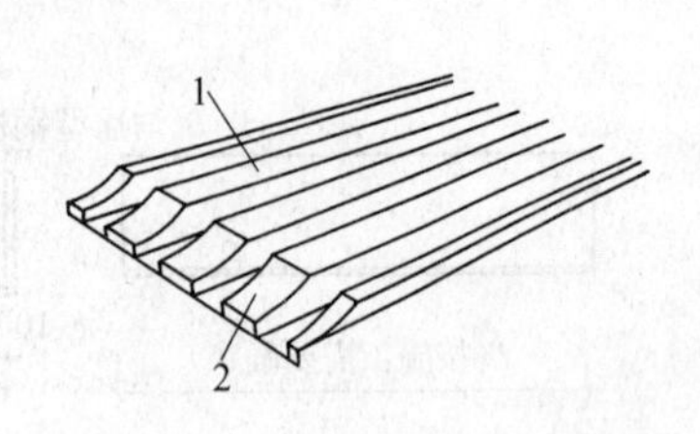

图 2-4-9　压型钢板坡型封端

1—压型钢板；2—端部坡型封端板

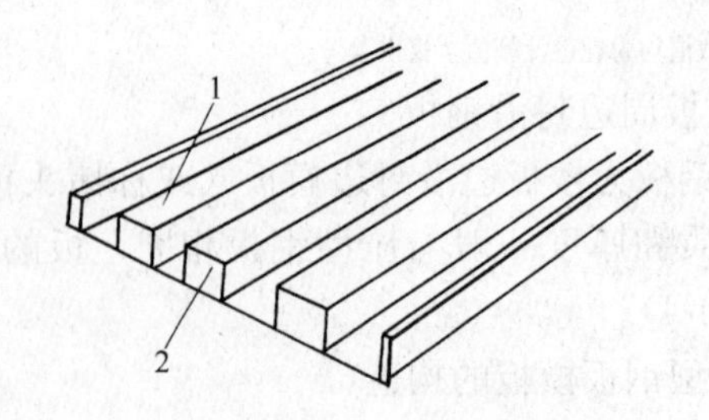

图 2-4-10　压型钢板直型封端

1—压型钢板；2—直型封端板

压型钢板模板应力和挠度计算公式　　**表 2-4-5**

使用条件	应力公式	挠度计算
均布荷载简支梁	$\sigma=\frac{WL^2}{8Z}$	$\delta=\frac{5WL^4}{384EI}$
均布荷载连续梁	$\sigma=\frac{WL^2}{8Z}$	$\delta=\frac{WL^4}{185EI}$

注：式中　σ——应力（N/mm^2）；

L——板计算跨度（cm）；

E——板的弹性模量（N/mm^2）；

Z——断面系数（cm^3），根据理论计算和试验确定；

δ——板的计算挠度（cm）；

I——板的惯性矩（cm^4）；

W——均布荷载（N/mm^2）。

压型钢板跨中变形应控制在 $\delta=L/200\leqslant 20mm$，（$L$—板的跨度），如超出变形控制量时，应在铺设后于板底采取加设临时支撑措施。

组合板的压型钢板，在施工阶段要有足够的强度和刚度，以防止压型钢板产生“蓄聚”现象，保证其组合效应产生后的抗弯能力。

2）在进行压型钢板的强度和变形验算时，应考虑以下荷载。

① 永久荷载：包括压型钢板、楼板钢筋和混凝土自重；

② 可变荷载：包括施工荷载和附加荷载。施工荷载系指施工操作人员和施工机具设备，并考虑到施工时可能产生的冲击与振动。此外尚应以工地实际荷载为依据，若有过量冲击、混凝土堆放、管线、泵荷等，尚应增加附加荷载。

（2）压型钢板安装

1）安装准备工作：

① 核对压型钢板型号、规格和数量是否符合要求，检查是否有变形、翘曲、压扁、裂纹和锈蚀等缺陷。对存有影响使用缺陷的压型钢板，需经处理后方可使用。

② 对布置在与柱子交接处及预留较大孔洞处的异型钢板，通过放出实样提前把缺角和洞口切割好。

③ 用作钢筋混凝土结构楼板模板时，按普通支模方法和要求，安装好模板的支承系统直接支承压型钢板的龙骨宜采用木龙骨。

④ 绘制出压型钢板平面布置图，按平面布置图在钢梁或支承压型钢板的龙骨上，划出压型钢板安装位置线和标注出其型号。

⑤ 压型钢板应按安装房间使用的型号、规格、数量和吊装顺序进行配套，将其多块叠置成垛和码放好，以备吊装。

⑥ 对端头有封端要求的压型钢板，如在现场进行端头封端时，要提前做好端头封闭处理。

⑦ 用作组合板的压型钢板，安装前要编制压型钢板穿透焊施工工艺，按工艺要求选择和测定好焊接电流、焊接时间、栓钉熔化长度参数。

2）钢结构房屋的楼板压型钢板模板安装：

① 安装工艺顺序：于钢梁上分划出钢板安装位置线→压型钢板成捆吊运并搁置在钢梁上→钢板拆捆、人工铺设→安装偏差调整和校正→板端与钢梁电焊（点焊）固定→钢板底面支撑加固[1]→将钢板纵向搭接边点焊成整体→栓钉焊接锚固（如为组合楼板压型钢板时）→钢板表面清理。

② 安装工艺要点：

a. 压型钢板应多块叠置成捆，采用扁担式专用吊具，由垂直运输机具吊运并搁置在待安装的钢梁上，然后由人工抬运、铺设。

b. 压型钢板宜采用“前推法”铺设。在等截面钢梁上铺设时，从一端开始向前铺设至另一端。在变截面梁上铺设时，由梁中开始向两端方向铺设。

c. 铺设压型钢板时，相邻跨钢板端头的波梯形槽口要贯通对齐。

d. 压型钢板要随铺设、随调整和校正位置，随将其端头与钢梁点焊固定，以防止在安装过程中钢板发生松动和滑落。

e. 在端支座处，钢板与钢梁搭接长度不少于50mm。板端头与钢梁采用点焊固定时，如无设计规定，焊点的直径一般为12mm，焊点间距一般为200～300mm（图2-4-11）。

f. 在连续板的中间支座处，板端的搭接长度不少于50mm。板的搭接端头先点焊成整体，然后与钢梁再进行栓钉锚固（图2-4-12）。如为非组合板的压型钢板时，先在板端的搭接范围内，将板钻出直径为8mm、间距为200～300mm的圆孔，然后通过圆孔将搭接叠置的钢板与钢梁满焊固定（图2-4-13）。

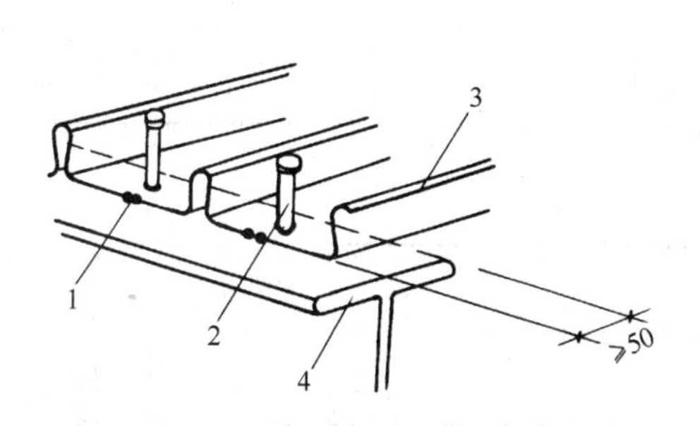

图2-4-11　组合板压型钢板连接固定

1—压型钢板与钢梁点焊固定；2—锚固栓钉；3—压型钢板；4—钢梁

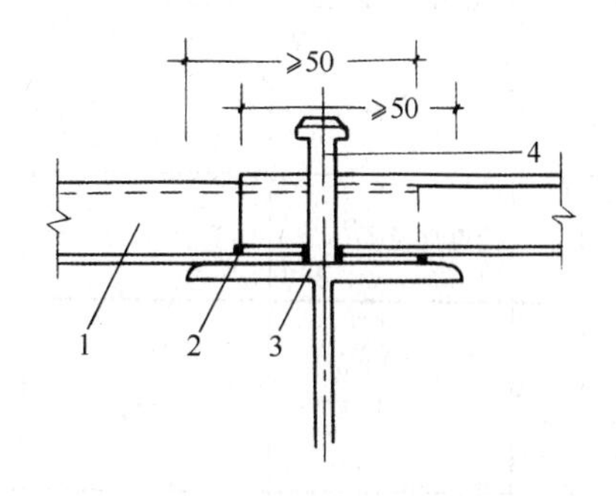

图2-4-12　中间支座处组合板的压型钢板连接固定

1—压型钢板；2—点焊固定；3—钢梁；4—栓钉锚固

g. 对需加设板底支撑的压型钢板，直接支承钢板的龙骨要垂直于板跨方向布置。支撑系统的设置，按压型钢板在施工阶段变形控制量的要求及《混凝土结构工程施工质量验收规范》GB 50204普通模板的设计和计算有关规定确定。压型钢板支撑，需待楼板混凝土达到施工要求的拆模强度后方可拆除。如各层间楼板连续施工时，还应考虑多层支撑连续设置的层数，以共同承

[1] 模板跨度过大，则应先加设支撑。

受上层传来的施工荷载。

h. 楼板边沿的封沿钢板与钢梁的连接，可采用点焊连接，焊点直径一般为 10～12mm，焊点间距为 200～300mm。为增强封沿钢板的侧向刚度，可在其上口加焊直径 $\phi6$、间距为 200～300mm 的拉筋（图 2-4-14）。

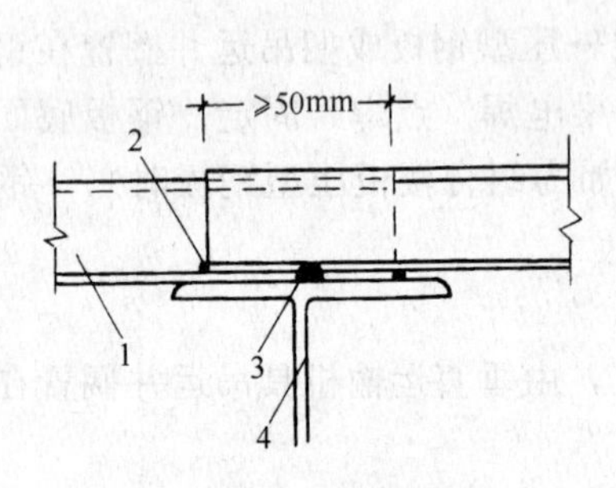

图 2-4-13　中间支座处非组合板的压型钢板连接固定

1—压型钢板；2—板端点焊固定；3—压型钢板钻孔后与钢梁焊接；4—钢梁

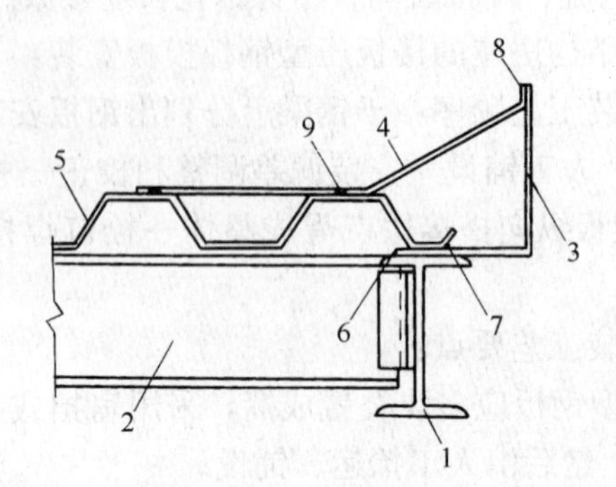

图 2-4-14　楼板周边封沿钢板拉结

1—主钢梁；2—次钢梁；3—封沿钢板；4—$\phi6$ 拉结钢筋；5—压型钢板；6—封沿钢板，与钢梁点焊固定；7—压型钢板与封沿钢板点焊固定；8—拉结钢筋与封沿钢板点焊连接；9—拉结钢筋与压型钢板点焊连接

③ 组合板的压型钢板与钢梁栓钉焊连接：

a. 栓钉焊的栓钉，其规格、型号和焊接的位置按设计要求确定。但穿透压型钢板焊接于钢梁上的栓钉直径不宜大于 19mm，焊后栓钉高度应大于压型钢板波高加 30mm。

b. 栓钉焊接前，按放出的栓钉焊接位置线，将栓钉焊点处的压型钢板和钢梁表面用砂轮打磨处理，把表面的油污、锈蚀、油漆和镀锌面层打磨干净，以防止焊缝产生脆性。

c. 栓钉的规格、配套的焊接药套（亦称焊接保护圈）、焊接参数可参照表 2-4-6、表 2-4-7 选用。

一般常用的栓钉规格　　**表 2-4-6**

型　号	栓钉直径 D(mm)	端头直径 d(mm)	头部厚度 δ(mm)	栓钉长度 L(mm)
13	13	22	9～10	80～100
16	16	29	10～12	75～100
19	19	32	10～12	75～150
22	22	35	10～12	100～175

栓钉、药座和焊接参数表　　　　表 2-4-7

项　　目			参　　数			
栓钉直径（mm）			13～16		19～22	
焊接药座	标　准　型		YN-13FS	YN-16FS	YN-19FS	YN-22FS
	药座直径（mm）		23	28.5	34	38
	药座高度（mm）		10	12.5	14.5	16.5
焊接参数	标准条件（向下焊接）	焊接电流（A）	900～1100	1030～1270	1350～1650	1470～1800
		弧光时间（s）	0.7	0.9	1.1	1.4
		熔化量（mm）	2.0	2.5	3.0	3.5
	电容量（kVA）		>90	>90	>100	>120

d. 栓钉焊应在构件置于水平位置状态施焊，其接入电源应与其他电源分开，其工作区应远离磁场或采取避免磁场对焊接影响的防护措施。

e. 栓钉要进行焊接试验。在正式施焊前，应先在试验钢板上按预定的焊接参数焊两个栓钉，待其冷却后进行弯曲、敲击试验检查。敲弯角度达45°后，检查焊接部位是否出现损坏或裂缝。如施焊的两个栓钉中，有一个焊接部位出现损坏或裂缝，就需要在调整焊接工艺后，重新做焊接试验和焊后检查，直至检验合格后方可正式开始在结构构件上施焊。

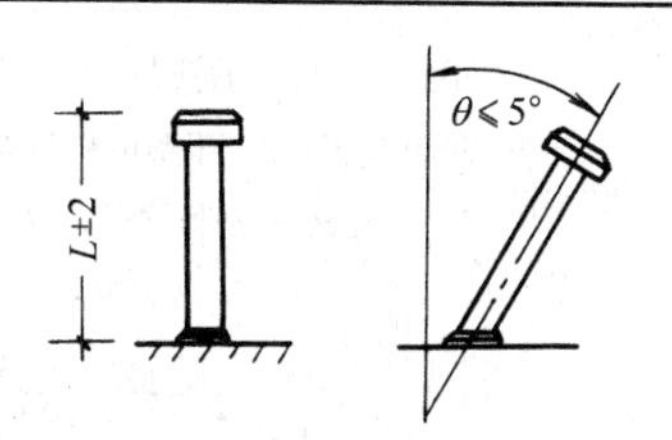

图 2-4-15　栓钉焊接允许偏差
L—栓钉长度；θ—偏斜角

f. 栓钉焊毕，应按下列要求进行质量检查：

目测检查栓钉焊接部位的外观，四周的熔化金属已形成均匀小圈而无缺陷者为合格。

焊接后，自钉头表面算起的栓钉长度 L 的公差为±2mm，栓钉偏离垂直方向的倾斜角$\theta\leqslant5°$（图 2-4-15）者为合格。

目测检查合格后，对栓钉按规定进行冲力弯曲试验，弯曲角度为15°时，焊接面上不得有任何缺陷。

经冲力弯曲试验合格后的栓钉，可在弯曲状态下使用。不合格的栓钉，应进行更换并进行弯曲试验检验。

3）钢筋混凝土结构房屋的楼板压型钢板安装：

① 安装顺序：

于钢筋混凝土梁上或支承钢板的龙骨上放出钢板安装位置线→由吊车把成捆的压型钢板吊运和搁置在支承龙骨上→人工拆捆、抬运、铺放钢板→调整、校正钢板位置→将钢板与支承龙骨钉牢→将钢板的顺边搭接用电焊点焊连接→钢板清理。

② 安装工艺和技术要点：

a. 压型钢板模板，可采用支柱式、门架或桁架式支撑系统支承，直接支承钢板的水平龙骨宜采用木龙骨。压型钢板支撑系统的设置，应按钢板在施工阶段的变形量控制要求和《混凝土结构工程施工质量验收规范》GB 50204 中模板设计与施工有关规定确定。

b. 直接支承压型钢板的木龙骨，应垂直于钢板的跨度方向布置。钢板端部搭接处，要设置在龙骨位置上或采取增加附加龙骨措施，钢板端部不得有悬臂现象。

c. 压型钢板安装，可把叠置成捆的钢板用吊车吊运至作业地点，平稳搁置在支承龙骨上，然后由人工拆捆、单块抬运和铺设。

d. 钢板随铺放就位、随调整校正、随用钉子将钢板与木龙骨钉牢，然后沿着板的相邻搭接边点焊牢固，把板连接成整体（图 2-4-16～图 2-4-21）。

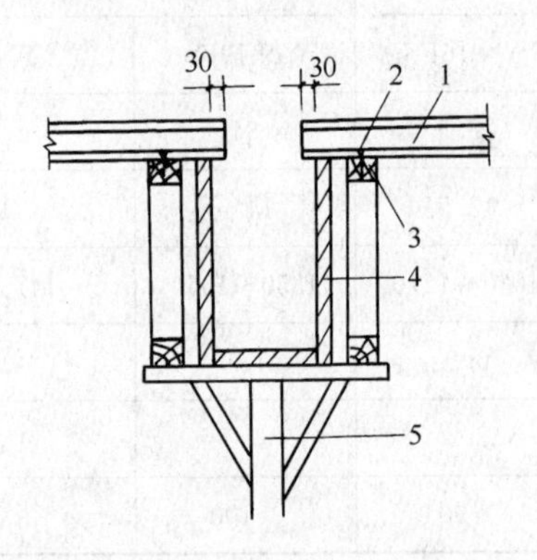

图 2-4-16 压型钢板与现浇梁连接构造

1—压型钢板；2—压型钢板与支承龙骨钉子固定；3—支承压型钢板龙骨；4—现浇梁模；5—模板支撑架

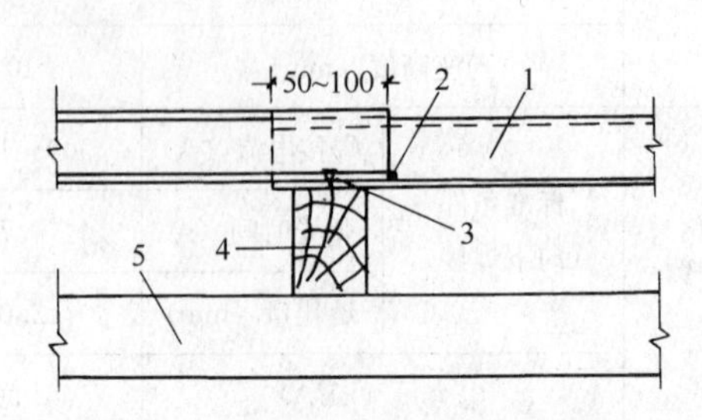

图 2-4-17 压型钢板长向搭接构造

1—压型钢板；2—压型钢板端头点焊连接；3—压型钢板与木龙骨钉子固定；4—支承压型钢板次龙骨；5—主龙骨

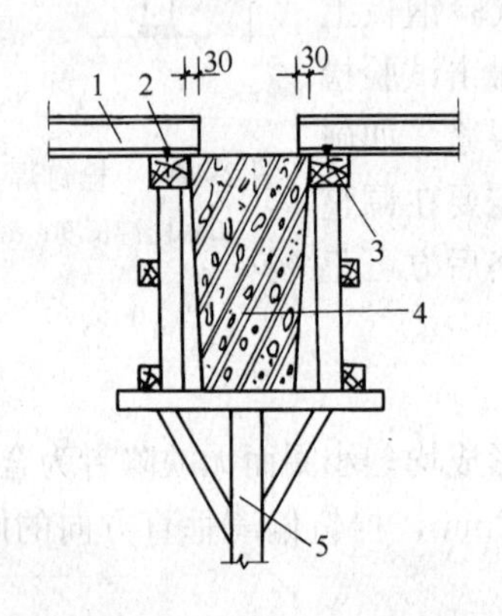

图 2-4-18 压型钢板与预制梁连接构造

1—压型钢板；2—压型钢板与支承木龙骨钉子固定；3—支承压型钢板木龙骨；4—预制钢筋混凝土梁；5—预制梁支撑架

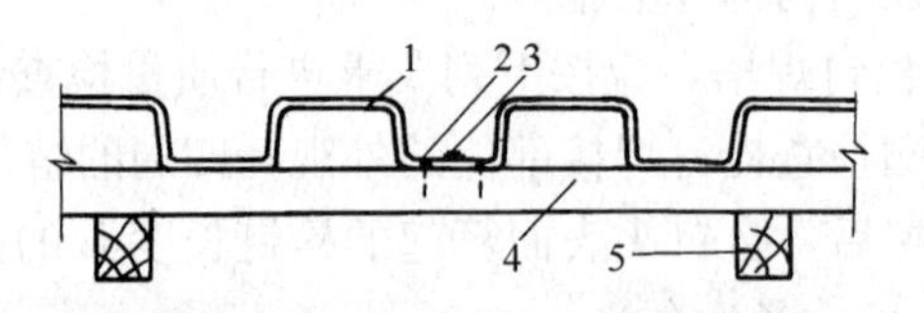

图 2-4-19 压型钢板短向连接构造

1—压型钢板；2—压型钢板与龙骨钉子固定；3—压型钢板点焊连接；4—次龙骨；5—主龙骨

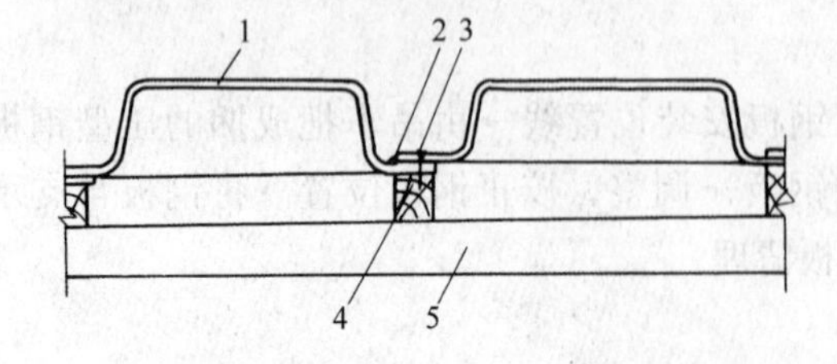

图 2-4-20 压型钢模壳纵向搭接构造

1—压型钢模壳；2—钢模壳点焊连接；3—钢模壳与支承龙骨钉子固定；4—次龙骨；5—主龙骨

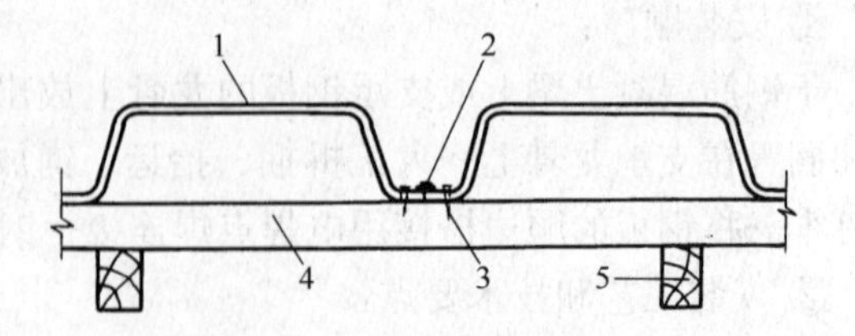

图 2-4-21 压型钢模壳横向搭接构造

1—压型钢模壳；2—钢模壳点焊连接；3—钢模壳与龙骨钉子固定；4—次龙骨；5—主龙骨

6. 压型钢板模板安装安全技术要求

1）压型钢板安装后需要开设较大孔洞时，开洞前必须于板底采取相应的支撑加固措施，然后方可进行切割开洞。开洞后板面洞口四周应加设防护措施。

2）遇有降雨、下雪、大雾及六级以上大风等恶劣天气情况，应停止压型钢板高空作业。雨（雪）停后复工前，要及时清除作业场地和钢板上的冰雪和积水。

3）安装压型钢板用的施工照明、动力设备的电线应采用绝缘线，并用绝缘支撑物使电线与压型钢板分隔开。要经常检查线路的完好，防止绝缘损坏发生漏电。

4）施工用临时照明灯的电压，一般不得超过36V，在潮湿环境不得超过12V。

5）多人协同铺设压型钢板时，要相互呼应，操作要协调一致。钢板应随铺设，随调整和校正，其两端随与钢梁焊牢固定或与支承木龙骨钉牢，以防止发生钢板滑落及人身坠落事故。

6）安装工作如遇中途停歇，对已拆捆未安装完的钢板，不得架空搁置，要与结构物或支撑系统临时绑牢。每个开间的钢板，必须待全部连接固定好并经检查后，方可进入下道工序。

7）在已支撑加固好的压型钢板上，堆放的材料、机具及操作人员等施工荷载，如无设计规定时，一般每平方米不得超过2500N。施工中，要避免压型钢板承受冲击荷载。

8）压型钢板吊运，应多块叠置、绑扎成捆后采用扁担式的专用平衡吊具，吊挂压型钢板的吊索与压型钢板应呈90°夹角。

9）压型钢板楼板各层间连续施工时，上、下层钢板支撑加固的支柱，应安装在一条竖向直线上，或采取措施使上层支柱荷载传递到工程的竖向结构上。

2.4.2 钢筋桁架楼承板（Truss Deck）模板

钢筋桁架楼承板是由钢筋桁架与压型钢板底模通过电阻焊连接成一体的楼承板，由北京多维联合集团香河建材有限公司研发。该产品施工阶段可以承受全部施工荷载。

1. 型号

钢筋桁架楼承板按底模钢板板型（V型和W型）分为TDV型（图2-4-22）和TDW型（图2-4-23）两种。

2. 钢筋桁架楼承板参数

钢筋桁架楼承板参数，见表2-4-8。

钢筋桁架楼承板参数 **表2-4-8**

名　　称	规　　格	
上、下弦钢筋直径(mm)	HPB300、HRB335、HRB400、CRB550	6～12
腹杆钢筋直径(mm)	CRB550	4～7
支座水平钢筋直径(mm)	HPB235、HRB335、HRB400	8、10
支座竖向钢筋直径(mm)	HPB235	12(用于$h \leqslant 150$)，14(用于$h>150$)
	HRB335、HRB400	10(用于$h \leqslant 150$)，12(用于$h>150$)
底模厚度(mm)	0.4～0.8	
钢筋桁架高度h(mm)	70～270	
混凝土保护层厚度c(mm)	15～30	
钢筋桁架楼承板长度(m)	1.0～12.0	

3. 钢筋桁架楼承板力学性能

（1）焊点承载力，见表2-4-9、表2-4-10。

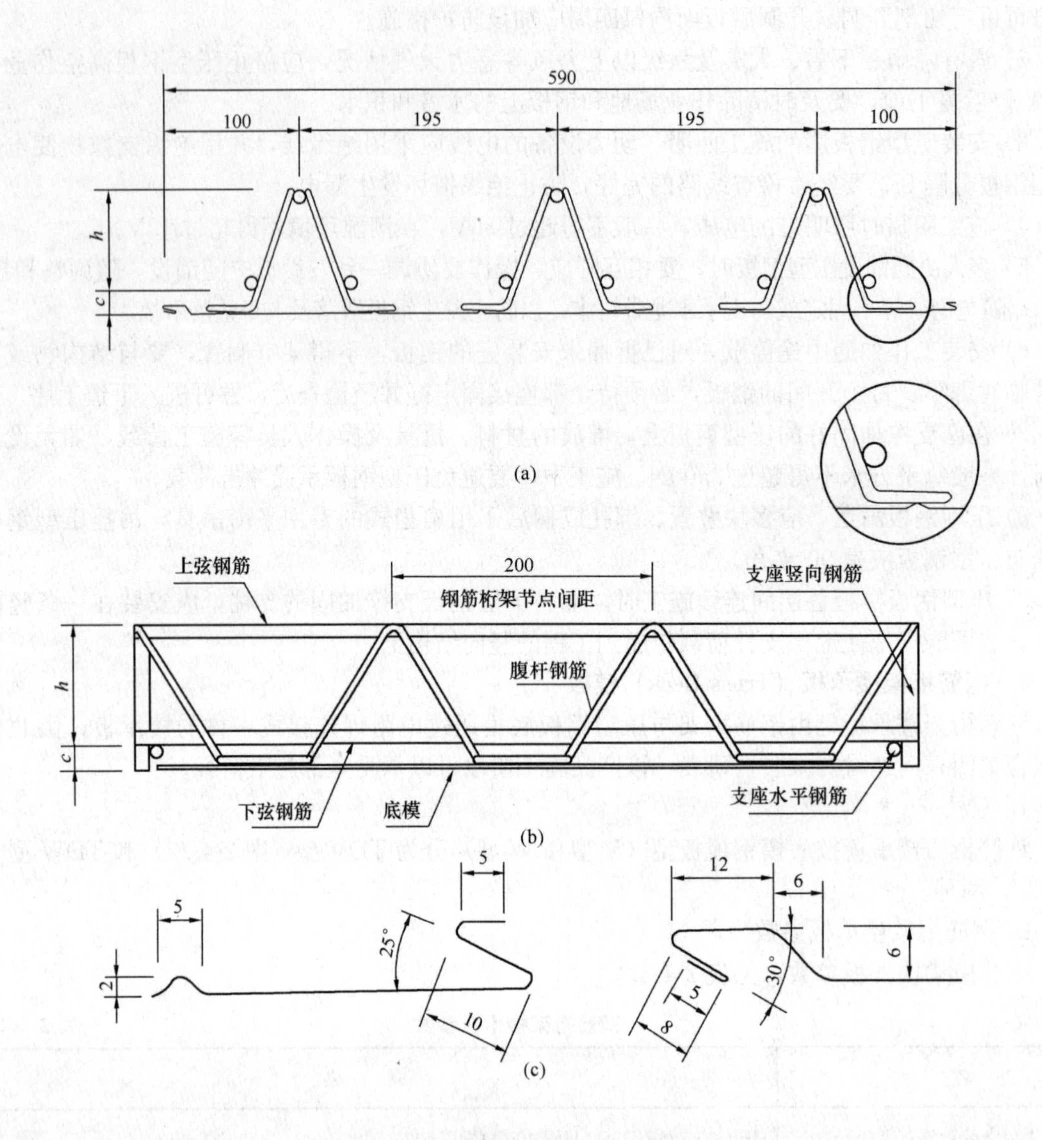

图 2-4-22　钢筋桁架楼承板（TDV 型）

c—混凝土保护层厚度；*h*—钢筋桁架高度

（a）断面；（b）立面；（c）底模搭接边及加劲肋大样

钢筋桁架节点焊接承载力　　**表 2-4-9**

腹杆钢筋直径（mm）	4	4.5	5	5.5	6	6.5	7	7.5
焊点承载力（N）	4490	5680	7020	8490	10100	11850	13750	15780

钢筋桁架与底模焊点承载力　　**表 2-4-10**

底模厚度（mm）	0.4	0.5	0.6	0.8
焊点承载力（N）	750	1000	1350	2100

（2）支座钢筋之间以及支座钢筋与下弦钢筋焊点承载力不低于 6000N，支座钢筋与上弦钢筋焊点承载力不低于 13000N。

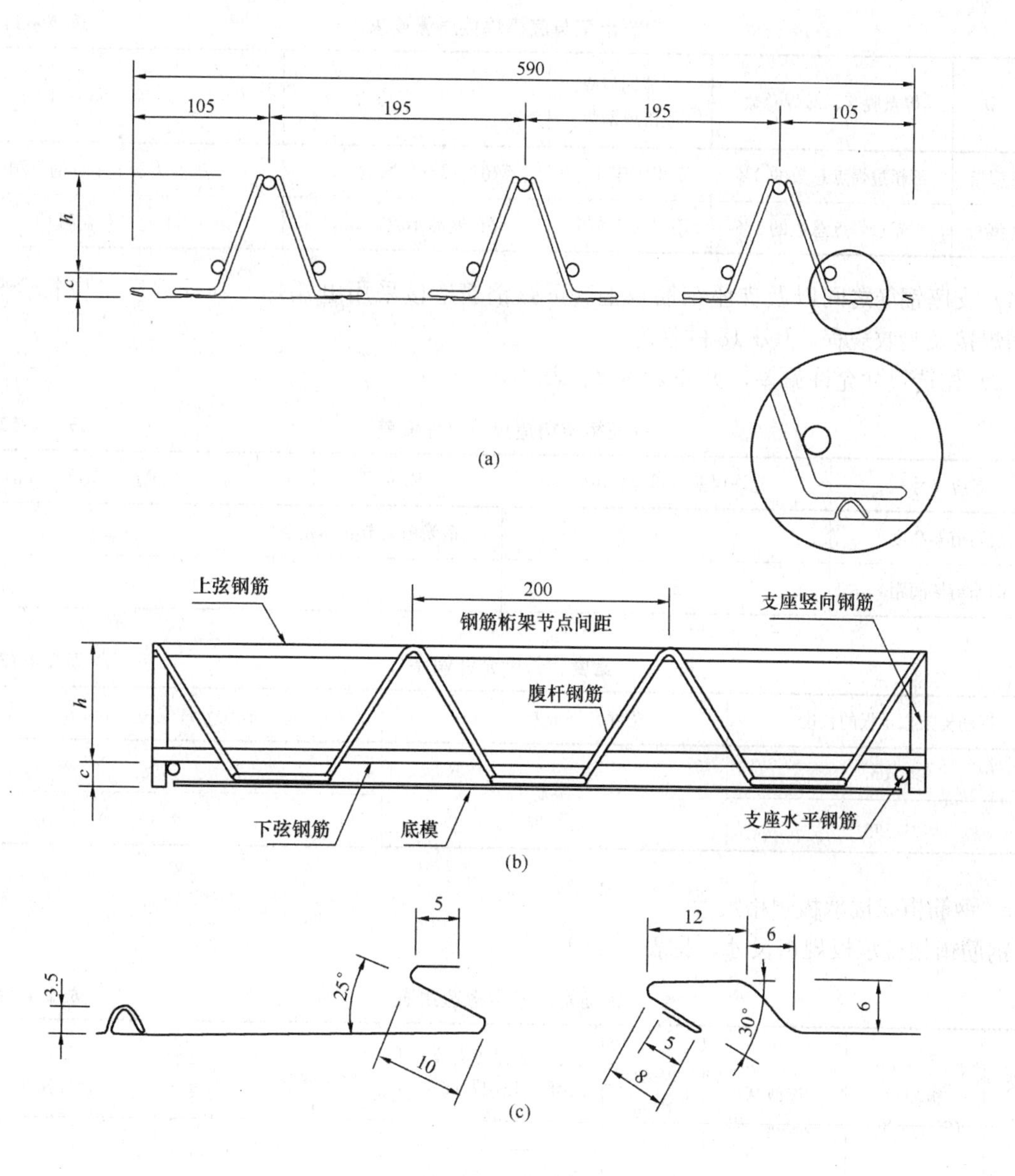

图 2-4-23 钢筋桁架楼承板（TDW 型）

c—混凝土保护层厚度；h—钢筋桁架高度

（a）断面；（b）立面；（c）底模搭接边及加劲肋大样

4. 质量要求

（1）外观质量

1）底模：

底模不允许有明显裂纹或其他表面缺陷存在，镀锌板底模不得有明显的镀层脱落。

2）钢筋桁架外观质量：

①焊点处熔化金属应均匀；

②每件制品的焊点脱落、漏焊数量不得超过焊点总数的 4%，且任意相邻两焊点不得有漏焊及脱落；

③焊点应无裂纹、多孔性缺陷及明显的烧伤现象。

3）钢筋桁架与底模的焊接外观质量应符合表 2-4-11 的要求。

钢筋桁架与底模焊接质量要求 　　　　**表 2-4-11**

板　型	焊点脱落、漏焊总数	相邻四焊点脱落或漏焊	焊点烧穿总数	空　洞
TDV 型板	不超过焊点总数的 2%	不得大于 1 个	不超过焊点总数的 20%	不得有大于 $4mm^2$ 的空洞
TDW 型板	不超过焊点总数的 1%	不得大于 1 个	每件制品不超过 3 个	不允许有空洞

4）支座钢筋之间以及支座钢筋与上、下弦钢筋连接采用电弧焊，其外观质量应符合标准《钢筋焊接及验收规程》JGJ 18 的规定。

（2）构造尺寸允许偏差，见表 2-4-12、表 2-4-13。

钢筋桁架构造尺寸允许偏差 　　　　**表 2-4-12**

对应尺寸	允许误差（单位：mm）	对应尺寸	允许误差（单位：mm）
钢筋桁架高度	±3	钢筋桁架节点间距	±3
钢筋桁架间距	±10		

宽度、长度允许偏差 　　　　**表 2-4-13**

钢筋桁架楼承板的长度	宽度允许偏差（mm）	长度允许偏差（mm）
⩾5.0m	±4	±6
>5.0m		±10

5. 钢筋桁架楼承板规格尺寸

钢筋桁架楼承板规格尺寸，见表 2-4-14。

钢筋桁架楼承板选用表 　　　　**表 2-4-14**

楼板厚度（mm）	板型 V（590mm 宽）	板型 W（600mm 宽）	桁架高度（mm）	施工阶段无支撑最大适用跨度（m）		上弦、腹杆下弦直径（mm）	中和轴高度 Y0（mm）	惯性矩 10（$\times10^5mm^4$）
				板简支	板连续			
100	TDV1-70	TDW1-70	70	1.8	1.8	8，4.5，6	47.65	1.059
110	TDV1-80	TDW1-80	80	1.9	1.8		52.35	1.421
120	TDV1-90	TDW1-90	90	2.0	2.0		57.06	1.837
130	TDV1-100	TDW1-100	100	2.1	2.0		61.77	2.305
140	TDV1-110	TDW1-110	110	2.1	2.2	8，4.5，6	66.47	2.826
150	TDV1-120	TDW1-120	120	2.1	2.2		71.18	3.401
100	TDV2-70	TDW2-70	70	1.8	2.4	8，4.5，8	39.67	1.294
110	TDV2-80	TDW2-80	80	1.9	2.6	8，4.5，8	43.00	1.743
120	TDV2-90	TDW2-90	90	2.0	2.6		46.33	2.259
130	TDV2-100	TDW2-100	100	2.0	2.8		49.67	2.842
140	TDV2-110	TDW2-110	110	2.1	2.8		53.00	3.492

续表

楼板厚度（mm）	板型 V（590mm 宽）	板型 W（600mm 宽）	桁架高度（mm）	施工阶段无支撑最大适用跨度（m）		上弦、腹杆下弦直径（mm）	中和轴高度 Y0（mm）	惯性矩 I0（$\times 10^5 mm^4$）
				板简支	板连续			
150	TDV2-120	TDW2-120	120	2.1	3.0	8，5，8	56.33	4.210
160	TDV2-130	TDW2-130	130	2.2	3.0		59.67	4.994
170	TDV2-140	TDW2-140	140	2.2	3.0		63.00	5.845
180	TDV2-150	TDW2-150	150	2.2	3.0		66.33	6.763
190	TDV2-160	TDW2-160	160	2.3	3.0	8，5.5，8	59.67	7.748
200	TDV2-170	TDW2-170	170	2.3	3.0		73.00	8.800
100	TDV3-70	TDW3-70	70	2.5	3.0	10，4.5，8	45.75	1.650
110	TDV3-80	TDW3-80	80	2.7	3.0		50.14	2.232
120	TDV3-90	TDW3-90	90	2.9	3.2		54.53	2.902
130	TDV3-100	TDW3-100	100	3.0	3.2		58.91	3.660
140	TDV3-110	TDW3-110	110	3.2	3.4	10，5，8	63.30	4.507
150	TDV3-120	TDW3-120	120	3.4	3.6		67.68	5.442
160	TDV3-130	TDW3-130	130	3.5	3.6		72.07	6.465
170	TDV3-140	TDW3-140	140	3.6	3.6	10，5.5，8	76.46	7.600
180	TDV3-150	TDW3-150	150	3.7	3.8	10，5.5，8	80.84	8.775
190	TDV3-160	TDW3-160	160	3.7	3.8		85.23	10.062
200	TDV3-170	TDW3-170	170	3.8	3.8	10，6，8	89.61	11.438
100	TDV4-70	TDW4-70	70	2.6	3.2	10，4.5，10	40.00	1.900
110	TDV4-80	TDW4-80	80	2.8	3.4		43.33	2.580
120	TDV4-90	TDW4-90	90	3.1	3.4		46.47	3.366
130	TDV4-100	TDW4-100	100	3.3	3.6		50.00	4.256
140	TDV4-110	TDW4-110	110	3.4	3.6	10，5，10	53.33	5.251
150	TDV4-120	TDW4-120	120	3.5	3.8		56.67	6.350
160	TDV4-130	TDW4-130	130	3.6	3.8		60.00	7.555
170	TDV4-140	TDW4-140	140	3.6	4.0		63.33	8.864
180	TDV4-150	TDW4-150	150	3.7	4.0	10，5.5，10	66.67	10.277
190	TDV4-160	TDW4-160	160	3.7	4.0		70.00	11.796
200	TDV4-170(2)	TDW4-170(2)	170	3.8	3.6		73.33	13.419
210	TDV4-180 (2)	TDW4-180 (2)	180	3.8	3.2	10，5.5，10	76.67	15.144
200	TDV4-170	TDW4-170	170	3.8	4.2		73.33	13.419
210	TDV4-180	TDW4-180	180	3.8	4.2	10，6，10	76.67	15.144
220	TDV4-190	TDW4-190	190	3.8	4.0		80.00	16.971
230	TDV4-200	TDW4-200	200	3.9	3.6		83.33	18.907
240	TDV4-210	TDW4-210	210	3.8	3.4		86.67	20.948
250	TDV4-220	TDW4-220	220	3.6	3.0		90.00	23.094
260	TDV4-230	TDW4-230	230	3.2	2.8		93.33	25.344
100	TDV5-70	TDW5-70	70	2.6	2.8		50.77	1.930

续表

楼板厚度(mm)	板型V(590mm宽)	板型W(600mm宽)	桁架高度(mm)	施工阶段无支撑最大适用跨度(m)		上弦、腹杆下弦直径(mm)	中和轴高度Y0(mm)	惯性矩I0($\times10^5mm^4$)
				板简支	板连续			
110	TDV5-80	TDW5-80	80	2.8	3.2		56.06	2.622
120	TDV5-90	TDW5-90	90	3.0	3.2	12，4.5，8	61.35	3.420
130	TDV5-100	TDW5-100	100	3.2	3.2		66.65	4.325
140	TDV5-110	TDW5-110	110	3.4	3.4		71.94	5.336
150	TDV5-120	TDW5-120	120	3.6	3.6		77.24	6.454
160	TDV5-130	TDW5-130	130	3.7	3.6	12，5，8	82.53	7.678
170	TDV5-140	TDW5-140	140	3.8	4.0		87.82	9.009
180	TDV5-150	TDW5-150	150	4.0	3.8	12，5.5，8	93.12	10.446
190	TDV5-160（2）	TDW5-160（2）	160	4.0	4.0		98.41	11.989
200	TDV5-170（2）	TDW5-170（2）	170	4.0	3.6		103.71	13.639
210	TDV5-180（2）	TDW5-180（2）	180	3.7	3.2	12，5.5，8	109.00	15.388
190	TDV5-160	TDW5-160	160	4.0	4.0		98.41	11.989
200	TDV5-170	TDW5-170	170	4.0	3.8		103.71	13.639
210	TDV5-180	TDW5-180	180	4.2	3.8		109.00	15.388
220	TDV5-190	TDW5-190	190	4.2	4.0		114.29	17.249
230	TDV5-200	TDW5-200	200	4.2	3.6		119.59	19.218
240	TDV5-210	TDW5-210	210	3.8	3.4	12，6，8	124.88	21.292
250	TDV5-220	TDW5-220	220	3.6	3.0		130.17	23.473
260	TDV5-230	TDW5-230	230	3.2	2.8		135.47	25.761
100	TDV6-70	TDW6-70	70	2.8	3.6		44.70	2.309
110	TDV6-80	TDW6-80	80	3.0	3.6		48.88	3.151
120	TDV6-90	TDW6-90	90	3.3	4.2	12，4.5，10	53.07	4.124
130	TDV6-100	TDW6-100	100	3.5	4.2		57.26	5.228
140	TDV6-110	TDW6-110	110	3.6	4.4		61.44	6.465
150	TDV6-120	TDW6-120	100	3.8	4.6	12，5，10	65.63	7.832
160	TDV6-130	TDW6-130	130	3.9	4.6		69.81	9.331
170	TDV6-140	TDW6-140	140	4.0	4.8		74.00	10.962
180	TDV6-150（2）	TDW6-150（2）	150	4.2	4.4	12，5.5，10	78.19	12.724
190	TDV6-160（2）	TDW6-160（2）	160	4.2	4.0		82.37	14.618
200	TDV6-170（2）	TDW6-170（2）	170	4.2	3.6		86.56	16.643
210	TDV6-180（2）	TDW6-180（2）	180	3.8	3.2	12，5.5，10	90.74	18.791
180	TDV6-150	TDW6-150	150	4.2	4.8		78.19	12.724
190	TDV6-160	TDW6-160	160	4.2	5.0		82.37	14.618

续表

楼板厚度（mm）	板型 V（590mm 宽）	板型 W（600mm 宽）	桁架高度（mm）	施工阶段无支撑最大适用跨度（m）		上弦、腹杆下弦直径（mm）	中和轴高度 Y0（mm）	惯性矩 10（$\times10^5mm^4$）
				板简支	板连续			
200	TDV6-170	TDW6-170	170	4.4	5.0	12，6，10	86.56	16.643
210	TDV6-180	TDW6-180	180	4.4	4.6		90.74	18.791
220	TDV6-190	TDW6-190	190	4.5	4.2		94.93	21.078
230	TDV6-200	TDW6-200	200	4.4	3.8		99.12	23.496
240	TDV6-210	TDW6-210	210	4.0	3.4	12，6，10	103.30	26.046
250	TDV6-220	TDW6-220	220	3.6	3.0		107.49	28.728
260	TDV6-230	TDW6-230	230	3.4	2.8		111.67	31.540
100	TDV7-70	TDW7-70	70	2.9	3.8		40.33	2.567
110	TDV7-80	TDW7-80	80	3.2	3.8		43.67	3.517
120	TDV7-90	TDW7-90	90	3.4	4.2	12，4.5，12	47.00	4.618
130	TDV7-100	TDW7-100	100	3.6	4.4		50.33	5.869
140	TDV7-110	TDW7-110	110	3.8	4.4	12，5，12	53.67	7.272
150	TDV7-120	TDW7-120	120	3.9	4.6		57.00	8.825
160	TDV7-130	TDW7-130	130	4.0	4.6		60.33	10.529
170	TDV7-140	TDW7-140	140	4.2	4.8		63.67	12.384
180	TDV7-150（2）	TDW7-150（2）	150	4.3	4.6	12，5.5，12	67.00	14.389
190	TDV7-160（2）	TDW7-160（2）	160	4.4	4.0		70.33	16.546
200	TDV7-170（2）	TDW7-170（2）	170	4.2	3.6		73.67	18.853
210	TDV7-180（2）	TDV7-180（2）	180	3.8	3.2	12，5.5，12	77.00	12.300
220	TDV7-190（2）	TDW7-190（2）	190	3.6	3.0		80.33	23.908
180	TDV7-150	TDW7-150	150	4.3	4.8		67.00	14.389
190	TDV7-160	TDW7-160	160	4.4	5.0		70.33	16.546
200	TDV7-170	TDW7-170	170	4.5	5.0		73.67	18.853
210	TDV7-180	TDW7-180	180	4.6	4.6	12，6，12	77.00	21.300
220	TDV7-190	TDW7-190	190	4.6	4.2		80.33	23.908
230	TDV7-200	TDW7-200	200	4.4	3.8		83.67	26.666
240	TDV7-210	TDW7-210	210	4.0	3.4		87.00	29.575
250	TDV7-220	TDW7-220	220	3.6	3.0		90.33	32.634
260	TDV7-230	TDW7-230	230	3.4	2.8		93.67	35.845

2.4.3 钢筋混凝土薄板模板

钢筋混凝土薄板模板，一般是在构件预制工厂的台座上生产，通过配筋制作成的一种混凝土薄板构件（图 2-4-24）。这种薄板主要应用于现浇钢筋混凝土楼板工程，薄板本身既是现浇楼板的永久性模板；当与楼板的现浇混凝土叠合后，又是构成楼板的受力结构部分，与楼板组成组合板（图 2-4-25），或构成楼板的非受力结构部分，而只作永久性模板使用（图 2-4-26）。

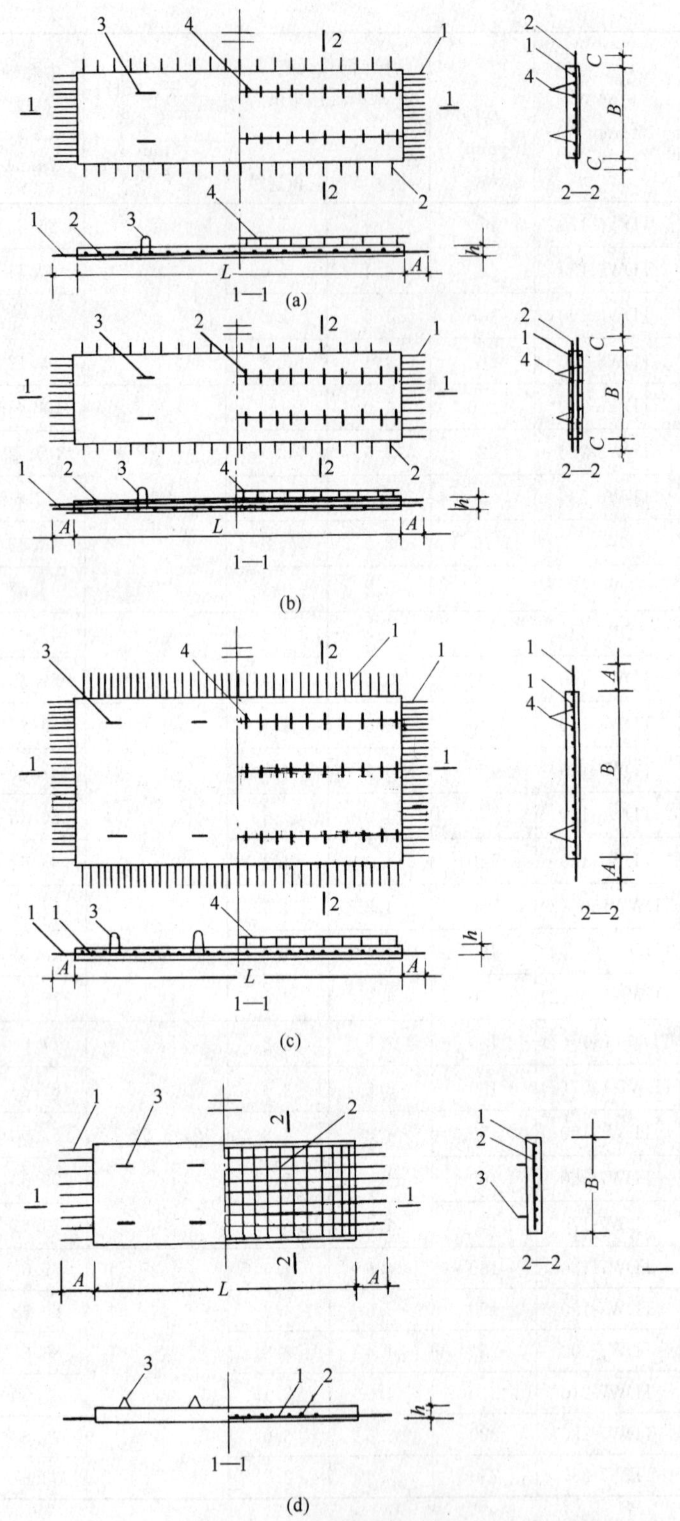

图 2-4-24　钢筋混凝土薄板

（a）有侧向伸出钢筋的单向单层钢筋混凝土薄板；（b）有侧向伸出钢筋的单向双层钢筋混凝土薄板；（c）双向单层钢筋混凝土薄板；（d）无侧向伸出钢筋的单向单层钢筋混凝土薄板

1—钢筋；2—分布钢筋；3—吊环（ϕ8）；4—板面抗剪焊接骨架；A—钢筋伸出长度：当支座宽度为 160mm、180mm、200mm 时，$A \geqslant 300$mm；当支座宽度为 250mm 时，$A \geqslant 350$mm；当支座宽度为 300mm 时，$A \geqslant 400$mm；当支座宽度为 350mm 时，$A \geqslant 450$mm

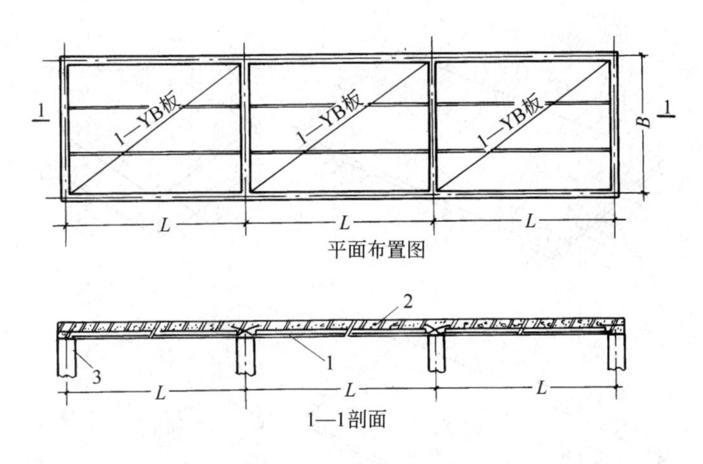

图 2-4-25 预应力混凝土组合板模板

1—钢筋混凝土薄板；2—现浇混凝土叠合层；3—墙体

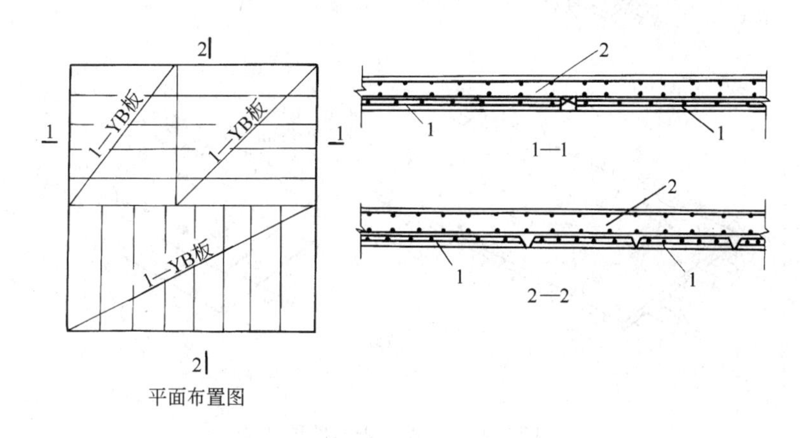

图 2-4-26 钢筋混凝土非组合板模板

1—钢筋混凝土薄板；2—现浇钢筋混凝土楼板

作为组合板的薄板，其主筋就是叠合成现浇楼板后的主筋，使楼板具有与全现浇楼板一样的刚度大、整体性强和抗裂性能好的特点。

1. 适用范围

适用于抗震设防烈度为7度、8度、9度地震区和非地震区，跨度在8m以内的多层和高层房屋建筑的现浇楼板或屋面板工程。尤其适合于不设置吊顶的顶棚为一般装修标准的工程，可以大量减少顶棚抹灰作业。用于房屋的小跨间时，可做成整间式的双向钢筋混凝土薄板。对大跨间平面的楼板，只能做成一定宽度的单向配筋薄板，与现浇混凝土层叠合后组成单向受力楼板。

作为组合板的薄板，不适用于承受动力荷载；当应用于结构表面温度高于60℃或工作环境有酸、碱等侵蚀性介质时，应采取有效的可靠措施。

此外，也可以根据结构平面尺寸的特点，制作成小尺寸的薄板，应用于现浇钢筋混凝土无梁楼板工程。这种薄板与现浇混凝土层叠合后，不承受楼板的使用荷载，而只作为楼板的永久性模板使用（图 2-4-26）。

2. 组合板的钢筋混凝土薄板模板

(1) 薄板构造

1) 薄板板面构造：

为保证薄板与现浇混凝土层组合后在叠合面的抗剪能力，其板面的构造如下：

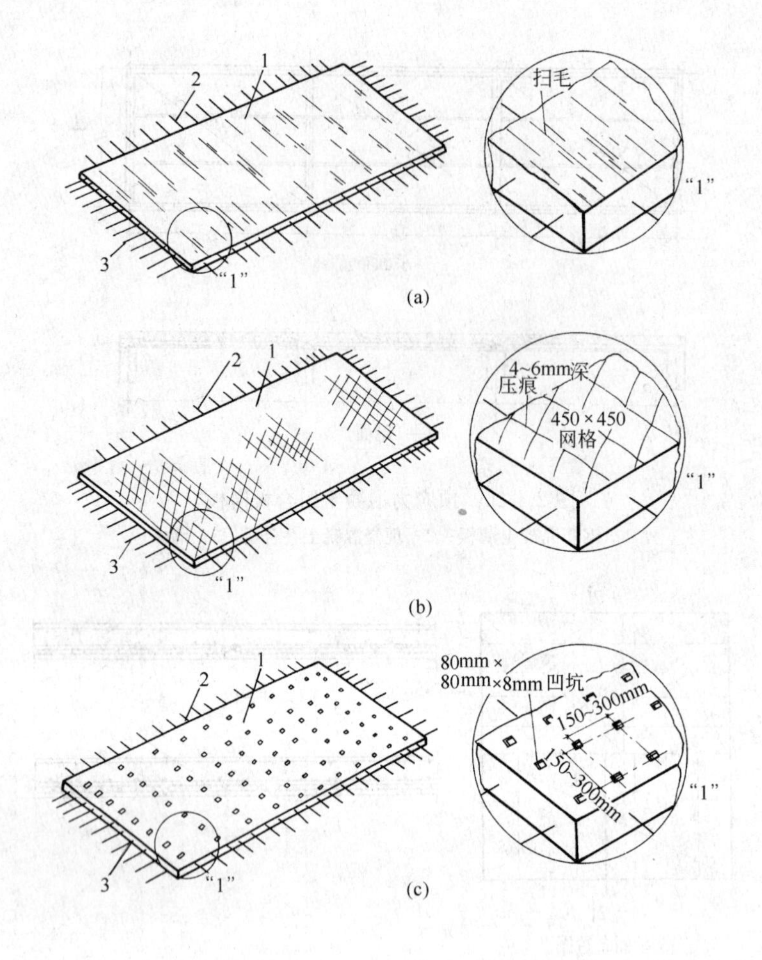

图 2-4-27　板面表面处理

(a) 板面划毛表面处理；(b) 板面网状压痕表面处理；(c) 板面压凹坑表面处理

1—预应力混凝土薄板；2—横向分布筋；3—纵向预应力筋

① 当要求叠合面承受的抗剪能力较小时，可在板的上表面加工成具有粗糙、划毛的表面；用辊筒辊压成小凹坑，凹坑的宽和长度一般在 50～80mm，深度在 6～10mm，间距在 150～300mm；用网状滚轮，辊压出深 4～6mm、成网状分布的压痕表面；各种表面处理如图 2-4-27 所示。

② 当要求叠合面承受的抗剪能力较大时（剪应力 $V/bh_0 > 0.4\text{N/mm}^2$），薄板表面除要求粗糙、划毛外，还要增设抗剪钢筋，其规格和间距由设计计算确定。抗剪钢筋可做成单片的波纹或折线形状，或用点焊的片网弯折成具有三角形断面的肋筋（图 2-4-28）。

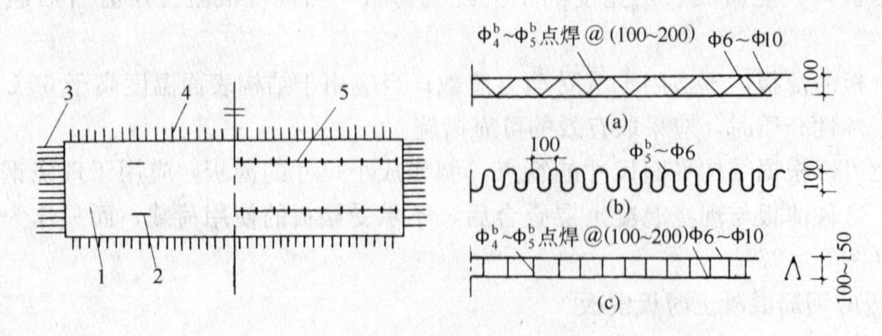

图 2-4-28　板面抗剪钢筋

(a) 折线形焊接片网；(b) 波纹形片网；(c) 三角形断面焊接骨架

1—预应力混凝土薄板；2—吊环；3—预应力钢筋；4—分布筋；5—抗剪钢筋

③ 在薄板表面设有钢筋桁架，桁架除能提高叠合面上的抗剪能力外，还可用以加强薄板施工时的刚度，以减少薄板在安装时板底的临时支撑（图 2-4-29）。

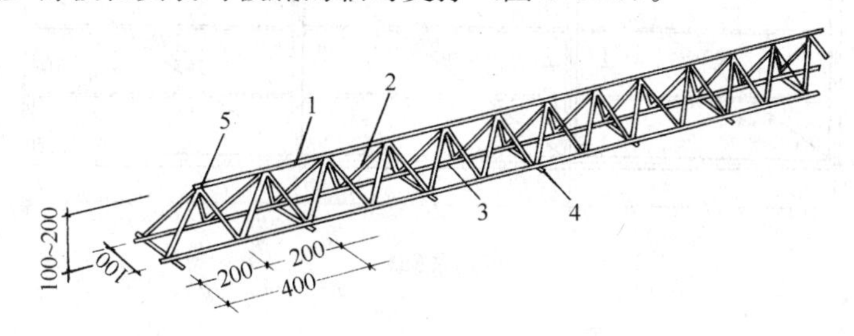

图 2-4-29 板面钢筋桁架

1—2ϕ10～ϕ16 上铁；2—ϕ6 肋筋；3—ϕ8 下铁；4—ϕ6-400 分布钢筋；5—焊接点

2）薄板内钢筋的排列：

① 主筋在薄板截面上配置的高度，一般根据跨度的大小，配置在板的截面 1/3～2/3 高度范围内。

② 板的厚度小于 60mm 时，于板内配置一层主筋，其间距一般为 50mm。

③ 当板的厚度大于 60mm 时，可于板内配置两层主筋，其层间的间距一般为 20～30mm，其上、下层主筋均布置在对正于同一位置上。

④ 薄板内分布钢筋一般采用 ϕ^b4、ϕ^b5 冷拔低碳钢丝或 $\phi6$ 钢筋，其间距一般为200～300mm。

3）薄板的连接构造：

为了从构造上保证组合楼板在支座处受力的连续性和增强楼板横向的整体性，薄板之间一般采用以下几种连接构造；

① 板端在中间支座处构造（图 2-4-30a）。

② 板端（侧）在山墙支座处构造（图 2-4-30b）。

③ 板与板的侧面连接构造（图 2-4-30c）。

④ 板侧尽端处连接构造（图 2-4-30d）。

（2）薄板材料与规格

1）薄板材料：

① 钢筋

a. 薄板主筋，通过设计确定。

b. 薄板的分布钢筋，一般采用 ϕ^b4、ϕ^b5 冷拔低碳钢丝。

c. 薄板设置焊接骨架的架立钢筋，一般采用 ϕ^b4 或 ϕ^b5 冷拔钢丝，其主筋一般为 $\phi8$ 或 $\phi10$HPB235 钢。

d. 薄板吊环，必须采用未经冷拉的 HPB235 热轧钢筋制作，不得以其他钢筋代换。

e. 采用的冷拔钢丝和 HPB235 钢，其机械性能应分别符合《钢筋混凝土用钢第 2 部分 热轧带肋钢筋》GB 1499.2 和《冷拔低碳钢丝应用技术规程》JGJ 19 的规定。

② 混凝土

a. 薄板混凝土强度等级，一般为 C30～C40。

b. 配制混凝土所用的水泥，宜采用 42.5 级的硅酸盐水泥、普通硅酸盐水泥和 32.5 级以上矿渣硅酸盐水泥，其质量应分别符合规范现行中水泥标准和试验方法的规定。

c. 配制混凝土所用的石子宜采用碎石，其最大粒径不得大于薄板截面最小尺寸的 1/4，同时不得大于钢筋间最小净距的 3/4。其质量标准应符合有关标准的规定。

d. 配制混凝土所用的砂子，应使用粗砂或中砂，其质量标准应符合有关标准的规定。

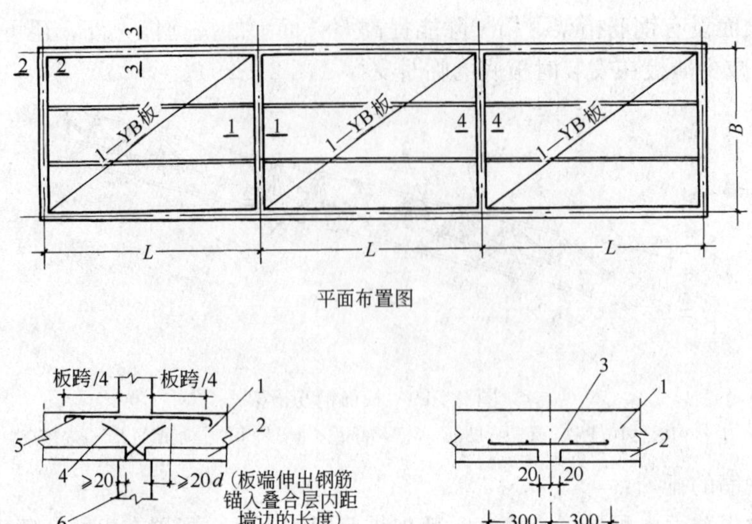

平面布置图

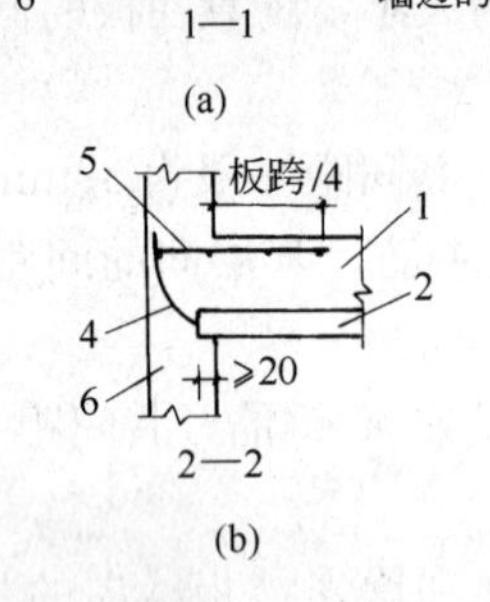

(a)

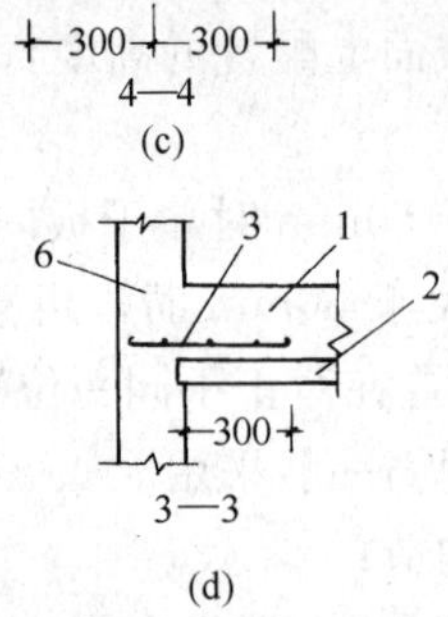

(c)

(b)

(d)

图 2-4-30　薄板的构造连接

（a）中间支座处构造连接；（b）端支座处构造连接；（c）板侧面构造连接；（d）板侧尽端处构造连接

1—现浇混凝土叠合层；2—钢筋混凝土薄板；3—构造连接钢筋 ϕ^b5-200mm（双向）；4—板端伸出钢筋；5—支座处构造负钢筋；6—混凝土墙或梁（当为砖墙时，板伸入支座长≥40mm）

e. 混凝土中掺用的外加剂，应符合有关标准，并经试验符合要求后方可使用。不得掺用对钢筋有锈蚀作用的外加剂。

2）薄板规格

① 薄板的厚度依据跨度由设计确定。一般为 60～80mm，其最小厚度为 50mm。

② 薄板的宽度由设计依据开间尺寸确定。一般单向板常用的标定宽度为 1200mm、1500mm 两种。

③ 薄板的跨度。单向板的标定长度，一般以三模为基准分为：2700mm、3000mm、3300mm……7800mm 等标定长度，最长可达 9000mm。双向板最大的跨间尺寸可达 5400mm×5400mm。

（3）薄板生产

钢筋混凝土薄板，一般在构件预制工厂生产，其生产台面宜采用钢模或水磨石的固定式或整体滑动式台面，以使薄板获得平整和光滑的底面。

1）钢筋绑扎

① 铺设钢筋时，应在隔离剂干燥或铺设隔油条后进行，要防止因沾污钢筋而降低钢筋与混凝土的握裹力。

② 薄板的吊环要严格按照设计位置放置，并必须锚固在主筋下面。

③ 绑扎单向受力板钢筋，其外围两排交点应每点绑扎，而中间部分可成梅花式交错绑扎，绑扎双向受力板钢筋应每点绑扎。

2）混凝土浇筑

① 台座内每条生产作业线上的薄板，应一次连续将混凝土浇筑完。

② 混凝土振捣要密实，要注意加强板的端部振捣。

③ 混凝土配合比要准确，严格控制水灰比。混凝土在浇筑及表面处理等操作过程中，不得任意加水。混凝土表面处理好后，要及时进行养护。

3）薄板养护

薄板蒸汽养护应符合以下规定：

升温速度每小时不得超过25℃，降温速度每小时不得超过10℃，恒温加热阶段温度宜控制在80～85℃，最高温度不得大于95℃，并应保持90%～100%的相对湿度。出池后，薄板表面与外界温差不得大于20℃，否则应采取覆盖措施。

（4）薄板存放与运输

① 薄板堆放的铺底垫木必须用通长垫木（板）。其存放场地要平整、夯实，要有良好的排水措施。

② 板的堆放高度一般不宜超过8块；整间板或超出4m长条板的堆放高度不超过6块。

③ 薄板堆放时，应采用四支点支垫。整间板或超过4m长的条板，应在跨中增设支点。支垫薄板的垫木要靠近吊环位置，各层板的垫木要上、下竖直对齐，垫木厚度必须超出板的吊环及预留钢筋骨架的高度（图2-4-31）。板在堆放过程中，若发现有过大的下挠现象，可于各层板中部的两侧分别增设支点。

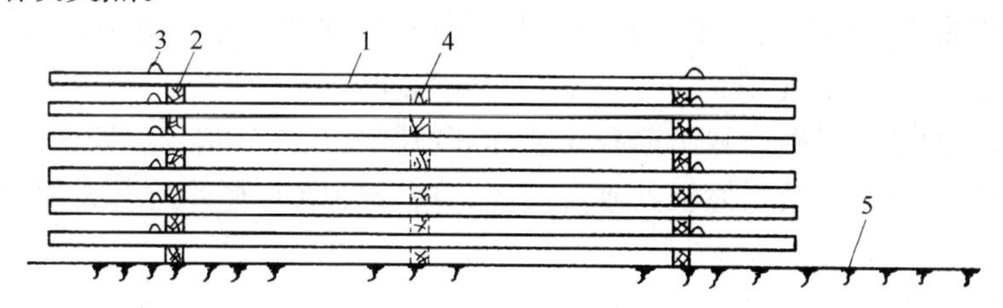

图2-4-31　预应力薄板堆放

1—预应力薄板；2—垫木；3—吊环；4—整间板或超出6m长条板时增加的中间垫木；5—夯实的堆放场地

④ 薄板必须达到其混凝土的设计强度后方可运输出厂。薄板平放运输时，其支垫的方法与堆放要求相同，捆绑的绳索应设在垫木处。整间式薄板要使用板架立放运输，板与板架要捆绑牢固，板的底部应有5点以上的支垫。

（5）质量要求

① 薄板出池、起吊时的混凝土强度必须符合设计要求，如无设计规定时，不得低于设计强度标准值的75%。薄板的混凝土试块，在标准养护条件下28d的强度必须符合施工规范的规定。

② 外观要求。薄板不得有蜂窝、孔洞、掉皮、露筋、裂缝、缺棱和掉角现象，板底要平整、光滑，板上表面的扫毛、划痕、压坑要清晰。

③ 薄板制作的允许偏差见表2-4-15所示。

薄板制作的允许偏差　　**表2-4-15**

项次	项目	允许偏差（mm）	检测方法
1	板长度	+5 −2	尺检：5m或10m钢尺
2	板宽度	±5	尺检：2m钢尺
3	板厚度	+4 −2	尺检：2m钢尺

续表

项　次	项　　目	允许偏差(mm)	检　测　方　法
4	串角	±10	尺检：5m或10m钢尺
5	侧向弯曲	构件长/750且≯20	小线拉，钢板尺量
6	扭翘	构件宽/750	小线拉，钢板尺量
7	表面平整	±8	2m靠尺靠，楔形尺量
8	板底平整度	±2	2m靠尺靠，楔形尺量
9	主筋外伸长度	±10	尺量
10	主筋保护层	±5	钢板尺量
11	钢筋水平位置	±5	钢板尺量
12	钢筋竖向位置	（距板底）±2	钢板尺量
13	吊钩相对位移	≯50	钢板尺量
14	预埋件位置	中心位移：10 平面高差：5	钢板尺量
15	钢筋下料长度相对差值	≯L/5000且≯2（L—下料长度）	钢板尺量

（6）薄板安装

1）作业条件准备：

①单向板如出现纵向裂缝时，必须征得工程设计单位同意后方可使用。

钢筋向上弯成45°角，板上表面的尘土、浮渣清除干净。

② 在支承薄板的墙或梁上，弹出薄板安装标高控制线，并分别划出安装位置线和注明板号。

③ 按硬架设计要求，安装好薄板的硬架支撑，检查硬架上龙骨的上表面是否平直和符合板底设计标高要求。

④ 将支承薄板的墙或梁顶部伸出的钢筋调整好。检查墙、梁顶面是否符合安装标高要求（墙、梁顶面标高比板底设计标高低20mm为宜）。

2）料具准备：

① 薄板硬架支撑。其龙骨一般可采用100mm×100mm方木，也可用50mm×100mm×2.5mm薄壁方钢管或其他轻钢龙骨、铝合金龙骨。其立柱宜采用可调节钢支柱，亦可采用100mm×100mm木立柱。其拉杆可采用脚手架钢管或50mm×100mm方木。

② 板缝模板。一个单位工程宜采用同一种尺寸的板缝宽度，或做成与板缝宽度相适应的几种规格木模。要使板缝凹进缝内5～10mm深（有吊顶的房间除外）。

③ 配备好钢筋扳子、撬棍、吊具、卡具、8号钢丝等工具。

3）安装工艺：

① 安装顺序。

在墙或梁上弹出薄板安装水平线并分别划出安装位置线→薄板硬架支撑安装→检查和调整硬架支承龙骨上口水平标高→薄板吊运、就位→板底平整度检查及偏差纠正处理→整理板端伸出钢筋→板缝模板安装→薄板上表面清理→绑扎叠合层钢筋→叠合层混凝土浇筑并达到要求强度后拆除硬架支撑。

② 工艺技术要点。

a. 硬架支撑安装。硬架支承龙骨上表面应保持平直，要与板底标高一致。龙骨及立柱的间距，要满足薄板在承受施工荷载和叠合层钢筋混凝土自重时，不产生裂缝和超出允许挠度的要求。一般情况，立柱及龙骨的间距以1200～1500mm为宜。立柱下支点要垫通板（图2-4-32）。

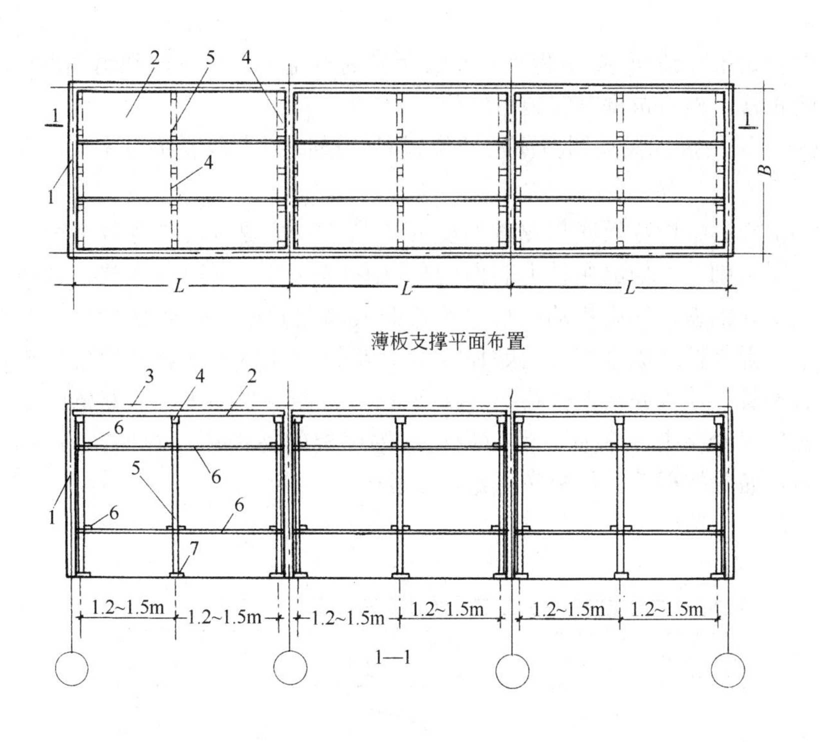

图 2-4-32　薄板硬架支撑系统

1—薄板支承墙体；2—薄板；3—现浇混凝土叠合层；4—薄板支承龙骨（100mm×100mm 木方或 50mm×100mm×2.5mm 薄壁方钢管）；5—支柱（100mm×100mm 木方或可调节的钢支柱，横距 0.9～1m）；6—纵、横向水平拉杆（50mm×100mm 木方或脚手架钢管）；7—支柱下端支垫（50 厚通板）

当硬架的支柱高度超过 3m 时，支柱之间必须加设水平拉杆拉固。如采用钢管立柱时，连接立柱的水平拉杆必须使用钢管和卡扣与立柱卡牢，不得采用钢丝绑扎。硬架的高度在 3m 以下时，应根据具体情况确定是否拉结水平拉杆。在任何情况下，都必须保证硬架支撑的整体稳定性。

b. 薄板吊装。吊装跨度在 4m 以内的条板时，可根据垂直运输机械起重能力及板重一次吊运多块。多块吊运时，应于紧靠板垛的垫木位置处，用钢丝绳兜住板垛的底面，将板垛吊运到楼层，先临时、平稳停放在指定加固好的硬架或楼板位置上，然后挂吊环单块安装就位。

吊装跨度大于 4m 的条板或整间式的薄板，应采用 6～8 点吊挂的单块吊装方法。吊具可采用焊接式方钢框或双铁扁担式吊装架和游动式钢丝绳平衡索具（图 2-4-33 和图 2-4-34）。

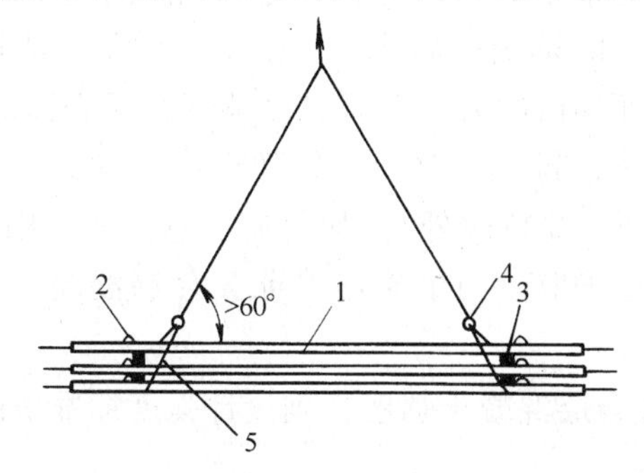

图 2-4-33　4m 长以内薄板多块吊装

1—薄板；2—吊环；3—垫木；4—卡环；5—带胶皮管套兜索

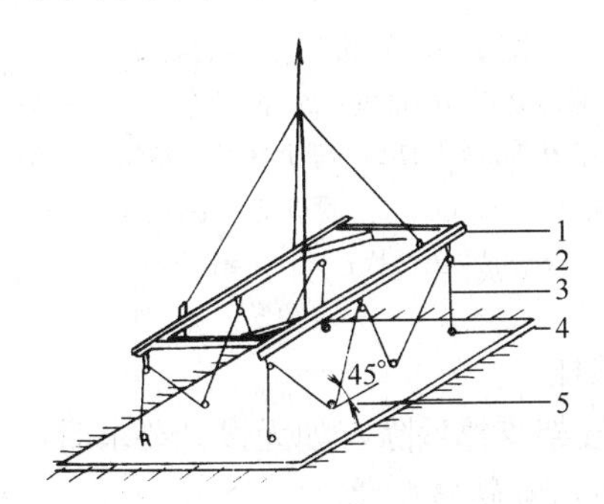

图 2-4-34　单块薄板八点吊装

1—方框式 I 12 双铁扁担吊装架；2—开口起重滑子；3—钢丝绳 6×19ϕ12.5；4—索具卸扣；5—薄板

薄板起吊时，先吊离地面 50cm 停下，检查吊具的滑轮组、钢丝绳和吊钩的工作状况及薄板的平稳状态是否正常，然后再提升安装、就位。

c. 薄板调整。采用撬棍拨动调整薄板的位置时，撬棍的支点要垫以木块，以避免损坏板的边角。

薄板位置调整好后，检查板底与龙骨的接触情况，如发现板底与龙骨上表面之间空隙较大时，可采用以下方法调整：如属龙骨上表面的标高有偏差时，可通过调整立柱丝扣或木立柱下脚的对头木楔纠正其偏差；如属板的变形（反弯曲或翘曲）所致，当变形发生在板端或板中部时，可用短粗钢筋棍与板缝成垂直方向贴住板的上表面，再用 8 号钢丝通过板缝将粗钢筋棍与板底的支承龙骨别紧，使板底与龙骨贴严（图 2-4-35）；如变形只发生在板端部时，亦可用撬棍将板压下，使板底贴至龙骨上表面，然后用粗短钢筋棍的一端压住板面，另一端与墙（或梁）上钢筋焊牢固定，撤除撬棍后，使板底与龙骨接触严（图 2-4-36）。

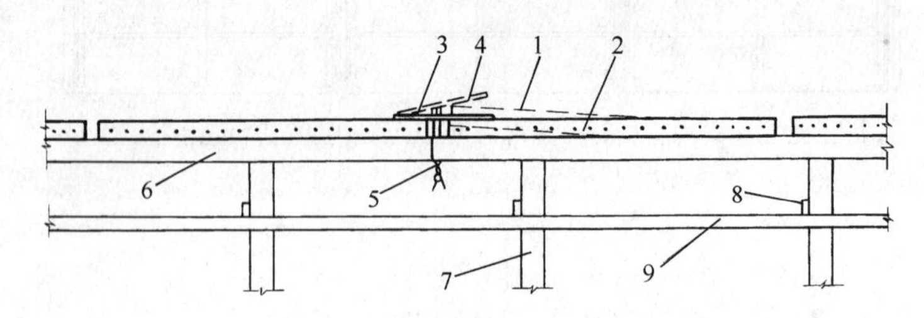

图 2-4-35　板端或板中变形的矫正

1—板矫正前的变形位置；2—板矫正后的位置；3—l=400mm，ϕ25 以上钢筋用 8 号钢丝拧紧后的位置；4—钢筋在 8 号钢丝拧紧前的位置；5—8 号钢丝；6—薄板支承龙骨；7—立柱；8—纵向拉杆；9—横向拉杆

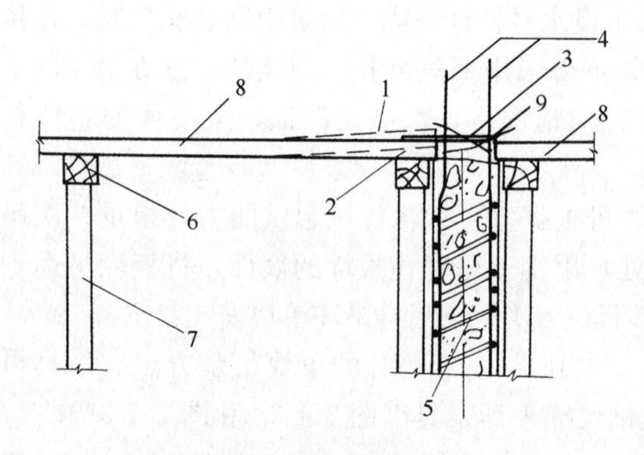

图 2-4-36　板端变形的矫正

1—板端矫正前的位置；2—板端矫正后的位置；3—粗短钢筋头与墙体立筋焊牢压住板端；4—墙体立筋；5—墙体；6—薄板支承龙骨；7—立柱；8—混凝土薄板；9—板端伸出钢筋

d. 板端伸出钢筋的整理。薄板调整好后，将板端伸出钢筋调整到设计要求的角度，再理直伸入对头板的叠合层内（图 2-4-30a）。不得将伸出钢筋弯曲成 90°角或往回弯入板的自身叠合层内。

e. 板缝模板安装。薄板底如作不设置吊顶的普通装修天棚时，板缝模宜做成具有凸沿或三角形截面并与板缝宽度相配套的条模，安装时可采用支撑式或吊挂式方法固定（图 2-4-37）。

f. 薄板表面处理。在浇筑叠合层混凝土前，板面预留的剪力钢筋要修整好，板表面的浮浆、浮渣、起皮、尘土要处理干净，然后用水将板润透（冬施除外）。冬期施工薄板不能用水冲洗时应采取专门措施，保证叠合层混凝土与薄板结合成整体。

g. 硬架支撑拆除。如无设计要求时，必须待叠合层混凝土强度达到设计强度标准值的 70% 后，方可拆除硬架支撑。

4）薄板安装质量要求

薄板安装的允许偏差见表 2-4-16。

5）薄板安装安全技术要求

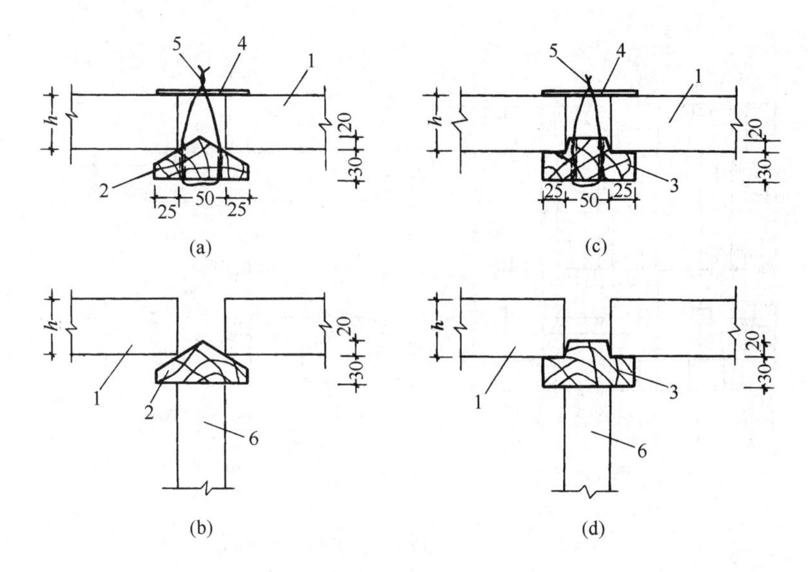

图 2-4-37　板缝模板安装

（a）吊挂式三角形截面板缝模；（b）支撑式三角形截面板缝模；（c）吊挂式带凸沿板缝模；（d）支撑式带凸沿板缝模

1—混凝土薄板；2—三角形截面板缝模；3—带凸沿截面板缝模；4—l＝100mm，ϕ6～ϕ8，中-中 500mm 钢筋别棍；5—14 号钢丝穿过板缝模 ϕ4 孔与钢筋别棍拧紧（中-中 500mm）；6—板缝模支撑（50mm×50mm 方木，中-中 500mm）；h—板厚（mm）

① 支承薄板的硬架支撑设计，要符合《混凝土结构工程施工质量验收规范》GB 50204 中关于模板工程的有关规定。

薄板安装的允许偏差　　表 2-4-16

项　次	项　目	允许偏差（mm）	检验方法
1	相邻两板底高差	高级≤2 中级≤4 有吊顶或抹灰≤5	安装后在板底与硬架龙骨上表面处用塞子尺检查
2	板的支承长度偏差	5	用尺量
3	安装位置偏差	≤10	用尺量

② 当楼层层间连续施工时，其上、下层硬架的立柱要保持在一条竖线上，同时还必须考虑共同承受上层传来的荷载所需要连续设置硬架支柱的层数。

③ 硬架支撑，未经允许不得任意拆除其立柱和拉杆。

④ 薄板起吊和就位要平稳和缓慢，要避免板受冲击造成板面开裂或损坏。板就位后，采用撬棍拨动调整板的位置时，操作人员的动作要协调一致。

⑤ 采用钢丝绳（不小于 ϕ12.5）通过兜挂方法吊运薄板时，兜挂的钢丝绳必须加设胶皮套管，以防止钢丝绳被板棱磨损、切断而造成坠落事故。吊装单块板时，严禁钩挂在板面上的剪力钢筋或骨架上进行吊装。

3. 非组合板的钢筋混凝土薄板模板

（1）薄板特点

此种混凝土薄板，在施工阶段只承受现浇钢筋混凝土自重和施工荷载，与现浇混凝土层结合后，在使用阶段不承受使用荷载，而只作为现浇楼板的永久性模板使用。这种薄板，比较适合用作大跨间、顶棚为一般装修标准的现浇无梁楼板模板（图 2-4-38）。

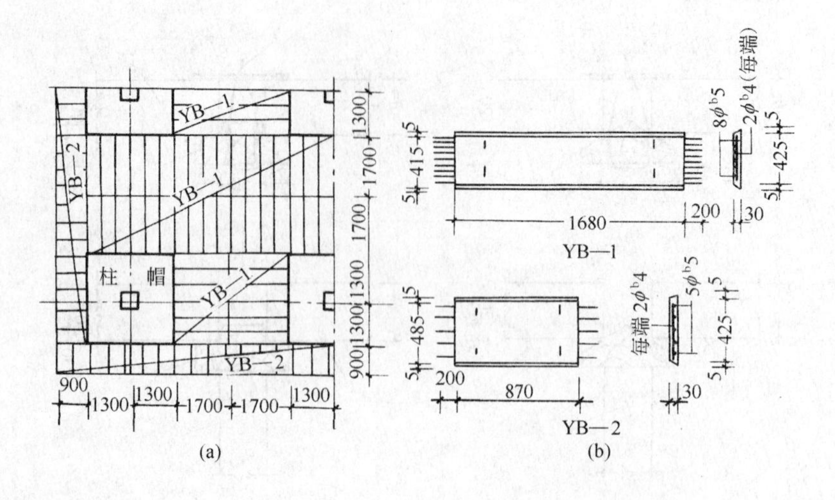

图 2-4-38 非组合板的钢筋混凝土薄板

（a）薄板平面布置；（b）薄板构造

（2）薄板材料与规格

1）材料。薄板的主筋按设计确定。薄板的分布钢筋，一般采用 ϕ^b4 或 ϕ^b5 冷拔钢丝。吊钩采用 HPB235 热轧钢筋。薄板混凝土强度等级一般为 C30～C40。

对制作薄板所用的钢筋、水泥、砂、石材料质量，与制作组合板的钢筋混凝土薄板所用的材料质量要求相同。

2）规格。薄板的规格及其配筋，要根据房屋楼板结构的平面特点、现浇混凝土层的厚度及施工荷载作用下薄板允许挠度的取值确定。

为了能与普通模板的支撑系统（支柱式、台架式和桁架式支撑系统）相适应，及便于人工安装就位，薄板的长度不宜超过 1500mm，宽度不宜超过 500mm，最小厚度不小于 30mm。

（3）薄板构造

为了保证薄板与楼板现浇混凝土层的可靠锚固和结合成整体，薄板可同时采用以下构造方法：

1）制作薄板时，其板端钢筋的伸出长度不少于 $40d$（d 为主筋直径）。薄板安装后，将伸出钢筋向上弯起并伸入楼板现浇混凝土层内（图 2-4-39）。

2）绑扎现浇楼板的钢筋时，在纵横两个方向各用一根直径为 $\phi8$ 的通长钢筋穿过薄板板面上预留的吊环内，将薄板锚挂在楼板底部的钢筋上，与现浇混凝土层浇筑在一起（图 2-4-39）。

3）薄板制作时，将板的上表面加工成具有拉毛或压痕的表面，以增加其与现浇层的结合能力。

（4）薄板制作

薄板一般采用长线台座生产，对其制作的工艺技术和质量要求，与制作组合板薄板要求相同。但因此种板只作模板使用，其厚度一般较薄，故对制作薄板的台面平整度要求较高，生产时要严格控制板的厚度和钢筋的位置。

（5）薄板安装

1）安装准备工作：

① 安装好薄板支撑系统，检查支承薄板的龙骨上表面是否平直和符合板底的设计标高要求。在直接支承薄板的龙骨上，分别划出薄板安装位置线、标注出板的型号。

② 检查薄板是否有裂缝、掉角、翘曲等缺陷，对有缺陷者需处理后方可使用。

③ 将板的四边飞刺去掉，板两端伸出钢筋向上弯起 60°角，板表面尘土和浮渣清除干净。

④ 按板的规格、型号和吊装顺序将板分垛码放好。

2）安装顺序：

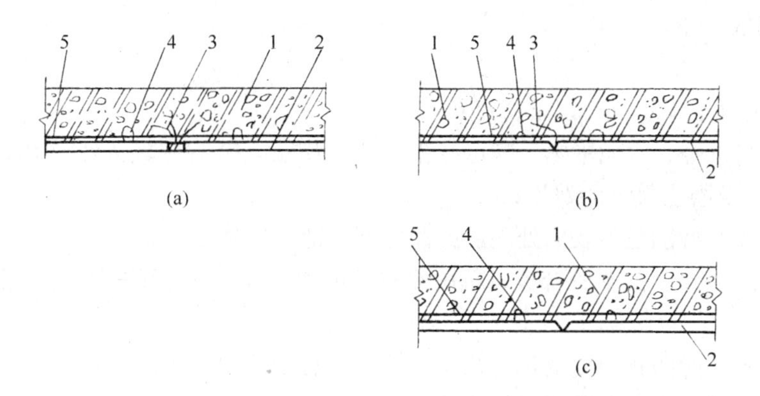

图 2-4-39　非组合板薄板与叠合现浇层的连接构造

（a）板端的连接；（b）板端与板侧面连接；（c）板侧间的连接

1—现浇混凝土层；2—预应力薄板；3—伸出钢筋；4—穿吊环锚固筋；5—钢筋

薄板支撑系统安装→薄板的支承龙骨上表面的水平度及标高校核→在龙骨上划出薄板安装位置线、标注出板的型号→板垛吊运、搁置在安装地点→薄板人工抬运、铺放和就位→板缝勾缝处理→整理板端伸出钢筋→薄板吊环的锚固筋铺设和绑扎→绑叠合层钢筋→板面清理、浇水润透（冬施除外）→混凝土浇筑、养护至设计强度后拆除支撑系统。

3）安装技术要点：

① 薄板的支撑系统，可采用立柱式、桁架式或台架式的支撑系统。支撑系统的设计应按《混凝土结构工程施工质量验收规范》GB 50204 中模板设计有关规定执行。

② 薄板安装，可由起重机成垛吊运并搁置在支撑系统的龙骨上，或已安装好的薄板上，然后采用人工或机械从一端开始按顺序分块向前铺设。

③ 薄板一次吊运的块数，除考虑吊装机械的起重能力外，尚应考虑薄板采用人工码垛及拆垛、安装的方便。对板垛临时停放在支撑系统的龙骨上或已安装好的薄板上，要注意板垛停放处的支撑系统是否超载，防止该处的支承龙骨或薄板发生断裂，造成板垛坍落事故。

④ 薄板堆放的铺底支垫，必须采用通长的垫木（板），板的支垫要靠近吊环位置。其存放场地要平整、夯实和有良好的排水措施。

⑤ 吊运板垛采用的钢丝兜索应加设橡胶套管，以防止钢丝索被板棱磨损、切断。吊运板垛的兜索要靠近板垛的支垫位置，起吊要平稳，要注意防止发生倾翻事故。

⑥ 薄板采用人工逐块拆垛、安装时，操作人员的动作要协调一致，防止板垛发生倾翻事故。

⑦ 薄板铺设和调整好后，应检查其板底与龙骨的搭接面及板侧的对接缝是否严密，如有缝隙时可用水泥砂浆钩严，以防止在浇筑混凝土时产生漏浆现象。

⑧ 板端伸出钢筋要按构造要求伸入现浇混凝土层内。穿过薄板吊环内的纵、横锚固筋，必须置于现浇楼板底部钢筋之上。

⑨ 薄板安装质量允许偏差，与组合板薄板安装允许偏差要求相同。

2.5　胶合板木模板

钢筋混凝土结构构件施工所采用的模板面板材料和支承材料，较早均采用木模板。从 20 世纪 70 年代以来，虽然模板材料已广泛“以钢代木”，采用钢材和其他面板材料，其构造也向定型化、工具化方向发展。到 20 世纪 90 年代，由于对混凝土结构表面的质量要求进一步提高，提倡“清水混凝土”，胶合板模板的应用范围正在逐步扩大，其支模工艺近似木模板。

2.5.1 胶合板模板

2.5.1.1 特点

胶合板用作混凝土模板具有以下特点：

1. 板幅大、自重轻、板面平整。既可减少安装工作量，节省现场人工费用，又可减少混凝土外露表面的装饰及磨去接缝的费用；

2. 承载能力大，特别是经表面处理后耐磨性好，能多次重复使用；

3. 材质轻，厚18mm的木胶合板，单位面积重量为50kg，模板的运输、堆放、使用和管理等都较为方便；

4. 保温性能好，能防止温度变化过快，冬期施工有助于混凝土的保温；

5. 锯截方便，易加工成各种形状的模板；

6. 便于按工程的需要弯曲成型，用作曲面模板；

7. 用于清水混凝土模板，最为理想。

我国于1981年，在南京金陵饭店高层现浇平板结构施工中首次采用胶合板模板，胶合板模板的优越性第一次被认识。目前在全国各地大中城市的高层现浇混凝土结构施工中，胶合板模板已有相当的使用量。

2.5.1.2 种类

混凝土结构所用的胶合板模板有木质胶合板和竹胶合板两类。

1. 木胶合板模板

混凝土模板用的木胶合板属具有高耐气候、耐水性的Ⅰ类胶合板，胶粘剂为酚醛树脂胶，主要用克隆、阿必东、柳安、桦木、马尾松、云南松、落叶松等树种加工。

(1) 构造和规格

1) 构造。

模板用的木胶合板通常由5层、7层、9层、11层等奇数层单板经热压固化而胶合成型。相邻层的纹理方向相互垂直，通常最外层表板的纹理方向和胶合板板面的长向平行，因此，整张胶合板的长向为强方向，短向为弱方向，使用时必须加以注意。

2) 规格。

见表2-5-1。

混凝土模板用木胶合板规格尺寸（mm）　　表2-5-1

模数制		非模数制		厚度
宽度	长度	宽度	长度	
600	1800	915	1830	12.0
900	1800	1220	1830	15.0
1000	2000	915	2135	18.0
1200	2400	1220	2440	21.0

注：引自《混凝土模板用胶合板》GB/T 17656—1999。

(2) 木胶合板物理力学性能

1) 胶合性能检验。

模板用木胶合板的胶粘剂主要是酚醛树脂。此类胶粘剂胶合强度高，耐水、耐热、耐腐蚀等性能良好，其突出的是耐沸水性能及耐久性优异。也有采用经化学改性的酚醛树脂胶。

评定胶合性能的指标主要有两项：

胶合强度——为初期胶合性能，指的是单板经胶合后完全粘牢，有足够的强度；

胶合耐久性——为长期胶合性能，指的是经过一定时期，仍保持胶合良好。

上述两项指标可通过胶合强度试验、沸水浸渍试验来判定。

施工单位在购买混凝土模板用胶合板时，首先要判别是否属于Ⅰ类胶合板，即判别该批胶合板是否采用了酚醛树脂胶或其他性能相当的胶粘剂。如果受试验条件限制，不能做胶合强度试验时，可以用沸水煮小块试件快速简单判别。方法是从胶合板上锯截下 20mm 见方的小块，放在沸水中煮 0.5～1h。用酚醛树脂作为胶粘剂的试件煮后不会脱胶，而用脲醛树脂作为胶粘剂的试件煮后会脱胶。

2）物理力学性能。

见表 2-5-2。

物理力学性能指标 表 2-5-2

项目		单位 \ 树种 / 板厚(mm)	柳安、拟赤杨、马尾松、云南松、落叶松、辐射松、奥堪美				克隆、阿必东、荷木、枫香				桦木			
			12	15	18	21	12	15	18	21	12	15	18	21
含水率		%	6～14											
胶合强度≥		MPa	0.70				0.80				1.0			
静曲强度≥	顺纹	MPa	26	24	24	26	26	24	24	26	26	24	24	26
	横纹		20	20	20	18	20	20	20	18	20	20	20	18
弹性模量≥	顺纹	MPa	5500	5000	5000	5500	5500	5000	5000	5500	5500	5000	5000	5500
	横纹		3500	4000	4000	3500	3500	4000	4000	3500	3500	4000	4000	3500

注：同表 2-5-1。

（3）使用注意事项

1）必须选用经过板面处理的胶合板。

未经板面处理的胶合板用作模板时，因混凝土硬化过程中，胶合板与混凝土界面上存在水泥——木材之间的结合力，使板面与混凝土粘结较牢，脱模时易将板面木纤维撕破，影响混凝土表面质量。这种现象随胶合板使用次数的增加而逐渐加重。

经覆膜罩面处理后的胶合板，增加了板面耐久性，脱模性能良好，外观平整光滑，最适用于有特殊要求的、混凝土外表面不加修饰处理的清水混凝土工程，如混凝土桥墩、立交桥、筒仓、烟囱以及塔等。

经过浸渍膜纸贴面处理的胶合板，其物理力学性能见表 2-5-3。

浸渍膜纸贴面胶合板物理力学性能 表 2-5-3

项目		单位	指标要求
含水率		%	6～14
胶合强度		MPa	≥0.7
表面胶合强度		MPa	≥1.0
浸渍剥离性能		—	试件贴面胶层与胶合板表层上的每一边累计剥离长度不超过 25mm
静曲强度	顺纹	MPa	≥57
	横纹		50
弹性模量	顺纹	MPa	≥6000
	横纹		≥5000

注：引自《混凝土模板用浸渍胶膜纸贴面胶合板》LY/T 1600—2002。

2）未经板面处理的胶合板（亦称白坯板或素板），在使用前应对板面进行处理。处理的方法为冷涂刷涂料，把常温下固化的涂料胶涂刷在胶合板表面，构成保护膜。

3）经表面处理的胶合板，施工现场使用中，一般应注意以下几个问题：

① 脱模后立即清洗板面浮浆，堆放整齐；

② 模板拆除时，严禁抛扔，以免损伤板面处理层；

③ 胶合板边角应涂有封边胶，故应及时清除水泥浆。为了保护模板边角的封边胶，最好在支模时在模板拼缝处粘贴防水胶带或水泥纸袋，加以保护，防止漏浆；

④ 胶合板板面尽量不钻孔洞。遇有预留孔洞，可用普通木板拼补。

⑤ 现场应备有修补材料，以便对损伤的面板及时进行修补；

⑥ 使用前必须涂刷脱模剂。

2. 竹胶合板模板

我国竹材资源丰富，且竹材具有生长快、生产周期短（一般2～3年成材）的特点。另外，一般竹材顺纹抗拉强度为18MPa，为杉木的2.5倍；红松的1.5倍；横纹抗压强度为6～8MPa，是杉木的1.5倍，红松的2.5倍；静弯曲强度为15～16MPa。因此，在我国木材资源短缺的情况下，以竹材为原料，制作混凝土模板用竹胶合板，具有收缩率小、膨胀率和吸水率低以及承载能力大的特点，是一种具有发展前途的新型建筑模板。

（1）组成和构造

混凝土模板用竹胶合板，其面板与芯板所用材料既有不同之处，又有相同之处。不同的材料是芯板将竹子劈成竹条（称竹帘单板），宽14～17mm，厚3～5mm，在软化池中进行高温软化处理后，作烤青、烤黄、去竹衣及干燥等进一步处理。竹帘的编织可用人工或编织机编织。面板通常为编席单板，做法是竹子劈成篾片，由编工编成竹席。表面板采用薄木胶合板。这样既可利用竹材资源，又可兼有木胶合板的表面平整度。

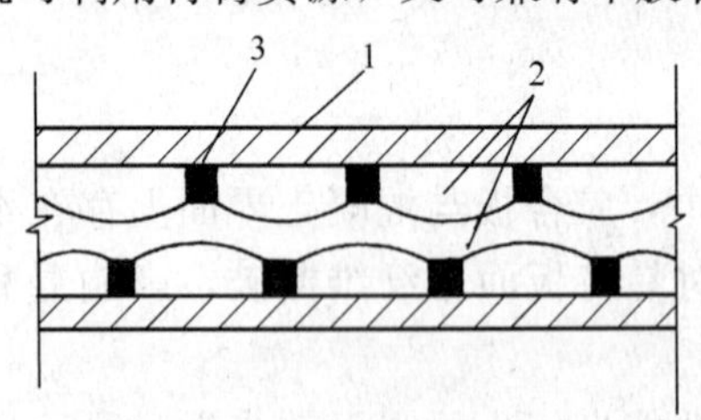

图2-5-1　竹胶合板断面示意
1—竹席或薄木片表板；2—竹帘芯板；3—胶粘剂

另外，也有采用竹编席作面板的，这种板材表面平整度较差，且胶粘剂用量较多。

竹胶合板断面构造，如图2-5-1所示。

为了提高竹胶合板的耐水性、耐磨性和耐碱性，经试验证明，竹胶合板表面进行环氧树脂涂面的耐碱性较好，进行瓷釉涂料涂面的综合效果最佳。

（2）规格和性能

1）规格。

我国国家标准《竹编胶合板》GB 13123—91规定竹胶合板的规格见表2-5-4和表2-5-5。

竹胶合板长、宽规格　　表2-5-4

长度（mm）	宽度（mm）	长度（mm）	宽度（mm）
1830	915	2440	1220
2000	1000	3000	1500
2135	915	—	—

竹胶合板厚度与层数对应关系参考表　　表2-5-5

层　数	厚度（mm）	层　数	厚度（mm）	层　数	厚度（mm）	层　数	厚度（mm）
2	1.4～2.5	8	6.0～6.5	14	11.0～11.8	20	15.5～16.2
3	2.4～3.5	9	6.5～7.5	15	11.8～12.5	21	16.5～17.2
4	3.4～4.5	10	7.5～8.2	16	12.5～13.0	22	17.5～18.0
5	4.5～5.0	11	8.2～9.0	17	13.0～14.0	23	18.0～19.5
6	5.0～5.5	12	9.0～9.8	18	14.0～14.5	24	19.5～20.0
7	5.5～6.0	13	9.0～10.8	19	14.5～15.3		

混凝土模板用竹胶合板的厚度为 9mm、12mm、15mm、18mm。

我国建筑行业标准对竹胶合板模板的规格尺寸规定，见表 2-5-6。

竹胶合板模板规格尺寸（mm） **表 2-5-6**

长　度	宽　度	厚　度
1830	915	9，12，15，18
1830	1220	
2000	1000	
2135	915	
2440	1220	
3000	1500	

注：引自《竹胶合板模板》JG/T 156—2004。

2）性能。

我国林业行业标准规定，见表 2-5-7。

A（B）类竹材胶合板物理力学性能 **表 2-5-7**

项　目			单　位	按纵向弹性模量分型		
				75 型（70 型）	65 型（60 型）	55 型（50 型）
含　水　率			%	5～14		
静曲强度	干状	纵向	MPa	≥90（≥90）	≥80（≥70）	≥70（≥50）
		横向		≥60（≥50）	≥55（≥40）	≥50（≥25）
	湿状	纵向		≥70（≥70）	≥65（≥55）	≥60（≥40）
		横向		≥50（≥45）	≥45（≥35）	≥40（≥20）
弹性模量	干状	纵向	MPa	$\geqslant 7.5\times 10^{3}$（$\geqslant 7.0\times 10^{3}$）	$\geqslant 6.5\times 10^{3}$（$\geqslant 6.0\times 10^{3}$）	$\geqslant 5.5\times 10^{3}$（$\geqslant 5.0\times 10^{3}$）
		横向		5.5×10^{3}（$\geqslant 4.0\times 10^{3}$）	$\geqslant 4.5\times 10^{3}$（$\geqslant 3.5\times 10^{3}$）	$\geqslant 3.5\times 10^{3}$（$\geqslant 2.5\times 10^{3}$）
	湿状	纵向		6.0×10^{3}（$\geqslant 6.0\times 10^{3}$）	$\geqslant 5.0\times 10^{3}$（$\geqslant 5.0\times 10^{3}$）	$\geqslant 4.0\times 10^{3}$（$\geqslant 4.0\times 10^{3}$）
		横向		4.0×10^{3}（$\geqslant 3.5\times 10^{3}$）	$\geqslant 3.5\times 10^{3}$（$\geqslant 3.0\times 10^{3}$）	$\geqslant 3.0\times 10^{3}$（$\geqslant 2.0\times 10^{3}$）
胶 合 性 能			—	无完全脱离（无完全脱离）		
吸水厚度膨胀率			%	≤5（≤8）		
表面耐磨（磨耗值）			mg/100r	≤70（—）		
表面耐龟裂			—	≤1 级（—）		

注：引自《混凝土模板用竹材胶合板》LY/T 1574—2000。

2.5.1.3 胶合板静弯曲强度和弹性模量检验

施工单位若需要对所购置的胶合板，确定其静弯曲强度和弹性模量，可按下列方法进行测试和计算：

1. 从供作测试的板材上任意截取与表板木纤维平行的长度为板材厚度 25 倍加 50mm 和宽度为 75mm 的试件 6 块。试件周边应平直光滑。

2. 按图 2-5-2 所示的测试装置组装试件。支座距离 L 为试件厚度的 25 倍，但不小于

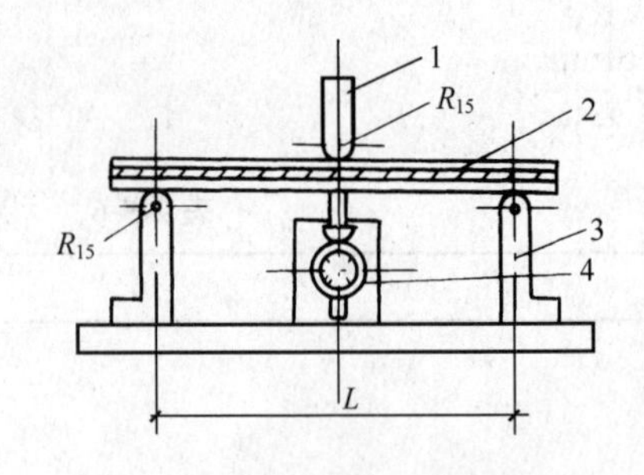

图 2-5-2　静弯曲强度及弹性模量测试装置

1—压头；2—试件；3—支座；4—百分表

175mm。压头必须与试件长度中心线重合。当压头接触到试件计力盘上载荷为零时，调整百分表的指针为零。

3. 缓慢均匀加荷。在加荷至试件破坏前至少分段停车5次，记录5点的压力及相应挠度，并记录破坏压力。压力值精确至1N，挠度值精确至0.01mm。

4. 绘制压力-挠度曲线。确定曲线斜度，根据测试的压力及挠度值，以压力P（N）为纵坐标，挠度Y（mm）为横坐标，在坐标纸上记录全部测试点，并根据比例极限内各点（不得少于3点）做出斜率线，求出斜率值P/Y（N/mm）。

5. 弹性模量E按式（2-5-1）计算：

$$E=\frac{L^3}{4bh^3}\cdot\frac{P}{Y} \tag{2-5-1}$$

式中　E——胶合板弹性模量（N/mm²）；

L——支座距离（mm）；

b——试件宽度（mm）；

h——试件厚度（mm）；

P/Y——试件斜率值（N/mm）。

弹性模量值取6块试件的算术平均值。

6. 静弯曲强度σ按式（2-5-2）计算：

$$\sigma=\frac{3PL}{2bh^2} \tag{2-5-2}$$

式中　σ——胶合板静弯曲强度值（N/mm²）；

P——试件的破坏压力（N）；

L——支座距离（mm）；

h——试件的厚度（mm）；

b——试件的宽度（mm）。

静弯曲强度值取6块试件的算术平均值。

2.5.1.4　施工工艺

1. 胶合板模板的配制方法和要求

(1) 胶合板模板的配制方法。

1) 按设计图纸尺寸直接配制模板。

形体简单的结构构件，可根据结构施工图纸直接按尺寸列出模板规格和数量进行配制。模板厚度、横档及楞木的断面和间距，以及支撑系统的配置，都可按支承要求通过计算选用。

2) 采用放大样方法配制模板。

形体复杂的结构构件，如楼梯、圆形水池等，可在平整的地坪上，按结构图的尺寸画出结构构件的实样，量出各部分模板的准确尺寸或套制样板，同时确定模板及其安装的节点构造，进行模板的制作。

3) 用计算方法配制模板。

形体复杂不易采用放大样方法，但有一定几何形体规律的构件，可用计算方法结合放大样的方法，进行模板的配制。

4）采用结构表面展开法配制模板。

一些形体复杂且又由各种不同形体组成的复杂体型结构构件，如设备基础。其模板的配制，可采用先画出模板平面图和展开图，再进行配模设计和模板制作。

（2）胶合板模板配制要求

1）应整张直接使用，尽量减少随意锯截，造成胶合板浪费。

2）木胶合板常用厚度一般为12mm或18mm，竹胶合板常用厚度一般为12mm，内、外楞的间距，可随胶合板的厚度，通过设计计算进行调整。

3）支撑系统可以选用钢管脚手架，也可采用木支撑。采用木支撑时，不得选用脆性、严重扭曲和受潮容易变形的木材。

4）钉子长度应为胶合板厚度的1.5～2.5倍，每块胶合板与木楞相叠处至少钉2个钉子。第二块板的钉子要转向第一块模板方向斜钉，使拼缝严密。

5）配制好的模板应在反面编号并写明规格，分别堆放保管，以免错用。

2. 胶合板模板施工

采用胶合板作现浇混凝土墙体和楼板的模板，是目前常用的一种模板技术，它比采用组合式模板可以减少混凝土外露表面的接缝，满足清水混凝土的要求。

（1）墙体模板

常规的支模方法是：胶合板面板外侧的立档用50mm×100mm方木，横档（又称牵杠）可用ϕ48×3.5脚手钢管或方木（一般为50mm×100mm方木），两侧胶合板模板用穿墙螺栓拉结（图2-5-3）。

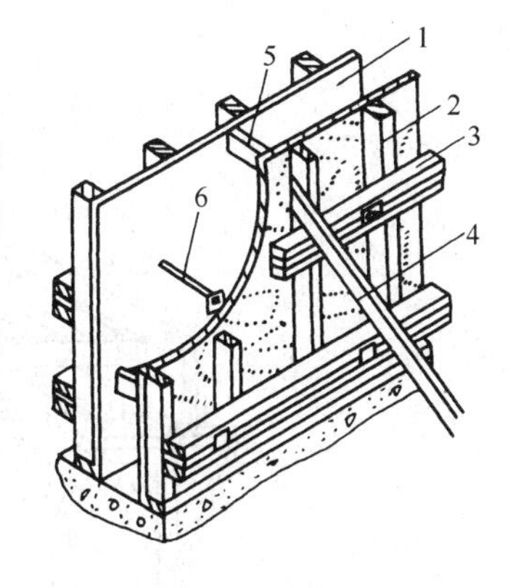

图2-5-3　采用胶合板面板的墙体模板

1—胶合板；2—主档；3—横档；4—斜撑；5—撑头；6—穿墙螺栓

1）墙模板安装时，根据边线先立一侧模板，临时用支撑撑住，用线锤校正使模板垂直，然后固定牵杠，再用斜撑固定。大块侧模组拼时，上下竖向拼缝要互相错开，先立两端，后立中间部分。

待钢筋绑扎后，按同样方法安装另一侧模板及斜撑等。

2）为了保证墙体的厚度正确，在两侧模板之间可用小方木撑头（小方木长度等于墙厚），防水混凝土墙要加有止水板的撑头。小方木要随着浇筑混凝土逐个取出。为了防止浇筑混凝土的墙身鼓胀，可用8～10号钢丝或直径12～16mm螺栓拉结两侧模板，间距不大于1m。螺栓要纵横排列，并在混凝土凝结前经常转动，以便在凝结后取出，如墙体不高，厚度不大，亦可在两侧模板上口钉上搭头木即可。

（2）楼板模板

楼板模板的支设方法有以下几种：

1）采用脚手钢管搭设排架，铺设楼板模板常采用的支模方法是：用ϕ48×3.5脚手钢管搭设排架，在排架上铺设50mm×100mm方木，间距为400mm左右，作为面板的格栅（楞木），在其上铺设胶合板面板（图2-5-4）。

2）采用木顶撑支设楼板模板。

① 楼板模板铺设在格栅上。格栅两头搁置在托木上，格栅一般用断面50mm×100mm的方木，间距为400～500mm。当格栅跨度较大时，应在格栅下面再铺设通长的牵杠，以减小格栅的跨度。牵杠撑的断面要求与顶撑立柱一样，下面须垫木楔及垫板。一般用（50～75）mm×150mm的方木。楼板模板应垂直于格栅方向铺钉，如图2-5-5所示。

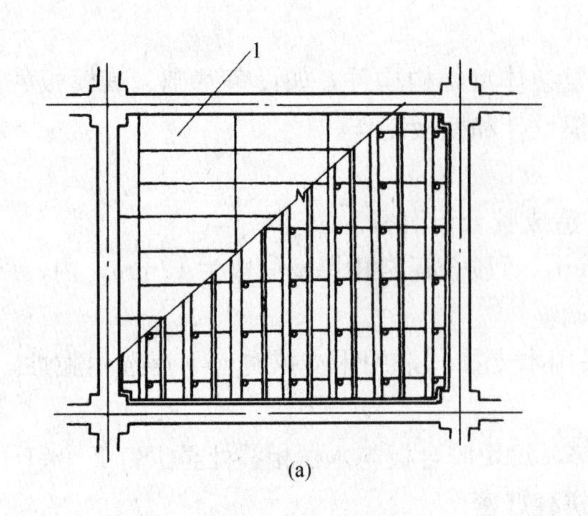

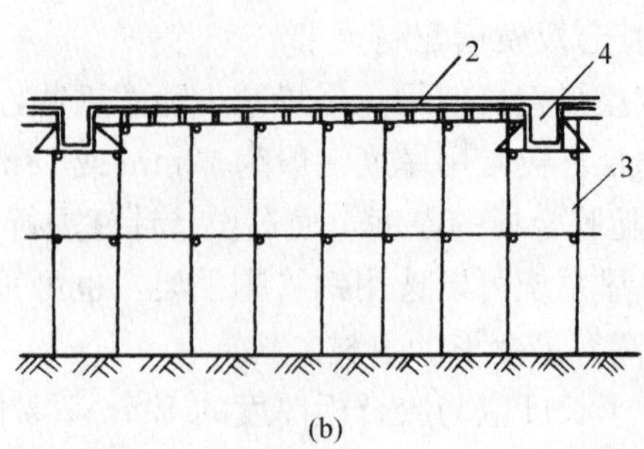

图 2-5-4　楼板模板采用钢管脚手排架支撑

(a) 平面；(b) 立面

1—胶合板；2—木楞；3—钢管脚手架支撑；4—现浇混凝土梁

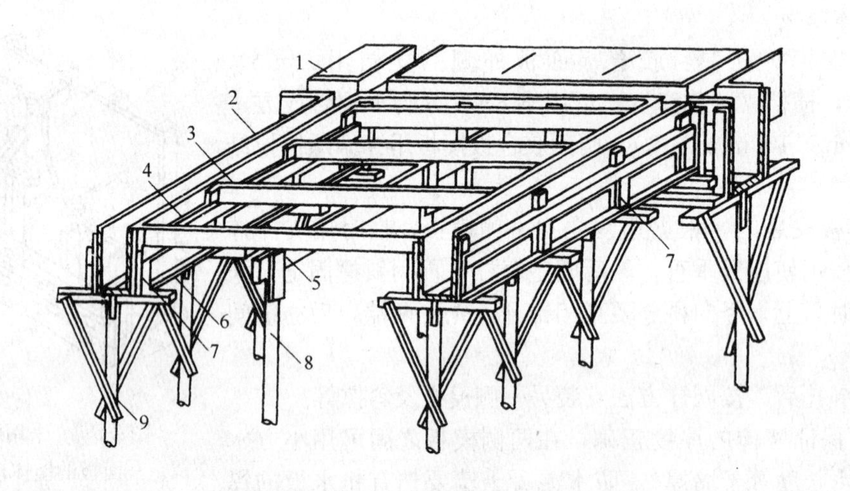

图 2-5-5　肋形楼盖木模板

1—楼板模板；2—梁侧模板；3—格栅；4—横档（托木）；5—牵杠；

6—夹木；7—短撑木；8—牵杠撑；9—支柱（琵琶撑）

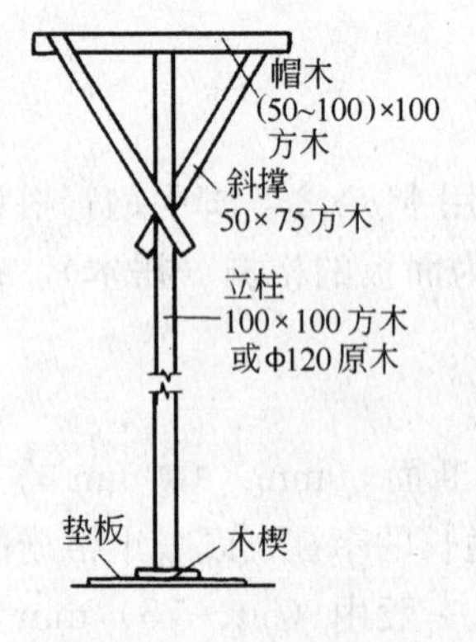

图 2-5-6　木顶撑

② 楼板模板安装时，先在次梁模板的两侧板外侧弹水平线，水平线的标高应为楼板底标高减去楼板模板厚度及格栅高度，然后按水平线钉上托木，托木上口与水平线相齐。再把靠梁模旁的格栅先摆上，等分格栅间距，摆中间部分的格栅。最后在格栅上铺钉楼板模板。为了便于拆模，只在模板端部或接头处钉牢，中间尽量少钉。如中间设有牵杠撑及牵杠时，应在格栅摆放前先将牵杠撑立起，将牵杠铺平。

木顶撑构造，如图 2-5-6 所示。

(3) 其他有关基础、柱、梁等模板，可参见 2.2 木模板内容。

3. 胶合板模板参考资料

见表 2-5-8～表 2-5-10。

木格栅容许荷载参考表（N/m） 表 2-5-8

断面（宽×高）(mm)	跨距 (mm)						
	700	800	900	1000	1200	1500	2000
50×50	4000	3000	2500	2000	1300	900	500
50×70	8000	6000	4700	4000	2700	1700	1000
50×100	13000	12000	9500	8000	5500	3500	2000
80×100	22000	19000	15500	12500	8500	5500	3100

牵杠木容许荷载参考表（N/m） 表 2-5-9

断面（宽×高）(mm)	跨距 (mm)					
	700	1000	1200	1500	2000	2500
50×100	8000	4000	2700	1700	1000	
50×120	11500	5500	4000	2500	1500	
70×150	25000	12000	8500	5500	3000	2000
70×200	38000	22000	15000	9500	8500	3500
100×100	16000	8000	5500	3500	2000	
ϕ120	15000	7000	5000	3000	1800	

木支柱容许荷载参考表（N/根） 表 2-5-10

断面 (mm)	高度 (mm)				
	2000	3000	4000	5000	6000
80×100	35000	15000	10000		
100×100	55000	30000	20000	10000	
150×150	200000	150000	90000	55000	40000
ϕ80	15000	7000	4000		
ϕ100	38000	17000	10000	6500	
ϕ120	70000	35000	20000	15000	10000

注：1. 表 2-5-8～表 2-5-10 木料系以红松的容许应力计算，考虑施工荷载的提高系数和湿材的折减系数，以 $[\sigma_a]=[\sigma_w]=11.7N/mm^2$ 计算。若用东北落叶松时，容许荷载可提高 20%。

2. 圆木以杉木计算，同样考虑上条情况，按 $[\sigma_a]=[\sigma_w]=10.5N/mm^2$ 计算。

3. 牵杠系以一个集中荷载计算。

2.5.1.5 工具式可调曲线墙体胶合板模板

1. 构造及作用

可调曲线模板主要由面板、背楞、紧伸器、边肋板等四部分组成，构造简单。标准板块的尺寸为 4880mm×3660mm，混凝土侧压力按 $60kN/m^2$ 设计，面板采用 15mm 厚酚醛覆膜木质胶合板，竖肋采用[10 槽钢，翼缘卡采用 3mm 厚钢板轧制而成，横肋双槽钢和翼缘卡通过有效的结构组合，使之成为一个整体，增强了刚度，并且同时起四个方面的作用：

（1）双槽钢横肋的刚度和整体性得到提高；

（2）通过翼缘卡将竖肋与横肋固定，本身翼缘卡与横肋即为一体，这样横肋与竖肋的整体性增强；

（3）通过双槽钢横肋将穿墙拉杆固定，使木竖肋与面板紧贴，完全发挥整个背楞的作用；

（4）用曲率调节器将所有同一水平的双槽钢横肋连接，使独立的横肋变为整体，同时可以调节出任意半径的弧线模板。如图 2-5-7 和图 2-5-8 所示。

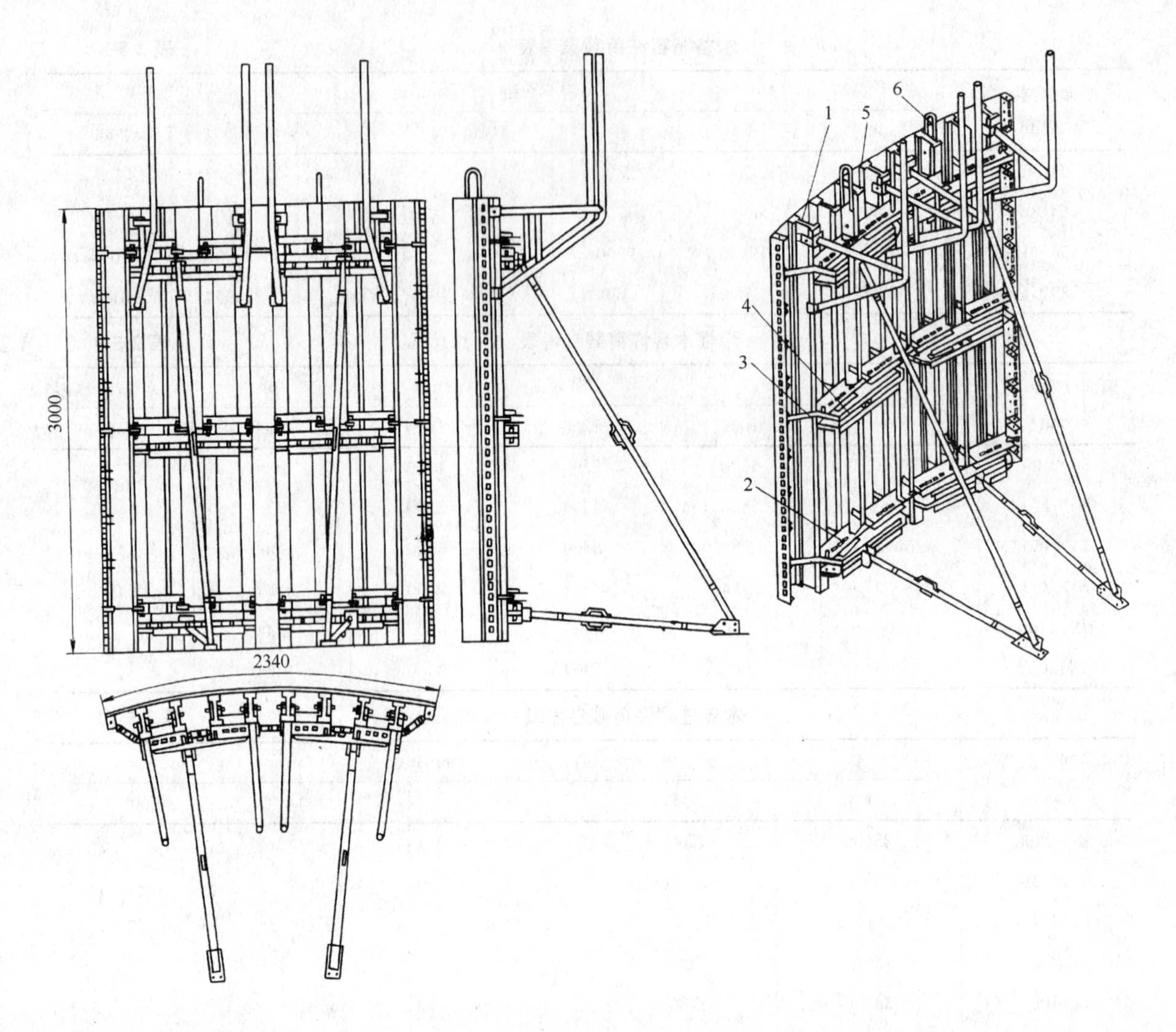

图 2-5-7 可调曲线墙体内模板

1—木工字梁；2—调节支座；3—调节螺栓；4—短槽钢背楞；5—胶合板面板；6—吊钩

2. 工艺流程

(1) 组拼

搭设组拼操作架→铺放主背楞钢件→主背楞长向拼接→相邻主背楞间连接调节器 1→铺放面层木胶合板→将木胶合板与主背楞用螺丝固定→安装边肋带孔角钢→主背楞与边肋角钢间连接调节器 2→钻穿墙螺栓孔→通过背部调节器调节模板弧度→用专用量具检测模板弧度→安装吊钩→模板编号→合格后吊至存放架内存放。见图 2-5-9 所示。

(2) 安装

测量放线→用塔吊吊运对应编号模板至墙体一侧设计位置→插放穿墙螺栓及塑料套管→根据墙体控制线将模板下口调整到位→吊运墙体另一侧模板→调整模板位置→穿墙螺栓初步拧紧→螺栓拧紧连接→加设墙体斜撑及斜拉钢丝绳→模板主背楞水平拼缝处加强处理→调整模板垂直度→验收。

(3) 拆卸

松开支撑→抽出穿墙螺栓→拆除模板横向拼接螺钉→塔吊将整块模板吊离→模板面清理并整平。

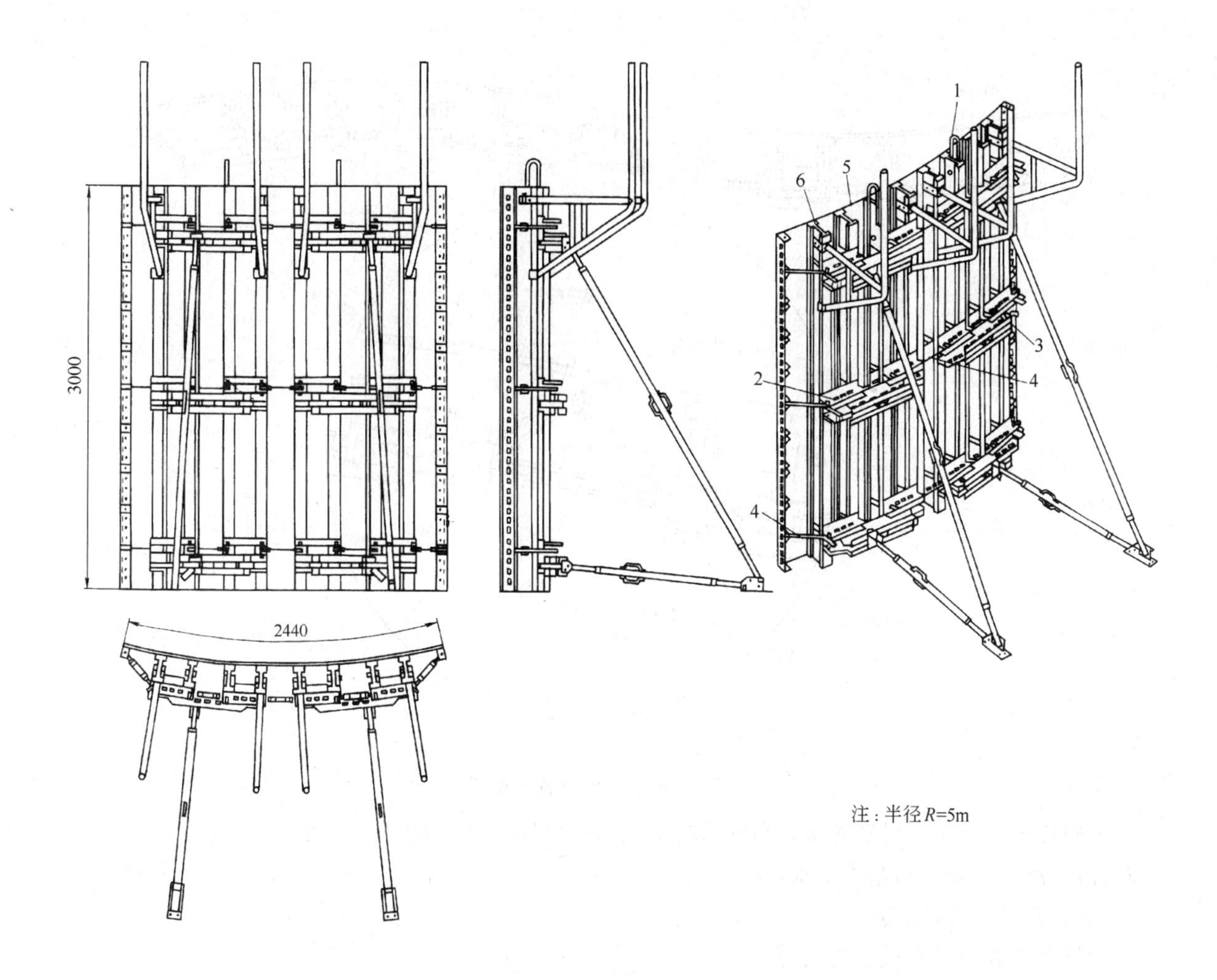

图 2-5-8　可调曲线墙体外模板

1—吊钩；2—调节支座；3—短槽钢背楞；4—调节螺栓；5—面板；6—木工字梁

3. 施工要点

（1）主背楞钢件竖向接拼时，接头位置错开。

（2）调节器安装时方向统一，以便调节弧度时向同一方向操作，避免混淆。

（3）调节弧度时，不同位置调节器每次旋 2～3 个丝扣，同步进行。

（4）模板横向拼接螺丝按不大于 300mm 间距布置，同时应保证与边肋连接的调节器处于拧紧状态。

（5）因模板只有竖向背楞，在其水平拼接处加设横向方木，再用钢管和穿墙螺栓将方木与模板主背楞背紧。

（6）墙体高度较大时，墙体的四道斜撑则不可能全部支在楼板上，要利用墙体两边的操作架进行顶撑，但要保证操作架与楼板用斜撑顶紧。

此项模板用于北京国家大剧院工程。

2.5.2　木模板

木模板是使混凝土按几何尺寸成型的模型板，俗称壳子板，因此木模板选用的木材品种，应根据它的构造来确定。与混凝土表面接触的模板，为了保证混凝土表面的光洁，宜采用红松、白松、杉木，因为它重量轻，不易变形，可以增加模板的使用次数。如混凝土表面不露明或需抹灰时，则可尽量采用其他树种的木材做模板。

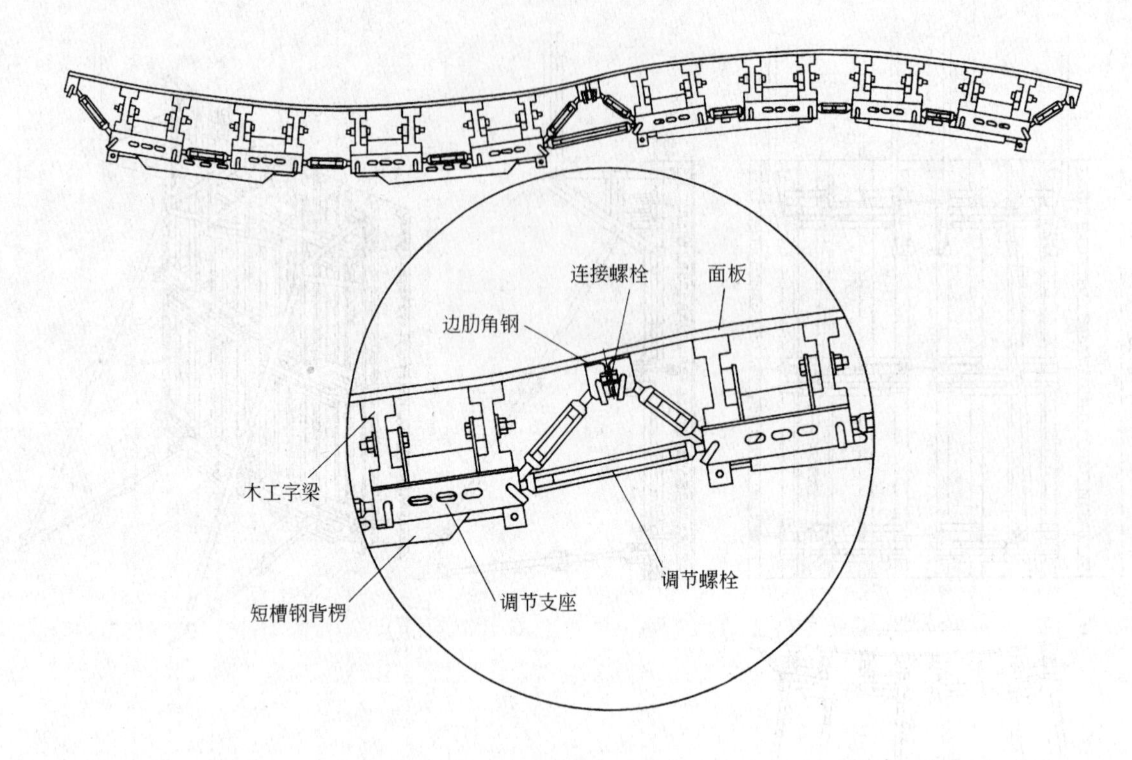

图 2-5-9 弧形模板组装示意图

木模板由于耗用木材资源多，目前只在少数地区使用，其面板可改用胶合板面板。

2.5.2.1 配制、安装和基本要求

1. 木模板配制的方法

参见 2.1 胶合板模板相关内容。

2. 木模板的配制要求

(1) 木模板及支撑系统所用的木材，不得有脆性、严重扭曲和受潮后容易变形的木材。

(2) 木模厚度。侧模一般可采取 20～30mm 厚，底模一般可采取 40～50mm 厚。

(3) 拼制模板的木板条不宜宽于下值：

1) 工具式模板的木板为 150mm；

2) 直接与混凝土接触的木板为 200mm；

3) 梁和拱的底板，如采用整块木板，其宽度不加限制。

(4) 木板条应将拼缝处刨平刨直，模板的木档也要刨直。

(5) 钉子长度应为木板厚度的 1.5～2 倍，每块木板与木档相叠处至少钉 2 只钉子。

(6) 清水模板正面高低差不得超过 3mm；清水模板安装前应将模板正面刨平。

(7) 配制好的模板应在反面编号与写明规格，分别堆放保管，以免错用。

3. 模板的安装要求

对模板及支撑系统的基本要求是：

(1) 保证结构构件各部分的形状、尺寸和相互间位置的正确性。

(2) 具有足够的强度、刚度和稳定性。能承受本身自重及钢筋、浇捣混凝土的重量和侧压力，以及在施工中产生的其他荷载。

(3) 装拆方便，能多次周转使用。

(4) 模板拼缝严密，不漏浆。

(5) 所用木料受潮后不易变形。

（6）支撑必须安装在坚实的地基上，并有足够的支承面积，以保证所浇筑的结构不致发生下沉。

（7）节约材料。

2.5.2.2 现浇结构木模板

现浇结构木模板的基本形式是散支散拆组拼式木模板。

1. 基础模板

混凝土基础的形式有独立式和条形式两种。独立式基础又分阶形和杯形等（图 2-5-10）。基础模板的构造随着其形式的不同而有所不同。

（1）阶形基础模板

1）构造。

阶形基础的模板，每一台阶模板由四块侧板拼钉而成，其中两块侧板的尺寸与相应的台阶侧面尺寸相等；另两块侧板长度应比相应的台阶侧面长度长约 150～200mm，高度与其相等。四块侧板用木档拼成方框。上台阶模板的其中两块侧板的最下一块拼板要加长，以便搁置在下层台阶模板上，下层台阶模板的四周要设斜撑及平撑支撑住。斜撑和平撑一端钉在侧板的木档（排骨档）上；另一端顶紧在木桩上。上台阶模板的四周也要用斜撑和平撑支撑住，斜撑和平撑的一端钉在上台阶侧板的木档上，另一端可钉在下台阶侧板的木档顶上（图 2-5-11）。

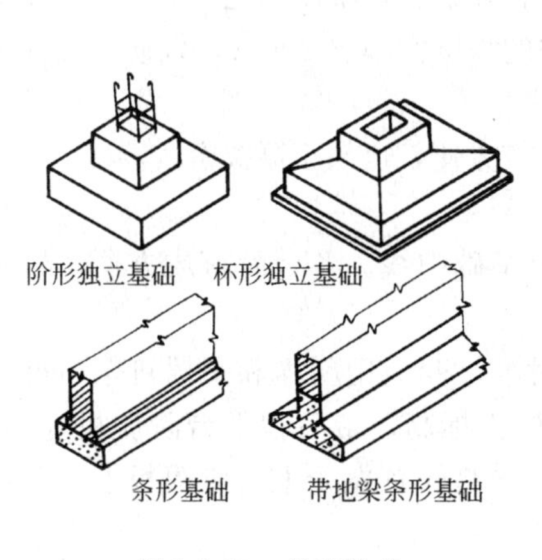

图 2-5-10 基础形式

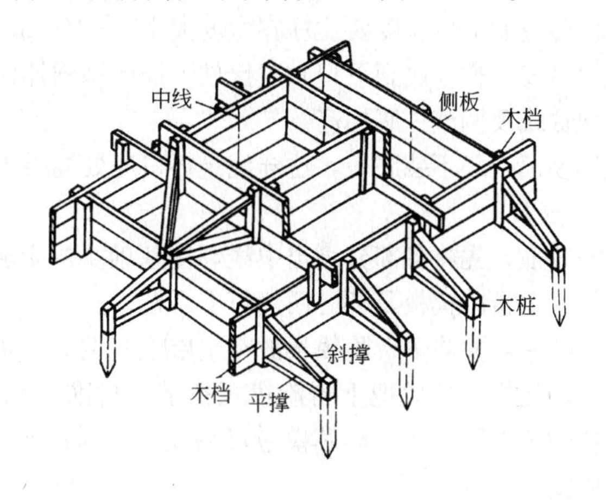

图 2-5-11 阶形独立基础模板

2）安装。

模板安装前，在侧板内侧划出中线，在基坑底弹出基础中线。把各台阶侧板拼成方框。

安装时，先把下台阶模板放在基坑底，两者中线互相对准，并用水平尺校正其标高，在模板周围钉上木桩，在木桩与侧板之间，用斜撑和平撑进行支撑，然后把钢筋网放入模板内，再把上台阶模板放在下台阶模板上，两者中线互相对准，并用斜撑和平撑加以钉牢。

（2）杯形基础模板

1）构造。

杯形基础模板的构造与阶形基础相似，只是在杯口位置要装设杯芯模。杯芯模两侧钉上轿杠，以便于搁置在上台阶模板上。如果下台阶顶面带有坡度，应在上台阶模板的两侧钉上轿杠，轿杠端头下方加钉托木，以便于搁置在下台阶模板上。近旁有基坑壁时，可贴基坑壁设垫木，用斜撑和平撑支撑侧板木档（图 2-5-12）。

杯芯模有整体式和装配式两种。整体式杯芯模是用木板和木档根据杯口尺寸钉成一个整体，为了便于脱模，可在芯模的上口设吊环，或在底部的对角十字档穿设 8 号钢丝，以便于芯模脱模。装配式芯模是由四个角模组成，每侧设抽芯板，拆模时先抽去抽芯板，即可脱模（图 2-5-13）。

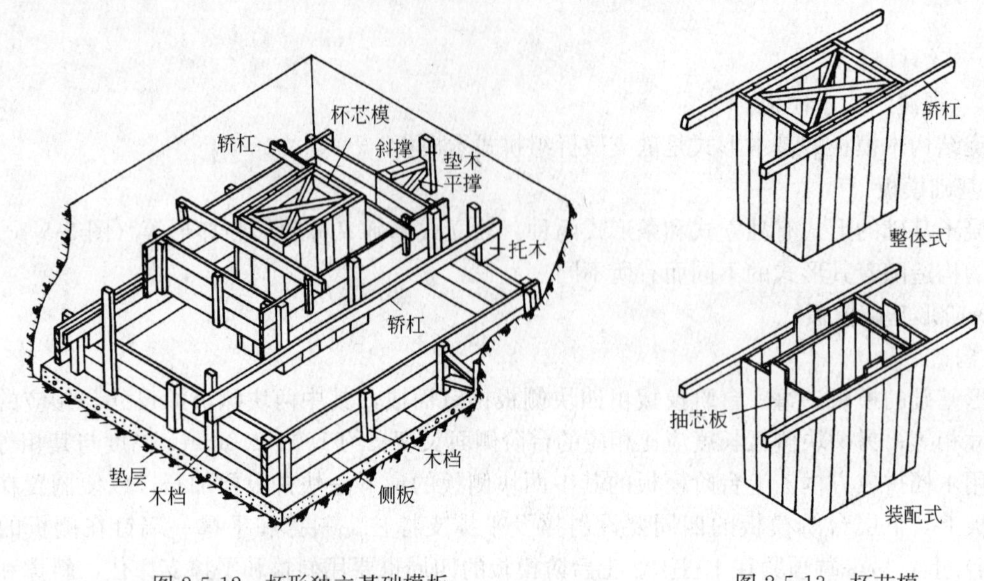

图 2-5-12 杯形独立基础模板

图 2-5-13 杯芯模

杯芯模的上口宽度要比柱脚宽度大 100～150mm，下口宽度要比柱脚宽度大 40～60mm，杯芯模的高度（轿杠底到下口）应比柱子插入基础杯口中的深度大 20～30mm，以便安装柱子时校正柱列轴线及调整柱底标高。

杯芯模一般不装底板，这样浇筑杯口底处混凝土比较方便，也易于振捣密实。

2）安装。

安装前，先将各部分划出中线，在基础垫层上弹出基础中线。各台阶钉成方框，杯芯模钉成整体，上台阶模板及杯芯两侧钉上轿杠。

安装时，先将下台阶模板放在垫层上，两者中心对准，四周用斜撑和平撑钉牢，再把钢筋网放入模板内，然后把上台阶模板摆上，对准中线，校正标高，最后在下台阶侧板外加木档，把轿杠的位置固定住。杯芯模应最后安装，对准中线，再将轿杠搁于上台阶模板上，并加木档予以固定。

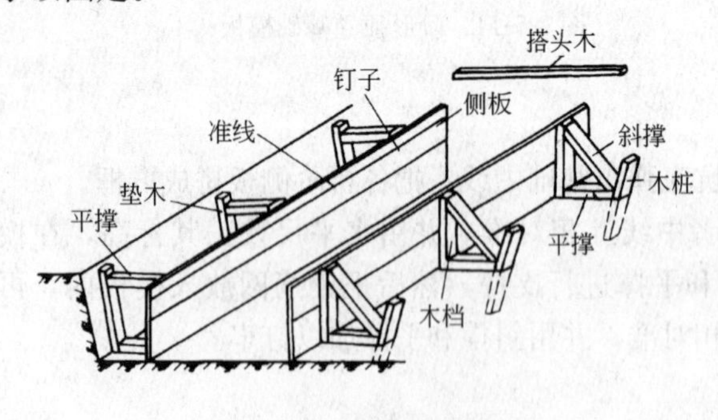

图 2-5-14 条形基础模板

（3）条形基础模板

1）构造。

条形基础模板一般由侧板、斜撑、平撑组成。侧板可用长条木板加钉竖向木档拼制，也可用短条木板加横向木档拼成。斜撑和平撑钉在木桩（或垫木）与木档之间（图 2-5-14）。

2）安装。

① 条形基础模板安装时，先在基槽底弹出基础边线，再把侧板对准边线垂直竖立，同时用水平尺校正侧板顶面水平，无误后，用斜撑和平撑钉牢。如基础较长，则先立基础两端的两块侧板，校正后，再在侧板上口拉通线，依照通线再立中间的侧板。当侧板高度大于基础台阶高度时，可在侧板内侧按台阶高度弹准线，并每隔 2m 左右在准线上钉圆钉，作为浇筑混凝土的标志。为了防止浇筑时模板变形，保证基础宽度的准确，应每隔一定距离在侧板上口钉上搭头木。

② 带有地梁的条形基础，轿杠布置在侧板上口，用斜撑，吊木将侧板吊在轿杠上。在基

槽两边铺设通长的垫板，将轿杠两端搁置在其上，并加垫木楔，以便调整侧板标高（图2-5-15）。

安装时，先按前述方法将基槽中的下部模板安装好，拼好地梁侧板，外侧钉上吊木（间距800～1200mm），将侧板放入基槽内。在基槽两边地面上铺好垫板，把轿杠搁置于垫板上，并在两端垫上木楔。将地梁边线引到轿杠上，拉上通线，再按通线将侧板吊木逐个钉在轿杠上，用线坠校正侧板的垂直，再用斜撑固定，最后用木楔调整侧板上口标高。

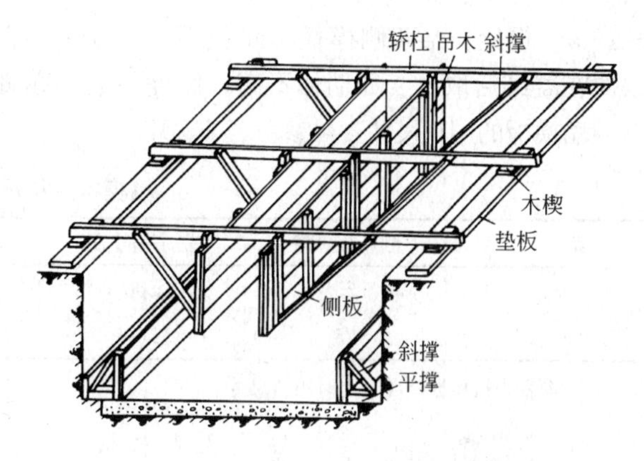

图 2-5-15　有地梁的条形基础模板

基础模板用料尺寸可参考表 2-5-11。

基础模板用料尺寸（mm）　　**表 2-5-11**

基础高度	木档最大间距（侧板厚25mm）	木档断面	木档钉法
300	500	50×50	
400	500	50×50	
500	500	50×75	平　摆
600	400～500	50×75	平　摆
700	400～500	50×75	立　摆

2. 墙模板

(1) 构造

混凝土墙体的模板主要由侧板、立档、牵杠、斜撑等组成（图2-5-16）。

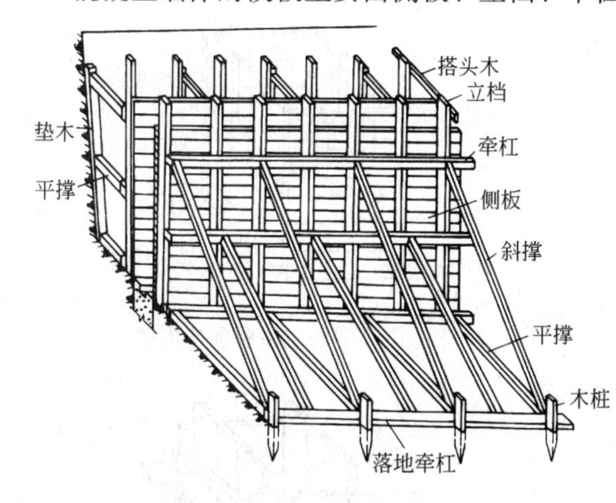

图 2-5-16　墙模板

侧板可以采取用长条板模拼，预先与立档钉成大块板，板块高度一般不超过1.2m为宜。牵杠钉在立档外侧，从底部开始每隔0.7～1.0m一道。在牵杠与木桩之间支斜撑和平撑，如木桩间距大于斜撑间距时，应沿木桩设通长的落地牵杠，斜撑与平撑紧顶在落地牵杠上。当坑壁较近时，可在坑壁上立垫木，在牵杠与垫木之间用平撑支撑。

(2) 安装

墙模板安装时，先在基础或地面上弹出墙的中线及边线，根据边线立一侧模板，临时用支撑撑住，用线锤校正模板的垂直，然后钉牵杠，再用斜撑和平撑固定。也可不用临时支撑，直接将斜撑和平撑的一端先钉在牵杠上，用线锤校正侧板的垂直，即将另一端钉牢。用大块侧模时，上下竖向拼缝要互相错开，先立两端，后立中间部分。

待钢筋绑扎后，按同样方法安装另一侧模板及斜撑等。

为了保证墙体的厚度正确，在两侧模板之间可用小方木撑好（小方木长度等于墙厚）。小方木要随着浇筑混凝土逐个取出。为了防止浇筑混凝土的墙身鼓胀，可用8～10号钢丝或直径12

～16mm 螺栓拉结两侧模板，间距不大于 1m。螺栓要纵横排列，并在混凝土凝结前经常转动，以便在凝结后取出。如墙体不高，厚度不大，亦可在两侧模板上口钉上搭头木即可。

墙模板的用料尺寸，可参考表 2-5-12。

墙模板用料尺寸（mm）　　**表 2-5-12**

墙　厚	侧 板 厚	立档间距	立档断面	牵杠间距	牵杠断面
200 以下	25	500	50×100	1000	100×100
200 以上	25	500	50×100	700	100×100

注：本表为机械振捣混凝土时用料尺寸。

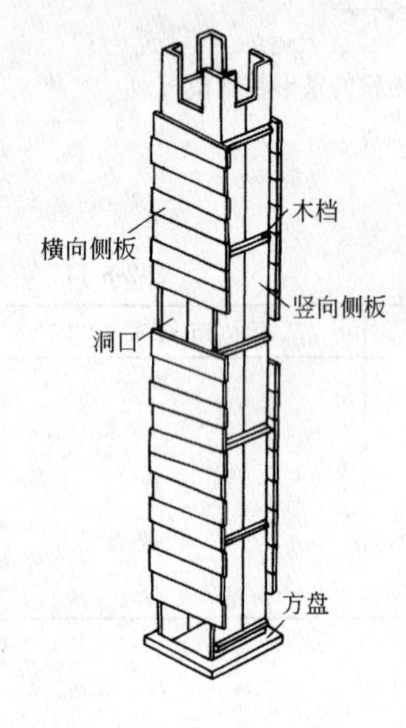

图 2-5-17　矩形柱模板

3. 柱模板

(1) 构造

矩形柱的模板由四面侧板、柱箍、支撑组成。其中的两面侧板为长条板用木档纵向拼制；另两面用短板横向逐块钉上，两头要伸出纵向板边，以便于拆除，并每隔 1m 左右留出洞口，以便从洞口中浇筑混凝土。纵向侧板一般厚 40～50mm，横向侧板厚 25mm。在柱模底用小方木钉成方盘，用于固定（图 2-5-17）。

柱子侧模如四边都采用纵向模板，则模板横缝较少，其构造见图 2-5-18。

柱顶与梁交接处，要留出缺口，缺口尺寸即为梁的高及宽（梁高以扣除平板厚度计算），并在缺口两侧及口底钉上衬口档，衬口档离缺口边的距离即为梁侧板及底板的厚度（图 2-5-19）。

断面较大的柱模板，为了防止在混凝土浇筑时模板产生鼓胀变形，应在柱模外设置柱箍（图 2-5-20）。柱箍可采用木箍、钢木箍及钢箍等几种，见图 2-5-21 所示。

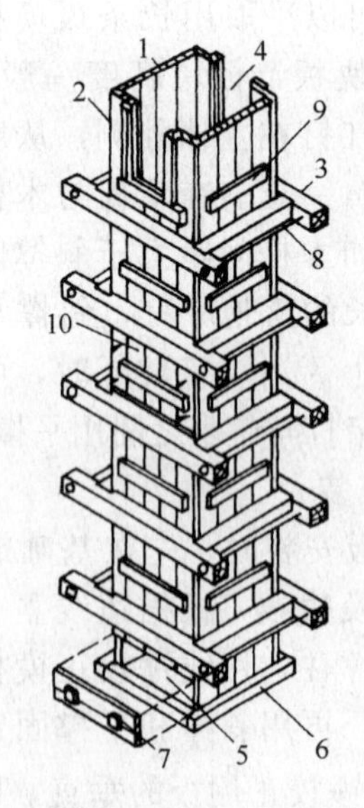

图 2-5-18　方形柱子的模板

1—内拼板；2—外拼板；3—柱箍；4—梁缺口；5—清理孔；6—木框；7—盖板；8—拉紧螺栓；9—拼条；10—活动板

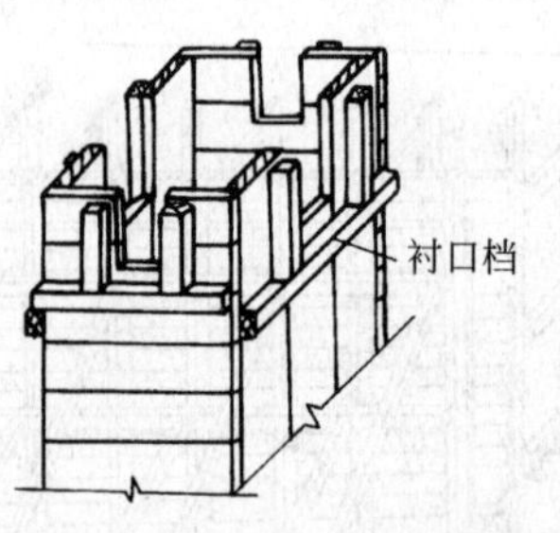

图 2-5-19　柱模顶处构造

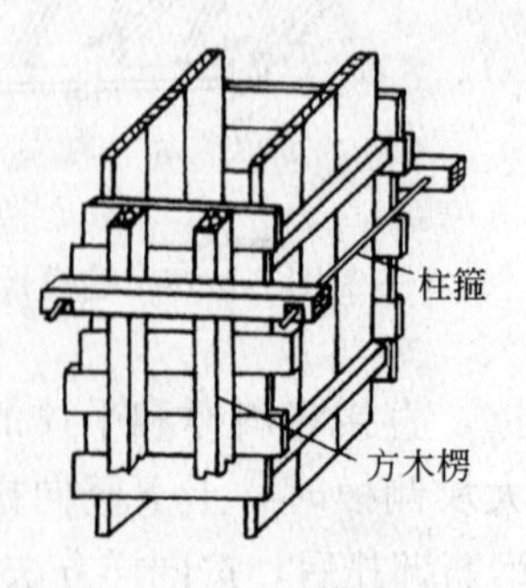

图 2-5-20　柱模加箍示意

柱箍间距应根据柱模断面大小确定，一般不超过1000mm，柱模下部间距应小些，往上可逐渐增大间距。设置柱箍时，横向侧板外面要设竖向木档。

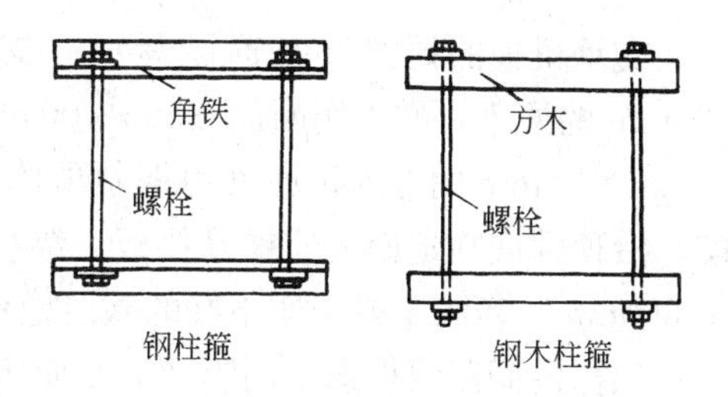

图 2-5-21 柱箍

柱模板用料尺寸参考表 2-5-13。

(2) 安装

柱模板安装时，先在基础面（或楼面）上弹柱轴线及边线。同一柱列应先弹两端柱轴线、边线，然后拉通线弹出中间部分柱的轴线及边线。按照边线先把底部方盘固定好，再对准边线安装两侧纵向侧板，用临时支撑支牢，并在另两侧钉几块横向侧板，把纵向侧板互相拉住。用线坠校正柱模垂直后，用支撑加以固定，再逐块钉上横向侧板。为了保证柱模的稳定，柱模之间要用水平撑、剪刀撑等互相拉结固定（图 2-5-22）。

柱模板用料尺寸（mm） **表 2-5-13**

柱 断 面	木档间距（模板厚 50）	木 档 断 面	木 档 钉 法
300×300	450	50×50	
400×400	450	50×50	
500×500	400	50×50	平 摆
600×600	400	50×50	平 摆
700×700	400	50×70	立 摆
800×800	400	50×70	立 摆

同一柱列的模板，可采取先校正两端的柱模，在柱模顶中心拉通线，按通线校正中间部分的柱模。

4. 梁模板

(1) 构造

梁模板主要由侧板、底板、夹木、托木、梁箍、支撑等组成。侧板可用厚 25mm 的长条板加木档拼制，底板一般用厚 40～50mm 的长条板加木档拼制，或用整块板。

在梁底板下每隔一定间距支设顶撑。夹木设在梁模两侧板下方，将梁侧板与底板夹紧，并钉牢在支柱顶撑上。次梁模板，还应根据格栅标高，在两侧板外面钉上托木。在主梁与次梁交接处，应在主梁侧板上留缺口，并钉上衬口档，次梁的侧板和底板钉在衬口档上（图 2-5-23）。

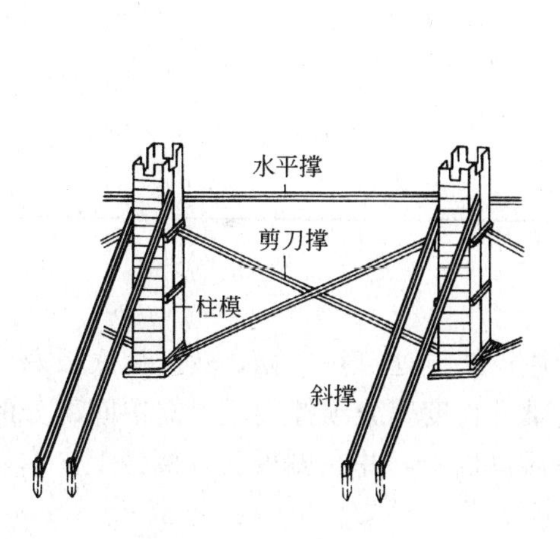

图 2-5-22 柱模的固定

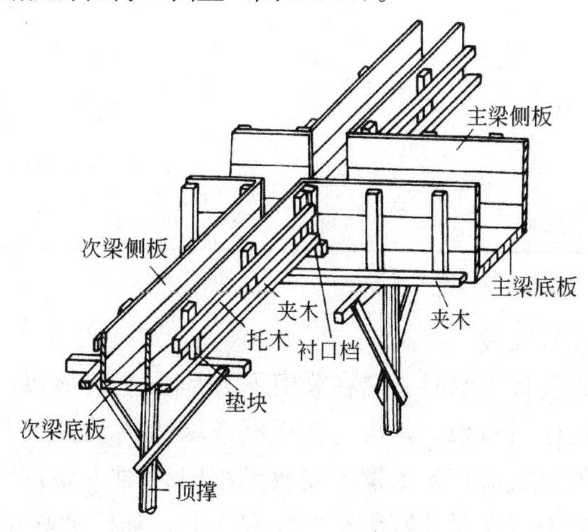

图 2-5-23 梁模板

支承梁模的顶撑（又称琵琶撑、支柱），其立柱一般为 100mm×100mm 的方木或直径 120mm 的原木，帽木用断面（50～100）mm×100mm 的方木，长度根据梁高决定，斜撑用断面 50mm×75mm 的方木；亦可用钢制顶撑（图 2-5-24）。为了调整梁模的标高，在立柱底要垫木楔。沿顶撑底在地面上应铺设垫板。垫板厚度应不小于 40mm，宽度不小于 200mm，长度不小于 600mm。新填土或土质不好的基层地面须采取夯实措施。

顶撑的间距要根据梁的断面大小而定，一般为 800～1200mm。

当梁的高度较大，应在侧板外面另加斜撑，斜撑上端钉在托木上，下端钉在顶撑的帽木上（图 2-5-25），独立梁的侧板上口用搭头木互相卡住。

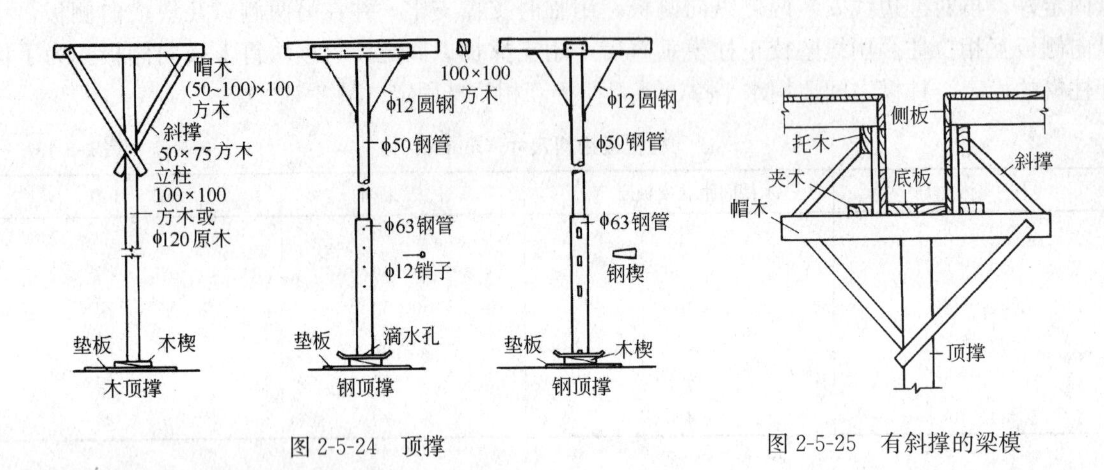

图 2-5-24　顶撑

图 2-5-25　有斜撑的梁模

梁模板的用料尺寸可参考表 2-5-14。

梁模板用料尺寸（mm）　　**表 2-5-14**

梁　高	梁侧板（厚不小于 25）		梁底板（厚 40～50）	
	木档间距	木档断面	支承点间距	支承琵琶头断面
300	550	50×50	1250	50×100
400	500	50×50	1150	50×100
500	500	50×75（立摆）	1050	50×100
600	450	50×75（立摆）	1000	50×100
800	450	50×75（立摆）	900	50×100
1000	400	50×100（立摆）	800	50×100
1200	400	50×100（立摆）	800	50×100

注：夹木一般用断面为 50mm×（75～100）mm。

（2）安装

梁模板安装时，应在梁模下方地面上铺垫板，在柱模缺口处钉衬口档，然后把底板两头搁置在柱模衬口档上，再立靠柱模或墙边的顶撑，并按梁模长度等分顶撑间距，立中间部分的顶撑。顶撑底应打入木楔。安放侧板时，两头要钉牢在衬口档上，并在侧板底外侧铺上夹木，用夹木将侧板夹紧并钉牢在顶撑帽木上，随即把斜撑钉牢。

次梁模板的安装，要待主梁模板安装并校正后才能进行。其底板及侧板两头是钉在主梁模板缺口处的衬口档上。次梁模板的两侧板外侧要按格栅底标高钉上托木。

梁模板安装后，要拉中线进行检查，复核各梁模中心位置是否对正。待平板模板安装后，检查并调整标高，将木楔钉牢在垫板上。各顶撑之间要设水平撑或剪刀撑，以保持顶撑的稳固（图 2-5-26）。

当梁的跨度在 4m 或 4m 以上时，在梁模的跨中要起拱，起拱高度为梁跨度的 0.2%～0.3%。

当楼板采用预制圆孔板、梁为现浇花篮梁时，应先安装梁模板，再吊装圆孔板，圆孔板的重量暂时由梁模板来承担。这样，可以加强预制板和现浇梁的连接。其模板构造如图 2-5-27 所示。安装时，先按前述方法将梁底板和侧板安装好，然后在侧板的外边立支撑（在支撑底部同样要垫上木楔和垫板），再在支撑上钉通长的格栅，格栅要与梁侧板上口靠紧，在支撑之间用水平撑和剪刀撑互相连接。

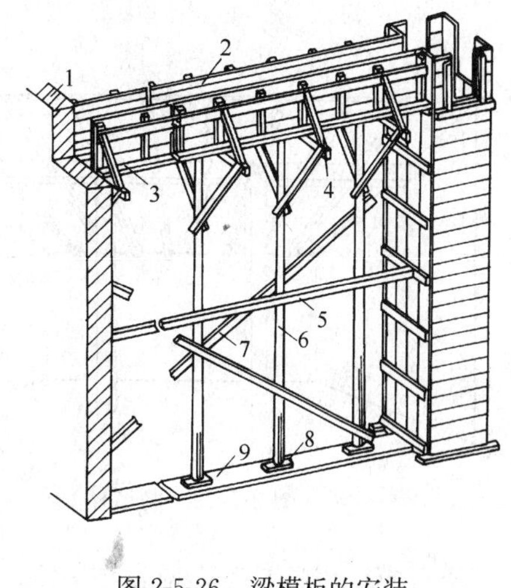

图 2-5-26　梁模板的安装

1—砖墙；2—侧板；3—夹木；4—斜撑；5—水平撑；6—琵琶撑；7—剪刀撑；8—木楔；9—垫板

当梁模板下面需留施工通道，或因土质不好不宜落地支撑，且梁的跨度又不大时，则可将支撑改成倾斜支设，支设在柱子的基础面上（倾角一般不宜大于 30°），在梁底板下面用一根 50mm×75mm 或 50mm×100mm 的方木，将两根倾斜的支撑撑紧，以加强梁底板刚度和支撑的稳定性（图 2-5-28）。

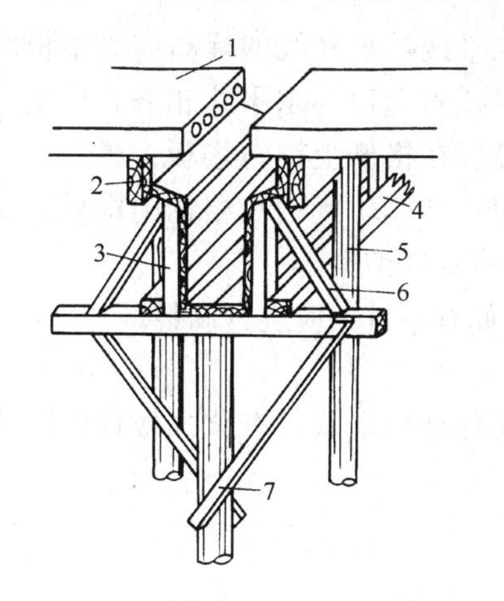

图 2-5-27　花篮梁模板

1—圆孔板；2—格栅；3—木档；4—夹木；5—牵杠撑；6—斜撑；7—琵琶撑

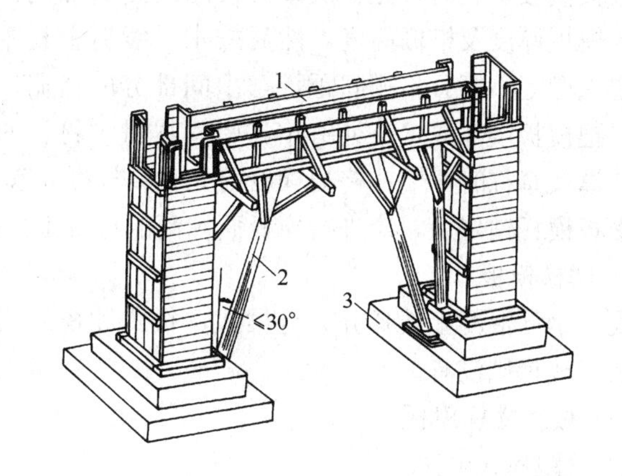

图 2-5-28　用支撑倾斜支模

1—侧板；2—支撑；3—柱基础

5. 楼板模板

(1) 构造

楼板模板一般用厚 20～25mm 的木板拼成，或采用定型木模块，铺设在格栅上。格栅两头搁置在托木上，格栅一般用断面 50mm×100mm 的方木，间距为 400～500mm。当格栅跨度较大时，应在格栅中间立支撑，并铺设通长的龙骨，以减小格栅的跨度。牵杠撑的断面要求与顶撑立柱一样，下面须垫木楔及垫板。一般用（50～75）mm×150mm 的方木。楼板模板应垂直于格栅方向铺钉。定型模块的规格尺寸要符合格栅间距，或适当调整格栅间距来适应定型模块的尺寸（图 2-5-29、图 2-5-30）。

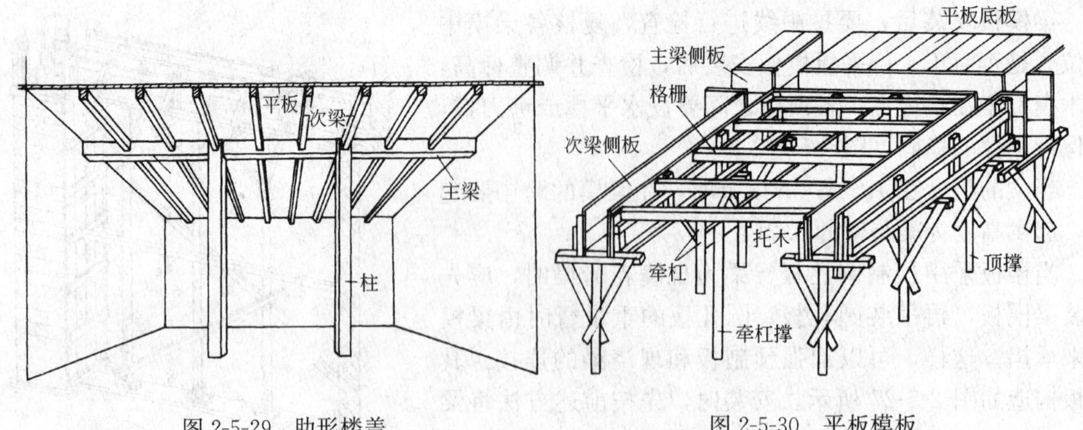

图 2-5-29 肋形楼盖

图 2-5-30 平板模板

楼板模板用料参考，见表 2-5-15。

楼板模板用料参考表（mm） **表 2-5-15**

混凝土楼板厚度	格栅断面	格栅间距	底板厚度	牵杠断面	牵杠撑间距	牵杠间距
60～120	50×100	500	25	70×150	1500	1200
140～200	50×100	400～500	25	70×200	1300～1500	1200

（2）安装

楼板模板安装时，先在次梁模板的两侧板外侧弹水平线，水平线的标高应为平板底标高减去楼板模板厚度及格栅高度，然后按水平线钉上托木，托木上口与水平线相齐。再把靠梁模旁的格栅先摆上，等分格栅间距，摆中间部分的格栅。最后在格栅上铺钉楼板模板。为了便于拆模，只把模板端部或接头处钉牢，中间尽量少钉。如用定型模块则铺在格栅上即可。如中间设有牵杠撑及牵杠时，应在格栅摆放前先将牵杠撑立起，将牵杠铺平。

楼板模板铺好后，应进行模板面标高的检查工作，如有不符，应进行调整。

6. 楼梯模板

现浇钢筋混凝土楼梯分为有梁式、板式和螺旋式几种结构形式，有梁式楼梯段的两侧有边梁，板式楼梯则没有。

（1）板式楼梯模板

1）双跑板式楼梯。

双跑板式楼梯包括楼梯段（梯板和踏步）梯基梁、平台梁及平台板等（图 2-5-31）。

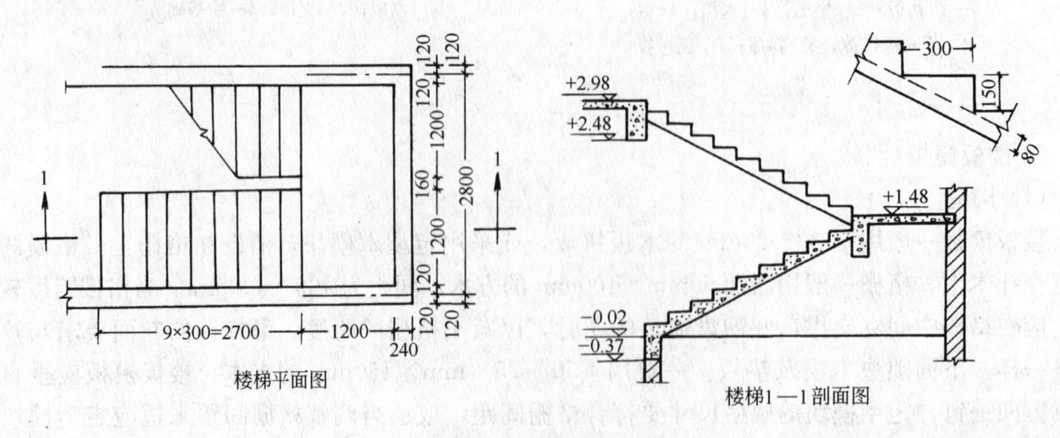

图 2-5-31 楼梯详图

平台梁和平台板模板的构造与肋形楼盖模板基本相同。楼梯段模板是由底模、格栅、牵杠、牵杠撑、外帮板、踏步侧板、反三角木等组成(图 2-5-32)。

踏步侧板两端钉在梯段侧板（外帮板）的木档上，如先砌墙体，则靠墙的一端可钉在反三角木上。梯段侧板的宽度至少要等于梯段板厚及踏步高，板的厚度为 30mm，长度按梯段长度确定。在梯段侧板内侧划出踏步形状与尺寸，并在踏步高度线一侧留出踏步侧板厚度钉上木档，用于钉踏步侧板。反三角木是由若干三角木块钉在方木上，三角木块两直角边长分别各等于踏步的高和宽，板的厚度为 50mm，方木断面为 50mm×100mm。每一梯段反三角木至少要配一块。楼梯较宽时，可多配。反三角木用横楞及立木支吊。

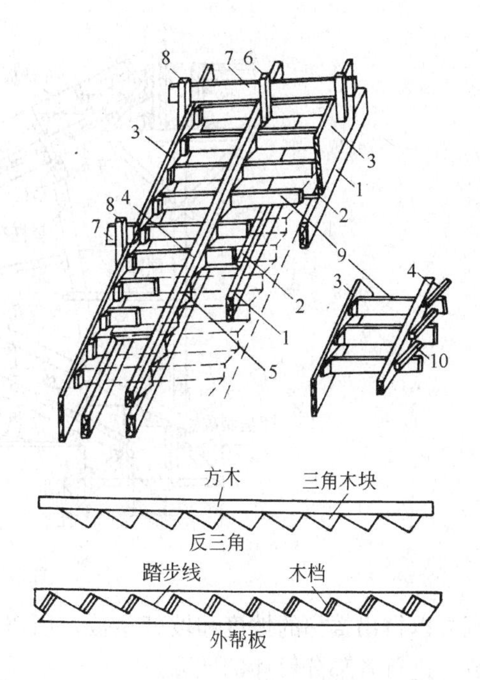

图 2-5-32　楼梯模板构造

1—楞木；2—底模；3—外帮板；4—反三角木；5—三角板；6—吊木；7—横楞；8—立木；9—踏步侧板；10—顶木

2）配制方法。

① 放大样方法：

楼梯模板有的部分可按楼梯详图配制，有的部分则需要放出楼梯的大样图，以便量出模板的准确尺寸。

a. 在平整的水泥地坪上，用 1∶1 或 1∶2 的比例放大样。先弹出水平基线 x-x 及其垂线 y-y。

b. 根据已知尺寸及标高，先画出梯基梁、平台梁及平台板。

c. 定出踏步首末两级的角部位置 A、a 两点，及根部位置 B、b 两点（图 2-5-33（a)），两点之间画连线。画出 B-b 线的平行线，其距离等于梯板厚，与梁边相交得 C、c（图 2-5-33（a)）。

d. 在 Aa 及 Bb 两线之间，通过水平等分或垂直等分画出踏步（图 2-5-33（a)）。

e. 按模板厚度于梁板底部和侧部画出模板图（图 2-5-33（b)）。

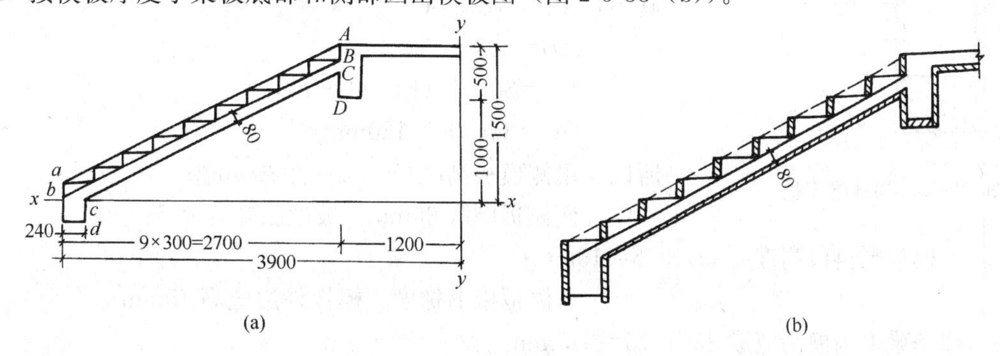

图 2-5-33　楼梯放样图

f. 按支撑系统的规格画出模板支撑系统及反三角等模板安装图（图 2-5-34）。

第二梯段放样方法与第一梯段基本相同。

② 计算方法：

楼梯踏步的高和宽构成的直角三角形与梯段和水平线构成的直角三角形都是相似三角形（对应边平行），因此，踏步的坡度和坡度系数即为梯段的坡度和坡度系数。通过已知踏步的高

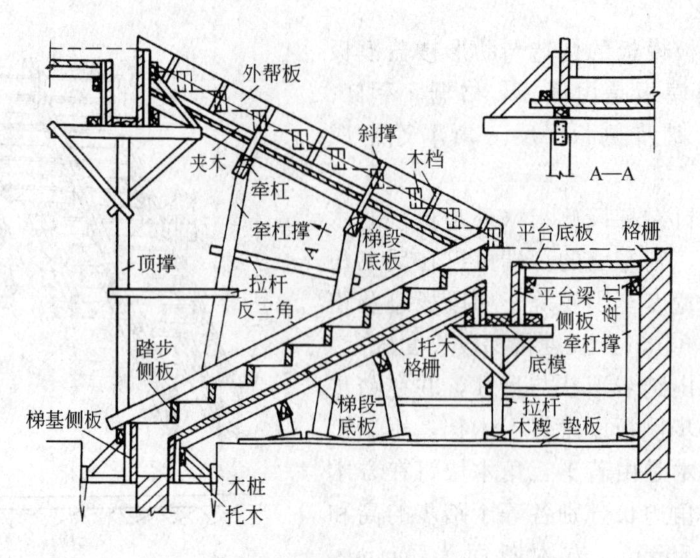

图 2-5-34　楼梯模板

和宽可以得出楼梯的坡度和坡度系数，所以楼梯模板各倾斜部分都可利用楼梯的坡度值和坡度系数，进行各部分尺寸的计算。

以图 2-5-31 为例：踏步高＝150mm

踏步宽＝300mm

踏步斜边长$=\sqrt{150^2+300^2}=335.4$mm

坡度$=\frac{短边}{长边}=\frac{150}{300}=0.5$

坡度系数$=\frac{斜边}{长边}=\frac{335}{300}=1.118$

根据已知的坡度和坡度系数，可进行楼梯模板各部分尺寸的计算：

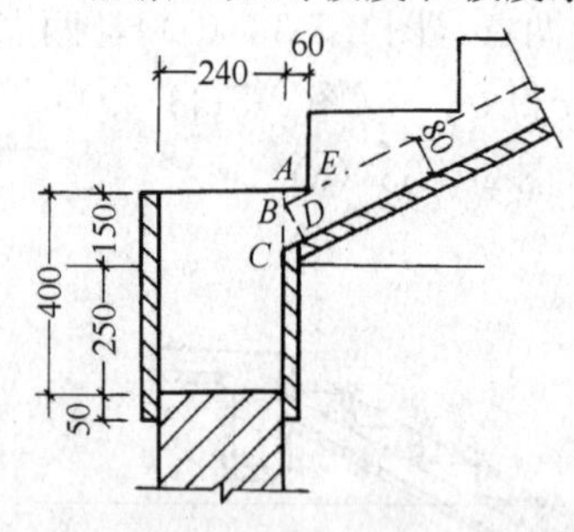

图 2-5-35　梯基梁模板

a. 楼基梁里侧模的计算（图 2-5-35）

外侧模板全高为 450mm

里侧模板高度＝外侧模板$-AC$

其中：$AC=AB+BC$

$AB=60\times0.5=30$mm

$BC=80\times1.118=90$mm

$AC=30+90=120$mm

所以：里侧模板高＝450－120＝330mm；

侧模板厚取 30mm，坡度已知为 0.5；

又：　模板倒斜口高度＝30×0.5＝15mm；

里侧板接上梯度，模板外边应高 15mm；

则：梯基梁里侧模高应取 330＋15＝345mm。

b. 平台梁里侧模的计算（图 2-5-36）

里侧模的高度：由于平台梁与下梯段相接部分以及与上梯段相接部分的高度不相同，模板上口倒斜口的方向也不相同；另外，两梯段之间平台梁末与梯段相接部分一小段模板的高度为全高。因此：

里侧模全高＝420＋80＋50＝550mm（图 2-5-36（b））；

平台梁与梯段相接部分高度 BC 为 80×1.118＝90mm

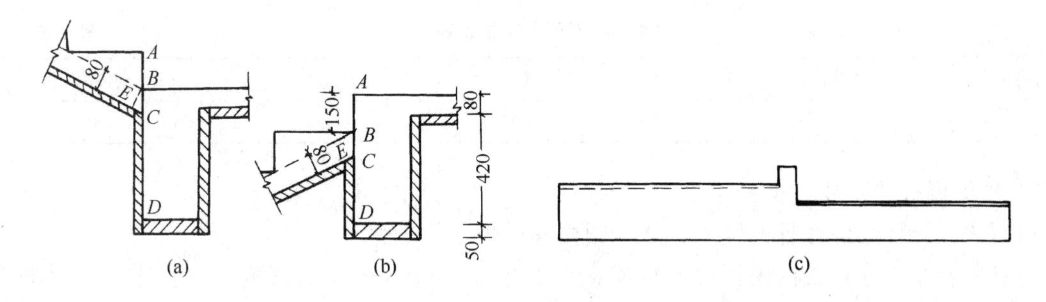

图 2-5-36　平台梁模板

踏步高　AB＝150mm；

则：与下梯段连接的里侧模高＝550－150－90＝310mm；

与上梯段连接的里侧模高＝550－90＝460mm（图 2-5-36（a））。

又：侧模上口倒斜口高度＝30×0.5＝15mm；

下梯段侧模外边倒口 15mm，高度仍为 310mm；

上梯段侧模里边倒口 15mm，高度应为 460＋15＝475mm；

平台板里侧模见图 2-5-36（c）。

c. 梯段板底模长度计算

梯段板底模长度为底模水平投影长乘以坡度系数（以图 2-5-33 为例）。

底模水平投影长度＝2700－240（梁宽）－（30＋30）（梁侧模板厚）＝2400mm；

底模斜长＝2400×1.118＝2683mm。

d. 梯段侧模计算（图 2-5-37）

踏步侧板厚为 20mm，木档宽为 40mm

则：AB＝300＋20＋40＝360mm

AC＝360×0.5＝180mm

AD＝180÷1.118＝160mm

侧模宽度＝160＋80＝240mm（图 2-5-37a）。

侧模长度约为梯段斜长加侧模宽度与坡度的乘积（图 2-5-37b），即侧模长度 L＝2700×1.118＋240×0.5＝3139mm。

侧模割锯部分的尺寸计算，见图 2-5-37（c）。

模板四角编号为 $bDeg$，bD 端锯去△abc，△abc 为与楼梯坡度相同的直角三角形，ac＝踏步高＋梯板厚×坡度系数＝150＋80×1.118＝240mm；bc＝240÷1.118＝214mm；ab＝214×0.5＝107mm。

eg 端锯去△fjh，△fjh 为与楼梯坡度相同的直角三角形，fj＝踏步侧板厚＋木档宽＝20＋40＝60mm，ai 与 ji 交于 i 点，ji 必须等于梯板厚×坡度系数，ai 必须等于梯板底的斜长。

模板的长度如有误差，在满足以上两个条件下，可以平移 ji，进行调整。

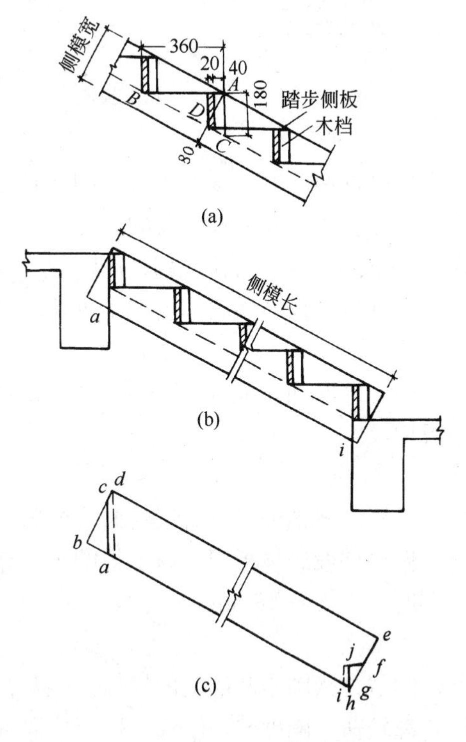

图 2-5-37　梯段侧模

（a）踏步尺寸；（b）侧模长；（c）侧模成型

虚线部分为最后按梁侧模板厚度锯去的部分。

板式楼梯模板用料参考，见表 2-5-16。

板式楼梯模板用料参考表（mm）　　**表 2-5-16**

斜格栅断面	斜格栅间距	牵杠断面	牵杠撑间距	底模板厚	总长顺带断面
50～100	400～500	70×150	1000～1200	20～25	70×150

3）楼梯模板的安装

现以先砌墙体后浇楼梯的施工方法介绍楼梯模板安装步骤。

先立平台梁、平台板的模板以及梯基的侧板。在平台梁和柱基侧板上钉托木，将格栅支于托木上，格栅的间距为 400～500mm，断面为 50mm×100mm。格栅下立牵杠及牵杠撑，牵杠断面为 50mm×150mm，牵杠撑间距为 1～1.2m，其下垫通长垫板。牵杠应与格栅相垂直。牵杠撑之间应用拉杆相互拉结。然后在格栅上铺梯段底板，底板厚为 25～30mm。底板纵向应与格栅相垂直。在底板上划梯段宽度线，依线立外帮板，外帮板可用夹木或斜撑固定。再在靠墙的一面立反三角木，反三角木的两端与平台梁和梯基的侧板钉牢。然后在反三角木与外帮板之间逐块钉踏步侧板，踏步侧板一头钉在外帮板的木档上，另一头钉在反三角木的侧面上。如果梯形较宽，应在梯段中间再加设反三角木。

如果是先浇楼梯后砌墙体时，则梯段两侧都应设外帮板，梯段中间加设反三角木，其余安装步骤与先砌墙体做法相同。

（2）螺旋式楼梯模板

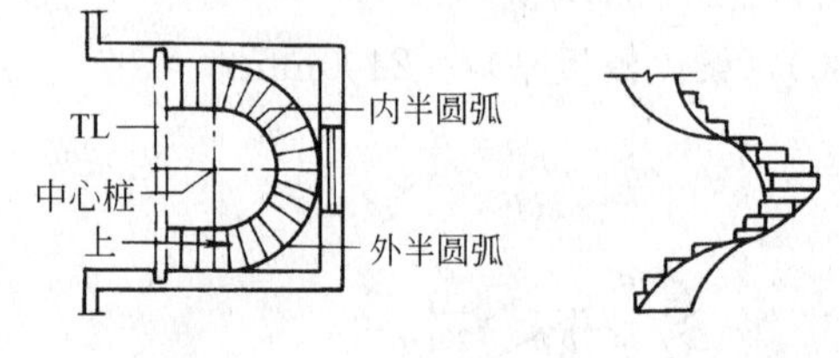

图 2-5-38　半螺旋楼梯示意图

螺旋式楼梯是指一种绕圆心旋转 180°即可达到一个楼层高度的楼梯形式，它是由同一圆心的两条半径不同的螺旋线组成螺旋面分级而成（图 2-5-38），其支模方法如下：

1）备料：

① 支柱。

底层：按图纸中楼梯踏步的数量，根据相应踏步的底标高截出不同长度的木方，相同长度的各截 2 根为 1 组。长度为相应踏步的底标高减去梯段底板厚及楞木和底板木模的厚度。每组木方的长度差等于踏步高，一般为 15cm。木方的断面为 60mm×80mm。然后编上号做立撑用。

标准层：按本楼层高度截出等长的 60mm×80mm 木方，数量为每个踏步 2 根。

② 横方。

横方的断面一般为 60mm×80mm，长度为楼梯宽度加 60cm，即每边长出 30cm，以供钉底模板用。

③ 配板。

运用无限细分，以直线代曲线的数学原理，按楼梯的图纸尺寸，锯出梯形板，一个踏步一套，做楼梯段底模板用。由于板的长度很短（板长一般等于相应部位的踏步宽减去 5mm），故板厚一般可为 15～18mm。

④ 侧帮。

侧帮是指踏步两端头的模板。侧帮应由能弯成一定弧度的材料制成，但能弯成一定弧度的材料都较薄，刚度差。因此，以每个踏步为单位，按事先计算好的角度及尺寸做成若干个小梯形板段，但要注意楼梯内外侧的角度不同。梯形侧帮的高度要视梯段底板的厚度来确定。

⑤ 立帮。

因为踏步的高度和长度一致，故可按正常板式楼梯的支模方法准备立帮即可。

2）放线：

放线是支旋转楼梯模板的最重要的工作，具体按下述步骤进行：

① 定出中心点。

根据图纸尺寸，在地面垫层上量出中心点位置，然后在中心点处打入木桩，在桩顶精确地画出中心点位置，钉入钉子，钉子帽露出桩顶 1cm 左右。

② 划圆定轮廓。

以中心点为圆心，分别以中心点至内外弧的距离为半径，在地面上画出两条半圆弧，即为旋转楼梯轮廓的水平投影线，也是旋转楼梯的基准线。施工中可用这条线复核楼梯的曲率及踏步端线的垂直度。

③ 分出踏步点。

按图示尺寸，在外圆弧上分出每个踏步的宽度，画出分隔点。

④ 画出踏步线。

将经纬仪安装在中心点上，对中调平后，依次瞄准已分好的踏步宽度分隔点，并依次投射到墙上或其他固定物上，在墙上各垂直投射两点，以这两点为准，在墙上弹出踏步宽度分隔垂直线。

⑤ 建立中垂线。

中垂线是指在中心点处设一根垂直线。在楼梯口的上方放一根固定的 100mm×100mm 的木方，并在木方的中间部位上定出一个点，使这点与地面中心点重合。然后用一根 16～20 号的钢丝，将地面中心点桩钉与木方中心点连通拉紧。在钢丝上，划出每个踏步的高度尺寸。这样，踏步的垂直和水平两个方向的尺寸均已受到控制。

⑥ 找踏步交点。

用一根一端带钩或圆孔的扁铁，一端钩在或套在垂直的钢丝上，按钢丝上的踏步高度标记边旋转边上移，并用水平尺控制扁铁的水平，这样，扁铁的另一端与墙上垂直线的交点即为踏步交点。

也可在墙上分别量出每个踏步的高度尺寸，并做出标记，然后用 22 号钢丝或小线连接此标记与中垂线上的相应标记，这样也能控制每个踏步的水平位置。

⑦ 弹梯段底板线。

从墙上的交点起，按图纸上的底板厚度下反尺寸，定出梯段的底板线，即每个踏步反出一个点。再用墨线把每个点连接起来，就组成了楼梯底段板的底线。需要注意的是，旋转楼梯段板的底面是曲面，而普通板式楼梯梯段板的底面是平面。

3）支模：

放好线后，即可按线支模。

① 立支柱、钉横方，形成支撑骨架。然后在相邻两支柱间钉上十字撑或拉结木条，使骨架稳固。骨架的高度不同，每个骨架相差一个踏步高度。

② 钉侧帮。按内外圆弧的不同尺寸选取已准备好的梯形侧模板，分别安装在同一踏步的两端。要把每个侧帮靠紧，两相邻侧帮用短木方钉牢。但必须钉在踏步外侧。

③ 安装梯段底板。在立好的骨架上钉牢事先配好的小块梯形底板（图 2-5-39）。

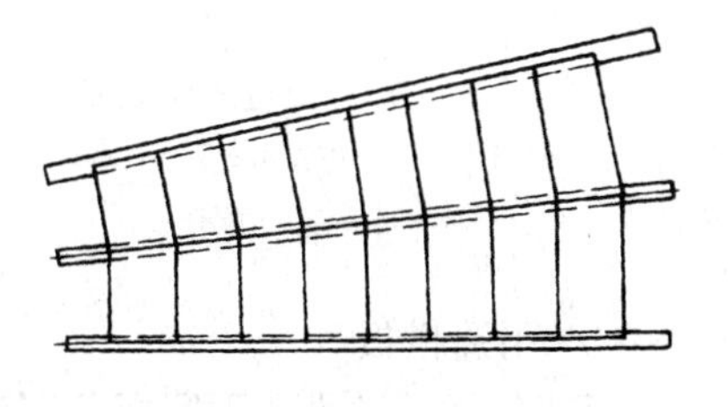

图 2-5-39　楼梯梯段底板

④ 模板支到一定程度后，需检查楼梯的尺寸和标高，不妥之处要进行调整。如底板的平整、侧帮所组成圆弧的棱角等。当确认没有问题后，再对楼梯模板进行整体加固。

⑤ 立踏步板。与常规做法相同，但应待钢筋绑扎完毕后方能进行。

⑥ 钉上口拉条。方法与普通楼梯一样。

4）质量要求。

旋转楼梯支模的质量要求是：

① 各点标高及各部分尺寸必须准确。

② 侧帮要成弧状，拼接棱角高度不得超过1cm。

③ 底板要平整，上下顺平，不应形成折线形，同时，每一踏步范围内必须水平。

④ 整个楼梯模板必须牢固、稳定。

⑤ 底板及侧帮的拼缝要严密，防止漏浆。

7. 门（窗）过梁、圈梁和雨篷模板

（1）门（窗）过梁模板

门、窗过梁模板由底模、侧模、夹木和斜撑等组成。底模一般用厚40mm的木板，其长度等于门、窗洞口长度，宽度与墙厚相同。侧模用25mm厚的木板，其高度为过梁高度加底板厚度，长度应比过梁长400～500mm，木档一般选用50mm×75mm的方木。

安装时，先将门、窗过梁底模按设计标高搁置在支撑上，支撑立在洞口靠墙处，中间部分间距一般为1m左右，然后装上侧模，侧模的两端紧靠砖墙，在侧模外侧钉上夹木和斜撑，将侧模固定。最后，在侧模上口钉搭头木，以保持过梁尺寸的正确（图2-5-40）。

（2）圈梁模板

圈梁模板是由横楞（托木）、侧模、夹木、斜撑和搭头木等组成，其构造与门、窗过梁基本相同。圈梁模板是以砖墙顶面为底模，侧模高度一般是圈梁高度加一皮砖厚度，以便支模时两侧侧模夹住顶皮砖。安装模板前，在离圈梁底第二皮砖，每隔1.2～1.5m放置楞木，侧模立于横楞上，在横楞上钉夹木，使侧模夹紧墙面。斜撑下端钉在横楞上，上端钉在侧模的木档上。搭头木上划出圈梁宽度线，依线对准侧板里口，隔一定距离钉在侧模上（图2-5-41）。

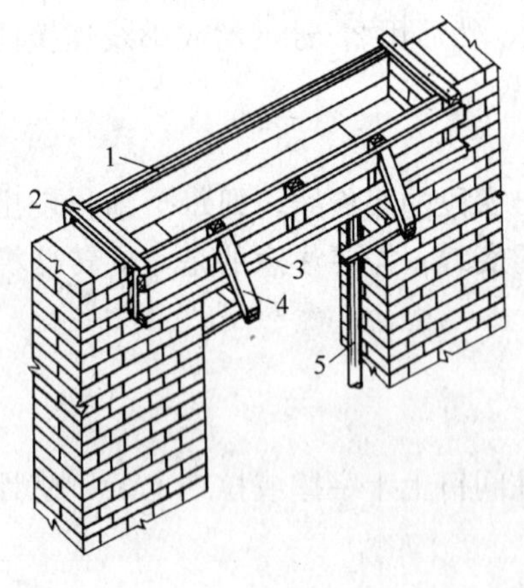

图2-5-40　门、窗过梁模板之一

1—木档；2—搭头木；3—夹木；4—斜撑；5—支撑

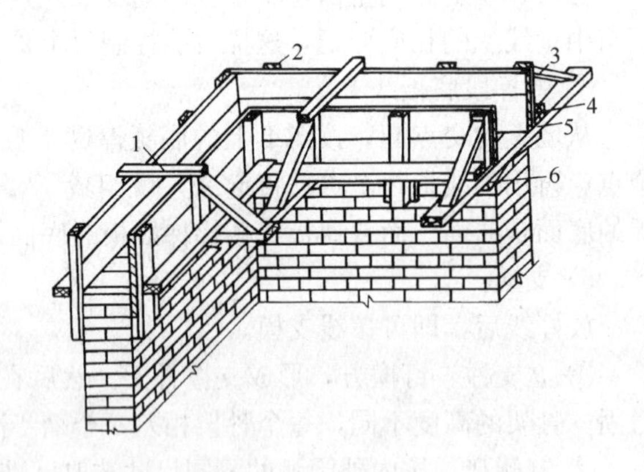

图2-5-41　圈梁模板

1—搭头木；2—木档；3—斜撑；4—夹木；5—横楞；6—木楔

（3）雨篷模板

雨篷包括门过梁和雨篷板两部分。门过梁的模板由底模、侧模、夹木、顶撑、斜撑等组成；雨篷板的模板由托木、格栅、底板、牵杠、牵杠撑等组成（图2-5-42）。

雨篷模板安装时，先立门洞两旁的顶撑，搁上过梁的侧模，用夹木将侧模夹紧，在侧模外侧用斜撑钉牢。在靠雨篷板一边的侧板上钉托木，托木上口标高应是雨篷板底标高减去雨篷板底板厚及格栅高。再在雨篷板前沿下方立起牵杠撑，牵杠撑上端钉上牵杠，牵杠撑下端要垫上木楔板，然后在托木与牵杠之间摆上格栅，在格栅上钉上三角撑。如雨篷板顶面低于梁顶面，则在过梁侧板上口（靠雨篷板的一侧）钉通长木条，木条高度为两者顶面标高之差。安装完后，要检查各部分尺寸及标高是否正确，如有不符，予以调整。

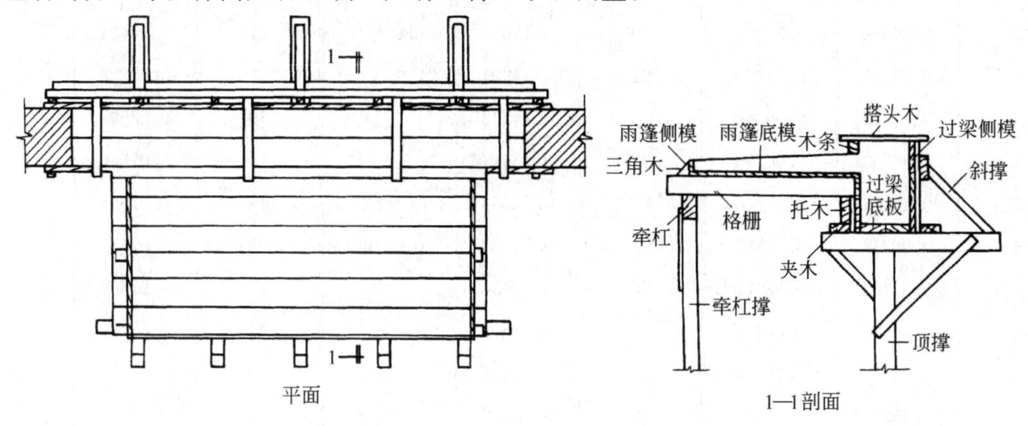

图 2-5-42　雨篷模板

8. 圆形结构模板

(1) 圆柱模板

1) 构造。

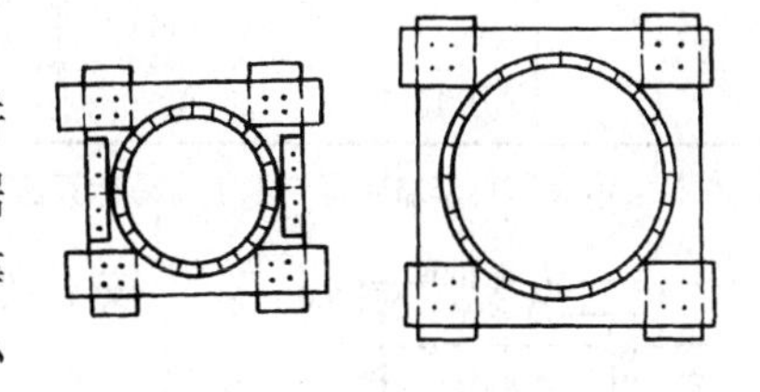

图 2-5-43　圆形模板

圆柱模板一般由 20～25mm 厚，30～50mm 宽的木板拼钉而成，木板钉在木带上，木带是由 30～50mm 厚的木板锯成圆弧形，木带的间距为 700～800mm。圆柱模板一般要等分两块或四块（图 2-5-43），分块的数量要根据柱断面的大小及材料的规格确定。

圆柱模板在浇筑混凝土时，木带要承受混凝土的侧压力。因此规定在拱高处的木带净宽应不小于 50mm。

2) 制作。

木带的制作采取放样的方法。模板分为四块时，以圆柱半径加模板厚作为半径画圆，再画圆的内接四边形，即可量出拱高和弦长。木带的长度取弦长加 200～300mm，以便于木带之间钉接。宽度为拱高加 50mm。根据圆弧线锯去圆弧部分，木带即成（图 2-5-44）。

3) 安装。

木带制作后，即可与木板条钉成整块模板（图 2-5-45），并应留出清渣口和混凝土浇筑口。木带上要弹出中线，以便于柱模安装时吊线校正。柱箍与支撑设置与方柱模板相同。

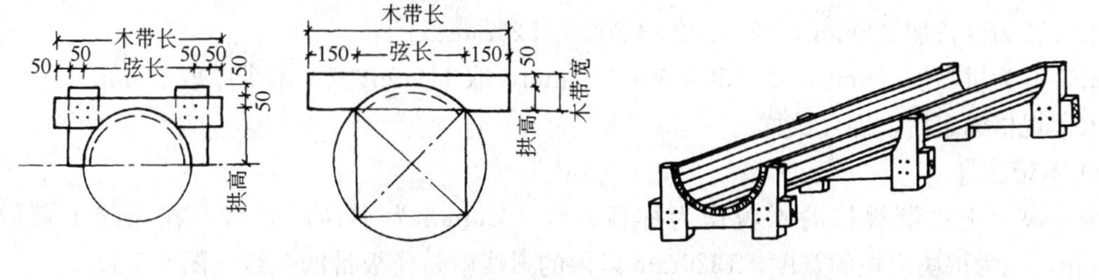

图 2-5-44　木带样板　　图 2-5-45　圆模装钉

(2) 圆形水池模板

圆形水池由于直径大，模板分块多，可根据多边形分块及拱高系数表（表 2-5-17）计算。

多边形分块及拱高系数表　　　　　　　　　　　　**表 2-5-17**

分块数	分块系数	拱高系数	分块数	分块系数	拱高系数	分块数	分块系数	拱高系数
1			18	0.17365	0.00761	35	0.08964	0.00205
2	1.00000	0.50000	19	0.16459	0.00685	36	0.08716	
3	0.86603	0.25000	20	0.15643	0.00620	37	0.08481	
4	0.70711	0.14645	21	0.14904		38	0.08258	
5	0.58779	0.09560	22	0.14232		39	0.08047	
6	0.50000	0.06700	23	0.13617		40	0.07846	0.00160
7	0.43388	0.04950	24	0.13053		41	0.07655	
8	0.38268	0.03805	25	0.12533	0.00400	42	0.07473	
9	0.34202	0.03020	26	0.12054		43	0.07300	
10	0.30902	0.02447	27	0.11609		44	0.07134	
11	0.28173	0.02030	28	0.11197		45	0.06976	0.00126
12	0.25882	0.01705	29	0.10812		46	0.06824	
13	0.23932	0.01460	30	0.10453	0.00260	47	0.06679	
14	0.22252	0.01250	31	0.10117		48	0.06540	
15	0.20791	0.01090	32	0.09802		49	0.06407	
16	0.19509	0.00926	33	0.09506		50	0.06279	0.00110
17	0.18375	0.00850	34	0.09227				

注：本表摘自李瑞环著《木工简易计算法》。

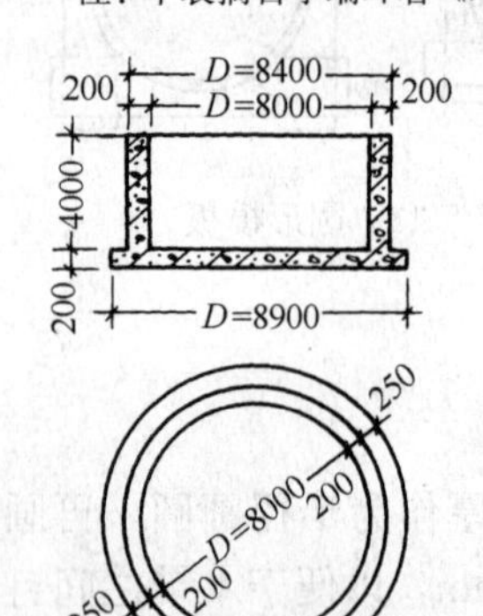

图 2-5-46　钢筋混凝土水池示意

按下列公式，根据圆的直径算出拱高和弦长：

拱高＝直径×拱高系数

弦长＝直径×分块系数

例如：水池直径为 8m，高 4m，池壁和池底厚都是 200mm（图 2-5-46），进行池壁内外模板配料计算。

1）配料计算

首先确定模板分块数，分块数尽量用双数，以便木带成对钉接，如确定内外模都分为 20 块。

外模木带圆弧直径为水池直径加模板厚：8400＋2×20＝8440mm；

查表 2-5-17 得：分块系数＝0.15643；拱高系数＝0.0062；

外模弦长＝8440×0.15643＝1320mm；

外模拱高＝8440×0.0062＝52mm；

木带长为弦长加 200mm，长＝1320＋200＝1520mm；

木带宽为拱高加 50mm，宽＝52＋50＝102mm，取 110mm 宽，木带厚取 50mm。

木带规格确定后，即可放样。

2）木带放样

选一块大于木带规格的木板作为样板，以 4220mm 为半径画弧线，在弧线上截取弦长 1320mm，此为拼块模板的宽度。1320mm 以内的弧线就是模板带的弧线（图 2-5-47）。

模板内带的放样方法，与外带放样基本相同。

为便于安装和支撑，内外模板分块数应相同，即内模板也为 20 块，以利于立楞的支撑。

内带的圆弧半径是水池内径减去两模板的厚度，即 8000－2×20＝7960mm，则内木带的弦长为：7960×0.15643=1245mm，拱高为 7960×0.0062=49mm。

内带放样见图 2-5-48 所示。

3）模板配制

① 根据实践，按照计算得出的弦长钉制的模板，在安装时，往往在封闭最后一块模板时安不下去。为了保证圆形模板的规格，在钉制模板时，模板的宽度，即弦（边）长应比计算的数字窄 1～2mm 为妥。

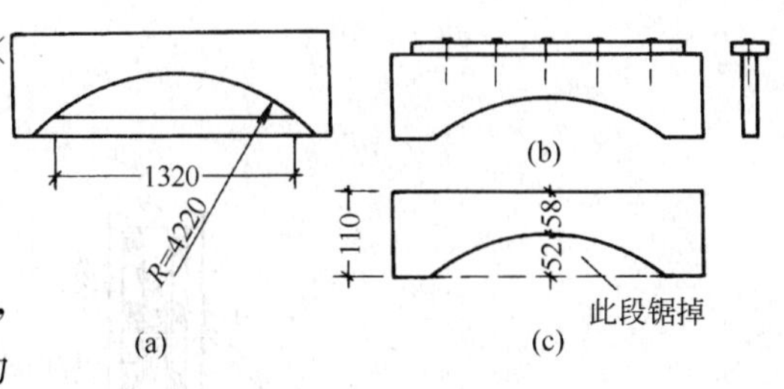

图 2-5-47　外带
（a）外带放样；（b）外带样板；（c）外带

② 为了使支撑的木楞和木带紧密相靠，在用样

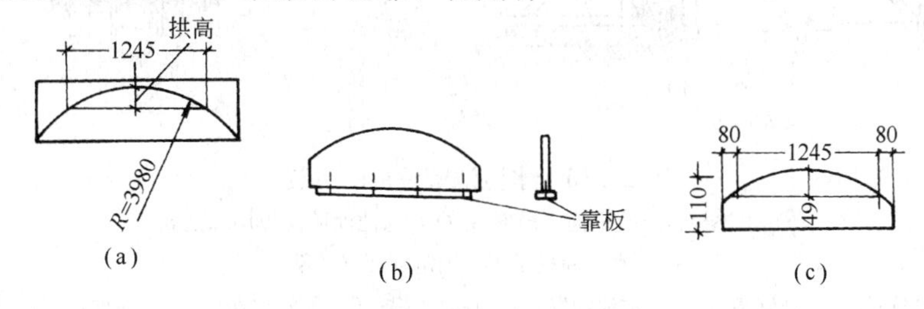

图 2-5-48　内带
（a）内带放样；（b）内带样板；（c）内带

板画出木带时，样板的靠板和木带的背面应贴紧，以保证放样准确。

③ 钉制圆形内外池壁模板，模板带应错开，即分成甲乙块模板，且甲乙块数相同。甲模板在画分好木带距离线的上面钉带，乙模板在线的下面钉带，甲乙带之间应留出 2～3mm 的距离，以便拼镶（图 2-5-49）。

为了解决钢筋较密、捣固困难的问题。可将外壁模采用花钉法，见图 2-5-50。即模板不全钉在木带上，而是在模板的两边钉两块长板，下部钉一节短板，其余的空隙，待混凝土浇筑到接近本部位时，随时加上短模板。

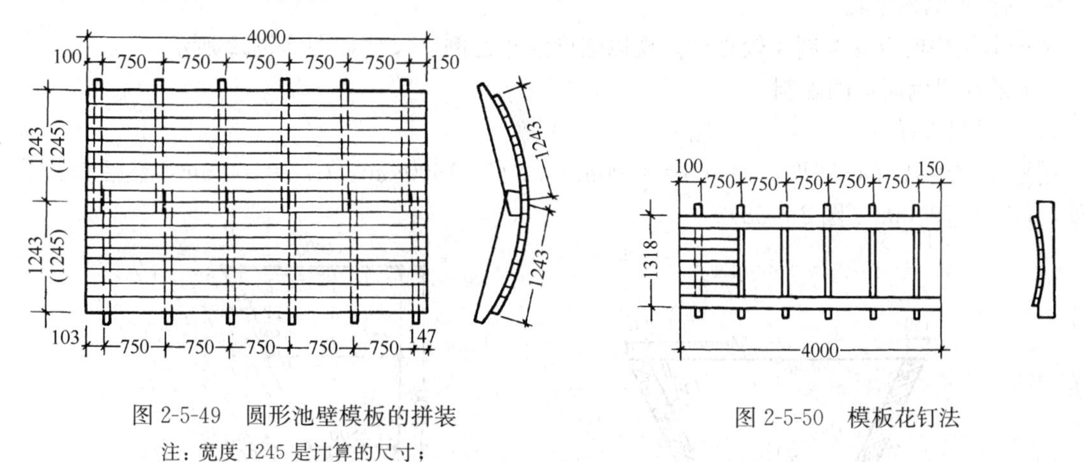

图 2-5-49　圆形池壁模板的拼装
注：宽度 1245 是计算的尺寸；
宽度 1243 是实际钉制模板的尺寸。

图 2-5-50　模板花钉法

4）模板安装

在混凝土池底上弹线放样，以 4000mm 和 4200mm 为半径分别放出水池内壁和外壁圆。

先立内壁模板，下部要按圆弧线固定，上部用钢丝和外楞拉紧（图 2-5-51）。内模安装后再绑池壁钢筋，然后立外壁模板。外壁模板甲块和乙块的位置要和内壁模板的甲、乙块模板位置相对，使内、外模板在一个垂直面上受力，便于支撑加固。

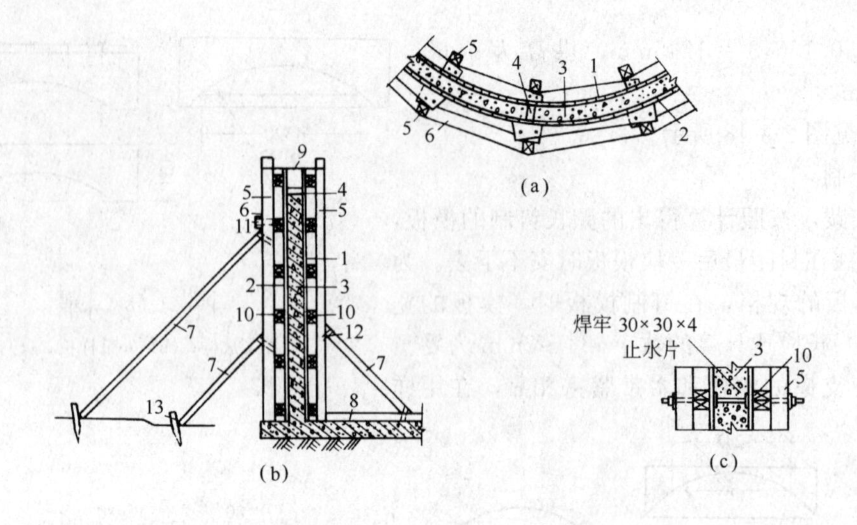

图 2-5-51 水池池壁模板的组装

(a) 水池模板组装平面（局部）；(b) 水池池壁模板局部剖面；

(c) 水池模板用螺栓固定剖面（局部）

1—内壁模板；2—外壁模板；3—水池池壁；4—临时支撑；5—加固立楞；6—加固钢箍；7—加固支撑；8—附加底楞；9—加固钢丝；10—弧形木带；11—防滑木；12—圆钉；13—木桩

模板的下部可对准水池内外壁弧线，上部可用与池壁混凝土厚度相同的木方作临时支撑，在混凝土浇到本部位时再将支撑拆除。

混凝土的侧向压力，虽对内模作用较小，一般不易崩裂，但也应注意，以免发生变形；外壁模板则应注意防止崩裂，一般可在甲、乙两带之间立方木楞，规格为 100mm×120mm，在木楞外面用两道方木支顶，并在楞外用 10～16mm 的钢筋环绕加固。钢筋最好绕在有木带的地方，以便于混凝土的捣固和加钉插板。

外模插板应提前备好，随着混凝土的浇筑，逐层将上一层插板钉好。

9. 圆锥形结构模板

圆锥形结构模板的配制比较复杂，现以圆形漏斗为例，尺寸如图 2-5-52 所示。

(1) 漏斗里侧模板的配制

1) 放足尺大样：

用墨线放出 $ABDC$ 图形，使 AB＝1000mm，AC＝1600mm，CD＝200mm，然后量出模板长度，BD＝1790mm（图 2-5-53）。

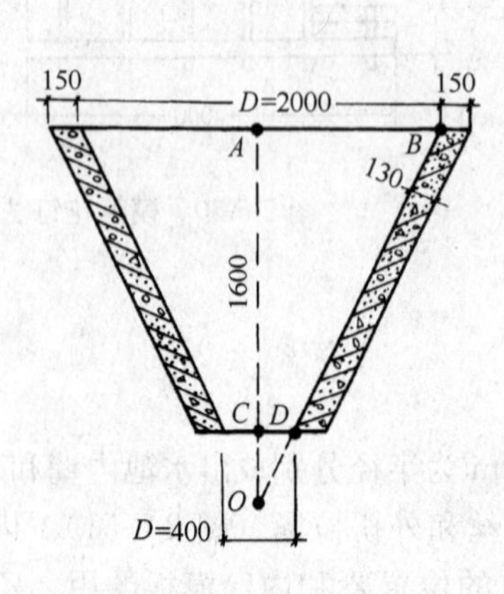

图 2-5-52 漏斗断面

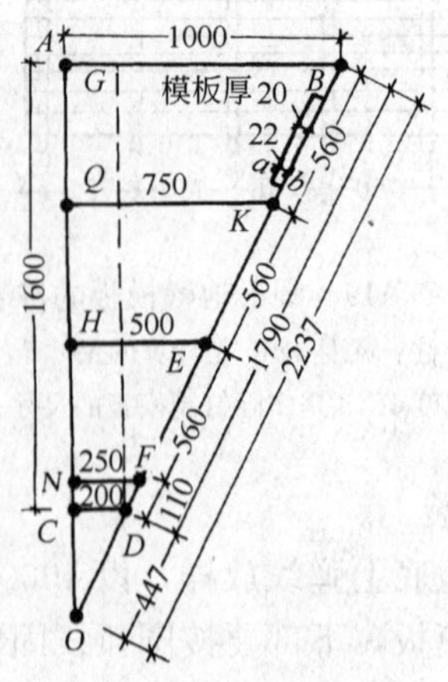

图 2-5-53 里帮模板放样

延长 AC 和 BD 相交于 O 点，然后用尺量出漏斗上口的倾斜半径 $OB=2237$mm，下口的倾斜半径 $OD=447$mm。

2）确定钉几道木带：

模板长为 1790mm，可钉四道木带，从 B 点开始每隔 560mm 设一道木带，即图 2-5-53 中的 B、K、E、F 四点，即为木带的位置。

3）计算各道木带的半径：

过 K、E、F 三点，作平行 AB 的线段 KQ、EH、FN，然后用尺量得：$KQ=750$mm、$EH=500$mm、$FN=250$mm。但当计算木带半径时，要减去模板的厚度，如模板厚度为 20mm，则：

第一道木带的半径＝1000－20＝980mm

第二道木带的半径＝750－20＝730mm

第三道木带的半径＝500－20＝480mm

第四道木带的半径＝250－20＝230mm

注：按图 2-5-53 木带的半径应减去 ab（22mm），因相差很小，为了计算方便，就只减去模板的厚度 20mm。

4）确定模板的分块数：

模板的分块数要根据漏斗上口直径的大小和木带的木料长、宽确定，并要考虑便于运输和安装。如木带用料长为 1000mm，宽 150mm，确定将模板分为 6 块，则查表 2-5-17 可得：

第一道木带的弦长＝半径×分块系数＝980×2×0.5＝980＜1000mm

第一道木带的拱高＝半径×拱高系数＝980×2×0.067＝131＜150mm

验算结果证明：采用 6 块模板进行组装合适。

5）制作木带：

每道木带做一个标准样板，其余木带可按样板进行加工。木带样板的做法如图 2-5-54 所示，其步骤如下：

① 以 O 点为中心，以 230mm、480mm、730mm、980mm 长在木带上画弧。

② 在第一道木带的弧线上，截取弦长 $B_1B_1=980$mm，然后用墨线连接 B_1O。则在各个木板上，由弧线和两条边线 B_1O 所围成的图形，即为四道木带的样板。

③ 取弦长 B_1B_1 的中点 O_1，并连接 OO_1，则 OO_1 线即为各道木带样板的中心线。

④ 木带的两端要锯准，其木带样板的锯法如图 2-5-55 所示。

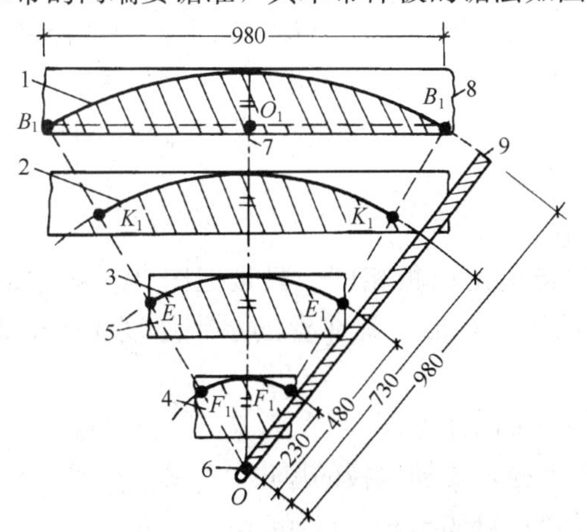

图 2-5-54 里帮木带样板的做法

1—第一道木带样板；2—第二道木带样板；3—第三道木带样板；4—第四道木带样板；5—木带的边线；6—钉子；7—木带中心线；8—木板；9—木杆

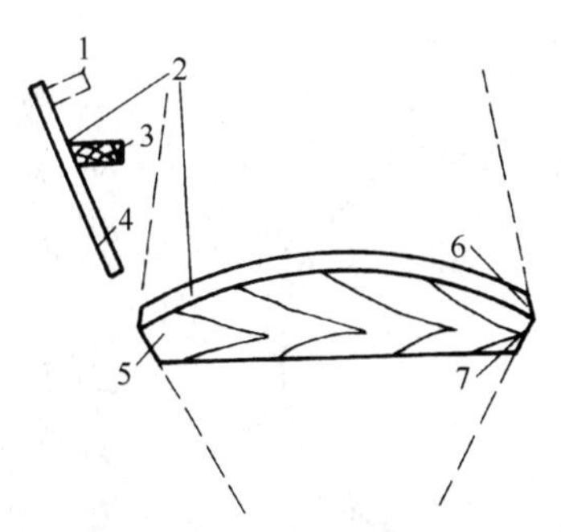

图 2-5-55 木带样板锯法

1—钉法不正确；2—木带的弧线部分按 0.5 的坡度锯；3—木带；4—模板；5—木带样板；6—按一块模板的斜度锯；7—按木带的边线锯

6）钉制模板：

模板可在操作台上钉。为了保证混凝土质量和浇筑方便，在钉模板时，需预留混凝土浇筑口，即模板不全部钉死，留几块活木板。如图 2-5-56 所示。

模板尺寸及木带位置线弹出后，即可钉模板。

7）模板的组装：

组装前，先将浇筑口处的活木板拿掉，编上号放在一起，以免弄乱，待混凝土浇筑到附近时，再随即封上。模板组装情况参见图 2-5-57。

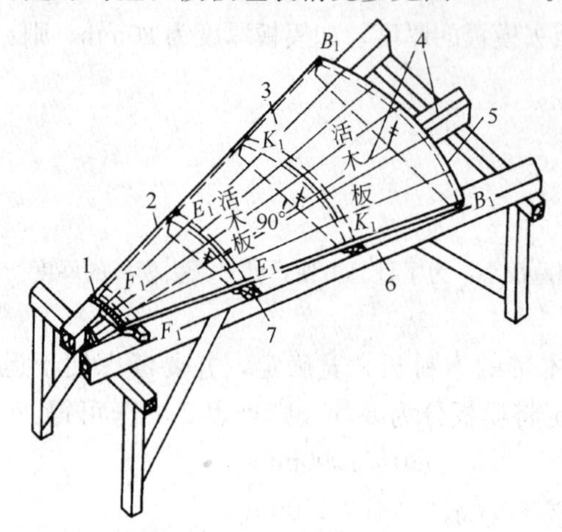

图 2-5-56　锥形模板钉法

1—模板下口按木带的弧度锯成弧形；2——块模板的斜度；3—模板要预先刨光；4—在木楞上弹出的模板中心线用来控制木带中心位置；5—模板的上口沿木带的弧度锯齐；6—操作台；7—利用木档控制木带的位置

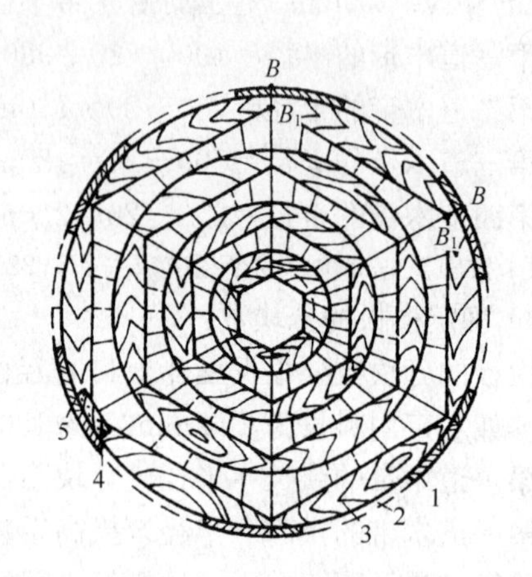

图 2-5-57　模板组装示意

1—模板；2—捣固孔处的活木板位置；3—木带；4—用短木板联结木带接头；5—钉子

注：B 点为模板的外皮；B_1 点为模板的里皮；弦长 $BB=1000$mm，$B_1B_1=980$mm

8）配制时应注意事项：

① 如木带的弧线部分不按 0.5 的坡度锯出斜度，木带和模板垂直相钉，则模板组装后，就会出现图 2-5-58 的第一种情况。

② 如木带没钉在原来计算的 K、E、F 等点的位置上，往上移，则木带的半径缩小，模板组装后会出现图 2-5-58 中的第一种情况；如果木带往下移，则木带半径扩大，模板组装后就会出现第二种情况。

（2）漏斗外侧模板的配制

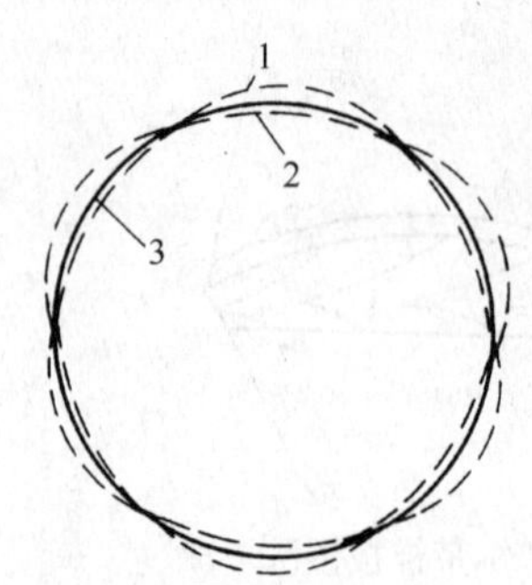

图 2-5-58　出现梅花形的情况

1—第一种情况，说明木带的半径小了；2—第二种情况，说明木带的半径大了；3—标准的圆度

1）放足尺大样：

外模大样放法与里侧模板相同，只是把图 2-5-53 中的 B、K、E、F、D 各点处的半径，加上漏斗壁的水平厚度 15mm 即可，如图 2-5-59 所示。

2）计算各道木带的半径：

计算外模木带半径，要加模板的厚度，所以：

第一道木带半径＝1150＋20＝1170mm

第二道木带半径＝900＋20＝920mm

第三道木带半径＝650＋20＝670mm

第四道木带半径＝400＋20＝420mm

3）确定模板的分块数：

如模板仍分为 6 块，则：第一道木带的弦长＝直径×分块系数＝1170×2×0.5＝1170mm＞木料长 1000mm。

第二道木带挖去的拱高＝直径×拱高系数＝1170×2×0.067＝156.8mm＞木料宽 150mm。

验算的结果说明：木带的弦长和挖去的拱高，大于做木带用的木料尺寸，不符合要求，所以外模的分块数改为 8 块，则：

第一道木带的弦长＝直径×分块系数＝1170×2×0.3827＝895.5mm＜木料长 1000mm。

第二道木带挖去的拱高＝直径×拱高系数＝1170×2×0.038＝88.9≈89mm＜木带宽 150mm。

木带净宽＝木料宽－挖去的拱高＝150－89＝61mm。

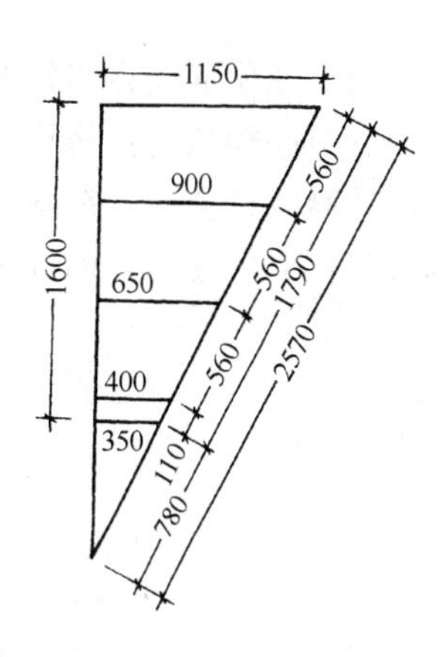

图 2-5-59 外帮模板的放样

4）制作木带：

木带的做法如图 2-5-60 所示。

5）钉制模板：

外模钉法可参照里模钉法。但外模可不留浇筑口。

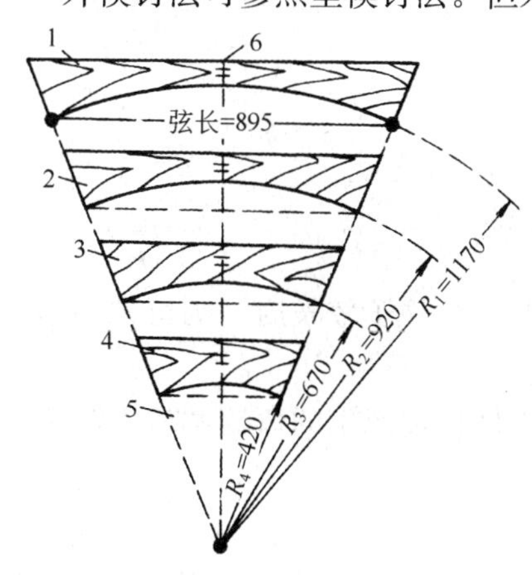

图 2-5-60 外帮带的做法

1—第一道木带；2—第二道木带；3—第三道木带；4—第四道木带；5—木带边线；6—木带中心线

(3) 模板组装要点

1）安装漏斗出料口处平台。由于施工时出料口处荷载很大，因此一般应采用多根立柱加纵横枕木铺成平台作底模。

2）按照设计布置，搭设支撑排架，立外模支柱，安设牵杠和支柱拉杆。所有支柱下均铺垫木。

3）铺设外模。木带与牵杠之间的空隙，应用木楔垫实。

4）铺设支柱和拉杆，用木楔调整标高。

5）绑扎钢筋。

6）铺设内模。为了加强内外模的整体和确保漏斗壁厚一致，内外模牵杠应用钢丝拉结，同时在内外模之间应垫混凝土垫块。

2.5.2.3 预制构件模板

钢筋混凝土预制构件，由于其产品不同，制作要求也不一。采用木模板制作钢筋混凝土构件的方法，大致可分为单层生产和重叠生产两类。

1. 柱子模板

预制构件柱子有矩形、工字形等外形，支模方法可根据其外形及场地条件和节约材料的要求，选用不同的方法。

(1) 单层生产

工形柱的支模，如有较宽敞的场地条件，可采取单层生产。

工形柱模板的特点是上下都要做芯模，芯模用方木和木板钉成。下芯模钉于底板上，其顶面及侧面要符合工形断面形状；上芯模吊在搭头木上（搭头木要适当加大），侧面要符合工字形断面形状，但无底面，以便于筑捣混凝土，其他部位与矩形柱模相同（图 2-5-61）。

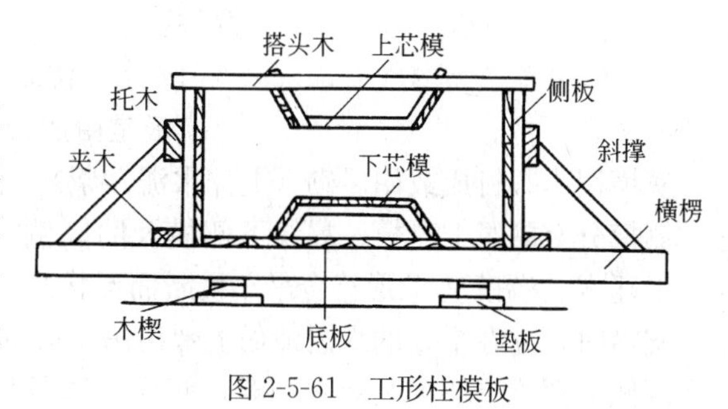

图 2-5-61 工形柱模板

为了使木底模在浇筑混凝土后能尽早拆除，提高底模周转使用率，亦可采用分节脱模法。

分节脱模法是：将构件的底模分成若干节，安装底模时，先设置若干固定支座，固定支座可用砖墩或用方木，在固定支座之间安装木底模。当混凝土强度达到40%～50%时，木底模可以拆出再周转使用，构件重量全部由固定支座支承（图 2-5-62）。

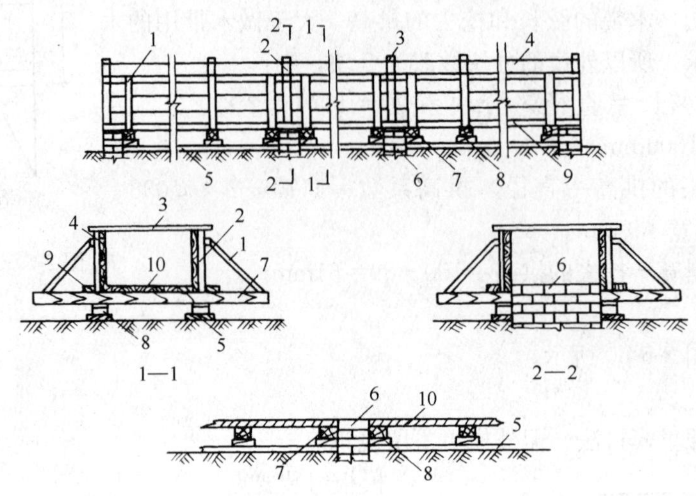

图 2-5-62　分节脱模预制柱的木模板

1—斜撑；2—木档；3—搭头木；4—侧板；5—垫板；6—砖墩支座；7—横楞；8—木楔；9—夹木；10—活动底板

当柱子模板长度不大时，适宜采用两个固定支座三节底模。当柱子较长时，则可采用多支点分节脱膜。支座距离以不超过 3m 为宜。

支座（即构件支点）的位置及拆模时间须经验算，应使构件自重产生的弯矩不应引起构件产生裂缝。

(2) 重叠生产

当场地较小时，为了减少预制构件占地面积，以及节约底模材料，可利用已浇筑好的构件作底模，沿构件两侧安装侧板，再制作同类构件。

用重叠法支模时，应使侧板和端板的宽度大于构件的厚度，至少大 50mm。第一层构件浇筑混凝土前，要在侧板和端板里侧弹出构件的厚度线。上几层构件支模时要使侧板和端板与下层构件搭接一部分（图 2-5-63）。

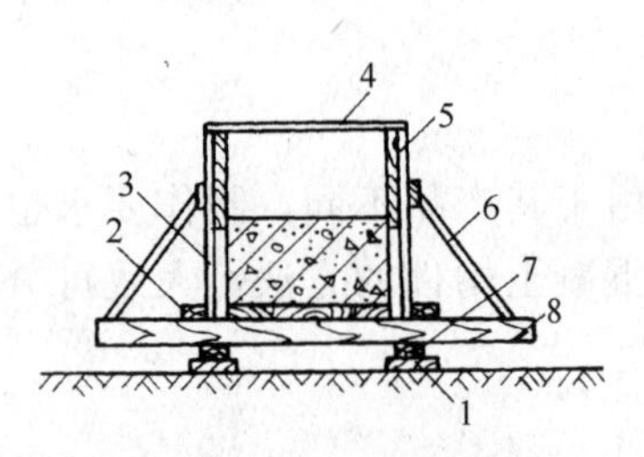

图 2-5-63　预制柱重叠法支模断面图

1—垫板；2—夹木；3—支脚；4—搭头木；5—侧板；6—斜撑；7—木楔；8—横楞

2. 吊车梁模板

吊车梁的断面呈 T 形，根据生产方法有水平浇筑和垂直浇筑两种。

(1) 水平浇筑

模板是由底模、侧模、端板、斜撑、夹木等组成。

底模用木料钉成或用砖砌（上抹水泥砂浆）。底模的形状和尺寸要符合吊车梁两侧凹进的尺寸。侧模分有翼缘上侧模、翼缘下侧模及肋底侧模，这些均应根据相应尺寸先配好，侧模外面要钉上托木。端模呈 T 形符合吊车梁断面形状。

支模时，先在平整的水泥地面上弹出吊车梁的长度、高度及翼缘厚度线，依线把底模放好，再在两侧立翼缘上侧模及肋底侧模，侧模底边外用夹木夹住，夹木钉于木块上，在侧模外面用斜撑撑住。沿侧模上口可钉些搭头木，搭头木要适当加大，翼缘下侧模可钉在搭头木上。在两端钉上端模。

如采取重叠生产吊车梁，则须另做芯模。芯模用方木和木板钉成，无底面，芯模长度等于吊车梁长度，厚度等于吊车梁翼缘伸出的宽度，宽度等于吊车梁的总高减两个翼缘厚度。芯模放置在下层吊车梁上，紧靠翼缘侧面。侧模外面要加钉支脚（图 2-5-64）。

（2）垂直浇筑

模板是由侧板、端板、夹木、斜撑、立档等组成（图 2-5-65）。

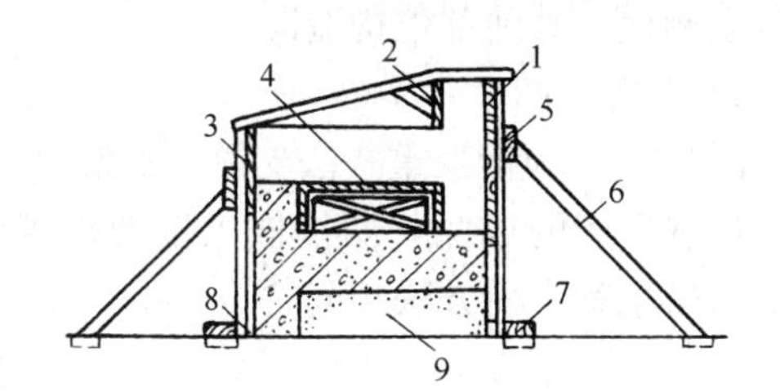

图 2-5-64　叠层生产吊车梁模板

1—翼缘上侧模；2—翼缘下侧模；3—肋底侧模；4—芯模；5—托木；6—斜撑；7—夹木；8—木楔；9—底模

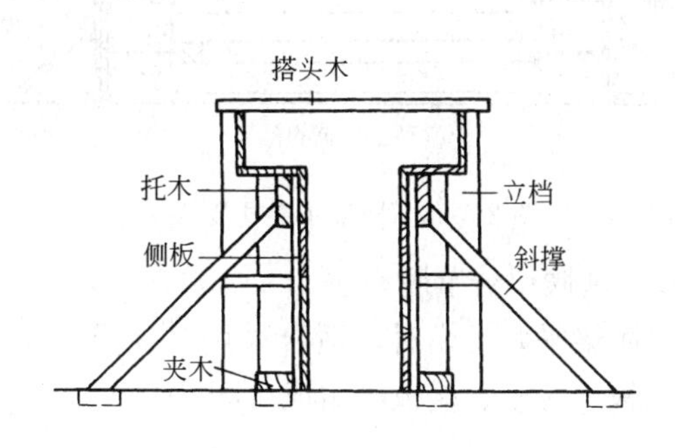

图 2-5-65　立捣吊车梁模板之一

立档主要是保持侧模形状，每隔一定距离设一道。夹木夹于侧模外侧。斜撑上端钉于托木上，下端钉于地面中的木块上。

这种方法是在平整的水泥地面上直接支设，如现场为土地面，则应在地面上铺通长的垫板，在垫板上均匀摆放横楞，在横楞及垫板之间加垫木楔，在横楞上铺设底模，沿底模两侧立侧模，斜撑的下端钉在横楞上（图 2-5-66）。

3. 屋架和薄腹梁模板

（1）桁架模板

1）单层生产

① 模板的配制：桁架模板由底板、横楞、侧板、搭头木等组成（图 2-5-67）。底板及侧板的制作一般采用放大样的方法。桁架模板放大样的方法如下：

a. 选择一块面积稍大于桁架的水泥地面，先弹出桁架的轴线，并按桁架下弦起拱的要求，画出下弦起拱后的轴线。

b. 按构件的断面尺寸，画出桁架图形。

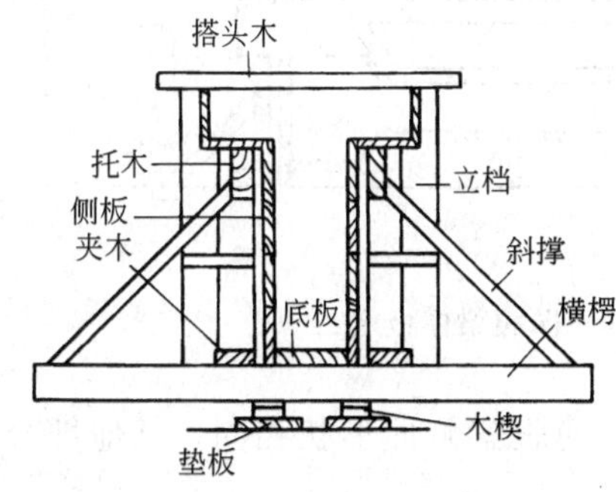

图 2-5-66　立捣吊车梁模板之二

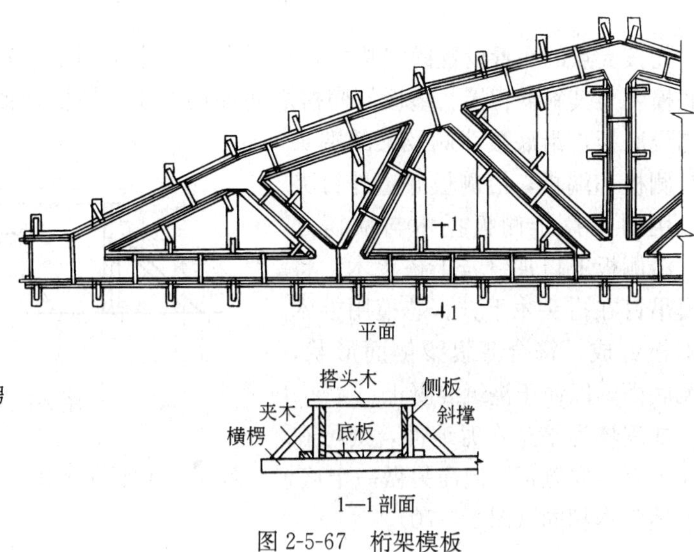

图 2-5-67　桁架模板

c. 根据桁架的大样图进行底模和侧模划块、编号。量出各部分尺寸，套出异形部位的样板。

② 模板的安装：横楞垂直于桁架长度布置（在竖腹杆范围内要垂直于腹杆长度布置）。在横楞上弹出各杆件边线，事先按照各杆件形状和尺寸做好底模，底模依所弹的边线铺钉在横楞上，沿底模两边立起侧模，侧模外侧下部用夹木夹住，夹木钉子横楞上。侧模外侧上部用斜撑撑住，斜撑上端钉于侧模木档上，下端钉于横楞上。沿各杆件侧模上口加钉若干搭头木，以保持杆件宽度达到要求。

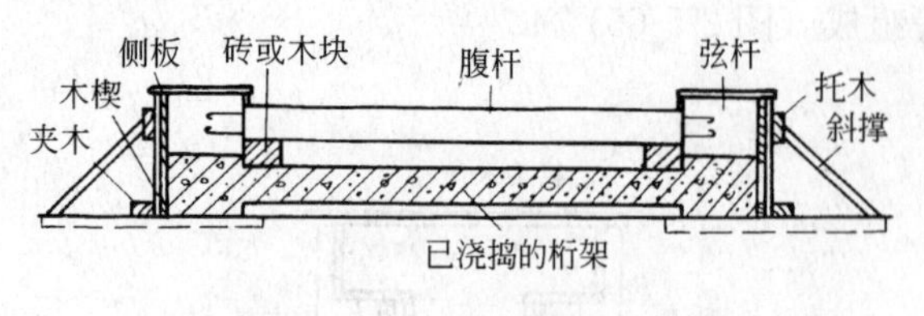

图 2-5-68　桁架重叠法支模

如现场为平整的水泥地面，则可在地面上直接立侧板，其他部位构造同上。

2）重叠生产

图 2-5-68 为桁架重叠法支模。桁架的腹杆为已预制生产的成品，两端嵌入桁架模板内。其他与吊车梁支模方法相同。

（2）薄腹梁分节脱模法

薄腹梁平卧支模时，适合采用多支点分节脱模法支模。模板由垫板、横楞、固定垫木、底板、侧板、芯模、端板等组成（图 2-5-69）。

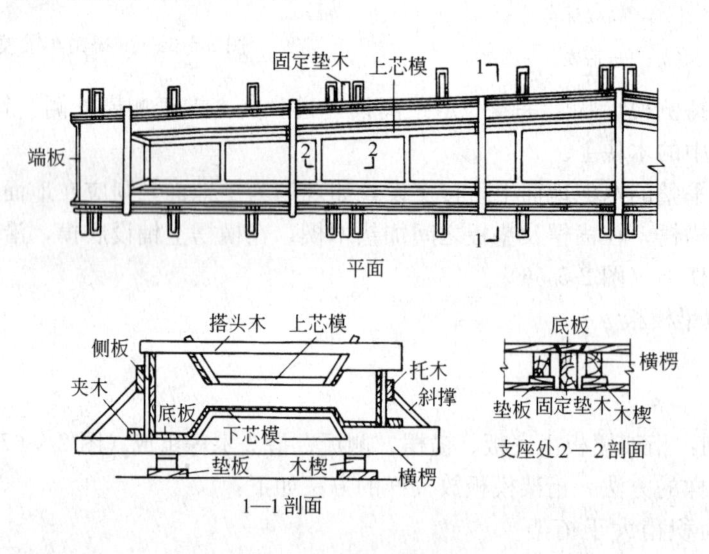

图 2-5-69　薄腹梁模板之一

先按支点的布置设置固定垫木，垫木要在一个平面上，在垫木上放一块梯形截面底板，两边底模要与其斜缝相接。垫板与横楞之间加垫木楔。横楞顶面要符合薄腹梁侧面形状，在横楞上铺设底板，沿底板两侧及梁的端头立起侧板和端板，沿侧板底边外钉夹木，用斜撑撑于侧板托木与横楞之间。沿侧板上口加钉若干搭头木，将芯模吊钉在搭头木下方。芯模用方木及木板钉成，符合薄腹梁侧面形状，但无底面，以便于浇筑混凝土。

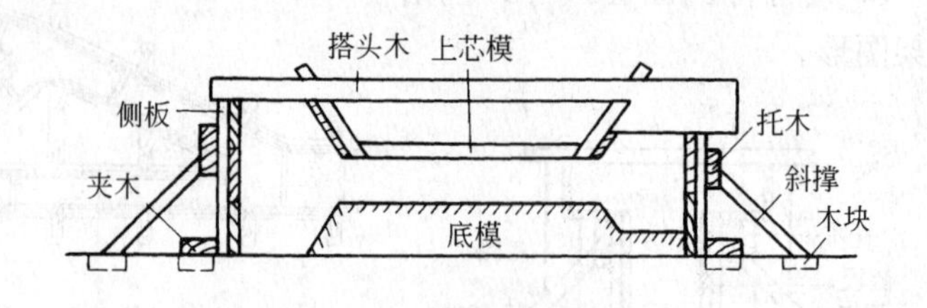

图 2-5-70　薄腹梁模板之二

如现场为平整水泥地面，则可在地面上直接立侧板，但需另做一个底模，底模的顶面和侧面与薄腹梁侧面形状相同，其他部分与上述基本相同（图 2-5-70）。

2.6 现浇混凝土结构整体模板设计

2.6.1 模板设计的内容和主要原则

2.6.1.1 设计的内容

模板设计的内容，主要包括模板和支撑系统的选型；支撑格构和模板的配置；计算简图的确定；模架结构强度、刚度、稳定性核算；附墙柱、梁柱接头等细部节点设计和绘制模板施工图等。各项设计内容的详尽程度，根据工程的具体情况和施工条件确定。

2.6.1.2 设计的主要原则

1. 实用性

主要应保证混凝土结构的质量，具体要求是：

(1) 保证构件的形状尺寸和相互位置的正确；

(2) 接缝严密，不漏浆；

(3) 模架构造合理，支拆方便。

2. 安全性

保证在施工过程中，不变形，不破坏，不倒塌。

3. 经济性

针对工程结构的具体情况，因地制宜，就地取材，在确保工期、质量的前提下，尽量减少一次性投入，降低模板在使用过程中的消耗，提高模板周转次数，减少支拆用工，实现文明施工。

2.6.2 模架材料及其性能

2.6.2.1 木材（表 2-6-1）

木材的强度设计值和弹性模量（N/mm^2） **表 2-6-1**

强度等级	组别	抗弯 f_m	顺纹抗压及承压 f_c	顺纹抗拉 f_t	顺纹抗剪 f_v	横纹承压 $f_{c,90}$			弹性模量 E
						全表面	局部表面和齿面	拉力螺栓垫板下	
TC17	A	17	16	10	1.7	2.3	3.5	4.6	10000
	B		15	9.5	1.6				
TC15	A	15	13	9.0	1.6	2.1	3.1	4.2	10000
	B		12	9.0	1.5				
TC13	A	13	12	8.5	1.5	1.9	2.9	3.8	10000
	B		10	8.0	1.4				9000
TC11	A	11	10	7.5	1.4	1.8	2.7	3.6	9000
	B		10	7.0	1.2				
TB20	—	20	18	12	2.8	4.2	6.3	8.4	12000
TB17	—	17	16	11	2.4	3.8	5.7	7.6	11000
TB15	—	15	14	10	2.0	3.1	4.7	6.2	10000
TB13	—	13	12	9.0	1.4	2.4	3.6	4.8	8000
TB11	—	11	10	8.0	1.3	2.1	3.2	4.1	7000

注：计算木构件端部（如接头处）的拉力螺栓垫板时，木材横纹承压强度设计值应按“局部表面和齿面”一栏的数值采用。

2.6.2.2 钢材（表 2-6-2～表 2-6-5）

普通型钢、钢管、钢板的强度设计值（N/mm^2） 表 2-6-2

钢材			抗拉、抗压和抗弯 f	抗剪 f_v	端面承压（刨平顶紧）f_{ce}	弹性模量 E
钢号	组别	厚度或直径（mm）				
Q235 钢	第 1 组	—	215	125	320	2.06×10^5
	第 2 组	—	200	115	320	2.06×10^5
	第 3 组	—	190	110	320	2.06×10^5
16Mn 钢 16Mnq 钢	—	≤16	315	185	445	2.06×10^5
	—	17～25	300	175	425	2.06×10^5
	—	26～36	290	170	410	2.06×10^5

注：Q235 镇静钢钢材的抗拉、抗压、抗弯和抗剪强度设计值，可按表中的数值增加 5%。

Q235 钢钢材分组尺寸（mm） 表 2-6-3

组别	圆钢、方钢和扁钢的直径或厚度	角钢、工字钢和槽钢的厚度	钢板的厚度
第 1 组	≤40	≤15	≤20
第 2 组	>40～100	>15～20	>20～40
第 3 组		>20	>40～50

注：工字钢和槽钢的厚度系指腹板的厚度。

普通型钢、钢管、钢板焊缝强度设计值（N/mm^2） 表 2-6-4

焊接方法和焊条型号	构件钢材			对接焊缝				角焊缝
	钢号	组别	厚度或直径（mm）	抗压 f_c^w	焊缝质量为下列级别时，抗拉和抗弯 f_t^w		抗剪 f_v	抗拉、抗压和抗剪 f_c^w
					一级、二级	三级		
自动焊、半自动焊和 E43××型焊条的手工焊	Q235 钢	第 1 组	—	215	215	185	125	160
		第 2 组	—	200	200	170	115	160
		第 3 组	—	190	190	160	110	160
自动焊、半自动焊和 E50××型焊条的手工焊	16Mn 钢 16Mnq 钢	—	≤16	315	315	270	185	200
		—	17～25	300	300	255	175	200
		—	26～36	290	290	245	170	200

螺栓连接的强度设计值（N/mm²） **表 2-6-5**

螺栓和构件		构件钢材		普通螺栓						锚栓	承压型高强度螺栓	
				螺栓(C级)			螺栓(A、B)级					
名称	钢号或性能等级	组别	厚度(mm)	抗拉 f_t^b	抗剪 f_v^b	承压 f_c^b	抗拉 f_t^b	抗剪(Ⅰ类孔) f_v^b	承压(Ⅰ类孔) f_c^b	抗拉 f_t^a	抗剪 f_v^b	承压 f_c^b
普通螺栓	Q235钢	—	—	170	130	—	170	170	—	—	—	—
锚栓	Q235钢 16Mn钢	— —	— —	— —	— —	— —	— —	— —	— —	140 180	— —	— —
承压型高强度螺栓	8.8级 10.9级	— —	— —	— —	— —	— —	— —	— —	— —	— —	250 310	— —
构件	Q235钢	第1～3组	—	—	—	305	—	—	400	—	—	465
	16Mn钢 36Mnq钢	— — —	≤16 17～25 26～36	— — —	— — —	420 400 385	— — —	— — —	550 530 510	— — —	— — —	640 615 590
	15MnV钢 15MnVq钢	— — —	≤16 17～25 26～36	— — —	— — —	435 420 400	— — —	— — —	570 550 530	— — —	— — —	665 640 615

注：孔壁质量属于下述情况者为Ⅰ类孔：1)在装配好的构件上按设计孔径钻成的孔；2)在单个零件和构件上按设计孔径分别用钻模钻成的孔；3)在单个零件上先钻成或冲成较小的孔径，然后在装配好的构件上再扩钻至设计孔径的孔。

2.6.2.3 薄壁型钢（表 2-6-6、表 2-6-7）

冷弯薄壁型钢钢材的强度设计值与弹性模量（N/mm²） **表 2-6-6**

钢 号	抗拉、抗压和抗弯 f	抗 剪 f_v	端面承压（磨平顶紧）f_{cc}	弹性模量 E
Q235钢	205	120	310	2.06×10^5
16Mn钢	300	175	425	2.06×10^5

注：厚度不小于2.5mm的Q235镇静钢钢材的抗拉、抗压、抗剪和抗弯强度设计值可按表2-6-6中的Q235钢栏的数值提高5%。

冷弯薄壁型钢焊接强度设计值（N/mm²） **表 2-6-7**

钢 号	对接焊缝			角焊缝
	抗 压 f_c^w	抗 拉 f_t^w	抗 剪 f_v^w	抗压、抗拉、抗剪 f_t^w
Q235钢	205	175	120	140
16Mn钢	300	255	175	195

注：Q235钢与16Mn钢对接焊接时，焊缝设计强度应按表2-6-7中Q235钢栏的数值采用。

2.6.2.4 铝合金型材（表 2-6-8～表 2-6-9）

铝合金型材的机械性能 **表 2-6-8**

牌号	材料状态	壁厚 (mm)	机械性能		
			抗拉强度 σ_b (N/mm²)	屈服强度 $\sigma_{0.2}$ (N/mm²)	伸长率 σ (%)
LD_2	C_z	所有尺寸	≥180	—	≥14
	C_s		≥280	≥210	≥12
LY_{11}	C_z	≤10.0	≥360	≥220	≥12
	C_s	10.1～20.0	≥380	≥230	≥12
LY_{12}	C_z	<5.0	≥400	≥300	≥10
		5.1～10.0	≥420	≥300	≥10
		10.1～20.0	≥430	≥310	≥10
LC_4	C_s	≤10.0	≥510	≥440	≥6
		10.1～20.0	≥540	≥450	≥6

铝合金型材的横向机械性能 **表 2-6-9**

牌号	材料状态	取样部位	机械性能		
			抗拉强度 σ_b (N/mm²)	屈服强度 $\sigma_{0.2}$ (N/mm²)	伸长率 δ (%)
LY_{12}	C_z	横向	≥400	≥290	≥6
		高向	≥350	≥290	≥4
LC_4	C_s	横向	≥500	—	≥4
		高向	≥480	—	≥3

注：1. 表 2-6-8、表 2-6-9 摘自《铝及铝合金管、棒、型材安全生产规范　第 4 部分：隔热型材的生产》YS/T 769.4。

2. 材料状态代号的名称如下：C_z——淬火（自然时效），C_s——淬火（人工时效）。

2.6.2.5 常用工程塑料的物理、力学性能（表 2-6-10）

常用工程塑料的物理、力学性能 **表 2-6-10**

性能指标	塑料名称及代号						
	聚氯乙烯	聚酰胺（尼龙）66	聚苯乙烯	聚碳酸酯	聚四氟乙烯	环氧树脂（玻纤）	聚甲基丙烯酸甲酯（有机玻璃）
	PVC	PA66	PS	PC	PTFE	EP	PMMA
密度（g・cm⁻³）	1.30～1.58	1.14～1.15	1.04～1.10	1.18～1.2	2.1～2.2	1.6～2.0	1.17～1.2
吸水率（%）	0.07～0.4	1.5	0.03～0.30	0.2～0.3	0.01～0.02	0.04～0.2	0.2～0.4
抗拉强度（N/mm²）	45～50	57～83	50～60	60～88	14～25	35～137	50～77

续表

性能指标	塑料名称及代号						
	聚氯乙烯	聚酰胺（尼龙）66	聚苯乙烯	聚碳酸酯	聚四氟乙烯	环氧树脂（玻纤）	聚甲基丙烯酸甲酯（有机玻璃）
	PVC	PA66	PS	PC	PTFE	EP	PMMA
拉伸模量（GPa）	3.3		2.8～4.2	2.5～3.0	0.4	20.7	2.4～3.5
断后伸长率（%）	20～40	40～270	1.0～3.7	80～95	250～500	4	2.7
抗压强度（N/mm^2）	—	90～120	—	—	—	124～276	—
抗弯强度（N/mm^2）	80～90	60～110	69～80	94～130	18～20	55～207	84～120
冲击韧度悬臂梁，缺口（$J \cdot m^{-2}$）	简支梁无缺口 30～40kJ/m^2	43～64	10～80	640～830	107～160	16.0～53.4	14.7
硬度 洛氏/邵氏/布氏 HR/HBS/HBS	14～17HBS	100～118HRR	65～80HRM	68～86HRM	50～65HSD	100～112HRM	10～18HBS
成型收缩率（%）	0.1～0.5	1.5～2.2	0.2～0.7	0.5～0.8	1～5	0.1～0.8	0.2～0.6
无负荷最高使用温度（℃）	66～79	82～149	60～79	121	288	149～260	65～95
连续耐热温度（℃）	—	—	—	120	—	—	—

2.6.2.6 常用模板模架材料（表 2-6-11～表 2-6-13）

常用各种龙骨的力学性能　　表 2-6-11

名　称	规格（mm）	截面积 A（cm^2）	截面惯性矩 I_x（cm^4）	截面最小抵抗矩 W_x（cm^3）	重量（kg/m）
圆钢管	ϕ48×3.0 ϕ48×3.5	4.24 4.89	10.78 12.19	4.49 5.08	3.33 3.84
矩形钢管	□80×40×2.0 □100×50×3.0	4.52 8.54	37.13 112.12	9.28 22.42	3.55 6.78
轻型槽钢	80×40×3.0 100×50×3.0	4.5 5.7	43.92 88.52	10.98 12.20	3.53 4.47
内卷边槽钢	80×40×15×3.0 100×50×20×3.0	5.08 6.58	48.92 100.28	12.23 20.06	3.99 5.16
轧制槽钢	80×43×5.0	10.24	101.30	25.30	8.04

木胶合板物理力学性能指标值表　　表 2-6-12

项　目		单位	厚度（mm）			
			$12 \leqslant h < 15$	$15 \leqslant h < 18$	$18 \leqslant h < 21$	$21 \leqslant h < 24$
含水率		%	6～14			
胶合强度		N/mm^2	≥0.70			
静曲强度	顺纹	N/mm^2	≥50	≥45	≥40	≥35
	横纹		≥30	≥30	≥30	≥25

续表

项 目		单位	厚度（mm）			
			12≤h<15	15≤h<18	18≤h<21	21≤h<24
弹性模量	顺纹	N/mm²	≥6000	≥6000	≥5000	≥5000
	横纹		≥4500	≥4500	≥4000	≥4000
浸渍剥离性能						

竹胶合板物理力学性能指标值　　表 2-6-13

项 目		单 位	优等品	合格品
含水率		%	≤12	≤14
静曲弹性模量	板长向	N/mm²	≥7.5×103	≥6.5×103
	板短向	N/mm²	≥5.5×103	≥4.5×103
静曲强度	板长向	N/mm²	≥90	≥70
	板短向	N/mm²	≥60	≥50
冲击强度		kJ/m²	≥60	≥50
胶合性能		mm/层	≤25	≤50
水煮、冰冻、干燥的保存强度	板长向	N/mm²	≥60	≥50
	板短向	N/mm²	≥40	≥35
折减系数		—	0.85	0.80

2.6.2.7 注意事项

1. 对材料的使用限度（设计数值）应控制在弹性材料的弹性工作范围。

2. 目前，现浇结构模板为追求接缝少，成型混凝土表面光洁，大量性采用木质酚醛覆膜多层板。但是由于板材材质问题以及表面覆盖的酚醛胶膜纸品质以及由于各层木纤维纸层厚不均匀，致使表层砂光薄厚不均等对混凝土成型质量影响显著。此类问题在设计时应充分考虑到。

3 采用没有纤维增强层的塑料模板，应仔细审核其热稳定性。对其塑性变形在设计时应有充分的考虑。

2.6.3 模板设计取值

2.6.3.1 模板施工工况分析

根据《混凝土结构工程施工规范》GB 50666—2011 第 4.1.2 条规定，现浇混凝土模板设计，首先应对模板及支架在施工过程中的各种工况进行设计。由此确定模架基本参数和构造要求。以下就模架在施工各阶段受力特点和功能分析来描述模架施工工况。

1. 模板及支架作用时效

混凝土结构构件在其成型到强度形成，经历了塑性流动状态、失去可塑性成型、强度增长到可承受自重、达到和超越设计强度等几个状态阶段。模架的作用应满足混凝土结构构件在形成过程中不同阶段的要求。

混凝土终凝以后，模板成型功能完成；模架荷载的传递功能随结构自身强度的逐渐增长而降低，模板面板、主（次）龙骨逐渐退出原有功能。混凝土水平构件的模架，在支撑的不同施工阶段，所发挥的作用不同。最大作用期间应在从浇筑混凝土到混凝土终凝之前。此时其承担构件成型和堆积荷载传递全部工作。模板成型功能完成以后，模板面板、主（次）龙骨需要维持到结构具备承担自重能力，比如结构强度达到 50%，跨度小于 2m，可以拆除。

2. 模板面板的受力特点和功能分析

模板面板直接约束着塑性混凝土材料，承受与板面相垂直的压力；模板面板一般由次龙骨承托，是结构构件的成型工具。

（1）墙柱等竖向构件：模板面板，在混凝土成型过程中大体经历以下几个阶段：混凝土初凝前，塑性状态的构件所产生的侧压力完全作用在模板上。在振捣作用下，混凝土会呈现液态性状；此时所产生的侧压力是模板受力的最大值。模板材料随之发生弹性变形，振捣消失了，变形随之得到恢复（某些弹性变形则需要拆模后才得以恢复）；如果模板材料在构件成型过程中超过了弹性变形能力，造成的塑性变形则得不到自然的恢复；木材类材料还可能断裂损坏。随着混凝土水化，侧向压力逐渐减小，结构底部截面能够承受构件自重以后，竖向构件的模板就失去了成型作用（在保水、保温方面还在继续起作用）。混凝土强度继续增长，表面与模板形成一定的吸附能力。

施工中要求墙柱混凝土要分层、分步浇注，是从振捣棒的作用范围考虑的，但也起到了降低模板侧压力的作用。自密实混凝土由于无须振捣，在初凝时间较长、浇注高度较高的情况下，会产生比普通混凝土高得多的侧压力。高大桥墩采用高抛混凝土入模，模板面板尚应考虑混凝土重力加速度的作用。这些问题都应该在侧压力计算时予以相应的考虑。

（2）梁（板）等水平构件模板：在混凝土强度没有达到之前，构件自重完全由模板的底模承担。随着混凝土强度的增长，构件逐步形成沿设计荷载传递路线向梁、柱、墙体、基础卸荷的能力。由于混凝土水平构件的强度条件由弯曲拉应力控制，达到满足重力作用的弯曲拉应力条件的时间相对长一些，在模架逐渐失去作用的过程中，模板板面在一定阶段还承担着卸荷作用。

（3）模板应力分布：模板板面受的短时作用，如混凝土入模位置的集中堆积、振捣作用等超荷现象，可在模板材料弹性力作用下，得到恢复。同一水平面模板板面一般受与之垂直的均布荷载。在次龙骨支撑处的上截面和次龙骨支撑跨中的下截面弯曲应力最大，在次龙骨支撑处截面剪切应力最大。

（4）模板材质还需要保证构件的外观效果。一般木质模板刚度好，强度较低；金属模板涂敷的脱模剂易吸附气泡；塑料、橡胶模板较易变形；需要采取不同措施予以克服。不同材质模板对水泥浆体的吸附作用差异很大。天然木材虽然表面较为粗糙，但其木纤维吸水膨胀时侵入水泥浆表面，水分通过毛细管转移出去后，模板收缩，自然与构件表面脱离。金属模板表面光洁，有真空吸附现象，需涂敷脱模剂。塑料类模板表层会产生薄膜转移，脱模较容易。

（5）底模强度应满足构件所受的重力作用，对其进行强度计算时的取值与侧模板有区别。同时应考虑浇筑混凝土时自由降落的冲击影响和不均匀堆载影响。模板面板的刚度应满足构件在养护期间的变形控制指标，所以计算取值荷载采用标准值，同时不考虑施工振捣等可变荷载作用。

3. 模板主次龙骨的受力特点和功能分析

次龙骨承托模板板面的一侧，集中面板传来的面荷载，传递到其支撑点——主龙骨；是具有一定强度和刚度的条带形受弯杆件。次龙骨布置均匀，可使所支撑的面板受力和变形均匀一致。如果次龙骨初始的变形较大（如木方子边材一侧和芯材一侧收缩变形不一致，致使木方弯曲、扭曲变形），超过了所支撑的面板极限挠度，会使支顶不实处的面板发生断裂或挠度超标。验算次龙骨抗剪能力，应考虑支承次龙骨的主龙骨的形状。主龙骨采用木方，次龙骨可按两个剪切面向支座传力；主龙骨采用钢管，次龙骨应按 1 个剪切面向支座传力（截面所受剪力增加 1 倍）。

主龙骨支承次龙骨，也是典型的受弯杆件。将所受次龙骨的集中荷载传递到支撑节点。

具有三个以上支座的主、次龙骨支座处截面弯曲应力最大；主次龙骨在支撑点截面均有较大的剪力传递。

4. 模板锁固件的受力特点和功能分析

散拼模板的安装需要配件相互联结、固定、卸荷。传统木模板靠铁钉固定。一般墙、梁帮、柱模板常用螺栓等对拉卸荷；组合钢（铝）模采用U形卡、穿墙扁铁及楔形卡连接固定；柱模板常采用柱箍相向平衡侧压力；单面支模桁架将所受水平荷载转为对地面的拉、压作用；承担连结和固定模板，约束模板系统水平侧向力的部件、设施，称之为模板锁固件。

模板锁固件常用于模板之间、模板与主次龙骨、主龙骨与支撑结点的荷载传递部件。模板锁固件受力必须控制在材料弹性范围内。

比如穿墙螺栓，受力要控制在弹性范围内，并应充分考虑部件的弹性恢复力影响。如：侧向模板面板的强度应满足构件（振捣时）呈液态时的侧压力作用；振捣结束，穿墙螺栓会回缩。但对于（像加有缓凝剂的）长时间的液态侧压力，会使穿墙螺栓的弹性伸长得不到恢复，而造成构件表面的凸凹。在螺栓设计时，应考虑有否这种工况。

5. 模板支撑架体的受力特点和功能分析

现浇混凝土水平构件在没有形成自身的卸荷能力之前，全部重量都由模架支撑系统承担。模板系统的功能、受力形态与竖向构件无区别。但其支撑体系，承担向底板、地面传递混凝土水平构件所受的重力，是典型的按稳定性控制的受力结构。采用对顶方法对撑两侧墙体的模架，其支撑体系承担两侧墙体混凝土侧压力。也是按稳定性控制的受力结构。

水平构件支撑体系处理不当，会发生失稳垮塌事故。当荷载达到受压杆件稳定承载极限时，支撑架体的短向发生“S”形小波屈曲变形，此种情况架体虽未垮塌，但已失去承载能力。继续加荷有可能架体发生扣件崩扣，引发连锁反应，致使支撑体系整体垮塌。对撑两侧墙体支撑失稳，一般造成崩模。

支撑系统节点：目前所普遍使用的扣件式脚手架，其连接节点扣件锁固能力，靠与钢管的摩擦力传递。受施工人员操作经验影响较大。容易存在系统性的差异，而降低了支撑系统整体协调受力能力。新型架体如碗扣式节点为旋转扣紧；插卡式节点为楔形片重力自锁；销孔楔卡（安德固）、圆盘楔卡等节点靠重力自锁；节点的锁固程度较为均匀，锁固型式也相对可靠。

竖向构件的模板往往需要侧向斜撑。由于斜撑与水平侧压力有角度差，因此斜撑在承受模板侧压力时，会产生向上的分力，因而使模板受到上浮作用。必须加拉杆或钢索予以平衡。

6. 构造要求对模架工况的影响

（1）起拱：梁板起拱应综合考虑地基变形，支撑立杆变形（压缩、温度、侧向变形），模板、主（次）龙骨挠度的叠加等因素；如果起拱得当，混凝土浇筑完毕后，梁板起拱位置应当恢复到水平状态，而不应该是拱起状态或下垂状态。在确定起拱值时，既需要计算也需要经验。

（2）顶墙抱柱措施：梁板模架的水平杆能与已施工完毕的竖向结构，如墙、柱、共享大厅周边的梁侧、楼板板端等顶实、拉结牢固，对于架体稳定十分有效。梁板浇筑混凝土时荷载的不均匀分布、施工活荷载、风荷载、架体立杆不垂直等因素均会使架体结构产生水平力。这些附墙、附柱的构造对于向结构传递架体水平力非常有效，并且结构构件刚度、质量远大于模架结构，辅助的作用应该大于剪刀撑。

（3）梁板模架主次龙骨交错顶墙：在剪力墙结构内搭设梁板模架，可将主次龙骨交错顶墙（图 2-6-1），借此将梁板浇筑混凝土时荷载的不均匀分布、施工活荷载的影响直接传递到结构墙体，而不再向架体传递，对减轻模架的水平作用，提高其稳定性非常有效。

2.6.3.2 荷载与荷载组合

1. 荷载

梁板等水平构件的底模板以及支架所受的荷载作用，一般为重力荷载；墙、柱等竖向构件的模板及其支架所受的荷载作用，一般为侧向压力荷载。荷载的物理数值称为荷载标准值，考

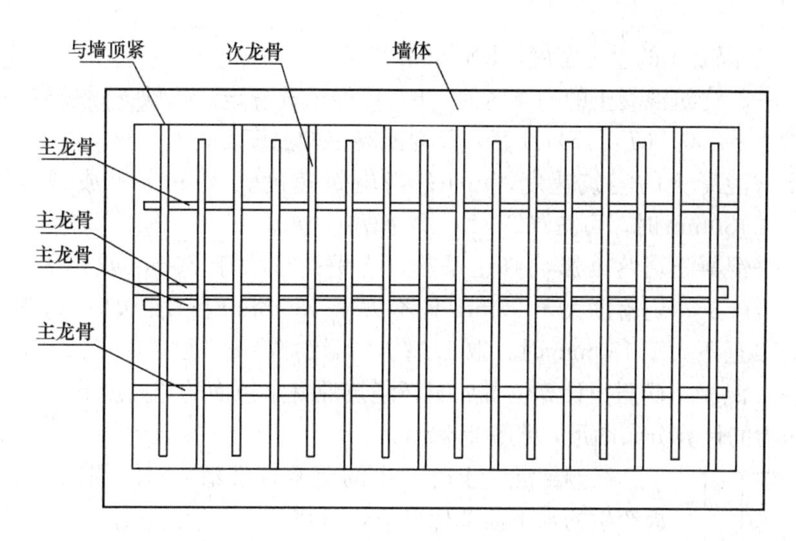

图 2-6-1　主次龙骨交错顶墙示意

虑到模板材料差异和荷载分布的不均匀性等不利因素的影响，将荷载标准值乘以相应的荷载分项系数，即荷载设计值进行计算。

（1）荷载标准值：

1）水平构件底模荷载标准值：

①模板及支架自重标准值（G_{1K}）——应根据设计图纸确定；常用材料可以查阅相应的图集、手册。

②新浇混凝土自重标准值（G_{2K}）——对普通混凝土，可采用 24kN/m³；对其他混凝土，可根据实际重力密度确定。

③钢筋自重标准值（G_{3K}）——按设计图纸计算确定。一般可按每立方米混凝土的钢筋含量计算：

框架梁　　　　1.5kN/m³

楼板　　　　　1.1kN/m³

④施工人员及设备荷载标准值（Q_{1K}）：

a. 计算模板及直接支承模板的次龙骨时，对工业定型产品（如组合钢模）按均布荷载取 2.5kN/m²，另应以集中荷载 2.5kN 再行验算，比较两者所得的弯矩值，按其中较大者采用；现场拼装模板按均布荷载取 2.5kN/m²，集中荷载按实际作用数值选取。

b. 计算直接支承次龙骨的主龙骨时，均布活荷载取 1.5kN/m²；考虑到主龙骨的重要性和简化计算，亦可直接取次龙骨的计算值。

c. 计算支架立柱时，均布活荷载取 1.0kN/m²；考虑到立柱的重要性和简化计算，亦可直接取主龙骨的计算值。

⑤振捣混凝土时产生的荷载标准值（Q_{2K}）——（每个振捣器）对水平面模板作用，可采用 2.0kN/m²。

2）竖向构件侧模荷载标准值：

①新浇筑混凝土对模板侧面的压力标准值——采用内部振捣器时，可按以下两式计算，并取其较小值：

$$F_1 = 0.28\gamma_c t_0 \beta \sqrt{V} \tag{2-6-1}$$

$$F_2 = \gamma_c \times H \tag{2-6-2}$$

式中　F_1、F_2——新浇筑混凝土对模板的最大侧压力，kN/m²；

γ_c—— 混凝土的重力密度，kN/m^3；

t_0——新浇筑混凝土的初凝时间，h，可经试验确定。当缺乏试验资料时，可采用 $t_0=200/(T+15)$ 计算，T 为混凝土的温度℃；

V——混凝土的浇筑速度，m/h；当浇筑速度大于 10m/h 或混凝土坍落度大于 180mm 时，可按（2-6-2）式计算；

β——混凝土坍落度影响修正系数，当坍落度大于 50mm 且不大于 90mm 时，取 0.85；坍落度大于 90mm 且不大于 130mm 时，取 0.9；坍落度大于 130mm 且不大于 180mm 时，取 1.0；

H——混凝土侧压力计算位置处至新浇筑混凝土顶面的总高度 m。

混凝土侧压力的计算分布图形，见图 2-6-2。

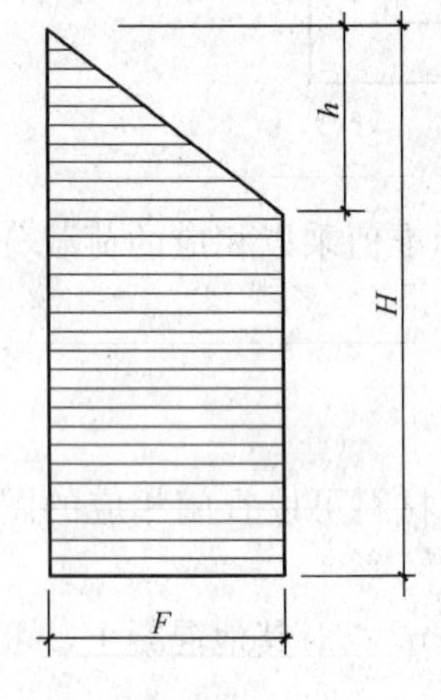

图 2-6-2　侧压力计算分布图
h—有效压头高度；H—模板内混凝土总高度；F—最大侧压力

②倾倒混凝土时产生的荷载标准值——倾倒混凝土时对垂直面模板产生的水平荷载标准值，可按表 2-6-14 采用。

混凝土倾倒时产生的水平荷载标准值　　表 2-6-14

向模板内供料方法	水平荷载（kN/m^2）
溜槽、串筒或导管	2
容积小于 0.2 m^3 的运输器具	2
容积为 0.2～0.8 m^3 的运输器具	4
容积为大于 0.8 m^3 的运输器具	6

③振捣混凝土时产生的荷载标准值——对垂直面模板可采用 4.0kN/m^2。

④竖向构件采用坍落度大于 250mm 的免振自密实混凝土时，模板侧压力承载能力确定以后，应按 $F=\gamma_c\times H$ 核定其可承担混凝土初凝前的浇注高度 H；再按 $H=t_0\times V$ 对浇筑速度或混凝土初凝时间进行控制（H 计算值≤竖向构件浇筑高度）。

（2）荷载设计值：

1）计算模板及支架结构或构件的强度、刚度、稳定性和连接强度时，应采用荷载设计值（荷载标准值乘以荷载分项系数）。

2）计算正常使用极限状态的变形时，应采用荷载标准值。

3）荷载分项系数应按表 2-6-15 采用。

荷载分项系数（γ_i）　　表 2-6-15

荷　载　类　别	分　项　系　数　γ_i
模板及支架自重标准值（G_{1k}）	永久荷载的分项系数： 当其效应对结构不利时：对由可变荷载效应控制的组合，应取 1.2；对由永久荷载效应控制的组合，应取 1.35； 当其效应对结构有利时：一般情况应取 1； 对结构的倾覆、滑移验算，应取 0.9
新浇混凝土自重标准值（G_{2k}）	
钢筋自重标准值（G_{3k}）	
新浇混凝土对模板的侧压力标准值（G_{4k}）	
施工人员及施工设备荷载标准值（Q_{1k}）	可变荷载的分项系数： 一般情况下应取 1.4；对标准值大于 4kN/m^2 的活荷载应取 1.3。对 3.7kN/m^2≥标准值≤4kN/m^2； 按标准值为 4kN/m^2 计算
振捣混凝土时产生的荷载标准值（Q_{2k}）	
倾倒混凝土时产生的荷载标准值（Q_{3k}）	
风荷载（W_K）	1.4

2. 荷载组合

（1）对于承载能力极限状态，应按荷载效应的基本组合采用，并应采用下列设计表达式进行模板设计：

$$\gamma_0 S \leqslant R \tag{2-6-3}$$

式中 γ_0——结构重要性系数，重要模板及支架宜取≥1.0，一般模板及支架其值按≥0.9采用；

S——荷载效应组合的设计值，可按式（2-6-4）计算；

R——结构构件抗力的设计值，应按各有关建筑结构设计规范的规定确定。

（2）荷载基本组合的效应设计值 S 应按下式确定：

$$S = 1.35\alpha \sum_{j=1}^{m} S_{G_i k} + 1.4\psi_{cj} \sum_{i=1}^{n} S_{Q_j k} \tag{2-6-4}$$

式中 α——模板及支架的类型系数，侧面模板，取0.9；对底地面模板及支架取1.0；

ψ_{cj}——第 j 个可变荷载的组合值系数，宜取 $\psi_{cj} \geqslant 0.9$；

$S_{G_i k}$、$S_{G_j k}$——第 i，j 个永久荷载标准值产生的荷载效应值；

$S_{Q_i k}$、$S_{Q_j k}$——第 i，j 个可变荷载标准值产生的荷载效应值。

（3）参与计算模板及其支架荷载效应组合的各项荷载应符合表2-6-16的规定：

参与模板及支架承载力计算的各项荷载　　表2-6-16

计 算 内 容		参与荷载项	
		计算承载能力	验算挠度
模板	底面模板	$G_{1K}+G_{2K}+G_{3K}+Q_{1K}$	$G_{1K}+G_{2K}+G_{3K}$
	侧面模板	$G_{4K}+Q_{2K}$	G_{4K}
之支架	支架水平杆及节点的承载力	$G_{1K}+G_{2K}+G_{3K}+Q_{1K}$	$G_{1K}+G_{2K}+G_{3K}$
	支架立杆	$G_{1K}+G_{2K}+G_{3K}+Q_{1K}+Q_{4K}$	
	支架结构的整体稳定性	$G_{1K}+G_{2K}+G_{3K}+Q_{1K}+Q_{3K}$ $G_{1K}+G_{2K}+G_{3K}+Q_{1K}+Q_{4K}$	

注：表中的"+"仅表示各项荷载参与组合，而不表示代数相加。

（4）非满跨的荷载组合：

水平构件模板尚应考虑荷载分布为非满跨时的最不利情况。

2.6.3.3 模板的变形值规定

（1）当验算模板及其支架的刚度时，其最大变形值不得超过下列容许值：

1）对结构表面外露的模板，为模板构件计算跨度的1/400；

2）对结构表面隐蔽的模板，为模板构件计算跨度的1/250；

3）支架的压缩变形或弹性挠度，为相应的结构计算跨度的1/1000。

（2）组合钢模板结构或其构配件的最大变形值不得超过表2-6-17的规定。大模板制作允许偏差不得超过表2-6-18的规定：

组合钢模板及构配件的容许变形值（mm）　　**表2-6-17**

部 件 名 称	容许变形值	部 件 名 称	容许变形值
钢模板的面板	≤1.5	柱箍	$B/500$ 或≤3.0
单块钢模板	≤1.5	桁架、钢模板结构体系	$L/1000$
钢楞	$L/500$ 或≤3.0	支撑系统累计	≤4.0

注：L 为计算跨度，B 为柱宽。

拼装式大模板制作允许偏差与检验方法　　　　表 2-6-18

项次	项　目	允许偏差（mm）	检验方法
1	模板高度	±3	卷尺量检查
2	模板长度	−2	卷尺量检查
3	模板板面对角线差	≤3	卷尺量检查
4	板面平整度	2	2m 靠尺及塞尺检查
5	相邻面析拼缝高低差	≤1	平尺及塞尺量检查
6	相邻面板拼缝间隙	≤1	塞尺量检查

注：1. 引自《建筑工程大模板技术规程》JGJ 74—2003；

2. L 为模板对角线长度。

2.6.4　竖向构件模板设计

2.6.4.1　墙体单侧支模

【例 1】　地下室外墙墙体单侧支模如图 2-6-3，现浇混凝土墙体厚为 700mm，模板高度为 5.945m，面板采用 18mm 多层板；竖向背楞采用几字梁，间距为 300mm，水平背楞采用双 10 号槽钢背楞，槽钢最大间距 900mm，距模板端头最大距离 350mm；

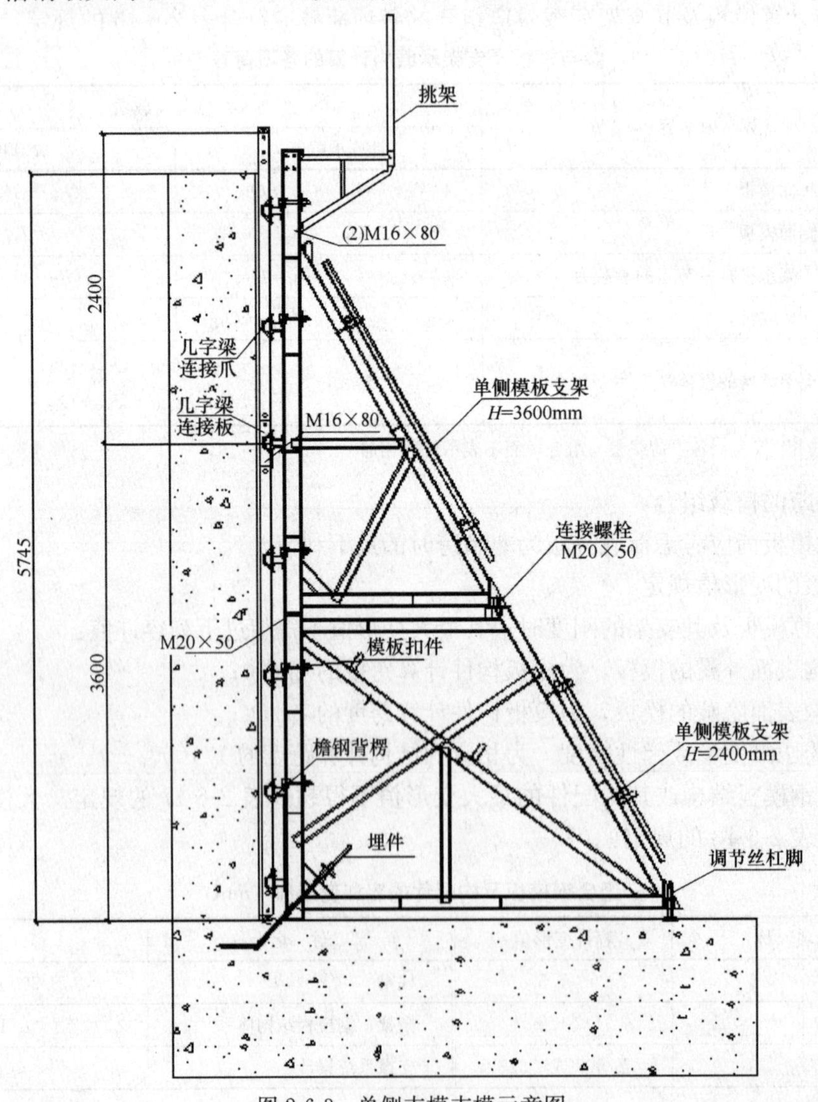

图 2-6-3　单侧支模支模示意图

（1）单侧墙模板的组成：

1）模板材料，见表 2-6-19：

模 板 材 料 **表 2-6-19**

序号	名 称	效 果 图
1	模板面板	18mm 木质酚醛覆膜多层板
2	竖向背楞	几字梁断面尺寸
3	水平背楞	
4	连接爪	
5	芯带	
6	芯带销	

2）模板组成，见图 2-6-4。

3）埋件部分安装，见图 2-6-5。

（2）单侧墙模板荷载及计算简图：

1）侧压力标准值计算：引自式（2-6-1）或（2-6-2）；

$$F_1 = 0.28\gamma_c t_0 \beta \sqrt{V}$$

$$F_2 = \gamma_c \times H$$

式中 F_1、F_2——新浇筑混凝土对模板的最大侧压力（kN/m^2）；

γ_c——混凝土的重力密度（kN/m^3）取 $24kN/m^3$；

t_0——新浇混凝土的初凝时间(h)，可按实测确定。当缺乏实验资料时，可采用 $t=200/(T+15)$计算，所以 $t=200/(20+15)=5.71$；

T——混凝土的温度(°)取 20°；

V——混凝土的浇灌速度(m/h)；取 2m/h；

H——混凝土侧压力计算位置处至新浇混凝土顶面的总高度(m)；取 5.945m；

β——混凝土坍落度影响系数，取 1.0。

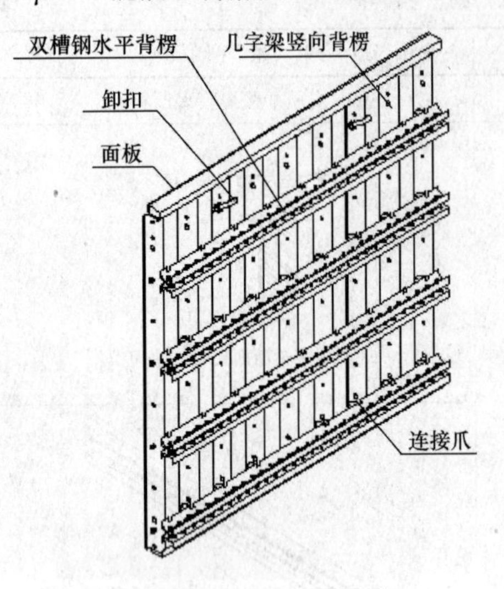

图 2-6-4 模板组成示意图

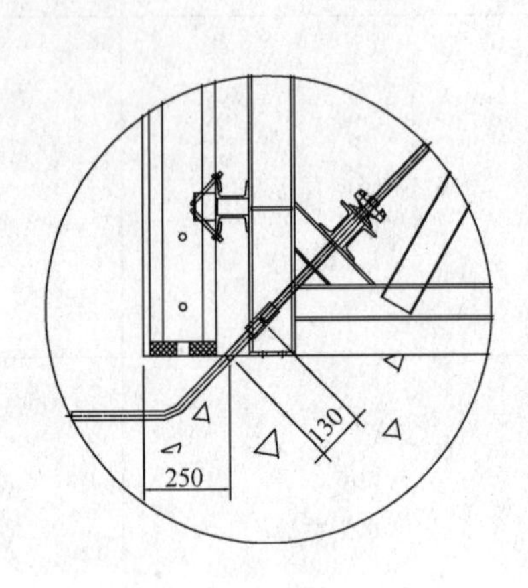

图 2-6-5 埋件示意图

$$
\begin{aligned}
F_1 &= 0.28\gamma_c t_0 \beta \sqrt{V} \\
&= 0.28 \times 24 \times 5.71 \times 1 \times 2^{1/2} \\
&= 54.27\text{kN/m}^2 \\
F_2 &= \gamma_c H \\
&= 25 \times 5.945 = 148.6\text{kN/m}^2
\end{aligned}
$$

取二者中的较小值，$G_{4K} = F_1 = 54.27\text{kN/m}^2$ 作为模板侧压力的标准值，并考虑倾倒混凝土产生的水平载荷标准值 $Q_{3K} = 2\text{kN/m}^2$。

2）荷载（强度）设计值：由荷载组合引自式（2-6-4）；

$$F = \gamma_0 (1.35\alpha \sum_{i=1}^{n} S_{G_i k} + 1.4\psi_{cj} \sum_{i=1}^{n} S_{Q_j k})$$

$$F = 0.9 \times (1.35 \times 0.9 \times 54270 + 1.4 \times 0.9 \times 2000) = 61612\text{N/m}^2$$

取 $F = 61612\text{N/m}^2$ 作为墙模板侧压力荷载设计值。对于浇筑过程中墙体不同截面位置，本压力值并非定值；为简化计算取为全墙面侧压力值。

3）荷载（刚度）设计值：取混凝土侧压力标准值。

$$F' = F_1 = 54.27\text{kN/m}^2$$

4）单侧支架主要承受混凝土侧压力，取混凝土最大浇筑高度为 5.745m，侧压力取为 $q = F = 61.61\text{kN/m}^2$，有效压头高度 $h = 2.57$m。

（3）支架与埋件受力计算（图 2-6-6）：

1）单侧支架按间距 800mm 布置 $F'_1 F'_2$。

①分析支架受力情况：新浇筑混凝土对模板侧压力和支架后支座对模板跟部（埋件位置）取矩，则有：

$$
\begin{aligned}
R \times 3.303 &= F'_1 \times (3.175 + 2.57/3) + F'_2 \times (3.175/2) \\
R &= 152.53\text{kN}
\end{aligned}
$$

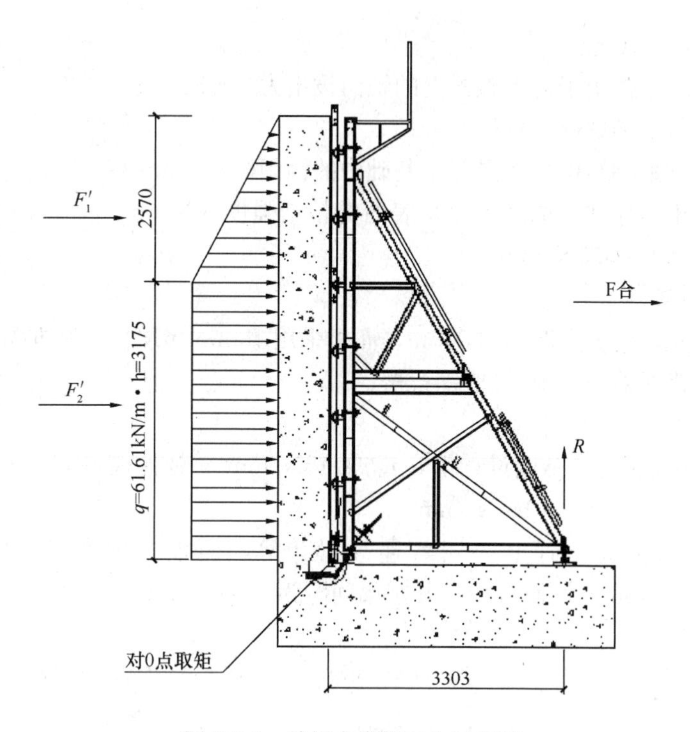

图 2-6-6　单侧支模侧压力示意图

其中，F'_1=1/2(墙厚×(三角形分布)高)×混凝土侧压力(F)

=0.5×0.8×2.57×61.61=63.34kN

F'_2 =(墙厚 × 高) × 混凝土侧压力(F)

=0.8 × 61.61 × 3.175 = 156.49kN

②支架侧面的合力为：$F_{合} = F'_1 + F'_2 = 219.83\text{kN}$

根据力的矢量图得 $F_{合}$ 和 R 的合力为：

$$(F_{总})^2 = (F_{合})^2 + (R)^2 = 219.83^2 + 152.53^2$$

$$F_{总} = 267.56\text{kN}$$

可计算出合力 $F_{总}$ 地面夹角 34.75°，预埋螺栓与地面成 45°，相差 10.25°。支架所受水平力较大，埋件所提供的水平方向的抗拉能力，应满足模板侧压力要求。故埋件对每个支架所提供拉力为：

$$T = F_{合} / \cos 45° = 219.83/\cos 45° = 310.89\text{kN}$$

支架间距为 0.8m，埋件埋设间距为 0.3m，每个埋件承担每个支架荷载比例为 0.3/0.8。故单个埋件最大拉力为：$P = T \times (3/8) = 310.89 \times (3/8) = 116.58\text{kN}$

③埋件强度验算：

预埋件为 HRB335 级钢 d=25mm，埋件最小有效截面积为：

$$A = 3.14 \times (d/2)^2 = 3.14 \times 12.5^2 = 491\text{mm}^2$$

轴心受拉应力强度：σ =P/A=116.58×10³/491

=237.44N/mm² < f=310N/mm²，故符合要求。

④埋件锚固深度计算：

对于弯钩螺栓，其锚固深度的计算，只考虑埋入混凝土的螺栓表面与混凝土的粘结力，不考虑螺栓端部的弯钩在混凝土基础内的锚固作用。

锚固深度：由 $P_{锚} = \pi d h \tau_b$

$$h = P_{锚} / \pi d \tau_b = 116.58 \times 1000/(3.14 \times 25 \times 3.0) = 495\text{mm}$$

锚固深度应大于500mm。

式中　$P_{锚}$——锚固力，作用于地脚螺栓上的轴向拔出力（N）；

d——埋件（地脚螺栓）直径（mm）；

h——埋件（地脚螺栓）在混凝土基础内的锚固深度（mm）；

τ_b——混凝土与埋件（地脚螺栓）表面的粘结强度（N/mm^2），一般在普通混凝土中 τ_b 取值2.5～3.5N/mm^2。

（4）模板受力计算：

墙体厚为700mm，模板高度为5.945m，面板采用18mm多层板；竖向背楞采用几字梁，间距为300mm，水平背楞采用双10号槽钢背楞；

1）面板验算：

木质酚醛覆膜多层板抗弯强度设计值，f_m 取15N/mm^2；弹性模量 E，木质酚醛覆膜多层板取$6\times10^3 N/mm^2$，钢材取$2.1\times10^5 N/mm^2$。

将面板视为支撑在次龙骨上的四跨连续梁计算，面板长度取2440mm，面板宽度取1220mm，并且面板为18mm厚胶合板，几字梁间距为$l=300$mm。

① 承载力验算：

面板最大弯矩：$M_{max}=ql^2/10=(61.61\times300\times300)/10=0.554\times10^6 N\cdot mm$

面板的截面系数：$W=bh^2/8=\frac{1}{8}\times1000\times18^2=4.1\times10^4 mm^3$

应力：$\sigma=M_{max}/W=0.554\times10^6/4.1\times10^4=13.5N/mm^2<f_m=15N/mm^2$，故满足要求。

② 挠度验算：挠度验算采用标准荷载(F_1)，同时不考虑振动荷载的作用，则 $F_1=q'=54.27kN/m$；

模板挠度：$\omega=q'l^4/150EI$

$=54.27\times300^4/(150\times6\times1000\times59.3\times10^4)$

$=0.82mm<[\omega]=300/400=0.75mm$，故满足要求。

面板截面惯性矩：$I=bh^3/12=1220\times18^3/12=59.3\times10^4 mm^4$

2）几字梁验算：几字梁作为竖肋支承在横向背楞上，可作为支承在横向背楞上的连续梁计算，其跨距等于横向背楞的间距最大为$L=900$mm。

几字梁上的荷载为：$q_3=Fl=61.61\times0.3=18.48kN/m$

式中　F——混凝土的侧压力；

l——几字梁之间的水平距离。

强度验算：

最大弯矩：$M_{max}=\frac{1}{10}q_3L^2=0.1\times18.48\times0.9^2=1.5kN\cdot m$

几字梁截面系数：$W=20.475\times10^3 mm^3$

应力：$\sigma=M_{max}/W=1.5\times10^6 N\cdot mm/20.475\times10^3 mm^3$

$=73.26N/mm^2<f=195N/mm^2$，满足要求。

挠度验算：

几字梁截面惯性矩：$I=397\times10^4 mm^4$

几字梁截面弹性模量：$E=2.06\times10^5 N/mm^2$

几字梁悬臂部分挠度：$\omega=ql_1^4/8EI$

$=54.27\times0.3\times350^4/(8\times2.06\times10^5\times397\times10^4)$

$=0.037mm<[\omega]=L_1/400=0.875mm$

几字梁跨中挠度：$\omega = q' l_2^4 x(5-24\lambda^2)/384EI$

$= 54.27\times0.3\times900^4\times(5-24\times0.39^2)/(384\times2.06\times10^5\times397\times10^4)$

$= 0.046\text{mm} < [\omega] = L_2/400 = 2.25\text{mm}$

其中，容许挠度：$[\omega]=L/400$，$L_1=350\text{mm}$，$L_2=900\text{mm}$

$$\lambda = l_1/l_2$$

式中　λ——悬臂部分长度与跨中部分长度之比。

3）双 10 号钢槽水平背楞验算：

几字梁竖向背楞间距为 300mm，单面支模支架间距为 800mm。由于两者之间模数不配套，造成双 10 号槽钢水平背楞上荷载分布不规律；计算简图表达有一定困难。可以通过分析的方法，对荷载作用略作放大，借用相似的力学模型近似解决计算问题。

一般说相同荷载情况下，简支梁跨中弯矩大于连续梁，两跨连续梁支座弯矩大于多跨连续梁。可以将多跨连续梁所受的荷载最大状态找出来，按其作用于简支梁计算荷载效应，再将结果作用于连续梁进行核算。对所核算的结构来说，是偏于安全的。

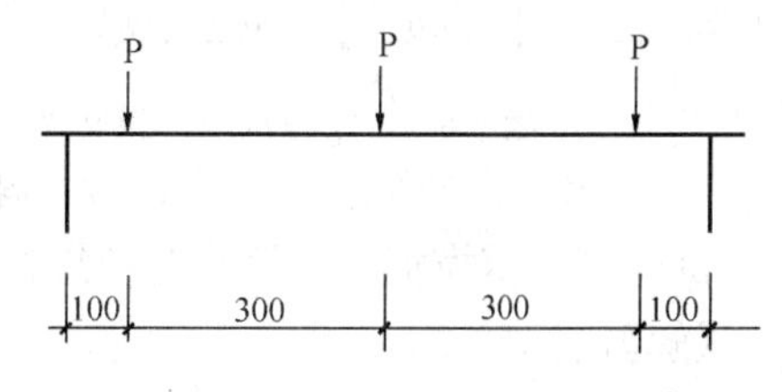

图 2-6-7　槽钢水平背楞上荷载处于极值状态图

通过分析，可知双 10 号槽钢水平背楞上荷载处于极值状态如图 2-6-7：

按简支梁计算，在此状态下，钢槽水平背楞跨中最大弯矩为：

$$M_{\max} = 3P/2\times L/2 - P\times 3L/8 = 3P\times L/8$$

均布荷载下，简支梁跨中最大弯矩为：$M_{\max}=qL^2/8$；

化为等效均布荷载即：$3P\times L/8 = qL^2/8$；

有：$$q_{等效} = 3P/L$$

可取：$q_{等效}=3\times(61.61\times0.3\times0.9)/0.8=62.38\text{kN/m}$ 对槽钢水平背楞进行受力核算。槽钢水平背楞为连续布置，可按均布荷载作用于三跨连续梁计算。

槽钢水平背楞强度、刚度核算：

① 双 10 号槽钢截面惯性矩：$I=2\times198.3\times10^4\text{mm}^4$

双 10 号槽钢抗弯截面系数：$W=2\times39.7\times10^3\text{mm}^3$

双 10 号槽钢截面弹性模量：$E=2.06\times10^5\text{N/mm}^2$

② 抗弯强度验算：

$$M_{\max}=ql^2/10=(62.38\times800\times800)/10=3.99\times10^6\text{N}\cdot\text{mm}$$

双 10 号槽钢受弯状态下的应力为：

$\sigma=\dfrac{M}{W}=\dfrac{3.99\times10^6}{2\times39.7\times10^3}=50.25\text{N/mm}^2 < f_m=215\text{N/mm}^2$，故满足要求。

③ 挠度验算：（借用等效均布荷载）

$$\omega=\frac{0.677ql^4}{100EI}$$

$$=\frac{0.677\times62.38\times800^4}{100\times2.06\times10^5\times2\times198.3\times10^4}$$

$=0.21\text{mm} < [\omega]=L/400=2.0\text{mm}$，故满足要求。

2.6.4.2 采用组合钢模板组拼的墙模板设计

【例 2】　某工程墙体高 3m，厚 180mm，宽 3.3m，采用组合钢模板组拼，验算条件如下。

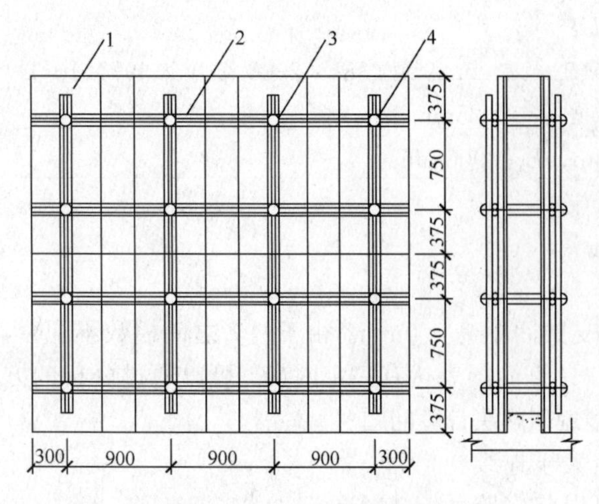

图 2-6-8　组合钢模板拼装图

1—钢模；2—内龙骨；3—外龙骨；4—对拉螺栓

钢模板采用 P3015(1500mm×300mm)分二行竖排拼成。内龙骨采用 2 根 ϕ48×3.5 钢管，间距为 750mm，外龙骨采用同一规格钢管，间距为 900mm。对拉螺栓采用 M20，间距为 750mm(图 2-6-8)。

混凝土自重(γ_c)为 24kN/m^3，强度等级 C20，坍落度为 70mm，采用 0.6m^3 混凝土吊斗卸料，浇筑速度为 1.8m/h，混凝土温度为 20℃，用插入式振捣器振捣。

钢材抗拉强度设计值：Q235 钢为 215N/mm^2，普通螺栓为 170N/mm^2。钢模的允许挠度：面板为 1.5mm，纵横肋钢板厚度为 3mm。

试验算：钢模板、钢楞和对拉螺栓是否满足设计要求。

【解】

(1) 荷载设计值：

1) 混凝土侧压力标准值：

其中，$t_0=\dfrac{200}{20+15}=5.71$。

$$F_1=0.28\gamma_c t_0\beta\sqrt{V}$$

$$F_1=0.28\times24000\times5.71\times0.85\times1.8^{1/2}$$

$$=43.76\text{kN/m}^2$$

$$F_2=\gamma_c\times H=24\times3=72\text{kN/m}^2$$

取两者中小值，即 $F_1=43.76$kN/m^2

考虑荷载折减系数：

$$F_1\times折减系数=43.76\times0.9=39.38\text{kN/m}^2$$

2) 倾倒混凝土时产生的水平荷载：

根据表 2-6-14 为 2kN/m^2。

荷载标准值为 $F_2=2\times$折减系数$=2\times0.9=1.8$kN/m^2。

3) 混凝土侧压力设计值（按式 2-6-4 进行荷载组合）：

$$F'=1.35\times0.9\times39.38+1.4\times0.9\times1.8=50.11\text{kN/m}^2$$

(2) 验算：

① 计算简图：

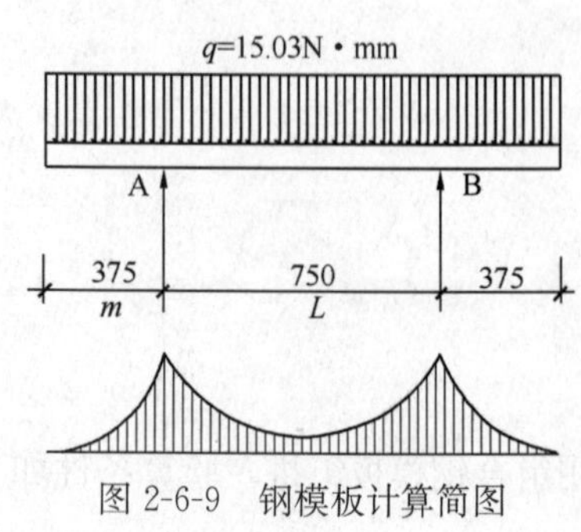

图 2-6-9　钢模板计算简图

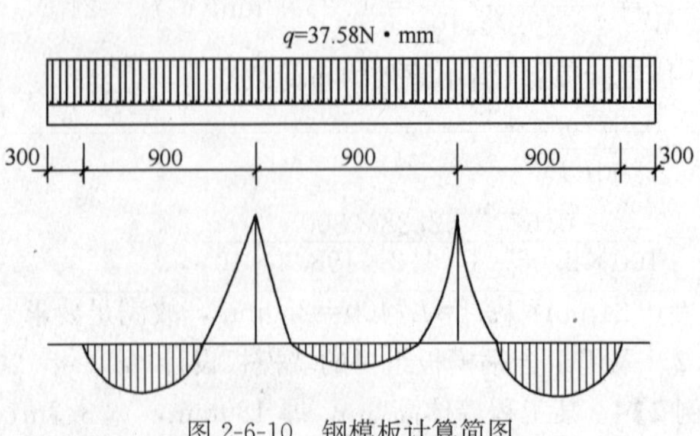

图 2-6-10　钢模板计算简图

化为线均布荷载：

$q_1 = F' \times 0.3/1000 = \frac{50.11 \times 1000 \times 0.3}{1000} = 15.03$N/mm(用于计算承载力)；

$q_2 = F_1 \times 0.3/1000 = \frac{43.76 \times 100 \times 0.3}{1000} = 13.13$N/mm(用于验算挠度)；

② 抗弯强度验算：

$$M = \frac{q_1 m^2}{2} = \frac{15.03 \times 375^2}{2} = 1.06 \times 10^6 \text{N} \cdot \text{mm}$$

小钢模受弯状态下的模板应力为：

$$\sigma = \frac{M}{W} = \frac{1.06 \times 10^6}{5.94 \times 10^3} = 178.45\text{N/mm}^2 < f_m = 215\text{N/mm}^2 (\text{可})$$

③ 挠度验算：

$$\omega' = \frac{q_2 m}{24EI_{xj}}(-l^3 + 6m^2 l + 3m^3)$$
$$= \frac{13.13 \times 375(-750^3 + 6 \times 375^2 \times 750 + 3 \times 375^3)}{24 \times 2.06 \times 10^5 \times 26.97 \times 10^4}$$
$$= 1.36\text{mm} < [\omega] = 1.5\text{mm}(\text{可})$$

1）内龙骨（双根 ϕ48×3.5mm 钢管）验算：

2 根 ϕ48×3.5mm 的截面特征为：$I = 2 \times 12.19 \times 10^4 \text{mm}^4$，$W = 2 \times 5.08 \times 10^3 \text{mm}^3$

① 计算简图：

化为线均布荷载：

$q_1 = F' \times 0.75/1000 = \frac{50.11 \times 1000 \times 0.75}{1000} = 37.58$N/mm(用于计算承载力)；

$q_2 = F_1 \times 0.75/1000 = \frac{43.76 \times 1000 \times 0.75}{1000} = 32.82$N/mm(用于验算挠度)。

② 抗弯强度验算：由于内龙骨两端的伸臂长度(300mm)与基本跨度(900mm)之比，300/900＝0.33＜0.4，则伸臂端头挠度比基本跨度挠度小，故可按近似三跨连续梁计算。

$$M = 0.10 q_1 l^2 = 0.10 \times 37.58 \times 900^2$$

抗弯承载能力：$\sigma = \frac{M}{W} = \frac{0.1 \times 37.58 \times 900^2}{2 \times 5.08 \times 10^3} = 299.6\text{N/mm}^2 > f_m = 215\text{N/mm}^2$(不可)

改用 2 根口 60×40×2.5 作内龙骨后，$I = 2 \times 21.88 \times 10^4 \text{mm}^4$，$W = 2 \times 7.29 \times 10^3 \text{mm}^3$

抗弯承载能力：$\sigma = \frac{M}{W} = \frac{0.1 \times 37.58 \times 900^2}{2 \times 7.29 \times 10^3} = 208.78\text{N/mm}^2 > f_m = 215\text{N/mm}^2$(可)

③ 挠度验算：

$$\omega = \frac{0.677 \times q_2 l^4}{100EI} = \frac{0.677 \times 32.82 \times 900^4}{100 \times 2.06 \times 10^5 \times 2 \times 21.88 \times 10^4} = 1.62\text{mm} < 3.0\text{mm}(\text{可})$$

2）对拉螺栓验算：

T20 螺栓净载面面积 $A = 241\text{mm}^2$

① 拉螺栓的拉力：

$N = F' \times$内龙骨间距×外龙骨间距＝50.11×0.75×0.9＝33.82kN

② 对拉螺栓的应力：

$$\sigma = \frac{N}{A} = \frac{33.82 \times 10^3}{241} = 140.35\text{N/mm}^2 < 170\text{N/mm}^2\text{，故满足要求。}$$

2.6.4.3 柱模板设计计算

【例 3】 基本参数：柱子截面尺寸为 1000×1100 最大高度为 8.24m，竖背楞采用 50×100

方木（角处为 100×100 方木），最大间距为 200mm；面板采用 18mm 覆膜多层板；柱箍采用［10 双槽钢，竖向间距为 500mm，柱箍采用 M20 螺杆拉接，见图 2-6-11～图 2-6-13。

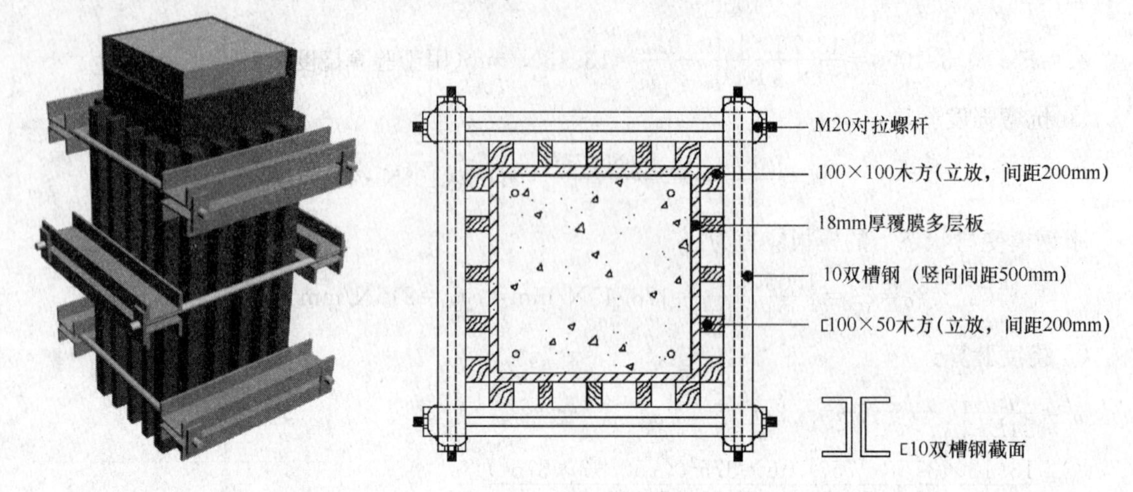

图 2-6-11　柱模板立体图　　图 2-6-12　柱模板截面图

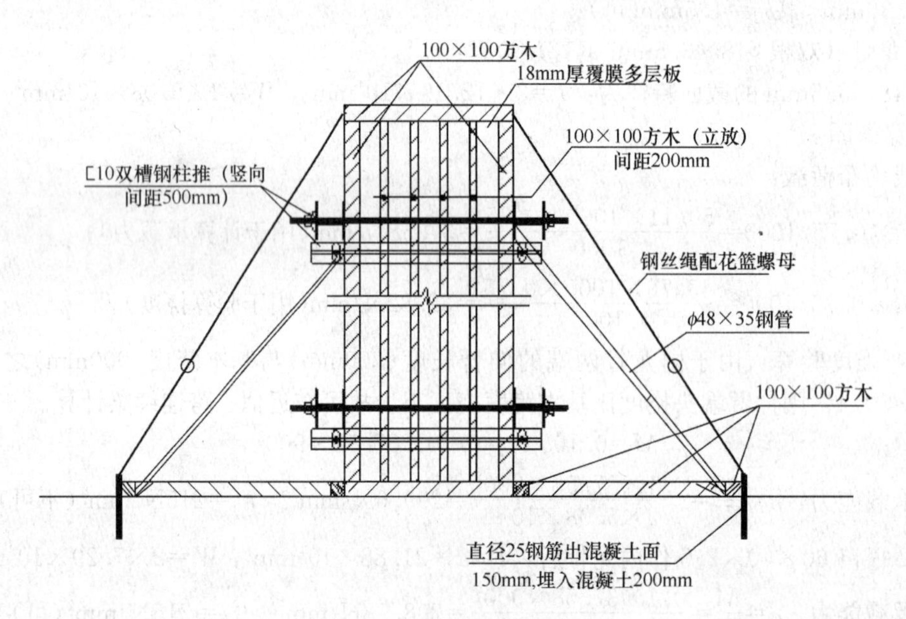

图 2-6-13　柱模板立面图

（1）柱模板施工说明：

1）柱箍统一采用［100×48×5.3mm 双槽钢制作，槽钢立放，使用 M20 螺栓连接。柱箍间距 500mm。

2）柱模支撑系统每面设置一道平撑，两道斜撑；柱根设置一道水平支撑，水平支撑向上每间隔 1.5m 设置一道斜撑，支撑杆与地面预留 $\phi25$ 地锚固定。支撑高度不低于 1/2 柱高，利用支撑系统在保证柱身稳定的同时，可以同时抵抗一部分荷载。

（2）柱模板侧压力计算：

1）混凝土侧压力标准值：

$$F_1=0.28\gamma_c t_0 \beta V^{1/2}=0.28\times24\times5.71\times1\times3^{1/2}=66.46\text{kN/m}^2$$

$$F_2=\gamma_c H=24\times8.24=197.76\text{kN/m}^2$$

取　$G_{4k}=66460\text{N/m}^2$

2)施工活荷载：$Q_{3k}=6000\text{N/m}^2$

3)荷载(强度)设计值：由荷载组合，引自式(2-6-4)：

$$F=\gamma_0(1.35\alpha\sum_{i=1}^{m}S_{G_i k}+1.4\psi_{cj}\sum_{j=1}^{m}S_{Q_j k})$$

$$F=0.9\times(1.35\times0.9\times66460+1.4\times0.9\times6000)=79478\text{N/m}$$

取 $F=79478\text{N/m}$ 作为柱模板侧压力荷载设计值。对于浇筑过程中柱子不同截面位置，本压力值并非定值；为简化计算取为全柱面侧压力值。

4)荷载(刚度)设计值：取混凝土侧压力标准值。

$$F'=F_2=66.46\text{kN/m}^2$$

(3)柱面模板(覆膜多层板)验算：

1)荷载设计值

板面宽度取 1m

$$q_1=79478\times1=79478\text{N/m}$$

2)强度验算

按简支跨连续梁计算。

①施工荷载为均布线荷载：

$$M_1=\frac{1}{8}q_1l^2=\frac{1}{8}\times79478\times0.2^2$$

$$=397.4\text{N}\cdot\text{m} \text{ 取 } 400\text{N}\cdot\text{m}$$

② 材料设计指标：

18mm 厚覆膜多层板截面参数为：$I=486000\text{mm}^4$，$W_j=54000\text{mm}^3$

18mm 厚覆膜多层板力学参数为：$E=4200\text{N/mm}^2$，$f_{jm}=15\text{N/mm}^2$

③ 核算：

$\sigma=M_1/W_j=400000/54000=7.4\text{N/mm}^2<15\text{N/mm}^2$，强度满足要求。

3)挠度验算：

$q=66460\times1=66460\text{N/m}=66.46\text{N/mm}$

$\upsilon=\frac{5}{384EI}ql^4=5\times66.46\times2004/(384\times4200\times486000)=0.68\text{mm}<200/250=0.8\text{mm}$，挠度满足要求。

(4) 次龙骨计算：

1) 荷载设计值：

次龙骨间距取 0.2m。

$$q_4=79478\times0.2=15896\text{N/m}$$

2) 强度验算：

按三跨连续梁计算。

① 施工荷载为均布线荷载：

$M_{B支}=Kmq_4\times L^2=-0.1\times15896\times0.5^2=-397.4\text{N}\cdot\text{m}$

$V=K_Vq_4\times L=0.5\times15896\times0.5=3974\text{N}$

② 材料设计指标：

$50\times100\text{mm}^2$ 方木截面参数为：$I=4167000\text{mm}^4$，$W=83330\text{mm}^3$，$S=62500\text{mm}^3$

$50\times100\text{mm}^2$ 方木力学参数为：$E=10000\text{N/mm}^2$，$f_m=13\text{N/mm}^2$，$f_V=1.4\text{N/mm}^2$

③ 核算：

$\sigma=M_{B支}/W=397400/83330=4.77N/mm^2<17N/mm^2$

$\tau=VS/Ib=3974\times62500/(4167000\times50)=1.19N/mm^2<1.4N/mm^2$，强度满足要求。

3）挠度验算：

$q=0.2\times66460=13292N/m=13.3N/mm$

$\upsilon=K_wql^4/100EI=0.677\times13.3\times500^4/(100\times10000\times4167000)$

$=0.14mm<L/400=500/400=1.25mm$，挠度满足要求。

（5）柱箍计算：

柱箍长度：螺栓孔本身 25mm，中心距外侧 50mm，距次龙骨边 25mm；两侧主龙骨、次龙骨、模板 2×(100＋18)＝236mm。故边长 1100mm 方柱柱箍螺栓孔中心距计算长度 1400mm。

1）荷载设计值：

每侧柱箍负担侧压力宽度 0.5m。

$$q_5=79478\times0.5=39739N/m$$

2）强度验算：

① 受力计算：按简支梁承受均布荷载

$M_1=\frac{1}{8}q_5l^2=39739\times1.4^2/8=9736N\cdot m$

$V=q_5\times L/2=39739\times1.1/2=21856N$

② 材料设计指标：

双［10 槽钢截面参数为：$A_n=2548.8mm^2$，$I=3966671mm^4$，$t=2\times5.3=10.6mm$，$W_j=79333mm^3$，$S=47056mm^3$

双［10 槽钢力学参数为：$E=206000N/mm^2$，$f=215N/mm^2$，$f_V=125N/mm^2$

③ 核算：

$$\sigma=M_1/W_j=9736000/79333=122.7N/mm^2<215N/mm^2$$

$\tau=VS/It=21856\times47056/(3966671\times10.6)=24.5N/mm^2<125N/mm^2$，强度满足要求。

3）挠度验算：

柱箍按承受均布荷载进行计算。

$q=柱箍间距\times F_1=0.5\times66460=33230N/m=33.23N/mm$

$\upsilon=\frac{5}{384EI}ql^4=5\times33.23\times14004/(384\times206000\times3966671)=2.0mm<L/500=1400/500=2.8mm$，挠度满足要求。

（6）对拉螺栓计算：

$N=21856N$

$M20$：$A_n=225mm^2$，$f_t^b=170N/mm^2$，

$A_nf_t^b=225\times170=38250N>21856N$，满足要求。

2.6.4.4 柱箍设计计算

柱箍是柱模板面板的横向支撑构件，其受力状态为拉弯杆件，应按拉弯杆件进行计算。

【例 4】 框架柱截面尺寸为 600mm×800mm，侧压力和倾倒混凝土产生的荷载合计为 60kN/m²(设计值)，采用组合钢模板，选用［80×43×5 槽钢作柱箍，柱箍间距(l_1)为 600mm，试验算其强度和刚度。

【解】

（1）计算简图

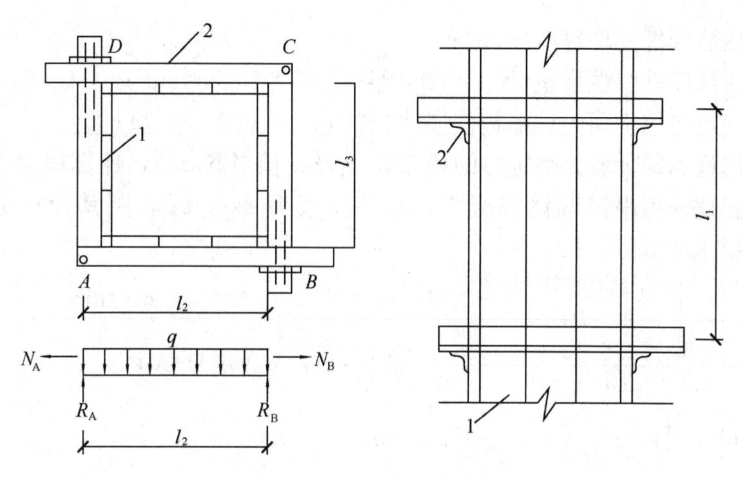

图 2-6-14　小钢模柱模柱箍

1—钢模版；2—柱箍

$$q=FL_1\times0.95$$

式中　q——柱箍 AB 所承受的均布荷载设计值（kN/m）；

F——侧压力和倾倒混凝土荷载（kN/m²）；

0.95——折减系数。

则：
$$q=\frac{60\times10^3}{10^6}\times600\times0.95=34.2\text{N/mm}$$

（2）强度验算：

$$\frac{N}{A_n}+\frac{M_x}{\gamma_x W_{nx}}\leqslant f$$

式中　N——柱箍承受的轴向拉力设计值（N）；

A_n——柱箍杆件净截面面积（mm²）；

M_x——柱箍杆件最大弯矩设计值（N·mm），$M_x=\frac{ql_2^2}{8}$；

γ_x——弯矩作用平面内，截面塑性发展系数，因受震动荷载，取 $\gamma_x=1.0$；

W_{nx}——弯矩作用平面内，受拉纤维净截面抵抗矩（mm³）；

f——柱箍钢杆件抗拉强度设计值（N/mm²），$f=215\text{N/mm}^2$。

由于组合钢模板面板肋高为 55mm，故：

$$l_2=b+(55\times2)=800+110=910\text{mm}$$

$$l_3=a+(55\times2)=600+110=710\text{mm}$$

$$l_1=600\text{mm}$$

$$N=\frac{a}{2}q=\frac{600}{2}\times34.2=10260\text{N}$$

$$M_x=\frac{1}{8}ql_2^2=\frac{34.2\times910^2}{8}=3540127.5\text{N}\cdot\text{m}$$

$$[80\times43\times5\quad A_n=1024\text{mm}^2, W_{nx}=[80\times43\times5\text{ 为 }25.3\times103\text{mm}^3$$

则：
$$\frac{N}{A_n}+\frac{M_x}{\gamma_x W_{nx}}=\frac{10260}{1024}+\frac{3540127.5}{25.3\times10^3}$$

$$=10.02+139.93=149.95<f=215\text{N/mm}^2\text{，故满足要求。}$$

（3）挠度验算：

$$\omega=\frac{5q'l_2^4}{384EI}\leqslant[\omega]$$

式中　$[\omega]$——柱箍杆件允许挠度(mm)；

E——柱箍杆件弹性模量(N/mm²)，$E=2.05\times10^5\text{N/mm}^2$；

I——弯矩作用平面内柱箍杆件惯性矩(mm⁴)，查表 2-6-11；

q'——柱箍 AB 所承受侧压力的均布荷载设计值(kN/m)，计算挠度扣除活荷载作用。假设采用串筒倾倒混凝土，水平荷载为 2kN/m²，则其设计荷载为 $2\times1.4=2.8\text{kN/m}^2$，故

$$q'=\left(\frac{60\times10^3}{10^6}-\frac{2.8\times10^3}{10^6}\right)\times600\times0.95=32.6\text{N/mm}$$

则：$\omega=\dfrac{5\times32.6\times910^4}{384\times2.05\times10^5\times101.3\times10^4}=\dfrac{1.118\times10^{14}}{7.974\times10^{13}}$故满足要求。

$$=1.4\text{mm}<[\omega]=\frac{l_2}{500}=\frac{910}{500}=1.82\text{mm}$$

2.6.5　楼梯模板设计计算

2.6.5.1　直跑板式楼梯模板参数确定

设计图纸一般给出成型以后的楼梯踏步、休息平台的结构位置尺寸。楼梯段、休息平台模板的支模位置，需要在施工前根据楼梯板厚，进行计算。

1. 板式双折楼梯模板位置的确定

(1) 首段楼梯板支模位置确定（图 2-6-15）

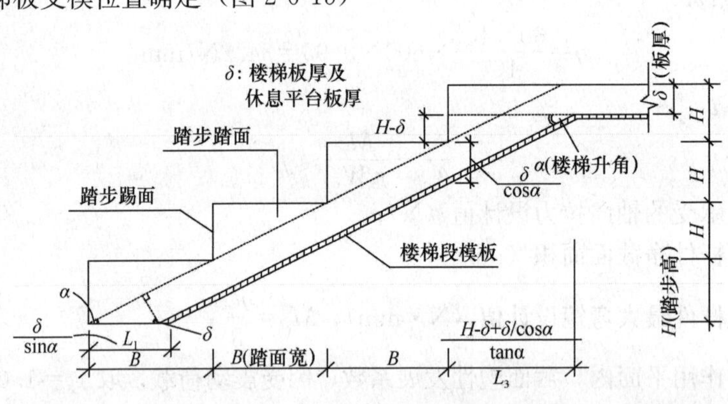

图 2-6-15　首段楼梯支模长度示意图

从图可以看出，模板支设起步位置比第一级楼梯踏步的踢面结构后退$\dfrac{\delta}{\sin\alpha}$，令 $L_1=\dfrac{\delta}{\sin\alpha}$ (2-6-5)，由 L_1 即可确定楼梯段模板支设起步位置。

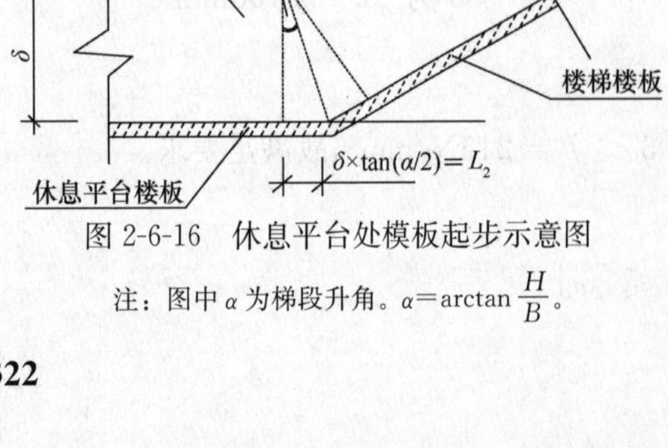

(2) 由休息平台起步的楼梯模板位置

如图 2-6-16 所示，从休息平台起步的楼梯模板，应该按建筑图所示第一级踏步的起步位置向楼梯段方向延伸。延伸的距离，是从楼梯第一级踏步的结构踢面向楼梯段方向延伸：

$$L_2=\delta\times\tan\frac{\alpha}{2}\qquad(2\text{-}6\text{-}6)$$

图 2-6-16　休息平台处模板起步示意图

注：图中 α 为梯段升角。$\alpha=\arctan\dfrac{H}{B}$。

考虑到装修踢面面层的构造厚度，休息平台应向上一跑梯段延伸：

（L_2）＋踢面面层构造厚度

（3）楼梯模板上部与休息平台相交的支模位置：

楼梯最上一级的踢面，是休息平台的边缘。而最上面一级的踏面（如图 2-6-15 所示），与休息平台面重合。从平台上表面，无法分出那个部位是踏面，那个部位是休息平台。一般木工支这个部位的模板，是按向平台方向推一个踏面宽度来掌握。从图 2-6-15 分析，梯段模板实际上应该比一级踏面尺寸要长。当楼梯陡时，伸出多一些；楼梯坡缓，支模短一些。

由图 2-6-15，楼梯模板应从楼梯最上一级踢面位置向上延伸：

$$L_3=\frac{H-\delta+\dfrac{\delta}{\cos\alpha}}{\tan\alpha} \tag{2-6-7}$$

这段距离是将最上一级踏步中扣除板厚（本例休息平台板厚与梯板厚相同），到该位置楼梯模板的垂直距离是根据楼梯升角算出来的。这段距离为：

$$\text{踏步高}(H)-\text{休息平台板厚}(\delta)+\frac{\text{楼梯段厚}(\delta)}{\cos\alpha}$$

用这段距离除以 $\tan\alpha$，就是楼梯模板应从最上一级楼梯踏面向休息平台方面延伸的水平投影距离。这段距离的支模板长度为：

$$\frac{H-\delta+\dfrac{\delta}{\cos\alpha}}{\sin\alpha}$$

（4）梯段模板的水平投影长度：

（a）首段楼梯模板的水平投影长度为：首段楼梯建筑图的投影长度（各踏面宽度之和）$-L_1+L_3$；

（b）其余段楼梯模板的水平投影长度为：该段楼梯建筑图的投影长度（各踏面宽度之和）$-L_2+L_3$；

需要说明的是，（b）仅适用于上下梯段在休息平台处折转方向的情况。如果休息平台上、下两梯段沿同一方向延伸，若下一段楼梯支模时考虑了踢面的面层厚度，上一跑楼梯支模时就不考虑了。因为休息平台已整体前移了一个踢面厚度。同理，沿同一方向的多段的直跑楼梯，只在首段增加踢面厚度，其他段不增。

以上两个水平投影长度用于确定休息平台支模的平面位置。

（5）楼梯段支模长度：

其支模长度为：$\dfrac{\text{楼梯段的水平投影长度}}{\cos\alpha}$；

对于标准层，楼梯坡度基本固定，上述计算简单一些。而层高变化频繁、楼梯坡度不一的工程，每一跑坡度（升角）不一致的楼梯，均需单独进行上述计算。

2. 板式折线形楼梯支模计算

折线形（连续直跑）板式楼梯的施工图纸一般也只表示构件成型以后的尺寸。此类楼梯模板关键是确定休息平台的模板位置。较为复杂的是上下跑楼梯段和休息平台板厚均不相同的情况，可根据（图 2-6-17 和图 2-6-18）相似三角形原理推出计算公式。

下面是根据相似三角形的原理推导休息平台的模板位置参数的过程以及计算公式。

由△A∽△B，$m_1/a=L_1/b \rightarrow m_1\times b=L_1\times a$ （1）

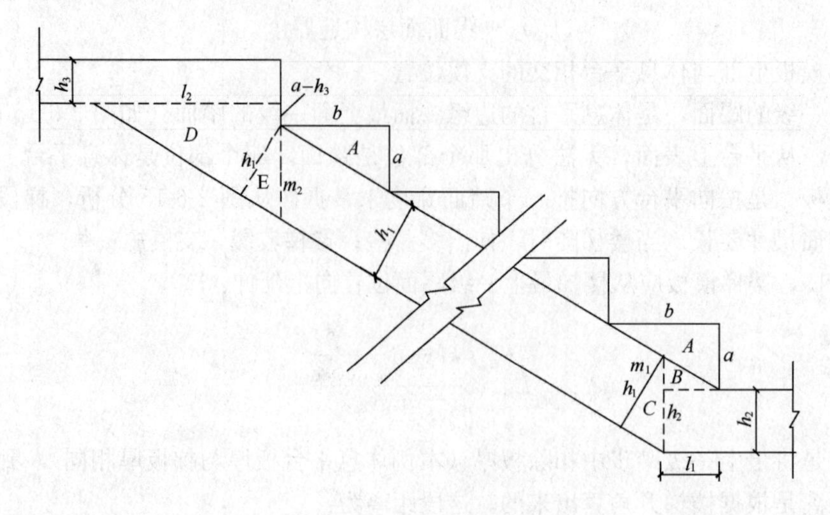

图 2-6-17　折线形板式楼梯支模示意图

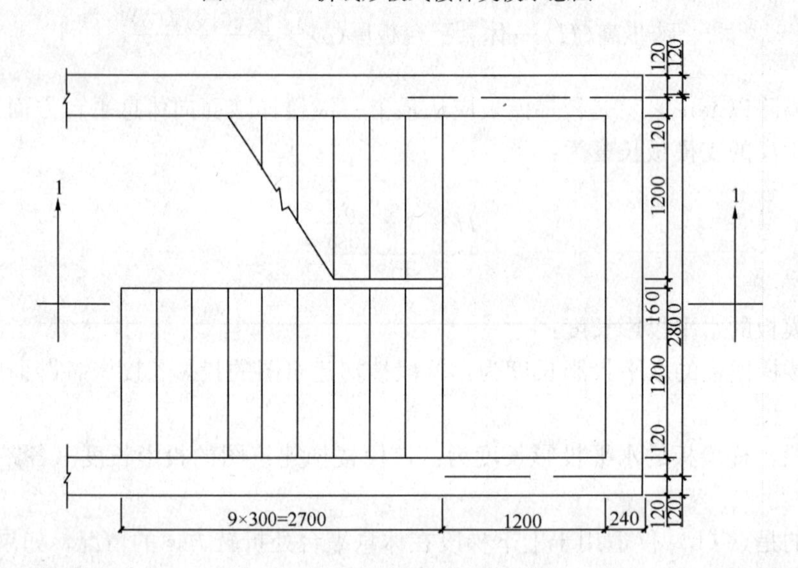

图 2-6-18　双折板式楼梯示意图

由△A∽△C，$h_1/b=(m_1+h_2)/\sqrt{a^2+b^2}\rightarrow$

$$h_1\sqrt{a^2+b^2}=m_1\times b+h_2\times b\rightarrow m_1\times b=h_1\sqrt{a^2+b^2}-h_2\times b \tag{2}$$

将(1)式代入(2)式得到休息平台板前进一侧的支模参数 L_1。

$$L_1=(h_1\sqrt{a^2+b^2}-h_2\times b)/a \tag{2-6-8}$$

由△A∽△E　$h_1/b=m_2/\sqrt{a^2+b^2}\rightarrow m_2b=h_1\sqrt{a^2+b^2}$ (3)

由△A∽△C，$L_2/b=(m_2+a-h_3)/a\rightarrow$

$$L_2=(m_2b+b(a-h_3))m_1/a \tag{4}$$

将(3)式代入(4)式得到休息平台板到达一侧的支模参数 L_2。

$$L_2=(h_1\sqrt{a^2+b^2}+b(a-h_3))/a \tag{2-6-9}$$

只要将楼梯图纸上的踏步高度、宽度及板的厚度代入公式内，就可算出折线形板式楼梯模板起步位置，即从踏步向前延伸的尺寸 L_1、L_2，从而确定其支模位置。

2.6.5.2 旋转楼梯模板参数确定

本例所分析的旋转楼梯模架，模板板面的采用木材，弧形次龙骨为螺旋弧形(类似于弹簧的一段)，同时承担模板荷载和楼梯面成型作用；主龙骨轴线通过圆心，呈水平射线方向布置，用扣件与弧形弧形次龙骨及立杆连接，只向立杆传递节点竖向荷载。主龙骨和支撑立杆均采用 ϕ48 钢管。

旋转楼梯的楼梯板内外两侧同一圆心，半径不同；楼梯板的内外两侧升角不同(图 2-6-19)。楼梯板沿着贯穿楼梯两侧曲线的水平射线，绕圆心上旋，形成螺旋曲面；其上的楼梯踏步以一定角度分级，一般转 360°达到一个楼层高度。由于梯面荷载集度随半径而不同，使得其自重荷载统计和对模架的作用较为复杂。

1. 旋转楼梯位置、尺寸关系

图 2-6-19 为旋转楼梯空间示意。其内侧与外侧边缘的水平投影是两个同心圆。等厚度梯段表面，半径相同的截面展开图都是直角三角形，但半径不同的三角形斜面与地面的夹角均不相同。所以旋转楼梯梯段是一个旋转曲面，在这个旋转曲面上的每一条水平线都过圆心。

假设在圆心位置，有一条垂线 OO′，这条线就是该旋转楼梯的圆心轴。距圆心轴半径相等的点的连线的水平投影是同心圆。

由于旋转楼梯的梯段在每个不同半径的同心圆上，升角是固定的。所以，垂直于圆心轴的某个半径 R，所截断的楼梯板表面，其断面是圆柱螺线，如图 2-6-20(a)。将圆柱螺线展开后，就得到一个三角形。如图 2-6-20(b)。

旋转楼梯梯段的水平投影是扇面的一部分，其实际形状为曲面扇面，梯面面积的精确计算可用积分；亦可采用楼梯中心线(即梯段的平均值)简化计算。

2. 旋转楼梯内、外侧边缘水平投影长度

一般施工图在旋转楼梯上仅标出内侧、外侧边缘的半径、楼梯步数和中心线尺寸等。施工所需梯段内、外侧边缘的投影长度，支承梯段模板的弧形底楞长度等，均须换算。

可先按中心线半径和楼梯段中心线尺寸，反算出该段楼梯所夹的圆心角。将圆心角转换为弧度制。即可方便地计算任意半径长梯段、休息平台的投影弧长。

已知夹角为 β(弧度)，半径长为 R 的弧长投影为：$R\times\beta$

3. 计算旋转楼梯内、外侧边缘升角

普通直跑楼梯，其全段坡度是一样的。而旋转楼梯，梯段上距中心轴半径不等的位置，升角不同，只能由计算确定。所以象内、

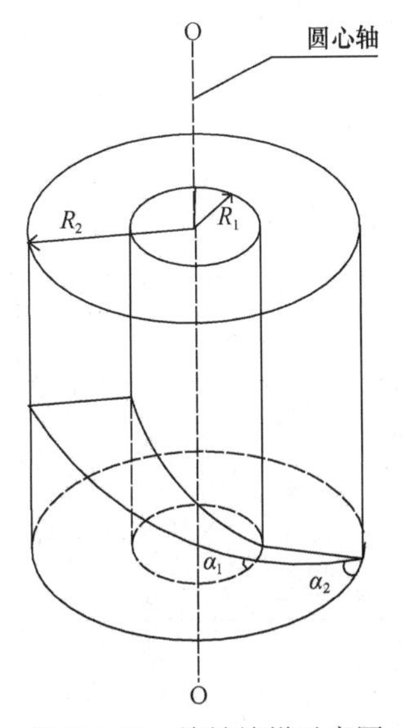

图 2-6-19 旋转楼梯示意图

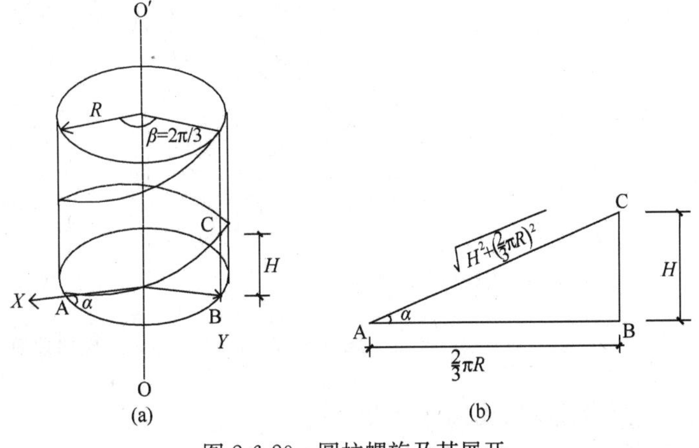

图 2-6-20 圆柱螺旋及其展开

外侧边缘、弧形底楞钢管等，均需单独进行计算。若升角用 α 表示，则

$$\arctan\alpha_i=\frac{\text{楼梯段两端高差}}{\text{楼梯段任一半径}(R_i)\text{水平投影长度}}$$

4. 确定楼梯支模起始位置

旋转楼梯梯段模板的起、终点位置，与前述普通直跑楼梯，在方法上没有差异。只是因为楼梯内、外侧升角不同，所以 L_1、L_2、L_3 的计算，应根据内、外侧各自升角，分别计算。上下两侧四个端点的起、终点位置确定了，休息平台的位置也就确定了。

5. 休息平台支模位置、踏步、尺寸

根据下跑楼梯起、终点位置，确定两个端点位置，然后算出休息平台内侧与外侧的弧长。此长度是根据图纸数据，直接算得的、实际支模尺寸（长度方向）为：

$$\text{计算弧长}+L_2-L_3$$

旋转楼梯平台内、外弧分别计算。由于首段楼梯支模时考虑了踏步踢面的面层厚度，以后的平台、楼梯等依次后移，故不必在计算平台支模尺寸中再考虑。每层楼梯只考虑一次。

旋转楼梯的楼梯踏步，应根据图纸标注的中心线尺寸，转换为内、外弧边缘的实际尺寸。

2.6.5.3 旋转楼梯支模计算实例

【例 5】 某工程地下二层设备机房（建筑标高－11.800）到地下一层（建筑标高－4.500）为：内弧半径 2.15m，外弧半径为 3.8m 的旋转楼梯。中间设三个梯段两个休息平台。

设计每 6°为一级楼梯踏步，允许施工时取整数，作适当调整。

楼梯施工简图见图 2-6-21，楼梯段支模数据列表计算见表 2-6-20，休息平台支模数据计算见表 2-6-20，图 2-6-22 为下达给施工班组的模板施工图。

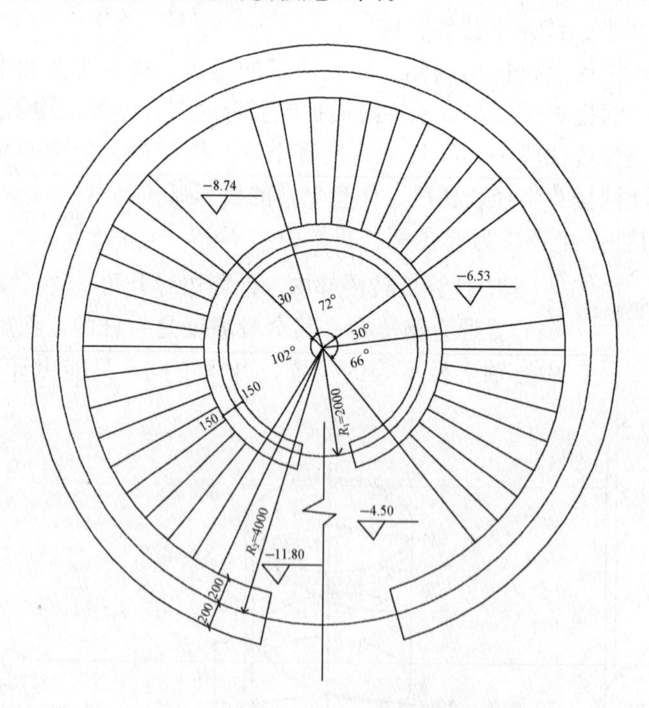

图 2-6-21　－11.8－4.50 楼梯建筑平面图

1. 弧形楼梯段支模计算表

弧形楼梯段支模计算，见表 2-6-19。

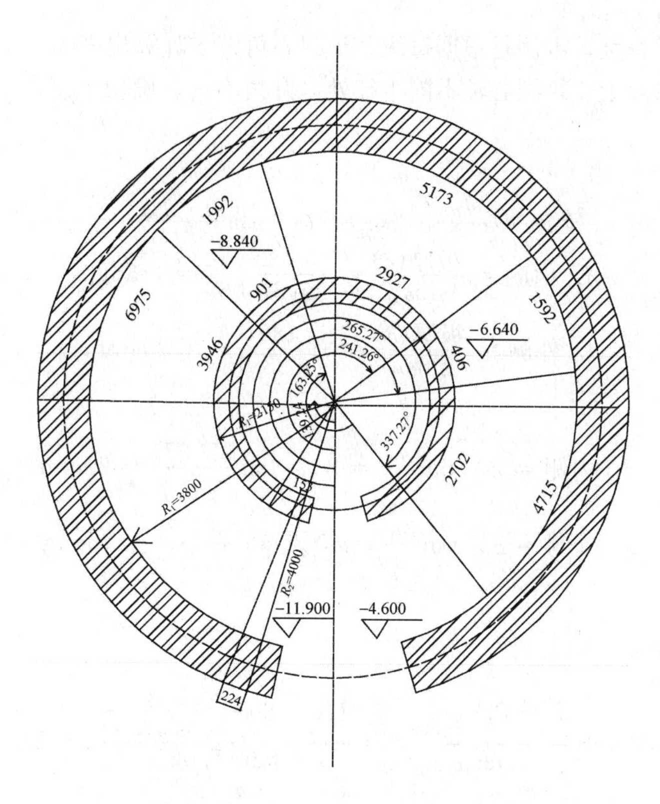

图 2-6-22　模板施工图

弧形楼梯段支模计算表　　　　**表 2-6-20**

计算项目 \ 数值 \ 部位		首段楼梯	第二段楼梯	第三段楼梯	备　注
梯段水平投影夹角	角度（°）	102	72	66	弧度＝角度值×π/180°
	弧度	1.7802	1.2566	1.1519	
楼梯踏步支模宽度	内侧（mm）	225			按每级踏步夹角为 6 度计算
	外侧（mm）	398			
梯段升角（角度）	内侧（°）	37.07			
	外侧（°）	23.13			
图示梯段投影长度	内侧（mm）	3827	2702	2477	
	外侧（mm）	6765	4775	4377	
楼梯段高差（mm）		3060	2210	2030	每级踏步高 H=170
模板起步后退尺寸	内侧（mm）	133			
	外侧（mm）	204			
由休息平台起步尺寸	内侧（mm）		27		
	外侧（mm）		16		
梯段上部模板延伸距离	内侧（mm）	252			
	外侧（mm）	414			
梯段模板水平投影长度	内侧（mm）	3946	2927	2702	
	外侧（mm）	6975	5173	4775	

表 2-6-20 说明：

1）楼梯踏步支模宽度，本例是根据每级踏步圆心角为6°计算出来的。

2）梯段升角：梯段上，距圆心轴不同半径处，升角不一。确切地说，本计算项目应该叫梯段指定部位升角。

3）L_1 计算：

由：板厚 δ=80mm　　$\alpha_{内}$=37.06°　　$\alpha_{外}$=23.13°得：

$$L_1\text{内侧}=\frac{\text{板厚}(\delta)}{\sin\alpha_{内}}=\frac{80}{\sin 37.06°}=133\text{mm}$$

$$L_1\text{外侧}=\frac{\text{板厚}(\delta)}{\sin\alpha_{外}}=\frac{80}{\sin 23.13°}=204\text{mm}$$

4）L_2 计算

$$L_2\text{内侧}=\delta\times\tan\frac{\alpha_{内}}{2}=80\times\tan\frac{37°07°}{2}=27\text{mm}$$

$$L_2\text{外侧}=\delta\times\tan\frac{\alpha_{外}}{2}=80\times\tan\frac{23°13°}{2}=16\text{mm}$$

5）L_3 计算：

踏步高 H=170mm

$$L_3\text{内侧}=\frac{H-\delta+\frac{\delta}{\cos\alpha_{内}}}{\tan\alpha}=\frac{170-80+\frac{80}{\cos 37.06°}}{\tan 37.06°}=252\text{mm}$$

$$L_3\text{外侧}=\frac{H-\delta+\frac{\delta}{\cos\alpha_{外}}}{\tan\alpha}=\frac{170-80+\frac{80}{\cos 23.13°}}{\tan 23.13°}=414\text{mm}$$

梯段模板水平投影长度：（以首段为例）

由：内侧踏面长度和=3827mm，L_1=133m，L_3=252mm

得：梯段内侧模板水平投影长度=3827−133+252=3946mm

由：外侧踏面长度和=6765mm，L_1=204m，L_3=414mm

得：梯段外侧模板水平投影长度=6765−204+414=6975mm

6）在计算首段模板投影长度时，并没有考虑楼梯踢面的面层厚度。因为这个尺寸，只是使楼梯模板整体前移。它的影响，将在楼梯模板及休息平台模板定位时，再作考虑。

7）本例中，三个楼梯段踏步尺寸相等。所以，像梯段升角、L_2、L_3，各梯段无差别。若不同，则上述数据，均需单独计算。

2. 休息平台支模计算表

休息平台支模计算，见表2-6-21。

休息平台支模计算表　　　　**表 2-6-21**

数值 / 计算项目 \ 部位		−8.74m 休息平台	−6.53m 休息平台	−4.50m 休息平台
图纸平台长度（mm）	内弧	1126	1126	
	外弧	1990	1990	
实际支模长度（mm）	内弧	901	901	
	外弧	1592	1592	
平台模板夹角（角度值）	内弧	24°	24°	
	外弧	24°	24°	

续表

数值 \ 部位 计算项目		−8.74m 休息平台	−6.53m 休息平台	−4.50m 休息平台
平台内侧端点 弧长坐标（mm）	下侧	5225	9053	12656
	上侧	6126	9954	
平台外侧端点 弧长坐标（mm）	下侧	9189	15954	22321
	上侧	10781	17546	
平台内侧端点 角度坐标 （角度值）	下侧	139.24°	241.26°	337.27°
	上侧	163.25°	265.27°	
平台外侧端点 角度坐标 （角度值）	下侧	138.55°	240.55°	336.55°
	上侧	162.55°	264.56°	
平台模板板面标高（m）		−8.84	−6.64	−4.60

表 2-6-21 说明：

1）实际支模尺寸：

图纸平台尺寸$+L_2-L_3$，如平台内侧支模尺寸为：1126＋27－252＝901mm。

2）平台弧长端点坐标：

以图 2-6-21 所标 0°位置为圆心角 0°及梯段内、外弧两个同心圆的 O 起点位置。

因考虑踢面面层构造厚度为 20mm，故首段楼梯起步位置为：

30°弧长$+L_1$＋踢面面层厚度：

内侧：1126＋133＋20＝1279mm

外侧：1990＋204＋20＝2214mm

上述尺寸加上梯段模板投影长即平台端点。

3）造成平台处与上、下梯板交角不处在同一圆心射线原因有二：一是内侧升角大，探入平台的模板长；二是内、外侧同时平推 20mm 厚踢面面层。使得内弧一侧弧长的圆心角比外侧大一些。这两项原因造成的差异，在后续的支楼梯踏步模板和楼梯面层抹灰完成以后，在楼梯上表面就会消除。

综合表 2-6-20、表 2-6-21 数据即可画出模板施工图（图 2-6-22）。

3. 模板受力计算

梯板与平台板均为 80mm 厚，踏步按中心线尺寸折算为 80mm。

（1）荷载统计

荷载标准值：

背楞钢管＋模板：0.13＋0.05×6＝0.43kN/m²

钢筋混凝土楼梯板：0.08×25.1　＝2.01kN/m²

＋混凝土楼梯踏步：0.08×25.1　＝2.01kN/m²

＝4.45kN/m²

施工均布荷载：　2.0kN/m²

荷载设计值：

$$q=1.2\times4.45+1.4\times2.0=8.14\text{kN/m}^2$$

$$q_{组合}=1.35\times4.45+1.4\times0.9\times2=8.52\text{kN/m}^2$$

取荷载设计值：$q=1.2\times4.45+1.4\times2.0=8.52\text{kN/m}^2$

（2）模板面板强度验算（按单块模板）

$$M_{支座}=1/2\times0.2q\times0.2^2$$
$$=1/2\times1.704\times0.22=0.0341\text{kN}-\text{m}$$

$$M_{跨中}=\frac{ql^2}{8}\left(1-\frac{4m^2}{l^2}\right)$$

$$1/8\times0.2q\times1.25^2(1-4\times0.2^2\ /\ 1.25^2)M_{支座}=0.2987\text{kN}\cdot\text{m}$$

$$W_{模板}=(200\times40^2)\ /\ 6=53333\text{mm}^3$$

$$\delta_{模板}=\frac{M_{板中}}{W_{模板}}=\frac{0.2987\times10^6}{53333}=5.6\text{MPa}$$

一般松木板$[\delta]=13\sim17\text{N/mm}^2$，模板强度满足。

从模板受力合理角度，两根底楞还应向中间靠拢。但模板边上可能不稳。特别是外弧一侧首先集中受荷时，内弧一侧模板容易翘起。一般边楞的位置，在距梯板边缘$L/8\sim L/6$之间找个整数即可。

（3）模板变形验算（按单块模板）

$$\omega_{\max}=\frac{ql^4}{384EI}(5-24\lambda^2)=\frac{0.2\times6.68\times1250^4}{384\times9000\times1.067\times10^6}\left(5-24\left(\frac{0.2}{1.25}\right)^2\right)$$

$$=0.88\text{mm}<\frac{l}{400}=\frac{1250}{400}=3.125\text{mm}$$

4. 楼梯段螺旋面面积折算

（1）作用于弧形弧形次龙骨的荷载取值：

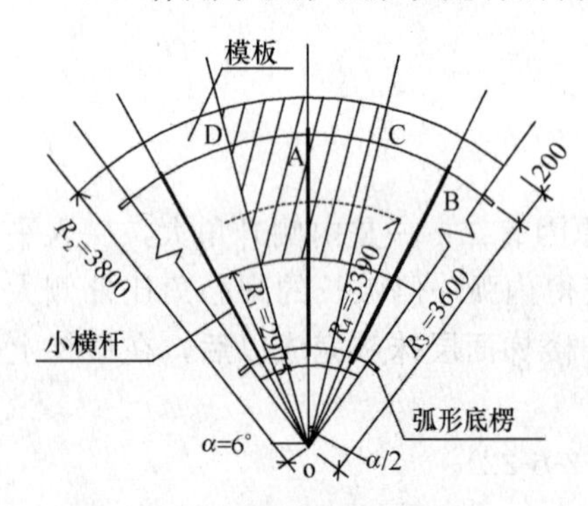

图 2-6-23　外侧底楞受荷面积投影（一级楼梯踏步）

图 2-6-23 所示阴影面积是外弧的弧形次龙骨在一个受力单元所负担的荷载区域的水平投影。此区域荷载，通过弧形次龙骨，经主龙骨（只承受节点传递荷载，不必计算。如用扣件与立杆连接，只计算扣件锁固能力）与立杆的节点，从立杆、斜撑传下。

作用在弧形次龙骨上的均布荷载，可分解为法向荷载（垂直与钢管）$q\cos\alpha$，和沿钢管方向的切向荷载$q\sin\alpha$。其中，法向荷载使钢管受弯、受剪、受扭；切向荷载使管子受压（可忽略不计）。

（2）弧形次龙骨受荷面积计算：

每一个微小角度的曲面扇面上的荷载，对扇面区域弧形次龙骨的作用值可以用一个区域的荷载之和除以该区域弧形次龙骨长度来表示。

$$弧形次龙骨线荷载=\frac{曲面扇形面积荷载之和}{曲面区域内底楞钢管长度}$$

由于内弧段与外弧段半径相差较大，两根弧管负担的面积差异较大。所以，外弧段弧形次龙骨所受荷载作用，可作为计算校核控制截面。从两弧形次龙骨之间为界，计算外弧段荷载。

图 2-6-24，作用在外弧次龙骨上阴影部分的曲面扇形面积为：

$$1/2\,(R_2^2\phi-R_1^2\phi)\div\cos\alpha=\phi\,(R_2^2-R_1^2)/2\cos\alpha \tag{2-6-10}$$

上式中α为梯段升角。对整个梯面来说，α随半径变化，不是一个固定的值。为了求得精确解，对曲面进行积分。

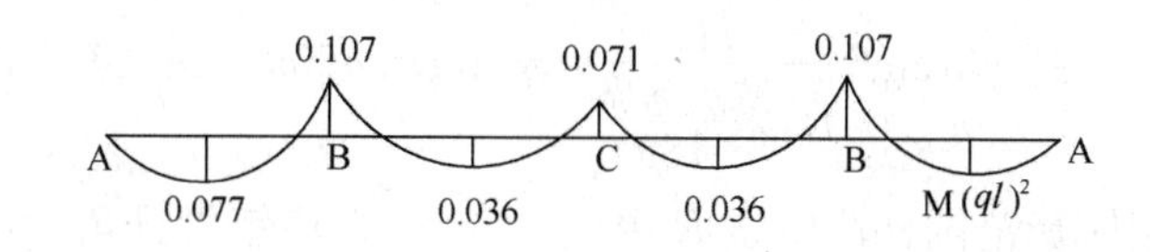

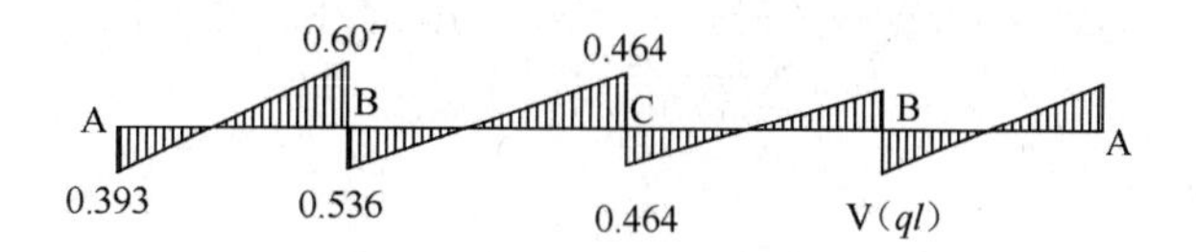

图 2-6-24 四跨连续梁（直梁）内力系数

在楼梯表面，距圆心轴为 R 的点的连线是圆柱螺线，其在梯段上的长度，可表示为 $\sqrt{(R\phi)^2+H^2}$。我们以梯段上每一个确定半径 R 的圆柱螺线长和 dR 的长方形面积代替微小的部分圆环面积，对半径 R 方向积分，可列出：

$$楼梯模板面积=\int_{R_1}^{R_2}\sqrt{(R\phi)^2+H^2}\,\mathrm{d}R \tag{2-6-11}$$

式中，R_1、R_2 为待求区域上、下界；ϕ 为待求区域的圆心角（用弧度表示）；H 为该楼梯段两边高差。

【解】 令 $R\phi=\mathrm{t}$，则 $R=t/\phi$，$\mathrm{d}R=\phi\mathrm{d}t$

积分上下限为：$R_1\phi=t_1$，$R_2\phi=t_2$ 则有：

$$\begin{aligned}楼梯模板面积&=\int_{t_1}^{t_2}\frac{1}{\phi}\sqrt{t^2+H^2}\,\mathrm{d}t\\&=\frac{1}{2\phi}\{[t_2\sqrt{t_2^2+H^2}+H^2\ln(t_2+\sqrt{t_2^2+H^2})]\\&\quad-[t_1\sqrt{t_1^2+H^2}+H^2\ln(t_1+\sqrt{t_1^2+H^2})]\}\end{aligned}$$

代入图 2-6-23 作用在外弧次龙骨上阴影部分的曲面扇形面积，计算数据如下：

图 2-6-23 中，阴影范围扇形面积（一级踏步）水平投影夹角 $\varphi=\frac{6°\times\pi}{180°}=0.1047$，高差 $H=170\text{mm}$；$t_1=R_1\times\varphi=2.975\times0.1047=0.31154$；$t_2=R_2\times\varphi=3.8\times0.1047=0.39794$；

$$\begin{aligned}则阴影部分楼梯模板面积&=\int_{t_1}^{t_2}\frac{1}{\phi}\sqrt{t^2+H^2}\,\mathrm{d}t\\&=\frac{1}{2\phi}\{[t_2\sqrt{t_2^2+H^2}+H^2\ln(t_2+\sqrt{t_2^2+H^2})]\\&\quad-[t_1\sqrt{t_1^2+H^2}+H^2\ln(t_1+\sqrt{t_1^2+H^2})]\}\\&=\frac{1}{2\times0.1047}\{[0.39794\sqrt{0.39794^2+0.17^2}\\&\quad+0.17^2\ln(0.39794+\sqrt{0.39794^2+0.17^2})]\\&\quad-[0.31154\sqrt{0.31154^2+0.17^2}\\&\quad+0.17^2\ln(0.31154+\sqrt{0.31154^2+0.17^2})]\}\\&=0.3245\text{m}^2\end{aligned}$$

(3) 外弧次龙骨线荷载：

对应的外弧次龙骨长度 $=R_3/\cos\alpha_3$，其中 $R_3=3600\text{mm}$，该钢管升角为：

$$\alpha_3=\arctan\frac{H}{R_3\times\frac{6^\circ\times\pi}{180^\circ}}=\arctan 0.4509=24.27^\circ$$

外弧次龙骨所负担阴影范围梯段中线 R 中=3390mm，该钢管升角为：

$$\alpha_{中}=\arctan\frac{H}{R_{中}\times\frac{6^\circ\times\pi}{180^\circ}}=\arctan 0.4789=25.59^\circ$$

梯段中心线升角为：

$$\alpha_1=\arctan\frac{H}{R_1\times\frac{6^\circ\times\pi}{180^\circ}}=\arctan 0.5457=28.62^\circ$$

模板荷载作用于弧形次龙骨时，应分解为垂直于钢管的法向荷载 $q\cos\alpha_3$（α_3 为弧形次龙骨升角）和沿钢管方向的切向荷载 $q\sin\alpha_3$。

由此，可以得到，弧形次龙骨上的法向线荷载为：

$$q_{法}=q\frac{\cos^2\alpha_3\int_{R_1}^{R_2}\sqrt{(R\phi)^2+H^2}\,\mathrm{d}R}{R_3\phi}\tag{2-6-12}$$

将前面计算的结果代入式（2-6-12），可得到弧形次龙骨上的法向线荷载：

$$q_{法}=q\frac{\cos^2\alpha_3\int_{R_1}^{R_2}\sqrt{(R\phi)^2+H^2}\,\mathrm{d}R}{R_3\phi}=8.52\times\frac{\cos^2 24.27^\circ}{3.6\times 0.1047}\times 0.3245=6.094\text{kN/m}$$

亦可以扇形面积内外端半径的平均值，计算弧形次龙骨上法向线荷载的近似值：

$$q_{法}=q\frac{\cos^2\alpha_3}{\cos\alpha_{中}}\times\frac{R_2^2\varphi-R_1^2\varphi}{2R_3\varphi}\tag{2-6-13}$$

将计算的结果代入式（2-6-13），可得到弧形次龙骨上的法向（近似）线荷载：

$$\begin{aligned}q_{法}&=q\frac{\cos^2\alpha_3}{\cos\alpha_{中}}\times\frac{R_2^2\varphi-R_1^2\varphi}{2R_3\varphi}=8.52\frac{\cos^2 24.27^\circ}{\cos 25.59^\circ}\times\frac{(3.8^2-2.975^2)}{2\times 3.6}\\&=6.092\text{kN/m}\end{aligned}$$

由上面计算，以扇形范围的平均半径所对应的 $\cos\alpha$ 及楼梯的相应数据，代入式（2-6-10），求得数值比精确解小不到万分之四；用楼梯段中线所对应的 $\cos\alpha$ 代入式（2-6-10），得到的结果比用式（2-6-13）小 3‰左右；所以，对于精度要求不是很高的情况，可用式（2-6-10）计算，再略作放大。

5. 弧形次龙骨的受力计算

（1）弧形次龙骨的受力分析：

弧形次龙骨一般用较长的钢管加工。假定每根管有 4 个以上的支点。其计算简图为三一五跨连续梁。按四跨梁受均布荷载的内力系数进行分析，见图 2-6-24。

1）在均布竖向荷载作用下，B 支座处负弯矩和剪力最大；

2）弧形次龙骨在两支点（水平小横杆）之间，偏离支点连线，而产生扭矩。若各支点间距相等，则扭矩所产生的支座剪力亦相等；

3）弧形次龙骨两支座之间的高差，致使竖向荷载在每个节点处积累的沿弧形次龙骨方向的压应力最大。

综上所述，各结点为弯、剪、扭、压组合受力状态。其中 B 节点（图 2-6-25）受力最大。

（2）弧形龙骨强度计算：

由于旋转楼梯弧形龙骨（材料 $\phi 48$ 钢管为低碳钢）受力较复杂，可按第三强度理论验算其强度。其压应力最大值为：

$$\delta_{\max}=\frac{1}{2}(\delta+\sqrt{\delta^2+4\tau^2}) \tag{2-6-14}$$

其剪应力最大值为：

$$\tau_{\max}=\frac{1}{2}\sqrt{\delta^2+4\tau^2} \tag{2-6-15}$$

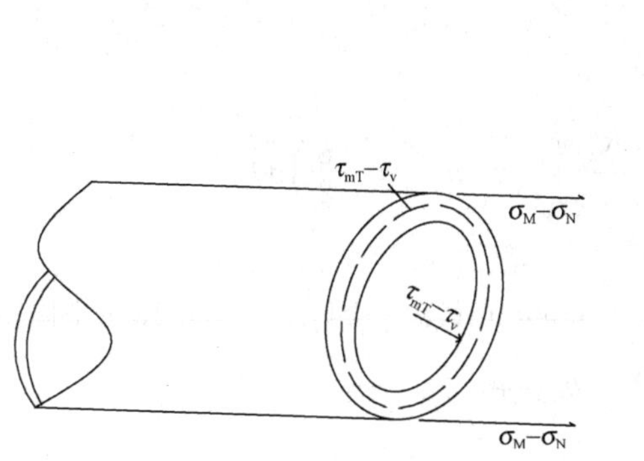

图 2-6-25　B 支座管子局部组合受力

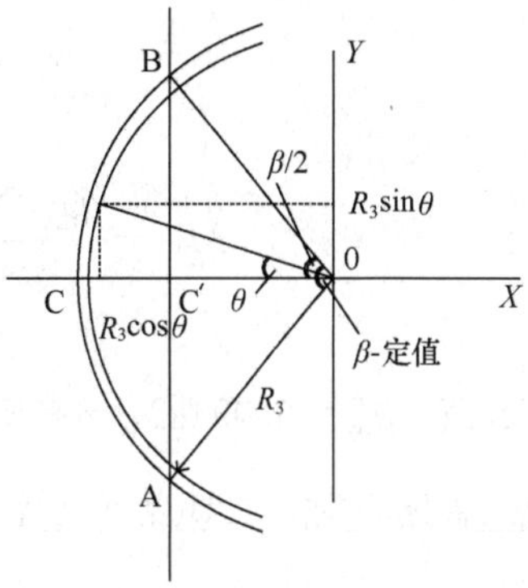

图 2-6-26　底楞扭矩示意

1）弧形龙骨的弯曲应力

立杆间距为 180，对应的外弧龙骨长度为：

$$L=\frac{R_3}{\cos\alpha_3}\times\frac{18°\times\pi}{180°}=\frac{3.6\times\pi}{\cos 24.27°\times 10}=1.24\text{m},$$

外弧龙骨弯曲应力：

$$\sigma=\frac{M_{\text{W}}}{W}=\frac{0.107\times q_{法}\times L^2}{5078}=\frac{0.107\times 6.094\times 1240^2}{5078}$$
$$=197.44\text{MPa}$$

2）弧形龙骨的扭矩和相应剪力

在图 2-6-23 的受力单元上，作用在外弧龙骨上的荷载，分别从 C 点、D 点沿龙骨向支点立杆传递。由于弧管偏离两支点连线（AB），对弧管产生了扭矩。为了推导扭矩数值，可将 ABC 弧放大，如图 2-6-26 所示。

从图 2-6-26 可以看出，作用在外弧龙骨 ACB 上任一点荷载，对 AB 两点连线的偏心距（即扭矩力臂）为：

$$R_3\cos\theta-R_3\cos(\beta/2)=R_3[\cos\theta-\cos(\beta/2)] \tag{2-6-16}$$

上式中，θ 为变量，β 是已知量。需要说明的是：

a）图 2-6-23 所示为实际梯面和弧管的水平投影。但龙骨弧管上任一点到圆心轴之距 R3，与水平投影无异。

b）弧形龙骨 ABC 弧线，与 AB 点连线，只是两端点和弧线中点的水平投影。所以式（2-6-16）给出的偏心距（扭矩边臂）是实际力臂到连线轴的投影。但由于偏心荷载与连线轴的力臂恰好是投影长度，也就是式（2-6-16）所求数值。

c）为了和扭矩力臂相统一，扭矩计算在水平投影平面进行。用于计算的弧形龙骨法向线荷载，应该除以弧形龙骨升角的余弦，折算为作用于弧形龙骨的水平投影荷载。

d）弧形龙骨对应于 $\mathrm{d}\theta$ 的水平投影长度应为 $R_3\mathrm{d}\theta$，作用于这段长度上的法向线荷载为：

$$\frac{q_{法线} \times R_3 \mathrm{d}\theta}{\cos\alpha_3}$$

基于以上分析，楼梯段上，每一微小面积荷载的水平投影，作用于弧形龙骨，所产生的扭矩为：

$$M_T = \int_{-\frac{\beta}{2}}^{\frac{\beta}{2}} \frac{q_{法线}}{\cos\alpha_3} \times R_3 \mathrm{d}\theta \times R_3 (\cos\theta - \cos\frac{\beta}{2})$$

即：

$$M_T = \frac{q_{法线} \times R_3^2}{\cos\alpha_3} \int_{-\frac{\beta}{2}}^{\frac{\beta}{2}} \left(\cos\theta - \cos\frac{\beta}{2}\right) \mathrm{d}\theta \tag{2-6-17}$$

代入已知数值：$q_{法} = 6.094\text{kN/m}$；$R_3 = 3600\text{mm}$；$\alpha_3 = 24.27°$；$\beta = 18°$；因 $\cos\frac{\beta}{2} = 9°$为常数，故可得到弧管偏心对 A、B 点（支撑点）处扭矩：

$$M_T = \frac{q_{法线} \times R_3^2}{\cos\alpha_3} \int_{-\frac{\beta}{2}}^{\frac{\beta}{2}} \left(\cos\theta - \cos\frac{\beta}{2}\right) \mathrm{d}\theta$$

$$= \frac{6.094 \times 3.6^2}{\cos 24.27°} \left(\int_{-\frac{\beta}{2}}^{\frac{\beta}{2}} \cos\theta \mathrm{d}\theta - \cos 9° \int_{-\frac{\beta}{2}}^{\frac{\beta}{2}} \mathrm{d}\theta \right)$$

$$= 86.6352 \left(\sin 9° - \sin(-9°) - \cos 9° (9° - (-9°)) \frac{\pi}{180} \right)$$

$$= 86.6352 \left(2\sin 9° - \cos 9° \times \frac{\pi}{10} \right) = 0.226\text{kN} \cdot \text{m}$$

A、B 点（支撑点）处所受扭转剪力及转角分别为：

$$\tau_{MT} = \frac{M_T}{W_P}; \ \theta = \frac{M_T}{GI_P};$$

由 $\phi 48$ 钢管 $W_T = \frac{\pi (D^4 - d^4)}{16D} = 10156\text{mm}^3$，可计算本例：

$$\tau_{MT} = \frac{M_T}{W_P} = \frac{0.226 \times 10^6}{10156} = 22.25\ \text{N/mm}^2$$

3）按第三强度理论验算弧形龙骨材料 $\phi 48$ 钢管（支撑点处）强度。

其压应力最大值为：

$$\sigma_{max} = \frac{1}{2}(\sigma + \sqrt{\sigma^2 + 4\tau^2}) = \frac{1}{2}(197.44 + \sqrt{197.44^2 + 4 \times 22.25^2})$$

$$= 199.92\text{MPa} < [\sigma] = 205\text{N/mm}^2$$

其剪应力最大值为：

$$\tau_{max} = \frac{1}{2}\sqrt{\sigma^2 + 4\tau^2} = \frac{1}{2}\sqrt{197.44^2 + 4 \times 22.5^2} = 101.25\text{MPa} < [\tau] = 120\text{N/mm}^2$$

（3）弧形龙骨的刚度计算

龙骨中点挠度，由两部分内力的作用叠加而成。其一是法向荷载作用产生的弯矩；其二是扭矩引起的结点转角 θ 致使弧管偏转，中点下垂。中点挠度为两项变形之和。

由于模板及支撑系统在弹性范围工作，其对混凝土结构成型的挠度影响，是由混凝土养护期间的荷载产生的。所以模板及支撑系统的刚度计算不考虑振捣等施工活荷载的作用，且荷载取标准值，比强度计算荷载小很多，一般强度条件满足，刚度可不校核。

6. 支撑立杆计算

由于主龙骨与弧形次龙骨扣件连接的位置紧靠立杆，直接将次龙骨荷载传到支撑立杆，故不需计算。支撑立杆承受弧形次龙骨法向荷载，外侧受荷面积大。只校核外侧立杆承载能力即可：

每根立杆负担18°范围楼板，由前面计算，荷载设计值为1.24×6.094=7.56kN；

本工程立杆仅两排，步距1.5m，纵向（环向）与已浇筑的竖向结构每个跨度均有可靠拉结。无悬臂长度。其计算长细比计算，可按脚手架规定计算：

$$\lambda=L_0/i=K\mu h/i=1.155\times1.8\times1500/15.8=197.4$$

查表得稳定性系数：$\psi=0.185$

则立杆稳定承载力设计值：$f=F/\psi A=7560/0.185\times489=83.57\text{N/mm}^2<205\text{N/mm}^2$

由于楼梯板存在较大的水平方向荷载：7.56×tan24.27°=3.41kN，故需设与楼板相垂直的斜撑，斜撑必须与各道水平杆用旋转扣件连接。因斜撑与顶板垂直，立杆长度及步距长度均小于支撑立杆，故斜撑立杆内力小于支撑立杆，计算从略。

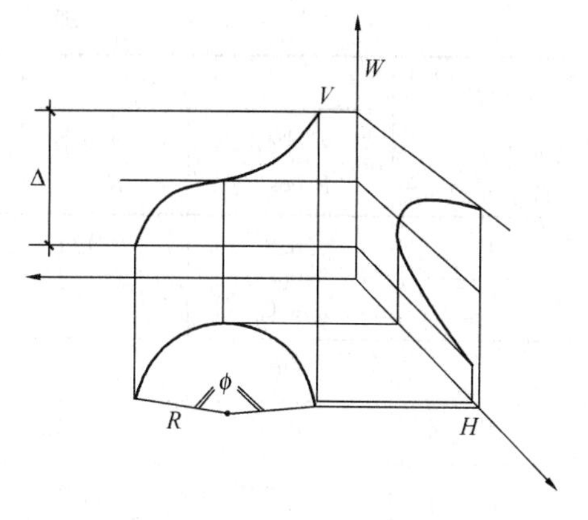

图 2-6-27　弧形底楞钢管水平、正立面、侧立面投影

7. 弧形底楞钢管的加工

弧形底楞钢管（弧形龙骨）是旋转楼梯的梯段模板成型的重要杆件。它的形状是螺旋线。图2-6-27是弧形底楞钢管水平、正立面、侧立面的正投影示意图。

为了保证加工精度，直钢管在加工前调直、在预定的顶面弹通长直线，以便于量测、画线、加工高差。一般加工时，先按弧形管与弦长处在同一水平面弯曲成水平投影夹角的圆弧形，然后再按所支撑的梯段高差加工弧形管竖向弧度。加工弧形管两端高差的方法是以该管中点为中心，将管子两端分别垂直于加工平面（弹通长直线的一面朝上）向上和向下按弧长比例逐点弯曲，弯曲角度要均匀（图2-6-28弧形底楞投影示意图）。高差偏离（该管中点）平面的尺寸的具体计算公式如下：

$$\Delta=\text{弧管实长}\times\sin\alpha$$

弧管加工前要仔细计算。然后绘制加工尺寸图，按图下料。弯制亦可使用手工。

计算步骤：先算出水平投影尺寸及各控制点投影位置，然后按底楞钢管所在位置的升角（α）折算为实长加工尺寸。

【例6】　以图2-6-29旋转楼梯的第二段楼梯外侧弧形底楞的加工尺寸计算为例，具体说明。并绘制加工图。（计算数据见表2-6-20）。弧管 $R_3=3600\text{mm}$，$\alpha_3=24.27°$。

【解】

1）以弧形管平面投影弦长为基线，（Y轴平行于基线，过圆心），作直角坐标系。以 R_3 为半径，从圆心按5°间隔画射线。射线与圆弧交点坐标：$X=R_3\cos\theta$；$Y=R_3\sin\theta$。作为加工的控制点。具体计算，见图2-6-22、图2-6-29和表2-6-22。

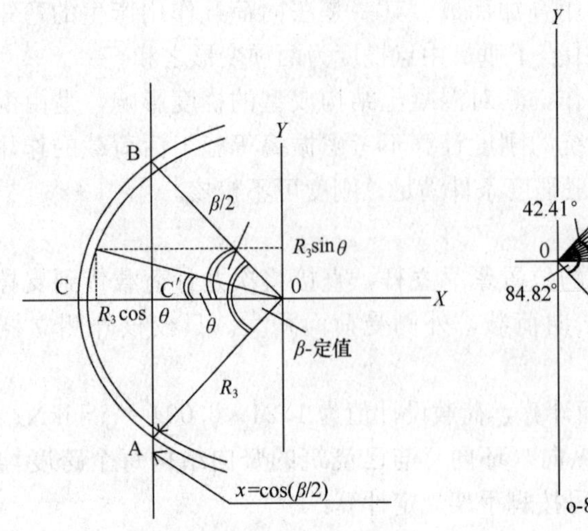

图 2-6-28　弧形底楞投影示意图

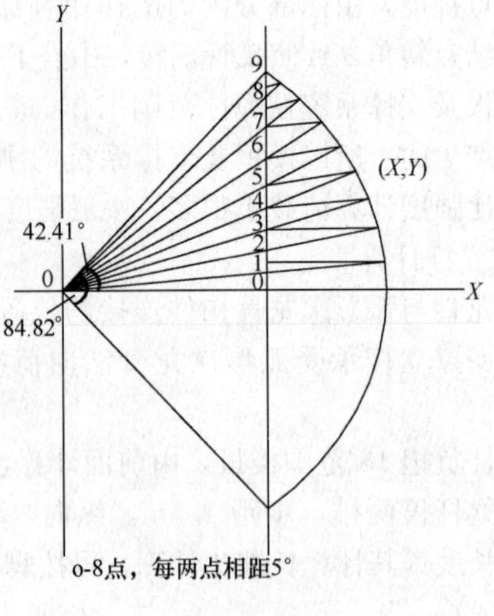

图 2-6-29　弧形底楞加工尺寸推导

2）列表计算加工控制点数值

加工控制点数值（单位：mm）　　　　表 2-6-22

项目 / 点编号 \ 数值	水平投影				加工尺寸	
	x_i 坐标 $R_3\cos\beta_i$	y_i 坐标 $R_3\sin\beta_i$	本点矢高 (x_i-x_9)	本点至O距离（y_i）	本点矢高	本点至0距离（$y_i/\cos\alpha_3$）
0	2658	2428	0	2428	0	2663
1	3600	0	942	0	942	0
2	3586	314	928	314	928	344
3	3545	625	887	625	887	686
4	3477	932	819	932	819	1022
5	3383	1231	725	1231	725	1350
6	3263	1521	605	1521	605	1668
7	3118	1800	460	1800	460	1975
8	2949	2065	291	2065	291	2265
9	2758	2314	100	2314	100	2538
弦长投影	$2R_3\sin 42.41°=4856$			加工后弦长	$\sqrt{4856^2+2403^2}=5418$	
弧长投影	$R_3=\frac{82.82°\times\pi}{180°}=5329$			下料弧管实长	5846	

弧管两端均匀偏离下料平面中点距离为：弧管实长×sinα/2＝1201mm

2.6.6　水平构件模板设计计算

2.6.6.1　现浇钢筋混凝土梁板模架设计

【例 7】　现浇框架钢筋混凝土梁板，层高 14.9m，纵横向轴线 8m。框架梁 400mm×1000mm，楼板厚 150mm，施工采用扣件、ϕ48×3.5mm 钢管搭设满堂脚手架作模板支承架。施工地区为北京市郊区。如图 2-6-30，图 2-6-31，模板设计基本数据见表 2-6-23，验算模板支架。

模板设计基本数据　　　　表 2-6-23

	楼　板	梁　侧	梁　底
模板面板	15mm 厚木质覆膜多层板	15mm 厚木质覆膜多层板	15mm 厚木质覆膜多层板
次龙骨	50mm×100mm 木方子，间距 250mm	50mm×100mm 木方子纵向通长，上下中心距 267mm	3 根 100mm×100mm 木方子纵向通长，计算间距 200mm
主龙骨	100mm×100mm 木方子，间距 1200mm	50mm×100mm 木方子双根，（左右）中心距 750mm	ϕ48 钢管横向放置，纵向间距 1200mm
可调顶托	长度≥550mm，伸出立杆长度≤300mm；悬臂部分（顶部水平杆中心距主龙骨下皮）长度 a≤400mm		长度≥550mm，伸出立杆长度≤300mm；悬臂部分（顶部水平杆中心距主龙骨下皮）长度 a≤400mm
穿墙螺栓		2ϕ14 加于主龙骨，距梁底 200mm，650mm 处；	
立杆纵横距	纵距、横距相等，即 $L_a=L_b=1.2$m	梁两侧距楼板立杆分别为 400mm	梁下正中横向设 2 根立杆。即 $L_{a1}=450+300+450$mm，纵距 $L_{b1}=L_b=1.2$m
立杆步距	步距 1.2m		步距 1.2m
模架基底	200mm 厚 C30 现浇混凝土楼板（有卸荷支撑）		

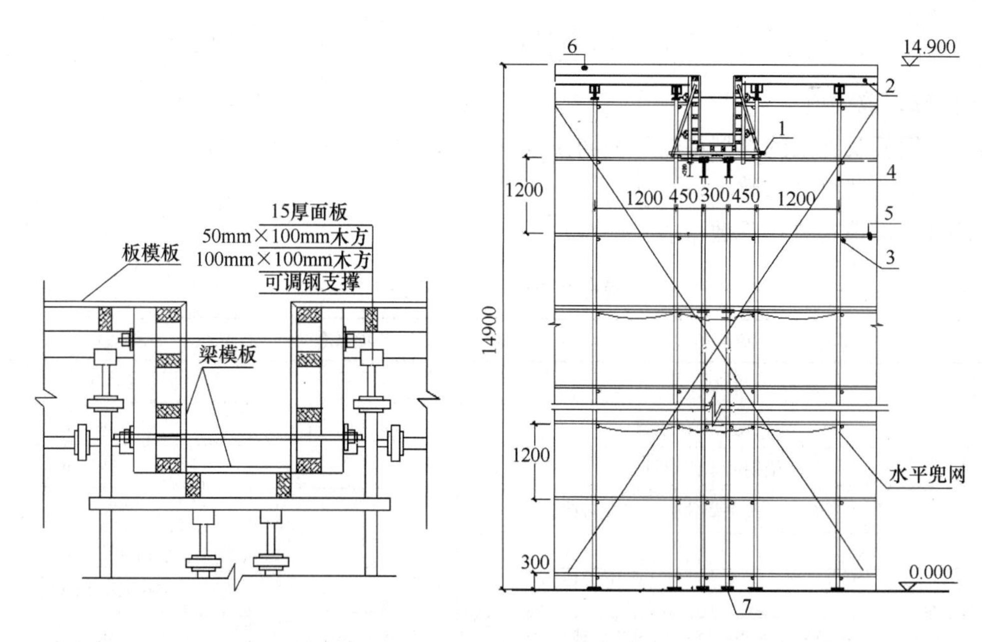

图 2-6-30　现浇框架钢筋混凝土梁板模架示意

1—小横向水平杆；2—木方；3—纵向水平杆；4—立杆；5—大横向水平杆；6—混凝土楼板；7—木垫板

（1）计算参数、荷载统计：

1）顶板支撑体系的荷载传递：荷载→多层板→木方次龙骨→木方主龙骨→调节螺栓顶托→

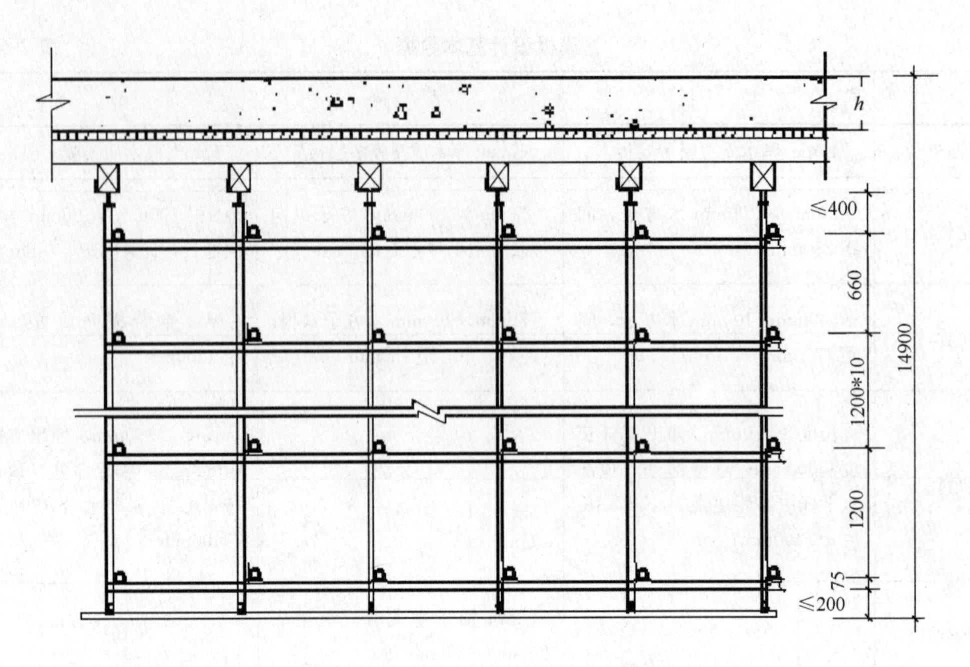

图 2-6-31 现浇框架钢筋混凝土楼板模架示意

扣件钢管脚手架支撑系统→楼面地面。

2）本算例，结构重要性系数 γ_0 为 0.9。

3）模板及支架的荷载基本组合的效应设计值按。

$$S = 1.2\sum_{i=1}^{n} S_{G_i} + 1.4\sum_{j=1}^{m} S_{Q_i}$$

$$S = 1.35\alpha\sum_{i=1}^{n} S_{G_i} + 1.4\psi_{c_j}\sum_{j=1}^{m} S_{Q_j}$$

两式计算，取大值。

式中 α——模板及支架的类型系数。侧面模板取 0.9；底面模板及支架取 1.0；

ψ——活荷载组合系数，取 0.9。

4）荷载标准值、分项系数（表 2-6-24）。

荷载标准值、分项系数 表 2-6-24

	荷载类型	分项系数	荷载标准值
固定荷载	混凝土	1.2（1.35α）	24kN/m³
	楼板钢筋单位重量		1.1kN/m³
	梁钢筋单位重量		1.5kN/m³
活荷载	作用于面板、次龙骨的施工均布活荷载	1.4（1.4×ψ）	2.5kN/m²；
	作用于面板、次龙骨的施工集中活荷载		集中：2.5kN（与均布荷载作用相比较，取大值。）
	作用于主龙骨的施工均布活荷载		1.5kN/m²
	作用于立杆的施工均布活荷载		1kN/m²
	振捣混凝土		2kN/m²
	风荷载（北京地区，重现期 n=10 年）		0.3kN/m²

5）模板系统计算参数（表 2-6-25）。

模板系统计算参数 **表 2-6-25**

部件名称	规格	设置	自重	惯性矩 (mm^4)	抗弯截面系数 (mm^3)	抗弯设计强度 (N/mm^2)	抗剪强度 (N/mm^2)	弹性模量 (N/mm^2)
面板	15mm厚多层板		0.24kN/m²	$I=\frac{1}{12}bh^3$ $=281250mm^4$ (b取1m宽)	$w=\frac{1}{6}bh^2$ $=37500mm^3$ (b取1m宽)	11.5	1.4	6425
次龙骨	50mm×100mm木方	间距250mm	7kN/m³（本例模板可按0.14kN/m²）	$I=\frac{1}{12}bh^3$ $=4.17\times10^6$	$w=\frac{1}{6}bh^2$ $=8.33\times10^4$	13	1.3	9000
主龙骨	100mm×100mm木方	间距1200mm	7kN/m³	$I=\frac{1}{12}bh^3$ $=8.33\times10^6$	$w=\frac{1}{6}bh^2$ $=1.67\times10^5$	13	1.3	9000
立杆ϕ48钢管	48×3.5mm钢管	纵距=横距=1200mm 步距=1200mm	按0.0384kN/m	$I=12.19\times10^4$	$W=5080$	205	120	2.05×10^5

6）立杆支撑架自重标准值（表 2-6-26）。

立杆支撑架自重标准值 **表 2-6-26**

楼板底(计算单元内)模板支架自重	(kN)
立杆(14.9−0.15−0.015−0.1×2)×0.0384=14.535×0.0384 横杆 1.2×13×0.0384 纵杆 1.2×13×0.0384 直角扣件 26×0.0132	=14.685×0.0384=0.558 =0.599 =0.599 =0.343
对接扣件 2×0.0184	=0.0368
调节螺栓及U形托	0.035
剪刀撑(每隔四排垂直、水平两个方向设置剪刀撑，计算支架自重时，考虑含剪刀撑计算单元，剪刀撑斜杆与地面的倾角近似取为 $a=45°$)	=1.2×2×2×0.0384/4cos45°=0.0652
旋转扣件 2×4×0.0146/4(剪刀撑(每隔四排)每步与立杆相交处或与水平杆相交处均有旋转扣件扣接)	=0.0292
合计	=2.234kN

7）梁底(计算单元内)模板支架自重(表 2-6-27)。

梁底(计算单元内)模板支架自重 **表 2-6-27**

梁底(计算单元内)模板支架自重	(kN)
立杆(14.9−1−0.015−0.1×2)×0.0384 横杆(0.375×12)×0.0384 纵杆(1.2×12)×0.0384 直角扣件 24×0.0132 对接扣件 2×0.0184 调节螺栓及U形托 剪刀撑(梁下立杆)1.2×2×2×0.0385/4cos45° 旋转扣件 2×4×0.0146/4	=13.685×0.0384=0.5255 =0.1728 =0.553 =0.317 =0.0368 =0.035 =0.0652 =0.0292
合计	=1.735kN

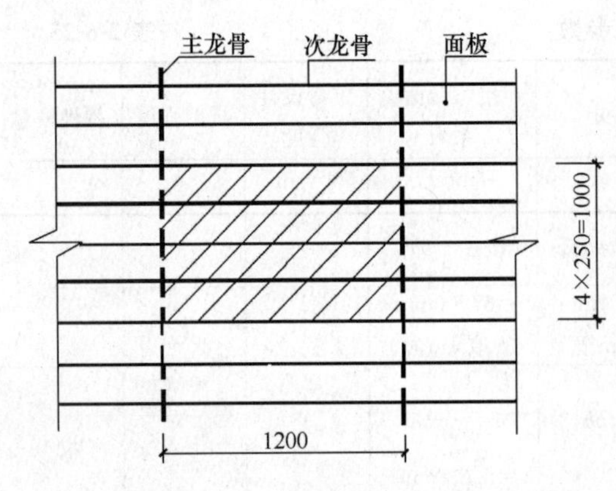

图 2-6-32　模板面板计算简图

（2）楼板模板验算：

1）模板面板计算

多层板按三跨连续板受力，采用 50mm×100mm 木方作为次龙骨间隔 250mm 布置，跨间距 b=250mm=0.25m，取 c=1m 作为计算单元，按三跨连续梁为计算模型进行验算。计算单元简图如图 2-6-32。

① 荷载统计

强度计算的设计荷载取值，按固定荷载分项系数取 $\gamma_i=1.2$，可变荷载分项系数取 $\gamma_{Qi}=1.4$；及按固定荷载分项系数取 $\gamma_i=1.35$，$\alpha=1.0$，可变荷载分项系数取 $\gamma_{Qi}=1.4$，$\psi=0.9$；两种荷载组合计算，取大值。刚度计算的设计荷载取值，只考虑固定均布荷载（标准值）作用。结构重要性系数 $\gamma_0=0.9$。

a. 强度计算的均布线荷载：

$$q_{11}=\gamma_0[\gamma_i\times(G_{1k}+G_{2k}+G_{3K})+\gamma_{Qi}\times(Q_{1k}+Q_{2k})]\times c$$
$$=0.9\times[1.2\times(0.24+3.6+0.165)+1.4\times(2.5+2)]\times1.0$$
$$=10.00\text{kN/m}$$

$$q_{12}=\gamma_0[\gamma_{Gi}\times\alpha\times(G_{1k}+G_{2k}+G_{3K})+\gamma_{Qi}\times\psi\times(Q_{1k}+Q_{2k})]\times c$$
$$=0.9\times[1.35\times(0.24+3.6+0.165)+1.4\times0.9\times(2.5+2)]\times1.0$$
$$=9.97\text{kN/m}$$

取 $q_1=q_{11}=10.00\text{kN/m}$

b. 当作用于模板施工荷载为集中荷载作用时的均布荷载：

$$q_2=\gamma_0\times\gamma_i(G_{1k}+G_{2k}+G_{3K})\times c$$
$$=0.9\times1.2\times(0.24+3.6+0.165)\times1.0$$
$$=4.325\text{kN/m}$$

c. 刚度计算的荷载值：

$$q_3=\gamma_0(G_{1k}+G_{2k}+G_{3K})\times c$$
$$=0.9\times(0.24+3.6+0.165)\times1.0$$
$$=3.60\text{kN/m}$$

② 模板板面弯曲强度计算：

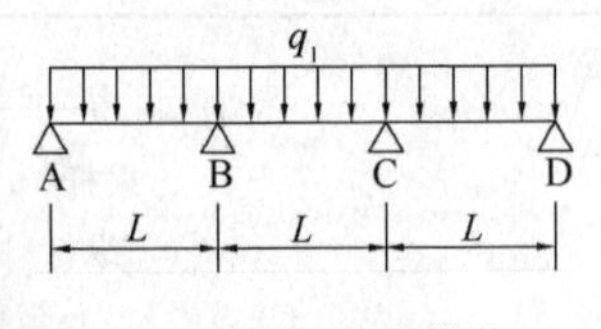

图 2-6-33　考虑荷载均布作用，楼板模板强度计算简图

a. 当作用于模板施工荷载为均布荷载作用时（图 2-6-33）：

$$M_{11}=K_Mq_1b^2$$
$$=0.101\times10.00\times0.25^2=0.063\text{kN}\cdot\text{m}$$

注：K_M 取 0.101，为可能出现的非满跨时的弯矩最大值。以下凡三跨连续梁同。

b. 当作用于模板施工荷载为集中荷载作用时：

模板中间最大跨中弯矩

$$M_{12}=K_Mq_2b^2+K_MPb$$

$$=0.08\times4.325\times0.25^2+0.175\times0.9\times1.4\times2.5\times0.25=0.1594\text{kN}\cdot\text{m}$$

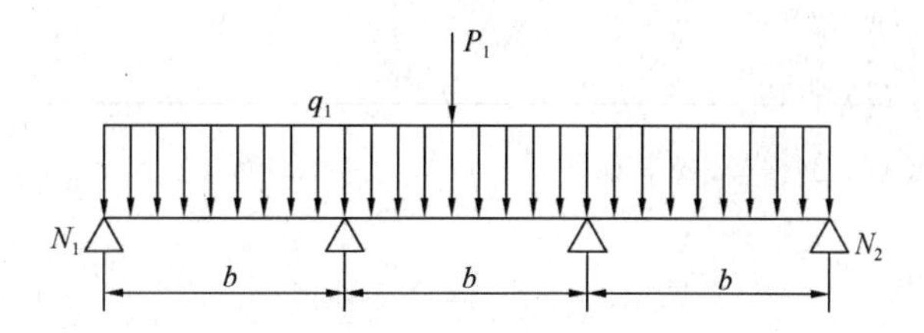

图2-6-34　当荷载集中作用跨中时，楼板模板强度计算简图

c. 模板弯曲强度

$$\delta=\frac{M_{\max}}{W}=\frac{0.1594\times10^6}{37500}=4.25\text{N/mm}^2\langle[f]=11.5\text{N/mm}^2\text{,故满足要求。}$$

式中　K_M——弯矩系数，由《建筑结构静力计算手册》查得。

③ 模板抗剪强度计算

当次龙骨采用钢管时，面板跨中两侧分别传到支座的剪力值Q，按面板所承担的全跨荷载考虑；当次龙骨采用木方子时，面板跨中两侧分别传到支座的剪力值Q，按面板所承担全跨荷载的一半考虑。

$$Q=\frac{1}{2}q_1\times0.25=1.25\text{kN}$$

$$\tau=\frac{3Q}{2bh}=\frac{3\times1250}{2\times1000\times15}=0.125\text{N/mm}^2<[\tau]=1.4\text{N/mm}^2\text{ 满足要求。}$$

④ 模板挠度验算：

$$\nu=\frac{K_W q_3 b^4}{100EI}$$

$$=\frac{0.677\times3.60\times250^4}{100\times6425\times281250}$$

$$=0.053$$

$$\nu=0.053<[\nu]=\frac{b}{400}=\frac{250}{400}=0.63\text{,故满足要求。}$$

式中　K_W——挠度系数，由《建筑结构静力计算手册》查得。

2）次龙骨强度、挠度验算

按照三等跨连续梁进行验算，计算单元简图如图2-6-35。

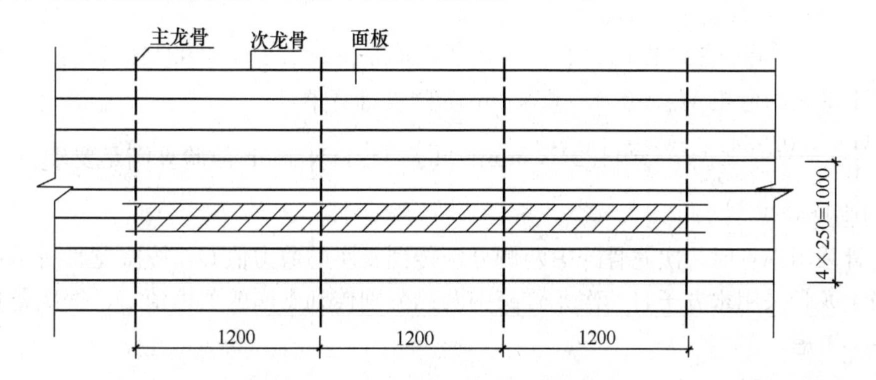

图2-6-35　楼板次龙骨计算简图

① 荷载计算：

$$q_{11}=\gamma_0\{[\gamma_i\times(G_{1k}+G_{2k}+G_{3K})+\gamma_{Qi}\times Q_{1k}]\times b+\gamma_i\times m_{次龙骨}\}$$

$=0.9\times\{[1.2\times(0.24+3.6+0.165)+1.4\times(2.5+2)]\times0.25+1.2\times0.035\}$

$=2.54\text{kN/m}$

$q_{12}=\gamma_0\{[\gamma_i\times\alpha\times(G_{1k}+G_{2k}+G_{3K})+\gamma_{Qi}\times\psi\times Q_{1k}]\times b+\gamma_i\times m_{次龙骨}\}$

$=0.9\times\{[1.35\times1\times(0.24+3.6+0.165)+1.4\times0.9\times(2.5+2)]\times0.25+1.35\times0.035\}$

$=2.53\text{kN/m}$

$$取\ q_1=q_{11}=2.54\text{kN/m}$$

a. 恒载设计值：

$$q_2=\gamma_0\times\gamma_i\{(G_{1k}+G_{2k}+G_{3K})\times b+m_{次龙骨}\}$$
$$=0.9\times1.2\{(0.24+3.6+0.165)\times0.25+0.035\}$$
$$=1.12\text{kN/m}$$

b. 恒载标准值：

$$q_3=\gamma_0\{(G_{1k}+G_{2k}+G_{3K})\times b+m_{次龙骨}\}$$
$$=0.9\times\{(0.24+3.6+0.165)\times0.25+0.035\}$$
$$=0.933\text{kN/m}$$

集中荷载设计值为：$P=\gamma_0\times\gamma_{Qi}\times Q_{1k'}=0.9\times1.4\times2.5=3.15\text{kN}$

② 弯曲强度计算：

按照三跨连续梁进行分析计算

a. 当施工荷载为均布荷载作用时：

$$M_{11}=K_M q_1 l^2$$
$$=0.101\times2.54\times1.2^2=0.3694\text{kN}\cdot\text{m}$$

b. 当施工荷载为集中荷载时：

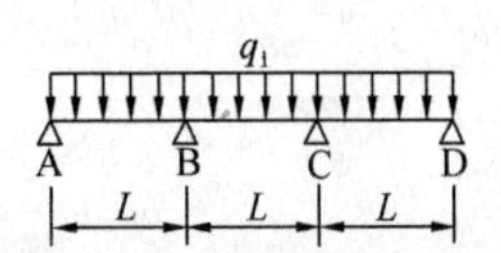

图 2-6-36 当荷载均布作用时，楼板次龙骨强度计算简图

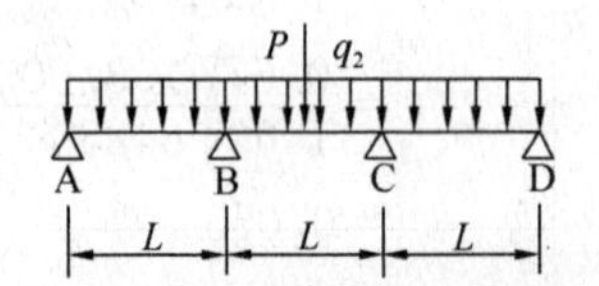

图 2-6-37 楼板次龙骨考虑施工荷载为集中力的计算简图

中间最大跨中弯矩

$$M_{12}=K_M q_2 l^2+K_M Pl$$
$$=0.08\times1.12\times1.2^2+0.213\times3.15\times1.2=0.9342\text{kN}\cdot\text{m}$$

取两者中最大的弯矩 $M_{12}=0.9733\text{kN}\cdot\text{m}$ 为强度计算值，

则 $\delta=\frac{M_{max}}{W}=\frac{0.9342\times10^6}{83333}=11.21\text{N/mm}^2<[f_m]=13\text{N/mm}^2$ 故验算满足要求。

③ 抗剪强度验算

当主龙骨采用钢管时，次龙骨跨中两侧分别传到支座的剪力值 Q，按次龙骨所承担的全跨荷载考虑；当主龙骨采用木方子时，次龙骨跨中两侧分别传到支座的剪力值 Q，按次龙骨所承担全跨荷载的一半考虑。

$$Q=\frac{1}{2}(1.12\times1.2+3.15)=2.247\text{kN}$$

$$\tau=\frac{3Q}{2bh}=\frac{3\times2247}{2\times50\times100}=0.674\text{N/mm}^2<[\tau]=1.4\text{N/mm}^2,满足要求。$$

④ 挠度验算：

按照三跨连续梁进行计算：

最大跨中挠度：

$$\nu=\frac{K_{W}q_{3}l^{4}}{100EI}=\frac{0.677\times0.933\times1200^{4}}{100\times9000\times4.17\times10^{6}}=0.35$$

取 $\nu=0.35<[\nu]=\frac{l}{400}=\frac{1200}{400}=3$，故满足要求。

3）主龙骨强度、挠度验算

① 受力分析：

计算单元简图见图 2-6-38：

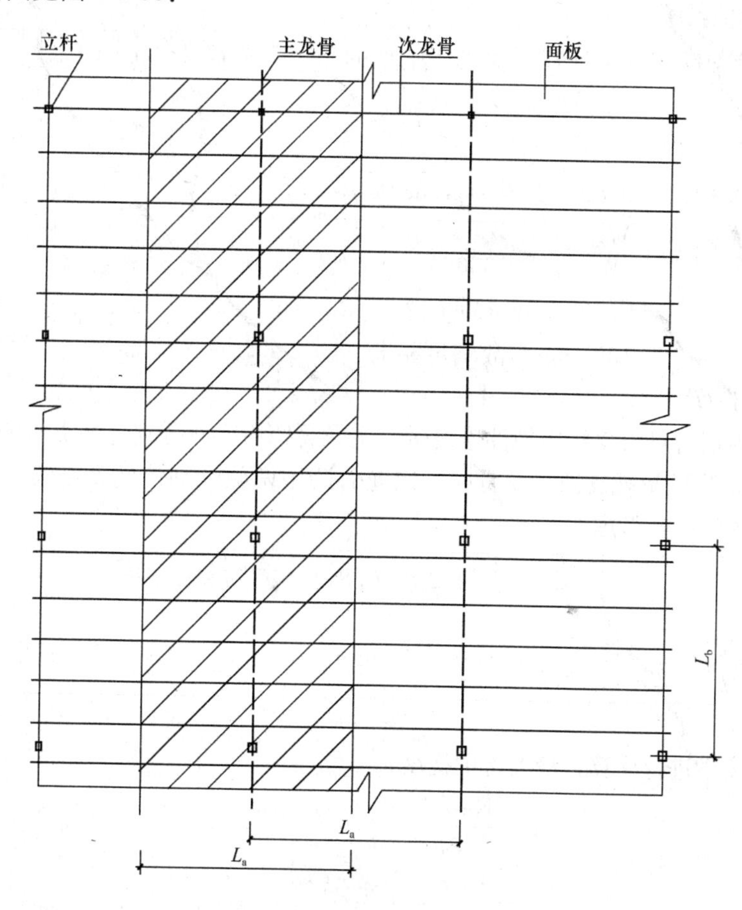

图 2-6-38　楼板主龙骨计算简图

② 荷载计算：

由于次龙骨间距较密，可化为均布线荷载：

$$q_{11}=\gamma_{0}\{l_{a}\times[\gamma_{i}\times(G_{1k}+G_{2k}+G_{3k})+\gamma_{Qi}\times Q_{1k}]+\gamma_{i}\times m_{主龙骨}\}$$

$$=0.9\times\{1.2\times[1.2\times((0.24+0.14)+3.6+0.165)+1.4\times(1.5+2)]+1.2\times0.07\}$$

$$=10.74$$

$$q_{12}=\gamma_{0}\{l_{a}\times[\gamma_{i}\times\alpha\times(G_{1k}+G_{2k}+G_{3k})+\gamma_{Qi}\times\psi\times Q_{1k}]+\gamma_{Qi}\times\alpha\times m_{主龙骨}\}$$

$$=0.9\times\{1.2\times[1.35\times1\times((0.24+0.14)+3.6+0.165)$$
$$+1.4\times0.9\times(1.5+2)]+1.35\times1\times0.07\}$$
$$=10.89$$

取 $q_1=q_{12}=10.89\text{kN/m}$

a. 恒载设计值：

$$q_2=\gamma_0\gamma_i[l_a\times(G_{1k}+G_{2k}+G_{3k})+m_{主龙骨}]$$
$$=0.9\times1.2\times[1.2\times((0.24+0.14)+3.6+0.165)+0.07]$$
$$=5.45\text{kN/m}$$

b. 恒载标准值：

$$q_3=\gamma_0[l_a\times(G_{1k}+G_{2k}+G_{3k})+m_{主龙骨}]$$
$$=0.9\times[1.2\times((0.24+0.14)+3.6+0.165)+0.07]$$
$$=4.54\text{kN/m}$$

③ 弯曲强度计算：

按照三跨连续梁进行分析计算，次梁所施加的施工荷载简化为均布荷载作用：

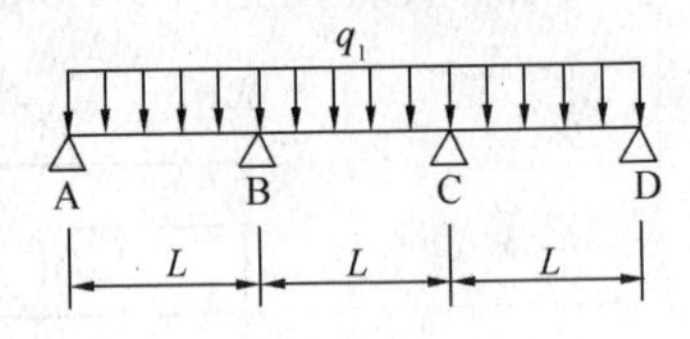

图 2-6-39　楼板主龙骨强度计算简图

$$M_1=K_Mq_1l^2$$
$$=0.101\times10.89\times1.2^2=1.584\text{kN}\cdot\text{m}$$

则 $\delta=\dfrac{M_{max}}{W}=\dfrac{1.584\times10^6}{166666}$

$=9.5\text{N/mm}^2<[f_m]$

$=13\text{N/mm}^2$，故满足要求。

④ 抗剪强度验算：

当主龙骨采用钢管且与立杆用扣件连接时，主龙骨跨中两侧分别传到支座的剪力值 Q，按全跨荷载考虑；当采用 U 形托支顶主龙骨时，次龙骨跨中两侧分别传到支座的剪力值 Q，按主龙骨所承担全跨荷载的一半考虑。

$$Q=\frac{1}{2}(1.2\times10.89)=6.53\text{kN}$$

$$\tau=\frac{3Q}{2bh}=\frac{3\times6530}{2\times100\times100}=0.98\text{N/mm}^2<[\tau]=1.4\text{N/mm}^2$$，满足要求。

⑤ 挠度验算：

按照三跨连续梁进行计算，最大跨中挠度：

$$\nu=\frac{K_Wq_3l^4}{100EI}$$
$$=\frac{0.677\times4.54\times1200^4}{100\times9000\times8.33\times10^6}$$
$$=0.85$$

因 $\nu=0.85<=\dfrac{l}{400}=\dfrac{1200}{400}=3$，故满足要求。

4）楼板模板立杆稳定性验算

① 计算参数：

楼板部分模架支撑高度为：14.69m；

活荷载标准值：$N_Q=1.0\text{kN/m}^2$

a. 立杆根部截面承受压力值：

$$N_{11}=\gamma_0\times\{l_a\times l_b\times[\gamma_i\times(G_{1k}+G_{2k}+G_{3k})+\gamma_{Qi}\times Q_{1k}]+\gamma_i\times(l_b\times m_{主龙骨}+m_{支架})\}$$

$$=0.9\times\{1.2\times1.2\times[1.2\times((0.24+0.14)+3.6+0.165)+1.4\times(1.0+2)]+1.2\times[1.2\times0.07+2.234]\}$$

$$=14.39$$

$$N_{12}=\gamma_0\times\{l_a\times l_b\times[\gamma_i\times\alpha\times(G_{1k}+G_{2k}+G_{3k})+\gamma_{Qi}\times\psi\times Q_{1k}]+\gamma_i\times\alpha\times(l_b\times m_{主龙骨}+m_{支架})\}$$

$$=0.9\times\{1.2\times1.2\times[1.35\times1\times((0.24+0.14)+3.6+0.165)+1.4\times0.9\times(1.0+2)]+1.35\times1\times[1.2\times0.07+1.993]\}$$

$$=14.97$$

取 $N=N_{12}=14.97\text{kN}$

b. 由风荷载设计值产生的立杆段弯矩 M_W，按下式计算：

$$M_W=0.9\times1.4M_{WK}=0.9\times\frac{1.4\times W_K\times L_a\times h^2}{10}$$

式中 M_{wk}——风荷载标准值产生的弯矩；

W_k——风荷载标准值，$W_k=\mu_z\cdot\mu_s\cdot W_0$，计算参数；

μ_z——风压高度变化系数当 $H=15\text{m}$，$\mu_Z=1.14$

μ_s——风荷载体型系数，$\mu_s=1.3\varphi$；

挡风系数 $\varphi=1.2A_n/A_w$ 查《建筑施工扣件式钢管脚手架安全技术规范》JGJ 130—2011 规范附录 A 表 A.0.5 得 $\varphi=0.106$，$\mu_s=1.3\times0.106=0.138$

$$W_k=\mu_z\cdot\mu_s\cdot W_0=1.14\times0.138\times0.3=0.047$$

$$M_W=\gamma_0\times\gamma_{Qi}\times W_K\times F_{受风面积}\times L_{力臂}$$

$$=0.9\times\frac{1.4\times W_K\times L_a\times h^2}{10}=\frac{0.9\times1.4\times0.047\times1.2\times1.2^2}{10}=0.0102\text{kN}\cdot\text{m}$$

c. 截面惯性矩：按 $\phi48\times3.5$ 脚手管的截面惯性矩

$$I=12.19\times10^4\text{mm}^4$$

回转半径：按 $\phi48\times3.5$ 脚手管计算

$$i=\frac{\sqrt{D^2+d^2}}{4}=\frac{\sqrt{48^2+41^2}}{4}=15.8\text{mm}$$

② 立杆整体稳定计算：

根据《建筑施工扣件式钢管脚手架安全技术规范》JGJ 130—2011 规定，本模架支撑属于满堂支撑架。满堂支撑架立杆整体稳定计算，按支撑高度取计算长度附加系数 k 值（本例按支撑高度 10～20m，$k=1.217$）；立杆顶部和底部计算长度系数 μ，分按相应规则（模架剪刀撑的设置按加强型构造做法，查附录列表中表 C-3、表 C-5）查表插值计算；按计算出的长度较大值求立杆长细比，查计算立杆稳定承载能力的系数 φ。（注：竖向荷载按立杆根部承受的荷载，风荷载按立杆顶部所受的风荷载，进行整体稳定性计算。）

a. 按顶部计算长系比：$\lambda=\dfrac{l_0}{i}=k\mu_1\dfrac{h+2a}{i}=1.217\times1.408\dfrac{1200+2\times400}{15.8}=216.9$

按非顶部计算长系比：$\lambda=\dfrac{l_0}{i}=k\mu_2\dfrac{l_1}{i}=1.217\times2.247\dfrac{1200}{15.8}=207.7$

取大值 $\lambda=216.9$。查《建筑施工扣件式钢管脚手架安全技术规范》JGJ 130—2011 附录 A.0.6 表 A.0.6 轴心受压构件的稳定系数 φ（Q235 钢），得 $\varphi=0.154$

b. 不组合风荷载时，取：$N=14.97\text{kN}$；

$\sigma=\dfrac{N}{\varphi A}=\dfrac{14.97\times10^3}{0.154\times4.89\times10^2}=198.79<f=205$，满足稳定性要求。

c. 立杆稳定性计算在不组合风荷载时，立杆根部截面承受压力值所采用的 $N=N_{12}=14.97\text{kN}$ 由荷载组合：

$N_{12}=\gamma_0\times\{l_a\times l_b\times[\gamma_i\times\alpha\times(G_{1k}+G_{2k}+G_{3k})+\gamma_{Qi}\times\psi\times Q_{1k}]+\gamma_i\times\alpha\times(l_b\times m_{主龙骨}+m_{支架})\}$ 求得，

故在考虑风荷载作用时，

由风荷载设计值产生的立杆段压应力应乘以组合系数 ψ：

$$\sigma'_w=\psi\times\frac{M_w}{W}=0.9\times\frac{0.0102\times10^6}{5080}=1.81\text{MPa}$$

立杆稳定性 $\sigma=\sigma+\sigma'_w=198.79+1.81=200.6<f=205\text{MPa}$

满足稳定性要求。

5）楼板模架基底结构验算

因脚手管截面平均应力为 $14970/489=30.61\text{N/mm}^2$，大于 C30 混凝土承压能力，故需在其根部加支座或垫钢板卸荷。卸荷面积应不小于 $0.2\times0.2=0.04\text{m}^2$，楼板抗冲切能力（近似）按两侧截面考虑 $2\times200\times200=80000\text{mm}^2$，$80000\text{mm}^2\times1.43=114.4\text{kN}$ 大于立杆根部承受压力值 14.97kN，可。

（3）框架梁模板验算：

梁侧、梁底面板采用 15mm 厚木质覆膜多层板，梁侧次龙骨采用 50×100 木方，间距 267mm；主龙骨采用双根 50mm×100mm 木方，间距 750mm；双根 $\phi14$ 穿墙螺栓对拉卸荷。梁底纵向采用 3 根 100×100 木方作为次龙骨，跨间距 133mm；主龙骨采用 $\phi48$ 钢管管，间距 1200mm；主龙骨面板按两跨连续板考虑。

1）梁侧模板计算

① 模板板面计算：

a. 荷载统计：

a）混凝土侧压力标准值：

其中 $$t_0=\frac{200}{20+15}=5.71。$$

$$F_1=0.28\gamma_c t_0\beta\sqrt{V}$$

$$F_1=0.28\times24000\times5.71\times0.85\times1.8^{1/2}=43.76\text{kN/m}^2$$

$$F_2=\gamma_C\times H=24\times1=24\text{kN/m}^2$$

混凝土侧压力标准值取两者中小值，$G_4=24\text{kN/m}^2$

倾倒混凝土时产生的水平荷载，查表 2-6-23 为 $Q_3=2\text{kN/m}^2$。

b）计算框架梁混凝土侧压力设计值：

$$F_{11}=\gamma_0\times(\gamma_{Gi}\times F_1+\gamma_{Qi}\times Q_i)$$

$$F_{11}=0.9\times(1.2\times24+1.4\times2)=28.44\text{kN/m}^2$$

$$F_{12}=\gamma_0\times(\gamma_{Gi}\times\alpha\times F_1+\gamma_{Qi}\times\psi\times Q_i)$$

$$F_{12}=0.9\times(1.35\times0.9\times24+1.4\times0.9\times2)=31.68\text{kN/m}^2$$

取 $F=F_{12}=31.68\text{kN/m}^2$

c）面板强度计算的线荷载：

$q_1 = L_b \times F = 0.75 \times 31.68 = 23.76\text{kN/m}$（$L_b$ 为主龙骨间距 750mm 时）

d）刚度计算的设计荷载：

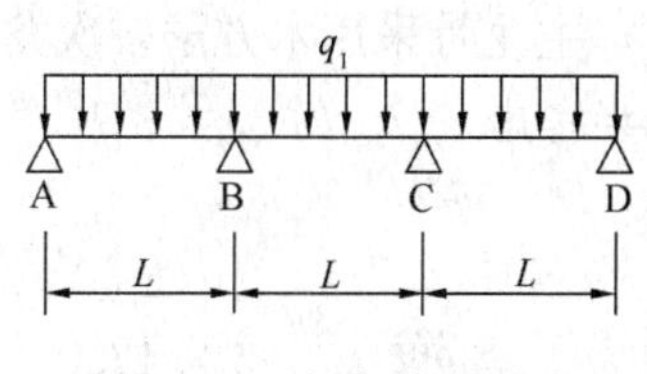

图 2-6-40　梁侧模板强度计算简图

$$q_2 = \gamma_0 \times G_4 \times l_b$$
$$= 0.9 \times 24 \times 0.75$$
$$= 16.2\text{kN/m}$$

b. 模板板面弯曲强度计算（图 2-6-40）：

$$M_{11} = K_M q_1 b^2$$
$$= 0.101 \times 23.76 \times 0.267^2 = 0.171\text{kN} \cdot \text{m}$$

模板截面特性：

$$I = \frac{bh^3}{12} = \frac{750 \times 15^3}{12} = 210938\text{mm}^4; W = \frac{bh^2}{6} = \frac{750 \times 15^2}{6} = 28125\text{mm}^3$$

$\delta = \dfrac{M_{max}}{W} = \dfrac{0.171 \times 10^6}{28125} = 6.08\text{N/mm}^2 < [f] = 11.5\text{N/mm}^2$ 故满足要求。

c. 模板板面抗剪强度计算：

$Q = \dfrac{1}{2} q_1 \times c = \dfrac{1}{2} 23.76 \times 0.267 = 3.17\text{kN}$，$c$ 为次龙骨间距。

$\tau = \dfrac{3Q}{2bh} = \dfrac{3 \times 2970}{2 \times 750 \times 15} = 0.42\text{N/mm}^2 < [\tau] = 1.4\text{N/mm}^2$，满足要求。

d 模板板面挠度验算：

$$\nu = \frac{K_W q_2 b^4}{100EI}$$
$$= \frac{0.677 \times 16.2 \times 267^4}{100 \times 6425 \times 210938}$$
$$= 0.41\text{mm}$$

$\nu = 0.41 < [\nu] = \dfrac{b}{400} = \dfrac{267}{400} = 0.68\text{mm}$，故满足要求。

② 次龙骨强度、挠度验算：

a. 荷载计算：

a）强度计算的设计荷载取值：

$q_1 = F \times c = 31.68 \times 0.267 = 8.49\text{kN/m}$（$c$ 为次龙骨间距 267mm 时）

b）刚度计算的设计荷载：

$$q_2 = \gamma_0 \times G_{4k} \times c$$
$$= 0.9 \times 24 \times 0.267$$
$$= 5.77\text{kN/m}$$

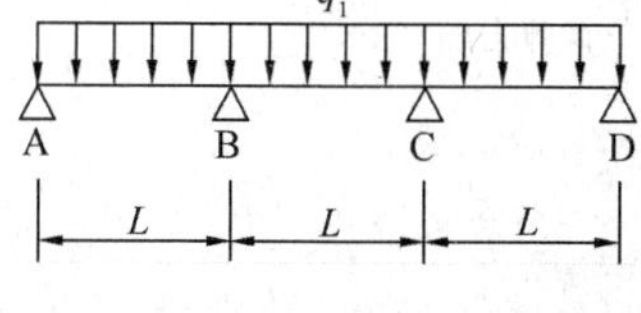

图 2-6-41　梁侧模板次龙骨强度计算简图

b. 弯曲强度计算：

施工荷载为均布荷载，按照三跨连续梁进行分析计算，见图 2-6-41。

$$M_{11} = K_M q_1 l^2$$
$$= 0.101 \times 8.49 \times 0.75^2 = 0.4823\text{kN} \cdot \text{m}$$

$\delta = \dfrac{M_{max}}{W} = \dfrac{0.4823 \times 10^6}{83333} = 5.79\text{N/mm}^2 < [f_m] = 13\text{N/mm}^2$，故验算满足要求。

c. 抗剪强度验算：

主龙骨采用木方子，次龙骨跨中两侧分别传到支座的剪力值Q，按次龙骨所承担全跨荷载的一半考虑。

$$Q = \frac{1}{2} \times 8.49 = 4.25\text{kN}$$

$$\tau = \frac{3Q}{2bh} = \frac{3 \times 4250}{2 \times 50 \times 100} = 1.28\text{N/mm}^2 < [\tau] = 1.4\text{N/mm}^2\text{，满足要求。}$$

d. 挠度验算：

按照三跨连续梁进行计算：

最大跨中挠度：

$$\nu = \frac{K_W q_2 l^4}{100EI}$$

$$= \frac{0.677 \times 5.77 \times 750^4}{100 \times 9000 \times 4.17 \times 10^6}$$

$$= 0.33\text{mm}$$

$$\nu = 0.33 < [\nu] = \frac{l}{400} = \frac{1200}{400} = 3\text{mm}\text{，故满足要求。}$$

③ 主龙骨强度、挠度验算：

a. 受力分析；

由于楼板厚度为 150mm，实际梁侧模高度 850mm；对拉螺栓距梁底模 200mm，间隔 450mm 再设一道。作用在主龙骨上的次龙骨集中力 8.49×0.75＝6.37kN 计算单元简图见图 2-6-42。

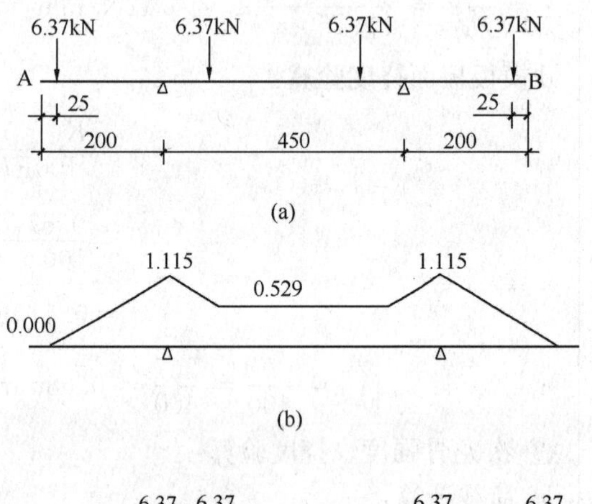

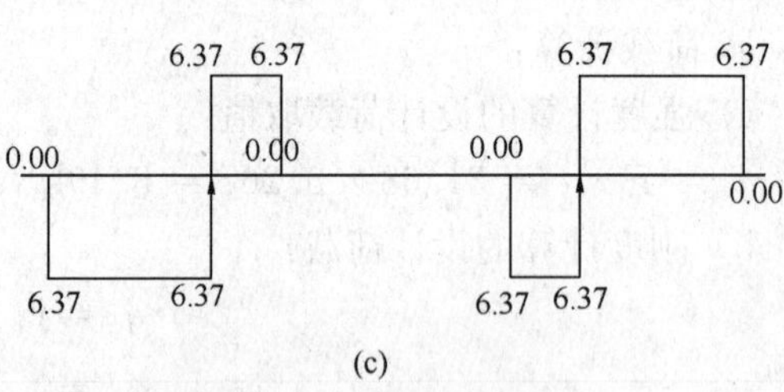

图 2-6-42　梁侧主龙骨内力图

（a）主龙骨计算简图；（b）主龙骨弯矩图（kN・m）；（c）主龙骨剪力图（kN）

b. 强度计算：

由弯矩图：

$$\delta = \frac{M_{\max}}{W} = \frac{1.115 \times 10^6}{166666} = 6.69\text{N/mm}^2 < [f_m] = 13\text{N/mm}^2\text{，故满足要求。}$$

c. 抗剪强度验算

对拉螺栓两侧分别有一根 50mm×100mm 木方当主龙骨，主龙骨在对拉螺栓处一般加有钢板垫；本例螺栓上下两侧传到垫板边缘的剪力Q相等，主龙骨抗剪能力按此荷载考虑。

Q=6.37kN，

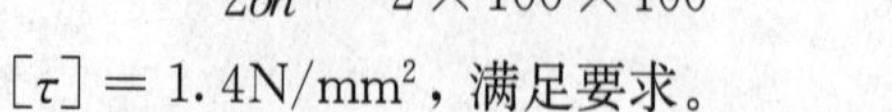

$$\tau = \frac{3Q}{2bh} = \frac{3 \times 6370}{2 \times 100 \times 100} = 0.96\text{N/mm}^2 < [\tau] = 1.4\text{N/mm}^2\text{，满足要求。}$$

d. 挠度验算：

精确计算图 2-6-43 主龙骨挠度，手算计算量较大。可以按照不计跨中荷载只计算两侧外伸部分荷载作用的挠度和不记两侧荷载只计算跨中荷载作用的挠度分别进行计算，以计算出的挠度与控制值进行比较，以校核变形是否符合要求。

a）不计跨中荷载时的主龙骨挠度

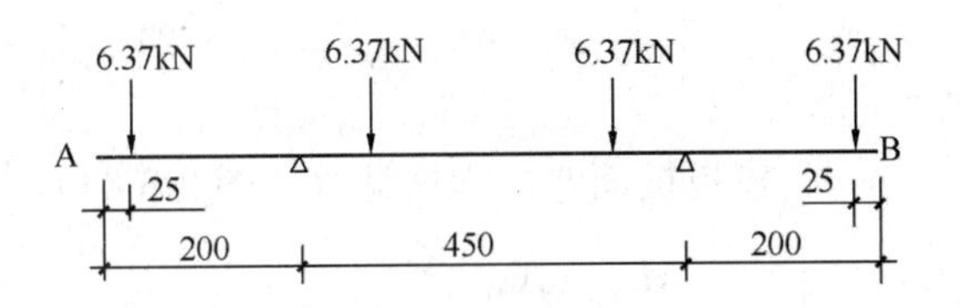

图 2-6-43　梁侧主龙骨变形计算受力图

$$\nu=\frac{Pm^2l}{6EI}(3+2\lambda)=\frac{6370\times175^2\times450}{6\times9000\times8.33\times10^6}\left(3+2\times\frac{175}{450}\right)=0.74\text{mm}$$

式中　$m=175\text{mm}$；

$$\lambda=\frac{m}{l}=\frac{175}{450}$$

b）不计两侧外伸部分的荷载时的主龙骨挠度

$$\nu=\frac{Pa^2l}{24EI}(3-4\alpha)=\frac{6370\times92^2\times450}{24\times9000\times8.33\times10^6}\left(3-4\times\frac{92}{450}\right)=0.029\text{mm}$$

式中　$a=75\text{mm}$；

$$\alpha=\frac{m}{l}=\frac{75}{400}$$

因两种变形方向相反，相互有制，实际变形小于两者中的大值 0.74mm。

即：$\nu<0.74\text{mm}<=\frac{l}{400}=\frac{400}{400}=1.0\text{mm}$，故满足要求。

2）梁底模板计算：

对梁底模板及支架，荷载统计按《建筑结构荷载规范》GB 50666—2011 规定：强度计算的设计荷载取值，按固定荷载分项系数取 $\gamma_i=1.2$，可变荷载分项系数取 $\gamma_{Qi}=1.4$；荷载组合：固定荷载分项系数取 $\gamma_i=1.35$，$\alpha=1.0$，可变荷载分项系数取 $\gamma_{Qi}=1.4$；组合系数 $\psi=0.9$ 两种荷载组合计算，取大值。刚度计算的设计荷载取值，只考虑固定均布荷载作用。

① 梁底模板计算：

a. 梁底模面板荷载：

a）面板强度计算的线荷载：

作用于梁横截面模板自重：$G_{1k}=0.24\text{kN/m}$

作用于梁横截面混凝土：$G_{2k}=24\text{kN/m}$

作用于梁横截面钢筋：$G_{3k}=1.5\text{kN/m}$

$$\begin{aligned}q_{11}&=\gamma_0[\gamma_{Gi}\times(G_{1k}+G_{2k}+G_{3K})+\gamma_{Qi}\times Q_{2k}]\times c\\&=0.9\times[1.2\times(0.24+24+1.5)+1.4\times(2+2.5)]\times1\\&=33.47\text{kN/m}\end{aligned}$$

$$\begin{aligned}q_{12}&=\gamma_0[\gamma_{Gi}\times\alpha\times(G_{1k}+G_{2k}+G_{3K})+\gamma_{Qi}\times\psi\times Q_{2k}]\times c\\&=0.9\times[1.35\times1\times(0.24+24+1.5)+1.4\times0.9\times(2+2.5)]\times1\\&=36.38\text{kN/m}\end{aligned}$$

取 $q_1=q_{12}=36.38\text{kN/m}$

（验算模板时，线荷载方向一般与梁长度方向垂直（次龙骨与梁长同向）；令 c 为 1000mm 宽，梁底模受荷范围就在一延米上）

b）面板刚度计算的设计荷载：

$$q_2=\gamma_0\times(G_{1k}+G_{2k}+G_{3K})\times c$$

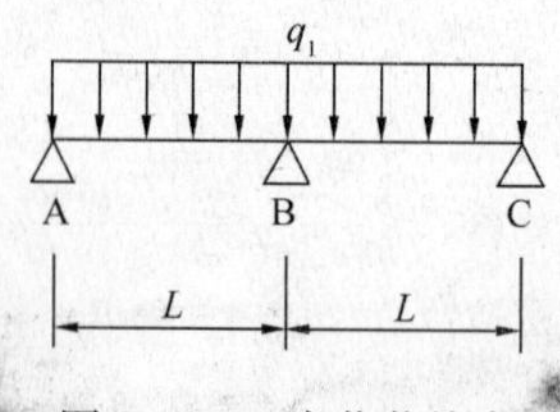

图 2-6-44 当荷载均布作用时，梁底模板强度计算简图

$=0.9\times(0.24+24+1.5)\times1$

$=23.17\text{kN/m}$

b. 模板板面弯曲强度计算（图 2-6-44）：

$$M_{11}=K_{M}q_1b^2$$

$$=0.125\times36.38\times0.2^2=0.1819\text{kN}\cdot\text{m}$$

模板截面特性：

$$I=\frac{bh^3}{12}=\frac{1000\times15^3}{12}=281250\text{mm}^4;$$

$$W=\frac{bh^2}{6}=\frac{1000\times15^2}{6}=37500\text{mm}^3$$

$$\delta=\frac{M_{max}}{W}=\frac{0.1819\times10^6}{37500}=4.85\text{N/mm}^2<[f]=11.5\text{N/mm}^2$$，故满足要求。

c. 模板板面抗剪强度计算：

$$Q=\frac{1}{2}q_1\times0.2=3.64\text{kN}$$

$$\tau=\frac{3Q}{2bh}=\frac{3\times3640}{2\times1000\times15}=0.364\text{N/mm}^2<[\tau]=1.4\text{N/mm}^2$$，满足要求。

d. 模板板面挠度验算：

$$\nu=\frac{K_{W}q_2b^4}{100EI}$$

$$=\frac{0.521\times23.17\times200^4}{100\times6425\times281250}$$

$$=0.11\text{mm}$$

$$\nu=0.11\text{mm}<[\nu]=\frac{b}{400}=\frac{200}{400}=0.5\text{mm}$$，故满足要求。

② 次龙骨强度、挠度验算

a. 荷载计算：

a）强度计算的设计荷载取值：

梁支撑承担梁本身以及两侧部分楼板模架（梁侧 175mm 范围）及构件的荷载，计有：

每延米模板及主次龙骨：G_{1k}＝楼板、梁模板面板＋梁侧主、次龙骨＋楼板、梁底次龙骨

$G_{1k}=0.24\times(2\times0.175+2\times0.85+0.4)+7\times0.1\times0.05\times[2\times4+(2\times2\times0.85/0.75)]$ $+[2\times0.175\times0.14+7\times0.1\times0.1\times3]=0.588+0.439+0.259=1.29\text{kN/m}$

作用于梁横截面混凝土：$G_{2k}=24\times(2\times0.175\times0.15+1)=25.26\text{kN/m}$

作用于梁横截面钢筋：$G_{3k}=1.1\times2\times0.175\times0.15+1.5\times1=1.56\text{kN}$

$$q_{11}=\gamma_0[\gamma_{Gi}\times(G_{1k}+G_{2k}+G_{3K})+\gamma_{Qi}\times Q_{2k}]\times c$$

$$=0.9\times[1.2\times(0.29+25.26+1.56)+1.4\times(2+2.5)]\times0.2$$

$$=7.21\text{kN/m}$$

$$q_{12}=\gamma_0[\gamma_{Gi}\times\alpha\times(G_{1k}+G_{2k}+G_{3K})+\gamma_{Qi}\times\psi\times Q_{2k}]\times c$$

$$=0.9\times[1.35\times1\times(1.29+25.26+1.56)+1.4\times0.9\times(2+2.5)]\times0.2$$

$$=7.85\text{kN/m}$$

取 $q_1=q_{12}=7.85\text{kN/m}$，$c$ 为次龙骨间距。

b）刚度计算的设计荷载：

$$q_2 = \gamma_0 \times (G_{1k} + G_{2k} + G_{3K}) \times c$$
$$= 0.9 \times (1.29 + 25.26 + 1.56) \times 0.2$$
$$= 5.1\text{kN/m}$$

b. 弯曲强度计算：

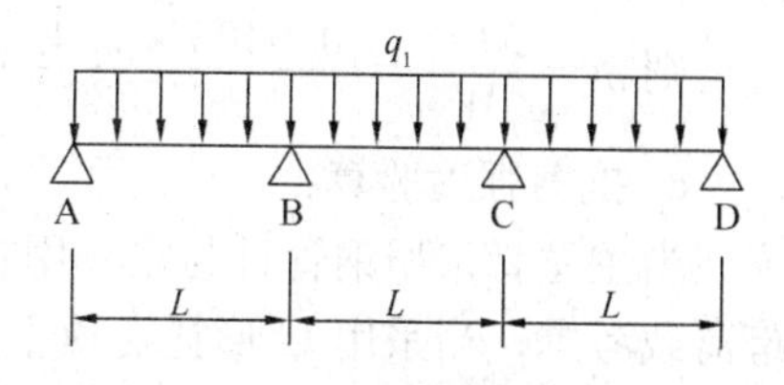

图 2-6-45　当荷载均布作用时，梁底次龙骨强度计算简图

施工荷载为均布荷载，按照三跨连续梁进行分析计算（图 2-6-45）：

$$M_{11} = K_M q_1 l^2$$
$$= 0.101 \times 7.85 \times 1.2^2 = 1.142\text{kN} \cdot \text{m}$$

则 $\delta = \dfrac{M_{max}}{W} = \dfrac{1.142 \times 10^6}{1.67 \times 10^5} = 6.84\text{N/mm}^2 < [f_m] = 13\text{N/mm}^2$，强度验算满足要求。

c. 抗剪强度验算：

因主龙骨采用钢管，次龙骨跨中两侧分别传到支座的剪力值 Q，按次龙骨所承担的全跨荷载考虑。

$Q = 7.85 \times 1.2 = 9.42\text{kN}$，

$\tau = \dfrac{3Q}{2bh} = \dfrac{3 \times 9420}{2 \times 100 \times 100} = 1.413\text{N/mm}^2 > [\tau] = 1.4\text{N/mm}^2$，不满足要求。但考虑到实际受荷最大的中龙骨，不承担梁侧楼板及梁侧模板荷载，即实际受荷为：

$Q = 0.9\{0.2 \times [1.35 \times (25.5 + 0.24) + 1.4 \times 0.9 \times (2 + 2.5)] + 1.35 \times 7 \times 0.1 \times 0.1\} \times 1.2 = 8.83\text{kN}$，则 $\tau = \dfrac{3Q}{2bh} = \dfrac{3 \times 8830}{2 \times 100 \times 100} = 1.325\text{N/mm}^2 < [\tau] = 1.4\text{N/mm}^2$，满足要求。

d. 挠度验算：

按照三跨连续梁进行计算：

最大跨中挠度

$$\nu = \frac{K_W q_2 l^4}{100EI}$$
$$= \frac{0.677 \times 5.1 \times 1200^4}{100 \times 9000 \times 8.33 \times 10^6}$$
$$= 0.96\text{mm}$$

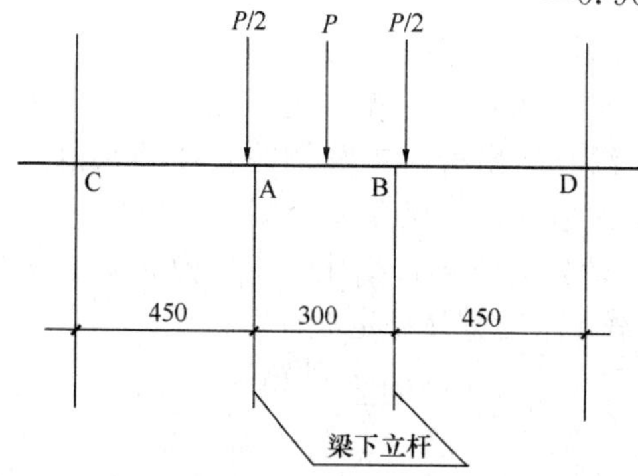

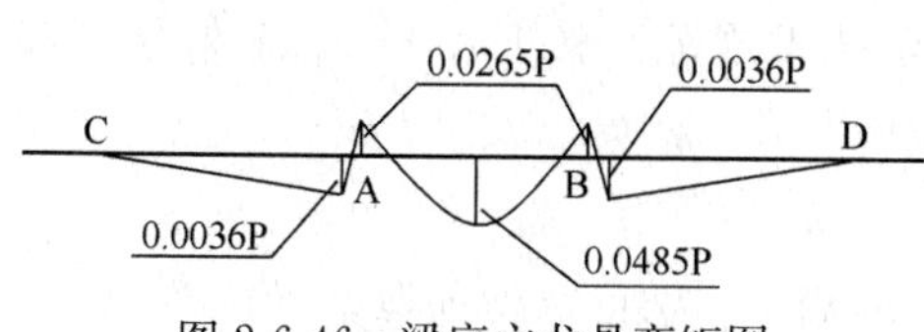

图 2-6-46　梁底主龙骨弯矩图

取 $\nu = 0.96\text{mm} < [\nu] = \dfrac{l}{400} = \dfrac{1200}{400} = 3\text{mm}$，故满足要求。

③ 主龙骨强度、挠度验算：

a. 荷载及弯矩

梁下横向布置两根立杆，位置如图 2-6-46。由力矩分配法（计算从略）可算出主龙骨弯矩如图 2-6-46。

用于强度计算（取次龙骨传递下的节点荷载）$P = 1.2 \times 7.85 = 9.42\text{kN}$

用于刚度计算（取次龙骨传递下的节点荷载）$P' = 1.2 \times 5.1 = 6.12\text{kN}$

b. 弯曲强度计算：

由图 2-6-46，主龙骨弯矩最大值在跨中，

则 $\delta = \dfrac{M_{\max}}{W} = \dfrac{0.0485 \times 9.42 \times 10^6}{5080} = 89.94\text{N/mm}^2 < [f_{\text{m}}] = 205\text{N/mm}^2$，故满足要求。

c. 抗剪强度验算：

当主龙骨采用钢管且与立杆用扣件连接时，主龙骨跨中两侧分别传到支座的剪力值 Q，按全跨荷载考虑；当采用 U 形托支顶主龙骨时，主龙骨传到 U 形托支座的剪力值 Q，按主龙骨两侧分别向支座传递考虑，剪切面荷载最大值为中跨荷载的一半。

$Q = \dfrac{1}{2}p = \dfrac{1}{2} \times 7.85 \times 1.2 = 4.71\text{kN}$

$\tau = 2\dfrac{Q}{A} = \dfrac{2 \times 4710}{489} = 19.26\text{N/mm}^2 < [\tau] = 120\text{N/mm}^2$，满足要求。

d. 挠度验算：

三跨连续梁上，作用有对称集中荷载。为简化计算，不考虑边跨集中力对中跨跨中挠度的有利影响，按梁中跨为两端固定的单跨梁，计算跨中挠度：

$$\begin{aligned}\nu &= \frac{Pl^3}{192EI} \\ &= \frac{1.2 \times 5100 \times 300^3}{192 \times 2.05 \times 10^5 \times 1.219 \times 10^5} \\ &= 0.034\text{mm}\end{aligned}$$

因为 $\nu = 0.034\text{mm} < = \dfrac{l}{400} = \dfrac{300}{400} = 0.75\text{mm}$，故满足要求。

3）梁下模板立杆稳定性验算：

①核算参数：

梁底部分净高 13.685m；

立杆根部承受竖向荷载压力值：

$$N = 7.85 \times 1.2 + 1.35 \times 1.735 = 11.76\text{kN}$$

截面惯性矩：按 $\phi 48 \times 3.5$ 脚手管的截面惯性矩：

$$I = 12.19 \times 10^4\text{mm}^4$$

② 立杆稳定性验算：

a. 计算长度确定：

根据《建筑施工扣件式钢管脚手架安全技术规范》JGJ 130—2011 规定，本模架支撑属于满堂支撑架。本例题模架用于混凝土结构施工时，剪刀撑的设置按普通型构造做法。由于《建筑施工扣件式钢管脚手架安全技术规范》JGJ 130—2011 没有给出符合本算例的立杆排列相应数据，故按列表中（表 C-2、表 C-4）中同步距 μ_1、μ_2 的大值核定。满堂支撑架立杆整体稳定计算，分别按顶部和底部相应规则计算立杆计算长度，取计算大值求长细比，查出模架支撑立杆稳定承载能力的计算系数 φ。按立杆根部实际承受的荷载，进行整体稳定性计算：

按顶部计算长系比：$\lambda = \dfrac{l_0}{i} = k\mu_1 \dfrac{l_1 + 2d}{i} = 1.217 \times 1.558 \dfrac{1200 + 2 \times 400}{15.8} = 240$

按非顶部计算长系比：$\lambda = \dfrac{l_0}{i} = k\mu_2 \dfrac{l_1}{i} = 1.217 \times 2.492 \dfrac{1200}{15.8} = 230.34$

根据 $\lambda = 240$，查《建筑施工扣件式钢管脚手架安全技术规范》JGJ 130—2011 附录 A.0.6 表 A.0.6 轴心受压构件的稳定系数 φ（Q235 钢）得 $\varphi = 0.127$

b. 不组合风荷载时，取：$N = 11.76\text{kN}$；

$\sigma = \dfrac{N}{\varphi A} = \dfrac{11.76 \times 10^3}{0.127 \times 4.89 \times 10^2} = 189\text{MPa} < f = 205\text{MPa}$，满足稳定性要求。

c. 立杆稳定性计算在不组合风荷载时，立杆根部截面承受压力值由荷载组合：

$N=7.85\times1.2+1.35\times1.735=11.76\text{kN}$ 求得，

故在考虑风荷载作用时，

由风荷载设计值产生的立杆段压应力应乘以组合系数 ψ：

$$\sigma'_{w}=\psi\times\frac{M_{w}}{W}=0.9\times\frac{0.0102\times10^{6}}{5080}=1.81\text{MPa}$$

立杆稳定性，$\sigma=\sigma+\sigma'_{w}=189+1.81=200.6<f=205\text{MPa}$，满足稳定性要求。

2.6.6.2 混凝土梁模架抗倾覆计算

【例 8】 例 7 梁结构尺寸不变，假定此梁为梁底距地面 15m 的独立梁。支撑模架材料同例 7，立杆横纵向尺寸如图 2-6-47 所示；每三步设一平面交叉支撑，纵向外围设垂直交叉支撑。

【解】

(1) 本架体抗倾覆荷载的取值：

1) 模架自重标准值 G_{1K}。

如图 2-6-48 可算得横向每榀模架的总重：$G_{1K}=G_{架体}+G_{脚手板}$；

其中：

$$\begin{aligned}G_{架体}&=\text{钢管重量}+\text{直角扣件重量}+\text{旋转扣件重量}+\text{对接扣件重量}\\&=38.4\text{N}(6\times15+13\times2.6+4\times2\times4.6+2\times2\times21.5\times1.2/15)\\&\quad+13.2\text{N}(12\times6)+14.6\text{N}(4\times8+4)+18.4\text{N}(6\times2)\\&=38.4\text{N}(90+33.8+36.8+6.88)+13.2\text{N}\times72+14.6\text{N}\times36+18.4\text{N}\times12\\&=6431.23+950.4+525.6+220.8\\&=8128\text{N}\end{aligned}$$

按 6 根立杆平均承担，单根立杆自重标准值：1.355kN。

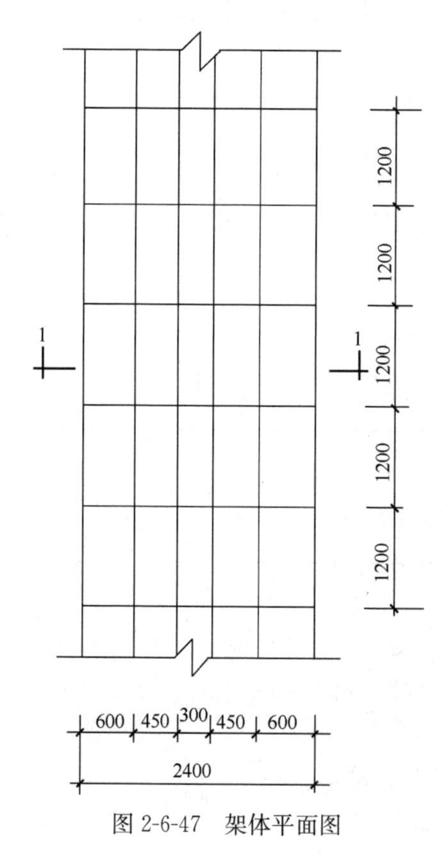

图 2-6-47 架体平面图

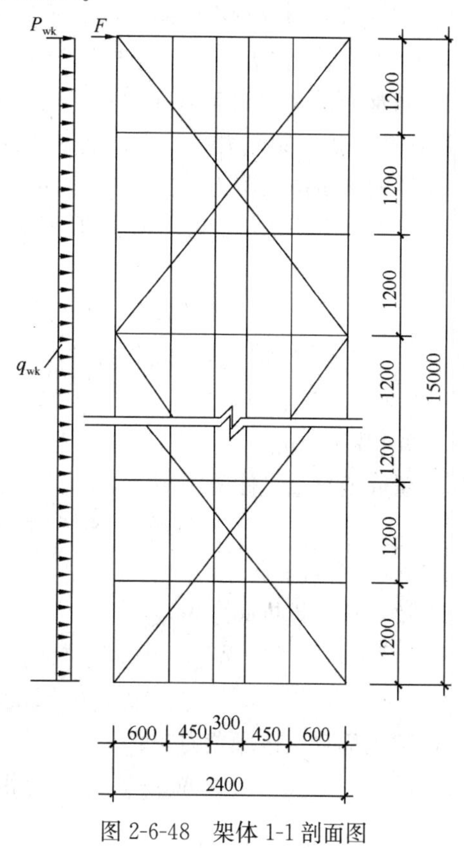

图 2-6-48 架体 1-1 剖面图

本支撑模架为对称设置，由位置可称为外侧立杆(N1)、次外侧立杆(N2)和梁下立杆(N3)。梁底模架两侧满铺脚手板，外侧立杆承担的脚手板荷载：0.35×(0.6/2)×1.2m=0.126kN/根；次外侧立杆承担的脚手板荷载 0.35((0.6+0.45)/2)×1.2m=0.221kN/根；

即：$G_{脚手板}$=2×(0.126+0.221)kN=0.694kN

$G_{1K}=G_{架体}+G_{脚手板}$=8.128kN+0.694kN=8.822kN

2）梁底模自重标准值：G_{2K}=0.25kN/m×1.2m=0.3kN 每跨

3）梁侧模自重标准值：G_{3K}=0.6kN/m×1.2m=0.72kN 每跨，每侧

4）新浇筑混凝土自重标准值：$G_{4K}=\gamma_c \times b \times h \times l$

=24×0.4×1×1.2=11.52kN 每跨

5）梁钢筋自重标准值：$G_{5K}=\gamma_s \times b \times h \times l$

=1.5×0.4×1×1.2=0.72kN 每跨

（2）对本架体有倾覆作用的荷载取值

1）风荷载标准值

$$W_k=\beta_z \times \mu_s \times \mu_z \times w_o$$

$$W_k=1.0\times 1.14\times 1.0\times 0.3=0.342\text{kN/m}^2$$

式中 β_z——风振系数，一般取 1.0；

μ_s——风压高度变化系数，按 B 类高度为 15m 取 1.14；

μ_z——脚手架风荷载体型系数，架体和模板按实际挡风面积计算，取为 1.0；

w_o——基本风压值，按北京地区 N=10 年采用，取值为 0.3。

2）模架安装偏差诱发荷载：

根据经验，取：$0.01G_{1K}$=0.01×8.822kN=0.08822kN

3）广义水平力（根据经验）取为垂直永久荷载的 2%，根据所校核的工况确定。

（3）钢筋绑扎完毕，混凝土未浇筑时抗倾覆验算。

1）抗倾覆力矩（对架体外侧立杆根部取矩）

抗倾覆力矩、倾覆力矩取值，见图 2-6-49。

① 模架自重抗倾覆力矩：

模架自重抗倾覆力矩为各立杆重力对架体外侧立杆根部取矩之和。永久荷载的分项系数取 0.9。

$$M_{模架}=0.9\times\{N_1\times r_1+N_2\times r_2+N_2\times r_3\}$$

式中 r——抗倾覆力臂（或倾覆力臂）

$$M_{模架}=0.9\{(1.355+0.126)\times 2.4+(1.355+0.221)\times(1.8+0.6)+1.355\times(1.35+1.05)\}$$
$$=9.52\text{kN}\cdot\text{m}$$

② 梁底模自重抗倾覆力矩：

$$M_{模架}=0.9(梁底模自重\times抗倾覆力臂)$$
$$=0.9(0.3\text{kN}\times 1.2)=0.32\text{kN}\cdot\text{m}$$

③ 梁侧模自重抗倾覆力矩：

$$M_{模架}=0.9(梁侧模自重\times抗倾覆力臂)$$
$$=0.9\{0.72\text{kN}\times(1.4+1)\}=1.56\text{kN}\cdot\text{m}$$

④ 梁钢筋自重抗倾覆力矩：

$$M_{梁筋}=0.9(梁钢筋自重\times抗倾覆力臂)$$
$$=0.9(0.72\text{kN}\times 1.2)=0.78\text{kN}\cdot\text{m}$$

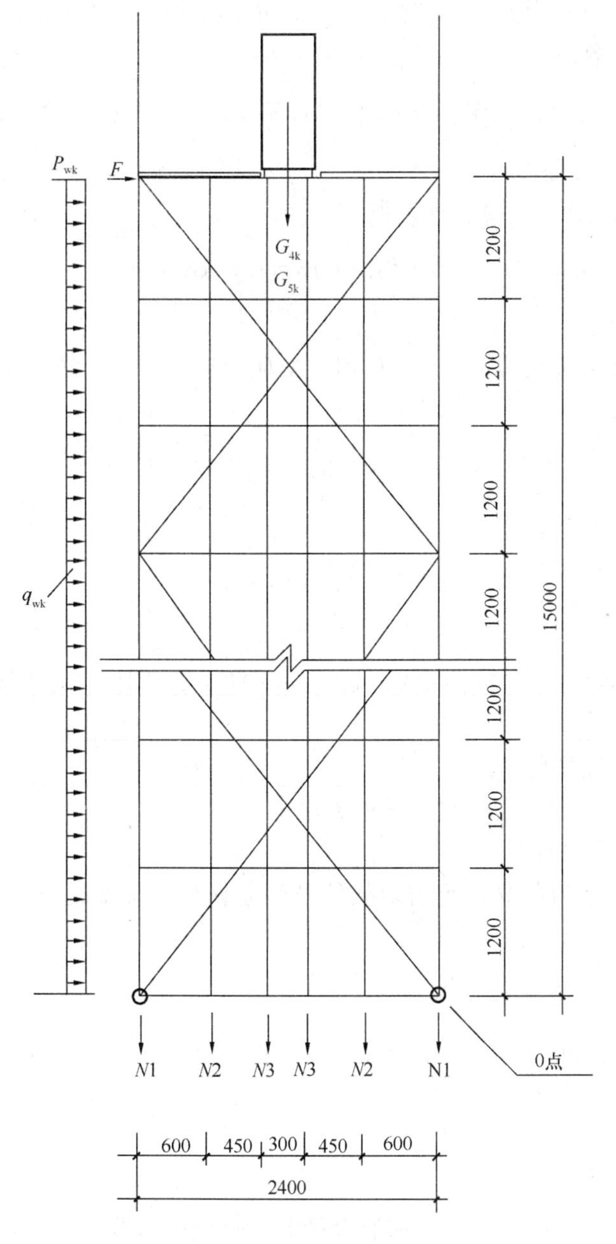

图 2-6-49　抗倾覆计算示意

⑤ $M_{抗倾}$ =①+②+③+④

$=9.52+0.32+1.56+0.78=12.18\text{kN}\cdot\text{m}$

⑥ 此工况广义水平力（模架顶部的固定荷载标准值）：

$$G_{广义}=\text{模板}+\text{梁钢筋}$$

$$=0.3+2\times0.72+0.72=2.46\text{kN}$$

2）倾覆力矩（对架体外侧立杆根部取矩）：

① 架体所受风荷载：

架体立杆不挂安全网，综合考虑架体立杆、水平杆、剪刀撑风阻作用挡风面积取为 0.2m^2 每跨·m。$k_2=1.4$，为倾覆力可变荷载分项系数。

$$M_{w立杆}=k_2\times W_K\times0.2\times h^2/2=1.4\times0.342\times15^2/2=10.77\text{kN}\cdot\text{m}$$

② 架体顶部所受风荷载：

架体顶部两侧有1.2m高操作人员安全网以及1m高的模板，按模板面积计算。$k_2=1.4$，为倾覆力可变荷载分项系数。

$$M_{w顶部}=k_2\times W_K\times 1\times h=1.4\times 0.342\times 15=7.18\text{kN}\cdot\text{m}$$

③ 模架安装偏差诱发荷载：

$k_1=1.35$，为倾覆力永久荷载分项系数。

$M_{模诱}=k_1\times 0.01G_{1K}\times h=1.35\times 0.08822\times 15=1.79\text{kN}\cdot\text{m}$

④ 广义水平力作用：

广义水平力取垂直永久荷载的2%，作用在架体顶部。$k_1=1.35$，为倾覆力永久荷载分项系数。

$$M_{广义诱}=k_1\times 0.02\times G_{广义}\times r=1.35\times 0.02\times 2.46\times 15=0.996\text{kN}\cdot\text{m}$$

⑤ $M_{倾}$=①+②+③+④

$=10.77+7.18+1.79+0.996=20.74\text{kN}\cdot\text{m}$

3）验算结论：

由于$M_{抗倾}=12.18\text{kN}\cdot\text{m}<M_{倾}=20.74\text{kN}\cdot\text{m}$，此工况假体存在倾覆风险，需进行抗倾覆处理。

（4）梁浇筑阶段抗倾覆验算：

1）抗倾覆力矩（对架体外侧立杆根部取矩）：

① 模架自重抗倾覆力矩：

模架自重抗倾覆力矩为各立杆重力对架体外侧立杆根部取矩之和。永久荷载的分项系数取0.9。

$M_{模架}=0.9\times\{N_1\times r_1+N_2\times r_2+N_2\times r_3\}$

$=0.9\{(1.355+0.126)\times 2.4+(1.355+0.221)\times(1.8+0.6)+1.355\times(1.35+1.05)\}$

$=9.52\text{kN}\cdot\text{m}$

② 梁底模自重抗倾覆力矩：

$$M_{模架}=0.9(梁底模自重\times抗倾覆力臂)$$
$$=0.9(0.3\text{kN}\times 1.2)=0.32\text{kN}\cdot\text{m}$$

③ 梁侧模自重抗倾覆力矩：

$$M_{模架}=0.9(梁侧模自重\times抗倾覆力臂)$$
$$=0.9\{0.72\text{kN}\times(1.4+1)\}=1.56\text{kN}\cdot\text{m}$$

④ 梁混凝土及钢筋自重抗倾覆力矩：

$$M_{梁筋}=0.9(梁（钢筋+混凝土）自重\times抗倾覆力臂)$$
$$=0.9(0.72+11.52)\times 1.2=13.22\text{kN}\cdot\text{m}$$

⑤ $M_{抗倾}$=①+②+③+④

$=9.52+0.32+1.56+13.22=24.62\text{kN}\cdot\text{m}$

⑥ 此工况广义水平力（模架顶部的固定荷载标准值）：

$$G_{广义} = 模板 + 梁(钢筋 + 混凝土)$$

$$= 0.3 + 2 \times 0.72 + 0.72 + 11.52 = 13.98\text{kN}$$

2）倾覆力矩（对架体外侧立杆根部取矩）：

① 架体所受风荷载：

架体立杆不挂安全网，综合考虑架体立杆、水平杆、剪刀撑风阻作用挡风面积取为 0.2m² 每跨·m。$k_2 = 1.4$，为倾覆力可变荷载分项系数。

$$M_{w立杆} = k_2 \times W_K \times 0.2 \times h^2/2 = 1.4 \times 0.342 \times 15^2/2 = 10.77\text{kN} \cdot \text{m}$$

②架体顶部所受风荷载：

架体顶部两侧有 1.2m 高操作人员安全网以及 1m 高的模板，按模板面积计算。$k_2 = 1.4$，为倾覆力可变荷载分项系数。

$$M_{w顶部} = k_2 \times q_w W_K \times 1 \times h = 1.4 \times 0.342 \times 15 = 7.18\text{kN} \cdot \text{m}$$

③ 模架安装偏差诱发荷载：

$k_1 = 1.35$，为倾覆力永久荷载分项系数。

$$M_{模诱} = k_1 \times 0.01 G_{1K} \times h = 1.35 \times 0.08822 \times 15 = 1.79\text{kN} \cdot \text{m}$$

④ 广义水平力作用：

广义水平力取垂直永久荷载的 2%，作用在架体顶部。$k_1 = 1.35$，为倾覆力永久荷载分项系数。

$$M_{广义诱} = k_1 \times 0.02 \times G_{广义} \times r = 1.35 \times 0.02 \times 13.98 \times 15 = 5.66\text{kN} \cdot \text{m}$$

⑤ $M_{倾} = ① + ② + ③ + ④$

$$= 10.77 + 7.18 + 1.79 + 5.66 = 25.4\text{kN} \cdot \text{m}$$

3）验算结论：

由于 $M_{抗倾} = 24.62\text{kN} \cdot \text{m} < M_{倾} = 25.4\text{kN} \cdot \text{m}$，此工况架体依然存在倾覆风险，需进行抗倾覆处理。

（5）模架抗倾覆措施：

由上面计算可知，浇注混凝土前工况 $M_{倾} > M_{抗倾} = 20.74 - 12.18 = 8.56\text{kN} \cdot \text{m}$；浇注混凝土后 $M_{倾} > M_{抗倾} = 25.4 - 24.62 = 0.78\text{kN} \cdot \text{m}$。只要满足浇注混凝土前工况 $M_{抗倾} > M_{倾}$ 即可。为此在架体外侧（两侧）立杆根部固定砂袋，砂袋重量需满足：

$M_{抗倾} > 8.56\text{kN} \cdot \text{m}$，因抗倾覆永久荷载的分项系数取 0.9

即 $M_{抗倾} = 0.9 \times W_{砂} \times 2.4 = 8.56$

即：每跨需堆放沙袋或压重 $W_{砂} = 4\text{kN}$，约 400kg。

亦可加地锚或揽风绳，计算从略。

2.6.7 与模架设计计算相关的几个问题

2.6.7.1 计算软件与参数输入

目前，市场上有很多安全计算软件，可以进行模板支撑和脚手架设计。运用安全计算软件在计算机上进行模板和支撑架设计计算非常方便，选择架体形式后，输入相应参数，结果瞬间就出来了。对于选型决策和模架优化十分便利。可显著提高工作效率和减少计算错误。

但软件计算也有不足之处。比如计算模型不够灵活。某款软件计算梁的内力，将所有作用于受力单元的可变荷载统算为一个集中力，作用于梁中。这对于梁宽较小的情况，影响不大。对于一些宽度大、高度小的扁梁影响就比较大：并排等间距支撑的立杆，荷载值应该相差不大；而在此模型下，跨中的立杆分配到的竖向力比相邻杆件大得多，还往往算不下来。对于这种情况，使用者应当选择其他与之相对应的计算模型。比如选用楼板模型来解决梁宽可变荷载分布问题。此外在计算墙、柱模板侧压力时，按最大值对全部截面进行核算本是手算时为了简化计算所采取的方法，计算机完全具备进行精确计算的能力，只需在编程时导入相应的计算模型。以上这些问题计算软件还需进行改进。

使用者在输入时参数时，还必须关注其关联条件。有的软件，输入了梁高，侧压力就自动将此值作为计算依据；有的软件则需打开有关侧压力的对话框单独再次输入。所以使用软件也必须熟悉模板计算的基本方法与技能，否则出了错不知错在哪里。还曾经发生过：个别人在编写方案时，为了凑出合格数据，在软件计算生成的文档里，单独修改某些计算结果的情况。所以审查使用软件编写的方案，也不要轻信计算结果，一定要对其计算过程进行校核。

2.6.7.2 常规计算与有限元分析

有限元法是在计算机计算基础上发展起来的数值分析计算方法。近年来很多工程将其用于模板和模架支撑系统计算。计算的基本步骤是将系统整体分解为互相联系的构件单元，建立各单元之间用数值表达的联系关系（建立相应矩阵），然后分别计算整体受力条件下各个不同单元的受力和变形情况（根据其材料力学特性、受力数值、约束条件等建立相应矩阵），通过相互联系转换（矩阵计算），最后得出各个不同构件和系统总的受力和变形状态。计算的结果通过3Dmax等三维可视化软件，可以迅速生成直观的计算结果立体图形。

传统力学对于同一个模架，在相同受力条件下，只会得出唯一的计算结果。和传统力学计算不同的是，由于联系关系相互约束条件可以根据实际情况进行调整，因而同一个模架，在相同受力条件下，采用不同的计算模型、选用不同的结点约束系数，计算结构会有一定的偏差。所以有限元计算提供的计算结果只能作为近似解。

由于我们对事物的认知，还有很多盲区；我们所熟知的规律，并不能完全反映事物的本质。所以，迄今为止所有传统力学计算，并不能说是完全精确的。众多试验检测实例表明：有限元考虑结构实际情况可能更为贴近实际，计算结构也更精确。尤其是对于复杂结构，相互作用影响用传统力学分析手段无法进行计算，有限元法可以轻而易举的解决。目前其应用专业性还较强，范围也不是太广。在计算机应用技术发展突飞猛进的当今年代，其应用优势日趋明显，相信在不久的将来有限元在模板和支架方面的计算会得到更大的普及和发展。

2.6.7.3 关于建质［2009］87号文中几个规定的理解

建质［2009］87号文《危险性较大的分部分项工程安全管理办法》附件二：二（二）规定：混凝土模板支撑工程“搭设高度8m及以上；搭设跨度18m及以上；施工总荷载15kN/m^2及以上；集中线荷载20kN/m及以上；”需要进行专家论证。对这四个数据如何界定？现分析如下：

1. 关于混凝土模板支撑工程搭设高度的理解：混凝土支撑模架的坍塌风险源于支撑架体不达标，与主龙骨以上的模板系统关系不大。主次龙骨和模板强度不够，会发生模板及主次龙骨局部断裂，如果架体稳定性没有问题，尚不会引发架体的坍塌。所以搭设高度应为支撑架体自地（楼）面至主龙骨下皮的净高尺寸，不应当含龙骨模板甚至构件的厚度。

2. 关于混凝土模板支撑工程搭设跨度的理解：支撑架体的搭设跨度应当理解为支座与支座之间的净空尺寸。比如框架轴线尺寸18m，但轴线居中的柱子在轴线方向边长为1.4m，梁的净跨度以及支撑架体的实际搭设跨度均为16.6m。

3. 对于文件规定的作用于混凝土模板支撑荷载值使用标准值还是设计值，文件虽然未作详细说明，但应当是确定的物质属性。固定的质量在地球上所受的重力是一定的。因此文件中所规定的荷载值应当是标准值。如果是设计值，那取值就不唯一了。比如同样质量的构件自重，在不同的设计工况下，分项系数取值不同，当可变荷载数值大时，分项系数取 1.2；当永久荷载数值大时，分项系数取 1.35；当进行抗倾覆计算时，分项系数取 0.9；对同一个构件（比如梁）侧模板和底模板，分项系数取值规则都不一样。所以按没有歧义理解，建质［2009］87 号文中对混凝土模板支撑荷载值所作的规定，应该是使用标准值。

4. 87 号文中对混凝土模板支撑计入的施工竖向荷载应该包含那些？应该包含构件（混凝土、钢筋）所受重力、模板主次龙骨所受重力两项。为什么不包含可变荷载？因为施工期间的可变荷载只作用在模架局部，并不均匀作用于全模架（风荷载一般仅考虑作用于模架立面）。将可变荷载全部计入对模架的考量既不符合实际，也不科学。当然在对模架各个不同部件进行设计时，必须要考虑可变荷载。此外，如果将布料机安放到模架系统上，则必须对其自重和动力作用进行分析，采取相应的支顶措施。

5. 在对混凝土支撑模架进行设计时，应该对支撑模架施工的各个阶段工况进行分析，一定不要丢漏可能出现的危险工况；根据分析结果按照规范要求进行核算，规范规定该考虑什么影响因素，就计入相应荷载；在对荷载进行荷载组合时，该取什么分项系数取什么分项系数。严格对模板板面、主次龙骨、支撑立杆和地基进行计算校核。荷载设计值、可变荷载的数值和概念在这个阶段起作用。

附　　录

附 1　常用结构静力计算资料

（1）构件常用截面的几何与力学特征

常用截面的几何与力学特征表　　　　**附表 1-1**

截面简图	截面积（A）	截面边缘至主轴的距离（y）	对主轴的惯性矩（I）	截面模量（W）	回转半径（i）
	$A=bh$	$y=\frac{1}{2}h$	$I=\frac{1}{12}bh^3$	$W=\frac{1}{6}bh^2$	$i=0.289h$
	$A=\frac{1}{2}bh$	$y_1=\frac{2}{3}h$ $y_2=\frac{1}{3}h$	$I=\frac{1}{36}bh^3$	$W_1=\frac{1}{24}bh^2$ $W_2=\frac{1}{12}bh^2$	$i=0.236h$
	$A=\frac{1}{2}\times(b_1+b_2)h$	$y_1=\frac{(b_1+2b_2)h}{3(b_1+b_2)}$ $y_2=\frac{(b_2+2b_1)h}{3(b_1+b_2)}$	$I=\frac{(b_1^2+4b_1b_2+b_2^2)h^3}{36(b_1+b_2)}$	$W_1=\frac{(b_1^2+4b_1b_2+b_2^2)h^2}{12(b_1+2b_2)}$ $W_2=\frac{(b_1^2+4b_1b_2+b_2^2)h^2}{12(2b_1+b_2)}$	$i=\frac{h}{6(b_1+b_2)}\times\frac{\sqrt{2(b_1^2+4b_1b_2+b_2^2)}}{6(b_1+b_2)}$

续表

截面简图	截面积 (A)	截面边缘至主轴的距离(y)	对主轴的惯性矩(I)	截面模量 (W)	回转半径 (i)
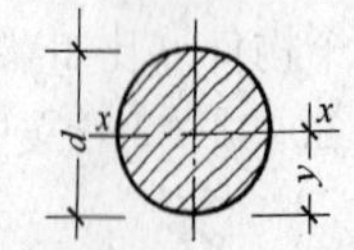	$A=\frac{\pi}{4}d^2$	$y=\frac{1}{2}d$	$I=\frac{1}{64}\pi d^4$	$W=\frac{1}{32}\pi d^3$	$i=\frac{1}{4}d$
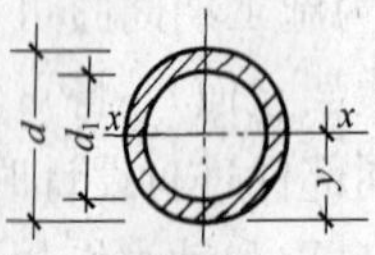	$A=\frac{\pi(d^2-d_1^2)}{4}$	$y=\frac{1}{2}d$	$I=\frac{\pi}{64}(d^4-d_1^4)$	$W=\frac{\pi}{32}\frac{(d^4-d_1^4)}{d}$	$i=\frac{1}{4}\sqrt{d^2-d_1^2}$
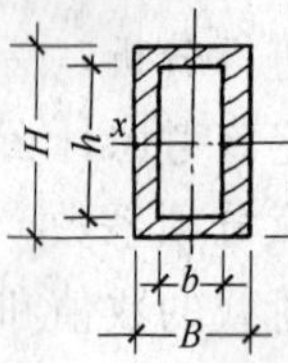	$A=BH-bh$	$y=\frac{1}{2}H$	$I=\frac{1}{12}(BH^3-bh^3)$	$W=$ $\frac{1}{6H}(BH^3-bh^3)$	$i=$ $\sqrt{\frac{BH^3-bh^3}{12(BH-bh)}}$
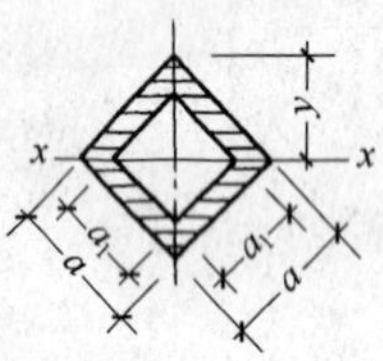	$A=a^2-a_1^2$	$y=\frac{a}{\sqrt{2}}$	$I=\frac{1}{12}(a^4-a_1^4)$	$W=\frac{\sqrt{2}}{12}\frac{(a^4-a_1^4)}{a}$	$i=\sqrt{\frac{a^2+a_1^2}{12}}$
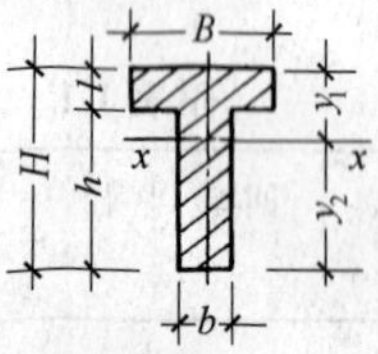	$A=Bt+bh$	$y_1=$ $\frac{bH^2+(B-b)t_2}{2(Bt+bh)}$ $y_2=H-y_1$	$I=\frac{1}{3}[by_2^3+By_1^3-$ $(B-b)(y_1-t)^3]$	$W=\frac{1}{H-y_1}$	$i=\sqrt{\frac{I}{A}}$
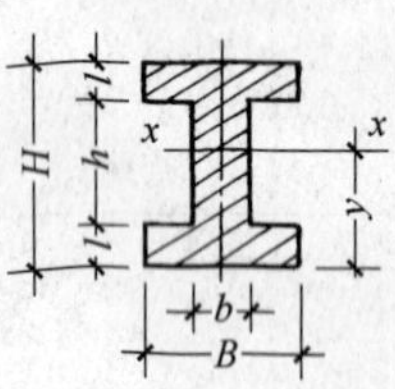	$A=BH-$ $(B-b)h$	$y=\frac{H}{2}$	$I=\frac{1}{12}[BH^3-$ $(B-b)h^3]$	$W=\frac{1}{6H}[BH^3-$ $(B-b)h^3]$	$i=0.289\times$ $\sqrt{\frac{BH^3-(B-b)h^3}{BH-(B-b)h}}$
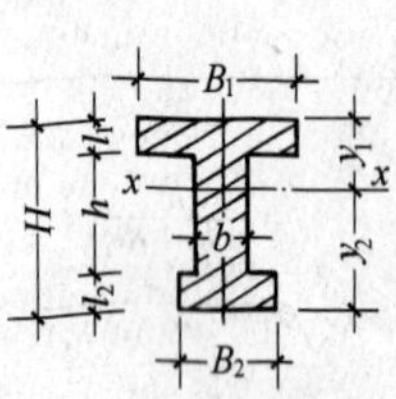	$A=B_1t_1+$ B_2t_2+bh	$y_1=H-y_2$ $y_2=\frac{1}{2}$ $\left[\frac{bH^2+(B_2-b)t_2^2}{B_1t_1+bh+b_2t_2}+\right.$ $\left.\frac{(B_1-b)(2H-t_1)t_1}{B_1t_1+bh+b_2t_2}\right]$	$I_1=\frac{1}{3}[B_2y_2^3+$ $B_1y_1^3-(B_2-b)$ $(y_2-t_2)^3-(B_1-b)$ $(y_1-t_1^3)]$	$W_1=\frac{I_1}{y_1}$	$i=\sqrt{\frac{I_1}{A}}$

续表

截面简图	截面积 (A)	截面边缘至主轴的距离(y)	对主轴的惯性矩(I)	截面模量 (W)	回转半径 (i)
	$A=bh\times(B-b)t$	$y=\frac{1}{2}h$	$I=\frac{1}{12}[bh^3+(B-b)\cdot t^3]$	$W=\frac{bh^3+(B-b)t^3}{6h}$	$i=\sqrt{\frac{bh^3+(B-b)t_2}{12[bh+(B-b)]}}$
	$A=BH-(B-b)h$	$y=\frac{1}{2}H$	$I=\frac{1}{12}[BH^3-(B-b)\cdot h^3]$	$W=\frac{1}{6H}[BH^3-(B-b)h^3]$	$i=0.289\times\sqrt{\frac{BH^3-(B-b)h^3}{BH-(B-h)h}}$
	$A=BH-(B-b)h$	$y=\frac{1}{2}H$	$I=\frac{1}{12}[BH^3-(B-b)h^3]$	$W=\frac{1}{6H}[BH^3-(B-b)h^3]$	$i=0.289\times\sqrt{\frac{BH^3-(B-b)h^3}{BH-(B-b)h}}$
	$A=bH+(B-b)t$	$y_1=H-y^2$ $y_2=\frac{1}{2}\cdot\frac{bH^2+(B-b)t^2}{bH+(B-b)t}$	$I=\frac{1}{3}[By_3-(B-b)\cdot(y_2-t)^3+by_1^3]$	$W=\frac{I}{y_1}$	$i=\sqrt{\frac{I}{A}}$

注：对主轴的惯性矩 I、截面模量 W、回转半径 i 的基本公式如下：

$$I=\int_A y^2\mathrm{d}A$$

$$W=\frac{I}{y_{\max}}$$

$$i=\sqrt{\frac{I}{A}}$$

(2)梁内力及变形系数

连续梁的最大弯矩、剪力与挠度 **附表 1-2**

荷载图示	剪力 V	弯矩 M	挠度 ω
	0.688P	0.188Pl	$\frac{0.911\times Pl^3}{100EI}$
	1.333P	0.333Pl	$\frac{1.466\times Pl^3}{100EI}$
	0.650P	0.175Pl	$\frac{1.146\times Pl^3}{100EI}$

续表

荷载图示	剪力V	弯矩M	挠度ω
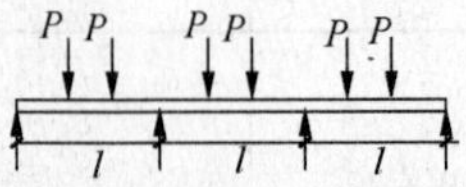	$1.267P$	$0.267Pl$	$\frac{1.883\times Pl^3}{100EI}$
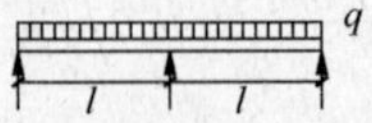	$0.625ql$	$0.125ql$	$\frac{0.521\times ql^4}{100EI}$
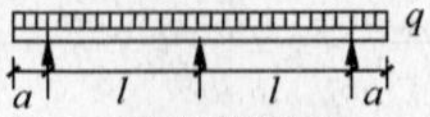 a=0.41挠度相等	$0.50ql$	$0.105ql^2$	$\frac{0.273\times ql^4}{100EI}$
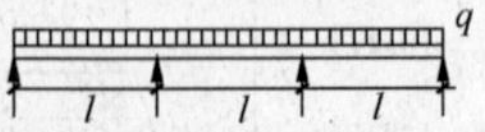	$0.60ql$	$0.10ql^2$	$\frac{0.677\times ql^4}{100EI}$
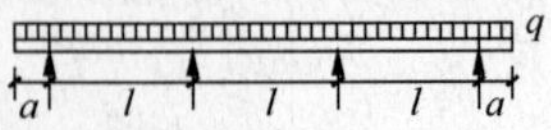	$0.50ql$	$0.084q^2$	$\frac{0.273\times ql^4}{100EI}$

悬臂梁与简支梁的最大弯矩、剪力与挠度 附表 1-3

荷载图示	剪力V	弯矩M	挠度ω
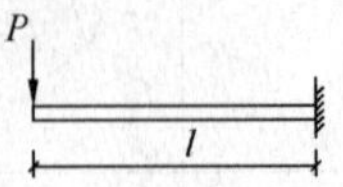	P	Pl	$\frac{Pl^3}{3EI}$
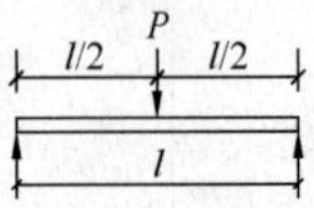	$\frac{P}{2}$	$\frac{Pl}{4}$	$\frac{Pl^3}{48EI}$
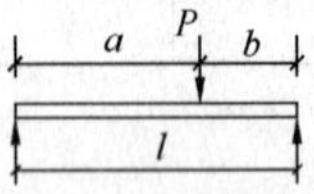	$\frac{Pa}{l}$	$\frac{Pab}{l}$	$\frac{Pb}{EI}\left(\frac{l^3}{16}-\frac{b^2}{12}\right)$
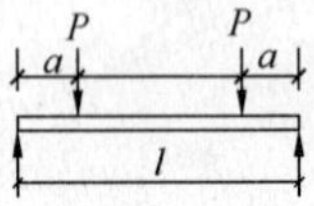	P	Pa	$\frac{Pa}{6EI}\left(\frac{3}{4}l^2-a^2\right)$
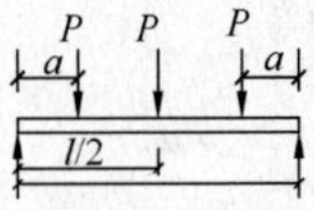	$\frac{3P}{2}$	$P\left(\frac{l}{4}-a\right)$	$\frac{P}{48EI}(l^3+6al^2-8a^3)$
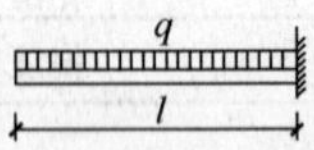	ql	$\frac{ql^2}{2}$	$\frac{ql^4}{8EI}$
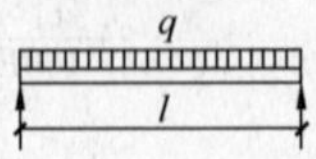	$\frac{ql}{2}$	$\frac{ql^2}{8}$	$\frac{5ql^4}{384EI}$
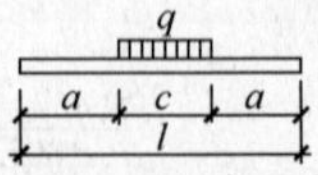	$\frac{qc}{2}$	$\frac{qc(al-c)}{8}$	$\frac{qc}{384EI}(8l^3-4c^2l-c^3)$
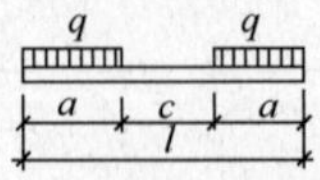	qa	$\frac{qa^2}{2}$	$\frac{qa^2}{48EI}(3l^2-2a^2)$
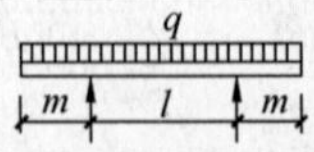	$\frac{ql}{2}$	$\frac{qm^2}{2}$	$\frac{qm}{24EI}(-l^3+6m^2l+3m^3)$

附 2　木结构计算公式

木结构计算公式　　　　附表 2-1

			计 算 公 式	备　注
1	轴心受拉构件	承载能力	$\sigma_t=\frac{N}{A_n}\leqslant f_t$	
2	轴心受压构件	强　度	$\sigma_c=\frac{N}{A_n}\leqslant f_c$	
		稳　定	$\frac{N}{\varphi A_0}\leqslant f_c$	无缺口时，$A_0=A$ 缺口不在边缘时，$A_0=0.9A$ 缺口在边缘且为对称时：$A_0=A_n$ 缺口在边缘但不对称时： 按偏心受压构件计算
3	受 弯 构 件	抗弯承载能力	$\sigma_m=\frac{M}{W_n}\leqslant f_m$	
		抗剪承载能力	$\tau=\frac{VS}{Ib}\leqslant f_v$	
		挠　度	$w\leqslant[w]$	
4	双向受弯构件	承载能力	$\sigma_{mx}+\sigma_{my}=f_m$ $\sigma_{mx}=\frac{M_x}{W_{nx}}$；$\sigma_{my}=\frac{M_y}{W_{ny}}$	x、y 相对于坐标轴而言
		挠　度	$w=\sqrt{w_x^2+w_y^2}\leqslant[w]$	x、y 相对于坐标轴而言
5	拉 弯 构 件	承 载 能 力	$\frac{N}{A_n}+\frac{Mf_t}{W_n f_m}\leqslant f_t$	
6	压 弯 构 件	承 载 能 力	$\frac{N}{\varphi\varphi_m A_0}\leqslant f_c$ $\varphi_m=\left[1-\frac{\sigma_m}{f_m\left(1+\frac{\sqrt{\sigma_c}}{f_c}\right)}\right]^2$ 当无须考虑纵向弯曲系数 φ 的影响时，按下式计算： $\frac{N}{A_n}+\frac{Mf_c}{W_n f_m}\leqslant f_c$	

表中符号：N——轴向设计拉力或轴向设计压力；
M——设计弯矩；
V——设计剪力；
w——受弯构件的挠度；
σ_t——轴心受拉设计应力；
σ_c——轴心受压设计应力；
σ_m——受弯设计应力；
τ——受剪设计应力；
f_t——木材顺纹抗拉强度设计值；
f_c——木材顺纹抗压强度设计值；
f_m——木材抗弯强度设计值；
f_v——木材顺纹抗剪强度设计值；
$[w]$——受弯构件挠度允许值；
A——毛截面面积；
A_n——净截面面积；
A_0——截面的计算面积；
I——毛截面惯性矩；
S——毛截面面积矩；
W_n——净截面模量；
b——截面宽度、剪面宽度；
φ——轴心受压构件稳定系数；
φ_m——弧形木构件抗弯强度修正系数。

附3　钢结构计算公式

构件的强度和稳定性计算公式　　　　**附表 3-1**

项　次	构件类别	计算内容	计　算　公　式	备　　注
1	轴心受拉构件	强度	$\sigma=\frac{N}{A_{n}}\leqslant f$ 摩擦型高强度螺栓连接处： $\sigma=\left(1-0.5\frac{n_{1}}{n}\right)\frac{N^{b}}{A_{n}}\leqslant f$ $\sigma=\frac{N}{A}\leqslant f$	
2	轴心受压构件	强度	同轴心受拉构件	
		稳定	$\frac{N}{\varphi A}\leqslant f$	格构式构件对虚轴的长细比应取换算长细比
		剪力	应能承受下式计算的剪力 $V=\frac{Af}{85}\sqrt{\frac{f_{y}}{235}}$	格构式构件，剪力 V 应由承受该剪力的缀材面分担
3	受弯构件	抗弯强度（实腹构件）	$\frac{M_{x}}{\gamma_{x}W_{nx}}+\frac{M_{y}}{\gamma_{y}W_{ny}}\leqslant f$	
		抗剪强度（实腹构件）	$\tau=\frac{VS}{It_{m}}\leqslant f_{v}$	
		局部承压强度（腹板计算高度上边缘）	当梁上翼缘受有沿腹板平面作用的集中荷载，且该荷载处又未设置支承加劲肋时： $\sigma_{c}=\frac{\psi F}{t_{w}l_{z}}\leqslant f$	
		整体稳定	(1) 在最大刚度主平面内受弯的构件： $\frac{M_{x}}{\Psi_{b}W_{x}}\leqslant f$ (2) 在两个主平面受弯的Ⅰ形截面构件： $\frac{M_{x}}{\Psi_{b}W_{x}}+\frac{M_{y}}{\gamma_{y}W_{y}}\leqslant f$	
		局部稳定	对组合梁的腹板 (1) 当 $\frac{h_{0}}{t_{w}}\leqslant 80\sqrt{\frac{235}{f_{y}}}$ 时：对无局部压应力的梁，可不配置加劲肋；对有局部压应力的梁，宜按构造配置横向加劲肋 (2) 当 $80\sqrt{\frac{235}{f_{y}}}<\frac{h_{0}}{t_{w}}\leqslant 170\sqrt{\frac{235}{f_{y}}}$ 时： 应配置横向加劲肋，并计算加劲肋的间距 (3) 当 $\frac{h_{0}}{t_{w}}>170\sqrt{\frac{235}{f_{y}}}$ 时：应配置横向加劲肋和在受压区的纵向加劲肋，必要时尚应在受压区配置短加劲肋，并计算加劲肋的间距 (4) 在梁的支座处和上翼缘受有较大固定集中荷载处，宜设置支承加劲肋，并按轴心受压构件计算在其腹板平面外的稳定性	

续表

项次	构件类别	计算内容	计算公式	备注
4	抗弯、压弯构件	强度(弯矩作用在主平面内)	(1) 承受静力荷载或间接承受动力荷载 $\frac{N}{A_n}\pm\frac{M_x}{\gamma_x W_{nx}}\pm\frac{M_y}{\gamma_y W_{ny}}\leqslant f$ (2) 直接承受动力荷载同上式。取 $\gamma_x=\gamma_y=1.0$	
		稳定	(1) 实腹式压弯构件：弯矩作用在对称轴平面内(绕 X 轴) 弯矩作用平面内的稳定性 $\frac{N}{\varphi_x A}+\frac{\beta_{mx}M_x}{\gamma_x W_{1x}\left(1-0.8\frac{N}{N_{Ex}}\right)}\leqslant f$ 弯矩作用平面外的稳定性 $\frac{N}{\varphi_y A}+\frac{\beta_{tx}M_x}{\varphi_b W_{1x}}\leqslant f$ (2) 格构式压弯构件 1) 弯矩绕虚轴作用： 弯矩作用平面内的整体稳定性： $\frac{N}{\varphi_x A}+\frac{\beta_{mx}M_x}{W_{1x}\left(1-\varphi_x\frac{N}{N_{Ex}}\right)}\leqslant f$ 弯矩作用平面外的整体稳定性： 不必计算，但应计算分肢的稳定性 2) 弯矩绕实轴作用 弯矩作用平面内的整体稳定性： 计算同实腹式压弯构件 弯矩作用平面外的整体稳定性： 计算同实腹式压弯构件，长细比取换算长细比，φ_b 取 1.0 (3) 双轴对称实腹式Ⅰ形和箱形截面压弯构件：弯矩作用在两个主平面内 $\frac{N}{\varphi_x A}+\frac{\beta_{mx}M_x}{\gamma_x W_{1x}\left(1-0.8\frac{N}{N_{Ex}}\right)}+\frac{\beta_{ty}M_y}{\varphi_{by}W_{1y}}\leqslant f$ $\frac{N}{\varphi_y A}+\frac{\beta_{tx}M_x}{\varphi_{bx}W_{1x}}+\frac{\beta_{my}M_y}{\gamma_y W_{1y}\left(1-0.8\frac{N}{N_{Ey}}\right)}\leqslant f$ (4) 双肢格构式压弯构件：弯矩作用在两个主平面内 1) 按整体计算 $\frac{N}{\varphi_x A}+\frac{\beta_{mx}M_x}{W_{1x}\left(1-\varphi_x\frac{N}{N_{Ex}}\right)}+\frac{\beta_{ty}M_y}{W_{1y}}\leqslant f$ 2) 按分肢计算	$W_{1x}=\frac{I_x}{y_0}$， φ_x 由换算长细比确定 W_{1x}、W_{1y}—对强轴和弱轴的毛截面模量

续表

项 次	构件类别	计算内容	计 算 公 式	备 注
4	抗弯、压弯构件	稳定	在 N 和 M_x 作用下，将分肢作为桁架弦杆计算其轴力，M_y 按计算分配给两分肢，然后按实腹式压弯构件计算其稳定性	

注：表中符号

N——轴心拉力或轴心压力；

A_n——净截面面积；

f——钢材的抗拉、抗压、抗弯强度设计值；

n——在节点或拼接处，构件一端连接的高强度螺栓数；

n_1——所计算截面(最外列螺栓处)上高强度螺栓数；

A——构件的毛截面面积；

φ——轴心受压构件稳定系数；

f_y——钢材的屈服强度；

M_x、M_y——绕 x 轴、y 轴的弯矩；

γ_x、γ_y——截面塑性发展系数；

V——计算截面沿腹板平面作用的剪力；

S——计算剪应力处以上毛截面对中和轴的面积距；

I——毛截面惯性矩；

t_w——腹板厚度；

f_v——钢材的抗剪强度设计值；

F——集中荷载，对动力荷载应考虑动力系数；

Ψ——集中荷载增大系数；

l_z——集中荷载在腹板计算高度上边缘的假定分布长度；

W_x、W_y——按受压纤维确定的对 x 轴、y 轴毛截面模量；

Ψ_b——绕强轴弯曲所确定的梁整体稳定系数；

h_0——腹板高度；

φ_x——在弯矩作用平面内的轴心受压构件稳定系数；

β_{mx}、β_{my}——等效弯矩系数；

W_{1x}——弯矩作用平面内较大受压纤维的毛截面模量；

N_{Ex}——欧拉临界力，$N_{Ex}=\frac{\pi^2 EA}{\lambda_x^2}$；

φ_y——弯矩作用平面外的轴心受压构件稳定系数；

φ_b——均匀弯曲的受弯构件整体稳定系数；

β_{tx}、β_{ty}——等效弯矩系数；

φ_{bx}、φ_{by}——均匀弯曲的受弯构件整体稳定性系数。

参 考 资 料

［1］ 杨嗣信，余志成，侯君伟．建筑工程模板施工手册(第二版)．北京：中国建筑工业出版社，2004.

［2］ 建筑施工手册编委会．建筑施工手册(第五版)．北京：中国建筑工业出版社，2012.

［3］ 胡裕新．钢筋混凝土旋转楼梯支模计算．中国模架学会三届二次年会中国模架学会三届二次年会论文汇编，2000.

［4］ 薛惠敏等．超高模板支架专项计算与实例．北京：中国建筑工业出版社.

［5］ 王怀岭，牛喜良．折线形板式楼梯支模的计算．建筑工人，2007，9.

［6］ 毛凤林，宋德柱，甘振伟．滑升模板．北京：中国建筑工业出版社，1982.

［7］ 顾锡明等．浅谈武汉国贸中心大厦大面积大吨位墙、柱、梁整体滑模工艺，1995.

［8］ 王钢．中央电视塔外筒滑框倒模施工技术．建筑技术，1990 (12).

［9］ 王强，时慧珍，徐祥兴．SQD-90-35 型松卡式千斤顶滑模技术．滑模工程，1995(6).

［10］ 马杰．液压滑升模板施工偏差与调整．滑模工程，1991(2).

[11] 中建三局科技中心情报室. 天津电视塔筒体滑模技术. 滑模工程，1991(4).
[12] 张一心. 深井滑模. 滑模工程，1991(6).
[13] 马杰，罗高志. 贮仓空心竖向抽孔施工工艺 . 滑模工程，1991(1).
[14] 严洪良. 连云港散装粮食筒库滑模施工 . 滑模工程，1992(5).
[15] 史广德. "滑提合一"设备在倒锥壳水塔工程中的应用. 滑模工程，1992(5).
[16] 马杰等. 复合竖壁保温结构同步现浇双滑新工艺. 滑模工程，1993(1).
[17] 胡章福，李富荣. 球形水塔的设计与施工. 滑模工程，1994(6).
[18] 徐瑞德，郑连平. 京莲饭店滑模冬季施工. 滑模施工，1995(1).
[19] 陈德等. 单边滑模在株洲电厂水泵房改造中的应用 . 滑模工程，1995(3).
[20] 郑立泉. 大直径筒体结构滑模新技术 滑模工程，1995(5).
[21] 刘兴林，戴国雄. 双水箱倒锥壳水塔的设计与施工. 滑模工程，1997 (2).
[22] 胡世德主编. 高层建筑施工(第二版). 北京：中国建筑工业出版社，2001.
[23] Bygging-UddenmannAB. HYDRAULIC. SLIPFORM&HEAVYLIFTING，1982.
[24] 彭圣浩主编. 建筑工程质量通病防治手册(第三版). 北京：中国建筑工业出版社，2002.
[25] 项玉璞主编. 冬期施工手册(第二版). 北京：中国建筑工业出版社，1998.
[26] 凌锡光. 烟囱滑模施工中扭转的控制技术. 施工技术，1987 (3).
[27] 杨建业. 大口径筒体泵房滑模施工技术. 建筑技术，1995.
[28] 易新强. 混凝土薄膜养生液在滑模工程中的应用. 建筑技术，1993(9).
[29] 吴登银. 八渡南盘 12 特大桥空心高墩自升平台式翻模施工技术简介. 铁十八局二处，1995.
[30] 中建一局二公司. 筒仓应用松卡式大吨位液压千斤顶进行滑模施工总结，1992.
[31] 浦昭曳. 连续跨钢网架的整体滑模顶升施工. 建筑技术，1988 (12).
[32] 北京中建科研院. 混凝土电脱模技术操作要点及电脱模器使用说明，1994.
[33] 田国良等. 新型混凝土筒仓施工技术体系应用研究. 建筑技术，2012(8).

3 钢 筋 工 程

3.1 材 料

3.1.1 基本规定

1. 混凝土结构工程用的普通钢筋如下：

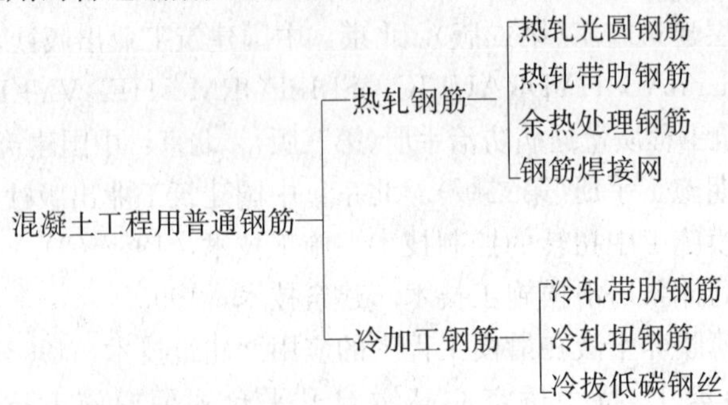

钢筋工程宜采用专业化生产的成型钢筋。

2. 钢筋的性能应符合国家现行有关标准的规定。常用钢筋的公称直径、公称截面面积、计算截面面积及理论重量，应符合本手册附录钢筋-1的规定。

3. 对有抗震设防要求的结构，其纵向受力钢筋的性能应满足设计要求；当设计无具体要求时，对按一、二、三级抗震等级设计的框架和斜撑构件（含梯段）中的纵向受力普通钢筋应采用HRB335E、HRB400E、HRB500E、HRBF335E、HRBF400E或HRBF500E钢筋，其强度和最大力下总伸长率的实测值，应符合下列规定：

(1) 钢筋的抗拉强度实测值与屈服强度实测值的比值不应小于1.25；

(2) 钢筋的屈服强度实测值与屈服强度标准值的比值不应大于1.30；

(3) 钢筋的最大力下总伸长率不应小于9%。

4. 钢筋在运输和存放时，不得损坏包装和标志，并应按牌号、规格、炉批分别堆放。钢筋加工后用于施工的过程中，要能够区分不同强度等级和牌号的钢筋，避免混用。

钢筋除防锈外，还应注意焊接、撞击等原因造成的钢筋损伤。后浇带等部位的外露钢筋在混凝土施工前也应避免锈蚀、损伤。

5. 施工中发现钢筋脆断、焊接性能不良或力学性能显著不正常等现象时，应停止使用该批钢筋，并应对该批钢筋进行化学成分检验或其他专项检验。

3.1.2 混凝土结构工程常用普通钢筋

3.1.2.1 热轧钢筋

热轧钢筋分为热轧光圆钢筋和热轧带肋钢筋两种。热轧光圆钢筋应符合国家标准《钢筋混凝土用钢　第1部分：热轧光圆钢筋》GB 1499.1、《钢筋混凝土用钢　第2部分：热轧带肋钢筋》GB 1499.2、《钢筋混凝土用余热处理钢筋》GB 13014。

HRB（热轧带肋钢筋）、HRBF（细晶粒钢筋）、RRB（余热处理钢筋）是三种常用带肋钢筋品种的英文缩写，钢筋牌号为该缩写加上代表强度等级的数字。各种钢筋表面的轧制标志各不相同，HRB335、HRB400、HRB500 分别为 3、4、5，HRBF335、HRBF400、HRBF500 分别为 C3、C4、C5，RRB400 为 K4。对于牌号带“E”的热轧带肋钢筋，轧制标志上也带“E”，如 HRB335E 为 3E、HRBF400E 为 C4E。

1. 外形、规格和重量

热轧钢筋的直径、横截面面积、重量和外形尺寸，分别见图 3-1-1 和表 3-1-1。

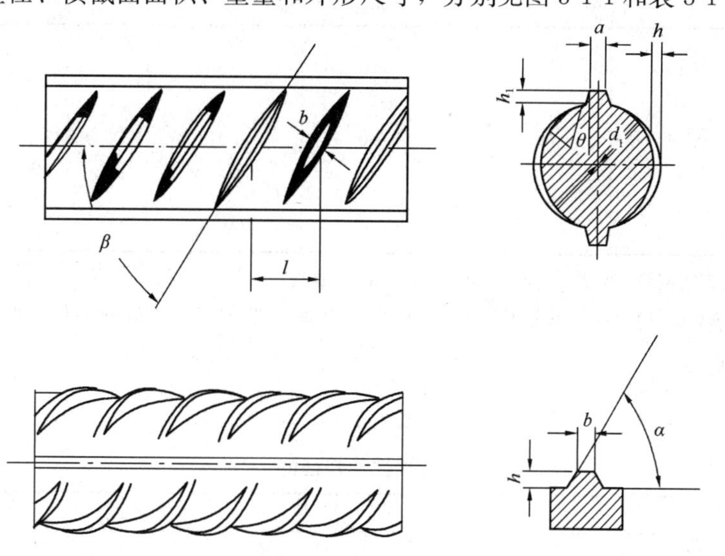

图 3-1-1　月牙肋钢筋表面及截面形状

d_1—钢筋内径；α—横肋斜角；h—横肋高度；β—横肋与轴线夹角；h_1—纵肋高度；θ—纵肋斜角；a—纵肋顶宽；l—横肋间距；b—横肋顶宽

热轧钢筋的直径、横截面面积、重量和外形尺寸　　**表 3-1-1**

公称直径 d（mm）	内径 d_1（mm）公称尺寸	横肋高 h（mm）	纵肋高 h_1（不大于）（mm）	横肋宽 b（mm）	纵肋宽 a（mm）	间距 l（mm）	公称横截面面积（mm^2）	理论重量（kg/m）
6	5.8	0.6	0.8	0.4	1.0	4.0	28.27	0.222
8	7.7	0.8	1.1	0.5	1.5	5.5	50.27	0.395
10	9.6	1.0	1.3	0.6	1.5	7.0	78.54	0.617
12	11.5	1.2	1.6	0.7	1.5	8.0	113.1	0.888
14	13.4	1.4	1.8	0.8	1.8	9.0	153.9	1.21
16	15.4	1.5	1.9	0.9	1.8	10.0	201.1	1.58
18	17.3	1.6	2.0	1.0	2.0	10.0	254.5	2.00
20	19.3	1.7	2.1	1.2	2.0	10.0	314.2	2.47
22	21.3	1.9	2.4	1.3	2.5	10.5	380.1	2.98
25	24.2	2.1	2.6	1.5	2.5	12.5	490.9	3.85
28	27.2	2.2	2.7	1.7	3.0	12.5	615.8	4.83
32	31.0	2.4	3.0	1.9	3.0	14.0	804.2	6.31
36	35.0	2.6	3.2	2.1	3.5	15.0	1018	7.99
40	38.7	2.9	3.5	2.2	3.5	15.0	1257	9.87
50	48.5	3.2	3.8	2.5	4.0	16.0	1964	15.42

注：理论重量按密度为 7.85g/cm^3 计算。

带肋钢筋的横肋与钢筋轴线夹角 β 不应小于 45°，当该夹角不大于 70°时，钢筋相对面上横肋的方向应相反。横肋的间距 l 不得大于钢筋公称直径的 0.7 倍。横肋侧面与钢筋表面的夹角 α 不得小于 45°。钢筋相邻两面上横肋末端之间的间隙（包括纵肋宽度）总和不应大于钢筋公称周长的 20%。

2. 化学成分

热轧带肋钢筋的化学成分见表 3-1-2。

热轧带肋钢筋化学成分 **表 3-1-2**

牌 号	化学成分（质量分数）（%）不大于					
	C	Si	Mn	P	S	Ceq
HRB335 HRBF335	0.25	0.80	1.60	0.045	0.045	0.52
HRB400 HRBF400						0.54
HRB500 HRBF500						0.55

注：HRB——热轧带肋钢筋的英文（Hot rolled Ribbed Bars）缩写；

HRBF——细晶粒热轧钢筋，在热轧带肋钢筋的英文缩写后加“细”的英文（Fine）首位字母。

3. 力学性能特征值

见表 3-1-3。

力学性能特征值 **表 3-1-3**

牌 号	R_{eL}（MPa）	R_m（MPa）	A（%）	A_{gt}（%）
	不 小 于			
HRB335 HRBF335	335	455	17	7.5
HRB400 HRBF400	400	540	16	
HRB500 HRBF500	500	630	15	

注：1. 直径 28～40mm 各牌号钢筋的断后伸长率 A 可降低 1%；直径大于 40mm 各牌号钢筋的断后伸长率 A 可降低 2%；

2. 有较高要求的抗震结构适用牌号为：在本表中已有牌号后加 E（例如：HRB400E、HRBF400E）的钢筋。该类钢筋除应满足以下（1）、（2）、（3）的要求外，其他要求与相对应的已有牌号钢筋相同；

（1）钢筋实测抗拉强度与实测屈服强度之比 $R^{\circ}_{m}/R^{\circ}_{eL}$ 不小于 1.25，（R°_{m} 为钢筋实测抗拉强度；R°_{eL} 为钢筋实测屈服强度）；

（2）钢筋实测屈服强度与本表规定的屈服强度特征值之比 R°_{eL}/R_{eL} 不大于 1.30；

（3）钢筋的最大力总伸长率 A_{gt} 不小于 9%；

3. 对于没有明显屈服强度的钢，屈服强度特征值 R_{eL} 应采用规定非比例延伸强度 $R_{p0.2}$；

4. 根据供需双方协议，伸长率类型可从 A 或 A_{gt} 中选定。如伸长率类型未经协议确定，则伸长率采用 A，仲裁检验时采用 A_{gt}。

3.1.2.2 冷轧带肋钢筋

冷轧带肋钢筋是热轧圆盘条经冷轧或冷拔减径后在其表面冷轧成三面或二面有肋的钢筋，冷轧带肋钢筋应符合国家标准《冷轧带肋钢筋》GB 13788 的规定。

1. 基本规定

冷轧带肋钢筋可用于楼板配筋、墙体分布钢筋、梁柱箍筋及圈梁、构造柱配筋，但不得用于有抗震设防要求的梁、柱纵向受力钢筋及板柱结构配筋。混凝土结构中的冷轧带肋钢筋应按下列规定选用：

(1) CRB550、CRB600H 钢筋宜用作钢筋混凝土结构中的受力钢筋、钢筋焊接网、箍筋、构造钢筋以及预应力混凝土结构构件中的非预应力筋。CRB550 钢筋的技术指标应符合现行国家标准《冷轧带肋钢筋》GB 13788 的规定，CRB600H 钢筋的技术指标应符合表 3-1-4 规定。

（2）CRB650、CRB650H、CRB800、CRB800H 和 CRB970 钢筋宜用作预应力混凝土结构构件中的预应力筋。CRB650、CRB800 和 CRB970 钢筋的技术指标应符合现行国家标准《冷轧带肋钢筋》GB 13788 的规定，CRB650H、CRB800H 钢筋的技术指标应符合表 3-1-4 的规定。

高延性二面肋钢筋的力学性能和工艺性能　　表 3-1-4

牌　号	公称直径（mm）	f_{yk}（MPa）	f_{ptk}（MPa）	δ_5（%）	δ_{100}（%）	δ_{gt}（%）	弯曲试验 180°	反复弯曲次数	应力松弛 初始应力相当于公称抗拉强度的 70% 1000h 松弛率（%）不大于
		不　小　于							
CRB600H	5～12	520	600	14.0	—	5.0	$D=3d$	—	—
CRB650H	5～6	585	650	—	7.0	4.0	—	4	5
CRB800H	5～6	720	800	—	7.0	4.0	—	4	5

注：1　表中 D 为弯芯直径，d 为钢筋公称直径；反复弯曲试验的弯曲半径为 15mm；

　　2　表中 δ_5、δ_{100}、δ_{gt} 分别相当于相关冶金产品标准中的 $A_{5.65}$、A_{100}、A_{gt}。

（3）直径 4mm 的钢筋不宜用作混凝土构件中的受力钢筋。

2. 外形、规格、重量

冷轧带肋钢筋的外形见图 3-1-2、图 3-1-3。横肋呈月牙形，沿钢筋横截面周圈上均匀分布，其中三面肋钢筋有一面肋的倾角必须与另两面反向，二面肋钢筋一面肋的倾角必须与另一面反向。横肋的中心线和钢筋纵轴线夹角 β 为 40°～60°。横肋两侧面和钢筋表面斜角 α 不得小于 45°，横肋与钢筋表面呈弧形相交。横肋间隙的总和应不大于公称周长的 20%。冷轧带肋钢筋的尺寸、重量及允许偏差见表 3-1-5。

三面肋和二面肋钢筋的尺寸、重量及允许偏差　　表 3-1-5

公称直径 d（mm）	公称横截面积（mm²）	重　量		横肋中点高		横肋 1/4 处高 $h_{1/4}$（mm）	横肋顶宽 b（mm）	横肋间距		相对肋面积 f_r 不小于
		理论重量（kg/m）	允许偏差（%）	h（mm）	允许偏差（mm）			l（mm）	允许偏差（%）	
4	12.6	0.099	±4	0.30	+0.10 −0.05	0.24	0.2d	4.0	±15	0.036
4.5	15.9	0.125		0.32		0.26		4.0		0.039
5	19.6	0.154		0.32		0.26		4.0		0.039
5.5	23.7	0.186		0.40		0.32		5.0		0.039
6	28.3	0.222		0.40		0.32		5.0		0.039
6.5	33.2	0.261		0.46		0.37		5.0		0.045
7	38.5	0.302		0.46		0.37		5.0		0.045
7.5	44.2	0.347		0.55		0.44		6.0		0.045
8	50.3	0.395		0.55		0.44		6.0		0.045
8.5	56.7	0.445		0.55	±0.10	0.44		7.0		0.045
9	63.6	0.499		0.75		0.60		7.0		0.052
9.5	70.8	0.556		0.75		0.60		7.0		0.052
10	78.5	0.617		0.75		0.60		7.0		0.052
10.5	86.5	0.679		0.75		0.60		7.4		0.052
11	95.0	0.746		0.85		0.68		7.4		0.056
11.5	103.8	0.815		0.95		0.76		8.4		0.056
12	113.1	0.888		0.95		0.76		8.4		0.056

注：1. 横肋 1/4 处高、横肋顶宽供孔型设计用；

　　2. 二面肋钢筋允许有高度不大于 0.5h 的纵肋。

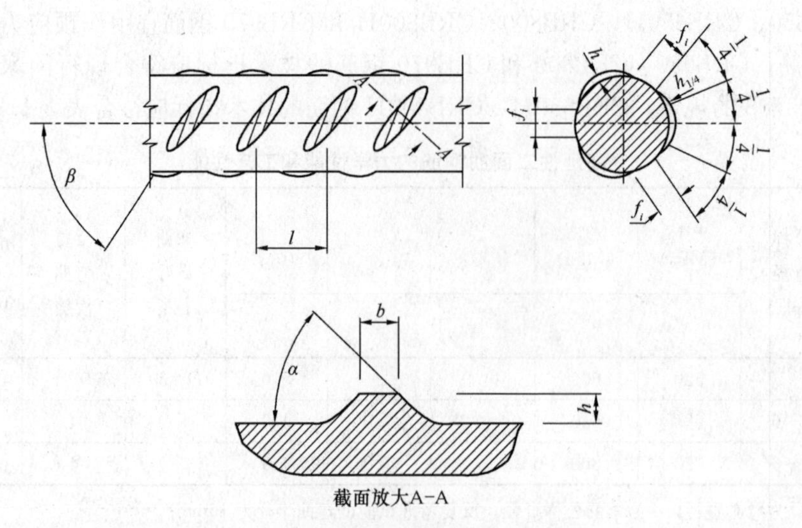

图 3-1-2　三面肋钢筋表面及截面形状

α—横肋斜角；β—横肋与钢筋轴线夹角；h—横肋中点高；
l—横肋间距；b—横肋顶宽；f_i—横肋间隙

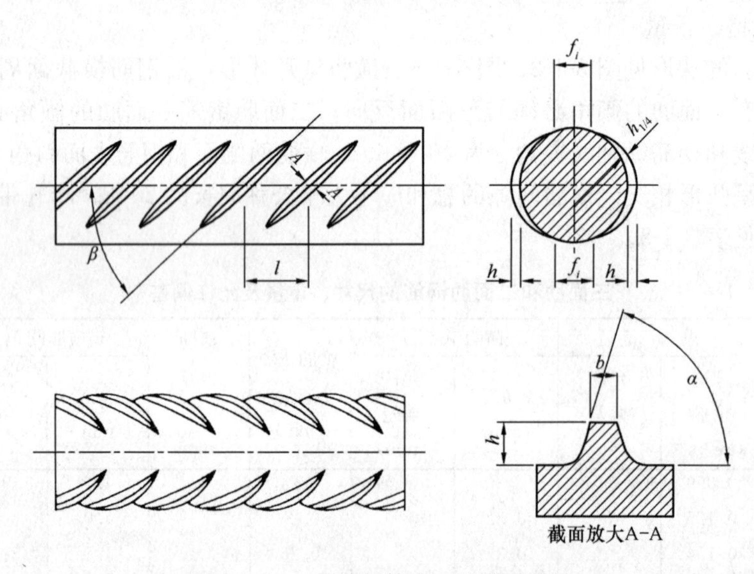

图 3-1-3　二面肋钢筋表面及截面形状

α—横肋斜角；β—横肋与钢筋轴线夹角；h—横肋中点高度；
l—横肋间距；b—横肋顶宽；f_i—横肋间隙

3. 化学成分

见表 3-1-6。

冷轧带肋钢筋用盘条的参考牌号和化学成分　　　　**表 3-1-6**

钢筋牌号	盘条牌号	化学成分（%）					
		C	Si	Mn	V、Ti	S	P
CRB 550 CRB 650	Q215	0.09～0.15	⩽0.30	0.25～0.55	—	⩽0.050	⩽0.045
	Q235	0.14～0.22	⩽0.30	0.30～0.65	—	⩽0.050	⩽0.045
CRB 800	24MnTi	0.19～0.27	0.17～0.37	1.20～1.60	Ti：0.01～0.05	⩽0.045	⩽0.045
	20MnSi	0.17～0.25	0.40～0.80	1.20～1.60	—	⩽0.045	⩽0.045
CRB 970	41MnSiV	0.37～0.45	0.60～1.10	1.00～1.40	V：0.05～0.12	⩽0.045	⩽0.045
	60	0.57～0.65	0.17～0.37	0.50～0.80	—	⩽0.035	⩽0.035

4. 力学性能和工艺性能

见表 3-1-7 和表 3-1-8。

力学性能和工艺性能　　表 3-1-7

牌号	σ_b（MPa）不小于	伸长率（%）不小于		弯曲试验 180°	反复弯曲次数	松弛率 初始应力 $\sigma_{con}=0.7\sigma_b$	
		δ_{10}	δ_{100}			1000h（%）不大于	10h（%）不大于
CRB 550	550	8.0	—	$D=3d$	—	—	—
CRB 650	650	—	4.0	—	3	8	5
CRB 800	800	—	4.0	—	3	8	5
CRB 970	970	—	4.0	—	3	8	5

注：1. 抗拉强度按公称直径 d 计算；

2. 表中 D 为弯心直径，d 为钢筋公称直径；钢筋受弯曲部位表面不得产生裂纹；

3. 当钢筋的公称直径为 4mm、5mm、6mm 时，反复弯曲试验的弯曲半径分别为 10mm、15mm、15mm；

4. 对成盘供应的各级别钢筋，经调直后的抗拉强度仍应符合表中的规定。

反复弯曲试验的弯曲半径（mm）　　表 3-1-8

钢筋公称直径	4	5	6
弯曲半径	10	15	15

钢筋的规定非比例伸长应力 $\sigma_{p0.2}$ 值应不小于公称抗拉强度 σ_b 的 80%，$\sigma_b/\sigma_{p0.2}$ 比值应不小于 1.05。当进行冷弯试验时，弯曲部位表面不得产生裂纹。

3.1.2.3 冷轧扭钢筋

冷轧扭钢筋是用低碳钢热轧圆盘条经专用钢筋冷轧扭机调直、冷轧并冷扭（或冷滚）一次成型具有规定截面形式和相应节距的连续螺旋状钢筋（图 3-1-4）。冷轧扭钢筋应符合行业标准《冷轧扭钢筋》JG 190 的规定。

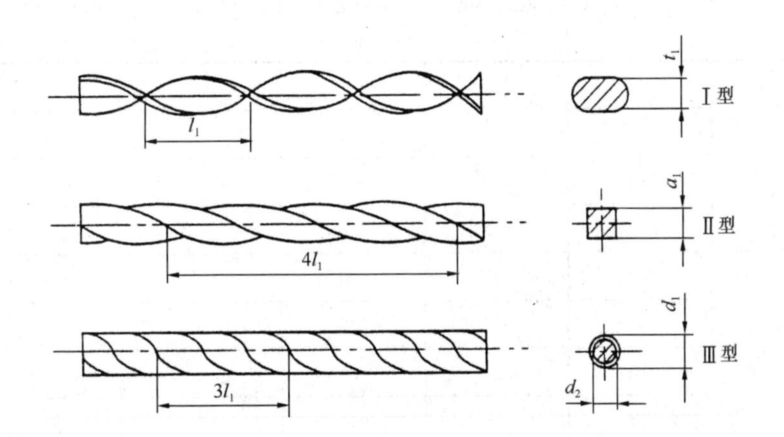

图 3-1-4　冷轧扭钢筋形状

l_1—节距；t_1—轧扁厚度；a_1—截面近似正方形时的边长；

d_1—带螺旋状纵肋Ⅲ型冷轧扭钢筋的外圆直径；

d_2—带螺旋状纵肋Ⅲ型冷轧扭钢筋纵向肋根底的内接圆直径

这种钢筋具有较高的强度，而且有足够的塑性，与混凝土粘结性能优异，代替 HPB235 级钢筋可节约钢材约 30%。一般用于预制钢筋混凝土圆孔板、叠合板中的预制薄板，以及现浇钢筋混凝土楼板等。

1. 规格及截面参数（表 3-1-9）

冷轧扭钢筋规格及截面参数 **表 3-1-9**

强度级别	型号	标志直径 d（mm）	公称截面面积 A_s（mm^2）	等效直径 d_0（mm）	截面周长 u（mm）	理论重量 G（kg/m）
CTB 550	Ⅰ	6.5	29.50	6.1	23.40	0.232
		8	45.30	7.6	30.00	0.356
		10	68.30	9.3	36.40	0.536
		12	96.14	11.1	43.40	0.755
	Ⅱ	6.5	29.20	6.1	21.60	0.229
		8	42.30	7.3	26.02	0.332
		10	66.10	9.2	32.52	0.519
		12	92.74	10.9	38.52	0.728
	Ⅲ	6.5	29.86	6.2	19.48	0.234
		8	45.24	7.6	23.88	0.355
		10	70.69	9.5	29.95	0.555
CTB 650	预应力Ⅲ	6.5	28.20	6.0	18.82	0.221
		8	42.73	7.4	23.17	0.335
		10	66.76	9.2	28.96	0.524

注：Ⅰ型为矩形截面，Ⅱ型为方形截面，Ⅲ型为圆形截面。

2. 外形尺寸（表 3-1-10）

冷轧扭钢筋外形尺寸 **表 3-1-10**

强度级别	型号	标志直径 d（mm）	截面控制尺寸不小于（mm）				节距 l_1 不大于（mm）
			轧扁厚度 t_1	方形边长 a_1	外圆直径 d_1	内圆直径 d_2	
CTB 550	Ⅰ	6.5	3.7	—	—	—	75
		8	4.2	—	—	—	95
		10	5.3	—	—	—	110
		12	6.2	—	—	—	150
	Ⅱ	6.5	—	5.4	—	—	30
		8	—	6.5	—	—	40
		10	—	8.1	—	—	50
		12	—	9.6	—	—	80
	Ⅲ	6.5	—	—	6.17	5.67	40
		8	—	—	7.59	7.09	60
		10	—	—	9.49	8.89	70
CTB 650	预应力Ⅲ	6.5	—	—	6.00	5.50	30
		8	—	—	7.38	6.88	50
		10	—	—	9.22	8.67	70

3. 力学性能（表 3-1-11）

冷轧扭钢筋强度标准值、抗拉（压）强度设计值和弹性模量（MPa）　　**表 3-1-11**

强度级别	型号	符号	标志直径 d（mm）	强度标准值 f_{yk} 或 f_{ptk}	抗拉（压）强度设计值 f_y（f'_y）或 f_{py}（f'_{py}）	弹性模量 E_s
CTB 550	Ⅰ	ϕ^T	6.5、8、10、12	550	360	1.9×10^5
	Ⅱ		6.5、8、10、12	550	360	1.9×10^5
	Ⅲ		6.5、8、10	550	360	1.9×10^5
CTB 650	Ⅲ		6.5、8、10	650	430	1.9×10^5

3.1.2.4 钢筋焊接网

钢筋焊接网是由纵向钢筋和横向钢筋分别以一定间距排列且互成直角，全部交叉点均用电阻点焊在一起的钢筋网件。

国家标准《钢筋混凝土用钢　第 3 部分：钢筋焊接网》GB/T 1499.3 和建设部行业标准《钢筋焊接网混凝土结构技术规程》JGJ 114 已颁布实施。钢筋焊接网已列入我国建筑业重点推广项目，具有较大的发展前景。

1. 钢筋焊接网宜采用 CRB550 级冷轧带肋钢筋或 HRB400 级热轧带肋钢筋制作，也可采用 CPB550 级冷拔光面钢筋制作。

2. 钢筋焊接网可分为定型焊接网和定制焊接网两种。

（1）定型焊接网在两个方向上的钢筋间距和直径可以不同，但在同一个方向上的钢筋应具有相同的直径、间距和长度。定型钢筋焊接网的型号，见表 3-1-12。

（2）定制焊接网的形状、尺寸应根据设计和施工要求，由供需双方协商确定。

3. 钢筋焊接网的规格，应符合下列规定：

（1）钢筋直径：冷轧带肋钢筋或冷拔光面钢筋为 4～12mm，冷加工钢筋直径在 4～12mm 范围内可采用 0.5mm 进级，受力钢筋宜采用 5～12mm；热轧带肋钢筋宜采用 6～16mm。

（2）焊接网长度不宜超过 12m，宽度不宜超过 3.3m。

定型钢筋焊接网型号　　**表 3-1-12**

焊接网代号	纵向钢筋			横向钢筋			重量（kg/m²）
	公称直径（mm）	间距（mm）	每延米面积（mm²/m）	公称直径（mm）	间距（mm）	每延米面积（mm²/m）	
A16	16	200	1006	12	200	566	12.34
A14	14		770	12		566	10.49
A12	12		566	12		566	8.88
A11	11		475	11		475	7.46
A10	10		393	10		393	6.16
A9	9		318	9		318	4.99
A8	8		252	8		252	3.95
A7	7		193	7		193	3.02
A6	6		142	6		142	2.22
A5	5		98	5		98	1.54

续表

焊接网代号	纵向钢筋			横向钢筋			重量（kg/m²）
	公称直径（mm）	间距（mm）	每延米面积（mm²/m）	公称直径（mm）	间距（mm）	每延米面积（mm²/m）	
B16	16	100	2011	10	200	393	18.89
B14	14		1539	10		393	15.19
B12	12		1131	8		252	10.90
B11	11		950	8		252	9.43
B10	10		785	8		252	8.14
B9	9		635	8		252	6.97
B8	8		503	8		252	5.93
B7	7		385	7		193	4.53
B6	6		283	7		193	3.73
B5	5		196	7		193	3.05
C16	16	150	1341	12	200	566	14.98
C14	14		1027	12		566	12.51
C12	12		754	12		566	10.36
C11	11		634	11		475	8.70
C10	10		523	10		393	7.19
C9	9		423	9		318	5.82
C8	8		335	8		252	4.61
C7	7		257	7		193	3.53
C6	6		189	6		142	2.60
C5	5		131	5		98	1.80
D16	16	100	2011	12	100	1131	24.68
D14	14		1539	12		1131	20.98
D12	12		1131	12		1131	17.75
D11	11		950	11		950	14.92
D10	10		785	10		785	12.33
D9	9		635	9		635	9.98
D8	8		503	8		503	7.90
D7	7		385	7		385	6.04
D6	6		283	6		283	4.44
D5	5		196	5		196	3.08
E16	16	150	1341	12	150	754	16.46
E14	14		1027	12		754	13.99
E12	12		754	12		754	11.84
E11	11		634	11		634	9.95
E10	10		523	10		523	8.22
E9	9		423	9		423	6.66
E8	8		335	8		335	5.26
E7	7		257	7		257	4.03
E6	6		189	6		189	2.96
E5	5		131	5		131	2.05

注：1. 表中焊接网的重量（kg/m²），是根据纵、横向钢筋按表中的间距均匀布置时，计算的理论重量，未考虑焊接网端部钢筋伸出长度的影响；

2. 公称直径 14mm 和 16mm 的钢筋仅为热轧带肋钢筋。

(3) 焊接网制作方向的钢筋间距宜为 100mm、150mm、200mm；与制作方向垂直的钢筋间距宜为 100～400mm，且宜为 10mm 的整数倍。焊接网的纵向、横向钢筋可以采用不同种类的钢筋。当双向板底网（或面网）采用《钢筋焊接网混凝土结构技术规程》JGJ 114—2003 第 5.2.10 条规定的双层配筋时，非受力钢筋的间距不宜大于 1000mm。

3.1.2.5 冷拔低碳钢丝

1. 冷拔低碳钢丝是低碳钢热轧圆盘条或热轧光圆钢筋经一次或多次冷拔制成的光圆钢丝。

冷拔低碳钢丝的牌号定名为 CDW550，即强度标准值为 550N/mm²，前面冠以字母“CDW”为 Cold-Drawn Wire 的英文缩写。

2. 冷拔低碳钢丝宜作为构造钢筋使用，作为结构构件中纵向受力钢筋使用时应采用钢丝焊接网。冷拔低碳钢丝不得作预应力钢筋使用。

3. 冷拔低碳钢丝及钢丝焊接网的公称截面面积、理论重量见本手册附录钢筋-2。

4. 冷拔低碳钢丝的强度标准值 f_{stk} 应由未经机械调直的冷拔低碳钢丝抗拉强度表示。强度标准值 f_{stk} 应为 550N/mm²，并应具有不小于 95%的保证率。钢丝焊接网和焊接骨架中冷拔低碳钢丝抗拉强度设计值 f_y 应按表 3-1-13 的规定采用。

钢丝焊接网和焊接骨架中冷拔低碳钢丝的抗拉强度设计值（N/mm²）　　表 3-1-13

牌　　号	符　　号	f_y
CDW550	ϕ^b	320

5. CDW550 级冷拔低碳钢丝的直径可为：3mm、4mm、5mm、6mm、7mm 和 8mm。直径小于 5mm 的钢丝焊接网不应作为混凝土结构中的受力钢筋使用；除钢筋混凝土排水管、环形混凝土电杆外，不应使用直径 3mm 的冷拔低碳钢丝；除大直径的预应力混凝土桩外，不宜使用直径 8mm 的冷拔低碳钢丝。

3.1.3 钢筋性能及质量检验与保管

3.1.3.1 钢筋性能

钢筋的性能包括力学性能、冷弯性能、焊接性能和锚固性能。

1. 力学性能

钢筋配置于钢筋混凝土结构中的部位不同，以及各种结构的受力条件又不相同，所以钢筋的工作特征也不同，对有关力学性能的要求必然有一定程度的区别。

(1) 钢筋混凝土结构所用钢筋必须满足规定的强度性能和塑性性能要求，对于某些有特殊要求的结构和构件，所用钢筋还必须满足冲击韧性和疲劳性能的要求。

(2) 热轧钢筋的力学性能

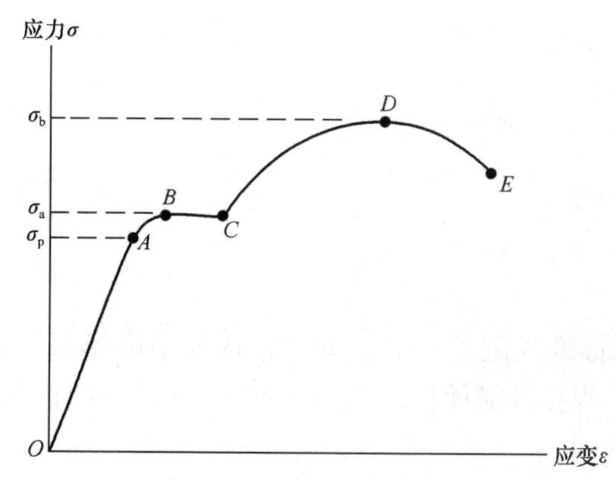

图 3-1-5　热轧钢筋的应力-应变图

热轧钢筋具有软钢性质，有明显的屈服点，其应力-应变图见图 3-1-5。

应力达到 A 点之前，应力与应变成正比，呈弹性工作状态，A 点的应力值 σ_p 称为比例极限；应力超过 A 点之后，应力与应变不成比例，有塑性变形，当应力达到 B 点，钢筋到达了屈服阶段，应力值保持在某一数值附近上、下波动而应变继续增加，取该阶段最低点 C 点的应力值称为屈服点 σ_s；超过屈服阶段后，应力与应变又呈上升状态，直至最高点 D，称为强化阶段，D 点的应力值称为抗拉强度（强度极限）

σ_b；从最高点 D 至断裂点 E 钢筋产生颈缩现象，荷载下降，伸长增大，很快被拉断。

普通钢筋强度标准值，见附录钢筋-3。

(3) 冷轧带肋钢筋的力学性能

冷轧带肋钢筋的应力-应变图（图 3-1-6）呈硬钢性质，无明显屈服点。一般将对应于塑性应变为 0.2%时的应力定为屈服强度，并以 $\sigma_{0.2}$ 表示。

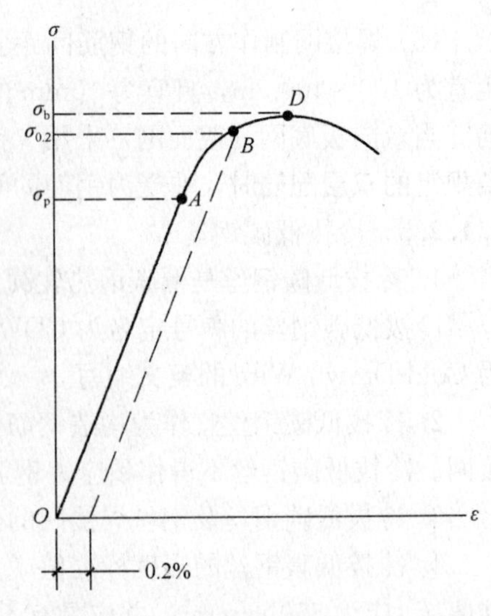

图 3-1-6　冷轧带肋钢筋的应力-应变图

(4) 钢筋的延性

钢筋的延性通常用拉伸试验测得的伸长率表示，见图 3-1-7 和公式（3-1-1）。影响延性的主要因素是钢筋材质，热轧低碳钢筋强度虽低但延性好。钢筋进行热处理和冷加工同样可提高强度，但延性降低。

混凝土构件的延性表现为破坏前有明显的挠度或较大的裂缝。构件的延性与钢筋的延性有关，但并不等同，它还与配筋率、钢筋强度、预应力程度、高跨比、裂缝控制性能等有关。

$$\delta = \frac{l_1 - l_0}{l_0} \times 100\% \tag{3-1-1}$$

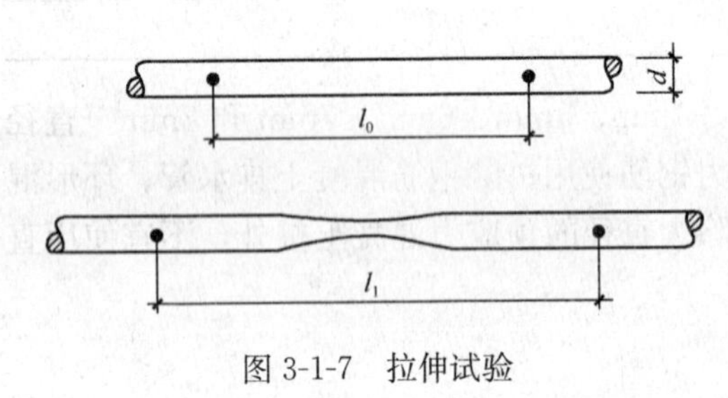

图 3-1-7　拉伸试验

2. 冷弯性能

钢筋冷弯是考核钢筋的塑性指标，也是钢筋加工所需的。钢筋弯折、做弯钩时应避免钢筋裂缝和折断。低强度的热轧钢筋冷弯性能较好，强度较高的稍差，冷加工钢筋的冷弯性能最差。

冷轧扭钢筋因截面的方向性，只能在扁平方向弯折一次，限制了它的施工适应性。

3. 钢筋的焊接性能

钢材的可焊性系指被焊钢材在采用一定焊接材料、焊接工艺条件下，获得优质焊接接头的难易程度，也就是钢材对焊接加工的适应性。

钢材的可焊性常用碳当量（C_{eq}）来估计，计算公式如下：

$$C_{eq} = C + \frac{Mn}{6} + \frac{Cr + Mo + V}{5} + \frac{Ni + Cu}{15} (\%) \tag{3-1-2}$$

式中　元素符号表示钢材化学成分中的元素含量（%）。

C——碳；
Mn——锰；
Cr——铬；
Mo——钼；
V——钒；
Ni——镍；
Cu——铜。

焊接性能随碳当量百分比的增高而降低。国际标准规定不大于 0.55%，认为是可焊的。根据我国经验，碳钢或低合金钢，当 $C_{eq}<0.40\%$时，焊接性能优良；$C_{eq}=0.40\%\sim0.55\%$时，需预热和控制焊接工艺；$C_{eq}>0.55\%$时，难焊。

4. 钢筋的锚固性能

钢筋在混凝土中的粘结锚固作用有：胶结力——即接触面上的化学吸附作用，但其影响不大；摩阻力——它与接触面的粗糙程度及侧压力有关，且随滑移发展其作用逐渐减小；咬合力——这是带肋钢筋横肋对肋前混凝土挤压而产生的，为带肋钢筋锚固力的主要来源；机械锚固力——这是指弯钩、弯折及附加锚固等措施（如焊锚板、贴焊钢筋等）提供的锚固作用。

钢筋基本锚固长度，取决于钢筋强度及混凝土抗拉强度，并与钢筋外形有关。《混凝土结构设计规范》GB 50010 中受拉钢筋的基本锚固长度 l_{ab} 计算公式如下：

$$l_{ab}=\alpha\frac{f_y}{f_t}d \tag{3-1-3}$$

式中 f_y——普通钢筋的抗拉强度设计值，MPa；

f_t——混凝土轴心抗拉强度设计值，MPa；当混凝土强度等级高于 C60 时，按 C60 取值；

α——锚固钢筋外形系数，光面钢筋为 0.16，带肋钢筋 0.14，螺旋肋钢丝 0.13，见表 3-1-14。

d——锚固钢筋的公称直径，mm。

锚固钢筋的外形系数 α **表 3-1-14**

钢筋类型	光圆钢筋	带肋钢筋	螺旋肋钢丝	三股钢绞线	七股钢绞线
α	0.16	0.14	0.13	0.16	0.17

注：光圆钢筋末端应做 180°弯钩，弯后平直段长度不应小于 $3d$，但作受压钢筋时可不做弯钩。

3.1.3.2 钢筋质量检验与保管

1. 基本要求

（1）钢筋进场检查应符合下列规定：

1）应检查钢筋的质量证明文件，包括产品合格证和出厂检验报告等；

2）应按国家现行有关标准的规定抽样检验屈服强度、抗拉强度、伸长率、弯曲性能及单位长度重量偏差；

3）经产品认证符合要求的钢筋，其检验批量可扩大一倍。在同一工程中，同一厂家、同一牌号、同一规格的钢筋连续三次进场检验均一次检验合格时，其后的检验批量可扩大一倍；

4）钢筋的外观质量；

5）当无法准确判断钢筋品种、牌号时（包括当发现钢筋脆断、焊接性能不良或力学性能显著不正常等现象时），应增加化学成分、晶粒度等检验项目。

（2）成型钢筋进场时，应检查成型钢筋的质量证明文件（专业加工企业提供的产品合格证、出厂检验报告）、成型钢筋所用材料质量证明文件及检验报告，并应抽样检验成型钢筋的屈服强度、抗拉强度、伸长率和重量偏差。检验批量可由合同约定，同一工程、同一原材料来源、同一组生产设备生产的成型钢筋，检验批量不宜大于 30t。

2. 热轧钢筋检验

（1）检验批

热轧钢筋进场时，应按批进行检查和验收。每批由同一牌号、同一炉罐号、同一规格的钢筋组成，重量不大于 60t。允许由同一牌号、同一冶炼方法、同一浇注方法的不同炉罐号组成混合批，但各炉罐号含碳量之差不得大于 0.02%，含锰量之差不大于 0.15%。

（2）外观检查

从每批钢筋中抽取 5%进行外观检查。钢筋表面不得有裂纹、结疤、油污、颗粒状或片状老锈和折叠。钢筋表面允许有凸块，但不得超过横肋的高度，钢筋表面上其他缺陷的深度和高度不得大于所在部位尺寸的允许偏差。

钢筋可按实际重量或理论重量交货。当钢筋按实际重量交货时，应随机抽取 10 根（6m 长）钢筋称重，如重量偏差大于允许偏差，则应与生产厂交涉，以免损害用户利益。

(3) 力学性能试验

1) 试件

从每批钢筋中任选两根钢筋，每根取两个试件分别进行拉伸试验（包括屈服点、抗拉强度和伸长率）和冷弯试验。

拉伸、冷弯、反弯试验试件不允许进行车削加工。计算钢筋强度时，采用公称横截面面积。反弯试验时，经正向弯曲后的试件应在 100℃温度下保温不少于 30min，经自然冷却后再进行反向弯曲。当供方能保证钢筋经人工时效后的反向弯曲性能时，正向弯曲后的试件也可在室温下直接进行反向弯曲。

2) 试验方法

① 拉伸试验

● 取样：所用试样的长度可取标距长度 l_0（图 3-1-7）约加上 200mm，但试样长度与试验机上、下夹具间的最小距离和夹头的长度有关，可灵活掌握；同时，也应考虑到标距以外的钢筋段，须使夹头与标距端点有适当距离。

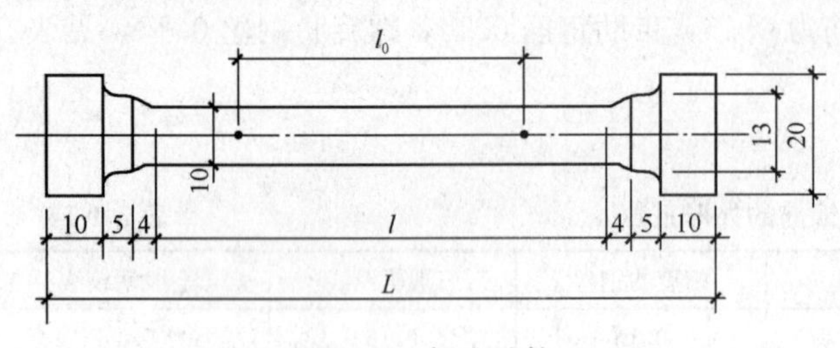

图 3-1-8　标准试件

如果受试验机性能限制，无法拉伸直径太大的钢筋，则直径为 22～40mm 的钢筋可进行机加工，制成直径为 10mm 的标准试件，如图 3-1-8 所示。图中 l_0、l（试件平行长度）和 L（试件总长）各值按表 3-1-15 取用。

标准试件的长度（mm）　　**表 3-1-15**

试件种类	l_0	l	L
短比例试件	50（5d）	60	98
长比例试件	100（10d）	110	148

● 屈服点：将试件夹在试验机的夹头内，施加受拉负荷（即拉力），在加荷过程中，当测力度盘的指针停止转动时，负荷不变，即是屈服点负荷；如指针开始回转，则第一次回转的最小负荷值也算是屈服点负荷。当所用试验机是杠杆式的（检验低强度钢丝），就以杠杆平衡或开始明显下落时的负荷为准。

使用能够自动记录的试验机时，可以直接得到“负荷-伸长图”（或称“力-伸长图”），从图上可立即读出屈服点负荷。

按下式计算屈服点：

$$\sigma_s = \frac{F_s}{A_s} \tag{3-1-4}$$

式中　σ_s——屈服点，N/mm²；

F_s——屈服点负荷，N；

A_s——试件的横截面面积，mm²。

● 屈服强度：$\sigma_{r0.2}$ 表示“规定残余伸长应力”，可用“引伸计法”测定，即应用引伸计量伸长值，反复对试件施力并保持力 10～12s，再卸除力，实测残余伸长值至满足规定值（残余伸长为原始标距值的 0.2%），得到对应的力 $F_{r0.2}$，然后按下式计算屈服强度：

$$\sigma_{r0.2} = \frac{F_{r0.2}}{A_s} \tag{3-1-5}$$

$\sigma_{p0.2}$ 表示“规定非比例伸长应力”，用“图解法”测定：利用试验机自动记录的“负荷-伸长图”，取伸长等于原始标距值的0.2%处，然后按下式计算屈服强度：

$$\sigma_{p0.2}=\frac{F_{p0.2}}{A_s} \tag{3-1-6}$$

● 抗拉强度：对试件连续施加负荷直至拉断，由试验机上测力度盘或自动记录所得负荷-伸长图读出最大负荷 F_b，然后按下式计算抗拉强度：

$$\sigma_b=\frac{F_b}{A_s} \tag{3-1-7}$$

● 伸长率：将试件拉断后的两段在拉断处紧密对接起来，尽量使其轴线位于一条直线上，量取 l_1 值，再按（3-1-1）式计算。

② 弯曲试验

● 冷弯：所取试样长度约为 $5d+150$（mm），其中 d 为钢筋直径。将钢筋试件放在试验机的试验台上，用规定直径的弯心冲头加压至所要求的弯曲角度，见图3-1-9（a）和图3-1-9（b）（二图分别表示弯曲角度为90°和180°）。

● 反复弯曲：试件长度为150～250mm，试验装置见图3-1-10，使弯曲臂处于竖直位置，将试件由拨杆孔插入并夹紧其下端，使试件垂直于两弯曲圆柱轴线所在的平面；可适当施加拉紧力，以确保试件与弯曲圆柱在试验时能良好接触。

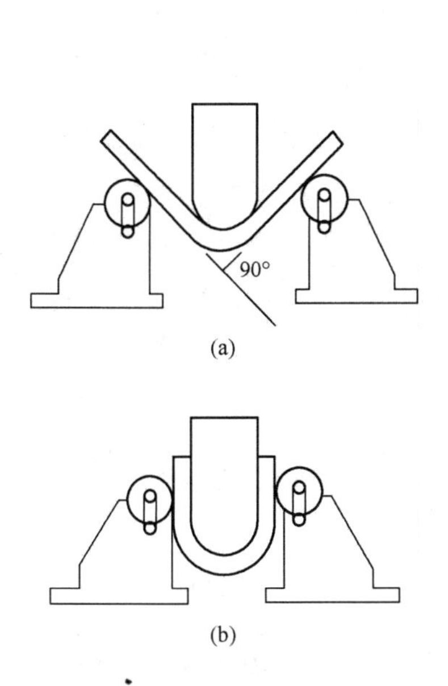

图3-1-9　冷弯试验机

(a) 冷弯角度90°；(b) 冷弯角度180°

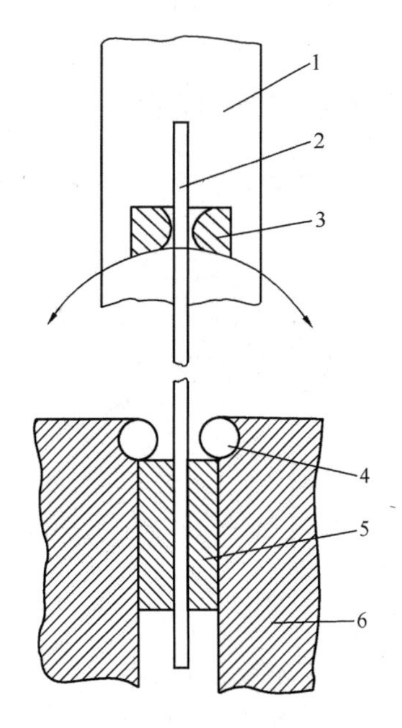

图3-1-10　反复弯曲试验装置

1—弯曲臂；2—试件；3—拨杆；4—弯曲圆柱；5—夹块；6—支座

弯曲试验是将试件从起始位置向右（或向左）弯曲90°后返回至起始位置，作为第一次弯曲（图3-1-11a）；再由起始位置向左（右）弯曲90°，试件再返回起始位置作为第二次弯曲（图3-1-11b）；依次连续反复弯曲。试件折断时的最后一次弯曲不计。

反复弯曲试验所选用的“弯曲半径”由图3-1-10的弯曲圆柱控制，对各种钢丝都有各自的规定，个别未明确规定的可按表3-1-16选用。

弯曲半径选用（mm）　　表3-1-16

钢丝直径	3	3，4	4，5
弯曲半径	7.5	10	15

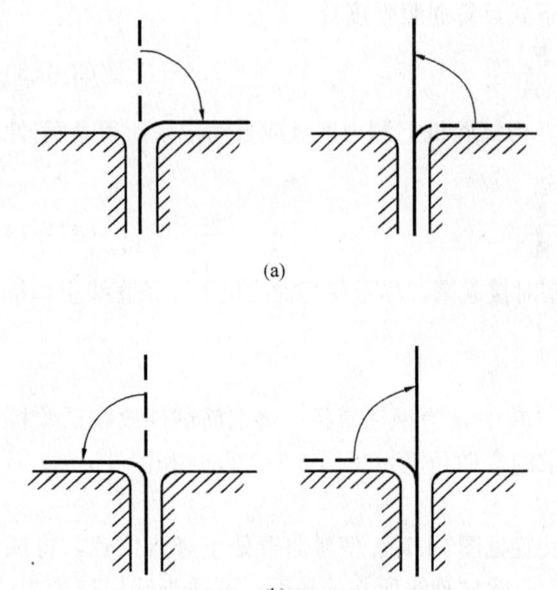

图 3-1-11 反复弯曲试验
(a) 第一次弯曲；(b) 第二次弯曲

表 3-1-16 中对于钢丝直径为 3mm 的，弯曲半径可取 7.5mm 或 10mm；对于直径为 4mm 的，弯曲半径可取 10mm 或 15mm。

反复弯曲都要求弯曲 180°，按图 3-1-11（a）的第二步骤至图 3-1-11（b）的第一步骤，钢丝就被弯曲成 180°。

● 反向弯曲：试验在电动钢筋弯曲机或其他形式试验机上进行，试样不得和冷弯试样在同一根钢筋上切取。

所试验的试件长度以满足试验要求为准，一般情况下应了解试验机操作条件再确定。先行正向弯曲，然后在做正向弯曲的同一台试验设备上、以同样弯曲速度（转盘转速控制在每分钟不大于 3.7 转）进行反向弯曲。

正向弯曲如图 3-1-12 所示，实际上与一般钢筋弯曲成型的操作相同。

反向弯曲如图 3-1-13 所示，试件在承受反向弯曲时，其中心位置应在正向弯曲最大变形区部位上进行，弯曲后试件不能出现“S”形。

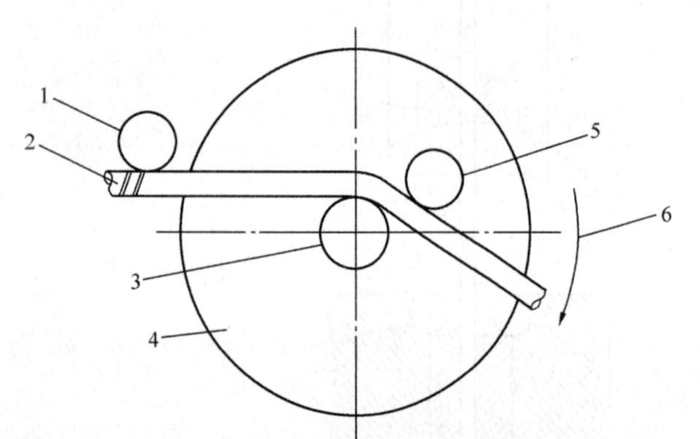

图 3-1-12 正向弯曲
1—支承辊；2—钢筋；3—弯心；4—转盘；5—工作辊；6—转动方向

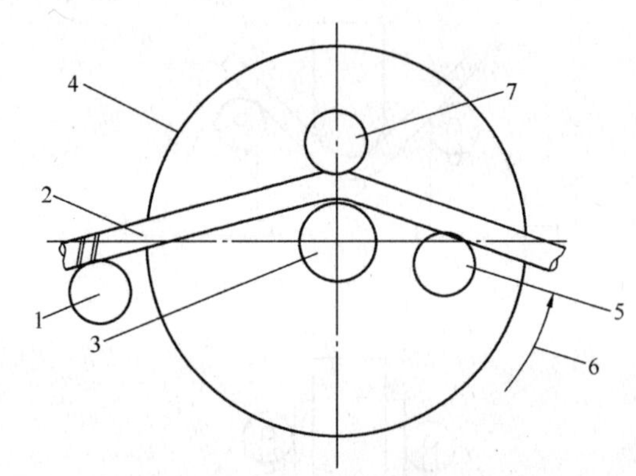

图 3-1-13 反向弯曲
1—支承辊；2—钢筋；3—弯心；4—转盘；5—工作辊；6—转动方向；7—撑件

正向和反向弯曲的试验角度应符合有关标准的规定。

3）试验结果

如有一项试验结果不符合表 3-1-1 的要求，则从同一批中另取双倍数量的试件重做各项试验。如仍有 1 个试件不合格，则该批钢筋为不合格品。

对热轧钢筋的质量有疑问或类别不明时，在使用前应做拉伸和冷弯试验。根据试验结果确定钢筋的类别后，才允许使用。抽样数量应根据实际情况确定。这种钢筋不宜用于主要承重结构的重要部位。

3. 冷轧带肋钢筋检验

（1）钢筋进场检验要求

CRB550、CRB600H 钢筋宜定尺直条成捆供应，也可盘卷供应；成捆供应的钢筋，其长度可根据工程需要确定。

1）进场（厂）的冷轧带肋钢筋应按钢号、级别、规格分别堆放和使用，并应有明显的标志，且不宜长时间在露天储存。

2）进场（厂）的冷轧带肋钢筋应按同一厂家、同一牌号、同一直径、同一交货状态的划分原则分检验批进行抽样检验，并检查钢筋出厂质量合格证明书、标牌，标牌应标明钢筋的生产企业、钢筋牌号、钢筋直径等信息。每个检验批的检验项目为外观质量、重量偏差、拉伸试验（量测抗拉强度和伸长率）和弯曲试验或反复弯曲试验。

3）冷轧带肋钢筋的外观质量应全数目测检查，检验批可按盘或捆确定。钢筋表面不得有裂纹、毛刺及影响性能的锈蚀、机械损伤、外形尺寸偏差。

4）CRB550、CRB600H 钢筋的重量偏差、拉伸试验和弯曲试验的检验批重量不应超过 10t，每个检验批的检验应符合下列规定：

① 每个检验批由 3 个试样组成。应随机抽取 3 捆（盘），从每捆（盘）抽一根钢筋（钢筋一端），并在任一端截去 500mm 后取一个长度不小于 300mm 的试样。3 个试样均应进行重量偏差检验，再取其中 2 个试样分别进行拉伸试验和弯曲试验。

② 检验重量偏差时，试件切口应平滑且与长度方向垂直，重量和长度的量测精度分别不应低于 0.5g 和 0.5mm。重量偏差（%）按公式 $(W_t - W_0)/W_0 \times 100$ 计算，重量偏差的绝对值不应大于 4%；其中，W_t 为钢筋的实际重量（kg/m），取 3 个钢筋试样的重量和（kg），W_0 为钢筋理论重量（kg/m），取理论重量（kg/m）与 3 个钢筋试样调直后长度和（m）的乘积。

③ 拉伸试验和弯曲试验的结果应符合现行国家标准《冷轧带肋钢筋》GB 13788 及符合本手册附录钢筋-4 的规定。

④ 当有试验项目不合格时，应在未抽取过试样的捆（盘）中另取双倍数量的试样进行该项目复检，如复检试样全部合格，判定该检验项目复检合格。对于复检不合格的检验批应逐捆（盘）检验不合格项目，合格捆（盘）可用于工程。

5）冷轧带肋钢筋拉伸试验、弯曲试验、反复弯曲试验应按现行国家标准《金属材料　拉伸试验　第 1 部分：室温试验方法》GB/T 228.1、《金属材料　弯曲试验方法》GB/T 232、《金属材料　线材　反复弯曲试验方法》GB/T 238 的有关规定执行。

（2）检验批

冷轧带肋钢筋进场时，应按批进行检查和验收。每批应由同一厂家、同一规格、同一原材料来源、同一生产工艺轧制的钢筋组成，每批重量不大于 60t。

（3）外观检验

每批抽取 5%（但不少于 5 盘或 5 捆）进行外形尺寸、表面质量和重量偏差的检查。检查结果应符合表 3-1-5 的要求，如其中有一盘（捆）不合格，则应对该批钢筋逐盘或逐捆检查。

（4）力学性能检验

1）强度级别 650 级及以上级别的钢筋的抗拉强度和伸长率应逐盘进行检验，从每盘任一端截去 500mm 后取 1 个试样，做拉伸试验。当检查结果有一项指标不符合表 3-1-7 的规定时，则判该盘钢筋不合格。反复弯曲性能按批抽样检验，每批抽取 2 个试样，检验结果如有 1 个试样不符合表 3-1-7 的规定，应逐盘进行检验。检验结果如有试样不符合规定，则判该盘钢筋不合格。

2）成捆供应的 550 级钢筋的力学性能和工艺性能应按批抽样检验。符合“（1）检验批”规定的钢筋以不大于 10t 为一批，从每批钢筋中随机抽取 2 个试样，1 根做拉伸试验，1 根做弯曲试验。当检查结果有一项指标不符合表 3-1-7 的规定时，应从该批钢筋中取双倍数量的试样进行复检；复检仍有 1 个试样不合格，则应判该批钢筋不合格。

4. 冷轧扭钢筋成品的验收和复检

冷轧扭钢筋的成品规格及检验方法，应符合现行行业标准《冷轧扭钢筋》JG 190 的规定。

冷轧扭钢筋成品应有出厂合格证书或试验合格报告单。进入现场时应分批分规格捆扎，用垫木架空码放，并应采取防雨措施。每捆均应挂标牌，注明钢筋的规格、数量、生产日期、生产厂家，并应对标牌进行核实，分批验收。

(1) 检验批

冷轧扭钢筋进场后应分批进行复检，检验批应由同一型号、同一强度等级、同一规格、同一台（套）轧机生产的钢筋组成。每批应不大于 20t，不足 20t 应按一批计。

(2) 截面参数和外形尺寸

截面参数和外形尺寸应符合表 3-1-9 和表 3-1-10 的规定。

(3) 外观质量

钢筋表面不应有裂纹、折叠、结疤、压痕、机械损伤或其他影响使用的缺陷。采用逐根目测。

(4) 力学性能检验

冷轧扭钢筋的力学性能，应符合表 3-1-17 的规定。进行力学性能复检时，应从每批冷轧扭钢筋中随机抽取 3 根样件，先进行外观及截面尺寸的量测，合格后再取两根进行拉伸试验，1 根进行冷弯试验。拉伸试验应遵照现行行业标准《冷轧扭钢筋》190 的规定执行。当所有试样均合格时，该批冷轧扭钢筋可定为合格品。当有不合格时，应按现行行业标准《冷轧扭钢筋》JG 190 的规定进行复试和判定。

在现场抽检冷轧扭钢筋过程中，发现力学性能有明显异常时，应对原材料的化学成分重新复检。

力学性能指标 **表 3-1-17**

级　别	型　号	抗拉强度 f_{yk} (N/mm²)	伸长率 A (%)	180°弯曲（弯心直径=3d）
CTB 550	Ⅰ	≥550	$A_{11.3}$≥4.5	受弯曲部位钢筋表面不得产生裂纹
	Ⅱ	≥550	A≥10	
	Ⅲ	≥550	A≥12	
CTB 650	Ⅲ	≥650	A_{100}≥4	

注：1. d 为冷轧扭钢筋标志直径；

2. A、$A_{11.3}$ 分别表示以标距 $5.65\sqrt{S_0}$ 或 $11.3\sqrt{S_0}$（S_0 为试样原始截面面积）的试样拉断伸长率，A_{100} 表示标距为 100mm 的试样拉断伸长率。

冷轧扭钢筋成品的验收和复检，详见《冷轧扭钢筋混凝土构件技术规程》(JGJ 115)。

5. 钢筋保管

(1) 钢筋在运输和储存时，不得损坏标志。在施工现场必须按批分不同等级、牌号、直径、长度分别挂牌堆放整齐，并注明数量，不得混淆。

(2) 钢筋应尽量堆放在仓库或料棚内，在条件不具备时，应选择地势较高、较平坦坚实的露天场地堆放。在场地或仓库周围要设排水沟，以防积水。堆放时，钢筋下面要填以垫木，离地不宜少于 200mm，也可用钢筋堆放架堆放，以免钢筋锈蚀和污染。

(3) 钢筋堆放，应防止与酸、盐、油等类物品存放在一起，同时堆放地点不要和产生有害气体的车间靠近，以免钢筋被油污和受到腐蚀。

(4) 已加工的成型钢筋，要分工程名称和构件名称，按号码顺序堆放，同一项工程与同一构件的钢筋要放在一起，按号牌排列，牌上注明构件名称、部位、钢筋形式、尺寸、牌号、直径、根数，不得将几项工程的钢筋叠放在一起。

3.2 钢 筋 配 置

3.2.1 钢筋代换

1. 当需要进行钢筋代换时，应办理设计变更文件。

(1) 钢筋代换应按国家现行相关标准的有关规定，考虑构件承载力、正常使用（裂缝宽度、挠度控制）及配筋构造等方面的要求，需要时可采用并筋的代换形式。不宜用光圆钢筋代换带肋钢筋。

(2) 钢筋代换后应经设计单位确认，并按规定办理相关审查手续。

2. 代换原则

钢筋的代换可参照如下原则：

(1) 等强度代换：当构件受强度控制时，钢筋可按强度相等原则进行代换。

(2) 等面积代换：当构件按最小配筋率配筋时，钢筋可按面积相等原则进行代换。

(3) 当构件受裂缝宽度或挠度控制时，代换后应进行裂缝宽度或挠度验算。

3. 等强度代换计算

当构件受强度控制时钢筋按强度相等的原则代换。

建立代换公式的依据为：代换后的钢筋强度≥代换前的钢筋强度，表达式为

$$A_{s2} f_{y2} n_2 \geqslant A_{s1} f_{y1} n_1 \tag{3-2-1}$$

$$n_2 \geqslant \frac{A_{s1} f_{y1} n_1}{A_{s2} f_{y2}} \tag{3-2-2}$$

即

$$n_2 \geqslant \frac{d_1^2 f_{y1} n_1}{d_2^2 f_{y2}} \tag{3-2-3}$$

式中 A_{s2}——代换钢筋的计算面积；

A_{s1}——原设计钢筋的计算面积；

n_2——代换钢筋根数；

n_1——原设计钢筋根数；

d_2——代换钢筋直径；

d_1——原设计钢筋直径；

f_{y2}——代换钢筋抗拉强度设计值；

f_{y1}——原设计钢筋抗拉强度设计值。

(1) 当代换前后钢筋牌号相同，即 $f_{y1}=f_{y2}$，而直径不同时，上式简化为

$$n_2 \geqslant \frac{d_1^2}{d_2^2} n_1 \tag{3-2-4}$$

(2) 当代换前后钢筋直径相同，即 $d_1=d_2$，而牌号不同时，上式简化为

$$n_2 \geqslant \frac{f_{y1}}{f_{y2}} n_1 \tag{3-2-5}$$

【例 1】 设计某梁下部纵向受力筋为 2 根，直径为 18mm 的 HRB400 钢筋，而施工现场无此种钢筋，现用 HRB335 钢筋来代换。

【解】 已知 HRB400 钢筋和 HRB335 钢筋的抗拉强度设计值分别为 360MPa 和 300MPa。

用直径相同的钢筋代换，将已知数据代入公式（3-2-5）

$$n_2 \geqslant n_1 f_{y1}/f_{y2} = 2 \times 360/300 = 2.4(\text{根})\ \text{取 3 根}$$

所以可用 3 根直径为 18mm 的 HRB335 代替 2 根直径为 18mm 的 HRB400。

钢筋的强度代换也可用查表的方法。

先根据原设计钢筋的类别、直径及根数，由表 3-2-1 查得被代换钢筋的拉力（$A_{s1}f_{y1}$），然后根据代换钢筋的类别、直径查表确定代换钢筋的数量，使代换后钢筋的抗拉强度不小于代换前的钢筋抗拉强度。

钢筋拉力（A_sf_y）值表（kN） **表 3-2-1**

（1）当为 HPB235 钢筋（f_y=210MPa）时，拉力 A_sf_y

钢筋直径	根数							
(mm)	1	2	3	4	5	6	7	8
6	5.94	11.8	17.74	23.77	29.71	35.4	41.43	47.54
8	10.55	21.10	31.65	42.20	52.75	63.30	73.85	84.40
10	16.49	32.97	49.47	69.54	86.03	98.94	115.43	131.88
12	23.75	47.5	71.25	95.00	118.75	142.50	166.25	190.00
14	32.32	64.64	96.96	129.28	161.60	193.92	226.24	258.25
16	42.23	84.46	126.69	168.92	211.15	253.38	295.61	337.85
18	53.45	106.89	160.35	213.78	267.25	320.70	374.15	427.56
20	65.98	131.96	197.94	263.93	329.90	395.88	461.86	527.86
22	79.82	159.64	239.46	319.28	399.10	478.92	558.74	638.56
25	103.09	206.18	309.27	412.36	515.45	618.54	721.63	824.71
28	129.21	258.42	387.63	516.84	646.05	775.26	904.47	1033.68
32	168.90	337.81	506.71	675.62	844.52	1013.42	1182.32	1351.22

（2）当为 HRB335 钢筋（f_y=300MPa）时，拉力 A_sf_y

钢筋直径	根数							
(mm)	1	2	3	4	5	6	7	8
10	23.56	47.12	70.69	94.25	117.81	141.37	164.93	188.50
12	33.93	67.86	101.79	135.72	169.65	203.57	237.50	271.44
14	46.18	92.36	138.54	184.73	230.91	277.09	323.27	369.45
16	60.32	120.64	180.96	241.27	301.59	361.91	422.23	482.55
18	76.34	152.68	229.02	305.36	381.70	458.04	534.38	610.73
20	94.25	188.50	282.74	376.99	471.24	565.49	659.73	753.98
22	114.04	228.08	342.12	456.16	570.20	684.24	798.28	912.32
25	147.26	294.52	441.79	589.05	736.31	883.57	1030.83	1178.10
28	184.72	369.45	554.18	738.90	923.63	1108.35	1293.08	1477.80
32	241.27	482.55	723.82	956.10	1206.37	1447.64	1688.92	1930.19

（3）当为 HRB400 钢筋（f_y=360MPa）时，拉力 A_sf_y

钢筋直径	根数							
(mm)	1	2	3	4	5	6	7	8
10	28.27	56.55	84.82	113.10	141.37	169.64	197.92	226.19
12	40.72	81.43	122.15	162.86	203.58	244.29	285.00	325.72
14	55.42	110.84	166.25	221.67	277.09	332.51	387.92	443.34
16	72.38	144.76	217.15	289.53	361.91	434.29	506.67	579.06
18	91.61	183.22	274.83	366.44	458.04	549.65	641.26	732.87
20	113.10	226.19	339.29	452.39	565.49	678.58	791.68	904.78
22	136.85	273.70	410.54	547.39	684.24	821.09	957.93	1094.78
25	176.71	353.43	530.14	706.86	883.57	1060.29	1237.00	1413.72
28	221.67	443.34	665.01	886.68	1108.35	1330.02	1551.69	1773.36
32	289.53	579.06	868.59	1158.11	1447.65	1737.18	2026.71	2316.24

【例 2】 用查表的方法解决［例 1］的钢筋代换问题。

【解】 查表 3-2-1（3），知 2Φ18 的拉力为 183.22kN，再查表 3-2-1（2）知可用 3Φ18 或 2Φ20 来代替。

4. 等面积代换计算

对于按构造配置的钢筋，应满足最小配筋率，可按面积相等的原则代换。用公式表达为

$$A_{s2} \geqslant A_{s1} \tag{3-2-6}$$

式中 A_{s2}——代换钢筋的计算面积；

A_{s1}——原设计钢筋的计算面积。

【例 3】 某地下连续墙设计每米 5 根Φ 14mm 钢筋，现场无此钢筋，须用Φ 12mm 进行代换，问代换后每米需几根钢筋？

【解】 按等面积原则代换 $A_{s2} \geqslant A_{s1}$ 得

$$n_2 \geqslant \frac{n_1 d_1^2}{d_2^2} = \frac{5 \times 14^2}{12^2} = 6.8 \tag{3-2-7}$$

故每米选 7 根钢筋进行代换。

5. 裂缝宽度和挠度验算

当构件受裂缝宽度或挠度控制时，代换后应进行裂缝宽度或挠度验算。

钢筋代换后，有时由于受力钢筋直径加大或钢筋根数增多，而需要增加排数，则构件的有效高度 h_0 减小，使截面强度降低，此时需对截面强度进行复核。对矩形截面的受弯构件，可根据弯矩相等，按式（3-2-8）复核截面强度。

$$N_2\left(h_{02} - \frac{N_2}{2bf_c}\right) \geqslant N_1\left(h_{01} - \frac{N_1}{2bf_c}\right) \tag{3-2-8}$$

式中 N_1——原设计钢筋的拉力，即 $N_1 = A_{s1} f_{y1}$；

N_2——代换钢筋的拉力，即 $N_2 = A_{s2} f_{y2}$；

h_{01}、h_{02}——代换前后构件有效高度，即钢筋的合力点至截面受压边缘的距离；

f_c——混凝土抗压强度设计值；

b——构件截面宽度。

6. 钢筋代换注意事项

（1）钢筋代换时，必须充分了解设计意图和代换材料性能，并严格遵守现行混凝土结构设计规范的各项规定。

（2）不同种类钢筋的代换应按钢筋受拉承载力设计值相等的原则进行。

（3）对某些重要构件，如吊车梁、薄腹梁、桁架下弦等，不宜用 HPB235 级光圆钢筋代替 HRB335 和 HRB400 级带肋钢筋。

（4）钢筋代换后，应满足配筋构造规定，如钢筋的最小直径、间距、根数、锚固长度等。

（5）同一截面内，可同时配有不同种类和直径的代换钢筋，但每根钢筋的拉力差不应过大（如同品种钢筋的直径差值一般不大于 5mm），以免构件受力不匀。

（6）梁的纵向受力钢筋与弯起钢筋应分别代换，以保证正截面与斜截面强度。

（7）偏心受压构件（如框架柱、有吊车厂房柱、桁架上弦等）或偏心受拉构件进行钢筋代换时，不取整个截面配筋量计算，应按受力面（受压或受拉）分别代换。

（8）当构件受裂缝宽度控制时，如以小直径钢筋代换大直径钢筋，强度低的钢筋代替强度高的钢筋，则可不做裂缝宽度验算。

（9）对有抗震要求的框架，不宜以强度较高的钢筋代替原设计中的钢筋；当必须代换时，其代换的钢筋检验所得的实际强度应符合设计的要求。

（10）预制构件的吊环，必须用未经冷拉的 HPB235 级热轧钢筋制作，严禁以其他钢筋代换。

3.2.2 钢筋下料长度计算要点

1. 基本计算方法

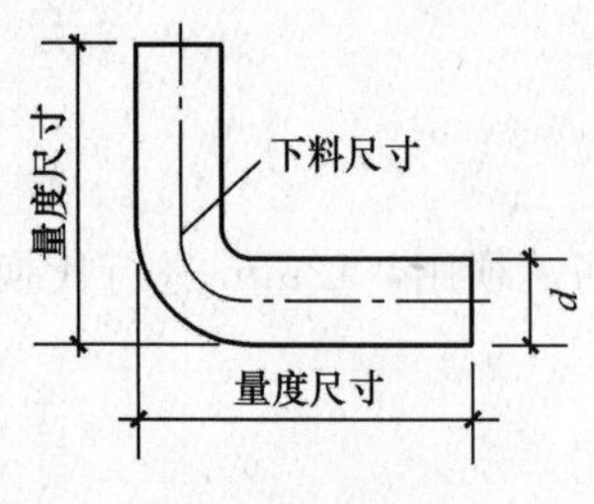

图 3-2-1 钢筋弯曲时的量度方法

钢筋因弯曲或弯钩会使其长度变化，在配料中不能直接根据图纸中尺寸下料；必须了解对混凝土保护层、钢筋弯曲、弯钩等规定，再根据图中尺寸计算其下料长度。各种钢筋下料长度计算如下：

直钢筋下料长度＝构件长度－保护层厚度＋弯钩增加长度

弯起钢筋下料长度＝直段长度＋斜段长度－弯曲调整值＋弯钩增加长度

箍筋下料长度＝箍筋周长＋箍筋调整值

上述钢筋需要搭接的话，还应增加钢筋搭接长度。

2. 钢筋弯曲调整值

钢筋的量度方法是沿直线量外包尺寸（图 3-2-1）。因此，弯起钢筋的量度尺寸大于下料尺寸，两者之间的差值称为弯曲调整值。弯曲调整值，见表 3-2-2。

钢筋弯曲调整值 **表 3-2-2**

钢筋弯曲角度	30°	45°	60°	90°	135°
钢筋弯曲调整值	$0.35d$	$0.5d$	$0.85d$	$2d$	$2.5d$

注：d 为钢筋直径。

3. 钢筋弯钩增长的长度

钢筋的弯钩形式有三种：半圆弯钩、直弯钩及斜弯钩（图 3-2-2）。

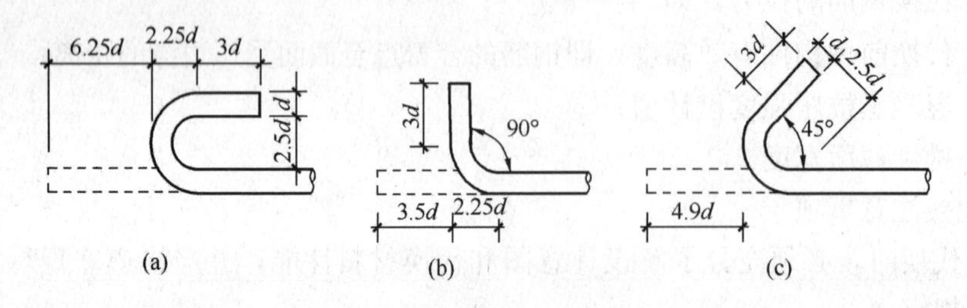

图 3-2-2 钢筋弯钩计算简图

（a）半圆弯钩；（b）直弯钩；（c）斜弯钩

在生产实践中，由于实际弯心直径与理论弯心直径有时不一致，钢筋粗细和机具条件不同等而影响平直部分的长短（手工弯钩时平直部分可适当加长，机械弯钩时可适当缩短），因此在实际配料计算时，对弯钩增加长度常根据具体条件，采用经验数据，见表 3-2-3。

半圆弯钩增加长度参考表（用机械弯钩） **表 3-2-3**

钢筋直径（mm）	≤6	8～10	12～18	20～28	32～36
一个弯钩长度（mm）	40	$6d$	$5.5d$	$5d$	$4.5d$

4. 钢筋弯起斜长

钢筋弯起斜长计算简图，见图 3-2-3。弯起钢筋斜长系数见表 3-2-4。

弯起钢筋斜长系数 **表 3-2-4**

弯起角度	$\alpha=30°$	$\alpha=45°$	$\alpha=60°$
斜边长度 s	$2h_0$	$1.41h_0$	$1.15h_0$
底边长度 l	$1.732h_0$	h_0	$0.575h_0$
增加长度 $s-l$	$0.268h_0$	$0.41h_0$	$0.575h_0$

注：h_0 为弯起高度。

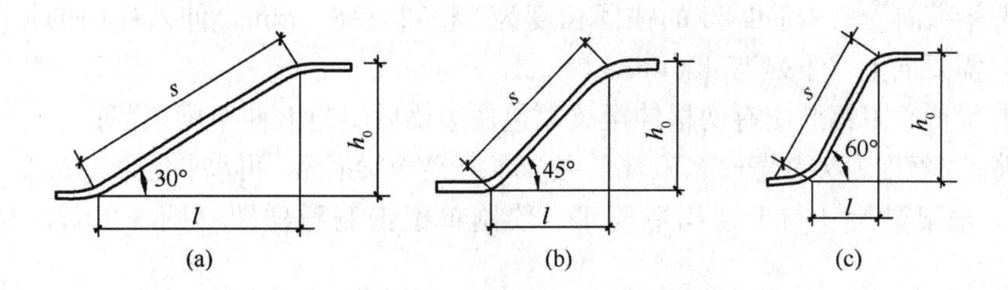

图 3-2-3　弯起钢筋斜长计算简图

(a) 弯起角度 30°；(b) 弯起角度 45°；(c) 弯起角度 60°

5. 箍筋调整值

箍筋调整值，即为弯钩增加长度和弯曲调整值两项之差或和，根据箍筋量外包尺寸或内皮尺寸确定，见图 3-2-4 和表 3-2-5。

箍筋调整值　　　　**表 3-2-5**

箍筋量度方法	箍筋直径（mm）			
	4～5	6	8	10～12
量外包尺寸	40	50	60	70
量内皮尺寸	80	100	120	150～170

6. 配料计算注意事项

(1) 在设计图纸中，钢筋配置的细节问题没有注明时，一般可按构造要求处理。对外形复杂的构件，应用放 1∶1 足尺或放大样的办法用尺量钢筋长度。

(2) 配料计算时，要考虑钢筋的形状和尺寸在满足设计要求的前提下要有利于加工、运输和安装。

(3) 配料时，还要考虑施工需要的附加钢筋。例如，基础双层钢筋网中保证上层钢筋网位置用的钢筋撑脚，墙板双层钢筋网中固定钢筋间距用的钢筋撑铁，柱钢筋骨架增加四面斜筋撑等。

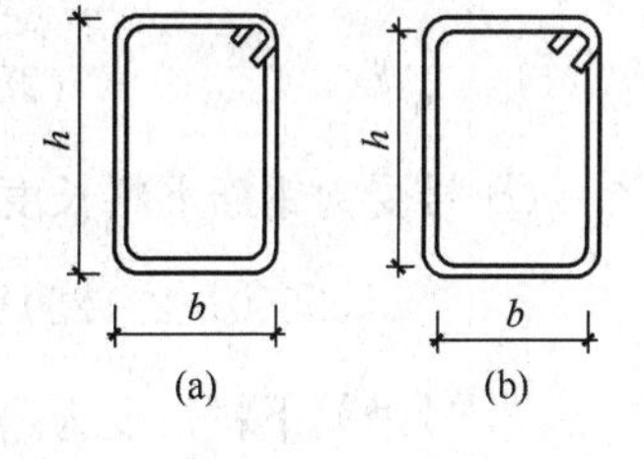

图 3-2-4　箍筋量度方法

(a) 量外包尺寸；(b) 量内皮尺寸

(4) 钢筋配料计算完毕，应填写配料单，并经严格校核，应准确无误。

【例 4】 已知某教学楼钢筋混凝土框架梁 KL_1 的截面尺寸与配筋（图 3-2-5），共计 5 根。混凝土强度等级为 C25。求各种钢筋下料长度。

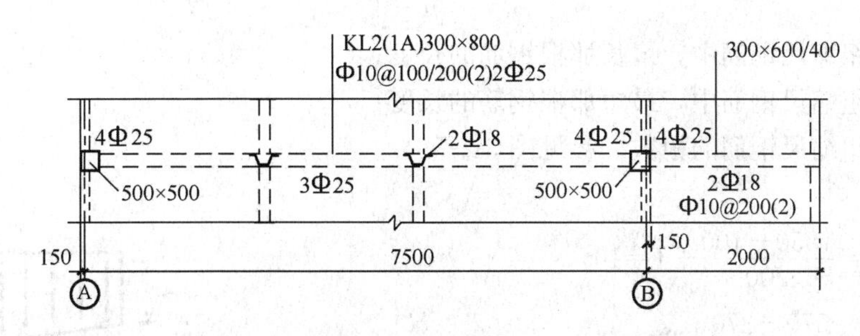

图 3-2-5　钢筋混凝土框架梁 KL_1 平法施工图

【解】 1. 绘制钢筋翻样图

根据现行《混凝土结构设计规范》GB 50010—2010“9 结构构件基本规定”的有关规定得出：

(1) 纵向受力钢筋端头的混凝土保护层为 25mm；

(2) 框架梁纵向受力钢筋Φ 25 的锚固长度为 35×25＝875mm，伸入柱内的长度可达 500－25＝475mm，需要向上（下）弯 400mm；

(3) 悬臂梁负弯矩钢筋应有两根伸至梁端包住边梁后斜向上伸至梁顶部；

(4) 吊筋底部宽度为次梁宽＋2×50mm，按 45°向上弯至梁顶部，再水平延伸 $20d=20\times18=360$mm。

对照 KL_1 框架梁尺寸与上述构造要求，绘制单根钢筋翻样图（图 3-2-6），并将各种钢筋编号。

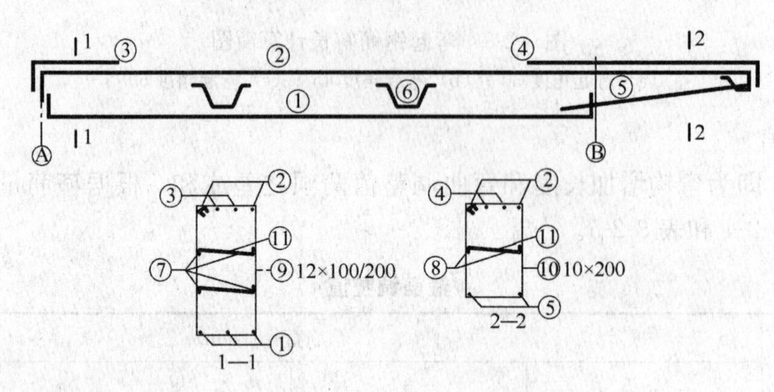

图 3-2-6　KL_1 框架梁钢筋翻样图

2. 计算钢筋下料长度

计算钢筋下料长度时，应根据单根钢筋翻样图尺寸，并考虑各项调整值。

① 号受力钢筋下料长度为：

$$(7800-2\times25)+2\times400-2\times2\times25=8450\text{mm}$$

② 号受力钢筋下料长度为：

$$(9650-2\times25)+400+350+200+500-3\times2\times25-0.5\times25=10888\text{mm}$$

③ 号吊筋下料长度为：

$$350+2(1060+360)-4\times0.5\times25=3140\text{mm}$$

④ 号箍筋下料长度为：

$$2(770+270)+70=2150\text{mm}$$

⑤ 号箍筋下料长度，由于梁高变化，因此要先按公式（3-2-9）算出箍筋高差 Δ。

$$\Delta=\frac{l_l-l_s}{n-1} \tag{3-2-9}$$

式中　l_l——一组缩尺钢筋中，最长那根钢筋的长度；

l_s——一组缩尺钢筋中，最短那根钢筋的长度；

n——该组缩尺钢筋的根数，参见图 3-2-7。

$$n=s/a+1 \tag{3-2-10}$$

箍筋根数 $n=\dfrac{1850-100}{200}+1=10$

箍筋高差 $\Delta=\dfrac{570-370}{10-1}=22\text{mm}$

每个箍筋下料长度计算结果列于表 3-2-6。

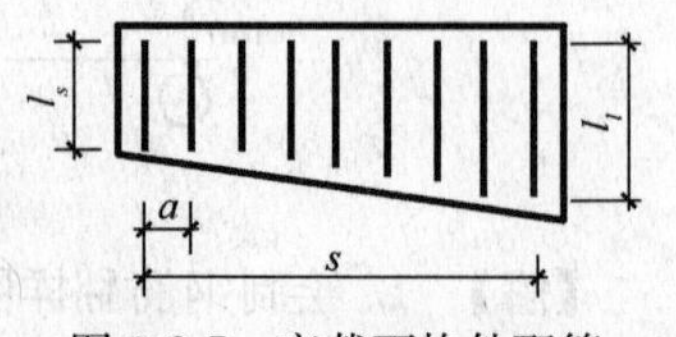

图 3-2-7　变截面构件配筋

3. 料牌

列入加工计划的配料单，将每一编号的钢筋制作一块料牌，作为钢筋加工的依据与钢筋安装的标志。

构件名称：KL_1 梁，5 根钢筋配料单 **表 3-2-6**

钢筋编号	简图	符号	直径（mm）	下料长度（mm）	单位根数	合计根数	重量（kg）
①	400　7750	Φ	25	8450	3	15	488
②	400　9600　500　350　200	Φ	25	10887	2	10	419
③	400　2742	Φ	25	3092	2	10	119
④	4617　350	Φ	25	4917	2	10	189
⑤	2300	Φ	18	2300	2	10	46
⑥	360　1060　350　1060　360	Φ	18	3140	4	20	126
⑦	7200	Φ	14	7200	4	20	174
⑧	2050	Φ	14	2050	2	10	25
⑨	270　770	φ	10	2150	46	230	305
$⑩_1$	270　570	φ	10	1750	1	5	
$⑩_2$	548×270	φ	10	1706	1	5	
$⑩_3$	526×270	φ	10	1662	1	5	
$⑩_4$	504×270	φ	10	1626	1	5	48
$⑩_5$	482×270	φ	10	1574	1	5	
$⑩_6$	460×270	φ	10	1530	1	5	
$⑩_7$	437×270	φ	10	1484	1	5	
$⑩_8$	415×270	φ	10	1440	1	5	
$⑩_9$	393×270	φ	10	1396	1	5	
$⑩_{10}$	370×270	φ	10	1350	1	5	
⑪	266	φ	8	334	28	140	18
							总重 1957kg

钢筋配料单和料牌，应严格校核，必须准确无误，以免返工浪费。

4. 特殊长度钢筋计算方法

(1) 缩尺配筋

一组钢筋中存在多种不同长度的情况，这种的配筋形式俗称“缩尺配筋”。

1) 直线缩尺

直线缩尺钢筋的每根长度是按直线比例递增，即每根钢筋按序的长短差数是相同的。见图3-2-7。

设每根钢筋的长短差数为Δ，则可按式（3-2-9）计算。

【例 5】 计算图 3-2-8 缩尺配筋的每个箍筋高度。

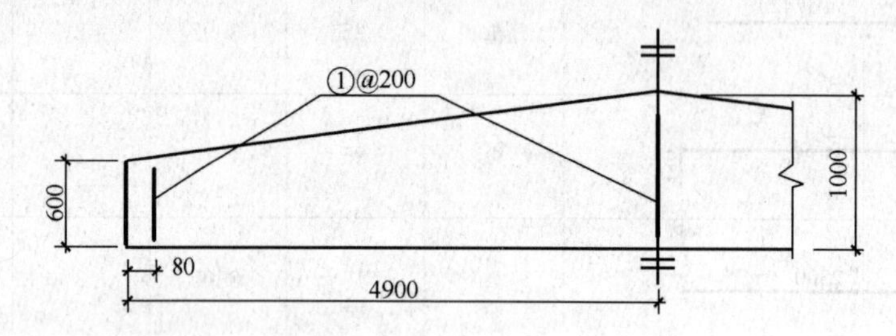

图 3-2-8 变截面构件计算示例

【解】 最短箍筋所在位置的模板高度根据图 3-2-9 计算：

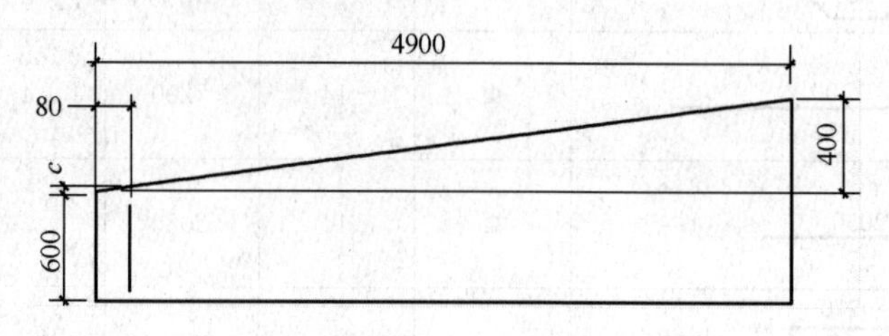

图 3-2-9 最短箍筋处的模板高度计算图

根据式（3-2-10）换算为：$a=\frac{s}{n-1}$，则：

$$\frac{c}{400}=\frac{80}{4900}$$

得

$$c=\frac{400\times 80}{4900}=6.53\text{mm}$$

故最短箍筋所在位置的模板高度为 600+6.53=607mm，扣除上、下保护层共 50mm，故 $l_s=607-50=557$mm；又有 $l_l=1000-50=950$mm。

根据式（3-2-10）：

$$n=\frac{4900-80}{200}+1=25.1$$

用 26 个箍筋。代入式（3-2-9）：

$$\Delta=\frac{950-557}{26-1}=15.72\text{mm}$$

故各个箍筋长度应为 557、557+15.72=573、588、604、620、636、651……919、934、950mm。

2) 圆形缩尺

① 按弦长方向布置

先算出钢筋所在位置的弦长，再减去两端保护层厚度，便得钢筋长度。

当一组缩尺钢筋中的间距个数为奇数时（图 3-2-10a），配筋有相同的两组，钢筋所在位置的弦长计算公式为：

$$K_i = a\sqrt{(n+1)^2-(2i-1)^2} \tag{3-2-11}$$

或

$$K_i = \frac{D}{n+1}\sqrt{(n+1)^2-(2i-1)^2} \tag{3-2-12}$$

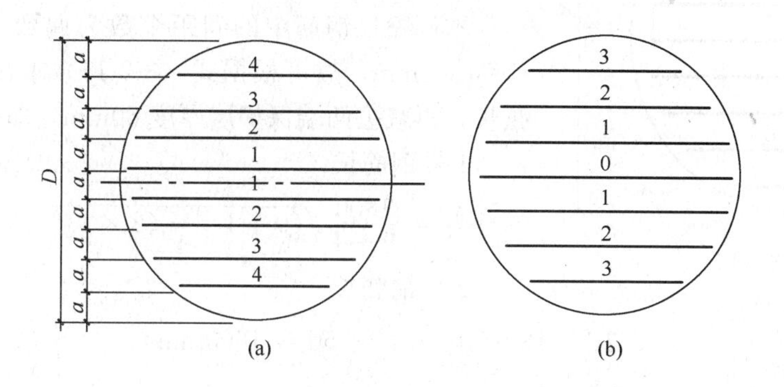

图 3-2-10　按弦长布置

（a）钢筋间距个数为奇数；（b）钢筋间距个数为偶数

式中　K_i——从圆心向两边计数的第 i 根钢筋所在位置的弦长；

D——圆的直径；

a——钢筋间距；

i——从圆心向两边计数的序号数；

n——钢筋根数。

当一组缩尺钢筋中的间距个数为偶数时（图 3-2-10b），有 1 根钢筋所在位置的弦就是直径，另外还有相同的两组配筋。钢筋所在位置的弦长计算公式为：

$$K_i = a\sqrt{(n+1)^2-(2i)^2} \tag{3-2-13}$$

或

$$K_i = \frac{D}{n+1}\sqrt{(n+1)^2-(2i)^2} \tag{3-2-14}$$

注意事项：在特殊情况下，当钢筋直径较大而相对地圆的直径较小时，如果按常规预留保护层厚度，就有可能导致钢筋的一角保护层厚度偏低，甚至有突出模板外的倾向。

见图 3-2-11，EF 是 1 根钢筋的长度，在它的中心线处，弦长 AB 之半等于$\sqrt{R^2-b^2}$，因此，钢筋长度之半为$\sqrt{R^2-b^2}-c$，于是钢筋的一角 F 保护层厚度就应为：

$$c' = \sqrt{R^2-\left(b+\frac{d}{2}\right)^2}-\sqrt{R^2-b^2}+c \tag{3-2-15}$$

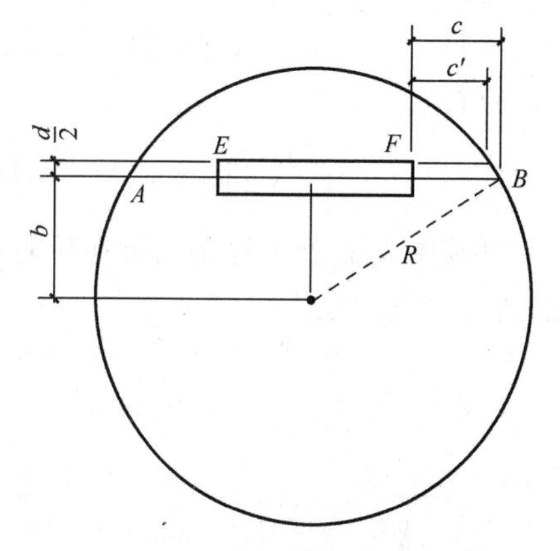

图 3-2-11　特殊情况的复核

式中　c'——钢筋一角的保护层厚度；

R——圆的半径；

d——钢筋直径；

b——取钢筋中心处为弦的弦心距；

c——要求的钢筋一端保护层厚度。

由于上述特殊情况是可能出现的，因此，经过缩尺配筋计算做钢筋配料之前，复核式（3-2-15）的步骤是不可少的。通常取 $c=25$mm 时，保持 c'值在 10mm 以上即可。复核式（3-2-15）

仅需取弦心距最大的那根钢筋就行。

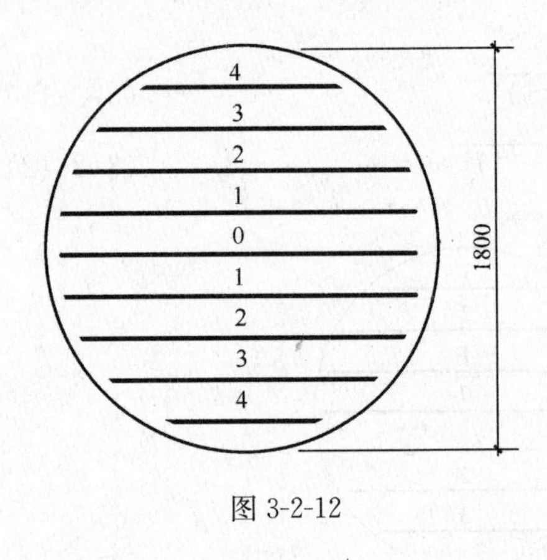

图 3-2-12

【例 6】 按钢筋两端保护层厚度共取 50mm，钢筋沿圆直径等间距布置，试求图 3-2-12 缩尺配筋的每根钢筋长度。在材料表中如何拟定表达格式？

【解】 0 号钢筋长 $l_0=1800-50=1750$mm

本例缩尺钢筋中的间距个数为偶数，已知根数 $n=9$、$D=1800$mm，故可根据式（3-2-14）求出钢筋所在位置的弦长，再减去两端保护层厚度 50mm，即得每根钢筋长度：

1 号钢筋长

$$l_1=\frac{1800}{9+1}\sqrt{(9+1)^2-(2\times1)^2}-50=1714\text{mm}$$

2 号钢筋长

$$l_2=180\sqrt{10^2-4^2}-50=1600\text{mm}$$

3 号钢筋长

$$l_3=180\sqrt{10^2-6^2}-50=1390\text{mm}$$

4 号钢筋长

$$l_4=180\sqrt{10^2-8^2}-50=1030\text{mm}$$

【例 7】 图 3-2-13 为按相等间距均匀地布置钢筋网的圆形构件，钢筋直径为 28mm，试求所用钢筋总长度（实际工程中两端有锚固长度，需另加）。

【解】 本例缩尺钢筋中的间距个数为奇数，已知 $n=10$、$D=2250$mm，故可据式（3-2-12）求出钢筋所在位置的弦长，再减去两端保护层厚度以得每根钢筋长度。

式（3-2-12）中 $n+1$ 即间距个数，为 11；当 $i=1$，2，3，4，5，则得 $2i-1=1$，3，5，7，9，故有

$$l_1=\frac{2250}{11}\sqrt{11^2-1^2}=2241\text{mm}$$

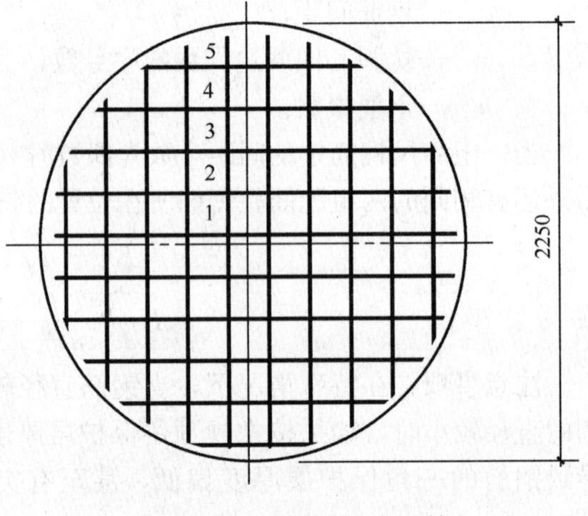

图 3-2-13 方格状双向配筋

（其中 l_1 是指 1 号钢筋所在位置的弦长，不是钢筋长。同样，以下 l_2、l_3、l_4、l_5 亦是指钢筋所在位置的弦长）

$$l_2=\frac{2250}{11}\sqrt{121-3^2}=2165\text{mm}$$

$$l_3=\frac{2250}{11}\sqrt{121-5^2}=2004\text{mm}$$

$$l_4=\frac{2250}{11}\sqrt{121-7^2}=1736\text{mm}$$

$$l_5=\frac{2250}{11}\sqrt{121-9^2}=1294\text{mm}$$

考虑到钢筋的直径较大，有必要复核式（3-2-15），看看钢筋的保护层厚度是否过小。复核时取弦心距最大的 5 号钢筋，其弦心距为

$$b=\frac{2250}{2}-\frac{2250}{11}=920\text{mm}$$

根据式（3-2-15），并按常规取 $c=25$mm，得

$$\begin{aligned}c'&=\sqrt{1125^2-(920+14)^2}-\sqrt{1125^2-920^2}+25\\&=4.6\text{mm}\end{aligned}$$

c'偏小，拟取为 10mm，则 c 值应取为 30mm。于是，本组缩尺钢筋的 5 号钢筋长度为

$$1294-2\times30=1234\text{mm}$$

再复核 4 号钢筋：

$$b=3.5\times\frac{2250}{11}=716\text{mm}$$

$$\begin{aligned}c'&=\sqrt{1125^2-(716+14)^2}-\sqrt{1125^2-716^2}+25\\&=13.3\text{mm}>10\text{mm}\end{aligned}$$

c 值可仍取 25mm。1 号、2 号、3 号钢筋也都可取 c 值为 25mm，故其长度按钢筋所在位置的弦长减去 2×25=50mm 计。故钢筋长度按序为 2191mm、2115mm、1954mm、1686mm、1234mm。

一个方向的钢筋共 10 根（1 号至 5 号各 2 根），总长度为 2（2191＋2115＋1954＋1686＋1234）＝18360mm；另一个方向的钢筋总长度应该也是 18360mm；按图 3-2-13，所有钢筋总长度为 2×18360＝36720mm＝36.72m。

②按环状布置

通常与辐射状配筋结合布置。按环状布置的缩尺钢筋见图 3-2-14，由于钢筋长度（搭接长度另加）实质上就是圆周长，它与直径大小成正比，因此只需分别算出每根钢筋的圆直径即可，计算方法与直线缩尺钢筋相同，应用式（3-2-9）。

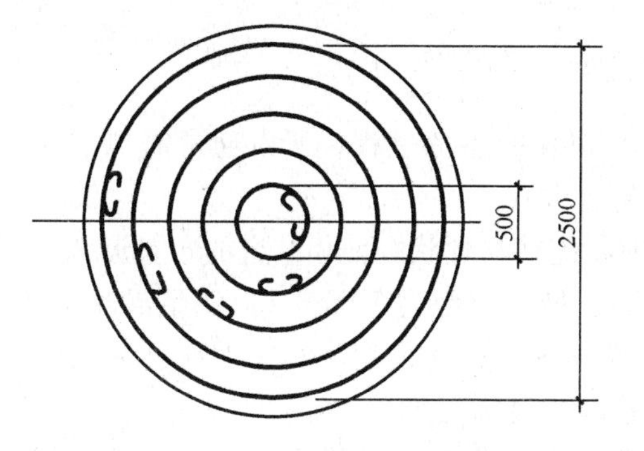

图 3-2-14　环状布置

③按辐射状布置

辐射状配筋与环状配筋是结合布置，如图 3-2-15 所示。

实际上，对于圆形构件（如水池的底板和顶板），钢筋配置形式只有“方格状双向配筋”（见图 3-2-13）和“辐射状结合环状配筋”（见图 3-2-15）两种，前者适用于直径较小、受力也较小的构件，后者则适用于直径较大、受力也较大的构件。

从整个圆的范围看，钢筋网是自外圈向内圈分段逐步由密至疏的；为避免

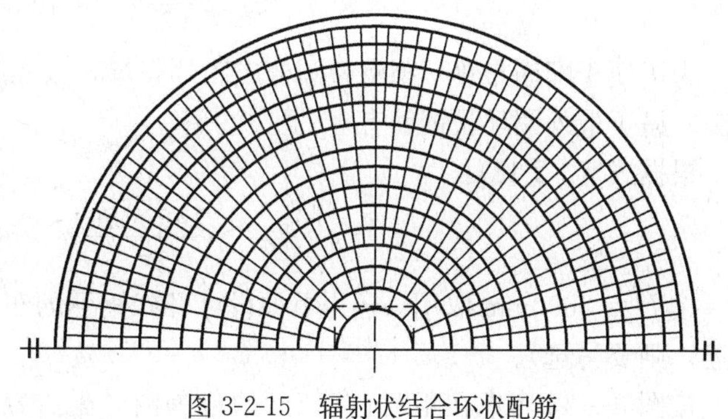

图 3-2-15　辐射状结合环状配筋

圆心处的钢筋过密，通常在距圆心 0.5m 左右的范围内另配方格状双向钢筋；为了方便布置，一般是将整圆分成四片，以四分之一圆的面积安排辐射状钢筋；对于水池之类的构筑物，因为存在壁部，所以最外圈的钢筋根数应与池壁竖向钢筋根数相对应。

按辐射状布置的钢筋要通过受力计算配置，为了节约钢筋，力求合理设计，所以必须拟定若干方案以供选择，这种工作通常由设计单位做。但是，也有一些设计单位仅在施工图上说明，要求辐射状钢筋符合最大间距和最小间距的规定即可，在这种情况下，配置缩尺钢筋要结合环状钢筋的具体布置灵活处理。以 a_{max}、a_{min} 分别表示规定的最大、最小间距，则最外圈钢筋根数应满足式（3-2-16）的要求：

$$n_1 \geqslant \frac{\pi D_1}{a_{max}} \tag{3-2-16}$$

式中 n_1——最外圈钢筋根数；

D_1——最外圈钢筋的圆直径。

最内圈钢筋根数应满足式（3-2-17）的要求：

$$n_2 \leqslant \frac{\pi D_2}{a_{min}} \tag{3-2-17}$$

式中 n_2——最内圈钢筋根数；

D_2——最内圈钢筋的圆直径。

配置钢筋时，先按式（3-2-16）计算出 n_1，以确定选取的最合适根数（“合适”是根据具体情况考虑的，以便于均匀布置辐射状钢筋为原则）。而实际采用的根数 n_1^p 可从外圈一直布置到某圈（钢筋间距不小于 a_{min} 即可），以 D_c 表示它的直径，则应满足式（3-2-18）的要求：

$$\frac{\pi D_c}{n_1^p} \geqslant a_{min}$$

即

$$D_c \geqslant \frac{n_1^p \cdot a_{min}}{\pi} \tag{3-2-18}$$

由于配置辐射状钢筋是要经过灵活性很强的思考过程，所以通常需拟定几个方案，再做出对比以供选择，最后再确定缩尺钢筋的配置方式。

【例 8】 某圆形水池的底板采用辐射状配筋与环状配筋相结合的布置形式，规定辐射状钢筋的最大间距为 200mm（以满足受力要求）、最小间距为 70mm（以满足混凝土浇捣要求）；圆板的直径为 10m。试确定辐射状钢筋的布置方案和钢筋长度（实际上，这种钢筋在圆板周边尚应有弯起部分，以与池壁竖向钢筋连接，这段长度需另加）。

【解】 考虑辐射状钢筋与最外圈钢筋（环状钢筋）的搭头以及必要的保护层厚度，取最外圈钢筋的圆直径为 9900mm 计算。

根据式（3-2-16）：

$$n_1 \geqslant \frac{9900\pi}{200} = 155.5 \text{ 根}$$

为了便于配筋布置，拟将整圆分成四片安排，故实际采用根数为 $n_1^p = 160$ 根，每片（四分之一圆）搭于最外圈环状钢筋有 40 根。

根据式（3-2-18）：

$$D_c \geqslant \frac{160 \times 70}{\pi} = 3565\text{mm}$$

按 $D_c = 3600$mm 取用（还得看原设计环状钢筋的布置情况，如无正好 D_c 等于 3.6m 的环状钢筋，则要另选）。

按图 3-2-15 考虑在距圆心 0.5m 的范围内另配方格状双向钢筋，故取最内圈钢筋的圆直径

D_2 等于 1m。根据式（3-2-17）：

$$n_2 \leqslant \frac{1000\pi}{70} = 44.9 \text{ 根}$$

取 n_2=40 根，每四分之一圆配 10 根。

由于最外圈钢筋根数为 40 根，最内圈钢筋根数为 10 根，可考虑缩尺钢筋按每组 4 根安排，根据以上计算结果，4 根的排列如图 3-2-16 所示。其中 2 号钢筋的长度是待定的。

2 号钢筋端部所搭那圈环状钢筋的圆直径大小取决于它（2 号钢筋）与 4 号钢筋之间的距离。在整块圆板中，2 号钢筋和 4 号钢筋共有 80 根，因此间距为$\frac{\pi D_x}{80}$，应满足下式条件：

$$70 \leqslant \frac{\pi D_x}{80} \leqslant 200$$

得
$$1782\text{mm} \leqslant D_x \leqslant 5093\text{mm}$$

按半径 R_x 计，应为

$$891\text{mm} \leqslant R_x \leqslant 2546\text{mm}$$

从图 3-2-16 可见，按均匀取值，可取 $R_x\left(\text{即}\frac{D_x}{2}\right)$为 1200mm（当然，还要与原设计环状钢筋的布置情况协调）。

于是，辐射状钢筋可布置为 40 组缩尺钢筋。其中 1 号钢筋长 4950－1800＝3150mm；2 号钢筋长 4950－1200＝3750mm；3 号钢筋同 1 号钢筋，长 3150mm；4 号钢筋长 4950－500＝4450mm。以上计算是按环状钢筋中心取值，实际工程考虑辐射状钢筋与环状钢筋搭头，尚应适当加长一些。

于是，钢筋布置示于图 3-2-17。

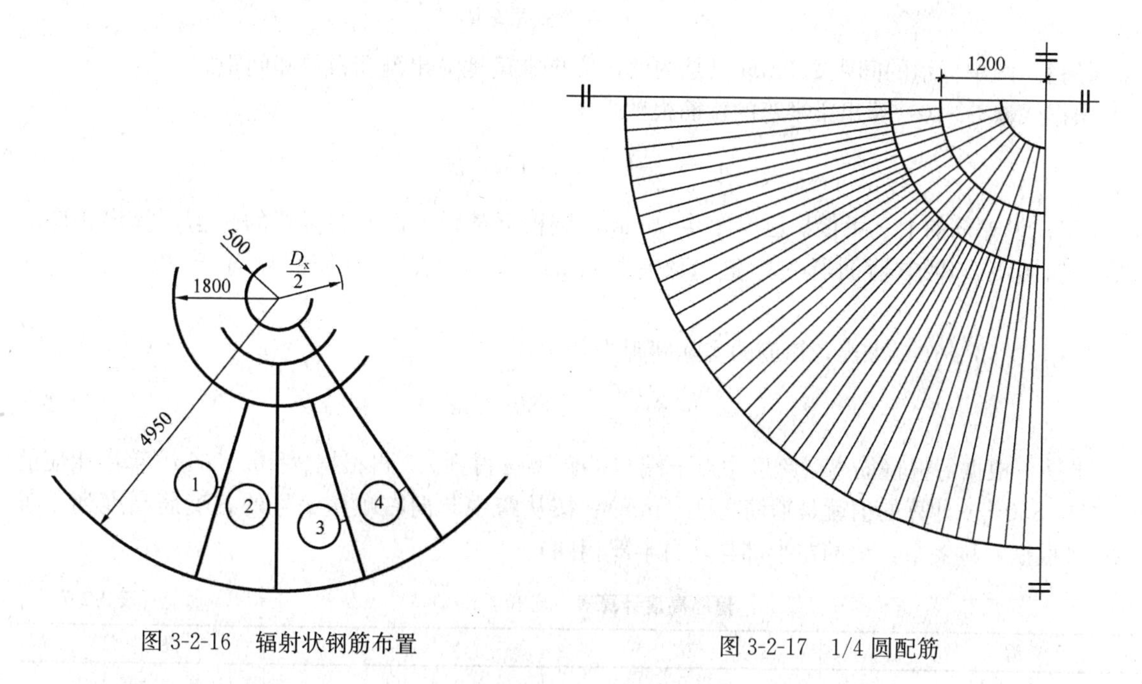

图 3-2-16　辐射状钢筋布置

图 3-2-17　1/4 圆配筋

（2）曲线构件钢筋

① 曲线形缩尺

曲线的走向和形状是以“曲线方程”确定的，曲线方程的意义如下：

在构件的适当部位定两条互相垂直的轴线 OX 和 OY，它们的交点为 O，如图 3-2-18 所示；

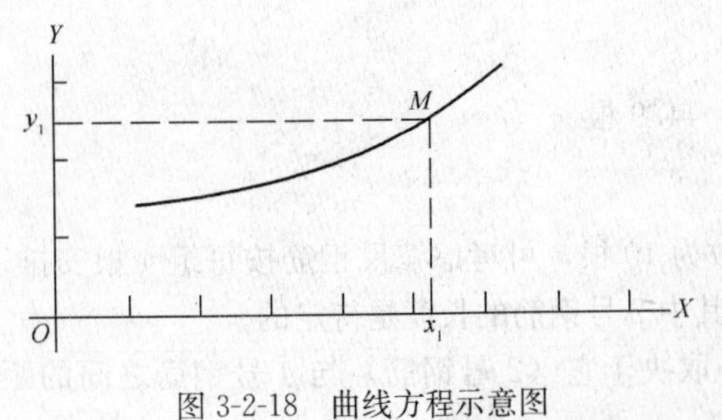

图 3-2-18　曲线方程示意图

横轴向右、纵轴向上分别有长度分格标识。图中横轴之上、纵轴之右的任意一点都有相应的一个 x 值和一个 y 值（如图上的 M 点，属于 $x=x_1$、$y=y_1$），只需确定一个 x 值（或 y 值），就能得到相应的 y 值（或 x 值）。用一个式子表示轴线上各点的 x 与 y 关系，这种式子称为曲线方程。

计算曲线边形缩尺的步骤如下：

根据实际构件的具体条件算出缩尺配筋中各根钢筋间的间距；

确定每根钢筋所在位置离两轴线交点 O 点的距离，即确定了 x 值（或 y 值）；

根据施工图所给的曲线方程算出相应的 y 值（或 x 值）；

利用 x、y 值和施工图上的有关尺寸计算出钢筋所在位置的构件长度（即模板尺寸），再考虑混凝土保护层厚度就是钢筋长度。

【例 9】 图 3-2-19 鱼腹式吊车梁的下缘曲线方程是 $y=0.0001x^2$，试求缩尺箍筋的高度。①号钢筋直径为 22mm。

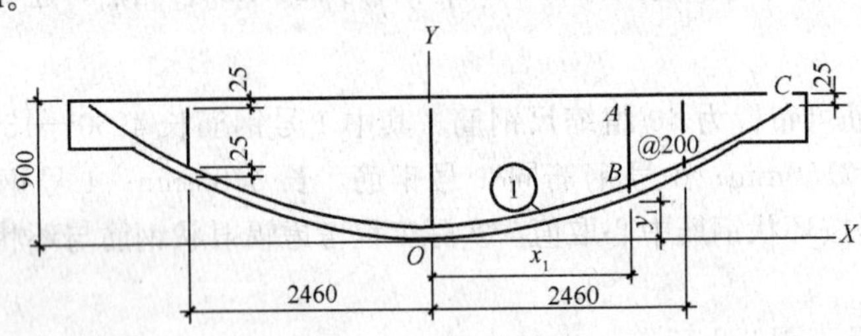

图 3-2-19　鱼腹式吊车梁

【解】 图中标示的间距 200mm 只是约值，应再准确地算出箍筋根数和间距。

根据式（3-2-10）算出梁半跨的箍筋根数：

$$n=\frac{2460}{200}+1=13.3\text{ 根}$$

用 14 根；设箍筋的上、下保护层厚度共 50mm，则根据某根箍筋所在位置的 x 值可算出相应的 y 值（如图 3-2-19 中箍筋所在位置 AB 有相应的 x_1、y_1 值），箍筋高度等于 $900-y_1-50$（mm）。

根据式（3-2-10）求出各箍筋的实际间距为：

$$a=\frac{2460}{14-1}=189.2\text{mm}$$

于是，根据每根箍筋离梁跨度中点下端 O 的距离可得到 x，再根据 $y=0.0001x^2$ 算出相应的 y，根据 $850-y$ 计算的值就是箍筋高度（mm）。按从跨中起向右顺序编号的各箍筋高度列于表 3-2-7（根据对称关系，梁的左半部与其右半部相同）。

箍筋高度计算表（单位：mm）　　**表 3-2-7**

编　号	x	y	高　度
1	0	0	850
2	189	4	846
3	378	14	836
4	568	32	818
5	757	57	793
6	946	89	761

续表

编　号	x	y	高　度
7	1135	129	721
8	1324	175	675
9	1514	229	621
10	1703	290	560
11	1892	358	492
12	2081	433	417
13	2270	515	335
14	2460	605	245

②曲线钢筋长度

曲线钢筋采用分段按直线计算的方法算长度，一般叫做“以直代曲法”。

见图 3-2-20，求 $x=x_{i-1}$ 至 $x=x_i$ 之间的那一段曲线长度，就近似地取曲线段始点与终点连成的直线长度。显然地，直线比曲线短，但是，只要分段越细，则计算出的结果越准确。

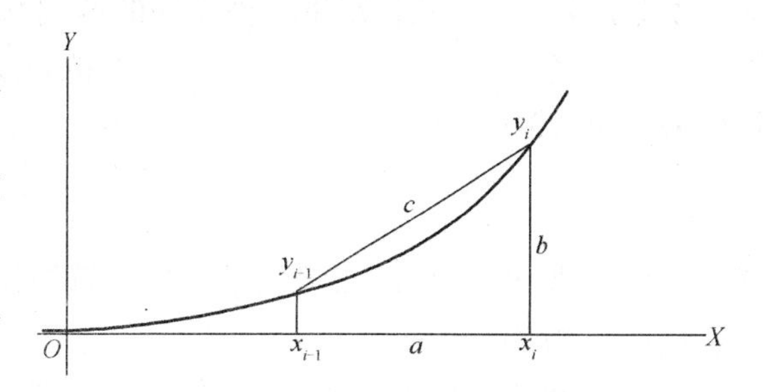

图 3-2-20　曲线钢筋长度计算

代替曲线的直线长度按勾股定理解求斜边的方法计算。在图 3-2-20 中，直段是直角三角形的斜边，两直角边长度分别为 x_i-x_{i-1}（即水平方向的分段长 a）和 y_i-y_{i-1}（即垂直方向分段长 b）。于是，代替曲线的直线长度 $c^2=\sqrt{(x_i-x_{i-1})^2+(y_i-y_{i-1})^2}$。

对于上式中 x、y 的下标 i，它是表示相互挨着各点的序号数，例如从 O 点向右第 5 个点，i 等于 5，那么，第 4 个点就是 $i-1=4$。因此，x_{i-1} 所属的点是 x_i 所属的点的前一个。

【例 10】 计算图 3-2-19 中①号钢筋的长度。

【解】 按钢筋的保护层厚度为 25mm，钢筋直径 22mm，则钢筋的曲线方程为 $y=0.0001x^2+25+11$，即 $y=0.0001x^2+36$（y、x 的单位均取毫米。因保护层厚度是指钢筋和梁下缘曲线的切线间距离，而方程中指纵轴上的长度，故为近似值——两值差值极微小）。

钢筋末端 C 点处的 y 值等于 900－25＝875mm（25mm 为钢筋中心至梁顶的距离），故相应的 x 值从方程变形求得为：

$$x=\sqrt{\frac{y-36}{0.0001}}=\sqrt{\frac{875-36}{0.0001}}=\sqrt{8390000}$$
$$=2897\text{mm}$$

曲线钢筋按水平方向每 300mm 分段，以半根钢筋长度进行计算的结果列于表 3-2-8。从表中得各段总长为 3051.2mm，故钢筋全长等于 2×3051.2＝6102mm。

箍筋长度计算表（单位：mm）　　**表 3-2-8**

段　序	x	y	x_i-x_{i-1}	y_i-y_{i-1}	段　长
0	0	36			
1	300	45	300	9	300.1
2	600	72	300	27	301.2
3	900	117	300	45	303.4
4	1200	180	300	63	306.5
5	1500	261	300	81	310.7
6	1800	360	300	99	315.9
7	2100	477	300	117	322.0
8	2400	612	300	135	329.0
9	2700	765	300	153	336.8
10	2897	875	197	110	225.6

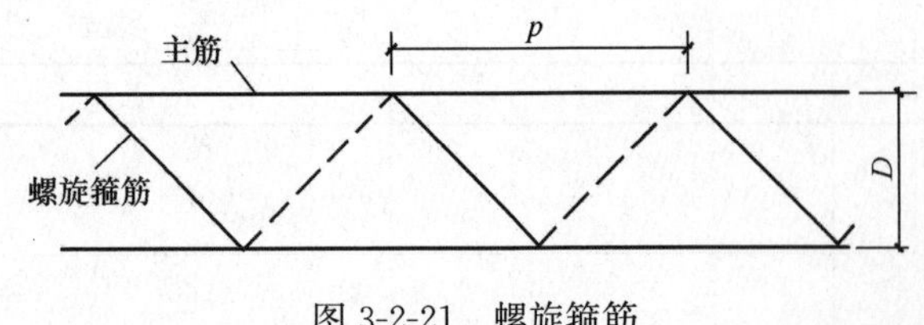

图 3-2-21　螺旋箍筋

③螺旋箍筋长度

在圆形截面的构件（如桩、柱等）中，经常配置螺旋状箍筋，这种箍筋绕着主筋圆表面缠绕，如图 3-2-21 所示。

用 p、D 分别表示螺旋箍筋的螺距、圆直径。考虑到钢筋施工中对这种箍筋的下料长度并不要求过分精确（一般是用圆盘条状钢筋直接放盘卷成），而且还受某些具体因素的影响（例如钢筋回弹力大小、圆盘条总长不同引起的螺旋筋接头的多少等），使计算结果与实际产生人为误差；此外，一般情况下，桩或柱的两端都要各增加一两圈箍筋以加固，这增加的箍筋圈数各单位取值不一。因此，过分强调计算精确度也并不具有实际意义，这样，在实际工程中，可以采用较简单的近似公式（3-2-19）计算：

$$l = \frac{1}{p}\sqrt{(\pi D)^2 + p^2} \tag{3-2-19}$$

式中　l——每米长钢筋骨架所缠绕的螺旋箍筋长度（m）；

p——螺距（mm）；

D——螺旋箍筋的圆直径（取箍筋中心距）（mm）；

π——圆周率。

式中 $\frac{1}{p}$ 表明每 1m 长钢筋骨架缠多少圈螺旋箍筋。

【例 11】 某钢筋骨架沿直径方向的主筋外皮距离为 190mm，螺旋箍筋的直径为 10mm；已知螺距为 80mm，试求每米长钢筋骨架所缠绕的螺旋箍筋长度。

【解】 $D=190+10=200\text{mm}$，$p=80\text{mm}$。

应用（3-2-19）式计算如下：

$$l = \frac{1}{80}\sqrt{(200\pi)^2 + 80^2} = 7.92\text{m}$$

3.3　钢筋（施工现场）加工

3.3.1　基本要求

1. 钢筋加工前应清理表面的油渍、漆污和铁锈。清除钢筋表面油漆、漆污、铁锈可采用除锈机、风砂枪等机械方法；当钢筋数量较少时，也可采用人工除锈。除锈后的钢筋要尽快使用，长时间未使用的钢筋在使用前同样应按本条规定进行清理。有颗粒状、片状老锈或有损伤的钢筋性能无法保证，不应在工程中使用。对于锈蚀程度较轻的钢筋，也可根据实际情况直接使用。

2. 钢筋加工宜在常温状态下进行，加工过程中不应对钢筋进行加热。钢筋应一次弯折到位。对于弯折过度的钢筋，不得回弯。

3. 钢筋宜采用机械设备进行调直，也可采用冷拉方法调直。当采用机械设备调直时，调直设备不应具有延伸功能（指调直机械设备的牵引力不大于钢筋的屈服力）。当采用冷拉方法调直时，HPB300 光圆钢筋的冷拉率不宜大于 4%；HRB335、HRB400、HRB500、HRBF335、HRBF400、HRBF500 及 RRB400 带肋钢筋的冷拉率，不宜大于 1%。钢筋调直过程中不应损伤带肋钢筋的横肋。调直后的钢筋应平直，不应有局部弯折（指钢筋中心线同直线的偏差不应超过全长的 1%）。

4. 钢筋弯折的弯弧内直径应符合下列规定：

（1）光圆钢筋，不应小于钢筋直径的 2.5 倍；

（2）335MPa 级、400MPa 级带肋钢筋，不应小于钢筋直径的 4 倍；

（3）500MPa 级带肋钢筋，当直径为 28mm 以下时不应小于钢筋直径的 6 倍，当直径为 28mm 及以上时不应小于钢筋直径的 7 倍；

（4）位于框架结构顶层端节点处的梁上部纵向钢筋和柱外侧纵向钢筋，在节点角部弯折处，当钢筋直径为 28mm 以下时不宜小于钢筋直径的 12 倍，当钢筋直径为 28mm 及以上时不宜小于钢筋直径的 16 倍；

（5）箍筋弯折处尚不应小于纵向受力钢筋直径；箍筋弯折处纵向受力钢筋为搭接钢筋或并筋时，应按钢筋实际排布情况确定箍筋弯弧内直径。

5. 纵向受力钢筋的弯折后平直段长度应符合设计要求及表 3-3-1 和图 3-3-1 的规定。光圆钢筋末端作 180°弯钩时，弯钩的弯折后平直段长度不应小于钢筋直径的 3 倍。

钢筋弯钩和机械锚固的形式和技术要求　　表 3-3-1

锚固形式	技术要求
90°弯钩	末端 90°弯钩，弯钩内径 $4d$，弯后直段长度 $12d$
135°弯钩	末端 135°弯钩，弯钩内径 $4d$，弯后直段长度 $5d$
一侧贴焊锚筋	末端一侧贴焊长 $5d$ 同直径钢筋
两侧贴焊锚筋	末端两侧贴焊长 $3d$ 同直径钢筋
焊端锚板	末端与厚度 d 的锚板穿孔塞焊
螺栓锚头	末端旋入螺栓锚头

注：1　焊缝和螺纹长度应满足承载力要求；

2　螺栓锚头和焊接锚板的承压净面积不应小于锚固钢筋截面积的 4 倍；

3　螺栓锚头的规格应符合相关标准的要求；

4　螺栓锚头和焊接锚板的钢筋净间距不宜小于 $4d$，否则应考虑群锚效应的不利影响；

5　截面角部的弯钩和一侧贴焊锚筋的布筋方向宜向截面内侧偏置。

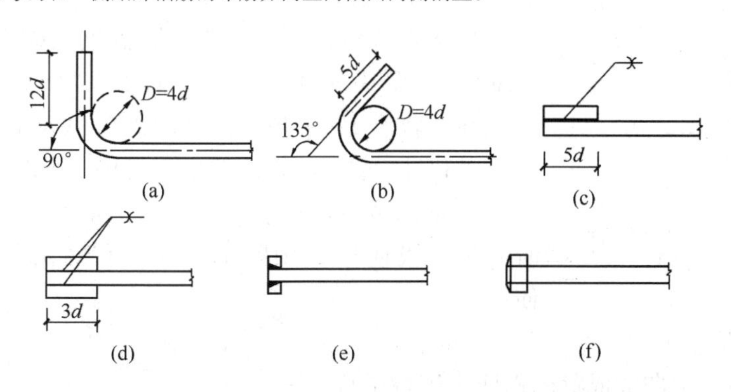

图 3-3-1　弯钩和机械锚固的形式和技术要求

（a）90°弯钩；（b）135°弯钩；（c）一侧贴焊锚筋；（d）两侧贴焊锚筋；（e）穿孔塞焊锚板；（f）螺栓锚头

6. 箍筋、拉筋的末端应按设计要求作弯钩，并应符合下列规定：

（1）对一般结构构件，箍筋弯钩的弯折角度不应小于 90°，弯折后平直段长度不应小于箍筋直径的 5 倍；对有抗震设防要求或设计有专门要求的结构构件，箍筋弯钩的弯折角度不应小于 135°，弯折后平直段长度不应小于箍筋直径的 10 倍和 75mm 两者之中的较大值；

（2）圆形箍筋的搭接长度不应小于其受拉锚固长度，且两末端均应作不小于 135°的弯钩，弯折后平直段长度对一般结构构件不应小于箍筋直径的 5 倍，对有抗震设防要求的结构构件不应小于箍筋直径的 10 倍和 75mm 的较大值；

(3) 拉筋用作梁、柱复合箍筋中单肢箍筋或梁腰筋间拉结筋时，两端弯钩的弯折角度均不应小于135°，弯折后平直段长度应符合本条第1款对箍筋的有关规定；拉筋用作剪力墙、楼板等构件中拉结筋时，两端弯钩可采用一端135°另一端90°，现场安装后再将90°弯钩端弯成满足要求的135°弯钩。弯折后平直段长度不应小于拉筋直径的5倍。

7. 焊接封闭箍筋宜采用闪光对焊，也可采用气压焊或单面搭接焊，并宜采用专用设备进行焊接，批量加工的焊接封闭箍筋应在专业加工场地采用专用设备完成。焊接封闭箍筋下料长度和端头加工应按焊接工艺确定。焊接封闭箍筋的焊点设置，应符合下列规定：

(1) 每个箍筋的焊点数量应为1个，焊点宜位于多边形箍筋中的某边中部，且距箍筋弯折处的位置不宜小于100mm；

(2) 矩形柱箍筋焊点宜设在柱短边，等边多边形柱箍筋焊点可设在任一边；不等边多边形柱箍筋焊点应位于不同边上；

(3) 梁箍筋焊点应设置在顶边或底边。

8. 当钢筋采用机械锚固措施时，钢筋锚固端的加工应符合国家现行相关标准的规定。采用钢筋锚固板时，应符合现行行业标准《钢筋锚固板应用技术规程》JGJ 256的有关规定。

9. 钢筋采用专业化生产的成型钢筋时，应符合现行《混凝土结构用成型钢筋》JG/T 226的规定。

3.3.2 钢筋除锈和调直

3.3.2.1 钢筋除锈

1. 钢筋表面上的油渍、漆污和锤击能剥落的浮皮、铁锈应清除干净。带有颗粒状或片状老锈的钢筋不得使用。在焊接前，焊点处的水锈应清除干净。

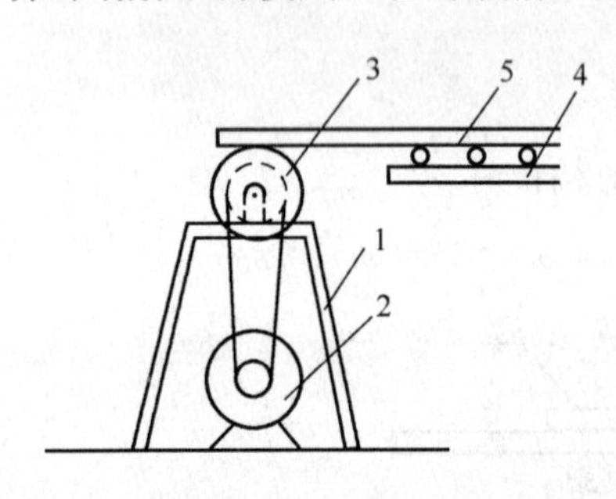

图3-3-2 电动除锈机

1—支架；2—电动机；3—圆盘钢丝刷；4—滚轴台；5—钢筋

2. 对大量的钢筋，可通过钢筋冷拉或钢筋调直机调直过程完成；少量的钢筋除锈可采用电动除锈机或喷砂方法；钢筋局部除锈可采取人工用钢丝刷或砂轮等方法进行。亦可将钢筋通过砂箱往返搓动除锈。

3. 电动除锈机多为自制，圆盘钢丝刷有成品供应（也可用废钢丝绳头拆开编成），直径200～300mm，厚50～100mm，转速1000r/min，电动机功率为1.0～1.5kW，上设排尘罩和排尘管道。电动除锈机见图3-3-2。

4. 如除锈后钢筋表面有严重的麻坑、斑点等已伤蚀截面时，应降级使用或剔除不用，带有蜂窝状锈迹的钢丝不得使用。

3.3.2.2 钢筋调直

1. 对局部曲折、弯曲或成盘的钢筋应进行调直。

2. 钢筋调直普遍使用慢速卷扬机拉直（图3-3-3），也有用调直机调直（图3-3-4），常用钢筋调

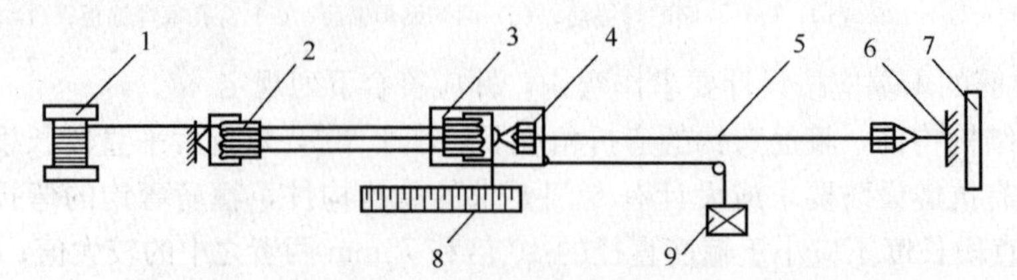

图3-3-3 卷扬机拉直设备布置

1—卷扬机；2—滑轮组；3—冷拉小车；4—钢筋夹具；5—钢筋；6—地锚；7—防护壁；8—标尺；9—荷重架

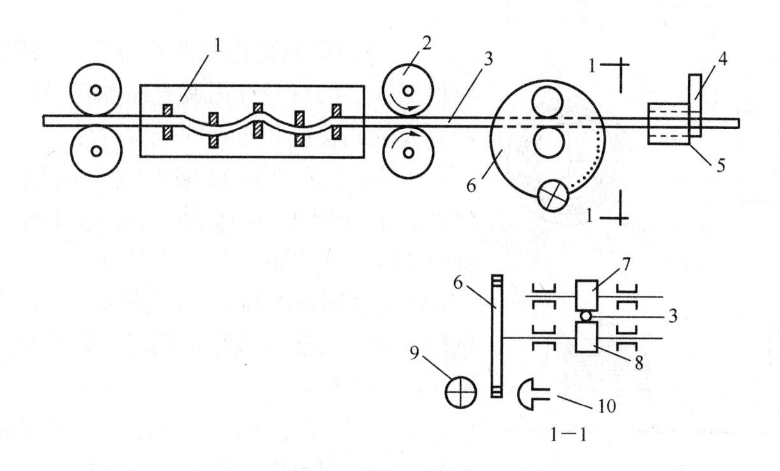

图 3-3-4　数控钢筋调直切断机工作简图

1—调直装置；2—牵引轮；3—钢筋；4—上刀口；5—下刀口；
6—光电盘；7—压轮；8—摩擦轮；9—灯泡；10—光电管

直机型号及技术性能，见表 3-3-2、图 3-3-5。在缺乏调直设备时，粗钢筋可采用弯曲机、平直锤或卡盘、扳手锤击矫直；细钢筋可用绞磨拉直或用导轮、蛇形管调直装置来调直（图 3-3-6）。

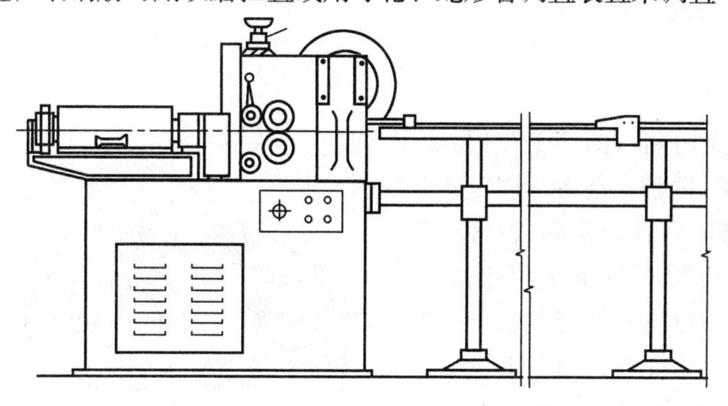

图 3-3-5　GT3/8 型钢筋调直机

钢筋调直切断机主要技术性能　　**表 3-3-2**

参数名称	型号			
	GT1.6/4	GT3/8	GT6/12	GTS3/8
调直切断钢筋直径（mm）	1.6～4	3～8	6～12	3～8
钢筋抗拉强度（MPa）	650	650	650	650
切断长度（mm）	300～3000	300～6500	300～6500	300～6500
切断长度误差（mm/m）	≤3	≤3	≤3	≤3
牵引速度（m/min）	40	40、65	36、54、72	30
调直筒转速（r/min）	2900	2900	2800	1430
送料、牵引辊直径（mm）	80	90	102	
电机型号：调直	Y100L-2	Y132M-4	Y132S-2	J02-31-4
牵引	Y100L-6		Y112M-4	
切断		Y90S-6	Y90S-4	J02-31-4
功率：调直（kW）	3	7.5	7.5	2.2
牵引（kW）	1.5		4	
切断（kW）		0.75	1.1	2.2
外形尺寸：长（mm）	3410	1854	1770	
宽（mm）	730	741	535	
高（mm）	1375	1400	1457	
整机重量（kg）	1000	1280	1263	

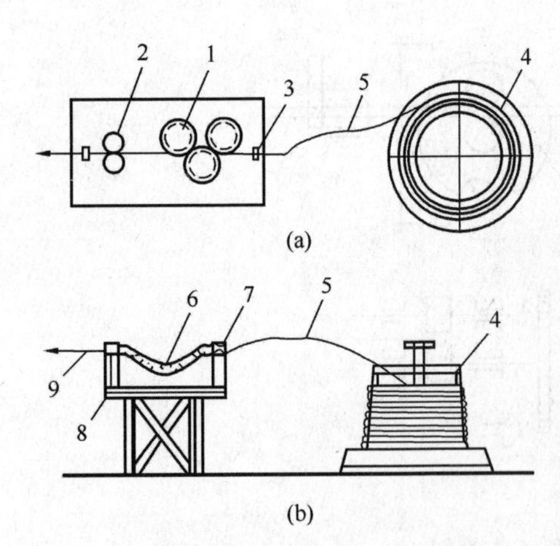

图 3-3-6　导轮和蛇形管调直装置

(a) 导轮调直装置；(b) 蛇形管调直装置

1—辊轮；2—导轮；3—旧拔丝模；4—盘条架；5—细钢筋或钢丝；6—蛇形管；7—旧滚珠轴承；8—支架；9—人力牵引

3. 采用钢筋调直机调直冷拔低碳钢丝和细钢筋时，要根据钢筋的直径选用调直模和传送辊，并要恰当掌握调直模的偏移量和压辊的压紧程度。

4. 用卷扬机拉直钢筋时，应注意控制冷拉率：HPB300 级钢筋不宜大于 4%；HRB335、HRB400、HRB500、HRBF335、HRBF400、HRBF500 和 RRB400 级钢筋冷拉率，不宜大于 1%。用调直机调直钢丝和用锤击法平直粗钢筋时，表面伤痕不应使截面积减少 5%以上。

5. 调直后的钢筋应平直，无局部曲折；冷拔低碳钢丝表面不得有明显擦伤。应当注意：冷拔低碳钢丝经调直机调直后，其抗拉强度一般要降低 10%～15%，使用前要加强检查，按调直后的抗拉强度选用。

6. 已调直的钢筋应按牌号、直径、长短、根数分扎成若干小扎，分区整齐地堆放。

3.3.3　钢筋切断和弯曲、成型

3.3.3.1　钢筋切断

1. 机具设备

切断机分机械式切断（图 3-3-7）和液压式切断（图 3-3-8）两种。前者为固定式，能切断 ϕ40mm 钢筋；后者为移动式，便于现场流动使用，能切断 ϕ32mm 以下钢筋，常用两种钢筋切断机的技术性能如表 3-3-3 和表 3-3-4。在缺乏设备时，可用断丝钳（剪断钢丝）、克丝钳子（切断 ϕ6～32mm 钢筋）和手动液压切断器（切断不大于 ϕ16mm 钢筋）切断钢筋；对 ϕ40mm 以上钢筋用氧乙炔焰割断。

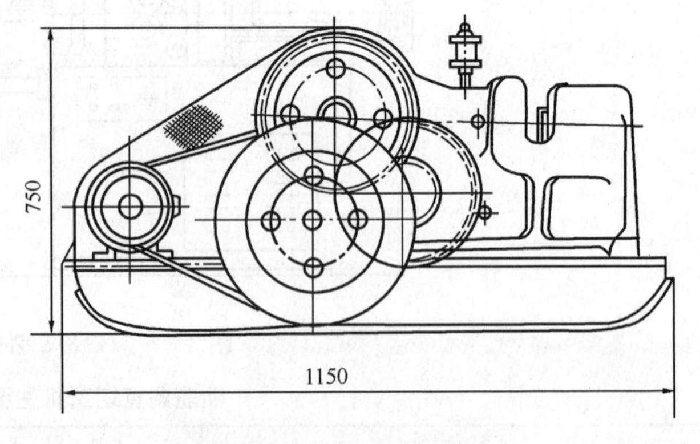

图 3-3-7　GQ40 型钢筋切断机

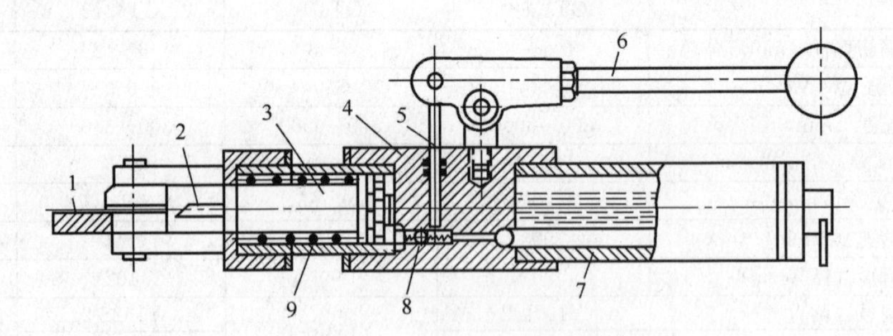

图 3-3-8　手动液压切断器

1—滑轨；2—刀片；3—活塞；4—缸体；5—柱塞；6—压杆；7—贮油筒；8—吸油阀；9—回位弹簧

机械式钢筋切断机主要技术性能　　**表 3-3-3**

参数名称	型号				
	GQL40	GQ40	GQ40A	GQ40B	GQ50
切断钢筋直径（mm）	6～40	6～40	6～40	6～40	6～50

续表

参数名称	型号				
	GQL40	GQ40	GQ40A	GQ40B	GQ50
切断次数（次/min）	38	40	40	40	30
电动机型号	Y100L2-4	Y100L-2	Y100L-2	Y100L-2	Y132S-4
功率（kW）	3	3	3	3	5.5
转速（r/min）	1420	2880	2880	2880	1450
外形尺寸　长（mm）	685	1150	1395	1200	1600
宽（mm）	575	430	556	490	695
高（mm）	984	750	780	570	915
整机重量（kg）	650	600	720	450	950
传动原理及特点	偏心轴	开式、插销离合器曲柄	凸轮、滑键离合器	全封闭曲柄连杆转键离合器	曲柄连杆传动半开式

液压传动及手持式钢筋切断机主要技术性能 **表 3-3-4**

参数名称		形式与型号			
		电　动	手　动	手　持	
		DYJ-32	SYJ-16	GQ-12	GQ-20
切断钢筋直径 d（mm）		8～32	16	6～12	6～20
工作总压力（kN）		320	80	100	150
活塞直径 d（mm）		95	36		
最大行程（mm）		28	30		
液压泵柱塞直径 d（mm）		12	8		
单位工作压力（MPa）		45.5	79	34	34
液压泵输油率（L/min）		4.5			
压杆长度（mm）			438		
压杆作用力（N）			220		
贮油量（kg）			35		
电动机	型号	Y型		单相串激	单相串激
	功率（kW）	3		0.567	0.570
	转数（r/min）	1440			
外形尺寸	长（mm）	889	680	367	420
	宽（mm）	396		110	218
	高（mm）	398		185	130
总重（kg）		145	6.5	7.5	14

2. 工艺要点

（1）钢筋成型前，应根据配料表要求长度截断，一般用钢筋切断机进行。

（2）钢筋切断应合理统筹配料，将相同规格钢筋根据不同长短搭配，统筹排料；一般先断长料，后断短料，以减少短头、接头和损耗。避免用短尺量长料，以防止产生累积误差；应在工作台上标出尺寸刻度并设置控制断料尺寸用的挡板。切断过程中如发现劈裂、缩头或严重的弯头等必须切除。

（3）向切断机送料时，应将钢筋摆直，避免弯成弧形。操作者应将钢筋握紧，并应在冲切刀片向后退时送进钢筋；切断长300mm以下钢筋时，应将钢筋套在钢管内送料，防止发生人身或设备安全事故。

(4) 操作中，如发现钢筋硬度异常过硬或过软，与钢筋牌号不相称时，应考虑对该批钢筋进一步检验。

(5) 切断后的钢筋断口不得有马蹄形或起弯等现象；钢筋长度偏差应小于±10mm。

3.3.3.2 钢筋弯曲、成型

1. 一般规定

(1) 受力钢筋

1) HPB300 级钢筋末端应做 180°弯钩，其弯弧内直径不应小于钢筋直径的 2.5 倍，弯钩的弯后平直部分长度不应小于钢筋直径的 3 倍（图 3-2-2a）；

2) 当设计要求钢筋末端需做 135°弯钩时（图 3-3-9b），HRB335 级、HRB400 级钢筋的弯弧内直径 D 不应小于钢筋直径的 4 倍，弯钩的弯后平直部分长度应符合设计要求；

3) 钢筋做不大于 90°的弯折时（图 3-3-9a），弯折处的弯弧内直径不应小于钢筋直径的 5 倍。

(2) 箍筋

除焊接封闭环式箍筋外，箍筋的末端应做弯钩。弯钩形式应符合设计要求；当设计无具体要求时，应符合下列规定：

1) 箍筋弯钩的弯弧内直径除应满足图 3-2-2 外，尚应不小于受力钢筋的直径。

2) 箍筋弯钩的弯折角度：对一般结构，不应小于 90°；对有抗震等要求的结构应为 135°（图 3-3-10）。

3) 箍筋弯后的平直部分长度：对一般结构，不宜小于箍筋直径的 5 倍；对有抗震等要求的结构，不应小于箍筋直径的 10 倍。

2. 机具设备

常用弯曲机、弯箍机型号及技术性能见图 3-3-11 和表 3-3-5、表 3-3-6。在缺乏设备或少量钢

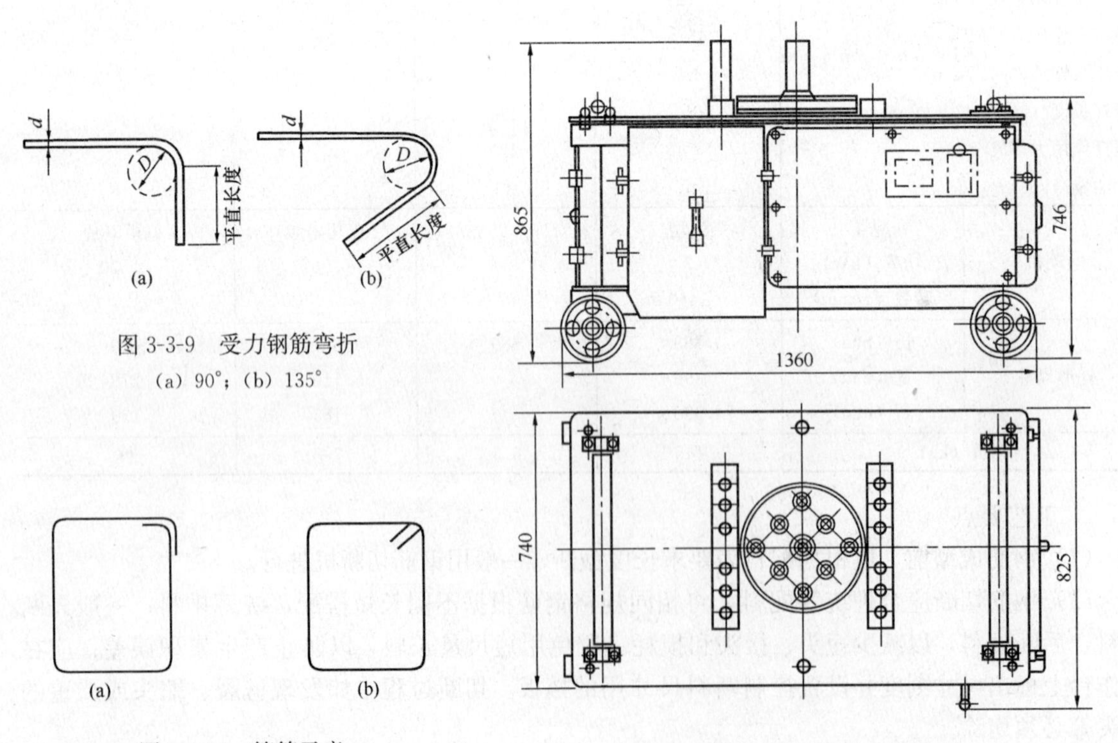

图 3-3-9 受力钢筋弯折

(a) 90°；(b) 135°

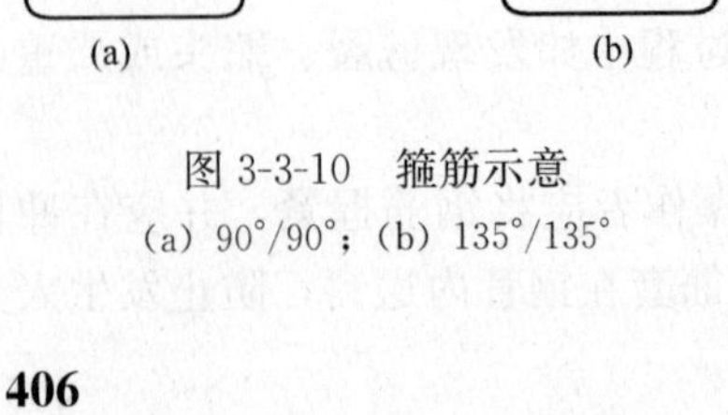

图 3-3-10 箍筋示意

(a) 90°/90°；(b) 135°/135°

图 3-3-11 GW40 型钢筋弯曲机

筋加工时，可用手工弯曲成型。手工弯曲系在成型台上用手摇扳手，手摇扳手的主要尺寸见表3-3-7、表3-3-8，每次弯4～8根ϕ8～10mm以下细钢筋，或用卡盘和扳手，可弯曲ϕ12～32mm粗钢筋，当弯曲直径ϕ28mm以下钢筋时，可用两个板柱加不同厚度钢套。钢筋扳手口直径应比钢筋大2mm。

钢筋弯曲机主要技术性能 **表3-3-5**

参数名称		型号				
		GW32	GW32A	GW40	GW40A	GW50
弯曲钢筋直径 d（mm）		6～32	6～32	6～40	6～40	25～50
钢筋抗拉强度（MPa）		450	450	450	450	450
弯曲速度（r/min）		10/20	8.8/16.7	5	9	2.5
工作盘直径 d（mm）		360		350	350	320
电动机	型号	YEJ100L1-4	柴油机、电动机	Y100L2-4	YEJ100L2-4	Y112M-4
	功率（kW）	2.2	4	3	3	4
	转速（r/min）	1420		1420	1420	1420
外形尺寸	长（mm）	875	1220	870	1050	1450
	宽（mm）	615	1010	760	760	800
	高（mm）	945	865	710	828	760
整机重量（kg）		340	755	400	450	580
结构原理及特点		齿轮传动，角度控制半自动双速	全齿轮传动，半自动化双速	蜗轮蜗杆传动单速	齿轮传动，角度控制半自动单速	蜗轮蜗杆传动，角度控制半自动单速

钢筋弯箍机主要技术性能 **表3-3-6**

项目		型号			
		SGWK8B	GJG4/10	GJG4/12	LGW60Z
弯曲钢筋直径 d（mm）		4～8	4～10	4～12	4～10
钢筋抗拉强度（MPa）		450	450	450	450
工作盘转速（r/min）		18	30	18	22
电动机	型号	Y112M-6	Y100L1-4	YA100-4	
	功率（kW）	2.2	2.2	2.2	3
	转速（r/min）	1420	1430	1420	
外形尺寸	长（mm）	1560	910	1280	2000
	宽（mm）	650	710	810	950
	高（mm）	1550	860	790	950

手摇扳手主要尺寸（mm） **表3-3-7**

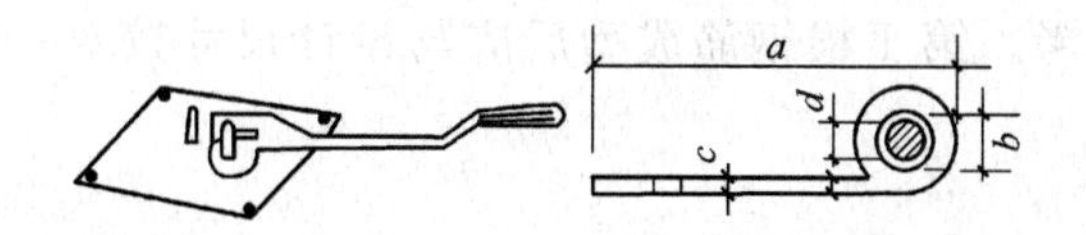

项次	钢筋直径	a	b	c	d
1	ϕ6	500	18	16	16
2	ϕ8～10	600	22	18	20

卡盘与扳头（横口扳手）主要尺寸（mm） **表 3-3-8**

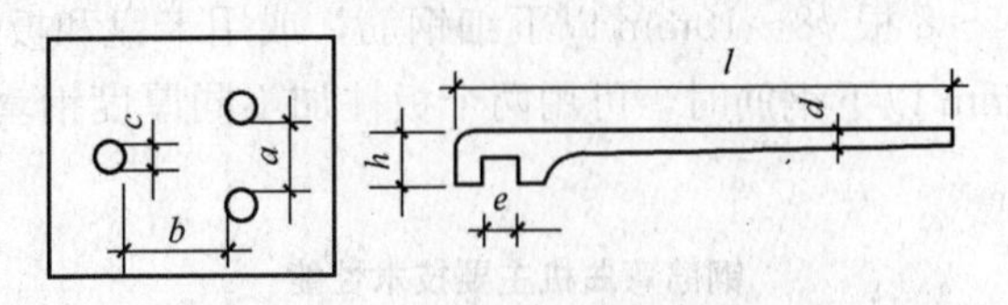

项 目	钢筋直径	卡 盘			扳 头			
		a	*b*	*c*	*d*	*e*	*h*	*l*
1	ϕ12～16	50	80	20	22	18	40	1200
2	ϕ18～22	65	90	25	28	24	50	1350
3	ϕ25～32	80	100	30	38	34	76	2100

3. 工艺要点

(1) 画线

钢筋弯曲前，对形状复杂的钢筋（如弯起钢筋），根据钢筋料牌上标明的尺寸，用石笔将各弯曲点位置画出。画线时应注意：

1）根据不同的弯曲角度扣除弯曲调整值（表 3-2-2），其扣法是从相邻两段长度中各扣一半；

2）钢筋端部带半圆弯钩时，该段长度画线时增加 0.5d（d 为钢筋直径）；

3）画线工作宜从钢筋中线开始向两边进行；两边不对称的钢筋，也可从钢筋一端开始画线，如画到另一端有出入时，则应重新调整；

4）画线应在工作台上进行，如无画线台而直接以尺度量进行画线时，应使用长度适当的木尺，不宜用短尺（木折尺）接量，以防发生差错。

【例 12】 今有 1 根直径 20mm 的弯起钢筋，其所需的形状和尺寸如图 3-3-12 所示。画线方法如下：

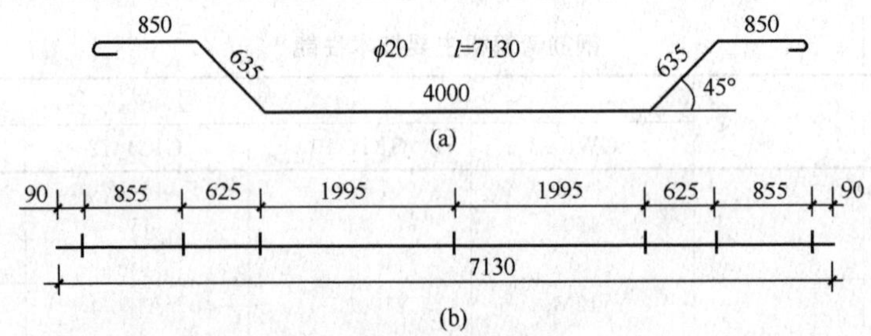

图 3-3-12 弯起钢筋的画线

(a) 弯起钢筋的形状和尺寸；(b) 钢筋画线

【解】 第一步在钢筋中心线上画第一道线；

第二步取中段 4000/2－0.5d/2＝1995mm，画第二道线；

第三步取斜段 635－2×0.5d/2＝625mm，画第三道线；

第四步取直段 850－0.5d/2＋0.5d＝855mm，画第四道线。

上述画线方法仅供参考。第 1 根钢筋成型后应与设计尺寸校对一遍，完全符合后再成批生产。

(2) 钢筋弯曲成型

钢筋在弯曲机上成型时（图 3-3-13），心轴直径应是钢筋直径的 2.5～5.0 倍，成型轴宜加偏心轴套，以便适应不同直径的钢筋弯曲需要。弯曲细钢筋时，为了使弯弧一侧的钢筋保持平直，挡铁轴宜做成可变挡架或固定挡架（加铁板调整）。

钢筋弯曲点线和心轴的关系，如图 3-3-14 所示。由于成型轴和心轴在同时转动，就会带动钢筋向前滑移。因此，钢筋弯 90°时，弯曲点线约与心轴内边缘齐；弯 180°时，弯曲点线距心轴内边缘为 1.0d～1.5d（钢筋硬时取大值）。

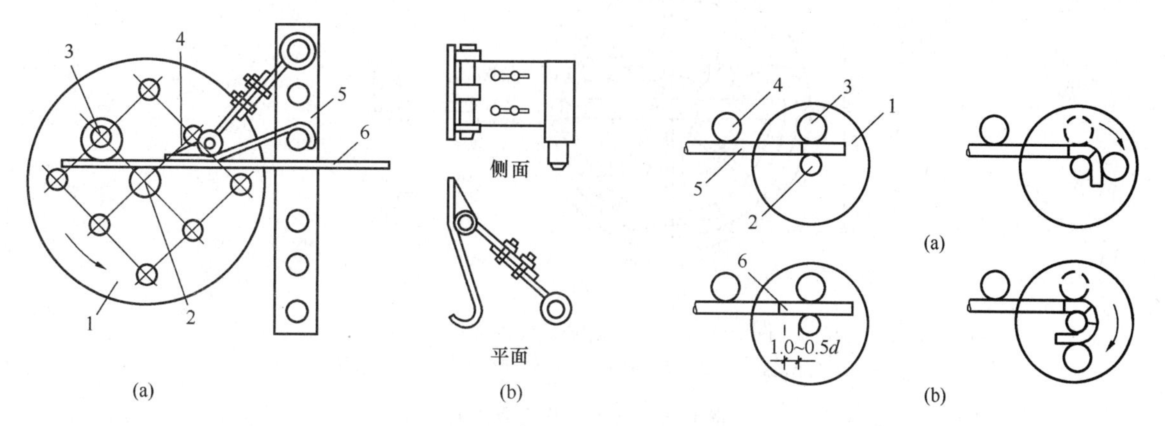

图 3-3-13　钢筋弯曲成型

（a）工作简图；（b）可变挡架构造

1—工作盘；2—心轴；3—成型轴；4—可变挡架；5—插座；6—钢筋

图 3-3-14　弯曲点线与心轴关系

（a）弯 90°；（b）弯 180°

1—工作盘；2—心轴；3—成型轴；4—固定挡铁；5—钢筋；6—弯曲点线

第 1 根钢筋弯曲成型后与配料表进行复核，符合要求后再成批加工；对于复杂的弯曲钢筋，如预制柱牛腿、屋架节点等宜先弯 1 根，经过试组装后，方可成批弯制。

（3）曲线形钢筋成型

弯制曲线形钢筋时（图 3-3-15），可在原有钢筋弯曲机的工作盘中央，放置一个十字架和钢套；另外在工作盘四个孔内插上短轴和成型钢套（和中央钢套相切）。插座板上的挡轴钢套尺寸，可根据钢筋曲线形状选用。钢筋成型过程中，成型钢套起顶弯作用，十字架只协助推进。

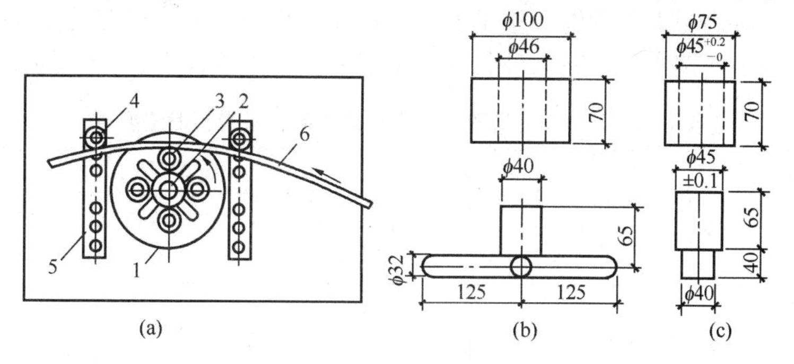

图 3-3-15　曲线形钢筋成型

（a）工作简图；（b）十字撑及圆套详图；（c）桩柱及圆套详图

1—工作盘；2—十字撑及圆套；3—桩柱及圆套；4—挡轴圆套；5—插座板；6—钢筋

（4）螺旋形钢筋成型

螺旋形钢筋成型，小直径可用手摇滚筒成型（图 3-3-16），较粗（ϕ16～30mm）钢筋可在钢筋弯曲机的工作盘上安设一个型钢制成的加工圆盘（图 3-3-17），圆盘外直径相当于需加工螺旋筋（或圆箍筋）的内径，插孔相当于弯曲机板柱间距。使用时将钢筋一端固定，即可按一般钢筋弯曲加工方法弯成所需要的螺旋形钢筋。

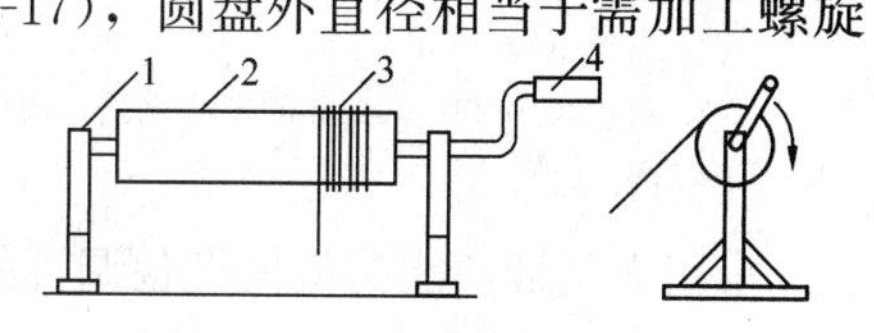

图 3-3-16　螺旋形钢筋成型

1—支架；2—卷筒；3—钢筋；4—摇把

由于钢筋有弹性，滚筒直径应比螺旋筋内径略小，可参考表 3-3-9。

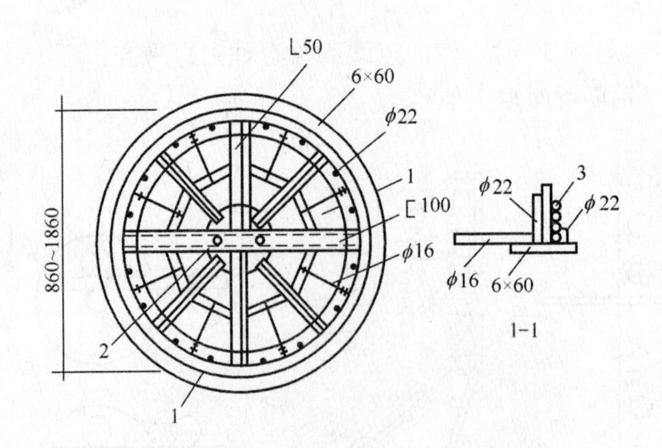

图 3-3-17　大直径螺旋箍筋成型装置

1—加工圆盘；2—板柱插孔，间距 250mm；3—螺旋箍筋

滚筒直径与螺旋筋直径关系　　**表 3-3-9**

螺旋筋内径（mm）												
螺旋筋内径（mm）	φ6	288	360	418	485	575	630	700	760	845	—	—
	φ8	270	325	390	440	500	565	640	690	765	820	885
滚筒外径（mm）		260	310	365	410	460	510	555	600	660	710	760

（5）注意事项

1）钢筋弯曲均应在常温下进行，不允许将钢筋加热后弯曲。

2）成型后的钢筋要求形状正确，平面上无凹凸、翘曲不平现象，弯曲点处无裂缝，对 HRB 335 级及 HRB 335 级以上的钢筋，不能反复弯曲。

3.3.3.3 质量要求

1. 主控项目

（1）钢筋调直后应进行力学性能和重量偏差的检验，其强度应符合有关标准的规定。

盘卷钢筋和直条钢筋调直后的断后伸长率、重量负偏差应符合表 3-3-10 的规定。

盘卷钢筋和直条钢筋调直后的断后伸长率、重量负偏差要求　　**表 3-3-10**

钢筋牌号	断后伸长率 A（%）	重量负偏差（%）		
		直径 6mm ～12mm	直径 14mm ～20mm	直径 22mm ～50mm
HPB235、HPB300	≥21	≤10	—	—
HRB335、HRBF335	≥16	≤8	≤6	≤5
HRB400、HRBF400	≥15			
RRB400	≥13			
HRB500、HRBF500	≥14			

注：1. 断后伸长率 A 的量测标距为 5 倍钢筋公称直径；

2. 重量负偏差（%）按公式$(W_0-W_d)/W_0\times100$ 计算，其中 W_0 为钢筋理论重量（kg/m），W_d 为调直后钢筋的实际重量（kg/m）；

3. 对直径为 28～40mm 的带肋钢筋，表中断后伸长率可降低 1%；对直径大于 40mm 的带肋钢筋，表中断后伸长率可降低 2%。

采用无延伸功能的机械设备调直的钢筋，可不进行本条规定的检验。

检查数量：同一厂家、同一牌号、同一规格调直钢筋，重量不大于 30t 为一批；每批见证取 3 件试件。

检验方法：3个试件先进行重量偏差检验，再取其中2个试件经时效处理后进行力学性能检验。检验重量偏差时，试件切口应平滑且与长度方向垂直，且长度不应小于500mm；长度和重量的量测精度分别不应低于1mm和1g。

（2）受力钢筋的弯钩和弯折应符合“3.3.3.2 钢筋弯曲成型 1. 一般规定”中第（1）点的规定。

（3）箍筋弯钩的弯弧内直径、弯折角度、平直段长度应符合“3.3.3.2 钢筋弯曲成型 1. 一般规定”中第（2）点的规定。

检查数量：按每工作班同一类型钢筋、同一加工设备抽查不应少于3件。

检查方法：钢尺检查。

2. 一般项目

（1）钢筋调直冷拉率应符合“3.3.2.2 钢筋调直”中第（4）点的规定。

（2）钢筋加工的形状与尺寸应符合设计要求，其偏差应符合表3-3-11的规定。

检查数量与方法，与主控项目相同。

钢筋加工的允许偏差 **表3-3-11**

项　目	允许偏差（mm）
受力钢筋顺长度方向全长的净尺寸	±10
弯起钢筋的弯折位置	±20
箍筋内的净尺寸	±5

3.4 钢筋连接

3.4.1 基本要求

1. 钢筋焊接连接

（1）凡施焊的各种钢筋、钢板均应有质量证明书；焊条、焊剂应有产品合格证。

（2）从事钢筋焊接施工的焊工必须持有焊工考试合格证，才能上岗操作。

（3）在工程开工正式焊接之前，参与该项施焊的焊工应进行现场条件下的焊接工艺试验，并经试验合格后，方可正式生产。试验结果应符合质量检验与验收时的要求。

2. 钢筋机械连接

在施工现场加工连接钢筋接头时，应符合下列规定：

（1）加工连接钢筋接头的操作工人应经专业培训合格后才能上岗，人员应相对稳定。

（2）钢筋接头的加工应经工艺检验合格后方可进行。

3.4.2 钢筋焊接技术

3.4.2.1 材料

1. 焊接钢筋的化学成分和力学性能应符合国家现行有关标准的规定。

2. 预埋件钢筋焊接接头、熔槽帮条焊接头和坡口焊接头中的钢板和型钢，可采用低碳钢或低合金钢，其力学性能和化学成分应符合现行国家标准《碳素结构钢》GB/T 700或《低合金高强度结构钢》GB/T 1591中的规定。

3. 钢筋焊条电弧焊所采用的焊条，应符合现行国家标准《非合金钢及晶粒钢焊条》GB/T 5117或《强热钢焊条》GB/T 5118的规定。钢筋二氧化碳气体保护电弧焊所采用的焊丝，应符合现行国家标准《气体保护电弧焊用碳钢、低合金钢焊丝》GB/T 8110的规定。其焊条型号和焊丝型号应根据设计确定；若设计无规定时，可按表3-4-1选用。

钢筋电弧焊所采用焊条、焊丝推荐表 **表 3-4-1**

钢筋牌号	电弧焊接头形式			
	帮条焊 搭接焊	坡口焊 熔槽帮条焊 预埋件穿孔塞焊	窄间隙焊	钢筋与钢板搭接焊 预埋件T形角焊
HPB300	E4303 ER50-X	E4303 ER50-X	E4316 E4315 ER50-X	E4303 ER50-X
HRB335 HRBF335	E5003 E4303 E5016 E5615 ER50-X	E5003 E5016 E5015 ER50-X	E5016 E5015 ER50-X	E5003 E4303 E5016 E5015 ER50-X
HRB400 HRBF400	E5003 E5516 E5515 ER50-X	E5503 E5516 E5515 ER55-X	E5516 E5515 ER55-X	E5003 E5516 E5515 ER50-X
HRB500 HRBF500	E5503 E6003 E6016 E6015 ER55-X	E6003 E6016 E6015	E6016 E6015	E5503 E6003 E6016 E6015 ER55-X
RRB400W	E5003 E5516 E5515 ER50-X	E5503 E5516 E5515 ER55-X	E5516 E5515 ER55-X	E5003 E5516 E5515 ER50-X

4. 焊接用气体质量应符合下列规定：

(1) 氧气的质量应符合现行国家标准《工业氧》GB/T 3863 的规定，其纯度应大于或等于99.5%；

(2) 乙炔的质量应符合现行国家标准《溶解乙炔》GB 6819 的规定，其纯度应大于或等于98.0%；

(3) 液化石油气应符合现行国家标准《液化石油气》GB 11174 的各项规定；

(4) 二氧化碳气体应符合现行化工行业标准《焊接用二氧化碳》HG/T 2537 中优等品的规定。

5. 在电渣压力焊、预埋件钢筋埋弧压力焊和预埋件钢筋埋弧螺柱焊中，可采用熔炼型 HJ 431 焊剂；在埋弧螺柱焊中，亦可采用氟碱型烧结焊剂 SJ101。

6. 施焊的各种钢筋、钢板均应有质量证明书；焊条、焊丝、氧气、熔解乙炔、液化石油气、二氧化碳气体、焊剂应有产品合格证。

钢筋进场时，应按国家现行相关标准的规定抽取试件并作力学性能和重量偏差检验，检验结果必须符合国家现行有关标准的规定。

检验数量：按进场的批次和产品的抽样检验方案确定。

检验方法：检查产品合格证、出厂检验报告和进场复验报告。

7. 各种焊接材料应分类存放、妥善处理；应采取防止锈蚀、受潮变质等措施。

3.4.2.2 适用范围

1. 钢筋焊接方法分类及适用范围，见表 3-4-2。

钢筋焊接方法的适用范围 **表 3-4-2**

焊接方法			接头型式	适用范围 钢筋牌号	适用范围 钢筋直径（mm）
电阻点焊			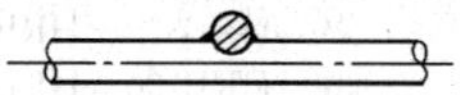	HPB300 HRB335 HRBF335 HRB400 HRBF400 HRB500 HRBF500 CRB550 CDW550	6～16 6～16 6～16 6～16 4～12 3～8
闪光对焊				HPB300 HRB335 HRBF335 HRB400 HRBF400 HRB500 HRBF500 RRB400W	8～22 8～40 8～40 8～40 8～32
箍筋闪光对焊				HPB300 HRB335 HRBF335 HRB400 HRBF400 HRB500 HRBF500 RRB400W	6～18 6～18 6～18 6～18 8～18
电弧焊	帮条焊	双面焊	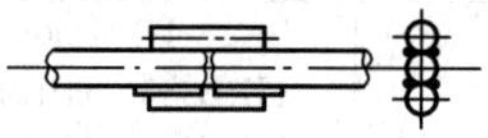	HPB300 HRB335 HRBF335 HRB400 HRBF400 HRB500 HRBF500 RRB400W	10～22 10～40 10～40 10～32 10～25
电弧焊	帮条焊	单面焊	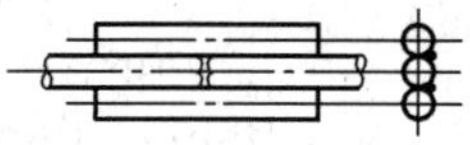	HPB300 HRB335 HRBF335 HRB400 HRBF400 HRB500 HRBF500 RRB400W	10～22 10～40 10～40 10～32 10～25
电弧焊	搭接焊	双面焊		HPB300 HRB335 HRBF335 HRB400 HRBF400 HRB500 HRBF500 RRB400W	10～22 10～40 10～40 10～32 10～25
电弧焊	搭接焊	单面焊		HPB300 HRB335 HRBF335 HRB400 HRBF400 HRB500 HRBF500 RRB400W	10～22 10～40 10～40 10～32 10～25
电弧焊	熔槽帮条焊			HPB300 HRB335 HRBF335 HRB400 HRBF400 HRB500 HRBF500 RRB400W	20～22 20～40 20～40 20～32 20～25

续表

<table>
<tr><th colspan="3" rowspan="2">焊接方法</th><th rowspan="2">接头型式</th><th colspan="2">适用范围</th></tr>
<tr><th>钢筋牌号</th><th>钢筋直径（mm）</th></tr>
<tr><td rowspan="8">电弧焊</td><td rowspan="2">坡口焊</td><td>平焊</td><td></td><td>HPB300
HRB335 HRBF335
HRB400 HRBF400
HRB500 HRBF500
RRB400W</td><td>18～22
18～40
18～40
18～32
18～25</td></tr>
<tr><td>立焊</td><td></td><td>HPB300
HRB335 HRBF335
HRB400 HRBF400
HRB500 HRBF500
RRB400W</td><td>18～22
18～40
18～40
18～32
18～25</td></tr>
<tr><td colspan="2">钢筋与钢板搭接焊</td><td></td><td>HPB300
HRB335 HRBF335
HRB400 HRBF400
HRB500 HRBF500
RRB400W</td><td>8～22
8～40
8～40
8～32
8～25</td></tr>
<tr><td colspan="2">窄间隙焊</td><td></td><td>HPB300
HRB335 HRBF335
HRB400 HRBF400
HRB500 HRBF500
RRB400W</td><td>16～22
16～40
16～40
18～32
18～25</td></tr>
<tr><td rowspan="4">预埋件钢筋</td><td>角焊</td><td></td><td>HPB300
HRB335 HRBF335
HRB400 HRBF400
HRB500 HRBF500
RRB400W</td><td>6～22
6～25
6～25
10～20
10～20</td></tr>
<tr><td>穿孔塞焊</td><td></td><td>HPB300
HRB335 HRBF335
HRB400 HRBF400
HRB500
RRB400W</td><td>20～22
20～32
20～32
20～28
20～28</td></tr>
<tr><td>埋弧压力焊</td><td rowspan="2"></td><td rowspan="2">HPB300
HRB335 HRBF335
HRB400 HRBF400</td><td rowspan="2">6～22
6～28
6～28</td></tr>
<tr><td>埋弧螺柱焊</td></tr>
<tr><td colspan="3">电渣压力焊</td><td></td><td>HPB300
HRB335
HRB400
HRB500</td><td>12～22
12～32
12～32
12～32</td></tr>
<tr><td rowspan="2">气压焊</td><td colspan="2">固态</td><td></td><td rowspan="2">HPB300
HRB335
HRB400
HRB500</td><td rowspan="2">12～22
12～40
12～40
12～32</td></tr>
<tr><td colspan="2">熔态</td><td></td></tr>
</table>

注：1. 电阻点焊时，适用范围的钢筋直径指两根不同直径钢筋交叉叠接中较小钢筋的直径；

2. 电弧焊含焊条电弧焊和二氧化碳气体保护电弧焊两种工艺方法；

3. 在生产中，对于有较高要求的抗震结构用钢筋，在牌号后加 E，焊接工艺可按同级别热轧钢筋施焊；焊条应采用低氢型碱性焊条；

4. 生产中，如果有 HPB235 钢筋需要进行焊接时，可按 HPB300 钢筋的焊接材料和焊接工艺参数，以及接头质量检验与验收的有关规定施焊。

2. 电渣压力焊应用于柱、墙等构筑物现浇混凝土结构中竖向受力钢筋的连接；不得用于梁、板等构件中水平钢筋的连接。

3. 在钢筋工程焊接开工之前，参与该项工程施焊的焊工必须进行现场条件下的焊接工艺试验，应经试验合格后，方可焊接生产。

4. 钢筋焊接施工之前，应清除钢筋、钢板焊接部位以及钢筋与电极接触处表面上的锈斑、油污、杂物等；钢筋端部当有弯折、扭曲时，应予以矫直或切除。

5. 带肋钢筋进行闪光对焊、电弧焊、电渣压力焊和气压焊时，应将纵肋对纵肋安放和焊接。

6. 焊剂应存放在干燥的库房内，若受潮时，在使用前应经 250～350℃烘焙 2h。使用中回收的焊剂应清除熔渣和杂物，并应与新焊剂混合均匀后使用。

7. 两根同牌号、不同直径的钢筋可进行闪光对焊、电渣压力焊或气压焊。闪光对焊时钢筋径差不得超过 4mm，电渣压力焊或气压焊时，钢筋径差不得超过 7mm。焊接工艺参数可在大、小直径钢筋焊接工艺参数之间偏大选用，两根钢筋的轴线应在同一直线上，轴线偏移的允许值应按较小直径钢筋计算；对接头强度的要求，应按较小直径钢筋计算。

8. 两根同直径、不同牌号的钢筋可进行闪光对焊、电弧焊、电渣压力焊或气压焊，其钢筋牌号应在本手册表 3-4-2 规定的范围内。焊条、焊丝和焊接工艺参数应按较高牌号钢筋选用，对接头强度的要求应按较低牌号钢筋强度计算。

9. 进行电阻点焊、闪光对焊、埋弧压力焊、埋弧螺柱焊时，应随时观察电源电压的波动情况；当电源电压下降大于 5％、小于 8％时，应采取提高焊接变压器级数等措施；当大于或等于 8％时，不得进行焊接。

10. 在环境温度低于－5℃条件下施焊时，焊接工艺应符合下列要求：

（1）闪光对焊时，宜采用预热闪光焊或闪光—预热闪光焊；可增加调伸长度，采用较低变压器级数，增加预热次数和间歇时间。

（2）电弧焊时，宜增大焊接电流，降低焊接速度。电弧帮条焊或搭接焊时，第一层焊缝应从中间引弧，向两端施焊；以后各层控温施焊，层间温度应控制在 150～350℃之间。多层施焊时，可采用回火焊道施焊。

11. 当环境温度低于－20℃时，不应进行各种焊接。

12. 雨天、雪天进行施焊时，应采取有效遮蔽措施。焊后未冷却接头不得碰到雨和冰雪，并应采取有效的防滑、防触电措施，确保人身安全。

13. 当焊接区风速超过 8m/s 在现场进行闪光对焊或焊条电弧焊时，当风速超过 5m/s 进行气压焊时，当风速超过 2m/s 进行二氧化碳气体保护电弧焊时，均应采取挡风措施。

14. 焊机应经常维护保养和定期检修，确保正常使用。

3.4.2.3 钢筋焊接工艺

1. 一般规定

（1）电渣压力焊适用于柱、墙、构筑物等现浇混凝土结构中竖向受力钢筋的连接；不得在竖向焊接后横置于梁、板等构件中作水平钢筋用。

（2）在工程开工正式焊接之前，参与该项施焊的焊工应进行现场条件下的焊接工艺试验，并经试验合格后，方可正式生产。试验结果应符合质量检验与验收时的要求。

（3）钢筋焊接施工之前，应清除钢筋、钢板焊接部位以及钢筋与电极接触处表面上的锈斑、油污、杂物等；钢筋端部当有弯折、扭曲时，应予以矫直或切除。

（4）带肋钢筋进行闪光对焊、电弧焊、电渣压力焊和气压焊时，宜将纵肋对纵肋安放和焊接。

（5）当采用低氢型碱性焊条时，应按使用说明书的要求烘焙，且宜放入保温筒内保温使用；

酸性焊条若在运输或存放中受潮，使用前亦应烘焙后方能使用。

（6）焊剂应存放在干燥的库房内，当受潮时，在使用前应经 250～300℃烘焙 2h。

使用中回收的焊剂应清除熔渣和杂物，并应与新焊剂混合均匀后使用。

（7）在环境温度低于－5℃条件下施焊时，焊接工艺应符合下列要求：

1）闪光对焊时，宜采用预热闪光焊或闪光-预热闪光焊；可增加调伸长度，采用较低变压器级数，增加预热次数和间歇时间。

2）电弧焊时，宜增大焊接电流，减低焊接速度。

电弧帮条焊或搭接焊时，第一层焊缝应从中间引弧，向两端施焊；以后各层控温施焊，层间温度控制在 150～350℃之间。多层施焊时，可采用回火焊道施焊。

3）当环境温度低于－20℃时，不宜进行各种焊接。

（8）雨天、雪天不宜在现场进行施焊；必须施焊时，应采取有效遮蔽措施。焊后未冷却接头不得碰到冰雪。

在现场进行闪光对焊或电弧焊，当风速超过 7.9m/s 时，应采取挡风措施。进行气压焊，当风速超过 5.4m/s 时，应采取挡风措施。

（9）进行电阻点焊、闪光对焊、电渣压力焊、埋弧压力焊时，应随时观察电源电压的波动情况，当电源电压下降大于 5%、小于 8%，应采取提高焊接变压器级数的措施；当大于或等于 8%时，不得进行焊接。

（10）焊机应经常维护保养和定期检修，确保正常使用。

（11）对从事钢筋焊接施工的班组及有关人员应经常进行安全生产教育，执行现行国家标准《焊接与切割安全》GB 9448 中有关规定，对氧、乙炔、液化石油气等易燃、易爆材料，应妥善管理，注意周边环境，制定和实施各项安全技术措施，加强焊工的劳动保护，防止发生烧伤、触电、火灾、爆炸以及烧坏焊接设备等事故。

2. 钢筋闪光对焊

钢筋闪光对焊系将两钢筋安放成对接形式，利用强大电流通过钢筋端头而产生的电阻热，使钢筋端部熔化，产生强烈飞溅，形成闪光，迅速施加顶锻力，使两根钢筋焊成一体。

适用于焊接直径 10～40mm 的热轧光圆及带肋钢筋，直径 10～25mm 的余热处理钢筋。

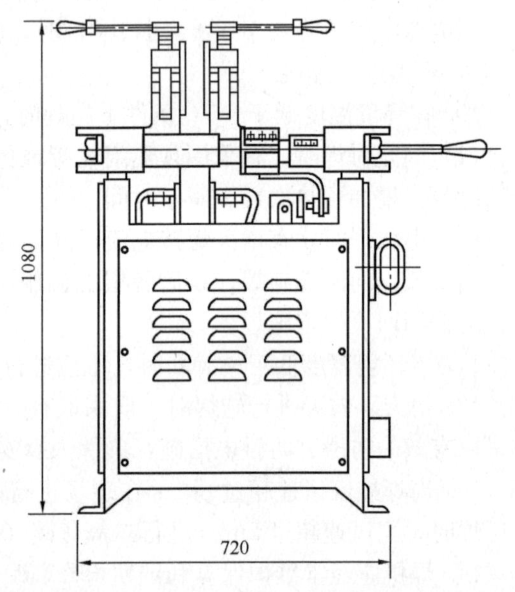

图 3-4-1　UN_1-75 型手动对焊机

（1）机具设备

对焊机具设备最常用的为 UN 系列对焊机，见图 3-4-1，其主要技术性能见表 3-4-3。

常用对焊机的技术数据　　**表 3-4-3**

项　目	单位	型　号				
		UN_1-50	UN_1-75	UN_1-100	UN_2-150	UN_{17}-150-1
额定容量	kV·A	50	75	100	150	150
负载持续率	%	25	20	20	20	50
初级电压	V	220/380	220/380	380	380	380

续表

项目		单位	型号				
			UN_1-50	UN_1-75	UN_1-100	UN_2-150	UN_{17}-150-1
次级电压调节范围		V	2.9～5.0	3.52～7.04	4.5～7.6	4.05～8.10	3.8～7.6
次级电压调节级数		级	6	8	8	16	16
夹具夹紧力		kN	20	20	40	100	160
最大顶锻力		kN	30	30	40	65	80
夹具间最大距离		mm	80	80	80	100	90
动夹具间最大行程		mm	30	30	50	27	30
连续闪光焊时钢筋最大直径		mm	10～12	12～16	16～20	20～25	20～25
预热闪光焊时钢筋最大直径		mm	20～22	32～36	40	40	40
最多焊接件数		件/h	50	75	20～30	80	120
冷却水消耗量		L/h	200	200	200	200	600
外形尺寸	长	mm	1520	1520	1800	2140	2300
	宽	mm	550	550	550	1360	1100
	高	mm	1080	1080	1150	1380	1820
重量		kg	360	445	465	2500	1900

(2) 对焊工艺

1) 工艺类别

钢筋闪光对焊的焊接工艺可分为连续闪光焊、预热闪光焊和闪光-预热闪光焊等，根据钢筋品种、直径、焊机功率、施焊部位等因素选用。见表 3-4-4。

钢筋闪光对焊工艺过程及适用条件　　表 3-4-4

工艺名称	工艺及适用条件	操作方法
连续闪光焊	连续闪光顶锻 适用于直径 20mm 以下的 HPB 235、HRB 335、HRB 400、RRB400 级钢筋	1. 先闭合一次电路，使两钢筋端面轻微接触，促使钢筋间隙中产生闪光，接着徐徐移动钢筋，使两钢筋端面仍保持轻微接触，形成连续闪光过程 2. 当闪光达到规定程度后（烧平端面，闪掉杂质，热至熔化），即以适当压力迅速进行顶锻挤压
预热闪光焊	预热、连续闪光顶锻 适于直径 20mm 以上的 HPB 235、HRB 335、HRB 400 级钢筋	1. 在连续闪光前增加一次预热过程，以扩大焊接热影响区 2. 闪光与顶锻过程同连续闪光焊
闪光-预热-闪光焊	一次闪光、预热 二次闪光、顶锻 适用于直径 20mm 以上的 HPB 235、HRB 335、HRB 400 级钢筋及 HRB 500 级钢筋	1. 一次闪光：将钢筋端面闪平 2. 预热：使两钢筋端面交替地轻微接触和分开，使其间隙发生断续闪光来实现预热，或使两钢筋端面一直紧密接触用脉冲电流或交替紧密接触与分开，产生电阻热（不闪光）来实现预锻 3. 二次闪光与顶锻过程同连续闪光焊
通电热处理	闪光-预热-闪光，通电热处理，适用于 HRB 500 级钢筋	1. 焊毕松开夹具，放大钳口距，再夹紧钢筋 2. 焊后停歇 30～60s，待接头温度降至暗黑色时，采取低频脉冲通电加热（频率 0.5～1.5 次/s，通电时间 5～7s） 3. 当加热至 550～600℃呈暗红色或橘红色时，通电结束松开夹具

2）工艺参数

为获得良好的对焊接头，应选择恰当的焊接参数，包括闪光留量、闪光速度、顶锻留量、顶锻速度、顶锻压力、调伸长度及变压器等级等。采用预热闪光焊时，还需增加预热留量。

① 调伸长度

调伸长度是指焊接前，两钢筋端部从电极钳口伸出的长度。调伸长度的选择与钢筋品种和直径有关，应使接头能均匀加热，并使钢筋顶锻时不致发生旁弯。调伸长度取值 HPB 235 级钢筋为 0.75～1.25d，HRB 335 与 HRB 400 级钢筋为 1.0～1.5d（d——钢筋直径）；直径小的钢筋取大值。

② 闪光留量与闪光速度

闪光（烧化）留量是指在闪光过程中，闪出金属所消耗的钢筋长度。闪光留量的选择，应使闪光过程结束时钢筋端部的热量均匀，并达到足够的温度。闪光留量取值：连续闪光焊为两钢筋切断时严重压伤部分之和，另加 8mm；预热闪光焊为 8～10mm；闪光-预热-闪光焊的一次闪光为两钢筋切断时刀口严重压伤部分之和，二次闪光为 8～10mm（直径大的钢筋取大值）。

闪光速度由慢到快，开始时近于零，而后约 1mm/s，终止时达 1.5～2mm/s。

③ 预热留量与预热频率

预热程度由预热留量与预热频率来控制。预热留量的选择，应使接头充分加热。预热留量取值：对预热闪光焊为 4～7mm，对闪光-预热-闪光焊为 2～7mm（直径大的钢筋取大值）。

预热频率取值：对 HPB 235 级钢筋宜高些；对 HRB 335、HRB 400 级钢筋宜适中（1～2次/s），以扩大接头处加热范围，减少温度梯度。

④ 顶锻留量、顶锻速度与顶锻压力

顶锻留量应使顶锻结束时，接头整个截面获得紧密接触，并有适当的塑性变形，一般宜取 4～6.5mm；顶段速度，开始 0.1s 应将钢筋压缩 2～3mm，而后断电并以 6mm/s 的速度继续顶锻至结束；顶锻压力应足以将全部的熔化金属从接头内挤出，不宜过大或过小，过大焊口会产生裂缝；过小焊口不紧密，易夹渣。

⑤ 变压器级次

变压器级次用以调节焊接电流大小。钢筋强度高或直径大，其级次要高。焊接时如火花过大并有强烈声响，应降低变压器级次。当电压降低 5%左右时，应提高变压器级次 1 级。

⑥ 连续闪光焊钢筋上限直径（表 3-4-5）

连续闪光焊钢筋上限直径 **表 3-4-5**

钢筋类别	焊机容量（kV·A）			
	160（150）	100	80（75）	40
	钢筋直径（mm）			
HPB 235	20	20	16	10
HRB 335	22	18	14	10
HRB 400	20	16	12	10

3）工艺要点

① 钢筋的对接焊接宜采用闪光对焊；其焊接工艺方法按下列规定选择：

当钢筋直接较小，钢筋牌号较低，在适用规范规定范围内，可采用“连续闪光焊”；

当超过表中规定，且钢筋端面较平整，宜采用“预热闪光焊”；

当超过表中规定，且钢筋端面不平整，应采用“闪光—预热闪光焊”。

在几种钢筋对焊方法比较中，闪光对焊具有工效高、材料省、费用低、质量好等优点，其工艺过程图解见图 3-4-2。

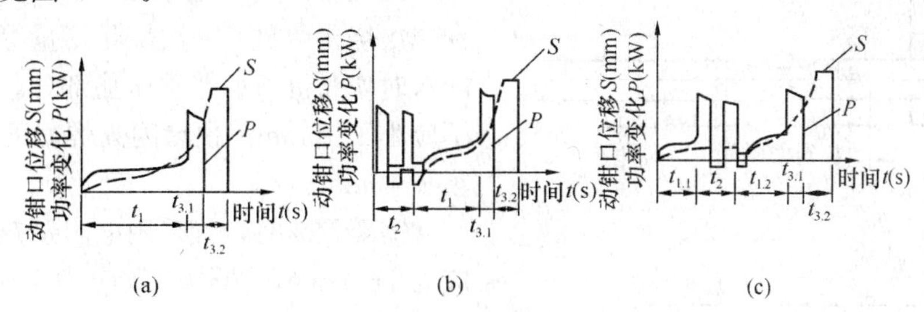

图 3-4-2　钢筋闪光对焊工艺过程图解

（a）连续闪光焊；（b）预热闪光焊；（c）闪光—预热闪光焊

t_1—烧化时间；$t_{1.1}$——次烧化时间；$t_{1.2}$—二次烧化时间；

t_2—预热时间；$t_{3.1}$—有电顶锻时间；$t_{3.2}$—无电顶锻时间

② 连续闪光焊所能焊接的钢筋上限直径，应根据焊机容量、钢筋牌号等具体情况而定，并应符合表 3-4-6 的规定。

连续闪光焊钢筋上限直径　　**表 3-4-6**

焊机容量（kV·A）	钢筋牌号	钢筋直径（mm）
160（150）	HPB235	20
	HRB335	22
	HRB400	20
	RRB400	20
100	HPB235	20
	HRB335	18
	HRB400	16
	HRB400	16
80（75）	HPB235	16
	HRB335	14
	HRB400	12
	RRB400	12
40	HPB235	10
	Q235	
	HRB335	
	HRB400	
	RRB400	

③ 闪光对焊时，应选择合适的调伸长度、烧化留量、顶锻留量以及变压器级数等焊接参数。连续闪光焊时的留量应包括烧化留量、有电顶锻留量和无电顶锻留量；闪光—预热闪光焊时的留量应包括：一次烧化留量、预热留量、二次烧化留量、有电顶锻留量和无电顶锻留量。见图 3-4-3。

调伸长度的选择，应随着钢筋牌号的提高和钢筋直径的加大而增长。主要是减缓接头的温度梯度，防止在热影响区产生淬硬组织。当焊接 HRB400、HRB500 钢筋时，调伸长度宜在 40～60mm 内选用。

烧化留量的选择，应根据焊接工艺方法确定。当连续闪光焊接时，烧化过程应较长。烧化留量应等于两根钢筋在断料时切断机刀口严重压伤部分（包括端面的不平整度），再加 8mm。

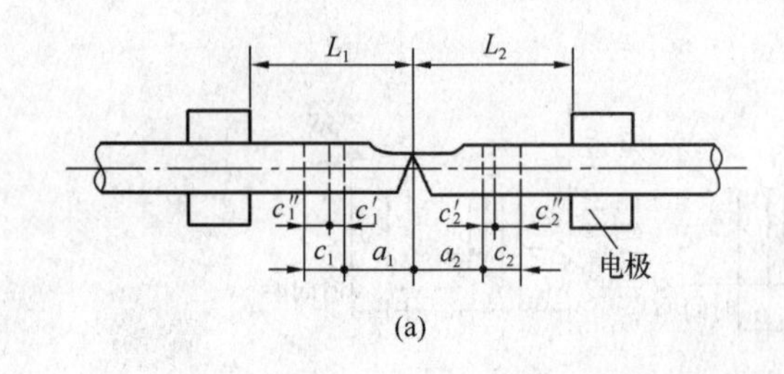

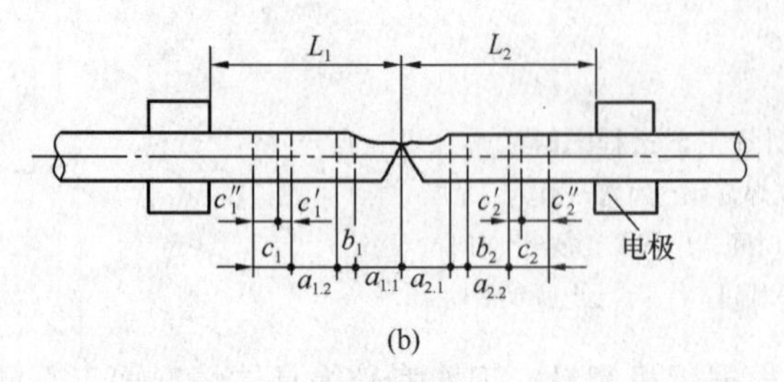

图 3-4-3　钢筋闪光对焊留量图解

(a) 连续闪光焊；L_1、L_2—调伸长度；a_1+a_2—烧化留量；c_1+c_2—顶锻留量；$c'_1+c'_2$—有电顶锻留量；$c''_1+c''_2$—无电顶锻留量；(b) 闪光—预热闪光焊；L_1、L_2—调伸长度；$a_{1.1}+a_{2.1}$—一次烧化留量；$a_{1.2}+a_{2.2}$—二次烧化留量；b_1+b_2—预热留量；$c'_1+c'_{12}$—有电顶锻留量；$c''_1+c''_2$—无电顶锻留量

闪光—预热闪光焊时，应区分一次烧化留量和二次烧化留量。一次烧化留量等于两根钢筋在断料时切断机刀口严重压伤部分，二次烧化留量不应小于 10mm。预热闪光焊时的烧化留量不应小于 10mm。

需要预热时，宜采用电阻预热法。预热留量应为 1～2mm，预热次数应为 1～4 次；每次预热时间应为 1.5～2s，间歇时间应为 3～4s。

顶锻留量应为 4～10mm，并应随钢筋直径的增大和钢筋牌号的提高而增加。其中，有电顶锻留量约占 1/3，无电顶锻留量约占 2/3，焊接时必须控制得当。

焊接 HRB500 钢筋时，顶锻留量宜稍为增大，以确保焊接质量。

顶锻留量是一重要的焊接参数。顶锻留量太大，会形成过大的镦粗头，容易产生应力集中；太小又可能使焊缝结合不良，降低了强度。经验证明，顶锻留量以 4～10mm 为宜。

④ 变压器级数应根据钢筋牌号、直径、焊机容量以及焊接工艺方法等具体情况选择。若变压器级数太低，次级电压也低，焊接电流小，就会使闪光困难，加热不足，更不能利用闪光保护焊口免受氧气；相反，如果变压器级数太高，闪光过强，也会使大量热量被金属微粒带走，钢筋端部温度升不上去。

⑤ RRB400 钢筋闪光对焊时，与热轧钢筋比较，应减小调伸长度，提高焊接变压器级数，缩短加热时间，快速顶锻，形成快热快冷条件，使热影响区长度控制在钢筋直径的 0.6 倍范围之内。

⑥ HRB500 钢筋焊接时，应采用预热闪光焊或闪光—预热闪光焊工艺。当接头拉伸试验结果发生脆性断裂，或弯曲试验不能达到规定要求时，尚应在焊机上进行焊后热处理。

焊后热处理工艺应符合下列要求：

待接头冷却至常温，将电极钳口调至最大间距，重新夹紧；

应采用最低的变压器级数，进行脉冲式通电加热；每次脉冲循环，应包括通电时间和间歇时间，并宜为 3s；

焊后热处理温度应在 750～850℃之间，随后在环境温度下自然冷却。

⑦ 采用 UN2-150 型对焊机（电动机凸轮传动）或 UN17-150-1 型对焊机（气-液压传动）进行大直径钢筋焊接时，宜首先采取锯割或气害方式对钢筋端面进行平整处理；然后，采取预热闪光焊工艺。

⑧ 封闭环式箍筋采用闪光对焊时，钢筋断料宜采用无齿锯切割，断面应平整。当箍筋直径为 12mm 及以上时，宜采用 UN1-75 型对焊机和连续闪光焊工艺；当箍筋直径为 6～10mm，可使用 UN1-40 型对焊机，并应选择较大变压器级数。

⑨ 在闪光对焊生产中，当出现异常现象或焊接缺陷时，应查找原因，采取措施，及时消除。

⑩ 钢筋闪光对焊的操作要点是：

预热要充分；

顶锻前瞬间闪光要强烈；

顶锻快而有力。

闪光对焊的异常现象、焊接缺陷及消除措施见表 3-4-7。

闪光对焊异常现象、焊接缺陷及消除措施　　表 3-4-7

异常现象和焊接缺陷	措　施
烧化过分剧烈并产生强烈的爆炸声	1. 降低变压器级数； 2. 减慢烧化速度
闪光不稳定	1. 清除电极底部和表面的氧化物； 2. 提高变压器级数； 3. 加快烧化速度
接头中有氧化膜、未焊透或夹渣	1. 增大预热程度； 2. 加快临近顶锻时的烧化程度； 3. 确保带电顶锻过程； 4. 加快顶锻速度； 5. 增大顶锻压力
接头中有缩孔	1. 降低变压器级数； 2. 避免烧化过程过分强烈； 3. 适当增大顶锻留量及顶锻压力
焊缝金属过烧	1. 减小预热程度； 2. 加快烧化速度，缩短焊接时间； 3. 避免过多带电顶锻
接头区域裂纹	1. 检验钢筋的碳、硫、磷含量；若不符合规定时应更换钢筋； 2. 采取低频预热方法，增加预热程度
钢筋表面微熔及烧伤	1. 消除钢筋被夹紧部位的铁锈和油污； 2. 消除电极内表面的氧化物； 3. 改进电极槽口形状，增大接触面积； 4. 夹紧钢筋
接头弯折或轴线偏移	1. 正确调整电极位置； 2. 修整电极钳口或更换已变形的电极； 3. 切除或矫直钢筋的接头

4）注意事项

① 焊接前应检查焊机各部件和接地情况，调整变压器级次，开放冷却水，合上电闸，才可开始工作。

② 钢筋端头应顺直，在端部 15cm 范围内的铁锈、油污等应清除干净，避免因接触不良而打火烧伤钢筋表面。端头处如有弯曲，应进行调直或切除。两钢筋应处在同一轴线上，其最大偏差不得超过 0.5mm。

③ 对 HRB 335、HRB 400 级钢筋采用预热闪光焊时，应做到一次闪光，闪平为准；预热充分，频率要高；二次闪光，短、稳、强烈；顶锻过程，快而有力。对 HRB 500 级钢筋，为避免在焊缝和热影响区产生氧化缺陷、过热和淬硬脆裂现象，焊接时，要掌握好温度、焊接参数，操作要做到一次闪光，闪平为准，预热适中，频率中低；二次闪光，短、稳、强烈；顶锻过程，快而用力得当。对 45 硅锰矾钢筋，尚需焊后进行通电热处理。

④ 不同直径的钢筋焊接时，其直径之比不能大于 1.5；同时应注意使两者在焊接过程中加热均匀。焊接时按大直径钢筋选择焊接参数。

⑤ 负温（不低于－20℃）下闪光对焊，应采用弱参数。焊接场地应有防风、防雨措施，使

室内保持 0℃以上温度，焊后接头部位不应骤冷，应采用石棉粉保温，避免接头冷淬、脆裂。

⑥ 对焊完毕，应稍停 3～5s，待接头处颜色由白红色变为黑红色后，才能松开夹具，平稳取出钢筋，以防焊区弯曲变形；同时要趁热将焊缝的毛刺打掉。

⑦ 当调换焊工或变换钢筋牌号和直径时，应按规定制作对焊试样（不少于 2 个）做冷弯试验，合格后才能成批焊。

3. 钢筋电弧焊

电弧焊是利用两个电极（焊条与焊件）的末端放电现象，产生电弧高温，集中热量熔化钢筋端面和焊条末端，使焊条金属熔化在接头焊缝内，冷凝后形成焊缝，将金属结合在一起。

适于没有对焊设备，或因电源不足或者其他原因不能采用接触对焊时采用。但电弧焊接头不能用于承受动力荷载的构件（如吊车梁等）；搭接帮条电弧焊接头不宜用于预应力钢筋接头。

（1）基本规定

钢筋电弧焊包括帮条焊、搭接焊、坡口焊和熔槽帮条焊等接头形式。焊接时应符合下列要求：

1）应根据钢筋牌号、直径、接头形式和焊接位置，选择焊条、焊接工艺和焊接参数；

2）焊接时，引弧应在垫板、帮条或形成焊缝的部位进行，不得烧伤主筋；

3）焊接地线与钢筋应接触紧密；

4）焊接过程中应及时清渣，焊缝表面应光滑，焊缝余高应平缓过渡，弧坑应填满。

（2）机具设备

主要设备为弧焊机，分交流、直流两类。交流弧焊机结构简单，价格低廉，保养维修方便；直流弧焊机焊接电流稳定，焊接质量高，但价格高。常用两类电焊机的主要技术性能见表 3-4-8 和表 3-4-9。当有的焊件要求采用直流焊条焊接时，或网路电源容量很小，要求三相用电均衡时，应选用直流弧焊机。弧焊机容量的选择可按照需要的焊接电流选择（型号后的数字即表示其容量）。

1）交流弧焊机（弧焊变压器）

常用交流弧焊机技术数据，见表 3-4-8。

常用交流弧焊机的技术数据　　表 3-4-8

项目		单位	型号				
			BX1-200	BX1-400	BX2-1000	BX3-300-2	BX3-500-2
初级电压		V	220/380	380	220/380	220/380	220/380
额定初级电流		A	70/40	83	340/196	105/61.9	176/101.4
额定初级容量		kV·A	15	31.4	76	23.4	38.6
100%负载持续率时容量		kV·A	9	24.4	59	18.5	30.5
额定焊接电流		A	200	400	1000	300	500
焊接电流调节范围		A	40～240	100～480	400～1200	40～400	60～655
次级空载电压		V	70	77	69～78	70～78	70～75
额定工作电压		V	28	24～36	42	32	40
额定负载持续率		%	35	60	60	60	60
100%负载持续率时焊接电流		A	118	310	775	232	388
效率		%	80	84.5	90	82.5	87
功率因数			0.45	0.55		0.53	0.62
使用焊条直径		mm	2～5	3～7		2～7	2～8
外形尺寸	长	mm	356	640	741	730	730
	宽	mm	320	390	950	540	540
	高	mm	546	764	1220	900	900
重量		kg	50	144	560	186	225

交流弧焊机使用时，常见故障及消除方法见表 3-4-9。

交流弧焊机常见故障及消除方法 **表 3-4-9**

故障现象	产生原因	消除方法
变压器过热	1. 变压器过载 2. 变压器绕组短路	1. 降低焊接电流 2. 消除短路处
导线接线处过热	接线处接触电阻过大或接线螺栓松动	将接线松开，用砂纸或小刀将接触面清理出金属光泽，然后旋紧螺栓
手柄摇不动，次级绕组无法移动	次级绕组引出电缆卡住或挤在次级绕组中，螺套过紧	拨开引出电缆，使绕组能顺利移动；松开紧固螺母，适当调节螺套，再旋紧紧固螺母
可动铁芯在焊接时发出响声	可动铁芯的制动螺栓或弹簧太松	旋紧螺栓，调整弹簧
焊接电流忽大忽小	动铁芯在焊接时位置不固定	将动铁芯调节手柄固定或将铁芯固定
焊接电流过小	1. 焊接导线过长、电阻大 2. 焊接导线盘成盘形，电感大 3. 电缆线接头与工件接触不良	1. 减短导线长度或加大线径 2. 将导线放开，不要成盘形 3. 使接头处接触良好

2）直流弧焊机

直流弧焊机按其工作原理和构造的不同，有直流弧焊发电机、硅弧焊整流器、晶闸管弧焊整流器、晶体管弧焊整流器等多种类型。

直流弧焊发电机坚固耐用，不易出故障，工作电流稳定。但是，由于它效率低、电能消耗多、噪声大，故现已很少生产由电动机驱动的产品。在野外作业，常用由内燃机驱动的直流弧焊发电机。

几种弧焊整流器的技术数据，见表 3-4-10。

常用弧焊整流器的技术数据 **表 3-4-10**

项目		单位	型号					
			GS-400SS	GS-500SS	LHF-250	LHF-400	ZX5-250	ZX5-400
初级电压		V	220/380	220/380	220/380	220/380	380	380
额定初级电流		A	88/51	102/59	22/12.5	36/21	27	37
额定初级容量		kV·A	33.6	38.8	—	—	14	24
额定焊接电流		A	400	500	250	400	250	400
焊接电流调节范围		A	20～510	20～652	8～250	8～400	25～250	40～400
次级空载电压		V	70	70	76～84	80～87	—	—
额定工作电压		V	36	40	20～30	20～36	21～30	21～36
额定负载持续率		%	60	60	35	35	60	60
100%负载持续时焊接电流		A	310	387	160	250	194	310
效率		%	71	76	64	69	—	78
功率因数			0.62	0.62	0.74	0.66	0.75	0.75
外形尺寸	长	mm	908	908	—	—	780	1000
	宽	mm	565	565	—	—	400	530
	高	mm	760	760	—	—	440	440
重量		kg	218	250	140	165	150	200

3）电弧焊条选用

电弧焊所采用的焊条，其性能应符合现行国家标准《非合金钢及晶粒钢焊条》GB/T 5117 或《强热钢焊条》GB/T 5118 的规定，其型号应根据设计确定。如设计无规定，可按表 3-4-11

选用。

钢筋电弧焊焊条型号 表 3-4-11

钢筋牌号	电弧焊接头形式			
	帮条焊 搭接焊	坡口焊熔槽帮条焊 预埋件穿孔塞焊	钢筋与钢板搭接焊 预埋件T形角焊	窄间 隙焊
HPB 235	E 4303	E 4303	E 4303	E 4316 E 4315
HRB 335	E 4303	E 5003	E 4303	E 5016 E 5015
HRB 400	E 5003	E 5503	E 5003	E 6016 E 6015

当采用低氢型碱性焊条时，应按使用说明书的要求烘焙；酸性焊条若在运输或存放中受潮，使用前也应烘焙后方可使用。

(3) 焊接工艺

1) 帮条焊和搭接焊

帮条焊和搭接焊宜采用双面焊。当不能进行双面焊时，可采用单面焊，见图 3-4-4 和图 3-4-5。当帮条牌号与主筋相同时，帮条直径可与主筋相同或小一个规格；当帮条直径与主筋相同时，帮条牌号可与主筋相同或低一个牌号。

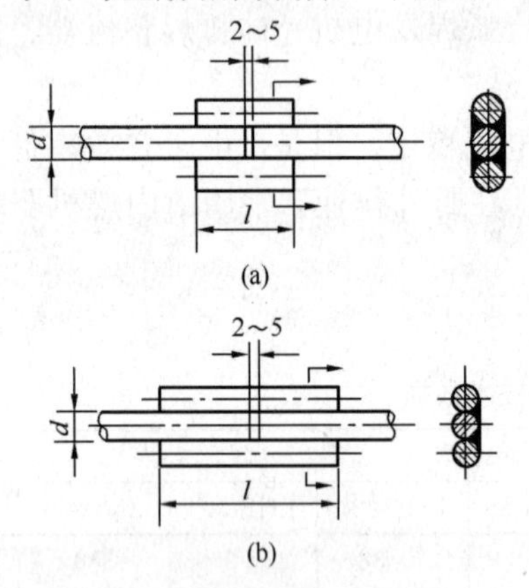

图 3-4-4 钢筋帮条焊接头

(a) 双面焊；(b) 单面焊

d—钢筋直径；l—帮条长度

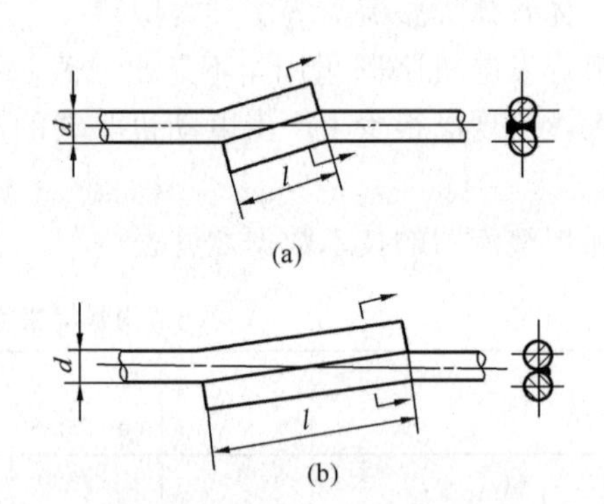

图 3-4-5 钢筋搭接焊接头

(a) 双面焊；(b) 单面焊

d—钢筋直径；l—搭接长度

① 施焊前，钢筋的装配与定位，应符合下列要求：

采用帮条焊时，两主筋端面之间的间隙应为 2～5mm。

帮条宜采用与主筋同牌号、同直径的钢筋制作，帮条长度 l 应符合表 3-4-12 的规定。

钢筋帮条长度 表 3-4-12

钢筋牌号	焊缝型式	帮条长度 l
HPB 235	单面焊	≥8d
	双面焊	≥4d
HRB 335 HRB 400 RRB400	单面焊	≥10d
	双面焊	≥5d

注：d 为主筋直径（mm）。

采用搭接焊时，焊接端钢筋应预弯，并应使两钢筋的轴线在一直线上。

帮条和主筋之间应采用四点定位焊固定（图 3-4-6a）；搭接焊时，应采用两点固定（图 3-4-6b）；定位焊缝与帮条端部或搭接端部的距离应大于或等于 20mm。

帮条焊接头或搭接焊接头的焊缝厚度 s 不应小于主筋直径的 0.3 倍；焊缝宽度 b 不应小于主筋直径的 0.8 倍（图 3-4-7）。

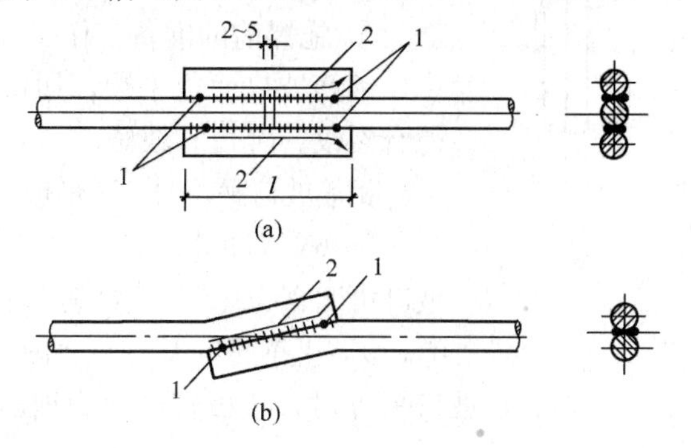

图 3-4-6　帮条焊与搭接焊的定位

（a）帮条焊；（b）搭接焊

1—定位焊缝；2—弧坑拉出方位

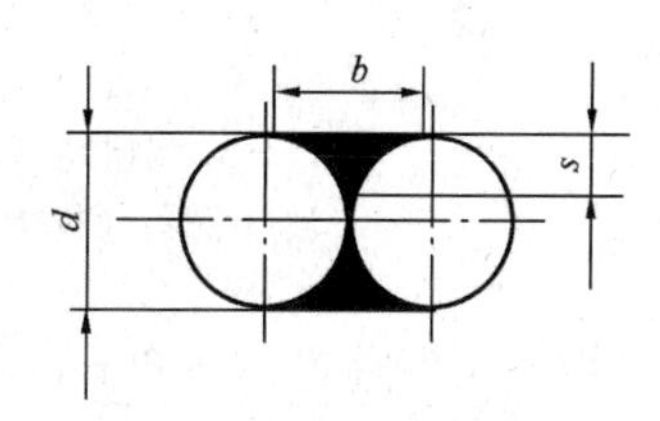

图 3-4-7　焊缝尺寸示意图

b—焊缝宽度；s—焊缝厚度；

d—钢筋直径

钢筋与钢板搭接焊时，搭接长度见表 3-4-2。焊缝宽度不得小于钢筋直径的 0.5 倍，焊缝厚度不得小于钢筋直径的 0.35 倍。

② 施焊时，应在帮条焊或搭接焊形成焊缝中引弧；在端头收弧前应填满弧坑，并应使主焊缝与定位焊缝的始端和终端熔合。多层施焊第一层焊接电流宜稍大，以增加熔化深度，每焊完一层应即清渣。焊接时应按焊件形状、接头形式、施焊方法、焊件尺寸等确定焊条直径与焊接电流的强弱，可参照表 3-4-13 采用。

焊条直径与焊接电流的选择　　　　**表 3-4-13**

帮条焊、搭接焊			
焊接位置	钢筋直径（mm）	焊条直径（mm）	焊接电流（A）
平　焊	10～12 14～22 25～32 36～40	3.2 4.0 5.0 5.0	90～130 130～180 180～230 190～240
立　焊	10～12 14～22 25～32 36～40	3.2 4.0 5.0 5.0	80～110 110～150 120～170 170～220
坡　口　焊			
焊接位置	钢筋直径（mm）	焊条直径（mm）	焊接电流（A）
平　焊	16～20 22～25 28～32 36～40	3.2 4.0 5.0 5.0	140～170 170～190 190～220 200～230
立　焊	16～20 22～25 28～32 36～40	3.2 4.0 4.0 5.0	120～150 150～180 180～200 190～210

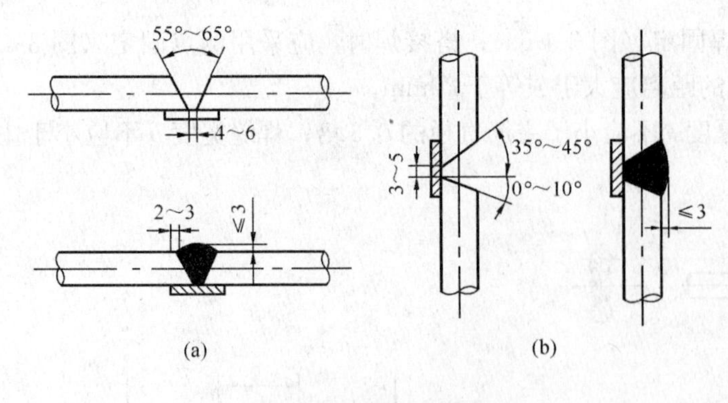

图 3-4-8 钢筋坡口接头
（a）坡口平焊；（b）坡口立焊

2）坡口焊

坡口焊适用于装配式框架结构安装中的柱间节点或梁与柱的节点焊接。

① 施焊前的准备工作

钢筋坡口面应平顺，切口边缘不得有裂纹、钝边和缺棱。

钢筋坡口平焊时，V 形坡口角度宜为 55°～65°（图 3-4-8a）；坡口立焊时，坡口角度宜为 40°～55°，其中下钢筋为 0°～10°，上钢筋为 35°～45°（图 3-4-8b）。

钢垫板的长度宜为 40～60mm，厚度宜为 4～6mm；坡口平焊时，垫板宽度应为钢筋直径加 10mm；立焊时，垫板宽度宜等于钢筋直径。

钢筋根部间隙，坡口平焊时宜为 4～6mm；立焊时，宜为 3～5mm；其最大间隙均不宜超过 10mm。

② 坡口焊工艺

焊缝根部、坡口端面以及钢筋与钢板之间均应熔合。焊接过程中应经常清渣。钢筋与钢垫板之间，应加焊 2～3 层侧面焊缝。

焊缝的宽度应大于 V 形坡口的边缘 2～3mm，焊缝余高不得大于 3mm，并宜平缓过渡至钢筋表面。

坡口焊：焊前应将接头处清除干净，并进行定位焊，由坡口根部引弧，分层施焊做之字形运弧，逐层堆焊，直至略高出钢筋表面，焊缝根部、坡口端面及钢筋与钢垫板之间均应熔合良好，咬边应予补焊。为防止接头过热，采用几个接头轮流焊接。

坡口立焊：先在下部钢筋端面上引弧堆焊一层，然后快速短小的横向施焊，将上下钢筋端部焊接。当采用 K 形坡口焊时，应在坡口两面交替轮流施焊。

当发现接头中有弧坑、气孔及咬边等缺陷时，应立即补焊。HRB 400 级钢筋接头冷却后补焊时，应采用氧乙炔焰预热。

3）熔槽帮条焊

熔槽帮条焊宜用于直径 20mm 及以上的钢筋的现场安装焊接。焊接时应加角钢作垫板模，角钢边长宜为 40～60mm，长度宜为 80～100mm。接头形式见图 3-4-9。

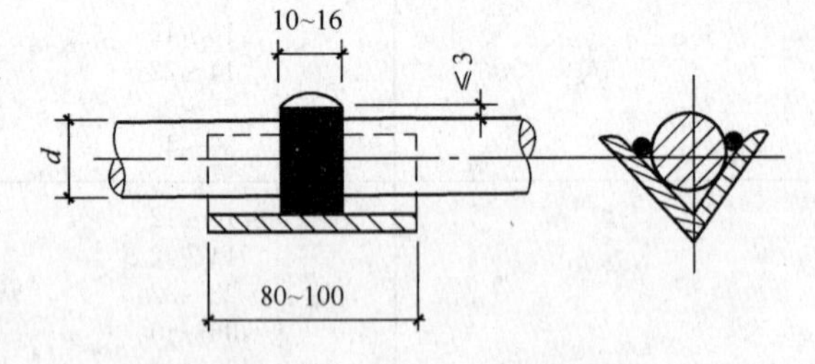

图 3-4-9 钢筋熔槽帮条焊

焊接工艺应符合下列要求：

① 钢筋端头应加工平整，两根钢筋端面的间隙应为10～16mm。

② 从接缝处垫板引弧后应连续施焊，并应使钢筋端头熔合，防止未焊透、气孔或夹渣。

③ 焊接过程中应停焊清渣一次，焊平后再进行焊缝余高的焊接，其高度不得大于 3mm。

④ 钢筋与角钢垫板之间，应加焊侧面焊缝 1～3 层，焊缝应饱满，表面应平整。

4）钢筋与钢板 T 型接头焊接

T 形接头适用于预埋件，分角焊和穿孔塞焊两种，见图3-4-10。装配和焊接应符合以下要求：

① 钢板厚度 δ 不宜小于钢筋直径的 0.6 倍，且不应小于 6mm。

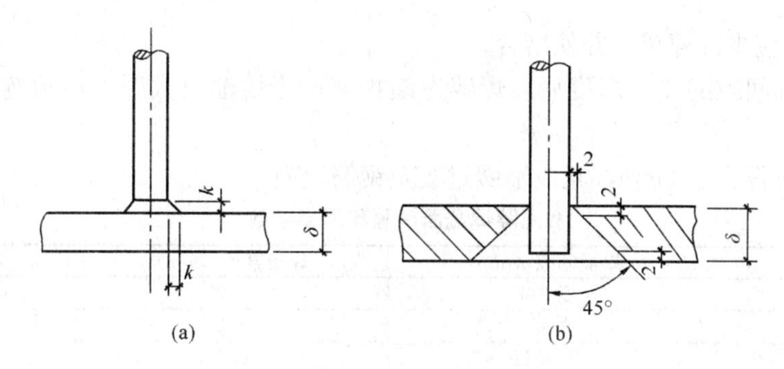

图 3-4-10　T 形接头

（a）角焊；（b）穿孔塞焊

k—焊脚

② 钢筋应采用 HPB 235、HPB 335 级；受力锚固钢筋的直径不宜小于 8mm，构造锚固钢筋的直径不宜小于 6mm。在一般情况下，锚固钢筋直径在 18mm 以内的，可采用角焊；直径大于 18mm 的，宜采用穿孔塞焊。

③ 当采用 HPB 235 级钢筋时，角焊缝焊脚 k 不得小于钢筋直径的 0.5 倍；采用 HRB 335 级钢筋时，焊脚 k 不得小于钢筋直径的 0.6 倍。

④ 施焊中不得使钢筋咬边和烧伤。

⑤ 采用穿孔塞焊时，钢板的孔洞应做成喇叭口，其内口直径应比钢筋直径 d 大 4mm，倾斜角度为 45°，钢筋缩进 2mm。

在采用穿孔塞焊中，当需要时，可在内侧加焊一圈角焊缝，以提高接头强度，见图 3-4-11。

5）钢筋与钢板搭接焊

钢筋与钢板搭接焊时，焊接接头（图 3-4-12）应符合下列要求：

① HPB235 钢筋的搭接长度（l）不得小于 4 倍钢筋直径，HRB335 和 HRB400 钢筋搭接长度（l）不得小于 5 倍钢筋直径；

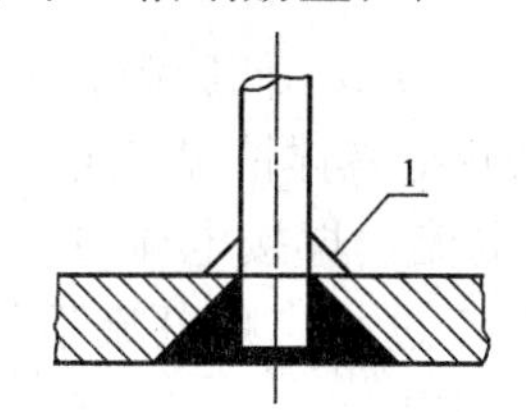

图 3-4-11　穿孔塞焊

1—内侧加焊角焊缝

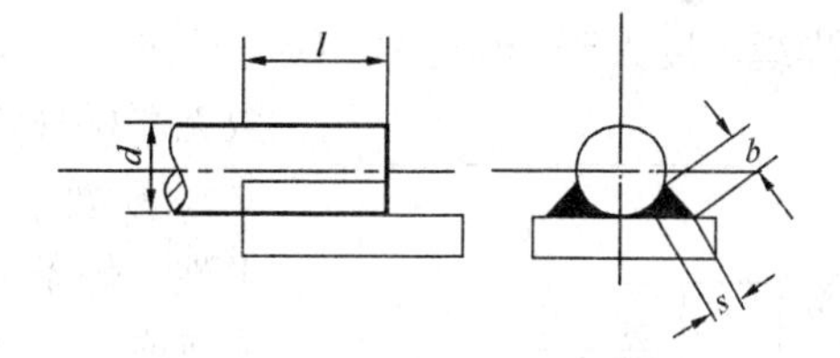

图 3-4-12　钢筋与钢板搭接焊接头

d—钢筋直径；l—搭接长度；

b—焊缝宽度；s—焊缝厚度

② 焊缝宽度不得小于钢筋直径的 0.6 倍，焊缝厚度不得小于钢筋直径的 0.35 倍。

6）窄间隙焊接

窄间隙焊适用于直径 16mm 及以上钢筋的现场水平连接。焊接时，钢筋端部应置于铜模中，并应留出一定间隙，用焊条连续焊接，熔化钢筋端面和使熔敷金属填充间隙，形成接头（图 3-4-13）；其焊接工艺应符合下列要求：

① 钢筋端面应平整；

② 应选用低氢型碱性焊条，其型号应符合表 3-4-1 规定；

③ 端面间隙和焊接参数可按表 3-4-14 选用；

④ 从焊缝根部引弧后应连续进行焊接，左右来回运弧，

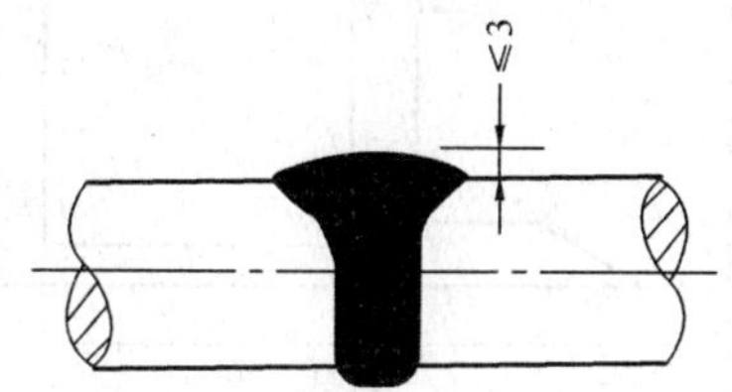

图 3-4-13　钢筋窄间隙焊接头

在钢筋端面处电弧应少许停留，并使熔合；

⑤ 当焊至端面间隙的 4/5 高度后，焊缝逐渐扩宽；当熔池过大时，应改连续焊为断续焊，避免过热；

⑥ 焊缝余高不得大于 3mm，且应平缓过渡至钢筋表面。

窄间隙焊端面间隙和焊接参数 表 3-4-14

钢筋直径（mm）	端面间隙（mm）	焊条直径（mm）	焊接电流（A）
16	9～11	3.2	100～110
18	9～11	3.2	100～110
20	10～12	3.2	100～110
22	10～12	3.2	100～110
25	12～14	4.0	150～160
28	12～14	4.0	150～160
32	12～14	4.0	150～160
36	13～15	5.0	220～230
40	13～15	5.0	220～230

7）注意事项

① 焊接前须清除焊件表面油污、铁锈、熔渣、毛刺、残渣及其他杂质。

② 帮条焊应用 4 条焊缝的双面焊，有困难时，才采用单面焊。帮条总截面面积不应小于被焊钢筋截面积的 1.2 倍（HPB 235 级钢筋）和 1.5 倍（HRB 335、HRB 400、RRB 400 级钢筋）。帮条宜采用与被焊钢筋同牌号、直径的钢筋，并使两帮条的轴线与被焊钢筋的中心处于同一平面内，如和被焊钢筋牌号不同时，应按钢筋设计强度进行换算。

③ 搭接焊亦应采用双面焊，在操作位置受阻时才采用单面焊。

④ 钢筋坡口加工宜采用氧乙炔焰切割或锯割，不得采用电弧切割。

⑤ 钢筋坡口焊应采取对称、等速施焊和分层轮流施焊等措施，以减少变形。

⑥ 焊条使用前应检查药皮厚度，有无脱落，如受潮，应先在 100～350℃下烘 1～3h 或在阳光下晒干。

⑦ 中碳钢焊缝厚度大于 5mm 时，应分层施焊，每层厚 4～5mm。低碳钢和 20 锰钢焊接层数无严格规定，可按焊缝具体情况确定。

⑧ 要注意调节电流，焊接电流过大，容易咬肉、飞溅、焊条发红；电流过小，则电流不稳定，会出现夹渣或未焊透现象。

⑨ 引弧时应在帮条或搭接钢筋的一端开始；收弧时应在帮条或搭接钢筋的端头上。第一层应有足够的熔深，主焊缝与定位缝结合应良好，焊缝表面应平顺，弧坑应填满。

⑩ 负温条件下进行 HRB 335、HRB 400、RRB 400 级钢筋焊接时，应加大焊接电流（较夏季增大 10%～15%），减缓焊接速度，使焊件减小温度梯度并延缓冷却。同时从焊件中部起弧，逐步向端步运弧，或在中间先焊一段焊缝，以使焊件预热，减小温度梯度。

4. 钢筋电阻点焊

混凝土结构中的钢筋焊接骨架和钢筋焊接网，宜采用电阻点焊制作。

（1）机具设备

1）单头点焊机（图 3-4-14）

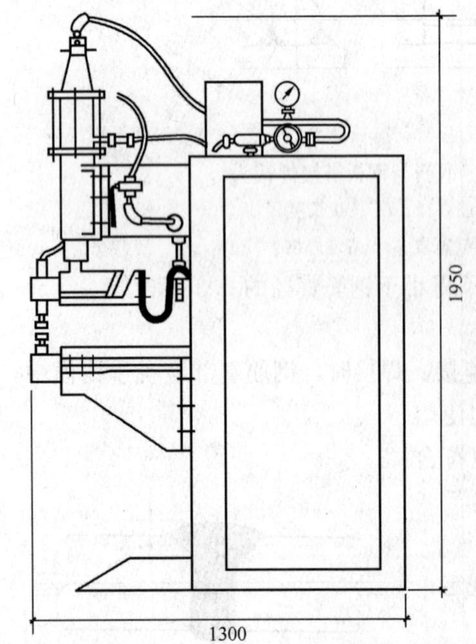

图 3-4-14 DN_3-75 型气压传动式点焊机

其技术性能见表 3-4-15。

常用点焊机技术性能　　表 3-4-15

项次	项目		单位	焊机型号					
				SO 232A		SO432A		DN_3-75	DN_3-100
1	传动方式			气压传动式					
2	额定容量		kV·A	17		21		75	100
3	额定电压		V	380		380		380	380
4	额定暂载率		%	50		50		20	20
5	初级额定电流		A	45		82		198	263
6	较小钢筋最大直径		mm	8～10		10～12		8～10	10～12
7	每小时最大焊点数		点/h	900		1800		3000	1740
8	次级电压调节范围		V	1.8～3.6		2.5～4.6		3.33～6.66	3.65～7.3
9	次级电压调节级数		级	6		8		8	8
10	电极臂有效伸长距离		mm	230	550	500	800	800	800
11	上电极	工作行程	mm	10～40	22～89	40～120	56～170	20	20
		辅助行程						80	80
12	电极间最大压力		kN	2.64	1.18	2.76	1.95	6.5	6.5
13	电极臂间距离		mm			190～310		380～530	
14	下电极臂垂直调节		mm	190～310		150		150	150
15	压缩空气	压力	MPa	0.6		0.6		0.55	0.55
		消耗量	m^3/h	2.15		1		15	15
16	冷却水消耗量		L/h	160		160		400	700
17	重量		kg	160		225		800	850
18	外形尺寸	长	mm	765		860		1610	1610
		宽	mm	400		400		730	730
		高	mm	1405		1405		1460	1460

2）钢筋焊接网成型机

钢筋焊接网成型机是钢筋焊接网生产线的专用设备，采用微机控制。能焊接总宽度不大于 3.4m、总长度不大于 12m 的钢筋网。GWC 系列钢筋焊接网成型机的技术性能，见表 3-4-16。

GWC 系列钢筋网成型机主要技术性能　　表 3-4-16

型号		GWC 1250	GWC 1650	GWC 2400	GWC 3300
最大网宽（mm）		1300	1700	2600	3400
焊接钢筋直径（mm）		1.5～4	2～8	4～12	4～12
网格宽度（mm）	纵向	≥50	≥50	≥100	≥100
	横向	≥20	≥50	≥50	≥50
工作频率（1/min）		30～90	40～100	40～100	40～100
焊点数（点）		≥26	≥34	≥26	≥34

（2）工艺要点

1）钢筋焊接骨架和钢筋焊接网可用 HPB 235、HRB 335、HRB 400、CRB 500 级钢筋制成。当两根钢筋直径不同时，焊接骨架较小钢筋直径小于或等于 10mm 时，大、小钢筋直径之比不宜大于 3；当较小钢筋直径为 12～16mm 时，大、小钢筋直径之比不宜大于 2。焊接网较小钢筋直径不得小于较大钢筋直径的 0.6 倍。

2）电阻点焊的工艺过程中应包括预压、通电、锻压三个阶段，见图 3-4-15。

3）电阻点焊应根据钢筋牌号、直径及焊机性能等具体情况，选择合适的变压器级数、焊接通电时间和电极压力。

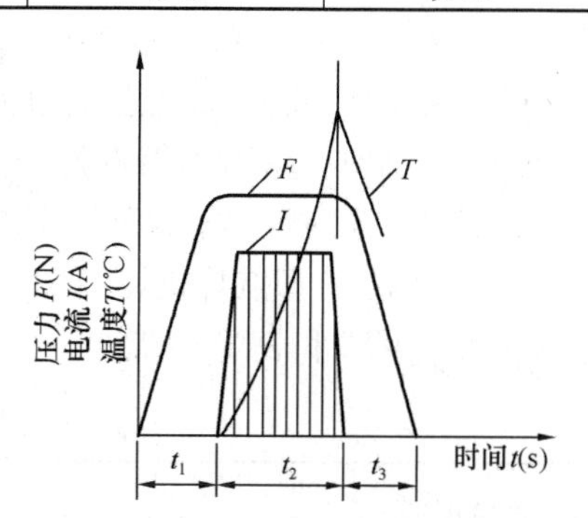

图 3-4-15　点焊过程示意图

t_1—预压时间；t_2—通电时间；t_3—锻压时间

4）焊点的压入深度应为较小钢筋直径的18%～25%。

5）钢筋多头点焊机宜用于同规格焊接网的成批生产。当点焊生产时，除符合上述规定外，尚应准确调整好各个电极之间的距离、电极压力，并应经常检查各个焊点的焊接电流和焊接通电时间。

当采用钢筋焊接网成型机组进行生产时，应按设备使用说明书中的规定进行安装、调试和操作，根据钢筋直径选用合适电极压力和焊接通电时间。

6）在点焊生产中，应经常保持电极与钢筋之间接触面的清洁平整；当电极使用变形时，应及时修整。

7）钢筋点焊生产过程中，随时检查制品的外观质量，当发现焊接缺陷时，应查找原因并采取措施，及时消除。

点焊制品焊接缺陷及消除措施见表3-4-17。

点焊制品焊接缺陷及消除措施　　表3-4-17

缺陷	产生原因	措施
焊点过烧	1. 变压器级数过高； 2. 通电时间太长； 3. 上下电极不对中心； 4. 继电器接触失灵	1. 降低变压器级数； 2. 缩短通电时间； 3. 切断电源，校正电极； 4. 清理触点，调节间隙
焊点脱落	1. 电流过小； 2. 压力不够； 3. 压入深度不足； 4. 通电时间太短	1. 提高变压器系数； 2. 加大弹簧压力或调大气压； 3. 调整两电极间距离符合压入深度要求； 4. 延长通电时间
钢筋表面烧伤	1. 钢筋和电极接触表面太脏； 2. 焊接时没有预压过程或预压力过小； 3. 电流过大； 4. 电极变形	1. 清刷电极与钢筋表面的铁锈和油污； 2. 保证预压过程和适当的预压力； 3. 降低变压器级数； 4. 修理或更换电极

（3）焊接参数

1）当焊接不同直径的钢筋时，焊接网的纵向与横向钢筋的直径应符合下式要求：

$$d_{min} \geqslant 0.6 d_{max} \tag{3-4-1}$$

2）在焊接过程中应保持一定的预压时间和锻压时间。

3）根据焊接电流大小和通电时间长短，可分为强参数工艺和弱参数工艺。强参数工艺的电流强度较大（120～360A/mm^2），而通电时间很短（0.1～0.5s）；这种工艺的经济效果好，但点焊机的功率要大。弱参数工艺的电流强度较小（80～160A/mm^2），而通电时间较长（>0.5s）。点焊热轧钢筋时，除因钢筋直径较大而焊机功率不足需采用弱参数外，一般都可采用强参数，以提高点焊效率。点焊冷处理钢筋时，为了保证点焊质量，必须采用强参数。

采用DN_3-75型点焊机焊接HPB 235级钢筋和冷拔光圆钢丝时，焊接通电时间和电极压力分别见表3-4-18和表3-4-19。

采用DN_3-75型点焊机焊接通电时间（s）　　表3-4-18

变压器级数	较小钢筋直径（mm）						
	3	4	5	6	8	10	12	14
1	0.08	0.10	0.12					
2	0.05	0.06	0.07					

续表

变压器级数	较小钢筋直径（mm）							
	3	4	5	6	8	10	12	14
3				0.22	0.70	1.50		
4				0.20	0.60	1.25	2.50	4.00
5					0.50	1.00	2.00	3.50
6					0.40	0.75	1.50	3.00
7						0.50	1.20	2.50

注：点焊 HRB 335 级钢筋或冷轧带肋钢筋时，焊接通电时间可延长 20%～25%。

采用 DN_3-75 型点焊机电极压力（N） **表 3-4-19**

较小钢筋直径（mm）	HPB 235 级钢筋冷拔光圆钢丝	HRB 335 级钢筋冷轧带肋钢筋
3	980～1470	—
4	980～1470	1470～1960
5	1470～1960	1960～2450
6	1960～2450	2450～2940
8	2450～2940	2940～3430
10	2940～3920	3430～3920
12	3430～4410	4410～4900
14	3920～4900	4900～5880

5. 钢筋电渣压力焊

电渣压力焊是将钢筋的待焊端部置于焊剂的包围之中，通过引燃电弧加热，最后在断电的同时，迅速将钢筋进行顶压，使上、下钢筋焊接成一体的一种焊接方法（图 3-4-16）。

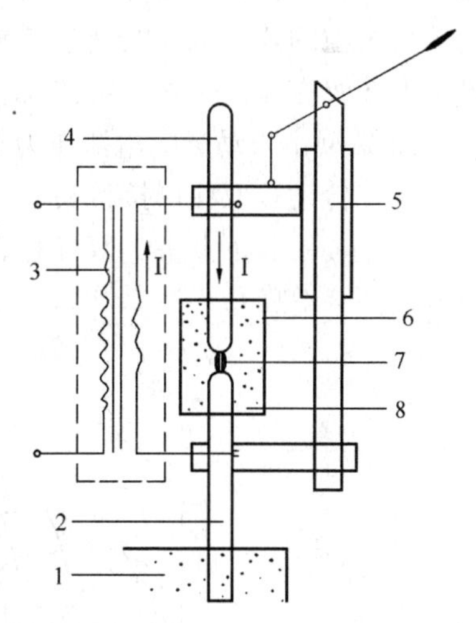

图 3-4-16 钢筋电渣压力焊焊接原理示意图

1—混凝土；2—下钢筋；3—焊接电源；4—上钢筋；5—焊接夹具；6—焊剂盒；7—铁丝球；8—焊剂

电渣压力焊属于熔化压力焊范畴，适用于直径 14～40mm 的 HPB 235、HRB 335、HRB 400 级竖向钢筋的连接，但直径 28mm 以上钢筋的焊接技术难度较大。最近试制成功的全自动电渣压力焊机，可排除人为因素干扰，使钢筋的焊接质量更有保障。电渣压力焊不适用于水平钢筋或倾斜钢筋（斜度大于 4：1）的连接，也不适用于可焊性差的钢筋。对焊工水平低、供电条件差（电压不稳等）、雨季或防火要求高的场合应慎用。

（1）机具设备

电渣压力焊焊接设备主要由焊接电源、焊接机头与控制箱等部分组成。

1）焊接电源

交流、直流电源均可，容量应根据所焊钢筋的直径选定。一般可选用 BX-500～1000 电焊机，也可选用 JSD-600 型或 JSD-1000 型专用电源，其性能见表 3-4-20。

当焊接钢筋直径大于 32mm 时，应采用 BX-1000 型电焊机或 JSD-1000 型专用电源。1 台焊接电源可供几个焊接机头交替用电。空载电压应≥75V，以利于引弧。

电渣压力焊电源性能表 **表 3-4-20**

项　目	单　位	JSD-600	JSD-1000
电源电压	V	380	380
相　数	相	1	1
输入容量	kV·A	45	76
空载电压	V	80	78
负载持续率	%	60/35	60/35

续表

项　　目	单　　位	JSD-600	JSD-1000
初级电流	A	116	196
次级电流	A	600/750	1000/1200
次级电压	V	22～45	22～45
焊接钢筋直径	mm	14～32	22～40

2）焊接机头与控制箱

焊接机头是钢筋电渣压力焊接的关键部件，因此，应满足小巧、轻便，对密集钢筋或高空作业有较强的适应性；监控手段齐全，易于掌握，以减少失误；对中迅速准确，能保证焊接质量的稳定性。

焊接机头与控制箱因焊接设备不同而有所区别，现分别介绍如下：

①手动电渣压力焊接设备

手动电渣压力焊接设备（包括半自动电渣压力焊接设备），其焊接过程均由操作工人手动来完成（半自动电渣压力焊接设备与手动焊接设备的主要区别只是增置了一些监控仪表等）。

杠杆式单柱焊接机头

由上夹头（活动夹头）、下夹头（固定夹头）、单导柱、焊剂盒、手柄等组成（图 3-4-17）。操作时，将上夹头固定在下钢筋上，利用手动杠杆使上夹头沿单导柱上、下滑动，以控制上钢筋的位置与间隙。机头的夹紧装置具有微调机构，可保证钢筋的同心度。此外，在半自动焊接机头上装置有监控仪表，可按仪表显示的资料对焊接过程进行监控。

LDZ 型半自动竖向电渣压力焊机即属于这种类型。

丝杠传动式双柱焊接机头

由上夹头、下夹头、双导柱、升降丝杠、夹紧装置、手柄、伞齿轮箱、操作盒及熔剂盒等组成（图 3-4-18）。

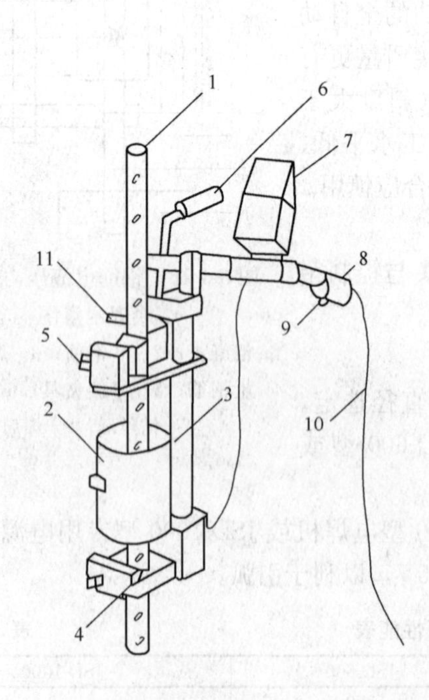

图 3-4-17　杠杆式单柱焊接机头示意图
1—钢筋；2—焊剂盒；3—单导柱；
4—下夹头；5—上夹头；6—手柄；
7—监控仪表；8—操作手把；9—开关；
10—控制电缆；11—插座

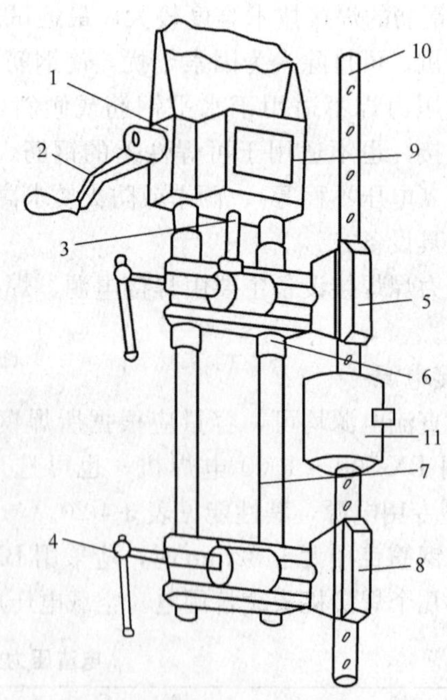

图 3-4-18　丝杠传动式双柱焊接机头示意图
1—伞形齿轮箱；2—手柄；3—升降丝杠；
4—夹紧装置；5—上夹头；6—导管；
7—双导柱；8—下夹头；9—操作盒；
10—钢筋；11—熔剂盒

操作时，由手柄、伞形齿轮及升降丝杠控制上夹头沿双导柱滑动升降。由于该机构利用丝杠螺母的自锁特性，传动比为1∶80，因此，上钢筋不仅定位精度高，卡装钢筋后无需调整对中度，而且操作比较省力。MH-36型竖向钢筋电渣压力焊机即属于这种类型，机头重8kg，竖向钢筋的最小间距为60mm。

手动电渣压力焊的焊接过程均由操作工人来完成，因而，操作工人的技术熟练程度、身体状况、情绪高低、责任心等，都可能影响工艺过程的稳定，而最终影响焊接质量。因此，手动焊接的设备性能、工人的技术水平和责任心是保证焊接质量的三大要素。

②自动电渣压力焊接设备

针对手动电渣压力焊接设备易受操作人员的技术水平、责任心以及操作环境等方面的影响，存在工艺稳定性差等弱点。近年来，一些单位先后开发研制了模拟式自动钢筋电渣压力焊控制系统、数字式自动钢筋电渣压力焊控制系统以及智能化自动钢筋电渣压力焊控制系统等自动电渣压力焊接设备。见图3-4-19。

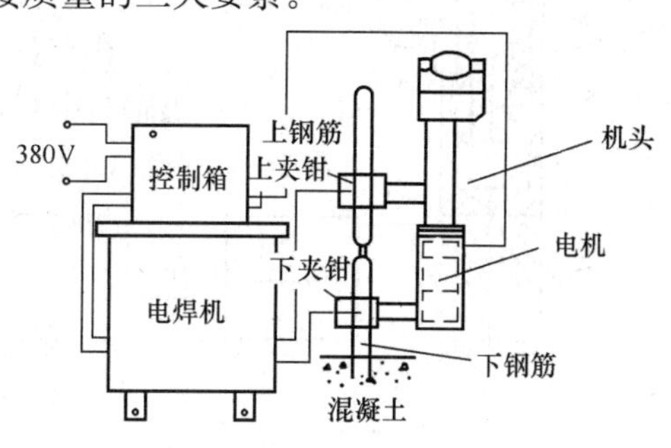

图3-4-19 自动电渣压力焊接设备

模拟式自动钢筋电渣压力焊控制系统

该系统电路完全采用模拟控制手段，在控制箱的面板上设有电源开关、指示灯和调整焊接参数的电位器旋钮等。操作时，根据不同的钢筋直径，将旋钮调整到需要的位置，装卡钢筋后，启动开关按钮，焊接过程即可自动完成。该系统的工作原理图见图3-4-20。

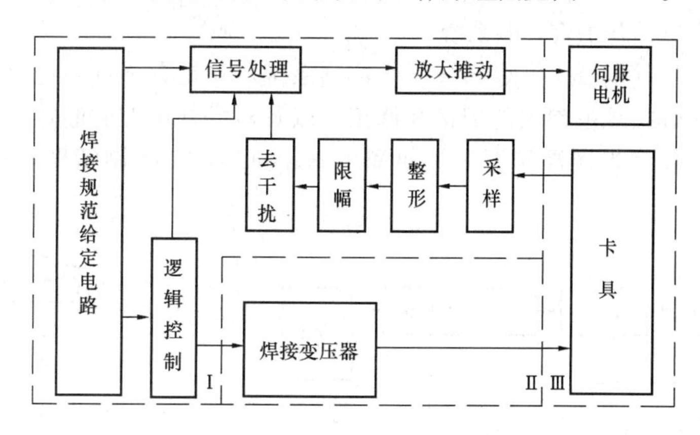

图3-4-20 模拟式自动电渣压力焊接控制系统示意图

Ⅰ—控制箱；Ⅱ—焊接电源；Ⅲ—焊接卡具

该控制系统按照焊接规范的要求，来决定不同直径钢筋焊接时的参数值。依靠逻辑控制电路完成焊接过程的逻辑判断及转换，以保证焊接过程顺利进行。由卡具反馈回来的焊接信号，经采样、整形、限幅、去干扰后，与给定焊接规范的要求相比较，得出偏差信号后，经放大推动伺服执行机构，调整上钢筋的位置，使焊接控制在最佳范围内。焊接卡具的构造见图3-4-21。

图中，除上卡头、支柱和滑套外，7为推力轴承，上、下各设一个，可实现丝杠的上、下定位；8为伺服电机，经过一级蜗杆减速后，通过十字轴节与丝杠啮合。下卡头可做径向调整，以解决钢筋的对中和变径问题。

经实际考核，该自控系统工作可靠，焊接稳定性比手动设备有较大幅度的提高，在保证焊接质量方面也取得较满意的效果。但该项自控系统仍属初级自动化技术范围，尚存在控制精度不高、控制功能简单、卡具设计尚需改进等不足。

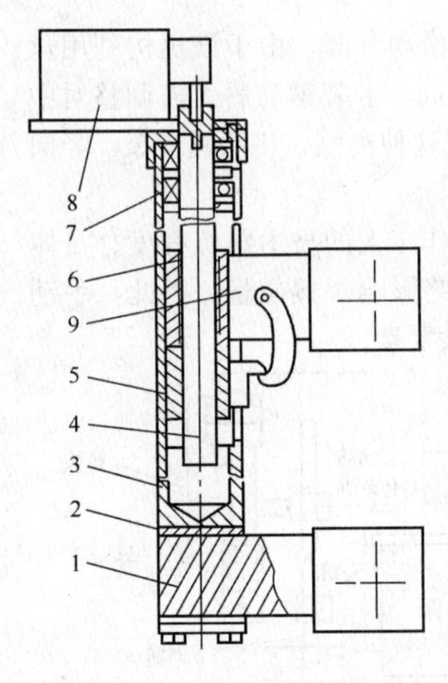

图 3-4-21　自动焊接卡具构造示意图

1—下卡头；2—绝缘层；3—支柱；4—丝杠；5—传动螺母；6—滑套；7—推力轴承；8—伺服电机；9—上卡头

数字式自动钢筋电渣压力焊控制系统

数字式自动控制系统是在模拟控制系统基础上改进而成，并克服了模拟控制系统存在的一些不足。其系统示意图见图 3-4-22。

该控制系统除具有模拟控制系统的主要功能外，还增设了电机工作状态检测电路，在焊接过程中，可随时检测电机的工作状态，使控制过程更加稳定。另外，在控制箱面板上采用拨码开关替代了电位器，使钢筋直径变化参数更容易调整。

在卡具设计上，采用行星减速器代替蜗轮蜗杆减速器，使输出轴与电机同轴，不仅可使电机内置，而且更便于调整钢筋对中（图 3-4-23）。

与模拟式自动控制系统相比，数字式自动控制系统具有以下优点：

a. 控制精度高，调整工作简单、准确、直观；

b. 电机工作状态好，既可减轻电机的磨损；又可提高焊接工艺的稳定性；

c. 卡具设计合理，装卡钢筋更方便；

d. 可实现异径钢筋的同轴焊接。

该设备在国家重点工程北京西客站施工中被列为 8 项重点实施新技术之一，取得了较好的经济和社会效益。

智能化自动钢筋电渣压力焊控制系统

利用计算机作为钢筋电渣压力焊的智能化控制系统，除具有全自动化等特点外，还具有对焊接环境的补偿、对焊接规范参数的记忆和修正，以及对意外情况的监控、记录、处理和报警等新功能。因而，不仅使焊接操作更为简便和可靠；而且，在控制精度和速度等方面也都有提高。

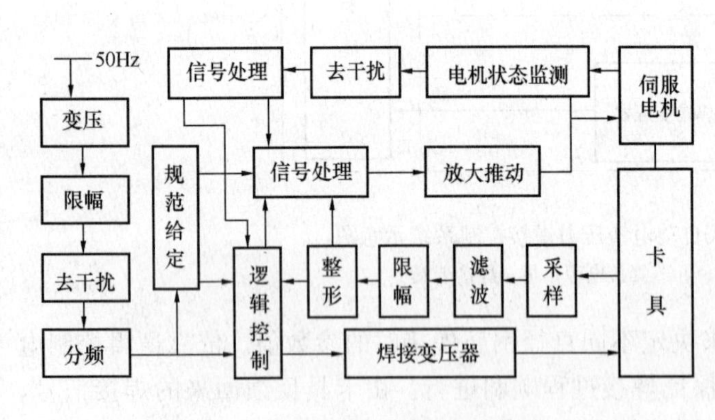

图 3-4-22　数字式自动电渣压力焊控制系统示意图

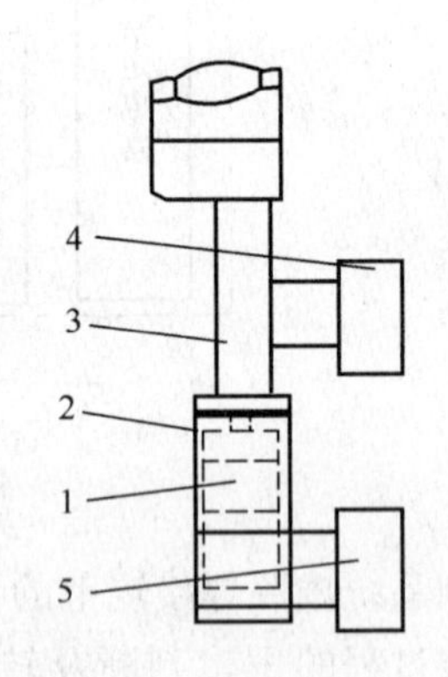

图 3-4-23　数字式自动控制系统卡具示意图

1—专用电机；2—下支筒；3—上支筒；4—上卡头；5—下卡头

（2）焊接工艺

1）工艺要点

① 焊接夹具的上、下钳口应夹紧于上、下待焊接的钢筋上，钢筋一经夹紧，不得晃动。

② 宜采用铁丝球或焊条头引弧法，亦可采用直接引弧法。

③ 引燃电弧后，应先进行电弧过程，然后，加快上钢筋的下送速度，使钢筋端面与液态渣

池接触，转变为电渣过程，最后，在断电的同时，迅速下压钢筋，挤出熔化金属和熔渣。

④ 焊接完毕，应在停歇断电后，方可回收焊剂和卸下焊接夹具，并敲去渣壳。焊缝四周的焊包应均匀，凸出钢筋表面的高度应大于或等于4mm。

2）工艺过程

焊接工艺一般分为引弧、电弧、电渣和顶压等四个过程（图3-4-24）。

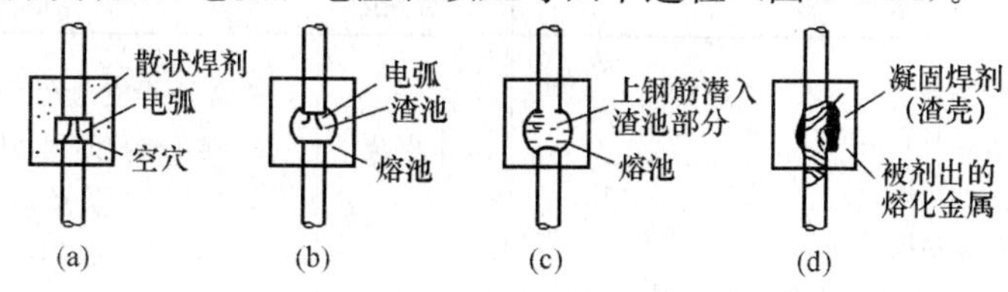

图3-4-24　竖向钢筋电渣压力焊工艺过程示意图

（a）引弧过程；（b）电弧过程；（c）电渣过程；（d）顶压过程

① 引弧过程

用焊接机头的夹具将上下钢筋的待焊接端部夹紧，并保持两钢筋的同心度，再在接合处放置直径不小于1cm的铁丝圈，使其与两钢筋端面紧密接触，然后，将焊剂灌入熔剂盒内，封闭后，接通电源，引燃电弧（图3-4-24a）。

② 电弧过程

引燃电弧后，产生的高温将接口周围的焊剂充分熔化，在气体弧腔作用下，使电弧稳定燃烧，将钢筋端部的氧化物烧掉，形成一个渣池（图3-4-24b）。

③ 电渣过程

当渣池在接口周围达到一定的深度时，将上部钢筋徐缓插入渣池中（但不可与下部钢筋短路）。此时电弧熄灭，进入电渣过程。此过程中，通过渣池的电流加大，由于渣池电阻很大，因而产生较高的电阻热，使渣池温度可升至2000℃以上，将钢筋迅速均匀地熔化（图3-4-24c）。

④ 顶压过程

当钢筋端头均匀熔化达到一定量时，立即进行顶压，将熔化的金属和熔渣从接合面挤出，同时切断电源（图3-4-24d）。顶压力一般为200～300N即可。

3）焊接参数

① 电渣压力焊焊接参数应包括焊接电流、焊接电压和通电时间，采用HJ431焊剂时，宜符合表3-4-21的规定。采用专用焊剂或自动电源压力焊机时，应根据焊剂或焊机使用说明书中推荐数据，通过试验确定。

不同直径钢筋焊接时，上下两钢筋轴线应在同一直线上。

电渣压力焊焊接参数　　**表3-4-21**

钢筋直径（mm）	焊接电流（A）	焊接电压（V）		焊接通电时间（s）	
		电弧过程 $U_{2.1}$	电渣过程 $U_{2.2}$	电弧过程 t_1	电渣过程 t_2
14	200～220	35～45	18～22	12	3
16	200～250			14	4
18	250～300			15	5
20	300～350			17	5
22	350～400			18	6
25	400～450			21	6
28	500～550			24	6
32	600～650			27	7

② 在焊接生产中焊工应进行自检，当发现偏心、弯折、烧伤等焊接缺陷时，应查找原因和采取措施，及时消除。

电渣压力焊焊接缺陷及消除措施见表 3-4-22。

电渣压力焊焊接缺陷及消除措施 **表 3-4-22**

焊接缺陷	措施	焊接缺陷	措施
轴线偏移	1. 矫直钢筋端部； 2. 正确安装夹具和钢筋； 3. 避免过大的顶压力； 4. 及时修理或更换夹具	未焊合	1. 增大焊接电流； 2. 避免焊接时间过短； 3. 检修夹具，确保上钢筋下送自如
弯折	1. 矫直钢筋端部； 2. 注意安装和扶持上钢筋； 3. 避免焊后过快卸夹具； 4. 修理或更换夹具	焊包不匀	1. 钢筋端面力求平整； 2. 填装焊剂尽量均匀； 3. 延长电渣过程时间，适当增加熔化量
		烧伤	1. 钢筋导电部位除净铁锈； 2. 尽量夹紧钢筋
咬边	1. 减小焊接电流； 2. 缩短焊接时间； 3. 注意上钳口的起点和止点，确保上钢筋顶压到位	焊包下淌	1. 彻底封堵焊剂筒的漏孔； 2. 避免焊后过快回收焊剂

6. 钢筋气压焊

钢筋气压焊连接技术，是利用一定比例的氧气和乙炔火焰为热源，对两根待连接的钢筋端头进行加热，使其达到塑性状态时，对钢筋施加足够的轴向顶锻压力（30～40MPa），使两根钢筋牢固地对接在一起的施工方法。其连接原理：由于加热和加压使钢筋接合面附近的金属受到镦锻式压延，产生强烈的塑性变形，促使接合面接近到原子间的距离，实现原子间的互相嵌入扩散与键合，完成晶粒重新组合的再结晶，使两根钢筋形成牢固地对接。

气压焊可用于钢筋在垂直位置、水平位置或倾斜位置的对接焊接。当两钢筋直径不同时，其两直径之差不得大于 7mm。

钢筋气压焊有敞开式和闭式两种。敞开式气压焊，是将两根待接钢筋的端面加热时稍加离开，当加热到熔化温度，通过轴向加压使两根钢筋完成对接的一种方法，属熔化压力焊；闭式气压焊，是将两根待连接钢筋的端面加热时紧密闭合，当加热至 1200～1250℃时，通过轴向加压使两根钢筋完成对接的一种方法，属固态压力焊。目前，常用的方法为闭式气压焊。

这种焊接工艺具有设备简单、操作方便、质量好、成本低等优点，适用于水平、竖向、倾斜等各种方向的 HPB 235、HRB 335 级、直径 14～40mm 钢筋的连接。当不同直径钢筋焊接时，其直径差不得大于 7mm。对于热轧 HRB 400、RRB 400 级钢筋中的 20MnSiV 亦可适用。

（1）焊接设备

钢筋气压焊接设备主要由供气装置（氧气和乙炔）、环管加热器、加压器和钢筋夹具等组成（图 3-4-25）。

1）供气装置

供气装置应包括氧气瓶、溶解乙炔气瓶或液化石油气瓶、干式回火防止器、减压器及胶管等。氧气瓶、溶解乙炔气瓶或液化石油气瓶的使用分别按照国家质量技术监督局颁发的现行《气瓶安全监察规程》和劳动部颁发的现行《溶解乙炔气瓶安全监察规程》中有关规定执行。

① 氧气瓶：氧气瓶是用于储存和运输压缩气态氧（O_2）的钢瓶。氧气瓶的常用规格参数为：外径 219mm，高度 1310mm，容积 40L，瓶内压力为 14.7MPa，储存氧气 $6m^3$。

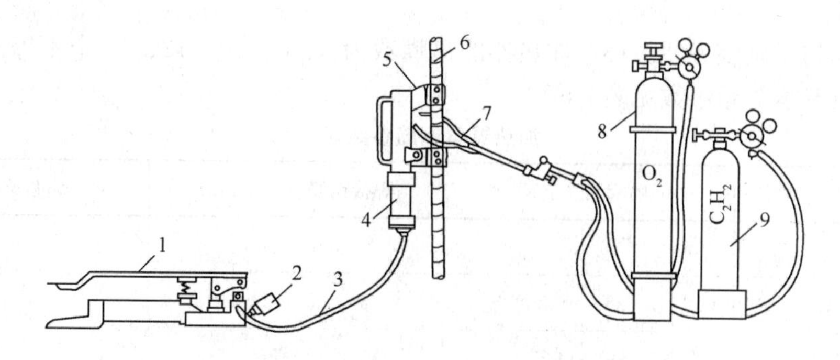

图 3-4-25 钢筋气压焊接设备组成示意图

1—液压泵；2—压力表；3—液压胶管；4—液压缸；5—钢筋夹具；
6—待焊接钢筋；7—环管加热器；8—氧气瓶；9—乙炔瓶

② 乙炔气瓶：乙炔气瓶是用于储存及运输溶解乙炔（C_2H_2）的特殊钢瓶，在瓶内填满浸渍丙酮的多孔性物质，其作用为防止气体爆炸和加速乙炔溶解于丙酮的过程。乙炔气瓶的常用规格参数为：外径 255～285mm，高度 925～950mm，容积 40L，储存乙炔气 $6m^3$，瓶内压力（当室温为 15℃）为 1.52MPa。乙炔气瓶必须垂直放置，当瓶内压力减低到 $0.2N/mm^2$ 时，应停止使用。在使用强功率多嘴环管加热器时，为了避免丙酮被大量带走，乙炔从瓶内输出的速度不应超过 $1.5m^3/h$，如供气不能满足要求时，可将两个乙炔气瓶并联使用。

③ 液化石油气瓶：用于储存和运输液化石油气。

液化石油气的主要成分为丙烷（C_3H_8），占 50%～80%，其余为丁烷（C_4H_{10}），还有少量丙烯（C_3H_6）及丁烯（C_4H_8），它与乙炔（C_2H_2）不同，燃烧反应方程式亦不同。根据计算，氧与液化石油气的体积比约为 1.7∶1。

④ 减压器：减压器是用于将气体从高压降至低压，并设有显示气体压力大小和同时具有稳压作用的装置。

QD-2A 型单级氧气减压器的高压额定压力为 15MPa，低压调节范围为 0.1～1.0MPa。

QD-20 型单级乙炔减压器的高压额定压力为 1.6MPa，低压调节范围为 0.01～0.15MPa。

减压器按工作原理的不同，分为正作用和反作用两种。目前，应用较多的为单极反作用减压器。

⑤ 回火防止器：回火防止器是安装在燃料气体系统上，防止火焰向燃气管路或气源回烧的保险装置，有水封式和干式两种。其中水封式回火防止器常与乙炔发生器组装成一体，使用时，一定要检查水位。

⑥ 乙炔发生器：乙炔发生器是利用电石中的主要成分碳化钙（CaC_2）和水相互作用，以制取乙炔气的设备。乙炔发生器有多种类型，较常用的 Q3-1 型排水式中压乙炔发生器，正常生产率为 $1m^3/h$，工作压力为 0.045～0.1MPa。使用乙炔发生器时应注意：一定要严格按程序加入清水、电石和开、关溢水阀及上盖，并严格控制乙炔气的工作压力在允许范围之内。每天工作完毕，应放出电石渣，并经常清洗。

2）环管加热器

环管加热器又称为多嘴环管焊炬。由混合气管、环形管及喷嘴等组成（图 3-4-26）。环形加热器是混合乙炔和氧气，经喷嘴喷射后，形成多束火焰对钢筋进行气压焊接的专用加热器具。为了使钢筋接头焊接点加热均匀，加热器设计为环形钳状，并要求

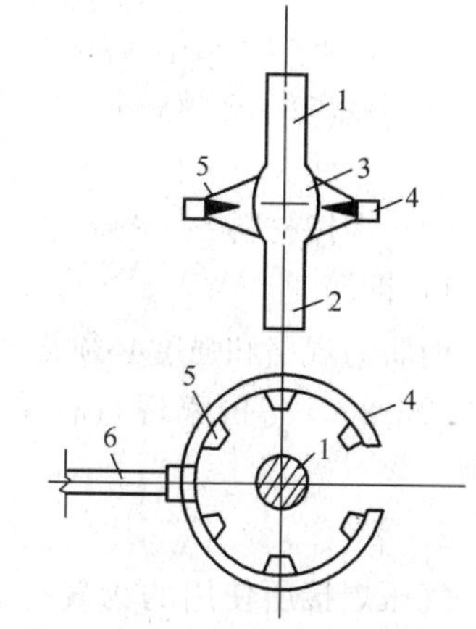

图 3-4-26 环管加热器示意图

1—上钢筋；2—下钢筋；3—焊接点；
4—环形管；5—喷嘴；6—混合气管

多束火焰燃烧均匀、调整方便。环形加热器的喷嘴数为 6、8、10、12、14 个不等，按待焊钢筋的直径选用。其基本关系参数见表3-4-23。

加热器与钢筋参数表　　　　**表 3-4-23**

加热器编号	喷嘴数（个）	焊接钢筋直径（mm）	焰芯长度（mm）
1	6～8	22～25	≥7
2	8～10	25～32	
3	10～14	32～40	

3）加压器

加压器是钢筋气压焊作业过程中，通过连接夹具对钢筋进行顶锻的压力源装置。加压器主要由液压泵、液压表、液压油管和顶压油缸四部分组成。液压泵有手动、脚踏和电动式三种。

4）焊接夹具

钢筋夹具是在气压焊接作业过程中，将两根待焊钢筋端部夹牢并可对钢筋施加轴向顶锻压力的装置。

焊接夹具应能夹紧钢筋，当钢筋承受最大轴向压力时，钢筋与夹头之间不得产生相对滑移；应便于钢筋的安装定位，并在施焊过程中保持刚度；动夹头应与定夹头同心，并且当不同直径钢筋焊接时，亦应保持同心；动夹头的位移应大于或等于现场最大直径钢筋焊接时所需要的压缩长度。

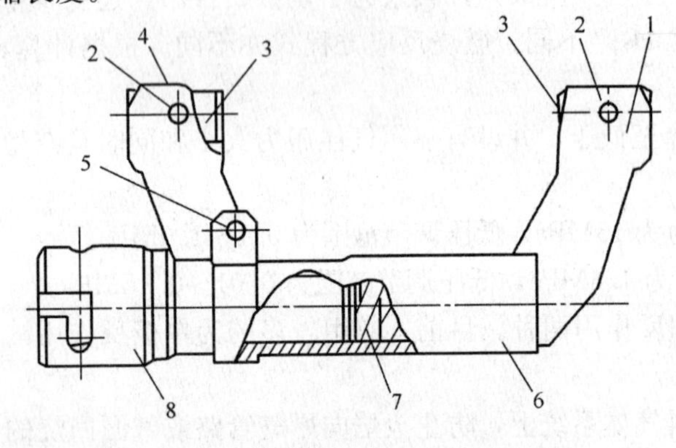

图 3-4-27　气压焊钢筋夹具示意图

1—固定夹头；2—紧固螺栓；3—夹块；4—活动夹头；5—调整螺栓；6—夹具外壳；7—回位弹簧；8—卡帽

焊接夹具由固定夹头、活动夹头、紧固螺栓、调整螺栓、回位弹簧和卡帽等组成（图 3-4-27）。其作用为：焊接作业时对钢筋进行夹紧、调整，同时，在施焊过程中对钢筋施加足够的轴向压力，将两根钢筋压接在一起。因此，要求夹具不仅应具有足够的握力，确保夹紧钢筋；而且要便于钢筋安装定位，确保在焊接过程中钢筋不滑移，钢筋接头不产生偏心和弯曲变形，同时不损伤钢筋的表面。

5）辅助设备

辅助设备主要有砂轮锯（切割钢筋用）、角向磨光机（磨平钢筋端头用）等。

（2）焊接材料

1）钢筋

钢筋的规格和强度必须符合设计图纸和《钢筋混凝土用钢　第 2 部分：热轧带肋钢筋》GB 1499.2—2007 等国家现行有关规程、规范的要求，并应有材质试验证书，试验合格后，方准使用。

2）氧气

气压焊接所使用的为气态氧（O_2），其质量应符合国家现行标准《工业氧》GB/T 3863—2008 的规定，纯度必须在 99.5%以上，作业压力在 0.5～0.7MPa 以下。

3）乙炔

气压焊接所使用的乙炔气（C_2H_2）有两种来源：一种为由工厂加工的瓶装溶解乙炔气；另

一种为在现场直接由电石和水通过乙炔发生器制取的乙炔气。现场制取乙炔气的方法，由于在质量、安全、清除电石渣等方面均存在问题，逐渐停止使用。因此，在钢筋气压焊接施工中，宜采用瓶装溶解乙炔气，其质量应符合国家现行标准《溶解乙炔》（GB 6819）的规定，作业压力在0.1MPa以下。氧气和乙炔气的作业混合比例为1∶1～1∶4。

瓶装乙炔气必须满足以下要求：

① 空气和其他难溶于水的杂质含量不得>2%（以容积计）；

② 磷化氢（PH_3）的含量不得>0.06%（以容积计）；

③ 硫化氢（H_2S）的含量不得>0.10%（以容积计）。

（3）焊接工艺

1）准备工作

① 施工前，应对有关操作人员进行钢筋气压焊的技术培训，重点是焊接原理、操作工艺、质量标准、检验方法、安全规程以及质量问题的防治措施等，经考核合格者，方可持证上岗操作。

② 正式焊接前，应对待焊钢筋按现行《钢筋焊接及验收规程》（JGJ 18）的有关规定截取试件，做弯曲试验和拉伸试验，并按试验合格所确定的工艺参数进行焊接。

③ 对气压焊设备和安全技术措施进行检查落实。氧气瓶、溶解乙炔气瓶或液化石油气瓶的使用分别按照国家质量技术监督局颁发的现行《气瓶安全监察规程》和劳动部颁发的现行《溶解乙炔气瓶安全监察规程》中有关规定执行。

焊接夹具应能夹紧钢筋，当钢筋承受最大轴向压力时，钢筋与夹头之间不得产生相对滑移；应便于钢筋的安装定位，并在施焊过程中保持刚度；动夹头应与定夹头同心，并且当不同直径钢筋焊接时，亦应保持同心；动夹头的位移应大于或等于现场最大直径钢筋焊接时所需要的压缩长度。

2）工艺要点

① 采用固态气压焊时，其焊接工艺应符合下列要求：

焊前钢筋端面应切平、打磨，使其露出金属光泽，钢筋安装夹牢，预压顶紧后，两钢筋端面局部间隙不得大于3mm；

气压焊加热开始至钢筋端面密合前，应采用碳化焰集中加热；钢筋端面密合后可采用中性焰宽幅加热；焊接全过程不得使用氧化焰；

气压焊顶压时，对钢筋施加的顶压力应为30～40N/mm^2。

② 采用熔态气压焊时，其焊接工艺应符合下列要求：

安装前，两钢筋端面之间应预留3～5mm间隙；

气压焊开始时，首先使用中性焰加热，待钢筋端头至熔化状态，附着物随熔滴流走，端部呈凸状时，即加压，挤出熔化金属，并密合牢固；

使用氧液化石油气火焰进行熔态气压焊时，应适当增大氧气用量。

③ 钢筋端部加工

钢筋端面应切平，并应考虑接头的压缩量（一般为$0.6d$～$1.0d$）。端面与钢筋轴线应垂直，周边毛刺应去掉。端部弯折、扭曲部分应矫正或切除。切割钢筋应用砂轮锯，不得用切断机。

钢筋端部的锈污应清除打磨干净，使其露出金属光泽，不得有氧化现象，清除长度一般为两倍钢筋的直径。

钢筋接头应布置在直线区段内，弯曲段内不得布置接头。当有多根钢筋焊接接头时，接头位置应按国家现行标准《混凝土结构工程施工质量验收规范》GB 50204的有关规定错开。

安装焊接夹具和钢筋时，应将两根钢筋分别夹紧，并使两根钢筋的轴线对正。钢筋安装后，应对钢筋轴向施加5～10MPa的初压力顶紧，两根钢筋之间的缝隙不得大于3mm，压接面的形状要求见图3-4-28。

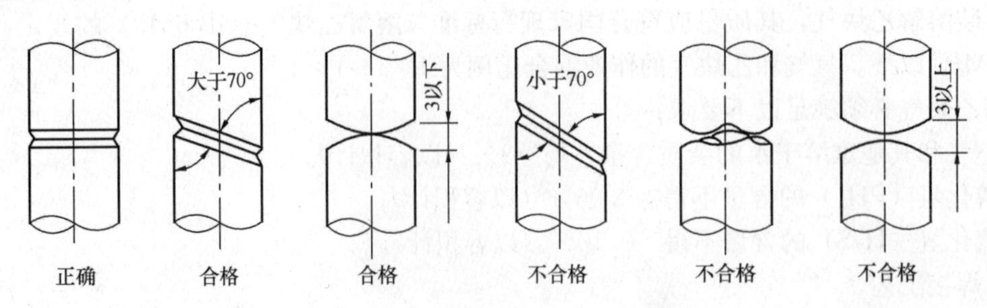

图3-4-28 钢筋气压焊压接面示意图

④ 工艺流程

钢筋气压焊的工艺流程如下图所示：

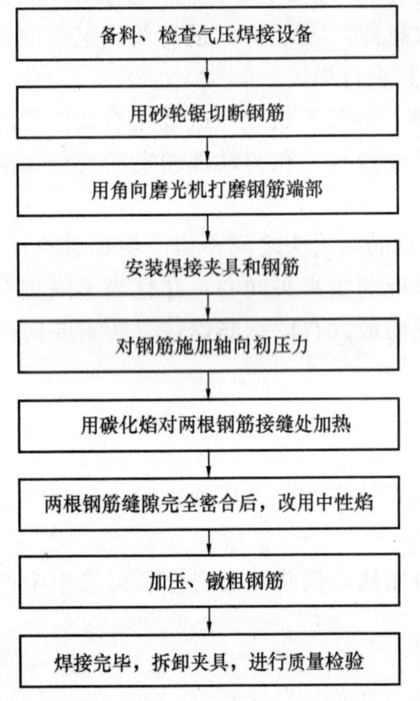

3）焊接参数

①焊接加热与加压

焊接加压时，应根据钢筋直径和焊接设备等具体条件选用等压、二次加压法或三次加压法等焊接加压方法。三次加压法又分为：三次加压法（1次高压）和三次加压法（1次低压）两种。目前，后一种方法，即：三次加压法（1次低压）应用较多。下面主要介绍这种加压方法。

气压焊的开始阶段，宜采用碳化焰对准两根钢筋的接缝处集中加热，并使其内焰包住缝隙，防止钢筋端面产生氧化。当压力表针大幅度下降时，随即进行三次加压法的1次低压加压，对钢筋施加轴向压力，直到焊口缝隙完全闭合。

在确认两根钢筋的焊口缝隙完全密合后，应改用中性焰宽幅加热，以压焊面为中心，在两侧各1～2倍钢筋直径的长度范围内，均匀摆动，往复加热，使其达到要求的压接温度（1150～1300℃）。当钢筋端部表面变为炽白色，且氧化物变成灰白色球状物，继而聚集成泡沫状，并开始随加热器的摆动方向移动时，则可边加热边进行2、3次高压加压。高压加压时，对钢筋施加的轴向力应达到30～40MPa，使接缝处镦粗的直径为母材直径的1.4～1.6倍，镦粗的长度为母材直径的1.2～1.5倍。在高压加压过程中，应采用中性焰宽幅加热。

压接后，当钢筋温度降至600～650℃时（钢筋火红消失），才能拆除压接器的钢筋夹具，过早拆除夹具容易产生弯曲变形。气压焊接加热、压接操作步骤示意见图3-4-29。

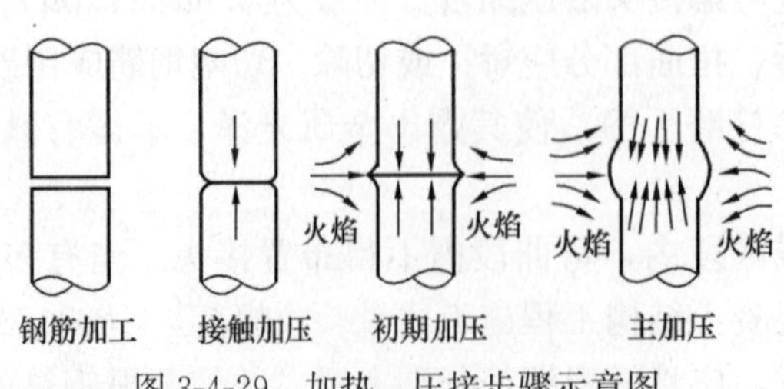

图3-4-29 加热、压接步骤示意图

在合理选用火焰的基础上，气压焊接时间可参考表3-4-24。

气压焊接时间参考表 **表 3-4-24**

钢筋直径（mm）	加热器喷嘴数（个）	配用焊把	加热时间（s）
16～22	6～8	H01—20	60～90
25	8～10	H01—20	90～120
28	8～10	H01—20	120～150
32	8～12	H01—20	150～180
40	12～14	YQH—40	180～240
50	16～18	YQH—40	270～420

注：喷嘴前端距钢筋表面 25～30mm。

② 焊接火焰的标准

焊接火焰的标准见表 3-4-25。

焊接火焰的标准参考表 **表 3-4-25**

名　　称	示　意　图	O_2 ∶ C_2H_2
碳化焰 （乙炔过剩焰）	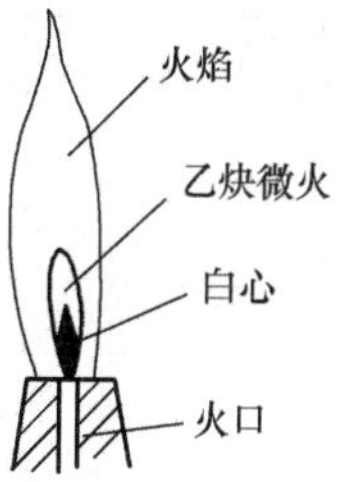 火焰 乙炔微火 白心 火口	0.85∶1～0.95∶1
中性焰 （标准焰）	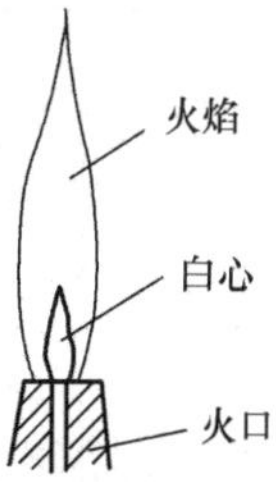 火焰 白心 火口	1∶1

③ 灭火中断的处理

在加热过程中，如果发生灭火中断现象，可按以下两种情况处理：

当灭火中断现象发生在钢筋端面缝隙完全密合之前时，应将钢筋取下，重新打磨、安装，然后点燃火焰进行焊接。

当灭火中断现象发生在钢筋端面缝隙完全密合之后时，可继续加热、加压，完成焊接过程。

4）注意事项

① 每个氧气、乙炔瓶的减压器，只允许安装一把多嘴环管加热器。

② 当风速超过三级（5.4m/s）时，必须采取有效的挡风措施，才能施工。

③ 雨、雪天气不宜进行焊接作业。如必须施焊作业时，应采取有效的遮蔽措施。压接后的接头不得马上接触雨、雪。

④ 在负温条件下施工时，应采取适当的保温、防冻和对钢筋接头采取预热、缓冷等措施。当环境温度低于－20℃时，不宜进行施焊。

5）熔态气压焊

当采用熔态气压焊时，其焊接工艺应符合下列要求：

① 安装前，两钢筋端面之间应预留 3～5mm 间隙；

② 气压焊开始时，首先使用中性焰加热，待钢筋端头至熔化状态，附着物随熔滴流走，端部呈凸状时，即加压，挤出熔化金属，并密合牢固；

③ 使用氧液化石油气火焰进行熔态气压焊时，应适当增大氧气用量。

6）气压焊焊接缺陷及消除措施见表 3-4-26。

气压焊焊接缺陷及消除措施 **表 3-4-26**

焊接缺陷	产生原因	措施
轴线偏移（偏心）	1. 焊接夹具变形，两夹头不同心，或夹具刚度不够； 2. 两钢筋安装不正； 3. 钢筋接合端面倾斜； 4. 钢筋未夹紧进行焊接	1. 检查夹具，及时修理或更换； 2. 重新安装夹紧； 3. 切平钢筋端面； 4. 夹紧钢筋再焊
弯折	1. 焊接夹具变形，两夹头不同心； 2. 平焊时，钢筋自由端过长； 3. 焊接夹具拆卸过早	1. 检查夹具，及时修理或更换； 2. 缩短钢筋自由端长度； 3. 熄火后半分钟再折夹具
镦粗直径不够	1. 焊接夹具动夹头有效行程不够； 2. 顶压油缸有效行程不够； 3. 加热温度不够； 4. 压力不够	1. 检查夹具和顶压油缸，及时更换； 2. 采用适宜的加热温度及压力
镦粗长度不够	1. 加热幅度不够宽； 2. 顶压力过大过急	1. 增大加热幅度； 2. 加压时应平稳
钢筋表面严重烧伤	1. 火焰功率过大； 2. 加热时间过长； 3. 加热器摆动不匀	调整加热火焰，正确掌握操作方法
未焊合	1. 加热温度不够或热量分布不均； 2. 顶压力过小； 3. 接合端面不洁； 4. 端面氧化； 5. 中途灭火或火焰不当	合理选择焊接参数，正确掌握操作方法

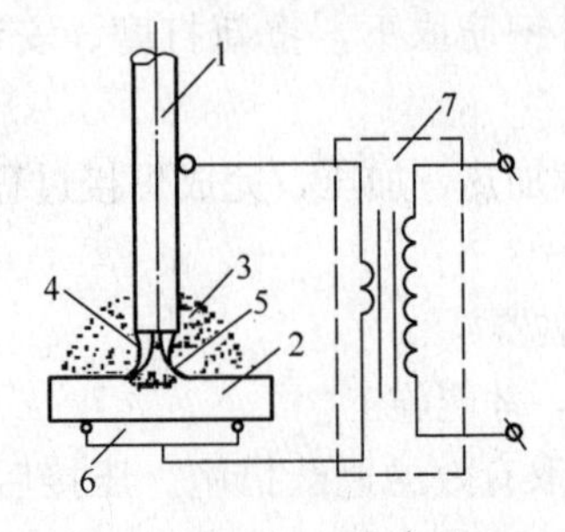

图 3-4-30　对称接地示意图

1—钢筋；2—钢板；3—焊剂；4—电弧；5—熔池；6—铜板电极；7—焊接变压器

7. 预埋件钢筋埋弧压力焊

（1）埋弧压力焊设备应符合下列要求：

1）根据钢筋直径大小，选用 500 型或 1000 型弧焊变压器作为焊接电源；

2）焊接机构应操作方便、灵活；宜装有高频引弧装置；焊接地线宜采取对称接地法（图 3-4-30），以减少电弧偏移；操作台面上应装有电压表和电流表；

3）控制系统应灵敏、准确；并应配备时间显示装置或时间继电器，以控制焊接通电时间。

（2）埋弧压力焊工艺过程应符合下列要求：

1）钢板应放平，并与铜板电极接触紧密；

2）将锚固钢筋夹于夹钳内，应夹牢；并应放好挡圈，注满焊剂；

3）接通高频引弧装置和焊接电源后，应立即将钢筋上提，引燃电弧，使电弧稳定燃烧，再渐渐下送；

4）迅速顶压时不得用力过猛；

5）敲去渣壳，四周焊包凸出钢筋表面的高度不得小于4mm。

（3）埋弧压力焊的焊接参数应包括引弧提升高度、电弧电压、焊接电流和焊接通电时间。

当采用500型焊接变压器时，焊接参数见表3-4-27，可改善接头成形，使四周焊包更加均匀。

埋弧压力焊焊接参数 **表3-4-27**

钢筋牌号	钢筋直径（mm）	引弧提升高度（mm）	电弧电压（V）	焊接电流（A）	焊接通电时间（s）
HPB235 HRB335 HRB400	6	2.5	30～35	400～450	2
	8	2.5	30～35	500～600	3
	10	2.5	30～35	500～650	5
	12	3.0	30～35	500～650	8
	14	3.5	30～35	500～650	15
	16	3.5	30～40	500～650	22
	18	3.5	30～40	500～650	30
	20	3.5	30～40	500～650	33
	22	4.0	30～40	500～650	36
	25	4.0	30～40	500～650	40

目前有的施工单位已有1000型焊接变压器，可采用大电流、短时间的强参数焊接法，以提高劳动生产率。例如：焊接ϕ10mm钢筋时，采用焊接电流550～650A，焊接通电时间4s；焊接ϕ16mm钢筋时，650～800A，11s；焊接ϕ25mm钢筋时，650～800A，23s。

（4）在埋弧压力焊生产中，引弧、燃弧（钢筋维持原位或缓慢下送）和顶压等环节应密切配合；焊接地线应与铜板电极接触紧密；并应及时消除电极钳口的铁锈和污物，修理电极钳口的形状。

（5）在焊接中，焊工应自检，当发现焊接缺陷时，应查找原因、采取措施及时消除。

预埋件钢筋埋弧压力焊焊接缺陷及消除措施见表3-4-28。

预埋件钢筋埋弧压力焊焊接缺陷及消除措施 **表3-4-28**

焊接缺陷	措施	焊接缺陷	措施
钢筋咬边	1. 减小焊接电流或缩短焊接时间； 2. 增大压入量	焊包不均匀	1. 保证焊接地线的接触良好； 2. 使焊接处对称导电
气孔	1. 烘焙焊剂； 2. 清除钢板和钢筋上的铁锈、油污	钢板焊穿	1. 减小焊接电流或减少焊接通电时间； 2. 避免钢板局部悬空
夹渣	1. 清除焊剂中熔渣等杂物； 2. 避免过早切断焊接电流； 3. 加快顶压速度	钢筋淬硬脆断	1. 减小焊接电流，延长焊接时间； 2. 检查钢筋化学成分
未焊合	1. 增大焊接电流，增加焊接通电时间； 2. 适当加大顶压力	钢板凹陷	1. 减小焊接电流、延长焊接时间； 2. 减小顶压力，减小压入量

3.4.2.4 钢筋焊接质量检验与验收

1. 一般规定

（1）钢筋焊接接头或焊接制品（焊接骨架、焊接网）质量检验与验收应按现行国家标准《混凝土结构工程施工质量验收规范（2010 版）》GB 50204 中的基本规定和《钢筋焊接及验收规程》（JGJ 18）的有关规定执行。

（2）钢筋焊接接头或焊接制品应按检验批进行质量检验与验收，并划分为主控项目和一般项目两类。质量检验时，应包括外观检查和力学性能检验。

（3）将纵向受力钢筋焊接接头，包括闪光对焊接头、电弧焊接头、电渣压力焊接头、气压焊接头的连接方式检查和接头的力学性能检验规定为主控项目。

接头连接方式应符合设计要求，并应全数检查，检验方法为观察。

接头试件进行力学性能检验时，其质量和检查数量应符合本手册中有关规定；检验方法包括：检验钢筋出厂质量证明书、钢筋进场复验报告、各项焊接材料产品合格证、接头试件力学性能试验报告等。

焊接接头的外观质量检查规定为一般项目。

（4）非纵向受力钢筋焊接接头，包括交叉钢筋电阻点焊焊点、封闭环式箍筋闪光对焊接头、钢筋与钢板电弧搭接焊接头、预埋件钢筋电弧焊接头、预埋件钢筋埋弧压力焊接头的质量检验与验收，规定为一般项目。

（5）焊接接头外观检查时，首先应由焊工对所焊接头或制品进行自检；然后由施工单位专业质量检查员检验；监理（建设）单位进行验收记录。

纵向受力钢筋焊接接头外观检查时，每一检验批中应随机抽取 10%的焊接接头。检查结果，当外观质量各小项不合格数均小于或等于抽检数的 10%，则该批焊接接头外观质量评为合格。

当某一小项不合格数超过抽检数的 10%时，应对该批焊接接头该小项逐个进行复检，并剔出不合格接头；对外观检查不合格接头采取修整或焊补措施后，可提交二次验收。

（6）力学性能检验时，应在接头外观检查合格后随机抽取试件进行试验。试验方法应按现行行业标准《钢筋焊接接头试验方法标准》JGJ/T 27 有关规定执行。试验报告应包括下列内容：

1）工程名称、取样部位；

2）批号、批量；

3）钢筋牌号、规格；

4）焊接方法；

5）焊工姓名及考试合格证编号；

6）施工单位；

7）力学性能试验结果。

（7）钢筋闪光对焊接头、电弧焊接头、电渣压力焊接头、气压焊接头拉伸试验结果均应符合下列要求：

1）3 个热轧钢筋接头试件的抗拉强度均不得小于该牌号钢筋规定的抗拉强度；RRB 400 钢筋接头试件的抗拉强度均不得小于 570N/mm^2；

2）至少应有 2 个试件断于焊缝之外，并应呈延性断裂。

当达到上述 2 项要求时，应评定该批接头为抗拉强度合格。

当试验结果有 2 个试件抗拉强度小于钢筋规定的抗拉强度，或 3 个试件均在焊缝或热影响区发生脆性断裂时，则一次判定该批接头为不合格品。

当试验结果有 1 个试件的抗拉强度小于规定值，或 2 个试件在焊缝或热影响区发生脆性断裂，其抗拉强度均小于钢筋规定抗拉强度的 1.10 倍时，应进行复验。

复验时，应再切取 6 个试件。复验结果，当仍有 1 个试件的抗拉强度小于规定值，或有 3 个试件断于焊缝或热影响区，呈脆性断裂，其抗拉强度小于钢筋规定抗拉强度的 1.10 倍时，应判定该批接头为不合格品。

注：当接头试件虽断于焊缝或热影响区，呈脆性断裂，但其抗拉强度大于或等于钢筋规定抗拉强度的 1.10 倍时，可按断于焊缝或热影响区之外，呈延性断裂同等对待。

(8) 闪光对焊接头、气压焊接头进行弯曲试验时，应将受压面的金属毛刺和镦粗凸起部分消除，且应与钢筋的外表齐平。

弯曲试验可在万能试验机、手动或电动液压弯曲试验器上进行，焊缝应处于弯曲中心点，弯心直径和弯曲角应符合表3-4-29的规定。

接头弯曲试验指标　　表 3-4-29

钢筋牌号	弯心直径	弯曲角（°）
HPB 235	$2d$	90
HRB 335	$4d$	90
HRB 400、RRB 400	$5d$	90
HRB 500	$7d$	90

注：1. d 为钢筋直径（mm）；

2. 直径大于 25mm 的钢筋焊接接头，弯心直径应增加 1 倍钢筋直径。

当试验结果，弯至 90°，有 2 个或 3 个试件外侧（含焊缝和热影响区）未发生破裂，应评定该批接头弯曲试验合格。

当 3 个试件均发生破裂，则一次判定该批接头为不合格品。

当有 2 个试件发生破裂，应进行复验。

复验时，应再切取 6 个试件。复验结果，当有 3 个试件发生破裂时，应判定该批接头为不合格品。

注：当试件外侧横向裂纹宽度达到 0.5mm 时，应认定已经破裂。

(9) 钢筋焊接接头或焊接制品质量验收时，应在施工单位自行质量评定合格的基础上，由监理（建设）单位对检验批有关资料进行核查，组织项目专业质量检查员等进行验收，对焊接接头合格与否做出结论。

纵向受力钢筋焊接接头检验批质量验收记录可按本手册附录钢筋-5 进行。

2. 钢筋闪光对焊接头质量检验

(1) 取样

闪光对焊接头的质量检验，应分批进行外观检查和力学性能检验，并应按下列规定作为一个检验批：

1) 在同一台班内，由同一焊工完成的 300 个同牌号、同直径钢筋焊接接头应作为一批。当同一台班内焊接的接头数量较少，可在一周之内累计计算；累计仍不足 300 个接头时，应按一批计算；

2) 力学性能检验时，应从每批接头中随机切取 6 个接头，其中 3 个做拉伸试验，3 个做弯曲试验；

3) 焊接等长的预应力钢筋（包括螺丝端杆与钢筋）时，可按生产时同等条件制作模拟试件；

4) 螺丝端杆接头可只做拉伸试验；

5) 封闭环式箍筋闪光对焊接头，以 600 个同牌号、同规格的接头作为一批，只做拉伸试验。

（2）外观检查

钢筋闪光对焊接头的外观检查，应符合下列要求：

1）接头处不得有横向裂纹；

2）与电极接触处的钢筋表面，不得有明显的烧伤；

3）接头处的弯折，不得大于3°；

4）接头处的钢筋轴线偏移 a，不得大于钢筋直径的0.1倍，且不得大于2mm；其测量方法见图3-4-31。

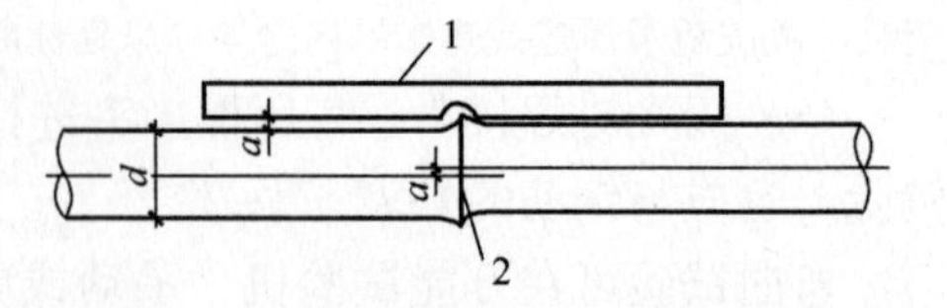

图3-4-31　对焊接头轴线偏移测量方法

1—测量尺；2—对焊接头

（3）当模拟试件试验结果不符合要求时，应进行复验。复验应从现场焊接接头中切取，其数量和要求与初始试验时相同。

3．钢筋电弧焊接头质量检验

（1）取样

电弧焊接头的质量检验，应分批进行外观检查和力学性能检验，并应按下列规定作为一个检验批：

1）在现浇混凝土结构中，应以300个同牌号钢筋、同形式接头作为一批；在房屋结构中，应将不超过二楼层中300个同牌号钢筋、同形式接头作为一批。每批随机切取3个接头，做拉伸试验。

2）在装配式结构中，可按生产条件制作模拟试件，每批3个，做拉伸试验。

3）钢筋与钢板电弧搭接焊接头可只进行外观检查。

注：在同一批中若有几种不同直径的钢筋焊接接头，应在最大直径钢筋接头中切取3个试件。以下电渣压力焊接头、气压焊接头取样均同。

（2）外观检查

钢筋电弧焊接头外观检查结果，应符合下列要求：

1）焊缝表面应平整，不得有凹陷或焊瘤；

2）焊接接头区域不得有肉眼可见的裂纹；

3）咬边深度、气孔、夹渣等缺陷允许值及接头尺寸的允许偏差，应符合表3-4-30的规定；

钢筋电弧焊接头尺寸偏差及缺陷允许值　　表3-4-30

名　称		单　位	接头形式		
			帮条焊	搭接焊 钢筋与钢板 搭接焊	坡口焊 窄间隙焊 熔槽帮条焊
帮条沿接头中心线的纵向偏移		mm	0.3d	—	—
接头处弯折角		°	3	3	3
接头处钢筋轴线的偏移		mm	0.1d	0.1d	0.1d
焊缝厚度		mm	+0.05d 0	+0.05d 0	—
焊缝宽度		mm	+0.1d 0	+0.1d 0	—
焊缝长度		mm	−0.3d	−0.3d	—
横向咬边深度		mm	0.5	0.5	0.5
在长2d焊缝表面上的气孔及夹渣	数量	个	2	2	—
	面积	mm^2	6	6	—
在全部焊缝表面上的气孔及夹渣	数量	个	—	—	2
	面积	mm^2	—	—	6

注：d 为钢筋直径（mm）。

4）坡口焊、熔槽帮条焊和窄间隙焊接头的焊缝余高不得大于 3mm。

（3）当模拟试件试验结果不符合要求时，应进行复验。复验应从现场焊接接头中切取，其数量和要求与初始试验时相同。

4. 钢筋焊接骨架和焊接网质量检验

（1）取样

焊接骨架和焊接网的质量检验应包括外观检查和力学性能检验，并应按下列规定抽取试件：

1）凡钢筋牌号、直径及尺寸相同的焊接骨架和焊接网应视为同一类型制品，且每 300 件作为一批，一周内不足 300 件的亦应按一批计算。

2）外观检查应按同一类型制品分批检查，每批抽查 5%，且不得少于 5 件。

3）力学性能检验的试件，应从每批成品中切取；切取过试件的制品，应补焊同牌号、同直径的钢筋，其每边的搭接长度不应小于 2 个孔格的长度。

当焊接骨架所切取试件的尺寸小于规定的试件尺寸，或受力钢筋直径大于 8mm 时，可在生产过程中制作模拟焊接试验网片（图 3-4-32a），从中切取试件。

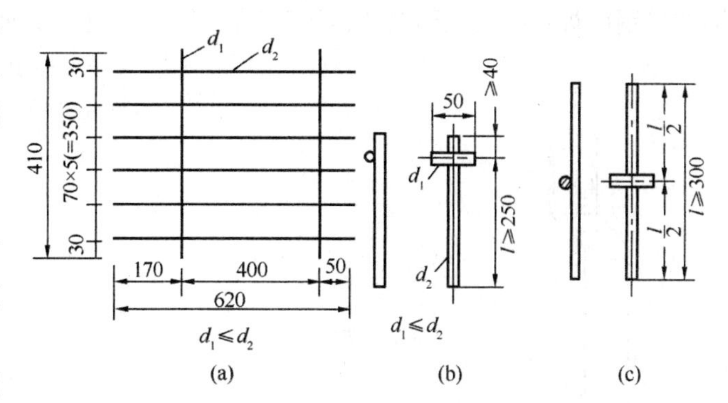

图 3-4-32　钢筋模拟焊接试验网片与试件

（a）模拟焊接试验网片简图；（b）钢筋焊点剪切试件；（c）钢筋焊点拉伸试件

4）由几种直径钢筋组合的焊接骨架或焊接网，应对每种组合的焊点做力学性能检验。

5）热轧钢筋的焊点应做剪切试验，试件应为 3 件；冷轧带肋钢筋焊点除做剪切试验外，尚应对纵向和横向冷轧带肋钢筋做拉伸试验，试件应各为 1 件。剪切试件纵筋长度应大于或等于 290mm，横筋长度应大于或等于 50mm（图 3-4-32b）；拉伸试件纵筋长度应大于或等于 300mm（图 3-4-32c）。

6）焊接网剪切试件应沿同一横向钢筋随机切取。

7）切取剪切试件时，应使制品中的纵向钢筋成为试件的受拉钢筋。

（2）外观检查

1）焊接骨架外观质量检查结果，应符合下列要求：

①每件制品的焊点脱落、漏焊数量不得超过焊点总数的 4%，且相邻两焊点不得有漏焊及脱落；

②应量测焊接骨架的长度和宽度，并应抽查纵、横方向 3～5 个网格的尺寸，其允许偏差应符合表 3-4-31 的规定。

焊接骨架的允许偏差　　表 3-4-31

项　目		允许偏差（mm）
焊接骨架	长　度	±10
	宽　度	±5
	高　度	±5
骨架箍筋间距		±10
受力主筋	间　距	±15
	排　距	±5

当外观检查结果不符合上述要求时，应逐件检查，并剔出不合格品。对不合格品经整修后，可提交二次验收。

2）焊接网外形尺寸检查和外观质量检查结果，应符合下列要求：

①焊接网的长度、宽度及网格尺寸的允许偏差均为±10mm；网片两对角线之差不得大于10mm；网格数量应符合设计规定；

②焊接网交叉点开焊数量不得大于整个网片交叉点总数的1%，并且任1根横筋上开焊点数不得大于该根横筋交叉点总数的1/2；焊接网最外边钢筋上的交叉点不得开焊；

③焊接网组成的钢筋表面不得有裂纹、折叠、结疤、凹坑、油污及其他影响使用的缺陷；但焊点处可有不大的毛刺和表面浮锈。

（3）力学性能试验

1）剪切试验时应采用能悬挂于试验机上专用的剪切试验夹具（图3-4-33）；或采用现行行业标准《钢筋焊接接头试验方法标准》JGJ/T 27中规定的夹具。

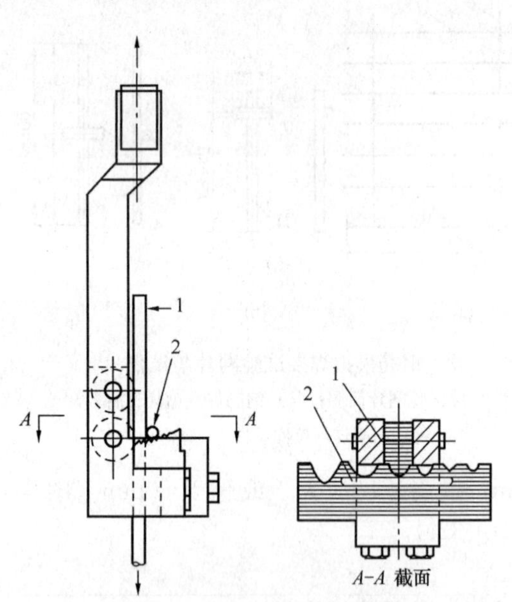

图3-4-33　焊点抗剪试验夹具

1—纵筋；2—横筋

2）钢筋焊接骨架、焊接网焊点剪切试验结果，3个试件抗剪力平均值应符合下式要求：

$$F \geqslant 0.3A_0\sigma_s \quad (3\text{-}4\text{-}2)$$

式中　F——抗剪力（N）；

A_0——纵向钢筋的横截面面积（mm^2）；

σ_s——纵向钢筋规定的屈服强度（MPa）。

注：冷轧带肋钢筋的屈服强度按440MPa计算。

3）冷轧带肋钢筋试件拉伸试验结果，其抗拉强度不得小于550MPa。

4）拉伸试验与弯曲试验方法，与常规方法相同。

当拉伸试验结果不合格时，应再切取双倍数量试件进行复检；复验结果均合格时，应评定该批焊接制品焊点拉伸试验合格。

当剪切试验结果不合格时，应从该批制品中再切取6个试件进行复验；当全部试件平均值达到要求时，应评定该批焊接制品焊点剪切试验合格。

5. 钢筋电渣压力焊接头质量检验

（1）取样

电渣压力焊接头的质量检验，应分批进行外观检查和力学性能检验，并应按下列规定作为一个检验批：

在现浇钢筋混凝土结构中，应以300个同牌号钢筋接头作为一批；在房屋结构中，应在不超过二楼层中300个同牌号钢筋接头作为一批；当不足300个接头时，仍应作为一批。每批随机切取3个接头做拉伸试验。

（2）外观检查

电渣压力焊钢筋接头外观检查应符合下列要求：

1）焊缝四周的焊包应均匀，凸出钢筋表面的高度应大于或等于4mm（图3-4-34）。

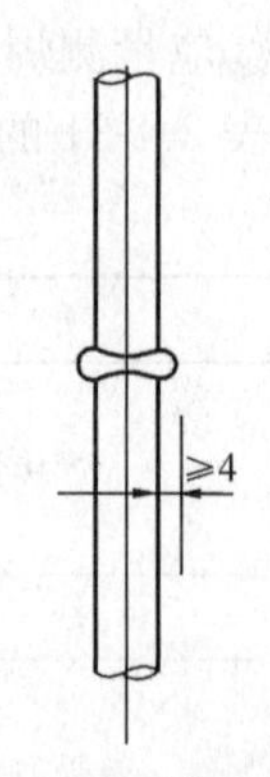

图3-4-34　电渣压力焊接头示意图

2）钢筋与电极接触处，应无烧伤缺陷。

3）接头处的弯折角不得大于3°。

4）接头处的轴线偏移不得大于钢筋直径的0.1倍，且不得大于2mm。

外观检查不合格的接头应切除重焊，或采取补强焊接措施。

6. 钢筋气压焊接头质量检验

（1）取样

气压焊接头的质量检验，应分批进行外观检查和力学性能检验，并应按下列规定作为一个检验批：

在现浇钢筋混凝土结构中，应以300个同牌号钢筋接头作为一批；在房屋结构中，应在不超过二楼层中300个同牌号钢筋接头作为一批；当不足300个接头时，仍应作为一批。

在柱、墙的竖向钢筋连接中，应从每批接头中随机切取3个接头做拉伸试验；在梁、板的水平钢筋连接中，应另切取3个接头做弯曲试验。

（2）外观检查

气压焊接头外观检查结果，应符合下列要求：

1）接头处的轴线偏移e不得大于钢筋直径的0.15倍，且不得大于4mm（图3-4-35a）；当不同直径钢筋焊接时，应按较小钢筋直径计算；当大于上述规定值，但在钢筋直径的0.30倍以下时，可加热矫正；当大于0.30倍时，应切除重焊；

2）接头处的弯折角不得大于3°；当大于规定值时，应重新加热矫正；

3）镦粗直径d_c不得小于钢筋直径的1.4倍（图3-4-35b）当小于上述规定值时，应重新加热镦粗；

4）镦粗长度L_c不得小于钢筋直径的1.0倍，且凸起部分平缓圆滑（图3-4-35c）；当小于上述规定值时，应重新加热镦长。

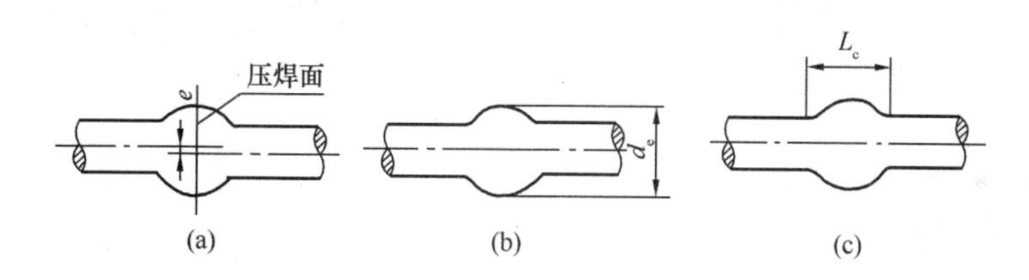

图3-4-35　钢筋气压焊接头外观质量图解

（a）轴线偏移；（b）镦粗直径；（c）镦粗长度

7. 预埋件钢筋T形接头质量检验

（1）取样

预埋件钢筋T形接头的外观检查，应从同一台班内完成的同一类型预埋件中抽查5%，且不得少于10件。

当进行力学性能检验时，应以300件同类型预埋件作为一批。一周内连接焊接时，可累计计算。当不足300件时，亦应按一批计算。

应从每批预埋件中随机切取3个接头做拉伸试验，试件的钢筋长度应大于或等于200mm，钢板的长度和宽度均应大于或等于60mm（图3-4-36）。

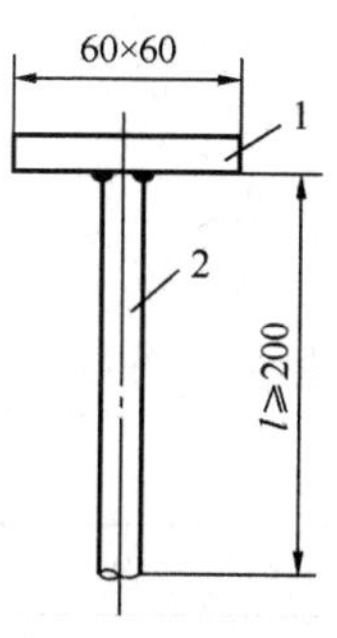

图3-4-36　预埋件钢筋T形接头拉伸试件

1—钢板；2—钢筋

（2）外观检查

1）预埋件钢筋手工电弧焊接头外观检查结果，应符合下列要求：

①角焊缝焊脚（k）当采用HPB 235钢筋时，不得小于钢筋直径的0.5倍；采用HRB 335和HRB 400钢筋时，不得小于钢筋直径的0.6倍；

②焊缝表面不得有肉眼可见裂纹；

③钢筋咬边深度不得超过0.5mm；

④钢筋相对钢板的直角偏差不得大于3°。

2）预埋件钢筋埋弧压力焊接头外观检查结果，应符合下列要求：

①四周焊包凸出钢筋表面的高度不得小于4mm；

②钢筋咬边深度不得超过0.5mm；

③钢板应无焊穿，根部应无凹陷现象；

④钢筋相对钢板的直角偏差不得大于3°。

3）预埋件外观检查结果，当有3个接头不符合上述要求时，应全数进行检查，并剔出不合格品。不合格接头经补焊后可提交二次验收。

（3）拉伸试验

预埋件钢筋T型接头拉伸试验结果，3个试件的抗拉强度均应符合下列要求：

1）HPB 235钢筋接头不得小于350MPa；

2）HRB 335钢筋接头不得小于470MPa；

3）HRB 400钢筋接头不得小于550MPa。

当试验结果，3个试件中有小于规定值时，应进行复验。

复验时，应再取6个试件。复验结果，其抗拉强度均达到上述要求时，应评定该批接头为合格品。

3.4.2.5 焊工考试规定

（1）经专业培训结业的学员，或具有独立焊接工作能力的焊工，方可参加钢筋焊工考试。

（2）焊工考试应由经市或市级以上建设行政主管部门审查批准的单位负责进行。考试完毕，对考试合格的焊工应签发合格证。合格证的式样应符合“11.钢筋焊工考试合格证”的规定。

（3）钢筋焊工考试应包括理论知识考试和操作技能考试两部分；经理论知识考试合格后的焊工，方可参加操作技能考试。

（4）理论知识考试应包括下列内容：

1）钢筋的牌号、规格及性能；

2）焊机的使用和维护；

3）焊条、焊剂、氧气、乙炔、液化石油气的性能和选用；

4）焊前准备、技术要求、焊接接头和焊接制品的质量检验与验收标准；

5）焊接工艺方法及其特点，焊接参数的选择；

6）焊接缺陷产生的原因及消除措施；

7）电工知识；

8）安全技术知识。

具体内容和要求应由各考试单位按焊工申报焊接方法对应出题。

（5）焊工操作技能考试用的钢筋、焊条、焊剂、氧气、乙炔、液化石油气等，应符合《钢筋焊接及验收规程》JGJ 18的有关规定，焊接设备可根据具体情况确定。

（6）焊工操作技能考试评定标准应符合表3-4-32的规定；焊接方法、钢筋牌号及直径、试件组合与组数，可由考试单位根据实际情况确定。焊接参数可由焊工自行选择。

焊工操作技能考试评定标准 **表3-4-32**

焊接方法	钢筋牌号及直径（mm）	每组试件数量			评定标准
		剪切	拉伸	弯曲	
电阻电焊	$\Phi^R10+\Phi^R6$	3	2	—	3个剪切试件抗剪力均不得小于《钢筋焊接及验收规程》（JGJ 18—2012）第5.2.5条的规定值；纵向和横向各1个拉伸试件的抗拉强度均不得小于$550N/mm^2$
	$\Phi18+\Phi6$	3	—	—	

续表

焊接方法		钢筋牌号及直径（mm）	每组试件数量			评定标准
			剪切	拉伸	弯曲	
闪光对焊（封闭环式箍筋闪光对焊）		Φ、Φ、Φ 6～32	—	3	3	3个热轧钢筋接头拉伸试件的抗拉强度均不得小于该牌号钢筋规定的抗拉强度；RRB 400钢筋试件的抗拉强度均不得小于570N/mm²；全部试件均应断于焊缝之外，呈延性断裂；3个弯曲试件弯至90°，均不得发生破裂；箍筋闪光对焊接头只做拉伸试验
		Φ^R 14～32	—	3	3	
		M33×2+Φ 28	—	3	—	
电弧焊	帮条平焊 帮条立焊	Φ、Φ 25～32	—	3	—	3个热轧钢筋接头拉伸试件的抗拉强度均不得小于该牌号钢筋规定的抗拉强度；全部试件均应断于焊缝之外，呈延性断裂
	搭接平焊 搭接立焊	Φ、Φ 25～32				
	熔槽帮条焊	Φ、Φ 25～40				
	坡口平焊 坡口立焊	Φ、Φ 18～32				
	窄间隙焊	Φ、Φ 16～40				
	钢筋与钢板搭接焊	Φ、Φ 8～20 +低碳钢板 $\delta \geqslant 0.6d$				
电渣压力焊		Φ、Φ 16～32	—	3	—	3个拉伸试件的抗拉强度均不得小于该牌号钢筋规定的抗拉强度，并至少有2个试件断于焊缝之外，呈延性断裂
气压焊		Φ、Φ 16～40	—	3	3	3个拉伸试件抗拉强度均不得小于该牌号钢筋规定的抗拉强度，并断于焊缝（压焊面）之外，呈延性断裂 3个弯曲试件弯至90°均不得发生破裂
预埋件钢筋电弧焊		Φ、Φ 6～25	—	3	—	3个拉伸试件的抗拉强度均不得小于该牌号钢筋规定的抗拉强度
预埋件钢筋埋弧压力焊		Φ、Φ 6～25				

注：1. M33×2—螺丝端杆公制螺纹外径及螺距；δ为钢板厚度，d为钢筋直径；
2. 闪光对焊接头、气压焊接头进行弯曲试验时，弯心直径和弯曲角度见表3-4-29。

（7）当剪切试验、拉伸试验结果，在一组试件中仅有1个试件未达到规定的要求时，可补焊一组试件进行补试，但不得超过一次。试验要求应与初始试验相同。

（8）持有合格证的焊工当在焊接生产中三个月内出现二批不合格品时，应取消其合格资格。

（9）持有合格证的焊工，每两年应复试一次；当脱离焊接生产岗位半年以上，在生产操作前应首先进行复试。复试可只进行操作技能考试。

（10）工程质量监督单位应对上岗操作的焊工随机抽查验证。

（11）钢筋焊工考试合格证：见附录钢筋-6。

3.4.3 粗直径钢筋机械连接

3.4.3.1 基本规定

1. 接头的设计原则和性能等级

（1）接头应满足强度及变形性能方面的要求并以此划分性能等级。

（2）设计接头的连接件时，应留有余量，其屈服承载力标准值（套筒横截面面积乘套筒材料的屈服强度标准值）及受拉承载力标准值（套筒横截面面积乘套筒材料的抗拉强度标准值）均应不小于被连接钢筋相应值的1.10倍，以确保接头可靠的传力性能。

（3）接头应根据其性能等级和应用场合，对单向拉伸性能、高应力反复拉压、大变形反复拉压、抗疲劳等各项性能确定相应的检验项目。

接头单向拉伸时的强度和变形是接头的基本性能。高应力反复拉压性能反映接头在风荷载及小地震情况下承受高应力反复拉压的能力。大变形反复拉压性能则反映结构在强烈地震情况下钢筋进入塑性变形阶段接头的受力性能。

上述三项性能是进行接头型式检验时必须进行的检验项目。而抗疲劳性能则是根据接头应用场合有选择性的试验项目。

（4）接头应根据抗拉强度、残余变形以及高应力和大变形条件下反复拉压性能的差异，分为下列三个性能等级：

Ⅰ级　接头抗拉强度等于被连接钢筋的实际拉断强度或不小于 1.10 倍钢筋抗拉强度标准值，残余变形小并具有高延性及反复拉压性能。

Ⅱ级　接头抗拉强度不小于被连接钢筋抗拉强度标准值，残余变形较小并具有高延性及反复拉压性能。

Ⅲ级　接头抗拉强度不小于被连接钢筋屈服强度标准值的 1.25 倍，残余变形较小并具有一定的延性及反复拉压性能。

（5）Ⅰ级、Ⅱ级、Ⅲ级接头的抗拉强度必须符合表 3-4-33 的规定。

接头的抗拉强度　　**表 3-4-33**

接头等级	Ⅰ级	Ⅱ级	Ⅲ级
抗拉强度	$f^0_{mst} \geqslant f_{stk}$　断于钢筋 或 $f^0_{mst} \geqslant 1.10 f_{stk}$　断于接头	$f^0_{mst} \geqslant f_{stk}$	$f^0_{mst} \geqslant 1.25 f_{yk}$

注：1. 表中Ⅰ级是指当接头试件拉断于钢筋且试件抗拉强度不小于钢筋抗拉强度标准值时，试件合格；当接头试件拉断于接头（定义的"机械接头长度"范围内）时，试件的实测抗拉强度应满足 $f^0_{mst} \geqslant 1.10 f_{stk}$。
2. 表中 f_{stk} 为钢筋抗拉强度标准值《钢筋混凝土用钢　第 2 部分热轧钢筋》GB 1499.2 中的钢筋抗拉强度 R_m 值相当；f_{yk} 为钢筋屈服强度标准值；f^0_{mst} 为接头试件实测抗拉强度。

（6）Ⅰ级、Ⅱ级、Ⅲ级接头应能经受规定的高应力和大变形反复拉压循环，且在经历拉压循环后，其抗拉强度仍应符合表 3-4-33 的规定。

（7）Ⅰ级、Ⅱ级、Ⅲ级接头的变形性能应符合表 3-4-34 的规定。

接头的变形性能　　**表 3-4-34**

接　头　等　级		Ⅰ级	Ⅱ级	Ⅲ级
单向拉伸	残余变形（mm）	$u_0 \leqslant 0.10$ ($d \leqslant 32$) $u_0 \leqslant 0.14$ ($d > 32$)	$u_0 \leqslant 0.14$ ($d \leqslant 32$) $u_0 \leqslant 0.16$ ($d > 32$)	$u_0 \leqslant 0.14$ ($d \leqslant 32$) $u_0 \leqslant 0.16$ ($d > 32$)
	最大力总伸长率（%）	$A_{sgt} \geqslant 6.0$	$A_{sgt} \geqslant 6.0$	$A_{sgt} \geqslant 3.0$
高应力反复拉压	残余变形（mm）	$u_{20} \leqslant 0.3$	$u_{20} \leqslant 0.3$	$u_{20} \leqslant 0.3$
大变形反复拉压	残余变形（mm）	$u_4 \leqslant 0.3$ 且 $u_8 \leqslant 0.6$	$u_4 \leqslant 0.3$ 且 $u_8 \leqslant 0.6$	$u_4 \leqslant 0.6$

注：1. 当频遇荷载组合下，构件中钢筋应力明显高于 $0.6 f_{yk}$ 时，设计部门可对单向拉伸残余变形 u_0 的加载峰值提出调整要求；
2. 表中 u_0 为接头试件加载至 $0.6 f_{yk}$ 并卸载后在规定标距内的残余变形；u_{20} 为接头试件按本手册附录钢筋－7 加载制度经高应力反复拉压 20 次后的残余变形；u_4 和 u_8 分别为接头试件按本手册附录钢筋－7 加载制度经大变形反复拉压 4 次和 8 次后的残余变形。

（8）对直接承受动力荷载的结构构件，设计应根据钢筋应力变化幅度提出接头的抗疲劳性能要求。当设计无专门要求时，接头的疲劳应力幅限值不应小于国家标准《混凝土结构设计规范》GB 50010—2010 中表 4.2.6-1 普通钢筋疲劳应力幅限值的 80%。

2. 接头的应用

（1）结构设计图纸中应列出设计选用的钢筋接头等级和应用部位。接头等级的选定应符合下列规定：

1）混凝土结构中要求充分发挥钢筋强度或对延性要求高的部位应优先选用Ⅱ级接头。当在同一连接区段内必须实施100%钢筋接头的连接时，应采用Ⅰ级接头。

2）混凝土结构中钢筋应力较高但对延性要求不高的部位可采用Ⅲ级接头。

（2）钢筋连接件的混凝土保护层厚度宜符合现行国家标准《混凝土结构设计规范》GB 50010中受力钢筋的混凝土保护层最小厚度的规定，且不得小于15mm。连接件之间的横向净距不宜小于25mm。

（3）结构构件中纵向受力钢筋的接头宜相互错开。钢筋机械连接的连接区段长度应按35d计算。在同一连接区段内有接头的受力钢筋截面面积占受力钢筋总截面面积的百分率（以下简称接头百分率），应符合下列规定：

1）接头宜设置在结构构件受拉钢筋应力较小部位，当需要在高应力部位设置接头时，在同一连接区段内Ⅲ级接头的接头百分率不应大于25%；Ⅱ级接头的接头百分率不应大于50%；Ⅰ级接头的接头百分率除第4条第2）款所列情况外可不受限制。

2）接头宜避开有抗震设防要求的框架的梁端、柱端箍筋加密区；当无法避开时，应采用Ⅱ级接头或Ⅰ级接头，且接头百分率不应大于50%。

3）受拉钢筋应力较小部位或纵向受压钢筋，接头百分率可不受限制。

4）对直接承受动力荷载的结构构件，接头百分率不应大于50%。

（4）当对具有钢筋接头的构件进行试验并取得可靠数据时，接头的应用范围可根据工程实际情况进行调整。

3. 接头的型式检验

（1）在下列情况应进行型式检验：

1）确定接头性能等级时；

2）材料、工艺、规格进行改动时；

3）型式检验报告超过4年时。

（2）用于形式检验的钢筋应符合有关钢筋标准的规定。

（3）对每种型式、级别、规格、材料、工艺的钢筋机械连接接头，型式检验试件不应少于9个：单向拉伸试件不应少于3个，高应力反复拉压试件不应少于3个，大变形反复拉压试件不应少于3个。同时应另取3根钢筋试件作抗拉强度试验。全部试件均应在同一根钢筋上截取。

（4）用于型式检验的直螺纹接头试件应散件送达检验单位，由型式检验单位或在其监督下由接头技术提供单位按表3-4-35规定的拧紧扭矩进行装配，拧紧扭矩值应记录在检验报告中，型式检验试件必须采用未经过预拉的试件。

（5）型式检验的试验方法应按附录钢筋—7中的规定进行，当试验结果符合下列规定时评为合格：

1）强度检验：每个接头试件的强度实测值均应符合3-4-33中相应接头等级的强度要求；

2）变形检验：对残余变形和最大力总伸长率，3个试件实测值的平均值应符合表3-4-34的规定。

（6）型式检验应由国家、省部级主管部门认可的检测机构进行，并应按附录钢筋—8的格式出具检验报告和评定结论。

4. 施工现场接头的加工与安装

（1）接头的加工

1）在施工现场加工钢筋接头时，应符合下列规定：

①加工钢筋接头的操作工人应经专业技术人员培训合格后才能上岗，人员应相对稳定；

②钢筋接头的加工应经工艺检验合格后方可进行。

2）直螺纹接头的现场加工应符合下列规定：

①钢筋端部应切平或镦平后加工螺纹；

②镦粗头不得有与钢筋轴线相垂直的横向裂纹；

③钢筋丝头长度应满足企业标准中产品设计要求，公差应为 0～2.0p（p 为螺距）；

④钢筋丝头宜满足 6f 级精度要求，应用专用直螺纹量规检验，通规能顺利旋入并达到要求的拧入长度，止规旋入不得超过 3p。抽检数量 10%，检验合格率不应小于 95%。

（2）接头的安装

1）直螺纹钢筋接头的安装质量应符合下列要求：

①安装接头时可用管钳扳手拧紧，应使钢筋丝头在套筒中央位置相互顶紧。标准型接头安装后的外露螺纹不宜超过 2p。

②安装后应用扭力扳手校核拧紧扭矩，拧紧扭矩值应符合表 3-4-35 的规定。

直螺纹接头安装时的最小拧紧扭矩值 **表 3-4-35**

钢筋直径（mm）	≤16	18～20	22～25	28～32	36～40
拧紧扭矩（N·m）	100	200	260	320	360

③校核用扭力扳手的准确度级别可选用 10 级。

2）套筒挤压钢筋接头的安装质量应符合下列要求：

①钢筋端部不得有局部弯曲，不得有严重锈蚀和附着物；

②钢筋端部应有检查插入套筒深度的明显标记，钢筋端头离套筒长度中点不宜超过 10mm；

③挤压应从套筒中央开始，依次向两端挤压，压痕直径的波动范围应控制在供应商认定的允许波动范围内，并提供专用量规进行检验；

④挤压后的套筒不得有肉眼可见裂纹。

5. 施工现场接头的检验与验收

（1）工程中应用钢筋机械接头时，应由该技术提供单位提交有效的型式检验报告。

（2）钢筋连接工程开始前，应对不同钢筋生产厂的进场钢筋进行接头工艺检验，施工过程中，更换钢筋生产厂时，应补充进行工艺检验。工艺检验应符合下列要求：

1）每种规格钢筋的接头试件不应少于 3 根；

2）每根试件的抗拉强度和 3 根接头试件的残余变形的平均值均应符合表 3-4-33 和表 3-4-34 的规定；

3）接头试件在测量残余变形后可再进行抗拉强度试验，并宜按附录钢筋－7 附表 7.1-1 中的单向拉伸加载制度进行试验；

4）第一次工艺检验中 1 根试件抗拉强度或 3 根试件的残余变形平均值不合格时，允许再抽 3 根试件进行复检，复检仍不合格时判为工艺检验不合格。

（3）接头安装前应检查连接件产品合格证及套筒表面生产批号标识；产品合格证应包括适用钢筋直径和接头性能等级、套筒类型、生产单位、生产日期以及可追溯产品原材料力学性能和加工质量的生产批号。

（4）现场检验应进行接头的抗拉强度试验，加工和安装质量检验；对接头有特殊要求的结构，应在设计图纸中另行注明相应的检验项目。

（5）接头的现场检验应按验收批进行。同一施工条件下采用同一批材料的同等级、同型式、同规格接头，应以 500 个为一个验收批进行检验与验收，不足 500 个也应作为一个验收批。

（6）螺纹接头安装后应按第（5）条的验收批，抽取其中 10%的接头进行拧紧扭矩校核，拧紧扭矩值不合格数超过被校核接头数的 5%时，应重新拧紧全部接头，直到合格为止。

（7）对接头的每一验收批，必须在工程结构中随机截取 3 个接头试件作抗拉强度试验，按设计要求的接头等级进行评定。当 3 个接头试件的抗拉强度均符合表 3-4-33 中相应等级的强度要求时，该验收批应评为合格。如有 1 个试件的抗拉强度不符合要求，应再取 6 个试件进行复检。复检中如仍有 1 个试件的抗拉强度不符合要求，则该验收批应评为不合格。

（8）现场检验连续 10 个验收批抽样试件抗拉强度试验一次合格率为 100%时，验收批接头数量可扩大 1 倍。

（9）现场截取抽样试件后，原接头位置的钢筋可采用同等规格的钢筋进行搭接连接，或采用焊接及机械连接方法补接。

（10）对抽检不合格的接头验收批，应由建设方会同设计等有关方面研究后提出处理方案。

3.4.3.2 钢筋机械连接技术

1. 钢筋套筒挤压连接技术

套筒挤压钢筋接头按挤压方式不同，分为径向挤压和轴向挤压两种。

（1）套筒径向挤压钢筋连接技术

钢筋径向挤压连接，是将两根待接钢筋的端部插入钢套筒内，然后用便携式钢筋挤压机沿径向挤压钢套筒，使之产生塑性变形后，咬住钢筋的横肋，将两根钢筋和钢套筒连接成一体的机械连接方式。其接头纵剖面见图 3-4-37。

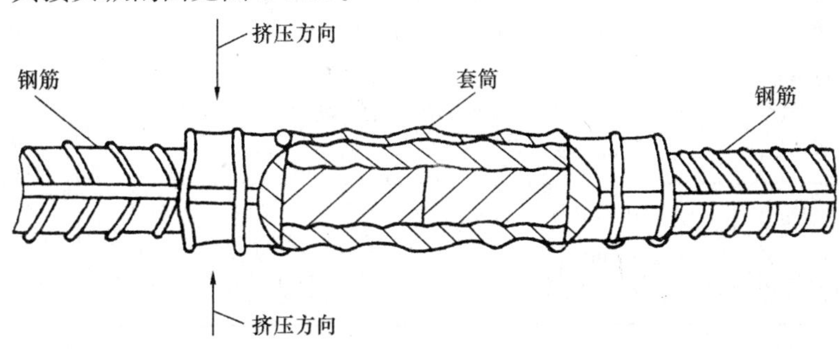

图 3-4-37 钢筋径向挤压接头纵剖面示意图

1）挤压设备

钢筋径向挤压设备由高压泵站、高压油管和钢筋挤压钳等组成（图 3-4-38）。

钢筋挤压钳采用双作用油路和双作用油缸，主要由缸体、活塞、上压模、下压模、压模挡铁、油路接头和机架等组成（图 3-4-39）。

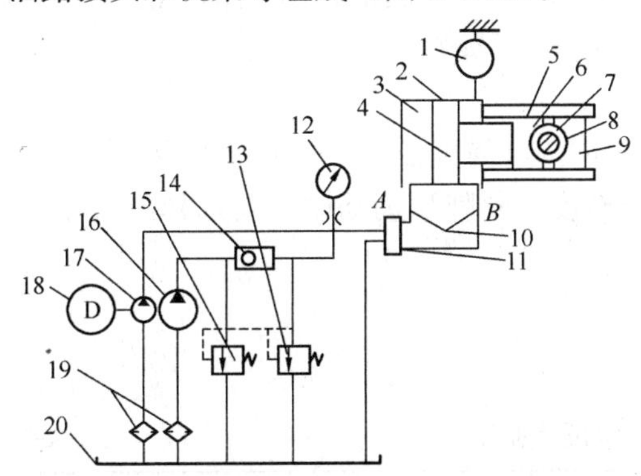

图 3-4-38 钢筋径向挤压设备示意图

1—悬挂器；2—缸体；3—油腔；4—活塞；5—机架；6—上压模；7—套筒；8—钢筋；9—下压模；10—油管；11—换向阀；12—压力表；13—溢流阀；14—单向阀；15—限压阀；16—低压泵；17—高压泵；18—电机；19—滤油器；20—油箱

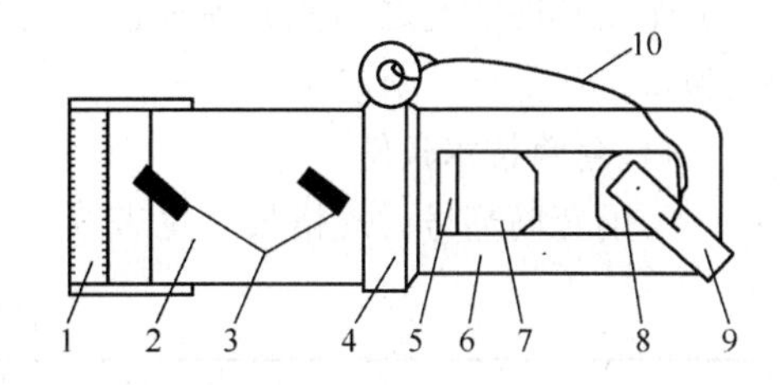

图 3-4-39 钢筋挤压钳示意图

1—提把；2—缸体；3—进油接头；4—吊环；5—活塞；6—机架；7—上压模；8—下压模；9—压模挡铁；10—链绳

钢筋径向挤压机主要有 YJH-25、YJH-32 和 YJH-40 等型号，其主要技术参数见表 3-4-36。

钢筋径向挤压连接设备主要参数表　　表 3-4-36

设备组成	主要技术参数				数量
	设备型号	YJH-25	YJH-32	YJH-40	
压接钳	额定压力 额定挤压力 外形尺寸 重　量	80MPa 760kN ϕ150×433(mm) 23kg(不带压模)	80MPa 760kN ϕ150×480(mm) 27kg(不带压模)	80MPa 900kN ϕ170×530(mm) 34kg(不带压模)	1台/套
压模	可配压模型号	M18,M20 M22,M25	M20,M22 M25,M28,M32	M32,M36,M40	1副/套
	可连接钢筋的直径(mm)	18,20,22,25	20,22,25,28,32	32,36,40	
	重　量	5.6kg/副	6kg/副	7kg/副	
超高压泵站	电　机 高压泵 低压泵 外形尺寸 重　量	输入电压:380V　50Hz(220V　60Hz)功率:1.5kW 额定压力:80MPa　高压流量:0.8L/min 额定压力:2.0MPa　低压流量:4.0～6.0L/min 790×540×785(mm)(长×宽×高) 96kg　油箱容积　20L			1台/套
超高压软管	额定压力 内　　径 长　　度	100MPa 6.0mm 3.0m(5.0m)			2根/套

注：电机项目中括号内的数据为出口型用。

2）径向挤压机的工作程序

钢筋径向挤压机在工作时，将换向阀扳至压接工位，高压油液经高压油管进入挤压钳的 A 口（后油腔），前油腔的油液经 B 口压回油箱。此时，进入后油腔的高压油液推动活塞和上压模向前运动，并挤压钢套筒进行压接工作。当压力表达到预定值后，将换向阀扳至回程位置，高压泵站输出的高压油液，经换向阀和高压油管进入挤压钳 B 口（前油腔），推动活塞回程。后油腔的油液经 A 口压回油箱。至此完成一个工作循环（图 3-4-38）。

3）挤压连接的适用范围

钢筋径向挤压连接技术适用于连接 HRB335、HRB400 等直径 20～40mm 的变形钢筋，也适用于连接其性能与之相似的各种进口变形钢筋。在连接不同牌号钢筋时，要选择与之相匹配的钢套筒。

4）套筒技术条件

①钢套筒型号、规格尺寸见表 3-4-37。

钢套筒型号、规格尺寸表　　表 3-4-37

钢套筒型号	钢套筒尺寸（mm）			压接标志道数	单个钢套筒理论重量（kg）
	外径	壁厚	长度		
G40	70	12	260	8×2	4.46
G36	63.5	11	230	7×2	3.28
G32	57	10	210	6×2	2.43
G28	50	8	200	5×2	1.66
G25	45	7.5	180	4×2	1.25
G22	40	6.5	150	3×2	0.81
G20	36	6	140	3×2	0.62

②钢套筒的尺寸偏差宜符合表 3-4-38 要求。

钢套筒尺寸允许偏差表（mm） **表 3-4-38**

套筒外径 D	外径允许偏差	壁厚（t）允许偏差	长度允许偏差
≤50	±0.5	$+0.12t$ $-0.10t$	±2
>50	$\pm 0.01D$	$+0.12t$ $-0.10t$	±2

③对 HRB335、HRB400 带肋钢筋挤压接头所用套筒材料，应选用适于压延加工的钢材，其实测力学性能应符合表3-4-39的要求。

钢套筒材料力学性能表 **表 3-4-39**

项　目	力学性能指标	项　目	力学性能指标
屈服强度（MPa）	225～350	硬度（HRB）	60～80
抗拉强度（MPa）	375～500	或（HB）	102～133
延伸率 δ_s（%）	≥20		

设计钢套筒时，其承载力应符合下列要求：

$$f_{slyk}A_{sl} \geqslant 1.10 f_{yk}A_s \tag{3-4-3}$$

$$f_{sltk}A_{sl} \geqslant 1.10 f_{stk}A_s \tag{3-4-4}$$

式中 f_{slyk}——套筒屈服强度标准值；

f_{sltk}——套筒抗拉强度标准值；

f_{yk}——钢筋屈服强度标准值；

f_{stk}——钢筋抗拉强度标准值；

A_{sl}——套筒的横截面面积；

A_s——钢筋的横截面面积。

5）挤压工序和工艺参数

①挤压工序：

钢筋挤压连接分为两道工序：第一道工序是，先将 1 根钢筋的待接端插入钢套筒一半后，用挤压钳按要求将钢套筒与钢筋挤压连接；第二道工序是，将另 1 根钢筋的待接端，插入到已完成半个接头挤压的钢套筒另一半，然后，用挤压钳按要求将钢套筒与钢筋挤压连接。挤压过程顺序：由钢套筒的中部按标记依次向端部进行挤压连接。

②工艺参数：

钢筋径向挤压连接的工艺参数见表 3-4-40 和表 3-4-41。

同直径钢筋挤压连接工艺参数表 **表 3-4-40**

连接钢筋直径（mm）	钢套筒型号	压模型号	压痕最小直径允许范围（mm）	挤压道数
40～40	G40	M40	61～64	8×2
36～36	G36	M36	55～58	7×2
32～32	G32	M32	49～52	6×2
28～28	G28	M28	42～44.5	5×2
25～25	G25	M25	37.5～40	4×2
22～22	G22	M22	33～35	3×2
20～20	G20	M20	30～32	3×2

异径钢筋挤压连接工艺参数表 **表 3-4-41**

连接钢筋直径（mm）	钢套筒型号	压模型号	压痕最小直径允许范围（mm）	挤压道数
40～36	G40	Φ40 端 M40	61～64	8
		Φ36 端 M36	58～60.5	8
36～32	G36	Φ36 端 M36	55～58	7
		Φ32 端 M32	52～54.5	7
32～28	G32	Φ32 端 M32	49～52	6
		Φ28 端 M28	46.5～48.5	6
28～25	G28	Φ28 端 M28	42～44.5	5
		Φ25 端 M25	39.5～41.5	5
25～22	G25	Φ25 端 M25	37.5～40	4
		Φ22 端 M22	36～37.5	4
25～20	G25	Φ25 端 M25	37.5～40	4
		Φ20 端 M20	33.5～35	4
22～20	G22	Φ22 端 M22	33～35	3
		Φ20 端 M20	31.5～33	3

6）质量检查和验收

①型式检验。按 3.4.3.1 基本规定第 3 条执行。

②工艺检验。按 3.4.3.1 基本规定第 5 条执行。

③现场单向拉伸试验：

钢筋径向挤压接头的现场检验按验收批进行。同一施工条件下采用同一批材料的同等级、同型式和同规格接头，以 500 个为一个验收批进行检查和验收，不足 500 个也作为一个验收批。

对每一验收批，均应按设计的接头性能等级要求，在工程中随机抽取 3 个试件做单向拉伸试验。

当 3 个试件检验结果均符合表 3-4-33 的强度要求时，该验收批为合格。

当有 1 个试件的抗拉强度不符合要求时，应再取 6 个试件进行复检，复检中如仍有 1 个试件检验结果不符合要求，则该验收批单向拉伸检验为不合格。

在现场连续检验 10 个验收批，全部单向拉伸试验一次抽样均合格时，验收批接头数量可扩大一倍。

④现场外观检查：

钢筋径向挤压接头的外观质量检查应符合下列要求：

外形尺寸：挤压后的套筒长度，应为原套筒长度的1.10～1.15倍。或压痕处套筒的外径波动范围为原套筒外径的 0.8～0.9 倍。

挤压接头的压痕道数，应符合型式检验确定的道数。

接头处弯折不得大于 4°。

挤压后的套筒不得有肉眼可见裂缝。

每一验收批中，应随机抽取 10%的挤压接头做外观质量检验，如外观质量不合格数少于抽检数的 10%，则该批挤压接头外观质量评为合格。当不合格数超过抽检数的 10%时，应对该批挤压接头逐个进行复检。对外观不合格的挤压接头采取补救措施，不能补救的挤压接头应做标记。在外观不合格的接头中，抽取 6 个试件做抗拉强度试验，如有 1 个试件的抗拉强度低于规定值，则该批外观不合格的挤压接头，应会同设计单位商定处理，并记录存档。

2. 套筒轴向挤压钢筋连接技术

套筒轴向挤压钢筋连接技术，是采用专用挤压机和压模对钢套筒连同插入套筒内的两根对接的钢筋，沿其轴向方向进行挤压，使套筒被挤压变形后，与钢筋紧密咬合成一体（图 3-4-40）。

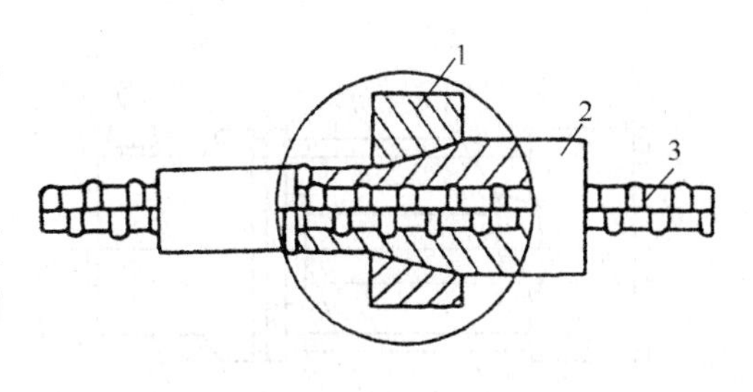

图 3-4-40 钢筋轴向挤压示意图
1—压模；2—钢套筒；3—钢筋

套筒轴向挤压连接接头适用于 16～40mm 的同直径或相差一个直径的 HRB335、HRB400 等钢筋的连接，与钢筋径向挤压连接相同。不同直径钢筋的最小间距见表 3-4-42。

不同直径钢筋最小间距表 **表 3-4-42**

钢筋直径（mm）	ϕ25	ϕ28	ϕ32
钢筋轴线最小距离（mm）	94×74	109×83	128×90

（1）材料与设备

1）钢筋：与钢筋径向挤压相同。

2）钢套筒：材质应符合 GB 5310 优质碳素结构钢的标准，其机械性能应符合表 3-4-43 的要求，其规格尺寸见表 3-4-44。

钢套筒机械性能表 **表 3-4-43**

项　目	机械性能	项　目	机械性能
屈服强度（f_y）	≥250MPa	伸长率 δ_s（%）	≥24
抗拉强度（f_t）	≥420～560MPa	HRB	≤75

钢套筒规格尺寸表 **表 3-4-44**

套筒尺寸（mm） \ 钢筋直径（mm）		ϕ25	ϕ28	ϕ32
外　径		$\phi45^{+0.1}_{0}$	$\phi49^{+0.1}_{0}$	$\phi55.5^{+0.1}_{0}$
内　径		$\phi33^{0}_{-0.1}$	$\phi35^{0}_{-0.1}$	$\phi39^{0}_{-0.1}$
长度	钢筋端面紧贴连接时	$190^{+0.3}_{0}$	$200^{+0.3}_{0}$	$210^{+0.3}_{0}$
	钢筋端面间隙≤30 连接时	$200^{+0.3}_{0}$	$230^{+0.3}_{0}$	$240^{+0.3}_{0}$

3）设备：包括挤压机、半挤压机和高压泵站等。

①挤压机：型号 GZJ32。该挤压机可用于全套筒和少量半套筒钢筋接头的压接（图 3-4-41）。其主要技术参数见表 3-4-45。

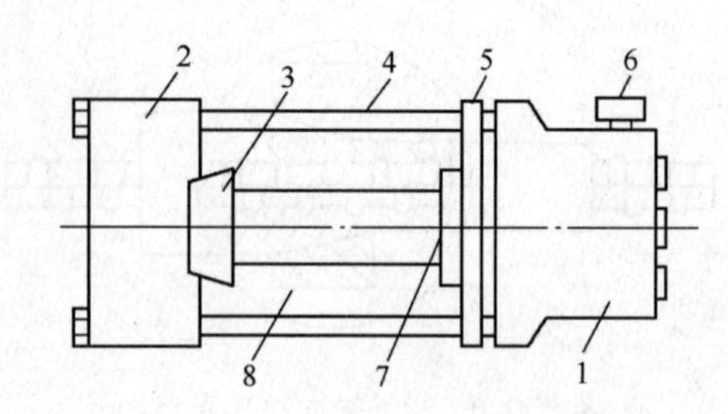

图 3-4-41 钢筋轴向挤压机示意图

1—油缸；2—压模座；3—压模；4—导向杆；5—撑力架；6—油管；7—垫块座；8—套筒

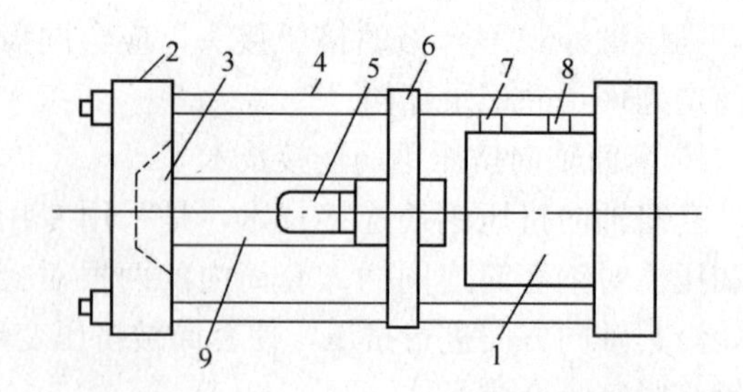

图 3-4-42 钢筋半挤压机示意图

1—油缸；2—压模座；3—压模；4—导向杆；5—限位器；6—撑力架；7、8—油管接头；9—套管

②半挤压机：型号 GZJ32。该挤压机适用于半套筒钢筋接头的压接（图 3-4-42）。其主要技术参数见表 3-4-45。

GZJ32 型挤压机和半挤压机主要技术参数表　　表 3-4-45

项　次	项　　目	单　位	技术性能	
			挤压机	半挤压机
1	额定工作压力	MPa	70	70
2	额定工作推力	kN	400	470
3	油缸最大行程	mm	104	110
4	外形尺寸	mm	755×158×215	180×180×780
5	自　　重	kg	65	70

③高压泵站：该泵站由电动机驱动的高、低压油泵各 1 台和双油路组成。当换向阀接通高压油泵时，油缸大腔进油，当达到高压额定油压时，高压继电器断电；当换向阀接通低压油泵时，油缸小腔进油，当达到低压额定油压时，低压继电器断电。其主要技术参数见表 3-4-46。

高压泵站主要技术性能表　　表 3-4-46

项次	项　　目	单　位	技术性能	
			超高压油泵	低压泵
1	额定工作压力	MPa	70	7
2	额定流量	L/min	2.5	7
3	继电器额定压力	MPa	65	36
4	电机（$J100L_2$-4-B_5） 电　压 功　率 频　率	 V kW Hz	 380 3 50	

（2）施工准备工作

1）标尺与标志

为了控制钢筋插入套筒的准确长度，在钢筋端部接口处应采用专用标尺画出油漆标志线（图 3-4-43），不同直径钢筋插入套筒的长度见表 3-4-47。

不同直径钢筋插入套筒长度表　　表 3-4-47

钢筋直径（mm）	ϕ25	ϕ28	ϕ32
钢筋插入套筒长度 L（mm）	105	110	115

2）套筒与配套压模

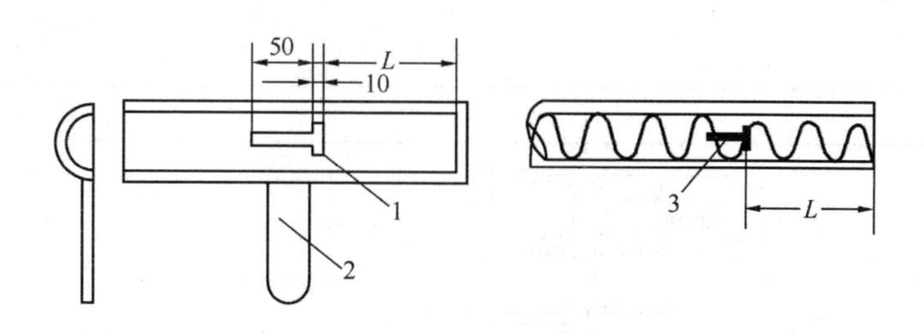

图 3-4-43　专用标尺示意图

1—画线孔；2—手把；3—钢筋上画的油漆标志线

套筒与压模配套表见表 3-4-48。

套筒与压模配套表　　**表 3-4-48**

钢筋直径（mm）	套筒直径（mm）		压模直径（mm）	
	内径	外径	同径钢筋及异径钢筋粗径用	异径钢筋接头细径用
ϕ25 ϕ28 ϕ32	ϕ33 ϕ35 ϕ39	ϕ45 ϕ49.1 ϕ55.5	38.4±0.02 42.3±0.02 48.3±0.02	40±0.02 45±0.02

3）施工前试验

按施工使用的钢筋、套筒、挤压机和压模等，先挤压 3 根 650～700mm 套筒接头和切取 3 根同样长度的钢筋母材，分别进行抗拉试验，合格后方可施工。否则需加倍进行试验，直到满足要求为止。

4）其他施工准备工作

其他施工准备工作与钢筋径向挤压连接相同。

（3）工艺要点

1）接好高压泵站电源和挤压机（或半挤压机）的油管。

2）启动高压泵站和空载运转挤压机（或半挤压机），往返动作油缸几次，检查泵站和挤压机是否正常。

3）一般可采取在加工厂先预压接半个钢筋接头后，再运至工地进行另半个钢筋接头的整根压接。半根钢筋挤压作业步骤见表 3-4-49。整根钢筋挤压作业步骤见表 3-4-50。

半根钢筋挤压作业步骤表　　**表 3-4-49**

项次	图　示	说　明
1	压模座　限位器　压模　套管　油缸	装好高压油管和钢筋配用的限位器、套管、压模，并在压模内孔涂羊油
2		按手控“上”按钮，使套管对正压模内孔，再按手控“停止”按钮
3		插入钢筋，顶在限位器立柱上，扶正
4		按手控“上”按钮，进行挤压

续表

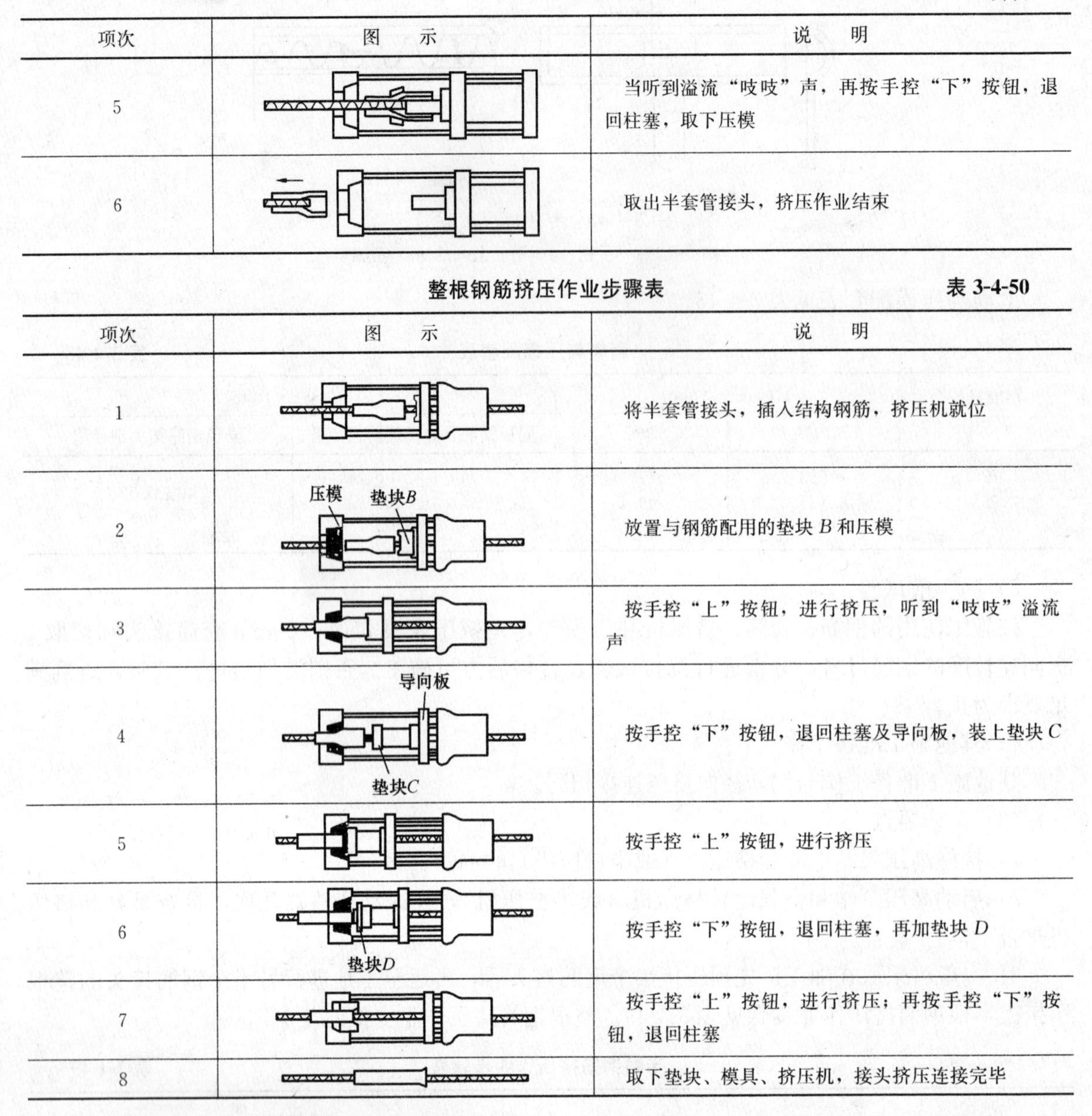

项次	图示	说明
5		当听到溢流“吱吱”声，再按手控“下”按钮，退回柱塞，取下压模
6		取出半套管接头，挤压作业结束

整根钢筋挤压作业步骤表 **表 3-4-50**

项次	图示	说明
1		将半套管接头，插入结构钢筋，挤压机就位
2		放置与钢筋配用的垫块 B 和压模
3		按手控“上”按钮，进行挤压，听到“吱吱”溢流声
4		按手控“下”按钮，退回柱塞及导向板，装上垫块 C
5		按手控“上”按钮，进行挤压
6		按手控“下”按钮，退回柱塞，再加垫块 D
7		按手控“上”按钮，进行挤压；再按手控“下”按钮，退回柱塞
8		取下垫块、模具、挤压机，接头挤压连接完毕

4）接头压接后，其套筒握裹钢筋的长度应达到标记线要求。如套筒接头达不到要求时，可采用绑扎补强钢筋或切去重新压接。

5）压接后的接头，应用卡规进行检测，不同直径的钢筋接头采用不同规格的卡规。其接头通过尺寸见表 3-4-51。

不同直径钢筋接头卡规通过尺寸表 **表 3-4-51**

卡规简图	通过尺寸 A（mm）		
	ϕ25	ϕ28	ϕ32
15, A, 15, 45, 60	39.1	43	49.2

(4) 注意事项

1) 钢筋下料应采用砂轮锯切割，切口与钢筋轴线垂直。不得使用气割或切断机。

2) 钢套筒必须擦净，以免砂粒等损坏压模。

3) 接头套筒不得有肉眼可见的裂纹。

4) 压接合格的接头，应擦去套筒表面的油脂。

(5) 质量检查与验收

钢筋轴向挤压连接的质量检查与验收和钢筋径向挤压连接相同，可按径向挤压连接的有关规定执行。

3. 镦粗直螺纹钢筋连接技术

镦粗直螺纹钢筋接头是通过冷镦粗设备，先将钢筋连接端头冷镦粗，再在镦粗端加工成直螺纹丝头，然后，将两根已镦粗套丝的钢筋连接端穿入配套加工的连接套筒，旋紧后，即成为一个完整的接头。

该接头的钢筋端部经冷镦后不仅直径增大，使加工后的丝头螺纹底部最小直径不小于钢筋母材的直径；而且钢材冷镦后，还可提高接头部位的强度。因此，该接头可与钢筋母材等强，其性能相当于表 3-4-3.1 和表 3-4-3.2 中的Ⅰ、Ⅱ级。该项技术由中国建筑科学研究院于 1995 年研制开发，1997 年通过建设部鉴定，被建设部列为国家级科技成果推广项目。

(1) 特点

1) 接头强度高

镦粗直螺纹接头不削弱钢筋母材截面积，冷镦后还可提高钢材强度。能充分发挥 HRB335、HRB400 级钢筋的强度和延性。

2) 连接速度快

套筒短、螺纹丝扣少、施工方便、连接速度快。

3) 应用范围广

除适用于水平、垂直钢筋连接外，还适用于弯曲钢筋及钢筋笼等不能转动钢筋的连接。

4) 生产效率高

镦粗、切削一个丝头仅需 30～50s，每套设备每班可加工 400～600 个丝头。

5) 适应性强

现场施工时，风、雨、停电、水下、超高等环境均适用。

6) 节能、经济

钢材比套筒挤压接头约节省 70%；成本与套筒挤压接头相近，粗直径钢筋约节省钢材 20%左右。

(2) 产品分类

1) 接头按使用场合分类（表 3-4-52 及图 3-4-44）

接头按使用场合分类 **表 3-4-52**

序号	形　式	使　用　场　合
1	标准型	正常情况下连接钢筋
2	扩口型	用于钢筋较难对中且钢筋不易转动的场合
3	异径型	用于连接不同直径的钢筋
4	正反丝头型	用于两端钢筋均不能转动而要求调节轴向长度的场合
5	加长丝头型	用于转动钢筋较困难的场合，通过转动套筒连接钢筋
6	加锁母型	钢筋完全不能转动，通过转动套筒连接钢筋，用锁母锁定套筒

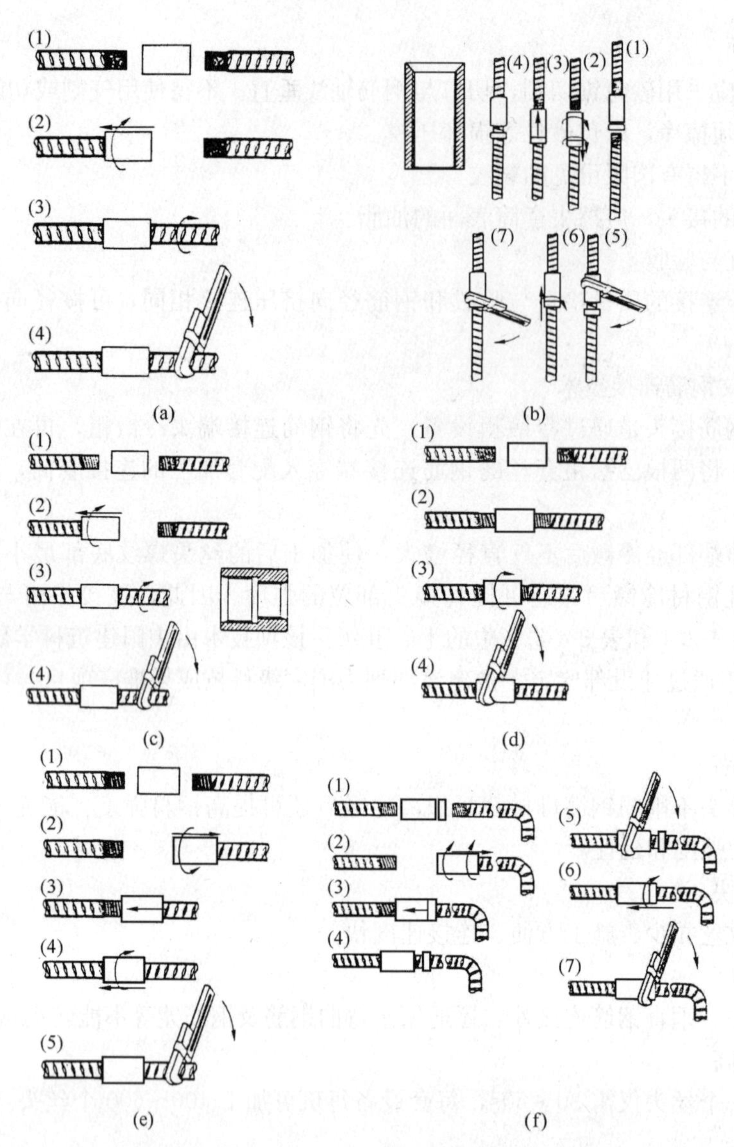

图 3-4-44　按使用场合钢筋接头分类示意图

（a）标准型接头；（b）扩口型接头；（c）异径型接头；（d）正反丝头型接头；（e）加长丝头型接头；（f）加锁母型接头

注：图中（1）～（7）为接头连接时的操作顺序。

2）套筒按使用场合分类及其特性代号见表 3-4-53。

套筒分类和特性代号　　表 3-4-53

序号	形　式	使　用　场　合	特性代号
1	标准型	用于标准型、加长丝头型或加锁母型接头	省略
2	扩口型	用于扩口型、加长丝头型或加锁母型接头	K
3	异径型	用于异径型接头	Y
4	正反丝头型	用于正反丝头型接头	ZF

3）直螺纹连接套筒分类图（图 3-4-45）

①标准型套筒：

带右旋等直径内螺纹，端部 2 个螺距带有锥度（图 3-4-45a）；

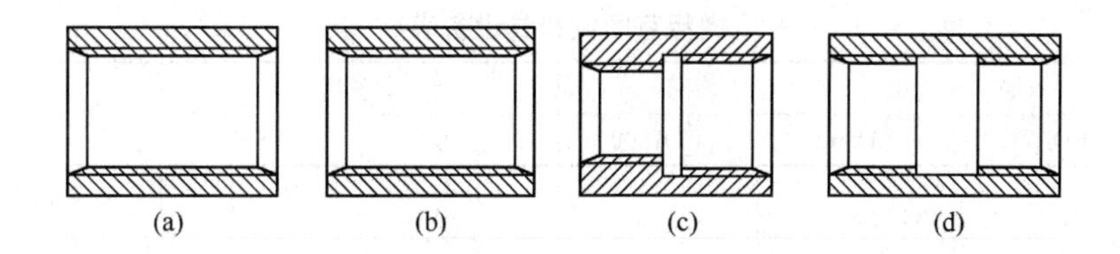

图 3-4-45　连接套筒分类图

(a) 标准型；(b) 扩口型；(c) 异径型；(d) 正反丝头型

②扩口型套筒：

带右旋等直径内螺纹，一端带有 45°或 60°的扩口，以便于对中入扣（图 3-4-45b）；

③异径型套筒：

带右旋两端具有不同直径的内直螺纹，用于连接不同直径的钢筋（图 3-4-45c）；

④正反丝头型套筒：

套筒两端各带左、右旋等直径内螺纹，用于钢筋不能转动的场合（图 3-4-45d）；

（3）适用范围

适用于钢筋混凝土结构中直径 16～40mm 的 HRB335、HRB400 等钢筋的连接。

（4）材料要求

1）钢筋

应符合现行国家标准《钢筋混凝土用钢　第 1 部分：热轧光圆钢筋》GB 1499《钢筋混凝土用钢　第 2 部分：热轧带肋钢筋》GB 1499.2 的要求。

2）连接套筒与锁母

宜使用优质碳素结构钢或低合金高强度结构钢。并应有供货单位的质量检验合格证书。

（5）技术性能

1）镦粗直螺纹钢筋接头的技术性能应满足强度和变形等方面的要求，其性能指标参见表 3-4-33、表 3-4-34 中Ⅰ、Ⅱ两个性能等级。

2）镦粗直螺纹钢筋接头用于直接承受动力荷载的结构工程时，尚应满足设计要求的抗疲劳性能。

（6）使用要求

1）丝头

不同工况下，丝头应满足下列使用要求：

①适用于标准型接头的丝头，其长度应为 1/2 套筒长度，公差为 $+1p$（p 为螺距），以保证套筒在接头的居中位置。

②适用于加长丝头型、扩口型和加锁母型接头的丝头，其丝头长度应保证套筒，或套筒与锁母全部旋入，满足转动套筒即可进行钢筋连接的要求。

2）连接套筒

套筒的应用场合和使用要求：

①标准型套筒可适用于连接标准型接头、加长丝头型接头和加锁母型接头；

②异径型套筒应满足设计要求的不同直径钢筋的连接要求；

③扩口型套筒应满足钢筋较难对中和不易转动的情况下，便于钢筋丝头入扣连接；

④正反丝口型套筒应满足正反丝头型接头的钢筋连接要求。

（7）机具设备

1）直螺纹镦粗、套丝设备

镦粗直螺纹使用的机具设备主要有镦头机、套丝机和高压油泵等，其型号见表 3-4-54。

镦粗直螺纹机具设备表　　　　表 3-4-54

镦头机				套丝机		高压油泵	
型号	LD700	LD800	LD1800	型号	TS40		
镦压力（kN）	700	1000	2000	功率（kW）	4.0	电机功率（kW）	3.0
行程（mm）	40	50	65	转速（r/min）	40	最高额定压力（MPa）	63
适用钢筋直径（mm）	16～25	16～32	28～40	适用钢筋直径（mm）	16～40	流量（L/min）	6
重量（kg）	200	385	550	重量（kg）	400	重量（kg）	60
外形尺寸（mm）	575×250×250	690×400×370	830×425×425	外形尺寸（mm）	1200×1050×550	外形尺寸（mm）	645×525×335

注：本表机具设备为北京建硕钢筋连接工程有限公司产品。

上述设备机具应配套使用，每套设备平均 40s 生产 1 个丝头，每台班可生产 400～600 个丝头。

2）检验工具

①环规：丝头质量检验工具。每种丝头直螺纹的检验工具分为通端螺纹环规和止端螺纹环规两种（图 3-4-46）。

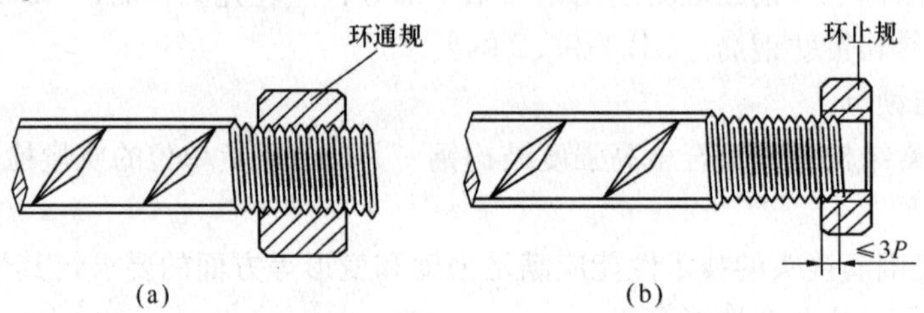

图 3-4-46　丝头质量检验示意图

（a）通端螺纹环规；（b）止端螺纹环规

②塞规：套筒质量检验工具。每种套筒直螺纹的检验工具分为通端螺纹塞规和止端螺纹塞规两种（图 3-4-47）。

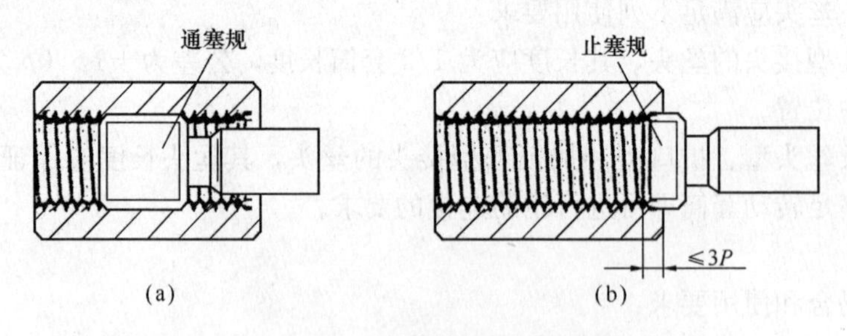

图 3-4-47　套筒质量检验示意图

（a）通端螺纹塞规；（b）止端螺纹塞规

③卡尺等。

（8）工艺要点

1）工艺原理

镦粗直螺纹接头工艺是先利用冷镦机将钢筋端部镦粗，再用套丝机在钢筋端部的镦粗段上加工直螺纹，然后用连接套筒将两根钢筋对接。由于钢筋端部冷镦后，不仅截面加大，而且强度也有提高。加之，钢筋端部加工直螺纹后，其螺纹底部的最小直径，应不小于钢筋母材的直径。因此，该接头可与钢筋母材等强。其工艺简图见图 3-4-48。

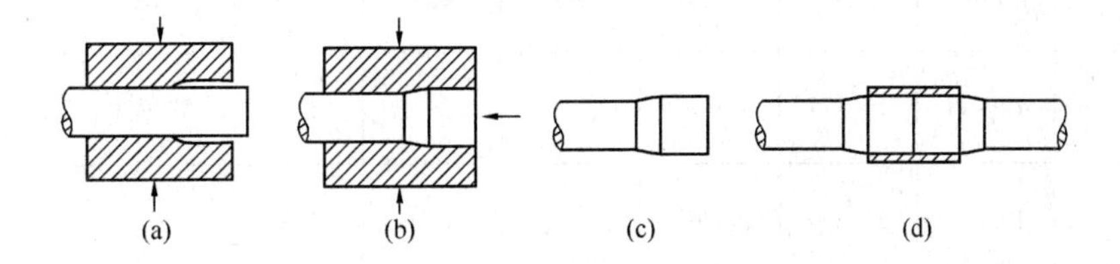

图 3-4-48 镦粗直螺纹工艺简图

(a) 夹紧钢筋；(b) 冷镦扩粗；(c) 加工丝头；(d) 对接钢筋

2）工艺流程

镦粗直螺纹的工艺流程见图 3-4-49。

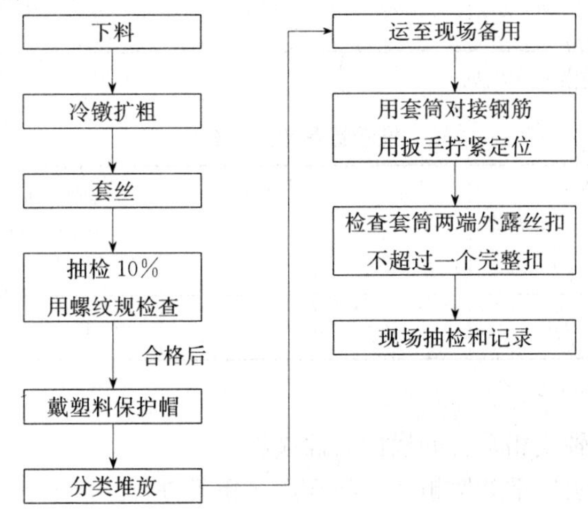

图 3-4-49 镦粗直螺纹工艺流程图

3）制造工艺要求

①镦粗头：

钢筋下料前应先进行调直，下料时，切口端面应与钢筋轴线垂直，不得有马蹄形或挠曲，端部不直应调直后下料。

镦粗头的基圆直径 d_1 应大于丝头螺纹外径，长度 L_0 应大于 1/2 套筒长度，冷镦粗过渡段坡度应≤1∶5。镦粗头的外形尺寸见图 3-4-50，镦粗量参考资料见表 3-4-55、表 3-4-56。

表中镦粗压力和镦粗缩短尺寸仅为参考值。在每批钢筋进场加工前应先做镦头试验，以镦粗量合格为标准来调整最佳镦粗压力和镦粗缩短尺寸。

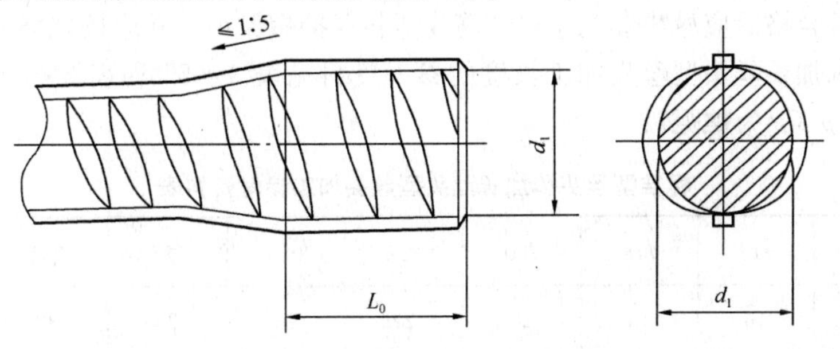

图 3-4-50 镦粗头外形尺寸示意图

镦粗量参考资料表　　表 3-4-55

钢筋直径（mm）	ϕ16	ϕ18	ϕ20	ϕ22	ϕ25	ϕ28	ϕ32	ϕ36	ϕ40
镦粗压力（MPa）	12～14	15～17	17～19	21～23	22～24	24～26	29～31	26～28	28～30
镦粗基圆直径 d_1（mm）	19.5～20.5	21.5～22.5	23.5～24.5	24.5～25.5	28.5～29.5	31.5～32.5	35.5～36.5	39.5～40.5	44.5～45.5
镦粗缩短尺寸（mm）	12±3	12±3	12±3	15±3	15±3	15±3	18±3	18±3	18±3
镦粗长度 L_0（mm）	16～18	18～20	20～23	22～25	25～28	28～31	32～35	36～39	40～43

注：摘自建硕钢筋连接工程有限公司工法。

镦粗量参考资料表　　表 3-4-56

钢筋直径（mm）	ϕ22	ϕ25	ϕ28	ϕ32	ϕ36	ϕ40
镦粗直 d_1（mm）	26	29	32	36	40	44
镦粗长度 L_0（mm）	30	33	35	40	44	50

注：摘自北京市北新施工技术研究所产品图册。

镦粗头不得有与钢筋轴线相垂直的横向表面裂纹。

不合格的镦粗头应切去后重新镦粗，不得在原镦粗段进行二次镦粗。

如选用热镦工艺镦粗钢筋，则应在室内进行镦头加工。

②丝头：

加工钢筋丝头时，应采用水溶性切削润滑液，当气温低于0℃时应有防冻措施，不得在不加润滑液的状态下套丝。

钢筋丝头的螺纹应与连接套筒的螺纹相匹配，公差带应符合 GB/T 197 的规定，螺纹精度可选用 6f。

完整螺纹部分牙形饱满，牙顶宽度超过 $0.25p$ 的秃牙部分，其累计长度不宜超过一个螺纹周长。

外形尺寸，包括螺纹中径及丝头长度应满足产品设计要求。

钢筋丝头检验合格后应尽快套上连接套筒或塑料保护帽保护，并应按规格分类堆放整齐。

标准型丝头和加长丝头型丝头加工长度的参考资料见表 3-4-57 和表 3-4-58。丝头长度偏差一般不宜超过 $+1p$（p 为螺距）。

标准型丝头和加长丝头型丝头加工参考资料表　　表 3-4-57

钢筋直径（mm）	ϕ16	ϕ18	ϕ20	ϕ22	ϕ25	ϕ28	ϕ32	ϕ36	ϕ40
标准型丝头长度（mm）	16	18	20	22	25	28	32	36	40
加长型丝头长度（mm）	41	45	49	53	61	67	75	85	93

注：摘自建硕钢筋连接工程有限公司工法。

标准型丝头加工参考资料表　　　　表 3-4-58

钢筋直径（mm）	ϕ20	ϕ22	ϕ25	ϕ28	ϕ32	ϕ36	ϕ40
标准型丝头规格	M24×2.5	M26×2.5	M29×2.5	M32×3	M36×3	M40×3	M44×3
标准型丝头长度（mm）	28	30	33	35	40	44	48

注：摘自北京市北新施工技术研究所产品图册。

③套筒：

套筒内螺纹的公差带应符合 GB/T 197 的要求，螺纹精度可选用 6H；

套筒材料、尺寸、螺纹规格及精度等级应符合产品设计图纸的要求。

套筒表面无裂纹和其他缺陷，并应进行防锈处理。

套筒端部应加塑料保护塞。

连接套筒的加工参考资料如下（摘自北京市北新施工技术研究所产品图册）：其中标准型套筒见表 3-4-59、正反丝头型套筒见表 3-4-60、异径型套筒见表 3-4-61。

标准型套筒加工参考资料表　　　　表 3-4-59

简　图	型号与标记	$Md \times t$	D（mm）	L（mm）
	A20S-G	24×2.5	36	50
	A22S-G	26×2.5	40	55
	A25S-G	29×2.5	43	60
	A28S-G	32×3	46	65
	A32S-G	36×3	52	72
	A36S-G	40×3	58	80
	A40S-G	44×3	65	90

正反丝头型套筒加工参考资料表　　　　表 3-4-60

简　图	型号与标记	右 $Md \times t$	左 $Md \times t$	D（mm）	L（mm）	l（mm）	b（mm）
	A20SLR-G	24×2.5	24×2.5	38	56	24	8
	A22SLR-G	26×2.5	26×2.5	42	60	26	8
	A25SLR-G	29×2.5	29×2.5	45	66	29	8
	A28SLR-G	32×3	32×3	48	72	31	10
	A32SLR-G	36×3	36×3	54	80	35	10
	A36SLR-G	40×3	40×3	60	86	38	10
	A40SLR-G	44×3	44×3	67	96	43	10

异径型套筒加工参考资料表　　　　表 3-4-61

简　图	型号与标记	$Md_1 \times t$	$Md_2 \times t$	b（mm）	D（mm）	l（mm）	L（mm）
	AS20-22	M26×2.5	M24×2.5	5	ϕ42	26	57
	AS22-25	M29×2.5	M26×2.5	5	ϕ45	29	63
	AS25-28	M32×3	M29×2.5	5	ϕ48	31	67
	AS28-32	M36×3	M32×3	6	ϕ54	35	76
	AS32-36	M40×3	M36×3	6	ϕ60	38	82
	AS36-40	M44×3	M40×3	6	ϕ67	43	92

4）外观质量要求

①丝头：

牙形饱满，牙顶宽超过 0.6mm，秃牙部分累计长度不应超过一个螺纹周长；

外形尺寸（包括螺纹直径及丝头长度等）应满足产品设计要求；

检验合格的丝头应加塑料保护帽。

②套筒：

表面无裂纹及其他缺陷；

外形尺寸（包括套筒内螺纹直径及套筒长度等）应满足产品设计要求；

检验合格的套筒两端应加塑料保护塞。

③接头：

接头拼接时，应使两个丝头在套筒中央位置且相互顶紧；

拼接完成后，套筒每端不得有一扣以上的完整丝扣外露，以检查进入套筒的丝头长度。加长型接头的外露丝扣数不受限制，但应另有明显标记。

（9）接头组装质量要求

1）接头拼接时用管钳扳手拧紧，宜使两个丝头在套筒中央位置相互顶紧。

2）各种直径钢筋连接组装后应用扭力扳手校核，扭紧力矩值应符合表 3-4-35 的规定。

3）组装完成后，套筒每端不宜有一扣以上的完整丝扣外露，加长丝头型接头、扩口型及加锁母型接头的外露丝扣数不受限制，但应另有明显标记，以便检查进入套筒的丝头长度是否满足要求。

（10）质量检验

1）型式检验见 3-4-3-1 基本规定第 3 条。

2）接头的施工现场检验见 3.4.3.1 基本规定第 5 条。

3）丝头加工现场检验

①检验项目：

丝头加工的现场检验项目、检验方法及检验要求见表 3-4-62 和图 3-4-51。

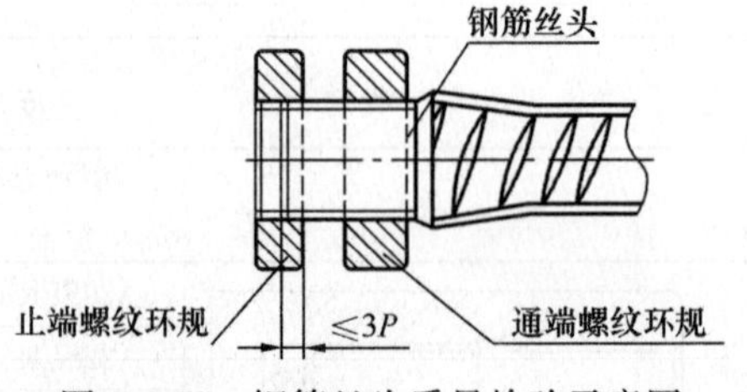

图 3-4-51　钢筋丝头质量检验示意图

②组批、抽样方法及结果判定：

加工人员应逐个目测检查丝头的加工质量，每加工 10 个丝头作为一批，用环规抽检一个丝头，当抽检不合格时，应用环规逐个检查该批全部 10 个丝头，剔除其中不合格丝头，并调整设备至加工的丝头合格为止。

丝头质量检验要求　　表 3-4-62

序号	检验项目	量具名称	检验要求
1	外观质量	目　测	牙形饱满、牙顶宽度超过 0.25P 的秃牙部分，其累计长度不宜超过一个螺纹周长
2	丝头长度	专用量具	丝头长度应满足设计要求，标准型接头的丝头长度公差为＋1P
3	螺纹中径	通端螺纹环境	能顺利旋入螺纹并达到旋合长度
		止端螺纹环规	允许环规与端部螺纹部分旋合，旋入量不应超过 3P（P 为螺距）

自检合格的丝头，应由质检员随机抽样进行检验，以一个工作班内生产的钢筋丝头为一个验收批，随机抽检 10％，按表 3-4-63 的方法进行钢筋丝头质量检验，其检验合格率不应小于 95％，否则应加倍抽检；复检中合格率仍小于 95％时，应对全部钢筋丝头逐个进行检验，合格

者方可使用，不合格者应切去丝头，重新镦粗和加工螺纹，重新检验。

4）套筒出厂检验

①检验项目：

检验项目、检验方法与要求见表 3-4-63 和图 3-4-52。

套筒出厂检验项目表 **表 3-4-63**

序号	检验项目	量具名称	检 验 要 求
1	外观质量	目 测	无裂纹或其他肉眼可见缺陷
2	外形尺寸	游标卡尺或专用量具	长度及外径尺寸符合设计要求
3	螺纹小径	光面塞规	通端量规应能通过螺纹的小径，而止端量规则不应通过螺纹小径
4	螺纹中径	通端螺纹塞规	能顺利旋入连接套筒两端并达到旋合长度
		止端螺纹塞规	塞规不能通过套筒内螺纹，但允许从套筒两端部分旋合，旋入量不应超过 $3P$（P 为螺距）

②组批、抽样方法及结果判定：

以 500 个套筒为一个验收批，每批按 10%抽检；

当检验结果符合表 3-4-63 要求时，应判为合格。否则判为不合格；

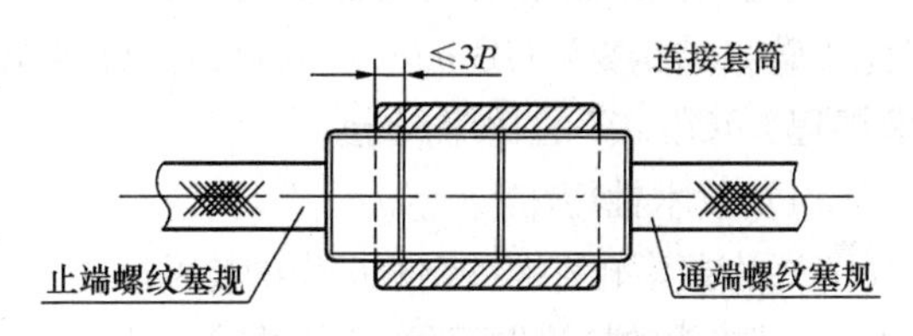

图 3-4-52 套筒质量检验示意图

抽检合格率不应小于 95%；当抽检合格率小于 95%时，应另取双倍数量套筒重做检验。当双倍抽检后的合格率不小于 95%时，应判该批套筒为合格。若仍小于 95%时，则该批套筒应逐个检验，合格者方可使用。

4. 直接滚轧（压）直螺纹钢筋连接技术

直接滚轧（又称为滚压）直螺纹钢筋连接接头是将钢筋连接端头采用专用滚轧设备和工艺，通过滚丝轮直接将钢筋端头滚轧成直螺纹，并用相应的连接套筒将两根待接钢筋连接成一体的钢筋接头。

在钢筋待接端头直接滚轧加工过程中，由于滚丝轮的滚轧作用，使钢筋端部产生塑性变形，根据冷作硬化的原理，滚轧变形后的钢筋端头可比钢筋母材抗拉面积增加 2.5%，抗拉强度可提高 6%～8%，从而可使滚轧直螺纹钢筋接头部位的强度大于钢筋母材的实测极限强度。

这种接头的优点：设备投资少、螺纹加工简单（一次装卡即可直接完成滚轧直螺纹的加工）、接头强度高、连接速度快、生产效率高、现场施工方便、适应性强等。

不足之处：螺纹加工精度差、滚丝轮磨损快寿命短、对钢筋直径公差适应能力差、钢筋直径为正公差滚轧加工时钢筋端部易产生扭转变形。另外，钢筋母材的纵横肋经滚轧后，易出现两层皮现象，有可能影响螺纹的强度与寿命。

（1）接头分类

1）按钢筋强度分类，见表 3-4-64。

接头按钢筋强度分类表 **表 3-4-64**

序号	接头钢筋强度级别	代号
1	HRB 335	Φ
2	HRB 400	Φ
	RRB 400	$Φ^R$

2）按连接套筒使用条件分类，见表 3-4-65 及图 3-4-44。

接头按套筒的基本使用条件分类表 **表 3-4-65**

序号	使用要求	套筒形式	代号
1	正常情况下钢筋连接	标准型	省略
2	用于两端钢筋均不能转动的场合	正反丝扣型	F
3	用于不同直径的钢筋连接	异径型	Y
4	用于较难对中的钢筋连接	扩口型	K
5	钢筋完全不能转动，通过转动连接套筒连接钢筋，用锁母锁紧套筒	加锁母型	S

（2）适用范围

适用于钢筋混凝土结构中直径 16～40mm 的 HRB335、HRB400 级钢筋连接。

（3）材料要求

1）钢筋

应符合现行国家标准《钢筋混凝土用钢第 2 部分：热轧带肋钢筋》GB 1499.2—2007 的规定。

2）套筒与锁母

应选用优质碳素钢或低合金结构钢，供货单位应提供质量保证书。同时，应符合国家标准《优质碳素结构钢》GB 699、《低合金高强度结构钢》GB 1591及国家行业标准《钢筋机械连接技术规程》JGJ 107 的相应规定。

（4）技术性能

1）直接滚轧直螺纹钢筋接头的技术性能应满足JGJ 107性能等级标准，并具有高延性及反复拉压性能。其接头的抗拉强度和变形性能指标见表 3-4-33 和表 3-4-34。

2）直接滚轧直螺纹钢筋接头用于直接承受动力荷载的结构时，尚应满足设计要求的抗疲劳性能。

（5）使用要求

1）丝头

①标准型接头的丝头，其长度应为 1/2 套筒长度，公差为 $1p$（p 为螺距），以保证套筒在接头居中位置。

②加长型接头的丝头，其长度应大于套筒长度，以满足只需转动套筒即可进行钢筋连接的要求。

2）套筒

①标准型套筒应便于正常情况下的钢筋连接。

②变径型套筒应满足不同直径钢筋的连接。

③扩口型套筒应满足较难对中工况下的钢筋连接。

（6）机具

1）直螺纹滚轧机

采用专用滚轧机床对钢筋端部进行滚压，一次装卡即可完成滚轧直螺纹的加工。直螺纹滚轧机性能见表 3-4-66。

直接滚轧直螺纹机性能表 **表 3-4-66**

型号	BX-1	CJGS I	CABR GHG
钢筋直径（mm）	16～40	16～40	16～40
效率（个/班）	300	500	300～400
功率（kW）	3	4	3

注：1. BX-1 和 CJGS 1 滚丝机资料由北京市北新施工技术研究所提供；

2. CABR GHG 滚丝机资料由建硕钢筋连接工程有限公司提供。

2）检验工具

①环规：丝头质量检验工具。分为止端螺纹环规和通端螺纹环规两种（图 3-4-46）。

②塞规：套筒质量检验工具。分为止端螺纹塞规和通端螺纹塞规两种（图 3-4-47）。

③卡尺等。

（7）工艺要点

1）工艺流程

加保护帽

钢筋端部平头→直接滚轧直螺纹→螺纹检验→→→→→

加保护塞

套筒加工→螺纹检验→→→→→→→现场接头连接←←

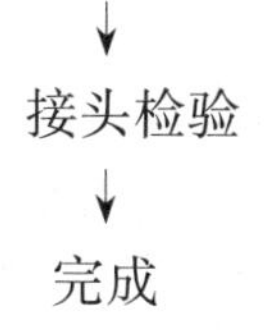

2）制造工艺要求

①钢筋丝头加工：

钢筋端部不得有弯曲，出现弯曲时应调直后再进行加工；

钢筋下料时宜用砂轮锯等机具，不得用电焊、气割等切断。钢筋端面宜平整并与钢筋轴线垂直，不得有马蹄形或扭曲；

钢筋规格应与滚丝器调整一致，螺纹滚轧的长度应满足设计要求；

钢筋直螺纹滚轧加工时，应使用水溶性切削润滑液，不得使用油性润滑切削液，也不得在没有切削润滑液的情况下进行加工；

丝头中径、牙型角及丝头有效螺纹长度应符合设计规定。丝头螺纹尺寸宜按《普通螺纹　基本尺寸》GB/T 196 标准确定；有效螺纹中径尺寸公差应满足《普通螺纹　公差》GB /T 197 标准中 $6f$ 级精度规定的要求；

丝头有效螺纹中径的圆柱度（每个螺纹的中径）误差不得超过 0.20mm；

标准型接头丝头有效螺纹长度应不小于 1/2 连接套筒长度，其他连接形式应符合产品设计要求；

钢筋丝头加工自检完毕后，应立即套上保护帽或拧上连接套筒，防止损坏丝头。

②套筒加工：

套筒应按照产品设计图纸要求在工厂加工制造，其材质、螺纹规格及加工精度应满足设计要求并按规定进行生产检验；

套筒的内螺纹尺寸宜按《普通螺纹　基本尺寸》GB/T 196 标准确定，螺纹中径公差应满足《普通螺纹　公差》GB/T 197 标准中 6H 级精度要求；

套筒加工完成后，应立即用防护盖将两端封严，防止套筒内进入杂物。其表面必须标注规格、生产车间和日期代号、批号；

套筒严禁有裂纹，并应做防锈处理，装箱前应盖好防护塞；

套筒出厂时应有产品合格证。

③钢筋丝头加工参考资料：

钢筋同径连接丝头加工参考资料见表 3-4-67。

钢筋同径正反扣直螺纹丝头加工参考资料见表 3-4-68。

直接滚轧直螺纹加工参考数据见表 3-4-69。

④套筒加工参考资料：

同径直螺纹套筒加工参考数据见表 3-4-70。

同径正反扣直螺纹套筒加工参考数据见表 3-4-71。

同径丝头加工参考资料表 **表 3-4-67**

简图		A20R-J	A22R-J	A25R-J	A28R-J	A32R-J	A36R-J	A40R-J
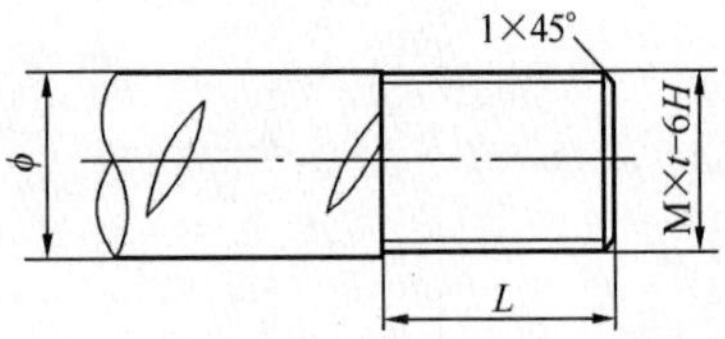	ϕ (mm)	20	22	25	28	32	36	40
	$M\times t$ (mm)	19.6×3	21.6×3	24.6×3	27.6×3	31.6×3	35.6×3	39.6×3
	I (mm)	30	32	35	38	42	46	50

正反扣丝头加工参考资料表 **表 3-4-68**

简图	代号	ϕ (mm)	$M\times t$ (左) (mm)	$M\times t$ (右) (mm)	L (mm)
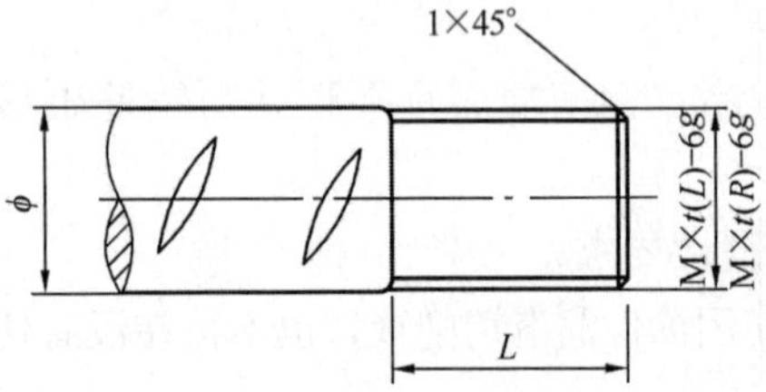	A20RLR-G	20	19.6×3	19.6×3	34
	A22RLR-G	22	21.6×3	21.6×3	36
	A25RLR-G	25	24.6×3	24.6×3	39
	A28RLR-G	28	27.6×3	27.6×3	42
	A32RLR-G	32	31.6×3	31.6×3	46
	A36RLR-G	36	35.6×3	35.6×3	50
	A40RLR-G	40	39.6×3	39.6×3	54

直接滚轧直螺纹加工参考数据表 (mm) **表 3-4-69**

简图		ϕ20	ϕ22	ϕ25	ϕ28	ϕ32	ϕ36	ϕ40
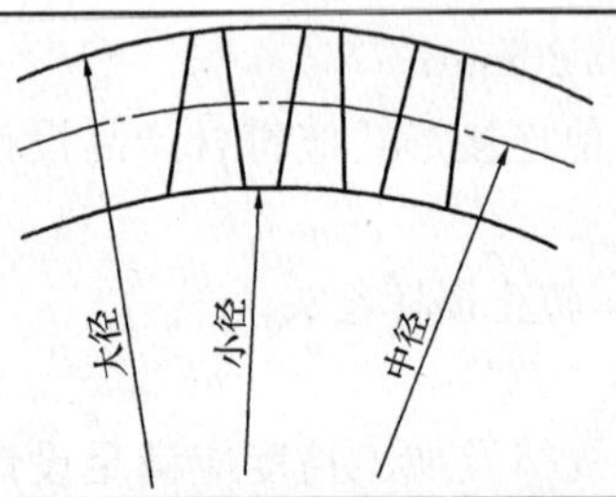	大径	19.6	21.6	24.6	27.6	31.6	35.6	39.6
	中径	18.623	20.623	23.623	26.623	30.623	34.623	38.623
	小径	17.2	19.2	22.2	25.2	29.2	33.2	37.2

同径直螺纹套筒加工参考数据表 **表 3-4-70**

简图		A20R-G	A22R-G	A25R-G	A28R-G	A32R-G	A36R-G	A40R-G
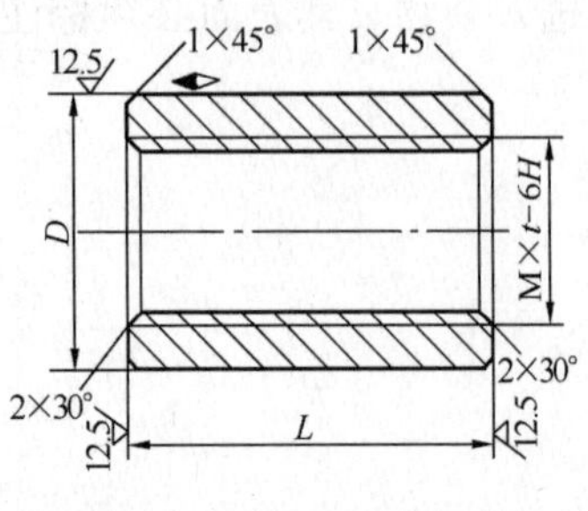	D (mm)	30±0.5	32±0.5	38±0.5	42±0.5	48±0.5	51±0.5	59±0.5
	$M\times t$ (mm)	19.6×3	21.6×3	21.6×3	27.6×3	31.6×3	35.6×	39.6×3
	L (mm)	11	48	54	60	68	76	81

同径正反扣直螺纹套筒加工参考数据表　　　　表 3-4-71

简　图	代　号	D (mm)	d (mm)	$M\times t$（左、右）(mm)	L_1 (mm)	L_2 (mm)	L_3 (mm)
	A20RLR-G	32	21	19.6×3	49	20	9
	A22RLR-G	35	23	21.6×3	53	22	9
	A25RLR-G	41	26	24.6×3	59	25	9
	A28RLR-G	45	29	27.6×3	65	28	9
	A32RLR-G	51	33	31.6×3	73	32	9
	A36RLR-G	57	37	35.6×3	81	36	9
	A40RLR-G	62	41	35.6×3	89	40	9

注：摘自北京市北新施工技术研究所产品图册。

⑤钢筋连接施工：

进行钢筋连接时，钢筋丝头规格应与套筒规格一致，且丝扣完好无损、无污物；

钢筋连接时，必须采用长度不小于 400mm 的管钳扳手拧紧，使两钢筋丝头在套筒中央位置相互顶紧，当采用加锁母型套筒时应用锁母锁紧，并用油漆加以标记；

标准型接头连接后，套筒两端外露完整丝扣不得超过 2 扣，加长型丝头的外露丝扣不受限制；

钢筋接头拧紧后应用力矩扳手按不小于表 3-4-35 中的拧紧力矩值检查，并加以标记。

3）质量要求

①钢筋丝头：

钢筋丝头的长度、中径、牙型角和有效丝扣数量等必须符合设计要求；

丝头的大径低于螺纹中径的不完整丝扣的累计长度，不得超过两个螺纹周长；

丝头有效螺纹中径的圆柱度不得超过 0.2mm；

钢筋丝头表面不得有严重的锈蚀及破损。

②连接套筒：

套筒的长度、直径和内螺纹等必须符合设计要求；

套筒的外观不得有裂纹，内螺纹及外表面不得有严重的锈蚀及破损。

③钢筋连接接头：

钢筋连接完毕后，标准型接头连接套筒外应有外露有效螺纹，且连接套筒单边外露有效螺纹不得超过 $2p$，其他连接形式应符合产品设计要求。钢筋连接完毕后，拧紧力矩值应符合表 3-4-35 的要求。

（8）质量检验

1）型式检验见 3.4.3.1 基本规定第 3 条。

2）接头的施工现场检验见 3.4.3.1 基本规定第 5 条。

3）套筒的出厂检验

①检验项目：

a. 外观质量检验：套筒的外径、长度及相关尺寸应符合设计要求，套筒表面应无裂纹和其他肉眼可见的缺陷。

b. 螺纹检验：用专用的螺纹塞规进行检验：通规应能顺利旋入；止规允许旋入长度不得超过 $3p$（图 3-4-47）。

②检验方法及结果评定：

a. 对套筒的外观质量检验应逐个进行；

b. 内螺纹尺寸的检验按连续生产的同规格套筒每 500 个为一个检验批，每批按 10%随机抽检，不足 500 个时也按 10%随机抽检；

c. 检验方法采用螺纹塞规的通规和止规（图 3-4-47），满足要求者为合格品，否则为不合格品；

d. 抽检合格率应不小于 95%。当抽检合格率小于 95%时，应另取同样数量的产品重新检验。当两次检验的总合格率不小于 95%时，应判该验收批合格。若合格率仍小于 95%时，则应对该检验批套筒进行逐个检验，合格者方可使用。

4）丝头的施工现场检验

①检验项目：

a. 外观检验：不完整齿（螺纹齿顶宽度超过 0.3p）的累计长度不超过 2 个螺纹周长。

b. 螺纹检验：用专用的螺纹环规进行检验：通规应能顺利旋入，并能达到钢筋丝头的有效长度；止规旋入长度不得超过 3p（图 3-4-46）。

②检验结果评定：

a. 丝头应逐个进行自检，出现不合格丝头时，应切去重新加工；

b. 自检合格的丝头，应由质检员随机抽样进行检验。以一个工作班加工的丝头为一个验收批，随机抽检 10%，且不得少于 10 个。当合格率小于 95%时，应另抽取同样数量的丝头重新检验。当两次检验的总合格率仍小于 95%时，应对全部丝头逐个进行检验，合格者方可使用。丝头检验记录的填写内容见表3-4-72。

现场钢筋丝头加工质量检验记录表 **表 3-4-72**

工程名称		钢筋规格		抽检数量	
工程部位		生产班次		代表数量	
提供单位		生产日期		接头类型	

检　验　结　果

序号	钢筋直径	丝头螺纹检验		丝头外观检验			备注
		环通规	环止规	有效螺纹长度	不完整螺纹	外观检查	

质检负责人：　　　　检验员：　　　　检验日期：

注：相关尺寸检验合格后，在相应的格里打“√”，不合格时打“×”，并在备注栏加以标注。

5）钢筋连接接头外观质量及拧紧力矩试验

①钢筋连接接头的外观质量及拧紧力矩应符合“（7）工艺要点”及表 3-4-35 的要求。

②钢筋连接接头的外观质量在施工时应逐个自检，不符合要求的钢筋连接接头应及时调整或采取其他有效的连接措施。

③外观质量自检合格的钢筋连接接头，应由现场质检员随机抽样进行检验。同一施工条件下采用同一材料的同等级同型式同规格接头，以连续生产的 500 个为一个检验批进行检验和验收，不足 500 个的也按一个检验批计算。

④对每一检验批的钢筋连接接头，于正在施工的工程结构中随机抽取 15%。且不少于 75 个接头。检验其外观质量及拧紧力矩。

⑤现场钢筋连接接头的抽检合格率不应小于 95%。当抽检合格率小于 95%时，应另抽取同样数量的接头重新检验。当两次检验的总合格率不小于 95%时，该批接头合格。若合格率仍小于 95%时，则应对全部接头进行逐个检验。在检验出的不合格接头中，抽取 3 根接头进行抗拉强度检验，3 根接头抗拉强度试验的结果全部符合《钢筋机械连接通用技术规程》JGJ 107 的有关规定时，该批接头外观质量可以验收。

6）钢筋连接接头力学性能检验

①型式检验，按 3.4.3.1 基本规定第 3 条执行，检验提供单位应向使用单位提交有效的型式检验报告。

②接头的施工现场检验，按 3.4.3.1 基本规定第 5 条执行。

5. 挤压肋滚轧（压）直螺纹钢筋连接技术

挤压肋滚轧（又称滚压）直螺纹钢筋连接技术，是先利用专用挤压设备，将钢筋端头待连接部位的纵肋和横肋挤压成圆柱状，然后，再利用滚丝机将圆柱状的钢筋端头滚轧成直螺纹。在钢筋端部挤压肋和滚丝加工过程中，由于局部塑性变形冷作硬化的原理，使钢筋端部强度得到提高。因此，可使钢筋接头的强度等于或大于钢筋母材的强度。其接头性能可达到《钢筋机械连接通用技术规程》JGJ 107 规定的标准，且具有优良的抗疲劳性能及抗低温性能。

这种连接技术的优点是：除具有直接滚轧直螺纹钢筋连接技术的各项优点外，其螺纹精度比直接滚轧也有提高，滚丝轮的寿命也可延长。不足之处是：加工螺纹时，需要两种设备和两道工序才能完成。另外，钢筋端部的纵、横肋被挤压成圆柱形的过程中，有可能形成两层皮现象。

（1）接头分类

1）按钢筋强度级别分类，见表 3-4-64。

2）按连接套筒使用条件分类，见表 3-4-65 及图 3-4-43。

（2）适用范围

适用于钢筋混凝土结构中直径 16～40mm 的 HRB335、HRB400 钢筋的连接。

（3）材料要求

1）钢筋

应符合《钢筋混凝土用钢　第 2 部分：热轧带肋钢筋》GB 1499.2—2007 现行国家标准，具有产品合格证，并经抽检合格。

2）套筒

采用 45 号钢，应符合《优质碳素结构钢》GB 699 现行国家标准，并应有供货单位的质量检验合格证书。

（4）技术性能

1）挤压肋滚轧直螺纹钢筋接头的技术性能应满足JGJ 107性能等级中的标准，即：接头抗拉强度达到或超过钢筋母材抗拉强度标准值。

2）挤压肋滚轧直螺纹钢筋接头用于直接承受动力荷载结构时，尚应满足设计要求的抗疲劳性能。

（5）使用要求

1）丝头

①标准型接头的丝头，其长度应为1/2套筒长度，公差为1P（P为螺距），以保证套筒在接头居中位置。

②左、右旋接头的丝头，应便于双向螺纹套筒的安装。

2）套筒

①标准型套筒应便于正常情况下的钢筋连接。

②异径型套筒应满足不同直径钢筋的连接。

（6）机具设备

1）挤压圆机

由液压泵、供油软管、回油软管、导线钳、压模等组成。

2）滚丝机

由回转驱动器、滚丝轮、尾座及夹紧卡盘、送料机构和底座导轨等组成。其型号有：GST-1型（功率1.5kW）和GST-2型（功率3kW）等型号。

3）其他机具设备

砂轮切割机、直螺纹环规和塞规、外径卡规及管钳扳手等。

（7）工艺要点

1）工艺流程

钢筋断料切头→端头压圆→外径卡规检查直径→端头压圆部分滚丝→螺纹环规检验→合格后套防护帽

↓

套筒加工→螺纹塞规检验→合格后加防护塞→现场接头连接

↓

接头检查验收

↓

完成

2）工艺要求

①钢筋端部平头压圆：

检查钢筋是否符合要求后，将钢筋用砂轮切割机切头约5mm左右，达到端部平整。再按钢筋直径选择相适配规格的压模，调整压合高度和定位尺寸，然后，将钢筋端头放入挤压圆机的压模腔中，调整油泵压力进行压圆操作。经压圆操作后，钢筋端头成为圆柱体。

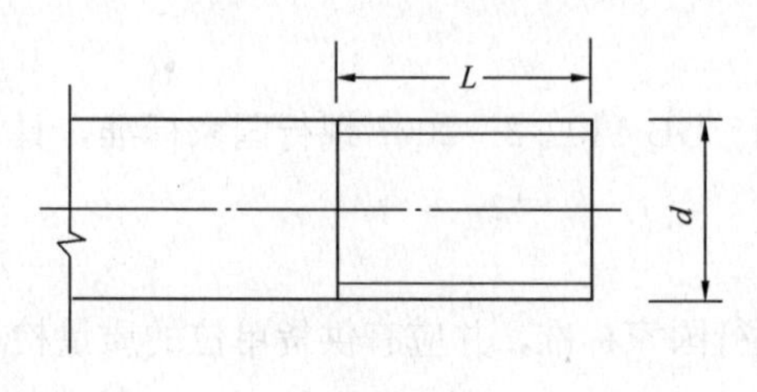

图3-4-53 钢筋端头直螺纹示意图

②滚轧直螺纹：

将已压成圆柱形的钢筋端头插入滚丝机卡盘孔，夹紧钢筋。开机后，卡盘的引导部分可使钢筋沿轴向自动进给，在滚丝轮的作用下，即可完成直螺纹的滚轧加工。挤压肋滚压钢筋直螺纹见图3-4-53。钢筋端头直螺纹参考资料见表3-4-73。

钢筋挤压肋滚轧直螺纹参考资料表 表 3-4-73

钢筋直径（mm）	18	20	22	25	28	32	36	40
d（mm）	18.2	20.2	22.2	25.2	28.2	32.2	36.2	40.2
L（mm）	29	31	33	35	37	41	45	49

注：摘自中建七局三公司、闽侯县建机厂 YJGF 25—98 工法。

③套筒：

套筒采用45号钢，并符合《优质碳素结构钢》GB 699 中的规定。套筒加工的主要参数如：热处理状态、螺距、牙型高度、牙型角和公称直径等均应符合设计要求和有关规定，且必须有出厂合格证。标准套筒外形见图 3-4-54（a），参考尺寸见表3-4-74；异径套筒外形见图 3-4-54（b），参考尺寸见表3-4-75。

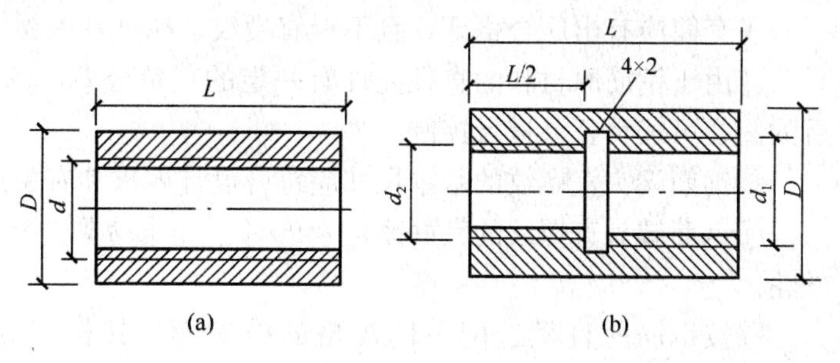

图 3-4-54 套筒外形示意图
（a）标准套筒；（b）异径套筒

标准套筒参考尺寸表（mm） 表 3-4-74

钢筋直径	d	$D\geqslant$	$L\geqslant$
18	18.2	28	50
20	20.2	32	54
22	22.2	36	58
25	25.2	40	62
28	28.2	44	66
32	32.2	50	74
36	36.2	56	82
40	40.2	62	90

注：摘自中建七局三公司、闽侯县建机厂 YJGF 25—98 工法。

异径套筒参考尺寸表（mm） 表 3-4-75

钢筋直径	d_1	$d_2\geqslant$	$D\geqslant$	$L\geqslant$
20/18	20.2	18.2	32	54
22/20	22.2	20.2	36	58
25/22	25.2	22.2	40	62
28/25	28.2	25.2	44	66
32/28	32.2	28.2	50	74
36/32	36.2	32.2	56	82
40/36	40.2	36.2	62	90

注：同表 3-4-74。

④现场安装方法：

旋转钢筋法：按钢筋规格取相应的套筒套住钢筋端部直螺纹，用管钳扳手旋转套筒拧紧到位后，将另1根钢筋端部直螺纹对准套筒，再用管钳扳手旋转后1根钢筋，直到拧紧为止。

旋转套筒法：此方法适用于弯曲钢筋或不能旋转部位钢筋的连接。采用此方法时，应将两根待接钢筋的端头，先分别加工成右旋和左旋直螺纹。与之配套的连接套筒也应加工成一半右旋和一半左旋的内直螺纹。安装时，先将套筒右旋内螺纹一端对准钢筋右旋外螺纹一端，并旋进1～2牙，然后，再将另1根钢筋左旋外螺纹一端对准套筒左旋内螺纹一端，再用管钳扳手转动套筒，两端钢筋就会拧紧（图3-4-55）。

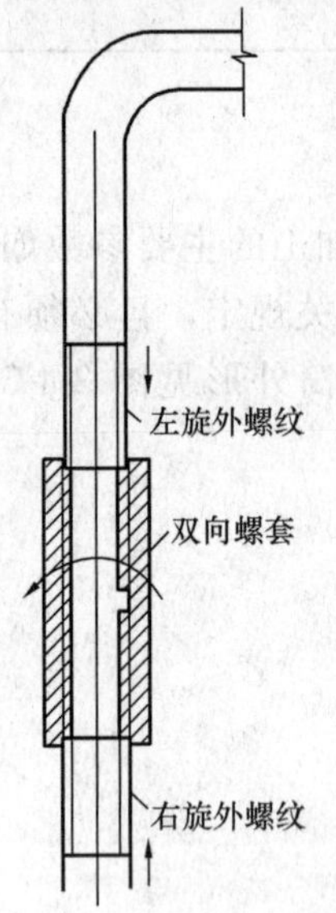

图3-4-55　旋转套筒法示意图

(8) 质量检验

1) 质量要求

①套筒应有出厂合格证，且不得有裂纹、锈蚀和内螺纹缺牙等缺陷。

②由于钢筋原材料的直径允许有一定的正负公差，因此，钢筋端头压圆后的直径可按负公差进行控制。

③钢筋端头直螺纹的基本尺寸应符合设计要求和有关规定。

④钢筋端头直螺纹的完好率应≥95%。如未达到此标准，应及时更换滚丝轮。

⑤按钢筋的直径选配不同规格的防护帽，其长度应比直螺纹长10～20mm，一端应封闭。螺纹加工完应立即套好防护帽。

⑥安装时，钢筋端头直螺纹旋入套筒后，允许外露1～1.5牙。

2) 接头的型式检验和接头的现场检验

同镦粗直螺纹钢筋连接技术。

6. 剥肋滚轧（压）直螺纹钢筋连接技术

剥肋滚轧（又称滚压）直螺纹钢筋连接技术，是利用专用剥肋滚轧直螺纹加工设备，先将钢筋端头待接部位的纵、横肋剥成同一直径的圆柱体，再利用同一台设备继续滚压成直螺纹。其加工过程为：将钢筋端部夹紧在专用设备的夹钳上，扳动进给装置，对钢筋端部先进行剥肋，然后，继续滚轧成直螺纹，滚轧到位后，自动停机回车，一次装卡即可完成剥肋和滚轧直螺纹两道工序的加工。

滚轧直螺纹加工过程中，在滚丝轮的作用下，使钢筋端部产生塑性变形，不仅直螺纹的外径比钢筋母材略有增大；而且根据冷作硬化原理，塑性变形后的钢筋端头，其强度比母材也有提高。因此，可使接头性能达到《钢筋机械连接通用技术规程》JGJ 107的标准。

(1) 特点

该项技术与其他滚轧直螺纹连接技术相比具有以下特点：

1) 螺纹牙型好、精度高、牙齿表面光滑。

2) 螺纹直径大小一致，连接质量稳定。

3) 滚丝轮寿命长，接头附加成本低。一组滚丝轮约可加工5000～8000个丝头，比直接滚轧工艺寿命约可提高8～10倍。

4) 设备投资少，操作简单。

5) 接头通过200万次疲劳试验无破坏，具有优良的抗疲劳性能。

6) 抗低温性能好，在零下40℃低温下试验，接头仍能达到与母材等强度连接。

该项技术由中国建筑科学研究院建筑机械化分院研制开发，于1999年12月通过建设部组织的鉴定。2000年被建设部列为科技成果推广项目。

(2) 接头分类

1）套筒按适用的钢筋级别分类。

2）连接套筒分为：标准型套筒、正反丝头型套筒、异径型套筒和扩口套筒等类型（图 3-4-45）。

3）接头按使用要求、形式及连接方法分为：标准型接头、正反丝扣型接头、异径型接头和扩口型接头等类型（图 3-4-44）。

（3）适用范围

按照行业标准《钢筋机械连接通用技术规程》JGJ 107 的要求，对 HRB335 和 HRB400 钢筋进行型式检验及抗疲劳试验，接头性能完全达到剥肋标准 A 级的性能要求，且具有较好的抗疲劳性能。因此，该连接技术适用于直径 16～50mm 的 HRB335、HRB400 钢筋在任意方向的同、异径的连接。不仅可应用于要求充分发挥钢筋强度或对接头延性要求高的混凝土结构；而且，还可应用于对疲劳性能要求高的混凝土结构，如机场、桥梁、隧道、电视塔、核电站和水电站等。

（4）材料要求

1）用于剥肋滚轧直螺纹钢筋接头的钢筋，应符合 GB 1499.2 及 JGJ 107 等国家现行标准的有关规定。

2）钢筋接头所用的连接套筒，应采用优质碳素结构钢或其他经型式检验确定符合要求的钢材。

设计连接套筒时，套筒的承载力应符合式（3-4-33）、（3-4-34）的要求。

（5）技术性能

剥肋滚轧直螺纹接头是一种能充分发挥钢筋母材性能的等强度接头。将待接钢筋端部经剥肋滚轧成直螺纹后，其螺纹部位的表面因受滚压而使强度得到增强，因而可使接头强度高于钢筋的母材强度，其接头性能指标应达到《钢筋机械连接通用技术规程》JGJ 107 的标准。该接头通过 200 万次疲劳试验，抗疲劳性能较好。

滚轧直螺纹接头可用于不同直径钢筋的连接。

（6）机具设备

1）剥肋滚轧直螺纹机

钢筋剥肋滚轧直螺纹机主要由台钳、剥肋机构、滚丝头、减速机、冷却系统、电器系统、机座和限位挡铁等组成。该设备集钢筋剥肋和滚轧直螺纹于一体，钢筋一次装卡，即可连续完成剥肋和滚轧直螺纹两道工序。该设备由中国建筑科学研究院建筑机械化研究分院和廊坊凯博新技术开发公司研制开发，1999 年 12 月通过建设部部级鉴定并获国家专利证书，2000 年被建设部列为新技术推广项目。钢筋剥肋滚轧直螺纹机的技术参数见表 3-4-76。

钢筋剥肋滚轧直螺纹机技术参数表 **表 3-4-76**

设备型号	CHG 50 型	CHG 40 型
滚丝头型号	50 型	40 型
可加工钢筋范围（mm）	直径 25～50	直径 16～40
整机重量（kg）	600	550
设备功率（kW）	4	3

注：摘自中国建筑科学研究院建筑机械化研究分院工法。

中国建筑科学研究院建筑结构研究所和建硕钢筋连接工程有限公司另外研制开发了 QGL-40 型钢筋剥肋滚轧直螺纹机床，该机床主要由床身、钢筋夹持钳、工作头、动力传动机构、电气控制系统等部件组成。工作头中有一个可更换的滚轮盒，是该机床滚轧螺纹的专门部件，只要事先换好相应规格的滚轧盒，即可滚轧出所要求的螺纹，操作者不需现场调节。每台机床配备滚轧螺距3mm和2.5mm的两个滚轮盒，每个滚轮盒各配备3副不同直径的滚轮。更换滚轧盒和盒中的滚轮，即可滚轧出连接直径18～32mm钢筋的M18.5×2.5～M32.5×3等6种直螺纹。制作连接直径36、40mm钢筋的直螺纹时，需另配加大机头。

QGL-40型钢筋剥肋滚轧直螺纹机床主要技术参数：

①加工钢筋直径　18～40mm

②加工的直螺纹　M18.5×2.5～M40.5×3.5

③加工的最大螺纹长度　90mm

④主电机功率　4kW

⑤机床自重　500kg

2）辅助工具

砂轮切割机（用于钢筋端面平头）。

3）检验工具

①螺纹环规（用于检验钢筋丝头），包括通端螺纹环规和止端螺纹环规（图3-4-46）。

②力矩扳手（性能为100～350N·m）。

③卡尺。

④螺纹塞规（用于检验套筒），包括通端螺纹塞规和止端螺纹塞规（图3-4-47）。

（7）工艺要点

1）工艺流程

①钢筋丝头加工（在现场）

钢筋端面平头→剥肋滚轧螺纹→丝头质量检验→防护帽保护→丝头质量抽检→存放待用。

②连接套筒加工（在工厂）

套筒加工→螺纹质量检验→加防护塞→装箱待用。

③钢筋连接（在现场）

钢筋和套筒就位→去掉丝头和套筒的防护帽（塞）→将套筒与丝头配套连接→用力矩扳手拧紧接头→做标记→施工现场检验→完成。

2）制造工艺要求

①钢筋丝头：

钢筋端面平头：宜采用砂轮切割机或其他专用设备切割钢筋端头，严禁气割。要求钢筋端头切割面与母材轴线垂直；

剥肋滚压直螺纹：利用剥肋滚压直螺纹机，将端面平头后的待接钢筋端头剥肋滚压成直螺纹；

丝头质量自检：在加工丝头的过程中，操作者对加工的每一个丝头都必须先进行质量自检，质量合格者方可作为成品，否则需切掉重新加工；

防护帽保护：对加工合格的丝头成品，应采用专用防护帽套好丝头进行保护，以防丝头被磕碰或被污染；

丝头质量抽验：对自检合格的丝头成品，按规定应再进行抽样检验。抽验合格的丝头成品，方可出厂和在工程中应用；

存放待用：检验合格的丝头成品，应按规格型号进行分类存放备用。

钢筋丝头剥肋滚轧加工参考尺寸见表3-4-77、表3-4-78。

钢筋丝头剥肋滚轧加工参考尺寸表　　表 3-4-77

钢筋规格（mm）	剥肋直径（mm）	螺纹规格（mm）	丝头长度（mm）	完整丝扣数
16	15.1±0.2	M16.5×2	20～22.5	≥8
18	16.9±0.2	M19×2.5	25～27.5	≥7
20	18.8±0.2	M21×2.5	27～30	≥8
22	20.8±0.2	M23×2.5	29.5～32.5	≥9
25	23.7±0.2	M26×3	32～35	≥9
28	26.6±0.2	M29×3	37～40	≥10
32	30.5±0.2	M33×3	42～45	≥11
36	34.5±0.2	M37×3.5	46～49	≥9
40	38.1±0.2	M41×3.5	49～52.5	≥10

注：摘自中国建筑科学研究院企业标准 Q/JY 16—1999。

钢筋丝头剥肋滚轧加工参考尺寸表　　表 3-4-78

钢筋直径（mm）	剥肋直径（mm）	螺纹规格（mm）	剥肋长度（mm）
16	15.0	M16.5×2	18
18	16.9	M18.5×2.5	21
20	18.8	M20.5×2.5	22
22	20.8	M22.5×2.5	24
25	23.5	M25.5×3	28
28	26.6	M28.5×3	31
32	30.4	M32.5×3	35
36	34.4	M36.5×3.5	40
40	38.0	M40.5×3.5	43

注：摘自中国建筑科学研究院结构研究所和建硕钢筋连接工程有限公司企业标准Q/J S 02—2001。

②连接套筒：

套筒的几何参考尺寸应符合表 3-4-79、表 3-4-80 的规定（摘自中国建筑科学研究院企业标准《钢筋等强度剥肋滚压直螺纹连接技术规程》Q/JY 16—1999）。

标准型套筒几何参考尺寸表　　表 3-4-79

钢筋直径（mm）	螺纹规格（mm）	套筒外径（mm）	套筒长度（mm）
16	M16.5×2	25	43
18	M19×2.5	29	55
20	M21×2.5	31	60
22	M23×2.5	33	65
25	M26×3	39	70
28	M29×3	44	80
32	M33×3	49	90
36	M37×3.5	54	98
40	M41×3.5	59	105

异径型套筒几何参考尺寸表 **表 3-4-80**

套筒规格（mm）	外径（mm）	小端螺纹（mm）	大端螺纹（mm）	套筒总长（mm）
16～18	29	M16.5×2	M19×2.5	50
16～20	31	M16.5×2	M21×2.5	53
18～20	31	M19×2.5	M21×2.5	58
18～22	33	M19×2.5	M23×2.5	60
20～22	33	M21×2.5	M23×2.5	63
20～25	39	M21×2.5	M26×3	65
22～25	39	M23×2.5	M26×3	68
22～28	44	M23×2.5	M29×3	73
25～28	44	M26×3	M29×3	75
25～32	49	M26×3	M33×3	80
28～32	49	M29×3	M33×3	85
28～36	54	M29×3	M37×35	89
32～36	54	M33×3	M37×3.5	94
32～40	59	M33×3	M41×3.5	98
36～40	59	M37×3.5	M41×3.5	102

套筒尺寸的偏差应符合表 3-4-81 的规定。

套筒尺寸允许偏差表 **表 3-4-81**

套筒外径 D（mm）	外径允许偏差（mm）	长度允许偏差（mm）
≤50	±0.5	±2
>50	±0.01D	±2

③钢筋连接：

钢筋就位：将丝头检验合格的钢筋搬运至待连接位置，检查钢筋与套筒的规格型号是否一致、丝扣是否完好无损。

接头拧紧：使用力矩扳手等工具将连接接头拧紧，力矩扳手的精度为±5。接头拧紧力矩应符合表 3-4-35 的规定。

作标记：对已经拧紧的接头应做出标记，单边外露丝扣的长度不应超过 $2p$。

施工检验：对已经施工完的接头，应按 3.4.3.1 基本规定第 5 条进行质量检验。

（8）质量检验

1）接头的型式检验及型式检验报告应按 3.4.3.1 基本规定执行。

2）丝头加工现场检验项目与要求

丝头加工的现场检验项目和要求见表 3-4-62，并按表 3-4-72 填写丝头检验记录报告。

3）套筒出厂质量检验项目和要求

套筒的出厂质量检验项目和要求见表 3-4-63。

4）接头的现场检验

①钢筋连接作业开始前及施工过程中，应对每批进场钢筋进行接头连接工艺检验，工艺检验应符合要求：

钢筋的接头试件不应少于 3 根；

钢筋母材应进行抗拉强度试验；

3 根接头试件的抗拉强度均不应小于该牌号钢筋抗拉强度的标准值，同时尚应不小于 0.9 倍钢筋母材的实际抗拉强度。计算钢筋实际抗拉强度时，应采用钢筋的实际横截面面积。

②现场检验应进行拧紧力矩检验和单向拉伸强度试验。对接头有特殊要求的结构，应在设计图纸中另行注明相应的检验项目。

③用力矩扳手按表 3-4-35 规定的拧紧力矩值抽检接头的施工质量。抽检数量为：梁、柱构件按接头数的 15%，且每个构件的接头抽检数不得少于 1 个接头；基础、墙、板构件，每 100 个接头作为一个验收批，不足 100 个也作为一个验收批，每批抽检 3 个接头。抽检的接头应全部合格，如有 1 个接头不合格，则该验收批应逐个检查，对查出的不合格接头应进行补强，并按表 3-4-72 填写接头连接质量检查记录。

④剥肋滚轧直螺纹接头的单向拉伸强度试验按验收批进行。同一施工条件下采用同一批材料的同等级、同型式、同规格接头，以 500 个为一个验收批进行检验和验收，不足 500 个也作为一个验收批。

⑤对每一验收批均应按表 3-4-33 和表 3-4-34 接头的性能指标进行检验与验收，在工程结构中随机抽取 3 个试件做单向拉伸试验。当 3 个试件抗拉强度均不小于该牌号钢筋抗拉强度的标准值时，该验收批判定为合格。如有 1 个试件的抗拉强度不符合要求，应再取 6 个试件进行复检。复检中仍有 1 个试件不符合要求，则该验收批判定为不合格。

3.4.3.3　钢筋锚固板连接技术

（1）分类

1）钢筋锚固板分全锚固板（图 3-4-56a）和部分锚固板（图 3-4-56b）。

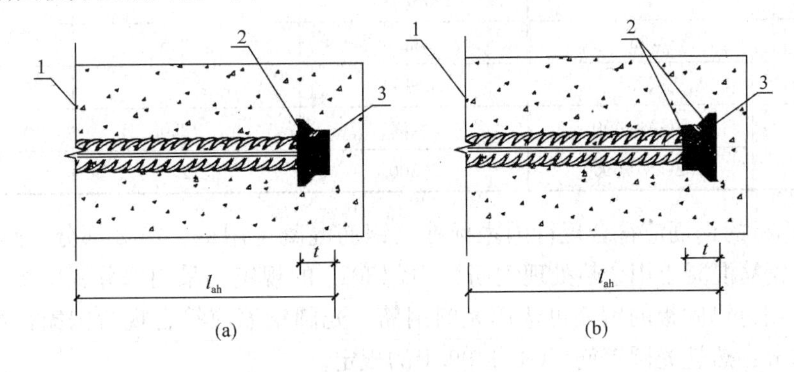

图 3-4-56　钢筋锚固板示意图

（a）锚固板正放；（b）锚固板反放

1—锚固区钢筋应力最大处截面；2—锚固板承压面；3—锚固板端面

①全锚固板（full anchorage head for rebar）：全部依靠锚固板承压面的承压作用承担钢筋规定锚固力的锚固板。

②部分锚固板（partial anchorage head for rebar）：依靠锚固长度范围内钢筋与混凝土的粘结作用和锚固板承压面的承压作用共同承担钢筋规定锚固力的锚固板。

2）锚固板按材料、形状、厚度和连接方式分类见表 3-4-82。

锚固板分类　　**表 3-4-82**

分类方法	类　别
按材料分	球墨铸铁锚固板、钢板锚固板、锻钢锚固板、铸钢锚固板
按形状分	圆形、方形、长方形
按厚度分	等厚、不等厚
按连接方式分	螺纹连接锚固板、焊接连接锚固板

（2）基本要求

1）锚固板的选用应符合以下规定：

①全锚固板承压面积不应小于锚固钢筋公称面积的9倍；

②部分锚固板承压面积不应小于锚固钢筋公称面积的4.5倍；

③锚固板厚度不应小于锚固钢筋公称直径；

④当采用不等厚或长方形锚固板时，除应满足上述面积和厚度要求外，尚应通过省部级的产品鉴定；

⑤采用部分锚固板锚固的钢筋公称直径不宜大于40mm；当公称直径大于40mm的钢筋采用部分锚固板锚固时，应通过试验验证确定其设计参数。

2）锚固板原材料宜选用表3-4-83中的牌号，且应满足表3-4-83的力学性能要求；当锚固板与钢筋采用焊接连接时，锚固板原材料尚应符合现行行业标准《钢筋焊接及验收规程》JGJ 18对连接件材料的可焊性要求。

锚固板原材料力学性能要求 **表3-4-83**

锚固板原材料	牌　号	抗拉强度σ_s（N/mm²）	屈服强度σ_b（N/mm²）	伸长率δ（%）
球墨铸铁	QT450-10	≥450	≥310	≥10
钢板	45	≥600	≥355	≥16
	Q345	450～630	≥325	≥19
锻钢	45	≥600	≥355	≥16
	Q235	370～500	≥225	≥22
铸钢	ZG230-450	≥450	≥230	≥22
	ZG270-500	≥500	≥270	≥18

3）采用锚固板的钢筋应符合现行国家标准《钢筋混凝土用钢　第2部分：热轧带肋钢筋》GB 1499.2及《钢筋混凝土用余热处理钢筋》GB 13014的规定；采用部分锚固板的钢筋不应采用光圆钢筋。采用全锚固板的钢筋可选用光圆钢筋。光圆钢筋应符合现行国家标准《钢筋混凝土用钢　第1部分：热轧光圆钢筋》GB 1499.1的规定。

4）钢筋锚固板试件的极限拉力不应小于钢筋达到极限强度标准值时的拉力$f_{stk}A_s$。

5）钢筋锚固板在混凝土中的锚固极限拉力不应小于钢筋达到极限强度标准值时的拉力$f_{stk}A_s$。

6）锚固板与钢筋的连接宜选用直螺纹连接，连接螺纹的公差带应符合《普通螺纹　公差》GB/T 197中6H、6f级精度规定。采用焊接连接时，宜选用穿孔塞焊，其技术要求应符合现行行业标准《钢筋焊接及验收规程》JGJ 18的规定。

7）钢筋锚固板的设计，应符合现行《钢筋锚固板应用技术规程》JGJ 256、备案号J1230的规定。

（3）钢筋丝头加工螺纹连接锚固板技术

1）螺纹连接钢筋丝头加工

①操作工人应经专业技术人员培训，合格后持证上岗，人员应相对稳定。

②钢筋丝头加工应符合下列规定：

钢筋丝头的加工应在钢筋锚固板工艺检验合格后方可进行；

钢筋端面应平整，端部不得弯曲；

钢筋丝头公差带宜满足6f级精度要求，应用专用螺纹量规检验，通规能顺利旋入并达到要求的拧入长度，止规旋入不得超过 $3p$（p 为螺距）；抽检数量 10%，检验合格率不应小于 95%；丝头加工应使用水性润滑液，不得使用油性润滑液。

2）螺纹连接钢筋锚固板的安装

①应选择检验合格的钢筋丝头与锚固板进行连接。

②锚固板安装时，可用管钳扳手拧紧。

③安装后应用扭力扳手进行抽检，校核拧紧扭矩。拧紧扭矩值不应小于表 3-4-84 中的规定。

锚固板安装时的最小拧紧扭矩值　　表 3-4-84

钢筋直径（mm）	≤16	18～20	22～25	28～32	36～40
拧紧扭矩（N·m）	100	200	260	320	360

④安装完成后的钢筋端面应伸出锚固板端面，钢筋丝头外露长度不宜小于 $1.0p$。

（4）焊接钢筋锚固板技术

1）焊缝应饱满，钢筋咬边深度不得超过 0.5mm，钢筋相对锚固板的直角偏差不应大于 3°；

2）其他参见 3.4.2.4 钢筋焊接工艺

（5）钢筋锚固板的现场检验与验收

1）锚固板产品提供单位应提交经技术监督局备案的企业产品标准。对于不等厚或长方形锚固板，尚应提交省部级的产品鉴定证书。

2）锚固板产品进场时，应检查其锚固板产品的合格证。产品合格证应包括适用钢筋直径、锚固板尺寸、锚固板材料、锚固板类型、生产单位、生产日期以及可追溯原材料性能和加工质量的生产批号。产品尺寸及公差应符合企业产品标准的要求。用于焊接锚固板的钢板、钢筋、焊条应有质量证明书和产品合格证。

3）钢筋锚固板的现场检验应包括工艺检验、抗拉强度检验、螺纹连接锚固板的钢筋丝头加工质量检验和拧紧扭矩检验、焊接锚固板的焊缝检验。拧紧扭矩检验应在工程实体中进行，工艺检验、抗拉强度检验的试件应在钢筋丝头加工现场抽取。工艺检验、抗拉强度检验和拧紧扭矩检验规定为主控项目，外观质量检验规定为一般项目。钢筋锚固板试件的抗拉强度试验方法应符合附录钢筋一9 的有关规定。

4）钢筋锚固板加工与安装工程开始前，应对不同钢筋生产厂的进场钢筋进行钢筋锚固板工艺检验；施工过程中，更换钢筋生产厂商、变更钢筋锚固板参数、形式及变更产品供应商时，应补充进行工艺检验。

工艺检验应符合下列规定：

①每种规格的钢筋锚固板试件不应少于 3 根；

②每根试件的抗拉强度均应符合（2）基本规定第 4）条的规定；

③其中 1 根试件的抗拉强度不合格时，应重取 6 根试件进行复检，复检仍不合格时判为本次工艺检验不合格。

5）钢筋锚固板的现场检验应按验收批进行。同一施工条件下采用同一批材料的同类型、同规格的钢筋锚固板，螺纹连接锚固板应以 500 个为一个验收批进行检验与验收，不足 500 个也应作为一个验收批；焊接连接锚固板应以 300 个为一个验收批，不足 300 个也应作为一个验收批。

6）螺纹连接钢筋锚固板安装后应按本条中第 5）款的验收批，抽取其中 10%的钢筋锚固板按表 3-4-84 要求进行拧紧扭矩校核，拧紧扭矩值不合格数超过被校核数的 5%时，应重新拧紧全部钢筋锚固板，直到合格为止。焊接连接钢筋锚固板应按现行行业标准《钢筋焊接及验收规程》JGJ 18 有关条款的规定执行。

7）对螺纹连接钢筋锚固板的每一验收批，应在加工现场随机抽取 3 个试件作抗拉强度试验，并应按（2）基本规定第 4）条的抗拉强度要求进行评定。3 个试件的抗拉强度均应符合强度要求，该验收批评为合格。如有 1 个试件的抗拉强度不符合要求，应再取 6 个试件进行复检。复检中如仍有 1 个试件的抗拉强度不符合要求，则该验收批应评为不合格。

8）对焊接连接钢筋锚固板的每一验收批，应随机抽取 3 个试件，并按（2）基本规定第 4）条的抗拉强度要求进行评定。3 个试件的抗拉强度均应符合强度要求，该验收批评为合格。如有 1 个试件的抗拉强度不符合要求，应再取 6 个试件进行复检。复检中如仍有 1 个试件的抗拉强度不符合要求，则该验收批应评为不合格。

9）螺纹连接钢筋锚固板的现场检验，在连续 10 个验收批抽样试件抗拉强度一次检验通过的合格率为 100%条件下，验收批试件数量可扩大 1 倍。当螺纹连接钢筋锚固板的验收批数量少于 200 个，焊接连接钢筋锚固板的验收批数量少于 120 个时，允许按上述同样方法，随机抽取 2 个钢筋锚固板试件作抗拉强度试验，当 2 个试件的抗拉强度均满足（2）基本规定第 4）条的抗拉强度要求时，该验收批应评为合格。如有 1 个试件的抗拉强度不满足要求，应再取 4 个试件进行复检。复检中如仍有 1 个试件的抗拉强度不满足要求，则该验收批应评为不合格。

3.5 钢 筋 安 装

3.5.1 基本规定

1. 钢筋接头宜设置在受力较小处；有抗震设防要求的结构中，梁端、柱端箍筋加密区范围内不宜设置钢筋接头，且不应进行钢筋搭接。同一纵向受力钢筋不宜设置两个或两个以上接头。接头末端至钢筋弯起点的距离，不应小于钢筋直径的 10 倍。

当直径不同的钢筋连接时，按相互连接 2 根钢筋中较小直径计算连接区段内的接头面积百分率和搭接连接的搭接长度；当同一构件内按不同连接钢筋计算的连接区段长度不同时取大值。

2. 钢筋机械连接施工应符合下列规定：

（1）加工钢筋接头的操作人员应经专业培训合格后上岗，钢筋接头的加工应经工艺检验合格后方可进行。

（2）机械连接接头的混凝土保护层厚度宜符合现行国家标准《混凝土结构设计规范》GB 50010 中受力钢筋的混凝土保护层最小厚度规定，且不得小于 15mm。接头之间的横向净间距不宜小于 25mm。

（3）螺纹接头安装后应使用专用扭力扳手校核拧紧扭力矩。挤压接头压痕直径的波动范围应控制在允许波动范围内，并使用专用量规进行检验。

（4）机械连接接头的适用范围、工艺要求、套筒材料及质量要求等应符合现行行业标准《钢筋机械连接技术规程》JGJ 107 的有关规定。

3. 钢筋焊接施工应符合下列规定：

（1）从事钢筋焊接施工的焊工应持有钢筋焊工考试合格证，并应按照合格证规定的范围上岗操作。

（2）在钢筋工程焊接施工前，参与该项工程施焊的焊工应进行现场条件下的焊接工艺试验，经试验合格后，方可进行焊接。焊接过程中，如果钢筋牌号、直径发生变更，应再次进行焊接工艺试验。工艺试验使用的材料、设备、辅料及作业条件均应与实际施工一致。

（3）细晶粒热轧钢筋及直径大于 28mm 的普通热轧钢筋，其焊接参数应经试验确定；余热处理钢筋不宜焊接。

（4）电渣压力焊只应使用于柱、墙等构件中竖向受力钢筋的连接。

（5）钢筋焊接接头的适用范围、工艺要求、焊条及焊剂选择、焊接操作及质量要求等应符合现行行业标准《钢筋焊接及验收规程》JGJ 18 的有关规定。

4. 钢筋绑扎应符合下列规定：

（1）钢筋的绑扎搭接接头应在接头中心和两端用铁丝扎牢；

（2）墙、柱、梁钢筋骨架中各竖向面钢筋网交叉点应全数绑扎；板上部钢筋网的交叉点应全数绑扎，底部钢筋网除边缘部分外可间隔交错绑扎；

（3）梁、柱的箍筋弯钩及焊接封闭箍筋的焊点应沿纵向受力钢筋方向错开设置；

（4）构造柱纵向钢筋宜与承重结构同步绑扎；

（5）梁及柱中箍筋、墙中水平分布钢筋、板中钢筋距构件边缘的起始距离宜为 50mm。

5. 钢筋安装应采取防止钢筋受模板模具内表面的脱模剂污染的措施。

3.5.2　钢筋焊接接头或机械连接接头布置

当纵向受力钢筋采用机械连接接头或焊接接头时，接头的设置应符合下列规定：

1. 同一构件内的接头宜分批错开。

2. 接头连接区段的长度为 35d，且不应小于 500mm，凡接头中点位于该连接区段长度内的接头均应属于同一连接区段；其中 d 为相互连接两根钢筋中较小直径。

3. 同一连接区段内，纵向受力钢筋接头面积百分率为该区段内有接头的纵向受力钢筋截面面积与全部纵向受力钢筋截面面积的比值；纵向受力钢筋的接头面积百分率应符合下列规定：

（1）受拉接头，不宜大于 50%；受压接头，可不受限制；

（2）板、墙、柱中受拉机械连接接头，可根据实际情况放宽；装配式混凝土结构构件连接处受拉接头，可根据实际情况放宽；

（3）直接承受动力荷载的结构构件中，不宜采用焊接；当采用机械连接时，不应超过 50%。

3.5.3　钢筋绑扎搭接接头布置

1. 接头位置布置及箍筋设置

（1）当纵向受力钢筋采用绑扎搭接接头时，接头的设置应符合下列规定：

1）同一构件内的接头宜分批错开。各接头的横向净间距 s 不应小于钢筋直径，且不应小于 25mm。

2）接头连接区段的长度为 1.3 倍搭接长度，凡接头中点位于该连接区段长度内的接头均应属于同一连接区段；搭接长度可取相互连接两根钢筋中较小直径计算。纵向受力钢筋的最小搭接长度应符合附录钢筋－10 的规定。

3）同一连接区段内，纵向受力钢筋接头面积百分率为该区段内有接头的纵向受力钢筋截面面积与全部纵向受力钢筋截面面积的比值（图 3-5-1）；纵向受压钢筋的接头面积百分率可不受限制；纵向受拉钢筋的接头面积百分率应符合下列规定：

①梁类、板类及墙类构件，不宜超过 25%；基础筏板，不宜超过 50%。

②柱类构件，不宜超过 50%。

③当工程中确有必要增大接头面积百分率时，对梁类构件，不应大于 50%；对其他构件，可根据实际情况适当放宽。

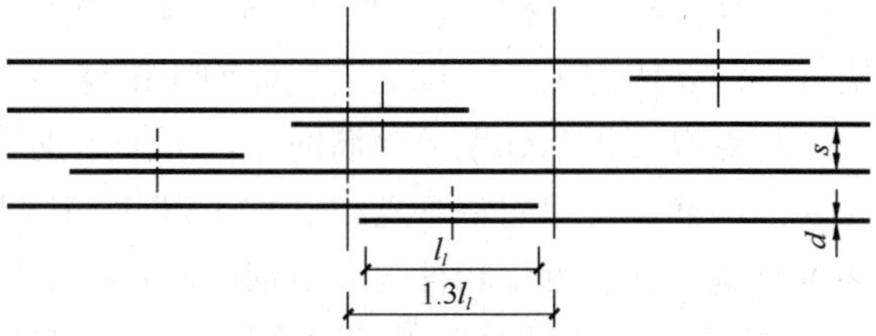

图 3-5-1　钢筋绑扎搭接接头连接区段及接头面积百分率

注：图中所示搭接接头同一连接区段内的搭接钢筋为两根，当各钢筋直径相同时，接头面积百分率为 50%。

（2）在梁、柱类构件的纵向受力钢筋搭接长度范围内应按设计要求配置箍筋，并应符合下列规定：

1）箍筋直径不应小于搭接钢筋较大直径的 25%；

2）受拉搭接区段的箍筋间距不应大于搭接钢筋较小直径的5倍，且不应大于100mm；

3）受压搭接区段的箍筋间距不应大于搭接钢筋较小直径的10倍，且不应大于200mm；

4）当柱中纵向受力钢筋直径大于25mm时，应在搭接接头两个端面外100mm范围内各设置两个箍筋，其间距宜为50mm。

2. 钢筋绑扎工艺要点

（1）准备绑扎用的铁丝、绑扎工具（如钳子或铁钩、带扳口的小撬棍）、绑扎架等。

钢筋绑扎用的铁丝，可采用20～22号铁丝，其中22号铁丝只用于绑扎直径12mm以下的钢筋。铁丝长度可参考表3-5-1的数值采用；因铁丝是成盘供应的，故习惯上是按每盘铁丝周长的几分之一来切断。

钢筋绑扎铁丝长度参考表（mm） **表3-5-1**

钢筋直径	3～5	6～8	10～12	14～16	18～20	22	25	28	32
3～5	120	130							
6～8		150	150	170	190	250	270	290	320
10～12			170	190	220	270	290	310	340
14～16			190	220	250	290	310	330	360
18～20				250	270	310	330	350	380
22					290	330	350	370	400

（2）准备控制混凝土保护层用的钢筋间隔件，见3.5.5钢筋间隔件的应用。

3. 基础工程钢筋绑扎

（1）钢筋网的绑扎。四周两行钢筋交叉点应每点扎牢，中间部分交叉点可相隔交错扎牢，但必须保证受力钢筋不位移。双向主筋的钢筋网，则须将全部钢筋交叉点扎牢。绑扎时应注意相邻绑扎点的铁丝扣要扎成八字形，以免网片歪斜变形。

（2）基础底板采用双层钢筋网时，在上层钢筋网下面，应设置钢筋撑脚或混凝土撑脚，以保证钢筋位置正确。

钢筋撑脚每隔1m放置一个。其直径选用：当板厚$h \leqslant 30$cm时为8～10mm；当板厚$h=30$～50cm时为12～14mm；当板厚$h>50$cm时为16～18mm。

大型基础底板或设备基础，应用ϕ16～25mm钢筋或型钢焊成的支架来支持上层钢筋网，支架间距为0.8～1.5m。

（3）钢筋的弯钩应朝上，不要倒向一边；但双层钢筋网的上层钢筋弯钩应朝下。

（4）独立柱基础为双向弯曲，其底面短边的钢筋应放在长边钢筋的上面。

（5）现浇柱与基础连接用的插筋，其箍筋应比柱的箍筋缩小一个柱筋直径，以便连接。插筋位置一定要固定牢靠，以免造成柱轴线偏移。

（6）对厚筏板基础上部钢筋网片，可采用钢管临时支撑体系（图3-5-2）。图3-5-2（a）示出绑扎上部钢筋网片用的钢管支撑。在上部钢筋网片绑扎完毕后，需置换出水平钢管；为此另取一些垂直钢管通过直角扣件与上部钢筋网片的下层钢筋连接起来，替换了原支撑体系，见图3-5-2（b）。在混凝土浇筑过程中，逐步抽出垂直钢管，见图3-5-2（c）。此时，上部荷载可由附近的钢管及上下端均与钢筋网焊接的多个拉结筋来承受。由于混凝土不断浇筑与凝固，拉结筋细长比减少，提高了承载力。

4. 柱子钢筋绑扎

（1）绑扎柱钢筋骨架，应先立起竖向受力钢筋，与基础插筋绑牢，沿竖向钢筋按箍筋间距画线，把所用箍筋套入竖向钢筋中，从上到下逐个将箍筋画线与竖向钢筋扎牢。

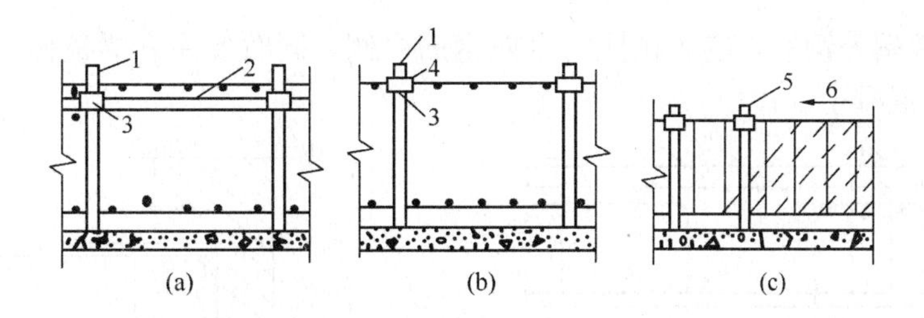

图 3-5-2 厚筏板上部钢筋网片的钢管临时支撑

（a）绑扎上部钢筋网片时；（b）浇筑混凝土前；（c）浇筑混凝土时

1—垂直钢管；2—水平钢管；3—直角扣件；4—下层水平钢筋；

5—待拔钢管；6—混凝土浇筑方向

（2）柱钢筋的绑扎，应在模板安装前进行。

（3）柱中的竖向钢筋搭接时，角部钢筋的弯钩应与模板成 45°（多边形柱为模板内角的平分角，圆形柱应与模板切线垂直），中间钢筋的弯钩应与模板成 90°。如果用插入式振捣器浇筑小型截面柱时，弯钩与模板的角度不得小于 15°。

（4）箍筋的接头应交错布置在四角纵向钢筋上；箍筋转角与纵向钢筋交叉点均应扎牢，绑扎箍筋时绑扎扣相互应成八字形。

（5）下层柱的钢筋露出楼面部分，宜用工具式柱箍将其收进一个柱箍直径，以利上层柱的钢筋搭接。当柱截面有变化时，其下层柱钢筋的露出部分，必须在绑扎梁的钢筋之前，先行收缩准确。

（6）框架梁、牛腿及柱帽等钢筋，应放在柱的纵向钢筋内侧。

5. 墙体钢筋绑扎

（1）绑扎墙体钢筋网，宜先支设一侧模板，在模板上画出竖向钢筋位置线，依线立起竖向钢筋，再按横向钢筋间距，把横向钢筋绑牢于竖向钢筋上，可先绑两端的扎点，再依次绑中间扎点，靠近外围两行钢筋的交叉点应全部扎牢，中间部分交叉点可间隔扎牢，相邻绑扎点的绑扎方向应“八”字交错。

（2）墙体的钢筋，可在基础钢筋绑扎之后浇筑混凝土前插入基础内。

（3）墙体的垂直钢筋每段长度不宜超过 4m（钢筋直径≤12mm）或 6m（钢筋直径>12mm），水平钢筋每段长度不宜超过 8m，以利绑扎。

（4）墙体钢筋网之间应绑扎 ϕ6～10mm 钢筋制成的撑钩，间距约为 1m，相互错开排列，以保持双排钢筋间距正确（图3-5-3）。

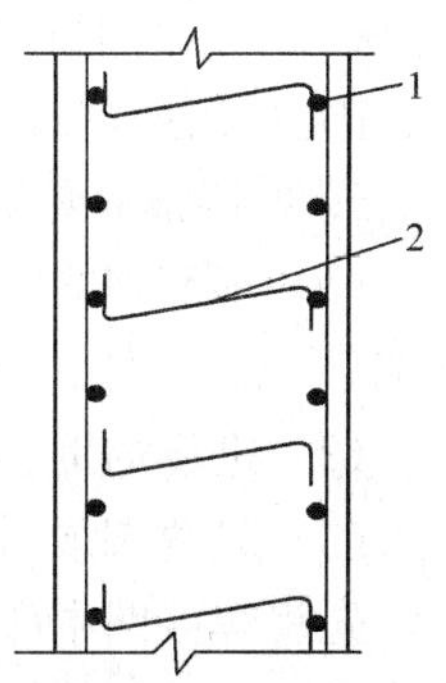

图 3-5-3 墙体钢筋的撑铁

1—钢筋网；2—撑铁

6. 梁、板工程钢筋绑扎

（1）绑扎单向板钢筋网，应先在模板上画出受力钢筋位置线，依线摆放好受力钢筋，再按分布钢筋间距，在受力钢筋上面摆放好分布钢筋，受力钢筋与分布钢筋交叉点，除靠近外围两行钢筋的交叉点全部扎牢外，中间部分交叉点可间隔扎牢，相邻绑扎点的绑扎方向应“八”字交错。

绑扎双向板钢筋网，应先在模板上画出短向钢筋位置线，依线摆放好短向钢筋，再按长向钢筋间距，在短向钢筋上面摆放好长向钢筋，长向钢筋与短向钢筋的交叉点必须全部扎牢，相邻绑扎点的绑扎方向应“八”字交错。

（2）板、次梁与主梁交叉处，板的钢筋在上，次梁的钢筋居中，主梁的钢筋在下（图 3-5-4）；当有圈梁或垫梁时，主梁的钢筋应放在圈梁上（图 3-5-5）。主筋两端的搁置长度应保持均匀一致。

框架梁、牛腿及柱帽等钢筋，应放在柱的纵向钢筋内侧，同时要注意梁顶面主筋间的净距要有30mm，以利浇筑混凝土。

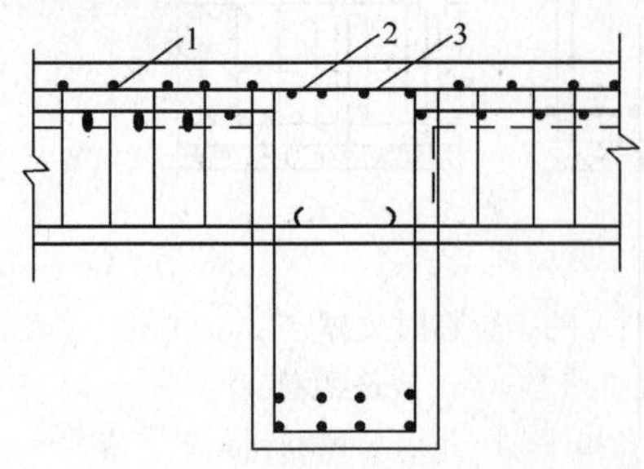

图 3-5-4　板、次梁与主梁交叉处钢筋

1—板的钢筋；2—次梁钢筋；3—主梁钢筋

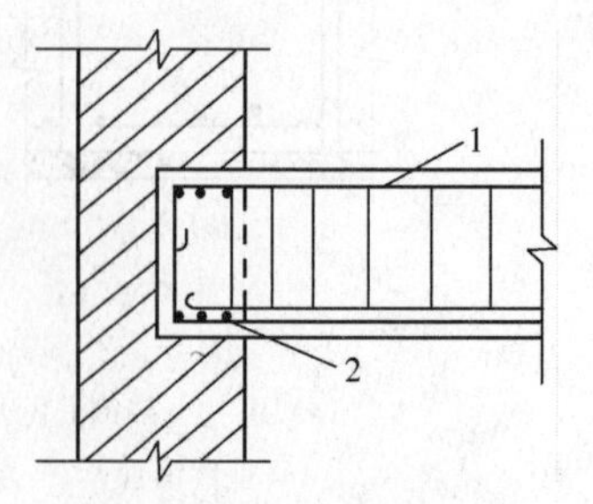

图 3-5-5　主梁与垫梁交叉处钢筋

1—主梁钢筋；2—垫梁钢筋

(3) 梁与板纵向受力钢筋采用双层排列时，两排钢筋之间应垫以直径 25mm 或 25mm 以上的短钢筋，以保持其设计距离正确。

(4) 柱、梁、箍筋应与主筋垂直，箍筋的接头应交错布置在四角纵向钢筋上，箍筋转角与纵向钢筋的交叉点均应扎牢。箍筋平直部分与纵向交叉点可间隔扎牢，以防骨架歪斜。

(5) 梁钢筋的绑扎与模板安装之间的配合关系：

1) 梁的高度较小时，梁的钢筋架空在梁顶上绑扎，然后再落位；

2) 梁的高度较大（≥1.0m）时，梁的钢筋宜在梁底模上绑扎，其侧模或一侧模后装。

(6) 梁板钢筋绑扎时应防止水电管线将钢筋抬起或压下。

(7) 预制柱、梁、屋架等构件常采取底模上就地绑扎，应先排好箍筋，再穿入受力筋等，然后绑扎牛腿和节点部位钢筋，以减少绑扎的困难和复杂性。

(8) 混凝土保护层的水泥砂浆垫块或塑料卡，每隔 600～900mm 设置 1 个，钢筋网的四角处必须设置。

(9) 钢筋网弯钩方向。板钢筋的弯钩，钢筋在板下部时弯钩向上；钢筋在板上部时弯钩向下。对柱、墙钢筋弯钩应向柱、墙里侧；柱角钢筋弯钩应为 45°角。

(10) 箍筋的接头应交错布置在两根架立钢筋上，其余同柱。

(11) 板的钢筋网绑扎与基础同，但应注意板上的负荷，要防止被踩下；特别是雨篷、挑檐、阳台等悬臂板，要严格控制负筋位置，以免拆模后断裂。

7. 焊接钢筋骨架和钢筋网的绑扎

(1) 钢筋焊接网运输时应捆扎整齐、牢固，每捆重量不应超过 2t，必要时应加刚性支撑或支架。

(2) 进场的钢筋焊接网宜按施工要求堆放，并应有明确的标志。

(3) 对两端须插入梁内锚固的焊接网，当网片纵向钢筋较细时，可利用网片的弯曲变形性能，先将焊接网中部向上弯曲，使两端能先后插入梁内，然后铺平网片；当钢筋较粗，焊接网不能弯曲时，可将焊接网的一端少焊 1～2 根横向钢筋，先插入该端，然后退插另一端，必要时可采用绑扎方法补回所减少的横向钢筋。

(4) 两张网片搭接时，在搭接区中心及两端应采用铁丝绑扎牢固。在附加钢筋与焊接网连接的每个节点处应采用铁丝绑扎。

(5) 焊接网与焊接骨架沿受力钢筋方向的搭接接头宜位于受力小的部位，如承受均布荷载的简支受弯构件，接头宜放在跨度两端各 1/4 跨长范围内，其搭接长度应符合表 3-5-2 规定。

焊接网和受拉焊接骨架绑扎接头的搭接长度 表 3-5-2

项 次	钢筋类型		混凝土强度等级		
			C20	C25	≥C30
1	HPB 235 级		30d	25d	20d
2	月牙肋	HRB 335 级	40d	35d	30d
		HRB 400 级	45d	40d	35d
3	冷拔低碳钢丝		250mm		

注：1. d 为受力钢筋直径。当混凝土强度等级低于 C20 时，对 HPB 235 级钢筋最小搭接长度不得小于 40d；表中 HRB 335 级钢筋不得小于 50d；HRB 400 级钢筋不宜采用。

2. 搭接长度除应符合本表要求外，在受拉区不得小于 250mm，在受压区不得小于 200mm。

3. 当月牙肋钢筋直径 d>25mm 时，其搭接长度应按表中数值增加 5d 采用；当月牙肋钢筋直径 d≤25mm 时，其搭接长度应按表中数值减小 5d 采用。

4. 轻骨料混凝土的焊接骨架和焊接网绑扎接头的搭接长度，应按普通混凝土搭接长度增加 5d，对冷拔低碳钢丝，增加 50mm。

5. 当混凝土在凝固过程中受力钢筋易受扰动时，其搭接长度宜适当增加。

6. 当有抗震要求时，对一、二级抗震等级搭接长度应增加 5d。

（6）在梁中焊接骨架的搭接长度内应配置箍筋或短的槽形焊接网。箍筋或网中的横向钢筋间距不得大于 5d。轴心受压或偏心受压构件中的搭接长度内，箍筋或横向钢筋的间距不得大于 10d。

（7）在构件宽度内有若干焊接网或焊接骨架时，其接头位置应错开，在同一截面内搭接的受力钢筋的总截面面积不得大于构件截面中受力钢筋全部截面面积的 50%；在轴心受拉及小偏心受拉构件（板和墙除外）中，不得采用搭接接头。

（8）焊接网在非受力方向的搭接长度宜为 100mm。当受力钢筋直径≥16mm 时，焊接网沿分布钢筋方向的接头宜辅以附加钢筋网，其每边的搭接长度为 15d。

（9）钢筋焊接网安装时，下部网片应设置与保护层厚度相当的水泥砂浆垫块或塑料卡；板的上部网片应在短向钢筋两端，沿长向钢筋方向每隔 600～900mm 设一钢筋支墩。

3.5.4 纵筋和箍筋位置的设置

1. 纵筋位置

构件交接处的钢筋位置应符合设计要求。当设计无具体要求时，应保证主要受力构件和构件中主要受力方向的钢筋位置。框架节点处梁纵向受力钢筋宜放在柱纵向钢筋内侧；当主次梁底部标高相同时，次梁下部钢筋应放在主梁下部钢筋之上；剪力墙中水平分布钢筋宜放在外侧，并宜在墙端弯折锚固，此时的水平分布钢筋进入边缘构件后应与边缘构件箍筋布置在一个平面内。

2. 箍筋位置

采用复合箍筋时，箍筋外围应为封闭箍筋。梁类构件复合箍筋内部，宜选用封闭箍筋，奇数肢也可采用单肢箍筋；柱类构件复合箍筋内部可部分采用单肢箍筋。箍筋焊点应沿纵向受力钢筋方向错开设置。

3.5.5 钢筋间隔件的应用

1. 基本规定

为了有效的控制混凝土保护层，钢筋安装应采用定位件固定钢筋的位置，并宜采用专用定位件。定位件应具有足够的承载力、刚度、稳定性和耐久性。定位件的数量、间距和固定方式，应能保证钢筋的位置偏差符合国家现行有关标准的规定。混凝土框架梁、柱保护层内，不宜采用金属定位件。

（1）混凝土结构及构件施工前均应编制钢筋间隔件的施工方案，施工方案应包括钢筋间隔件的选型、规格、间距及固定方式等内容。

（2）钢筋安装应设置固定钢筋位置的间隔件，并宜采用专用间隔件，不得用石子、砖块、木块等作为间隔件。

（3）钢筋间隔件应具有足够的承载力、刚度。在有抗渗、抗冻、防腐等耐久性要求的混凝土结构中，钢筋间隔件应符合混凝土结构的耐久性要求。

（4）钢筋间隔件所用原材料应有产品合格证，使用制作前应复验，合格后方可使用。

（5）工厂生产的成品间隔件进场时应提供产品合格证和说明书。有承载力要求的间隔件应提供承载力试验报告，承载力试验方法应符合本规程附录A的规定；有抗渗要求的塑料类钢筋间隔件应提供抗渗性能试验报告，抗渗性能试验方法应符合本规程附录B的规定。

（6）在混凝土结构施工中，应根据不同结构类型、环境类别及使用部位、保护层厚度或间隔尺寸等选择钢筋间隔件。混凝土结构用钢筋间隔件可按表3-5-3选用。

混凝土结构用钢筋间隔件选用表 **表3-5-3**

序号	混凝土结构的环境类别	钢筋间隔件				
		使用部位	类型			
			水泥基类		塑料类	金属类
			砂浆	混凝土		
1	一	表层	○	○	○	○
		内部	×	Δ	Δ	○
2	二	表层	○	○	Δ	×
		内部	×	Δ	Δ	○
3	三	表层	○	○	Δ	×
		内部	×	Δ	Δ	○
4	四	表层	○	○	×	×
		内部	×	Δ	Δ	○
5	五	表层	○	○	×	×
		内部	×	Δ	Δ	○

注：1 混凝土结构的环境类别的划分应符合现行国家标准《混凝土结构设计规范》GB 50010的有关规定；
2 表中○表示宜选用；Δ表示可以选用；×表示不应选用。

（7）钢筋间隔件的形状、尺寸应符合保护层厚度或钢筋间距的要求，应有利于混凝土浇筑密实，并不致在混凝土内形成孔洞。

（8）钢筋间隔件上与被间隔钢筋连接的连接件或卡扣、槽口应与其相适配并可牢固定位。

（9）电焊机、混凝土泵、管架等设备荷载不得直接作用在钢筋间隔件上。

（10）清水混凝土的表层间隔件应根据功能要求进行专项设计。与模板的接触面积对水泥基类钢筋间隔件不宜大于300mm^2；对塑料类钢筋间隔件和金属类钢筋间隔件不宜大于100mm^2。

2. 钢筋间隔件的制作和检验要求

（1）水泥基类钢筋间隔性

1）水泥基类钢筋间隔件主要由水泥和混凝土制成，其制作质量应符合国家现行有关规范的要求。

2）水泥基类钢筋间隔件的规格应符合下列规定：

①可根据混凝土构件和被间隔钢筋的特点选择立方体或圆柱体等实心的钢筋间隔件（图3-5-6）。

②普通混凝土中的间隔件与钢筋接触面的宽度不应小于20mm，且不宜小于被间隔钢筋的直径。

③应设置与被间隔钢筋定位的绑扎铁丝、卡扣或槽口，绑扎铁丝、卡扣应与砂浆或混凝土基体可靠固定。

④水泥砂浆间隔件的厚度不宜大于40mm。

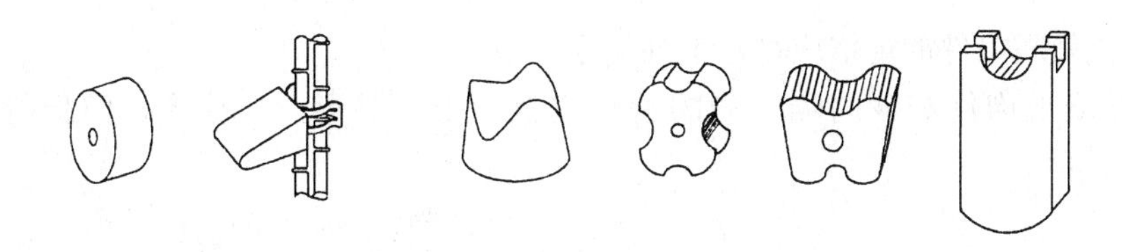

图 3-5-6　水泥基类钢筋间隔件

3）水泥基类钢筋间隔件的材料和配合比应符合下列规定：

①水泥砂浆间隔件不得采用水泥混合砂浆制作，水泥砂浆强度不应低于 20MPa。

②混凝土间隔件的混凝土强度应比构件的混凝土强度等级提高一级，且不应低于 C30。

③水泥基类钢筋间隔件中绑扎钢筋的铁丝宜采用退火铁丝。

④不应使用已断裂或破碎的水泥基类钢筋间隔件，发生断裂和破碎应予以更换。

⑤水泥基类钢筋间隔件应采用模具成型。

⑥水泥基类钢筋间隔件的养护时间不应小于 7d。

（2）塑料类钢筋间隔件

1）塑料类钢筋间隔件必须采用工厂生产的产品，其原材料不得采用聚氯乙烯类塑料，且不得使用二级以下的再生塑料。

2）塑料类钢筋间隔件可作为表层间隔件，但环形的塑料类钢筋间隔件不宜用于梁、板的底部。

作为内部间隔件时不得影响混凝土结构的抗渗性能和受力性能。因为，塑料类钢筋间隔件与混凝土的粘结力比水泥基类钢筋间隔件和金属类钢筋间隔件小很多，它们两者的界面易发生渗水现象，因此，当用塑料类钢筋间隔件作为内部间隔件时，特别是作为贯穿型内部间隔件时，应考虑它对混凝土结构的影响，必要时可选用其他材料的钢筋间隔件。

3）塑料类钢筋间隔件的类型有很多（图 3-5-7），选用时可按钢筋的种类、直径、间隔尺寸和方式等选用。塑料类钢筋间隔件的钢筋卡扣、槽口应预先设计、注塑成型。塑料类钢筋间隔件可做成不同的颜色，宜按保护层厚度设置颜色标识，以防止错用、便于检查。

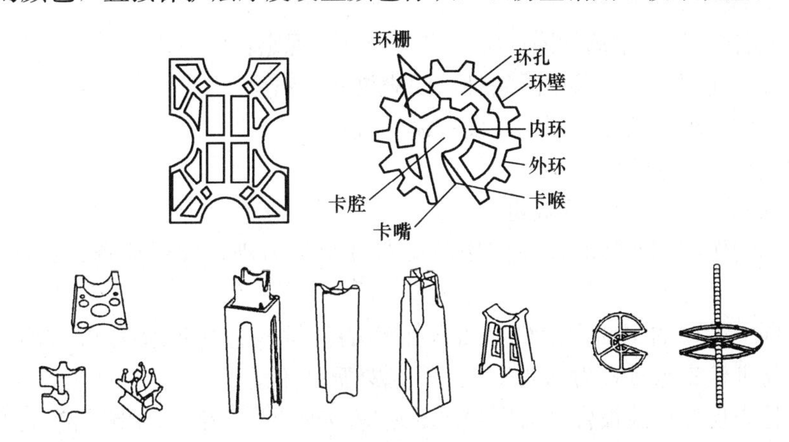

图 3-5-7　塑料类钢筋间隔件

4）不得使用老化断裂或缺损的塑料类钢筋间隔件，发生断裂或破碎应予以更换。

5）塑料类钢筋间隔件的抗渗性能应按附录钢筋—11 进行试验。

（3）金属类钢筋间隔件

1）金属类钢筋间隔件宜采用工厂生产的产品，金属类钢筋间隔件可用作内部间隔件，除一类环境外，不应用作表层间隔件。

2）金属类钢筋间隔件的规格应符合下列规定：

①可根据混凝土构件和被间隔钢筋的特点选择弓形、鼎形、立柱形、门形等钢筋间隔件（图 3-5-8）。

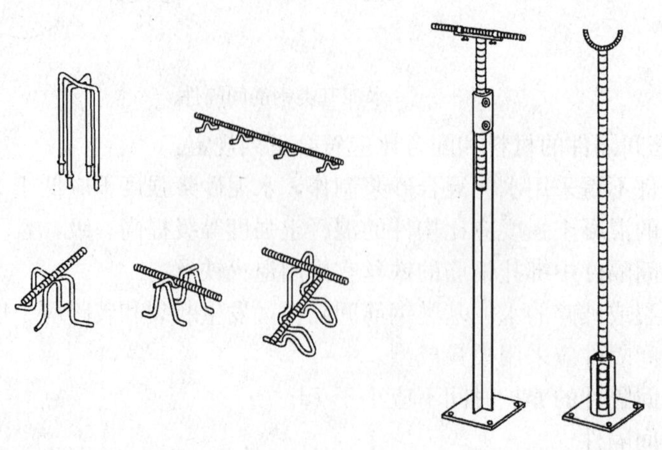

图 3-5-8 金属类钢筋间隔件

②与钢筋采用非焊接或非绑扎固定的金属类钢筋间隔件应设置与被间隔钢筋定位的卡扣或槽口。

3）金属类钢筋间隔件所用的钢材宜采用 HPB235 热轧光圆钢筋及 Q235 级钢。

4）金属类钢筋间隔件不得有裂纹或断裂，钢材不得有片状老锈。

5）金属类钢筋间隔件与被间隔钢筋采用焊接定位时，应满足现行行业标准《钢筋焊接及验收规程》JGJ 18 的有关要求，并不得损伤被间隔钢筋。

6）金属类钢筋间隔件外露的部分直接接触空气，易发生腐蚀，在其端部应作防腐处理，这是保证混凝土耐久性的重要措施。涂层应符合现行国家标准《涂层自然气候暴露试验方法》GB/T 9276 的要求。用于清水混凝土的表层间隔件宜套上与混凝土颜色接近的塑料套。涂层或塑料套的高度不宜小于 20mm。

7）工地现场制作金属类钢筋间隔件时，应符合下列规定：

①同类金属类钢筋间隔件宜采用同品种、同规格的材料。

②现场制作应按经审批的加工图纸并设置模具进行加工。

（4）钢筋间隔件成品检验要求

1）主控项目的检查应符合下列规定：

①工厂及现场制作的钢筋间隔件在使用前应对其承载力进行抽样检查，钢筋间隔件承载力应符合要求。

检查数量：同一类型的钢筋间隔件，工厂生产的每批检查数量宜为 0.1%，且不应少于 5 件；现场制作的每批检查数量宜为 0.2%，且不应少于 10 件。

检查方法：检查现场检验报告。工厂生产的还应检查产品合格证和出厂检验报告。

②水泥基类钢筋间隔件应按现行国家标准《砌体结构工程施工质量验收规范》GB 50203 及《混凝土结构工程施工质量验收规范》GB 50204 检查砂浆或混凝土试块强度。每一工作班的同一配合比的砂浆或混凝土取样不应少于一次。

2）一般项目的检查应符合下列规定：

①工厂及现场制作的钢筋间隔件在使用前均应对其外观、形状、尺寸进行检查。

②水泥基类钢筋间隔件的外观、形状、尺寸应符合设计要求，其允许偏差应符合表 3-5-4 的规定。

水泥基类钢筋间隔件的允许偏差　　表 3-5-4

<table>
<tr><th>序号</th><th colspan="2">项　目</th><th colspan="3">允许偏差</th><th>检查数量</th><th>检查方法</th></tr>
<tr><td rowspan="3">1</td><td colspan="2" rowspan="3">外观</td><td colspan="3">不应有断裂或大于边长 1/4 的破碎</td><td rowspan="4">全数检查</td><td rowspan="3">目测、用尺量测</td></tr>
<tr><td colspan="3">不应有直径大于 8mm 或深度大于 5mm 的孔洞</td></tr>
<tr><td colspan="3">不应有大于 20%的蜂窝</td></tr>
<tr><td>2</td><td colspan="2">连接铁丝或卡铁</td><td colspan="3">无缺损、完好、无松动</td><td>目　测</td></tr>
<tr><td rowspan="8">3</td><td rowspan="8">外形（mm）</td><td rowspan="6">间隔尺寸</td><td rowspan="3">工厂生产</td><td>基础</td><td>+4，−3</td><td rowspan="8">同一类型的间隔件，工厂生产的每批检查数量宜为 0.1%，且不应少于 5 件；现场制作的每批检查数量宜为 0.2%，且不应少于 10 件</td><td rowspan="8">用卡尺量测</td></tr>
<tr><td>梁、柱</td><td>+3，−2</td></tr>
<tr><td>板、墙、壳</td><td>+2，−1</td></tr>
<tr><td rowspan="3">现场制作</td><td>基础</td><td>+5，−4</td></tr>
<tr><td>梁、柱</td><td>+4，−3</td></tr>
<tr><td>板、墙、壳</td><td>+3，−2</td></tr>
<tr><td rowspan="2">其他尺寸</td><td>工厂生产</td><td colspan="2">±5</td></tr>
<tr><td>现场制作</td><td colspan="2">±10</td></tr>
</table>

③塑料类钢筋间隔件外观、形状、尺寸及标识等应符合设计要求，其允许偏差应符合表 3-5-5 的规定。

塑料类钢筋间隔件的允许偏差　　表 3-5-5

<table>
<tr><th>序号</th><th colspan="2">检查项目</th><th>允许偏差</th><th>检查数量</th><th>检查方法</th></tr>
<tr><td>1</td><td colspan="2">外　观</td><td>不得有裂纹</td><td rowspan="2">全数检查</td><td rowspan="2">目测</td></tr>
<tr><td>2</td><td colspan="2">颜色标识</td><td>齐全、与所标识规格一致</td></tr>
<tr><td rowspan="2">3</td><td rowspan="2">外形尺寸（mm）</td><td>间隔尺寸</td><td>±1</td><td rowspan="2">同一类型的间隔件，每批检查数量宜为 0.1%，且不少于 5 件</td><td rowspan="2">用卡尺量测</td></tr>
<tr><td>其他尺寸</td><td>±1</td></tr>
</table>

④金属类钢筋间隔件的外观、形状、尺寸应符合设计要求，其允许偏差应符合表 3-5-6 的规定。

金属类钢筋间隔件的允许偏差　　表 3-5-6

<table>
<tr><th>序号</th><th colspan="2">检查项目</th><th colspan="3">允许偏差</th><th>检查数量</th><th>检查方法</th></tr>
<tr><td>1</td><td colspan="2">外　观</td><td colspan="3">焊缝完整；不得有片状老锈、油污、裂纹及过大的变形</td><td>全数检查</td><td>目测、用尺量测</td></tr>
<tr><td rowspan="8">2</td><td rowspan="8">外形尺寸（mm）</td><td rowspan="6">间隔尺寸</td><td rowspan="3">工厂生产</td><td>基础</td><td>+2，−1</td><td rowspan="8">同一类型的间隔件，工厂生产的每批检查数量宜为 0.1%，且不少于 5 件；现场制作的每批检查数量宜为 0.2%，且不少于 10 件</td><td rowspan="8">用卡尺量测</td></tr>
<tr><td>梁、柱</td><td>+1，−1</td></tr>
<tr><td>板、墙、壳</td><td>+1，−1</td></tr>
<tr><td rowspan="3">现场制作</td><td>基础</td><td>+4，−2</td></tr>
<tr><td>梁、柱</td><td>+3，−2</td></tr>
<tr><td>板、墙、壳</td><td>+2，−1</td></tr>
<tr><td rowspan="2">其他尺寸</td><td>工厂生产</td><td colspan="2">±2</td></tr>
<tr><td>现场制作</td><td colspan="2">±5</td></tr>
</table>

⑤钢筋间隔件质量检查可按附录钢筋—12 记录，质量检查程序和组织应符合现行国家标准《建筑工程施工质量验收统一标准》GB 50300 的规定。

3. 钢筋间隔件的安放

（1）基本要求

1）表层间隔件宜直接安放在被间隔的受力钢筋处，当安放在箍筋或非受力钢筋时，其间隔尺寸应按受力钢筋位置作相应的调整。

2）竖向间隔件的安放间距应根据间隔件的承载力和刚度确定，并应符合被间隔钢筋的变形要求。

3）钢筋间隔件安放后应进行保护，不应使之受损或错位。作业时应避免物件对钢筋间隔件的撞击。

（2）表层间隔件的安放

1）板类构件（包括板、壳、T 形梁翼缘、箱形梁顶板和底板等）表层间隔件的安放应满足钢筋不发生塑性变形，并保证钢筋间隔件不破损。

2）混凝土板类的表层间隔件宜按阵列式放置在纵横钢筋的交叉点的位置，两个方向的间距均不宜大于表 3-5-7 的规定。

板类的表层钢筋间隔件安放间距（m） **表 3-5-7**

钢筋间距（mm）		受力钢筋直径（mm）		
		6～10	12～18	＞20
单向板配筋	＜50	1.0	1.5	2.0
	60～100	0.8	1.5	2.0
	110～150	0.6	1.0	2.0
	160～200	0.5	1.0	2.0
	＞200	0.5	0.8	2.0
双向板配筋	＜50	1.2	2.0	2.5
	60～100	1.0	2.0	2.5
	110～150	0.8	1.5	2.5
	160～200	0.8	1.5	2.5
	＞200	0.6	1.0	2.5

注：1. 双向板以短边方向钢筋确定；
2. 直径大于 32mm 钢筋的间距应保证被间隔钢筋竖向变形，基础不大于 10mm，板不大于 3mm。
3. 板类钢筋间隔件有阵列式放置和梅花式放置，按阵列式放置对减小被间隔钢筋的变形更为有利，故建议用此放置方法。

3）梁类构件（包括梁、方桩、屋架弦杆等）表层间隔件的安放分为竖向和水平向。由于钢筋一般形成骨架，受力后变形小，因此竖向间距可大一些；梁的水平表层间隔件只受浇筑混凝土冲击，承受的力比竖向要小，所以间距可适当放大。

①混凝土梁类的竖向表层间隔件应放置在最下层受力钢筋下面，当安放在箍筋下面时，其间隔尺寸应作相应的调整。安放间距不应大于表 3-5-8 的规定。纵横梁钢筋相交处应增设钢筋间隔件。

梁类的竖向表层间隔件的安放间距（m）　　表 3-5-8

跨中上层钢筋直径（mm）	≤10	12～18	20～25	≥25
安放间距	0.6	1.0	1.5	2.0

②梁类构件的水平表层间隔件应放置在受力钢筋侧面，当安放在箍筋侧面时，其间隔尺寸应作相应的调整。对侧面配有腰筋的梁，在腰筋部位应放置同样数量的水平间隔件。安放间距不应大于表 3-5-9 的规定。

梁类的水平表层间隔件的安放间距（m）　　表 3-5-9

钢筋直径（mm）	≤10	12～18	20～25	≥25
安放间距	0.8	1.2	1.8	2.2

4）混凝土墙类的表层间隔件应采用阵列式放置在最外层受力钢筋处。水平与竖向安放间距不应大于表 3-5-10 的规定。

混凝土墙类的表层间隔件的安放间距（m）　　表 3-5-10

外层受力钢筋直径（mm）	≤8	10～16	18～22	≥25
安放间距	0.5	0.8	1.0	1.2

5）混凝土柱类的表层间隔件应放置在纵向钢筋的外侧面，其水平间距不应大于 0.4m；竖向间距不宜大于 0.8m；水平与竖向表层间隔件每侧均不应少于 2 个，并对称放置。

6）灌注桩的表层间隔件，当采用混凝土圆柱状钢筋间隔件时，应安放在同一环向箍筋上；当采用金属弓形钢筋间隔件时（图 3-5-9），应与纵向钢筋焊接。安放间距应符合表 3-5-11 的规定，且每节钢筋笼不应少于 2 组，长度大于 12m 的中间应增设 1 组。

钢板弓形钢筋间隔件焊接固定时应防止钢筋受焊弧损伤。

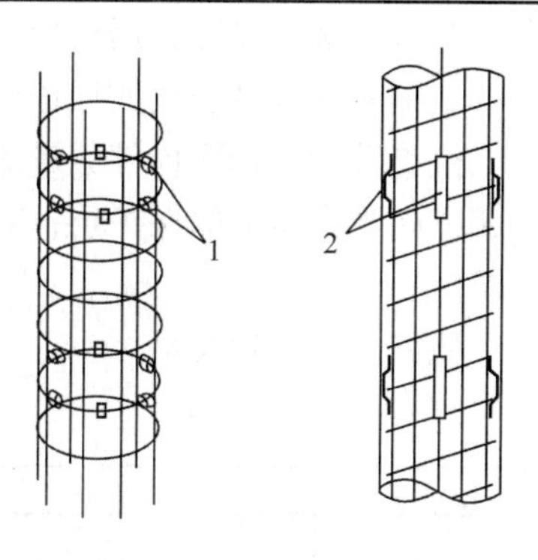

图 3-5-9　灌注桩表层间隔件
1—混凝土环；2—钢板弓形钢筋间隔件

7）斜向构件钢筋间隔件的安放应符合下列规定：

①与水平面的夹角不大于 45°的斜向构件，基表层间隔件安放的斜向间距可根据构件类型按板类、梁类处理。

灌注桩的表层间隔件的安放间距（m）　　表 3-5-11

纵向钢筋直径（mm）		≤8	10～16	18～22	≥25
竖向间距		3.0	4.0	5.0	6.0
水平间距（弧长）	桩径≤800（mm）	0.8，且不少于 3 个			
	桩径>800（mm）	1.0			

②与水平面夹角大于 45°的斜向构件，其表层间隔件安放的斜向间距可根据构件类型按墙类、柱类处理。

（3）内部间隔件的安放

1）竖向内部间隔件的安放应符合下列规定：

①厚（高）度大于或等于 1000mm 混凝土板、梁及其他大型构件的竖向内部间隔件及其间距应根据计算确定。计算内容包括钢筋间隔件的承载力、刚度、稳定性以及被间隔钢筋的变形。

②梁类竖向内部间隔件可采用独立式或组合式。竖向内部间隔件应直接支承于模板或垫层。

安放间距不应大于表 3-5-8 的规定。

在钢筋上下分别放置钢筋间隔件，如梁底部钢筋下放置表层间隔件，在其上面又放置了内部间隔件，这两个钢筋间隔件应在同一垂线上，以防止钢筋受到附加弯矩。

③预应力曲线型布筋时，竖向内部间隔件可安放在底模或安位于已安装好的非预应力筋。钢筋间隔件间距应专门设计，其安放曲率应符合设计要求。

2）水平内部间隔件的安放应符合下列规定：

①墙类水平内部间隔件宜采用阵列式布置，间距应符合表 3-5-10 的规定。兼作墙体双排分布钢筋网连系拉筋的水平间隔件还应符合现行国家标准《混凝土结构设计规范》GB 50010 的规定。

②梁类水平内部间隔件应安放在已固定好的外侧钢筋上，其安放间距应符合本规程表 3-5-9 的规定。

（4）钢筋间隔件安放质量要求

1）主控项目的检查应符合下列规定：

①混凝土浇筑前应对钢筋间隔件的安放质量进行检查，其形式、规格、数量及固定方式应符合施工方案的要求。

检查数量：全数检查。

检查方法：目测、用尺量。

②钢筋间隔件安放的保护层厚度允许偏差应符合表 3-5-12 的规定。

检查数量：抽取构件数量的 3%，且不应少于 6 个构件；对抽取的梁（柱）类构件，应检查全部纵向受力钢筋的保护层；对抽取的板（墙）类构件，应检查不少于 10 处纵向受力钢筋的保护层。

检查方法：用尺量。

钢筋间隔件安放的保护层厚度允许偏差 **表 3-5-12**

构件类型	允许偏差（mm）
梁（柱）类	+8，−5
板（墙）类	+5，−3

2）一般项目的检查应符合下列规定：

①钢筋间隔件的安放位置应符合施工方案，其允许偏差应符合表 3-5-13 的规定。

检查数量：按钢筋安装工程检验批随机抽检钢筋间隔件总数的 10%。

检查方法：目测，用尺量。

钢筋间隔件的安放位置允许偏差 **表 3-5-13**

检查项目		允许偏差
位　置	平行于钢筋方向	50mm
	垂直于钢筋方向	$0.5d$

注：表中 d 为被间隔钢筋直径。

②钢筋间隔件的安放方向应与被间隔钢筋的排放方式一致。

检查数量：全数检查。

检查方法：目测。

4. 钢筋间隔件运输、储存要求

（1）水泥基类钢筋间隔件宜码齐装运，运输中应避免振动和颠簸，防止发生断裂和破碎，不得与腐蚀性化学物品混运、混储。

（2）塑料类钢筋间隔件不得与腐蚀性化学物品混运、混储。运输宜采用包装箱运输方式，并宜整箱保管、随用随拆箱。开箱后应放置的阴凉处，不宜露天存放，不应暴露在紫外线或阳光直射环境中。散放的塑料类钢筋间隔件上方不得重压。对承载力有怀疑或室外存放期超过6个月的产品应按附录钢筋－13进行承载力复验。

（3）金属类钢筋间隔件不得与腐蚀性化学物品混运、混储，并有防潮措施。工厂生产的金属类钢筋间隔件运输宜采用包装箱运输方式，并宜整箱保管。散装散放的金属类钢筋间隔件上方不应重压。

3.5.6　钢筋安装质量要求

1. 主控项目

钢筋安装时，受力钢筋的品种、级别（牌号）、规格和数量必须符合设计要求。

检查数量：全数检查。

检验方法：观察、钢尺检查。

2. 一般项目

钢筋安装位置的偏差应符合表3-5-14的要求。

钢筋安装位置的允许偏差和检验方法　　表3-5-14

项　目			允许偏差（mm）	检验方法
绑扎钢筋网	长、宽		±10	钢尺检查
	网眼尺寸		±20	钢尺量连续三档，取最大值
绑扎钢筋骨架	长		±10	钢尺检查
	宽、高		±5	钢尺检查
受力钢筋	间距		±10	钢尺量两端、中间各一点，取最大值
	排距		±5	
	保护层厚度	基础	±10	钢尺检查
		柱、梁	±5	钢尺检查
		板、墙、壳	±3	钢尺检查
绑扎箍筋、横向钢筋间距			±20	钢尺量连续三档，取最大值
钢筋弯起点位置			20	钢尺检查
预埋件	中心线位置		5	钢尺检查
	水平高差		＋3，0	钢尺和塞尺检查

注：1. 检查预埋件中心线位置时，应沿纵、横两个方向量测，并取其中的较大值。
2. 表中梁类、板类构件上部纵向受力钢筋保护层厚度的合格点率应达到90%及以上，且不得有超过表中数值1.5倍的尺寸偏差。

3. 检查数量

在同一检验批内，对梁、柱和独立基础，应抽查构件数量的10%，且不少于3件；对墙和板，应按有代表性的自然间抽查10%，且不少于3间；对大空间结构，墙可按相邻轴线间高度5m左右划分检查面，板可按纵、横轴线划分检查面，抽查10%，且均不少于3面。

3.6　钢筋焊接网应用技术

3.6.1　钢筋焊接网的特点

1. 钢筋工程的现场工作量大部分转到专业化工厂进行，有利于提高建筑工业化水平。

2. 用于大面积混凝土工程，焊接网比手工绑扎网质量提高很多，不仅钢筋间距正确，而且网片刚度大，混凝土保护层厚度均匀，易于控制。明显提高钢筋工程质量。

3. 焊接网的受力筋和分布筋可采用较小直径，有利于防止混凝土表面裂缝。国外经验，路面配置焊接网可减少龟裂75%左右。

4. 大量降低钢筋安装工，比绑扎网少用人工50%~70%左右。大大提高施工速度。

总之，钢筋焊接网这种新型配筋形式，具有提高工程质量、节省钢材、简化施工、缩短工期等特点，特别适用于大面积混凝土工程，有利于提高建筑工业化水平。焊接网的应用不仅仅是工艺上的转变，而是钢筋工程施工方式的转变，即由手工化向工厂化、商品化的转变。

3.6.2　钢筋焊接网混凝土结构应用

3.6.2.1　材料技术要求

1. 钢筋焊接网宜采用CRB 550级冷轧带肋钢筋或HRB 400级热轧带肋钢筋制作，也可采用CPB 550级冷拔光圆钢筋制作。一片焊接网宜采用同一类型的钢筋焊成。

2. 钢筋焊接网可按形状、规格分为定型焊接网和定制焊接网两种。

(1) 定型焊接网在两个方向上的钢筋间距和直径可以不同，但在同一个方向上的钢筋应具有相同的直径、间距和长度。详见表3-1-12。

(2) 定制焊接网的形状、尺寸应根据设计和施工要求，由供需双方协商确定。

3. 钢筋焊接网的规格宜符合下列规定：

(1) 钢筋直径：冷轧带肋钢筋或冷拔光面钢筋为4～12mm，冷加工钢筋直径在4～12mm范围内可采用0.5mm进级，受力钢筋宜采用5～12mm；热轧带肋钢筋宜用6～16mm。

(2) 焊接网长度不宜超过12m，宽度不宜超过3.3m。

(3) 焊接网制作方向的钢筋间距宜为100、150、200mm，与制作方向垂直的钢筋间距宜为100～400mm，且宜为10mm的整倍数。焊接网的纵向、横向钢筋可以采用不同种类的钢筋。当双向板底网（或面网）采用《钢筋焊接网混凝土结构技术规程》JGJ 114规定的双层配筋时，非受力钢筋的间距不宜大于1000mm。

(4) 钢筋焊接网宜用作钢筋混凝土结构构件的受力主筋、构造钢筋以及预应力混凝土结构构件中的非预应力钢筋。

4. 钢筋焊接网配筋的混凝土结构构件计算方法应符合现行国家标准《混凝土结构设计规范》GB 50010的有关规定。

3.6.2.2　构造规定

1. 板类构件受力钢筋的混凝土保护层最小厚度（从钢筋的外边缘算起）应符合表3-6-1的规定。

板类构件受力钢筋的混凝土保护层最小厚度（mm）　　**表3-6-1**

环境条件	混凝土强度等级		
	C20	C25～C35	≥C40
室内正常环境	15		
露天或室内高湿度环境	35	25	15

注：1. 分布钢筋的保护层厚度不应小于10mm。

2. 要求使用年限较长的重要建筑物，当处于露天或室内高湿度环境时，其保护层厚度应适当增加。

3. 有防火要求的建筑物，其保护层厚度尚应符合国家现行有关防火规范的规定。

2. 板类构件纵向受力钢筋的配筋率不应小于0.15%。受力钢筋的直径不宜小于5mm，间距不宜大于200mm。

3. 单向板中单位长度上的分布钢筋，其截面面积不应小于单位长度上受力钢筋截面面积的10%，其直径不宜小于5mm，间距不应大于300mm。

4. 锚固

对受拉冷轧带肋钢筋焊接网，在锚固长度范围内应有不少于两根横向钢筋且较近1根横向钢筋至计算截面的距离不小于50mm时（图3-6-1），其最小锚固长度 l_a 不应小于表3-6-2规定的数值。

对受拉冷拔光圆钢筋焊接网，在锚固长度范围内应有不少于两根横向钢筋且较近1根横向钢筋至计算截面的距离不小于50mm（图3-6-2）时，其最小锚固长度 l_a 不应小于表3-6-2规定的数值。

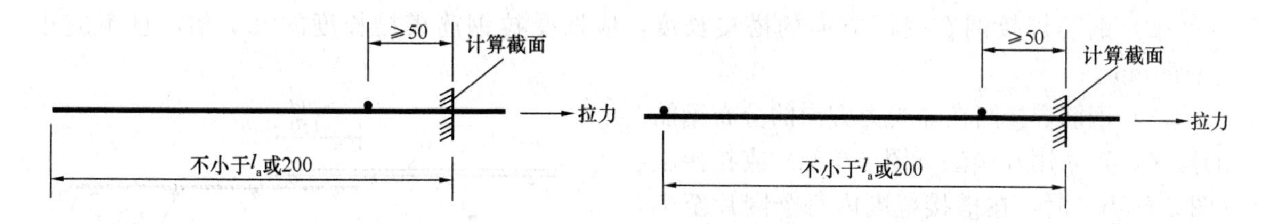

图3-6-1　受拉冷轧带肋钢筋焊接网的锚固　　图3-6-2　受拉冷拔光圆钢筋焊接网的锚固

纵向受拉钢筋焊接网最小锚固长度 l_a（mm）　　表3-6-2

焊接网类型		混凝土强度等级				
		C20	C25	C30	C35	≥C40
冷拔光圆钢筋	冷拔光圆钢筋焊接网	35*d*	30*d*	27*d*	25*d*	23*d*
CRB 550级钢筋	锚固长度内无横筋	40*d*	35*d*	30*d*	28*d*	25*d*
焊接网	锚固长度内有横筋	30*d*	25*d*	23*d*	21*d*	20*d*
HRB 400级钢筋	锚固长度内无横筋	45*d*	40*d*	35*d*	32*d*	30*d*
焊接网	锚固长度内有横筋	35*d*	31*d*	28*d*	25*d*	23*d*

注：1. 当焊接网中的纵向钢筋为主筋时，其锚固长度应按表中数值乘以系数1.4后取用。

2. 当锚固区内无横筋，焊接网的纵向钢筋净距不小于5*d*（*d*为纵向钢筋直径）且纵向钢筋保护层厚度不小于3*d*时，表中钢筋的锚固长度可乘以0.8的修正系数，但不应小于本表注3规定的最小锚固长度值。

3. 在任何情况下，光圆钢筋焊接网的锚固长度不应小于200mm；带肋钢筋锚固区内有横筋的焊接网的锚固长度不应小于200mm；锚固区内无横筋时焊接网钢筋的锚固长度，对冷轧带肋钢筋不应小于200mm，对热轧带肋钢筋不应小于250mm。

4. *d*为纵向受力钢筋直径（mm）。

5. 搭接接头

（1）钢筋焊接网的搭接接头应设置在受力较小处。

钢筋焊接网在受拉方向的搭接接头可采用叠接法（或扣接法），并应符合下列规定：

1）两片钢筋焊接网末端之间钢筋搭接接头的最小搭接长度，不应小于最小锚固长度 l_a 的1.3倍（图3-6-3），且不应小于200mm；在搭接区内每张焊接网片的横向钢筋不得少于1根，两网片最外1根横向钢筋之间搭接长度不应小于50mm。

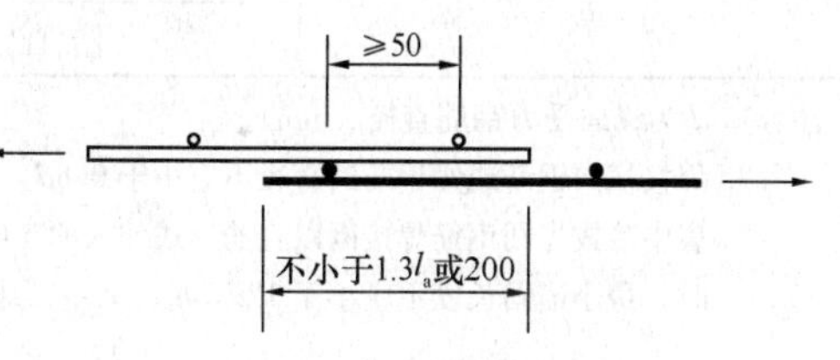

图3-6-3　冷轧带肋钢筋焊接网搭接接头

当搭接区内两张网片中有一片无横向钢筋（采用平搭法）时，带肋钢筋焊接网的最小搭接

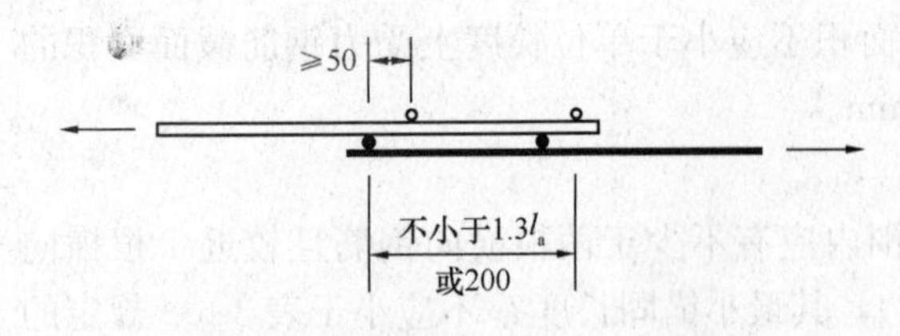

图 3-6-4　冷拔光圆钢筋焊接网搭接接头

长度应为锚固区内无横筋时的 l_a 值的 1.3 倍，且不应小于 300mm。

注：当搭接区内纵向受力钢筋的直径 $d \geqslant 10$mm 时，其搭接长度应按本条的计算值增加 $3d$ 采用。

2）冷拔光圆钢筋焊接网在搭接长度范围内每张网片的横向钢筋不应少于两根，两片焊接网最外边横向钢筋间的搭接长度不应少于一个网格加 50mm（图 3-6-4），也不应小于 l_a 的 1.3 倍，且不应小于 200mm。

冷拔光圆钢筋焊接网的受力钢筋，当搭接区内一张网片无横向钢筋且无附加钢筋、网片或附加锚固构造措施时，不得采用搭接。

（2）钢筋焊接网在受压方向的搭接长度，应取受拉钢筋搭接长度的 0.7 倍，且不应小于 150mm。

（3）钢筋焊接网在非受力方向的分布钢筋的搭接，当采用叠接法（图 3-6-5a）或扣接法（图 3-6-5b）时，在搭接范围内每个网片至少应有 1 根受力主筋，搭接长度不应小于 $20d$（d 为分布钢筋直径）且不应小于 150mm；当采用平搭法且一张网片在搭接区内无受力钢筋时，其搭接长度不应小于 $20d$，且不应小于 200mm（图 3-6-5c）。

注：当搭接区内分布钢筋的直径 $d>8$mm 时，其搭接长度应按本条的规定值增加 $5d$ 采用。

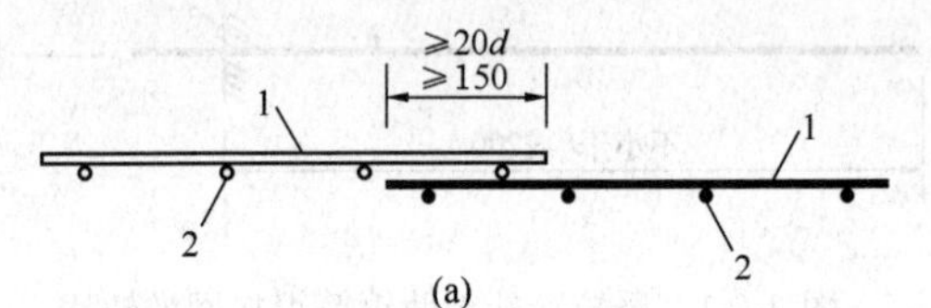

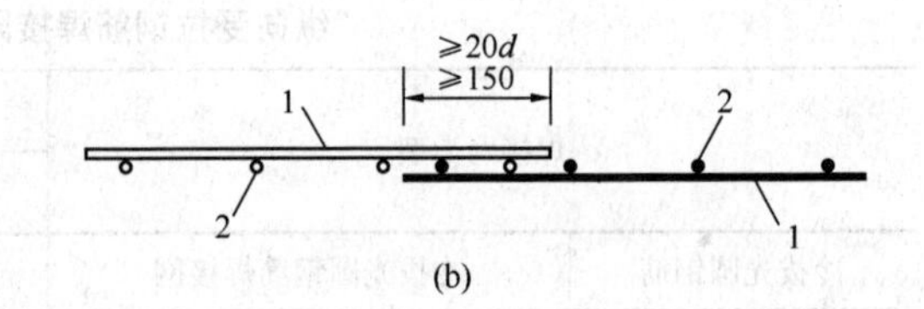

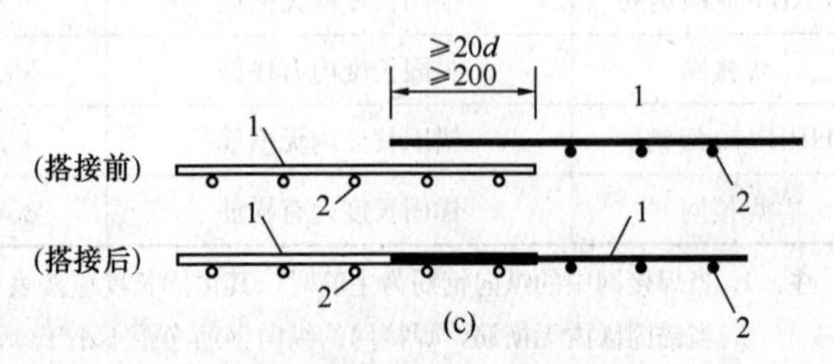

图 3-6-5　钢筋焊接网在非受力方向的搭接

（a）叠接法；（b）扣接法；（c）平搭法

1—分布钢筋；2—受力钢筋

3.6.2.3　板

1. 板的受力钢筋焊接网不宜在弯矩较大处进行搭接。

板伸入支座的下部纵向受力钢筋，其间距不应大于 400mm，其截面面积不应小于跨中受力钢筋截面面积的 1/3。

2. 当板的剪力设计植 V 不大于 $0.07f_cbh_0$ 时，板的下部纵向受力钢筋伸入支座的最小锚固长度 l_{as} 不应小于表 3-6-3 规定的数值。

板的下部纵向受力钢筋伸入支座的最小锚固长度 l_{as}　　表 3-6-3

焊接网类别	支座内钢筋锚固端形式	最小锚固长度
冷轧带肋钢筋	直　筋	$5d$
冷拔光圆钢筋	弯　钩	$5d$
	焊接横向钢筋或短钢筋	$5d$
	直　筋	$12d$

注：1. d 为纵向受力钢筋直径（mm）。
2. 焊接横向钢筋或短钢筋的直径不应小于 $0.6d$，短钢筋的长度不应小于（d+30mm）。
3. 表中冷拔光圆钢筋焊接网以直筋形式伸入的支座系指多跨结构的中间支座；当下部受力钢筋伸入边梁（或边支座）时，最小锚固长度不应小于 $12d+h_0/2$，h_0 为板的有效高度（mm）。

3. 对嵌固在承重砖墙内的现浇板，其上部焊接网的钢筋伸入支座的长度不宜小于 110mm，并在网端应有 1 根横向钢筋（图 3-6-6a）或将上部受力钢筋弯折（图 3-7-6b）。

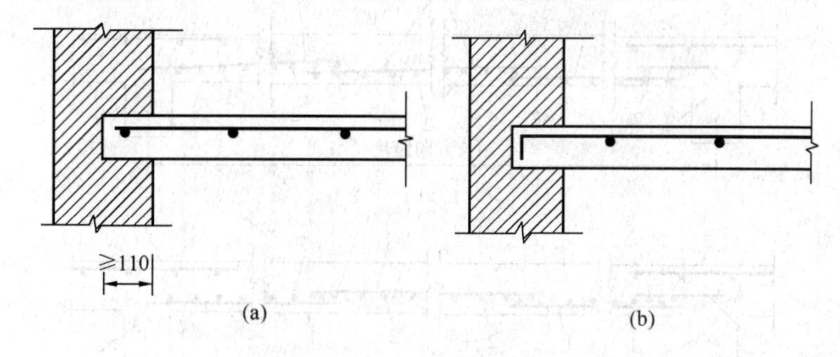

图 3-6-6　板上部受力钢筋焊接网的锚固

4. 对嵌固在承重砖墙内的现浇板，当在板的上部配置构造钢筋焊接网（图 3-6-7）时，应符合下列规定：

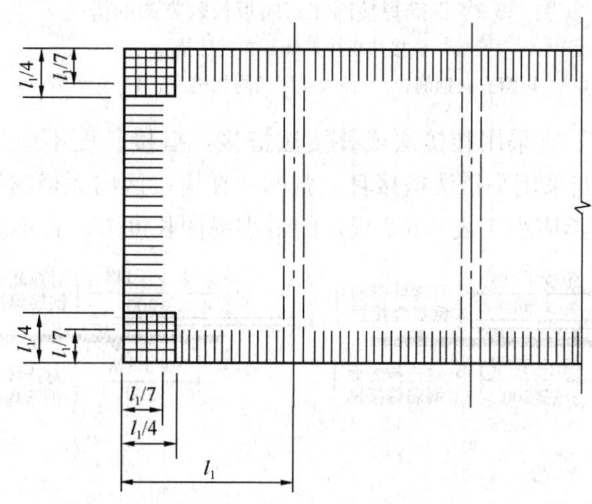

图 3-6-7　嵌固在承重砖墙内的板上部构造钢筋焊接网

1）构造钢筋焊接网的钢筋直径不应小于 5mm，间距不应大于 200mm，伸出墙边的长度不应小于 $l_{1/7}$（l_1 为单向板的跨度或双向板的短边跨度）。

2）对两边均嵌固在墙内的板角部分，配置的上部构造钢筋焊接网，其伸出墙边的长度不应小于 $l_1/4$。

3）沿受力方向配置的上部构造钢筋焊接网的截面面积不宜小于跨中受力钢筋截面面积的 1/3；沿非受力方向配置的上部构造钢筋焊接网可适当减少。

5. 当端跨板与混凝土梁连接处按构造要求设置上部钢筋焊接网时，其钢筋伸入梁内的长度不应小于 $20d$，当梁的宽度较小时，应将上部钢筋弯折（图 3-6-8）。

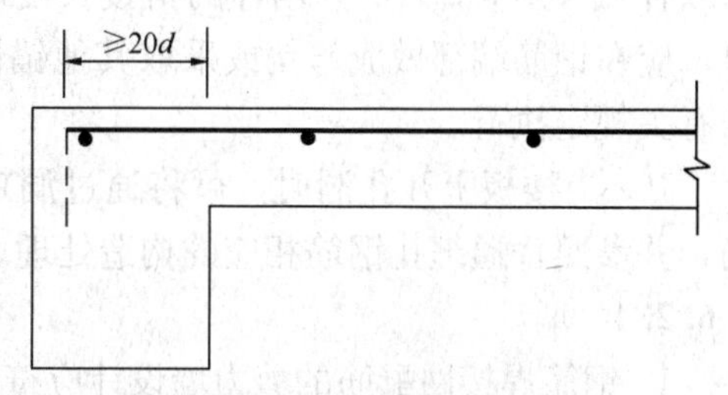

图 3-6-8　板上部钢筋焊接网与混凝土梁的连接

6. 单向板的下部受力钢筋焊接网不宜设置搭接接头。

7. 现浇双向板短路方向的下部钢筋焊接网不宜设置搭接接头；长跨方向可按第 8 条设置搭接接头，将钢筋焊接网伸入支座，发票时可用附加网片搭接（图 3-6-9）。附加焊接网片或绑扎钢筋伸入支座的钢筋截面面积不应小于长跨方向跨中受力钢筋截面面积的 1/2。

8. 多跨连续现浇双向板在均布荷载作用下，当长跨方向下部钢筋焊接网的搭接接头位于跨

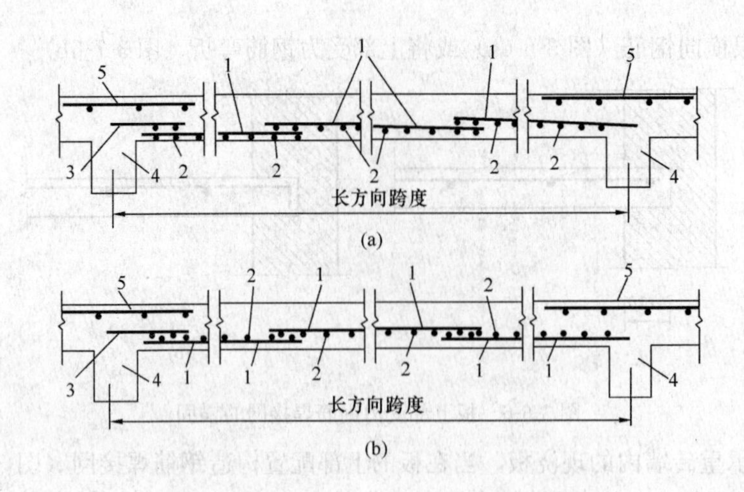

图 3-6-9　钢筋焊接网在双向板长跨方向的搭接

（a）叠接法搭接；（b）扣接法搭接

1—长跨方向钢筋；2—短跨方向钢筋；3—伸入支座的附加网片；4—支承梁；5—支座上部钢筋

中 1/3 跨度以外的区段时，宜采用扣接法或叠接法搭接，搭接长度不应少于一个网格且不应小于 200mm（图 3-6-10）；当采用平搭法搭接且一张网片在搭接区内无横向钢筋时，对于冷轧带肋钢筋焊接网，其搭接长度不应小于表 3-6-2 规定的最小锚固长度 l_a，且不应小于 200mm。

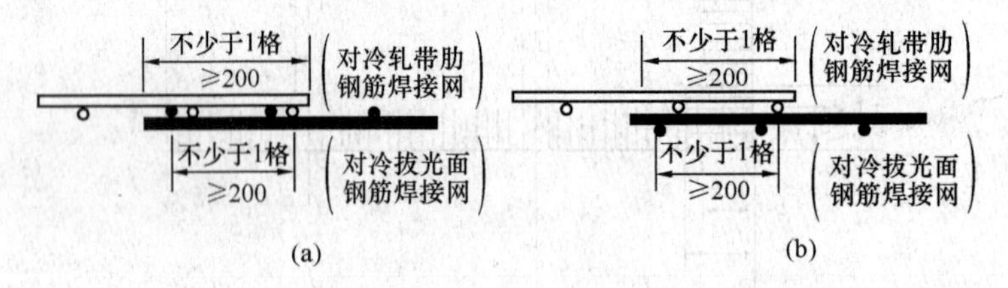

图 3-6-10　双向板长跨方向下部钢筋焊接网的搭接

（a）扣接法；（b）叠接法

当搭接接头位于边跨且靠边边梁（或边支座）的 1/3 跨度区段时，其搭接长度应符合 3.6.2.2 构造规定中第 5 条的规定。

9. 楼板上层钢筋焊接网与柱的连接可采用整张网片套在柱上（图 3-6-11a），然后再将其他网片与此网片搭接；也可将上层网片在一个方向铺至柱边，另一方向铺至前一个方向网片的边缘，其余部分按等强度设计原则用局部套在柱上的焊接网片补强（图 3-6-11b），或采用附加钢筋予以补强（图 3-6-11c）。网片的搭接长度应符合一般规定中的有关规定。当采用光圆钢筋补强时，应在钢筋端部做成弯钩或采取其他锚固措施。下层钢筋焊接网与梁、柱的连接可按第 2 条的有关规定执行。

10. 当楼板上开孔洞时，可将通过洞口的钢筋切断，按等强度设计原则增加附加绑扎短钢筋，并参照普通绑扎钢筋相应的构造处理。

3.6.2.4　墙

1. 钢筋焊接网配筋的剪力墙设计应符合现行国家标准《混凝土结构设计规范》（GB 50010）的有关规定。

2. 钢筋焊接网作为墙体的水平与竖向分布钢筋时，钢筋的最小配筋率及构造要求应符合剪力墙的有关规定。

为方便施工，以竖向焊接网的划分可按一楼层为一个单元，在楼面以上采用平接法搭接，

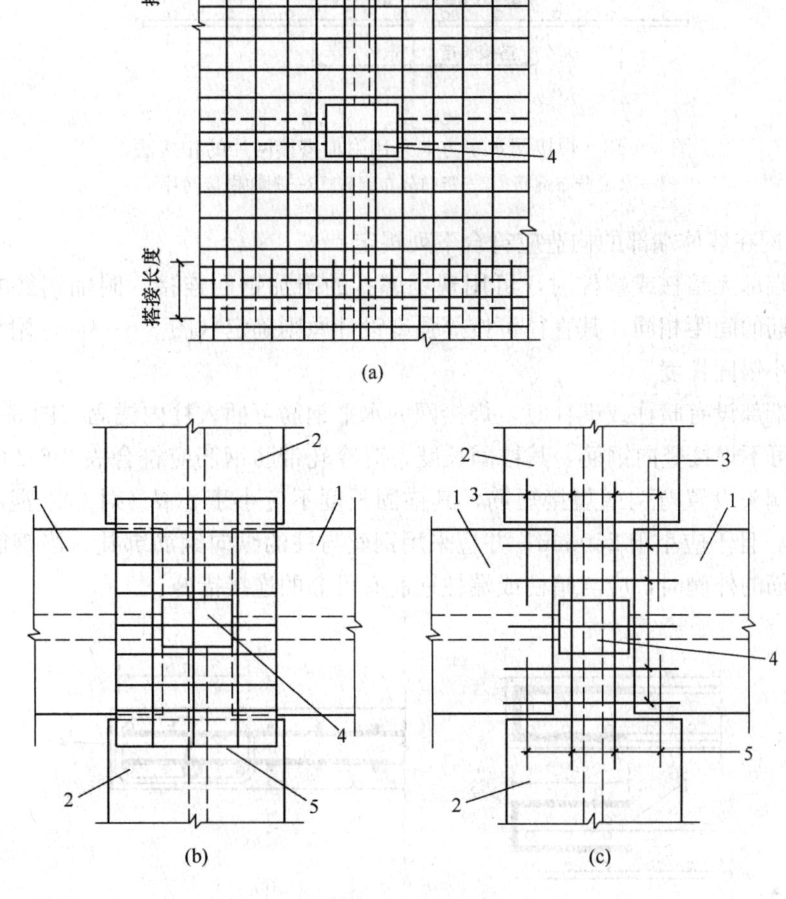

图 3-6-11　楼板上层钢筋焊接网与柱的连接

1—主要受力焊接网；2—非主要受力焊接网；3—附加绑扎钢筋；4—柱；5—焊接网片

且下层焊接网在上部搭接区段可不焊接水平钢筋。这种做法在国内外的墙体施工中已大量采用。

考虑到采用平接法搭接冷轧带肋钢筋具有更好的粘结锚固性能，因此，对一、二级抗震等级的剪力墙结构，建议优先选用冷轧带肋钢筋焊接网。

3. 剪力墙中的分布钢筋应符合下列规定：

（1）剪力墙中用作分布钢筋的焊接网可按一楼层为一个竖向单元。其竖向搭接可设在楼层面之上，搭接长度应符合第 1 条的规定且不应小于 400mm。在搭接范围内，下层的焊接网不设水平分布钢筋，搭接时应将下层网的竖向钢筋与上层网的钢筋绑扎固定（图 3-6-12）。

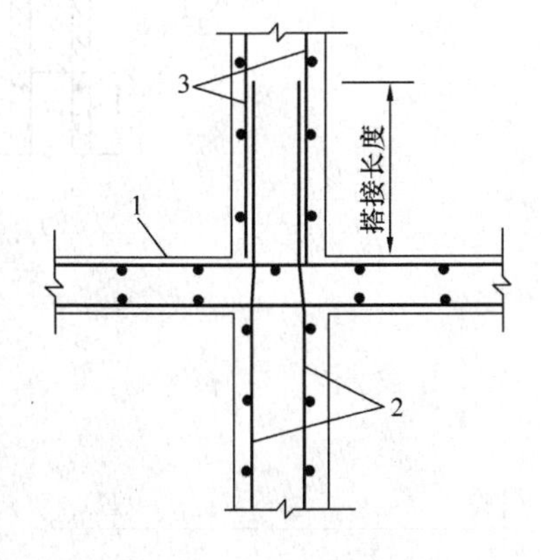

图 3-6-12　钢筋焊接网的竖向搭接

1—楼板；2—下层焊接网；3—上层焊接网

（2）当剪力墙结构的分布钢筋采用焊接网时，对一级抗震等级应采用冷轧带肋钢筋焊接网，对二级抗震等级宜采用冷轧带肋钢筋焊接网。

（3）当采用冷拔光圆钢筋焊接网作剪力墙的分布筋时，其竖向分布钢筋末焊水平筋的上端应有垂直于墙面的 90°直钩，直钩长度为 $5d$～$10d$（d 为竖向分布钢筋直径），且不应小于 50mm.

4. 墙体中钢筋焊接网在水平方向的搭接可采用平搭法或附加搭接网片的扣接法（图 3-6-13）。

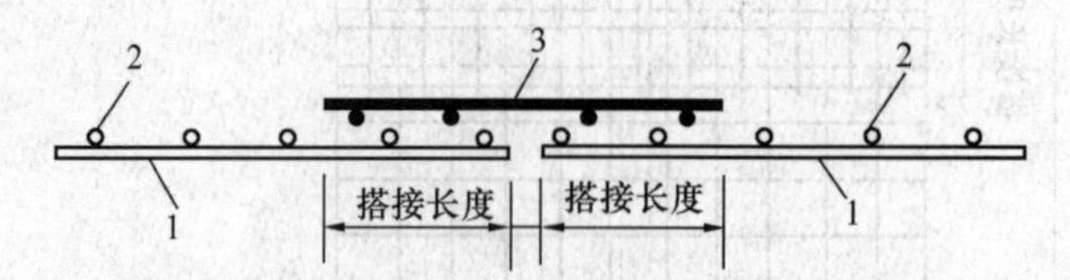

图 3-6-13　焊接网水平方向采用附加搭接网片的扣接法

1—水平分布钢筋；2—竖向分布钢筋；3—附加搭接网片

5. 钢筋焊接网在墙体端部的构造应符合下列规定：

（1）当墙体端部无暗柱或端柱时，可用现场绑扎的附加钢筋连接。附加钢筋的间距宜与钢筋焊接网水平钢筋的间距相同，其直径可按等强度设计原则确定（图 3-6-14a），附加钢筋的锚固长度不应小于最小锚固长度。

（2）当墙体端部设有暗柱或端柱时，焊接网的水平钢筋可插入柱内锚固（图 3-6-14b、c、d、e），该插入部分可不焊接竖向钢筋，其锚固长度，对冷轧带肋钢筋应符合表 3-6-2 的规定；对冷拔光圆钢筋宜在端头设置弯钩或焊接短筋，其锚固长度不应小于 $40d$（对 C20 混凝土）或 $30d$（对 C30 混凝土），且不应小于 250mm，并应采用钢丝与柱的纵向钢筋绑扎。当钢筋焊接网设置在暗柱或端柱钢筋的外侧时，应与暗柱或端柱钢筋有可靠的连接措施。

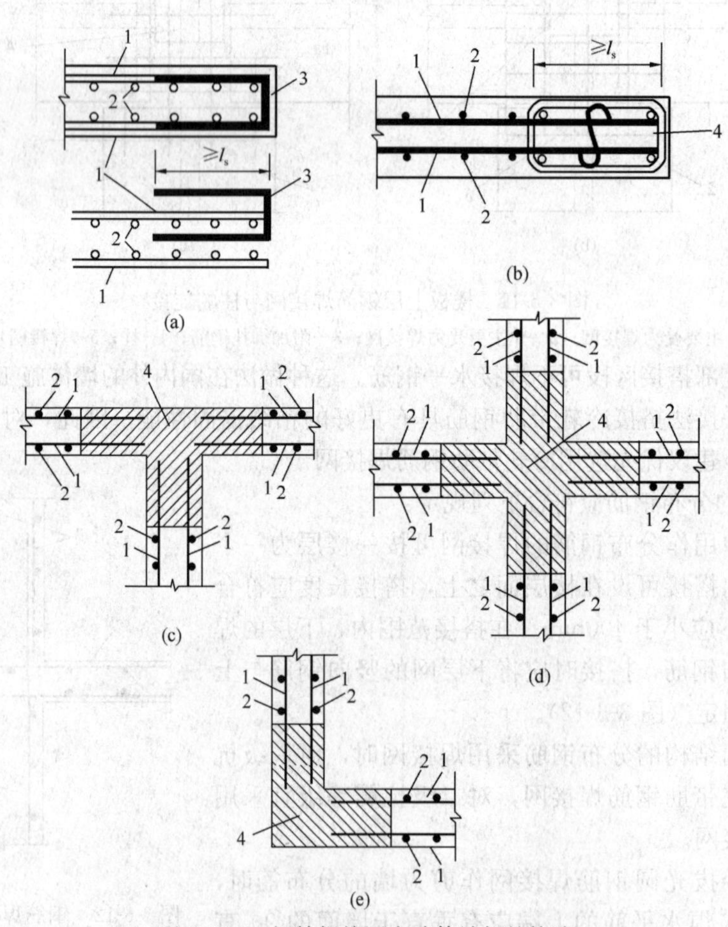

图 3-6-14　钢筋焊接网在墙体端部的构造

（a）墙端无暗柱；（b）墙端设有暗柱；（c）相交墙体（T形）；
（d）相交墙体（十字形）；（e）相交墙体（L形）

1—焊接网水平钢筋；2—焊接网竖向钢筋；3—附加连接钢筋；4—暗柱

6. 墙体内双排钢筋焊接网之间应设置拉筋连接，其直径不应小于 6mm，间距不应大于 700mm。

3.6.2.5 施工

1. 钢筋焊接网的检查验收

（1）钢筋焊接网应成批验收，每批应由同一厂家生产、受力主筋为同一直径的焊接网组成，重量不应大于 20t。

（2）每批焊接网应抽取 5%（不少于 3 片）的网片，外观质量和几何尺寸的检验应符合下列规定：

1）钢筋交叉点开焊数量不得超过整个网片交叉点总数的 1%。并且任 1 根钢筋上开焊点数不得超过该根钢筋上交叉点总数的 50%。焊接网最外边钢筋上的交叉点不得开焊。

2）焊接网表面不得有油渍及其他影响使用的缺陷，可允许有毛刺、表面浮锈以及因取样产生的钢筋局部空缺，但空缺必须用相应的焊接网补上。

3）焊接网几何尺寸的允许偏差应符合表 3-6-4 的规定，且在一张网片中纵、横向钢筋的数量应符合设计要求。

焊接网几何尺寸允许偏差（mm） **表 3-6-4**

项　　目	允许偏差	项　　目	允许偏差
网片的长度、宽度	±25	网格的长度、宽度	±10

注：当需方有要求时，经供需双方协商，焊接网片长度允许偏差可取±10mm。

（3）对冷拔光圆钢筋焊接网，应从每批中随机抽取 5%（不少于 3 片）的网片做钢筋直径偏差检验。钢筋直径偏差检验应在每张网片的纵、横向钢筋中随机抽取 5 根钢筋，钢筋直径的允许偏差应符合表 3-6-5 的规定。

冷拔光圆钢筋直径允许偏差（mm） **表 3-6-5**

钢筋公称直径（d）	≤5	5<d<10	≥10
允许偏差	±0.10	±0.15	±0.20

（4）对冷轧带肋钢筋焊接网，应从每批中随机抽取一张网片，进行重置偏差检验，试件尺寸为 1000mm×1000mm，试样上每根钢筋的长度偏差为±5mm，对每平方米重量不小于 5kg 的试样，重量允许偏差为±0.05kg，对每平方米重量小于 5kg 的试样，重量允许偏差为±0.01kg。钢筋焊接网每平方米的实际重量与公称重量的允许偏差为±4.5%。

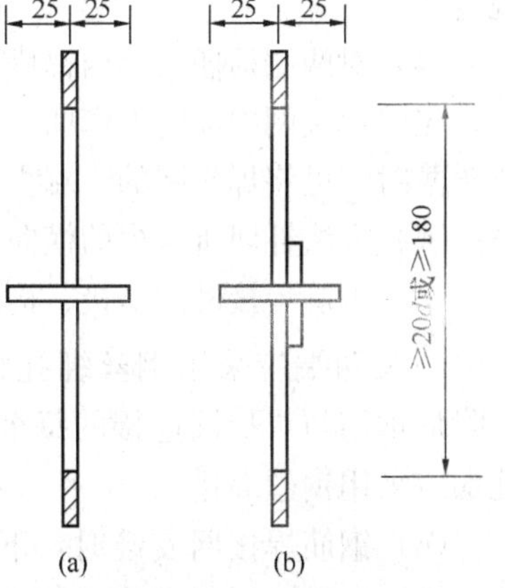

图 3-6-15　焊接网拉伸试样
（a）单筋试样；（b）并筋试样

（5）钢筋焊接网的强度、伸长度、冷弯及抗剪试验应符合以下各项规定。

1）钢筋焊接网宜采用符合现行国家标准《冷轧带肋钢筋》GB 13788 规定的 CRB550 级冷轧带肋钢筋制作。

2）制造冷拔光圆钢筋的热轧盘条宜符合现行国家标准《低碳钢热轧圆盘条》GB/T 701。

3）冷拔光圆钢筋直径为 4～12mm，钢筋的表面应符合《冷轧带肋钢筋》GB 13788 的相应规定。

4）在每批焊接网中，应随机抽取一张网片，在纵、横向钢筋上各截取 2 根试样，分别进行强度（包括伸长度）和冷弯试验。每个试样应含有不少于 1 个焊接点，试样长度应足以保证夹具之间的距离不小于 20 倍试样直径，且不小于 180mm。对于并筋，非受拉钢筋应在离交叉焊点约 20mm 处切断（图 3-6-15）。

（6）钢筋焊接网的力学性能和工艺性能试验结果应符合表 3-6-6 的规定。

钢筋焊接网力学性能和工艺性能 **表 3-6-6**

抗拉强度 σ_b（N/mm²）	伸长率 δ_{10}（%）	冷弯 180°	
≥550（冷轧带肋钢筋）	≥8	$D=3d$	受弯曲部位表面不得产生裂纹
≥510（冷拔光圆钢筋）			

注：1. 抗拉强度按公称直径 d 计算。
2. 伸长率 δ_{10} 的测量标距为 $10d$。
3. D 为弯心直径。

焊接网的拉伸、冷弯试验结果如不合格，则应从该批焊接网中再取双倍试样进行不合格项目的检验，复验结果合部合格时，该批焊接网方可判定为合格。

（7）在每批焊接网中，随机抽取一张网片，在同 1 根非受拉钢筋上随机截取 3 个抗剪试样（图 3-6-16）。当并筋时，非受拉钢筋应在交叉焊点处切断，但不应损伤受拉钢筋焊点。

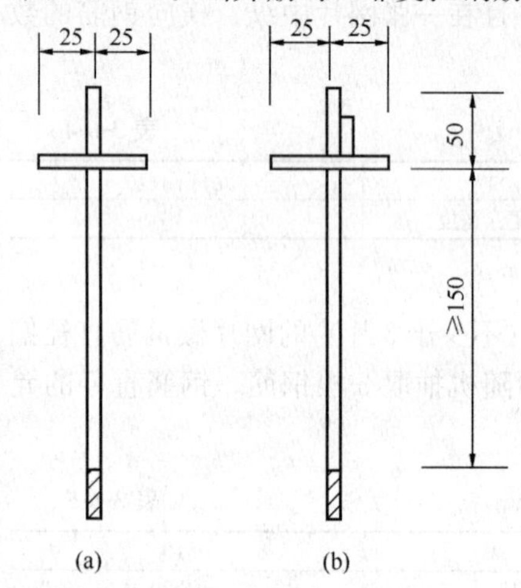

图 3-6-16　焊接网抗剪试样
（a）单筋试样；（b）并筋试样

钢筋焊接网焊点的抗剪力（单位为 N）不应小于 150 与较粗钢筋公称横截面积（单位为 mm²）的乘积。抗剪力的试验结果应按 3 个试样的平均值计算。

焊接网抗剪力试验结果平均值如不合格时，则取样的同 1 根非受拉钢筋上的所有交叉焊点均应取样检验。当全部交叉焊点试验结果平均值合格时，该指焊接网方可判定为合格。

2. 钢筋焊接网的安装

（1）钢筋焊接网运输时应捆扎整齐、牢固，每捆重量不应超过 2t，必要时应加刚性支撑或支架。

（2）进场的钢筋焊接网宜接施工吊装顺序要求堆放，并应有明显的标志。

（3）附加钢筋宜在现场绑扎，并应符合现行国家标准《混凝土结构工程施工质量验收规范》GB 50204 的有关规定。

（4）对两端须插入梁内锚固的焊接网，当网片纵向钢筋较细时，可利用网片的弯曲变形性能，先将焊接网中部向上弯曲，使两端能先后插入梁内，然后铺平网片；当钢筋较粗焊接网不能弯曲时，可将焊接网的一端少焊 1～2 根横向钢筋，先插入该端，然后退插另一端，必要时可采用绑扎方法补回所减少的横向钢筋。

（5）钢筋焊接网的搭接、构造，应符合构造规定中的有关规定。两张网片搭接时，在搭接区中心及两端应采用钢丝绑扎牢固。在附加钢筋与焊接网连接的每个节点处均应采用钢丝绑扎。

（6）钢筋焊接网安装时，下部网片应设置与保护层厚度相当的水泥砂浆垫块或塑料卡；板的上部网片应在短向钢筋两端，沿长向钢筋方向每隔 600～900mm 设一钢筋支墩（图 3-6-17）。

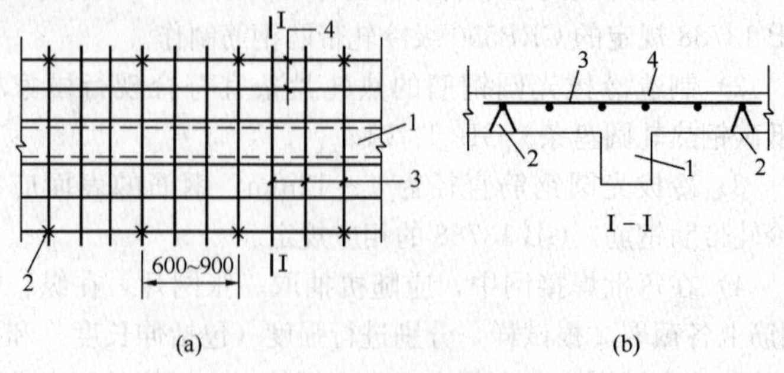

图 3-6-17　上部钢筋焊接网的支墩
1—梁；2—支墩；3—短向钢筋；4—长向钢筋

(7) 钢筋焊接网长度和宽度的允许偏差为±25mm，其他安装允许偏差应符合现行国家标准《混凝土结构工程施工质量验收规范》GB 50204 的规定。

3.7 钢筋工程冬期焊接施工

3.7.1 基本要求

1. 当室外日平均气温连续 5d 稳定低于 5℃时，在这样环境下施工要采取“冬期施工措施”。

2. 在工地现场施工的人员必须按常规冬期施工的要求执行。另外，为了给下一道混凝土浇筑工作创造必要的施工条件，要加强钢筋绑扎接点的牢固程度，要避免水分附着在钢筋骨架和钢筋网上；钢筋入模时，要清除模内脏物并垫好保护层垫块。

3. 钢筋选择。碳是决定钢筋强度的主要成分，随着含碳量的增加，钢筋强度升高，而塑性和韧性减弱。因此，选择钢筋用料时，要根据化学成分化验结果优先采用同级钢筋中含碳量较低的；此外，磷是使钢筋产生冷脆性能的有害杂质，必须严格掌握，含量超过规定限值时绝对不得使用，最好在几批同级钢筋中选用含磷量较低的。

在负温条件下承受静荷载作用的钢筋混凝土结构构件，其主要受力钢筋可选用 HPB 235 级、HRB 335 级、HRB 400 级热轧钢筋和冷拔低碳钢丝等。在负温条件下直接承受中级、重级工作制吊车的构件，其主要受力钢筋不宜采用冷拔低碳钢丝，因为冷拔低碳钢丝材质不匀、延性较差。

4. 在钢筋加工过程中，经常会在其表面造成缺陷，这些工艺缺陷对冷脆倾向特别敏感，必须力求避免发生。对钢筋撞击、刻痕、焊接烧伤或咬肉（包括在钢筋上打弧损伤），都能显著地增大冷脆倾向，施工时要加强注意。因此，除了加强各工序的工艺质量外，对钢筋的搬运和堆置工作也要多加小心，要轻抬轻放，防止高处摔下导致碰撞成伤。

5. 冷拉钢筋在加工过程中变脆，而在低温条件下进一步产生冷脆倾向，因此冷拉操作时温度不能过低，一般不宜低于－20℃。

6. 在低温条件下应用液压设备时，应选用适应环境温度的工作油液，避免使用会因负温导致变稠的油液；同时，钢筋的冷拉和张拉设备以及仪表应在相应温度条件下使用实际供油管路系统进行配套校验。

7. 考虑到钢筋弯折点处钢质强化的变异，对 HRB 335 级、HRB 400 级钢筋以及冷拔低碳钢丝，当温度低于－20℃时，不得进行弯曲操作。

8. 电弧焊、闪光焊、电渣压力焊及气压焊均可在负温条件下进行；但当环境温度低于－20℃时，不宜进行施焊。

9. 在寒冷季节，应尽量安排钢筋在室内进行焊接；如必须在露天操作，应有防雪挡风措施；雪天或施焊现场风速超过 5.4m/s（3 级风）焊接时，应加以遮蔽。

10. 在负温条件下，焊成的焊件应采取必要的缓冷保温措施（例如焊好的接头立即用炉火灰烬覆盖），尤其严禁碰到冰雪。

11. 在负温条件下作业时，对焊接设备应采取防寒措施，尤其要注意防止冷却水管冻裂。

12. 在负温条件下焊接，必须特别注意防止产生夹渣、气孔、咬肉、烧伤等焊接缺陷，以免由于缺陷而造成接头脆断。

3.7.2 闪光对焊工艺要点

1. 热轧钢筋负温闪光对焊，宜采用预热——闪光焊或闪光——预热——闪光焊工艺。钢筋端面比较平整时，宜采用预热——闪光焊；端面不平整时，宜采用闪光——预热——闪光焊。

2. 钢筋钢温闪光对焊工艺应控制热影响区长度。焊接参数应根据法地气温按常温参数调数。可按下列措施调整取用：

（1）增大调伸长度，预热留量；

（2）采用较低焊接变压器级数；

（3）增加预热次数和延长预热间歇时间以及预热接触压力；

（4）宜减慢烧化过程的中期速度。

3. 对预热处理钢筋，负温条件下闪光对焊的工艺和有关焊接参数可按常温焊接的有关规定执行。

3.7.3 电弧焊工艺要点

1. 钢筋负温电弧焊可根据钢筋牌号、直径、接头形式和焊接位置选择焊条和焊接电流。焊接时应采取防止产生过热、烧伤、咬肉和裂缝等措施。

2. 钢筋负温电弧焊宜采取分层控制施焊。热轧钢筋焊接的层间温度宜控制在150～350℃。

3. 钢筋负温帮条焊或搭接焊的焊接工艺应符合下列规定：

（1）帮条与主筋之间应采用四点定位焊固定，搭接焊时应采用两点固定；定位焊缝与帮条或搭接端部的距离不应小于20mm；

（2）帮条焊的引弧应在帮条钢筋的一端开始，收弧应在帮条钢筋端头上，弧坑应填满；

（3）焊接时，第一层焊缝应具有足够的熔深，主焊缝或定位焊缝应熔合良好；平焊时，第一层焊缝应先从中间引弧，再向两端运弧；立焊时，应先从中间向上方运弧，再从下端向中间运弧；在以后各层焊缝焊接时，应采用分层控温施焊；

（4）帮条接头或搭接接头的焊缝厚度不应小于钢筋直径的30%，焊缝宽度不应小于钢筋直径的70%。

4. 对HRB 335级、HRB 400级钢筋的接头用电弧焊进行多层施焊时，可采用“回火焊道施焊法”，即最后回火焊道的长度比前层焊道在两端各缩短4～6mm，以消除或减少前层焊道及过热区的淬硬组织，改善接头的性能。

5. 钢筋负温坡口焊的工艺应符合下列规定：

（1）焊缝根部、坡口端面以及钢筋与钢垫板之间均应熔合，焊接过程中应经常除渣；

（2）焊接时，宜采用几个接头轮流施焊；

（3）加强焊缝的宽度应超出V形坡口边缘3mm；高度应超出V形坡口上下边缘3mm，并应平缓过渡至钢筋表面；

（4）加强焊缝的焊接，应分两层控温施焊。

（5）与常温焊接相比，宜增大焊接电流，减慢焊接速度。

3.7.4 电渣压力焊工艺要点

（1）电渣压力焊宜用于HRB335、HRB400热轧带肋钢筋；

（2）电渣压力焊机容量应根据所焊钢筋直径选定；

（3）焊剂应存放于干燥库房内，在使用前经250～300℃烘焙2h以上；

（4）焊接前，应进行现场负温条件下的焊接工艺试验，经检验满足要求后方可正式作业；

（5）电渣压力焊焊接参数可按表3-7-1进行选用；

（6）焊接完毕，应停歇20s以上方可卸下夹具回收焊剂，回收的焊剂内不得混入冰雪，接头渣壳应待冷却后清理。

钢筋负温电渣压力焊焊接参数　　表 3-7-1

钢筋直径（mm）	焊接温度（℃）	焊接电流（A）	焊接电压（V）		焊接通电时间（s）	
			电弧过程	电渣过程	电弧过程	电渣过程
14～18	−10	300～350	35～45	18～22	20～25	6～8
	−20	350～400				
20	−10	350～400			25～30	8～10
	−20	400～450				
22	−10	400～450				
	−20	500～550				
25	−10	450～500				
	−20	550～600				

注：本表系采用常用 HJ431 焊剂和半自动焊机参数。

3.7.5　气压焊工艺要点

1. 在负温条件下施工时，对气源设备应采取保温、防冻措施；当操作环境温度为−15℃以下（至−20℃，低于−20℃时不宜焊接）时，施焊过程应对钢筋接头采取预热、保温或缓冷措施。

2. 一般情况下，雪天和风天（超过 3 级风）如遮挡不良，应停止施焊。

3. 对于氧乙炔焰发生器和附属工具以及使用方法，应根据专门的操作规程进行维护和操作。

3.8　混凝土结构成型钢筋制品加工要求

3.8.1　定义和产品标记

1. 定义

成型钢筋是指按规定尺寸、形状加工成型的非预应力钢筋制品；

组合成型钢筋是指将成型钢筋连接成平面体或空间体的钢筋制品。

2. 产品标记

（1）成型钢筋标记

1）成型钢筋标记由形状代码、端头特性、钢筋牌号、公称直径、下料长度、总件数或根数组成。

2）成型钢筋形状代码应符合附录钢筋-14 的规定。

3）成型钢筋应按下列内容次序标记：

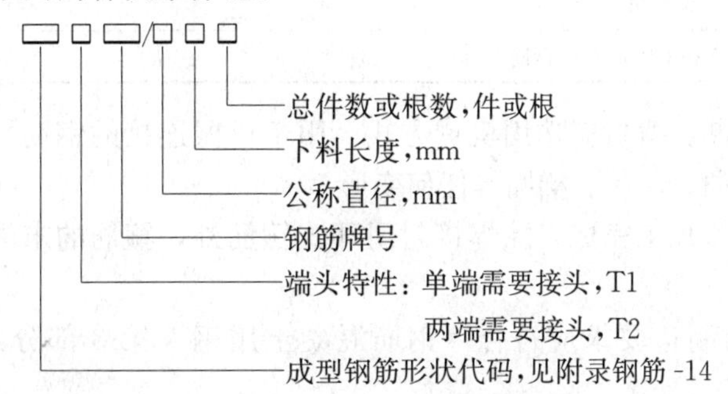

两次弯折形状 2010 型、两端需要螺纹接头 12，成型钢筋采用的钢筋原材牌号 HRB335、钢筋直径 20mm，下料长度 2000mm，总件数 23 件的混凝土结构用成型钢筋，标记示例如下：

成型钢筋 2010 T2 HRB355/22 2000 23

(2) 钢筋焊接网标记

钢筋焊接网标记应符合 GB/T 1499.3—2002 中第 4 章的规定。

A 型定型钢筋焊接网、网格间距 200mm×200mm，钢筋直径 10mm 长度方向钢筋牌号 CRB550、宽度方向钢筋牌号 CRB 550；网片长度 4800mm，网片宽度 2400mm 的钢筋焊接网，标记示例如下：

钢筋焊接网 A10；CRB550×CRB560；4800mm×2400mm。

3.8.2 制品加工要求

1. 材料

(1) 成型钢筋应采用 GB/T 701、GB 1499.1、GB 13014、GB13788 规定牌号的钢筋原材。

(2) 成型钢筋采用的钢筋原材应按相应标准要求规定抽取试件做力学性能检验，其质量应符合相应现行国家标准的规定。

(3) 成型钢筋及采用的钢筋原材应无损伤表面不得有裂纹、结疤、油污、颗粒状或片状铁锈。

(4) 成型钢筋采用钢筋原材的几何尺寸、实际重量与理论重量允许偏差应符合相应现行国家标准的规定。

(5) 成型钢筋采用钢筋原材的品种、级别或规格需作变更时，应办理设计变更文件。

(6) 钢筋原材有脆断、焊接性能不良或力学性能不正常等现象时，应对该批钢筋原材进行化学成分检验或其他专项检验。

(7) 有抗震设防要求的结构，其纵向受力钢筋的强度应符合国家现行标准的要求。

2. 加工要求

(1) 成型钢筋加工前应对钢筋的规格、牌号、下料长度、数量等进行核对。

(2) 成型钢筋加工前，应编制钢筋配料单（附录钢筋-15）。其内容包括：

1) 成型钢筋应用工程名称及混凝土结构部位；

2) 成型钢筋品种、级别、规格、每件下料长度；

3) 成型钢筋形状代码、形状简图及尺寸；

4) 成型钢筋单件根数、单件总根数、该工程使用总根数、总长度、总重量。

(3) 成型钢筋调直宜采用机械方法。当采用冷拉方法调直钢筋时，应严格按照钢筋的级别、品种控制冷拉率。冷拉率应符合表 3-8-1 的规定。

冷拉率的允许值 **表 3-8-1**

项　目	允许冷拉率/%
HPB235 级钢筋	≤4
HRB335、HRB400 和 RRB400 级钢筋	≤1

(4) 成型钢筋的切断、弯折应选用机械方式。用于机械连接的钢筋端面应平直并与钢筋轴线垂直，端头不应有弯曲、马蹄、椭圆等任何变形。

(5) 箍筋应选用机械加工完成。除焊接封闭环式箍筋外，箍筋的末端应按设计和现行规范要求制作弯钩。

(6) 钢筋焊接网的制造要求应符合《钢筋混凝土用钢　第 3 部分：钢筋焊接网》GB/T 1499.3—2010 中的规定。

(7) 组合成型钢筋的制作可采用机械连接、焊接或绑扎搭接。机械连接接头和焊接接头的类型及质量除应符合 JGJ 18、JGJ 107 的有关规定外，尚应符合下列规定：

1) 纵向受力钢筋不宜采用绑扎搭接接头；

2）组合成型钢筋连接必须牢固，吊点焊接应牢固，并保证起吊刚度；

3）箍筋位置、间距应准确，弯钩应沿受力方向错开设置；

4）接头宜设置在受力较小处，同一纵向受力钢筋不宜设置两个或两个以上接头；

5）接头末端至钢筋弯起点的距离不应小于钢筋直径的10倍。

（8）成型钢筋采用闪光对焊连接时，除应符合JGJ 18的有关规定外，尚应符合下列规定：

1）接头处不得有裂纹、表面不得有明显烧伤；

2）接头处弯折角不得大于3°；

3）接头处的轴线偏移不得大于钢筋直径的0.1倍，且不得大于2mm。

（9）组合成型钢筋分节制造完成后应试拼装，其主筋连接应符合相应的设计要求。

（10）钢筋原材下料长度应根据混凝土保护层厚度、钢筋弯曲、弯钩长度及图样中尺寸等规定计算，其下料长度应符合下列规定：

1）直钢筋下料长度按公式（3-8-1）计算：

$$L_Z = L_1 + L_2 + \Delta_G \tag{3-8-1}$$

式中 L_Z——直钢筋下料长度，mm；

L_1——构件长度，mm；

L_2——保护层厚度，mm；

Δ_G——弯钩增加长度，按表3-8-2确定。

弯钩增加长度（Δ_G） **表3-8-2**

弯钩角度/(°)	HPB235级钢筋/mm						HRB335级、HRB400级和RRB400级钢筋/mm					
	弯弧内直径 $D=3d$		弯弧内直径 $D=5d$		弯弧内直径 $D=10d$		弯弧内直径 $D=3d$		弯弧内直径 $D=5d$		弯弧内直径 $D=10d$	
	单钩	双钩	单钩	双钩	单钩	双钩	单钩	双钩	单钩	双钩	单钩	双钩
90	4.21d	8.42d	6.21d	12.42d	11.21d	22.42d	4.21d	8.42d	6.21d	12.42d	11.21d	22.42d
135	4.87d	9.74d	6.87d	13.74d	11.87d	23.74d	5.89d	11.78d	7.89d	15.78d	12.89d	25.78d
180	6.25d	12.50d	8.25d	16.50d	13.25d	26.50d	—	—	—	—	—	—

注：d——钢筋原材公称直径；D——弯弧内直径；

2）弯起钢筋下料长度按公式（3-8-2）计算：

$$L_W = L_a + L_b - \Delta_W + \Delta_G \tag{3-8-2}$$

式中 L_W——弯起钢筋下料长度，mm；

L_a——直段长度，mm；

L_b——斜段长度，mm；

Δ_W——弯曲调整值总和，按表3-8-3确定。

单次弯曲调整值 **表3-8-3**

成型钢筋用途	弯弧内直径	弯折角度/(°)					
		38	45	60	90	135	180
HPB235级箍筋	$D=5d$	0.306d	0.543d	0.9d	2.288d	2.831d	4.576d
HPB235级主筋	$D=2.5d$	0.29d	0.49d	0.765d	1.751d	2.24d	3.502d
HRB335级主筋	$D=4d$	0.299d	0.522d	0.846d	2.673d	2.595d	4.146d
HRB400级主筋	$D=5d$	0.305d	0.543d	0.9d	2.288d	2.831d	4.576d

续表

成型钢筋用途	弯弧内直径	弯折角度/(°)					
		38	45	60	90	135	180
平法框架主筋	$D=8d$	$0.323d$	$0.608d$	$1.061d$	$2.931d$	$3.539d$	—
	$D=12d$	$0.348d$	$0.694d$	$1.276d$	$3.79d$	$4.484d$	—
	$D=16d$	$0.373d$	$0.78d$	$1.491d$	$4.648d$	$5.428d$	—
轻骨料 HPB 335 级主筋	$D=3.5d$	$0.306d$	$0.511d$	$0.819d$	$1.966d$	$2.477d$	$3.932d$

3）箍筋下料长度按公式（3-8-3）计算

$$L_G = L - \Delta_G - \Delta_W \tag{3-8-3}$$

式中 L_G——箍筋下料长度，mm；

L——箍筋直段长度总和，mm；

Δ_G——弯钩增加长度，按表 3-8-2 确定；

Δ_W——弯曲调整值总和，按表 3-8-3 确定。

4）其他类型（环形、螺旋、抛物线钢筋）下料长度按公式（3-8-4）计算：

$$L_Q = L_J + \Delta_G \tag{3-8-4}$$

式中 L_Q——其他类型下料长度，mm；

L_J——钢筋长度计算值，mm；

Δ_G——弯钩增加长度，按表 3-8-2 确定。

3. 形状和尺寸允许偏差

（1）成型钢筋形状、尺寸的允许偏差应符合表 3-8-4 的规定。

成型钢筋加工的允许偏差 **表 3-8-4**

项目		允许偏差/mm
调直后每米弯曲度		≤4
受力成型钢筋顺长度方向全长的净尺寸		±10
成型钢筋弯折位置		±20
箍筋内净尺寸		±5
钢筋焊接网		应符合 GB/T 1499.3—2002 中 6.3 的规定
钢筋笼和钢筋骨架	主筋间距	±10
	箍筋间距	±10
	高度、宽度、直径	±10
	总长度	±10

（2）受力成型钢筋的弯钩和弯折除应符合设计要求外，弯弧内直径尚应符合表 3-8-5 的规定；弯钩和弯折角度、弯后平直部分长度还应符合下列规定：

1）HPB235 级钢筋原材末端应做成 180°弯钩，弯钩的弯后平直部分长度不应小于钢筋原材直径的 3 倍；

2）当设计要求成型钢筋末端需做成 135°弯钩时，HRB335 级、HRB400 级钢筋原材弯后平直部分长度应符合设计要求；

3）箍筋弯钩的弯弧内直径除应符合上述的规定外，且不应小于受力钢筋原材直径。

弯曲和弯折的弯弧内直径　　表 3-8-5

成型钢筋用途	弯弧内直径 D/mm
HPB235 级箍筋、拉筋	$D=5d$，且不小于主筋直径
HPB235 级主筋	$D\geqslant 2.5d$，且小于纵向受力成型钢筋直径
HPB335 级主筋	$D\geqslant 4d$
HRB400 级和 RRB400 级主筋	$D\geqslant 5d$
平法框架主筋直径≤25mm	$D=8d$
平法框架主筋直径＞25mm	$D=12d$
平法框架顶层边节点主筋直径≤25mm	$D=12d$
平法框架主筋直径＞25mm	$D=16d$
轻骨料混凝土结构构件 HPB235 级主筋	$D=7d$

（3）箍筋末端的弯钩形式应符合设计要求。当无具体要求时，应符合下列规定：

1）一般结构的弯钩角度不应小于 90°，有抗震要求的结构应为 135°；

2）一般结构箍筋弯后平直部分长度不应小于箍筋直径的 5 倍，有抗震要求的结构不应小于于箍筋直径的 10 倍且不小于 75mm。

3.8.3　制品试验、检验要求

1. 试验方法

（1）成型钢筋应进行出厂检验，其试验项目、取样方法、试验方法应符合表 3-8-6 的规定。

成型钢筋的试验项目、取样方法及试验方法　　表 3-8-6

试验项目	试验数量	取样方法	试验方法
钢筋原材力学性能	按相应标准规定执行	按相应标准规定执行	GB/T 228
成型钢筋尺寸	1%；不少于 3 件	从同一批生产的同规格、同形状、重量不大于 20t 的一批成型钢筋中随机抽取	用钢直尺、游标卡尺、角度尺测量
成型钢筋表面质量	全部		3.8.2 制品加工要求 1. 材料中第（3）、（6）条观察
钢筋焊接网尺寸、抗剪力	按相应标准规定执行	按相应标准规定取样	GB/T 1499.3
成型钢筋连接外观、力学性能	接相应标准规定执行	按相应标准规定取样	GB/T 228、JGJ 107
组合成型钢筋	全部		3.8.2 制品加工要求 2. 加工要求中第（7）、（8）条用钢直尺、角度尺测量，观察

（2）测量钢筋尺寸的，原材直径应精确到 0.1mm，钢筋原材及成型钢筋加工尺寸应精确到 1mm。

2. 检验要求

（1）一般规定

1）当判断成型钢筋质量是否符合要求时，应以交货检验结果为依据，钢筋原材的化学成分，力学性能应以供方提供的资料为依据，其他检验项目应按合同规定执行。

2）成型钢筋质量的检验分为出厂检验和交货检验。出厂检验工作应由供方承担，交货检验工作应由需方承担。

（2）组批

1）成型钢筋应按批进行检查验收，每批应由同一工程、同一材料来源、同一组生产设备并在同一连续时段内制造的成型钢筋组成，重量不应大于20t。

2）钢筋焊接网、成型钢筋接头按批进行检查验收时，应符合《钢筋混凝土用钢　第3部分：钢筋焊接网》GB/T 1499.3《钢筋焊接及验收规程》JGJ 18与《钢筋机械连接技术规程》JGJ 107的规定。

（3）复验与判定

成型钢筋的形状、尺寸检验结果符合3.8.2制品加工要求第3条的规定为合格；当不符合要求时，则应从该批成型钢筋中再取双倍试样进行不合格项目的检验，复验结果全部合格时，该批成型钢筋判定为合格。

3.8.4　制品贮运要求

1. 每捆成型钢筋应捆扎均匀、整齐、牢固，捆扎数不应少于3道，必要时应加刚性支撑或支架，防止运输吊装过程中成型钢筋发生变形。

2. 成型钢筋应在明显处挂有不少于一个标签，标志内容应与配料单相对应。包括工程名移、成型钢筋型号、数量、示意图及主要尺寸、生产厂名、生产日期、使用部位、检验印记等内容。

3. 成型钢筋宜堆放在仓库式料棚内。露天存放应选择地势较高、土质坚实、较为平坦的场地，下面要加垫木、离地不少于200mm，宜覆盖防止锈蚀、碾孔、污染。

4. 钢筋机械连接头检验合格后应加保护帽，并按规格分类码放整齐。

5. 同一项工程与同一构件的成型钢筋宜接施工先后顺序分类码放。

附　录

附录钢筋-1　常用钢筋的公称直径、公称截面面积、计算截面面积及理论重量

钢筋的计算截面面积及理论重量　　附表1-1

公称直径（mm）	不同根数钢筋的计算截面面积（mm^2）									单根钢筋理论重量（kg/m）
	1	2	3	4	5	6	7	8	9	
6	28.3	57	85	113	142	170	198	226	255	0.222
8	50.3	101	151	201	252	302	352	402	453	0.395
10	78.5	157	236	314	393	471	550	628	707	0.617
12	113.1	226	339	452	565	678	791	904	1017	0.888
14	153.9	308	461	615	769	923	1077	1231	1385	1.21
16	201.1	402	603	804	1005	1206	1407	1608	1809	1.58
18	254.5	509	763	1017	1272	1527	1781	2036	2290	2.00
20	314.2	628	942	1256	1570	1884	2199	2513	2827	2.47
22	380.1	760	1140	1520	1900	2281	2661	3041	3421	2.98
25	490.9	982	1473	1964	2454	2945	3436	3927	4418	3.85
28	615.8	1232	1847	2463	3079	3695	4310	4926	5542	4.83
32	804.2	1609	2413	3217	4021	4826	5630	6434	7238	6.31
36	1017.9	2036	3054	4072	5089	6107	7125	8143	9161	7.99
40	1256.6	2513	3770	5027	6283	7540	8796	10053	11310	9.87
50	1963.5	3928	5892	7856	9820	11784	13748	15712	17676	15.42

附录钢筋-2 冷拔低碳钢丝及钢丝焊接网的公称截面面积、理论重量

冷拔低碳钢丝的公称截面面积、理论重量 **附表 2-1**

公称直径（mm）	公称截面面积（mm^2）	理论重量（kg/m）
3	7.1	0.055
4	12.6	0.099
5	19.6	0.154
6	28.3	0.222
7	38.5	0.302
8	50.3	0.395

常用尺寸钢丝焊接网的理论重量 **附表 2-2**

公称直径（mm）	横向间距（mm）	纵向间距（mm）	理论重量（kg/m）
4	50	50	3.96
4	100	100	1.98
4	150	150	1.32
4	200	200	0.99
5	50	50	6.16
5	100	100	3.08
5	150	150	2.05
5	200	200	1.54
6	50	50	8.88
6	100	100	4.44
6	150	150	2.96
6	200	200	2.22
7	50	50	12.08
7	100	100	6.04
7	150	150	4.03
7	200	200	3.02

注：本表中钢丝焊接网的纵向钢丝、横向钢丝的直径相同。

附录钢筋-3 普通钢筋强度标准值

普通钢筋强度标准值（N/mm^2） **附表 3-1**

牌号	符 号	公称直径 d（mm）	屈服强度标准值 f_{yk}	极限强度标准值 f_{stk}
HPB300	Φ	6～22	300	420
HRB335 HRBF335	Φ Φ^F	6～50	335	455
HRB400 HRBF400 RRB400	Φ Φ^F Φ^R	6～50	400	540
HRB500 HRBF500	Φ Φ^F	6～50	500	630

附录钢筋-4　CRB550、CRB600H强度标准值（f_{yk}）及抗拉强度设计值（f_y）、抗压强度设计值（f'_y）

钢筋混凝土用冷轧带肋钢筋强度标准值（N/mm²）　　附表 4-1

牌　号	符　号	钢筋直径（mm）	f_{yk}
CRB550	ϕ^R	4～12	500
CRB600H	ϕ^{RH}	5～12	520

钢筋混凝土用冷轧带肋钢筋强度标准值（N/mm²）　　附表 4-2

牌　号	符　号	f_y	f'_y
CRB500	ϕ^R	400	380
CRB600H	ϕ^{RH}	415	380

注：冷轧带肋钢筋用作横向钢筋的强度设计值 f_{yv} 应按表中 f_y 的数值采用；当用作受剪、受扭、受冲切承载力计算时，其数值应取 360N/mm²。

附录钢筋-5　纵向受力钢筋焊接接头检验批质量验收记录

钢筋闪光对焊接头检验批质量验收记录　　附表 5-1

<table>
<tr><td colspan="3">工程名称</td><td></td><td colspan="5">验收部位</td><td colspan="4"></td></tr>
<tr><td colspan="3">施工单位</td><td></td><td colspan="5">批号及批量</td><td colspan="4"></td></tr>
<tr><td colspan="3">施工执行标准
名称及编号</td><td>钢筋焊接及验收规程
JGJ18—2003</td><td colspan="5">钢筋牌号及直径
（mm）</td><td colspan="4"></td></tr>
<tr><td colspan="3">项目经理</td><td></td><td colspan="5">施工班组组长</td><td colspan="4"></td></tr>
<tr><td rowspan="3">主控项目</td><td colspan="3">质量验收规程的规定</td><td colspan="5">施工单位检查评定记录</td><td colspan="4">监理（建设）单位验收记录</td></tr>
<tr><td>1</td><td>接头试件拉伸试验</td><td>5.1.7条</td><td colspan="5"></td><td colspan="4"></td></tr>
<tr><td>2</td><td>接头试件弯曲试验</td><td>5.1.8条</td><td colspan="5"></td><td colspan="4"></td></tr>
<tr><td rowspan="6">一般项目</td><td colspan="3" rowspan="2">质量验收规程的规定</td><td colspan="8">施工单位检查评定记录</td><td rowspan="2">监理(建设)单位验收记录</td></tr>
<tr><td>抽检数</td><td>合格数</td><td colspan="6">不合格</td></tr>
<tr><td>1</td><td>接头处不得有横向裂纹</td><td>5.3.2条</td><td></td><td></td><td></td><td></td><td></td><td></td><td></td><td></td><td></td></tr>
<tr><td>2</td><td>与电极接触处的钢筋表面不得有明显烧伤</td><td>5.3.2条</td><td></td><td></td><td></td><td></td><td></td><td></td><td></td><td></td><td></td></tr>
<tr><td>3</td><td>接头处的弯折角≯3°</td><td>5.3.2条</td><td></td><td></td><td></td><td></td><td></td><td></td><td></td><td></td><td></td></tr>
<tr><td>4</td><td>轴线偏移≯0.1钢筋直径，且≯2mm</td><td>5.3.2条</td><td></td><td></td><td></td><td></td><td></td><td></td><td></td><td></td><td></td></tr>
<tr><td colspan="4">施工单位检查评定结果</td><td colspan="9">项目专业质量检查员：

年　月　日</td></tr>
<tr><td colspan="4">监理(建设)单位验收结论</td><td colspan="9">监理工程师（建设单位项目专业技术负责人）：

年　月　日</td></tr>
</table>

注：1. 一般项目各小项检查评定不合格时，在小格内打×记号；

2. 本表由施工单位项目专业检查员填写，监理工程师（建设单位项目专业技术负责人）组织项目专业质量检查员等进行验收。

3. 本表中主控项目和一般项目中的“质量验收规程的规定”系指《钢筋焊接及验收规程》JGJ 18 中的有关规定条文。

钢筋电弧焊接头检验批质量验收记录

附表 5-2

<table>
<tr><td colspan="3">工程名称</td><td></td><td colspan="5">验收部位</td><td colspan="4"></td></tr>
<tr><td colspan="3">施工单位</td><td></td><td colspan="5">批号及批量</td><td colspan="4"></td></tr>
<tr><td colspan="3">施工执行标准
名称及编号</td><td>钢筋焊接及验收规程
JGJ 18—2012</td><td colspan="5">钢筋牌号及直径
(mm)</td><td colspan="4"></td></tr>
<tr><td colspan="3">项目经理</td><td></td><td colspan="5">施工班组组长</td><td colspan="4"></td></tr>
<tr><td rowspan="2">主控项目</td><td colspan="3">质量验收规程的规定</td><td colspan="5">施工单位检查评定记录</td><td colspan="4">监理（建设）单位验收记录</td></tr>
<tr><td>1</td><td>接头试件拉伸试验</td><td>5.1.7 条</td><td colspan="5"></td><td colspan="4"></td></tr>
<tr><td rowspan="6">一般项目</td><td colspan="3" rowspan="2">质量验收规程的规定</td><td colspan="8">施工单位检查评定记录</td><td rowspan="2">监理（建设）单位验收记录</td></tr>
<tr><td>抽检数</td><td>合格数</td><td colspan="6">不合格</td></tr>
<tr><td>1</td><td>焊缝表面应平整，不得有凹陷或焊瘤</td><td>5.4.2 条</td><td></td><td></td><td></td><td></td><td></td><td></td><td></td><td></td><td></td></tr>
<tr><td>2</td><td>接头区域不得有肉眼可见的裂纹</td><td>5.4.2 条</td><td></td><td></td><td></td><td></td><td></td><td></td><td></td><td></td><td></td></tr>
<tr><td>3</td><td>咬边深度、气孔、夹渣等缺陷允许值及接头尺寸允许偏差</td><td>表 5.4.2</td><td></td><td></td><td></td><td></td><td></td><td></td><td></td><td></td><td></td></tr>
<tr><td>4</td><td>焊缝余高不得大于 3mm</td><td>5.4.2 条</td><td></td><td></td><td></td><td></td><td></td><td></td><td></td><td></td><td></td></tr>
<tr><td colspan="4">施工单位检查评定结果</td><td colspan="9">项目专业质量检查员：

年 月 日</td></tr>
<tr><td colspan="4">监理（建设）单位验收结论</td><td colspan="9">监理工程师（建设单位项目专业技术负责人）：

年 月 日</td></tr>
</table>

注：1. 一般项目各小项检查评定不合格时，在小格内打×记号。

2. 本表由施工单位项目专业检查员填写，监理工程师（建设单位项目专业技术负责人）组织项目专业质量检查员等进行验收。

3. 同附表 5-1 之注 3。

钢筋电渣压力焊接头检验批质量验收记录 **附表 5-3**

<table>
<tr><td colspan="3">工程名称</td><td></td><td colspan="5">验收部位</td><td colspan="4"></td></tr>
<tr><td colspan="3">施工单位</td><td></td><td colspan="5">批号及批量</td><td colspan="4"></td></tr>
<tr><td colspan="3">施工执行标准
名称及编号</td><td>钢筋焊接及验收规程
JGJ 18—2003</td><td colspan="5">钢筋牌号及直径
（mm）</td><td colspan="4"></td></tr>
<tr><td colspan="3">项目经理</td><td></td><td colspan="5">施工班组组长</td><td colspan="4"></td></tr>
<tr><td rowspan="2">主控项目</td><td colspan="3">质量验收规程的规定</td><td colspan="5">施工单位检查评定记录</td><td colspan="4">监理（建设）单位验收记录</td></tr>
<tr><td>1</td><td>接头试件拉伸试验</td><td>5.1.7 条</td><td colspan="5"></td><td colspan="4"></td></tr>
<tr><td colspan="4" rowspan="2">质量验收规程的规定</td><td colspan="8">施工单位检查评定记录</td><td rowspan="2">监理（建设）单位验收记录</td></tr>
<tr><td>抽检数</td><td>合格数</td><td colspan="6">不合格</td></tr>
<tr><td rowspan="4">一般项目</td><td>1</td><td>四周焊包凸出钢筋表面的高度不得小于 4mm</td><td>5.5.2 条</td><td></td><td></td><td></td><td></td><td></td><td></td><td></td><td></td><td></td></tr>
<tr><td>2</td><td>钢筋与电极接触处无烧伤缺陷</td><td>5.5.2 条</td><td></td><td></td><td></td><td></td><td></td><td></td><td></td><td></td><td></td></tr>
<tr><td>3</td><td>接头处的弯折角≯3°</td><td>5.5.2 条</td><td></td><td></td><td></td><td></td><td></td><td></td><td></td><td></td><td></td></tr>
<tr><td>4</td><td>轴线偏移≯0.1 钢筋直径，且≯2mm</td><td>5.5.2 条</td><td></td><td></td><td></td><td></td><td></td><td></td><td></td><td></td><td></td></tr>
<tr><td colspan="4">施工单位检查评定结果</td><td colspan="9">项目专业质量检查员：

年 月 日</td></tr>
<tr><td colspan="4">监理（建设）单位验收结论</td><td colspan="9">监理工程师（建设单位项目专业技术负责人）：

年 月 日</td></tr>
</table>

注：1. 一般项目各小项检查评定不合格时，在小格内打×记号。

2. 本表由施工单位项目专业检查员填写，监理工程师（建设单位项目专业技术负责人）组织项目专业质量检查员等进行验收。

3. 同附表 5-1 之注 3。

钢筋气压焊接头检验批质量验收记录

附表 5-4

<table>
<tr><td colspan="3">工程名称</td><td></td><td colspan="6">验收部位</td><td colspan="3"></td></tr>
<tr><td colspan="3">施工单位</td><td></td><td colspan="6">批号及批量</td><td colspan="3"></td></tr>
<tr><td colspan="3">施工执行标准
名称及编号</td><td>钢筋焊接及验收规程
JGJ 18—2003</td><td colspan="6">钢筋牌号及直径
(mm)</td><td colspan="3"></td></tr>
<tr><td colspan="3">项目经理</td><td></td><td colspan="6">施工班组组长</td><td colspan="3"></td></tr>
<tr><td rowspan="3">主控项目</td><td colspan="3">质量验收规程的规定</td><td colspan="6">施工单位检查评定记录</td><td colspan="3">监理（建设）单位验收记录</td></tr>
<tr><td>1</td><td>接头试件拉伸试验</td><td>5.1.7 条</td><td colspan="6"></td><td colspan="3"></td></tr>
<tr><td>2</td><td>接头试件弯曲试验</td><td>5.1.8 条</td><td colspan="6"></td><td colspan="3"></td></tr>
<tr><td rowspan="6">一般项目</td><td colspan="3" rowspan="2">质量验收规程的规定</td><td colspan="8">施工单位检查评定记录</td><td rowspan="2">监理（建设）单位验收记录</td></tr>
<tr><td>抽检数</td><td>合格数</td><td colspan="6">不合格</td></tr>
<tr><td>1</td><td>轴线偏移≯0.15 钢筋直径，且≯4mm</td><td>5.6.2 条</td><td></td><td></td><td></td><td></td><td></td><td></td><td></td><td></td><td></td></tr>
<tr><td>2</td><td>接头处的弯折角≯3°</td><td>5.6.2 条</td><td></td><td></td><td></td><td></td><td></td><td></td><td></td><td></td><td></td></tr>
<tr><td>3</td><td>镦粗直径≮1.4 钢筋直径</td><td>5.6.2 条</td><td></td><td></td><td></td><td></td><td></td><td></td><td></td><td></td><td></td></tr>
<tr><td>4</td><td>镦粗长度≮1.0 钢筋直径</td><td>5.6.2 条</td><td></td><td></td><td></td><td></td><td></td><td></td><td></td><td></td><td></td></tr>
<tr><td colspan="4">施工单位检查评定结果</td><td colspan="9">项目专业质量检查员：

年 月 日</td></tr>
<tr><td colspan="4">监理（建设）单位验收结论</td><td colspan="9">监理工程师（建设单位项目专业技术负责人）：

年 月 日</td></tr>
</table>

注：1. 一般项目各小项检查评定不合格时，在小格内打×记号。

2. 本表由施工单位项目专业检查员填写，监理工程师（建设单位项目专业技术负责人）组织项目专业质量检查员等进行验收。

3. 同附表 5-1 之注 3。

附录钢筋-6　钢筋焊工考试合格证

塑料证套　封面

钢筋焊工考试

合

格

证

塑料证套　封4

硬纸　封2

钢筋　　焊

焊
工
考
试
合
格
证

硬纸　封3

简 要 说 明

1. 此证只限本人使用，不得涂改。

2. 准许的操作范围限于考试的焊接方法、钢筋的牌号及直径范围之内。

3. 合格证的有效期为二年。

证芯 第1页

姓名		照片
性别		
出生年月		
籍贯		
工作单位		

合格证编号：

发证单位：

（盖章）
年 月 日

证芯 第2页

理论知识考试：

操作技能考试：

试样编号	钢筋牌号及直径（mm）	拉伸试验（N/mm^2）	剪切试验（N）	弯曲试验（90°）

考试委员会主任：

年 月 日

证芯 第3页

复 试 签 证

日 期	内容说明	负责人签字

注：复试合格签证的有效期为二年。

证芯 第4页

焊接质量事故记录

日 期	质量事故内容	检 验 员

备注：

附录钢筋-7 接头试件的试验方法

附 7.1 型式检验试验方法

1. 型式检验试件的仪表布置和变形测量标距应符合下列规定：

（1）单向拉伸和反复拉压试验时的变形测量仪表应在钢筋两侧对称布置（附图 7.1-1），取钢筋两侧仪表读数的平均值计算残余变形值。

（2）变形测量标距

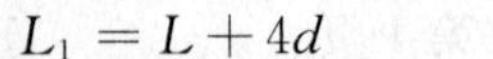

$$L_1 = L + 4d$$

式中　L_1——变形测量标距；

L——机械接头长度；

d——钢筋公称直径。

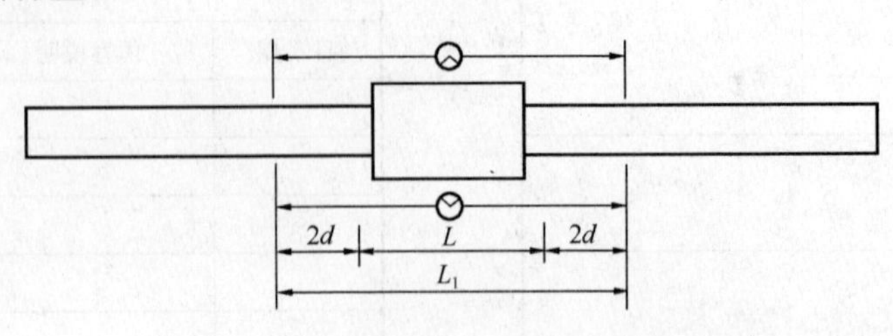

附图 7.1-1　接头试件变形测量标距和仪表布置

2. 型式检验试件最大力总伸长率 A_{sgt} 的测量方法应符合下列要求：

（1）试件加载前，应在其套筒两侧的钢筋表面（附图 7.1-2）分别用细划线 A、B 和 C、D 标出测量标距为 L_{01} 的标记线，L_{01} 不应小于 100mm，标距长度应用最小刻度值不大于 0.1mm 的量具测量。

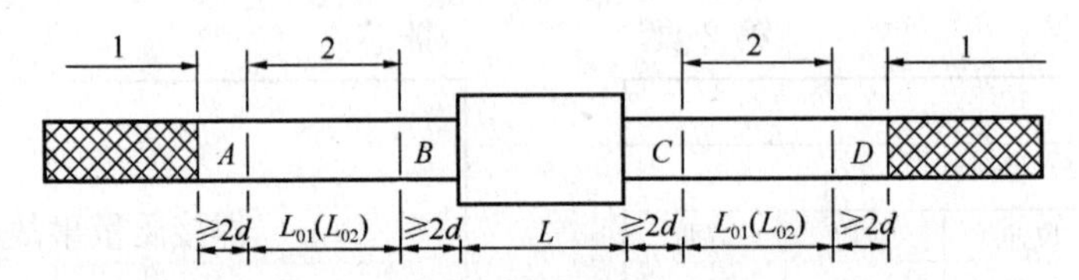

附图 7.1-2　总伸长率 A_{sgt} 的测点布置

1—夹持区；2—测量区

（2）试件应按附表 7.1-1 单向拉伸加载制度加载并卸载，再次测量 A、B 和 C、D 间标距长度为 L_{02}。并应按下式计算试件量大力总伸长率 A_{sgt}：

$$A_{sgt} = \left[\frac{L_{02} - L_{01}}{L_{01}} + \frac{f_{mst}^0}{E}\right] \times 100 \qquad \text{（附 7.1-1）}$$

式中　f_{mst}^0、E——分别是试件达到最大力时的钢筋应力和钢筋理论弹性模量；

L_{01}——加载前 A、B 或 C、D 间的实测长度；

L_{02}——卸载前 A、B 或 C、D 间的实测长度。

应用上式计算时，当试件颈缩发生在套筒一侧的钢筋母材时，L_{01} 和 L_{02} 应取另一侧标记间加载前和卸载后的长度。当破坏发生在接头长度范围内时，L_{01} 和 L_{02} 应取套筒两侧各自读数的平均值。

3. 接头试件型式检验应按附表 7.1-1 和附图 7.1-3 所示的加载制度进行试验。

接头试件型式检验的加载制度　　**附表 7.1-1**

试验项目	加载制度
单向拉伸	0→0.6f_{yk}→0（测量残余变形）→最大拉力（记录抗拉强度）→0（测定最大力总伸长率）
高应力反复拉压	0→（0.9f_{yk}→−0.5f_{yk}）→破坏 （反复 20 次）

续表

试验项目		加载制度
大变形反复拉压	Ⅰ级 Ⅱ级	0→ $(2\varepsilon_{yk}\rightarrow -0.5f_{yk})$ → $(5\varepsilon_{yk}\rightarrow -0.5f_{yk})$ →破坏 （反复 4 次）（反复 4 次）
	Ⅲ级	0→ $(2\varepsilon_{yk}\rightarrow -0.5f_{yk})$ →破坏 （反复 4 次）

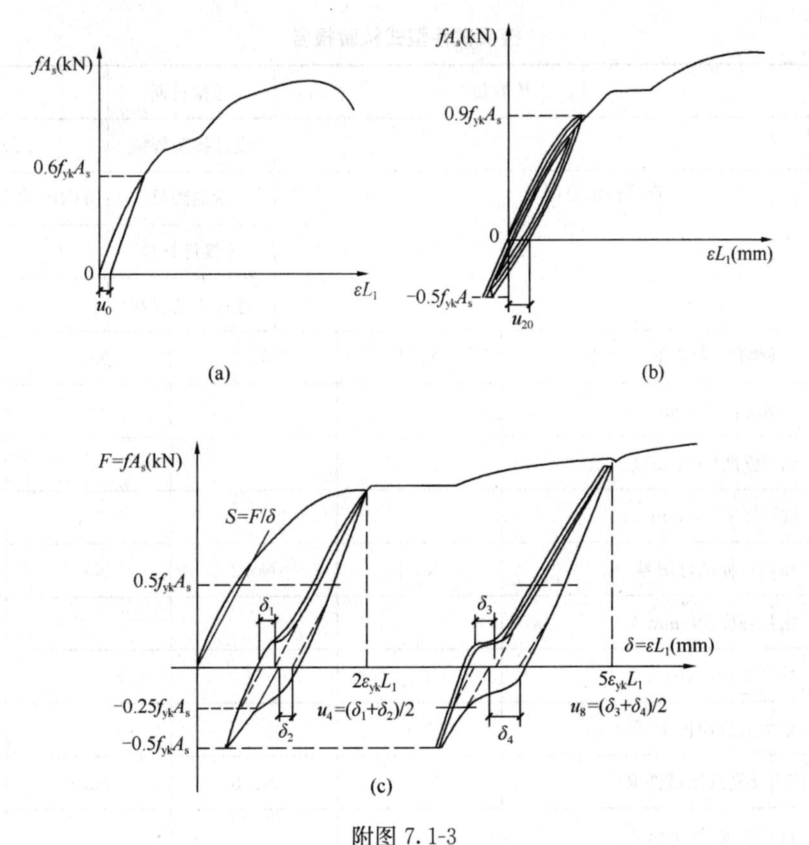

附图 7.1-3

（a）单向拉伸；（b）高应力反复拉压；（c）大变形反复拉压

注：1　S 线表示钢筋的拉、压刚度；F—钢筋所受的力，等于钢筋应力 f 与钢筋理论横截面面积 A_s 的乘积；δ—力作用下的钢筋变形，等于钢筋应变 ε 与变形测量标距 L_1 的乘积；A_s—钢筋理论横截面面积（mm^2）；L_1—变形测量标距（mm）。

2　δ_1 为 $2\varepsilon_{yk}L_1$ 反复加载四次后，在加载力为 $0.5f_{yk}A_s$ 及反向卸载力为 $-0.25f_{yk}A_s$ 处作 S 的平行线与横坐标交点之间的距离所代表的变形值。

3　δ_2 为 $2\varepsilon_{yk}L_1$ 反复加载四次后，在卸载力水平为 $0.5f_{yk}A_s$ 及反向加载力为 $-0.25f_{yk}A_s$ 处作 S 的平行线与横坐标交点之间的距离所代表的变形值。

4　δ_3、δ_4 为在 $5\varepsilon_{yk}L_1$ 反复加载四次后，按与 δ_1、δ_2 相同方法所得的变形值。

4. 测量接头试件的残余变形时加载时的应力速率宜采用 $2N/mm^2\cdot s^{-1}$，最高不越过 $10N/mm^2\cdot s^{-1}$；测量接头试件的最大力总伸长率或抗拉强度时，试验机夹头的分离速率宜采用 $0.05L_c/min$，L_c 为试验机夹头间的距离。

附 7.2　接头试件现场抽检试验方法

1. 现场工艺检验接头残余变形的仪表布置、测量标距和加载速度应符合附 7.1 中第 1 条和 4

条要求。现场工艺检验中，按附7.1中第3条加载制度进行接头残余变形检验时，可采用不大于$0.012A_s f_{stk}$的拉力作为名义上的零荷载。

2. 施工现场随机抽检接头试件的抗拉强度试验应采用零到破坏的一次加载制度。

附录钢筋-8　接头试件型式检验报告

接头试件型式检验报告应包括试件基本参数和试验结果两部分。宜按附表8-1的格式记录。

接头试件型式检验报告　　**附表 8-1**

<table>
<tr><td colspan="2">接头名称</td><td></td><td>送检数量</td><td></td><td>送检日期</td><td></td></tr>
<tr><td colspan="2">送检单位</td><td colspan="3"></td><td>设计接头等级</td><td>Ⅰ级 Ⅱ级 Ⅲ级</td></tr>
<tr><td rowspan="3">接头基本参数</td><td colspan="4" rowspan="3">连接件示意图</td><td>钢筋牌号</td><td>HRB335 HRB400 HRB500</td></tr>
<tr><td>连接件材料</td><td></td></tr>
<tr><td>连接工艺参数</td><td></td></tr>
<tr><td rowspan="4">钢筋试验结果</td><td colspan="2">钢筋母材编号</td><td>No. 1</td><td>No. 2</td><td>No. 3</td><td>要求指标</td></tr>
<tr><td colspan="2">钢筋直径(mm)</td><td></td><td></td><td></td><td></td></tr>
<tr><td colspan="2">屈服强度(N/mm^2)</td><td></td><td></td><td></td><td></td></tr>
<tr><td colspan="2">抗拉强度(N/mm^2)</td><td></td><td></td><td></td><td></td></tr>
<tr><td rowspan="10">接头试验结果</td><td colspan="2">单向拉伸试件编号</td><td>No. 1</td><td>No. 2</td><td>No. 3</td><td></td></tr>
<tr><td rowspan="3">单向拉伸</td><td>抗拉强度(N/mm^2)</td><td></td><td></td><td></td><td></td></tr>
<tr><td>残余变形(mm)</td><td></td><td></td><td></td><td></td></tr>
<tr><td>最大力总伸长率(%)</td><td></td><td></td><td></td><td></td></tr>
<tr><td colspan="2">高应力反复拉压试件编号</td><td>No. 4</td><td>No. 5</td><td>No. 6</td><td></td></tr>
<tr><td rowspan="2">高应力反复拉压</td><td>抗拉强度(N/mm^2)</td><td></td><td></td><td></td><td></td></tr>
<tr><td>残余变形(mm)</td><td></td><td></td><td></td><td></td></tr>
<tr><td colspan="2">大变形反复拉压试件编号</td><td>No. 7</td><td>No. 8</td><td>No. 9</td><td></td></tr>
<tr><td rowspan="2">大变形反复拉压</td><td>抗拉强度(N/mm^2)</td><td></td><td></td><td></td><td></td></tr>
<tr><td>残余变形(mm)</td><td></td><td></td><td></td><td></td></tr>
<tr><td colspan="3">评定结论</td><td colspan="4"></td></tr>
</table>

负责人：　　　　校核：　　　　试验员：

试验日期：　　年　　月　　日　　试验单位：

注：1. 接头试件基本参数应详细记载。套筒挤压接头应包括套筒长度、外径、内径、挤压道次、压痕总宽度、压痕平均直径、挤压后套筒长度；螺纹接头应包括连接套筒长度、外径、螺纹规格、牙形角、镦粗直螺纹过渡段长度、锥螺纹锥度、安装时拧紧扭矩等。

2. 破坏形式可分3种：钢筋拉断、连接件破坏、钢筋与连接件拉脱。

附录钢筋-9　钢筋锚固板试件抗拉强度试验方法

1. 螺纹连接和焊接连接钢筋锚固板试件抗拉强度的检验与评定均可采用钢筋锚固板试件抗拉强度试验方法。

2. 钢筋锚固板试件的长度不应小于250mm和10d。

3. 钢筋锚固板试件的受拉试验装置应符合下列规定：

（1）锚固板的支承板平面应平整，并宜与钢筋保持垂直；

（2）锚固板支撑板孔洞直径与试件钢筋外径的差值不应大于4mm；

（3）宜选用专用钢筋锚固板试件抗拉强度试验装置（附图9-1）进行试验。

4. 钢筋锚固板抗拉强度试验的加载速度应符合现行国家标准《金属材料　拉伸试验　第1部分：室温试验方法》GB/T 228的规定。

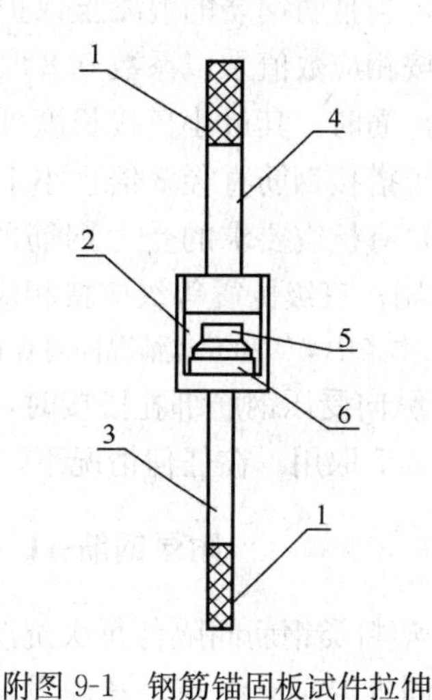

附图9-1　钢筋锚固板试件拉伸试验装置示意图

1—夹持区；2—钢套管基座；3—钢筋锚固板试件；4—工具拉杆；5—锚固板；6—支承板

附录钢筋-10　纵向受力钢筋的最小搭接长度

1. 当纵向受拉钢筋的绑扎搭接接头面积百分率不大于25%时，其最小搭接长度应符合附表10-1的规定。

纵向受拉钢筋的最小搭接长度　　**附表10-1**

钢筋类型		混凝土强度等级								
		C20	C25	C30	C35	C40	C45	C50	C55	≥C60
光面钢筋	300级	48d	41d	37d	34d	31d	29d	28d	—	—
带肋钢筋	335级	46d	40d	36d	33d	30d	29d	27d	26d	25d
	400级	—	48d	43d	39d	36d	34d	33d	31d	30d
	500级	—	58d	52d	47d	43d	41d	39d	38d	36d

注：d为搭接钢筋直径。两根直径不同钢筋的搭接长度，以较细钢筋的直径计算。

2. 当纵向受拉钢筋搭接接头面积百分率为50%时，其最小搭接长度应按附表10-1中的数值乘以系数1.15取用；当接头面积百分率为100%时，应按附表10-1中的数值乘以系数1.35取用；当接头面积百分率为25%～100%的其他中间值时，修正系数可按内插取值。

3. 纵向受拉钢筋的最小搭接长度根据第1和2条确定后，可按下列规定进行修正。但在任何情况下，受拉钢筋的搭接长度不应小于300mm：

（1）当带肋钢筋的直径大于25mm时，其最小搭接长度应按相应数值乘以系数1.1取用；

（2）环氧树脂涂层的带肋钢筋，其最小搭接长度应按相应数值乘以系数1.25取用；

（3）当施工过程中受力钢筋易受扰动时，其最小搭接长度应按相应数值乘以系数1.1取用；

（4）末端采用弯钩或机械锚固措施的带肋钢筋，其最小搭接长度可按相应数值乘以系数0.6取用；

(5) 当带肋钢筋的混凝土保护层厚度为搭接钢筋直径的 3 倍，且配有箍筋时，其最小搭接长度可按相应数值乘以系数 0.8 取用；当带肋钢筋的混凝土保护层厚度为搭接钢筋直径的 5 倍，且配有箍筋时，其最小搭接长度可按相应数值乘以系数 0.7 取用；当带肋钢筋的混凝土保护层厚度大于搭接钢筋直径 3 倍且小于 5 倍，且配有箍筋时，修正系数可按内插取值；

(6) 有抗震要求的受力钢筋的最小搭接长度，一、二级抗震等级应按相应数值乘以系数 1.15 采用；三级抗震等级应按相应数值乘以系数 1.05 采用。

注：本条中第 4 和 5 款情况同时存在时，可仅选其中之一执行。

4. 纵向受压钢筋绑扎搭接时，其最小搭接长度应根据第 1～3 条的规定确定相应数值后，乘以系数 0.7 取用。在任何情况下，受压钢筋的搭接长度不应小于 200mm。

附录钢筋-11　塑料类钢筋间隔件界面抗渗性能试验方法

1. 塑料类钢筋间隔件每次抗渗试验的试件数量应取 3 件。试件（附图 11-1）应采用所在结构构件同批混凝土浇筑，其埋设位置应在构件中央，板块中央直径 300mm 的区域为水压作用范围。

2. 塑料类钢筋间隔件抗渗性能试验应采用上、下密封钢罩组成的试验装置（附图 11-2），在其四个密封槽中应嵌入橡胶圈。

3. 试验方法应符合下列规定：

(1) 应将钢筋间隔件抗渗试件置于上、下密封钢罩间，密封槽内安放橡胶密封圈，用 M28 螺栓固定紧密，顶部接口应与压力水管连接（附图 11-3）。

(2) 初始加压时，应取设计压力并保持 1h，检验钢罩密封状况。

(3) 测试加压时，应确认钢罩密封性良好后进行测试加压，应按设计抗渗等级对应水压加压，并维持 24h。

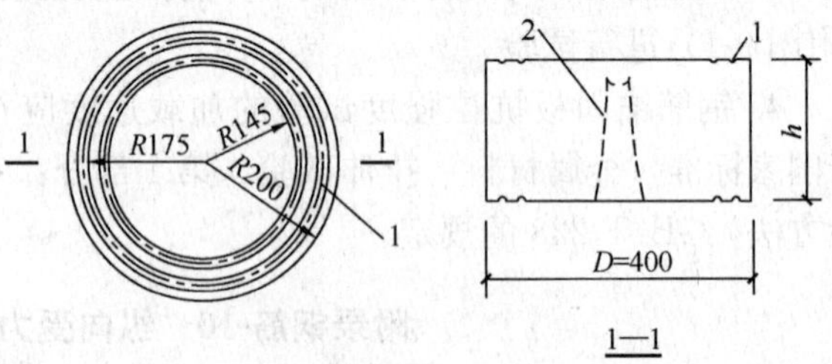

附图 11-1　钢筋间隔件抗渗试件

1—密封槽；2—钢筋间隔件

注：1　D 为塑料类钢筋间隔件抗渗试件尺寸；

2　h 为塑料类钢筋间隔件抗渗试件厚度（同实际结构厚度）。

4. 3 个抗渗试件应按设计水压加压并维持 24h，均无渗水可判定为合格。

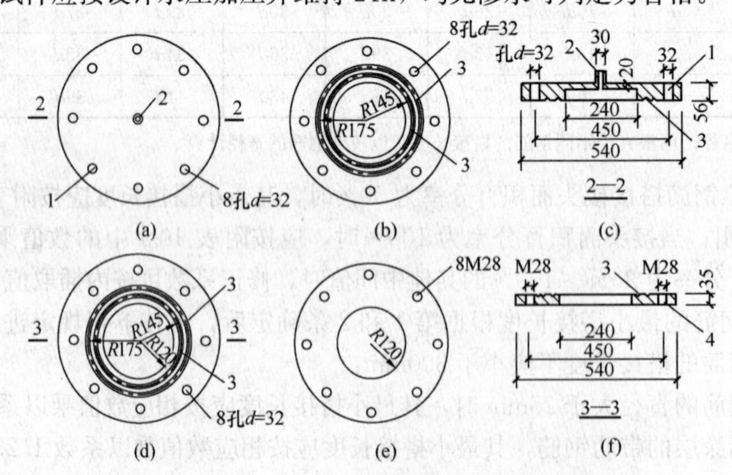

附图 11-2　密封钢罩

(a) 上密封钢罩俯视图；(b) 上密封钢罩仰视图；(c) 上密封钢罩剖面图；

(d) 下密封钢罩俯视图；(e) 下密封钢罩仰视图；(f) 下密封钢罩剖面图

1—螺栓孔；2—水管接口；3—密封槽；4—螺栓 M28

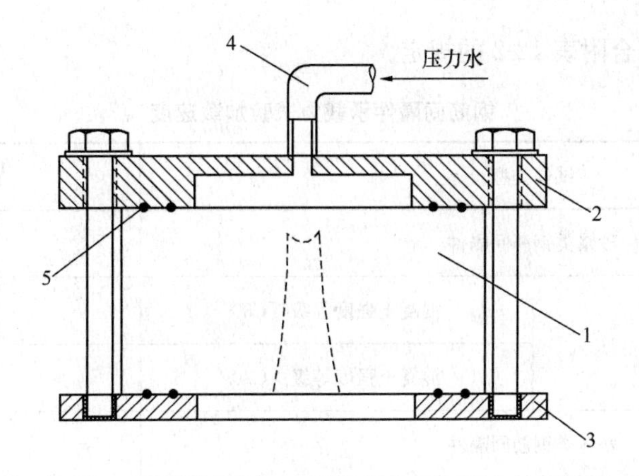

附图 11-3　抗渗加压装置的安装

1—试件；2—上密封钢罩；3—下密封钢罩；4—水管接口；5—橡胶密封圈

附录钢筋-12　钢筋间隔件承载力试验方法

1. 钢筋间隔件承载力试验的试件应随机抽取。

2. 应采用抗压强度试验机进行加载，试验加载时应在压力板与钢筋间隔件试件间设置钢制加载垫条（附图 12-1）。

加载垫条与钢筋间隔件接触的端部应采用不同规格的半圆弧（附图 12-2），不同直径钢筋下，加载垫条可按附表 12-1 选用。

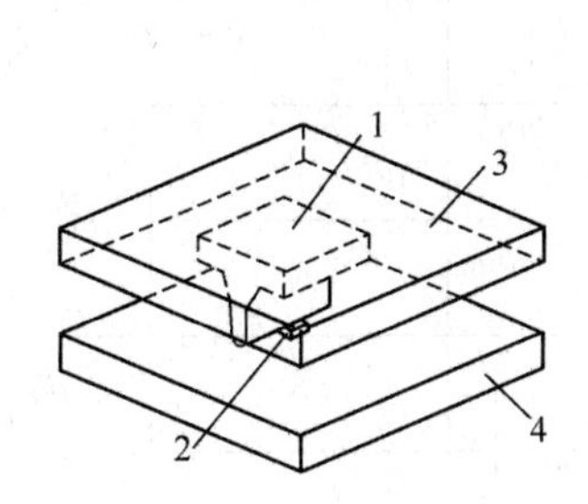

附图 12-1　加载装置示意

1—钢制加载垫条；2—钢筋间隔件试件；3—上压板；4—下压板

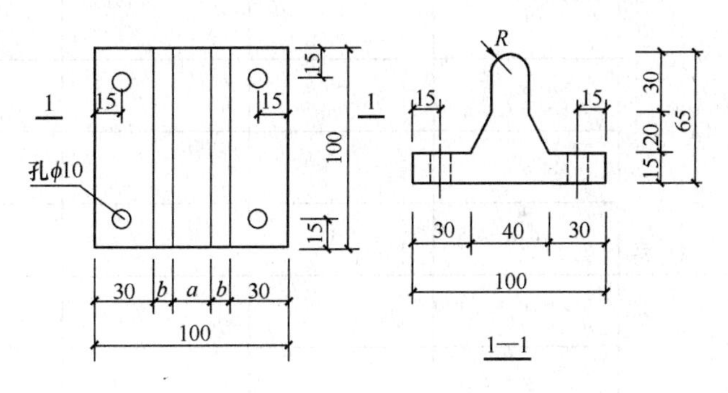

附图 12-2　加载垫条示意

加载垫条选用表　　附表 12-1

间隔钢筋直径（mm）	加载垫条型号	R（mm）	a（mm）	b（mm）
10～18	DT10	5	10	15
20～28	DT20	10	20	10
≥30	DT30	15	30	5

3. 试验步骤应符合下列规定：

（1）应将加载垫条用螺栓固定在上压板。

（2）应将试件擦拭干净，在试件中部画线定出中心位置。应将加载垫条与试件中心线对齐。

(3) 加载速度应符合附表12-2的规定。

钢筋间隔件承载力试验加载速度 **附表12-2**

试件类型		加载速度（N/s）
砂浆类钢筋间隔件		300
混凝土类钢筋间隔件	混凝土强度等级≤C30	300
	混凝土强度等级＞C30	500
塑料类钢筋间隔件		300
金属类钢筋间隔件		300

(4) 加载至设计荷载，试件未破坏，则应停止加载；若未达到设计荷载，试块破坏，则应记录破坏荷载。试验数据应精确至0.1kN。数据可按附表12-3记录。

钢筋间隔件承载力试验记录表 **附表12-3**

试件规格	试件编号	间隔钢筋规格（mm）	设计荷载（kN）	破坏荷载（kN）	是否合格	
					单件	检验批
S1	1					
	2					
	3					
	……					
S2	1					
	2					
	3					
	……					

4. 应按设计承载力要求判断钢筋间隔件是否合格。检验批试验钢筋间隔件单件合格率为100%时，该检验批定为合格；检验批试验钢筋间隔件单件合格率不足100%，但大于或等于80%时，可再抽取2倍数量的试件重做试验，如重做部分全部合格，则该检验批可定为合格，否则为不合格；检验批试验钢筋间隔件单件合格率小于80%时，则该检验批为不合格。承载力不合格的钢筋间隔件可在不大于试验最小承载力的条件下使用。

5. 钢筋间隔件试验尚应符合下列规定：

(1) 对双层式钢筋间隔件试验取上层钢筋位置进行试验。

(2) 试验机压板应由洛氏硬度不低于HRC55硬质钢制成，其厚度不应小于10mm，长度和宽度均不应小于150mm。下压板表面应与该机的竖向轴线垂直并在加荷过程中保持不变。试验机活塞竖向轴应与压力机的竖向轴重合，加荷时活塞作用的合力应通过试件中心。

附录钢筋-13　钢筋间隔件成品检查验收和安放检查记录表格

钢筋间隔件成品检查验收记录　　　　附表 13-1

<table>
<tr><td colspan="3">工程名称</td><td></td><td colspan="2">验收单位</td><td colspan="2"></td></tr>
<tr><td colspan="3">施工单位</td><td></td><td colspan="2">项目经理</td><td colspan="2"></td></tr>
<tr><td colspan="3">钢筋间隔件种类</td><td></td><td colspan="2">制作单位</td><td colspan="2"></td></tr>
<tr><td rowspan="3">主控项目</td><td colspan="3">质量验收的规定</td><td colspan="3">施工单位
检查结果</td><td>监理（建设）
单位验收记录</td></tr>
<tr><td>1</td><td colspan="2">砂浆或混凝土试块强度</td><td colspan="3"></td><td></td></tr>
<tr><td>2</td><td colspan="2">钢筋间隔件承载力</td><td colspan="3"></td><td></td></tr>
<tr><td rowspan="7">一般项目</td><td colspan="3" rowspan="2">质量验收的规定</td><td colspan="3">施工单位检查结果</td><td rowspan="2">监理（建设）
单位验收记录</td></tr>
<tr><td>抽检数</td><td>合格数</td><td>不合格数</td></tr>
<tr><td>1</td><td colspan="2">外观</td><td></td><td></td><td></td><td></td></tr>
<tr><td>2</td><td colspan="2">颜色标识</td><td></td><td></td><td></td><td></td></tr>
<tr><td>3</td><td colspan="2">连接铁丝或卡铁</td><td></td><td></td><td></td><td></td></tr>
<tr><td rowspan="2">4</td><td rowspan="2">外形
尺寸</td><td>间隔尺寸</td><td></td><td></td><td></td><td></td></tr>
<tr><td>其他尺寸</td><td></td><td></td><td></td><td></td></tr>
<tr><td colspan="4">施工单位检查评定结果</td><td colspan="4">项目专业质量检查员

年　月　日</td></tr>
<tr><td colspan="4">监理（建设）单位验收结论</td><td colspan="4">监理工程师（建设单位项目专业技术负责人）

年　月　日</td></tr>
</table>

注：本表由施工单位项目专业质量检查员填写，监理工程师（建设单位项目专业技术负责人）组织项目专业质量检查员等进行验收。

钢筋间隔件安放检查记录

附表 13-2

<table>
<tr><td colspan="3">工程名称</td><td></td><td colspan="2">验收单位</td><td colspan="2"></td></tr>
<tr><td colspan="3">施工单位</td><td></td><td colspan="2">结构部位</td><td colspan="2"></td></tr>
<tr><td colspan="3">项目经理</td><td></td><td colspan="2">施工班组长</td><td colspan="2"></td></tr>
<tr><td rowspan="2">主控项目</td><td colspan="3">质量验收的规定</td><td colspan="3">施工单位
检查结果</td><td>监理（建设）
单位验收记录</td></tr>
<tr><td colspan="3">钢筋间隔件安放数量</td><td colspan="3"></td><td></td></tr>
<tr><td rowspan="5">一般项目</td><td colspan="3" rowspan="2">质量验收的规定</td><td colspan="3">施工单位检查结果</td><td rowspan="2">监理（建设）
单位验收记录</td></tr>
<tr><td>抽检数</td><td>合格数</td><td>不合格数</td></tr>
<tr><td>1</td><td colspan="2">钢筋间隔件安放方位</td><td></td><td></td><td></td><td></td></tr>
<tr><td>2</td><td colspan="2">平行于钢筋方向
位置偏差≤50mm</td><td></td><td></td><td></td><td></td></tr>
<tr><td>3</td><td colspan="2">垂直于钢筋方向
位置偏差≤0.5d</td><td></td><td></td><td></td><td></td></tr>
<tr><td colspan="4">施工单位检查评定结果</td><td colspan="4">项目专业质量检查员

年　月　日</td></tr>
<tr><td colspan="4">监理（建设）单位验收结论</td><td colspan="4">监理工程师（建设单位项目专业技术负责人）

年　月　日</td></tr>
</table>

注：本表由施工单位项目专业质量检查员填写，监理工程师（建设单位项目专业技术负责人）组织项目专业质量检查员等进行验收。

钢筋间隔件安放检查记录

附表 13-3

<table>
<tr><td colspan="3">工程名称</td><td></td><td colspan="2">验收单位</td><td colspan="2"></td></tr>
<tr><td colspan="3">施工单位</td><td></td><td colspan="2">结构部位</td><td colspan="2"></td></tr>
<tr><td colspan="3">项目经理</td><td></td><td colspan="2">施工班组长</td><td colspan="2"></td></tr>
<tr><td rowspan="2">主控项目</td><td colspan="2">质量验收的规定</td><td colspan="3">施工单位
检查结果</td><td colspan="2">监理（建设）
单位验收记录</td></tr>
<tr><td colspan="2">钢筋间隔件安放数量</td><td colspan="3"></td><td colspan="2"></td></tr>
<tr><td rowspan="5">一般项目</td><td colspan="2" rowspan="2">质量验收的规定</td><td colspan="3">施工单位检查结果</td><td colspan="2" rowspan="2">监理（建设）
单位验收记录</td></tr>
<tr><td>抽检数</td><td>合格数</td><td>不合格数</td></tr>
<tr><td>1</td><td>钢筋间隔件安放方位</td><td></td><td></td><td></td><td colspan="2"></td></tr>
<tr><td>2</td><td>平行于钢筋方向
位置偏差≤50mm</td><td></td><td></td><td></td><td colspan="2"></td></tr>
<tr><td>3</td><td>垂直于钢筋方向
位置偏差≤0.5d</td><td></td><td></td><td></td><td colspan="2"></td></tr>
<tr><td colspan="4">施工单位检查评定结果</td><td colspan="4">项目专业质量检查员

年 月 日</td></tr>
<tr><td colspan="4">监理（建设）单位验收结论</td><td colspan="4">监理工程师（建设单位项目专业技术负责人）

年 月 日</td></tr>
</table>

注：本表由施工单位项目专业质量检查员填写，监理工程师（建设单位项目专业技术负责人）组织项目专业质量检查员等进行验收。

附录钢筋-14　成型钢筋形状及代码

成型钢筋形状及代码　　　　附表 14-1

形状代码	形状示意图	形状代码	形状示意图
000	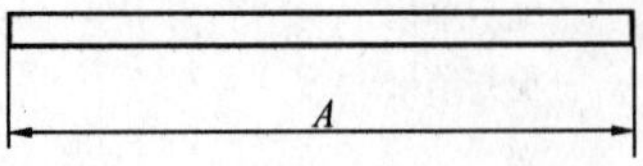 A	1000	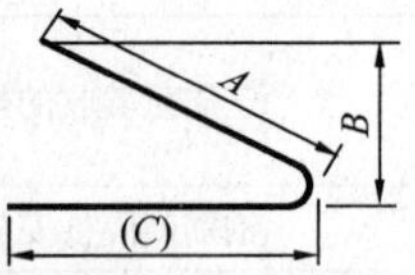 A B (C)
1011	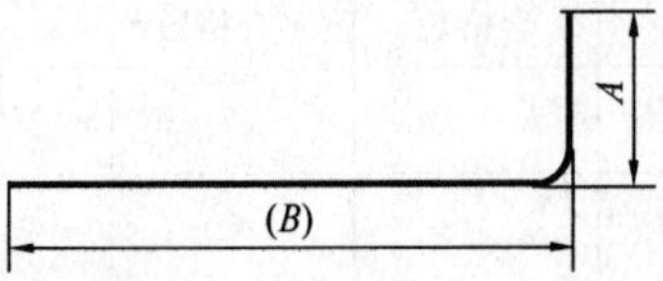 A (B)	1033	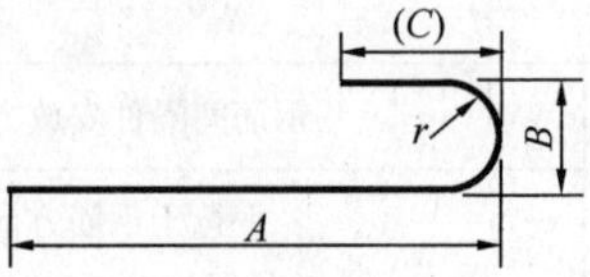 (C) r B A
1022	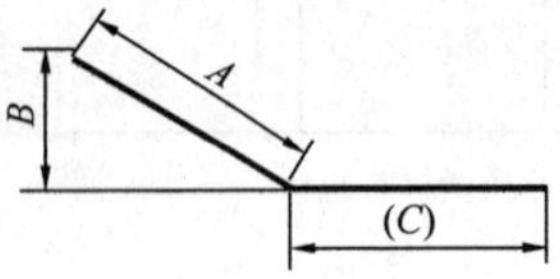 B A (C)		
2010	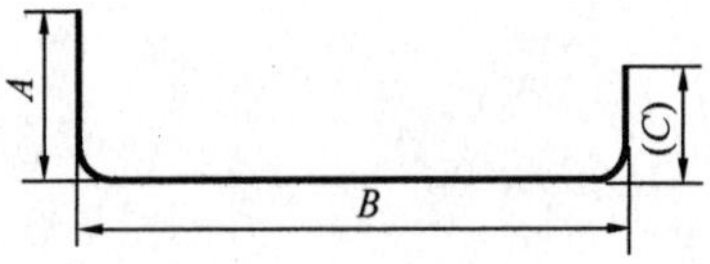 A (C) B	2011	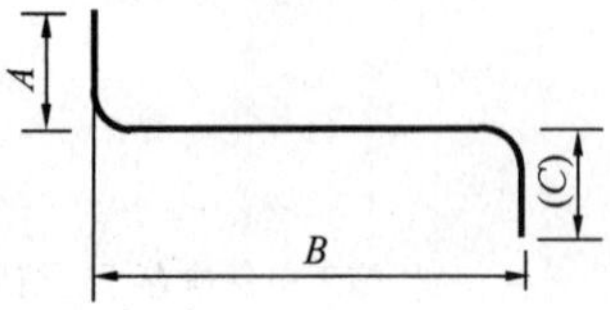 A (C) B
2020	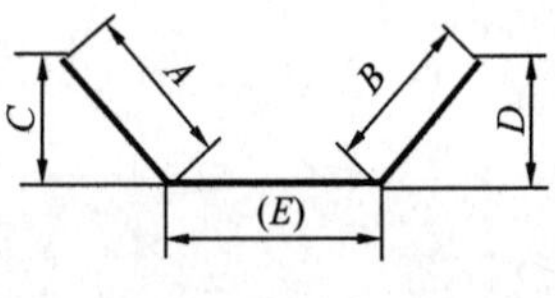 C A B D (E)	2021	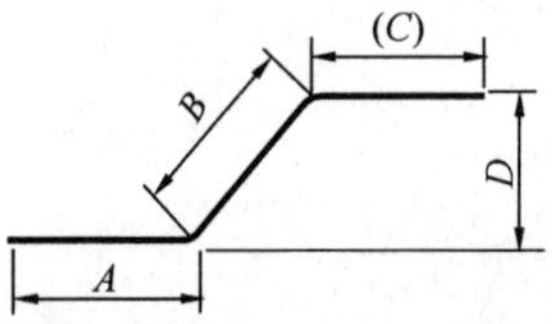 (C) B D A
2030	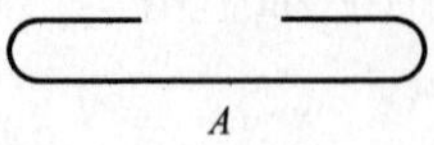 A	2031	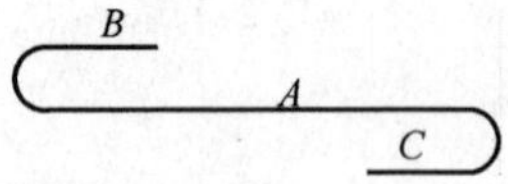 B A C
2040		2041	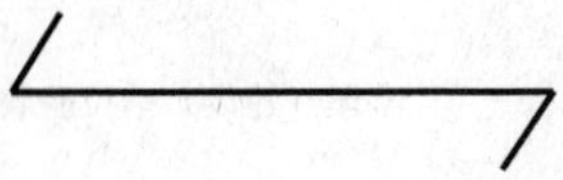
2050	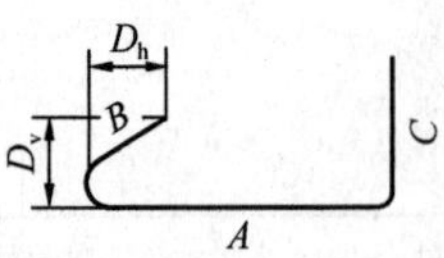 D_h B D_v C A	2051	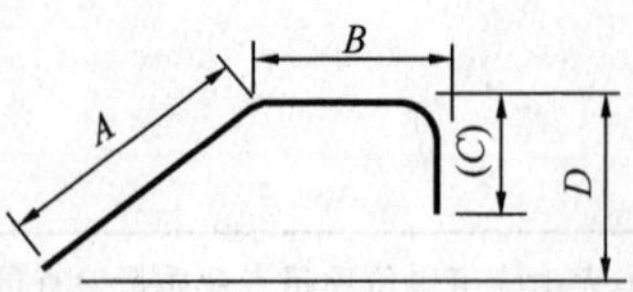 B A (C) D

续表

形状代码	形状示意图	形状代码	形状示意图
2060	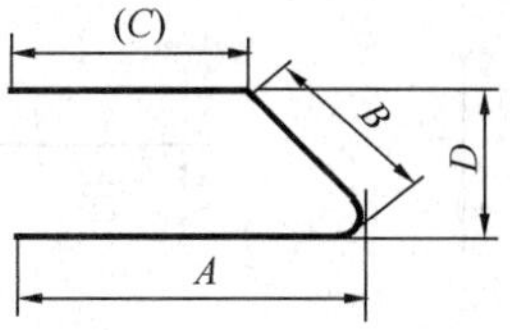	2061	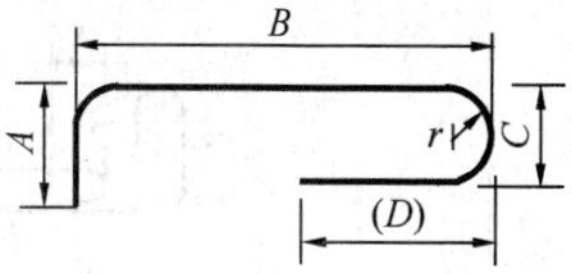
3010	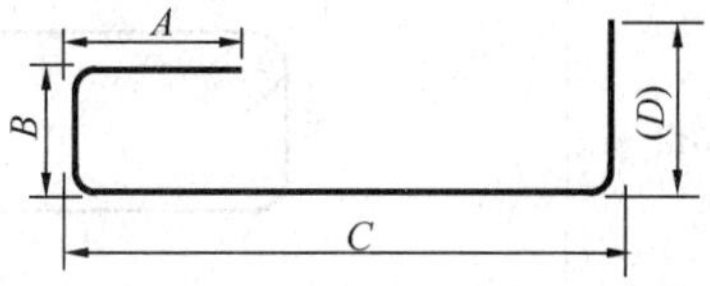	3011	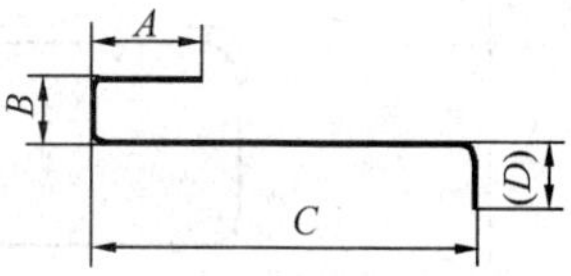
30212	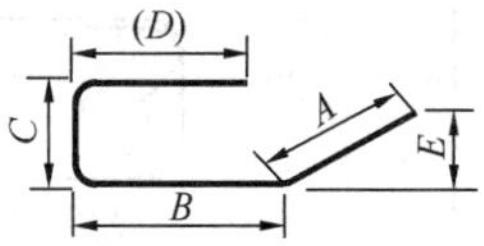	3013	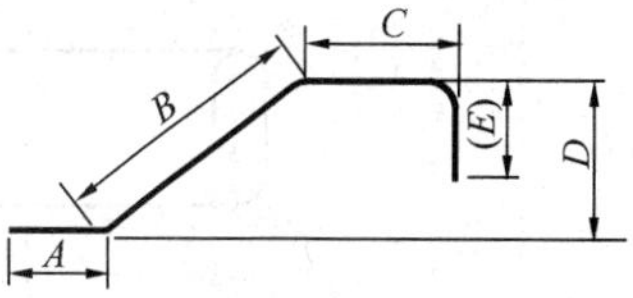
3020	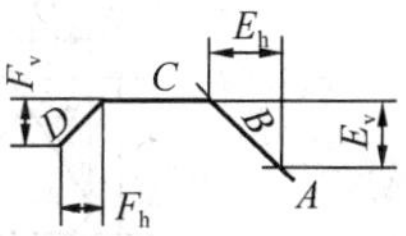	3021	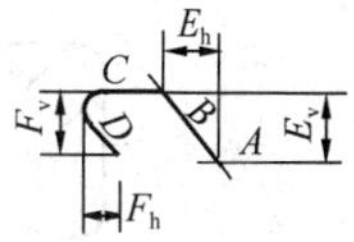
3022	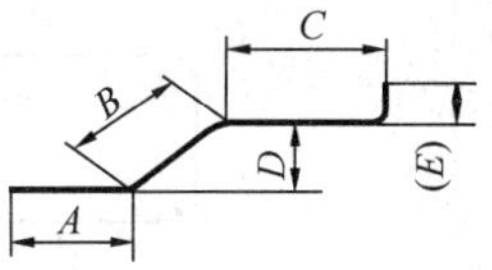		
3070	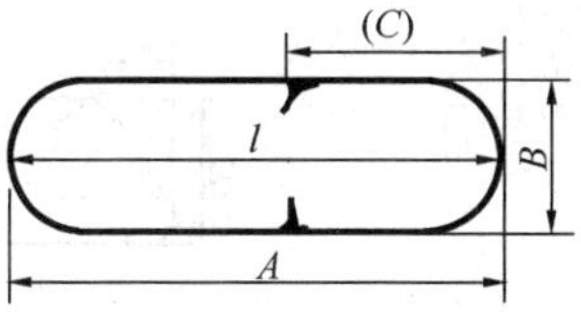	3071	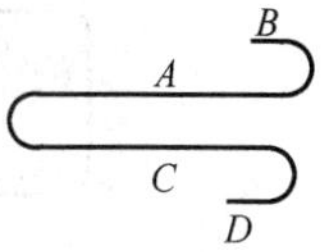
4010	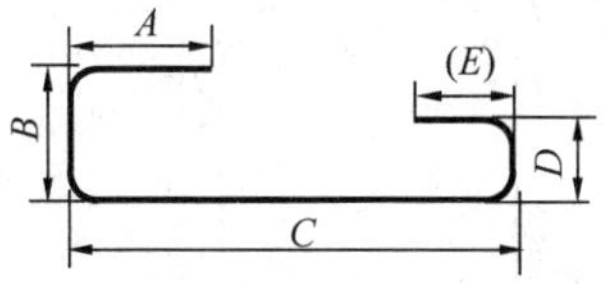	4011	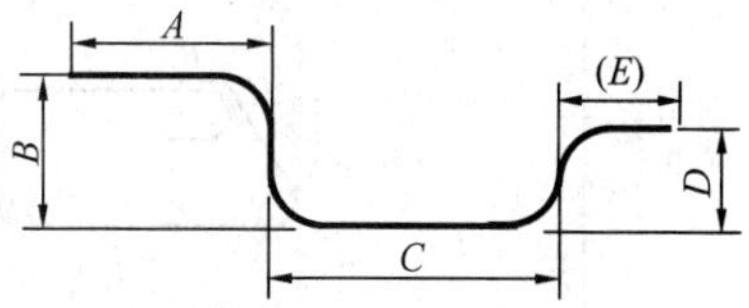
4012	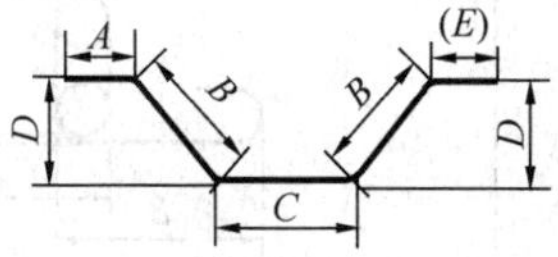	4013	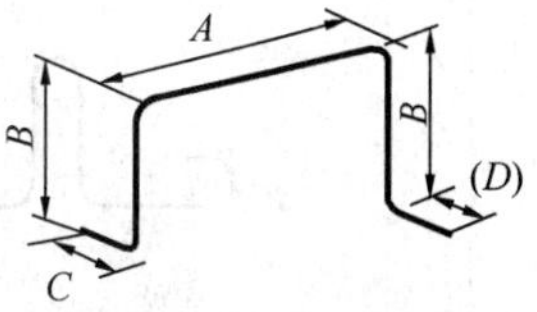
4020	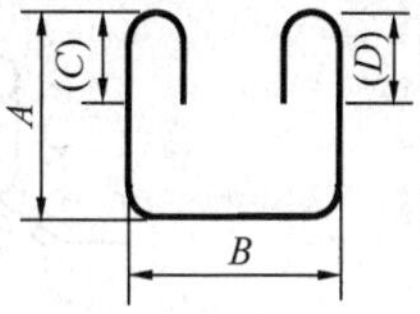	4021	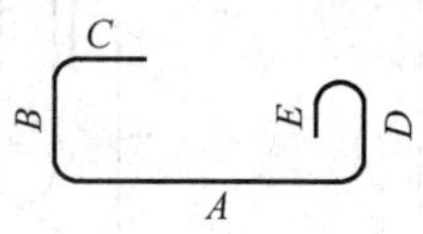

续表

形状代码	形状示意图	形状代码	形状示意图
4030	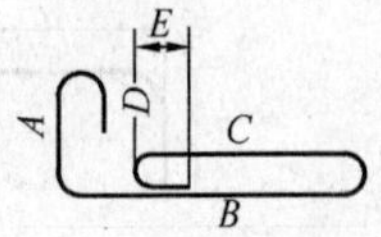 A D E C B	4031	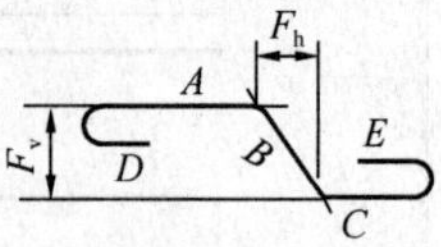 F_h A F_v D B E C
5010	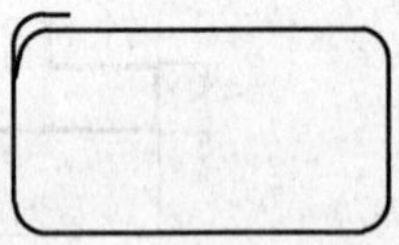	5011	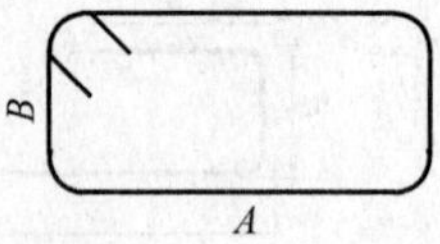 B A
5012	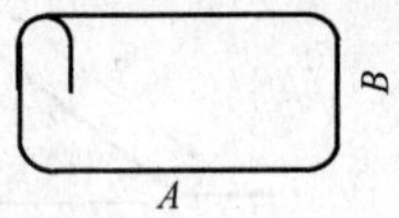 B A	5013	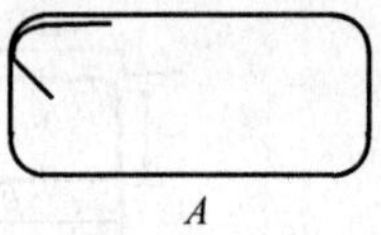 A
5020	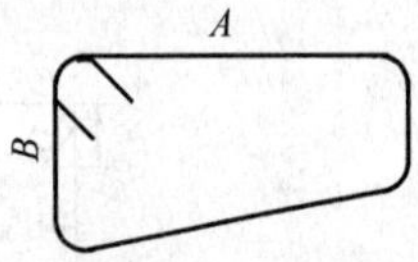 A B	5021	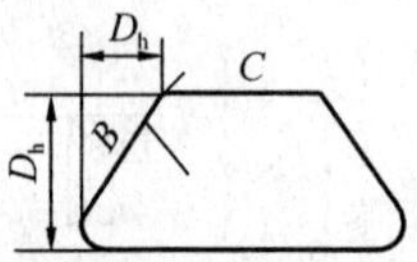 D_h C D_h B A
5022	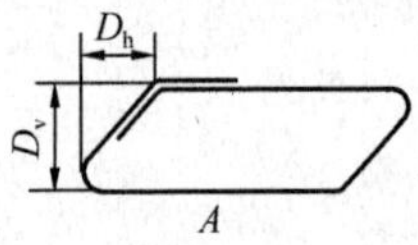 D_h D_v A	5023	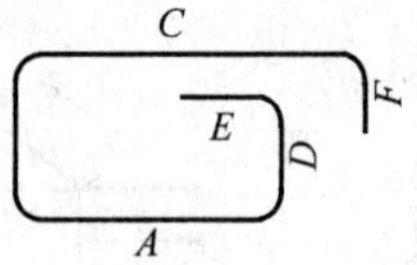 C F E D A
5024	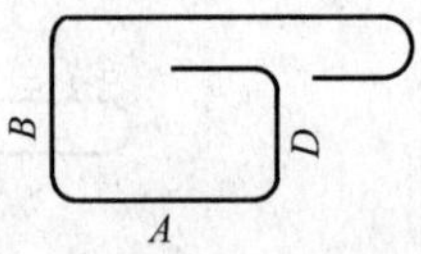 B D A	5025	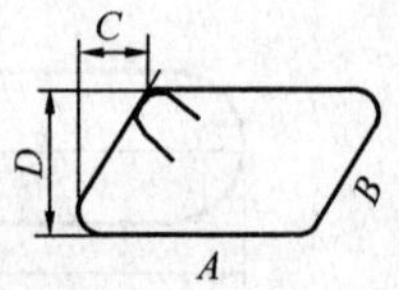 C D B A
5026	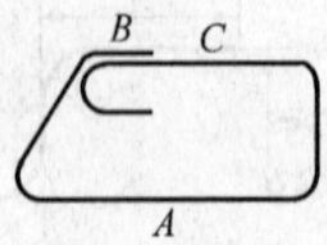 B C A		
5070	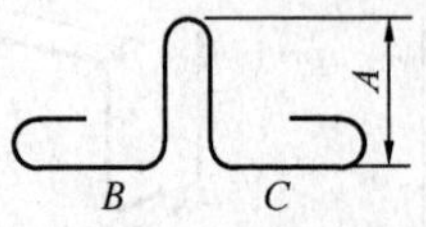 A B C	5071	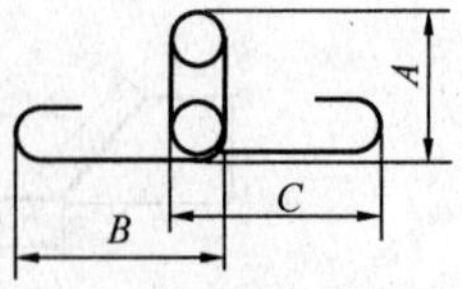 A C B
5072	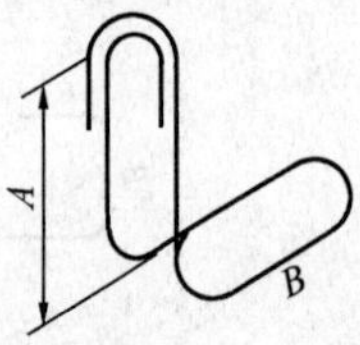 A B	5073	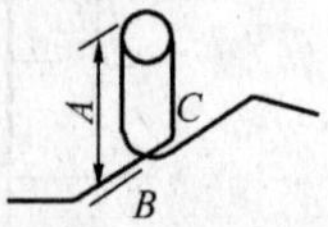 A C B

续表

形状代码	形状示意图	形状代码	形状示意图
6010	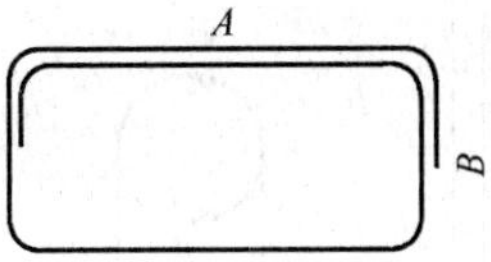 A B	6011	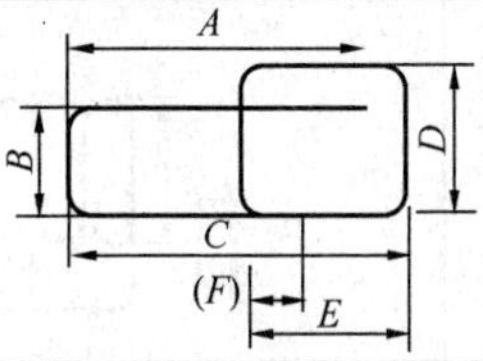 A B D C (F) E
6012	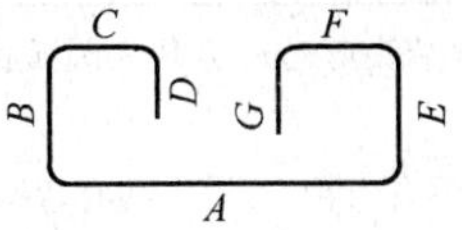 C F B D G E A	6013	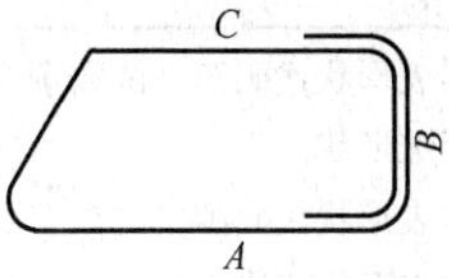 C B A
6020	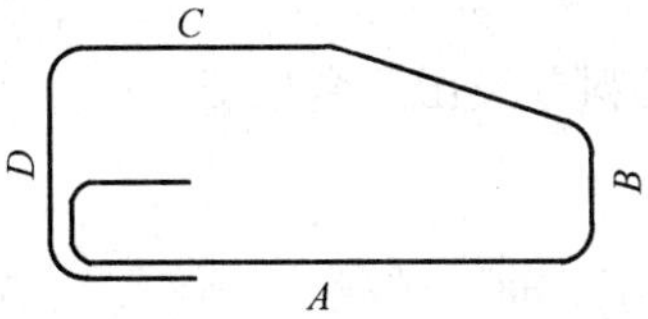 C D B A	6021	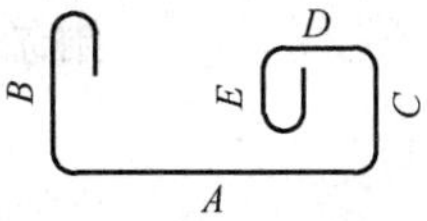 D B E C A
6022	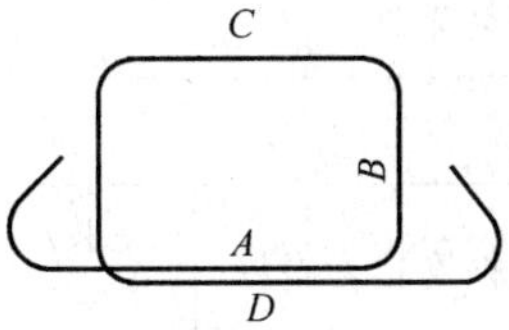 C B A D	6023	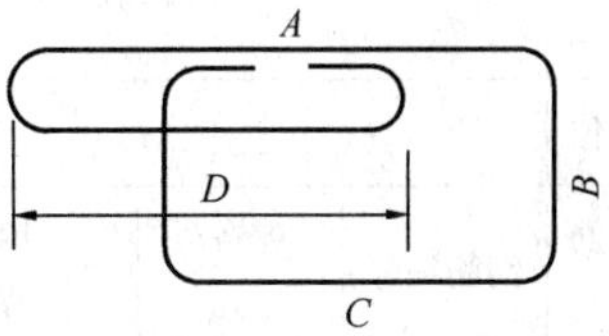 A D B C
7010	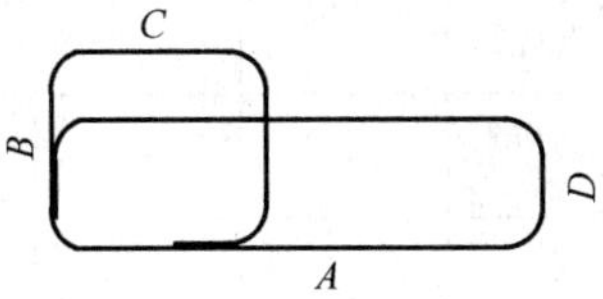 C B D A	7011	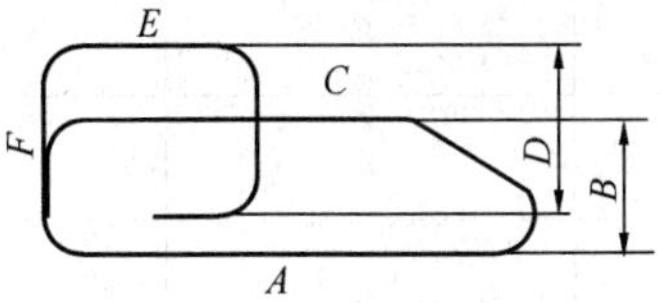 E C F D B A
7012	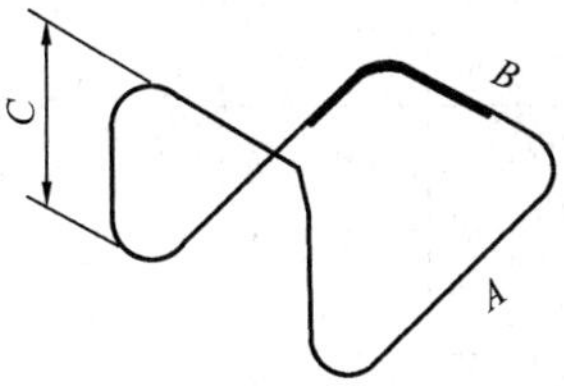 C B A		
7020	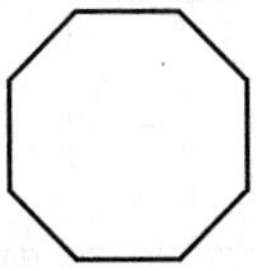	7021	
8010			
8020	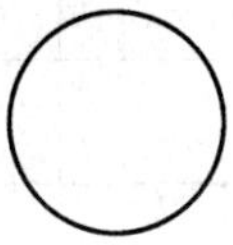	8021	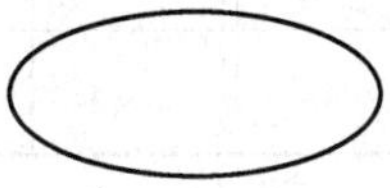

续表

形状代码	形状示意图	形状代码	形状示意图
8030	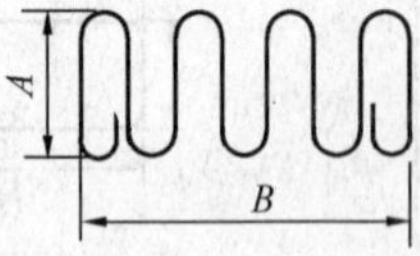	8031	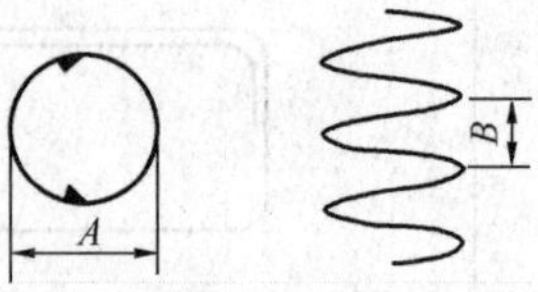

注 1：本表形状代码第一位数字 0～7 代表成型钢筋的弯折次数（不包含端头弯钩），8 代表圆弧状或螺旋状，9 代表所有非标准形状。

注 2：本表形状代码第二位数字 0～2 代表成型钢筋端头弯钩特征：0—没有弯钩，1—一端有弯钩；2—两端有弯钩。

注 3：本表形状代码第三、四位数字 00.90 代表成型钢筋形状。

附录钢筋-15　成型钢筋加工配料单及出厂合格证

钢筋配料单　　　　**附表 15-1**

第　　页/共　　页　　　　配料单编号：

施工单位		工程名称	
供货单位		结构部位	

成型钢筋代码	钢筋编号	规格/mm	钢筋示意图 单位：mm	下料长度/mm	每件根数	总根数	总长/m	总重/kg	备注

审核：　　　　　　　　制表：　　　　　　　　年　　月　　日

成型钢筋出厂合格证 附表 15-2

成型钢筋出厂合格证					编　　号		
工程名称					合格证编号		
委托单位					钢筋种类		
供应总量/kg				加工日期		供货日期	
序号	牌号规格	供应数量/kg	进货日期	生产厂家	原材报告编号	复试报告编号	使用部位

备注：

供应单位技术负责人	填表人	供应单位全称（盖章）
填表日期		

参考资料

[1] 侯君伟，张玉明．钢筋工程实用手册[M]．北京：中国建筑工业出版社，2008.

4 预应力工程

4.1 一般规定

本章适用于工业与民用建筑及构筑物中的现浇后张预应力混凝土及预制的后张法预应力混凝土构件，同时适用于渡槽、筒仓、高耸构筑物等工程。另外，还适用于预应力钢结构、预应力结构的加固及体外预应力工程。本章不适用于核电站安全壳预应力混凝土工程。

预应力施工应遵循以下的规定：

1. 预应力施工必须由具有预应力专项施工资质的专业施工单位进行。

2. 预应力专业施工单位或预制构件的生产商所进行的深化设计应经原设计单位认可。

3. 在施工前，预应力专业施工单位或预制构件的生产商应根据设计文件，编制专项施工方案。预应力专项施工方案应包括以下内容：

(1) 工程概况、施工顺序、工艺流程。

(2) 预应力施工方法，包括预应力筋制作、孔道预留、预应力筋安装、预应力筋放张、孔道灌浆和封锚等；

(3) 材料采购和检验、机械配备和张拉设备标定；

(4) 施工进度和劳动力安排、材料供应计划；

(5) 有关工序（模板、钢筋、混凝土等）的配合要求；

(6) 施工质量要求和质量保证措施；

(7) 施工安全要求和安全保证措施；

(8) 施工现场管理机构。

4. 预应力混凝土工程应依照设计要求的施工顺序施工，并应考虑各施工阶段偏差对结构安全度的影响。必要时应进行施工监测，并采取相应调整措施。

4.2 预应力材料

4.2.1 预应力筋品种与规格

预应力筋按材料类型可分为金属预应力筋和非金属预应力筋。非金属预应力筋，主要有碳纤维增强塑料（CFRP）、玻璃纤维增强塑料（GFRP）等，目前国内外在部分工程中有少量应用。在建筑结构中使用的是预应力高强钢筋。

预应力高强钢筋是一种特殊的钢筋品种，使用的都是高强度钢材。主要有钢丝、钢绞线、钢筋（钢棒）等。高强度、低松弛预应力筋已成为我国预应力筋的主导产品。

目前工程中常用的预应力钢材品种有：

1. 预应力钢绞线，常用直径 $\phi^s 12.7$mm，$\phi^s 15.2$mm，标准抗拉强度 1860MPa，作为主导预应力筋品种用于各类预应力结构；

2. 预应力钢丝，常用直径 $\phi 4 \sim \phi 8$mm，标准抗拉强度 1570～1860MPa，一般用于后张预应力结构或先张预应力构件。

3. 预应力螺纹钢筋及钢拉杆等，预应力螺纹钢筋抗拉强度为980～1230MPa，主要用于桥梁、边坡支护等，用量较少。预应力钢拉杆直径一般在ϕ20～ϕ210mm，抗拉强度为375～850MPa，目前预应力钢拉杆主要用于大跨度空间钢结构、船坞、码头及坑道等领域。

4. 不锈钢绞线等。

常用预应力钢材弹性模量见表4-2-1。

预应力钢材弹性模量（$\times10^5 N/mm^2$） **表4-2-1**

种　　类	弹性模量 E_s
消除应力钢丝（光面钢丝、螺旋钢丝、刻痕钢丝）	2.05
钢绞线	1.95

注：必要时钢绞线可采用实测的弹性模量。

4.2.1.1　预应力钢丝

预应力钢丝是用优质高碳钢盘条经过表面准备、拉丝及稳定化处理而成的钢丝总称。预应力钢丝根据深加工要求不同和表面形状不同分类如下：

1. 冷拉钢丝

冷拉钢丝是用盘条通过拔丝模拔轧辊经冷加工而成产品，以盘卷供货的钢丝，可用于制造铁路轨枕、压力水管、电杆等预应力混凝土先张法构件。

2. 消除应力钢丝（普通松弛型WNR）

消除应力钢丝（普通松弛型）是冷拔后经高速旋转的矫直辊筒矫直，并经回火处理的钢丝。钢丝经矫直回火后，可消除钢丝冷拔中产生的残余应力，提高钢丝的比例极限、屈强比和弹性模量，并改善塑性；同时获得良好地伸直性，施工方便。

3. 消除应力钢丝（低松弛型WLR）

消除应力钢丝（低松弛型）是冷拔后在张力状态下（在塑性变形下）经回火处理的钢丝。这种钢丝，不仅弹性极限和屈服强度提高，而且应力松弛率大大降低，因此特别适用于抗裂要求高的工程，同时钢材用量减少，经济效益显著，这种钢丝已逐步在建筑、桥梁、市政、水利等大型工程中推广应用。

4. 刻痕钢丝

刻痕钢丝是用冷轧或冷拔方法使钢丝表面产生规则间隔的凹痕或凸纹的钢丝，见图4-2-1。这种钢丝的性能与矫直回火钢丝基本相同，但由于钢丝表面凹痕或凸纹可增加与混凝土的握裹粘结力，故可用于先张法预应力混凝土构件。

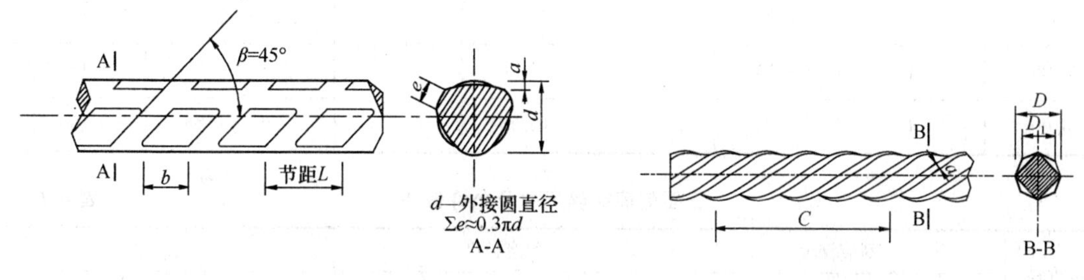

图4-2-1　三面刻痕钢丝示意图　　图4-2-2　螺旋肋钢丝示意图

5. 螺旋肋钢丝

螺旋肋钢丝是通过专用拔丝模冷拔方法使钢丝表面沿长度方向上产生规则间隔的肋条的钢丝，见图4-2-2。钢丝表面螺旋肋可增加与混凝土的握裹力。这种钢丝可用于先张法预应力混凝土构件。

预应力钢丝的规格与力学性能应符合国家标准《预应力混凝土用钢丝》GB/T 5223—2002

的规定，见表 4-2-2～表 4-2-7。

光圆钢丝尺寸及允许偏差、每米参考质量 **表 4-2-2**

<table>
<tr><th>公称直径 d_n
/mm</th><th>直径允许偏差
/mm</th><th>公称横截面积 S_n
/mm²</th><th>每米参考质量
/(g/m)</th></tr>
<tr><td>3.00</td><td rowspan="2">±0.04</td><td>7.07</td><td>55.5</td></tr>
<tr><td>4.00</td><td>12.57</td><td>98.6</td></tr>
<tr><td>5.00</td><td rowspan="4">±0.05</td><td>19.63</td><td>154</td></tr>
<tr><td>6.00</td><td>28.27</td><td>222</td></tr>
<tr><td>6.25</td><td>30.68</td><td>241</td></tr>
<tr><td>7.00</td><td>38.48</td><td>302</td></tr>
<tr><td>8.00</td><td rowspan="5">±0.06</td><td>50.26</td><td>394</td></tr>
<tr><td>9.00</td><td>63.62</td><td>499</td></tr>
<tr><td>10.00</td><td>78.54</td><td>616</td></tr>
<tr><td>12.00</td><td>113.1</td><td>888</td></tr>
</table>

螺旋肋钢丝的尺寸及允许偏差 **表 4-2-3**

<table>
<tr><th rowspan="2">公称直径
d_n/mm</th><th rowspan="2">螺旋肋
数量/条</th><th colspan="2">基圆尺寸</th><th colspan="2">外轮廓尺寸</th><th>单肋尺寸</th><th rowspan="2">螺旋肋导程
C/mm</th></tr>
<tr><th>基圆直径
D_1/mm</th><th>允许偏差
/mm</th><th>外轮廓直径
D/mm</th><th>允许偏差
/mm</th><th>宽度 a/mm</th></tr>
<tr><td>4.00</td><td>4</td><td>3.85</td><td rowspan="9">±0.05</td><td>4.25</td><td rowspan="5">±0.05</td><td>0.90～1.30</td><td>24～30</td></tr>
<tr><td>4.80</td><td>4</td><td>4.60</td><td>5.10</td><td rowspan="2">1.30～1.70</td><td rowspan="2">28～36</td></tr>
<tr><td>5.00</td><td>4</td><td>4.80</td><td>5.30</td></tr>
<tr><td>6.00</td><td>4</td><td>5.80</td><td>6.30</td><td rowspan="2">1.60～2.00</td><td>30～38</td></tr>
<tr><td>6.25</td><td>4</td><td>6.00</td><td>6.70</td><td>30～40</td></tr>
<tr><td>7.00</td><td>4</td><td>6.73</td><td>7.46</td><td rowspan="4">±0.10</td><td>1.80～2.20</td><td>35～45</td></tr>
<tr><td>8.00</td><td>4</td><td>7.75</td><td>8.45</td><td>2.00～2.40</td><td>40～50</td></tr>
<tr><td>9.00</td><td>4</td><td>8.75</td><td>9.45</td><td>2.10～2.70</td><td>42～52</td></tr>
<tr><td>10.00</td><td>4</td><td>9.75</td><td>10.45</td><td>2.50～3.00</td><td>45～58</td></tr>
</table>

三面刻痕钢丝尺寸及允许偏差 **表 4-2-4**

<table>
<tr><th rowspan="2">公称直径
d_n/mm</th><th colspan="2">刻痕深度</th><th colspan="2">刻痕长度</th><th colspan="2">节　距</th></tr>
<tr><th>公称深度
/mm</th><th>允许偏差
/mm</th><th>公称长度
b/mm</th><th>允许偏差
/mm</th><th>公称节距
L/mm</th><th>允许偏差
/mm</th></tr>
<tr><td>≤5.00</td><td>0.12</td><td rowspan="2">±0.05</td><td>3.5</td><td rowspan="2">±0.05</td><td>5.5</td><td rowspan="2">±0.05</td></tr>
<tr><td>>5.00</td><td>0.15</td><td>5.0</td><td>8.0</td></tr>
</table>

注：公称直径指横截面积等同于光圆钢丝横截面积时所对应的直径。

冷拉钢丝的力学性能 **表 4-2-5**

公称直径 d_n（mm）	抗拉强度 σ_b（MPa）不小于	规定非比例伸长应力 $\sigma_{p0.2}$（MPa）不小于	最大力下总伸长率（L_0=200mm）δ_{gt}（%）不小于	弯曲次数（次/180°）不小于	弯曲半径 R（mm）	断面收缩率 ϕ（%）不小于	每 210mm 扭矩的扭转次数 n 不小于	初始应力相当于 70%公称抗拉强度时，1000h 后应力松弛率 r（%）不大于
3.00	1470	1100	1.5	4	7.5	—	—	8
4.00	1570	1180		4	10	35	8	
5.00	1670 1770	1250 1330		4	15		8	
6.00	1470	1100		5	15	30	7	
7.00	1570	1180		5	20		6	
8.00	1670 1770	1250 1330		5	20		5	

消除应力的刻痕钢丝的力学性能 **表 4-2-6**

<table>
<tr><th rowspan="3">公称直径 d_n（mm）</th><th rowspan="3">抗拉强度 σ_b（MPa）不小于 MPa</th><th colspan="2" rowspan="2">规定非比例伸长应力 $\sigma_{p0.2}$（MPa）不小于</th><th rowspan="3">最大力下总伸长率（L_0=200mm）δ_{gt}（%）不小于</th><th rowspan="3">弯曲次数（次/180°）不小于</th><th rowspan="3">弯曲半径 R（mm）</th><th colspan="3">应力松弛性能</th></tr>
<tr><th rowspan="2">初始应力相当于公称抗拉强度的百分数（%）</th><th colspan="2">1000h 后应力松弛 r（%）不大于</th></tr>
<tr><th>WLR</th><th>WNR</th><th>WLR</th><th>WNR</th></tr>
<tr><td></td><td></td><td></td><td></td><td></td><td></td><td></td><td colspan="3">对所有规格</td></tr>
<tr><td rowspan="3">≤5.0</td><td rowspan="3">1470
1570
1670
1770
1860</td><td rowspan="3">1290
1380
1470
1560
1640</td><td rowspan="3">1250
1330
1410
1500
1580</td><td rowspan="4">3.5</td><td rowspan="4">3</td><td rowspan="3">15</td><td>60</td><td>1.5</td><td>4.5</td></tr>
<tr><td>70</td><td>2.5</td><td>8</td></tr>
<tr><td rowspan="2">80</td><td rowspan="2">4.5</td><td rowspan="2">12</td></tr>
<tr><td>>5.0</td><td>1470
1570
1670
1770</td><td>1290
1380
1470
1560</td><td>1250
1330
1410
1500</td><td>20</td></tr>
</table>

消除应力光圆及螺旋肋钢丝的力学性能　　　　表 4-2-7

公称直径 d_n (mm)	抗拉强度 σ_b (MPa) 不小于 MPa	规定非比例伸长应力 $\sigma_{p0.2}$ (MPa) 不小于		最大力下总伸长率 (L_0=200mm) δ_{gt} (%) 不小于	弯曲次数 (次/180°) 不小于	弯曲半径 R (mm)	应力松弛性能		
							初始应力相当于公称抗拉强度的百分数 (%)	1000h 后应力松弛 r (%) 不大于	
		WLR	WNR					WLR	WNR
							对所有规格		
4.00	1470	1290	1250		3	10	60	1.0	4.5
	1570	1380	1330						
4.80	1670	1470	1410		4	15			
	1770	1560	1500						
5.00	1860	1640	1580						
6.0	1470	1290	1250		4	15	70	2.0	8
6.25	1570	1380	1330	3.5	4	20			
7.00	1670	1470	1410		4	20			
	1770	1560	1500						
8.0	1470	1290	1250		4	20	80	4.5	12
9.0	1570	1380	1330		4	25			
10.0	1470	1290	1250		4	25			
12.0					4	30			

4.2.1.2　预应力钢绞线

预应力钢绞线是由多根冷拉钢丝在绞线机上成螺旋形绞合，并经连续的稳定化处理而成的总称。钢绞线的整根破断力大，柔性好，施工方便，在土木工程中的应用非常广泛。

预应力钢绞线按捻制结构不同可分为：1×2 钢绞线、1×3 钢绞线和 1×7 钢绞线等，外形示意见图 4-2-3。其中 1×7 钢绞线用途最为广泛，即适用先张法，又适用于后张法预应力混凝土结构。它是由 6 根外层钢丝围绕着一根中心钢丝顺一个方向扭结而成。1×2 钢绞线和 1×3 钢绞线仅用于先张法预应力混凝土构件。

钢绞线根据加工要求不同又可分为：标准型钢绞线、刻痕钢绞线和模拔钢绞线。

1. 标准型钢绞线

标准型钢绞线即消除应力钢绞线，是由冷拉光圆钢丝捻制成的钢绞线，标准型钢绞线力学性能优异、质量稳定、价格适中，是我国土木建筑工程中用途最广、用量最大的一种预应力筋。

2. 刻痕钢绞线

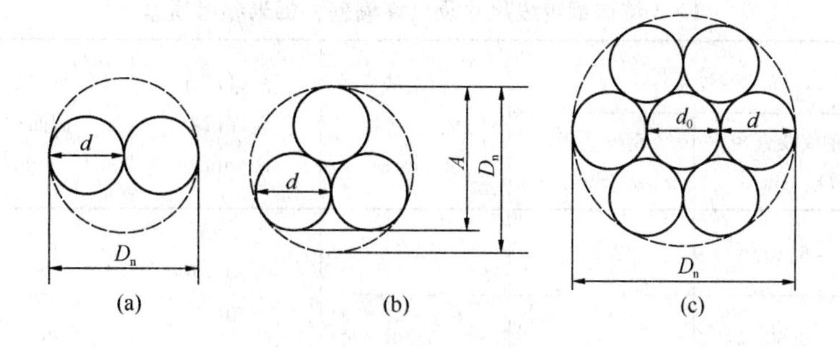

图 4-2-3　预应力钢绞线

（a）1×2 钢绞线；（b）1×3 钢绞线；（c）1×7 钢绞线；

D—外层钢丝直径；d_0—中心钢丝钢丝直径；

D_n—钢绞线公称直径；A—1×3 钢绞线测量尺寸

刻痕钢绞线是由刻痕钢丝捻制成的钢绞线，可增加钢绞线与混凝土的握裹力。其力学性能与标准型钢绞线相同。

3. 模拔钢绞线

模拔钢绞线是在捻制成型后，再经模拔处理制成。这种钢绞线内的各根钢丝为面接触，使钢绞线的密度提高约 18%。在相同截面面积时，该钢绞线的外径较小，可减少孔道直径；在相同直径的孔道内，可使钢绞线的数量增加，而且它与锚具的接触面较大，易于锚固。

预应力筋进场时，每一合同批次应附有质量证明书，在每捆（盘）上都应挂有标牌。在质量证明书中应注明供方、预应力筋品种、强度级别、规格、重量和件数、执行标准号、盘号和检验结果、检验日期、技术监督部门印章等。在标牌上应注明供方、预应力筋品种、强度级别、规格、盘号、净重、执行标准号等。

各类预应力工程预应力筋的进场质量检验，应首先依照《混凝土结构工程施工质量验收规范》GB 50204—2002 及产品的应用技术规程规定进行，若无产品应用技术规程时，应分别依照相应的产品标准中出厂检验规则进行。

钢绞线的规格和力学性能应符合国家标准《预应力混凝土用钢绞线》GB/T 5224—2003 的规定，见表 4-2-8～表 4-2-13。

1×2 结构钢绞线尺寸及允许偏差、每米参考质量　　　　**表 4-2-8**

钢绞线结构	公称直径		钢绞线直径允许偏差（mm）	钢绞线参考截面积 S_n（mm^2）	每米钢绞线参考质量（g/m）
	钢绞线直径 D_n（mm）	钢丝直径 d（mm）			
1×2	5.00	2.50	+0.15 −0.05	9.82	77.1
	5.80	2.90		13.2	104
	8.00	4.00	+0.25 −0.10	25.1	197
	10.00	5.00		39.3	309
	12.00	6.00		56.5	444

1×3 结构钢绞线尺寸及允许偏差、每米参考质量　　表 4-2-9

钢绞线结构	公称直径		钢绞线测量尺寸 A（mm）	测量尺寸允许偏差 A（mm）	钢绞线参考截面积 S_n（mm^2）	每米钢绞线参考质量（g/m）
	钢绞线直径 D_n（mm）	钢丝直径 d（mm）				
1×3	6.20	2.90	5.41	+0.15 −0.05	19.8	155
	6.50	3.00	5.60		21.2	166
	8.60	4.00	7.46	+0.20 −0.10	37.7	296
	8.74	4.05	7.56		38.6	303
	10.80	5.00	9.33		58.9	462
	12.90	6.00	11.2		84.8	666
1×3I	8.74	4.05	7.56		38.6	303

1×7 结构钢绞线尺寸及允许偏差、每米参考质量　　表 4-2-10

钢绞线结构	公称直径 D_n（mm）	直径允许偏差（mm）	钢绞线参考截面积 S_n（mm^2）	每米钢绞线参考质量（g/m）	中心钢丝直径 d_0 加大范围（%）不小于
1×7	9.50	+0.30 −0.15	54.8	430	2.5
	11.10		74.2	582	
	12.70	+0.40 −0.20	98.7	775	
	15.20		140	1101	
	15.70		150	1178	
	17.80		191	1500	
(1×7)C	12.70	+0.40 −0.20	112	890	
	15.20		165	1295	
	18.00		223	1750	

1×2 结构钢绞线力学性能 表 4-2-11

钢绞线结构	钢绞线公称直径 D_n（mm）	抗拉强度 R_m（MPa）不小于	整根钢绞线的最大力 F_m（kN）不小于	规定非比例延伸力 $F_{p0.2}$（kN）不小于	最大总伸长率（$L_0 \geqslant$ 400mm）A_{gt}（%）不小于	应力松弛性能	
						初始负荷相当于公称最大力的百分数（%）	1000h 后应力松弛率 r（%）不大于
1×2	5.00	1570	15.4	13.9	对所有规格	对所有规格	对所有规格
		1720	16.9	15.2			
		1860	18.3	16.5			
		1960	19.2	17.3			
	5.80	1570	20.7	18.6		60	1.0
		1720	22.7	20.4			
		1860	24.6	22.1			
		1960	25.9	23.3	3.5	70	2.5
	8.00	1470	36.9	33.2			
		1570	39.4	35.5			
		1720	43.2	38.9		80	4.5
		1860	46.7	42.0			
		1960	49.2	44.3			
	10.00	1470	57.8	52.0			
		1570	61.7	55.5			
		1720	67.6	60.8			
		1860	73.1	65.8			
		1960	77.0	69.3			
	12.00	1470	83.1	74.8			
		1570	88.7	79.8			
		1720	92.7	87.5			
		1860	105	94.5			

注：规定非比例延伸力 $F_{p0.2}$ 值不小于整根钢绞线公称最大力 F_m 的 90%。

1×3 结构钢绞线力学性能 表 4-2-12

钢绞线结构	钢绞线公称直径 D_n（mm）	抗拉强度 R_m（MPa）不小于	整根钢绞线的最大力 F_m（kN）不小于	规定非比例延伸力 $F_{p0.2}$（kN）不小于	最大总伸长率（$L_0 \geqslant$ 400mm）A_{gt}（%）不小于	应力松弛性能	
						初始负荷相当于公称最大力的百分数（%）	1000h 后应力松弛率 r（%）不大于
1×3	6.20	1570	31.1	28.0	对所有规格	对所有规格	对所有规格
		1720	34.1	30.7			
		1860	36.8	33.1			
		1960	38.8	34.9			
	6.50	1570	33.3	30.0		60	1.0
		1720	36.5	32.9			
		1860	39.4	35.5			
		1960	41.6	37.4			
	8.60	1470	55.4	49.9	3.5	70	2.5
		1570	59.2	53.3			
		1720	64.8	58.3			
		1860	70.1	63.1			
		1960	73.9	66.5			
	8.74	1570	60.6	54.5			
		1670	64.5	58.1			
		1860	71.8	64.6			
	10.80	1470	86.6	77.9		80	4.5
		1570	92.5	83.3			
		1720	101	90.9			
		1860	110	99.0			
		1960	115	104			
	12.90	1470	125	113			
		1570	133	120			
		1720	146	131			
		1860	158	142			
		1960	166	149			
1×3I	8.74	1570	60.6	54.5			
		1670	64.5	58.1			
		1860	71.8	64.6			

注：规定非比例延伸力 $F_{p0.2}$ 值不小于整根钢绞线公称最大力 F_m 的 90%。

1×7 结构钢绞线力学性能 **表 4-2-13**

钢绞线结构	钢绞线公称直径 D_n（mm）	抗拉强度 R_m（MPa）不小于	整根钢绞线的最大力 F_m（kN）不小于	规定非比例延伸力 $F_{p0.2}$（kN）不小于	最大总伸长率（$L_0\geqslant$400mm）A_{gt}（%）不小于	应力松弛性能：初始负荷相当于公称最大力的百分数（%）	应力松弛性能：1000h 后应力松弛率 r（%）不大于
1×7	9.50	1720	94.3	84.9	对所有规格	对所有规格	对所有规格
		1860	102	91.8			
		1960	107	96.3			
	11.10	1720	128	115		60	1.0
		1860	138	124			
		1960	145	131			
	12.70	1720	170	153			
		1860	184	166	3.5	70	2.5
		1960	193	174			
	15.20	1470	206	185			
		1570	220	198			
		1670	234	211			
		1720	241	217		80	4.5
		1860	260	234			
		1960	274	247			
	15.70	1770	266	239			
		1860	279	251			
	17.80	1720	327	294			
		1860	353	318			
(1×7)C	12.70	1860	208	187			
	15.20	1820	300	270			
	18.00	1720	384	346			

注：规定非比例延伸力 $F_{p0.2}$ 值不小于整根钢绞线公称最大力 F_m 的 90%。

4.2.1.3 螺纹钢筋及钢拉杆

1. 螺纹钢筋

精轧螺纹钢筋是一种用热轧方法在整根钢筋表面上轧出带有不连续的外螺纹、不带纵肋的直条钢筋，见图 4-2-4。该钢筋用连接器进行接长，端头锚固直接用螺母进行锚固。这种钢筋具有连接可靠、锚固简单、施工方便、无需焊接等优点。

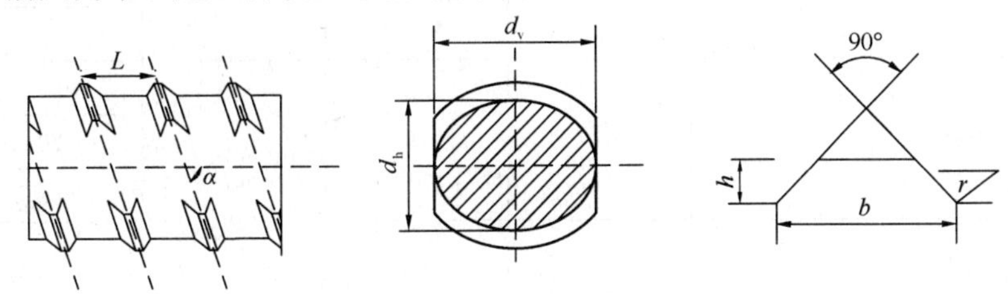

图 4-2-4 螺纹钢筋外形

d_h—基圆直径；d_v—基圆直径；h—螺纹高；b—螺纹底宽；L—螺距；r—螺纹根弧；α—导角

螺纹钢筋的规格和力学性能应符合国家标准《预应力混凝土用螺纹钢筋》GB/T 20065—2006 的规定，见表 4-2-14，表 4-2-15。

螺纹钢筋规格 **表 4-2-14**

公称直径（mm）	公称截面面积（mm^2）	有效截面系数	理论截面面积（mm^2）	理论重量（kg/m）
18	254.5	0.95	267.9	2.11
25	490.9	0.94	522.2	4.10
32	804.2	0.95	846.5	6.65
40	1256.6	0.95	1322.7	10.34
50	1963.5	0.95	2066.8	16.28

螺纹钢筋力学性能 **表 4-2-15**

级 别	屈服强度 R_{eL}（MPa）	抗拉强度 R_m（MPa）	断后伸长率 A（%）	最大力下总伸长率 A_{gt}（%）	应力松弛性能	
	不小于				初始应力	1000h 后应力松弛率 V_r（%）
PSB785	785	980	7	3.5	$0.8R_{eL}$	≤3
PSB830	830	1030	6			
PSB930	930	1080	6			
PSB1080	1080	1230	6			

注：无明显屈服时，用规定非比例延伸强度（$R_{p0.2}$）代替。

2. 预应力钢拉杆

预应力钢拉杆是由优质碳素结构钢、低合金高强度结构钢和合金结构钢等材料经热处理后制成的一种光圆钢棒，钢棒两端装有耳板或叉耳、中间装有调节套筒组成钢拉杆，见图 4-2-42。其直径一般在 ϕ20～ϕ210mm。预应力钢拉杆按杆体屈服强度分为 345、460、550 和 650 四种强度级别。目前预应力钢拉杆主要用于大跨度空间钢结构、船坞、码头及坑道等领域。

预应力钢拉杆的力学性能应符合国家标准《钢拉杆》GB/T 20934—2007 的规定，见表 4-2-16。

钢拉杆力学性能 **表 4-2-16**

强度级别	杆件直径 d（mm）	屈服强度 R_{eH}（N/mm^2）	抗拉强度 R_m（N/mm^2）	断后伸长率 A%	断面收缩率 Z%	冲击吸收功 A_{KV} 温度（℃）	J
		不小于					
GLG345	20～210	345	470	21	—	0	34
						−20	
						−40	27
GLG460	20～180	460	610	19	50	0	34
						−20	
						−40	27
GLG550	20～150	550	750	17		0	34
						−20	
						−40	27

续表

强度级别	杆件直径 d (mm)	屈服强度 R_{eH}(N/mm²)	抗拉强度 R_m(N/mm²)	断后伸长率 A%	断面收缩率 Z%	冲击吸收功 A_{KV}	
						温度（℃）	J
		不小于					
GLG650	20～120	650	850	15	45	0	34
						−20	
						−40	27

4.2.1.4 不锈钢绞线

不锈钢绞线，也称不锈钢索，是由一层或多层多根圆形不锈钢丝绞合而成，适用于玻璃幕墙等结构拉索，也可用于栏杆索等装饰工程。

国产建筑用不锈钢索按构造类型，可分为 1×7、1×19、1×37 及 1×61 等。按强度级别，可分为 1330MPa 和 1100MPa。其最小拉断力 $F_b=\sigma_b\times A\times 0.86$（$\sigma_b$— 不锈钢丝公称抗拉强度），弹性模量为$(1.20\pm0.10)\times10^5$MPa。

不锈钢绞线的直径允许偏差：1×7 结构为±0.20mm，1×19 结构为±0.25mm，1×37 结构为±0.30mm，1×61 结构为±0.40mm。

不锈钢绞线的结构与性能应符合建筑工业行业标准《建筑用不锈钢绞线》JG/T 200—2007 的规定，见表 4-2-17。

不锈钢绞线的结构和性能参数 **表 4-2-17**

绞线公称直径 (mm)	结构	公称金属截面积（mm²）	钢丝公称直径（mm）	绞线计算最小破断拉力		每米理论质量(g/m)	交货长度 (m≥)
				高强度级（kN）	中强度级（kN）		
6.0	1×7	22.0	2.00	28.6	22.0	173	600
7.0	1×7	30.4	2.35	39.5	30.4	239	600
8.0	1×7	38.6	2.65	50.2	38.6	304	600
10.0	1×7	61.7	3.35	80.2	61.7	486	600
6.0	1×19	21.5	1.20	28.0	21.5	170	500
8.0	1×19	38.2	1.60	49.7	38.2	302	500
10.0	1×19	59.7	2.00	77.6	59.7	472	500
12.0	1×19	86.0	2.40	112	86.0	680	500
14.0	1×19	117	2.80	152	117	925	500
16.0	1×19	153	3.20	199	153	1209	500
16.0	1×37	154	2.30	200	154	1223	400
18.0	1×37	196	2.60	255	196	1563	400
20.0	1×37	236	2.85	307	236	1878	400
22.0	1×37	288	3.15	375	288	2294	400
24.0	1×37	336	3.40	437	336	2673	400
26.0	1×61	403	2.90	524	403	3228	300
28.0	1×61	460	3.10	598	460	3688	300
30.0	1×61	538	3.35	699	538	4307	300
32.0	1×61	604	3.55	785	604	4837	300
34.0	1×61	692	3.80	899	692	5542	300

4.2.2 预应力筋性能

4.2.2.1 应力-应变曲线

钢丝或钢绞线的应力-应变曲线没有明显的屈服点，见图 4-2-5。钢丝拉伸在比例极限前，σ-ε 关系为直线变化，超过比例极限 σ_p 后，σ-ε 关系变为非线性。由于预应力钢丝或钢绞线没有明显的屈服点，一般以残余应变为 0.2%时的强度定为屈服强度 $\sigma_{0.2}$。当钢丝拉伸超过 $\sigma_{0.2}$后，应变 ε

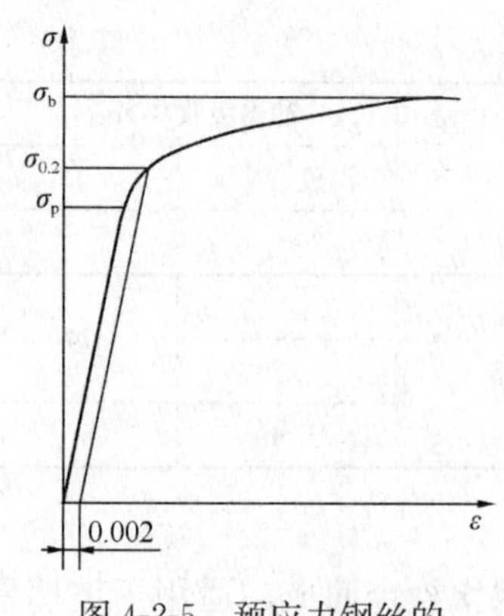

图 4-2-5 预应力钢丝的应力-应变曲线

增加较快，当钢丝拉伸至最大应力 σ_b 时，应变 ε 继续发展，在 $\sigma\varepsilon$ 曲线上呈现为一水平段，然后断裂。

比例极限 σ_p，习惯上采用残余应变为 0.01%时的应力。

屈服强度，国际上还没有一个统一标准。例如，国际预应力协会取残余应变为 0.1%时的应力作为屈服强度 $\sigma_{0.1}$，我国和日本取残余应变为 0.2%时的应力作为屈服强度 $\sigma_{0.2}$，美国取加载 1%伸长时的应力作为屈服强度 $\sigma_{1\%}$。所以，当遇到这一术语时应注意其确切的定义。

4.2.2.2 应力松弛

预应力筋的应力松弛是指钢材受到一定的张拉力之后，在长度与温度保持不变的条件下，其应力随时间逐渐降低的现象。此降低值称为应力松弛损失。产生应力松弛的原因主要是由于金属内部位错运动使一部分弹性变形转化为塑性变形引起的。

预应力筋的松弛性能实验应按国家标准《金属应力松弛试验方法》GB/T 10120—1996 的规定进行。试件的初始应力应按相关产品标准或协议的规定选取，环境温度为 20±1℃，在松弛试验机上分别读取不同时间的松弛损失率，实验应持续 1000h 或持续一个较短的期间推算至 1000h 的松弛率。

应力松弛与钢材品种、时间、温度、初始预应力等多种因素有关。

1. 应力松弛与钢材品种的关系

钢丝和钢绞线的应力松弛率比热处理钢筋和精轧螺纹钢筋大，采用低松弛钢绞线或钢丝，其松弛损失比普通松弛的可减少 70%～80%。

2. 应力松弛与时间的关系

应力松弛随时间发展而变化，开始几小时内松弛量较大，24 小时内完成约 50%以上，以后将以递减速率而延续数年乃至数十年才能完成。为此，通常以 1000h 实验确定的松弛损失，乘以放大系数作为结构使用寿命的长期松弛损失。对试验数据进行回归分析得出：钢丝应力松弛损失率 $R_t = A\lg t + B$ 与时间 t 有较好的对数线性关系，一年松弛损失率相当于 1000h 的 1.25 倍，50 年松弛损失率为 1000h 的 1.725 倍。

3. 应力松弛与温度的关系

松弛损失随温度的上升而急剧增加，根据国外试验资料，40℃时 1000h 松弛损失率约为 20℃时的 1.5 倍。

4. 应力松弛与初始预应力的关系

初始预应力大，松弛损失也大。当 $\sigma_i > 0.7\sigma_b$ 时，松弛损失率明显增大，呈非线性变化。当 $\sigma_i \leqslant 0.5\sigma_b$ 时，松弛损失率可忽略不计。

采用超张拉工艺，可以减少应力损失。

4.2.2.3 应力腐蚀

预应力筋的应力腐蚀是指预应力筋在拉应力与腐蚀介质同时作用下发生的腐蚀现象。应力腐蚀破裂的特征是钢材在远低于破坏应力的情况下发生断裂，事先无预兆而突发性，断口与拉力垂直。钢材的冶金成分和晶体结构直接影响抗腐蚀性能。

预应力筋腐蚀的数量级与后果比普通钢筋要严重得多。这不仅因为强度等级高的钢材对腐蚀更灵敏，还因为预应力筋的直径相对较小，这样，尽管一层薄薄的锈蚀或一个锈点就能显著减小钢材的横截面积，引起应力集中，最终导致结构的提前破坏。预应力钢材通常对两种类型的锈蚀是灵敏的，即电化学腐蚀和应力腐蚀。在电化学腐蚀中，必须有水溶液存在，还需要空气（氧）。应力腐蚀是在一定的应力和环境条件下，引起钢材脆化的腐蚀。不同钢材对腐蚀的灵敏度是不同的。

预应力筋的防腐技术有很多种类，如镀锌、镀锌铝合金、涂塑、涂尼龙、阴极保护以及涂环氧有机涂层等，可根据工程实际和环境情况选用。

4.2.3 涂层与二次加工预应力筋

4.2.3.1 镀锌钢丝和钢绞线

镀锌钢丝是用热镀方法在钢丝表面镀锌制成。镀锌钢绞线的钢丝应在捻制钢绞线之前进行热镀锌。镀锌钢丝和钢绞线的抗腐蚀能力强，主要用于缆索、体外索及环境条件恶劣的工程结构等。镀锌钢丝应符合国家标准《桥梁缆索用热镀锌钢丝》GB/T 17101—2008 的规定，镀锌钢绞线应符合行业标准《高强度低松弛预应力热镀锌钢绞线》YB/T 152—1999 的规定。

镀锌钢丝和镀锌钢绞线的规格和力学性能，分别列于表 4-2-18 和表 4-2-19。钢丝和钢绞线经热镀锌后，其屈服强度稍为降低。

镀锌钢丝和镀锌钢绞线锌层表面质量应具有连续的锌层，光滑均匀，不得有局部脱锌、露铁等缺陷，但允许有不影响锌层质量的局部轻微刻痕。

镀锌钢丝的规格和力学性能 **表 4-2-18**

公称直径 d_n (mm)	公称截面积 S_n (mm^2)	每米参考重量 g/m	强度级别 R_m (MPa)	规定非比例伸长强度 $R_{p0.2}$ (MPa)		最后伸长率 $L_0=250mm$ (A/%) 不小于	应力松弛性能		
				无松弛或Ⅰ级松弛要求不小于	Ⅱ级松弛要求不小于		初始荷载（公称荷载）(%)	1000h后应力松弛率 r (%) 不大于	
							对所有钢丝	Ⅰ级松弛	Ⅱ级松弛
5.00	19.6	153	1670 1770 1860	1340 1420 1490	1490 1580 1660	4.0	70	7.5	2.5
7.00	38.5	301	1670 1770	—	1490 1580	4.0	70	7.5	2.5

注：1. 钢丝的公称直径、公称截面积、每米参考重量均应包含锌层在内；

2. 按钢丝公称面积确定其荷载值，公称面积应包括锌层厚度在内；

3. 强度级别为实际允许抗拉强度的最小值。

镀锌钢绞线的规格和力学性能 **表 4-2-19**

公称直径 (mm)	公称截面积 (mm^2)	理论重量 (kg/m)	强度级别 (MPa)	最大负载 F_b (kN)	屈服负载 $F_{p0.2}$ (kN)	伸长率 δ (%)	松弛	
							初载为公称负载的 (%)	1000h应力松弛损失 R_{1000} (%)
12.5	93	0.730	1770 1860	164 173	146 154	≥3.5	70	≤2.5
12.9	100	0.785	1770 1860	177 186	158 166			
15.2	139	1.091	1770 1860	246 259	220 230			
15.7	150	1.178	1770 1860	265 279	236 248			

注：弹性模量为$(1.95\pm0.17)\times10^5$MPa。

4.2.3.2 环氧涂层钢绞线

环氧涂层钢绞线是通过特殊加工使每根钢丝周围形成一层环氧保护膜制成，见图 4-2-6(a)，涂层厚度 0.12～0.18mm。该保护膜对各种腐蚀环境具有优良的耐蚀性，同时这种钢绞线具有与母材相同的强度特性和粘结强度，且其柔软性与喷涂前相同。

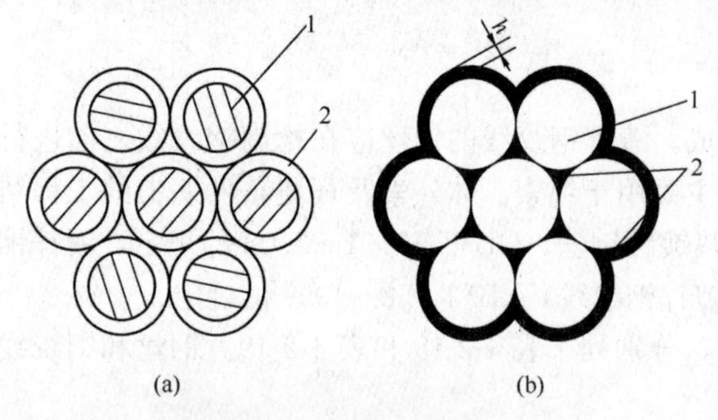

图 4-2-6 环氧涂层钢绞线

(a) 环氧涂层钢绞线；(b) 填充型环氧涂层钢绞线；
1—钢绞线；2—环氧树脂涂层；*h*—涂层厚度

近些年，环氧涂层钢绞线进一步发展成为填充型环氧涂层钢绞线，见图 4-2-6(b)，涂层厚度 0.4～1.1mm。其特点是中心丝与外围 6 根边丝间的间隙全部被环氧树脂填充，从而避免了因钢丝间存在毛细现象而导致内部钢丝锈蚀。由于钢丝间隙无相对滑动，提高了抗疲劳性能。填充型环氧涂层钢绞线应符合行业标准《填充型环氧涂层钢绞线》JT/T 737—2009 的规定

填充型环氧涂层钢绞线具有良好的耐蚀性和粘附性，适用于腐蚀环境下的先张法或后张法构件、海洋构筑物、斜拉索、吊索等。

4.2.3.3 铝包钢绞线

铝包钢绞线由铝包钢单线组成，具有强度大、耐腐蚀性好、导电率高等优点，广泛用于高压架空电力线路的地线、千米级大跨越的输电线、铁道用承力索及铝包钢芯系列产品的加强单元等。

结构索用铝包钢绞线是在原有电力部门使用的铝包钢绞线基础上开发的新产品。该产品表面发亮、耐蚀性好，已用于一些预应力索网结构等工程。表 4-2-20 列出了一种铝包钢绞线的企业标准参数。

铝包钢绞线的结构和近似性能表 **表 4-2-20**

型 号	标称面积 (mm^2)	结构根数/直径 (No./mm)	外径 *D* (mm)	计算拉断力 (kN)	计算质量 (kN/km)	弹性模量 (kN/mm^2)	线膨胀系数	最小铝层厚度 *D* (%)
JLB14	50	7/3.00	9.00	70.81	356.8	161.4	12.0×10^{-6}	5
	55	7/3.20	9.60	78.54	406.00			
	65	7/3.50	10.50	93.95	485.7			
	70	7/3.60	10.80	97.47	513.8			
	80	7/3.80	11.40	108.61	572.5			
	90	7/4.16	12.48	130.15	686.1			
	100	19/2.60	13.00	144.36	730.4			
	120	19/2.85	14.25	173.45	877.6			
	150	19/3.15	15.75	206.56	1072.0			
	185	19/3.50	17.50	255.01	1323.5			
	210	19/3.75	18.75	287.07	1519.3			
	240	19/4.00	20.00	326.62	1728.6			
	300	37/3.20	22.40	415.11	2167.1			
	380	37/3.60	25.20	515.22	2742.8			
	420	37/3.80	26.60	574.07	3056.0			
	465	37/4.00	28.00	636.07	3386.2			
	510	37/4.20	29.40	701.25	3733.2			

续表

型　号	标称面积 (mm²)	结构根数/直径 (No. /mm)	外径 D (mm)	计算拉断力 (kN)	计算质量 (kN /km)	弹性模量 (kN /mm²)	线膨胀系数	最小铝层厚度 D (%)
JLB20	50	7/3.00	9.00	59.67	329.3	147.2	13.0×10^{-6}	10
	55	7/3.20	9.60	67.90	374.7			
	65	7/3.50	10.50	76.98	448.3			
	70	7/3.60	10.80	81.44	474.2			
	80	7/3.80	11.40	89.31	528.4			
	90	7/4.16	12.48	101.04	633.2			
	100	19/2.60	13.00	121.66	674.1			
	120	19/2.85	14.25	146.18	810.0			
	150	19/3.15	15.75	178.57	989.4			
	185	19/3.50	17.50	208.94	1221.5			
	210	19/3.75	18.75	236.08	1402.3			
	240	19/4.00	20.00	260.01	1595.5			
	300	37/3.20	22.40	358.87	2000.2			
	380	37/3.60	25.20	430.48	2531.6			
	420	37/3.80	26.60	472.07	2820.6			
	465	37/4.00	28.00	493.79	3125.4			
	510	37/4.20	29.40	544.39	3445.7			

4.2.3.4　无粘结钢绞线

无粘结钢绞线是以专用防腐润滑油脂涂敷在钢绞线表面上作涂料层并用塑料作护套的钢绞线制成，见图 4-2-7。是一种在施加预应力后沿全长与周围混凝土不粘结的预应力筋。

无粘结钢绞线主要用于后张预应力混凝土结构中的无粘结预应力筋，也可用于暴露、腐蚀或可更换要求环境中的体外索、拉索等。无粘结钢绞线应符合行业标准《无粘结预应力钢绞线》JG161—2004 的规定，见表 4-2-21。

无粘结筋组成材料质量要求，其钢绞线的力学性能应符合国家标准《预应力混凝土用钢绞线》GB/T 5224—2003 的规定。并经检验合格后，方可制作无粘结预应力筋。防腐油脂其质量应符合行业标准《无粘结预应力筋专用防腐润滑脂》JG 3007—1993 的要求。护套材料应采用高密度聚乙烯树脂，其质量应符合国家标准《聚乙烯（PE）树脂》GB/T 11115—2009 的规定。护套颜色宜采用黑色，也可采用其他颜色，但此时添加的色母材料不能降低护套的性能。

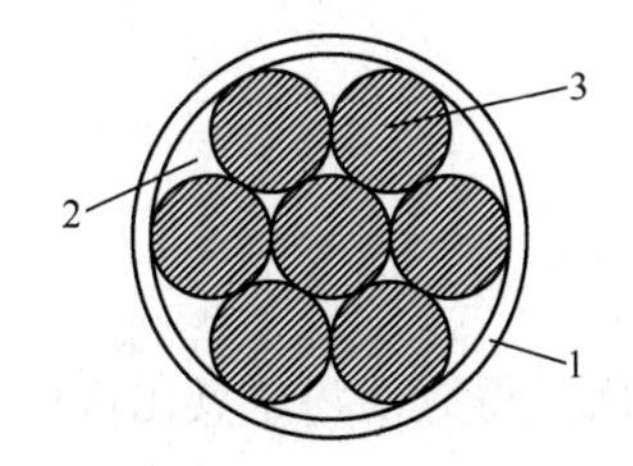

图 4-2-7　无粘结钢绞线

1—塑料护套；2—油脂；3—钢绞线

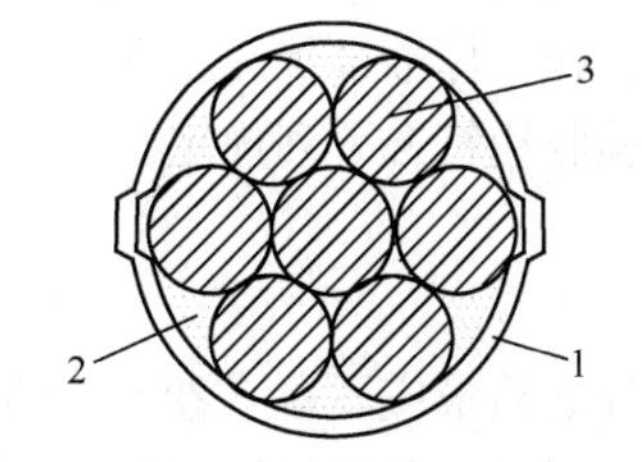

图 4-2-8　缓粘结钢绞线

1—塑料护套；2—缓粘结涂料；3—钢绞线

无粘结预应力钢绞线规格及性能 表 4-2-21

钢绞线			防腐润滑脂重量 W_3 (g/m) 不小于	护套厚度 (mm) 不小于	μ	κ
公称直径 (mm)	公称截面积 (mm^2)	公称强度 (MPa)				
9.50	54.8	1720	32	0.8	0.04～0.10	0.003～0.004
		1860				
		1960				
12.70	98.7	1720	43	1.0	0.04～0.10	0.003～0.004
		1860				
		1960				
15.20	140.0	1570	50	1.0	0.04～0.10	0.003～0.004
		1670				
		1720				
		1860				
		1960				
15.70	150.0	1770	53	1.0	0.04～0.10	0.003～0.004
		1860				

注：经供需双方协商，也生产供应其他强度和直径的无粘结预应力钢绞线。

4.2.3.5 缓粘结钢绞线

缓粘结钢绞线是用缓慢凝固的特种树脂涂料涂敷在钢绞线表面上，并外包压波的塑料护套制成，见图 4-2-8。这种缓粘结钢绞线既有无粘结预应力筋施工工艺简单，不用预埋管和灌浆作业，施工方便、节省工期的优点；同时在性能上又具有有粘结预应力抗震性能好、极限状态预应力钢筋强度发挥充分，节省钢材的优势，具有很好的结构性能和推广应用前景。

这种缓粘结钢绞线的涂料经过一定时间固化后，伴随着固化剂的化学作用，特种涂料不仅有较好的内聚力，而且和被粘结物表面产生很强的粘结力，由于塑料护套表面压波，又与混凝土产生了较好的粘结力，最终形成有粘结预应力筋的安全性高，并具有较强的防腐蚀性能等优点。国内外均有成功应用的工程，如北京市新少年宫工程等。

缓粘结型涂料采用特种树脂与固化剂配制而成。根据不同工程要求，可选用固化时间 3～6 个月或更长的涂料。

4.2.4 质量检验

预应力筋进场时，每一合同批应附有质量证明书，在每捆（盘）上都应挂有标牌。在质量证明书中应注明供方、预应力筋品种、强度级别、规格、重量和件数、执行标准号、盘号和检验结果、检验日期、技术监督部门印章等。在标牌上应注明供方、预应力筋品种、强度级别、规格、盘号、净重、执行标准号等。

预应力筋进场验收应符合下列规定。

4.2.4.1 钢丝验收

1. 外观检查

预应力钢丝的外观质量应逐盘（卷）检查。钢丝表面不得有油污、氧化铁皮、裂纹或机械损伤，但表面上允许有回火色和轻微浮锈。

2. 力学性能试验

钢丝的力学性能应按批抽样试验，每一检验批应由同一牌号、同一规格、同一生产工艺制度的钢丝组成，重量不应大于60t；从同一批中任意选取10%盘（不少于6盘），在每盘中任意一端截取2根试件，分别做拉伸试验和弯曲试验，拉伸或弯曲试件每6根为一组，当有一项试验结果不符合现行国家标准《预应力混凝土用钢丝》GB 5223—2002的规定时，则该盘钢丝为不合格品；再从同一批未经试验的钢丝盘中取双倍数量的试件重做试验，如仍有一项试验结果不合格，则该批钢丝判为不合格品，也可逐盘检验取用合格品；在钢丝的拉伸试验中，同时可测定弹性模量，但不作为交货条件。

对设计文件中指定要求的钢丝疲劳性能、可镦性等，在订货合同中注明交货条件和验收要求并再进行抽样试验。

4.2.4.2 钢绞线验收

1. 外观检查

钢绞线的外观质量应逐盘检查，钢绞线表面不得带有油污、锈斑或机械损伤，但允许有轻微浮锈和回火色；钢绞线的捻距应均匀，切断后不松散。

2. 力学性能试验

钢绞线的力学性能应按批抽样试验，每一检验批应由同一牌号、同一规格、同一生产工艺制度的钢绞线组成，重量不应大于60t；从同一批中任意选取3盘，在每盘中任意一端截取1根试件进行拉伸试验；当有一项试验结果不符合现行国家标准《预应力混凝土用钢绞线》GB/T 5224—2003的规定时，则不合格盘报废；再从未试验过的钢绞线中取双倍数量的试件进行复验，如仍有一项不合格，则该批钢绞线判为不合格品。

对设计文件中指定要求的钢绞线疲劳性能、偏斜拉伸性能等，在订货合同中注明交货条件和验收要求并再进行抽样试验。

4.2.4.3 螺纹钢筋及钢拉杆验收

1. 螺纹钢筋

(1) 外观检查

精轧螺纹钢筋的外观质量应逐根检查，钢筋表面不得有锈蚀、油污、裂纹、起皮或局部缩颈，其螺纹制作面不得有凹凸、擦伤或裂痕，端部应切割平整。

允许有不影响钢筋力学性能、工艺性能以及连接的其他缺陷。

(2) 力学性能试验

精轧螺纹钢筋的力学性能应按批抽样试验，每一检验批重量不应大于60t，从同一批中任取2根，每根取2个试件分别进行拉伸和冷弯试验。当有一项试验结果不符合有关标准的规定时，应取双倍数量试件重做试验，如仍有一项复验结果不合格，该批高强精轧螺纹钢筋判为不合格品。

2. 钢拉杆

(1) 外观检查

钢拉杆的表面应光滑，不允许有目视可见的裂纹、折叠、分层、结疤和锈蚀等缺陷。经机加工的钢拉杆组件表面粗糙度应不低于Ra12.5，钢拉杆表面防护处理按合同规定。

(2) 力学性能试验

钢拉杆的力学性能检查，应符合国家标准《钢拉杆》GB/T 20934—2007的规定。对应同一炉批号原材料、按同一热处理制度制作的同一规格杆体，组装数量不超过50套的钢拉杆为一批，每批抽取2套进行成品拉力试验，若不符合要求时，允许加倍抽样复验，如果复验中仍有一套不符合要求时，则需逐套检验。

钢拉杆其他检验项目，如无损检测等，应符合国家标准《钢拉杆》GB/T 20934—2007的规定。

4.2.4.4 其他预应力钢材验收

1. 外观检查

(1) 镀锌钢丝、镀锌钢绞线和环氧钢绞线的涂层表面应均匀、光滑、无裂纹、无明显褶皱和机械损伤。

(2) 无粘结钢绞线的外观质量应逐盘检查，其护套表面应光滑、无凹陷、无裂纹、无气孔、无明显褶皱和机械损伤。

2. 力学性能试验

(1) 镀锌钢丝、镀锌钢绞线的力学性能应符合现行国家标准《桥梁缆索用热镀锌钢丝》GB/T 17101—2008 和现行行业标准《高强度低松弛预应力热镀锌钢绞线》YB/T 152—1999 的规定。

(2) 涂层预应力筋中所用的钢丝或钢绞线的力学性能必须按本章第 4.2.4.1 条或 4.2.4.2 条的要求进行复验。

3. 其他

(1) 镀锌钢丝、镀锌钢绞线和环氧钢绞线的涂层厚度、连续性和粘附力应符合国家现行有关标准的规定。

(2) 无粘结钢绞线的涂包质量、油脂重量和护套厚度应符合现行行业标准《无粘结预应力钢绞线》JG 161—2004 的规定。

(3) 缓粘结钢绞线的涂层材料、厚度、缓粘结时间应符合有关标准的规定。

4.2.5 预应力筋存放

预应力筋对腐蚀作用较为敏感。预应力筋在运输与存放过程中如遭受雨淋、湿气或腐蚀介质的侵蚀，易发生锈蚀，不仅质量降低，而且可能出现腐蚀，严重情况下会造成钢材张拉脆断。因此，预应力材料必须保持清洁，在装运和存放过程中应避免机械损伤和锈蚀。进场后需长期存放时，应定期进行外观检查。

预应力筋运输与储存时，应满足下列要求：

(1) 成盘卷的预应力筋，宜在出厂前加防潮纸、麻布等材料包装。

(2) 装卸无轴包装的钢绞线、钢丝时，宜采用 C 形钩或三根吊索，也可采用叉车。每次吊运一件，避免碰撞而损害钢绞线。涂层预应力筋装卸时，吊索应包橡胶、尼龙等柔性材料并应轻装轻卸，不得摔掷或在地上拖拉，严禁锋利物品损坏涂层和护套。

(3) 预应力筋应分类、分规格装运和堆放。在室外存放时，不得直接堆放在地面上，必须采取垫枕木并用防水布覆盖等有效措施，防止雨露和各种腐蚀性气体、介质的影响。

(4) 长期存放应设置仓库，仓库应干燥、防潮、通风良好、无腐蚀气体和介质。在潮湿环境中存放，宜采用防锈包装产品、防潮纸内包装、涂敷水溶性防锈材料等。

(5) 无粘结预应力筋存放时，严禁放置在受热影响的场所。环氧涂层预应力筋不得存放在阳光直射的场所。缓粘结预应力筋的存放时间和温度应符合相关标准的规定。

(6) 如储存时间过长，宜用乳化防锈剂喷涂预应力筋表面。

4.2.6 其他材料

4.2.6.1 制孔用管材

后张预应力结构及构件中预制孔用管材有金属波纹管（螺旋管）、薄壁钢管和塑料波纹管等。按照相邻咬口之间的凸出部（即波纹）的数量分为单波纹和双波纹；按照截面形状分为圆形和扁形；按照径向刚度分为标准型和增强型；按照表面处理情况状况分为镀锌金属波纹管和不镀锌金属波纹管。

梁类构件宜采用圆形金属波纹管，板类构件宜采用扁形金属波纹管，施工周期较长或有腐蚀性介质环境的情况应选用镀锌金属波纹管。塑料波纹管宜用于曲率半径小及抗疲劳要求高的孔道。钢管宜用于竖向分段施工的孔道或钢筋过于密集，波纹管容易被挤扁或损坏的区域。

1. 金属波纹管

金属波纹管是后张有粘结预应力施工中最常用的预留孔道材料，见图 4-2-9。金属波纹管具有自重轻、刚度好、弯折方便、连接简单、与混凝土粘结性好等优点，广泛应用于各类直线与曲线孔道。工程中一般常采用镀锌双波金属波纹管。

扁金属波纹管是由圆形波纹管经过机械装置压制成椭圆型的。扁波纹管通常和扁型锚具配套适用。常用的扁形波纹管为 3～5 孔。通常用于预应力混凝土扁梁、预应力混凝土楼板或预应力薄壁构筑物中。

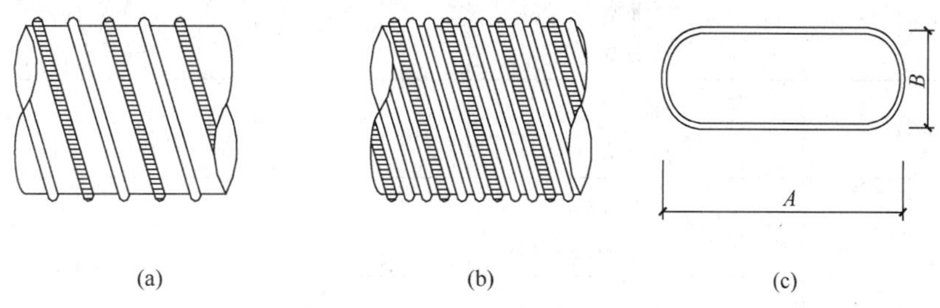

图 4-2-9 波纹管示意图

(a) 圆形单波纹管；(b) 圆形双波纹管；(c) 扁型波纹管

圆形波纹管和扁型波纹管的规格，见表 4-2-22 和表 4-2-23。金属波纹管的波纹高度应根据管径及径向刚度要求确定，且不应小于：圆管内径≤95mm 为 2.5mm，圆管内径≥96mm 为 3.0mm。

圆形波纹管规格（mm） **表 4-2-22**

<table>
<tr><td colspan="2">圆管内径</td><td>40</td><td>45</td><td>50</td><td>55</td><td>60</td><td>65</td><td>70</td><td>75</td><td>80</td><td>85</td><td>90</td><td>95</td><td>96</td><td>102</td><td>108</td><td>114</td><td>120</td><td>126</td><td>132</td></tr>
<tr><td colspan="2">允许偏差</td><td colspan="19">±0.5</td></tr>
<tr><td rowspan="2">最小钢带厚度</td><td>标准型</td><td colspan="2">0.28</td><td colspan="6">0.3</td><td colspan="4">0.35</td><td colspan="7">0.4</td></tr>
<tr><td>增强型</td><td colspan="2">0.3</td><td colspan="4">0.35</td><td colspan="3">0.4</td><td colspan="2">0.45</td><td>—</td><td colspan="6">0.5</td><td>0.6</td></tr>
</table>

注：1. 直径 95mm 的波纹管仅用作连接用管。

2. 当有可靠的工程经验时，钢带厚度可进行适当调整。

3. 表中未列尺寸的规格由供需双方协议确定。

扁型波纹管规格（mm） **表 4-2-23**

<table>
<tr><td colspan="2"></td><td colspan="3">适用于 ϕ12.7 预应力钢绞线</td><td colspan="3">适用于 ϕ15.2 预应力钢绞线</td></tr>
<tr><td rowspan="2">短轴方向</td><td>长度 B</td><td>20</td><td>20</td><td>20</td><td>22</td><td>22</td><td>22</td></tr>
<tr><td>允许偏差</td><td colspan="3">0，+1.0</td><td colspan="3">0，+1.5</td></tr>
<tr><td rowspan="2">长轴方向</td><td>长度 A</td><td>52</td><td>65</td><td>78</td><td>60</td><td>76</td><td>90</td></tr>
<tr><td>允许偏差</td><td colspan="3">±1.0</td><td colspan="3">±1.5</td></tr>
<tr><td rowspan="2">最小钢带厚度</td><td>标准型</td><td>0.30</td><td>0.35</td><td>0.40</td><td>0.35</td><td>0.40</td><td>0.45</td></tr>
<tr><td>增强型</td><td>0.35</td><td>0.40</td><td>0.45</td><td>0.40</td><td>0.45</td><td>0.50</td></tr>
</table>

注：表中未列尺寸的规格由供需双方协议确定。

金属波纹管的长度，由于运输的关系，每根长 4～6m，在施工现场采用接头连接使用。

由于波纹管重量轻，体积大，长途运输不经济。当工程用量大或没有波纹管供应的边远地区，可以在施工现场生产波纹管。生产厂可将卷管机和钢带运到施工现场加工，这时波纹管的生产长度可根据实际工程需要确定，不仅施工方便而且减少了接头数量。

金属波纹管应具有：在外荷载的作用下具有足够的抵抗变形的能力（径向刚度）和在浇筑混凝土过程中水泥浆不渗入管内两项基本要求。

（1）径向刚度性能

金属波纹管径向刚度要求，应符合表 4-2-24 的规定。

金属波纹管径向刚度要求 **表 4-2-24**

截面形状			圆形	扁形
集中荷载（N）	标准型 增强型		800	500
均布荷载（N）	标准型 增强型		$F=0.31d^2$	$F=0.15d_e^2$
δ	标准型	$d\leqslant75$mm $d>75$mm	≤0.20 ≤0.15	≤0.20
	增强型	$d\leqslant75$mm $d>75$mm	≤0.10 ≤0.08	≤0.15

表中：圆管内径及扁管短轴长度均为公称尺寸；

F——均布荷载值，N；

d——圆管直径，mm；

d_e——扁管等效直径，mm，$d_e=\dfrac{2(A+B)}{\pi}$；

δ——内径变化比，$\delta=\dfrac{\Delta d}{d}$ 或 $\delta=\dfrac{\Delta d}{B}$，式中 Δd——外径变形值。

（2）抗渗漏性能

金属波纹管抗渗性能分别有承受集中荷载荷载后抗渗漏和弯曲抗渗漏两种。经规定的集中荷载作用后或在规定的弯曲情况下，金属波纹管允许水泥浆泌水渗出，但不得渗出水泥浆。

承受荷载后的抗渗漏试验是按照集中荷载下径向刚度试验方法，给波纹管施加集中荷载至变形达到圆管内径或扁管短轴尺寸的20%，制成集中荷载后抗渗漏性能试验试件。将试件竖放，将加荷部位置于下部，下端封严，用水灰比为 0.50 由普通硅酸盐水泥配制的纯水泥浆灌满试件，观察表面渗漏情况 30min；也可用清水灌满试件，如果试件不渗水，可不再用水泥浆进行试验。

弯曲抗渗漏试验是将波纹管弯成圆弧，圆弧半径 R：圆管为 30 倍内径且不大于 800 倍组成预应力筋的钢丝直径；扁管短轴方向为 4000m。试件长度见表 4-2-25 和表 4-2-26。

圆管试件长度与规格对应表（mm） **表 4-2-25**

圆管内径	＜70	70～100	＞100
试件长度	2000	2500	3000

扁管试件长度与规格对应表（mm） **表 4-2-26**

扁管规格	短轴 B	20	20	20	22	22	22
	长轴 A	52	65	78	60	76	90
试件长度		2000			2500		

试件放置方法见图 4-2-10，下端封严，用水灰比为 0.50 由普通硅酸盐水泥配制的纯水泥浆

灌满试件，观察表面渗漏情况 30min；也可用清水灌满试件，如果试件不渗水，可不再用水泥浆进行试验。

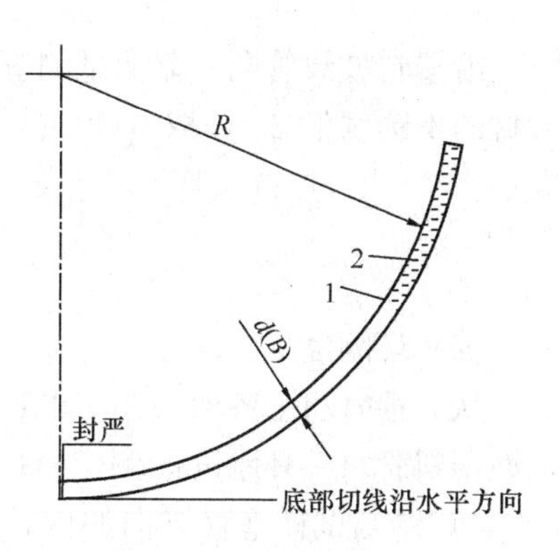

图 4-2-10　弯曲后抗渗漏性能试验方法图
1—试件；2—纯水泥浆

金属波纹管应按批进行检验。每批应由同一个钢带生产厂生产的同一批钢带所制造的金属波纹管组成。每半年或累计 50000m 生产量为一批，取产量最多的规格。

全部金属波纹管经外观检查合格后，从每批中取产量最多的规格、长度不小于 5d 且不小于 300mm 的试件 2 组（每组 3 根），先检查波纹管尺寸后，分别进行集中荷载下径向刚度试验和承受集中荷载下后抗渗漏试验。另外从每批中取产量最多的规格、长度按表 4-2-25 和表 4-2-26 规定的试件 3 根，进行弯曲抗渗漏试验。当检验结果有不合格项目时，应取双倍数量的试件对该不合格项目进行复检，复检仍不合格时，该批产品为不合格品，或逐根检验取合格品。

2. 塑料波纹管

塑料波纹管的优点：其耐腐蚀性能优于金属，能有效地保护预应力筋不受外界的腐蚀，使得预应力筋具有更好的耐久性；同等条件下，塑料波管的摩擦系数小于金属波纹管的摩擦系数，减小了张拉过程中预应力的摩擦损失；塑料波纹管的柔韧性强，易弯曲且不开裂，特别适用于曲率半径较小的预应力筋形；密封性能和抗渗漏性能优于金属波纹管，更适用于真空灌浆；塑料波纹管具有较好的抗疲劳性能，能提高预应力构件的抗疲劳能力。

塑料波纹管按截面形状可分为圆形和扁形两大类，其规格见表 4-2-27 和表 4-2-28。圆形塑料波纹管的长度规格一般为 6，8，10m，偏差+10mm。扁形塑料波纹管可成盘供货，每盘长度可根据工程需要和运输情况而定。塑料波纹管的波峰为 4mm～5mm，波距为 30mm～60mm。

圆形塑料波纹管规格　　**表 4-2-27**

管内径 d (mm)	标称值	50	60	75	90	100	115	130
	允许偏差	±1.0			±2.0			
管外径 D (mm)	标称值	63	73	88	106	116	131	146
	允许偏差	±1.0			±2.0			
管壁厚 s (mm)	标称值	2.5			3.0			
	允许偏差	+0.5						
不圆度		6.0%						

扁形塑料波纹管规格　　**表 4-2-28**

短轴内径 U_2 (mm)	标称值	22			
	允许偏差	+0.5			
长轴内径 U_1 (mm)	标称值	41	55	72	90
	允许偏差	±1.0			
管壁厚 s (mm)	标称值	2.5		3.0	
	允许偏差	+0.5			

塑料波纹管应满足不圆度、环刚度、局部横向荷载和柔韧性等基本要求。

所有试件在试验前应按试验环境(23±2)℃进行状态调节 24h 以上。

（1）不圆度

沿塑料波纹管同一截面量测管材的最大外径（d_{max}）和最小外径（d_{min}），按式（4-2-1）计算管材的不圆度值 Δd。取 5 个式样的试验结果的算术平均值作为不圆度不应小于表 4-2-27 的规定。

$$\Delta d=\frac{d_{max}-d_{min}}{d_{max}+d_{min}}\times 200\% \tag{4-2-1}$$

（2）环刚度

从 5 根管材上各取长(300±10)mm 试样一段，两端应与轴线垂直切平。按现行国家标准《热塑性塑料管材　环刚度的测定》GB/T 9647—2003 的规定进行，上压板下降速度为(5±1)mm/min，记录当试样垂直方向的内径变形量为原内径的 3%时的负荷，按式（4-2-2）计算其环刚度，应不小于 $6kN/m^2$。

$$s=\left(0.0186+0.025\times\frac{\Delta Y}{d_i}\right)\times\frac{F}{\Delta Y\cdot L} \tag{4-2-2}$$

式中　s——试样的环刚度，$6kN/m^2$；

ΔY——试样内径垂直方向 3%变化量，m；

F——试样内径垂直方向 3%变形时的负荷，kN；

d_i——试样内径，m；

L——试样长度，m。

（3）局部横向荷载

取样件长 1100mm，在样件中部位置波谷处取一点，用 $R=6$mm 的圆柱顶压头施加横向荷载 F，加载图示见图 4-2-11。要求在 30s 内达到规定荷载值 800kN，持荷 2min 后观察管材表面是否破裂；卸载 5min 后，在加载处测量塑料波纹管外径的变形量。取 5 个样件的平均值不得超过管材外径的 10%。

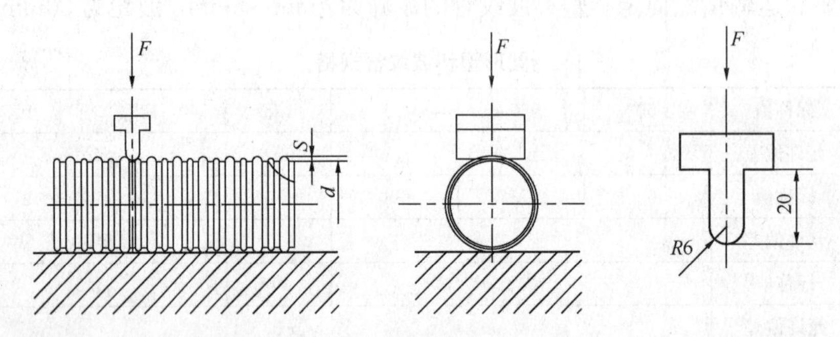

图 4-2-11　塑料波纹管横向荷载试验图

（4）柔韧性

将一根长 1100mm 的样件，垂直地固定在测试平台上，按图 4-2-12 所示位置安装两块弧形模板，其圆弧半径 r 应符合表 4-2-29 的规定。

塑料波纹管柔韧性试验圆弧半径值（mm）　　**表 4-2-29**

内径 d	曲率半径 r	试验长度 L	内径 d	曲率半径 r	试验长度 L
≤90	1500	1100	>90	1800	1100

在样件上部 900mm 的范围内，用手向两侧缓慢弯曲样件至弧形模板位置（图 4-2-12），左右往复弯曲 5 次。按图 4-2-13 所示做一塞规，当样件弯曲至最终结束位置保持弯曲状态 2min 后，观察塞规能否顺利地从波纹管中通过，则柔韧性合格。

塑料波纹管应按批进行验收。同一配方、同一生产工艺、同设备稳定连续生产的数量不超

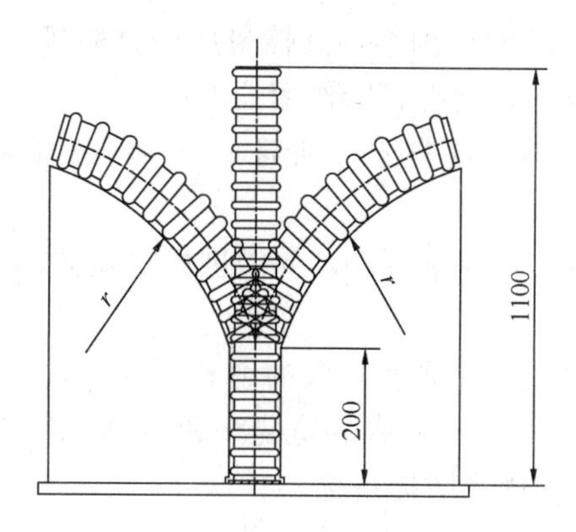

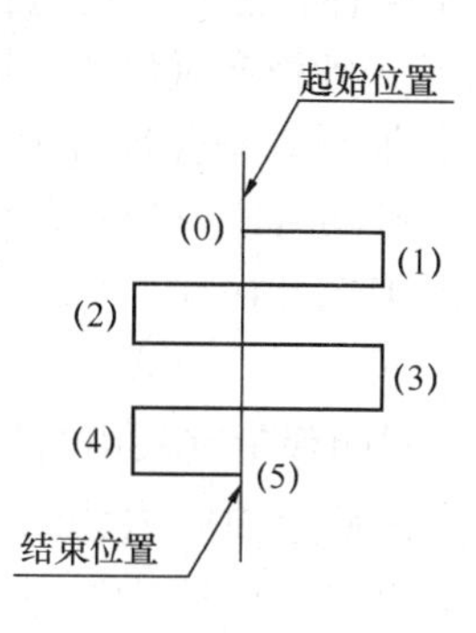

图 4-2-12　塑料波纹管柔韧性试验图

过 10000m 的产品为一批。

塑料波纹管经外观质量检验合格后，检验其他指标均合格时则判该批产品为合格品。

若其他指标中有一项不合格，则在该产品中重新抽取双倍样品制作试样，对指标中的不合格项目进行复检，复检全部合格，判该批产品为合格；检测结果若仍有一项不合格，则判该批产品为不合格。

3. 薄壁钢管

薄壁钢管由于自身的刚度大，主要应用于竖向布置的预应力管道和钢筋过于密集，波纹管容易挤扁或易破损的区域。薄壁钢管用于竖向布置的预应力孔道时应注意，当薄壁钢管内有预应力筋时，薄壁钢管的连接最好采用套扣连接，避免使用焊接连接。

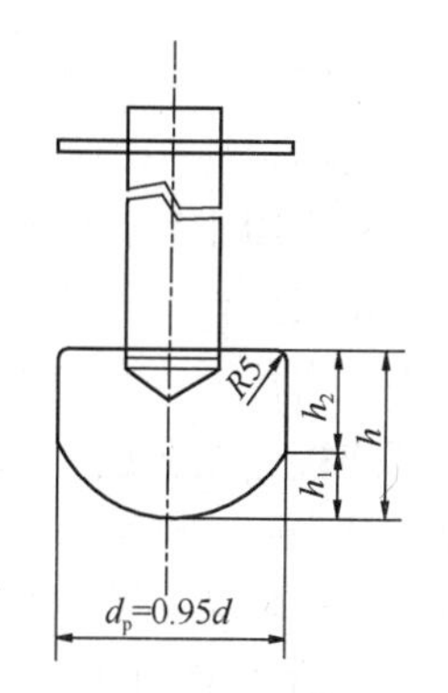

图 4-2-13　塞规的外形图

d 为圆形塑料波纹管内径；$h=1.25d_p$，$h_1=0.5d_p$，$h_2=0.75d_p$

4. 波纹管进场验收

预应力混凝土用波纹管的性能与质量应符合行业标准《预应力混凝土用金属波纹管》JG 225—2007 和《预应力混凝土桥梁用塑料波纹管》JT/T 529—2004 的规定。

波纹管进场时或在使用前应采用目测方法全数进行外观检查，金属波纹管外观应清洁，内外表面无油污、锈蚀、孔洞和不规则的褶皱，咬口无开裂、无脱扣。塑料波纹管的外观应光泽、色泽均匀，有一定的柔韧性，内外壁不允许有隔体破裂、气泡、裂口、硬块和影响使用的划伤。

波纹管的内径、波高和壁厚等尺寸偏差不应超出允许值。

波纹管进场时每一合同批应附有质量证明书，并做进场复验。当使用单位能提供近期采用的相同品牌和型号波纹管的检验报告或有可靠的工程经验时，金属波纹管可不做径向刚度、抗渗漏性能的检测，塑料波纹管可不做环刚度、局部横向荷载和柔韧性的检测。

4.2.6.2　灌浆材料

对于后张有粘结预应力体系，预应力筋张拉后，孔道应尽快灌浆，可以避免预应力筋锈蚀和减少应力松弛损失。同时利用水泥浆的强度将预应力筋和结构构件混凝土粘结形成整体共同工作，以控制超载时裂缝的间距与宽度并改善梁端锚具的应力集中状况。

1. 孔道灌浆宜采用强度等级不低于 32.5MPa 的普通硅酸盐水泥配制的水泥浆。水泥的质量应符合国家标准《通用硅酸盐水泥》GB 175—2007 的规定。

2. 灌浆用水泥浆的水灰比不应大于 0.42；搅拌后 3h 泌水率不宜大于 2%，且不得超过 3%。泌水应能在 24h 内全部重新被水泥浆吸收。

3. 为了改善水泥浆体性能，可适量掺入高效外加剂，其掺量应经试验确定，水灰比可减至0.32 ～0.38。严禁掺入各种含氯化物或对预应力筋有腐蚀作用的外加剂。

4. 孔道灌浆用外加剂应符合现行国家标准《混凝土外加剂》GB 8076—2008 和《混凝土外加剂应用技术规范》GB 50119—2003 的规定。

5. 孔道灌浆用水泥和外加剂进场时应附有质量证明书，并做进场复验。

4.2.6.3 防护材料

预应力端头锚具封闭保护宜采用与结构构件同强度等级的细石混凝土，或采用微膨胀混凝土、无收缩砂浆等。无粘结预应力筋锚具封闭前，无粘结筋端头和锚具夹片应涂防腐蚀油脂，并安装配套的塑料防护帽，或采用全封闭锚固体系防护系统。

4.3 预应力锚固体系

锚固体系是保证预应力混凝土结构的预加应力有效建立的关键装置。锚固系统通常是指锚具、夹具、连接器及锚下支撑系统等。锚具用以永久性保持预应力筋的拉力并将其传递给混凝土，主要用于后张法结构或构件中；夹具是先张法构件施工时为了保持预应力筋拉力，并将其固定在张拉台座（或钢模）上用的临时性锚固装置，后张法夹具是将千斤顶（或其他张拉设备）的张拉力传递到预应力筋的临时性锚固装置，因此夹具属于工具类的临时锚固装置，也称工具锚；连接器是预应力筋的连接装置，用于连续结构中，可将多段预应力筋连接成一条完整的长束，是先张法或后张法施工中将预应力从一根预应力筋传递到另一根预应力筋的装置；锚下支撑系统包括锚垫板、喇叭管、螺旋筋或网片等。

预应力筋用锚具、夹具和连接器按锚固方式不同，可分为夹片式（单孔与多孔夹片锚具）、支承式（镦头锚具、螺母锚具）、铸锚式（冷铸锚具、热铸锚具）、锥塞式（钢质锥形锚具）和握裹式（挤压锚具、压接锚具、压花锚具）等。支承式锚具锚固过程中预应力筋的内缩量小，即锚具变形与预应力筋回缩引起的损失小，适用于短束筋，但对预应力筋下料长度的准确性要求严格；夹片式锚具对预应力筋的下料长度精度要求较低，成束方便，但锚固过程中内缩量大，预应力筋在锚固端损失较大，适用于长束筋，当用于锚固短束时应采取专门的措施。

工程设计单位应根据结构要求、产品技术性能、适用性和张拉施工方法等选用匹配的锚固体系。

4.3.1 性能要求

锚具、夹具和连接器应具有可靠的锚固性能、足够的承载能力和良好的适用性，以保证充分发挥预应力筋的强度，并安全地实现预应力张拉作业。锚具、夹具和连接器的性能应符合国家标准《预应力筋用锚具、夹具和连接器》GB/T 14370—2007 和行业标准《预应力筋用锚具、夹具和连接器应用技术规程》JGJ 85—2010 的规定。

4.3.1.1 锚具的基本性能

1. 锚具静载锚固性能

锚具的静载锚固性能，应由预应力筋-锚具组装件静载试验测定的锚具效率系数 η_a 和达到实测极限拉力时组装件受力长度的总应变 ε_{apu} 确定。

锚具效率系数 η_a 应按式（4-3-1）计算：

$$\eta_a = \frac{F_{apu}}{\eta_p \times F_{pm}} \tag{4-3-1}$$

式中 F_{apu}——预应力筋-锚具组装件的实测极限拉力；

F_{pm}——预应力筋的实际平均极限抗拉力，由预应力筋试件实测破断荷载平均值计算得出；

η_p——预应力筋的效率系数，应按下列规定取用：预应力筋-锚具组装件中预应力筋为1～5根时，$\eta_p=1$；6～12根时，$\eta_p=0.99$；13～19根时，$\eta_p=0.98$；20根以上时，$\eta_p=0.97$。

预应力筋-锚具组装件的静载锚固性能，应同时满足下列两项要求：

$$\eta_a \geqslant 0.95;\ \varepsilon_{apu} \geqslant 2.0\%$$

当预应力筋-锚具组装件达到实测极限拉力时，应当是由预应力筋的断裂，而不应由锚具的破坏所导致；试验后锚具部件会有残余变形，但应能确认锚具的可靠性。夹片式锚具的夹片在预应力筋拉应力未超过$0.8f_{ptk}$时不允许出现裂纹。

2. 疲劳荷载性能

用于主要承受静、动荷载的预应力混凝土结构，预应力筋—锚具组装件除应满足静载锚固性能要求外，尚需满足循环次数为200万次的疲劳性能试验。

当锚固的预应力筋为钢丝、钢绞线或热处理钢筋时，试验应力上限取预应力钢材抗拉强度标准值f_{ptk}的65%，疲劳应力幅度不小于80MPa。如工程有特殊需要，试验应力上限及疲劳应力幅度取值可以另定。当锚固的预应力筋为有明显屈服台阶的预应力钢材时，试验应力上限取预应力钢材抗拉强度标准值f_{ptk}的80%，疲劳应力幅度取80MPa。

试件经受200万次循环荷载后，锚具零件不应疲劳破坏。预应力筋在锚具夹持区域发生疲劳破坏的截面面积不应大于总截面面积的5%。

3. 周期荷载性能

用于有抗震要求结构中的锚具，预应力筋-锚具组装件还应满足循环次数为50次的周期荷载试验。当锚固的预应力筋为钢丝、钢绞线或热处理钢筋时，试验应力上限取预应力钢材抗拉强度标准值f_{ptk}的80%，下限取预应力钢材抗拉强度标准值f_{ptk}的40%；当锚固的预应力筋为有明显屈服台阶的预应力钢材时，试验应力上限取预应力钢材抗拉强度标准值f_{ptk}的90%，下限取预应力钢材抗拉强度标准值f_{ptk}的40%。

试件经50次循环荷载后预应力筋在锚具夹持区域不应发生破断。

4. 工艺性能

（1）锚具应满足分级张拉、补张拉和放松拉力等张拉工艺要求。锚固多根预应力筋用的锚具，除应具有整束张拉的性能外，尚应具有单根张拉的可能性。

（2）承受低应力或动荷载的夹片式锚具应具有防止松脱的性能。

（3）当锚具使用环境温度低于－50℃时，锚具尚应符合低温锚固性能要求。

（4）与后张预应力筋用锚具（或连接器）配套的锚垫板、锚固区域局部加强钢筋，在规定的混凝土强度和局部承压端块尺寸下，应满足荷载传递性能要求。

4.3.1.2 夹具的基本性能

1. 夹具静载锚固性能

预应力筋-夹具组装件的静载锚固性能，应由预应力筋-夹具组装件静载试验测定的夹具效率系数η_g确定。夹具的效率系数应按式（4-3-2）计算：

$$\eta_g = \frac{F_{gpu}}{F_{pm}} \tag{4-3-2}$$

式中　F_{gpu}—— 预应力筋-夹具组装件的实测极限拉力；

预应力筋-夹具组装件的静载锚固性能试验结果应满足：$\eta_g \geqslant 0.92$。

当预应力筋-夹具组装件达到实测极限拉力时，应当是由预应力筋的断裂，而不应由夹具的破坏所导致。

夹具应具有良好的自锚性能、松锚性能和安全的重复使用性能。主要锚固零件应具有良好的防锈性能。夹具的可重复使用次数不宜少于300次。

4.3.1.3 连接器的基本性能

在张拉预应力后永久留在混凝土结构或构件中的预应力筋连接器，都必须符合锚具的性能要求；如在张拉后还须放张和拆除的连接器，则必须符合夹具的性能要求。

4.3.2 钢绞线锚固体系

4.3.2.1 单孔夹片锚固体系

单孔夹片锚固体系见图4-3-1。

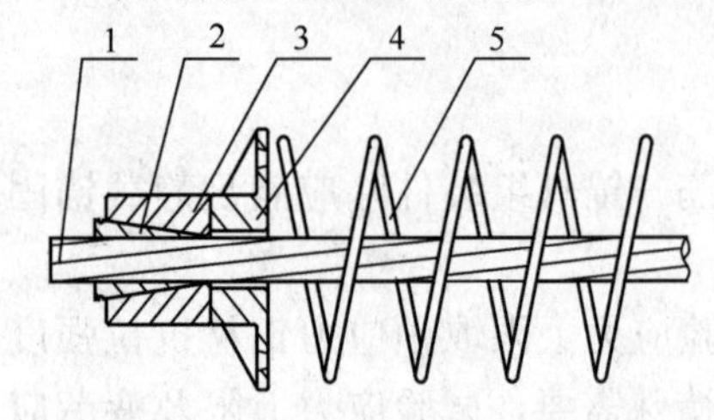

图4-3-1 单孔夹片锚固体系示意图

1—预应力筋；2—夹片；3—锚环；4—承压板；5—螺旋筋

单孔夹片锚具是由锚环与夹片组成，见图4-3-2。夹片的种类很多，按片数可分为三片或二片式。二片式夹片的背面上部锯有一条弹性槽，以提高锚固性能，但夹片易沿纵向开裂；也有通过优化夹片尺寸和改进热处理工艺，取消了弹性槽。按开缝形式可分为直开缝与斜开缝。直开缝夹片最为常用；斜开缝夹片主要用于锚固7ϕ5平行钢丝束，在20世纪90年代后张预应力结构工程中有相当数量的应用。国内各厂家的单孔夹片锚具型号与规格略有不同，请在使用时选择使用。采用限位自锚张拉工艺时，预应力筋锚固时夹片自动跟进，不需要顶压；采用带顶压器张拉工艺时，锚固时顶压加片以减小回缩损失。

单孔夹片锚具的锚环，也可与承压钢板合一，采用铸钢制成，图4-3-2为一种带承压板的锚具。

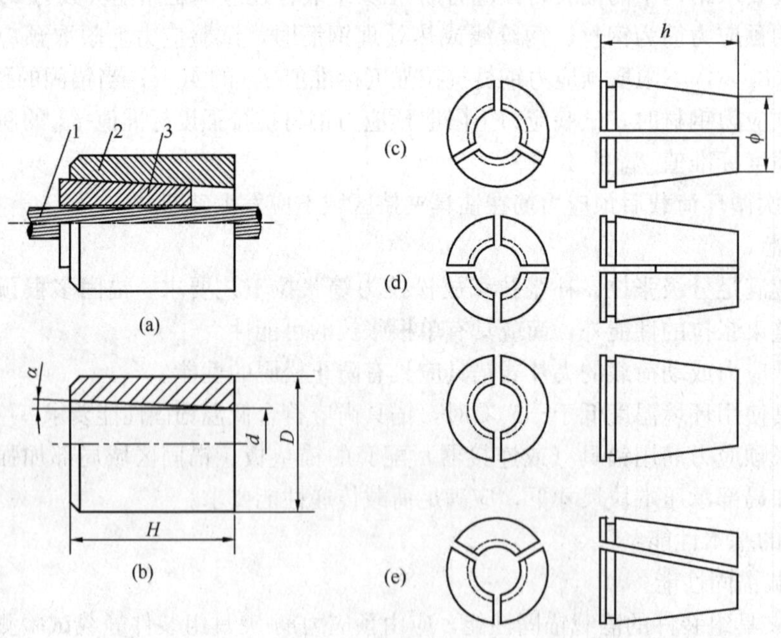

图4-3-2 单孔夹片锚具

(a) 组装图；(b) 锚环；(c) 三片式夹片；(d) 二片式夹片；(e) 斜开缝夹片

1—预应力筋；2—夹片；3—锚环

单孔夹片锚具主要用于锚固ϕ^s12.7、ϕ^s15.2钢绞线制成的预应力筋，也可用于先张法夹具。

单孔加片锚具的参考尺寸见表4-3-1。

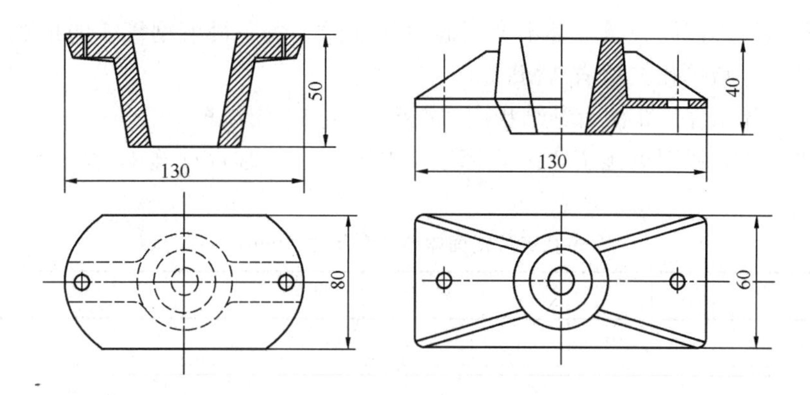

图 4-3-3　带承压板的锚环示意图

单孔夹片锚具参考尺寸　　**表 4-3-1**

锚具型号	锚　环				夹　片		
	D	H	d	a	ϕ	h	形式
QM13-1	40	42	16	6°30′	17	40	二片直开缝（带钢丝圈）
QM15-1	46	48	18		20	45	
QVM13-1	43	13	16	6°00′	17	38	二片直开缝（无弹性槽）
QVM15-1	46	48	18		19	43	

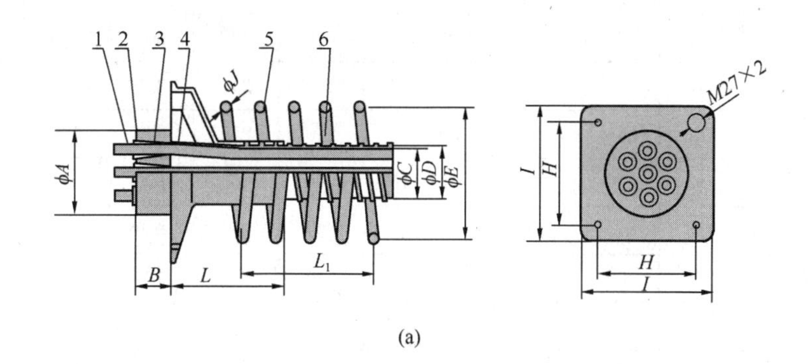

(a)

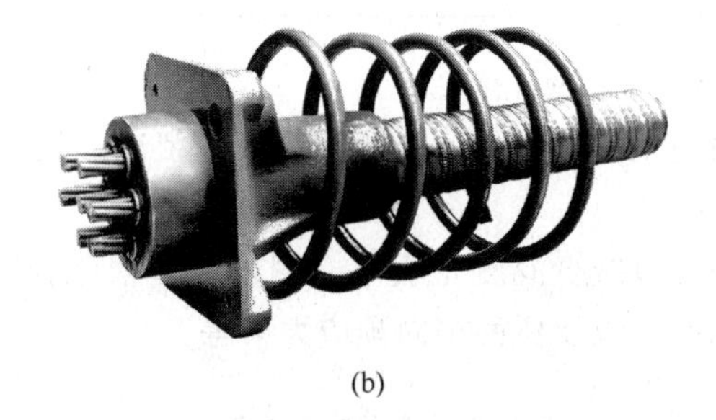

(b)

图 4-3-4　多孔夹片锚固体系

(a) 尺寸示意图；(b) 外观图片

1—钢绞线；2—夹片；3—锚环；4—锚垫板（喇叭口）；5—螺旋筋；6—波纹管

4.3.2.2　多孔夹片锚固体系

多孔夹片锚固体系一般称为群锚，是由多孔夹片锚具、锚垫板（也称铸铁喇叭管、锚座）、螺旋筋等组成，见图 4-3-4。这种锚具是在一块多孔的锚板上，利用每个锥形孔装一副夹片，夹持 1 根钢绞线，形成一个独立锚固单元，选择锚固单元数量即可确定锚固预应力筋的根数。其优点是任何 1 根钢绞线锚固失效，都不会引起整体锚固失效。每束钢绞线的根数不受限制。对锚板与夹片的要求，与单孔夹片锚具相同。

多孔夹片锚固体系在后张法有粘结预应力混凝土结构中用途最广。表 4-3-2 列出了多孔夹片锚固体系的参考尺寸，锚固单元从 2 孔至 55 孔可供选择。工程设计施工时可参考国内生产厂家的技术参数选用。

多孔夹片锚固体系参考尺寸（mm）　　表 4-3-2

型号	ϕA	B	L	ϕC/ϕD	H	I	L1	ϕE	ϕJ	圈数
Z15-2	83	45				120	150	120	8	4
Z15-3	83	45	85	50/55	100	130	160	130	10	4
Z15-4	98	45	90	55/60	110	140	200	140	12	4
Z15-5	108	50	110	55/60	120	150	200	150	12	4
Z15-6	125	50	120	70/75	140	180	200	180	12	4
Z15-7	125	55	120	70/75	140	180	200	180	12	4
Z15-8	135	55	140	80/85	160	200	250	200	14	5
Z15-9	147	55	160	80/85	170	210	250	210	14	5
Z15-10	158	55	180	90/95	170	210	300	210	14	5
Z15-11	158	60	180	90/95	170	210	300	210	14	5
Z15-12、13	168	60	190	90/95	180	225	300	225	16	5
Z15-14、15	178	65	200	100/105	190	240	300	240	16	5
Z15-16	187	65	210	100/105	200	250	300	250	18	5
Z15-17	195	70	220	105/110	200	260	300	260	18	5
Z15-18、19	198	70	220	105/110	200	270	360	270	18	6
Z15-25、27、31	270	80	350	130/137	260	360	480	510	20	8
Z15-37	290	90	450	140/150	350	440	540	570	22	9
Z15-55	350	100	530	160/170	400	520	630	700	26	9

4.3.2.3 扁形夹片锚固体系

扁形夹片锚固体系是由扁型夹片锚具、扁形锚垫板等组成，见图 4-3-5。该锚固体系的参考尺寸见表 4-3-3。

扁锚具有张拉槽口扁小，可减少混凝土板厚，钢绞线单根张拉，施工方便等优点；主要适用于楼板、扁梁、低高度箱梁，以及桥面横向预应力束等。

扁形夹片锚固体系参考尺寸　　表 4-3-3

钢绞线直径-根数	扁形锚垫板（mm）			扁形锚板（mm）		
	A	B	C	D	E	F
15-2	150	160	80	80	48	50
15-3	190	200	90	115	48	50
15-4	230	240	90	150	48	50
15-5	270	280	90	185	48	50

4.3.2.4 固定端锚固体系

固定端锚固体系有：挤压锚具、压花锚具、环形锚具等类型。其中，挤压锚具既可埋在混凝土结构内，也可安装在结构之外，对有粘结预应力钢绞线、无粘结预应力钢纹线都适用，应用范围最广的固定端锚固体系。压花锚具适用于固定端空间较大且有足够的粘结长度的固定端。环形锚具可用于墙板结构、大型构筑物墙、墩等环形结构。

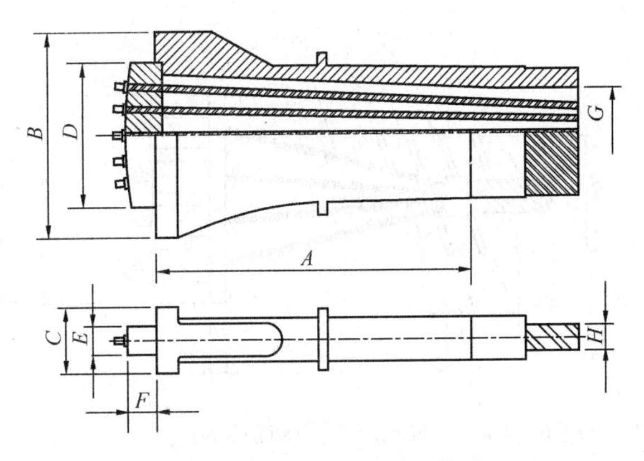

图 4-3-5　扁形夹片锚固体系

在一些特殊情况下，固定端锚具也可选用夹片锚具，但必须安装在构件外，并需要有可靠的防松脱处理，以免浇筑混凝土时或有外界干扰时夹片松开。

1. 挤压锚具

挤压锚具是在钢绞线一端部安装异形钢丝衬圈（或开口直夹片）和挤压套，利用专用挤压设备将挤压套挤过模孔后，使其产生塑性变形而握紧钢绞线，异形钢丝衬圈（或开口直夹片）的嵌入，增加钢套筒与钢绞线之间的摩阻力，挤压套与钢绞线之间没有任何空隙，紧紧握住，形成可靠的锚固，见图 4-3-6。

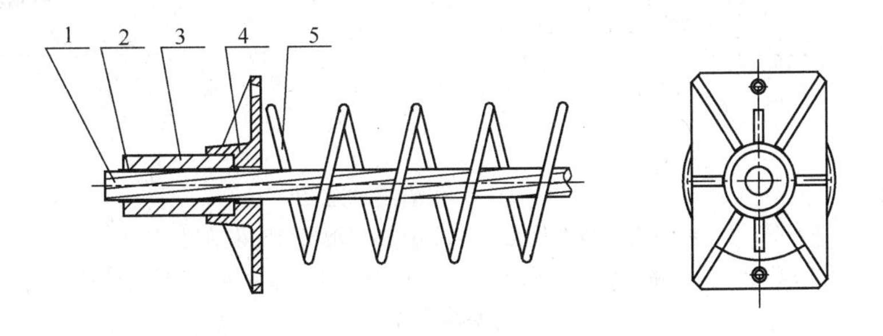

图 4-3-6　单根挤压锚锚固体系示意图

1—钢绞线；2—挤压片；3—挤压锚环；4—挤压锚垫板；5—螺旋筋

挤压锚具后设钢垫板与螺旋筋，用于单根预应力钢绞线时见图 4-3-6；用于有粘结预应力钢绞线时见图 4-3-7。当一束钢绞线根数较多，设置整块钢垫板有困难时，可采用分块或单根挤压锚具形式，但应散开布置，各个单根钢垫板不能重叠。

表 4-3-4 列出了固定端挤压锚具的参考尺寸。

挤压式固定端锚具参考尺寸（mm）　　**表 4-3-4**

型号	A	B	L1	ϕE	螺旋筋直径	圈数
ZP15-2	100×100	180	150	120	8	3
ZP15-3	120×120	180	150	130	10	3
ZP15-4	150×150	240	200	150	12	4
ZP15-5	170×170	300	220	170	12	4
ZP15-6、7	200×200	380	250	200	14	5
ZP15-8、9	220×220	440	270	240	14	5
ZP15-12	250×250	500	300	270	16	6

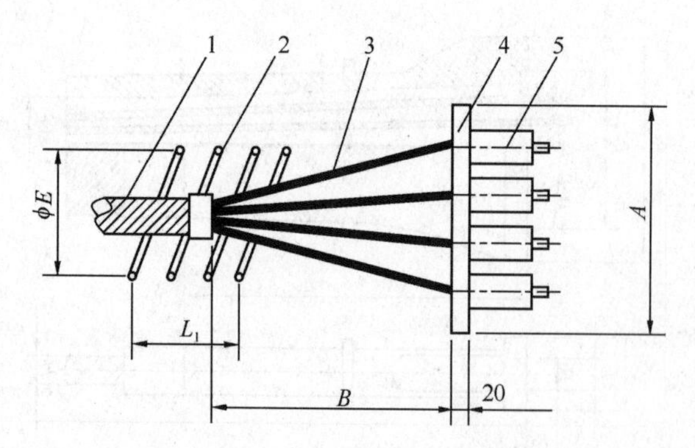

图 4-3-7　多根钢绞线挤压锚锚固体系示意图

1—波纹管；2—螺旋筋；3—钢绞线；4—钢垫板；5—挤压锚具

2. 压花锚具

压花锚具是利用专用液压轧花机将钢绞线端头压成梨形头的一种握裹式锚具，见图 4-3-8。这种锚具适用于固定端空间较大且有足够的粘结长度的有粘结钢绞线。

如果是多根钢绞线的梨形头应分排埋置在混凝土内。为提高压花锚四周混凝土及散花头根部混凝土抗裂强度，在梨形头头部配置构造筋，在梨形头根部配置螺旋筋。混凝土强度不低于 C30，压花锚具距离构件截面边缘不小于 30mm，第一排压花锚的锚固长度，对 ϕ^s15.2 钢绞线不小于 900mm，每排相隔至少为 300mm。

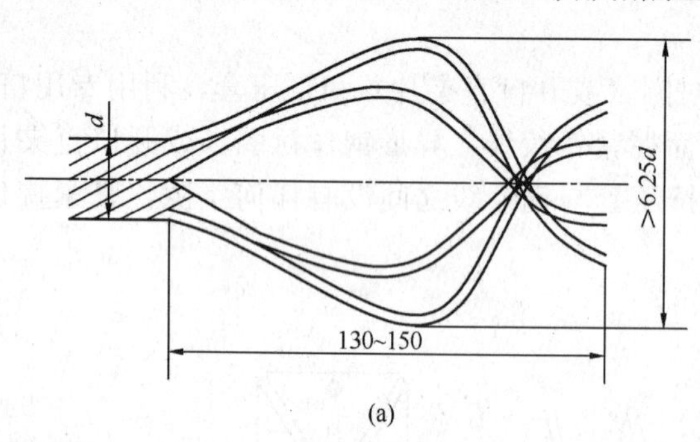

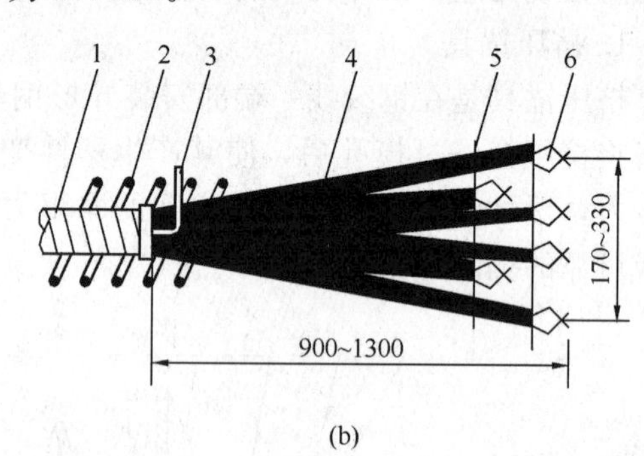

图 4-3-8　压花锚具示意图

(a) 单根钢绞线压花锚具；(b) 多根钢绞线压花锚具

1—波纹管；2—螺旋筋；3—排气孔；4—钢绞线；5—构造筋；6—压花锚具；

d—钢绞线直径

3. U 形锚具

U 形锚具，即钢绞线固定端在外形上形成 180°的弧度，使钢绞线束的末端可重新回复到起始点的附近地点，见图 4-3-9。

U 形锚具的加固筋尺寸、数量与锚固长度应通过计算确定。U 形锚具的波纹管外径与混凝土表面之间的距离，应不小于波纹管外径尺寸。

因该锚具的特殊形状。预埋管再穿束难度大，因此一般采用预先将钢绞线穿入波纹管内，并置入结构中定位固定后再浇筑混凝土的方法。

4.3.2.5　钢绞线连接器

1. 单根钢绞线连接器

单根钢绞线锚头连接器是由带外螺纹的夹片锚具、挤压锚具与带内螺纹的套筒组成，见图 4-3-10。前段筋采用带外螺纹的夹片锚具锚固，后段筋的挤压锚具穿在带内螺纹的套筒内，利用该套筒的内螺纹拧在夹片锚具锚环的外螺纹上，达到连接作用。

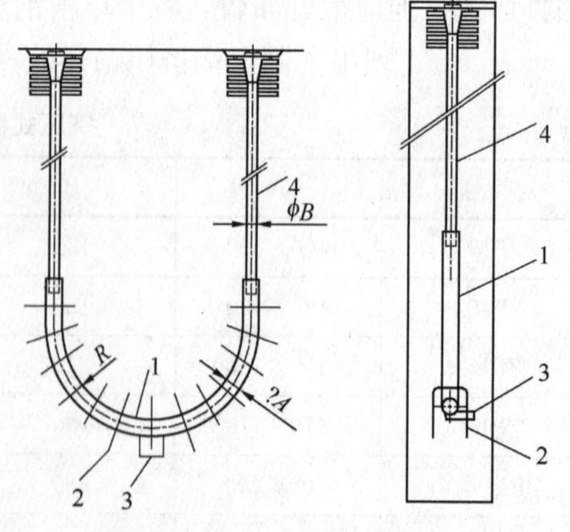

图 4-3-9　U 形锚具示意图

1—ϕA 环形波纹管；2—U 形加固筋；3—灌浆管；4—ϕB 直线波纹管

单根钢绞线接长连接器是由 2 个带内螺纹的夹片锚具

和1个带外螺纹的连接头组成，见图4-3-11。为了防止夹片松脱，在连接头与夹片之间装有弹簧。

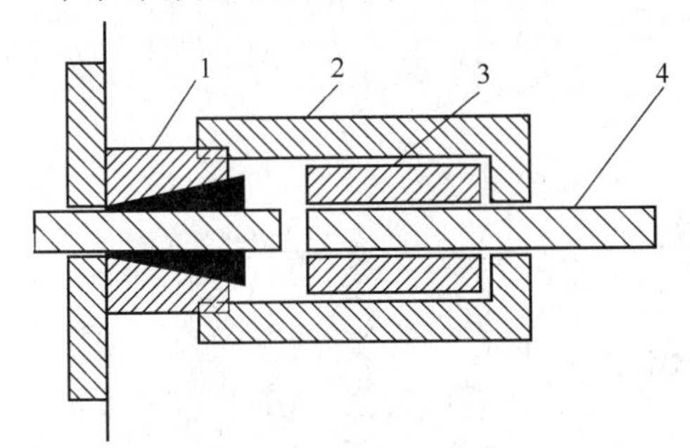

图4-3-10　单根钢绞线连接器

1—带外螺纹的锚环；2—带内螺纹的套筒；3—挤压锚具；4—钢绞线

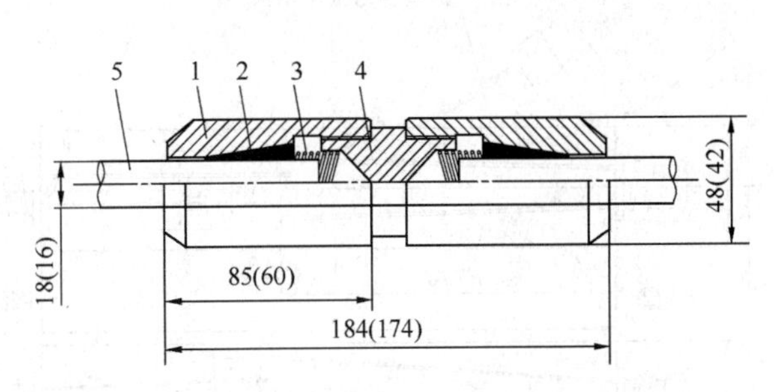

图4-3-11　单根钢绞线接长连接器

1—带内螺纹的加长锚环；2—带外螺纹的连接头；3—连接器弹簧；4—夹片；5—钢绞线

2. 多根钢绞线连接器

多根钢绞线锚头连接器主要由连接体、夹片、挤压锚具、护套、约束圈等组成，见图4-3-12。其连接体是一块增大的锚板。锚板中部锥形孔用于锚固前段预应力束，锚板外周边的槽口用于挂后段预应力束的挤压锚具。

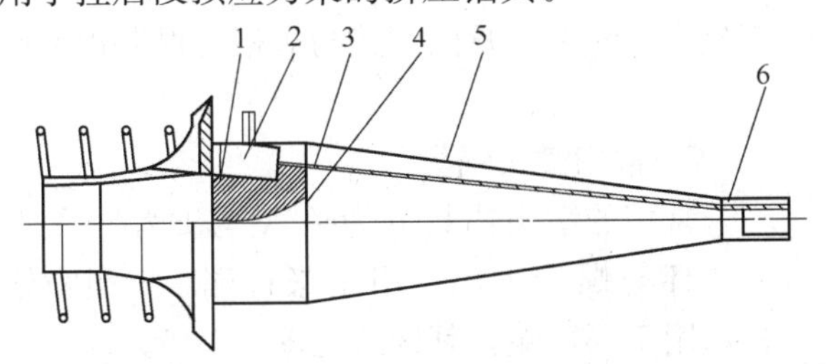

图4-3-12　多根钢绞线连接器

1—连接体；2—挤压锚具；3—钢绞线；4—夹片；5—白铁护套；6—约束圈

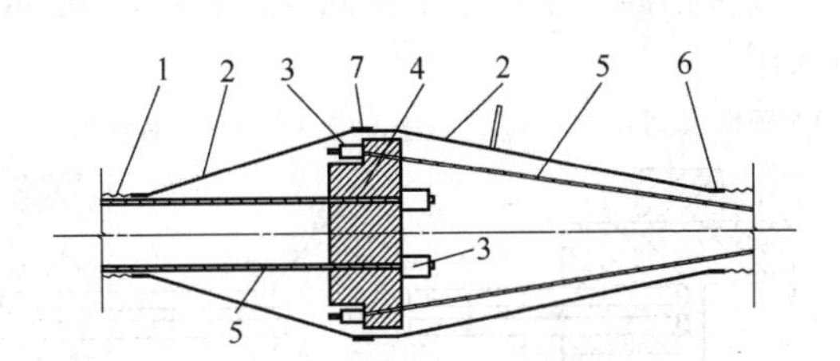

图4-3-13　多根钢绞线接长连接器

1—波纹管；2—白铁护套；3—挤压锚具；4—锚板；5—钢绞线；6—钢环；7—打包钢条

多根钢绞线接长连接器设置在孔道的直线区段，用于接长预应力筋。接长连接器与锚头连接器的不同处是将锚板上的锥形孔改为孔眼，两段钢绞线的端部均用挤压锚具固定。张拉时连接器应有足够的活动空间。接长连接器的构造见图4-3-13。

4.3.2.6　环锚

环锚应用于圆形结构的环状钢绞线束，或使用在两端不能安装普通张拉锚具的钢绞线束。

该锚具的预应力筋首尾锚固在同一块锚板上，见图4-3-14。张拉时需加变角块在一个方向进行张拉。表4-3-5列出了环形锚具的参考尺寸。

环形锚具参考尺寸（mm）　　**表4-3-5**

型号	A	B	C	D	F	H
15-2	160	65	50	50	150	200
15-4	160	80	90	65	800	200
15-6	160	100	130	80	800	200
15-8	210	120	160	100	800	250
15-12	290	120	180	110	800	320
15-14	320	125	180	110	1000	340

注：参数E、G应根据工程结构确定，ΔL为环形锚索张拉伸长值。

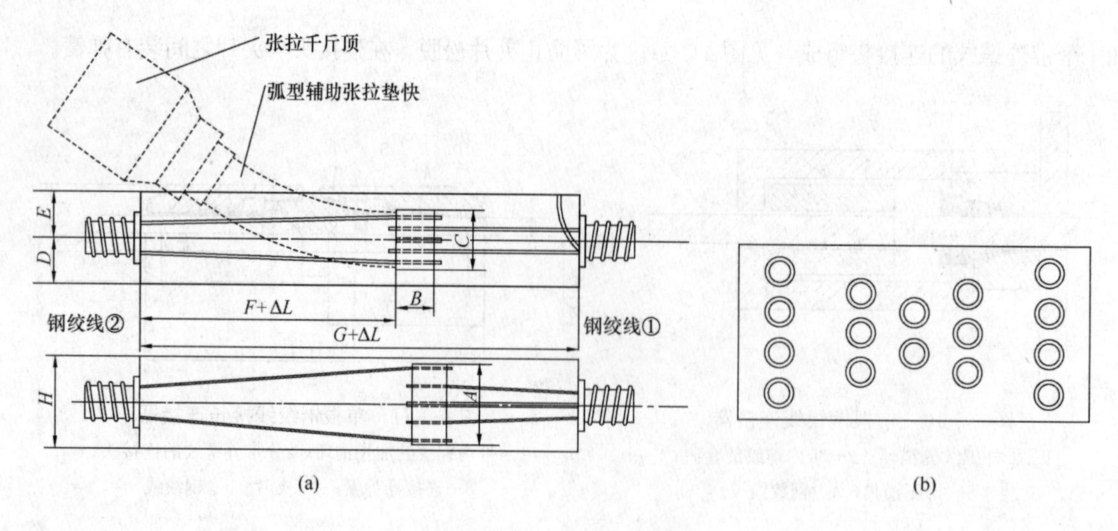

图 4-3-14　环锚示意图

(a) 环锚有关尺寸；(b) 环锚锥孔

4.3.3　钢丝束锚固体系

4.3.3.1　镦头锚固体系

镦头锚固体系适用于锚固任意根数的 $\phi5$ 或 $\phi7$ 钢丝束。镦头锚具的型式与规格可根据相关产品选用。

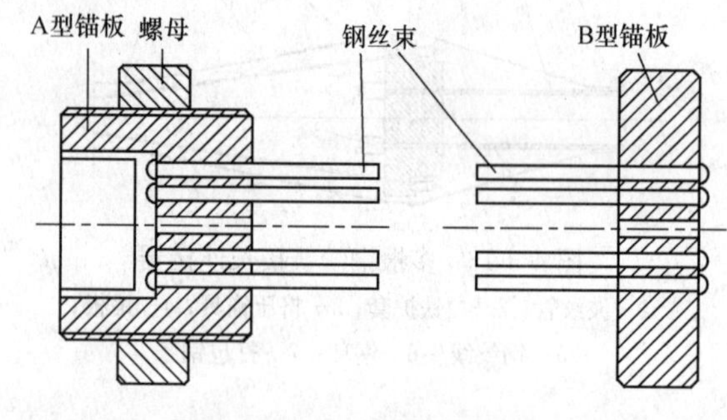

图 4-3-15　钢丝束镦头锚具

1. 常用镦头锚具

常用的镦头锚具分为 A 型与 B 型。A 型由锚杯与螺母组成，用于张拉端。B 型为锚板，用于固定端，其构造见图 4-3-15。

镦头锚具的锚杯与锚板一般采用 45 号钢，螺母采用 30 号钢或 45 号钢。

2. 特殊型镦头锚具

(1) 锚杆型锚具。由锚杆、螺母和半环形垫片组成，见图 4-3-16。锚杆直径小，构件端部无需扩孔。

(2) 锚板型锚具。由带外螺纹的锚板与垫片组成，见图 4-3-17。但另一端锚板应由锚板芯与锚板环用螺纹连接，以便锚芯穿过孔道。

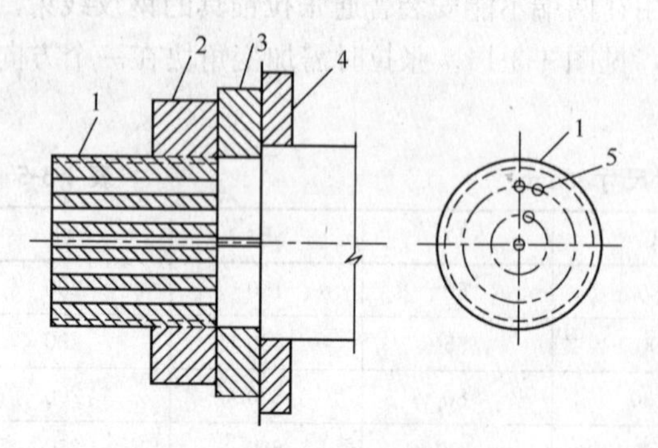

图 4-3-16　锚杆型镦头锚具

1—锚杆；2—螺母；3—半环形垫片；4—预埋钢板；5—锚孔

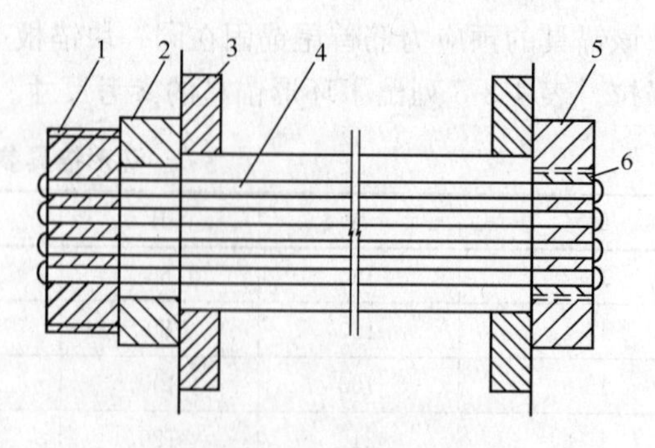

图 4-3-17　锚板型镦头锚具

1—带外螺纹的锚板；2—半环形垫片；3—预埋钢板；4—钢丝束；5—锚板环；6—锚芯

(3) 钢丝束连接器

当采用镦头锚具时，钢丝束的连接器，可采用带内螺纹的套筒或带外螺纹的连杆，见图 4-3-18。

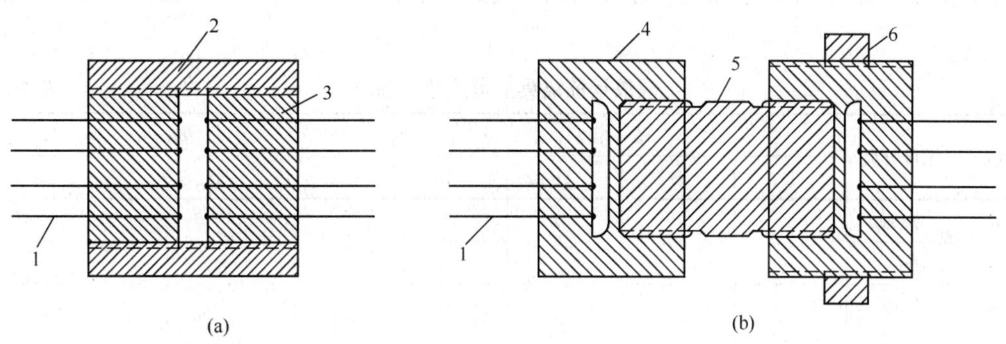

图 4-3-18　钢丝束连接器

(a) 带螺纹的套筒；(b) 带外螺纹的套筒

1—钢丝；2—套筒；3—锚板；4—锚杆；5—连杆；6—螺母

4.3.3.2　钢质锥形锚具

钢质锥形锚具由锚环与锚塞组成，适用于锚固 6～30ϕ5 和 12～24ϕ7 钢丝束，见图 4-3-19。

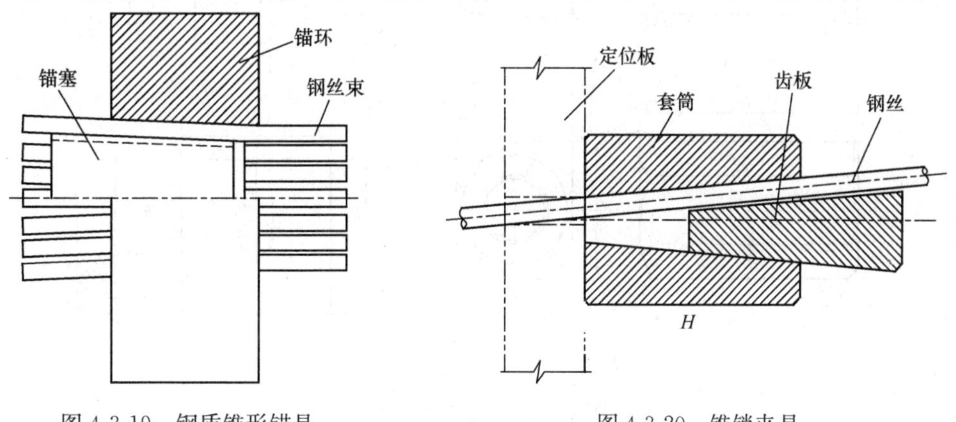

图 4-3-19　钢质锥形锚具　　　图 4-3-20　锥销夹具

4.3.3.3　单根钢丝夹具

1. 锥销式夹具

锥销式夹具由套筒与锥塞组成，见图 4-3-20，适用于夹持单根直径 4～7mm 的冷拉钢丝和消除应力钢丝等。

2. 夹片式夹具

夹片式夹具由套筒和夹片组成，见图 4-3-21，适用于夹持单根直径 5～7mm 的消除应力钢丝等。套筒内装有弹簧圈，随时将夹片顶紧，以确保成组张拉时夹片不滑脱。

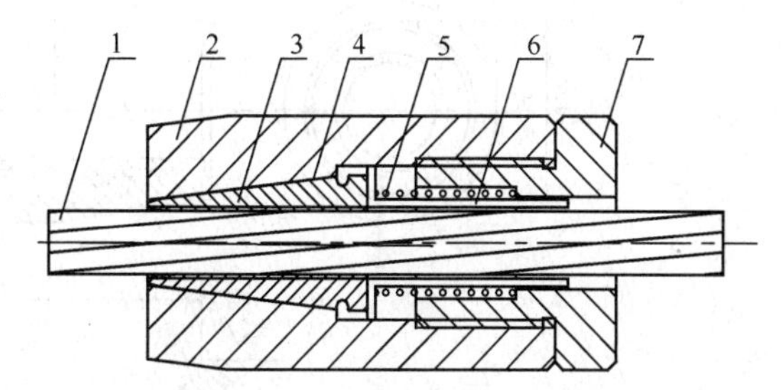

图 4-3-21　单根钢丝夹片夹具

1—钢丝；2—套筒；3—夹片；4—钢丝圈；5—弹簧圈；6—顶杆；7—顶盖

4.3.4　螺纹钢筋锚固体系

4.3.4.1　螺纹钢筋锚具

螺纹钢筋锚具包括螺母与垫板，是利用与该钢筋螺纹匹配的特制螺母锚固的一种支承式锚具，见图 4-3-22。表 4-3-6 列出了螺纹钢筋锚具的参考尺寸。

螺纹钢筋锚具螺母分为平面螺母和锥面螺母两种，垫板相应地分为平面垫板与锥面垫板两种。由于螺母传给垫板的压力沿 45°方向向四周传递，垫板的边长等于螺母最大外径加二倍垫板厚度。

螺纹钢筋锚具参考尺寸（mm）　　　　表 4-3-6

钢筋直径	螺母分类	螺母				垫板			
		D	S	H	H_1	A	H	ϕ	ϕ'
25	锥面	57.7	50	54	13	120	20	35	62
	平面				—				—
32	锥面	75	65	2	16	140	24	45	76
	平面				—				—

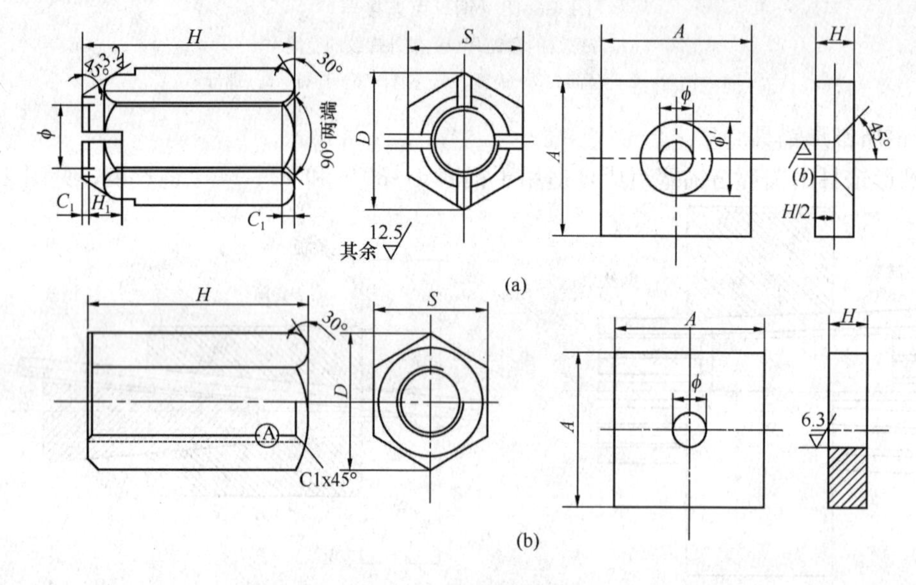

图 4-3-22　螺纹钢筋锚具

（a）锥面螺母与垫板；（b）平面螺母与垫板

4.3.4.2　螺纹钢筋连接器

螺纹钢筋连接器的形状见图 4-3-23。螺纹钢筋连接器的参考尺寸表 4-3-7。

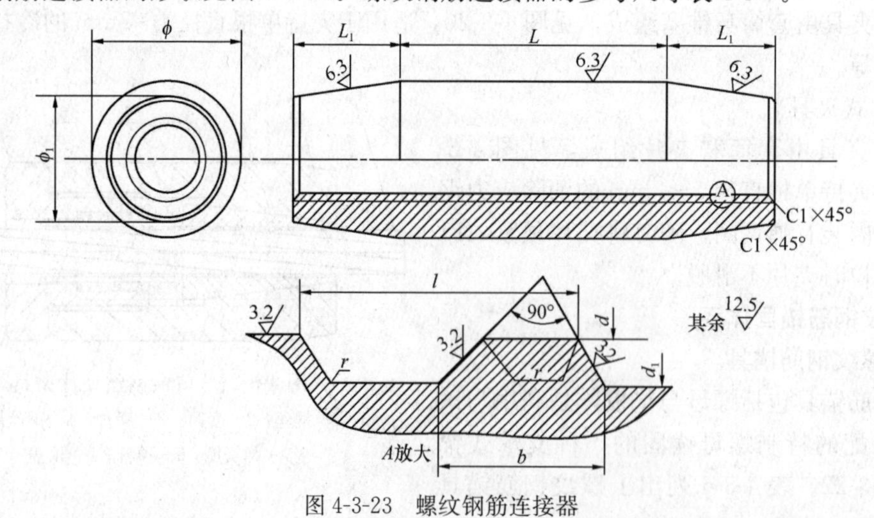

图 4-3-23　螺纹钢筋连接器

螺纹钢筋连接器尺寸（mm） 表 4-3-7

公称直径	ϕ	ϕ_1	L	L_1	d	d_1	l	b
25	50	45	126	45	25.5	29.7	12	8
32	60	54	168	60	32.5	37.5	16	9

4.3.5 拉索锚固体系

预应力空间钢结构以其承载力高、改善结构的受力性能、节约钢材、可以表现出优美的建筑造型等优点得到大量的应用，在 2008 北京奥运场馆中广泛采用，取得了极好的效果。随着我国大跨度公共建筑发展的需要，预应力拉索在钢结构、混凝土结构工程中应用日益增多。其锚固体系是基于钢绞线夹片锚具、钢丝束镦头锚具与钢棒钢拉杆锚具等基础上发展起来的，主要包括：钢绞线压接锚具、冷（热）铸镦头锚具和钢绞线拉索锚具及钢拉杆等。

4.3.5.1 钢绞线压接锚具

钢绞线压接锚具是利用钢索液压压接机将套筒径向压接在钢绞线端头的一种握裹式锚具，见图 4-3-24。钢绞线压接锚具的端头分为用于张拉端的螺杆式端头、用于固定端的叉耳及耳板端头。如在叉耳或耳板与压接段之间安装调节螺杆，也可用张拉端。

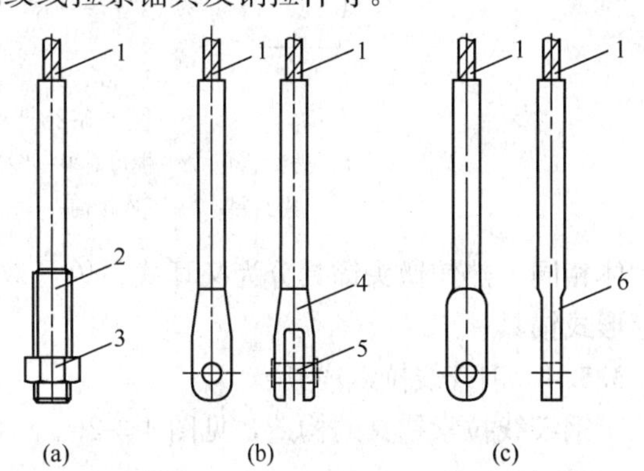

图 4-3-24 钢绞线压接锚具

（a）螺杆端头；（b）叉耳端头；（c）耳板端头

1—钢绞线；2—螺杆；3—螺母；4—叉耳；5—轴销；6—耳板

4.3.5.2 冷铸镦头锚具

冷铸镦头锚具分为张拉端和固定端两种形式，采用环氧树脂、铁砂等冷铸材料进行浇筑和锚固。这种锚具有较高的抗疲劳性能，在大跨度斜拉索中广泛采用。

冷铸镦头锚具的构造，见图 4-3-25。其筒体内锥形段灌注环氧铁砂。当钢丝受力时，借助于楔形原理，对钢丝产生夹紧力。钢丝穿过锚板后在尾部镦头，形成抵抗拉力的第二道防线。前端延长筒灌注弹性模量较低的环氧岩粉，并用尼龙环控制钢丝的位置。筒体上有梯形外螺纹和圆螺母，便于调整索力和更换新索。张拉端锚具还有梯形内螺纹，以便与张拉杆连接。

冷铸墩头锚具技术参数，见表 4-3-8。

冷铸墩头锚具技术参数 表 4-3-8

规 格	D_1 (mm)	L_1 (mm)	D_2 (mm)	L_2 (mm)	拉索外径 (mm)	破断索力 (kN)
5-55	ϕ135	300	ϕ185	70	51	1803
5-85	ϕ165	335	ϕ215	90	61	2787
5-127	ϕ185	355	ϕ245	90	75	4164
7-55	ϕ175	350	ϕ225	90	68	3535
7-85	ϕ205	410	ϕ275	110	83	5463
7-127	ϕ245	450	ϕ315	135	105	8162

4.3.5.3 热铸镦头锚具

热铸镦头锚具就是用低熔点的合金代替环氧树脂、铁砂浇筑和锚固，且没有延长筒，其尺寸较小，可用于大跨度结构、特种结构等 19～421ϕ5、ϕ7 钢丝束。热铸镦头锚具的构造与冷铸锚

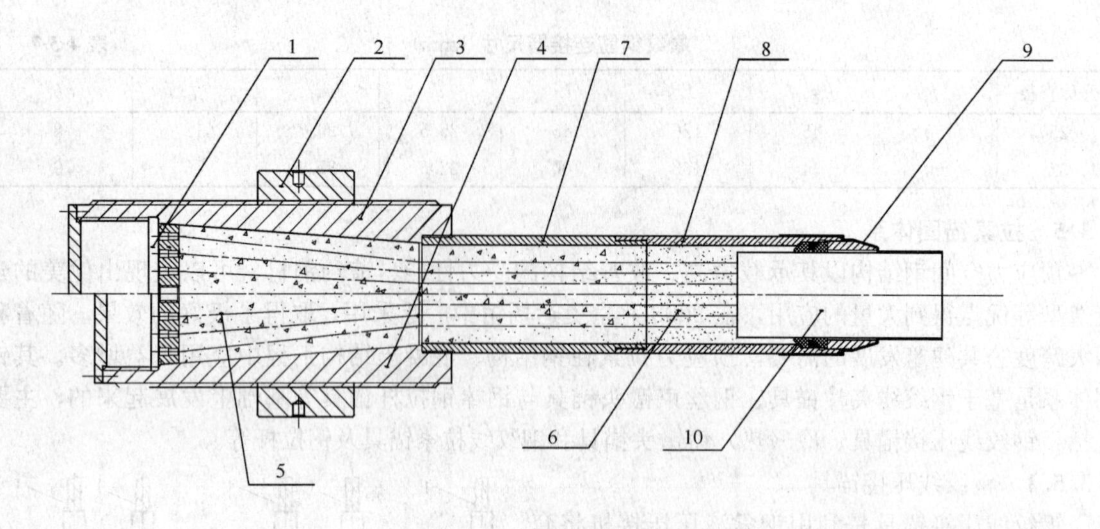

图 4-3-25　冷铸锚头锚具构造

1—锚头锚板；2—螺母；3—张拉端锚杯；4—固定端锚杯；5—冷铸料；
6—密封料；7—下连接筒；8—上连接筒；9—热收缩套管；10—索体

大体相同。热铸镦头锚具分为叉耳式、单（双）螺杆式、单耳式（耳环式）、单（双）耳内旋式等形式锚具。

4.3.5.4　钢绞线拉索锚具

钢绞线拉索锚具的构造，见图 4-3-26。

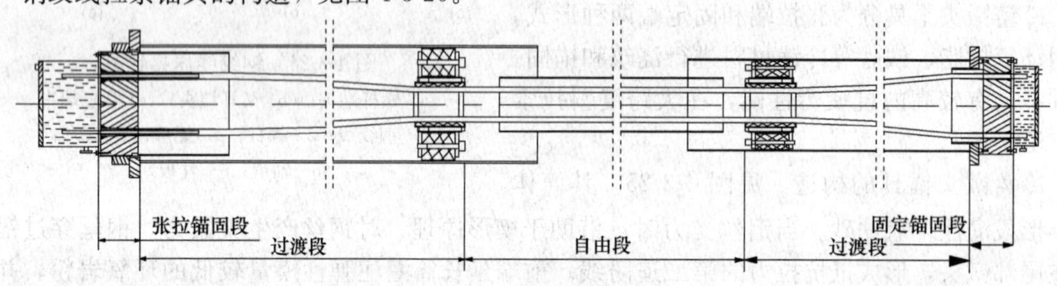

图 4-3-26　钢绞线拉索锚具构造

1. 张拉端锚具

张拉端锚具构造见图 4-3-27。对于短索可在锚板外缘加工螺纹，配以螺母承压；对于长索，由于索长调整量大，而锚板厚度有限，因此需要用带支承筒的锚具，锚板位于支承筒顶面，支

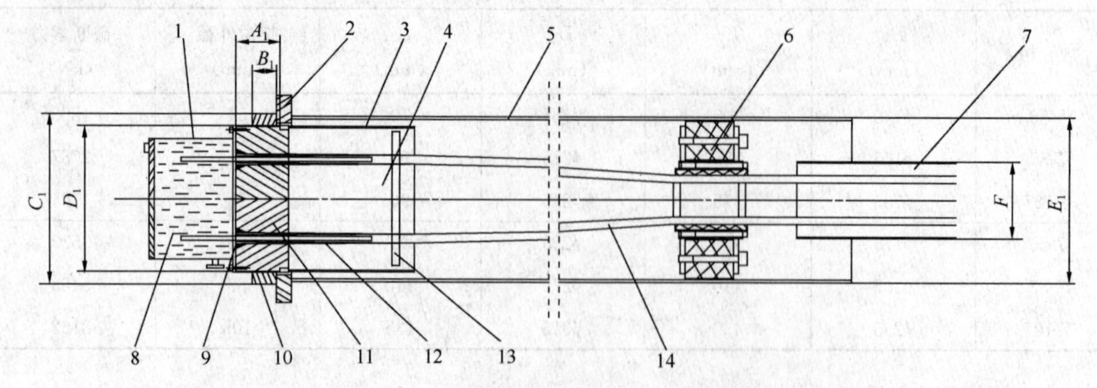

图 4-3-27　张拉锚固段及过渡段结构示意图

1—防护帽；2—锚垫板；3—过渡管；4—定位浆体；5—导管；6—定位器；7—索套管；8—防腐润滑脂；
9—夹片；10—调整螺母；11—锚板；12—穿线管；13—密封装置；14—钢绞线

承筒依靠外面的螺母支承在锚垫板上。为了防止低应力状态下的夹片松动，设有防松装置。

2. 固定端锚具

固定端锚具构造见图 4-3-28。可省去支承筒与螺母。拉索过渡段由锚垫板、预埋管、索导管、减振装置等组成。减振装置可减轻索的振动对锚具产生的不利影响。

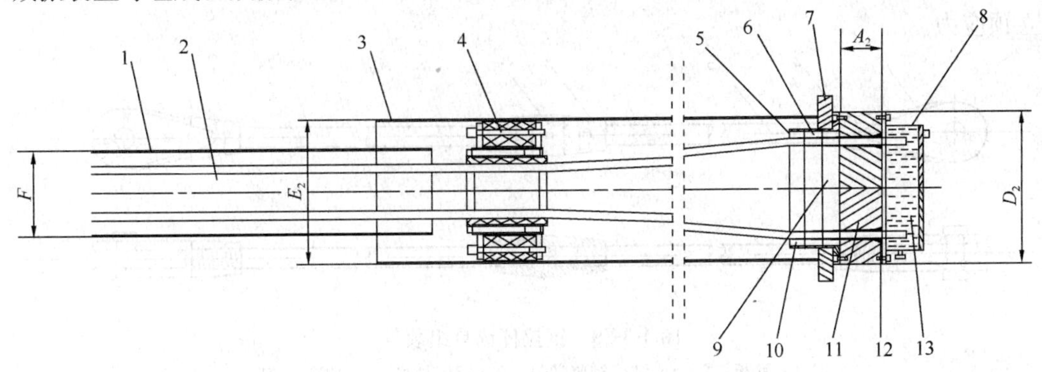

图 4-3-28 固定锚固段及过渡段结构示意图

1—索套管；2—钢绞线；3—导管；4—定位器；5—过渡管；6—密封装置；7—锚垫板；8—防护帽；9—定位浆体；10—穿线管；11—锚板；12—夹片；13—防腐润滑脂

拉索锚具内一般灌注油脂或石蜡等；对抗疲劳要求高的锚具一般灌注粘结料。钢绞线拉索锚具的抗疲劳性能好，施工适应性强，在体外预应力结构索和大跨度斜拉索中得到日益广泛的应用。常用钢绞线拉索锚具技术参数，见表 4-3-9。

常用钢绞线拉索锚具技术参数（mm） **表 4-3-9**

斜拉索规格型号	DR 张拉端					DS 固定端		
	锚板外径 D1	锚板厚度 A_1	螺母外径 C_1	螺母厚度 B_1	导管参考尺寸 E_1	锚板外径 D_2	锚板厚度 A_2	导管参考尺寸 E_2
15.2-12	Tr190×6	90	230	50	ϕ219×6.5	185	85	ϕ180×4.5
15.2-19	Tr235×8	105	285	65	ϕ267×6.5	230	100	ϕ219×6.5
15.2-22	Tr255×8	115	310	75	ϕ299×8	250	100	ϕ219×6.5
15.2-31	Tr285×8	135	350	95	ϕ325×8	280	125	ϕ245×6.5
15.2-37	Tr310×8	145	380	105	ϕ356×8	300	150	ϕ273×6.5
15.2-43	Tr350×8	150	425	115	ϕ406×9	340	155	ϕ325×8
15.2-55	Tr385×8	170	470	130	ϕ419×10	380	175	ϕ325×8
15.2-61	Tr385×8	185	470	145	ϕ419×10	380	190	ϕ356×8
15.2-73	Tr440×8	185	530	145	ϕ508×11	430	190	ϕ406×9
15.2-85	Tr440×8	215	540	175	ϕ508×11	430	220	ϕ406×9
15.2-91	Tr490×8	215	590	160	ϕ559×13	480	230	ϕ457×10
15.2-109	Tr505×8	220	610	180	ϕ559×13	495	240	ϕ457×10
15.2-127	Tr560×8	260	670	200	ϕ610×13	550	290	ϕ508×11

注：1. 本表的锚具尺寸同时适应 ϕ15.7mm 钢绞线斜拉索。

2. 当斜拉索规格与本表不相同时，锚具应选择邻近较大规格，如 15.2-58 的斜拉索应选配 15.2-61 斜拉索锚具。

3. 当所选的斜拉索规格超过本表的范围，可咨询相关专业厂商。

4.3.5.5 钢拉杆

钢拉杆锚具组装件，见图 4-3-29。它由两端耳板、钢棒拉杆、调节套筒、锥形锁紧螺母等组成。拉杆材料为热处理钢材。两端耳板与结构支承点用轴销连接。钢棒拉杆可由多根接长，端头有螺纹。调节套筒既是连接器，又是锚具，内有正反牙。钢棒张拉时，收紧调节套筒，使钢棒建立预应力。

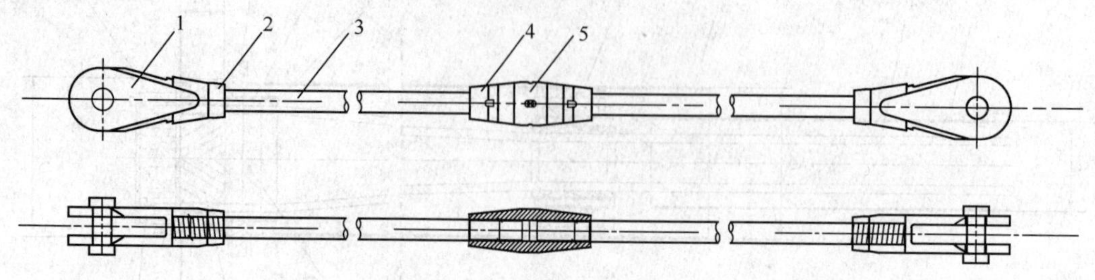

图 4-3-29 钢拉杆锚具组装件

1—耳板；2、4—锥形锁紧螺母；3—钢棒拉杆；5—调节套筒

4.3.6 质量检验

锚具、夹具和连接器进场时，应按合同核对锚具的型号、规格、数量及适用的预应力筋品种、规格和强度等。生产厂家应提供产品质保书和产品技术手册。产品按合同验收后，应按下列规定进行进场检验，检验合格后方可在工程中应用。

4.3.6.1 检验项目与要求

进场验收时，同一种材料和同一生产工艺条件下生产的产品，同批进场时可视为同一验收批。锚固多根预应力筋的锚具验收批不宜超过 1000 套；锚固单根预应力筋的锚具验收批不宜超过 2000 套。连接器的每个验收批不宜超过 500 套。夹具的验收批不宜超过 500 套。验收合格的产品，存放期超过 1 年，重新使用时应进行外观检查。

1. 锚具检验项目

(1) 外观检查

从每批产品中抽取 2%且不少于 10 套锚具，检查外形尺寸、表面裂纹及锈蚀情况。其外形尺寸应符合产品质保书所示的尺寸范围，且表面不得有裂纹及锈蚀；当有下列情况之一时，本批产品应逐套检查，合格者方可进入后续检验。

1) 当有 1 个零件不符合产品质保书所示的外形尺寸，则应另取双倍数量杀完零件重做检查，仍有 1 件不合格；

2) 当有 1 个零件表面有裂纹或加片、锚孔锥面有锈蚀。

对配套使用的锚垫板和螺旋筋可按以上方法进行外观检查，但允许表面有轻度锈蚀。

(2) 硬度检验

对硬度有严格要求的锚具零件，应进行硬度检验。从每批产品中抽取 3%且不少于 5 套样品（多孔夹片式锚具的夹片，每套抽取 6 片）进行检验，硬度值应符合产品质保书的要求。如有 1 个零件硬度不合格时，应另取双倍数量的零件重做检验，如仍有 1 件不合格，则应对本批产品逐个检验，合格者方可进入后续检验。

(3) 静载锚固性能试验

在外观检查和硬度检验都合格的锚具中抽取 6 套样品，与符合试验要求的预应力筋组装成 3 个预应力筋-锚具组装件，进行静载锚固性能试验。每束组装件试件试验结果都必须符合本章第 4.3.1.1 条的要求。当有一个试件不符合要求，应取双倍数量的锚具重做试验，如仍有一个试件不符合要求，则该批锚具判为不合格品。

2. 夹具检验项目

夹具进场验收时，应进行外观检查、硬度检验和静载锚固性能试验。检验和试验方法与锚具相同；静载锚固性能试验结果都必须符合本章第 4.3.1.2 条的要求。

3. 连接器的检验

永久留在混凝土结构或构件中的预应力筋连接器，应符合锚具的性能要求；在施工中临时使用并需要拆除的连接器，应符合夹具的性能要求。

另外，用于主要承受动荷载、有抗震要求的重要预应力混凝土结构，当设计提出要求时，应按现行国家标准《预应力筋用锚具、夹具和连接器》GB/T 14370—2007 的规定进行疲劳性能、周期荷载性能试验；锚具应用于环境温度低于－50℃的工程时，尚应进行低温锚固性能试验。

国家标准《混凝土结构工程施工质量验收规范》GB 50204—2002 第 6.2.3 条注：对于锚具用量较少的一般工程，如供货方提供有效的试验报告，可不做静载锚固性能试验。为了便于执行，中国工程建设标准化协会标准《建筑工程预应力施工规程》（CECS180：2005）第 3.3.11 条进行了如下补充说明：

1）设计单位无特殊要求的工程可作为一般工程；

2）多孔加片锚具不大于 200 套或钢绞线用量不大于 30t，可界定为锚具用量较少的工程；

3）生产厂家提供的由专业检测机构测定的静载锚固性能试验报告，应与供应的锚具为同条件同系列的产品，有效期一年，并以生产厂有严格的质保体系、产品质量稳定为前提；

4）如厂家提供的单孔和多孔加片锚具的加片是通用产品，对一般工程可采用单孔锚具静载锚固性能试验考核加片质量。

5）单孔加片锚具、新产品锚具等仍按正常规定做静载锚固性能试验。

4.3.6.2 锚固性能试验

预应力筋-锚具或夹具组装件应按图 4-3-30 的装置进行静载试验；预应力筋-连接器组装件应按图 4-3-31 的装置进行静载试验。

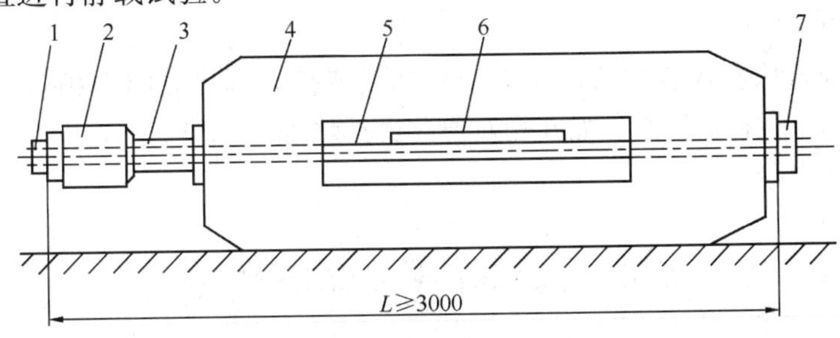

图 4-3-30 预应力筋-锚具组装件静载试验装置

1—张拉端试验锚具；2—加荷载用千斤顶；3—荷载传感器；4—承力台座；
5—预应力筋；6—测量总应变的装置；7—固定端试验锚具

1. 一般规定

（1）试验用预应力筋可由检测单位或受检单位提供，同时还应提供该批钢材的质量质保书。试验用预应力筋应先在有代表性的部位至少取 6 根试件进行母材力学性能试验，试验结果必须符合国家现行标准的规定。其实测抗拉强度平均值 f_{pm} 应符合本工程选定的强度等级，超过上一等级时不应采用。

（2）试验用预应力筋-锚具（夹具或连接器）组装件中，预应力筋的受力长度不宜小于 3m。单根钢绞线的组装件试件，不包括夹持部位的受力长度不应小于 0.8m。

（3）如预应力筋在锚具夹持部位有偏转角度时，宜在该处安设轴向可移动的偏转装置（如

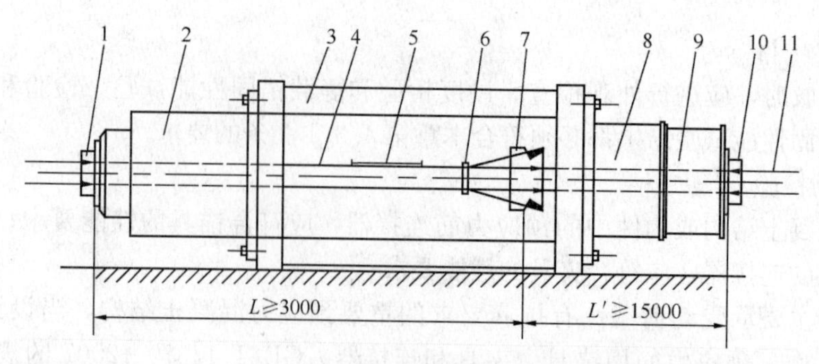

图 4-3-31 预应力筋-连接器组装件静载试验装置

1—张拉端试验锚具；2—加荷载用千斤顶；3—承力台座；4—连续段预应力筋；5—测量总应变的量具；6—转向约束钢环；7—试验连接器；8—附加承力圆筒或穿心式千斤顶；9—荷载传感器；10—固定端锚具；11—被接段预应力筋

钢环或多孔梳子板等)。

(4) 试验用锚固零件应擦拭干净，不得在锚固零件上添加影响锚固性能的介质，如金刚砂、石墨、润滑剂等。

(5) 试验用测力系统，其不确定度不得大于2%；测量总应变的量具，其标距的不确定度不得大于标距的0.2%；其指示应变的不确定度不得大于0.1%。

2. 试验方法

预应力筋-锚具组装件应在专门的装置进行静载锚固性能试验，见图 4-3-31。加载之前应先将各根预应力筋的初应力调匀，初应力可取钢材抗拉强度标准值 f_{ptk} 的5%～10%。正式加载步骤为：按预应力筋抗拉强度标准值 f_{ptk} 的20%、40%、60%、80%，分4级等速加载，加载速度每分钟宜为100MPa；达到80%后，持荷1h；随后用低于100MPa/min加载速度逐渐加载至完全破坏，荷载达到最大值 F_{apu} 或预应力筋破断。

用试验机进行单根预应力筋-锚具组装件静载试验时，在应力达到 $0.8f_{ptk}$ 时，持荷时间可以缩短，但不应少于10min。

3. 测量与观察的项目

试验过程中，应选取有代表性的预应力筋和锚具零件，测量其间的相对位移。加载速度不应超过100MPa/min；在持荷期间，如其相对位移继续增加、不能稳定，表明已失去可靠的锚固能力。

4.4 张拉设备及配套机具

预应力施工常用的设备和配套机具包括：液压张拉设备及配套油泵，施工组装、穿束和灌浆机具，及其他机具等。

4.4.1 液压张拉设备

液压张拉设备是由液压张拉千斤顶、电动油泵和张拉油管等组成。张拉设备应装有测力仪表，以准确建立预应力值。张拉设备应由经专业操作培训且合格的人员使用和维护，并按规定进行有效标定。

液压张拉千斤顶按结构形式不同可分为穿心式、实心式。穿心式千斤顶可分为前卡式、后卡式和穿心拉杆式；实心式千斤顶可分为顶推式、机械自锁式和实心拉杆式。

以下简单介绍几种工程常用千斤顶形式。

4.4.1.1 穿心式千斤顶

穿心式千斤顶是一种具有穿心孔，利用双液压缸张拉预应力筋和顶压锚具的双作用千斤顶。

这种千斤顶适应性强，既适用于张拉需要顶压的锚具；配上撑脚与拉杆后，也可用于张拉螺杆锚具和镦头锚具。该系列产品有：YC20D、YC-60 和 YC120 行千斤顶等。

1. YC60 型千斤顶

YC60 型千斤顶的构造见图 4-4-1 (a)，主要有张拉油缸、顶压油缸、顶压活塞、穿心套、保护套、端盖堵头、连接套、撑套、回程弹簧和动、静密封圈等组成。该千斤顶配上撑杆与拉杆后，见图 4-4-1 (b)。

张拉预应力筋时，A 油嘴进油、B 油嘴回油，顶压油缸、连接套和撑套连成一体右移顶住锚环；张拉油缸、端盖螺母及堵头和穿心套连成一体带动工具锚左移张拉预应力筋。

顶压锚固时，在保持张拉力稳定的条件下，B 油嘴进油，顶压活塞、保护套和顶压头连成一体右移将夹片强力顶入锚环内。

张拉缸采用液压回程，此时 A 油嘴回油、B 油嘴进油。

张拉活塞采用弹簧回程，此时 A、B 油嘴同时回油，顶压活塞再弹簧力作用下回程复位。

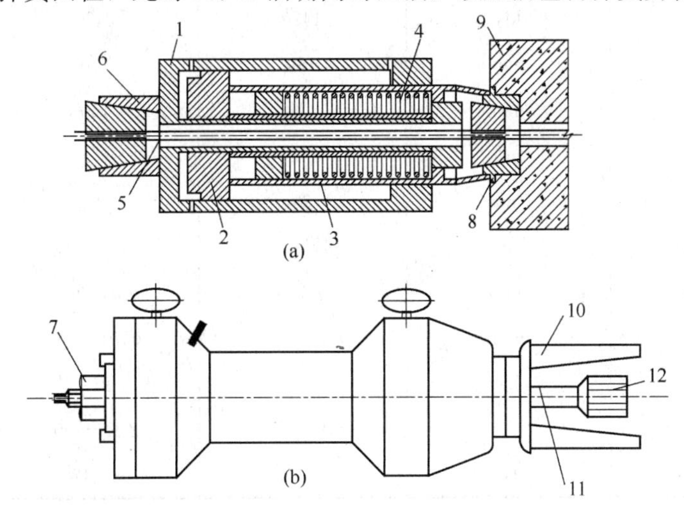

图 4-4-1 YC60 型千斤顶

(a) 夹片式构造简图；(b) 螺杆式加撑脚示意图

1 一张拉油缸；2—顶压油缸（即张拉活塞）；3—顶压活塞；4—弹簧；5—预应力筋；6—工具锚；7—螺帽；8—工作锚；9—混凝土构件；10—撑脚；11 一张拉杆；12—连接器

2. YC120 型千斤顶

YC120 型千斤顶的构造见图 4-4-2。其主要特点是：该千斤顶由张拉千斤顶和顶压千斤顶两个独立部件“串联”组成，但需多一根高压输油管和增设附加换向阀。它具有构造简单、制作精度容易保证、装拆修理方便和通用性大等优点，但其轴向长度较大，预留钢绞线较长。

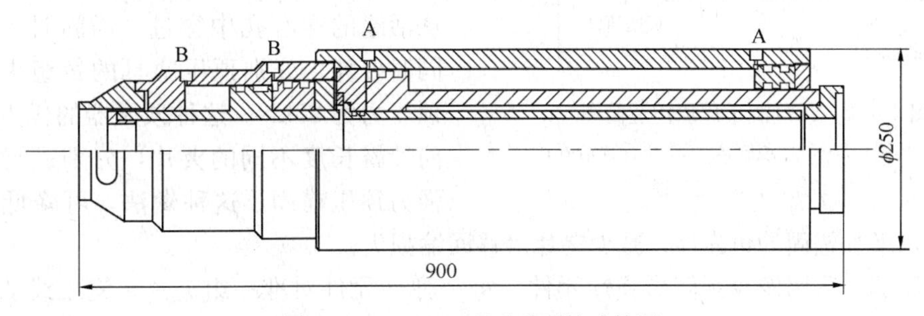

图 4-4-2 YC120 型千斤顶构造简图

A—张拉油路；B—顶压油路

3. 大孔径穿心式千斤顶

大孔径穿心式千斤顶，又称群锚千斤顶，是一种具有一个大口径穿心孔，利用单液缸张拉预应力筋的单作用千斤顶。这种千斤顶广泛用于张拉大吨位钢绞线束；配上撑脚与拉杆后也可作为拉杆式穿心千斤顶。根据千斤顶构造上的差异与生产厂不同，可分为三大系列产品：YCD型、YCQ型、YCW型千斤顶；每一系列产品又有多种规格。

(1) YCD型千斤顶

YCD型千斤顶的技术性能见表4-4-1。

YCD型千斤顶的技术性能 **表4-4-1**

项　目	单　位	YCD120	YCD200	YCD350
额定油压	N/mm²	50	50	50
张拉缸液压面积	cm²	290	490	766
公称张拉力	kN	1450	2450	3830
张拉行程	mm	180	180	250
穿心孔径	mm	128	160	205
回程缸液压面积	cm²	177	263	—
回程油压	N/mm²	20	20	20
n个液压顶压缸面积	cm²	n×5.2	n×5.2	n×5.2
n个顶压缸顶压力	kN	n×26	n×26	n×26
外形尺寸	mm	ϕ315×550	ϕ370×550	ϕ480×671
主机重量	kg	200	250	—
配套油泵		ZB4－500	ZB4－500	ZB4－500
适用ϕ15钢绞线束	根	4～7	8～12	19

注：摘自有关厂家产品资料。

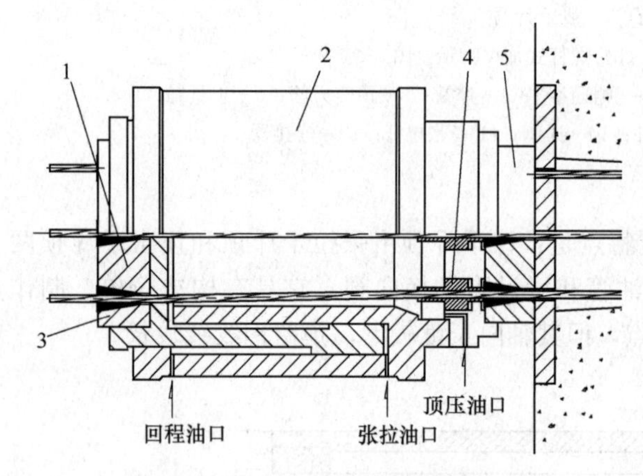

图4-4-3　YCD型千斤顶构造简图

1—工具锚；2—千斤顶缸体；3—千斤顶活塞；4—顶压器；5—工作锚

YCD型千斤顶的构造，见图4-4-3。这类千斤顶具有大口径穿心孔，其前端安装顶压器，后端安装工具锚。张拉时活塞杆带动工具锚与钢绞线向左移锚固时采用液压顶压器或弹性顶压器。

液压顶压器：采用多孔式（其孔数与锚具孔数相等），多油缸并联。顶压器的每个穿心式顶压活塞对准锚具的一组夹片。钢绞线从活塞的穿心孔中穿过。锚固时，穿心活塞同时外伸，分别顶压锚具的每组夹片，每组顶压力为25kN。这种顶压器的优点在于能够向外露长度不同的夹片，分别进行等载荷的强力顶压锚固。这种做法，可降低锚具加工的尺寸精度，增加锚固的可靠性，减少夹片滑移回缩损失。

弹性顶压器：采用橡胶制筒形弹性元件，每一弹性元件对准一组夹片，钢绞线从弹性元件的孔中穿过。张拉时，弹性顶压器的壳体把弹性元件顶压在夹片上。由于弹性元件与夹片之间有弹性，钢绞线能正常地拉出来。张拉后无顶锚工序，利用钢绞线内缩将夹片带进锚固。这种做法，可使千斤顶的构造简化、操作方便，但夹片滑移回缩损失较大。

（2）YCQ 型千斤顶

YCQ 型千斤顶的构造，见图 4-4-4。这类千斤顶的特点是不顶锚，用限位板代替顶压器。限位板的作用是在钢绞线束张拉过程中限制工作锚夹片的外伸长度，以保证在锚固时夹片有均匀一致和所期望的内缩值。这类千斤顶的构造简单、造价低、无需顶锚、操作方便，但要求锚具的自锚性能可靠。在每次张拉到控制油压值或需要将钢绞线锚住时，只要打开截止阀，钢绞线即随之被锚固。另外，这类千斤顶配有专门的工具锚，以保证张拉锚固后退楔方便。YCQ 型千斤顶技术性能见表 4-4-2。

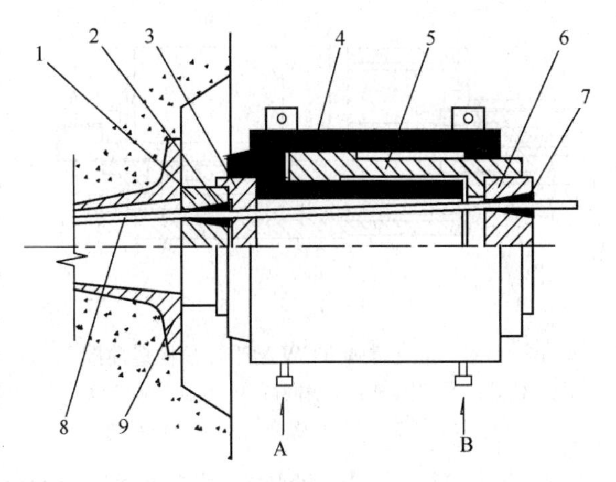

图 4-4-4　YCQ 型千斤顶的构造简图

1—工作锚板；2—夹片；3—限位板；4—缸体；5—活塞；6—工具锚板；7—工具夹片；8—钢绞线；9—铸铁整体承压板

A—张拉时进油嘴；B—回缩时进油嘴

YCQ 型千斤顶技术性能　　**表 4-4-2**

项目	单位	YCQ100	YCQ200	YCQ350	YCQ500
额定油压	N/mm²	63	63	63	63
张拉缸活塞面积	cm²	219	330	550	783
理论张拉力	kN	1380	2080	3460	4960
张拉行程	mm	150	150	150	200
回程缸活塞面积	cm²	113	185	273	427
回程油压	N/mm²	＜30	＜30	＜30	＜30
穿心孔直径	mm	90	130	140	175
外形尺寸	mm	ϕ258×440	ϕ340×458	ϕ420×446	ϕ490×530
主机重量	kg	110	190	320	550

注：摘自有关厂家产品资料。

（3）YCW 型千斤顶

YCW 型千斤顶是在 YCQ 型千斤顶的基础上发展起来的。近几年来，又进一步开放出 YCW 型轻量化千斤顶，它不仅体积小、重量轻，而且强度高，密封性能好。该系列产品的技术性能，见表 4-4-3。YCW 型千斤顶加撑脚与拉杆后，可用于墩头锚具和冷铸墩头锚具，见图 4-4-5。

YCWB 型千斤顶技术性能　　**表 4-4-3**

项　目	单　位	YCW100B	YCW150B	YCW250B	YCW400B
公称张拉力	kN	973	1492	2480	3956
公称油压力	MPa	51	50	54	52
张拉活塞面积	cm²	191	298	459	761
回程活塞面积	cm²	78	138	280	459
回程油压力	MPa	＜25	＜25	＜25	＜25
穿心孔径	mm	78	120	140	175
张拉行程	mm	200	200	200	200
主机重量	kg	65	108	164	270
外形尺寸 $\phi D\times L$	mm	ϕ214×370	ϕ285×370	ϕ344×380	ϕ432×400

注：摘自有关厂家产品资料。

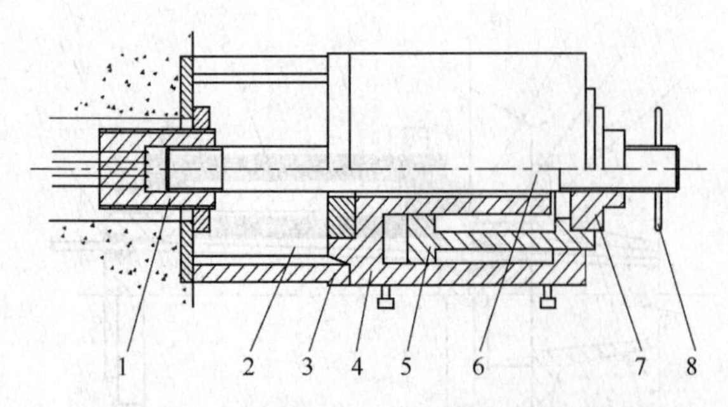

图 4-4-5 带支撑脚 YCW 型千斤顶构造简图

1—锚具；2—支撑环；3—撑脚；4—油缸；5—活塞；6—张拉杆；7—张拉杆螺母；8—张拉杆手柄

4.4.1.2 前置内卡式千斤顶

前置内卡式千斤顶是将工具锚安装在千斤顶前部的一种穿心式千斤顶。这种千斤顶的优点是节约预应力筋，使用方便，效率高。

YCN25 型前卡式千斤顶由外缸、活塞、内缸、工具锚、顶压头等组成，见图 4-4-6。张拉时既可自锁锚固，也可顶压锚固。采用顶压锚固时，需在千斤顶端部装顶压器，在油泵路上加装分流阀。

YCN25 型前卡式千斤顶的技术性能：张拉力 250kN、额定压力 50MPa、张拉行程 200mm、穿心孔径 18mm、外形尺寸 $\phi110\times550$mm、主机重量 22kg，适用于单根钢绞线张拉或多孔锚具单根张拉。

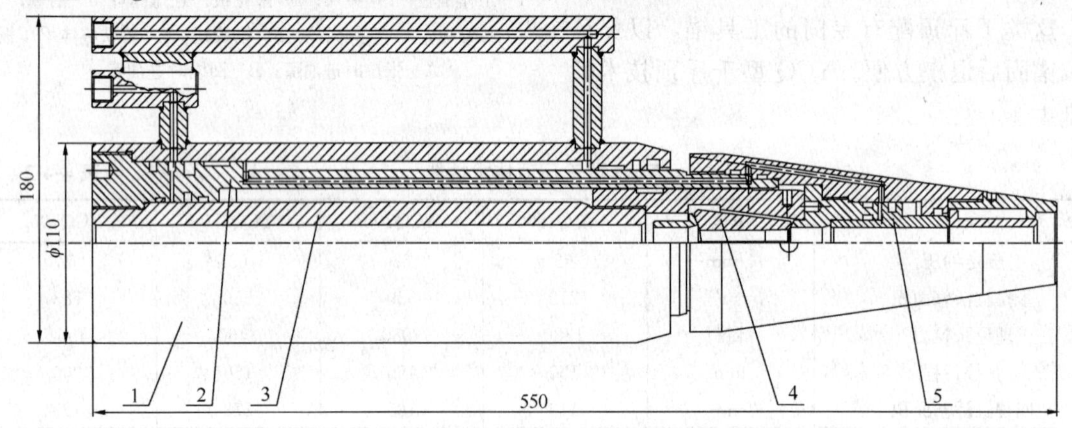

图 4-4-6 YCN25 型前卡式千斤顶构造简图

1—外缸；2—活塞；3—内缸；4—工具锚；5—顶压头

4.4.1.3 双缸千斤顶

开口式双缸千斤顶是利用一对倒置的单活塞杆缸体将预应力筋卡在其间开口处的一种千斤顶。这种千斤顶主要用于单根超长钢绞线中间张拉及既有结构中预应力筋截断或松锚等。

开口式双缸千斤顶由活塞支架、油缸支架、活塞体、缸体、缸盖、夹片等组成。见图 4-4-7。当油缸支架 A 油嘴进油，活塞支架 B 油嘴回油时，液压油分流到两侧缸体内，由于活塞支架不动，缸体支架后退带动预应力筋张拉。反之，B 油嘴进油，A 油嘴回油时，缸体支架复位。

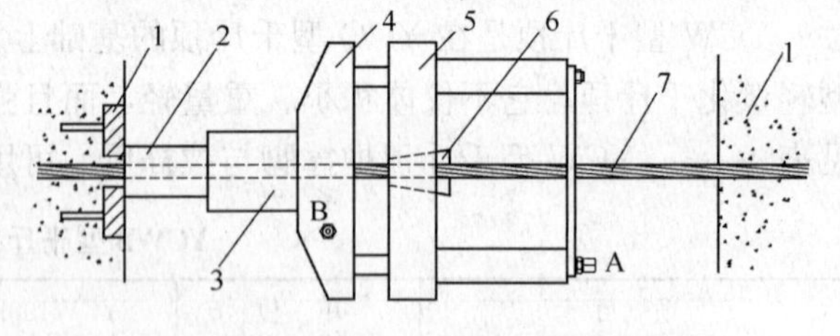

图 4-4-7 开口式双缸千斤顶构造简图

1—承压板；2—工作锚；3—顶压器；4—活塞支架；5—油缸支架；6—夹片；7—预应力筋；A、B—油嘴

开口式双杠千斤顶的公称张拉力为 180kN，张拉行程为 150mm，额定压力为 40MPa，主机重量为 47kg。

4.4.1.4 锥锚式千斤顶

锥锚式千斤顶是一种具有张拉、顶锚和退楔功能的三作用千斤顶，用于张拉锚固钢丝束钢质锥形锚具。

锥锚式千斤顶由张拉油缸、顶压油缸、顶杆、退楔装置等组成，见图 4-4-8，技术参数见表

4-4-4。楔块夹住预应力钢丝后，从 A 油嘴进油，顶杆伸出将锥形锚塞顶入锚环内；从 B 油嘴继续进油，千斤顶卸荷回油，利用退楔翼片退楔，顶杆靠弹簧回程。

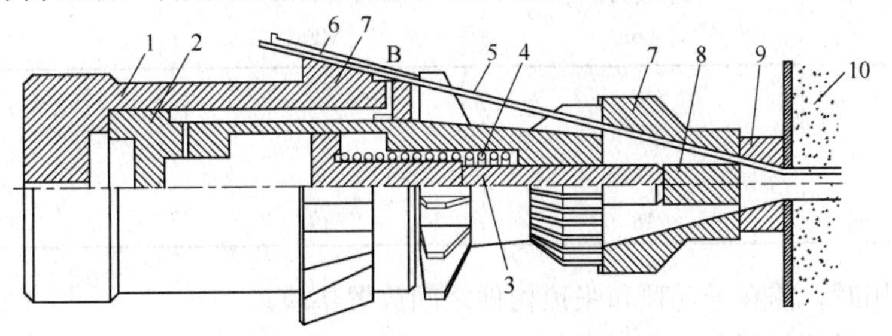

图 4-4-8　YZ 锥锚式千斤顶构造简图

1—张拉油缸；2—顶压油缸（张拉活塞）；3—顶压活塞；4—弹簧；5—预应力筋；6—楔块；7—对中套；8—锚塞；9—锚环；10—混凝土构件

YZ 型锥锚式千斤顶技术性能　　表 4-4-4

型号	公称张拉力 kN	张拉行程 mm	主机重量 kg	外形尺寸 mm
YZ600	600	200	170	ϕ330×818
YZ850	850	250	136	ϕ370×796
		400	155	ϕ400×981
YZ1500	1500	300	180	ϕ394×892

4.4.1.5　拉杆式千斤顶

拉杆式千斤顶由主油缸、主缸活塞、回油缸、回油活塞、连接器、传力架、活塞拉杆等组成。图 4-4-9 是用拉杆式千斤顶张拉时的工作示意图。张拉前，先将连接器旋在预应力的螺丝端杆上，相互连接牢固。千斤顶由传力架支承在构件端部的钢板上。张拉时，高压油进入主油缸、推动主缸活塞及拉杆，通过连接器和螺丝端杆，预应力筋被拉伸。千斤顶拉力的大小可由油泵压力表的读数直接显示。当张拉力达到规定值时，拧紧螺丝端杆上的螺母，此时张拉完成的预应力筋被锚固在构件的端部。锚固后回油缸进油，推动回油活塞工作，千斤顶脱离构件，主缸活塞、拉杆和连接器回到原始位置。最后将连接器从螺丝端杆上卸掉，卸下千斤顶，张拉结束。

目前常用的一种千斤顶是 YL60 型拉杆式千斤顶。另外，还生产 YL400 型和 YL500 型千斤顶，其张拉力分别为 4000kN 和 5000kN，主要用于张拉力大的钢筋张拉。

4.4.1.6　扁千斤顶

扁千斤顶采取薄型设计，轴向尺寸很小，见图 4-4-10，常用于狭小的工作空间，如更换桥梁支座。扁千斤顶技术参数见表 4-4-5。

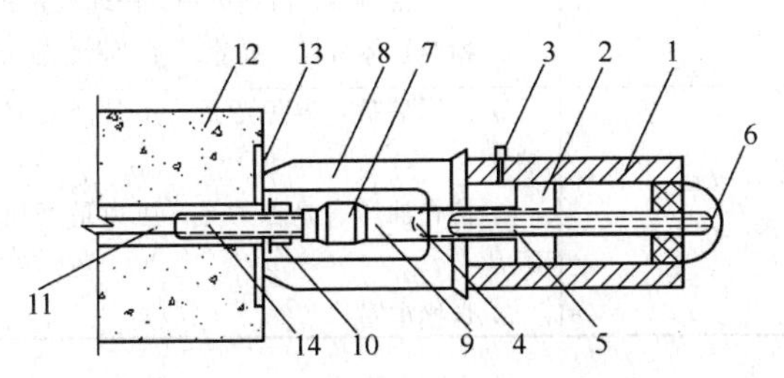

图 4-4-9　拉杆式千斤顶张拉示意图

1—主油缸；2—主缸活塞；3—进油孔；4—回油缸；5—回油活塞；6—回油孔；7—连接器；8—传力架；9—拉杆；10—螺母；11—预应力筋；12—混凝土构件；13—承压板；14—螺丝端杆

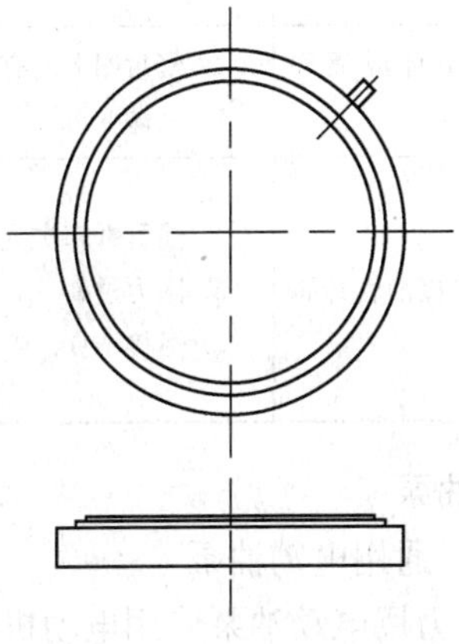

图 4-4-10　扁千斤顶结构简图

扁千斤顶技术参数 表 4-4-5

最大载荷 kN	最大行程 mm	工作压力 MPa	外形尺寸 mm
1000	15	50	ϕ220×50
1600	15	51	ϕ258×60
2500	18	50	ϕ310×78
3500	18	49	ϕ380×107

扁千斤顶使用时，需在千斤顶和张顶构件之间放置垫块。

扁千斤顶有临时性使用和永久性使用时两种情况。临时性使用是指千斤顶完成张顶后，拆除复原；永久性使用是指千斤顶作为结构的一部分永久保留在结构物中。

4.4.1.7 使用注意事项与维护

1. 千斤顶使用注意事项

（1）千斤顶不允许在超过规定的负荷和行程的情况下使用。

（2）千斤顶在使用时活塞外露部分如果沾上灰尘杂物，应及时用油擦洗干净。使用完毕后，各油缸应回程到底，保持进、出口的洁净，加覆盖保护，妥善保管。

（3）千斤顶张拉升压时，应观察有无漏油和千斤顶位置是否偏斜，必要时应回油调整。进油升压必须徐缓、均匀、平稳，回油降压时应缓慢松开回油阀，并使各油缸回程到底。

（4）双作用千斤顶在张拉过程中，应使顶压油缸全部回油。在顶压过程中，张拉油缸应予持荷，以保证恒定的张拉力，待顶压锚固完成时，张拉缸再回油。

2. 千斤顶常见故障及其排除（表 4-4-6）

千斤顶常见故障及其排除方法 表 4-4-6

故障现象	故障的可能原因	排除方法
漏油	1. 油封失灵 2. 油嘴连接部位不密封	1. 检查或更换密封圈 2. 修理连接油嘴或更换垫片
千斤顶张拉活塞不动或运动困难	1. 操作阀用错 2. 回程缸没有回油 3. 张拉缸漏油 4. 油量不足 5. 活塞密封圈胀得太紧	1. 正确使用操作阀 2. 使张拉缸回油 3. 按漏油原因排除 4. 加足油量 5. 检查密封圈规格或更换
千斤顶活塞运行不稳定	油缸中存有空气	空载往复运行几次排除空气
千斤顶缸体或活塞刮伤	1. 密封圈上混有铁屑或砂粒 2. 缸体变形	1. 检验密封圈，清理杂物，修理缸体和活塞 2. 检验缸体材料、尺寸、硬度，修复或更换
千斤顶连接油管开裂	1. 油管拆卸次数过多、使用过久 2. 压力过高 3. 焊接不良	1. 注意装拆，避免弯折，不易修复时应更换油管 2. 检查油压表是否失灵，压力是否超过规定压力 3. 焊接牢固

4.4.2 油泵

4.4.2.1 通用电动油泵

预应力用电动油泵使用电动机带动与阀式配流的一种轴向柱塞泵。油泵的额定压力应等于或大于千斤顶的额定压力。

ZB4-500 型电动油泵是目前通用的预应力油泵，主要与额定压力不大于 50MPa 的中等吨位的预应力千斤顶配套使用，也可供对流量无特殊要求的大吨位千斤顶和对油泵自重无特殊要求的小吨位千斤顶使用，技术性能见表 4-4-7。

ZB4-500 型电动油泵技术性能 **表 4-4-7**

柱塞	直径	mm	ϕ10	电动机	功率	kW	3
	行程	mm	6.8		转数	r/min	1420
	个数	个	2×3	用油种类		10 号或 20 号机械油	
额定油压		MPa	50	油箱容量		*L*	42
额定油压		L/min	2×2	外形尺寸		mm	745×494×1052
出油嘴数		个	2	重量		kg	120

ZB4-500 型电动油泵由泵体、控制阀、油箱小车和电器设备等组成，见图 4-4-11。

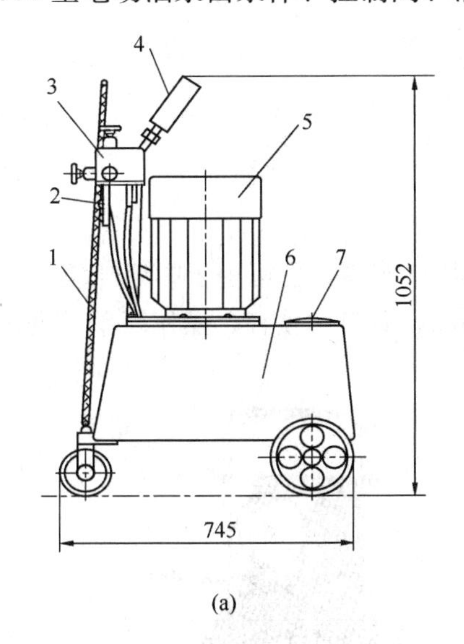

(a)

(b)

图 4-4-11 ZB4-500 型电动油泵

(a) 电动油泵结构简图；(b) 电动油泵外形图

1—拉手；2—电气开关；3—组合控制阀；4—压力表；5—电动机；

6—油箱小车；7—加油口

泵体采用阀式配流的双联式轴向定量泵结构。双联式即将同一泵体的柱塞分成两组，共用一台电动机，由公共的油嘴进油，左、右油嘴各自出油，左、右两路的流量和压力互不干扰。

控制阀由节流阀、截止阀、溢流阀、单向阀、压力表和进、出、回油嘴组成。节流阀控制进油速度用，关闭时进油最快。截止阀控制卸荷用，进油时关闭，回油时打开。单向阀控制持荷用。溢流阀控制最高压力，保护设备用。

4.4.2.2 超高压变量油泵

1. ZB10/320-4/800 型电动油泵

ZB10/320-4/800 型电动油泵是一种大流量、超高压的变量油泵，主要与张拉力 1000kN 以上或工作压力在 50MPa 以上的预应力液压千斤顶配套使用。

ZB10/320-4/800 型电动油泵的技术性能如下：

额定油压：一级 32MPa；二级 80MPa

公称流量：一级 10L/min；二级 4L/min

电动机功率：7.5kW 油泵转速 1450r/min

油箱容量 120L 外形尺寸 1100mm×590mm×1120mm

空泵重量 270kg

ZB10/320-4/800 型电动油泵由泵体、变量阀、组合控制阀、油箱小车、电气设备等组成。泵体采用阀式配流的轴向柱塞泵，设有 3×ϕ12 和 3×ϕ14 两组柱塞副。由泵体小柱塞输出的油液经变量阀直接到控制阀，大柱塞输出油液经单向阀和小柱塞输出油液汇成一路到控制阀。当工作压力超过 32MPa 时，活塞顶杆右移推开变量阀锥阀，使大柱塞输出油液空载流回油箱。此时，单向阀关闭，小柱塞油液不反流而继续向控制阀供油。在电动机功率恒定条件下，因输出流量小而获得较高的工作压力。

2. ZB618 型电动油泵

ZB618 型电动油泵，即 ZB6/1-800 型电动油泵，可用于各类型千斤顶的张拉，主要特点：

(1) 0～15MPa 为低压大流量，每分钟流量为 6L；

(2) 15～25MPa 为变量区，由 6L/min 逐步变为 0.6L/min；

(3) 25～80MPa 为高压小流量定量区 1L/min；

(4) 扳动一个手柄，即可实现换向式保压；

(5) 体积小，重量轻（70kg）

4.4.2.3 小型电动油泵

ZB1-630 型油泵主要用于小吨位液压千斤顶和液压墩头器，也可用于中等吨位千斤顶，见图 4-4-12。该油泵额定油压为 63MPa，流量为 0.63L/min，具有自重轻、操作简单、携带方便，对高空作业、场地狭窄尤为适用，技术性能见表 4-4-8。

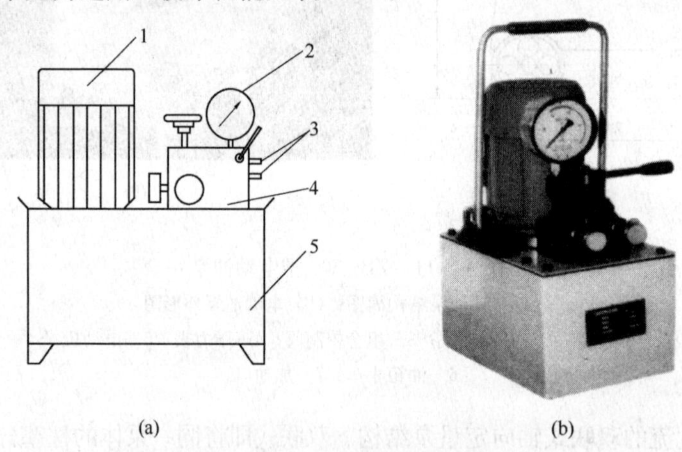

图 4-4-12 ZB1-630 型电动油泵

(a) 电动油泵结构简图；(b) 电动油泵外形图

1—泵体；2—压力表；3—油嘴；4—组合控制阀；5—油箱

ZB4-500 型电动油泵技术性能 表 4-4-8

柱塞	直径	mm	ϕ8	电动机	功率	kW	1.1
	行程	mm	5.57		转数	r/min	1400
	个数	个	3	用油种类		10 号或 20 号机械油	
额定油压		MPa	63	油箱容量		L	18
额定油压		L/min	1	外形尺寸		mm	501×306×575
出油嘴数		个	2	重量		kg	55

该油泵由泵体、组合控制阀、油箱即电器开关等组成。泵体系自吸式轴向柱塞泵。组合控制阀由单向阀、节流阀、截止阀、换向阀、安全阀、油嘴和压力表组成。换向阀手柄居中，各路通 0；手柄顺时针旋紧，上油路进油，下有路回油；反时针旋松，则下油路进油，上油路回油。

4.4.2.4 手动油泵

手动泵是将手动的机械能转化为液体的压力能的一种小型液压泵站（图 4-4-13）。加装踏板弹簧复位机构，可改为脚动操作。

手动泵特点：动力为人工手动，高压，超小型，携带方便、操作简单，应用范围广，主机重量根据油箱容量不同一般为 8～20kg。

4.4.2.5 外接油管与接头

1. 钢丝编织胶管及接头组件连接千斤顶和油泵（图 4-4-14），推荐采用钢丝编织胶管。

根据千斤顶的实际工作压力，选择钢丝编织胶管与接头组件。但须注意，连接螺母的螺纹应与液压千斤顶定型产品的油嘴螺纹（M16×1.5）一致。

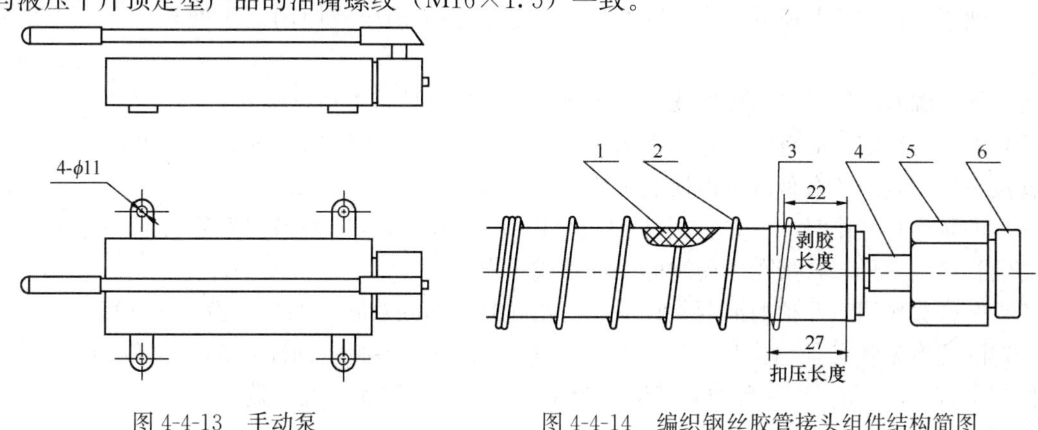

图 4-4-13 手动泵

图 4-4-14 编织钢丝胶管接头组件结构简图

1—钢丝编制胶管；2—保护弹簧；3—接头外套；4—接头芯子；5—接头螺母；6—防尘堵头

2. 油嘴及垫片

YC60 型千斤顶、LD10 型钢丝墩头器和 ZB4-500 型电动油泵三种定型产品采用的统一油嘴为 M16×1.5 平端油嘴（图 4-4-15），垫片为 ϕ13.5×ϕ7×2（外径×外径×厚）紫铜垫片（加工后应经退火处理）。

3. 自封式快装接头

为了解决接头装卸需用扳手，卸下的接头漏油造成油液损失和环境污染问题，近年来发展一种内径 6mm 的三层钢丝编织胶管和自封式快装接头。该接头完全能承受 50N/mm^2 的油液，而且柔软易弯折，不需工具就能迅速装卸。卸下的管道接头能自动密封，油液不会流失，使用极为方便，结构见图 4-4-16。

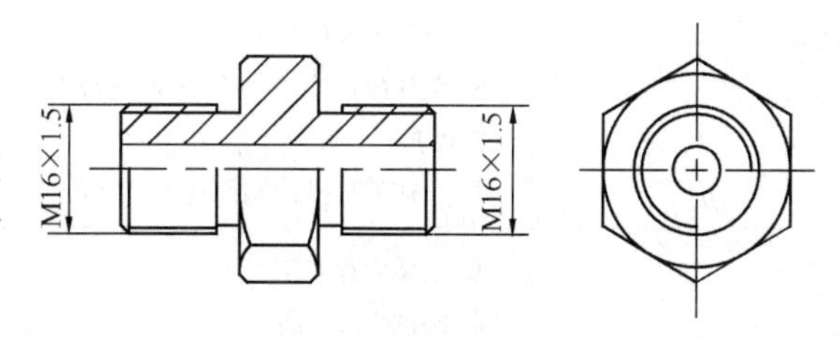

图 4-4-15 M16×1.5 平端油嘴

4.4.2.6 使用注意事项与维护

1. 油泵使用注意事项

(1) 油泵和千斤顶所用的工作油液，一般用 10 号或 20 号机油，亦可用其他性质相近的液压用油，如变压器油等。油箱的油液需经滤清，经常使用时每月过滤一次，不经常使用时至少三

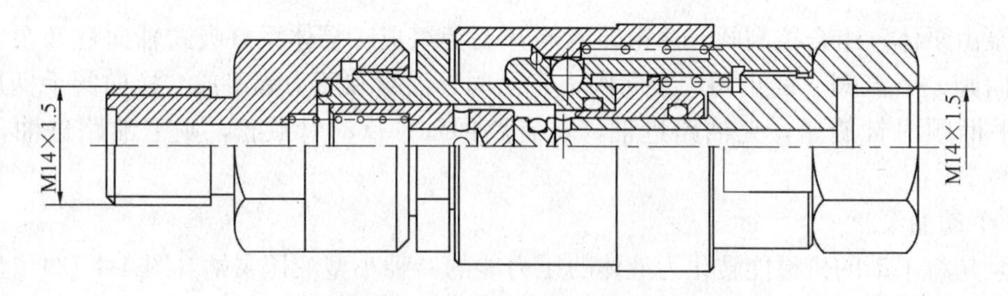

图 4-4-16　自封式快速接头结构简图

个月过滤一次，油箱应定期清洗。油箱内一般应保持 85%左右的油位，不足时应补充，补充的油应与油泵中的油相同。油箱内的油温一般应以 10～40℃为宜，不宜在负温下使用。

（2）连接油泵和千斤顶的油管应保持清洁，不使用时用螺丝封堵，防止泥沙进入。油泵和千斤顶外露的油嘴要用螺帽封住，防止灰尘、杂物进入机内。每日用完后，应将油泵擦净，清除滤油铜丝布上的油垢。

（3）油泵不宜在超负荷下工作，安全阀须按设备额定油压或使用油压调整压力，严禁任意调整。

（4）接电源时，机壳必须接地线。检查线路绝缘情况后，方可试运转。

（5）油泵运转前，应将各油路调节阀松开，待压力表慢慢退回至零位后，方可卸开千斤顶的油管接头螺帽。严禁在负荷时拆换油管或压力表等。

（6）油泵停止工作时，应先将回油阀缓缓松开，待压力表慢慢退回至零位后，方可卸开千斤顶的油管接头螺母。严禁在负荷时拆换油管或压力表等。

（7）配合双作用千斤顶的油泵，宜采用两路同时输油的双联式油泵（ZB4/500 型）。

（8）耐油橡胶管必须耐高压，工作压力不得低于油泵的额定油压或实际工作的最大油压。油管长度不宜小于 3m。当一台油泵带动两台千斤顶时，油管规格应一致。

2. 油泵常见故障与排除方法，见表 4-4-9

油泵常见故障及其排除方法　　　　**表 4-4-9**

故障现象	故障的可能原因	排除方法
不出油、出油不足或波动	1. 泵体内存有空气 2. 漏油 3. 油箱液面太低 4. 油太稀、太黏或太脏 5. 泵体之油网堵塞 6. 泵体的柱塞卡住、吸油弹簧失效和柱塞与套筒磨损 7. 泵体的进排油阀密封不严、配合不好	1. 旋拧各手柄排除空气 2. 查找漏点清除之 3. 添加新油 4. 调和适当或更换新油 5. 清洗去污 6. 清洗柱塞与套筒或更换损坏件 7. 清洗阀口或更换阀座、弹簧和密封圈
压力表上不去	1. 泵体内存有空气 2. 漏油 3. 控制阀上的安全阀口损坏或阀失灵 4. 控制阀上的送油阀口损坏或阀杆锥端损坏 5. 泵体的进排油阀密封不严、配合不好 6. 泵体的柱塞套筒过度磨损	1. 旋拧各手柄排除空气 2. 查找漏点清除之 3. 锪平阀口并更换损坏件 4. 锪平接合处阀口和修换阀杆 5. 清洗阀口或更换阀座、弹簧和密封圈 6. 更换新件
持压时表针回降	1. 外漏 2. 控制阀上的持压单向阀失灵 3. 回油阀密封失灵	1. 查找漏点清除之 2. 清洗和修刮阀口，敲击钢球或更换新件 3. 清洗与修好回油阀口和阀杆

续表

故障现象	故障的可能原因	排除方法
泄露	1. 焊缝或油管路破裂 2. 螺纹松动 3. 密封垫片失效 4. 密封圈破裂 5. 泵体的进排油阀口破坏或柱塞与套筒磨损过度	1. 重新焊好或更换损坏件 2. 拧紧各丝堵、接头和各有关螺钉 3. 更换新片 4. 更换新件 5. 修复阀口或更换阀座、弹簧、柱塞和套筒
噪声	1. 进排油路有局部堵塞 2. 轴承或其他件损坏和松动 3. 吸油管等混入空气	1. 除去堵塞物使油路畅通 2. 换件或拧紧 3. 排气

4.4.3 张拉设备标定与张拉空间要求

4.4.3.1 张拉设备标定

施加预应力用的机具设备及仪表，应由专人使用和管理，并应定期维护和标定。

张拉设备应配套标定，以确定张拉力与压力表读数的关系曲线。标定张拉设备用的压力检测装置精度等级不应低于0.4级，量程应为该项试验最大压力的120%～200%。标定时，千斤顶活塞的运行方向，应与实际张拉工作状态一致。

1. 张拉设备的标定期限，不宜超过半年。当发生下列情况之一时，应对张拉设备重新标定。

(1) 千斤顶经过拆卸修理；

(2) 千斤顶久置后重新使用；

(3) 压力表受过碰撞或出现失灵现象；

(4) 更换压力表；

(5) 张拉中预应力筋发生多根破断事故或张拉伸长值误差较大。

2. 千斤顶与压力表应配套标定，以减少积累误差，提高测力精度。

(1) 用用压力试验机标定

穿心式、锥锚式和台座式千斤顶的标定，可在压力试验机上进行。

标定时，将千斤顶放在试验机上并对准中心。开动油泵向千斤顶供油，使活塞运行至全部行程的1/3左右，开动试验机，使压板与千斤顶接触。当试验机处于工作状态时，在开动油泵，使千斤顶张拉或顶压试验机。此时，如同改用测力计标定一样，分级记录实验机吨位和对应的压力表读数，重复三次，求其平均值，即可绘出油压与吨位的标定曲线，供张拉时使用。如果需要测试孔道摩擦损失，则标定时将千斤顶进油嘴关闭，用实验机压千斤顶，得出千斤顶被动工作时油压与吨位的标定曲线。

根据液压千斤顶标定方法的试验研究得出：

1) 用油膜密封的试验机，其主动与被动工作室的吨位读数基本一致；因此用千斤顶试验机时，试验机的吨位读数不必修正。

2) 用密封圈密封的千斤顶，其正向与反向运行时内摩擦力不相等，并随着密封圈的做法、缸壁与活塞的表面状态、液压油的黏度等变化。

3) 千斤顶立放与卧放运行时的内摩擦力差异小。因此，千斤顶立放标定时的表读数用于卧放张拉时不必修正。

(2) 用标准测力计标定

用测力计标定千斤顶是一种简单可靠的方法，准确程度较高。常用的测力计有水银压力计、压力传感器或弹簧测力环等，标定装置如图4-4-17与图4-4-18。

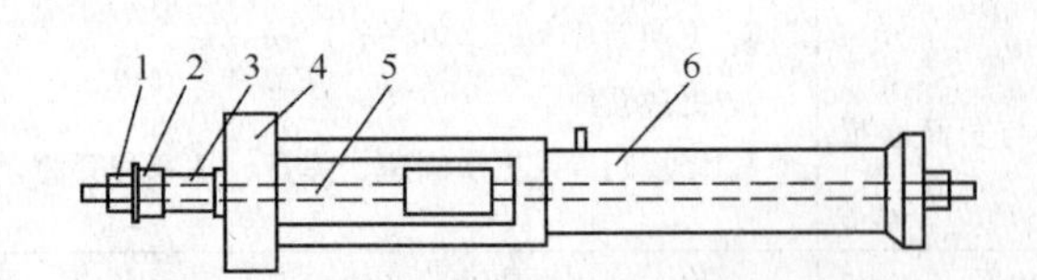

图 4-4-17 用穿心式压力传感器标定千斤顶

1—螺母；2—垫板；3—穿心式压力传感器；4—横梁；5—拉杆；6—穿心式千斤顶

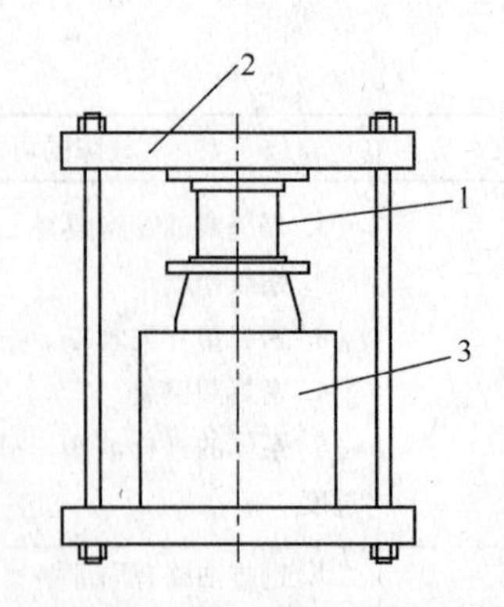

图 4-4-18 用压力传感器（或水银压力计）标定千斤顶

1—压力传感器（或水银压力计）；2—框架；3—千斤顶

标定时，千斤顶进油，当测力计达到一定分级载荷读数 N1 时，读出千斤顶压力表上相应的读数 p1；同样可得对应读数 N2、P2；N3、P3…此时，N1、N2、N3…即为对应于压力表读数 p1、p2、p3…时的实际作用力。重复三次，求其平均值。将测得的各值绘成标定曲线。实际使用时，可由此标定曲线找出与要求的 N 值相对应的 p 值。

此外，也可采用两台千斤顶卧放对顶并在其连接处装标准测力计进行标定。千斤顶 A 进油，B 关闭时，读出两组数据：1）N-Pa 主动关系，供张拉预应力筋时确定张力端拉力用；2）N-Pb 被动关系，供测试孔道摩擦损失时确定固定端拉力用。反之，可得 N-Pb 主关系，N-Pa 被动关系。

4.4.3.2 张拉设备空间要求

施工时应根据所用预应力筋的种类及其张拉锚固工艺情况，选用张拉设备。预应力筋的张拉力不宜大于设备额定张拉力的 90%，预应力筋的一次张拉伸长值不应超过设备的最大张拉行程。当一次张拉不足时，可采取分级重复张拉的方法，但所用的锚具与夹具应适应重复张拉的要求。

千斤顶张拉所需空间，见图 4-4-19 和表 4-4-10。

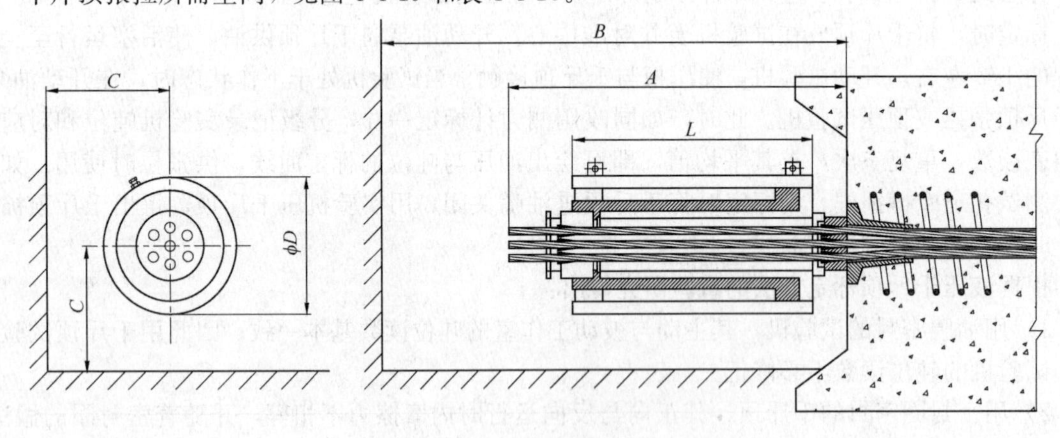

图 4-4-19 千斤顶张拉空间示意图

千斤顶张拉空间 **表 4-4-10**

千斤顶型号	千斤顶外径 D（mm）	千斤顶长度 L（mm）	活塞行程（mm）	最小工作空间		钢绞线预留长度 A（mm）
				B（mm）	C（mm）	
YCW100B	214	370	200	1200	150	570

续表

千斤顶型号	千斤顶外径 D（mm）	千斤顶长度 L（mm）	活塞行程（mm）	最小工作空间		钢绞线预留长度 A（mm）
				B（mm）	C（mm）	
YCW150B	285	370	200	1250	190	570
YCW250B	344	380	200	1270	220	590
YCW350B	410	400	200	1320	255	620
YCW400B	432	400	200	1320	265	620

4.4.4 配套机具

4.4.4.1 组装机具

1. 挤压机

挤压机是预应力施工重要配套机具之一，用于预应力钢绞线挤压式固定端的制作，外观见图 4-4-20。

挤压锚具组装时，挤压机的活塞杆推动套筒通过喇叭形挤压模，使套筒变细，挤压簧或挤压片碎断，一半嵌入外钢套，一半压入钢绞线，从而增加钢套筒与钢绞线之间的摩阻力，形成挤压头。挤压后预应力筋外露长度不应小于 1mm。

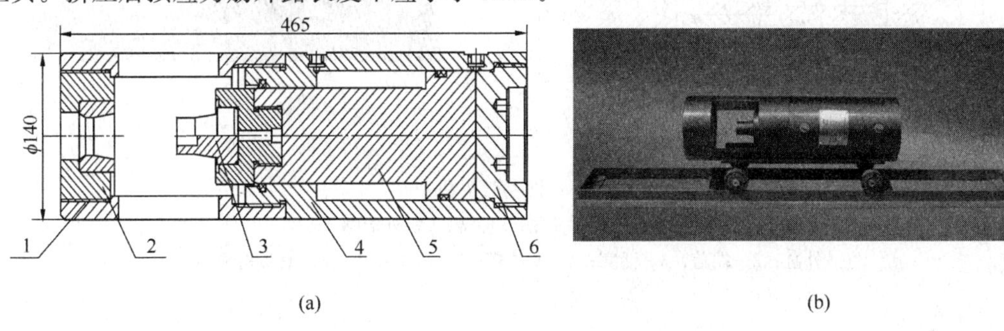

图 4-4-20 挤压机

（a）挤压机结构简图；（b）挤压机外形图

1—套筒；2—挤压模；3—挤压顶杆；4—外缸；5—活塞；6—端盖

2. 紧楔机

紧楔机是用于夹片式固定端及挤压式固定端的制作，外观见图 4-4-21。在夹片式固定端的制作中，用紧楔机将夹片压入锚环而将夹片与锚环楔紧；在挤压式固定端的制作中，紧楔机将挤

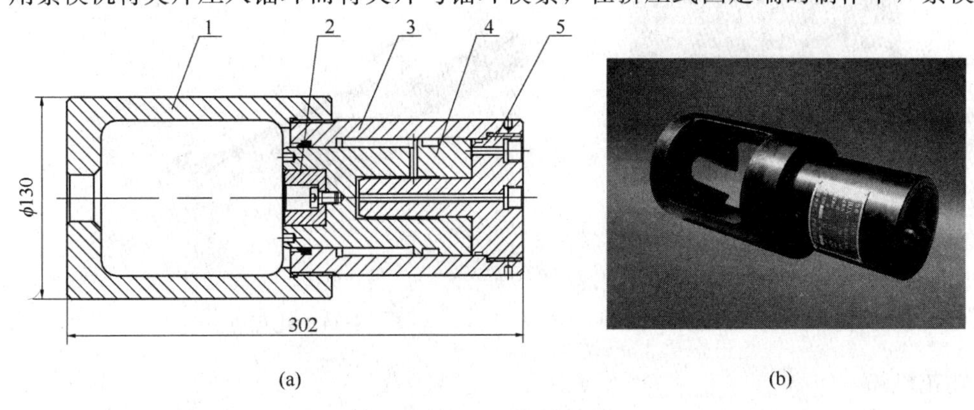

图 4-4-21 紧楔机

（a）紧楔机结构简图；（b）紧楔机外形图

1—套筒；2—限位块；3—外缸；4—活塞；5—端盖

压后的挤压锚环压入配套的挤压锚座中，使得挤压锚具与锚座牢固连接，避免在混凝土振捣过程中与锚座分离，影响张拉及施工质量。

3. 镦头机

对 ϕ7、ϕ9 的预应力钢丝进行镦头的配套机具，外观见图 4-4-22，常用于先张法构件的施工。在镦头过程中，将钢丝插入镦头机后，镦头机内部的夹片和镦头模即可将钢丝头部压成圆形。镦头锚加工简单，张拉方便，锚固可靠，成本较低，但对钢丝束的等长要求较严。

镦头要求：头型直径应符合 1.4～1.5 倍钢丝直径，头形圆整，不偏歪，颈部母材不受损伤，镦头钢丝强度不得低于钢丝强度标准值的 98%。

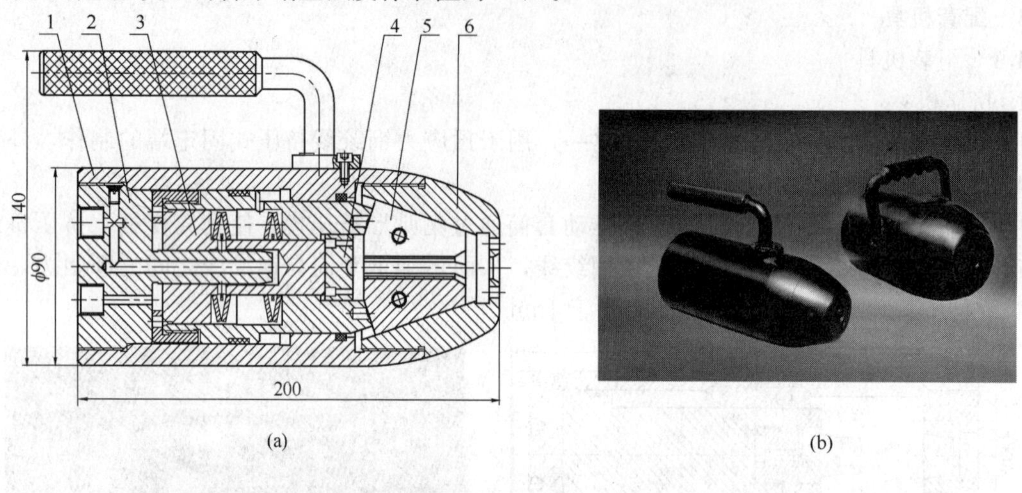

图 4-4-22 镦头机

(a) 镦头机结构简图；(b) 镦头机外形图

1—外缸；2—端盖；3—活塞；4—镦头模；5—镦头夹片；6—镦头机锚环

4. 液压剪

用于预应力锚具张拉后外露钢绞线的穴内切断，可保证钢绞线端头不露出建筑外立面，外观见图 4-4-23。

图 4-4-23 液压剪

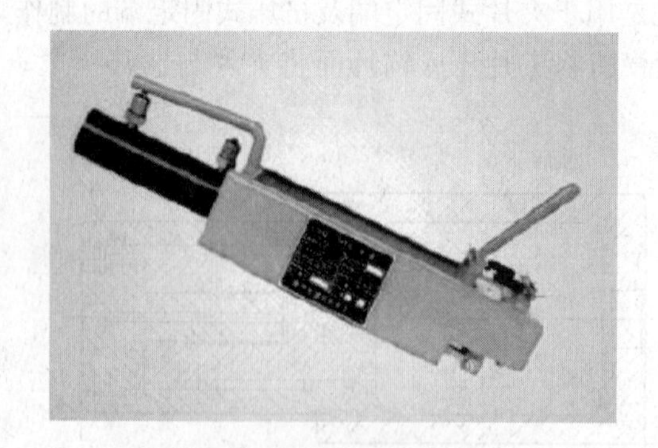

图 4-4-24 轧花机

5. 轧花机

轧花机可将钢绞线轧成梨形 H 型锚头，外观见图 4-4-24，ϕ^s15.2 预应力钢绞线轧花后梨形头部尺寸不小于 ϕ95×150mm。H 形锚固体系包括含梨形自锚头的一段钢绞线、支托梨形自锚头用的钢筋支架，螺旋筋、约束圈、金属波纹管等。

4.4.4.2 穿束机具

穿束机适用于预应力钢绞线穿束施工（后张法），穿束机通过内部的辊子对钢绞线施加牵引力，将钢绞线穿入预制的孔道内，具有操作简单，穿束速度快，施工成本低等优点。施工操作时只需 2～3 人即可，不需用吊车，装载机等大型机械配合。图 4-4-25 所示为工人正在用穿束机穿预应力筋。

4.4.4.3 灌浆机具

灌浆泵主要用于桥梁和大型预应力工程中，作为腔体灌浆的专用设备，如后张法预应力工程的波纹管内灌浆，灌浆后需保证腔体内浆体饱满，无空气水侵入，从而保证工程的质量，外观见图 4-4-26。

图 4-4-25　采用穿束机穿束

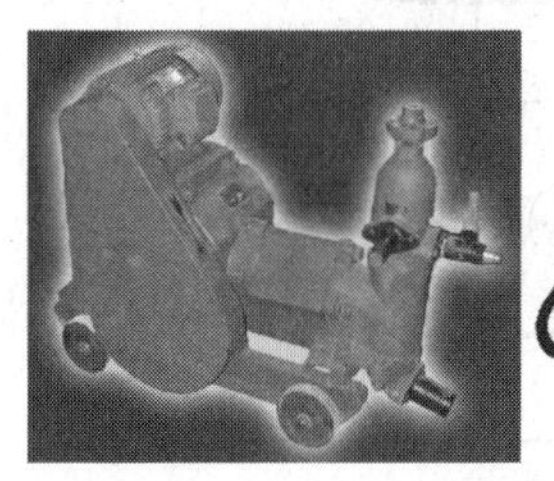

图 4-4-26　灌浆泵

4.4.4.4 其他小型备件

1. 顶压器

顶压器可与液压顶压千斤顶配合使用，用于空间无法布置单孔千斤顶位置的张拉，如单根预紧群锚锚具时。顶压器可与各种类型的群锚锚具配合使用，其作用在于限位和顶压，锚固性能可靠，操作方便，外观见图 4-4-27。

2. 变角张拉器

用于需要转出张拉的结构，分为单孔转角器和群锚转角器，外观见图 4-4-28，通过若干个转角块将原有钢绞线延长线的角度逐步改变至方便张拉的角度。转角张拉器也可附加液压顶压功能。

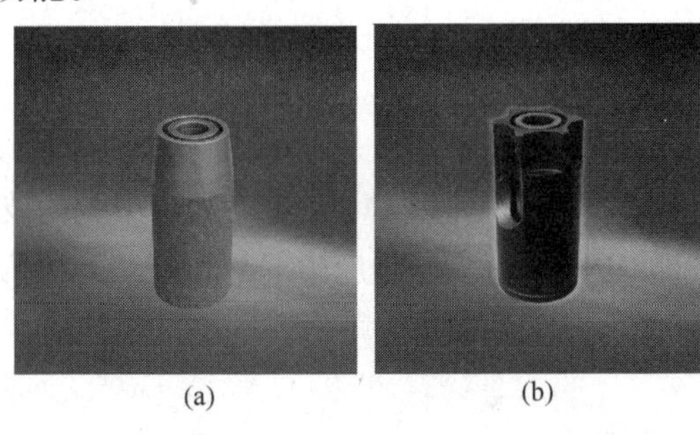

(a)　(b)

图 4-4-27　不同形式的顶压器

(a) 单孔顶压器；(b) 群锚顶压器

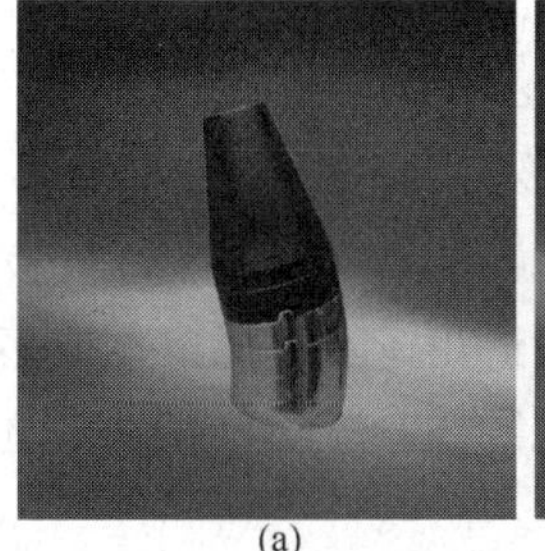

(a)

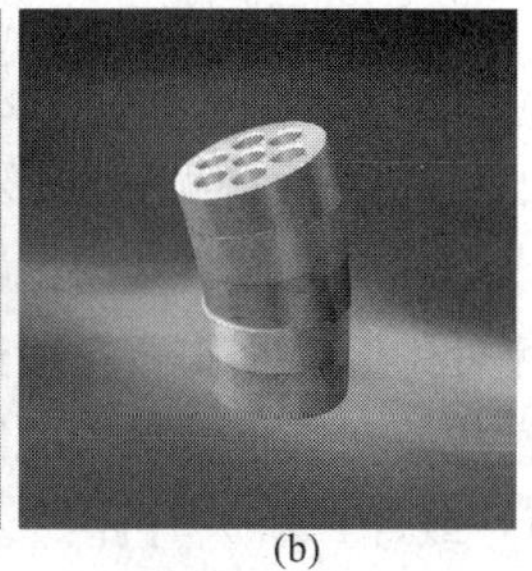

(b)

图 4-4-28　单孔变角器和群锚变角器

(a) 单孔变角器；(b) 群锚变角器

4.5 预应力混凝土施工计算

4.5.1 预应力筋线形

在预应力混凝土构件和结构中，预应力筋由一系列的正反抛物线或抛物线及直线组合而成。预应力筋的布置应尽可能与外弯矩相一致，并尽量减少孔道摩擦损失及锚具数量。常见的预应力筋布置有以下几种形状，见图 4-5-1。

1. 单抛物线形

预应力筋单抛物线形（图 4-5-1a）是最基本的线形布置，一般仅适用于简支梁。其摩擦角计算见式（4-5-1），抛物线方程见式（4-5-2）。

$$\theta=\frac{4H}{L} \tag{4-5-1}$$

$$y=Ax^2, A=\frac{4H}{L^2} \tag{4-5-2}$$

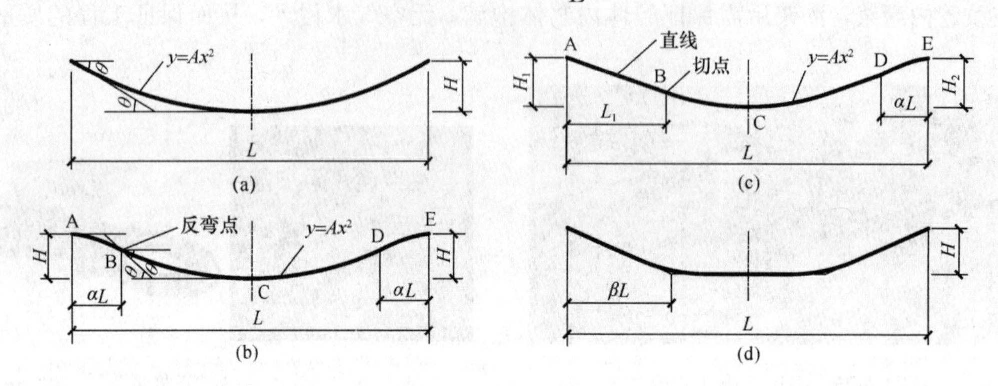

图 4-5-1 预应力筋线形

2. 正反抛物线

预应力筋正、反抛物线形（图 4-5-1b）布置其优点是与荷载弯矩图相吻合，通常适用于支座弯矩与跨中弯矩基本相等的单跨框架梁或连续梁的中跨。预应力筋外形从跨中 C 点至支座 A（或 E）点采用两段曲率相反的抛物线，在反弯点 B（或 D）处相接并相切，A（或 E）点与 C 点分别为两抛物线的顶点。反弯点的位置距梁端的距离 aL，一般取为（0.1～0.2）L。图中抛物线方程见式（4-5-3）。

$$y=Ax^2 \tag{4-5-3}$$

式中 跨中区段：$A=\frac{2H}{(0.5-a)L^2}$；

梁端区段：$A=\frac{2H}{aL^2}$。

3. 直线与抛物线形相切

预应力筋直线与抛物线形（图 4-5-1（c））相切布置，其优点是可以减少框架梁跨中及内支座处的摩擦损失，一般适用于双跨框架梁或多跨连续梁的边跨梁外端。预应力筋外形在 AB 段为直线而在其他区段为抛物线，B 点为直线与抛物线的切点，切点至梁端的距离 L1，可按式（4-5-4）或（4-5-5）计算：

$$L_1=\frac{L}{2}\sqrt{1-\frac{H_1}{H_2}+2a\frac{H_1}{H_2}} \tag{4-5-4}$$

$$\text{当 } H_1=H_2 \quad L_1=0.5L\sqrt{2a} \tag{4-5-5}$$

式中 $a=0.1\sim0.2$

4. 双折线形

预应力筋双折线形（图 4-5-1d）布置，其优点是可使预应力引起的等效荷载直接抵消部分垂直荷载和方便在梁腹中开洞，宜用于集中荷载作用下的框架梁或开洞梁。但是不宜用于三跨以上的框架梁，因为较多的折角使预应力筋施工困难，而且中间跨跨中处的预应力筋摩擦损失也较大。一般情况下，$\beta=\left(\frac{1}{4}\sim\frac{1}{3}\right)L$。

4.5.2 预应力筋下料长度

预应力筋的下料长度应由计算确定。计算时，应考虑下列因素：构件孔道长度或台座长度、锚（夹）具厚度、千斤顶工作长度（算至夹挂预应力筋部位）、镦头预留量、预应力筋外露长度等。在遇到截面较高的混凝土梁或体外预应力筋下料式还应考虑曲线或折线长度。

4.5.2.1 钢绞线下料长度

后张法预应力混凝土构件中采用夹片锚具时，见图 4-5-2。钢绞线束的下料长度 L，按式（4-5-6）或式（4-5-7）计算。

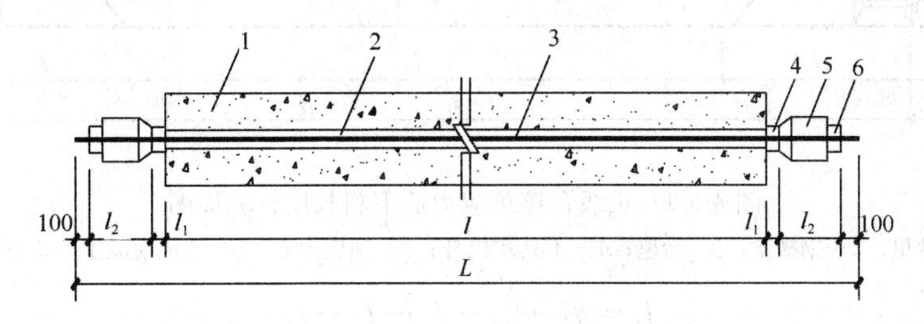

图 4-5-2 钢绞线下料长度计算简图

1—混凝土构件；2—孔道；3—钢绞线；4—夹片式工作锚；5—穿心式千斤顶；6—夹片式工具锚

（1）两端张拉：

$$L=l+2(l_1+l_2+100) \tag{4-5-6}$$

（2）一端张拉：

$$L=l+2(l_1+100)+l_2 \tag{4-5-7}$$

式中 l——构件的孔道长度，对抛物线形孔道长度 l_p，可按 $L_p=\left(1+\frac{8h^2}{3l^2}\right)l$ 计算；

l_1——夹片式工作锚厚度；

l_2——张拉用千斤顶长度（含工具锚），当采用前卡式千斤顶时，仅计算至千斤顶体内工具锚处；

h——预应力筋抛物线的矢高。

4.5.2.2 钢丝束下料长度

后张法混凝土构件中采用钢丝束镦头锚具时，见图 4-5-3。钢丝的下料长度 L 可按钢丝束张拉后螺母位于锚杯中部计算，见式（4-5-8）。

$$L=l+2(h+s)-K(H-H_1)-\Delta L-C \tag{4-5-8}$$

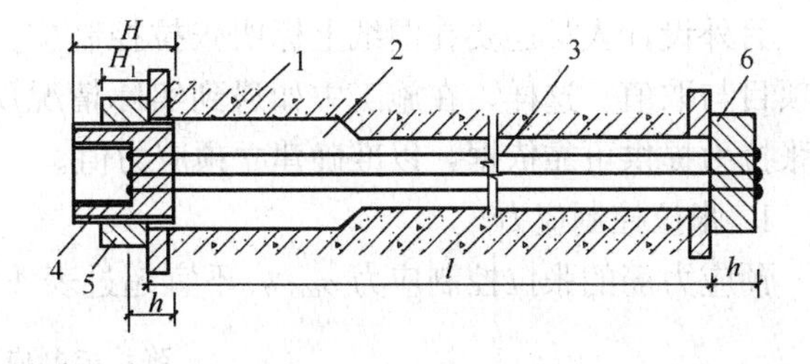

图 4-5-3 采用镦头锚具时钢丝下料长度计算简图

1—混凝土构件；2—孔道；3—钢丝束；4—锚杯；5—螺母；6—锚板

式中 l——构件的孔道长度，按实际丈量；

h——锚杯底部厚度或锚板厚度；

s——钢丝镦头留量，对 ϕ^P5 取 10mm；

K——系数，一端张拉时取 0.5，两端张拉时取 1.0；

H——锚杯高度；

H_1 ——螺母高度；

ΔL ——钢丝束张拉伸长值；

C ——张拉时构件混凝土的弹性压缩值。

4.5.2.3 长线台座预应力筋下料长度

先张法长线台座上的预应力筋，见图 4-5-4，可采用钢丝和钢绞线。根据张拉装置不同，可采取单根张拉方式与整体张拉方式。预应力筋下料长度 L 的基本算法见式(4-5-9)。

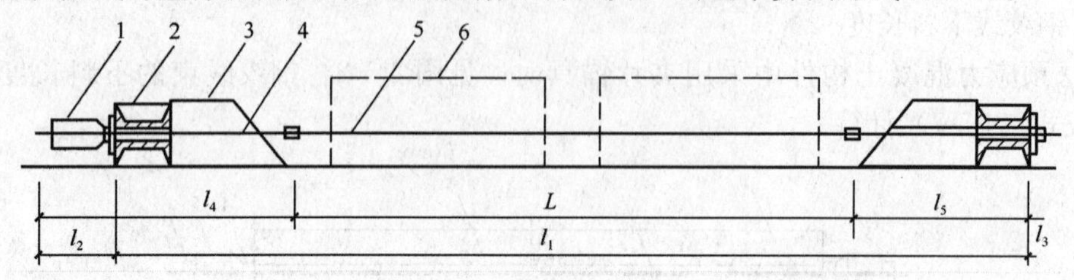

图 4-5-4 长线台座预应力筋下料长度计算简图

1—张拉装里；2—钢横梁；3—台座；4—工具式拉杆；5—预应力筋；6—待浇混凝土的构件

$$L = l_1 + l_2 + l_3 - l_4 - l_5 \tag{4-5-9}$$

式中 l_1 ——长线台座长度；

l_2 ——张拉装置长度（含外露预应力筋长度）；

l_3 ——固定端所需长度；

l_4 ——张拉端工具式拉杆长度；

l_5 ——固定端工具式拉杆长度。

如预应力筋直接在钢横梁上张拉与锚固，则可取消 l_4 与 l_5 值。

同时，预应力筋下料长度应满足构件在台座上排列要求。

4.5.3 预应力筋张拉力

预应力筋的张拉力大小，直接影响预应力效果。一般而言，张拉力越高，建立的预应力值越大，构件的抗裂性能和刚度都可以提高。但是如果取值太高，则易产生脆性破坏，即开裂荷载与破坏荷载接近；构件反拱过大不易恢复；由于钢材不均匀性而使预应力筋拉断等不利后果，对后张法构件还可能在预拉区出现裂缝或产生局压破坏，因此规范规定了张拉控制应力的上限值。

另外设计人员还要在图纸上标明张拉控制应力的取值，同时尽可能注明所考虑的预应力损失项目与取值。这样，在施工中如遇到实际情况所产生的预应力损失与设计取值不一致，为调整张拉力提供可靠依据，以准确建立预应力值。

1. 张拉控制应力

预应力筋的张拉控制应力 σ_{con} ，不宜超过表 4-5-1 的数值。

张拉控制应力限值 **表 4-5-1**

项次	预应力筋种类	张拉方法	
		先张法	后张法
1	钢丝、钢绞线、中强度预应力钢丝	$0.75f_{ptk}$	$0.75f_{ptk}$
2	热处理钢筋	$0.70f_{ptk}$	$0.65f_{ptk}$
3	预应力螺纹钢筋	—	$0.85f_{pyk}$

注：1. 预应力钢筋的强度标准值，应按相应规范采用；

2. 消除应力钢丝、钢绞线、热处理钢筋的张拉控制应力不宜小于 $0.4f_{ptk}$。

当符合下列情况之一时，表 4-5-1 中的张拉控制应力限值可提高 $0.05f_{ptk}$；

（1）要求提高构件在施工阶段的抗裂性能而在使用阶段受压区内设置的预应力筋；

（2）要求部分抵消由于应力松弛、摩擦、钢筋分批张拉以及预应力筋与张拉台座之间的温差等因素产生的预应力损失。

2. 预应力筋张拉力

预应力筋的张拉力 P_j ；按式（4-5-10）计算：

$$P_i = \sigma_{con} \times A_p \tag{4-5-10}$$

式中 σ_{con} ——预应力筋的张拉控制应力；

A_p ——预应力筋的截面面积。

在混凝土结构施工中，当预应力筋需要超张拉时，其最大张拉控制应力 σ_{con}：对消除应力钢丝和钢绞线为 $0.8f_{ptk}$（f_{ptk} 为预应力筋抗拉强度标准值），对精轧螺纹钢筋为 $0.95f_{pyk}$（f_{pyk} 预应力筋屈服强度标准值）。但锚具下口建立的最大预应力值：对预应力应力钢丝和钢绞线不宜大于 $0.7f_{ptk}$ ，对高强钢筋不宜大于 $0.85f_{pyk}$。

3. 预应力筋有效预应力值

预应力筋中建立的有效预应力值。σ_{pe} 可按式（4-5-11）计算：

$$\sigma_{pe} = \sigma_{con} - \sum^{n} \sigma_{li} \tag{4-5-11}$$

式中 σ_{li} ——第 i 项预应力损失值。

对预应力钢丝及钢绞线，其有效预应力值 σ_{pe} 不宜大于 $0.6f_{ptk}$ ，也不宜小于 $0.4f_{ptk}$ 。

4.5.4　预应力损失

预应力筋应力损失是指预应力筋的张拉应力在构件的施工及使用过程中，由于张拉工艺和材料特性等原因而不断的降低。

预应力筋应力损失一般分为两类：瞬间损失和长期损失。瞬间损失指的是施加预应力时短时间内完成的损失，包括孔道摩擦损失、锚固损失、混凝土弹性压缩损失等。两外，对先张法施工，有热养护损失；对后张法施工，有时还有锚口摩擦损失、变角张拉损失等。长期损失指的是考虑了材料的时间效应所引起的预应力损失，主要包括预应力筋应力松弛损失和混凝土收缩、徐变损失等。

4.5.4.1　锚固损失

张拉端锚固时由于锚具变形和预应力筋内缩引起的预应力损失（简称锚固损失），根据预应力筋的形状不同，分别采取下列算法。

1. 直线预应力筋的锚固损失 σ_{l1} ，可按式（4-5-12）计算：

$$\sigma_{l1} = \frac{a}{l} E_s \tag{4-5-12}$$

式中 a ——张拉端锚具变形和预应力筋内缩值（mm），按表 4-5-2 取用；

l ——张拉端至固定端之间的距离（mm）；

E_s ——预应力筋弹性模量（N/mm^2）。

块体拼成的结构，其预应力损失尚应考虑块体间填缝的预压变形。当采用混凝土或砂浆为填缝材料时，每条填缝的预压变形值为 1mm。

2. 后张法构件曲线或折线预应力筋的锚固损失 σ_{l1} ，应根据预应力筋与孔道壁之间反向摩擦影响长度 L_f 范围内的预应力筋变形值等于锚具变形和钢筋内缩值的条件确定 6；同时，假定孔道摩擦损失的指数曲线简化为直线（$\theta \leqslant 30°$），并假定正、反摩擦损失斜率相等，得出基本算式（4-5-13）为：

锚具变形和预应力筋内缩值 *a*（mm）　　表 4-5-2

项次	锚具类别		a
1	支承式锚具（钢丝束墩头锚具等）	螺母缝隙	1
		每块后加垫板的缝隙	1
2	夹片式锚具	有顶压时	5
		无顶压时	6～8

注：1. 表中的锚具变形和钢筋内缩值也可根据实测数据确定；
2. 其他类型的锚具变形和钢筋内缩值应根据实测数据确定。

$$a=\frac{\omega}{E_{s}} \tag{4-5-13}$$

式中　ω——锚固损失的应力图形面积，见图 4-5-5；
E_s——预应力筋的弹性模量。

1）对单一抛物线形预应力筋的情况，预应力筋的锚固损失可按公式 4-5-14～公式 4-5-16 计算：

$$\sigma_{l1}=2mL_{f} \tag{4-5-14}$$

$$L_{f}=\sqrt{\frac{aE_{s}}{m}} \tag{4-5-15}$$

$$m=\frac{\sigma_{con}（kl/2+\mu\theta）}{L} \tag{4-5-16}$$

式中　m——孔道摩擦损失的斜率；
L_f——孔道反向摩擦影响长度；
k——考虑孔道每米长度局部偏差对摩擦系数，按表 4-5-3 取用；
μ——预应力钢筋与孔道壁之间的摩擦系数，按表 4-5-3 取用。

从图 4-5-6 中可以看出：

a. 当 $L_f\leqslant\frac{L}{2}$ 时，跨中处的锚固损失等于零；

b. $L_f>\frac{L}{2}$ 时，跨中处锚固损失 $\sigma_{l1}=2m\left(L_f-\frac{L}{2}\right)$。

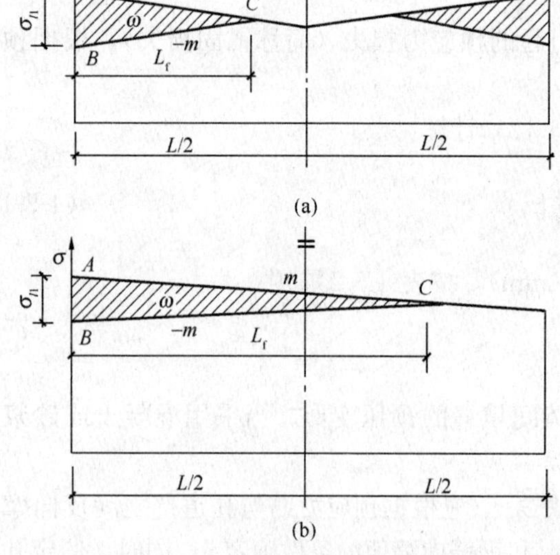

图 4-5-5　预应力筋锚固损失计算简图
（a）$L_f\leqslant L/2$；（b）$L_f>L/2$

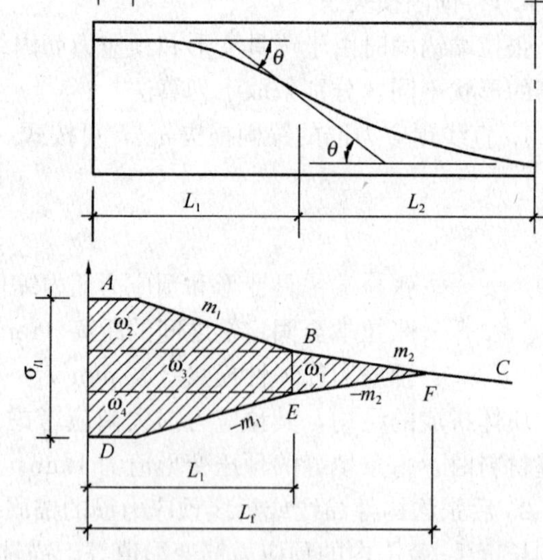

图 4-5-6　锚固损失消失在曲线反弯点外的计算简图

2）对正反抛物线组成的预应力筋，锚固损失消失在曲线反弯点外的情况（图 4-5-6），预应力筋的锚固损失可按公式 4-5-17 至公式 4-5-20 计算：

$$\sigma_{l1}=2m_1(L_1-c)+2m_2(L_f-L_1) \tag{4-5-17}$$

$$L_f=\sqrt{\frac{aE_s-m_1(L_1^2-c^2)}{m_2}+L_1^2} \tag{4-5-18}$$

$$m_1=\frac{\sigma_A(KL_1-Kc+\mu\theta)}{L_1-c} \tag{4-5-19}$$

$$m_2=\frac{\sigma_B(KL_2+\mu\theta)}{L_2} \tag{4-5-20}$$

3）对折线预应力筋，锚固损失消失在折点外的情况（图 4-5-7），预应力筋的锚固损失可按下列公式 4-5-21 和公式 4-5-22 计算：

$$\sigma_{l1}=2m_1L_1+2\sigma_1+2m_2(L_f-L_1) \tag{4-5-21}$$

$$L_f=\sqrt{\frac{aE_s-m_1L_1^2-2\sigma_1L_1}{m_2}+L_1^2} \tag{4-5-22}$$

式中

$$m_1=\sigma_{con}\times K$$

$$\sigma_1=\sigma_{con}(1-KL_1)\mu\theta；$$

$$m_2=\sigma_{con}(1-KL_1)(1-\mu\theta)\times K。$$

对于多种曲率组成的预应力筋，均可从（11-22）基本算式推出 L_f 计算式，再求 σ_{l1}。

4.5.4.2 摩擦损失

1. 预应力筋与孔道壁之间的摩擦引起的预应力损失 σ_{l2}（简称孔道摩擦损失），可按式（4-5-23）计算（图 4-5-8）：

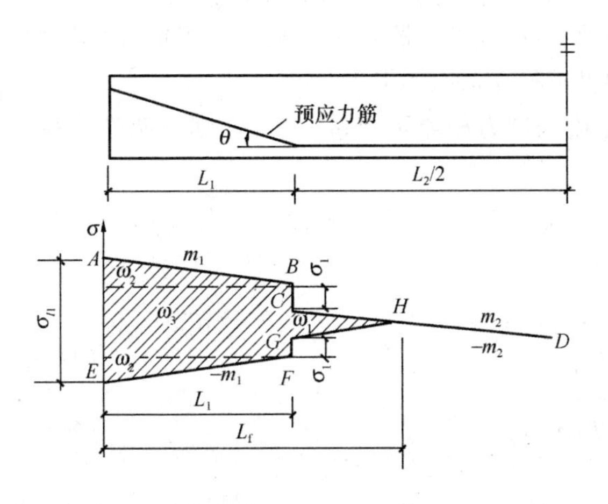

图 4-5-7 锚固损失消失在折点外的计算简图

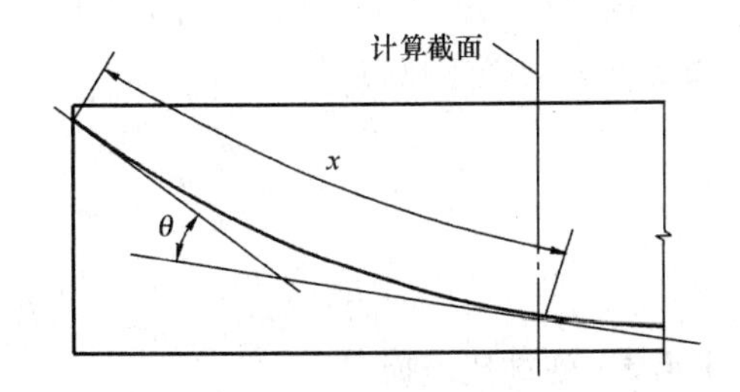

图 4-5-8 孔道摩擦损失计算简图

$$\sigma_{l2}=\sigma_{con}\left(1-\frac{1}{e^{kx+\mu\theta}}\right) \tag{4-5-23}$$

式中 k——考虑孔道每米长度局部偏差对摩擦系数，按表 4-5-3 取用；

x——张拉端至计算截面的孔道长度（m），可近似地取该段孔道在纵轴上的投影长度；

μ——预应力钢筋与孔道壁之间的摩擦系数，按表 4-5-3 取用；

θ——从张拉端至计算截面曲线孔道部分切线的夹角（以弧度计）。

摩擦系数 **表 4-5-3**

项次	孔道成型方式	k	μ	
			钢绞线、钢丝束	预应力螺纹钢筋
1	预埋金属波纹管	0.0015	0.25	0.5
2	预埋塑料波纹管	0.0015	0.15	—
3	预埋钢管	0.001	0.3	—
4	抽芯成型	0.0014	0.55	0.6
5	无粘结预应力钢绞线	0.004	0.09	—
6	缓粘结预应力钢绞线（张拉适用期内）	0.004～0.012	0.06～0.12	—

注：表中系数也可根据实测数据确定；

当（$kx+\mu\theta$）≤0.3 时，σ_{l2} 可按下列近似公式（4-5-24）计算：

$$\sigma_{l2}=(kx+\mu\theta)\sigma_{con} \tag{4-5-24}$$

对多种曲率或直线段与曲线段组成的曲线束，应分段计算孔道摩擦损失。

对空间曲线束，可按平面曲线束计算孔道摩擦损失。但 θ 角应取空间曲线包角，x 应取空间曲线弧长。

2. 现场实测

对重要的预应力混凝土工程，应在现场测定实际的孔道摩擦损失。其常用的测试方法有：精密压力表法与传感器法。

（1）精密压力表法在预应力筋的两端各安装一台千斤顶，测试时首先将固定端千斤顶的油缸拉出少许，并将回油阀关死；然后开动千斤顶进行张拉，当张拉端压力表读数达到预定的张拉力时，读出固定端压力表读数并换算成张拉力。两端张拉力差值即为孔道摩擦损失。

（2）传感器法在预应力筋的两端千斤顶尾部各装一台传感器。测试时用电阻应变仪读出两端传感器的应变值。将应变值换算成张拉力，即可求得孔道摩擦损失。

如实测孔道摩擦损失与计算值相差较大，导致张拉力相差不超过±5%，则应调整张拉力，建立准确的预应力值。

根据张拉端拉力 P_j 与实测固定端拉力 P_a，可按公式（4-5-25）和公式（4-5-26）分别算出实测的 μ 值与跨中拉力 P_m：

$$\mu=\frac{-\ln\left(\frac{p_a}{p_j}\right)-K\chi}{\theta} \tag{4-5-25}$$

$$p_m=\sqrt{p_a\cdot p_j} \tag{4-5-26}$$

4.5.4.3 弹性压缩损失

先张法构件放张或后张法构件分批张拉时，由于混凝土受到弹性压缩引起的预应力损失平均值，称为弹性压缩损失。

1. 先张法弹性压缩损失

先张法构件放张时，预应力传递给混凝土使构件缩短，预应力筋随着构件缩短而引起的应力损失 σ_{l3}，可按式（4-5-27）计算：

$$\sigma_{l3}=E_s\cdot\frac{\sigma_{pc}}{E_c} \tag{4-5-27}$$

式中 E_s、E_c——分别为预应力筋、混凝土的弹性模量；

σ_{pc}——预应力筋合力点处的混凝土压应力。

a. 对轴心受预压的构件可按式（4-5-28）计算：

$$\sigma_{pc}=\frac{P_{y1}}{A} \tag{4-5-28}$$

式中 P_{y1}—— 扣除张拉阶段预应力损失后的张拉力，可取 $P_{y1}=0.9P_i$；

A——混凝土截面面积，可近似地取毛面积。

b. 对偏心受预压的构件可按式（4-5-29）计算：

$$\sigma_{pc}=\frac{P_{y1}}{A}+\frac{P_{y1}e^2}{I}-\frac{M_Ge}{I} \tag{4-5-29}$$

式中 M_G——构件自重引起的弯矩；

e——构件重心至预应力筋合力点的距离；

I——毛截面惯性矩。

2. 后张法弹性压缩损失

当全部预应力筋同时张拉时，混凝土弹性压缩在锚固前完成，所以没有弹性压缩损失。

当多根预应力筋依次张拉时，先批张拉的预应力筋，受后批预应力筋张拉所产生的混凝土压缩而引起的平均应力损失 σ_{l3}，可按式（4-5-30）计算：

$$\sigma_{l3}=0.5E_s\frac{\sigma_{pc}}{E_c} \tag{4-5-30}$$

式中 σ_{pc}——同公式 4-5-28 与公式 4-5-29，但不包括第一批预应力筋张拉力。

对配置曲线预应力筋的框架梁，可近似地按轴心受压计算 σ_{l3}。

后张法弹性压缩损失在设计中一般没有计算在内，可采取超张拉措施将弹性压缩平均损失值加到张拉力内。

4.5.4.4 松弛损失

预应力筋的应力松弛损失 σ_{l4}，可按式（4-5-31）至式（4-5-33）计算。

1. 预应力钢丝、钢绞线、中强度预应力钢丝

普通松弛级：

$$\sigma_{l4}=0.4\psi\left(\frac{\sigma_{con}}{f_{ptk}}-0.5\sigma_{con}\right)\sigma_{con} \tag{4-5-31}$$

此处，一次张拉 $\psi=1$，超张拉 $\psi=0.9$。

低松弛级，当 $\sigma_{con}\leqslant 0.7f_{ptk}$ 时：

$$\sigma_{l4}=0.125\left(\frac{\sigma_{con}}{f_{ptk}}-0.5\sigma_{con}\right)\sigma_{con} \tag{4-5-32}$$

当 $0.7f_{ptk}<\sigma_{con}\leqslant 0.8f_{ptk}$ 时：

$$\sigma_{l4}=0.20\left(\frac{\sigma_{con}}{f_{ptk}}-0.575\sigma_{con}\right)\sigma_{con} \tag{4-5-33}$$

2. 预应力螺纹钢筋

一次张拉程序（$0\rightarrow\sigma_{con}$） $0.04\sigma_{con}$

超张拉程序（$0\rightarrow1.05\sigma_{con}$持荷 2min$\rightarrow\sigma_{con}$） $0.03\sigma_{con}$

4.5.4.5 收缩徐变损失

混凝土收缩、徐变引起的预应力损失 σ_{l5}，可按式（4-5-34）和式（4-5-35）计算：

对先张法：

$$\sigma_{l5}=\frac{60+340\frac{\sigma_{pc}}{f'_{cu}}}{1+15\rho} \tag{4-5-34}$$

对后张法：

$$\sigma_{l5}=\frac{55+300\dfrac{\sigma_{pc}}{f'_{cu}}}{1+15\rho} \tag{4-5-35}$$

式中 σ_{pc}——受拉区或受压区预应力筋在各自的合力点处混凝土法向应力；

f'_{cu}——施加预应力时的混凝土立方强度；

ρ——受拉区或受压区的预应力筋和非预应力筋的配筋率。

计算 σ_{pc} 时，预应力损失值仅考虑混凝土预压前（第一批）的损失，并可根据构件制作情况考虑自重的影响。σ_{pc} 值不得大于 $0.5f'_{cu}$。

施加预应力时的混凝土龄期对徐变损失的影响也较大。对处于高湿度条件的结构，按上式算得的 σ_{l5} 值可降低50%；对处于干燥环境的结构，σ_{l5} 值应增加30%。

对现浇后张部分预应力混凝土梁板结构，可近似取50～80N/mm²，先张法可近似取60～100N/mm²，当构件自重大、活载小时取小值。

4.5.5 预应力筋张拉伸长值

1. 一端张拉时，预应力筋张拉伸长值可按下列公式计算：

对一段曲线或直线预应力筋：

$$\Delta l=\frac{\left[\dfrac{1}{2}\sigma_{con}\left(1+e^{-(\mu\theta+kx)}\right)-\sigma_0\right]}{E_p}\times l \tag{4-5-36}$$

对多曲线段或直线段与曲线段组成的预应力筋，张拉伸长值应分段计算后叠加：

$$\Delta L_p^c=\sum\frac{(\sigma_{i1}+\sigma_{i2})L_i}{2E_s} \tag{4-5-37}$$

2. 两端张拉时，预应力筋张拉伸长值可按下列公式计算：

$$\Delta l=\frac{\dfrac{\sigma_{con}}{4}\left(3+e^{-(\mu\theta+kx)}\right)-\sigma_0}{E_p}\times l \tag{4-5-38}$$

式中 Δl——预应力筋伸长值；

σ_{con}——张拉控制应力；

σ_0——张拉初时应力（10～20% σ_{con}）；

E_p——预应力筋弹性模量；

μ——孔道摩擦系数；

κ——孔道偏摆系数；

l——预应力筋有效长度；

x——曲线孔道长度，以m计。

L_i——第 i 线段预应力筋的长度；

σ_{i1}, σ_{i2}——分别为第 i 线段两端预应力筋的应力。

3. 预应力筋的张拉伸长值，应在建立初拉力后进行测量。实际伸长值 ΔL_p^0 可按下列公式计算：

$$\Delta L_p^0=\Delta L_{p1}^0+\Delta L_{p2}^0-a-b-c \tag{4-5-39}$$

式中 ΔL_{p1}^0——从初拉力至最大张拉力之间的实测伸长值；

ΔL_{p2}^0——初拉力以下的推算伸长值，可用图解法或计算法确定；

a——千斤顶体内的预应力筋张拉伸长值；

b——张拉过程中工具锚和固定端工作锚楔紧引起的预应力筋内缩值；

c——张拉阶段构件的弹性压缩值；

4.5.6 计算示例

【例 1】 今有 21m 单跨预应力混凝土大梁的预应力筋布置如图 4-5-9a 所示。预应力筋采用 2 束 9 ϕ^s15.2 钢绞线束，其锚固端采用夹片锚具。预应力筋强度标准值 $f_{ptk}=1860\text{N/mm}^2$，张拉控制应力 $\sigma_{con}=0.7\times1860=1302\text{N/mm}^2$，弹性模量 $E_s=1.95\times10^5\text{N/mm}^2$。预应力筋孔道采用 ϕ80 预埋金属波纹管成型，$K=0.0015$，$\mu=0.25$。采用夹片锚具锚固时预应力筋内缩值 $a=5\text{mm}$。拟采用一端张拉工艺，是否合适。

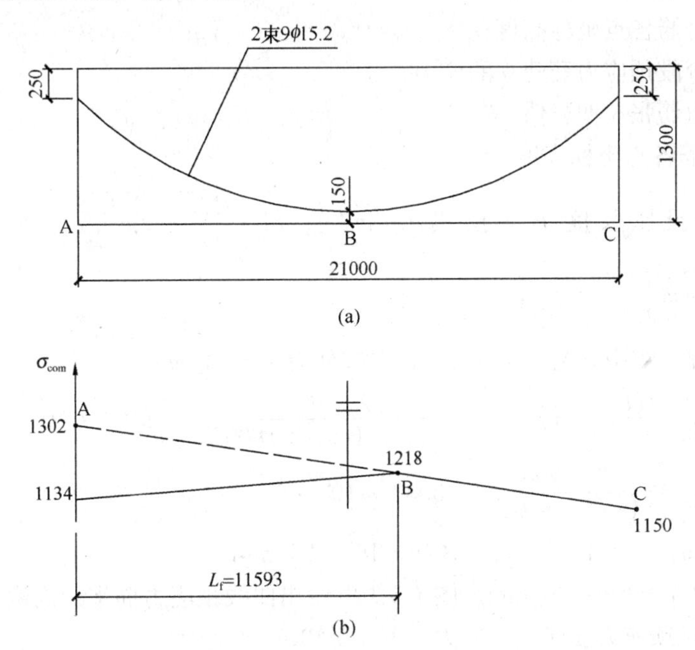

图 4-5-9 例题 1 预应力混凝土梁

(a) 预应力筋布置（单位 mm）；(b) 预应力筋张拉锚固阶段建立的应力（单位 MPa）

【解】 1. 孔道摩擦损失 σ_{l2}

$$\theta=\frac{4(1300-150-250)}{21000}=0.171\text{rad}$$

由于 $\mu\theta+kx=0.25\times0.171\times2+0.0015\times21=0.117<0.3$

则从 A 点至 C 点：$\sigma_{l2}=1302(\mu\theta+kx)=152.3\text{N/mm}^2$

2. 锚固损失 σ_{l1}

已知 $m=\dfrac{\sigma_{con}(kx+\mu\theta)}{L}=152.3/21000=0.007254\text{N/mm}^2/\text{mm}$

代入 $L_f=\sqrt{\dfrac{aE_s}{m}}=\sqrt{\dfrac{5\times1.95\times10^5}{0.007254}}=11593\text{mm}$，

张拉端 $\sigma_{l1}=2mL_f=168\text{N/mm}^2$

3. 预应力筋应力（图 4-5-9b）

张拉端 $\sigma_A=1302-168=1134\text{N/mm}^2$

固定端 $\sigma_c=1302-152=1150\text{N/mm}^2$

4. 小结

锚固损失影响长度 $L_f>L/2=10500\text{mm}$，$\sigma_A<\sigma_c$ 该曲线预应力筋应采用一端张拉工艺。

【例 2】 某工业厂房采用双跨预应力混凝土框架结构体系。其双跨预应力混凝土框架梁的尺寸与预应力筋布置见图 4-5-10a 所示。预应力筋采用 2 束 7 ϕs15.2 钢绞线束，由边支座处斜线、跨中处抛物线与内支座处反向抛物线组成，反弯点距内支座的水平距离 $\alpha_L = 1/6 \times = 18000 = 3000$mm。预应力筋强度标准值 $f_{ptk} = 1860\text{N/mm}^2$，张拉控制应力 $\sigma_{con} = 0.75 \times 1860 = 1395\text{N/mm}^2$，弹性模量 $E_s = 1.95 \times 10^5 \text{N/mm}^2$

预应力筋孔道采用 ϕ70 预埋金属波纹管成型，$K=0.0015$，$\mu=0.25$。

预应力筋两端采用夹片锚固体系，张拉端锚固时预应力筋内缩值 $a=5$mm。该工程双跨预应力框架梁采用两端张拉工艺。试求：

（1）曲线预应力筋各点坐标高度；

（2）张拉锚固阶段预应力筋建立的应力；

（3）曲线预应力筋张拉伸长值。

1. 曲线预应力筋各点坐标高度

直线段 AB 的投影长度 L_1，按式 $L_1 = \frac{L}{2}\sqrt{1-\frac{H_1}{H_2}+2\alpha\frac{H_1}{H_2}}$ 计算得：$L_1 = \frac{18000}{2}\sqrt{1-\frac{800}{900}+2\times\frac{1}{6}\times\frac{800}{900}} = 5745$mm

设该抛物线方程：跨中处为 $y = A_1x^2$，支座处为 $y = A_2x^2$，

由公式 $A_1 = \frac{2H}{(0.5-\alpha)L^2}$ 得 $A_1 = \frac{2\times 900}{(0.5-1/6)\times 18000^2} = 1.67\times 10^{-5}$

$A_2 = \frac{2H}{\alpha L^2}$ 得 $A_2 = \frac{2\times 900}{1/6\times 18000^2} = 3.33\times 10^{-5}$

当 $x=4000$mm 时，$y=1.67\times 10^{-5}\times 16\times 10^6 = 267$mm

则该点高度为 267＋100＝367mm。图 4-5-10b 绘出曲线预应力筋坐标高度。

2. 张拉锚固阶段预应力筋建立的应力（图 4-5-10c）

预应力筋各段实际长度计算：

AB 段 $L_T = \sqrt{623^2 + 5745^2} = 5779$mm

CD 段 $L_T = L\left(1+\frac{8H^2}{3L^2}\right) = 6000\times\left(1+\frac{8\times 600^2}{3\times 12000^2}\right) = 6040$mm

同理可计算 BC 段＝3261mm；DE 段＝3020mm。

预应力各筋各线段 θ 角计算：

AB 段　$\theta = 0$

CD 段　$\theta = \frac{4\times 600}{12000} = 0.2$rad

同理可计算出 BC 段 $\theta=0.1087$rad；DE 段 $\theta=0.2$rad

张拉时预应力筋各线段终点应力计算，列于表 4-5-4：

预应力筋各线段终点应力计算　　表 4-5-4

线段	L_T (m)	θ	$KL_T+\mu\theta$	$e^{-(KL_T+\mu\theta)}$	终点应力 (N/mm²)	张拉伸长值 (mm)
AB	5.779	0	0.00867	0.991	1383	41.1
BC	3.261	0.1087	0.0321	0.968	1339	22.4
CD	6.040	0.2	0.0591	0.943	1263	39.1
DE	3.020	0.2	0.0545	0.947	1196	18.5

合计 121.1mm

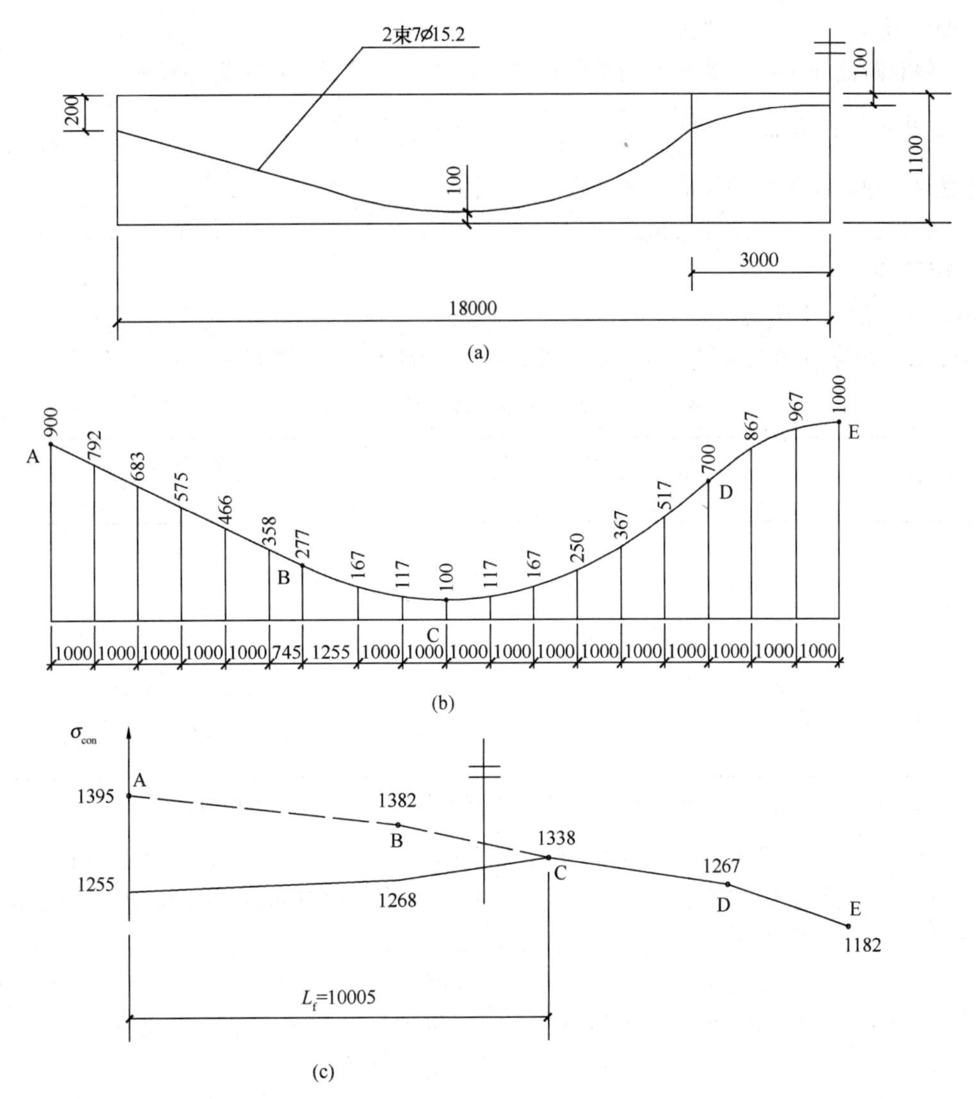

图 4-5-10　例题 2 预应力筋预应力梁

（a）预应力筋布置（mm）；（b）曲线预应力筋坐标高度；

（c）预应力筋张拉锚固阶段建立的应力（MPa）

锚固时预应力筋各线段应力计算：

$$m_1=\frac{1395-1383}{5745}=0.0021\text{N/mm}^3$$

$$m_2=\frac{1383-1339}{3255}=0.0135\text{N/mm}^3$$

L_f 由公式 $L_f=\sqrt{\dfrac{aE_s-m_1(L_1-c^2)}{m_2}}+L_1$ 代入数据得 $L_f=10005\text{mm}$

A 点锚固损失：$\sigma_{l1}=2m_1\ (L_1-c)\ +2m_2\ (l_f-L_1)$ 代入数据的

$$\sigma_{l1}=2\times0.0021\times5745+2\times0.0135\times(9980-5745)=139\text{N/mm}^2$$

B 点锚固损失：$\sigma_{l1}=2m_2\ (l_f-L_1)$ 代入数据的

$$\sigma_{l1}=2\times0.0135\times(10005-5745)=115\text{N/mm}^2$$

3. 曲线预应力筋张拉伸长值

该工程双跨曲线预应力筋采取两端张拉方式，按分段简化计算张拉伸长值。

AB段张拉伸长值 $\Delta L_{AB}=\dfrac{(1395+1382)\times 5779}{2\times 1.95\times 10^5}=41.1\text{mm}$

同理的其他各段张拉伸长值，填在表4-5-4中。

双跨曲线预应力筋张拉伸长值总计为（41.1＋22.4＋39.1＋18.5）×2＝242.2mm

4.5.7 施工构造

4.5.7.1 先张法施工构造

1. 先张法预应力筋的混凝土保护层最小厚度应符合表4-5-5的规定。

先张法预应力筋的混凝土保护层最小厚度（mm） **表4-5-5**

环境类别	构件类型	混凝土强度等级	
		C30～C40	≥C50
一类	板	15	15
	梁	25	25
二类	板	25	20
	梁	35	30
三类	板	30	25
	梁	40	35

注：混凝土结构的环境类别，应符合国家标准《混凝土结构设计规范》GB 50010—2010的规定。

2. 当先张法预应力钢丝难以按单根方式配筋时，可采用相同直径钢丝并筋方式配筋。并筋的等效直径，对双并筋应取单筋直径的1.4倍，对三并筋应取单筋直径的1.7倍。并筋的保护层厚度、锚固长度和预应力传递长度等均应按等效直径考虑。

3. 先张法预应力钢筋之间的净间距应根据浇筑混凝土、施加预应力及钢筋锚固等要求确定。先张法预应力钢筋的净间距不应小于其公称直径或等效直径的1.5倍，且应符合下列规定：对单根钢丝，不应小于15mm；对1×3钢绞线，不应小于20mm；对1×7股钢绞线，不应小于25mm。

4. 对先张法预应力混凝土构件，预应力钢筋端部周围的混凝土应采取下列加强措施：

（1）对单根配置的预应力钢筋，其端部宜设置长度不小于150mm且不少于4圈的螺旋筋；当有可靠经验时，亦可利用支座垫板上的插筋代替螺旋筋，但插筋数量不应少于4根，其长度不宜小于120mm；

（2）对分散布置的多根预应力钢筋，在构件端部10d（d为预应力钢筋的公称直径）范围内应设置3～5片与预应力钢筋垂直的钢筋网；

（3）对采用预应力钢丝配筋的薄板，在板端100mm范围内应适当加密横向钢筋。

5. 对槽形板类构件，应在构件端部100mm范围内沿构件板面设置附加横向钢筋，其数量不应少于2根。

对预制肋形板，宜设置加强其整体性和横向刚度的横肋。端横肋的受力钢筋应弯入纵肋内。当采用先张长线法生产有端横肋的预应力混凝土肋形板时，应在设计和制作上采取防止放张预应力时端横肋产生裂缝的有效措施。

6. 对预应力钢筋在构件端部全部弯起的受弯构件或直线配筋的先张法构件，当构件端部与下部支承结构焊接时，应考虑混凝土收缩、徐变及温度变化所产生的不利影响，宜在构件端部可能产生裂缝的部位设置足够的非预应力纵向构造钢筋。

4.5.7.2 后张法施工构造

1. 后张有粘结预应力

(1) 预应力筋孔道的内径宜比预应力筋和需穿过孔道的连接器外径大10～15mm，孔道截面面积宜取预应力筋净面积的3.5～4.0倍。

(2) 后张法预应力筋孔道的净间距和保护层应符合下列规定：

1) 对预制构件，孔道之间的水平净间距不宜小于50mm；孔道至构件边缘的净间距不宜小于30mm，且不宜小于孔道直径的一半；

2) 在框架梁中，预留孔道在竖直方向的净间距不应小于孔道外径，水平方向的净间距不应小于1.5倍孔道外径；从孔壁算起的混凝土保护层厚度，梁底不宜小于50mm，梁侧不宜小于40mm；板底不应小于30mm。

(3) 预应力筋孔道的灌浆孔宜设置在孔道端部的锚垫板上；灌浆孔的间距不宜大于30m。竖向构件，灌浆孔应设置在孔道下端；对超高的竖向孔道，宜分段设置灌浆孔。灌浆孔直径不宜小于20mm。

预应力筋孔道的两端应设置排气孔。曲线孔道的高差大于0.5m时，在孔道峰顶处应设置泌水管，泌水管可兼做灌浆孔。

(4) 后张法预应力混凝土构件中，曲线预应力钢丝束、钢绞线束的曲率半径不宜小于4m；对折线配筋的构件，在预应力钢筋弯折处的曲率半径可适当减小。

曲线预应力筋的端头，应有与曲线段相切的直线段，直线段长度不宜小于300mm。

(5) 预应力筋张拉端可采用凸出式和凹入式做法，采用凸出式做法时，锚具位于梁端面或柱表面，张拉后用细石混凝土封裹。采用凹入式做法时，锚具位于梁（柱）凹槽内，张拉后用细石混凝土填平。

凸出式锚固端锚具的保护层厚度不应小于50mm，外露预应力筋的混凝土保护层厚度：处于一类环境时，不应小于20mm；处于二、三类易受腐蚀环境时，不应小于50mm。

(6) 预应力筋张拉端锚具最小间距应满足配套的锚垫板尺寸和张拉用千斤顶的安装要求。锚固区的锚垫板尺寸、混凝土强度、截面尺寸和间接钢筋（网片或螺旋筋）配置等必须满足局部受压承载力要求。锚垫板边缘至构件边缘的距离不宜小于50mm。

当梁端面较窄或钢筋稠密时，可将跨中处同排布置的多束预应力筋转变为张拉端竖向多排布置或采取加腋处理。

(7) 预应力筋固定端可采取与张拉端相同的做法或采取内埋式做法。内埋式固定端的位置应位于不需要预压力的截面外，且不宜小于100mm。对多束预应力筋的内埋式固定端，宜采取错开布置方式，其间距不宜小于300mm，且距构件边缘不宜小于40mm。

(8) 多跨超长预应力筋的连接，可采用对接法和搭接法。采用对接法时，混凝土逐段浇筑和张拉后，用连接器接长。采用搭接法时，预应力筋可在中间支座处搭接，分别从柱两侧梁的顶面或加宽梁的梁侧面处伸出张拉，也可从加厚的楼板延伸至次梁处张拉。

2. 后张无粘结预应力

(1) 为满足不同耐火等级的要求，无粘结预应力筋的混凝土保护层最小厚度应符合表4-5-6、表4-5-7的规定。

板的混凝土保护层最小厚度（mm） **表4-5-6**

约束条件	耐火极限（h）			
	1	1.5	2	3
简支	25	30	40	55
连续	20	20	25	30

梁的混凝土保护层最小厚度（mm） **表 4-5-7**

约束条件	梁 宽	耐火极限（h）			
		1	1.5	2	3
简支	200≤b<300	45	50	65	采取特殊措施
	≥300	40	45	50	65
连续	200≤b<300	40	40	45	50
	≥300	40	40	40	45

注：当防火等级较高、混凝土保护层厚度不能满足要求时，应使用防火涂料。

（2）板中无粘结预应力筋的间距宜采用200～500mm，最大间距不宜大于板厚的6倍，且不宜大于1m。抵抗温度力用无粘结预应力筋的间距不受此限制。单根无粘结预应力筋的曲率半径不宜小于2.0m。

带状束的无粘结预应力筋根数不宜多于5根，束间距不宜大于板厚的12倍，且不宜大于2.4m。

（3）当板上开洞时，板内被孔洞阻断的无粘结预应力筋可分两侧绕过洞口铺设。无粘结预应力筋至洞口的距离不宜小于150mm，水平偏移的曲率不宜小于6.5m，洞口四周应配置构造钢筋加强。

（4）在现浇板柱节点处，每一方向穿过柱的无粘结预应力筋不应少于2根。

（5）梁中集束布置无粘结预应力筋时，宜在张拉端分散为单根布置，间距不宜小于60mm，合力线的位置应不变。当一块整体式锚垫板上有多排预应力筋时，宜采用钢筋网片。

（6）无粘结预应力筋的张拉端宜采取凹入式做法。锚具下的构造可采取不同体系，但必须满足局部受压承载力要求。无粘结预应力筋和锚具的防护应符合结构耐久性要求。

（7）无粘结预应力筋的固定端宜采取内埋式做法，设置在构件端部的墙内、梁柱节点内或梁、板跨内。当固定端设置在梁、板跨内时，无粘结预应力筋跨过支座处不宜小于1m，且应错开布置，其间距不宜小于300mm。

4.5.7.3 典型节点施工构造

1. 后浇带处预应力筋处理方法

（1）利用搭接筋，如图4-5-11a所示。

这种做法的优点是：预应力筋在结构混凝土强度达到张拉要求后即可张拉，除预应力缝针筋外，其余预应力筋均不必等后浇带混凝土强度达到要求后才张拉。缺点是预应力筋及锚具用

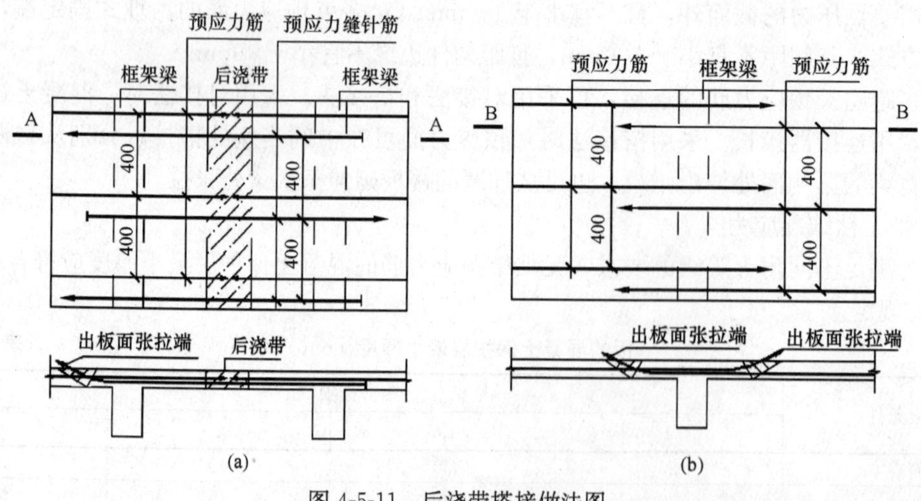

图4-5-11 后浇带搭接做法图

量较大，不经济。

（2）不考虑后浇带的预留位置，最大限度的利用规范对筋长的要求（即：单端张拉的预应力筋长度不超过 40m，两端张拉的预应力筋长度不超过 80m），并考虑结构跨度，来布置预应力筋，前后预应力筋在框架梁处搭接，如图 4-5-11b。

这种做法的缺点是：跨过后浇带的所有预应力筋，都必须等后浇带浇注混凝土完毕，且其强度达到张拉要求后，才能进行张拉。但它节省了材料，比利用缝针筋的做法要经济。

2. 有高差的梁或板的连接处预应力筋处理方法，如图 4-5-12 所示。

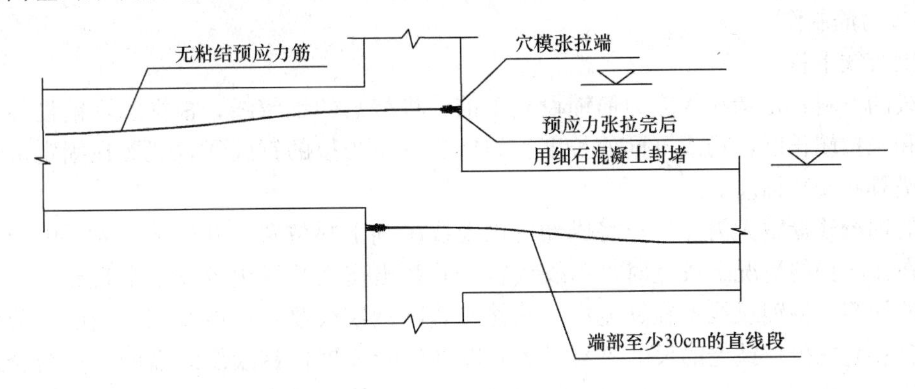

图 4-5-12　有高差的梁或板的连接处预应力筋处理方法简图

4.5.7.4　其他施工构造

1. 大面积预应力筋混凝土梁板结构施工时，应考虑多跨梁板施加预应力和混凝土早期收缩受柱或墙约束的不利因素，宜设置后浇带或施工缝。后浇带的间距宜取 50～70m，应根据结构受力特点、混凝土施工条件和施加预应力方式等确定。

2. 梁板施加预应力的方向有相邻墙或剪力墙时，应使梁板与墙之间暂时隔开，待预应力筋张拉后，再浇筑混凝土。

3. 同一楼层中当预应力梁板周围有多跨钢筋混凝土梁板时，两者宜暂时隔开，待预应力筋张拉后，再浇筑混凝土。

4. 当预应力梁与刚度大的柱或墙刚接时，可将梁柱节点设计成在框架梁施加预应力阶段无约束的滑动支座，张拉后做成刚接。

4.6　预应力混凝土后张法施工

后张法是指结构或构件成型之后，待混凝土达到要求的强度后，在结构或构件中进行预应力筋的张拉，并建立预压应力的方法。

由于后张法预应力施工不需要台座，比先张法预应力施工灵活便利，目前现浇预应力混凝土结构和大型预制构件均采用后张法施工。后张法预应力施工按粘结方式可以分为有粘结预应力、无粘结预应力和缓粘结预应力三种形式。

后张法施工所用的成孔材料，通常是金属波纹管和塑料波纹管等。

后张法施工所用的预应力筋主要是预应力钢绞线、预应力钢丝及精轧螺纹钢，也有在高腐蚀环境中采用非金属材料制成的预应力筋等。

4.6.1　后张有粘结预应力施工

4.6.1.1　特点

后张有粘结预应力是应用最普遍的一种预应力形式，有粘结预应力施工既可以用于现浇混凝土构件中，也可以用于预制构件中，两者施工顺序基本相同。有粘结预应力施工最主要的特点是在预应力筋张拉后要进行孔道灌浆，使预应力筋包裹在水泥浆中，灌注的水泥浆即起到保护预应力筋的作用，又起到传递预应力的效果。

4.6.1.2 施工工艺

后张法有粘结预应力施工通常包括铺设预应力筋管道、预应力筋穿束、预应力筋张拉锚固、孔道灌浆、防腐处理和封堵等主要施工程序。

4.6.1.3 施工要点

1. 预应力筋制作

(1) 钢绞线下料

钢绞线的下料，是指在预应力筋铺设施工前，将整盘的钢绞线，根据实际铺设长度并考虑曲线影响和张拉端长度，切成不同的长度。如果是一端张拉的钢绞线，还要在固定端处预先挤压固定端锚具和安装锚座。

成卷的钢绞线盘重大需要吊车将成卷的钢绞线吊到下料位置，开始下料时，由于钢绞线的弹力大，在无防护的情况下放盘时，钢绞线容易并弹出伤人并发生绞线紊乱现象。可设置一个简易牢固的铁笼，将钢绞线罩在铁笼内，铁笼应紧贴钢绞线盘，再剪开钢绞线的包装钢带。将绞线头从盘卷心抽出。铁笼的尺寸不易过大，以刚好能包裹住钢绞线线盘的外径为合适。铁笼也可以在施工现场用脚手管临时搭设，但要牢固结实，能承受松开钢绞线产生的推力，铁笼有足够的密度，防止钢绞线头从缝隙中弹出，保证作业人员操作安全。

钢绞线下料宜用砂轮切割机切割。不得采用电弧切。砂轮切割机具有操作方便、效率高、切口规则等优点。

(2) 钢绞线固定端锚具的组装

1) 挤压锚具组装

挤压组装通常是在下料时进行，然后再运到施工现场铺放，也可以将挤压机运至铺放施工现场进行挤压组装。

2) 压花锚具成型

压花锚具是通过挤压钢绞线，使其局部散开，形成梨状与混凝土握裹而形成锚固端区。

3) 质量要求

挤压锚具制作时，压力表读数应符合操作说明书的规定，挤压后预应力筋外端应露出挤压套筒 1～5mm。

钢绞线压花锚成形时，表面应清洁、无油污，梨形头尺寸和直线段长度应符合设计要求。

(3) 预应力钢丝下料

1) 钢丝下料

消除应力钢丝开盘后，可直接下料。钢丝下料时如发现钢丝表面有电接头或机械损伤，应随时剔除。

采用镦头锚具时，钢丝的长度偏差允许值要求较严。为了达到规定要求，钢丝下料可用钢管限位法或用牵引索在拉紧状态下进行。钢管固定在木板上，钢管内径比钢丝直径大 3～5mm，钢丝穿过钢管至另一端角铁限位器时，用切断装置切断。限位器与切断器切口间的距离，即为钢丝的下料长度。

2) 钢丝编束

为保证钢丝束两端钢丝的排列顺序一致，穿束与张拉时不致紊乱，每束钢丝都须进行编束。

采用镦头锚具时，根据钢丝分圈布置的特点，首先将内圈和外圈钢丝分别用铁丝顺序编扎，然后将内圈钢丝放在外圈钢丝内扎牢。为了简化钢丝编束，钢丝的一端可直接穿入锚杯，另一端距端部约20cm处编束，以便穿锚板时钢丝不紊乱。钢丝束的中间部分可根据长度适当编扎几道。

3）钢丝镦头

钢丝镦粗的头型，通常有蘑菇型和平台型两种。前者受锚板的硬度影响大，如锚板较软，镦头易陷入锚孔而断于镦头处；后者由于有平台，受力性能较好。

钢丝束两端采用镦头锚具时，同束钢丝下料长度的极差应不大于钢丝长度的1/5000，且不得大于5mm；当成组张拉长度不大于10m的钢丝时，同组钢丝长度的极差不得大于2mm。

钢丝镦头尺寸应不小于规定值、头型应圆整端正；钢丝镦头的圆弧形周边如出现纵向微小裂纹尚可允许，如裂纹长度已延伸至钢丝母材或出现斜裂纹或水平裂纹，则不允许。

钢丝镦头强度不得低于钢丝强度标准值的98%。

2. 预留孔道

预应力预留孔道的形状和位置通常要根据结构设计图纸的要求而定。最常见的有直线型、曲线型、折线型和U型等形状。

预留孔道的直径，应根据孔道内预应力筋的数量、曲线孔道形状和长度、穿筋难易程度等因素确定。对于孔道曲率较大或孔道长度较长的预应力构件，应适当选择孔径较大的波纹管，否则在同一孔道中，先穿入的预应力筋比较容易而后穿入的预应力筋会非常困难。孔道面积宜为预应力筋净面积的4倍左右。表4-6-1列出了常用钢绞线数量与波纹管直径的关系参考值。

常用15.2mm钢绞线数量与波纹管直径的关系（参考值）　　表4-6-1

锚具型号	钢绞线（根数）	波纹管外径（mm）	接头管外径（mm）	孔道、绞线面积比
15-3	3	50	55	4.7
15-4	4	55	60	4.2
15-5	5	60	65	4.0
15-6/7	6/7	70	75	3.9
15-8/9	8/9	80	85	4.0
15-12	12	95	100	4.2
15-15	15	100	105	3.7
15-19	19	115	120	3.9
15-22	22	130	140	4.3
15-27	27	140	150	4.1
15-31	31	150	160	4.1

注：列表中15-3代表可锚固直径15.2mm，3根钢绞线。

（1）预应力孔道的间距与保护层应符合下列规定：

1）预制构件孔道之间的水平净间距不宜小于50mm，且不宜小于粗骨料粒径的1.25倍；孔道至构件边缘的净间距不宜小于30mm，且不宜小于孔道直径的50%。

2）现浇混凝土梁中预留孔道在竖直方向的净间距不应小于孔道外径，水平方向的净间距不宜小于1.5倍孔道外径，且不应小于粗骨料粒径的1.25倍；从孔道外壁至构件边缘的净间距，梁底不宜小于50mm，梁侧不宜小于40mm；裂缝控制等级为三级的梁，上述净间距分别不宜小于70mm和50mm。

3）预留孔道的内径宜比预应力束外径及需穿过孔道的连接器外径大6～15mm；且孔道的截面积宜为穿入预应力束截面积的3.0～4.0倍。

（2）预留孔道方法：预留孔道通常有预埋管法和抽芯法两种。

预埋管法是在结构或构件绑扎骨架钢筋时先放入金属波纹管、塑料波纹管或钢管，形成预应力筋的孔道。埋在混凝土中的孔道材料一次性永久地留在结构或构件中；抽芯法是在绑扎骨架钢筋时先放入橡胶管或钢管，混凝土浇筑后，当混凝土强度达到一定要求时抽出橡胶管或钢管，形成预应力孔道，橡胶管或钢管可以重复使用。

（3）常用的后张预埋管材料主要有：金属波纹管、塑料波纹管、普通薄壁钢管（厚度通常为2mm）等材料。

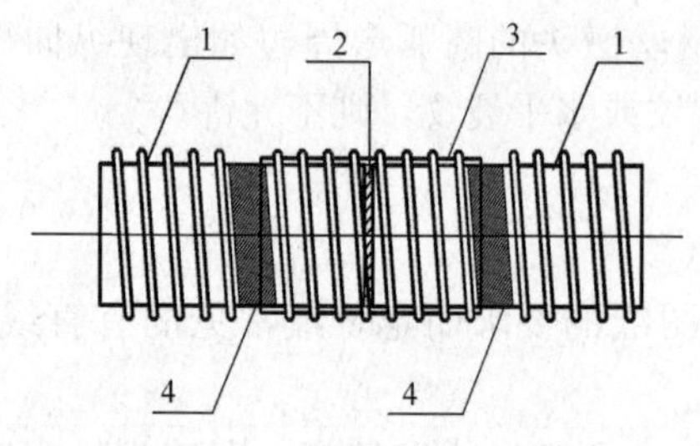

图 4-6-1　波纹管连接构造图

1—波纹管；2—接口处；3—接头管；4—封口胶带

（4）预留孔道铺设施工

1）金属波纹管的连接：

金属波纹管的连接，通常采用对接的方法，用大一号同型波纹管做接头管，旋转波纹管连接。接头管的长度宜为管径的3～4倍，普通波纹管通常为200～400mm，其两端采用密封胶带缠绕包裹，见图4-6-1。

2）塑料波纹管的连接：

塑料波纹管的波纹分直肋和螺旋肋两种，螺旋肋塑料波纹管的连接方式与金属波纹管相同，即采用直径大一号的塑料接头管套在塑料波纹管上，旋转到波纹管对接处，用塑料封口胶带缠裹严密；对于直肋塑料波纹管，一般有专用接头管，通常也是直径大一号的塑料波纹管，分成两半，在接口处对接并用细铅丝绑扎后再用塑料防水胶带缠裹严密。对大口径的塑料波纹管也可采用专用的塑料焊接机热熔焊接。塑料接头套管的长度不小于300mm。

3）波纹管的铺设安装：

金属波纹管或塑料波纹铺设管安装前，应按设计要求在箍筋上标出预应力筋的曲线坐标位置，点焊或绑扎钢筋马凳。马凳间距：对圆形金属波纹管宜为1.0～1.5m，对扁波纹管和塑料波纹管宜为0.8～1.0m。波纹管安装后，应与一字形或井字形钢筋马凳用铁丝绑扎固定。

钢筋马凳应与钢筋骨架中的箍筋电焊或牢固绑扎。为防止钢筋马凳在穿预应力筋过程中受压变形，钢筋马凳材料应考虑波纹管和钢绞线的重量，可选择直径ϕ10以上的钢筋制成。

波纹管安装就位过程中，应避免大曲率弯管和反复弯曲，以防波纹管管壁开裂。同时还应防止电气焊施工烧破管壁或钢筋施工中扎破波纹管。浇筑混凝土时，在有波纹管的部位也应严禁用钢筋捣混凝土，防止损坏波纹管。

在合梁的侧模板前，应对波纹管的密封情况进行检查，如发现有破裂的地方要用防水胶带缠裹好，在确定没有破洞或裂缝后方可合梁的侧模板。

竖向预应力结构采用薄壁钢管成孔时应采用定位支架固定，每段钢管的长度应根据施工分层浇筑的高度确定。钢管接头处宜高于混凝土浇筑面500～800mm，并用堵头临时封口，防止杂物或灰浆进入孔道内。薄壁钢管连接宜采用带丝扣套管连接。也可采用焊接连接，接口处应对齐，焊口应均匀连续。

（5）波纹管的铺设绑扎质量要求：

1）预留孔道及端部埋件的规格、数量、位置和形状应符合设计要求；

2）预留孔道的定位应准确，帮扎牢固，浇筑混凝土时不应出现位移和变形。

3）孔道应平顺，不能有死弯，弯曲处不能开裂，端部的预埋喇叭管或锚垫板应垂直于孔道的中心线；

4）接口处，波纹管口要相接，接头管长度应满足要求，绑扎要密封牢固。

5）波纹管控制点的设计偏差应符合表 4-6-2 的规定。

预应力筋束型（孔道）控制点设计位置允许偏差（mm） **表 4-6-2**

构件截面高（厚）度	$h \leqslant 300$	$300 < h \leqslant 1500$	$h > 1500$
偏差限值	±5	±10	±15

（6）灌浆孔、出浆排气管和泌水管

在预应力筋孔道两端，应设置灌浆孔和出浆孔。灌浆孔通常位于张拉端的喇叭管处，灌浆时需要在灌浆口处外接一根金属灌浆管；如果在没有喇叭管处（如锚固端），可设置在波纹管端部附近利用灌浆管引至构件外。为保证浆液畅通，灌浆孔的内孔径一般不宜小于 20mm。

曲线预应力筋孔道的波峰和波谷处，可间隔设置排气管，排气管实际上起到排气、出浆和泌水的作用，在特殊情况下还可作为灌浆孔用。当曲线孔道波峰和波谷的高差大于 300mm 时，应在孔道波峰设置排气孔，排气孔间距不宜大于 30m。当排气孔兼作泌水孔时，其外接管道伸出构件顶面长度不宜小于 300mm，波底处的排气管应从波纹管侧面开口接出伸至梁上或伸到模板外侧。对于多跨连续梁，由于波纹管较长，如果从最初的灌浆孔到最后的出浆孔距离很长，则排气管也可兼用作灌浆孔用于连续接力式灌浆。为防止排气管被混凝土挤扁，排气管通常由增强硬塑料管制成，管的壁厚应大于 2mm。

金属波纹管留灌浆孔（排气孔、泌水孔）的做法是在波纹管上开孔，直径在 20～30mm，用带嘴的塑料弧形盖板与海绵垫覆盖，并用铁丝扎牢，塑料盖板的嘴口与塑料管用专业卡子卡紧。如图 4-6-2。

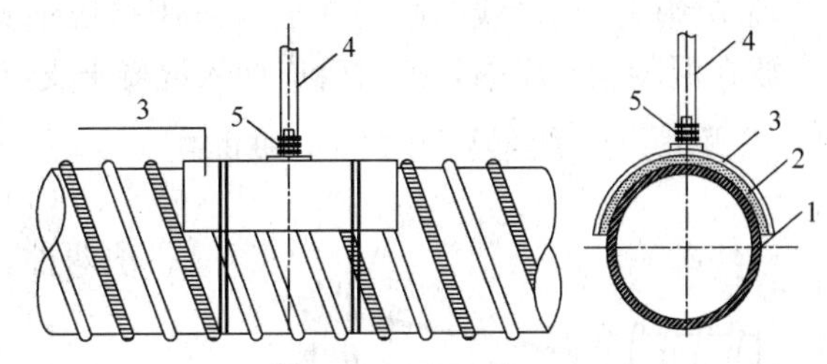

图 4-6-2 灌浆孔的设置示意图

1—波纹管；2—海绵垫；3—塑料盖板；4—塑料管；5—固定卡子

在波谷处设置泌水管，应使塑料管朝两侧放置，然后从梁上伸出来。不能朝上放置，否则张拉预应力筋后可能造成预应力筋堵住排气孔的现象出现，如图 4-6-3。

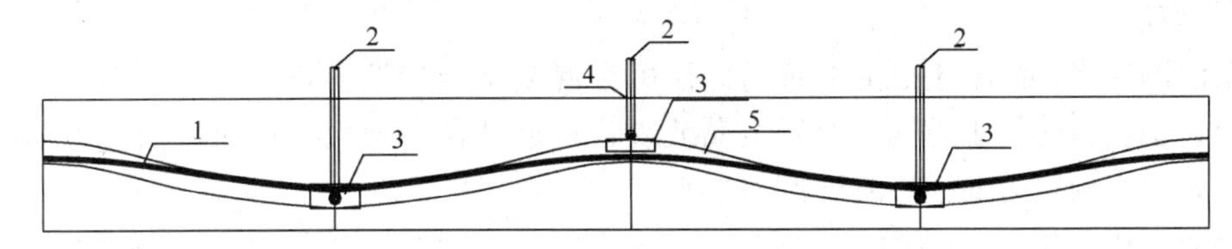

图 4-6-3 预应力筋在波纹管中位置图

1—预应力筋；2—排气孔；3—塑料弧形盖板；4—塑料管；5—波纹管孔道

钢绞线在波峰与波谷位置及排气管的安装见图 4-6-4。

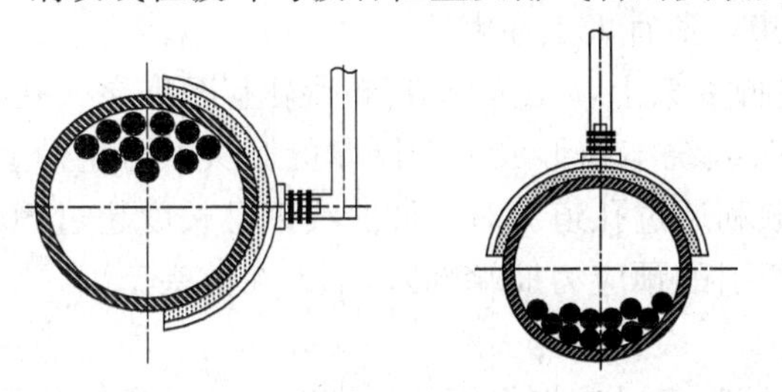

图 4-6-4 钢绞线在波峰与波谷位置及排气管的安装位置图

（a）波谷；（b）波峰

3. 张拉端锚固端铺设

（1）张拉端的布置

张拉端的布置，应考虑构件尺寸、局部承压、锚固体系合理布置等，同时满足张拉施工设备空间要求。通常承压板的间隔设置在 20～50mm 为宜。如图 4-6-5。

有粘结预应力筋设在梁柱节点的张拉端上如图 4-6-6 所示。

（2）固定端的布置

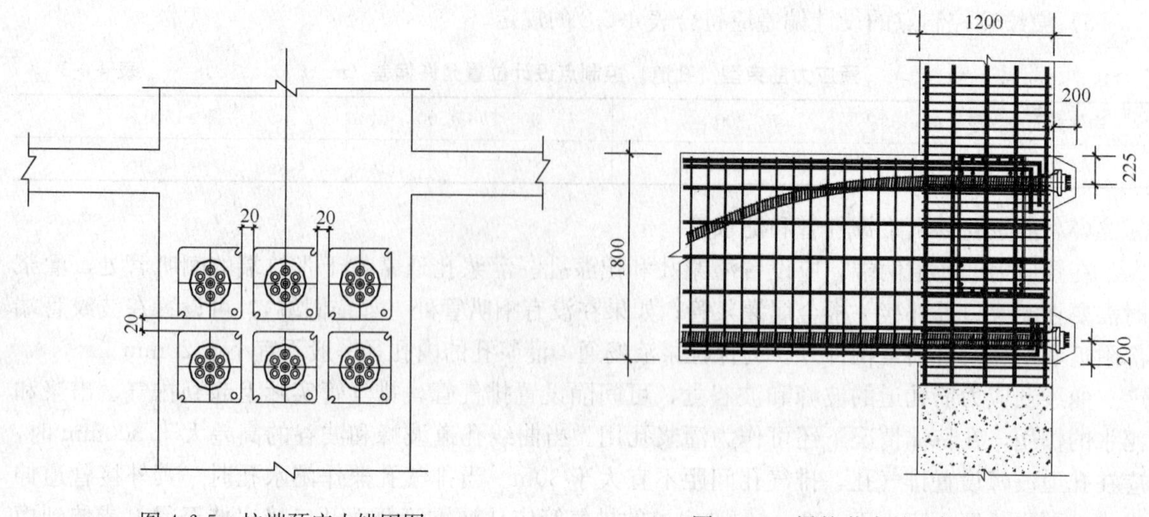

图 4-6-5　柱端预应力锚固图

图 4-6-6　梁柱节点处张拉端示意图

有粘结预应力钢绞线的固定端通常采用挤压锚具，在梁柱节点处，锚固端的挤压锚具应均匀散开放在混凝土支座内，波纹管应伸入混凝土支座内。如图 4-6-7。

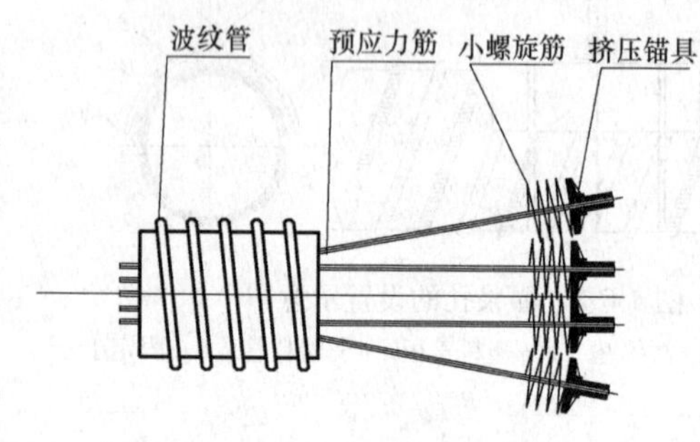

图 4-6-7　固定端的设置

4. 预应力筋穿束

(1) 根据穿束时间，可分为先穿束法和后穿束法两种。

1) 先穿束法

在浇筑混凝土之前穿束。先穿束法省时省力，能够保证预应力筋顺利放入孔道内；但穿如果波纹管绑扎不牢固，预应力筋的自重会引起的波纹管变位，会影响到矢高的控制，如果穿入的钢绞线不能及时张拉和灌浆，钢绞线易生锈。

2) 后穿束法

后穿束法即在浇筑混凝土之后穿束。此法可在混凝土养护期内进行，穿束不占工期。穿束后即行张拉，预应力筋易于防锈。对于金属波纹管孔道，在穿预应力筋时，预应力筋的端部应套有保护帽，防止预应力筋损坏波纹管。

(2) 穿束方法

根据一次穿入预应力筋的数量，可分为整束穿束、多根穿束和单根穿束。钢丝束应整束穿；钢绞线宜采用整束穿，也可用多根或单根穿。穿束工作可采用人工、卷扬机或穿束机进行。

1) 人工穿束

对曲率不是很大，且长度不大于 30m 的曲线束，适宜人工穿束。

人工穿束可利用起重设备将预应力筋吊放到脚手架上，工人站在脚手架上逐步穿入孔内。预应力筋的前端应安装保护帽或用塑料胶带将端头缠绕牢固形成一个厚厚的圆头，防止预应力筋（主要是钢绞线）的端部损坏波纹管壁，以便顺利通过孔道。对多波曲线束且长度超过 80 米的孔道，宜采用特制的牵引头（钢丝网套套住要牵引的预应力筋端部），工人在前头牵引，后头推送，用对讲机保持前后两端同时出现。

钢绞线编束宜用 20 号铁丝绑扎，间距 2～3m。编束时应先将钢绞线理顺，并尽量使各根钢绞线松紧一致。如钢绞线单根穿入孔道，则不编束。

2) 用卷扬机穿束

对多波曲率较大，孔道直径偏小且束长大于 80m 的预应力筋，也可采用卷扬机穿束。钢绞线与钢丝绳间用特制的牵引头连接。每次牵引一组 2～3 根钢绞线，穿束速度快。

卷扬机宜采用慢速，每分钟约 10m，电动机功率为 1.5～2.0kW。

3）用穿束机穿束

用穿束机穿束适用于大型桥梁与构筑物单根穿钢绞线的情况。

穿束机有两种类型：一是由油泵驱动链板夹持钢绞线传送，速度可任意调节，穿束可进可退，使用方便。二是由电动机经减速箱减速后由两对滚轮夹持钢绞线传送，进退由电动机正反转控制。穿束时，钢绞线前头应套上一个金属子弹头形壳帽。

5. 预应力筋张拉锚固

（1）准备工作

1）混凝土强度

预应力筋张拉前，应提供构件混凝土的强度试压报告。混凝土试块采用同条件养护与标准养护。当混凝土的立方体强度满足设计要求后，方可施加预应力。

施加预应力时构件的混凝土强度等级应在设计图纸上标明；如设计无要求时，对于 C40 混凝土不应低于设计强度的 75%。对于 C30 或 C35 混凝土则不应低于设计强度的 100%。

现浇混凝土施加预应力时，混凝土的龄期：对后张楼板不宜小于 5d，对于后张预应力大梁不宜小于 7d。

对于有通过后浇带的预应力构件，应使后浇带的混凝土强度也达到上述要求后再进行张拉。

后张法构件为了搬运等需要，可提前施加一部分预应力，以承受自重等荷载．张拉时混凝土的立方体强度不应低于设计强度等级的 60%。必要时进行张拉端的局部承压计算，防止混凝土因强度不足而产生裂缝。

2）构件张拉端部位清理

锚具安装前，应清理锚垫板端面的混凝土残渣和喇叭管口内的封堵与杂物。应检查喇叭管或锚垫板后面的混凝土是否密实，如发现有空洞，应剔凿补实后，再开始张拉。

应仔细清理喇叭口外露的钢绞线上的混凝土残渣和水泥浆，如果锚具安装处的钢绞线上留有混凝土残渣或水泥浆，将严重影响夹片锚具的锚固性能，张拉后可能发生钢绞线回缩的现象。

3）张拉操作平台搭设

高空张拉预应力筋时，应搭设安全可靠的操作平台。张拉操作台应能承受操作人员与张拉设备的重量，并装有防护栏杆。一般情况下平台可站 3～5 人，操作面积为 3～5m^2 为了减轻操作平台的负荷，张拉设备应尽量移至靠近的楼板上，无关人员不得停留在操作平台上。

4）锚具与张拉设备准备

①锚具：

锚具应要有产品合格报告，进场后应经过检验合格，方可使用。锚具外观应干净整洁，允许锚具带有少量的浮锈，但不能锈蚀严重。

a. 钢绞线束夹片锚固体系：安装锚具时应注意工作锚环或锚板对中，夹片必须安装橡胶圈或钢丝圈，均匀打紧并外露一致；

b. 钢丝束锥形锚固体系：由于钢丝沿锚环周边排列且紧靠孔壁。因此安装钢质锥形锚具时必须严格对中，钢丝在锚环周边应分布均匀。

c. 钢丝束镦头锚固体系：由于穿束关系，其中一端锚具要后装，并进行镦头。配套的工具式拉杆与连接套筒应事先准备好；此外还应检查千斤顶的撑脚是否适用。

②张拉设备准备：

预应力筋张拉应采用相应吨位的千斤顶整束张拉。对直线形或平行排放的预应力钢绞线束，在各根钢绞线互不叠压时也可采用小型千斤顶逐根张拉。

张拉设备应进场前进行配套标定，配套使用。标定过的张拉设备在使用6个月后要再次进行标定才能继续使用。在使用中张拉设备出现不正常现象或千斤顶检修后，应重新标定。

预应力筋张拉设备和仪表应根据预应力筋的种类、锚具类型和张拉力合理选用。张拉设备的正常使用范围为25%～90%额定张拉力。

张拉用压力表的其精度不低于1.6级。标定张拉设备的试验机或测力精度不应低于±1%。

安装张拉设备时，对直线预应力筋，应使张拉力的作用线与预应力筋的中心线重合；对曲线预应力筋，应使张拉力的作用线与预应力筋中心线末端的切线重合。

安装多孔群锚千斤顶时，千斤顶上的工具锚孔位与构件端部工作锚的孔位排列要一致，以防钢绞线在千斤顶穿心孔内错位或交叉。

③资料准备：

预应力筋张拉前，应提供设备标定证书并计算所需张拉力、压力读数表、张拉伸长值，并说明张拉顺序和方法，填写张拉申请单。

（2）预应力筋张拉

1）预应力筋张拉顺序

预应力构件的张拉顺序，应根据结构受力特点、施工方便、操作安全等因素确定。

对现浇预应力混凝土框架结构，宜先张拉楼板、次梁，后张拉主梁。

对预制屋架等平卧叠浇构件，应从上而下逐榀张拉。预应力构件中预应力筋的张拉顺序，应遵循对称张拉原则。应使混凝土不产生超应力、构件不扭转与侧弯、结构不变位等；因此，对称张拉是一项重要原则。同时还应考虑到尽量减少张拉设备的移动次数。

后张法预应力混凝土屋架等构件，一般在施工现场平卧重叠制作。重叠层数为3～4层。其张拉顺序宜先上后下逐层进行。为了减少上下层之间因摩擦引起的预应力损失，可逐层加大张拉力。

2）预应力筋张拉方式

预应力筋的张拉方式，应根据设计和专项施工方案的要求采用一端或两端张拉。当设计无具体要求时，有粘结预应力筋长度不大于20m时可一端张拉，大于20m时宜两端张拉；预应力筋为直线形时，一端张拉的长度可延长至35m。

① 一端张拉方式：预应力筋只在一端张拉，而另一端作为固定端不进行张拉。由于受摩擦的影响，一端张拉会使预应力筋的两端应力值不同，当有粘结预应力筋的长度超过一定值（曲线配筋约为20m）时锚固端与张拉端的应力值的差别将明显加大，因此采用一端张拉的预应力筋，不宜超过20m。如设计人员根据计算或实际条件认为可以放宽以上限制的话，也可采用一端张拉。

② 二端张拉方式：对预应力筋的两端进行张拉和锚固，宜两端同时张拉，也可一端先张拉，另一端补张拉。

两端张拉通常是在一端张拉到设计值后，再移至另一端张拉，补足张拉力后锚固。如果预应力筋较长，先张拉一端的预应力筋伸长值较长，通常要张拉两个缸程以上，才能到设计值，而另一端则伸长值很小。

③ 分批张拉方式：对配有多束预应力筋的同一构件或结构，分批进行预应力筋的张拉。由于后批预应力筋张拉所产生的混凝土弹性压缩变形会对先批张拉的预应力筋造成预应力损失；所以先批张拉的预应力筋张拉力应加上该弹性压缩损失值或将弹性压缩损失平均值统一增加到每根预应力筋的张拉力内。

现浇混凝土结构或构件自身的刚度较大时，一般情况下后批张拉对先批张拉造成的损失并不大，通常不计算后批张拉对先批张拉造成的预应力损失，并调整张拉力，而是在张拉时，将张拉力提高 1.03 倍，来消除这种损失。这样做也使得预应力筋的张拉变得简单快捷。

④ 分段张拉方式：在多跨连续梁板分段施工时，通长的预应力筋需要逐段进行张拉的方式。对大跨度多跨连续梁，在第一段混凝土浇筑与预应力筋张拉锚固后，第二段预应力筋利用锚头连接器接长，以形成通长的预应力筋。

当预应力结构中设置后浇带时，为减少梁下支撑体系的占用时间，可先张拉后浇带两侧预应力筋，用搭接的预应力筋将两侧预应力连接起来。

⑤ 分阶段张拉方式：在后张预应力转换梁等结构中，因为荷载是分阶段逐步加到梁上的，预应力筋通常不允许一次张拉完成。为了平衡各阶段的荷载，需要采取分阶段逐步施加预应力。分阶段施加预应力有两种方法，一种是对全部的预应力筋分阶段进行如 30％、70％、100％的多次张拉方式进行。另一种是分阶段对如 30％、70％、100％的预应力筋进行张拉的方式进行。第一种张拉方式需要对锚具进行多次张拉。

分阶段所加荷载不仅是外载（如楼层重量），也包括由内部体积变化（如弹性缩短、收缩与徐变）产生的荷载。梁的跨中处下部与上部纤维应力应控制在容许范围内。这种张拉方式具有应力、挠度与反拱容易控制、材料省等优点。

⑥ 补偿张拉方式：在早期预应力损失基本完成后，再进行张拉的方式。采用这种补偿张拉，可克服弹性压缩损失，减少钢材应力松弛损失，混凝土收缩徐变损失等，以达到预期的预应力效果。

3）张拉操作顺序

预应力筋的张拉操作顺序，主要根据构件类型、张拉锚固体系、松弛损失等因素确定。

① 采用低松弛钢丝和钢绞线时，张拉操作程序为 $0\rightarrow\sigma_{con}$（锚固）

② 采用普通松弛顶应力筋时，按下列超张拉程序进行操作：

对镦头锚具等可卸载锚具 $0\rightarrow1.05\sigma_{con}$——持荷 2min$\rightarrow\sigma_{con}$（锚固）

对夹片锚具等不可卸载夹片式锚具 $0\rightarrow1.03\sigma_{con}$（锚固）

以上各种张拉操作程序，均可分级加载、对曲线预应力束，一般以 $0.2\sim0.25\sigma_{con}$ 为量伸长起点，分 3 级加载 $0.2\sigma_{con}$（0.6 及 $1.0\sigma_{con}$）或 4 级加载（$0.25\sigma_{con}$、$0.50\sigma_{con}$、$0.75\sigma_{con}$及 $1.0\sigma_{con}$），每级加载均应量测张拉伸长值。

当预应力筋长度较大，千斤顶张拉行程不够时，应采取分级张拉、分级锚固。第二级初始油压为第一级最终油压。

预应力筋张拉到规定力值后，持荷复验伸长值，合格后进行锚固。

4）张拉伸长值校核

关于张拉伸长值的计算，详见 4.5.5 节。预应力筋张拉伸长值的量测，应在建立初应力之后进行。其实际伸长值可按式（4-43）计算：

关于推算伸长值，初应力以下的推算伸长值 ΔL_2，可根据弹性范围内张拉力与伸长值成正比的关系，用计算法或图解法确定。

采用图解法时，图 4-6-8 以伸长值为横坐标，张拉力为纵坐标，将各级张拉力的实测伸长值标在图上，绘成张拉力与伸长值关系线 CAB，然后延长此线与横坐标交于 O'点，则 OO'段即为推算伸长值。

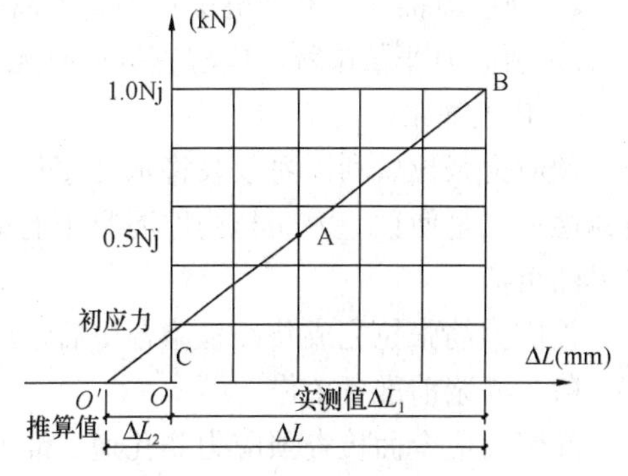

图 4-6-8　图解法计算伸长值

此外，在锚固时应检查张拉端预应力筋的内缩值，以免由于锚固引起的预应力损失超过设计值。如实测的预应力筋内缩量大于规定值。则应改善操作工艺，更换限位板或采取超张拉等方法弥补。

5）张拉安全要求与注意事项

① 在预应力作业中，必须特别注意安全。因为预应力持有很大的能量，如果预应力筋被拉断或锚具与张拉千斤顶失效，巨大能量急剧释放，有可能造成很大危害。因此，在任何情况下作业人员不得站在顶应力筋的两端，同时在张拉千斤顶的后面应设立防护装置。

② 操作千斤顶和测量伸长值的人员，应站在千斤顶侧面操作，严格遵守操作规程。油泵开动过程中，不得擅自离开岗位。如需离开，必须把油阀门全部松开或切断电路。

③ 采用锥锚式千斤顶张拉钢丝束时，先使千斤顶张拉缸进油，至压力表略有启动时暂停，检查每根钢丝的松紧并进行调整，然后再打紧楔块。

④ 钢丝束镦头锚固体系在张拉过程中应随时拧上螺母，以保证安全；锚固时如遇钢丝束偏长或偏短，应增加螺母或用连接器解决。

⑤ 工具锚夹片，应注意保持清洁和良好的润滑状态。工具锚夹片第一次使用前，应在夹片背面涂上润滑脂。以后每使用5～10次，应将工具锚上的夹片卸下，向工具锚板的锥形孔中重新涂上一层润滑剂，以防夹片在退锚时卡住。润滑剂可采用石墨、二硫化铝、石蜡或专用退锚润滑剂等。

⑥ 多根钢绞线束夹片锚固体系如遇到个别钢绞线滑移，可更换夹片，用小型千斤顶单根张拉。

6）张拉质量要求

在预应力张拉通知单中，应写明张拉结构与构件名称、张拉力、张拉伸长值、张拉千斤顶与压力表编号、各级张拉力的压力表读数，以及张拉顺序与方法等说明，以保证张拉质量。

① 施加预应力时混凝土强度应满足设计要求，且不低于现浇结构混凝土最小龄期：对后张楼板不宜小于5天，对后张大梁不宜小于7天；

② 有粘结预应力筋应整束张拉；对直线形或平行编排的有粘结预应力钢绞线束，当各根钢绞线不受叠压影响时，也可逐根张拉。

③ 张拉顺序应使构件或结构的受力均匀；

④ 预应力筋张拉伸长实测值与计算值的偏差应不大于±6%。允许误差的合格率应达到95%，且最大偏差不应超过10%；

⑤ 预应力筋张拉时，发生断裂或滑脱的数量严禁超过同一截面预应力筋总根数的3%，且每束钢丝不得超过一根；对多跨双向连续板和密肋板，其同一截面应按每跨计算；

⑥ 锚固时张拉端预应力筋的内缩量，应符合设计要求；如设计无要求，应符合相关规范的规定；

⑦ 预应力锚固时夹片缝隙均匀，外露一致（一般为2～3mm)，且不应大于4mm；

⑧ 预应力筋张拉后，应检查构件有无开裂现象。如出现有害裂缝，应会同设计单位处理。

6. 孔道灌浆

预应力张拉后利用灌浆泵将水泥浆压灌到预应力孔道中去，其作用：一是保护预应力筋以免锈蚀；二是使预应力筋与构件混凝土有效粘结，以控制超载时裂缝的间距与宽度并减轻梁端锚具的负荷。

预应力筋张拉完成并经检验合格后，应尽早进行孔道灌浆。

（1）灌浆前准备工作

灌浆前应全面检查预应力筋孔道、灌浆孔、排气孔、泌水管等是否通畅。对抽芯成孔的混凝土孔道宜用水冲洗后灌浆；对预埋管成型的孔道不得用水冲洗孔道，必要时可采用压缩空气清孔。

灌浆设备的配备必须确保连续工作的条件，根据灌浆高度、长度、束形等条件选用合适的灌浆泵。灌浆泵应配备计量校验合格的压力表。灌浆前应检查配备设备、灌浆管和阀门的可靠性。在锚垫板上灌浆孔处宜安装单向阀门。水泥使用前应经筛孔尺寸不大于1.2mm×1.2mm的筛网过滤。与灌浆管连接的出浆孔孔径不宜小于10mm。水泥浆宜采用高速搅拌机进行搅拌，搅拌时间不应超过5min。搅拌后不能在短时间内灌入孔道的水泥浆，应保持缓慢搅动。水泥浆应在初凝前灌入孔道，搅拌后至灌浆完毕的时间不宜超过30min。

灌浆前，对可能漏浆处采用高标号水泥浆或结构胶等封堵，待封堵材料达到一定强度后方可灌浆。

（2）灌浆材料

1）孔道灌浆采用普通硅酸盐水泥和水拌制。水泥的质量应符合国家标准《通用硅酸盐水泥》GB 175—2007的规定。

孔道灌浆用水泥的质量是确保孔道灌浆质量的关键。根据国家标准《混凝土结构工程施工质量验收规范》GB 50204—2002（2011版）有关规定，28d标准养护的边长为70.7mm的立方体水泥浆试块抗压强度不应低于30MPa，选用品质优良的32.5MPa的普通硅酸盐水泥配置的水泥浆，可满足抗压强度要求。如果设计要求水泥浆的抗压强度大于30MPa，宜选用42.5MPa的普通硅酸盐水泥配置。

2）灌浆用水泥浆的水灰比不应大于0.45；搅拌后3h泌水率不宜大于2%，且不应大于3%。泌水应能在24h内全部重新被水泥浆吸收。

3）水泥浆中宜掺入高性能外加剂。严禁掺入各种含氯盐或对预应力筋有腐蚀作用的外加剂。掺入外加剂后，水泥浆的水灰比可降为0.35～0.38。所采购的外加剂应与水泥做适应性试验并确定参量后，方可使用。

4）所购买的合成灌浆料应有产品使用说明书，产品合格证书，并在规定的期限内使用。

泌水率试验，可采用1000ml玻璃量筒（带刻度）。

5）水泥浆应采用机械搅拌，应确保灌浆材料搅拌均匀。灌浆过程中应不断搅拌，以防泌水沉淀。水泥浆停留时间过长发生沉淀离析时，应进行二次灌浆。

6）水泥浆的可灌性以流动度控制：采用流淌法测定时应为130～180mm，采用流锥法测定时应为12～18s。

（3）水泥浆流动度检测方法

水泥浆流动度可采用流锥法或流淌法测定。采用流锥法测定时，流动度为12～18s，采用流淌法测定时为138～180mm，即可满足灌浆要求。

1）流锥法

a. 指标控制：水泥浆流动度是通过测量一定体积的水泥浆从一个标准尺寸的流锥仪中流出的时间确定。水泥浆的流出时间控制在12～18s（根据水泥性能、气温、孔道曲线长度等因素试验确定），即可满足灌浆要求。

b. 测试用具：流锥仪测定流动度试验。图4-6-9示出流锥仪的尺寸，用不锈钢薄板或塑料制成。水泥浆总容积为（1725

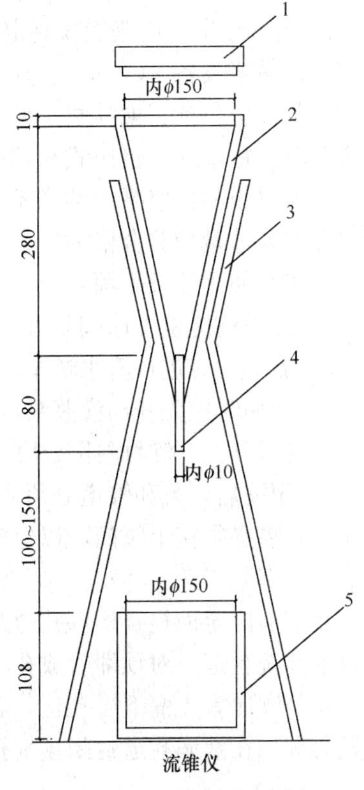

图4-6-9　流锥仪示意图

1—滤网；2—漏斗；3—支架；4—漏斗口；5—容量杯

±50）mm^3，漏斗内径为12.7mm。

秒表——最小读数不大于0.5s。

铁支架——保持流锥体垂直稳定，锥斗下口与容量杯上口距离100～150mm。

c. 测试方法：流锥仪安放稳定后，先用湿布湿润流锥仪内壁，向流锥仪内注入水泥浆，任其流出部分浆体排出空气后，用手指按住出料口，并将容量杯放置在流锥仪出料口下方，继续向锥体内注浆至规定刻度。打开秒表，同时松开手指；当从出料口连续不断流出水泥浆注满量杯时停止秒表。秒表指示的时间即水泥浆流出时间（流动度值）。测量中，如果水泥浆流局部中断，应重做实验。

d. 测量结果：用流锥法连续做3次流动度，取其平均值。

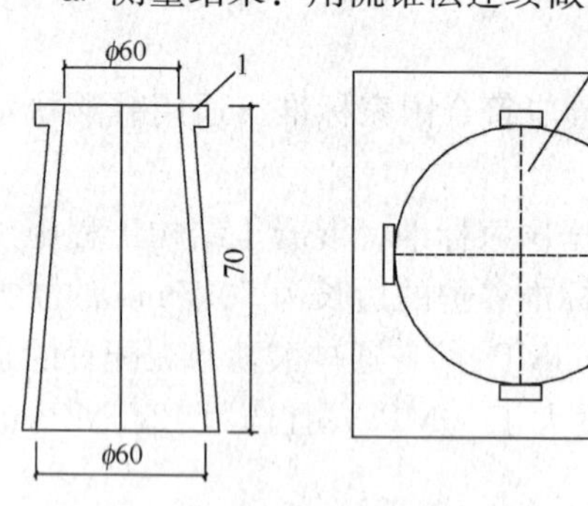

图4-6-10　流淌仪示意图

1—流淌仪；2—玻璃板；3—手柄；4—测量直径

2）流淌法

a. 指标控制：水泥浆流动度是通过测量一定体积的水泥将从一个标准尺寸的流淌仪提起后，在一定时间内流淌的直径确定。水泥浆的流淌直径控制在130～180mm，即可满足灌浆要求。

b. 测试用具：流淌仪应符合图4-6-10所示的尺寸要求。

玻璃板——平面尺寸为250mm×250mm。

直钢尺——长度250mm，最小刻度1mm。

c. 测试方法：预先将流淌仪放在玻璃板上，再将拌好的水泥浆注入流淌器内，抹平后双手迅速将流淌仪竖直提起，在水泥浆自然流淌30s后，量垂直两个方向流淌后的直径长度。

d. 测试结果：用流淌仪测定水泥浆流动度，连续做三次试验，取其平均值。

（4）灌浆设备

灌浆设备包括：搅拌机、灌浆泵、贮浆桶、过滤网、橡胶管和灌浆嘴等。目前常用的电动灌浆泵有：柱塞式、挤压式和螺旋式。柱塞式又分为带隔膜和不带隔膜两种形状。螺旋泵压力稳定。带隔膜的柱塞泵的活塞不易磨损，比较耐用。灌浆泵应根据液浆高度、长度、束形等选用，并配备计量校验合格的压力表。

灌浆泵使用注意事项：

1）使用前应检查球阀是否损坏或存有干水泥浆等；

2）启动时应进行清水试车，检查各管道接头和泵体盘根是否漏水；

3）使用时应先开动灌浆泵，然后再放入水泥浆；

4）使用时应随时搅拌浆斗内水泥浆。防止沉淀；

5）用完后，泵和管道必须清理干净。不得留有余浆。

灌浆嘴必须接上阀门，以保安全和节省水泥浆。橡胶管宜用带5～7层帆布夹层的厚胶管。

（5）灌浆工艺

灌浆前应全面检查构件孔道及灌浆孔、泌水孔、排气孔是否畅通。对抽拔管成孔，可采用压力水冲洗孔道。对预埋管成孔，必要时可采用压缩空气清孔。

灌浆顺序宜先灌下层孔道，后浇上层孔道。灌浆工作应缓慢均匀地进行。不得中断，并应排气通顺。在灌满孔道封闭排气孔后，应再继续加压至0.5～0.7MPa，稳压1～2min后封闭灌浆孔。

当泌水较大时，宜进行第二次灌浆和对泌水孔进行重力补浆。当发生孔道阻塞、串孔或中断灌浆时应及时冲洗孔道或采取其他措施重新灌浆。

当孔道直径较大，采用不掺微膨胀减水剂的水泥浆灌浆时，可采用下列措施：

1）二次压浆法：二次压浆的时间间隔为 30～45min。

2）重力补浆法：在孔道最高点处 400mm 以上，连续不断补浆，直至浆体不下沉为止。

3）采用连接器连接的多跨连续预应力筋的孔道灌浆，应在连接器分段的预应力筋张拉后随即进行，不得在各分段全部张拉完毕后一次连续灌浆。

4）竖向孔道灌浆应自下而上进行，并应设置阀门，阻止水泥浆回流。为确保其灌浆的密实性，除颤微膨胀剂外，并应采用重力补浆。

5）对超长、超高的预应力筋孔道，宜采用多台灌浆泵接力灌浆，从前置灌浆孔灌浆至后置灌浆孔冒浆，后置灌浆孔方可继续灌浆。

6）灌浆孔内的水泥浆凝固后，可将泌水管切割至构件表面；如管内有空隙，局部应仔细补浆。

7）当室外温度低于＋5℃时，孔道灌浆应采取抗冻保温措施。当室外温度高于 35℃时，宜在夜间进行灌浆。水泥浆灌入前的浆体温度不应超高 35℃。

8）孔道灌浆应填写施工记录，表明灌浆日期、水泥品种、强度等级、配合比、灌浆压力和灌浆情况。

（6）冬季灌浆

在北方地区冬季进行有粘结预应力施工时，由于不能满足平均气温高于＋5℃的基本要求，因此在北方地区冬季进行预应力的灌浆施工，需要对预应力混凝土构件采取升温保温措施，必须保证预应力构件的温度达到＋5℃以上时才可以灌浆。

冬季灌浆时，应在温度较高的中午时间进行灌浆作业，灌浆用水可以采用电加热的方法，将水温加热到摄氏 50℃以上，趁热搅拌，连续灌浆，防止在灌浆过程中出现浆体温度低于＋5℃。应保证灌浆作业不停顿一次顺利完成。

灌浆结束仍需要对结构或构件采取必要的保温措施，直至浆体达到规定强度。

（7）真空辅助灌浆

真空辅助压浆是在预应力筋孔道的一端采用真空泵抽吸孔道中的空气，使孔道内形成负压 0.1MPa 的真空度，然后在孔道的另一端采用灌浆泵进行灌浆。真空辅助灌浆的优点是：

a. 在真空状态下，孔道内的空气、水分以及混在水泥浆中的气泡大部分可排除。增强了浆体的密实度；

b. 孔道在真空状态下，减小了由于孔道高低弯曲而使浆体自身形成的压头差，便于浆体充盈整个孔道，尤其是一些异形关键部位；

c. 真空辅助灌浆的过程是一个连续且迅速的过程，缩短了灌浆时间。

真空辅助灌浆尤其对超长孔道、大曲率孔道、扁管孔道、腐蚀环境的孔道等有明显效果。真空辅助灌浆用真空泵，可选择气泵型真空泵或水循环型真空泵。为保证孔道有良好的密封性，宜采用塑料波纹管留孔。采用真空辅助灌浆工艺时，应重视水泥浆的配合比，可掺入专门研制的孔道灌浆外加剂，能显著提高浆体的密实度。根据不同的水泥浆强度等级要求，其水灰比可为 0.30～0.35。高速搅拌浆机有助于水泥颗粒分散，增加浆体的流动度。为达到封锚闭气的要求，可采用专用灌浆罩封闭，增加封锚细石混凝土厚度等闭气措施。孔道内适当的真空度有助于增加浆体的密实性。锚头灌浆罩内应设置排气阀，即可排除少量余气，有可观察锚头浆体的密实性。

预应力筋孔道灌浆前，应切除外露的多余钢绞线并进行封锚。

孔道灌浆时，在灌浆端先将灌浆阀、排气阀全部关闭。在排浆端启动真空泵，使孔道真空度达到－0.08～－0.1MPa 并保持稳定，然后启动灌浆泵开始灌浆。在灌浆过程中，真空泵应保持连续工作，待抽真空端有浆体经过时关闭通向真空泵的阀门，同时打开位于排浆端上方的排浆阀门，排出少许浆体后关闭。灌浆工作继续按常规方法完成。

1）真空灌浆施工设备

除了传统的压浆施工设备外，还需要配备真空泵、空气滤清器及配件等，见图 4-6-11。抽气速率为 $2m^3/min$，极限真空为 4000Pa，功率为 4kW，重量为 80kg。

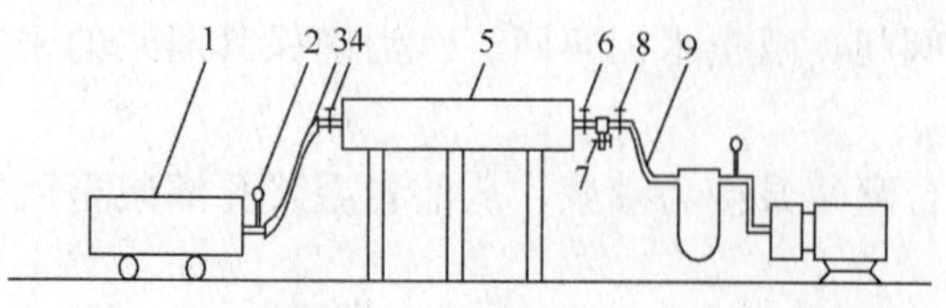

图 4-6-11　示出真空辅助压浆设备布置情况

1—灌浆泵；2—压力表；3—高压橡胶管；4、6、7、8—阀门；5—预应力构件；9—透明管；10—空气滤清器；11—真空表；12—真空泵

2）真空灌浆施工工艺

a. 在预应力筋孔道灌浆之前，应切除外露的钢绞线，进行封锚。封锚方式有两种：用保护罩封锚或用无收缩水泥砂浆封锚。前者应严格做到密封要求，排气口朝正上方，在灌浆后 3h 内拆除，周转使用；后者覆盖层厚度应大于 15mm，封锚后 24～36h，方可灌浆。

b. 将灌浆阀、排气阀全部关闭，启动真空泵真空，使真空度度达到－0.08～－0.1MPa 并保持稳定。

c. 启动灌浆泵，当灌浆泵输出的浆体达到要求稠度时，将泵上的输送管接到锚垫板上的引出管上，开始灌浆。

d. 灌浆过程中，真空泵保持连续工作。

e. 待抽真空端的空气滤清器有浆体经过时，关闭空气滤清器前端的阀门，稍后打开排气阀，当水泥浆从排气阀顺畅流出，且稠度与灌入的浆体相当时，关闭构件端阀门。

f. 灌浆泵继续工作，压力达到 0.6MPa 左右，持压 1～2min，关闭灌浆泵及灌浆端阀门，完成灌浆。

（8）灌浆质量要求

1）灌浆用水泥浆的配合比应通过试验确定，施工中不得随意变更。每次灌浆作业至少测试 2 次水泥浆的流动度，并应在规定的范围内。

2）灌浆试块采用边长 70.7mm 的立方体试件。其标养 28d 的抗压强度不应低于 30MPa。移动构件或拆除底模时，水泥浆试块强度不应低于 15MPa。

3）孔道灌浆后，应检查孔道上凸部位灌浆密实性；如有空隙，应采取人工补浆措施。

4）对孔道阻塞或孔道灌浆密实情况有怀疑时，可局部凿开或钻孔检查；但以不损坏结构为前提。

5）灌浆后的孔道泌水孔、灌浆孔、排气孔等均应切平，并用砂浆填实补平。

6）锚具封闭后与周边混凝土之间不得有裂纹。

7. 张拉端锚具的防腐处理和封堵

预应力筋张拉完成后应尽早进行锚具的防腐处理和封堵工作。

（1）锚具端部外露预应力筋的切断

预应力筋在张拉完成后，应用采用砂轮锯或液压剪等机械方法切除锚具处外露的预应力筋头。

（2）锚具表面的防腐蚀处理

为防止锚具的锈蚀，宜先刷一遍防锈漆或涂一层环氧树脂保护。

（3）锚具的封堵

预应力筋张拉端可采用凸出式和凹入式做法。采取凸出式做法时，锚具位于梁端面或柱表面，张拉后用细石混凝土将锚具封堵严密。采取凹入式做法时，锚具位于梁（柱）凹槽内，张拉后用细石混凝土填平。

在锚具封堵部位应预埋钢筋，锚具封闭前应将周围混凝土清理干净、凿毛或封堵前涂刷界面剂，对凸出式锚具应配置钢筋网片，使封堵混凝土与原混凝土结合牢固。

4.6.1.4 质量验收

后张有粘结预应力施工质量，应按现行国家标准《混凝土结构工程施工质量验收规范》GB 50204—2002（2010 版）等有关规范及标准的规定进行验收。

1. 原材料

（1）主控项目

1）预应力筋进场时，应按现行国家标准《预应力混凝土用钢绞线》GB/T 5224—2003 等的规定抽取试件作力学性能检验，其质量必须符合有关标准的规定。

检查数量：按进场的批次和产品的抽样检验方案确定。

检验方法：检查产品合格证、出厂检验报告和进场复验报告。

2）预应力筋用锚具、夹具和连接器应按设计要求采用，其性能应符合现行国家标准《预应力筋用锚具、夹具和连接器》GB/T 14370—2007 等的规定。

检查数量：按进场批次和产品的抽样检验方案确定。

检验方法：检查产品合格证、出厂检验报告和进场复验报告。

注：对锚具用量较少的一般工程，如供货方提供有效的试验报告，可不作静载锚固性能试验。

3）孔道灌浆用水泥应采用普通硅酸盐水泥，其质量应符合《通用硅酸盐水泥》GB 175—2007/XG1—2009 的规定。孔道灌浆用外加剂的质量应符合《混凝土外加剂》GB 8076—2008 的规定。

检查数量：按进场批次和产品的抽样检验方案确定。

检验方法：检查产品合格证、出厂检验报告和进场复验报告。

注：对孔道灌浆用水泥和外加剂用量较少的一般工程，当有可靠依据时，可不作材料性能的进场复验。

（2）一般项目

1）预应力筋使用前应进行外观检查，其质量应符合下列要求：

有粘结预应力筋展开后应平顺，不得有弯折，表面不应有裂纹、小刺、机械损伤、氧化铁皮和油污等；

检查数量：全数检查。

检验方法：观察。

2）预应力筋用锚具、夹具和连接器使用前应进行外观检查，其表面应无污物、锈蚀、机械损伤和裂纹。

检查数量：全数检查。

检验方法：观察。

3）预应力混凝土用金属波纹管的尺寸和性能应符合行业标准《预应力混凝土用金属波纹管》JG 225—2007 和《预应力混凝土桥梁用塑料波纹管》JT/T 529—2004 的规定。

检查数量：按进场批次和产品的抽样检验方案确定。

检验方法：检查产品合格证、出厂检验报告和进场复验报告。

注：对金属波纹管用量较少的一般工程，当有可靠依据时，可不做径向刚度、抗渗漏性能的进场复验。

4）预应力混凝土用金属波纹管在使用前应进行外观检查，其内外表面应清洁，无锈蚀，不应有油污、孔洞和不规则的褶皱，咬口不应有开裂或脱扣。

检查数量：全数检查。

检验方法：观察。

2. 制作与安装

(1) 主控项目

1) 预应力筋安装时，其品种、级别、规格、数量必须符合设计要求。

检查数量：全数检查。

检验方法：观察，钢尺检查。

2) 施工过程中应避免电火花损伤预应力筋；受损伤的预应力筋应予以更换。

检查数量：全数检查。

检验方法：观察。

(2) 一般项目

1) 预应力筋下料应符合下列要求：

a. 预应力筋应采用砂轮锯或切断机切断，不得采用电弧切割；

b. 当钢丝束两端采用镦头锚具时，同一束中各根钢丝长度的极差不应大于钢丝长度的 1/5000，且不应大于 5mm。当成组张拉长度不大于 10m 的钢丝时，同组钢丝长度的极差不得大于 2mm。

检查数量：每工作班抽查预应力筋总数的 3%，且不少于 3 束。

检验方法：观察，钢尺检查。

2) 预应力筋端部锚具的制作质量应符合下列要求：

a. 挤压锚具制作时压力表油压应符合操作说明书的规定，挤压后预应力筋外端应露出挤压套筒 1～5mm；

b. 钢绞线压花锚成形时，表面应清洁、无油污，梨形头尺寸和直线段长度应符合设计要求；

c. 钢丝镦头的强度不得低于钢丝强度标准值的 98%。

检查数量：对挤压锚，每工作班抽查 5%，且不应少于 5 件；对压花锚，每工作班抽查 3 件；对钢丝镦头强度，每批钢丝检查 6 个镦头试件。

检验方法：观察，钢尺检查，检查镦头强度试验报告。

3) 后张法有粘结预应力筋预留孔道的规格、数量、位置和形状除应符合设计要求外，尚应符合下列规定：

a. 预留孔道的定位应牢固，浇筑混凝土时不应出现移位和变形；

b. 孔道应平顺，端部的预埋锚垫板应垂直于孔道中心线；

c. 成孔用管道应密封良好，接头应严密且不得漏浆；

d. 灌浆孔的间距：对预埋金属螺旋管不宜大于 30m；对抽芯成形孔道不宜大于 12m；

e. 在曲线孔道的曲线波峰部位应设置排气兼泌水管，必要时可在最低点设置排水孔；

f. 灌浆孔及泌水管的孔径应能保证浆液畅通。

检查数量：全数检查。

检验方法：观察，钢尺检查。

4) 预应力筋束形控制点的设计位置偏差应符合表 4-52 的规定。

检查数量：在同一检验批内，抽查各类型构件中预应力筋总数的 5%，且对各类型构件均不少于 5 束，每束不应少于 5 处。

检验方法：钢尺检查。

注：束形控制点的竖向位置偏差合格点率应达到 90%以上，且不得有超过表中数值 1.5 倍的尺寸偏差。

5) 浇筑混凝土前穿入孔道的后张法有粘结预应力筋，宜采取防止锈蚀的措施。

检查数量：全数检查。

检验方法：观察。

3. 张拉

（1）主控项目

1）预应力筋张拉时，混凝土强度应符合设计要求；当设计无具体要求时，不应低于设计的混凝土立方体抗压强度标准值的75%。

检查数量：全数检查。

检验方法：检查同条件养护试件试验报告。

2）预应力筋的张拉力、张拉顺序及张拉工艺应符合设计及施工技术方案的要求，并应符合下列规定：

a. 当施工需要超张拉时，最大张拉应力不应大于国家现行标准《混凝土结构设计规范》GB 50010—2010的规定；

b. 张拉工艺应能保证同一束中各根预应力筋的应力均匀一致；

c. 后张法有粘结施工中，当预应力筋是逐根或逐束张拉时，应保证各阶段不出现对结构不利的应力状态；同时宜考虑后批张拉预应力筋所产生的结构构件的弹性压缩对先批张拉预应力筋的影响，确定张拉力；

d. 当采用应力控制方法张拉时，应校核预应力筋的伸长值。实际伸长值与设计计算理论伸长值的相对允许偏差为±6%。

检查数量：全数检查。

检验方法：检查张拉记录。

3）预应力筋张拉锚固后实际建立的预应力值与工程设计规定检验值的相对允许偏差为±5%。

检查数量：对后张法有粘结施工，在同一检验批内，抽查预应力筋总数的3%，且不少于5束。

检验方法：对后张法有粘结施工，检查见证张拉记录。

4）张拉过程中应避免预应力筋断裂或滑脱；当发生断裂或滑脱时，必须符合下列规定：对后张法有粘结预应力结构构件，断裂或滑脱的数量严禁超过同一截面预应力筋总根数的3%，且每束钢丝不得超过一根；对多跨双向连续板，其同一截面应按每跨计算。

检查数量：全数检查。

检验方法：观察，检查张拉记录。

（2）一般项目

锚固阶段张拉端预应力筋的内缩量应符合设计要求；当设计无具体要求时，应符合表4-5-2的规定。

检查数量：每工作班抽查预应力筋总数的3%，且不少于3束。

检验方法：钢尺检查。

4. 灌浆及封锚

（1）主控项目

1）后张法有粘结预应力筋张拉后应尽早进行孔道灌浆，孔道内水泥浆应饱满、密实。

检查数量：全数检查。

检验方法：观察，检查灌浆记录。

2）锚具的封闭保护应符合设计要求；当设计无具体要求时；应符合下列规定：

a. 应采取防止锚具腐蚀和遭受机械损伤的有效措施；

b. 凸出式锚固端锚具的保护层厚度不应小于50mm；

c. 外露预应力筋的保护层厚度：处于一类环境时，不应小于20mm；处于二、三类的环境时，不应小于50mm。

检查数量：在同一检验批内，抽查预应力筋总数的5%，且不少于5处。

检验方法：观察，钢尺检查。

(2) 一般项目

1) 后张法预应力筋锚固后的外露部分宜采用机械方法切割，其外露长度不应小于30mm，且不应小于1.5倍的预应力筋直径。

检查数量：在同一检验批内，抽查预应力筋总数的3%，且不少于5束。

检验方法：观察，钢尺检查。

2) 灌浆用水泥浆的水灰比不应大于0.45，搅拌后3h泌水率不宜大于2%，且不应大于3%。泌水应能在24h内全部重新被水泥浆吸收。

检查数量：同一配合比检查一次。

检验方法：检查水泥浆性能试验报告。

3) 灌浆用水泥浆的抗压强度不应小于$30N/mm^2$。

检查数量：每工作班留置一组边长为70.7mm的立方体试件。

检验方法：检查水泥浆试件强度试验报告。

注：1. 一组试件由6个试件组成，试件应标准养护28d；

2. 抗压强度为一组试件的平均值，当一组试件中抗压强度最大值或最小值与平均值相差超过20%时，应取中间4个试件强度的平均值。

4.6.2 后张无粘结预应力施工

4.6.2.1 特点

1. 无粘结预应力施工工艺简便：

(1) 无粘结预应力筋可以直接铺放在混凝土构件中，不需要铺设波纹管和灌浆施工，施工工艺比有粘结预应力施工要简便。

(2) 无粘结预应力筋都是单根筋锚固，它的张拉端做法比有粘结预应力张拉端（带喇叭管）的做法所占用的空间要小很多，在梁柱节点钢筋密集区域容易通过，组装张拉端比较容易。

(3) 无粘结预应力筋的张拉都是逐根进行的，单根预应力筋的张拉力比群锚的张拉力要小，因此张拉设备要轻便。

2. 无粘结预应力筋耐腐蚀性优良：无粘结预应力筋由于有较厚的高密度聚乙烯包裹层和里面的防腐润滑油脂保护，因此它的抗腐蚀能力优良。

3. 无粘结预应力适合楼盖体系：通常单根无粘结预应力筋直径较小，在板、扁梁结构构件中容易形成二次抛物线形状，能够更好的发挥预应力矢高的作用。

4.6.2.2 施工工艺

无粘结预应力主要施工工艺包括：无粘结预应力筋铺放、混凝土浇筑养护、预应力筋张拉、张拉端的切筋和封堵处理等。

4.6.2.3 施工要点

1. 无粘结预应力筋的下料与搬运

无粘结预应力筋下料应依据施工图纸同时考虑预应力筋的曲线长度、张拉设备操作时张拉端的预留长度等。

楼板中的预应力筋下料时，通常不需要考虑预应力筋的曲线长度影响。当梁的高度大于1000mm或多跨连续梁下料时则需要考虑预应力曲线对下料长度的影响。

无粘结筋下料切断应用砂轮锯切割，严禁使用电气焊切割。

无粘结预应力筋应整盘包装吊装搬运，搬运过程要防止无粘结预应力筋外皮出现破损。为防止在吊装过程中将预应力筋勒出死弯，吊装搬运过程中严禁采用钢丝绳或其他坚硬吊具直接勾吊无粘结预应力筋，宜采用吊装带或尼龙绳勾吊预应力筋。

无粘结预应力筋、锚具及配件运到工地，应妥善保存放在干燥平整的地方，夏季施工时应尽量避免夏日阳光的暴晒。预应力筋堆放时下边要放垫木，防止泥水污染预应力筋，并避免外皮破损和锚具锈蚀。

2. 无粘结预应力筋矢高控制

为保证无粘结预应力筋的矢高准确、曲线顺滑，预应力筋应与定位钢筋绑扎牢固，定位钢筋直径不宜小于 10mm，间距不宜大于 1.2m，板中无粘结预应力筋的定位间距可适当放宽。

梁中预应力筋的曲线坐标宜采用架立筋控制，按照规定的高度要求点焊或绑扎在梁的箍筋位置。

平板中预应力筋的曲线坐标宜采用钢筋马凳控制，间距不宜大于 2.0m。无粘结预应力筋铺设后应与马凳可靠固定。马凳要与下铁绑扎牢固，防止浇注和振捣混凝土时，位置发生偏移。

3. 无粘结预应力端模和支撑体系

张拉端处的端模需要穿过无粘结筋、安装穴模，因此张拉端处的端模通常要采用木模板或竹塑板，以便于开孔。

根据预应力筋的平、剖面位置在端模板上放线开孔，对于采用 $\phi^{s}15.2$mm 无粘结预应力钢绞线，开孔的孔径在 25～30mm 范围。

为加快楼板模板的周转，支撑体系采用早拆模板体系。

4. 无粘结预应力张拉端和固定端节点构造

（1）张拉端节点构造，见图 4-6-12 和图 4-6-13。

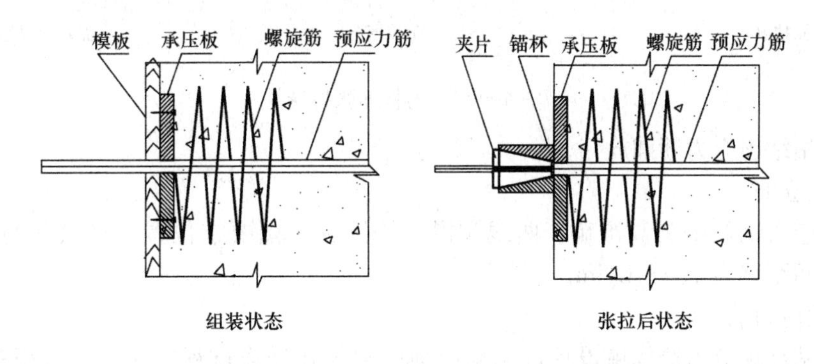

图 4-6-12　外露式无粘结张拉端锚具组装图

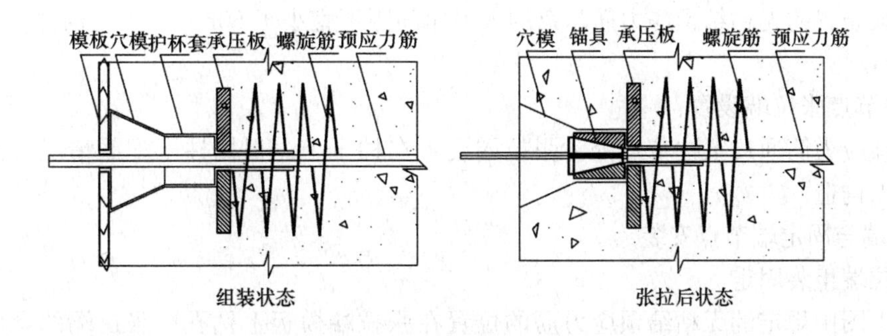

图 4-6-13　穴模式无粘结张拉端锚具组装图（锚具与承压板一体）

（2）固定端节点构造，见图 4-6-14。

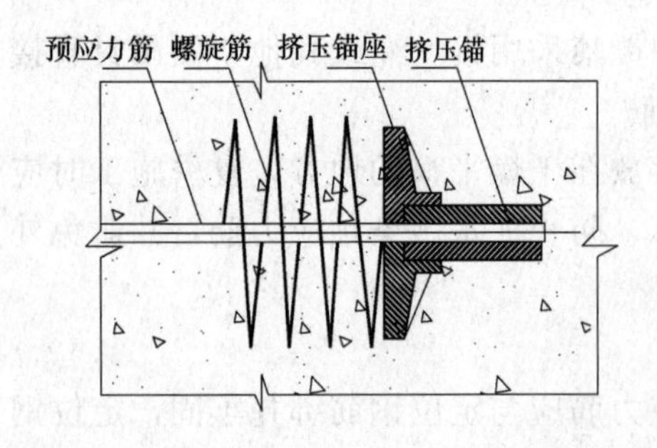

图 4-6-14　无粘结锚固端锚具组装图

(3) 出板面张拉端布置，见图 4-6-15。

(4) 节点安装要求：

1) 要求无粘结预应力筋伸出承压板长度不小于 300mm。

2) 张拉端承压板应可靠固定在端模上。

3) 螺旋筋应固定在张拉端及固定端的承压板之面。

4) 无粘结预应力筋必须与承压板面垂直，并在承压板后保证有不小于 400mm 的直线段。

5. 无粘结预应力筋的铺放

(1) 板中无粘结预应力筋的铺放

1) 平板中无粘结预应力筋带状布置时，应采取可靠地固定措施，保证同束中各根无粘结预应力具有相同矢高。

2) 双向平板中，宜先铺放竖向坐标较低方向的无粘结预应力筋，后铺方向的无粘结预应力筋遇到竖向坐标低于先铺放无粘结预应力筋时应从其下方穿过。

3) 施工时当电管、设备管线和消防管线与预应力筋位置发生冲突时，应首先保证预应力筋的位置于曲线正确。

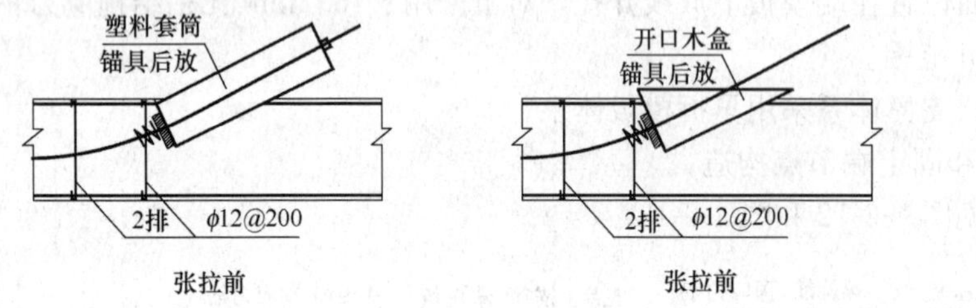

图 4-6-15　出板面张拉端

(2) 梁无粘结预应力筋铺放

1) 设置架立筋：

为保证预应力钢筋的矢高准确、曲线顺滑，按照施工图要求位置，将架立筋就位并固定。架立筋的设置间距宜为 1.0～1.5m。

2) 铺放预应力筋：

梁中的无粘结预应力筋成束设计，无粘结预应力筋在铺设过程中应防止绞扭在一起，保持预应力筋的顺直。无粘结预应力筋应绑扎固定，防止在浇筑混凝土过程中预应力筋移位。

梁中集束布置的无粘结预应力筋，束的水平净间距不宜小于 50mm，束至构件边缘的净距不宜小于 40mm。

3) 梁柱节点张拉端设置：

无粘结预应力筋通过梁柱节点处，张拉端设置在柱子上。根据柱子配筋情况可采用凹入式或凸出式节点构造。

6. 张拉端与固定端节点安装

(1) 张拉端组装固定

应按施工图中规定的无粘结预应力筋的位置在张拉端模板上钻孔。张拉端的承压板可采用钉子固定在端模板上或用点焊固定在钢筋上。

无粘结预应力曲线筋或折线筋末端的切线应与承压板相垂直，曲线段的起始点至张拉锚固点应有不小于 40cm 的直线段。

当张拉端采用凹入式作法时，可采用塑料穴模或泡沫塑料、木块等形成凹槽。具体做法见张拉端图。

（2）固定端安装

锚固端挤压锚具应放置在梁支座内。如果是成束的预应力筋，锚固端应顺直散开放置。螺旋筋应紧贴锚固端承压板位置放置并绑扎牢固。

（3）节点安装要求：

1）要求预应力筋伸出承压板长度（预留张拉长度）不小于30cm。

2）张拉端承压板应固定在端模上，各部位之间不应有缝隙。

3）张拉端和锚固端预应力筋必须与承压板面垂直，其在承压板后应有不小于40cm的直线段。

7. 无粘结预应力筋铺放注意事项：

1）运到工地的预应力筋均应带有编号标牌，预应力筋的铺放要与施工图所示的编号相对应。

2）预应力筋铺放应满足设计矢高的控制要求。

3）预应力筋铺放要保持顺直，防止互相扭绞，各束间保持平行走向。节点组装件安装牢固，不得留有间隙。

4）张拉端的承压板应安装牢固，防止振捣混凝土时移位，并须保持张拉作用线与承压板垂直（绑扎时应保持预应力筋与锚杯轴线重合）；穴模组装应保证密闭，防止浇筑时有混凝土进入。

5）在张拉端和固定端处，螺旋筋要紧靠承压板，并绑扎牢固，防止因浇筑或振捣时跑开。

6）无粘结筋外包塑料皮若有破损要用水密性胶带进行修补。每圈胶带搭接宽度不应小于胶带宽度的1/2，缠绕长度应超过破损长度30mm。严重破损的无粘结筋应予报废。

7）施工中，在预应力筋周围使用电气焊，要有防护措施。

8. 混凝土的浇筑及振捣

预应力筋铺放完成后，应由施工单位、质量检查部门、监理进行隐检验收，确认合格后，方可浇注混凝土。

浇注混凝土时应认真振捣，保证混凝土的密实。尤其是承压板、锚板周围的混凝土严禁漏振，不得有蜂窝或孔洞，保证密实。

应制作同条件养护的混凝土试块2～3组，作为张拉前的混凝土强度依据。

在混凝土初凝之后（浇筑后2～3d内），可以开始拆除张拉端部模板，清理张拉端，为张拉做准备。

9. 无粘结预应力筋张拉

同条件养护的混凝土试块达到设计要求强度后（如无设计要求，不应低于设计强度的75%。）方可进行预应力筋的张拉。

（1）张拉设备及机具

单根无粘结预应力筋通常采用200～250kN前卡液压式千斤顶和油泵。千斤顶应带有顶压装置。

（2）张拉前准备

1）在张拉端要准备操作平台，张拉操作平台可以利用原有的脚手架，如果没有则要单独搭设。操作平台要有可靠安全防护措施。

2）应清理锚垫板表面，并检查锚垫板后面的混凝土质量。如有空鼓现象，应在无粘结预应力筋张拉前修补。张拉端清理干净后，将无粘结筋外露部分的塑料皮沿承压板根部割掉，测量并记录预应力筋初始外露长度。

3）与承压板面不垂直的预应力筋，可在端部进行垫片处理，保证承压板面与锚具和张拉作用力线垂直。

4）根据设计要求确定单束预应力筋控制张拉力值，计算出其理论伸长值。

5）张拉用千斤顶和油泵应由专业检测单位标定，并配套使用。

6）如果张拉部位距离电源较远，应事先准备 380V，15～20A 带有漏电保护器的电源箱连接至张拉位置。

（3）张拉过程

无粘结预应力筋的张拉顺序应符合设计要求，如设计无要求时，可采用分批、分阶段对称张拉或依次张拉。无粘结预应力混凝土楼盖结构的张拉顺序，宜先张拉楼板、次梁，后张拉主梁。板中的无粘结筋，可依次顺序张拉。梁中的无粘结筋宜对称张拉。

当施工需要超张拉时，无粘结预应力筋的张拉程序宜为：从应力为零开始张拉至 1.03 倍预应力筋的张拉控制应力 σ_{con} 锚固。此时，最大张拉应力不应大于钢绞线抗拉强度标准值的 80％。

（4）张拉注意事项

1）当采用应力控制方法张拉时，应校核无粘结预应力筋的伸长值，当实际伸长值与设计计算伸长值相对偏差超过±6％时，应暂停张拉，查明原因并采取措施予以调整后，方可继续张拉。

2）预应力筋张拉前严禁拆除梁板下的支撑，待该梁板预应力筋全部张拉后方可拆除。（如果在超长结构中，无粘结预应力筋是为降低温度应力而设置的，设计时未考虑承担竖向荷载的作用，则下部支撑的拆除与预应力筋张拉与否无关）。

3）对于两端张拉的预应力筋，宜两端同时张拉，也可一端先张拉，另一端补张拉。

4）预应力筋应根据设计和专项施工方案的要求采用一端或两端张拉。当设计无具体要求时，无粘结预应力筋长度不大于 40m 时可一端张拉，大于 40m 时宜两端张拉。当筋长超过 60m 时宜采取分段张拉。如遇到摩擦损失较大，宜先预张拉一次再张拉。

5）在梁板顶面或墙壁侧面的斜槽内张拉无粘结预应力筋时，宜采用变角张拉装置。

10. 无粘结锚固区防腐处理

无粘结预应力筋的锚固区，必须有严格的密封防护措施。

无粘结顶应力筋锚固后的外露长度不宜小于预应力筋直径的 1.5 倍，且不应小于 30mm，多余部分机械方法切割，也可采用氧-乙炔焰方法切割，但不得采用电弧切割。

在外露锚具与锚垫板表面涂以防锈漆或环氧涂料。为了使无粘结筋端头全封闭，可在锚具端头涂防腐润滑油脂后，罩上封端塑料盖帽。对凹入式锚固区。锚具表面经上述处理后，再用微膨胀混凝土或低收缩防水砂浆密封。对凸出式锚固区，可采用外包钢筋混凝土圈梁封闭。对留有后浇带的锚固区，可采取二次浇筑混凝土的方法封锚，见图 4-6-16。

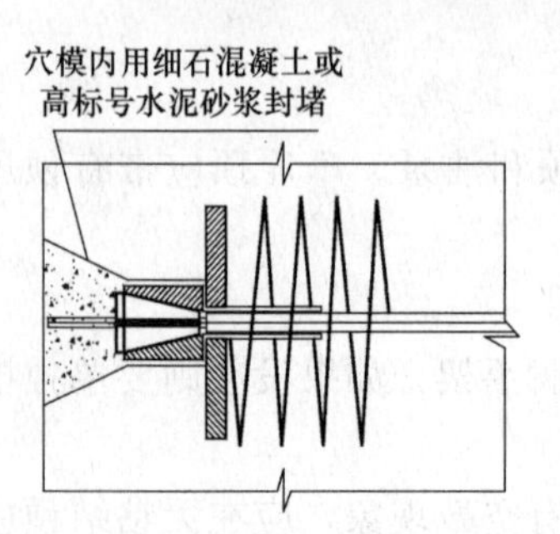

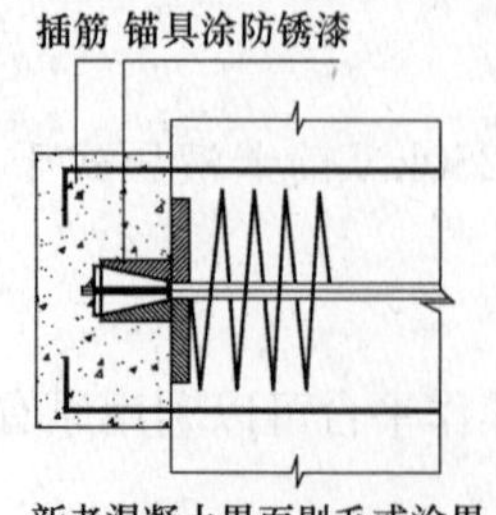

图 4-6-16　锚具封堵示意图

4.6.2.4　质量验收

无粘结预应力施工质量，应按现行国家标准《混凝土结构工程施工质量验收规范》GB 50204—2002（2010 版）等有关规范及标准的规定进行验收。

1. 原材料

(1) 主控项目：

1) 预应力筋进场时，应按现行国家标准《预应力混凝土用钢绞线》GB/T 5224—2003 等的规定抽取试件作力学性能检验，其质量必须符合有关标准的规定。

检验数量：按进场的批次和产品的抽样检验方案确定。

检验方法：检查产品合格证、出厂检验报告和进场复验报告。

2) 无粘结预应力筋的涂包质量应符合行业标准《无粘结预应力钢绞线》JG 161—2004 的规定。

检查数量：每 60t 为一批，每批抽取一组试件。

检验方法：观察，检查产品合格证、出厂检验报告和进场复验报告。

注：当有工程经验，并经观察认为质量有保证时，可不作油脂用量和护套厚度的进场复验。

3) 预应力筋用锚具、夹具和连接器应按设计要求采用，其性能应符合现行国家标准《预应力筋用锚具、夹具和连接器》GB/T 14370—2007 等的规定。

检查数量：按进场批次和产品的抽样检验方案确定。

检验方法：检查产品合格证、出厂检验报告和进场复验报告。

注：对锚具用量较少的一般工程，如供货方提供有效的试验报告，可不作静载锚固性能试验。

(2) 一般项目：

1) 与预应力筋使用前应进行外观检查，其质量应符合下列要求：

a. 无粘结预应力筋展开后应平顺，不得有弯折，表面不得有裂纹、小刺、机械损伤、氧化铁皮和油污等。

b. 无粘结预应力筋护套应光滑、无裂缝、无明显褶皱。

检查数量：全数检查。

检验方法：观察。

注：无粘结顶应力筋护套轻微破损者应外包防水塑料胶带修补；严重破损者不得使用。

c. 润滑油脂用量：对 ϕ^s12.7 钢绞线不应小于 43g/m，对 ϕ^s15.2 钢绞线不应小于50g/m，对 ϕ^s15.7 钢绞线不应小于 53g/m；

d. 护套厚度：对于一、二类环境不应小于 1.0mm，对于三类环境应按设计要求确定。

2) 预应力筋用锚具、夹具和连接器使用前应进行外观检查，其表面应无污物、锈蚀、机械损伤和裂纹。

检查数量：全数检查。

检验方法：观察。

2. 制作与安装

(1) 主控项目：

1) 预应力筋安装时，其品种、级别、规格、数量必须符合设计要求。

检查数量：全数检查。

检查方法：观察，钢尺检查。

2) 施工过程应避免电火花损伤预应力筋；受损伤的预应力筋应予以更换。

检查数量：全数检查。

检查方法：观察。

(2) 一般项目：

1) 预应力筋下料应符合下列要求：

预应力筋应采用砂轮锯或切断机切断，不得采用电弧切割；

检查数量：全数检查。

检验方法：观察。

2）预应力筋端部锚具的制作质量应符合下列要求：

挤压锚具制作时压力表油压应符合操作说明书的规定，挤压后预应力筋外端应露出挤压套筒1～5mm；

检查数量：对挤压锚，每工作班抽查5%，且不应少于5件。

检验方法：观察，钢尺检查。

3）预应力筋束形控制点的竖向位置偏差应符合预应力筋束形（孔道）控制点竖向位置允许偏差表4-6-2的规定。

检查数量：在同一检验批内，抽查各类型构件中预应力筋总数的5%，且对各类型构件均不少于5束，每束不应少于5处。

检验方法：钢尺检查。

注：束形控制点的竖向位置偏差合格点率应达到90%以上，且不得有超过表中数值1.5倍的尺寸偏差。

4）无粘结预应力筋的铺设尚应符合下列要求：

a. 无粘结预应力筋的定位应牢固，浇筑混凝土时不应出现移位和变形；

b. 端部的预埋锚垫板应垂直于预应力筋；

c. 内埋式固定端垫板不应重叠，锚具与垫板应贴紧；

d. 无粘结预应力筋成束布置时应能保证混凝土密实并能裹住预应力筋；

e. 无粘结预应力筋的护套应完整，局部破损处应采用防水胶带缠绕紧密。

检查数量：全数检查。

检验方法：观察。

3. 张拉和放张

（1）主控项目：

1）预应力筋张拉或放张时，混凝土强度应符合设计要求；当设计无具体要求时，不应低于设计的混凝土立方体抗压强度标准值的75%。

检查数量：全数检查。

检验方法：检查同条件养护试件试验报告。

2）预应力筋的张拉力、张拉或放张顺序及张拉工艺应符合设计及施工技术方案的要求，并应符合下列规定：

a. 当施工需要超张拉时，最大张拉应力不应大于国家现行标准《混凝土结构设计规范》GB 50010—2010的规定；

b. 张拉工艺应能保证同一束中各根预应力筋的应力均匀一致；

c. 当预应力筋是逐根或逐束张拉时，应保证各阶段不出现对结构不利的应力状态；同时宜考虑后批张拉预应力筋所产生的结构构件的弹性压缩对先批张拉预应力筋的影响，确定张拉力；

d. 当采用应力控制方法张拉时，应校核预应力筋的伸长值。实际伸长值与设计计算理论伸长值的相对允许偏差为±6%。

检查数量：全数检查。

检验方法：检查张拉记录。

3）预应力筋张拉锚固后实际建立的预应力值与工程设计规定检验值的相对允许偏差为±5%。

检查数量：在同一检验批内，抽查预应力筋总数的3%，且不少于5束。

检验方法：检查见证张拉记录。

4）张拉过程中应避免预应力筋断裂或滑脱；当发生断裂或滑脱时，必须符合下列规定：

对后张法预应力结构构件，断裂或滑脱的数量严禁超过同一截面预应力筋总根数的3%，且每束钢丝不得超过一根；对多跨双向连续板，其同一截面应按每跨计算；

检查数量：全数检查。

检验方法：观察，检查张拉记录。

（2）一般项目

锚固阶段张拉端预应力筋的内缩量应符合设计要求；当设计无具体要求时，应符合张拉端预应力筋的内缩量限值表4-5-2的规定。

检查数量：每工作班抽查预应力筋总数的3%，且不少于3束。

检验方法：钢尺检查。

4. 封锚

（1）主控项目

1）锚具的封闭保护应符合设计要求；当设计无具体要求时，应符合下列规定：

a. 应采取防止锚具腐蚀和遭受机械损伤的有效措施；

b. 凸出式锚固端锚具的保护层厚度不应小于50mm；

c. 外露预应力筋的保护层厚度：处于正常环境时，不应小于20mm；处于易受腐蚀的环境时，不应小于50mm。

检查数量：在同一检验批内，抽查预应力筋总数的5%，且不少于5处。

检验方法：观察，钢尺检查。

（2）一般项目

无粘结预应力筋锚固后的外露部分宜采用机械方法切割，其外露长度不宜小于预应力筋直径的1.5倍，且不宜小于30mm。

检查数量：在同一检验批内，抽查预应力筋总数的3%，且不少于5束。

检验方法：观察，钢尺检查。

无粘结预应力混凝土工程的验收，除检查有关文件、记录外，尚应进行外观抽查。

当提供的文件、记录及外观抽查结果均符合现行国家标准《混凝土结构工程施工质量验收规范》GB 50204—2002等有关规范及标准的要求时，即可进行验收。

4.6.3　后张缓粘结预应力施工

4.6.3.1　特点

缓粘结钢绞线既有无粘结预应力筋施工工艺简单，克服有粘结预应力技术施工工艺复杂、节点使用条件受限的弊端，不用预埋管和灌浆作业，施工方便、节省工期的优点；同时在性能上又具有有粘结预应力抗震性能好、极限状态预应力钢筋强度发挥充分，节省钢材的优势。同时又消除了有粘结预应力孔道灌浆有可能不密实而造成的安全隐患和耐久性问题，并具有较强的防腐蚀性能等优点。具有很好的结构性能和推广应用前景。

4.6.3.2　施工工艺

缓粘结钢绞线与无粘结钢绞线相比，只是其中的涂料层不同，因此其施工工艺及顺序与无粘结钢绞线基本相同，

4.6.3.3　施工要点

缓粘结钢绞线的施工要点可参考无粘结钢绞线的施工要点，但要注意缓粘结钢绞线的张拉时间不能超过缓粘结钢绞线生产厂家给出的缓粘结涂料开始固化的时间。

4.6.3.4　质量验收

缓粘结钢绞线的施工质量验收，可按照设计要求并参考相关标准进行质量验收。

4.6.4　后张预制构件

目前国内采用后张法生产的预制预应力混凝土构件主要包括预制预应力混凝土梁、预制预应力混凝土屋架等。

4.6.4.1　后张预制混凝土梁

后张预制预应力混凝土梁种类较多，市政和铁路桥梁大量采用大跨度后张预制预应力混凝土梁，在建筑工程领域，工业厂房经常采用6m跨度的后张预应力混凝土吊车梁和预应力混凝土工字形屋面梁等。

1. 后张预应力混凝土吊车梁

目前通用的后张预应力混凝土吊车梁一般跨度为6m，采用等高工字型截面，适用的厂房跨度12～33m。适用于非地震区及抗震设防烈度不超过8度的各类场地以及9度Ⅰ、Ⅱ类场地。

后张预应力混凝土吊车梁模板图如图4-6-17所示。

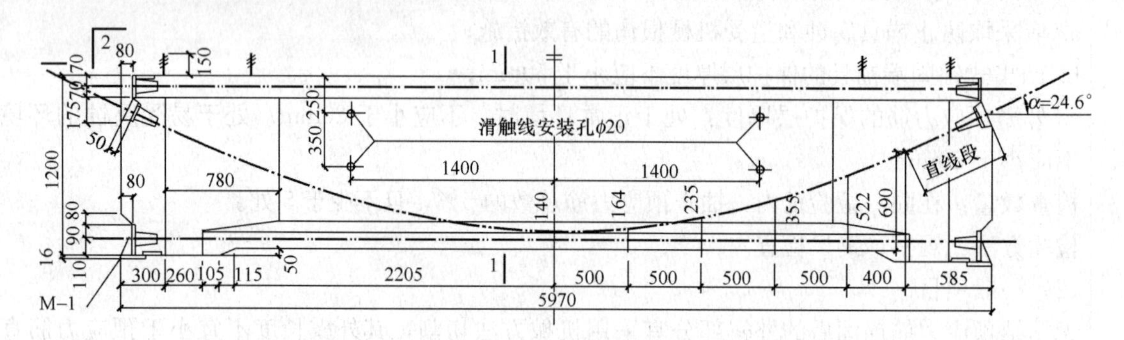

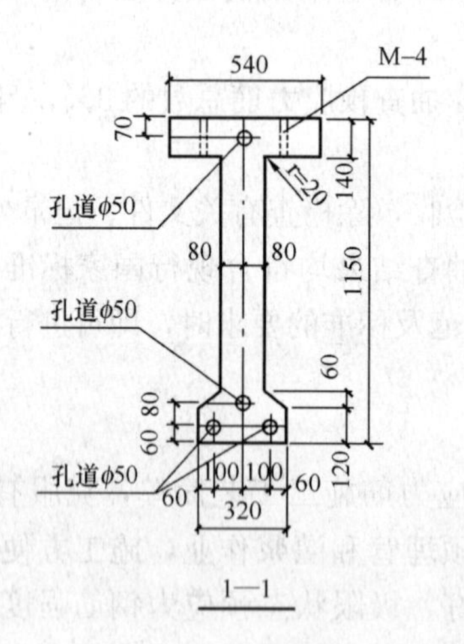

图4-6-17　吊车梁模板图

后张预应力混凝土吊车梁中普通钢筋采用HPB235级和HRB335级热轧钢筋，预应力钢筋采用1860级1×7标准型低松弛钢绞线（ϕ^s15.2），有粘结预应力孔道采用金属波纹管。

吊车梁混凝土强度等级C40～C50。施工时如采用蒸汽养护，温度不得超过60℃，否则应将混凝土强度等级提高20%。

吊车梁制作时，梁宜立捣，宜用附模式振捣器或小型振动棒振捣，振捣棒不得触及波纹管，必须保证混凝土、特别是曲线预应力孔道下部混凝土密实。为了便于混凝土浇灌、振捣，可先将混凝土浇捣到上翼缘下表面，再放置上部预应力钢筋的波纹管，然后再浇筑上翼缘混凝土。

梁体混凝土的强度达到设计要求的90%后方可张拉预应力钢筋。直线预应力钢筋采用一端张拉，另一端为非张拉端；下部曲线预应力筋采用两端张拉。张拉程序是先张拉上部直线束，然后再顺序张拉下部预应力束。张拉控制应力σ_{con}取$0.75f_{ptk}=1395N/mm^2$。

使用单根张拉千斤顶时，在顶压器前端须加顶压套管，多孔夹片锚成束张拉时，宜两束在两端同步张拉。如只用一台千斤顶张拉时，可采用两束分级轮流张拉，预应力钢绞线张拉时应保持孔道轴线中心，锚具中心和千斤顶中心“三心一线”。张拉至$1.03\sigma_{con}$时，须持荷3min后再锚固。孔道灌浆在正温下进行，且强度达到$15N/mm^2$后方可移动构件。构件端部的锚固区必须灌注密实。

吊车梁堆放、运输和吊装时应该保持正位立放，两个支点距梁端各不大于1m，梁上未设吊钩，起吊时按两点（位置同支点）钢丝绳捆绑或用专用夹具起吊。如施工需要，可自行设置吊钩，吊钩应采用HPB235钢筋制作，严禁使用冷加工钢筋，并在安装后割去外留段以便铺设钢轨。

安装后，吊车梁中心线和定位轴线的偏差不大于5mm；梁顶标高偏差范围为+10～-5mm；轨道中心线与梁中心线的偏差不大于15mm。

2. 后张预应力混凝土工字形屋面梁

后张预应力混凝土工字形屋面梁根据其跨度不同分为单坡和双坡两种。9m和12m跨度为单坡梁，12～18m跨度为双坡梁。主要用于柱距为6m、屋面坡度为1/10的单层工业厂房。该类结构一般适用于非抗震设计和抗震设防烈度≤8度的各类场地地区。典型的工字形屋面梁模板图见图4-6-18。

后张预应力混凝土工字形屋面梁混凝土强度等级为C40；预应力钢筋采用1860级$\phi^s15.2$mm的低松弛预应力钢绞线，非预应力钢筋采用HPB235、HRB335热轧普通钢筋。

孔道采用预埋金属波纹管成型。波纹管应密封良好，接头严密不漏浆，并有一定的轴向刚度。波纹管的尺寸与位置应正确，波纹管应平顺。施工时，应设置井字形钢筋架固定波纹管，端部的预埋锚垫板应垂直于孔道中心线。在梁两端应设置灌浆孔或排气孔。

屋面梁可直立生产也可平卧生产。当同条件养护的混凝土立方体强度达到设计强度等级的30%时方可脱模；100%时始可张拉预应力钢筋。张拉预应力钢筋可采用平卧张拉和直立张拉两方案。平卧张拉时，应采取措施减少侧向弯曲；平卧生产的梁直立张拉时，应先将屋面梁扶直，扶直过程中应采取措施使梁全长不离地面，避免横向弯曲。

屋面梁由平卧状态平移、扶直和吊装时，须采用滑轮装置，以保证各点受力均匀。平移、扶直和吊装屋面梁时必须平稳，防止急牵、冲击、受扭或歪曲。扶直后的梁应搁置在两端支承点上，不应在跨中增设支点。梁两侧应设置斜撑以防倾倒。起吊就位必须正确，吊装时应采取措施，防止平面外失稳。

4.6.4.2 后张预制混凝土屋架

后张预制预应力混凝土屋架主要为折线形屋架，跨度为18～30m之间。后张有粘结预应力筋配置于屋架下弦，下弦预应力杆件按二级裂缝控制等级验算，其他拉杆按三级裂缝控制等级验算。后张预应力混凝土屋架适用于非抗震设计和抗震设防烈度不超过8度的地区。典型的屋架模板图如图4-6-19所示。

屋架平卧迭层生产时，迭层最多为4层，但应设隔离层。下层屋架混凝土强度等级到达C20后，方可浇筑上层屋架。当混凝土强度等级达到100%设计强度等级时，方可张拉预应力筋。迭层生产的屋架，应先上层后下层逐层进行张拉。

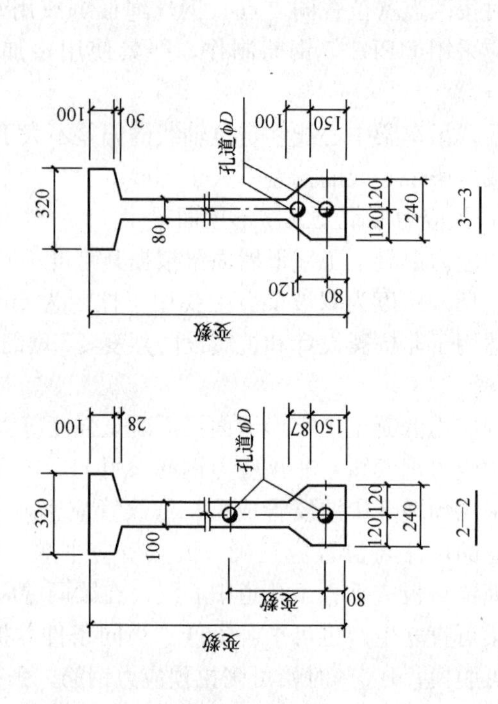

图 4-6-18 后张预应力混凝土工字形屋面梁模板图

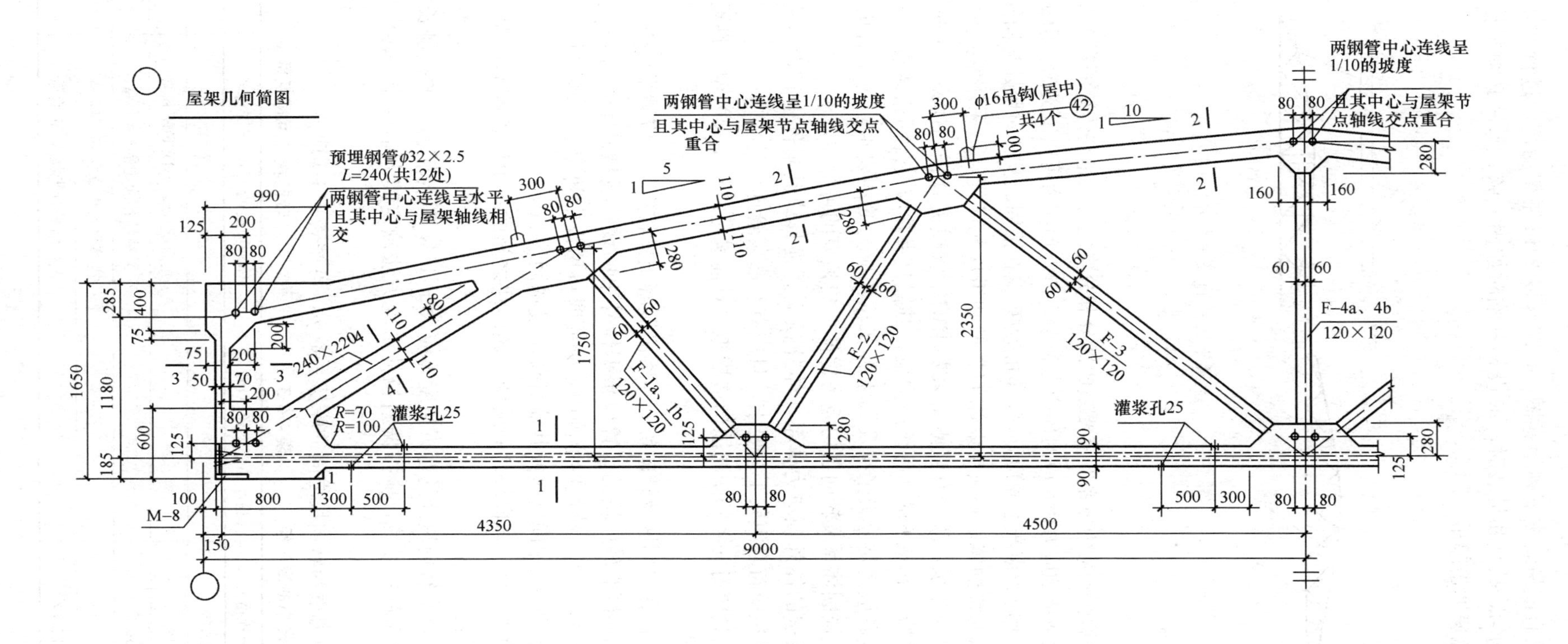

图 4-6-19　后张预制预应力混凝土屋架模板图

屋架由平卧扶直或吊装按下列示意图 4-6-20（以 24m 屋架为例）进行，并宜采用滑轮装置以保证每点受力均匀；扶直和吊装时，应设杉杆临时加固上弦。起吊必须平稳，勿使屋架受扭或歪曲，亦不得急速冲击起吊。

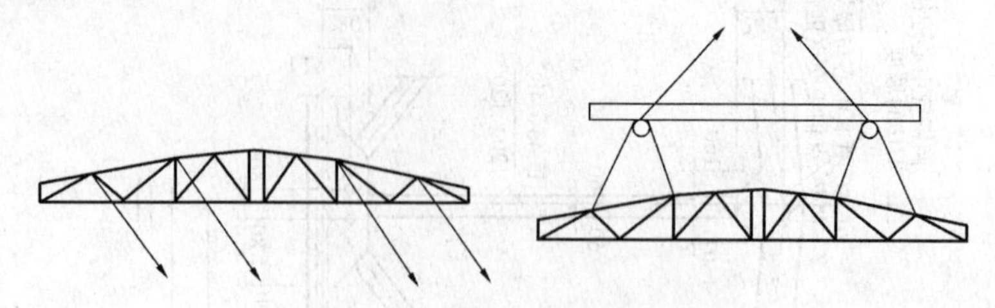

图 4-6-20 屋架平卧扶直及吊装示意图

4.6.5 体外预应力

4.6.5.1 概述

体外预应力是后张预应力体系的重要组成部分和分支之一，是与传统的布置于混凝土结构构件体内的有粘结或无粘结预应力相对应的预应力类型。体外预应力可以定义为：由布置于承载结构主体截面之外的后张预应力束产生的预应力，预应力束仅在锚固区及转向块处与构件相连接。

体外预应力束的锚固体系必须与束体的类型和组成相匹配，可采用常规后张锚固体系或体外预应力束专用锚固体系。对于有整体调束要求的钢绞线夹片锚固体系，可采用锚具外螺母支撑承力方式。对低应力状态下的体外预应力束，其锚具夹片应装配防松装置。

体外预应力锚具应满足分级张拉及调索补张拉预应力筋的要求；对于有更换要求的体外预应力束，体外束、锚固体系及转向器均应考虑便于更换束的可行性要求。

对于有灌浆要求的体外预应力体系，体外预应力锚具或其附件上宜设置灌浆孔或排气孔。灌浆孔的孔位及孔径应符合灌浆工艺要求，且应有与灌浆管连接的构造。

体外预应力锚具应有完善的防腐蚀构造措施，且能满足结构工程的耐久性要求。

4.6.5.2 一般要求

体外预应力束仅在锚固区及转向块处与钢筋混凝土梁相连接，应满足以下要求：

（1）体外束锚固区和转向块的设置应根据体外束的设计线型确定，对多折线体外束，转向块宜布置在距梁端 1/4～1/3 跨度的范围内，必要时可增设中间定位用转向块，对多跨连续梁采用多折线体外束时，可在中间支座或其他部位增设锚固块。

（2）体外束的锚固区与转向块之间或两个转向块之间的自由段长度不宜大于 8m，超过该长度应设置防振动装置。

（3）体外束在每个转向块处的弯折角度不应大于 15°，其与转向块的接触长度由设计计算确定，用于制作体外束的钢绞线，应按偏斜拉伸试验方法确定其力学性能。转向块的最小曲率半径按表 4-6-3 采用。

（4）体外预应力束与转向块之间的摩擦系数 μ，可按表 4-6-4 取值。

转向块处最小曲率半径　　表 4-6-3

钢绞线束（根数与规格）	最小曲率半径（m）
$7\phi^s15.2$（$12\phi^s12.7$）	2.5
$12\phi^s15.2$（$19\phi^s12.7$）	2.5
$19\phi^s15.2$（$31\phi^s12.7$）	3.0
$27\phi^s15.2$（$37\phi^s12.7$）	3.5
$37\phi^s15.2$（$55\phi^s12.7$）	4.5

转向块处摩擦系数 μ　　表 4-6-4

体外束束的类型/套管材料	μ 值
光面钢绞线/镀锌钢管	0.20～0.25
光面钢绞线/HDPE 塑料管	0.12～0.20
无粘结预应力筋/钢套管	0.08～0.12
热挤聚乙烯成品束/钢套管	0.10～0.15
无粘结平行带状束/钢套管	0.04～0.06

（5）体外束的锚固区除进行局部受压承载力计算，尚应对牛腿、钢托件等进行抗剪设计与验算。

（6）转向块应根据体外束产生的垂直分力和水平分力进行设计，并应考虑转向块处的集中力对结构整体及局部受力的影响，以保证将预应力可靠地传递至梁体。

（7）体外束的锚固区宜设置在梁端混凝土端块、牛腿处或钢托件处，应保证传力可靠且变形符合设计要求。

在混凝土矩形、工字形或箱形截面梁中，转向块可设在结构体外或箱形梁的箱体内。转向块处的钢套管鞍座应预先弯曲成型，埋入混凝土中。体外束的弯折也可采用隔梁、肋梁等形式。

（8）对可更换的体外束，在锚固端和转向块处，与结构相连接的鞍座套管应与体外束的外套管分离，以方便更换体外束。

4.6.5.3 施工工艺

新建体外预应力结构工程中，体外束的锚固区和转向块应与主体结构同步施工。预埋锚固件、锚下构造、转向导管及转向器的定位坐标、方向和安装精度应符合设计要求，节点区域混凝土必须精心振捣，保证密实。

体外束的制作应保证满足束体在所使用环境的耐久性防护等级要求，并能抵抗施工和使用中的各种外力作用。当有防火要求时，应涂刷防火涂料或采取其他可靠的防火措施。

体外束外套管的安装应保证连接平滑和完全密闭。体外束体线形和安装误差应符合设计和施工限值要求。在穿束过程中应防止束体护套受机械损伤。

体外束的张拉应保证构件对称均匀受力，必要时可采取分级循环张拉方式；对于超长体外预应力束，为了防止反复张拉使夹片锚固效率降低或失效，采用“双撑脚与双工具锚”（图 4-6-21）张拉施工工艺；对可更换或需在使用过程中调整束力的体外束应保留必要的预应力筋外露长度。

体外束在使用过程中完全暴露于空气中，应保证其耐久性。对刚性外套管，应具有可靠的防腐蚀性能，在使用一定时期后应能重新涂刷防腐蚀涂层；对高密度聚乙烯等塑料外套管，应保证长期使用的耐老化性能，必要时应可更换。体外束的防护完成后，按要求安装固定减振装置。

体外束的锚具应设置全密封防护罩，对不更换的体外束，可在防护罩内灌注水泥浆体或其他防腐蚀材料；对可更换的束在防护罩内灌注油脂或其他可清洗的防腐蚀材料。

4.6.5.4 施工要点

1. 体外预应力施工要点

（1）施工准备

施工准备包括体外预应力束的制作、验收、运输、现场临时存放；锚固体系和转向器、减振器的验收与存放；体外预应力束安装设备的准备；张拉设备标定与准备；灌浆材料与设备准备等。

（2）体外预应力束锚固与转向节点施工

新建体外预应力结构锚固区的锚下构造和转向块的固定套管均需与建筑或桥梁的主体结构同步施工。锚下构造和转向块部件必须保证定位准确，安装与固定牢固可靠，此施工工艺过程是束形建立的关键性工艺环节。

（3）体外预应力束的安装与定位

对于有双层套筒的体外预应力体系，需在固定套管内先安装锚固区内层套管，转向器内层套管或转向器的分体式分丝器等，并根据设计或体系的要求，将双层间的间隙封闭并灌浆。随后进行体外束下料并安装体外预应力束主体，成品束可一次完成穿束；使用分丝器的单根独立体系，需逐根穿入单根钢绞线或无粘结钢绞线。安装锚固体系之前，实测并精确计算张拉端需剥除外层 HDPE 护套长度，如采用水泥基浆体防护，则需用适当方法清除表面油脂。

（4）张拉与束力调整

体外预应力束穿束过程中，可同时安装体外束锚固体系，对于双层套筒体系需先安装内层密封套筒，同时安装和连接锚固区锚下套筒与体外束主体的密封连接装置，以保证锚固系统与体外束的整体密闭性。锚固体系（包括锚板和夹片）安装就位后，即可单根预紧或整体预张。确认预紧后的体外束主体、转向器及锚固系统定位正确无误之后，按张拉程序进行张拉作业，张拉采取以张拉力控制为主，张拉伸长值校核的双控法。

对于超长体外预应力束，为了防止反复张拉锚固使夹片锚固效率降低或失效，采用“双撑脚与双工具锚”张拉施工工艺（图 4-6-21），该工艺原理系在大吨位张拉千斤顶后部或前部增加一套过渡撑脚及过渡工具锚，在工作锚板之后设特制张拉限位装置，以保证在整个张拉过程中工作锚夹片始终处于放松状态。在完成每个行程回油时后均由过渡工具锚夹片锁紧钢绞线，多次张拉直至设计张拉力值。由于特制限位装置的作用，在张拉过程中，工作锚夹片不至于退出锚孔，在回油倒顶时，工作锚夹片不会咬住钢绞线，工作锚夹片始终处于“自由”状态，在张拉到位后，旋紧特制限位装置的螺母，压紧工作锚夹片，随后千斤顶回油放张，使工作锚夹片锚固钢绞线。图 4-6-21a 为千斤顶前置张拉超长体外束方案，图 4-6-22b 为千斤顶后置张拉超长体外束方案。

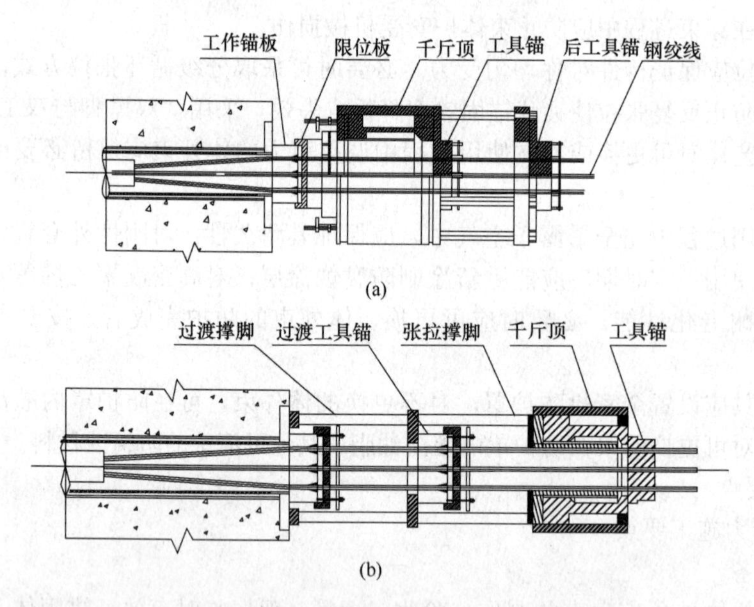

图 4-6-21　体外预应力超长束张拉千斤顶布置简图

（a）超长体外束千斤顶前置；（b）超长体外束千斤顶后置

张拉过程中，构件截面内对称布置的体外预应力束要保证对称张拉，两套张拉油泵的张拉力值需控制同步；按张拉程序进行分级张拉并校核伸长值，实际测量伸长值与理论计算伸长值之间的偏差应控制在±6%之内。图 4-6-22 为体外预应力超长束张拉工艺流程简图。

体外预应力束的张拉力需要调整的情形：1）设计与施工工艺要求分级张拉或单根张拉之后进行整体调束；2）结构工程在经过一定使用期之后补偿预应力损失；3）其他需调整束张拉力的情况。

（5）体外预应力束锚固系统防护与减振器安装施工

张拉施工完成并检测与验收合格后，对锚固系统和转向器内部各空隙部分进行防腐蚀防护

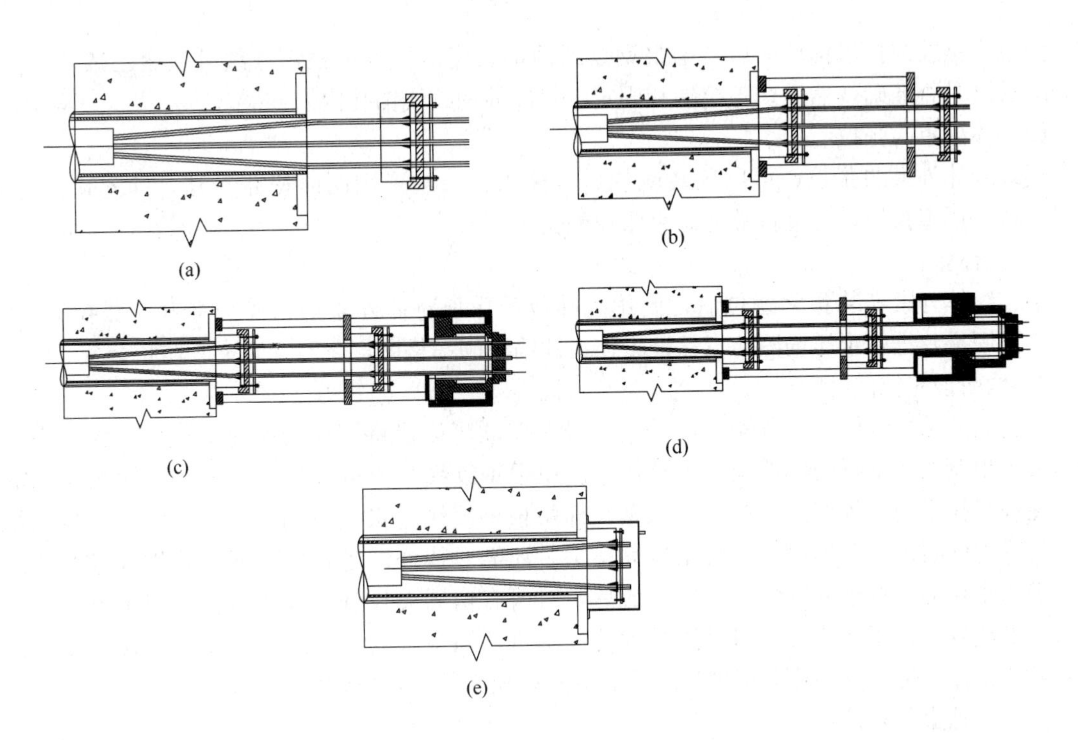

图 4-6-22　体外预应力超长束张拉工艺流程简图

（a）安装体外束、锚具与特制限位板；（b）安装过渡撑脚和过渡工具箱；
（c）安装张拉撑脚和张拉设备；（d）体外束张拉；（e）锚固并防护

工艺处理，根据不同的体外预应力系统，防护主要可选择工艺包括：1）灌注高性能水泥基浆体或聚合物砂浆浆体；2）灌注专用防腐油脂或石蜡等；3）其他种类防腐处理方法。灌注防护材料之前，按设计规定，锚固体系导管及转向器导管等之间的间隙内要求填入橡胶板条或其他弹性材料对各连接部位进行密封，锚具采用防护罩封闭。

体外预应力束体防护完成后，按工程设计要求的预定位置安装体外束主体减振器，安装固定减振器的支架并与主体结构之间进行固定，以保证减振器发挥作用。

2. 无粘结钢绞线逐根穿束体外索施工

在斜拉桥施工中广泛采用钢绞线拉索，其主要优势在于施工简便，索材料的运输和安装所需要投入的大型设备少，索的更换方便，大型和超长拉索造价相对降低，索的受力性能优越等。施工可参照《无粘结钢绞线斜拉索技术条件》JT/T 771—2009 执行。

（1）体外束的安装与定位

1）设置牵引系统

牵引系统由卷扬机和循环钢丝绳、牵引绳（$\phi5$ 高强钢丝）和连接器、放束钢支架、工作平台等组成。

2）安装梁端锚具

钢绞线锚具为夹片式群锚，为体外预应力束专用锚具，利用定位孔固定于锚垫板上。

3）安装外套管

体外束的外套管可采用 HDPE 套管或钢管等。HDPE 套管的优点是重量轻、防腐性能好、成本低、现场施工与安装简便。

4）钢绞线的安装

采用卷扬机等牵引设备将无粘结钢绞线逐根牵引入 HDPE 外套管内并穿过锚具后锚固就位，使用单根张拉千斤顶按设计要求张拉预紧至规定初始应力。

注意当钢绞线拉出锚环面后，调整钢绞线两端长度，检查单根钢绞线外层聚乙烯塑料防护套剥除长度是否准确，然后在张拉端和固定端对应的钢绞线锚孔内安装夹片。

(2) 体外束的张拉

钢绞线体外束的张拉，可以安装就位后整体张拉；或采用两阶段张拉法，即先化整为零，逐根安装、逐根张拉，再进行整体调束张拉到位。

1) 整体张拉

钢绞线体外索安装预紧就位后，使用大吨位千斤顶对体外索进行整体张拉。张拉完成后，对所有锚固夹片进行顶压锚固，以保证工作夹片锚固的平整度，之后安装夹片防松装置。

2) 两阶段张拉法

当转向器采用分体式分丝器时，需按编号对应顺序逐根将钢绞线穿过分丝器，穿束完成后即形成各根钢绞线平行的体外预应力整体束。单根钢绞线张拉可采用小型千斤顶逐根张拉的方式。逐根张拉采用“等值张拉法”的原理，即每根钢绞线的张拉力均相等，以满足每根钢绞线索均匀受力的要求。在单根钢绞线张拉完毕后，还需对体外索进行整体张拉，以检验并达到设计要求的张拉力。在全部钢绞线张拉完成后，对所有锚固夹片进行顶压锚固，以保证工作夹片锚固的平整度。顶压完成后，用手持式砂轮切割机切除多余的钢绞线，但要注意保留以后换束时所需的工作长度。安装锚环后的橡胶垫、夹片防松限位板，以便防止夹片松脱。

(3) 体外束的防护

无粘结钢绞线多层防护束可选择如下防护工艺与材料：1) 高性能水泥基浆体或聚合物砂浆浆体；2) 专用防腐油脂或石蜡；3) 采用无粘结涂环氧树脂钢绞线，束主体亦可不灌浆。锚具采用防护罩封闭，防护罩内灌入专用防腐材料。

3. 钢与混凝土组合箱梁桥体外预应力施工

体外束在钢箱梁中的锚固区和转向节点处需采取加强措施，以避免体外预应力作用下钢结构局部失稳或过大变形；锚固区锚下构造和转向节点钢套管一般在钢结构加工厂与钢箱梁整体制作，以保证体外束的束形准确；钢箱梁端部锚固区段常采用灌注补偿收缩混凝土的做法，以提高局部抗压承载力；体外束在穿过非转向节点钢梁横隔板时，必须设置过渡钢套管，过渡钢套管定位应准确，两端为喇叭口形状并倒角圆滑处理；体外束可选用成品索，以简化施工过程并保证耐久性。

钢与混凝土组合箱梁桥体外预应力施工工艺流程包括：

钢箱梁制作与现场组装→施工机具准备→钢套管内安装转向器、安装钢套管与转向器之间的橡胶密封条→体外索穿束→灌注钢套管与转向器之间的浆体→张拉体外索→安装转向器与体外索之间的橡胶密封条→灌注索体与转向器之间及锚固端延长筒内的浆体→安装锚具防松装置及锚固系统防护罩→安装减振器。

(1) 钢箱梁制作与现场组装：钢箱梁一般在工厂分段加工制作，运输至现场后组装为整体，其中锚固区锚下构造和转向节点钢套管在钢结构加工厂与箱梁整体制作并安装完成。

(2) 施工机具的准备：张拉机具与设备配套的标定，辅助机具的调试。各种机具设备进入施工工地现场后，使用之前均应进行试运行，以确保处于正常状态，然后即可在工作台面就位。穿束时将牵引设备以及滑轮组布置在适当的位置。

(3) 钢套管内安装转向器、安装钢套管与转向器之间的橡胶密封条：将转向器安装于钢套管内，并且临时固定，转向器两端外露出长度相同。钢套管与转向器之间的密封使用 20mm 左右厚的纯橡胶板割成适当宽度的橡胶条，将橡胶密封条塞满套管与转向器之间的空隙，也可采用其他弹性密封材料封堵二者之间的空隙。

(4) 体外索穿束：为了方便施工时放索，成品索的端头均设有便于与钢丝绳连接的连接装置“牵引头”，在工厂内制作完成的成品索卷制成盘运抵工地就位，利用牵引设备牵引成品索缓慢放索并穿过对应的预留孔。牵引过程中，采用可靠的保护措施防止索体表面的HDPE护套受到损伤。在体外索进入钢箱梁的锚固端延长钢套管前，根据精确测量的钢梁两端锚固点之间的实际距离，准确剥除体外束成品索体两端HDPE护套层，确保在张拉后索体HDPE层进入预埋管的长度不小于300mm，随后用清洗剂清除裸露的钢绞线的防腐油脂并安装锚具及夹片。

（5）第一次灌浆（灌注钢套管与转向器之间浆体）：钢套管与转向器之间的孔道两端，留设灌浆管和排气管，从低点灌浆，高点排气。灌浆均采用无收缩灌浆料，按灌浆施工有关规范和设计要求进行灌浆施工。

（6）体外索张拉：安装体外预应力锚具及夹片，各根钢绞线孔位要对齐，锚具紧贴垫板，并注意保护各组装件不受污染。成品索采用大吨位千斤顶进行整体张拉，张拉控制程序为：0→10%σ_{con}→100%σ_{con}（持荷2min）→锚固，或采用规范与设计许可的其他张拉控制程序。当体外索长度大于80m时，为防止反复张拉使夹片锚固效率降低或失效，采用“双撑脚与双工具锚”张拉施工工艺。钢箱梁体外索张拉应保证对称进行，张拉时采取同步控制措施，每完成一个张拉行程，测量伸长值并进行校核。

（7）安装转向器与体外索之间的橡胶密封条：施工方法与安装钢套管与转向器之间的橡胶板相同。

（8）第二次灌浆（灌注索体与转向器之间及锚固端延长筒内的浆体）：施工方法与第一次灌浆相同。

（9）安装锚具防松装置及锚固系统防护罩：使用机械方法整齐地切除锚头两端的多余钢绞线，钢绞线在锚板端面外的保留长度为30～50mm。安装防松装置并拧紧螺母，保证有效地防止夹片松脱。对于有换索和补张拉要求的工程，钢绞线在锚板端面外的保留长度应符合放张工艺要求。随后在锚头上安装上保护罩，保护罩内灌注专用防腐油脂、石蜡或其他防腐材料。

（10）安装减振器：按设计位置安装减振器并可靠固定就位。

4.预制混凝土节段箱梁桥体外预应力施工要点

体外束在预制节段箱梁中的锚固区和转向节点处的设计配筋构造需在各预制节段制作过程中加以保证；预制箱梁节段在短线法台座或长线法台座上使用“匹配浇筑”方法制作，节段箱梁运至施工现场后，采用架桥机械或支撑大梁整跨拼装施工；锚固区导管和转向节点钢套管或转向器在预制加工厂与箱梁整体制作，从而保证体外束的束形准确；采用环氧树脂胶结缝的各预制节段之间的施工拼装间隙，使用临时预应力来压紧与消除。体外束可选用成品索或无粘结钢绞线多层防护束体系。

预制混凝土节段箱梁桥体外预应力施工工艺流程包括：

预制混凝土节段箱梁制作与施工现场拼装→施工机具准备→转向器（如分体式转向器）的安装、安装钢套管与转向器之间的橡胶密封条→转向器与钢套管之间灌注浆体→预应力筋下料与穿束→安装体外预应力锚具及张拉体外束→锚固系统预埋管内灌浆→安装锚具防松装置和锚固系统防护罩→安装减振装置。

（1）预制混凝土节段箱梁制作与施工现场拼装：在预制工厂内或现场制作预制混凝土箱梁节段，节段梁间可用环氧树脂胶涂抹粘结或采用干接缝。采用架桥机安装预制节段箱梁。

（2）施工机具的准备：张拉千斤顶与油泵配套进行标定，调试辅助机具。有关机具设备进入施工工地现场后，使用之前均应进行试运行，以保证处于正常状态。

（3）转向器（如分体式转向器）的安装：根据设计位置将转向器分丝管按编号对应放置，清理分丝管与孔道之间的杂物。调节分丝管位置，确保其与设计曲线位置相符。

（4）安装钢套管与转向器之间的橡胶密封条：用20mm左右厚的纯橡胶板割成适当宽度的

橡胶条，用橡胶条塞满套管与转向器两端之间的空隙，也可采用其他弹性密封材料封堵二者间的空隙。

（5）钢套管与转向器之间灌注浆体：灌浆前先对预埋管进行清洁处理，灌浆时从最低点的灌浆孔灌入，由最高点的排气孔排气和排浆，并由下层往上层灌浆。灌浆应缓慢、均匀地进行且不得中断，当排气孔冒出与进浆孔相同浓度的浆体时停止灌浆，持压 1min 后封堵灌浆管。

灌浆时应制备浆体强度试块，张拉前浆体强度需要达到设计要求。

（6）预应力筋下料与穿索：体外预应力材料进场验收应对其质量证明书、包装、标志和规格等进行全面检查。无粘结预应力筋成品盘运抵工地就位，在梁端头放置放线架固定索盘，采用人工或机械牵引。牵引过程中，采用可靠的保护措施防止无粘结预应力筋外包的 HDPE 护套受到机械损伤。在无粘结预应力筋进入锚固端的预埋管之前，根据精确测量的两端锚固的实际距离，剥除两端 HDPE 外套层，确保在张拉后无粘结预应力筋的 HDPE 层进入预埋管的长度不小于 300mm，清除裸露钢绞线的防腐油脂，以保证钢绞线与浆体之间的握裹力。穿束完成后，检查无粘结预应力筋外包 HDPE 有无破损。

（7）安装体外预应力锚具及张拉体外束：张拉机具设备应与锚具配套使用，根据体外束的类型选用相应的千斤顶及相配套电动油泵。安装预埋端部的密封装置及锚头内密封筒，锚垫板，分别在体外束两端装上工作锚板及夹片，先用小型千斤顶进行单根预紧，预紧应力为 $5\%\sigma_{con}$。预紧完毕后安装大吨位千斤顶进行体外索整体张拉。张拉达到设计控制应力后，锚固并退出千斤顶，旋紧专用压板的螺母压紧夹片。1）体外束的张拉控制应力应符合设计要求，并考虑锚口预应力损失；2）体外束张拉采用应力控制为主，测量伸长值进行校核，实测伸长值与理论计算伸长值的偏差值应控制在±6%以内。

（8）锚固系统预埋管内灌浆：与工序 5 要求相同。

（9）安装锚具防松装置和锚固系统防护罩：采用机械方法切除锚具夹片外多余钢绞线，保留长度为 30～50mm。安装防松装置并拧紧螺母，防止夹片松脱。对于有调索和换索要求的工程，钢绞线在锚板端面外的保留长度应符合二次张拉工艺要求。锚具上安装上保护罩并灌注专用防腐油脂或其他防腐材料。

（10）安装减振装置：安装减振橡胶块装置并与钢支架固定。

4.6.5.5 质量验收

体外预应力结构质量验收除应符合现行有关规范与标准要求，尚应考虑其特殊性要求。根据工程设计与使用需求，可以安排施工期间和结构使用期内的各种检测项目，如体外预应力束的应力精确测试和长期监测、转向器摩擦系数测试及转向器处预应力筋横向挤压试验及各种工艺试验等。

4.7 预应力混凝土先张法施工

先张法是将张拉的预应力筋临时锚固在台座或钢模上，然后浇筑混凝土，待混凝土达到设计或有关规定的强度（一般不低于设计混凝土强度标准值的 75%）放张预应力筋，并切断构件外的预应力筋，借助混凝土与预应力筋间的握裹力，对混凝土构件施加预应力。先张法适用于预制预应力混凝土构件的工厂化生产。采用台座法生产时，预应力筋的张拉锚固、混凝土构件的浇筑养护和预应力筋的放张等均在台座上进行，台座成为承担预张拉力的设备之一。下面主要介绍台座类型与选用。

4.7.1 台座

台座在先张法构件生产中是主要的承力设备，它承受预应力筋的全部张拉力。台座在受力状态下的变形、滑移会引起预应力的损失和构件的变形，因此台座应有足够的强度、刚度和稳定性。

台座的形式有多种，但按构造型式主要可分为墩式台座和槽式台座两类，其他形式的台座也是介于这两者之间。选用时可根据构件种类、张拉吨位和施工条件确定。

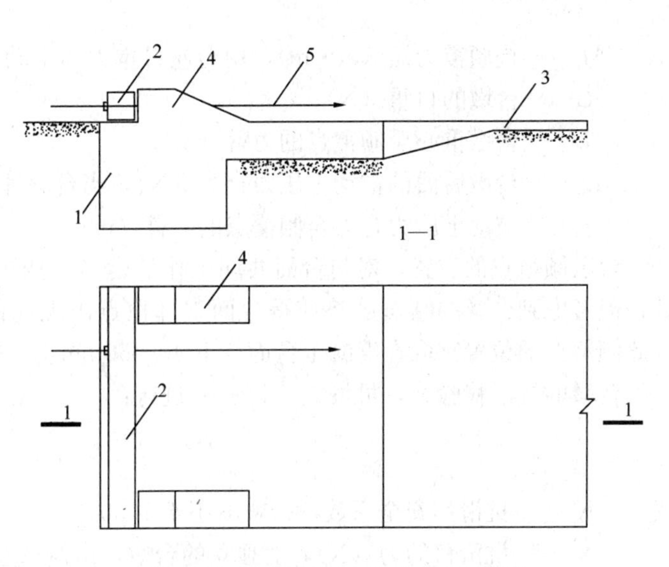

图 4-7-1 钢筋混凝土墩式台座示意图

1—台墩；2—横梁；3—台面；4—牛腿；5—预应力筋，台座的长度 L

4.7.1.1 墩式台座

墩式台座是由台墩、台面与横梁三部分组成，见图 4-7-1。目前常用的是台墩与台面共同受力的墩式台座。其长度通常为 50～150m，也可根据构件的生产工艺等选定。台座的承载力应满足构件张拉力的要求。

台座长度可按式（4-7-1）计算：

$$L=l\times n+(n-1)\times 0.5+2K \tag{4-7-1}$$

式中 l——构件长度（m）；

n——一条生产线内生产的构件数；

0.5——两根构件相邻端头间的距离（m）；

K——台座横梁到第一根构件端头的距离；一般为 1.25～1.5m。

台座的宽度主要取决于构件的布筋宽度、张拉与浇筑混凝土是否方便，一般不大于 2m。在台座的端部应留出张拉操作用地和通道，两侧要有构件运输和堆放的场地。

1. 台墩

承力台墩一般由现浇钢筋混凝土而成。台墩应有合适的外伸部分，以增大力臂而减少台墩自重。台墩应具有足够的强度、刚度和稳定性。稳定性验算一般包括抗倾覆验算与抗滑移验算。

台墩的抗倾覆验算，参照图 4-7-2 可按式（4-7-2）进行计算：

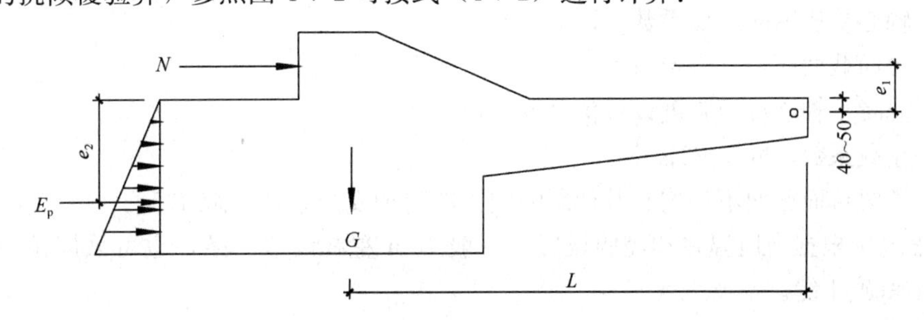

图 4-7-2 计算简图

$$K=\frac{M_1}{M}=\frac{GL+E_pe_2}{Ne_1}\geqslant 1.50 \tag{4-7-2}$$

式中 K——抗倾覆安全系数，一般不小于 1.50；

M——倾覆力矩（N·m），由预应力筋的张拉力产生；

N——预应力筋的张拉力（N）；

e_1——张拉力合力作用点至倾覆点的力臂（m）；

M_1——抗倾覆力矩（N·m），由台座自重力和主动土压力等产生；

G——台墩的自重（N）；

L——台墩重心至倾覆点的力臂（m）；

E_p——台墩后面的被动土压力合力（N），当台墩埋置深度较浅时，可忽略不计；

e_2——被动土压力合力至倾覆点的力臂（m）。

台墩倾覆点的位置，对与台面共同工作的台墩，按理论计算倾覆点应在混凝土台面的表面处；但考虑到台墩的倾覆趋势使得台面端部顶点出现局部应力集中和混凝土面层的施工质量，因此倾覆点的位置宜取在混凝土台面往下 40～50mm 处。

台墩的抗滑移验算，可按式（4-7-3）进行：

$$K_c = \frac{N_1}{N} \geqslant 1.30 \tag{4-7-3}$$

式中 K_c——抗滑移安全系数，一般不小于 1.30；

N_1——抗滑移的力（N），对独立的台墩，由侧壁土压力和底部摩阻力等产生。对与台面共同工作的台墩，以往在抗滑移验算中考虑台面的水平力、侧壁土压力和底部摩阻力共同工作。通过分析认为混凝土的弹性模量（C20 混凝土 $E_c=2.55\times10^4 N/mm^2$）和土的压缩模量（低压缩土 $E_s=20N/mm^2$。）相差极大。两者不可能共同工作；而底部摩阻力也较小（约占 5%），可略去不计；实际上台墩的水平推力几乎全部传给台面，不存在滑移问题。因此，台墩与台面共同工作时，可不作抗滑移计算，而应验算台面的承载力。

台墩的牛腿和延伸部分，分别按钢筋混凝土结构的牛腿和偏心受压构件计算。

横梁的挠度不应大于 2mm，并不得产生翘曲。预应力筋的定位板必须安装准确，其挠度不大于 1mm。

2. 台面

台面一般是在夯实的碎石垫层上浇筑一层厚度为 60～100mm 的混凝土而成。其水平承载力 P 可按式（4-7-4）计算：

$$P = \frac{\varphi A f_c}{K_1 K_2} \tag{4-7-4}$$

式中 P——轴心受压纵向弯曲系数，取 $\varphi=1$；

A——台面截面面积（mm^2）；

f_c——混凝土轴心抗压强度设计值（N/mm^2）；

K_1——超载系数，取 1.25；

K_2——考虑台面截面不均匀和其他影响因素的附加安全系数，取 1.5。

台面伸缩缝可根据当地温差和经验设置。一般 10m 左右设置一条，也可采用预应力混凝土滑动台面，不留施工缝。

4.7.1.2 槽式台座

槽式台座由端柱、传力柱、柱垫、上下横梁、砖墙和台面等组成，既可承受张拉力，又可作为蒸汽养护槽，适用于张拉吨位较高的大型构件，如吊车梁、屋架、薄腹梁等。

1. 槽式台座构造（图 4-7-3）

（1）台座的长度一般选用 50～80m，也可根据工艺要求确定，宽度随构件外形及制作方式而定，一般不小于 1m。

（2）槽式台座一般与地面相平，以便运送混凝土和蒸汽养护。但需考虑地下水位和排水等问题。

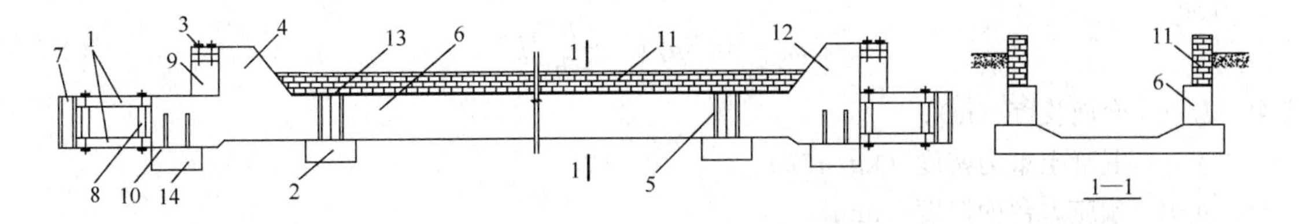

图 4-7-3　槽式台座构造示意图

1—下横梁；2—基础板；3—上横梁；4—张拉端柱；5—卡环；6—中间传力柱；7—钢横梁；8、9—垫块；10—连接板；11—砖墙；12—锚固端柱；13—砂浆嵌缝；14—支座底板

（3）端柱、传力柱的端面必须平整，对接接头必须紧密；柱与柱垫连接必须牢靠。

2. 槽式台座计算要点

槽式台座亦需进行强度和稳定性计算。端柱和传力柱的强度按钢筋混凝土结构偏心受压构件计算。槽式台座端柱抗倾覆力矩由端柱、横梁自重力及部分张拉力组成。

3. 拼装式台座

拼装式台座是由压柱与横梁组装而成，适用于施工现场临时生产预制构件用。

（1）拼装式钢台座是由格构式钢压柱、箱形钢横梁、横向连系工字钢、张拉端横梁导轨，放张系统等组成。这种台座型钢的线胀系数与受力钢绞线的线胀系数一致，热养护时无预应力损失。

拼装式钢台座的优点：装拆快、效率高、产品质量好、支模振捣方便，适用于施工现场预制工作量较大的情况。

（2）拼装式混凝土台座，根据施工条件和工程进度。因地制宜利用废旧构件或工程用构件组成。待预应力构件生产任务完成后，组成台座的构件仍可用于工程上。

4.7.1.3　预应力混凝土台面

普通混凝土台面由于受温差的影响，经常会发生开裂，导致台面使用寿命缩短和构件质量下降。为了解决这一问题，预制构件厂采用了预应力混凝土滑动台面。

预应力混凝土滑动台面的做法（图 4-7-4）是在原有的混凝土台面或新浇的混凝土基层上刷隔离剂。张拉预应力钢丝。浇筑混凝土面层。待混凝土达到放张强度后切断钢丝，台面就发生滑动。

台面由于温差引起的温度应力 σ_0，可按式（4-7-5）计算：

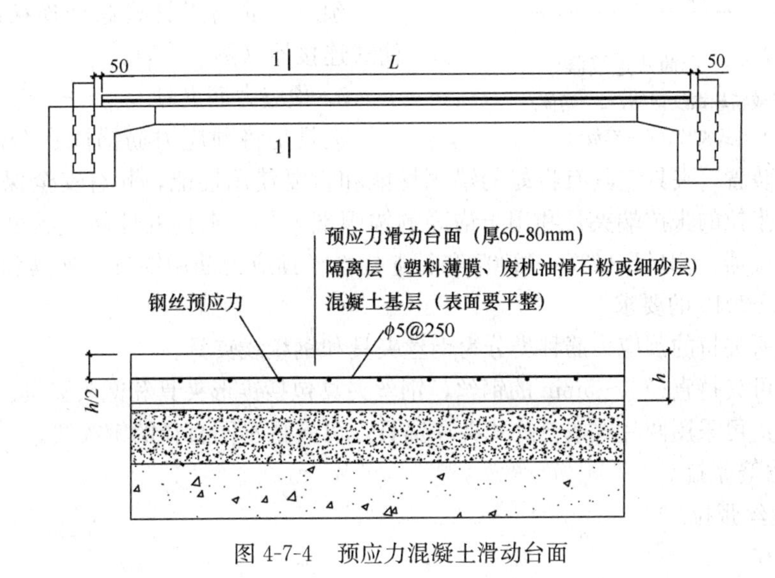

图 4-7-4　预应力混凝土滑动台面

$$\sigma_0 = 0.5\mu\gamma\left(1+\frac{h_1}{h}\right)L \tag{4-7-5}$$

式中 L——台面长度（m）；

γ——混凝土重力密度（kg/m^3）；

h——预应力台面厚度（mm）；

h_1——台面上堆积物的折算厚度（mm）；

μ——台面与基层混凝土的摩擦系数，对皂脚废机油或废机油滑石粉隔离剂为 0.65。

为了使预应力台面不出现裂缝，台面的预压应力 σ_{pc}。不得低于式（4-7-6）：

$$\sigma_{pc} \geqslant \sigma_0 - 0.5 f_{tk} \tag{4-7-6}$$

式中 f_{tk}——混凝土的抗拉强度标准值（N/mm^2）。

预应力台面用的钢丝，可选用各种预应力钢丝，居中配置，$\sigma_{con} = 0.70 f_{ptk}$。混凝土可选用 C30 或 C40。

预应力台面的基层要平整，隔离层要好。以减少台面的咬合力、粘结力与摩擦力。浇筑混凝土后要加强养护，以免出现收缩裂缝。预应力台面宜在温差较小的季节施工。以减少温差引起的温度应力。

4.7.2　一般先张法工艺

4.7.2.1　工艺流程

一般先张法的施工工艺流程包括：预应力筋的加工、铺设；预应力筋张拉；预应力筋放张；质量检验等。

4.7.2.2　预应力筋的加工与铺设

1. 预应力筋的加工

预应力钢丝和钢绞线下料，应采用砂轮切割机，不得采用电弧切割。

2. 预应力筋的铺设

长线台座台面（或胎模）在铺设预应力筋前应涂隔离剂。隔离剂不应沾污预应力筋，以免影响预应力筋与混凝土的粘结。如果预应力筋遭受污染，应使用适宜的溶剂加以清洗干净。在生产过程中，应防止雨水冲刷台面上的隔离剂。

预应力筋与工具式螺杆连接时，可采用套筒式连接器（图 4-7-5）。

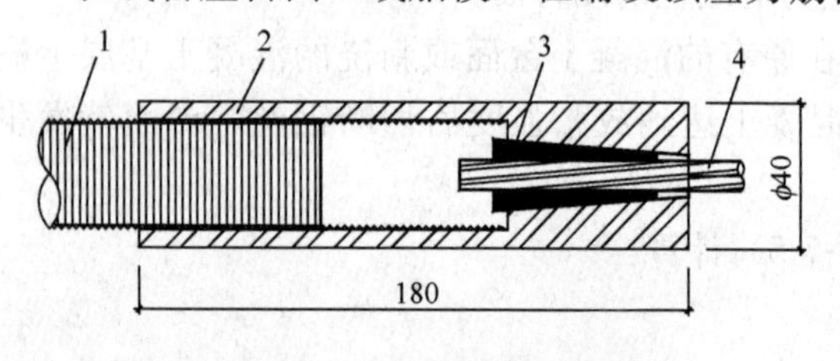

图 4-7-5　套筒式连接器

1—螺杆或精轧螺纹钢筋；2—套筒；3—工具式夹片；4—钢绞线

3. 预应力筋夹具

夹具是将预应力筋锚固在台座上并承受预张力的临时锚固装置，夹具应具有良好的锚固性能和重复使用性能，并有安全保障。先张法的夹具可分为用于张拉的张拉端夹具和用于锚固的锚固端夹具，夹具的性能应满足《预应力筋用锚具、夹具和连接器》GB/T 14370—2007 和行业标准《预应力筋用锚具、夹具和连接器应用技术规程》JGJ 85—2010 的要求。

夹具可按照所夹持的预应力筋种类分为钢丝夹具和钢绞线夹具。

钢丝夹具：可夹持直径 3～5mm 的钢丝，钢丝夹具包括锥形夹具和镦头夹具。

钢绞线夹具：可采用两片式或三片式夹片锚具，可夹持不同直径的钢绞线。

4.7.2.3　预应力筋张拉

1. 预应力钢丝张拉

（1）单根张拉

张拉单根钢丝，由于张拉力较小，张拉设备可选择小型千斤顶或专用张拉机张拉。

（2）整体张拉

1）在预制厂以机组流水法或传送带法生产预应力多孔板时，还可在钢模上用镦头梳筋板夹具整体张拉。钢丝两端镦头，一端卡在固定梳筋板上，另一端卡在张拉端的活动梳筋板上。用张拉钩钩住活动梳筋板，再通过连接套筒将张拉钩和拉杆式千斤顶连接，即可张拉。

2）在两横梁式长线台座上生产刻痕钢丝配筋的预应力薄板时，钢丝两端采用单孔镦头锚具（工具锚）安装在台座两端钢横梁外的承压钢板上，利用设置在台墩与钢横梁之间的两台台座式千斤顶进行整体张拉。也可采用单根钢丝夹片式夹具代替镦头锚具，便于施工。

当钢丝达到张拉力后，锁定台座式千斤顶，直到混凝土强度达到放张要求后，再放松千斤顶。

（3）钢丝张拉程序

预应力钢丝由于张拉工作量大，宜采用一次张拉程序。0→（1.03～1.05）σ_{con}（锚固）

其中，1.03～1.05是考虑测力的误差、温度影响、台座横梁或定位板刚度不足、台座长度不符合设计取值、工人操作影响等。

2. 预应力钢绞线张拉

（1）单根张拉

在两横梁式台座上，单根钢绞线可采用与钢绞线张拉力配套的小型前卡式千斤顶张拉，单孔夹片工具锚固定。为了节约钢绞线，也可采用工具式拉杆与套筒式连接器。如图4-7-6所示。

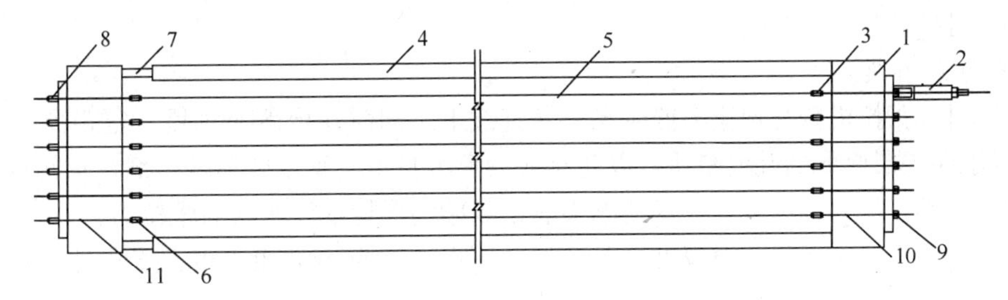

图4-7-6　单根钢绞线张拉示意图

1—横梁；2—千斤顶；3、6—连接器；4—槽式承力架；5—预应力筋；7—放张装置；8—固定端锚具；9—张拉端螺帽锚具；10、11—绞线连接拉杆

预制空心板梁的张拉顺序可先从中间向两侧逐步对称张拉。对预制梁的张拉顺序也要左右对称进行。如梁顶与梁底均配有预应力筋，则也要上下对称张拉，防止构件产生较大的反拱。

（2）整体张拉

在三横梁式台座上，可采用台座式千斤顶整体张拉预应力钢绞线，见图4-7-7。台座式千斤顶与活动横梁组装在一起，利用工具式螺杆与连接器将钢绞线挂在活动横梁上。张拉前，宜采

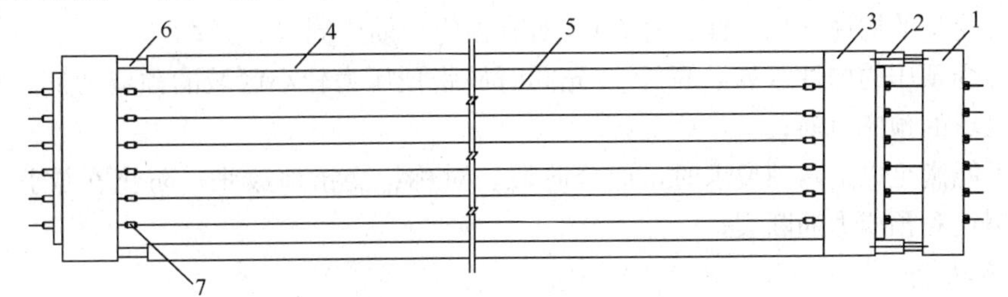

图4-7-7　三横梁式成组张拉装置

1—活动横梁；2—千斤顶；3—固定横梁；4—槽式台座；5—预应力筋；6—放张装置；7—连接器

用小型千斤顶在固定端逐根调整钢绞线初应力。张拉时，台座式千斤顶推动活动横梁带动钢绞线整体张拉。然后用夹片锚或螺母锚固在固定横梁上。为了节约钢绞线，其两端可再配置工具式螺杆与连接器。对预制构件较少的工程，可取消工具式螺杆，直接将钢绞线用夹片锚锚固在活动横梁上。如利用台座式千斤顶整体放张，则可取消固定端放张装置。在张拉端固定横梁与锚具之间加U形垫片，有利于钢绞线放张。

（3）钢绞线张拉程序

采用低松弛钢绞线时，可采取一次张拉程序。

对单根张拉，0→σ_{con}（锚固）

对整体张拉，0→初应力调整→σ_{con}（锚固）

3. 预应力张拉值校核

预应力筋的张拉力，一般采用张拉力控制，伸长值校核，张拉时预应力筋的理论伸长值与实际伸长值的允许偏差为±6%。

预应力筋张拉锚固后，应采用测力仪检查所建立的预应力值，其偏差不得大于或小于设计规定相应阶段预应力值的5%。

预应力筋张拉应力值的测定有多种仪器可以选择使用，一般对于测定钢丝的应力值多采用弹簧测力仪、电阻应变式传感仪和弓式测力仪。对于测定钢绞线的应力值，可采用压力传感器、电阻式应变传感器或通过连接在油泵上的液压传感器读数仪直接采集张拉力等。

预应力钢丝内力的检测，一般在张拉锚固后1小时内进行。此时，锚固损失已完成，钢筋松弛损失也部分产生。检测时预应力设计规定值应在设计图纸上注明，当设计无规定时，可按有关规范及标准执行。

4. 张拉注意事项：

1）张拉时，张拉机具与预应力筋应在一条直线上；同时在台面上每隔一定距离放一根圆钢筋头或相当于保护层厚度的其他垫块，以防预应力筋因自重下垂，破坏隔离剂，玷污预应力筋。

2）预应力筋张拉并锚固后，应保证测力表读数始终保持设计所需的张拉力。

3）预应力筋张拉完毕后，对设计位置的偏差不得大于5mm，也不得大于构件截面最短边长的4%。

4）在张拉过程中发生断丝或滑脱钢丝时，应予以更换。

5）台座两端应有防护设施。张拉时沿台座长度方向每隔4～5m放一个防护架，两端严禁站人，也不准进入台座。

4.7.2.4 预应力筋放张

预应力筋放张时，混凝土的强度应符合设计要求；如设计无规定，不应低于设计的混凝土强度标准值的75%。

1. 放张顺序

预应力筋放张顺序，应按设计与工艺要求进行。如无相应规定，可按下列要求进行：

（1）轴心受预的构件（如拉杆、桩等），所有预应力筋应同时放张；

（2）偏心受预压的构件（如梁等），应先同时放张预压力较小区域的预应力筋，再同时放张预压力较大区域的预应力筋；

（3）如不能满足以上两项要求时，应分阶段、对称、交错地放张，防止在放张过程中构件产生弯曲、裂纹和预应力筋断裂；

2. 放张方法

预应力筋的放张，应采取缓慢释放预应力的方法进行，防止对混凝土结构的冲击。常用的放张方法如下：

(1) 千斤顶放张

用千斤顶拉动单根拉杆或螺杆，松开螺母。放张时由于混凝土与预应力筋已结成整体，松开螺母所需的间隙只能是最前端构件外露钢筋的伸长，因此，所施加的应力需要超过控制值。

采用两台台座式千斤顶整体缓慢放松（图 4-7-8），应力均匀，安全可靠。放张用台座式千斤顶可专用或与张拉合用。为防止台座式千斤顶长期受力，可采用垫块顶紧，替换千斤顶承受压力。

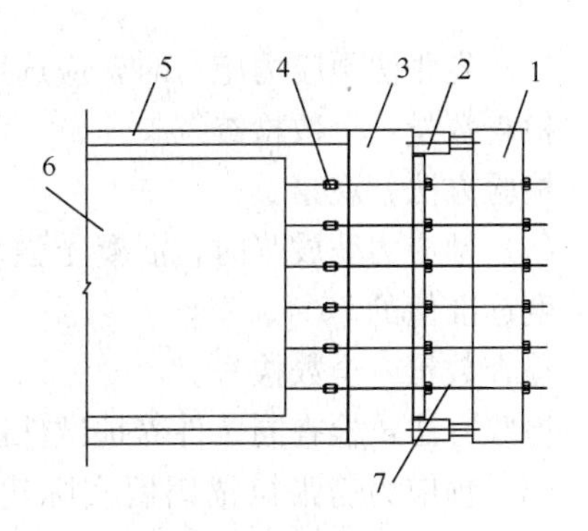

图 4-7-8 两台千斤顶放张

1—活动横梁；2—千斤顶；3—横梁；4—绞线连接器；5—承力架；6—构件；7—拉杆

(2) 机械切割或氧炔焰切割

对先张法板类构件的钢丝或钢绞线，放张时可直接用切割机械或氧炔焰切割。放张工作宜从生产线中间处开始，以减少回弹量且有利于脱模；对每一块板，应从外向内对称放张，以免构件扭转而端部开裂。

3. 放张注意事项

(1) 为了检查构件放张时钢丝与混凝土的粘结是否可靠，切断钢丝时应测定钢丝往混凝土内的回缩数值。

钢丝回缩值的简易测试方法是在板端贴玻璃片和在靠近板端的钢丝上贴胶带纸用游标卡尺读数，其精度可达 0.1mm。

钢丝的回缩值不应大于 1.0mm。如果最多只有 20%的测试数据超过上述规定值的 20%，则检查结果是令人满意的。如果回缩值大于上述数值，则应加强构件端部区域的分布钢筋、提高放张时混凝土强度等。

(2) 放张前，应拆除侧模，使放张时构件能自由变形，否则将损坏模板或使构件开裂。对有横肋的构件（如大型屋面板），其端横肋内侧面与板面交接处做出一定的坡度或作成大圆弧，以便预应力筋放张时端横肋能沿着坡面滑动。必要时在胎模与台面之间设置滚动支座。这样，在预应力筋放张时，构件与胎模可随着钢筋的回缩一起自由移动。

(3) 用氧炔焰切割时。应采取隔热措施，防止烧伤构件端部混凝土。

4.7.2.5 质量检验

先张法预应力施工质量，应按现行国家标准《混凝土结构工程施工质量验收规范》GB 50204—2002 的规定进行验收。

1. 主控项目

(1) 预应力筋进场时，应按现行国家标准《预应力混凝土用钢丝》GB/T 5223—2002、《预应力混凝土用钢绞线》GB/T 5224—2003 等的规定抽取试件作力学性能检验，其质量必须符合有关标准的规定。

检查数量：按进场的批次和产品的抽样检验方案确定。

检验方法：检查产品合格证、出厂检验报告和进场复验报告。

(2) 预应力筋用夹具的性能，应符合现行国家标准《预应力筋用锚具、夹具和连接器》GB/T 14370—2007 和行业标准《预应力筋用锚具、夹具和连接器应用技术规程》JGJ 85—2010 的规定。

检验方法：检查产品合格证和出厂检验报告。

(3) 预应力筋铺设时，其品种、级别、规格、数量等必须符合设计要求。

检查数量：隐蔽工程验收时全数检查。

检验方法：观察与钢尺检查。

(4) 先张法预应力施工时，应选用非油类隔离剂．并应避免沾污预应力筋。

检查数量：全数检查。

检验方法：观察。

(5) 预应力筋放张时，混凝土强度应符合设计要求；如设计无规定，不应低于设计的混凝土强度标准值的75%。

检查数量：全数检查。

检验方法：检查同条件养护试件试验报告。

(6) 预应力筋张拉锚固后实际建立的预应力值与工程设计规定检验值的相对允许偏差为±5%。

检查数量：每工作班抽查预应力筋总数的1%，且不少于3根。

检验方法：检查预应力筋应力检测记录。

(7) 在浇筑混凝土前发生断裂或滑脱的预应力筋必须予以更换。

检验方法：全数观察。检查张拉纪录。

(8) 预应力筋放张时，宜缓慢放松锚固装置。使各根预应力筋同时缓慢放松。

检验方法：全数观察检查。

2. 一般项目

(1) 钢丝两端采用镦头夹具时，对短线整体张拉的钢丝．同组钢丝长度的极差不得大于2mm。钢丝镦头的强度不得低于钢丝强度标准值的98%。

检查数量：每工作班抽查预应力筋总数的3%，且不少于3束。对钢丝镦头强度，每批钢丝检查6个镦头试件。

检验方法：观察、钢尺检查。检查钢丝镦头试验报告。

(2) 锚固时张拉端预应力筋的内缩量应符合设计要求。

检查数量：每工作班抽查预应力筋总数的3%，且不少于3根。

检验方法：钢尺检查。

(3) 先张法预应力筋张拉后与设计位置的偏差不得大于5mm，且不得大于构件截面短边边长的4%。

检查数量：每工作班抽查预应力筋总数的3%，且不少于3束。

检验方法：钢尺检查。

4.7.3 折线张拉工艺

桁架式或折线式吊车梁配置折线预应力筋，可充分发挥结构受力性能，节约钢材，减轻自重。折线预应力筋可采用垂直折线张拉（构件竖直浇筑）和水平折线张拉（构件平卧浇筑）两种方法。

4.7.3.1 垂直折线张拉

图4-7-9为利用槽型台座制作折线式吊车梁的示意图。共12个转折点。在上下转折点处设置上下承力架，以支撑竖向力。预应力筋张拉可采用两端同时或分别按25%σ_{con}逐级加荷至100%σ_{con}的方式进行，以减少预应力损失。

为了减少预应力损失，应尽可能减少转角次数，据实测，一般转折点不宜超过10个（故台座也不宜过长）。为了减少摩擦，可将下承力架做成摆动支座，摆动位置用临时拉索控制。上承力架焊在两根工字钢梁上，工字钢梁搁置在台座上，为使应力均匀，还可在工字钢梁下设置千斤顶，将钢梁开到承力架向上顶升一定的距离，以补足预应力（成为横向张拉）。

钢筋张拉完毕后浇筑混凝土。当混凝土达一定强度后，两端同时放松钢筋，最后抽出转折点的圆柱轴8、13，只剩下支点钢管7、12埋在混凝土构件内（钢管直径$D\geqslant2.5$倍钢筋直径）。

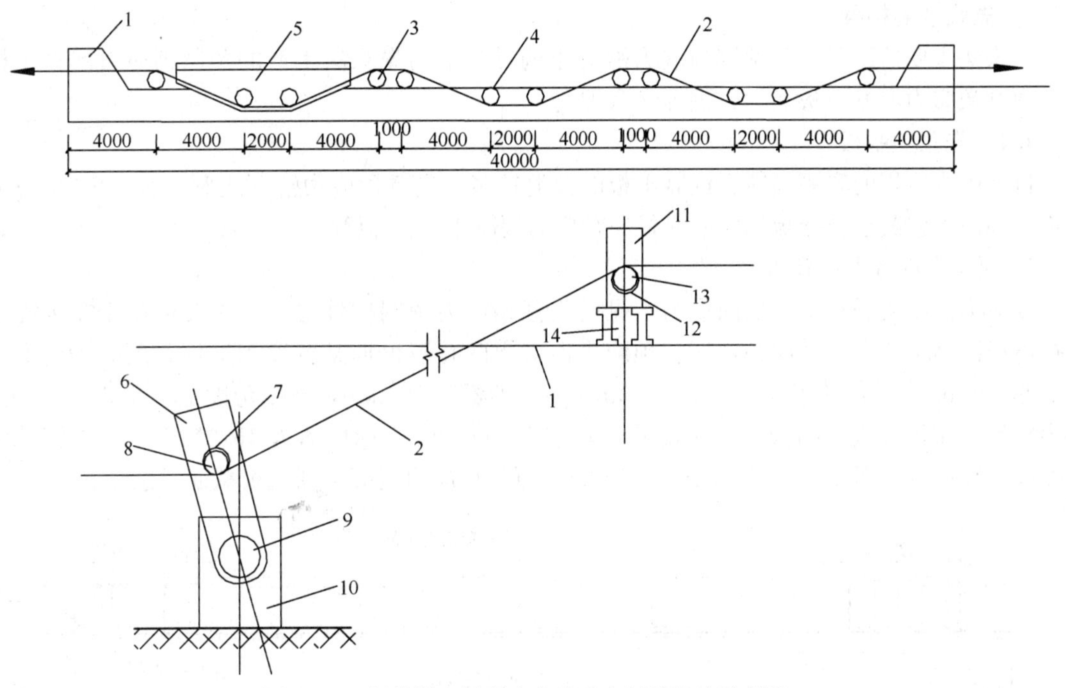

图 4-7-9　折线吊车梁预应力筋垂直折线张拉示意图

1—台座；2—预应力筋；3—上支点（即圆钢管 12）；4—下支点（即圆钢管 7）；5—吊车梁；6—下承力架；7、12—钢管；8、13—圆柱轴；9—连销；10—地锚；11—上承力架；14—工字钢梁

4.7.3.2　水平折线张拉

图 4-7-10 为利用预制钢筋混凝土双肢柱作为台座压杆，在现场对生产桁架式吊车梁的示意图。在预制柱上相应于钢丝弯折点处，套以钢筋抱箍 5，并装置短槽钢 7，连以焊接钢筋网片，预应力筋通过网片而弯折。为承受张拉时产生的横向水平力，在短槽钢上安置木撑 6、8。

两根折线钢筋可用 4 台千斤顶在两端同时张拉。或采用两台千斤顶同时在一端张拉后，再在另一端补张拉。为减少应力损失，可在转折点处采取横向张拉，以补足预应力。

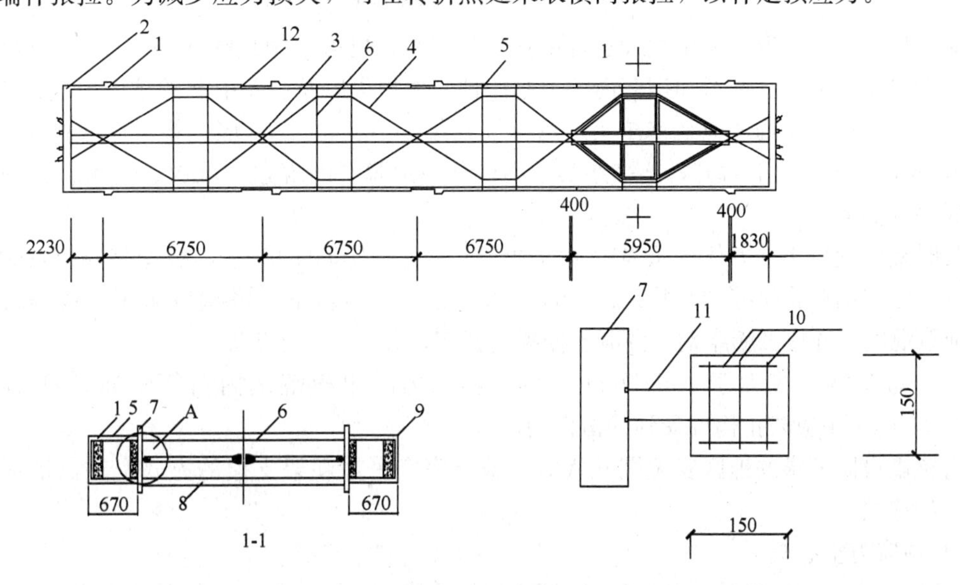

图 4-7-10　预应力筋水平折线张拉示意图

1—台座；2—横梁；3—直线预应力筋；4—折线预应力筋；5—钢筋抱箍；6、8—木撑；7—8 号槽钢；9—70×70 方木；10—3ϕ10 钢筋；11—2ϕ18 钢筋；12—砂浆填缝

4.7.4 先张预制构件

先张法主要适用于生产预制预应力混凝土构件。采用先张法生产的预制预应力混凝土构件包括预制预应力混凝土板、梁、桩等众多种类。

4.7.4.1 先张预制板

目前国内应用的先张预应力混凝土板的种类较多，包括预应力混凝土圆孔板、SP 预应力空心板、预应力混凝土叠合板的实心底板、预应力混凝土双 T 板等。

1. 预应力混凝土圆孔板

预应力混凝土圆孔板是目前最为常见的先张预应力预制构件之一，主要适用于非抗震设计及抗震设防烈度不大于 8 度的地区。预应力混凝土圆孔板根据其厚度和适用跨度分为两类，一类板厚 120mm，适用跨度范围 2.1～4.8m，另一类板厚 180mm，适用跨度范围 4.8～7.2m。预应力钢筋采用消除应力的低松弛螺旋肋钢丝 $\phi^{H}5$，抗拉强度标准值为 1570MPa，构造钢筋采用 HRB335 级钢筋。图 4-7-11 为 0.5m 宽 120mm 厚的预应力混凝土圆孔板截面示意图。

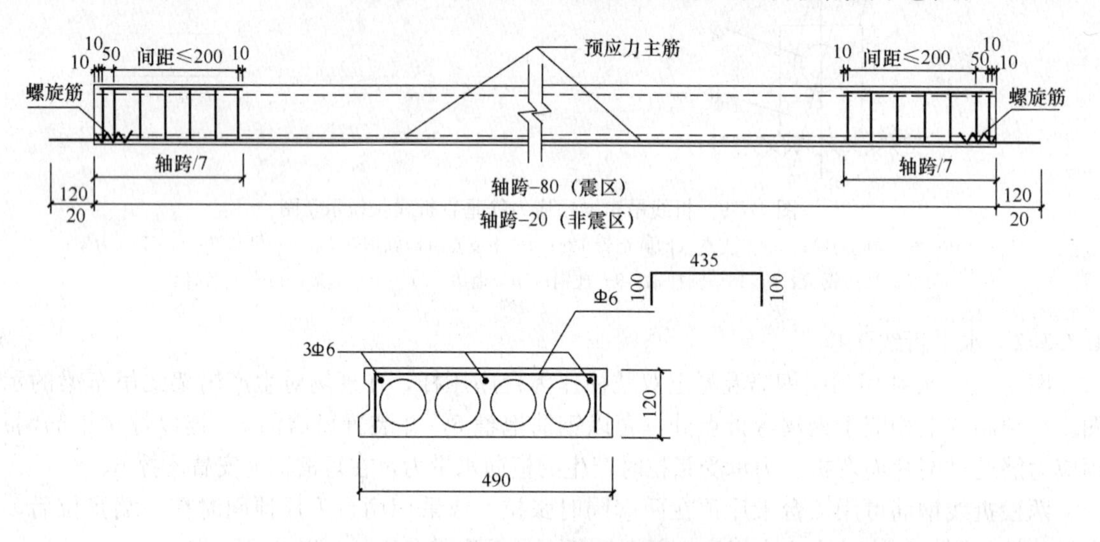

图 4-7-11 预应力圆孔板截面示意图

预应力混凝土圆孔板可采用长线法台座张拉预应力，也可采用短线法钢模模外张拉预应力。设计时应考虑张拉端锚具变形和钢筋内缩引起的预应力损失以及温差引起的预应力损失。

构件堆放运输时，场地应平整压实。每垛堆放层数不宜超过 10 层。垫木应放在距板端 200～300mm 处，并做到上下对齐，垫平垫实，不得有一角脱空的现象。堆放、起吊、运输过程中不得将板翻身侧放。

安装时板的混凝土立方体抗压强度应达到设计混凝土强度的 100%，板安装后应及时浇筑拼缝混凝土。灌缝前应将拼缝内杂物清理干净，并用清水充分湿润。灌缝应采用强度等级不低于 C20 的细石混凝土并掺微膨胀剂。混凝土振捣应密实，并注意浇水养护。

施工均布荷载不应大于 2.5kN/m²，荷载不均匀时单板范围内折算均布荷载不宜大于 2.0kN/m²，施工中应防止构件受到冲击作用。

在有抗震设防要求的地区安装圆孔板时，板支座宜采用硬架支模的方式，并保证板与支座实现可靠的连接。

2. SP 预应力空心板

SP 预应力空心板特指美国 SPANCRETE 公司及其授权的企业生产的预应力混凝土空心板。主要适用于抗震设防烈度不大于 8 度的地区。SP 预应力空心板一般板宽为 1200mm，板的厚度介于 100～380mm，适用跨度范围介于 3～18m。有关 SP 板轴跨与板厚的对应关系如表 4-7-1

所示：

SP 板轴跨与板厚对应关系（mm） **表 4-7-1**

板厚		100	120	150
轴跨	SP	3000～5100	3000～6000	4500～7500
	SPD	4200～6300	4800～7200	5400～9000
板厚		180	200	250
轴跨	SP	4800～9000	5100～10200	5700～12600
	SPD	6900～10200	7200～10800	8400～13800
	40SP	4800～9000	5100～10200	5700～12600
板厚		300	380	
轴跨	SP	6900～15000	8400～18000	
	SPD	9600～15000	12000～18000	
	40SP	6900～15000	8400～18000	

注：表中 SP 指无叠合层的 SP 板，钢绞线保护层厚度 20mm，40SP 指无叠合层的 SP 板，钢绞线保护层厚度 40mm。SPD 指在 SP 板顶面现浇 50～60mm 厚细石混凝土叠合层的板。

SP 板的预应力钢筋多采用 1860 级的 1×7 低松弛钢绞线，直径包括 9.5，11.1，12.7mm 三种，有时也采用 1570 级的 1×3 低松弛钢绞线，直径 8.6mm。图 4-7-12 为 1.2m 宽 200mm 厚的 SP 板截面示意图。

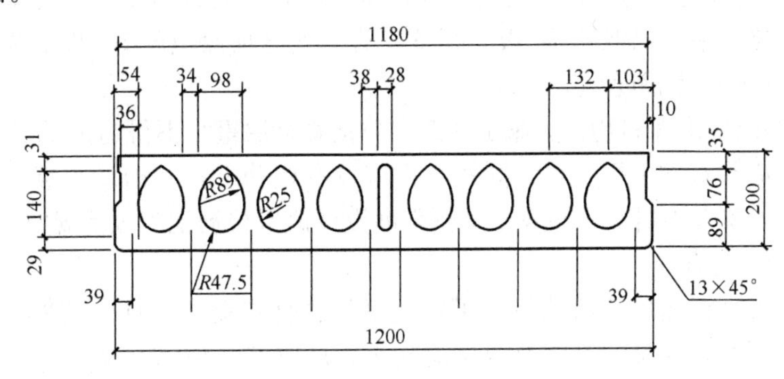

图 4-7-12　SP 板截面示意图

放张预应力钢绞线时板的混凝土立方体抗压强度必须达到设计混凝土强度等级值的 75%，并应同时在两端左右对称放张，严禁采用骤然放张。

生产时应对板采取有效措施，并确认钢绞线放张时不会导致板面开裂。对采用 12 根和 12 根以上直径 12.7mm 钢绞线的板，更应采取加强板端部抗裂能力或取消部分钢绞线端部一定长度内的握裹力等特殊措施，以防止放张板面开裂。如采取降低预应力张拉控制值时，应注意其对板允许荷载表的影响，采取取消部分钢绞线端部一定长度内的握裹力措施时应考虑对板端部抗裂和承载能力的影响。

空心板端部预应力钢绞线的实测回缩（缩入混凝土切割面）值应符合下列规定：

每块板各端的所有钢绞线回缩值的平均值，不得大于 2mm；并且单根钢绞线的回缩值不得大于 3mm（板端部涂油的钢绞线的允许回缩值另行确定）。回缩值不合格的板应根据实际情况经特殊处理后方可使用。

构件堆放、运输时，场地应平整压实。每垛堆放总高度不宜超过 2.0m，垫木应放在距板端 200～300mm 处，并做到上下对齐，垫平垫实，不得有一角脱空的现象。堆放、起吊、运输过程中不得将板翻身侧放。SP 板的支承处应平整，保证板端在支承处均匀受力。为减轻承重墙对板端的约束和便于拉齐板缝，在板底设置塑胶垫片会取得较好效果。

安装 SP 板时，一般宜将两块板之间板底靠紧安置，但板顶缝宽不宜小于 20mm。

为了保证空心板楼（屋）盖体系中，相邻 SP 板之间能相互传递剪力和协调相邻板间垂直变位，应做好板缝的灌缝工作。因此，应注意以下事项：

一般应采用强度不小于 20N/mm^2 的水泥砂浆，或强度不小于 C20 的细石混凝土灌实。灌缝用砂浆或细石混凝土应有良好的和易性，保证板间的键槽能浇注密实。所有 SP 板 SPD 板的灌浆工作，均应在吊装板后，进行其他工序前尽快实施。在灌缝砂浆强度小于 10N/mm^2 时，板面不得进行任何施工工作。灌缝前应采取措施（加临时支撑或在相邻板间加夹具等）保证相邻板底平整。灌缝前应清除板缝中的杂物，按具体工程设计要求设置好缝中钢筋，并使板缝保持清洁湿润状态，灌浇后应注意养护，必须保证板缝浇灌密实。

SPD 板顶面应有凹凸差不小于 4mm 的人工粗糙面。以保证叠合面的抗剪强度大于 0.4N/mm^2。应在 SPD 板叠合层中间配置直径≥6mm，间距 200mm 的钢筋网，或直径 4～5mm 间距 200mm 的焊接钢筋网片。浇筑叠合层混凝土前，SP 板板面必须清扫干净，并浇水充分湿润（冬季施工除外），但不能积水。浇筑叠合层混凝土时，采用平板振动器振捣密实，以保证与 SP 板结合成一整体。浇筑后采用覆盖浇水养护。SPD 板在浇注叠合层阶段，应设有可靠支撑，支撑位置应按下列规定：

当跨度 $L \leqslant 9$m 时，在跨中设一道支撑；

当跨度 $L > 9$m 时，除在跨中设一道支撑外，尚应在 $L/4$ 处各增设一道支撑。

支撑顶面应严格找平，以保证 SP 板底平整，跨中支撑顶面应与 SP 板底顶紧，保证在浇筑叠合层过程中 SP 板不产生挠度。

SP 板施工安装时要求布料均匀，施工荷载（包括叠合层重）不得超过 2.5kN/mm^2。在多层建筑中，上层支柱必须对准下层支柱，同时支撑应设在板肋上，并铺设垫板，以免板受支柱的冲切。临时支撑的拆除应在叠合层混凝土达到强度设计值后根据施工规范规定执行。

3. 预应力混凝土叠合板

预应力混凝土叠合板指施工阶段设有可靠支撑的叠合式受弯构件。其采用 50mm 或 60mm 厚实心预制预应力混凝土底板，上浇叠合层混凝土，形成完全粘结。主要适用于非抗震设计及抗震设防烈度不大于 8 度的地区。

预应力混凝土叠合板的材料和规格详见表 4-7-2。

预应力混凝土叠合板规格　　表 4-7-2

<table>
<tr><td colspan="2">底板厚度（mm）/叠合层厚（mm）</td><td colspan="2">50/60、70、80、60/80、90</td></tr>
<tr><td rowspan="8">底板预应力筋</td><td>钢筋种类</td><td>螺旋肋钢丝</td><td>冷轧带肋钢筋</td></tr>
<tr><td>直径（mm）</td><td>$\phi^{H}5$</td><td>$\phi^{R}5$</td></tr>
<tr><td>抗拉强度标准值（N/mm^2）</td><td>1570</td><td>800</td></tr>
<tr><td>抗拉强度设计值（N/mm^2）</td><td>1110</td><td>530</td></tr>
<tr><td>弹性模量</td><td>2.05×10^5</td><td>1.9×10^5</td></tr>
<tr><td>底板构造钢筋种类</td><td colspan="2">冷轧带肋钢筋 CRB550（$\phi^{R}5$）也可采用 HPB235 或 HRB335 级钢筋</td></tr>
<tr><td>支座负钢筋种类</td><td colspan="2">HRB335、HRB400 级钢筋</td></tr>
<tr><td>吊钩</td><td colspan="2">HPB235 级钢筋</td></tr>
<tr><td></td><td>底板混凝土强度等级</td><td colspan="2">C40</td></tr>
<tr><td></td><td>叠合层混凝土强度等级</td><td colspan="2">C30</td></tr>
</table>

图 4-7-13 为典型的 50mm 厚的预制预应力混凝土底板示意图。

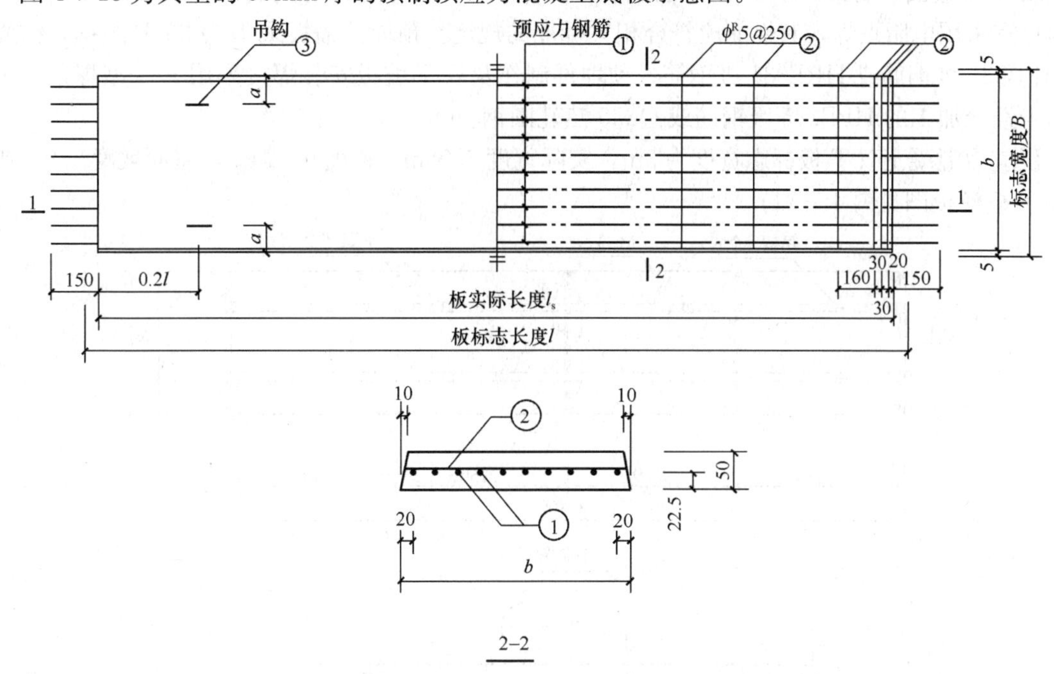

图 4-7-13 预制预应力混凝土底板示意图

叠合板如需开洞，需在工厂生产中先在板底中预留孔洞（孔洞内预应力钢筋暂不切除），叠合层混凝土浇筑时留出孔洞，叠合板达到强度后切除孔洞内预应力钢筋。洞口处加强钢筋及洞板承载能力由设计人员根据实际情况进行设计。

底板上表面应做成凹凸不小于 4mm 的人工粗糙面，可用网状滚筒等方法成型。

底板吊装时应慢起慢落，并防止与其他物体相撞。

堆放场地应平整夯实，堆放时使板与地面之间应有一定的空隙，并设排水措施。板两端（至板端 200mm）及跨中位置均应设置垫木，当板标志长度≤3.6m 时跨中设一条垫木，板标志长度＞3.6m 时跨中设两条垫木，垫木应上下对齐。不同板号应分别堆放，堆放高度不宜多与 6 层，堆放时间不宜超过两个月。

混凝土的强度达到设计要求后方能出厂。运输时板的堆放要求同上，但要设法在支点处绑扎牢固，以防移动或跳动。在板的边部或与绳索接触处的混凝土，应采用衬垫加以保护。

底板就位前应在跨中及紧贴支座部位均设置由柱和横撑等组成的临时支撑。当轴跨 $l\leqslant3.6$m 时跨中设一道支承；当轴跨 3.6m$<l\leqslant$5.4m 时跨中设两道支承；当轴跨 $l>5.4$m 时跨中设三道支承。支撑顶面应严格抄平，以保证底板板底面平整。多层建筑中各层支撑应设置在一条竖直线上，以免板受上层立柱的冲切。

临时支撑拆除应根据施工规范规定，一般保持连续两层有支撑。施工均布荷载不应大于 1.5kN/mm^2，荷载不均匀时单板范围内折算均布荷载不宜大于 1kN/mm^2，否则应采取加强措施。施工中应防止构件受到冲击作用。

4. 预应力混凝土双 T 板

预应力混凝土双 T 板通常采用先张法工艺生产，适用于非抗震设计及抗震设防烈度不大于 8 度的地区。

预应力混凝土双 T 板混凝土强度等级为 C40、C45、C50，当环境类别为二 b 类时，双 T 坡板的混凝土强度等级均为 C50，预应力钢筋采用低松弛的螺旋肋钢丝或 1×7 钢绞线。

双T板板面、肋梁、横肋中钢筋网片采用CRB550级冷轧带肋钢筋及HPB235级钢筋。钢筋网片宜采用电阻点焊，其性能应符合相关标准的规定。预埋件锚板采用Q-235B级钢，锚筋采用HPB235级钢筋或HRB335级钢筋。预埋件制作及双T坡板安装焊接采用E43型焊条。吊钩采用未经冷加工的HPB235级钢筋或Q235热轧圆钢。

预应力混凝土双T板标志宽度为3m，实际宽度2.98m。跨度9～24m，屋面坡度2%。典型的双T板模板图见图4-7-14。

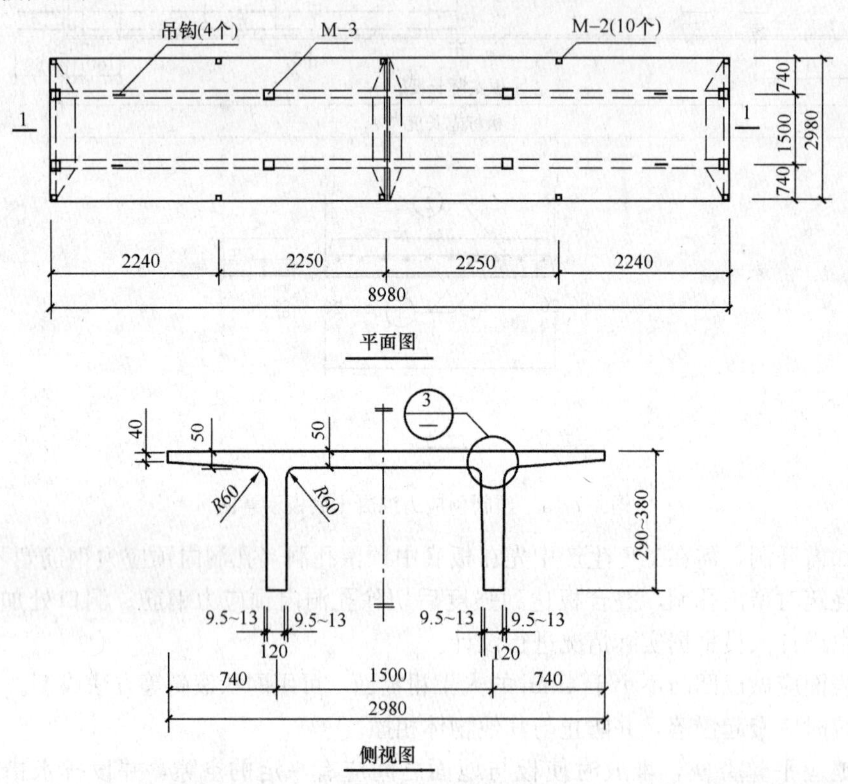

图4-7-14　双T板模板图

放张时双T板混凝土强度一般应达到设计混凝土强度等级的100%。

当肋梁与支座混凝土梁采用螺栓连接时，应在肋梁端部预埋ϕ20（内径）钢管。预埋钢管应避开预应力筋。对于标志宽度小于3.0m的非标准双T板，应在构件制作时去掉部分翼板，但不应伤及肋梁。

双T板吊装时应保证所有吊钩均匀受力，并宜采用专用吊具。双T板堆放场地应平整压实。堆放时，除最下层构件采用通长垫木外，上层的垫木宜采用单独垫木。垫木应放在距板端200～300mm处，并做到上下对齐，垫平垫实。构件堆放层数不宜超过5层，见图4-7-15。

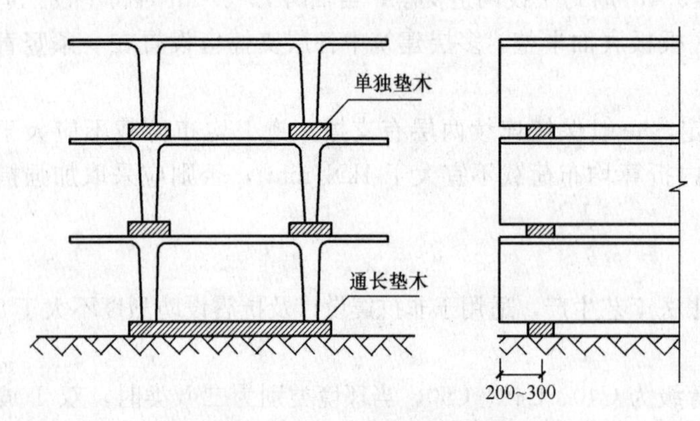

图4-7-15　双T板堆放示意图

双T板运输时应有可靠的锚固措施，运输时垫木的摆放要求与堆放时相同。运输时构件层数不宜超过3层。

安装过程中双T板承受的荷载（包括双T板自重）不应大于该构件的标准组合荷载限值。安装过程中应防止双T板遭受冲击作用。安装完毕后，外漏铁件应做防腐、防锈处理。

4.7.4.2 先张预制桩

1. 预应力混凝土空心方桩

预应力混凝土空心方桩一般采用离心成型方法制作，预应力通过先张法施加。作为一种新型的预制混凝土桩，预应力混凝土空心方桩具有承载力高、生产周期短、节约材料等优点。目前我国的预应力混凝土空心方桩适用于非抗震区及抗震设防烈度不超过8度的地区，因此可在我国大部分地区应用。常见预应力混凝土空心方桩的截面如图4-7-16所示。

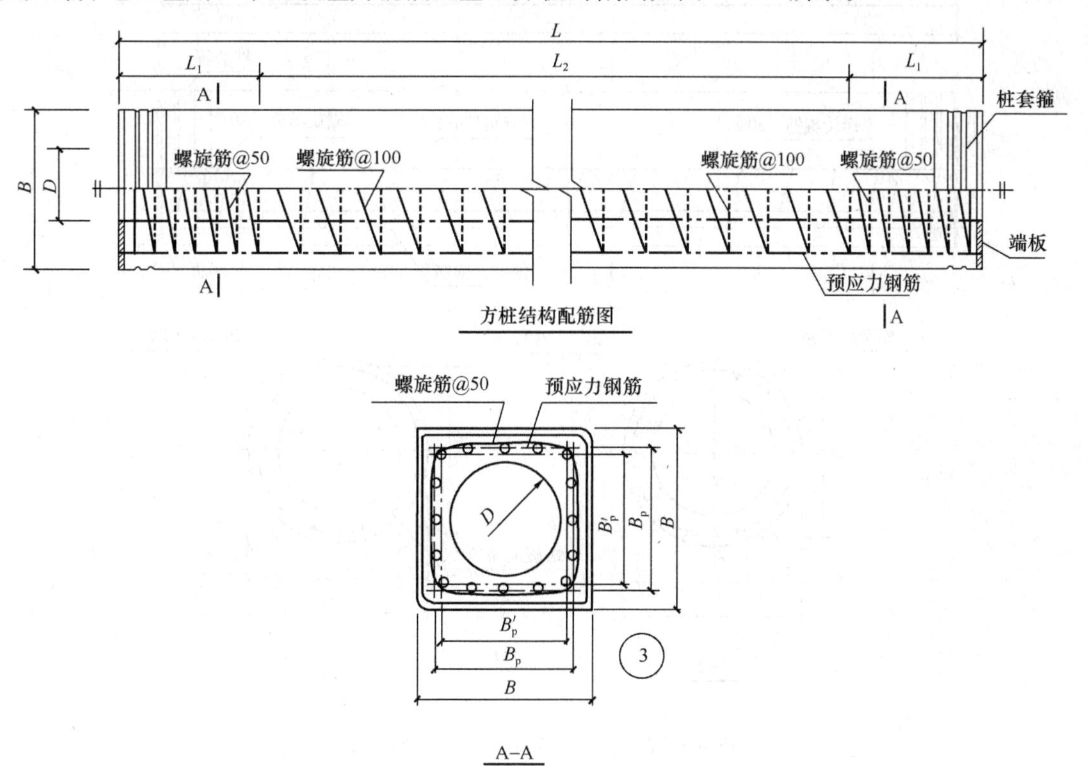

图4-7-16 空心方桩截面示意

预应力钢筋墩头应采用热墩工艺，墩头强度不得低于该材料标准强度的90%。采用先张法施加预应力工艺，张拉力应计算后确定，并采用应力和伸长值双重控制来确保张拉力的控制。

成品放置应标明合格印章及制造厂、产品商标、标记、生产日期或编号等内容。堆放场地与堆放层数的要求应符合《预应力混凝土空心方桩》JG 197—2006的规定。

空心方桩吊装宜采用两支点法，支点位置距桩端0.21L（L为桩长）。若采用其他吊法，应进行吊装验算。

预应力混凝土空心方桩可采用锤击法和静压法进行施工。采用锤击法时，应根据不同的工程地质条件以及桩的规格等，并结合各地区的经验，合理选择锤重和落距。采用静压法时，可根据具体工程地质情况合理选择配重，压桩设备应有加载反力读数系统。

蒸汽养护后的空心方桩应在常温下静停3天后方可沉桩施工。空心方桩接桩可采用钢端板焊接法，焊缝应连续饱满。桩帽和送桩器应与方桩外形相匹配，并应有足够的强度、刚度和耐打性。桩帽和送桩器的下端面应开孔，使桩内腔与外界相通。

在沉桩过程中不得任意调整和校正桩的垂直度。沉桩时，出现贯入度、桩身位移等异常情况时，应停止沉桩，待查明原因并进行必要的处理后方可继续施工。桩穿越硬土层或进入持力层的过程中除机械故障外，不得随意停止施工。空心方桩一般不宜截桩，如遇特殊情况确需截桩时，应采用机械法截桩。

2. 预应力混凝土管桩

预应力混凝土管桩包括预应力高强混凝土管桩（PHC）、预应力混凝土管桩（PC）、预应力混凝土薄壁管桩（PTC）。预应力均通过先张法施加。PHC、PC桩适用于非抗震和抗震设防烈度不超过7度的地区，PTC桩适用于非抗震和抗震设防烈度不超过6度的地区。常见预应力混凝土管桩的截面如图4-7-17所示。

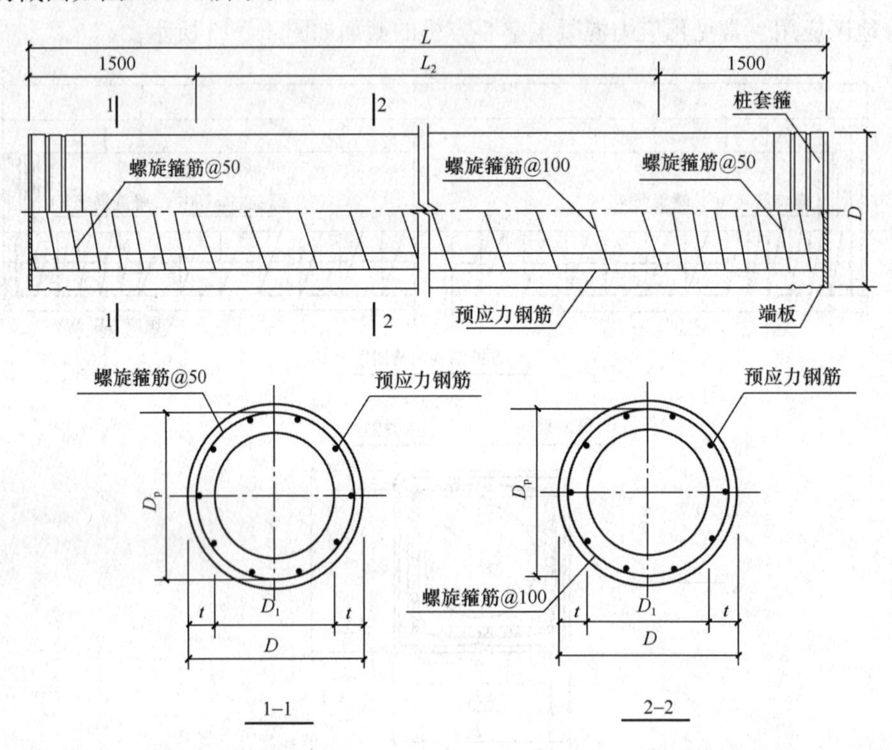

图4-7-17　预应力混凝土管桩截面示意

制作管桩的混凝土质量应符合国家标准《混凝土质量控制标准》GB 50164—2011、《先张法预应力混凝土管桩》GB 13476—2009、《先张法预应力混凝土薄壁管桩》JC 888—2001的规定，并应按上述标准的要求进行检验。

沉桩施工时，应根据设计文件、地勘报告、场地周边环境等选择合适的沉桩机械。管桩的施工也分锤击法和静压法两种，锤击法沉桩机械采用柴油锤、液压锤，不宜采用自由落锤打桩机；静压法沉桩宜采用液压式机械，按施工方法分为顶压式和抱压式两种。

管桩的混凝土必须达到设计强度及龄期（常压养护为28d，压蒸养护为1d）后方可沉桩。

锤击法沉桩：桩帽或送桩器与管桩周围的间隙应为5～10mm；桩锤与桩帽、桩帽与桩顶之间加设弹性衬垫，衬垫厚度应均匀，且经锤击压实后的厚度不宜小于120mm，在打桩期间应经常检查，及时更换和补充。

静压法沉桩：采用顶压式桩机时，桩帽或送桩器与桩之间应加设弹性衬垫；抱压式桩机时，夹持机构中夹具应避开桩身两侧合缝位置。PTC桩不宜采用抱压式沉桩。

沉桩过程中应经常观测桩身的垂直度，若桩身垂直度偏差超过1%进，应找出原因并设法纠正；当桩尖进入较硬土层后，严禁用移动桩架等强行回扳的方法纠偏。

每一根桩应一次性连续打（压）到底，接桩、送桩连续进行，尽量减少中间停歇时间。

沉桩过程中，出现贯入度反常、桩身倾斜、位移、桩身或桩顶破损等异常情况时，应停止沉桩，待查明原因并进行必要的处理后，方可继续进行施工。

上、下节桩拼接成整桩时，宜采用端板焊接连接或机械快速接头连接，接头连接强度应不小于管桩桩身强度。

冬季施工的管桩工程应按《建筑工程冬期施工规程》JGJ 104—2011 的有关规定，根据地基的主要冻土性能指标，采用相应的措施。宜选用混凝土有效预压应力值较大且采用压蒸养护工艺生产的 PHC 桩。

4.8 预应力高耸结构施工

工程中常见的特种混凝土结构包括支挡结构、深基坑支护结构、贮液池、水塔、筒仓、电视塔、烟囱及核电站安全壳等。随着预应力技术的高速发展，高强钢绞线及大吨位张拉锚固体系的推广应用，使得特种混凝土结构能够向大体量与复杂体形等发展。超长大体积基础、如采用后张预应力技术的电视塔不断突破新的高度，大体积混凝土超长结构，应用日益增多，各种预应力混凝土储罐和筒仓、如大型混凝土贮水池、天然气储罐、混凝土贮煤筒仓等，应用广泛，核电站也采用了预应力大型混凝土安全壳。

本节主要介绍了预应力混凝土塔式结构、储罐和筒仓、超长结构以及体外预应力等特种混凝土结构的预应力施工技术。

4.8.1 预应力混凝土高耸结构

4.8.1.1 技术特点

电视塔、水塔、烟囱等属于高耸结构，一般在塔壁中布置竖向预应力筋。竖向预应力筋的长度随塔式结构的高度不同而不同，最长可达 300m。国内目前建成的竖向超长预应力塔式结构中，一般采用大吨位钢绞线束夹片锚固体系，后张有粘结预应力法施工。

塔式结构一般由一个或多个筒体结构组合而成，如中央电视塔是单圆筒形高耸结构，塔高 405m，塔身的竖向预应力筋束布置见图 4-8-1，第一组从－14.3～＋112.0m，共 20 束 $7\phi^s15.2$ 钢绞线；第二组从－14.3～＋257.5m，共 64 束 $7\phi^s15.2$ 钢绞线，第三组和第四组预应力筋布置在桅杆中，分别为 24 束和 16 束 $7\phi^s15.2$ 钢绞线，所有预应力筋采用 7 孔群锚锚固。南京电视塔是为肢腿式高耸结构，塔高 302m；上海东方明珠电视塔是一座带三个球形仓的柱肢式高耸结构，塔高 450m。

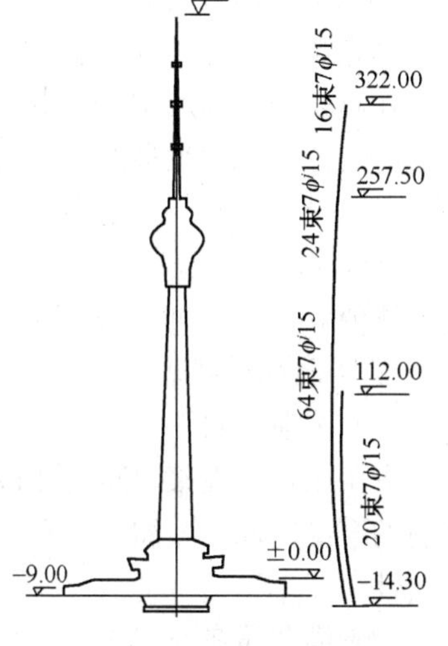

图 4-8-1 中央电视塔竖向预应力筋布置

由于塔式结构在受力特点上类似于悬臂结构，其内力呈下大上小的分布特点。因此，塔身的竖向预应力筋布置通常也按下大上小的原则布置，预应力筋的束数随高度减小，一般可根据高度分为几个阶梯。

4.8.1.2 施工要点

1. 竖向预应力孔道铺设

超高预应力竖向孔道铺设，主要考虑施工期较长，孔道铺设受塔身混凝土施工的其他工序影响，易发生堵塞和过大的垂直偏差，一般采用镀锌钢管以提高可靠性。

镀锌钢管应考虑塔身模板体系施工的工艺分段连接，上下节钢管可采用螺纹套管加电焊的方法连接。每根孔道上口均加盖，以防异物掉入堵塞孔道，此外，随塔体的逐步升高，应采取定期检查并通孔的措施，严格检查钢管连接部位及灌浆孔与孔道的连接部位，保证无漏浆。孔道铺设应采用定位支架，每隔 2.5m 设一道，必须固定牢靠，以保证其准确位置。竖管每段的垂直度应控制在 5‰以内。灌浆孔的间距应根据灌浆方式与灌浆泵压力确定，一般介于 20～60m。

2. 竖向预应力筋束

竖向预应力筋穿入孔道包括“自下而上”和“自上而下”两种工艺。每种工艺中又有单根穿入和整束穿入两种方法，应根据工程的实际情况采用。

（1）自下而上的穿束方式

自下而上的穿束工艺的主要设备包括提升系统、放线系统、牵引钢丝绳与预应力筋束的连接器以及临时卡具等。提升系统以及连接器的设计必须考虑预应力筋束的自重以及提升过程中的摩阻力。由于穿束的摩阻力较大，可达预应力筋自重的 2～3 倍，应采用穿束专用连接头，以保证穿束过程中不会滑脱。

（2）自上而下的穿束方式

自上而下的穿束需要在地面上将钢绞线编束后盘入专用的放线盘，吊上高空施工平台，同时使放线盘与动力及控制装置连接，然后将整束慢慢放出，送入孔道。预应力筋开盘后要求完全伸直，否则易卡在孔道内，因此，放线盘的体积相对较大，控制系统也相对复杂。

无论采用自下而上，还是采用自上而下的穿束方式，均应特别注意安全，防止预应力筋滑脱伤人。

中央电视塔和天津电视塔采用了自下而上的穿束方式，加拿大多伦多电视塔、上海东方明珠电视塔以及南京电视塔采用了自上而下的穿束方法。

3. 竖向预应力筋张拉

竖向预应力筋一般采取一端张拉。其张拉端根据工程的实际情况可设置在下端或上端，必要时在另一端补张拉。

张拉时，为保证整体塔身受力的均匀性，一般应分组沿塔身截面对称张拉。为了便于大吨位穿心式千斤顶安装就位，宜采用机械装置升降千斤顶，机械装置设计时应考虑其主体支架可调整垂直偏转角，并具有手摇提升机构等。

在超长竖向预应力筋张拉过程中，由于张拉伸长值很大，需要多次倒换张拉行程；因此，锚具的夹片应能满足多次重复张拉的要求。

中央电视塔在施工过程中测定了竖向孔道的摩擦损失。其第一段竖向预应力筋的长度为 126.3m，两端曲线段总转角为 0.544rad，实测孔道摩擦损失为 15.3%～18.5%，参照环向预应力实测值 $\mu=0.2$，推算 κ 值为 0.0004～0.0006。

4. 竖向孔道灌浆

（1）灌浆材料

灌浆采用水泥浆，竖向孔道灌浆对浆体有一定的特殊要求，如要求浆体具有良好的可泵性、合适的凝结时间，收缩和泌水量少等。一般应掺入适量减水剂和膨胀剂以保证浆体的流动性和密实性。

（2）灌浆设备与工艺

灌浆可采用挤压式、活塞式灰浆泵等。采用垂直运输机械将搅拌机和灌浆泵运至各个灌浆孔部位的平台处，现场搅拌灌浆，灌浆时所有水平伸出的灌浆孔外均应加截门，以防止灌浆后浆液外流。

竖向孔道内的浆体，由于泌水和垂直压力的作用，水分汇集于顶端而产生孔隙，特别是在顶端锚具之下的部位，该孔隙易导致预应力筋的锈蚀，因此，顶端锚具之下和底端锚具之上的孔隙，必须采取可靠的填充措施，如采用手压泵在顶部灌浆孔局部二次压浆或采用重力补浆的方法，保证浆体填充密实。

4.8.1.3 质量验收

高耸结构竖向有粘结预应力工程的质量验收除了应符合现行有关规范与标准要求，尚应考虑其特殊性要求。

根据材料类别，划分为预应力筋、镀锌钢管、灌浆水泥等检验批和锚具检验批。原材料的批量划分、质量标准和检验方法应符合国家现行有关产品标准的规定。

根据施工工艺流程，划分为制作、安装、张拉、灌浆及封锚等检验批。各检验批的范围可按塔式结构的施工段划分。

4.8.2 预应力高耸结构施工

4.8.2.1 技术特点

混凝土的储罐、筒仓、水池等结构，由于体积庞大、池壁或仓壁较薄，在内部储料压力或水压力、土压力及温度作用下，池壁或仓壁易产生裂缝，加之抗渗性和耐久性要求高，一般设计为预应力混凝土结构，以提高其抗裂能力和使用性能。对于平面为圆形的储罐、筒仓和水池等，通常沿其圆周方向布置预应力筋。环向预应力筋一般通过设置的扶壁柱进行锚固和张拉。预应力筋可以采用有粘结预应力筋或无粘结预应力筋。

1. 环向有粘结预应力

环向有粘结预应力筋根据不同结构布置，绕筒壁形成一定的包角，并锚固在扶壁柱上。上下束预应力筋的锚固位置应错开。图 4-8-2 为四扶壁环形储仓的预应力筋布置图，其内径为 25m，壁厚为 400mm。筒壁外侧有四根扶壁柱。筒壁内的环向预应力筋采用 $9\phi^s15.2$ 钢绞线束，间距为 0.3～0.6m，包角为 180°，锚固在相对的两根扶壁柱上，其锚固区构造见图 4-8-3。

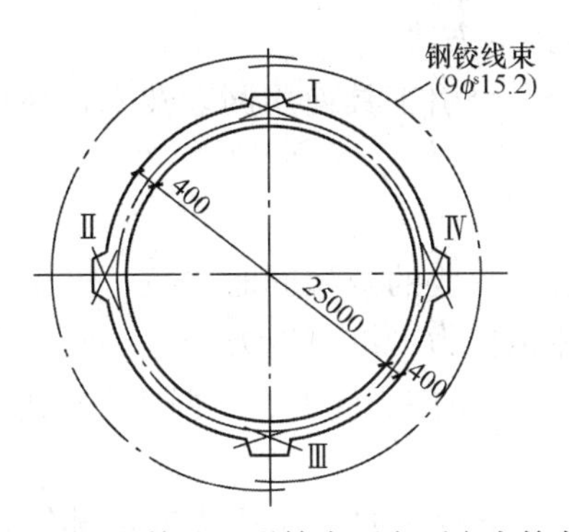

图 4-8-2 四扶壁环形储仓环向预应力筋布置

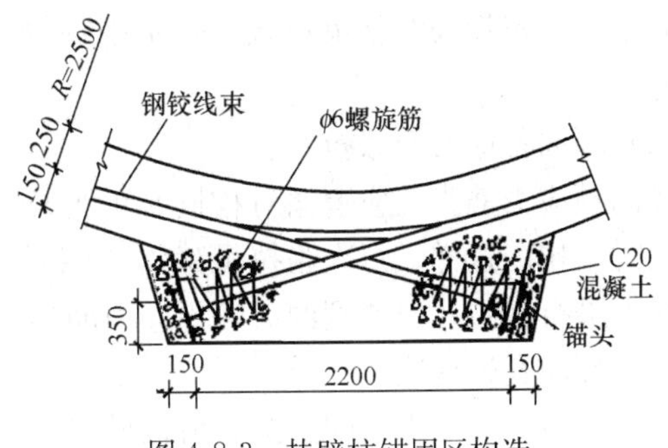

图 4-8-3 扶壁柱锚固区构造

图 4-8-4 为三扶壁环形结构环向预应力筋布置。其内径为 36m，壁厚为 1m，外侧有三根扶壁柱，总高度为 73m。筒壁内的环向预应力筋采用 $11\phi^s15.7$ 钢绞线束，双排布置，竖向间距为 350mm，包角为 250°，锚固在壁柱侧面，相邻束错开 120°。

2. 环向无粘结预应力

环向无粘结预应力筋在筒壁内成束布置，在张拉端改为分散布置，单根或采用群锚整体张拉。根据筒（池）壁张拉端的构造不同，可分为有扶壁柱形式和无扶壁柱形式。

图 4-8-5 所示环向结构设有四个扶壁柱，环向预应力筋按 180°包角设置。池壁中无粘结预应力筋

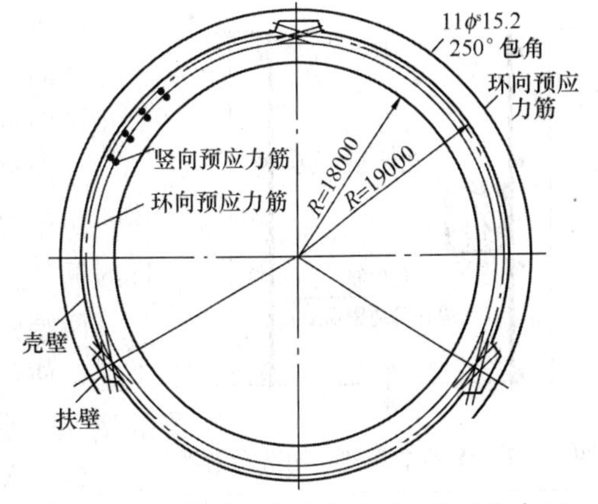

图 4-8-4 三扶壁环形结构预应力筋环向布置

采用多根钢绞线并束布置的方式，端部采用多孔群锚锚固，见图 4-8-6。

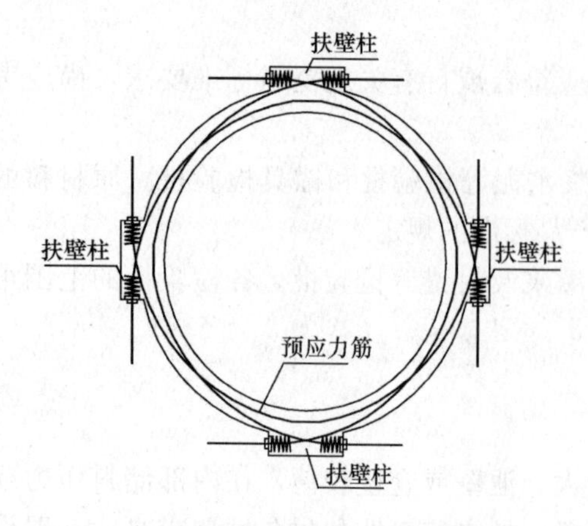

图 4-8-5　四扶壁柱结构环向无粘结筋布置

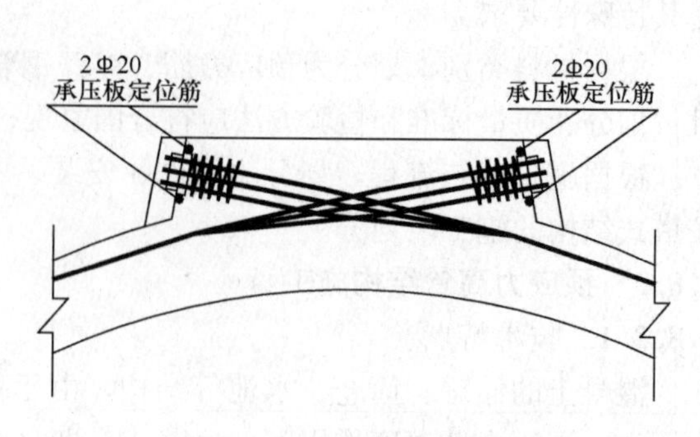

图 4-8-6　预应力筋张拉端构造

4.8.2.2　施工要点

1. 环向有粘结预应力

(1) 环向孔道留设

环向预应力筋孔道，宜采用预埋金属波纹管成型，也可采用镀锌钢管。环向孔道向上隆起的高位处和下凹孔道的低点处设排气口、排水口及灌浆口。为保证孔道位置正确，沿圆周方向应每隔 2～4m 设置管道定位支架。

(2) 环向预应力筋穿束

环形预应力筋，可采用单根穿入，也可采用成束穿入的方法。

如采用 7 根钢绞线整束穿入法，牵引和推送相结合，牵引工具使用网套技术，网套与牵引钢缆连接。

(3) 环向预应力筋张拉

环向预应力筋张拉应遵循对称同步的原则，即每根钢绞线的两端同时张拉，组成每圈的各束也同时张拉。这样，每次张拉可建立一圈封闭的整体预应力。沿高度方向，环向预应力筋可由下向上进行张拉，但遇到洞口的预应力筋加密区时，自洞口中心向上、下两侧交替进行。

(4) 环向孔道灌浆

环向孔道，一般由一端进浆，另端排气排浆，但当孔道较长时，应适当增加排气孔和灌浆孔。如环向孔道有下凹段或上隆段，可在低处进浆，高处排气排浆。对较大的上隆段顶部，还可采用重力补浆。

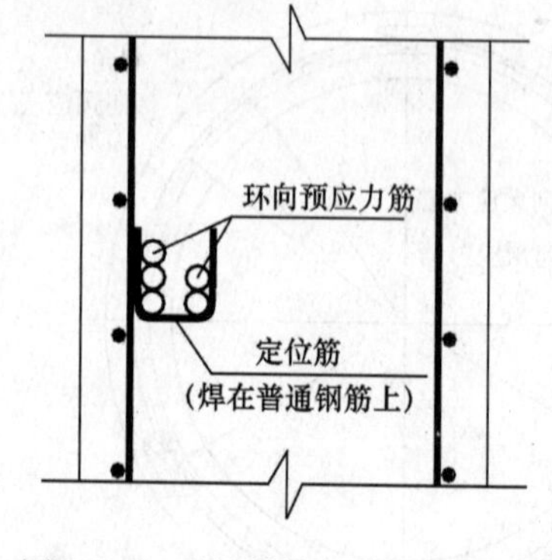

图 4-8-7　无粘结筋架立构造示意图

2. 环向无粘结预应力

环向无粘结预应力筋成束绑扎在钢筋骨架上（图 4-8-7），应顺环向铺设，不得交叉扭绞。

环向预应力筋张拉顺序自下而上，循环对称交圈张拉。

对于多孔群锚单根张拉（包括环向及径向）应采取“逐根逐级循环张拉”工艺，即张拉应力 0→0.5σ_{con}→1.03σ_{con}→锚固。

两端张拉环向预应力筋时，宜采取“两端循环分级张拉”工艺，使伸长值在两端较均匀分布，两端相差不超过总伸长值的 20%。张拉工序为：

(1) A 端：0→0.5σ_{con}；

（2）B端：0→0.5σ_{con}；

（3）A端：0.5σ_{con}→1.03σ_{con}→锚固；

（4）B端：0.5σ_{con}→1.03σ_{con}→锚固。

为了保证环形结构对称受力，每个储仓配备四台千斤顶，在相对应的扶壁柱两端交错张拉作业，同一扶壁两侧应同步张拉，以形成环向整体预应力效应。

3. 环锚张拉法

环锚张拉法是利用环锚将环向预应力筋连接起来用千斤顶变角张拉的方法。

蛋形消化池结构为三维变曲面蛋形壳体，见图4-8-8。壳壁中，沿竖向和环向均布置了后张有粘结预应力钢绞线，壳体外部曲线包角为120°。每圈张拉凹槽有三个，相邻圈张拉凹槽错开30°。通过弧形垫块变角将钢绞线束引出张拉（图4-8-9）。张拉后用混凝土封闭张拉凹槽，使池外表保持光滑曲面。

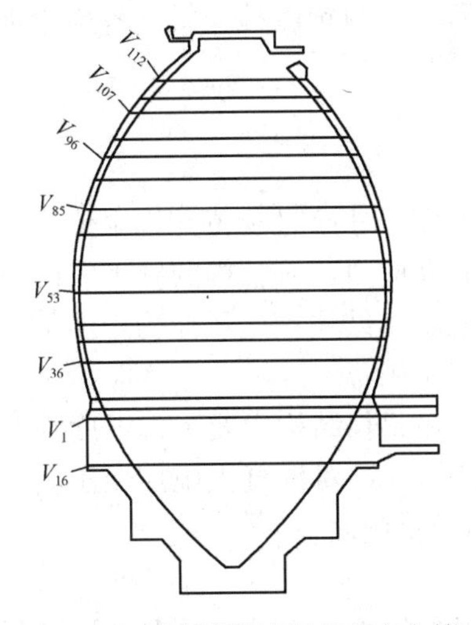

图4-8-8 蛋形消化池环向预应力筋

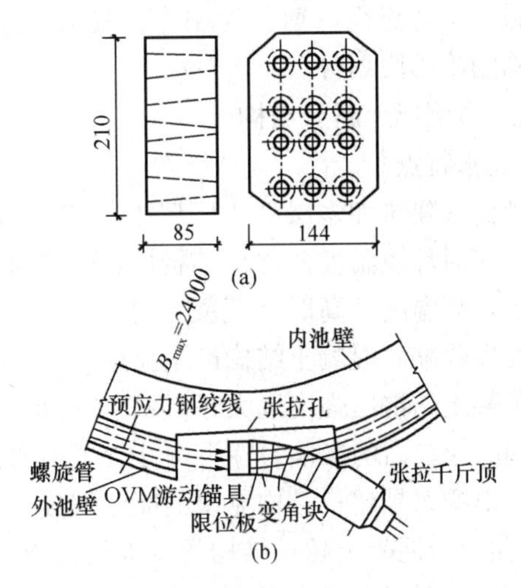

图4-8-9 环锚与变角张拉

环向束张拉采用三台千斤顶同步进行。张拉时分层进行，张拉一层后，旋转30°，再张拉上一层。为了使环向预应力筋张拉时初应力一致，采用单根张拉至20%σ_{con}，然后整束张拉。

环形结构内径为6.5m，混凝土衬砌厚度为0.65m，采用双圈环锚无粘结预应力技术，见图4-8-10。每束预应力筋由8ϕ^s15.7无粘结钢绞线分内外两层绕两圈布置，两层钢绞线间距为

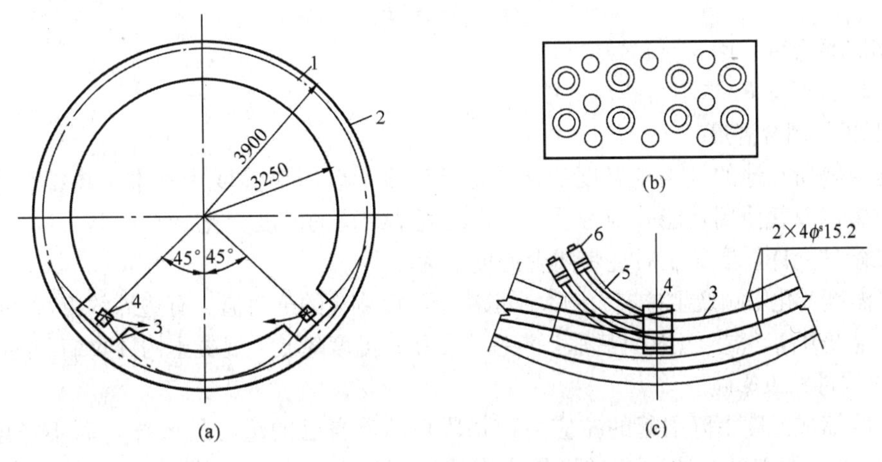

图4-8-10 无粘结预应力筋布置

1—无粘结预应力筋；2—混凝土衬砌；3—凹槽；4—环形锚具；5—偏转器；6—千斤顶

130mm，钢绞线包角为2×360°。沿洞轴线每m布置2束预应力筋。环锚凹槽交错布置在洞内下半圆中心线两侧各45°的位置。预留内部凹槽长度为1.54m，中心深度为0.25m，上口宽度为0.28m，下口宽度为0.30m。

采用钢板盒外贴塑料泡沫板形成内部凹槽。预应力筋张拉通过2套变角器直接支撑于锚具上进行变角张拉锚固。张拉锚固后，因锚具安装和张拉操作需要而割除防护套管的外露部分钢绞线，重新穿套高密度聚乙烯防护套管并注入防腐油进行防腐处理，然后用无收缩混凝土回填。

4.8.2.3 质量验收

储仓结构有粘结预应力工程和无粘结预应力工程的质量验收除应符合现行有关规范与标准要求，尚应考虑其特殊性要求。

根据材料类别，划分为预应力筋、金属螺旋管、灌浆水泥等检验批和锚具检验批。原材料的批量划分、质量标准和检验方法应符合国家现行有关产品标准的规定。

根据施工工艺流程，划分为制作、安装、张拉、灌浆及封锚等检验批。各检验批的范围可按塔式结构的施工段划分。

4.8.3 预应力混凝土超长结构

4.8.3.1 技术特点

在大型公共建筑和多层工业厂房中，建筑结构的平面尺寸超过规范允许限值，且不设或少设伸缩缝，这时环境温度变化在结构内部产生很大的温度应力，对结构的施工和使用都会产生很大的影响，当温度升高时，混凝土体积发生膨胀，混凝土结构产生压应力，温度下降时，混凝土体积发生收缩，混凝土结构产生拉应力。

由于混凝土的抗压强度远大于其抗拉强度，因此，在超长结构中要考虑温度降低时对混凝土结构引起的拉应力的影响，在混凝土结构中配置预应力筋，对混凝土施加预压应力以抵抗温度拉应力的影响，是超长结构克服混凝土温度应力的有效措施之一。

4.8.3.2 预应力混凝土超长结构的要求与构造

由于大面积混凝土板内温度应力的分布很复杂，很多超长超大结构的温度配筋都是根据设计者的经验沿结构长向施加一定数值的预应力（平均压应力一般在1～3MPa）。

预应力筋多数情况下为无粘结筋，也可采用有粘结筋。

1. 温度应力经验计算公式

混凝土在弹性状态下温度应力σ_t的大小与混凝土的温度变化ΔT成正比，与混凝土的弹性模量有关，与竖向构件对超长结构的约束程度有关，即式（4-8-1）。

$$\sigma_t = \beta\alpha_c\Delta T E_c \quad (4\text{-}8\text{-}1)$$

式中，线膨胀系数可采用$\alpha_c = 1\times10^{-5}$。

混凝土抗压模量E_c取值可折减50%。

2. 温度场与闭合温度

参考建筑物所在地的气候年温度变化的最低温度，以闭合温度为基准，再综合考虑计算楼板所在的位置以及其使用功能等因素后，确定混凝土结构的温度变化ΔT。

如施工条件允许，混凝土后浇带闭合温度定为10℃。

楼板受温度变化影响产生拉应力的大小取决于温度变化的绝对值。有边界约束时，以闭合时温度为基准，温度升高，混凝土构件膨胀，混凝土受压；温度降低，混凝土构件收缩，混凝土受拉。

3. 竖向构件约束影响

混凝土收缩或温度下降引起的拉应力使每段板向着自己的重心处收缩，若不考虑竖向构件（筒、墙、柱等）的刚度，这种变形将是自由的（不产生内力）；若竖向构件的刚度为无穷大，则板内的温度变形几乎完全得不到释放，故在板内产生的拉应力最大（大小约为$\alpha_c\Delta T E_c$）。通常竖向构件的刚度对温度变形起到约束，约束程度影响系数设为 β，$0\leqslant\beta\leqslant1$。

4. 当结构形式为梁板结构时，梁板共同受温度变化的影响，因此应考虑梁板共同受温度拉力，故须将梁端面折算为板厚。

5. 预应力筋为温度构造筋，束形主要为在板中直线预应力筋，也可为曲线配筋。设计时，沿结构长方向连续布置预应力筋。布筋原则以单束预应力筋张拉损失不大于 25% 为原则，即单端张拉时长度不超过 30m，双端张拉时长度不超过 60m。

6. 预应力筋分段铺设时，应考虑搭接长度，图 4-8-11 为一种构造方式。

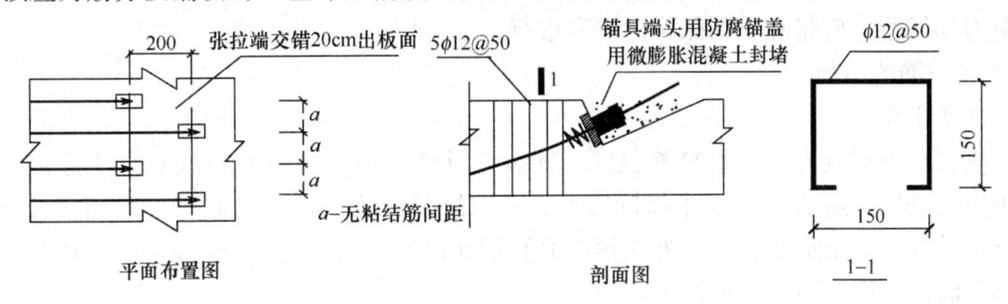

图 4-8-11 无粘结预应力筋搭接构造布置

4.8.3.3 施工要点

1. 预应力筋铺放

预应力筋需根据铺放顺序。按照流水施工段，要求保证预应力筋的设计位置。

2. 节点安装

符合设计构造措施图示的要求，并满足有粘结或无粘结预应力施工对节点的各项要求。

3. 预应力张拉

混凝土达到设计要求的强度后方可进行预应力筋张拉；混凝土后浇带闭合温度定为 10℃，达到设计强度后进行后浇带的预应力筋张拉；预应力筋张拉完后，应立即测量校核伸长值。

4. 预应力张拉端处理

预应力筋张拉完毕及孔道灌浆完成后，采用机械方法，将外露预应力筋切断，且保留在锚具外侧的外露预应力筋长度不应小于 30mm，将张拉端及其周围清理干净，用细石混凝土或无收缩砂浆浇筑填实并振捣密实。

4.8.3.4 质量验收

预应力混凝土超长结构的质量验收除应符合现行有关规范与标准要求，尚应考虑其特殊性要求。

4.8.4 预应力结构的开洞及加固

4.8.4.1 预应力结构开洞施工要点

1. 板底支撑系统的搭设

在开洞剔凿混凝土板前，需在开洞处及相关板（同一束预应力筋所延伸的板）板底搭设支撑系统。开洞洞口所在处的板底及周边相关板底可采用满堂红支搭方案，也可采用十字双排架木支搭方法。

2. 预应力混凝土板开洞混凝土的剔除

(1) 剔除顺序

剔除要严格按既定的顺序进行，待先开洞部位一侧预应力筋切断、放张和重新张拉后，再将其余部位混凝土剔除，然后再将另一侧的预应力筋切断、放张和重新张拉。

(2) 技术要求

混凝土的剔除采用人工剔凿和机械钻孔两种方法。先开洞时，由于预应力筋的位置不确定，因此必须采用人工剔凿，剔凿方向由离轴线较近一侧向较远一侧进行，待先开洞部位一侧预应力筋切断、放张和重新张拉后，其他部位混凝土可用机械法整块破碎剔除。

(3) 注意事项

混凝土剔除过程中，注意千万不要损伤预应力筋；普通钢筋上铁也要尽量保留，下铁需全部保留，待预应力张拉端加固角板和端部封堵后浇外包混凝土小圈梁后再切除。另外，混凝土剔除后应确保预应力张拉端处余留混凝土板断面表面平整，必要时可用高标号水泥砂浆抹平以保证预应力筋切割、放张和重新张拉的顺利进行。

3. 预应力筋的切断

(1) 准备工作

切除剔露出的预应力筋的塑料外包皮，安装工具式开口垫板及开口式双缸千斤顶，为防止放张时预应力筋回缩造成千斤顶难以拆卸回缸，双缸千斤顶的活塞出缸尺寸不得大于180mm，且放张时千斤顶处于出缸状态。另外在预应力筋切断位置左右各100mm处，用铅丝缠绕并绑牢以避免断筋时由于回缩造成钢绞线各丝松散开。

(2) 技术要求

切断预应力筋时，用气焊熔断预应力筋。切断位置应考虑预应力筋放张后回缩尺寸、保证预应力筋重新张拉时外露长度。

(3) 注意事项

预应力筋的切断顺序应与混凝土的剔凿顺序相同；切断前，应先检查该筋原张拉端、锚固端混凝土是否开裂和其他质量问题，并注意端部封挡熔断预应力筋时，严禁在该筋对面及原张拉端、锚固端处站人。

4. 放张

预应力筋切断后，油泵回油并拆除双缸千斤顶及工具式开口垫板。

5. 重新张拉

(1) 预应力筋张拉端端面处理

张拉端端面要保持平整，由于预应力筋张拉端出板端面时位置不能保证，为了避免张拉时因保护层不够而使板较薄一侧混凝土被压碎而有必要进行张拉端面加固，加固可以用结构胶粘角形钢板或角形钢板与余留普通钢筋焊牢。

(2) 张拉预应力筋

补张预应力筋同原设计要求一致。张拉完毕并按设计加固后方可拆梁板底的支撑。

(3) 浇筑外包混凝土圈梁

预应力筋张拉完成后，锚具外余留300mm，并将筋头拆散以埋在外包圈梁里，浇筑外包圈梁即可。

4.8.4.2 体外预应力加固施工要点

1. 锚固节点和转向节点的设计与加工制作

建筑或桥梁采用体外预应力加固，首先应进行结构加固设计与施工可行性分析，确定体外预应力束布置和节点施工的可操作性，确认在原结构上开洞、植筋及新增混凝土与钢结构等施工对原结构的损伤在受力允许的程度之内。体外预应力束与被加固结构之间通过锚固节点和转向节点相连接，因此锚固节点和转向节点设计是能否实现加固效果的关键。锚固节点和转向节点块可采用混凝土结构或钢结构，新增结构与原结构常采用植筋及横向短预应力筋加强来连接。新增混凝土锚固节点和转向节点块结构在原结构相应部位施工；新增钢结构锚固节点和转向节点块采用钢板和钢管焊接而成，应保证焊缝质量和与原结构连接的可靠性。

2. 锚固节点和转向节点的安装

根据体外预应力束布置要求在原结构适当位置上开洞，以穿过体外预应力束；按设计位置植筋或植锚栓等，以安装锚固钢件、支座及跨中转向节点钢件，钢件与原结构混凝土连接的界面应打磨清扫干净，然后用结构胶粘接和锚栓固定，钢件与混凝土之间的空隙用无收缩砂浆封堵密实。新增混凝土锚固节点和转向节点施工，首先植筋和绑扎普通钢筋，安装锚固节点锚下组件和转向节点体外束导管等，支模板并浇筑混凝土，混凝土必须充分振捣密实。

3. 体外预应力束的下料与安装

体外成品索或无粘结筋在工厂内加工制作，成盘运输到工地现场，根据实际需要切割下料。根据体外预应力束在预埋管或密封筒内的长度要求、钢绞线张拉伸长量及工作长度计算总下料长度及需要剥除体外预应力束两端 HDPE 护层的长度。对于局部灌水泥基浆体的体外预应力束，要求将剥除 HDPE 段的钢绞线表面油脂清除，以保证钢绞线与灌浆浆体的粘结力。体外束下料完成后，成品束可一次完成穿束；使用分丝器的单根独立体系，需逐根穿入单根钢绞线或无粘结钢绞线，安装可依据索自重与现场条件使用机械牵引或人工牵引穿束。

4. 体外预应力束的张拉

体外预应力束张拉应遵循分级对称的原则，张拉时梁两侧或箱形梁内的对称体外预应力束应同步张拉，以避免出现平面外弯曲。体外预应力成品索宜采用大吨位千斤顶进行整体张拉，张拉控制程序为：$0 \rightarrow 10\%\sigma_{con} \rightarrow 100\%\sigma_{con}$（持荷 2min）→锚固，或采用规范与设计许可的张拉控制程序。钢结构梁体外索张拉应计算结构局部承压能力，防止局部失稳，同时采取对称同步控制措施，每完成一个张拉行程，测量伸长值并进行校核。张拉过程中需要对被加固结构进行同步监测，以保证加固效果实现。

5. 体外预应力束与节点的防护

体外预应力束张拉完成后，根据体外预应力锚固体系更换或调索力对锚具外保留钢绞线长度的要求，用机械切割方法切除锚具外伸多余的钢绞线，采用防护罩或设计体系提供的防护组件进行体外预应力束耐久性防护。建筑结构工程中，对转向节点钢件和锚固钢件、锚具等涂防锈漆，锚具也可采用防护罩防护，采用混凝土将楼板上的孔洞进行封堵，对柱端的张拉节点采用混凝土将整个钢件和张拉锚具封闭，对外露的体外预应力束及节点进行防火处理。

参 考 文 献

[1] 杜拱辰．预应力混凝土理论、应用和推广简要历史．预应力技术简讯(总第 234 期)，2007.01.
[2] 杜拱辰．现代预应力混凝土结构．北京：中国建筑工业出版社，1988.
[3] 陶学康．后张预应力混凝土设计手册．北京：中国建筑工业出版社，1996.
[4] BEN C. GERWICK，JR. 预应力混凝土结构施工(第二版)．北京：中国铁道出版社，1999.
[5] 薛伟辰．现代预应力结构设计．北京：中国建筑工业出版社，2003.
[6] 朱新实，刘效尧．预应力技术及材料设备(第二版)．北京：人民交通出版社，2005.
[7] 杨宗放，李金根．现代预应力工程施工(第二版)．北京：中国建筑工业出版社，2008.
[8] 杨宗放．《建筑工程预应力施工规程》内容简介．建筑技术，Vol. 35，No. 12 2004(12).
[9] 陶学康，林远征．《无粘结预应力混凝土结构技术规程》修订简介．第八届后张预应力学术交流会．温州：2004，(8).
[10] 李晨光，刘航，段建华，黄芳玮(编著)．体外预应力结构技术与工程应用．北京：中国建筑工业出版社，2008.
[11] 熊学玉，黄鼎业．预应力工程设计施工手册．北京：中国建筑工业出版社，2003.
[12] 李国平．预应力混凝土结构设计原理．北京：人民交通出版社，2000.
[13] 陆赐麟，尹思明，刘锡良．现代预应力钢结构．北京：人民交通出版社，2003.
[14] 林寿，杨嗣信等．建筑工程新技术丛书③预应力技术．中国建筑工业出版社，2009.
[15] 朱彦鹏．特种结构．武汉理工大学出版社，2004.
[16] 付乐，佟慧超，郑宇等．简明特种结构设计施工资料集成．中国电力出版社，2005.
[17] 熊学玉，顾炜，雷丽英．体外预应力混凝土结构的预应力损失估算．工业建筑，2004.07.
[18] 孔保林．体外预应力加固体系的预应力损失估算．河北建筑科技学院学报，2002.03.
[19] 胡志坚，胡钊芳．实用体外预应力结构预应力损失估算方法．桥梁建设，2006.01.
[20] 徐瑞龙，秦杰，张然．国家体育馆双向张弦结构预应力施工技术．北京：施工技术，2007，11.
[21] 王泽强，秦杰，徐瑞龙．2008 年奥运会羽毛球馆弦支穹顶结构预应力施工技术．北京：施工技术，2007，11.
[22] 吕李青，仝为民，周黎光．2008 年奥运会乒乓球馆预应力施工技术．北京：施工技术，2007，11.

5 现浇混凝土结构工程

5.1 材　　料

5.1.1 水泥

混凝土结构工程使用的水泥，通常选用通用硅酸盐水泥，作为特殊用途时，也可选用其他品种水泥，但应不会对混凝土结构工程的功能和性能产生影响。

1. 常用水泥的性能及选用原则，见表 5-1-1。

常用水泥的性能及选用原则　　　　**表 5-1-1**

品种	代号	特　　性	选　用　原　则
硅酸盐水泥	P·Ⅰ P·Ⅱ	早期强度及后期强度都较高，在低温下强度增长比其他种类的水泥快，抗冻、耐磨性能好，但水化热较高，抗腐蚀性较差	施工优先选用。特别是有抗冻、抗渗要求的混凝土宜选用
普通硅酸盐水泥	P·O	除早期强度比硅酸盐水泥稍低，其他性能接近硅酸盐水泥	
矿渣硅酸盐水泥	P·S·A P·S·B	早期强度较低，在低温环境中强度增长较慢，但后期强度增长较快，凝结时间较长，保水性较差，水化热较低，抗冻性较差，耐侵蚀性好，耐热性较好，但干缩变形较大，析水性较大，耐磨性较差	有抗渗要求的混凝土不宜选用
火山灰质硅酸盐水泥	P·P	需水量大，保水性好，早期强度较低，在低温环境中强度增长较慢，在高温潮湿环境中（如蒸汽养护）强度增长较快，水化热较低，耐侵蚀性好，但干缩变形较大，析水性较大，耐磨性较差	特别适宜用于地下工程、大体积混凝土、长期潮湿的环境和地下有腐蚀性的环境
粉煤灰硅酸盐水泥	P·F	需水量小，和易性好，泌水少，水化热比火山灰水泥还低，和易性好，耐腐蚀性好，早期强度较低，抗冻耐磨性较差	特别适用于大体积混凝土，还适用于地下工程和有腐蚀介质的工程，不适用于低温下施工的工程
复合硅酸盐水泥	P·C	介于普通水泥与火山灰水泥、矿渣水泥及粉煤灰水泥性能之间，当复掺混合材料较少时，它的性能与普通水泥相似，随着混合材料复掺量的增加，性能也趋向大掺量混合材料的水泥	

2. 通用硅酸盐水泥化学指标，见表 5-1-2。

通用硅酸盐水泥化学指标（%） 表 5-1-2

<table>
<tr><th>品　种</th><th>代号</th><th>不溶物
（质量分数）</th><th>烧失量
（质量分数）</th><th>三氧化硫
（质量分数）</th><th>氧化镁
（质量分数）</th><th>氯离子
（质量分数）</th></tr>
<tr><td rowspan="2">硅酸盐水泥</td><td>P·Ⅰ</td><td>≤0.75</td><td>≤3.0</td><td rowspan="3">≤3.5</td><td rowspan="3">≤5.0</td><td rowspan="8">≤0.06</td></tr>
<tr><td>P·Ⅱ</td><td>≤1.50</td><td>≤3.5</td></tr>
<tr><td>普通硅酸盐水泥</td><td>P·O</td><td>—</td><td>≤5.0</td></tr>
<tr><td rowspan="2">矿渣硅酸盐水泥</td><td>P·S·A</td><td></td><td></td><td rowspan="2">≤4.0</td><td>≤6.0</td></tr>
<tr><td>P·S·B</td><td>—</td><td>—</td><td>—</td></tr>
<tr><td>火山灰质硅酸盐水泥</td><td>P·P</td><td>—</td><td>—</td><td rowspan="3">≤3.5</td><td rowspan="3">≤6.0</td></tr>
<tr><td>粉煤灰硅酸盐水泥</td><td>P·F</td><td>—</td><td>—</td></tr>
<tr><td>复合硅酸盐水泥</td><td>P·C</td><td>—</td><td>—</td></tr>
</table>

注：1. 硅酸盐水泥压蒸试验合格时，其氧化镁的含量（质量分数）可放宽至6.0%；

2. A型矿渣硅酸盐水泥（P·S·A）、火山灰质硅酸盐水泥、粉煤灰硅酸盐水泥、复合硅酸盐水泥中氧化镁的含量（质量分数）大于6%时，应进行水泥压蒸安定性试验并合格；

3. 氯离子含量有更低要求时，该指标由供需双方协商确定。

5.1.2 砂和石子

普通混凝土施工用砂，一般采用天然砂、人工砂或混合砂，且要求粒径小于5mm。

1. 砂

(1) 配置混凝土时宜优先选用Ⅱ区中砂。当采用Ⅰ区砂时，应提高砂率，并保持足够的水泥用量，满足混凝土的和易性；当采用Ⅲ区砂时，宜降低砂率；当采用特细砂时，应符合相应的规定。

(2) 配置泵送混凝土，宜选用中砂，通过315μm筛孔的颗粒不应少于15%。

(3) 混凝土用天然砂中含泥量和泥块含量，见表5-1-3。

天然砂中含泥量和泥块含量限值 表 5-1-3

混凝土强度等级	≥C60	C55～C30	≤C25
含泥量（按质量计，%）	≤2.0	≤3.0	≤5.0
泥块含量（按质量计，%）	≤0.5	≤1.0	≤2.0

(4) 混凝土用人工砂混合砂中石粉含量限值，见表5-1-4。

人工砂混合砂中石粉含量限值 表 5-1-4

混凝土强度等级		≥C60	C55～C30	≤C25
石粉含量（%）	MB<1.4（合格）	≤5.0	≤7.0	≤10.0
	MB≥1.4（不合格）	≤2.0	≤3.0	≤5.0

(5) 砂中的有害物质含量限值，见表5-1-5。

砂中的有害物质含量限值 表 5-1-5

云母含量（按质量计，%）	≤2.0
轻物质含量（按质量计，%）	≤1.0
硫化物及硫酸盐含量（折算成 SO_3 按质量计，%）	≤1.0

续表

氯离子含量（按干砂的质量计，%）	钢筋混凝土≤0.06；预应力混凝土≤0.02
有机物含量（用比色法试验）	颜色不应深于标准色，当颜色深于标准色时，应按水泥胶砂强度试验方法进行强度对比试验，抗压强度比不应低于0.95

注：1. 对于有抗冻、抗渗或其他特殊要求的混凝土用砂，其云母含量不应大于1.0%。
2. 当砂中含有颗粒状的硫酸盐或硫化物杂质时，应进行专门检验，确认能满足混凝土耐久性要求后，方可使用。

2. 石子

普通混凝土所用石子可分为碎石和卵石。

（1）混凝土用石采用连续粒级，单粒级用于组合成满足要求的连续粒级，也可与连续粒级混合使用，以改善级配或配成较大粒度的连续粒级。不宜用单一的粒级配置混凝土。如必须单独使用，则应做技术经济分析，并通过试验证明不会发生离析或影响混凝土的质量。

（2）普通混凝土用石子最大公称粒径不得大于构件截面最小尺寸的1/4，且不得大于钢筋最小净间距的3/4；对混凝土实心板，骨料的最大公称粒径不宜大于板厚的1/2，且不得超过50mm。

（3）碎石或卵石中含泥量限值，见表5-1-6。

碎石或卵石中含泥量限值 **表5-1-6**

混凝土强度等级	≥C60	C55～C30	≤C25
含泥量（按质量计，%）	≤0.5	≤1.0	≤2.0

（4）碎石或卵石中泥块含量限值，见表5-1-7。

碎石或卵石中泥块含量限值 **表5-1-7**

混凝土强度等级	≥C60	C55～C30	≤C25
泥块含量（按质量计，%）	≤0.2	≤0.5	≤0.7

（5）碎石或卵石中针、片状颗粒含量限值，见表5-1-8。

碎石或卵石中针、片状颗粒含量限值 **表5-1-8**

混凝土强度等级	≥C60	C55～C30	≤C25
针、片状颗粒含量（按质量计，%）	≤8	≤15	≤25

（6）碎石或卵石中的有害物质含量限值，见表5-1-9。

碎石或卵石中的有害物质含量限值 **表5-1-9**

项　目	质 量 要 求
硫化物及硫酸盐含量（折算成 SO_3，按质量计，%）	≤1.0
卵石中有机物含量（用比色法试验）	颜色应不深于标准色。当颜色深于标准色时，应配制成混凝土进行强度对比试验，抗压强度比不应低于0.95

注：当碎石或卵石中含有颗粒状硫酸盐或硫化物杂质时，应进行专门检验，确认能满足混凝土耐久性要求后，方可采用。

5.1.3 水

1. 混凝土拌合及养护用水，应符合现行行业标准《混凝土用水标准》JGJ 63的有关规定。
2. 未经处理的海水严禁用于钢筋混凝土结构和预应力混凝土结构中混凝土的拌制和养护。
3. 混凝土拌合用水水质要求，见表5-1-10。

混凝土拌合用水水质要求 表 5-1-10

项目	预应力混凝土	钢筋混凝土	素混凝土
pH	≥5	≥4.5	≥4.5
不溶物（mg/L）	≤2000	≤2000	≤5000
可溶物（mg/L）	≤2000	≤5000	≤10000
氯化物（以 Cl^- 计，mg/L）	≤500	≤1000	≤3500
硫酸盐（以 SO_4^{2-} 计，mg/L）	≤600	≤2000	≤2700
碱含量（以当量 Na_2O 计，mg/L）	≤1500	≤1500	≤1500

5.1.4 外加剂

1. 减水剂

减水剂属于表面活性物质，是一种表面活性剂，由于它的吸附分散作用、润湿作用和润滑作用，使用后可使工作性相同的新拌混凝土用水量明显减少，从而使混凝土的强度、耐久性等一系列性能得到明显的改善。

减水剂按其减水效果可分为：普通减水剂、高效减水剂和高性能减水剂三类。

普通减水剂的减水率和增强效果较低，国家标准《混凝土外加剂》GB 8076—2008 规定其减水率应大于 8%。常用的主要是木质素系减水剂。

高效减水剂是一种能保持混凝土坍落度一致的条件下，大幅度减少拌合用水量的外加剂。《混凝土外加剂》GB 8076—2008 规定其减水率应大于 14%，高效减水剂减水率可达 20%以上。目前主要的产品有萘系、三聚氰胺系和氨基磺酸盐系等，其中以萘系为主。

高性能减水剂是比高效减水剂具有更高减水率、更好坍落度保持性能、较小干燥收缩且具有一定引气性能的一类减水剂。

高性能减水剂是国内外近年来开发的新型外加剂品种，目前主要为聚羧酸盐类产品，它具有“梳状”的结构特点，有带有游离的羧酸阴离子团的主链和聚氧乙烯基侧链组成，用改变单体的种类、比例和反应条件可生产具各种不同性能和特性的高性能减水剂。早强型、标准型、缓凝型高性能减水剂可由分子设计引入不同功能团而生产，也可掺入不同组分复配而成。

聚羧酸减水剂具有掺量低、混凝土拌合物工作性及工作性的保持性较好；外加剂中氯离子和碱含量较低；用其配制的混凝土收缩率较小，可改善混凝土体积稳定性和耐久性；对水泥的适应性较好；生产和使用过程不污染环境，是环保型的外加剂等优点。缺点是对骨料中的含泥比较敏感。

以上三类减水剂，高效减水剂和高性能减水剂均比较适合用于泵送混凝土。

常用减水剂品种、掺量及特性，见表 5-1-11。

常用减水剂品种、掺量及特性 表 5-1-11

种类	主要成分	掺量（占胶凝材料总量的比例）	特性
木质素系减水剂	木质素磺酸盐（包括：木钙、木钠、木镁等）	0.2%～0.3%	减水率不高（10%左右），且缓凝、引气。掺量过大会造成强度下降，甚至长时间不凝结。因此使用时要控制适宜的掺量
萘系高效减水剂	萘磺酸盐甲醛缩合物	0.5%～1.0%	一般减水率在 15%以上，早强显著，混凝土 28d 强度增强 20%以上。生产工艺成熟，原料供应稳定，应用较广
三聚氰胺系高效减水剂	三聚氰胺磺酸盐甲醛缩合物	0.2%～1.0%	非引气型、不缓凝。减水等性能优于萘系减水剂，掺量及价格也高于萘系减水剂

续表

种类	主要成分	掺量（占胶凝材料总量的比例）	特性
脂肪族高效减水剂	磺化丙酮甲醛缩聚物	0.5%～1.0%	为引气型高效减水剂，减水率大于15%，具有低温不结晶的特点，混凝土工作性良好。生产工艺成熟
聚羧酸系高效减水剂	聚羧酸聚合物	0.1%～0.2%	具有强度高，耐热性、耐久性、耐候性好等优异性能。掺量小、减水率高，具有良好的流动性，坍落度损失小，对环境无污染

2. 早强剂

早强剂是一种能够提高混凝土早期强度而对混凝土后期强度无显著影响的外加剂。其主要作用是增加水泥和水的反应速度，缩短水泥的凝结、硬化时间，促进混凝土早期强度的增长。

早强剂可分为无机物和有机物两大类。无机早强剂主要指一些盐类，而有机早强剂主要指三乙醇胺等，具体见表5-1-12。

常用早强剂种类 **表5-1-12**

分类		常用种类
无机早强剂	氯盐早强剂	氯化钠、氯化钙、氯化钾、氯化锂、氯化铁
	硫酸盐早强剂	硫酸钠、硫酸钾、硫酸钙
	金属氢氧化物早强剂	氢氧化钠、氢氧化钾
	其他无机早强剂	盐酸、氟化钠、硅酸钠、水泥晶坯
有机早强剂	三乙醇胺、三异丙醇胺、甲酸钙、乙酸盐	

有些无机早强剂有使混凝土后期强度降低的缺点，而一些有机早强剂虽然能够增加混凝土后期强度，但是单独使用早强作用不明显。因此，复合早强剂的使用不但可以显著提高早强效果，还可以使应用范围扩大。

目前常采用复合早强剂，其组分和剂量见表5-1-13。

常用复合早强剂的组成和剂量 **表5-1-13**

类型	外加剂组分	常用剂量（以水泥重量%计）	施工难易程度	特点及适用范围
复合早强剂	氯化钙+亚硝酸钠	（1～2）+1	易溶于水，施工方便	对钢筋锈蚀有严格要求的钢筋混凝土结构
	硫酸钠+氯化钠	（0.5～2）+0.5	易溶于水，施工方便	一般钢筋混凝土结构和制品
	硫酸钠+亚硝酸钠+二水石膏	（0.5～2）+1+2	石膏难溶水，施工不便	适用于预应力钢筋混凝土结构及预制构件
	硫酸钠+二水石膏+三乙醇胺	（0.5～2）+2+（0.02～0.05）	石膏难溶水，施工不便	收缩较大，适用于不允许加氯盐的非预应力钢筋混凝土构件
	三乙醇胺+氯化钠	（0.02～0.05）+0.05	易溶于水，施工方便	适用于一般钢筋混凝土结构及制品
	三乙醇胺+二水石膏+亚硝酸钠	（0.02～0.05）+2+1	石膏难溶于水，施工不方便	适用于严禁使用氯盐的钢筋混凝土工程
	三乙醇胺+氯化钠+亚硝酸钠	0.05+0.5+（0.5～1）	均易溶于水，改善和易性	适用于钢筋混凝土和对钢筋锈蚀有严格要求的混凝土

3. 引气剂

引气剂是一种能使混凝土在搅拌过程中产生大量独立的微气泡，并在硬化后仍能保留，从而改善新拌混凝土的工作性，使硬化后混凝土的耐久性和抗渗性显著提高的外加剂。

引气剂主要品种有松香树脂类、烷基和烷基芳烃磺酸盐类、脂肪醇磺酸盐类及皂甙类等。混凝土工程中可采用由引气剂与减水剂复合而成的引气减水剂。常用引气剂的掺量见表5-1-14。

常用引气剂的分类 **表5-1-14**

种　类	掺量（占水泥重量的%）	说　明
松香树脂类	0.005～0.015	掺量用量低，引气效果好，多与高效减水剂复配
烷基苯磺酸盐	0.001～0.008	引气效果强，稳泡时间长
非离子型表面活性剂类	0.06	主要成分为烷基酚环氧乙烷聚合物
脂肪醇类	0.01～0.03	主要有脂肪醇硫酸钠、高级脂肪醇衍生物

4. 缓凝剂

缓凝剂是一种能延迟水泥与水的反应，从而延缓混凝土凝结的物质。常用的主要有木质素类、糖类、磷酸盐、酒石酸盐、葡萄糖酸盐、柠檬酸及其盐类、纤维素及其衍生物等。

常见缓凝剂的分类以及掺量见表5-1-15。

缓凝剂及缓凝减水剂常用掺量 **表5-1-15**

类别	常见种类	掺量（占水泥重量%）	效果（初凝延长，h）
木质素磺酸盐类	木质素磺酸钙	0.3～0.5	3～5
羟基羧酸类	柠檬酸	0.03～0.1	2～4
	酒石酸	0.03～0.1	2～4
	葡萄糖酸	0.03～0.1	1～2
糖类及碳水化合物	糖蜜	0.1～0.3	2～4
	淀粉	0.1～0.3	1.5～3
无机盐	锌盐、硼酸盐、磷酸盐	0.1～0.2	1～1.5

5. 防冻剂

（1）常用防冻剂的品种

1）强电解质无机盐类，有氯盐类：以氯盐为防冻组分的外加剂；氯盐阻锈类：以氯盐与阻锈组分为防冻组分的外加剂；无氯盐类：以亚硝酸盐、硝酸盐等无机盐为防冻组分的外加剂。防冻组分掺量见表5-1-16。

防冻组分掺量 **表5-1-16**

防冻剂类别	防冻剂组分掺量
氯盐类	氯盐掺量不得大于拌合水重量的7%
氯盐阻锈类	总量不得大于拌合水重量的15%； 当氯盐掺量为水泥重量的0.5%～1.5%时，亚硝酸钠与氯盐之比应大于1； 当氯盐掺量为水泥重量的1.5%～3%时，亚硝酸钠与氯盐之比应大于1.3
无氯盐类	总量不得大于拌合水重量的20%，其中亚硝酸钠、亚硝酸钙、硝酸钠、硝酸钙均不得大于水泥重量的8%，尿素不得大于水泥重量的4%，碳酸钾不得大于水泥重量的10%

2）水溶性有机化合物类：以某些醇类等有机化合物为防冻组分的外加剂。

3）有机化合物与无机盐复合类。

4）复合型防冻剂：以防冻组分复合早强、引气、减水等组分的外加剂。

6. 膨胀剂

膨胀剂的主要品种有：硫铝酸钙类、硫铝酸钙—氧化钙类、氧化钙类。其掺量，见表 5-1-17。

每 m³ 混凝土膨胀剂用量　　表 5-1-17

用　　途	混凝土膨胀剂用量（kg/m³）
用于补偿混凝土收缩	30～50
用于后浇带、膨胀加强带和工程接缝填充	40～60

要特别注意膨胀剂的正确使用。膨胀剂只有与水泥均匀混合，通过充分水化才能实现要求达到的膨胀率。膨胀剂在水泥水化过程中需要较多的水分，实践证明，仅靠拌合水是不能满足水化要求的，因此加强浇筑后的浇水养护十分重要。如果养护不充分，既不能使膨胀剂发挥应有的作用，同时还会对混凝土产生不利影响。

7. 速凝剂

速凝剂可以迅速使混凝土材料凝结硬化，是喷射混凝土用于锚喷支护工程中不可缺少的一种外加剂。速凝剂按照其成分可以分为以下几种：

（1）铝氧熟料—碳酸盐系

主要成分是铝氧熟料、碳酸钠以及生石灰。其中，铝氧熟料中，铝酸钠的含量在 60%～80%。我国的红星 1 型、711 型、782 型均属于此类。

（2）铝氧熟料—明矾石系

主要成分是铝矾土、芒硝，经过煅烧成为硫铝酸盐熟料后，再与生石灰、氧化锌共同研磨而成。这类速凝剂由于引入了氧化锌，提高了后期强度，但是早期强度发展却慢了一些。

（3）水玻璃系

以水玻璃为主要成分，为降低黏度需要加入重铬酸钾，或者加入亚硝酸钠、三乙醇胺等。此类速凝剂硬化快，早期强度高，抗渗性能好。缺点是，收缩大。

8. 掺用各种外加剂的混凝土性能

掺用各种外加剂的混凝土性能见表 5-1-18。

常用外加剂性能指标　　表 5-1-18

<table>
<tr><th colspan="2" rowspan="3">项　　目</th><th colspan="13">外　加　剂　品　种</th></tr>
<tr><th colspan="3">高性能减水剂</th><th colspan="3">高效减水剂</th><th colspan="2">普通减水剂</th><th rowspan="2">引气减水剂</th><th rowspan="2">泵送剂</th><th rowspan="2">早强剂</th><th rowspan="2">缓凝剂</th><th rowspan="2">引气剂</th></tr>
<tr><th>早强型</th><th>标准型</th><th>缓凝型</th><th>标准型</th><th>缓凝型</th><th>早强型</th><th>标准型</th><th>缓凝型</th></tr>
<tr><td colspan="2">减水率（%）</td><td>≥25</td><td>≥25</td><td>≥25</td><td>≥14</td><td>≥14</td><td>≥8</td><td>≥8</td><td>≥8</td><td>≥10</td><td>≥12</td><td>—</td><td>—</td><td>≥6</td></tr>
<tr><td colspan="2">泌水率（%）</td><td>≤50</td><td>≤60</td><td>≤70</td><td>≤90</td><td>≤100</td><td>≤95</td><td>≤100</td><td>≤100</td><td>≤70</td><td>≤70</td><td>≤100</td><td>≤100</td><td>≤70</td></tr>
<tr><td colspan="2">含气量（%）</td><td>≤6.0</td><td>≤6.0</td><td>≤6.0</td><td>≤3.0</td><td>≤4.5</td><td>≤4.0</td><td>≤4.0</td><td>≤5.5</td><td>≥3.0</td><td>≤5.5</td><td>—</td><td>—</td><td>≥3.0</td></tr>
<tr><td rowspan="2">凝结时间之差（min）</td><td>初凝</td><td rowspan="2">−90～+90</td><td rowspan="2">−90～+120</td><td>>+90</td><td rowspan="2">−90～+120</td><td>>+90</td><td rowspan="2">−90～+90</td><td rowspan="2">−90～+120</td><td>>+90</td><td rowspan="2">−90～+120</td><td rowspan="2">—</td><td>−90～+90</td><td>>+90</td><td rowspan="2">−90～+120</td></tr>
<tr><td>终凝</td><td>—</td><td>—</td><td>—</td><td>—</td><td>—</td></tr>
<tr><td rowspan="2">1h 经时变化量</td><td>坍落度（mm）</td><td>—</td><td>≤80</td><td>≤60</td><td rowspan="2">—</td><td rowspan="2">—</td><td rowspan="2">—</td><td rowspan="2">—</td><td rowspan="2">—</td><td>—</td><td>≤80</td><td rowspan="2">—</td><td rowspan="2">—</td><td>—</td></tr>
<tr><td>含气量（%）</td><td>—</td><td>—</td><td>—</td><td>−1.5～+1.5</td><td>—</td><td>−1.5～+1.5</td></tr>
</table>

续表

项目		外加剂品种												
		高性能减水剂			高效减水剂			普通减水剂		引气减水剂	泵送剂	早强剂	缓凝剂	引气剂
		早强型	标准型	缓凝型	标准型	缓凝型	早强型	标准型	缓凝型					
抗压强度比（%）	1d	≥180	≥170	—	≥140	—	≥135	—	—	—	—	≥135	—	—
	3d	≥170	≥160	—	≥130	—	≥130	≥115	—	≥115	—	≥130	—	≥95
	7d	≥145	≥150	≥140	≥125	≥125	≥110	≥115	≥110	≥110	≥115	≥110	≥100	≥95
	28d	≥130	≥140	≥130	≥120	≥120	≥100	≥110	≥110	≥100	≥110	≥100	≥100	≥90
收缩率比（%）	≤28d	≤110	≤110	≤110	≤135	≤135	≤135	≤135	≤135	≤135	≤135	≤135	≤135	≤135
相对耐久性（200次）（%）		—	—	—	—	—	—	—	—	≥80	—	—	—	≥80

注：1. 除含气量和相对耐久性外，表中所列数据为掺外加剂混凝土与基准混凝土的差值或比值。

2. 凝结时间之差性能指标中的“－”号表示提前，“＋”号表示延缓。

3. 相对耐久性（200次）性能指标中的“≥80”表示将28d龄期的受检混凝土试件快速冻融循环200次后，动弹性模量保留值≥80%。

4. 1h含气量经时变化量指标中的“－”号表示含气量增加，“＋”号表示含气量减少。

5. 其他品种的外加剂是否需要测定相对耐久性指标，由供、需双方协商确定。

6. 当用户对泵送剂等产品有特殊要求时，需要进行的补充试验项目、试验方法及指标，由供需双方协商决定。

5.1.5 掺合料

1. 粉煤灰

粉煤灰按其品质分为Ⅰ、Ⅱ、Ⅲ三个等级。粉煤灰的品质指标，详见表5-1-19。

粉煤灰品质指标和分类　　表5-1-19

序号	指标		技术要求		
			Ⅰ级	Ⅱ级	Ⅲ级
1	细度（45μm方孔筛筛余）不大于	F类粉煤灰	12.0	25.0	45.0
		C类粉煤灰			
2	烧失量（%）不大于	F类粉煤灰	5.0	8.0	15.0
		C类粉煤灰			
3	需水量比（%）不大于	F类粉煤灰	95	105	115
		C类粉煤灰			
4	三氧化硫（%）不大于	F类粉煤灰	3		
		C类粉煤灰			
5	含水量（%）不大于	F类粉煤灰	1		
		C类粉煤灰			
6	游离氧化钙（%）不大于	F类粉煤灰	1.0		
		C类粉煤灰	4.0		
7	安定性（雷氏夹沸煮后增加距离）（mm）不大于	C类粉煤灰	5		

2. 沸石粉

沸石粉的主要成分为SiO_2（60%～61%）和Al_2O_3（12%～14%），其技术要求见表5-1-20。

沸石粉技术要求 **表 5-1-20**

试验项目 \ 质量等级	Ⅰ级	Ⅱ级	Ⅲ级
吸铵值（meq/100g）	≥130	≥100	≥90
细度（80μm 方孔水筛筛余）（%）	≤4.0	≤10	≤15
沸石粉水泥胶砂需水量比（%）	≤125	≤120	≤120
28d 抗压强度比（%）	≥75	≥70	≥62

3. 硅灰

硅粉的主要成分为无定型 SiO_2，其品质应满足表 5-1-21 要求。

硅灰的技术要求 **表 5-1-21**

比表面积（cm^2/g）	SiO_2 含量（%）	烧失量（%）	Cl^- 含量	需水量比（%）	含水率	活性指数（28d）（%）
≥15000	≥85	≤6.0	≤0.02%	≤125	≤3.0%	≥85

4. 磨细矿渣

把水淬粒状高炉矿渣单独磨细到比表面积 4000cm^2/g 以上，称为磨细矿渣。粒化高炉磨细矿渣粉技术指标应满足表 5-1-22 要求。

磨细矿渣技术要求 **表 5-1-22**

试验项目 \ 质量等级		S105 级	S95 级	S75 级
密度（g/cm^3）		≥2.8		
比表面积（m^2/kg）		≥500	≥400	≥300
活性指数（%）	7d	≥95	≥75	≥55
	28d	≥105	≥95	≥75
流动度比（%）		≥95		
含水量（%）		≤1.0		
烧失量（%）		≤3.0		
三氧化硫		≤4.0%		
氯离子		≤0.06%		

注：1. 当掺加石膏或其他助磨剂应在报告中注明其种类及掺量。
2. S 值为掺合料的活性指标，按照《用于水泥混合材的工业废渣活性试验方法》GB/T 12957—2005 规定的活性评定方法进行。

5.2 混凝土配合比设计

5.2.1 混凝土配合比设计原则

1. 混凝土配合比设计，应经试验确定，应在满足混凝土强度、耐久性和工作性要求的前提下，减少水泥和水的用量；

2. 混凝土的工作性指标应根据结构形式、运输方式和距离、泵送高度、浇筑和振捣方式，以及工程所处环境条件等确定。

3. 当有抗冻、抗渗、抗氯离子侵蚀和化学腐蚀等耐久性要求时，尚应符合现行国家标准《混凝土结构耐久性设计规范》GB/T 50476—2008 的有关规定，并应进行相关耐久性试验验证。

5.2.2　普通混凝土配合比设计

1. 普通混凝土各种原材料的掺量限值

（1）最大水胶比：应符合《混凝土结构设计规范》GB 50010—2010 的规定。

（2）混凝土的最小胶凝材料用量：应符合表 5-2-1 的规定，配制 C15 及其以下强度等级的混凝土，可不受表 5-2-1 的限制。

混凝土的最小胶凝材料用量　　**表 5-2-1**

最大水胶比	最小胶凝材料用量（kg/m³）		
	素混凝土	钢筋混凝土	预应力混凝土
0.60	250	280	300
0.55	280	300	300
0.50	320		
≤0.45	330		

（3）矿物掺合料：在混凝土中的掺量应通过试验确定，钢筋混凝土中矿物掺合料最大掺量宜符合表 5-2-2 的规定；预应力钢筋混凝土中矿物掺合料最大掺量宜符合表 5-2-3 的规定。

钢筋混凝土中矿物掺合料最大掺量　　**表 5-2-2**

矿物掺合料种类	水胶比	最大掺量（%）	
		硅酸盐水泥	普通硅酸盐水泥
粉煤灰	≤0.40	≤45	≤35
	>0.40	≤40	≤30
粒化高炉矿渣粉	≤0.40	≤65	≤55
	>0.40	≤55	≤45
钢渣粉	—	≤30	≤20
磷渣粉	—	≤30	≤20
硅灰	—	≤10	≤10
复合掺合料	≤0.40	≤65	≤55
	>0.40	≤55	≤45

注：1. 采用硅酸盐水泥和普通硅酸盐水泥之外的通用硅酸盐水泥时，宜将水泥混合材掺量 20%以上的混合材量计入矿物掺合料；
2. 对基础大体积混凝土，粉煤灰、粒化高炉矿渣粉和复合掺合料的最大掺量可增加 5%；
3. 复合掺合料中各组分的掺量不宜超过任一组分单掺时的最大掺量。

预应力钢筋混凝土中矿物掺合料最大掺量　　**表 5-2-3**

矿物掺合料种类	水胶比	最大掺量（%）	
		硅酸盐水泥	普通硅酸盐水泥
粉煤灰	≤0.40	≤35	≤30
	>0.40	≤25	≤20
粒化高炉矿渣粉	≤0.40	≤55	≤45
	>0.40	≤45	≤35
钢渣粉	—	≤20	≤10

续表

矿物掺合料种类	水胶比	最大掺量（%）	
		硅酸盐水泥	普通硅酸盐水泥
磷渣粉	—	≤20	≤10
硅灰	—	≤10	≤10
复合掺合料	≤0.40	≤55	≤45
	>0.40	≤45	≤35

注：1. 采用硅酸盐水泥和普通硅酸盐水泥之外的通用硅酸盐水泥时，宜将水泥混合材掺量20%以上的混合材量计入矿物掺合料；

2. 在复合掺合料中，各组分的掺量不宜超过单掺时的最大掺量。

（4）氯离子含量：混凝土拌合物中水溶性氯离子最大含量应符合表5-2-4的要求。混凝土拌合物中水溶性氯离子含量应按照现行行业标准《水运工程混凝土试验规程》JTJ 270中混凝土拌合物中氯离子含量的快速测定方法进行测定。

混凝土拌合物中水溶性氯离子最大含量　　表5-2-4

环境条件	水溶性氯离子最大含量（%，水泥用量的重量比）		
	钢筋混凝土	预应力混凝土	素混凝土
干燥环境	0.3	0.06	1.00
潮湿但不含氯离子的环境	0.2		
潮湿而含有氯离子的环境、盐渍土环境	0.1		
除冰盐等侵蚀性物质的腐蚀环境	0.06		

（5）含气量：长期处于潮湿或水位变动的寒冷和严寒环境以及盐冻环境的混凝土应掺用引气剂。引气剂掺量应根据混凝土含气量要求经试验确定；掺用引气剂的混凝土最小含气量应符合表5-2-5的规定，最大不宜超过7.0%。

掺用引气剂的混凝土最小含气量　　表5-2-5

粗骨料最大公称粒径（mm）	混凝土最小含气量（%）	
	潮湿或水位变动的寒冷和严寒环境	盐冻环境
40.0	4.5	5.0
25.0	5.0	5.5
20.0	5.5	6.0

注：含气量为气体占混凝土体积的百分比。

（6）碱含量：对于有预防混凝土碱骨料反应设计要求的工程，混凝土中最大碱含量不应大于3.0kg/m^3，并宜掺用适量粉煤灰等矿物掺合料；对于矿物掺合料碱含量，粉煤灰碱含量可取实测值的1/6，粒化高炉矿渣粉碱含量可取实测值的1/2。

2. 普通混凝土的配制强度计算

（1）计算混凝土的配制强度

采用工程实际使用的原材料和计算配合比进行试配。每盘混凝土试配方量不小于20L。

1）当设计强度等级小于C60时，配制强度应按照公式（5-2-1）计算：

$$f_{cu,0} > f_{cu,k} + 1.645\sigma \quad (5\text{-}2\text{-}1)$$

式中 $f_{cu,0}$——混凝土的配制强度（MPa）；

$f_{cu,k}$——混凝土立方体抗压强度标准值（MPa）；

σ——混凝土的强度标准差（MPa）。

2）当设计强度等级不小于C60时，配制强度应按照公式（5-2-2）计算：

$$f_{cu,0} \geqslant 1.15 f_{cu,k} \quad (5\text{-}2\text{-}2)$$

3）关于σ的取值

当具有近期（前1个月或者3个月）的同一品种混凝土的强度资料时，其混凝土强度标准差σ应按照公式（5-2-3）计算：

$$\sigma = \sqrt{\frac{\sum_{i=1}^{n} f_{cu,i}^2 - nm^2 f_{cu}^2}{n-1}} \quad (5\text{-}2\text{-}3)$$

式中 $f_{cu,i}$——第i组的试件强度（MPa）；

mf_{cu}——n组试件的强度平均值（MPa）；

n——试件组数，n值不应小于30。

对于强度等级不大于C30的混凝土，计算得到的σ不小于3.0MPa时，按照计算结果取值；计算得到的σ小于3.0MPa时，σ取3.0MPa；对于强度等级大于C30且小于C60的混凝土，计算得到的σ不小于4.0MPa时，按照计算结果取值；计算得到的σ小于4.0MPa时，σ取4.0MPa。

当没有近期的同一品种、同一强度等级混凝土强度资料时，其混凝土强度标准差σ可按表5-2-6取用。

标准差σ值（MPa）　　**表5-2-6**

混凝土强度标准值	≤C20	C25～C45	C50～C55
σ	4.0	5.0	6.0

（2）计算水胶比（混凝土强度等级小于C60等级）

水胶比，按公式（5-2-4）计算。

$$W/B = \frac{\alpha_a \times f_b}{f_{cu,o} + \alpha_a \times \alpha_b \times f_b} \quad (5\text{-}2\text{-}4)$$

式中 W/B——混凝土水胶比；

α_a、α_b——回归系数，按表5-2-7取值；

f_b——胶凝材料（水泥与矿物掺合料按使用比例混合）28d胶砂抗压强度值（MPa），可实测，且试验方法应按现行国家标准《水泥胶砂强度检验方法（ISO法）》GB/T 17671—1999执行；当无实测值时，可按公式（5-2-5）计算：

$$f_b = \gamma_f \times \gamma_s \times f_{ce} \quad (5\text{-}2\text{-}5)$$

式中 γ_f、γ_s——粉煤灰影响系数和粒化高炉矿渣粉影响系数，可按表5-2-8选用；

f_{ce}——水泥28d胶砂抗压强度(MPa)，可实测，当无实测值时，可按公式(5-2-6)计算：

$$f_{ce} = \gamma_c \times f_{ce,g} \quad (5\text{-}2\text{-}6)$$

式中 γ_c——水泥强度等级值的富裕系数，可按实际统计资料确定；当缺乏实际统计资料时，可按表5-2-9选用。

$f_{ce,g}$——水泥强度等级值（MPa）。

回归系数α_a、α_b选用表　　**表5-2-7**

系数＼粗骨料品种	碎　石	卵　石
α_a	0.53	0.49
α_b	0.20	0.13

粉煤灰影响系数 γ_f 和粒化高炉矿渣粉影响系数 γ_s **表 5-2-8**

品种 掺量（%）	粉煤灰影响系数 γ_f	粒化高炉矿渣粉影响系数 γ_s
0	1.00	1.00
10	0.85～0.95	1.00
20	0.75～0.85	0.95～1.00
30	0.65～0.75	0.90～1.00
40	0.55～0.65	0.80～0.90
50	—	0.70～0.85

注：1. 采用Ⅰ级或Ⅱ级粉煤灰宜取上限值。
2. 采用S75级粒化高炉矿渣粉宜取下限值，采用S95级粒化高炉矿渣粉宜取上限值，采用S105级粒化高炉矿渣粉可取上限值加0.05。
3. 当超出表中的掺量时，粉煤灰和粒化高炉矿渣粉影响系数应经试验确定。

水泥强度等级值的富裕系数 γ_c **表 5-2-9**

水泥强度等级值	32.5	42.5	52.5
富裕系数	1.12	1.16	1.10

（3）用水量和外加剂用量

1）每立方米干硬性或塑性混凝土的用水量（m_{wo}）应符合下列规定：

①混凝土水胶比在0.40～0.80范围时，可按表5-2-10和表5-2-11选取；

②混凝土水胶比小于0.40时，可通过试验确定。

干硬性混凝土的用水量（kg/m^3） **表 5-2-10**

拌合物稠度		卵石最大公称粒径（mm）			碎石最大粒径（mm）		
项目	指标	10.0	20.0	40.0	16.0	20.0	40.0
维勃稠度（s）	16～20	175	160	145	180	170	155
	11～15	180	165	150	185	175	160
	5～10	185	170	155	190	180	165

塑性混凝土的用水量（kg/m^3） **表 5-2-11**

拌合物稠度		卵石最大粒径（mm）				碎石最大粒径（mm）			
项目	指标	10.0	20.0	31.5	40.0	16.0	20.0	31.5	40.0
坍落度（mm）	10～30	190	170	160	150	200	185	175	165
	35～50	200	180	170	160	210	195	185	175
	55～70	210	190	180	170	220	205	195	185
	75～90	215	195	185	175	230	215	205	195

注：1. 本表用水量系采用中砂时的取值。采用细砂时，每立方米混凝土用水量可增加5～10kg；采用粗砂时，可减少5～10kg；
2. 掺用矿物掺合料和外加剂时，用水量应相应调整。

2）掺外加剂时，每立方米流动性或大流动性混凝土的用水量（m_{w0}）可按公式（5-2-7）计算：

$$m_{w0}=m'_{w0}\ (1-\beta) \tag{5-2-7}$$

式中 m'_{w0}——计算配合比每立方米混凝土的用水量（kg/m^3）；未掺外加剂时推定的满足实际

坍落度要求的每立方米混凝土用水量（kg/m^3），以表 5-2-11 中 90mm 坍落度的用水量为基础，按每增大 20mm 坍落度相应增加 5kg/m^3 用水量来计算，当坍落度增大到 180mm 以上时，随坍落度相应增加的用水量可减少。

β——外加剂的减水率（%），应经混凝土试验确定。

3）每立方米混凝土中外加剂用量（m_{a0}）应按公式（5-2-8）计算：

$$m_{a0} = m_{b0}\beta_a \tag{5-2-8}$$

式中 m_{a0}——每立方米混凝土中外加剂用量（kg/m^3）；

m_{b0}——每立方米混凝土中胶凝材料用量（kg/m^3）；

β_a——外加剂掺量（%），应经混凝土试验确定。

（4）胶凝材料、矿物掺和料和水泥用量

1）每立方米混凝土的胶凝材料用量（m_{b0}）应按公式（5-2-9）计算：

$$m_{b0} = \frac{m_{w0}}{W/B} \tag{5-2-9}$$

式中 m_{b0}——每立方米混凝土中外加剂用量（kg/m^3）；

m_{w0}——每立方米混凝土中用水量（kg/m^3）；

W/B——混凝土水胶比。

2）每立方米混凝土的矿物掺合料用量（m_{f0}）计算应按公式（5-2-10）计算：

$$m_{f0} = m_{b0}\beta_f \tag{5-2-10}$$

式中 m_{f0}——每立方米混凝土中矿物掺合料用量（kg/m^3）；

β_f——计算水胶比过程中确定的矿物掺合料掺量（%）。

3）每立方米混凝土的水泥用量（m_{c0}）应按公式（5-2-11）计算：

$$m_{c0} = m_{b0} - m_{f0} \tag{5-2-11}$$

式中 m_{c0}——每立方米混凝土中水泥用量（kg/m^3）。

（5）砂率

1）当无历史资料可参考时，混凝土砂率（β_s）的确定应符合下列规定：

①坍落度小于 10mm 的混凝土，其砂率应经试验确定。

②坍落度为 10～60mm 的混凝土砂率，可根据粗骨料品种、最大公称粒径及水灰比按表 5-2-12 选取。

③坍落度大于 60mm 的混凝土砂率，可经试验确定，也可在表 5-2-12 的基础上，按坍落度每增大 20mm、砂率增大 1%的幅度予以调整。

混凝土的砂率（%） **表 5-2-12**

水胶比（W/B）	卵石最大公称粒径（mm）			碎石最大粒径（mm）		
	10.0	20.0	40.0	16.0	20.0	40.0
0.40	26～32	25～31	24～30	30～35	29～34	27～32
0.50	30～35	29～34	28～33	33～38	32～37	30～35
0.60	33～38	32～37	31～36	36～41	35～40	33～38
0.70	36～41	35～40	34～39	39～44	38～43	36～41

注：1. 本表数值系中砂的选用砂率，对细砂或粗砂，可相应地减少或增大砂率；

2. 采用人工砂配制混凝土时，砂率可适当增大；

3. 只用一个单粒级粗骨料配制混凝土时，砂率应适当增大；

4. 对薄壁构件，砂率宜取偏大值。

2）砂率应按公式（5-2-13）计算。

（6）粗、细骨料用量

1）采用质量法计算粗、细骨料用量时，应按公式（5-2-12）和（5-2-13）计算：

$$m_{f0}+m_{c0}+m_{g0}+m_{s0}+m_{w0}=m_{cp} \quad (5\text{-}2\text{-}12)$$

$$\beta_s=\frac{m_{s0}}{m_{g0}+m_{s0}}\times 100\% \quad (5\text{-}2\text{-}13)$$

式中 β_s——砂率（%）；

m_{g0}——每立方米混凝土的粗骨料用量（kg/m^3）；

m_{s0}——每立方米混凝土的细骨料用量（kg/m^3）；

m_{w0}——每立方米混凝土的用水量（kg/m^3）；

m_{cp}——每立方米混凝土拌合物的假定质量（kg/m^3），可取2350～2450kg/m^3。

2）采用体积法计算粗、细骨料用量时，应按公式（5-2-13）和（5-2-14）计算：

$$\frac{m_{c0}}{\rho_c}+\frac{m_{f0}}{\rho_f}+\frac{m_{g0}}{\rho_g}+\frac{m_{s0}}{\rho_s}+\frac{m_{w0}}{\rho_w}+0.01\alpha=1 \quad (5\text{-}2\text{-}14)$$

式中 ρ_c——水泥密度（kg/m^3），应按《水泥密度测定方法》GB/T 208—1994测定，也可取2900～3100kg/m^3；

ρ_f——矿物掺合料密度（kg/m^3），可按《水泥密度测定方法》GB/T 208—1994测定；

ρ_g——粗骨料的表观密度（kg/m^3），应按现行标准《普通混凝土用砂、石质量及检验方法标准》JGJ 52—2006测定；

ρ_s——细骨料的表观密度（kg/m^3），应按现行标准《普通混凝土用砂、石质量及检验方法标准》JGJ 52—2006测定；

ρ_w——水的密度（kg/m^3），可取1000kg/m^3；

α——混凝土的含气量百分数，在不使用引气剂或引气型外加剂时，α可取为1。

3. 混凝土试配、调整和确定

（1）采用工程实际使用的原材料和计算配合比进行试配，每盘混凝土试配方量不小于20L。

（2）按照计算配合比，调整计算配合比的砂率和外加剂掺量等，以使拌合物性能满足所需要的工作性，提出试拌配合比。

（3）在试拌配合比的基础上，选择比试拌配合比的胶凝材料用量高和低的量，按照不少于3个配合比进行试配。每个配合比的工作性应满足施工要求，耐久性参数应满足相关标准要求。试配时另外两个配合比的水胶比宜较试拌配合比分别增加和减少0.05，用水量应与试拌配合比相同，砂率可分别增加和减少1%，并应测量每个配合比混凝土的表观密度，同时制作试件并进行养护。

（4）试件养护到规定龄期进行试压和耐久性试验。选定强度不低于所要求的配制强度、耐久性指标满足设计或者标准要求的配合比，作为设计配合比。

（5）结合搅拌站或者现场条件进行试生产，对设计配合比进行生产适应性调整，当运输时间较长时，试配时应控制混凝土坍落度经时损失值，以最终确定施工配合比。

（6）对于应用条件特殊的工程，可在混凝土搅拌站或施工现场，对确定的施工配合比进行足尺寸试验，检验施工配合比是否满足工程要求。

（7）当混凝土性能指标有变化或者有其他特殊要求，水泥、外加剂或矿物掺合料品种、质量改变，及同一配合比的混凝土生产间断三个月以上时，应重新进行配合比设计。

4. 普通混凝土配合比计算实例——C30普通混凝土配合比计算（双掺法），按《普通混凝土配合比设计规程》JGJ 55—2011计算。

原材料计算参数，见表5-2-13。

原材料计算参数 表 5-2-13

强度等级		C30		抗折强度	/	抗渗等级	/	坍落度	200±20mm		
原材料	水泥	金隅（琉璃河）P.O42.5		强度	$f_{ce}=\gamma_c \cdot f_{ce,g}=52.5$MPa				$\gamma_c=1.24$		
	粉煤灰	大唐同舟Ⅰ级		细度	5.3%	需水比	92%	$\beta_f=20\%$	$f_b=0.85$		
	矿渣粉	三河天龙		S95级	比表面积	427m^2/kg	28d 活性指数		101%	$\beta_f=18\%$	
	中砂	河北涞水Ⅱ区中砂		细度模数	2.6	含泥量		1.6%	泥块含量	0.4%	
	碎石	河北涞水	5～25mm	含泥量	0.2%	泥块含量	0.1%	压碎指标	5.0%	针片状含量	6%
	外加剂	建研院 AN4000 减水剂		掺量 $\beta_a=1.20\%$			减水率 $\beta=26\%$		含固量 $\gamma=20\%$		

计算步骤：

(1) 混凝土配制强度($f_{cu,0}$)的确定(标准差σ取5.0MPa)：

$$f_{cu,0}=f_{cu,k}+1.645\sigma=30+1.645\times5.0=38.2\text{MPa};$$

(2) 计算水胶比($\alpha_a=0.53$，$\alpha_b=0.20$)：

$$f_b=f_{ce}\cdot\gamma_f=52.5\times0.85=44.6\text{MPa};$$

$W/B=\alpha_a\cdot f_b/(f_{cu,0}+\alpha_a\cdot\alpha_b\cdot f_b)=0.53\times44.6\div(38.23+0.53\times0.2\times44.6)=0.55$(根据规范或经验取$W/B=0.46$)；

(3) 确定每立方混凝土的用水量(m_{w_0})：

1) 查表5-2-11和公式（5-2-6)，按照卵石最大粒径25mm，用内插法取坍落度为90mm时，用水量为191，经修正选取$m'_{w_0}=224\text{kg/m}^3$；

$$m'_{w_0}=191+(220-90)\div20\times5=224\text{kg/m}^3;$$

2) 确定掺减水剂的调整用水量：$m_{w_0}=m'_{w_0}(1-\beta)=224\times(1-26\%)=166\text{kg/m}^3$；

(4) 计算胶凝材料用量(m_{b_0})、粉煤灰用量(m_{f_0})、水泥用量(m_{c_0})和外加剂用量(m_{a_0})；

1) 胶凝材料用量(m_{b_0})：$m_{b_0}=m_{w_0}/(W/B)=166\div0.46=361\text{kg/m}^3$；

2) 粉煤灰用量(m_{f_0})：$m_{f_0}=m_{b_0}\cdot\beta_f=361\times20\%=72\text{kg/m}^3$；

3) 矿粉用量(m_{f_0})：$m_{f_0}=m_{b_0}.\beta_f=361\times18\%=65\text{kg/m}^3$；

4) 水泥用量(m_{c_0})：$m_{c_0}=m_{b_0}-m_{f_0}=361-72-65=224\text{kg/m}^3$；

5) 外加剂用量(m_{a_0})：$m_{a_0}=m_{b_0}\cdot\beta_a=361\times1.20\%=4.33\text{kg/m}^3$；

6) 扣除减水剂含水量后，实际用水量(m_{wa})：$m_{wa}=m_{w_0}-m_{a_0}\cdot(1-\gamma)=166-4.33\times(1-20\%)=162\text{kg/m}^3$；

(5) 砂率(β_s)的确定：

由表5-2-12或根据以往实践经验，选取$\beta_s=44\%$；

(6) 按重量法计算砂、石的用量：

1) $m_{c_0}+m_{f_0}+m_{wa}+m_{s_0}+m_{g_0}+m_{a_0}=m_{cp}$(每立方米混凝土的假定重量)，此处$m_{cp}=2380\text{kg/m}^3$，$\beta_s=m_{s_0}/(m_{g_0}+m_{s_0})\times100\%$

2) $m_{s_0}+m_{g_0}=m_{cp}-m_{c_0}-m_{f_0}-m_{wa}-m_{a_0}=2380-224-65-72-162-4.33=1853\text{kg/m}^3$

3) $m_{s_0}=(m_{s_0}+m_{g_0})\cdot\beta_s=1853\times0.44=815\text{kg/m}^3$

4) $m_{g_0}=(m_{s_0}+m_{g_0})-m_{s_0}=1853-815=1038\text{kg/m}^3$

(7) 计算的配合比如下：

$$m_{c_0}:m_{f_0}:m_{s_0}:m_{g_0}:m_{wa}:m_{a_0}=224:72:815:1038:162:4.33$$
$$=1:0.32:3.64:4.63:0.72:0.019$$

（8）试配、调整与确定：

按照计算配合比试拌，并调整，步骤见 5.2.2 的相关内容，最终确定基准配合比。

5.2.3 抗渗混凝土配合比设计

1. 原材料质量要求

（1）水泥宜采用普通硅酸盐水泥；

（2）粗骨料宜采用连续级配，其最大公称粒径不宜大于 40.0mm，含泥量不得大于 1.0%，泥块含量不得大于 0.5%；

（3）细骨料宜采用中砂，含泥量不得大于 3.0%，泥块含量不得大于 1.0%；

（4）抗渗混凝土宜掺用外加剂和矿物掺合料；粉煤灰不应低于Ⅱ级。

2. 配合比设计要点

（1）最大水胶比应符合表 5-2-14 的规定；

抗渗混凝土最大水胶比　　表 5-2-14

设计抗渗等级	最大水胶比	
	C20～C30	C30 以上混凝土
P6	0.60	0.55
P8～P12	0.55	0.50
＞P12	0.50	0.45

（2）每立方米混凝土中的胶凝材料用量不宜小于 320kg；

（3）砂率宜为 35%～45%；

（4）配制抗渗混凝土要求的抗渗水压值应比设计值提高 0.2MPa；

（5）抗渗试验结果应符合公式（5-2-15）要求：

$$P_t \geqslant \frac{P}{10} + 0.2 \tag{5-2-15}$$

式中　P_t——6 个试件中不少于 4 个未出现渗水时的最大水压值（MPa）；

P——设计要求的抗渗等级值。

（6）掺用引气剂的抗渗混凝土，应进行含气量试验，含气量宜控制在 3.0%～5.0%。

5.2.4 抗冻混凝土配合比设计

1. 原材料质量要求

（1）水泥品种宜选用硅酸盐水泥和普通硅酸盐水泥。

（2）宜选用连续级配的粗骨料，其含泥量不得大于 1.0%，泥块含量不得大于 0.5%。

（3）细骨料含泥量不得大于 3.0%，泥块含量不得大于 1.0%。

（4）拌制混凝土所用骨料应清洁，不得含有冰、雪、冻块及其他易冻裂物质。掺用含有钾、钠离子的防冻剂混凝土，不得采用活性骨料或在骨料中混有这类物质的材料。

（5）粗骨料和细骨料均应进行坚固性试验，并应符合现行行业标准《普通混凝土用砂、石质量及检验方法标准》JGJ 52—2006 的规定。

（6）抗冻混凝土宜采用减水剂，对抗冻等级 F100 及以上的混凝土应掺引气剂，掺用后混凝土的含气量应符合普通混凝土配合比设计的规定。

2. 配合比设计要点

（1）抗冻混凝土应按照不同的负温进行配合比设计。

（2）最大水胶比和最小胶凝材料用量应符合表 5-2-15 的规定；

（3）复合矿物掺合料掺量应符合表 5-2-16 的规定；其他矿物掺合料掺量应符合表 5-2-16 的规定；

（4）抗冻混凝土宜掺用引气剂，掺用引气剂的混凝土最小含气量应符合表 5-2-5 的规定。

抗冻混凝土的最大水胶比和最小胶凝材料用量表 **表 5-2-15**

设计抗冻等级	最大水胶比		最小胶凝材料用量（kg/m³）
	无引气剂时	掺引气剂时	
F50	0.55	0.60	300
F100	0.50	0.55	320
不低于 F150	/	0.50	350

抗冻混凝土中复合矿物掺合料掺量限值 **表 5-2-16**

矿物掺和料种类	水胶比	对应不同水泥品种的矿物掺合料掺量	
		硅酸盐水泥（%）	普通硅酸盐水泥（%）
复合矿物掺合料	≤0.40	≤60	≤50
	>0.40	≤50	≤40

注：1. 采用硅酸盐水泥和普通硅酸盐水泥之外的通用硅酸盐水泥时，混凝土中水泥混合材和复合矿物掺合料用量之和应不大于普通硅酸盐水泥（混合材掺量按 20%计）混凝土中水泥混合材和复合矿物掺合料用量之和；

2. 复合矿物掺合料中各矿物掺和料组分的掺量不宜超过表 5-2-2 中单掺时的限量。

5.2.5 高强混凝土配合比设计（强度等级不低于 C60）

1. 原材料要求

（1）应选用质量稳定的硅酸盐水泥或普通硅酸盐水泥。

（2）粗骨料的最大粒径不应大于 25mm；针片状颗粒含量不宜大于 5.0%，含泥量不应大于 0.5%，泥块含量不宜大于 0.2%。

（3）细骨料的细度模数宜为 2.6～3.0，含泥量不应大于 2.0%，泥块含量不应大于 0.5%。

（4）配制高强混凝土时应掺用高效减水剂或缓凝高效减水剂，减水率不小于 25%；宜复合掺用粒化高炉矿渣粉、粉煤灰和硅灰等矿物掺合料；粉煤灰不应低于Ⅱ级；强度等级不低于 C80 的高强混凝土宜掺用硅灰。

2. 配合比设计要点

（1）高强混凝土配合比的计算方法和步骤除应按普通混凝土有关规定进行外，尚应符合下列规定：

1）水胶比、胶凝材料用量和砂率可按表 5-2-17 选取，并应经试配确定；

高强混凝土水胶比、胶凝材料用量和砂率 **表 5-2-17**

强度等级	水胶比	胶凝材料用量（kg/m³）	砂率（%）
>C60，<C80	0.28～0.33	480～560	35～42
≥C80，<C100	0.26～0.28	520～580	
C100	0.24～0.26	550～600	

2）外加剂和矿物掺合料的品种、掺量，应通过试配确定；矿物掺合料掺量宜为 25%～40%；硅灰掺量不宜大于 10%；

3）水泥用量不宜大于 500kg/m³。

（2）高强混凝土配合比的试配与确定的步骤除应按普通混凝土配合比设计规定进行外，当采用 3 个不同的配合比进行混凝土强度试验时，其中 1 个应为基准配合比，另外 2 个配合比的水灰比宜较基准配合比分别增加、减少 0.02。

（3）高强混凝土设计配合比确定后，尚应用该配合比进行不少于三盘混凝土的重复试验，每盘混凝土应至少成型一组试件，每组混凝土的抗压强度不应低于试配强度。

5.2.6 泵送混凝土配合比设计

1. 原材料质量要求

（1）泵送混凝土用水泥应选用硅酸盐水泥、普通硅酸盐水泥、矿渣硅酸盐水泥和粉煤灰硅酸盐水泥，不宜采用火山灰质硅酸盐水泥。

（2）粗骨料宜采用连续级配，针片状颗粒含量不宜大于10%。粗骨料最大粒径与输送管径之比宜符合表5-2-18的规定。

粗骨料最大粒径与输送管径之比　　表5-2-18

粗骨料品种	泵送高度（m）	粗骨料最大公称粒径与输送管径之比
碎石	<50	≤1∶3.0
	50～100	≤1∶4.0
	>100	≤1∶5.0
卵石	<50	≤1∶2.5
	50～100	≤1∶3.0
	>100	≤1∶4.0

（3）细骨料宜采用中砂，其通过315μm筛孔的颗粒不应少于15%。

（4）泵送混凝土应掺用泵送剂或减水剂，并宜掺入矿物掺合料。

2. 配合比设计要点

（1）泵送混凝土配合比，除必须满足混凝土设计强度和耐久性的要求外，尚应使混凝土满足可泵性要求。

（2）泵送混凝土配合比设计，应根据混凝土原材料、混凝土运输距离、混凝土泵与混凝土输送管径、泵送距离、气温等具体施工条件试配。必要时，应通过试泵送确定泵送混凝土配合比。

（3）泵送混凝土的用水量与胶凝材料总量之比不宜大于0.6。

（4）泵送混凝土的砂率宜为35%～45%。

（5）泵送混凝土的胶凝材料总量不宜小于300kg/m^3。

（6）泵送混凝土应掺适量外加剂，外加剂的品种和掺量宜由试验确定，不得随意使用。

（7）掺用引气剂型外加剂的泵送混凝土的含气量不宜大于4%。

（8）掺粉煤灰的泵送混凝土配合比设计，必须经过试配确定，并应符合现行有关标准的规定。

（9）泵送混凝土的可泵性，可按国家现行标准《普通混凝土拌合物性能试验方法标准》GB/T 50080有关压力泌水试验的方法进行检测，一般10s时的相对压力泌水率S_{10}不宜超过40% 。对于添加减水剂的混凝土，宜由试验确定其可泵性。

（10）泵送混凝土的入泵坍落度不宜小于10cm，对于不同泵送高度，入泵时混凝土的坍落度，可按表5-2-19选用。

不同泵送高度入泵时混凝土的坍落度选用值　　表5-2-19

最大泵送高度（m）	50	100	200	400	400以上
入泵坍落度（mm）	100～140	150～180	190～220	230～260	—
入泵扩展度（mm）	—	—	—	450～590	600～740

（11）泵送混凝土试配时要求的坍落度应按公式5-2-16计算，泵送混凝土试配时应考虑坍落度经时损失。

$$T_t = T_p + \Delta T \tag{5-2-16}$$

式中　T_t——试配时要求的坍落度值（cm）；

T_p—— 入泵时要求的坍落度值（cm）；

ΔT——试验测得在预计时间内的坍落度经时损失值（cm）。

5.2.7 大体积混凝土配合比设计

1. 原材料质量要求

(1) 水泥宜采用中、低热硅酸盐水泥或矿渣硅酸盐水泥，水泥的3d和7d水化热应符合现行国家标准《中热硅酸盐水泥低热硅酸盐水泥低热矿渣硅酸盐水泥》GB 200—2003规定。当采用硅酸盐水泥或普通硅酸盐水泥时，应掺加矿物掺合料，胶凝材料的3d和7d水化热分别不宜大于240kJ/kg和270kJ/kg。水化热试验方法应按现行国家标准《水泥水化热测定方法》GB/T 12959—2008执行。

(2) 粗骨料宜为连续级配，最大公称粒径不宜小于31.5mm，含泥量不应大于1.0%。

(3) 细骨料宜采用中砂，含泥量不应大于3.0%。

(4) 宜掺用矿物掺合料和缓凝型减水剂。

2. 配合比设计要点

(1) 当采用混凝土60d或90d龄期的设计强度时，宜采用标准尺寸试件进行抗压强度试验。

(2) 水胶比不宜大于0.55，用水量不宜大于175kg/m^3。

(3) 在保证混凝土性能要求的前提下，宜提高每立方米混凝土中的粗骨料用量；砂率宜为38%～42%。

(4) 在保证混凝土性能要求的前提下，应减少胶凝材料中的水泥用量，提高矿物掺合料掺量，矿物掺合料掺量应符合表5-2-2、表5-2-3的规定。

(5) 在配合比试配和调整时，控制混凝土绝热温升不宜大于50℃。

(6) 大体积混凝土配合比应满足施工对混凝土凝结时间的要求。

5.3 混凝土搅拌、运输

5.3.1 混凝土搅拌

现浇混凝土施工一般应采用预拌混凝土。当需要在现场搅拌混凝土时，应采用具有自动计量装置的现场集中搅拌方式。

1. 混凝土配合比计量要求

(1) 严格掌握混凝土材料配合比。各种原材料的计量应按重量计，水和外加剂溶液可按体积计，其允许偏差，见表5-3-1。

混凝土原材料计量允许偏差（%）　　表5-3-1

原材料品种	水泥	砂	碎石	水	掺合料	外加剂
每盘计量允许偏差	±2	±3	±3	±2	±2	±2
累计计量允许偏差	±1	±2	±2	±1	±1	±1

注：1. 现场搅拌时原材料计量允许偏差应满足每盘计量允许偏差要求；

2. 累计计量允许偏差是指每一运输车中各盘混凝土的每种材料计量称的偏差。该项指标仅适用于采用微机控制计量的搅拌站；

(2) 各种衡器应定时校验，并经常保持准确，骨料含水率应经常测定。雨天施工时，应增加测定次数。

2. 混凝土搅拌与质量要求

(1) 结合搅拌设备及原材料进行试验，确定搅拌时分次投料的顺序、数量及分段搅拌的时间等工艺参数，并严格按确定的工艺参数和操作规程进行生产，以保证获得符合设计要求的混凝土拌合物。

(2) 工艺主要包括先拌水泥净浆法、先拌砂浆法、水泥裹砂法或水泥裹砂石法等等。

(3) 矿物掺合料宜与水泥同步投料；液体外加剂宜滞后于水和水泥投料；粉状外加剂宜溶解后再投料。

(4) 混凝土应搅拌均匀，宜采用强制式搅拌机搅拌。混凝土搅拌的最短时间，应符合表 5-3-2 规定，对于双卧轴强制式搅拌机，可在保证搅拌均匀的情况下适当缩短搅拌时间。搅拌强度等级 C60 及以上的混凝土时，搅拌时间应适当延长。

混凝土搅拌的最短时间（s） **表 5-3-2**

混凝土坍落度（mm）	搅拌机机型	搅拌机出料量（L）		
		＜250	250～500	＞500
⩽40	强制式	60	90	120
＞40 且＜100	强制式	60	60	90
⩾100	强制式	60		

注：1. 混凝土搅拌的最短时间系指全部材料装入搅拌筒中起，到开始卸料止的时间；
2. 当掺有外加剂与矿物掺合料时，搅拌时间应适当延长；
3. 当采用其他形式的搅拌设备时，搅拌的最短时间应按设备说明书的规定或经试验确定；
4. 采用自落式搅拌机时，搅拌时间宜延长 30s。

(5) 首次使用的配合比应进行开盘鉴定，开盘鉴定应包括下列内容：

1) 混凝土的原材料与配合比设计所采用原材料的一致性；

2) 出机混凝土工作性与配合比设计要求的一致性；

3) 混凝土强度；

4) 混凝土凝结时间；

5) 工程有要求时，尚应包括混凝土耐久性等。

5.3.2 混凝土运输

1. 混凝土运输应采用混凝土运输车，并应采取措施保证连续供应。应根据混凝土浇筑量大小、运输距离和道路状况，配备足够的混凝土搅拌运输车，确保混凝土连续供应并满足现场施工进度要求。

2. 当采用泵送混凝土连续作业时，每台混凝土泵所需配备的混凝土搅拌运输车台数，可按公式（5-3-1）计算：

$$N_1 = \frac{Q_1}{60V_1\eta_v}\left(\frac{60L_1}{S_0} + T_1\right) \tag{5-3-1}$$

式中 N_1——混凝土搅拌运输车台数，其结果取整数，小数部分进一位约（台）；

V_1——每台混凝土搅拌运输车容量（m^3）；

S_0——混凝土搅拌运输车平均行车速度（km/h）；

L_1——混凝土搅拌运输车往返距离（km）；

T_1——每台混凝土搅拌运输车总计停歇时间（min）；

η_v——搅拌运输车容量折减系数，可取 0.9～0.95；

Q_1——每台混凝土泵的实际平均输出量（m^3/h）。

Q_1 可根据混凝土泵的最大输出量、配管情况和作业效率，按公式（5-3-2）计算：

$$Q_1 = Q_{max}\alpha_1\,\eta \tag{5-3-2}$$

式中 Q_{max}——每台混凝土泵的最大输出量（m^3/h）；

α_1——配管条件系数。可取 0.8～0.9；

η——作业效率。根据混凝土搅拌运输车向混凝土泵供料的间断时间、拆装混凝土输送管和布料停歇等情况，可取 0.5～0.7。

3. 混凝土搅拌运输车接料前应排净积水；运输途中或等候卸料期间，罐体应保持 3～6r/min 的慢速转动；临卸料前先进行快速旋转 20s 以上，使混凝土拌合物更加均匀。

4. 现场行驶道路宜设置循环行车道，并应满足重车行驶要求；车辆出入口处，应设置交通安全指挥人员；危险区域，应设警戒标志；夜间施工时，在交通出入口或运输道路上，应有良好的照明。

5. 采用搅拌运输车运输混凝土，当混凝土坍落度损失较大不能满足施工要求时，可在罐内加入适量的与原配合比相同成分的减水剂以改善其工作性。减水剂加入量应事先由试验确定，加入的时间、数量、次数等应作出记录。加入减水剂后，混凝土罐车应快速旋转搅拌均匀，达到要求的工作性能后方可泵送或浇筑。

6. 采用吊车配合斗容器输送混凝土时，应根据不同结构类型以及混凝土浇筑方式选择不同的斗容器；不宜采用多台斗容器相互转载的方式输送混凝土；斗容器宜在浇筑点直接卸料；不宜先集中卸料后小车输送。

7. 当采用机动翻斗车运输混凝土时，道路应通畅，路面应平整、坚实，临时坡道或支架应牢固，铺板接头应平顺。

8. 混凝土运至浇筑地点，其质量应符合下列规定：

（1）混凝土运至浇筑地点时，应检测其稠度，所测稠度值应符合设计和施工要求。其允许偏差值应符合有关标准的规定。

（2）应在商定的交货地点进行坍落度检查，实测的混凝土坍落度应符合要求，其允许偏差应符合表 5-3-3 的规定。

预拌混凝土坍落度允许偏差（mm） **表 5-3-3**

坍落度（mm）	坍落度允许偏差（mm）	坍落度（mm）	坍落度允许偏差（mm）
100～160	±20	>160	±30

（3）混凝土拌合物运至浇筑地点时的温度，最高不宜超过 35℃；最低不宜低于 5℃。

5.3.3 混凝土泵送

1. 混凝土泵的选型

（1）混凝土泵的选型应根据工程特点、输送高度和距离、混凝土工作性确定。

（2）输送泵的数量应根据混凝土浇筑量和施工条件确定，必要时应设置备用泵。

（3）混凝土泵选型的主要技术参数为：泵的最大理论排量（m^3/h）、泵的最大混凝土压力（MPa）、混凝土的最大水平运距、最大垂直运距。

（4）一般情况下，高层建筑混凝土输送可采用固定式高压混凝土泵输送混凝土。常用的有三一重工和中联重科生产的 HBT60 \ 80 \ 90 \ 100 \ 120 拖式混凝土泵等。

其中三一重工生产的 HBT80C－1818D 拖式混凝土泵的主要技术参数，参见表 5-3-4。

HBT80C-1818D 主要技术参数 **表 5-3-4**

技术参数 \ 地泵型号		HBT80C-1818D
混凝土输送理论压力（MPa）	高压小排量	18
	低压大排量	10
混凝土输送理论排量（m^3/h）	高压小排量	48
	低压大排量	86
柴油机主动力（kW）	额定功率	161
主油泵	额定工作压力（MPa）	32
	额定工作流量（L/min）	405

续表

技术参数 \ 地泵型号			HBT80C-1818D	
理论最大输送距离（m）	输送管径	ϕ125mm	水平	垂直
			1000	320
最大骨料尺寸（mm）	输送管径	ϕ125mm		40
		ϕ150mm		50
输送缸缸径×最大行程（mm）			ϕ200×1800	
料斗容积×上料高度（m^3/ mm）			0.7×1320	
液压油箱容积（L）			670	
液压油型号及工作温度（壳牌 AW68 号）			45～60℃	
轮距（mm）			1844	
外形尺寸：长×宽×高（mm）			7070×2099×1635	
总质量（kg）			7500	

2. 泵送能力验算

（1）泵的额定工作压力应大于按式（5-3-3）计算的混凝土最大泵送阻力。

$$P_{max}=\frac{\Delta P_H L}{10^6}+P_f \tag{5-3-3}$$

式中 P_{max}——混凝土最大泵送阻力（MPa）；

L——各类布置状态下混凝土输送管路系统的累积水平换算距离，可表 5-3-5 换算累加确定；

ΔP_H——混凝土在水平输送管内流动每米产生的压力损失（Pa/m）；可按公式 5-3-5 计算（Pa/m）；

P_f——混凝土泵送系统附件及泵体内部压力损失，当缺乏详细资料时，可按表 5-3-6 取值累加计算（MPa）。

混凝土输送管水平换算长度 **表 5-3-5**

管类别或布置状态	换算单位	管规格		水平换算长度（m）
向上垂直管	每米	管径（mm）	100	3
			125	4
			150	5
倾斜向上管（输送管倾斜角为 α）	每米	管径（mm）	100	$\cos\alpha+3\sin\alpha$
			125	$\cos\alpha+4\sin\alpha$
			150	$\cos\alpha+5\sin\alpha$
垂直向下及倾斜向下管	每米	—		1
锥形管	每根	锥径变化（mm）	175→150	4
			150→125	8
			125→100	16
弯管（弯头张角为 β，$\beta\leqslant90°$）	每只	弯曲半径（mm）	500	$12\beta/90$
			1000	$9\beta/90$
胶管	每根	长 3～5m		20

混凝土泵送系统附件的估算压力损失 **表 5-3-6**

附件名称		换算单位	换算压力损失（MPa）
管路截止阀		每个	0.1
泵体附属结构	分配阀	每个	0.2
	启动内耗	每台泵	1.0

（2）混凝土泵的最大水平输送距离，按下列方法之一确定：

1）由试验确定；

2）根据混凝土泵的最大出口压力、配管情况、混凝土性能指标和输出量，按表 5-3-6 和公式 5-3-4 计算。

$$L_{max} = \frac{P_e - P_f}{\Delta P_H} \times 10^6 \tag{5-3-4}$$

其中：

$$\Delta P_H = \frac{2}{r}\left[K_1 + K_2\left(1 + \frac{t_2}{t_1}\right)V_2\right]\alpha_2 \tag{5-3-5}$$

$$K_1 = 300 - S_1 \tag{5-3-6}$$

$$K_2 = 400 - S_1 \tag{5-3-7}$$

式中 L_{max}——混凝土泵的最大水平输送距离（m）；

P_e——混凝土泵额定工作压力（Pa）；

P_f——混凝土在水平输送管内流动每米产生的压力损失（Pa/m）；

ΔP_H——混凝土在水平输送管内流动每米产生的压力损失（Pa/m）；

K_1——黏着系数（Pa）；

K_2——速度系数（Pa·s/m）；

S_1——混凝土坍落度（mm）；

$\frac{t_2}{t_1}$——混凝土泵分配阀切换时间与活塞推压混凝土时间之比，当设备性能未知时，可取 0.3；

V_2——混凝土拌合物在输送管内的平均流速（m/s）；

α_2——径向压力与轴向压力之比，对普通混凝土取 0.9。

3）参照产品的性能表（曲线）确定。

3. 泵的数量计算

混凝土泵的台数，可根据混凝土浇筑体积量、单机的实际平均输出量和施工作业时间，按公式（5-3-8）计算：

$$N_2 = Q/(Q_1 \cdot T_0) \tag{5-3-8}$$

式中 N_2——混凝土泵数量（台）；

Q——混凝土浇筑体积量（m^3）；

Q_1——每台混凝土泵的实际平均输出量（m^3/h），见公式（5-3-1）；

T_0——混凝土泵送计划施工作业时间（h）。

4. 混凝土泵的布置要求

（1）混凝土泵应安装于场地平整坚实，周围道路畅通，接近排水设施和供水、供电、供料方便，距离浇筑地点近，便于配管之处。在混凝土泵的作业范围内，不得有高压电线等危险物。

（2）混凝土输送不宜采用接力输送的方式，当必须采用接力泵泵送混凝土时，接力泵的设置位置应使上、下泵的输送能力匹配。当在建筑楼面上设置接力泵时，应验算楼面结构承载能力，必要时应采取加固措施。

（3）混凝土泵转移运输时的安全要求，应符合产品说明及有关标准的规定。

5. 混凝土输送管的配管设计与敷设要求

（1）混凝土输送管的种类：

混凝土输送管包括直管、弯管、锥形管、软管、管接头和截止阀。对输送管道的要求是阻力小、耐磨损、自重轻、易装拆。

1）直管：常用的管径有 100mm、125mm 和 150mm 三种。管段长度有 0.5m、1.0m、

2.0m、5.0m和4.0m五种，壁厚一般为1.6～2.0mm，由焊接钢管和无缝钢管制成。常用直管的重量见表5-3-7。

常用直管重量　表5-3-7

管子内径（mm）	管子长度（m）	管子自身质量（kg）	充满混凝土后质量（kg）
100	4.0	22.3	102.3
	3.0	17.0	77.0
	2.0	11.7	51.7
	1.0	6.4	26.4
	0.5	3.7	13.5
125	3.0	21.0	113.4
	2.0	14.6	76.2
	1.0	8.1	33.9
	0.5	4.7	20.1

2）弯管：弯管的弯曲角度有15°、30°、45°、60°和90°，其曲率半径有1.0m、0.5m和0.3m三种，以及与直管相应的口径。常用弯管的重量见表5-3-8。

常用弯管重量　表5-3-8

管子内径（mm）	弯曲角度（°）	管子自身重量（kg）	充满混凝土后重量（kg）
100	90	20.3	52.4
	60	13.9	35.0
	45	10.6	26.4
	30	7.1	17.6
	15	3.7	9.0
125	90	27.5	76.1
	60	18.5	50.9
	45	14.0	38.3
	30	9.5	25.7
	15	5.0	13.1

3）锥形管：主要是用于不同管径的变换处，常用的有$\phi175$～$\phi150$、$\phi150$～$\phi125$、$\phi125$～$\phi100$。常用的长度为1m。

4）软管：软管的作用主要是装在输送管末端直接布料，其长度有5～8m，对它的要求是柔软、轻便和耐用，便于人工搬动。常用软管的重量见表5-3-9。

常用软管重量　表5-3-9

管径（mm）	软管长度（m）	软管自身重量（kg）	充满混凝土后重量（kg）
100	3.0	14.0	68.0
	5.0	23.3	113.3
	8.0	37.3	181.3
125	3.0	20.5	107.5
	5.0	34.1	179.1
	8.0	54.6	286.6

5）管接头：主要是用于管子之间的连接，以便快速装拆和及时处理堵管部位。

6）截止阀：常用的截止阀有针形阀和制动阀。逆止阀是在垂直向上泵送混凝土过程中使用，如混凝土泵送暂时中断，垂直管道内的混凝土因自重会对混凝土泵产生逆向压力，逆止阀可防止这种逆向压力对泵的破坏，使混凝土泵得到保护并启动方便。

（2）混凝土输送管设计原则：

1）应根据工程和施工场地特点、混凝土浇筑方案，对混凝土输送管配管进行合理设计。管路布置宜横平竖直，尽量缩短管路长度，并保证安全施工，便于管道清洗、排除故障和拆装维修。

2）管路布置中尽可能减少弯管使用数量，除终端出口处采用软管外，其余部位均不宜采用软管。除泵机出料口处，同一管路中，应采用相同管径的输送管，不宜使用锥管；当新旧管配合使用时，应将新管布置在泵送压力大的一侧。

3）混凝土输送管规格应根据粗骨料最大粒径、混凝土输出量和输送距离以及输送难易程度等进行选择，混凝土输送管最小内径宜符合表5-3-10的规定。

混凝土输送管管径与粗骨料最大粒径的关系 **表5-3-10**

粗骨料最大粒径（mm）		输送管最小内径（mm）
卵石	碎石	
31.5	20	100
40	31.5	125
50	40	150

4）输送管强度应与泵送条件相适应，不得有龟裂、孔洞、凹凸损伤和弯折等缺陷。其接头应密封良好，具有足够强度，并能快速装拆。

5）泵送施工地下结构物时，地表水平管轴线应与泵机出料口轴线垂直。

6）混凝土输送管应采用支架固定，支架应与结构牢固连接，输送泵管转向处支架应加密；支架应通过计算确定，同时要对设置支架处的结构进行验算，必要时应采取加固措施。

7）向上输送混凝土时，地面水平输送泵管的直管和弯管总的折算长度不宜小于竖向输送高度的20%，且不宜小于15m。

8）高泵程混凝土施工，为防止泵管高度过大造成混凝土拌合物反流，每隔20层应设置一段水平管，从楼板的另一侧向上垂直接泵管。水平管长度不宜小于垂直管长度的25%，且不宜小于15m；同时在混凝土泵出料口3～6m处的输送管根部应设置截止阀，防止混凝土拌合物反流。

9）倾斜向下配管时，应在斜管上端设排气阀；当高差大于20m时，应在斜管或垂直管下端设水平管。如条件限制，可增加弯管或环形管，满足1.5倍高差长度要求。

10）施工过程中应定期检查管道特别是弯管等部位的磨损情况，以防爆管；在泵机出口或有人员通过之处的管段，应增设安全防护结构；炎热季节或冬期施工时，混凝土输送管宜采取适当防护措施，以保证泵送混凝土入模时合理温度。

（3）混凝土输送管敷设方法：

常见敷设方法，见图5-3-1。

6. 混凝土布料杆的选择

（1）布料杆种类及性能：

混凝土布料杆是完成混凝土输送、布料、摊铺、浇筑入模的理想机具。混凝土布料杆按移动方式分为汽车式布料杆和独立式布料杆两种；独立式布料杆又分为移置式布料杆见图5-3-2和管柱式布料杆见图5-3-3。混凝土布料杆的性能见表5-3-11。

混凝土布料杆技术性能 **表5-3-11**

类别与型号	移置式布料杆RVM10-125型	管柱式机动布料杆M17-125型
泵送管直径（mm）	125	125
布料臂架节数（节）	2	3
最大幅度（m）	9.5	16.8

续表

类别与型号	移置式布料杆 RVM10-125 型	管柱式机动布料杆 M17-125 型
回转角度（°）	第一节 360	360
作业力矩（kN·m）	第一节 300	270
自身重量（kg）	1409	10000
工作重量（kg）	1750	
平衡重量（kg）	805	
电动机功率（kW）		7.5

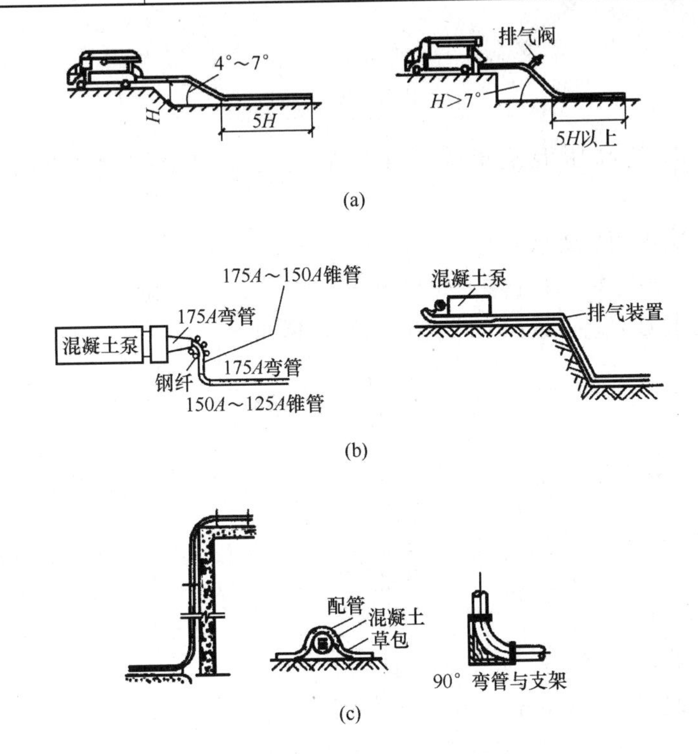

图 5-3-1　泵送管道敷设示意图

（2）选用原则及安装要求

1）应根据浇筑混凝土结构平面尺寸、配管情况、布料要求以及布料杆长度合理选择和布置布料设备。

2）布料设备应安装牢固和稳定，安装基础应进行结构强度校核，满足布料设备的重量和抗倾覆要求。

3）在布料设备的作业范围内，不得有高压线、塔吊等障碍物。

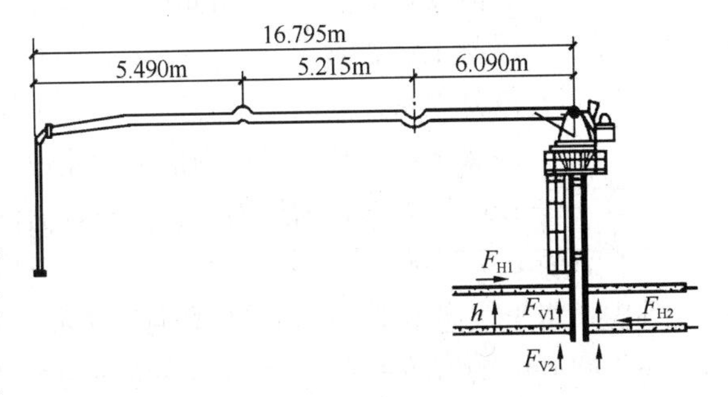

图 5-3-2　移置式布料杆

4）布料设备在出现雷雨、暴风雨、风力大于 6 级（13.8m/s）等恶劣天气时，不得作业。

5）布料设备在安装固定、使用时的安全要求，应符合产品安装使用说明书及相关标准的规定。

7. 计算实例——300m 高程泵送压力计算

某工程泵送高度 300m，水平输送距离 100m，配 150mm→125mm 的锥形管 1 个，弯曲半径 1000mm 的直角弯管 3 个及 500mm 的直角弯管 4 个，混凝土输送管直径 125mm。拟采用三一重

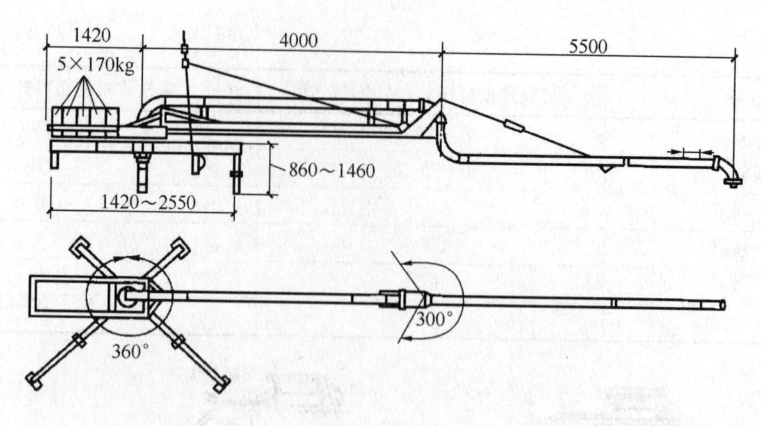

图 5-3-3 管柱式布料杆示意图

工 HBT90CH－2135D 超高压混凝土输送泵，泵送最大理论排量 $100m^3/h$，最大输送压力 35MPa。

验算：泵送能力能否满足要求。

泵送混凝土至 300m 高度，水平输送距离 100m 所需压力的理论计算：

混凝土最大泵送阻力 P_{max}，按照公式（5-3-3）计算如下：

$$P_{max}=\frac{\Delta P_H L}{10^6}+P_f$$

（1）根据公式（5-3-5）计算 ΔP_H：

$$\Delta P_H=\frac{2}{r}\left[K_1+K_2\left(1+\frac{t_2}{t_1}\right)V_2\right]\alpha_2=\frac{2}{0.0625}[120+220\times(1+0.3)\times0.9]\times0.9$$

$$=10869.12(Pa)$$

式中 K_1——粘附系数，按照公式（5-3-6），计算 $K_1=300-S_1=300-180=120$，其中 S_1 为坍落度，取 $S_1=180mm$；

K_2——速度系数，按照公式（5-3-7），计算 $K_2=400-S_1=400-180=220$（Pa），S_1 为坍落度，取 $S_1=180mm$；

r——混凝土输送管半径，$r=125/2=62.5$（mm）；

t_2/t_1——混凝土泵分配阀切换时间与活塞推压混凝土时间之比，取值 0.3；

V_2——混凝土拌合物在管道内的平均流速，当排量为 $40m^3/h$ 时，流速约为 0.9m/s；

α_2——径向压力与轴向压力之比，对普通混凝土取 0.9。

（2）查表 5-3-5，换算 L：

其中：水平距离 L 为 100m；垂直向上距离 L 为 300m；150mm→125mm 的锥形管 1 个；弯曲半径 1000mm 的直角弯管 3 个；500mm 的直角弯管 4 个。

$$L=300\times4+100+9\times3+12\times4=1383m$$

（3）按照 1 个管路截止阀、1 个分配阀计算，查表 5-3-6，换算 P_f

$$P_f=0.1+0.2=0.3\ (MPa)$$

（4）计算 P_{max}

$$P_{max}=\frac{\Delta P_H L}{10^6}+P_f=\frac{10869.12\times1383}{10^6}+0.3=15.33(MPa)$$

计算结果：泵送高度 300m，水平输送距离 100m，所需总压力为 15.33MPa。

结论：泵送能力满足要求。

5.4 混凝土浇筑及养护

5.4.1 混凝土浇筑

1. 基本规定

(1) 一般要求：

混凝土浇筑多采用泵送入模，连续施工。混凝土从搅拌完成到浇筑完毕的延续时间不宜超过表 5-4-1 的规定。混凝土运输、输送、浇筑及间歇的全部时间不应超过表 5-4-2 的规定。当不满足表 5-4-2 的规定时，应临时设置施工缝，继续浇筑混凝土时应按施工缝要求进行处理。

混凝土运输到输送入模的延续时间（min） **表 5-4-1**

条件	气温	
	≤25℃	>25℃
不掺外加剂	90	60
掺外加剂	150	120

混凝土运输、输送入模及间歇的全部时间（min） **表 5-4-2**

条件	气温	
	≤ 25℃	>25℃
不掺外加剂	180	150
掺外加剂	240	210

注：有特殊要求的混凝土，应根据设计及施工要求，通过试验确定允许时间。

(2) 混凝土浇筑：

1) 混凝土浇筑可采用一次连续浇筑，也可留设施工缝或后浇带分块连续浇筑。混凝土浇筑时间有间歇时，上层混凝土应在下层混凝土初凝之前浇筑完毕；

2) 根据结构平立面形状及尺寸、混凝土供应、混凝土浇筑设备、场地内外条件等划分每台泵浇筑区域及浇筑顺序；

3) 采用硬管输送混凝土时，宜由远而近浇筑；多根输送管同时浇筑时，其浇筑速度宜保持一致；

4) 采用先浇筑竖向结构构件，后浇筑水平结构构件的顺序进行浇筑；

5) 浇筑区域结构平面有高差时，宜先浇筑低区部分，再浇筑高区部分。

(3) 混凝土振捣：

应合理控制振捣节奏、振捣深度、移动半径及时间，避免漏振和过振等。特别要注意防止过振的问题。过振会造成离析现象，使混凝土出现强度不足、密实度差及裂缝等问题，进而影响混凝土强度、耐久性及其他性能。因此施工时要特别注意。

(4) 混凝土泵送工艺要点：

1) 泵送混凝土前，先把储料斗内清水从管道泵出，达到湿润和清洁管道的目的，然后向料斗内加入与混凝土内除粗骨料外的其他成分相同配合比的水泥砂浆（或 1：2 水泥砂浆或水泥浆），润滑用的水泥浆或水泥砂浆应分散布料，不得集中浇筑在同一处。润滑管道后即可开始泵送混凝土。在混凝土泵送过程中，若需加接 3m 以上（含 3m）的输送管时，也应预先对管道内壁进行湿润和润滑。

2) 混凝土泵送速度应先慢后快，逐步加速。采用多泵同时进行大体积混凝土浇筑施工时，应每台泵依顺序逐一启动，待泵送顺利后，启动下一台泵，以防意外。

3) 混凝土泵送过程中，泵车集料斗应设置网罩，并应有足够的混凝土余量，避免吸入空气产生堵泵。

4）混凝土泵送应连续作业。泵送、浇筑及间歇的全部时间不应超过混凝土的初凝时间，当混凝土供应不及时，应采取间歇式放慢泵送速度，维持泵送连续性；如必须中断时，其中断时间不得超过混凝土从搅拌至浇筑完毕所允许的延续时间。

5）混凝土浇筑的布料点宜接近浇筑位置，以防止混凝土冲击钢筋，造成混凝土分离。柱、墙模板内混凝土浇筑应使混凝土缓慢下落，避免混凝土产生离析。

6）泵送先远后近，在浇筑中逐渐拆管。

7）泵送完毕，应立即清洗混凝土泵和输送管，管道拆卸后按不同规格分类堆放。

8）当多台混凝土泵同时泵送或与其他输送方法组合输送混凝土时，应预先规定各自的输送能力、浇筑区域和浇筑顺序。并应分工明确、互相配合、统一指挥。

（5）泵送故障处理：

1）当输送管被堵塞时，宜采取下列方法排除：

①重复进行反泵和正泵，逐步吸出混凝土至料斗中，重新搅拌后泵送；

②用木槌敲击等方法，查明堵塞部位，将混凝土振松后，重复进行反泵和正泵，排除堵塞；当上述两种方法无效时，应在混凝土卸压后，拆除堵塞部位的输送管，排出混凝土堵塞物后，方可接管，新接管道也应提前润湿。

2）当混凝土泵送出现非堵塞性中断浇筑时，宜进行慢速间歇泵送，每隔4～5min进行两个行程反泵，再进行两个行程正泵。

3）排除堵塞后重新泵送或清洗混凝土泵时，布料设备的出口应朝安全方向，以防堵塞物或废浆高速飞出伤人。

4）当混凝土泵出现压力升高且不稳定、油温升高、输送管明显振动等现象而泵送困难时，不得强行泵送，并应立即查明原因，采取措施排除故障。

2. 墙、柱混凝土浇筑

（1）墙、柱模板内的混凝土浇筑不得发生离析，倾落高度应符合表5-4-3；当不能满足要求时，应加设串筒、溜管或溜槽等装置。

墙、柱模板内的混凝土浇筑倾落高度限值（m） **表5-4-3**

条件	浇筑倾落高度限值
粗骨料粒径大于25mm	≤3
粗骨料粒径小于等于25mm	≤6

（2）墙、柱浇筑混凝土前，在底部接槎处宜先浇筑30～50mm厚与墙、柱混凝土配合比相同的减石子砂浆。

（3）混凝土应采用分层浇筑、振捣，分层浇筑高度应为振捣棒有效作用部分长度的1.25倍。每层浇筑厚度在400～500mm，浇筑墙体应连续进行，间隔时间不得超过混凝土初凝时间。见图5-4-1。

（4）墙体、柱浇筑高度及上口找平。混凝土浇筑振捣完毕，将上口甩出的钢筋加以整理，用木抹子按预定标高线，将表面找平。墙体混凝土浇筑高度控制在高出楼板下皮上5mm＋软弱层高度5～10mm；柱子的浇筑高度控制在梁底向上15～30mm（含10～25mm的软弱层），待剔除软弱层后，施工缝处于梁底向上5mm处。结构混凝土施工完后，及时剔凿软弱层。

（5）柱与梁板整体浇筑时，为避免裂缝，注意在墙柱浇筑完毕后，必须停歇1～1.5h，使柱子混凝土沉实达到稳定后再浇筑梁板混凝土。

（6）浇筑完后，应随时将伸出的搭接钢筋整理到位。

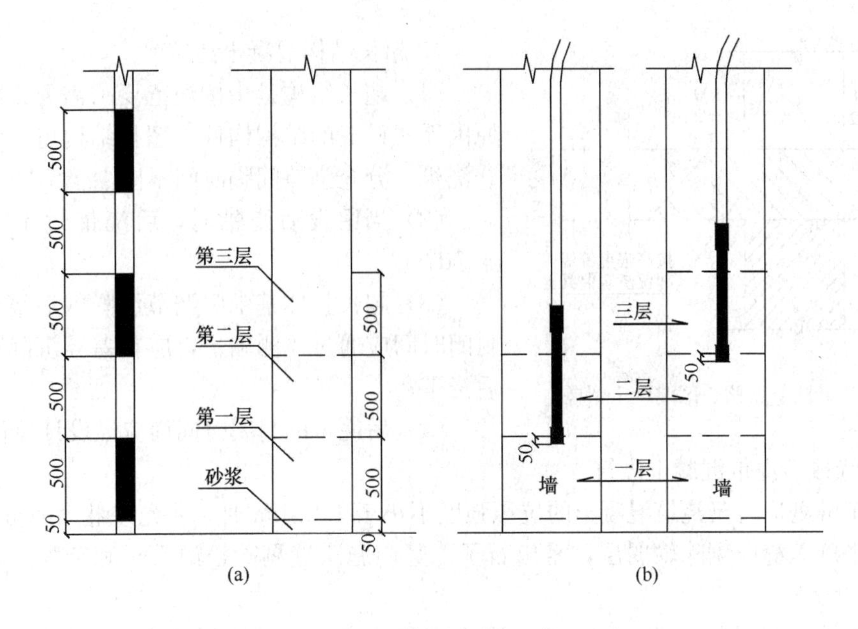

图 5-4-1

（a）混凝土浇筑厚度控制杆；（b）墙、柱混凝土浇筑振捣

3. 梁、板结构混凝土浇筑

（1）梁、板应同时浇筑，浇筑方法应由一端开始，先浇筑梁，根据梁高分层浇筑成阶梯形，当达到板底位置时再与板的混凝土一起浇筑，随着阶梯形不断延伸，梁板混凝土浇筑连续向前进行。

（2）与板连成整体高度大于 1m 的梁，允许单独浇筑，其施工缝应留在板底以上 15～30mm 处。

（3）梁柱节点钢筋较密时，浇筑此处混凝土时宜用小直径振捣棒振捣，采用小直径振捣棒应另计分层厚度。还可采用免振或高抛混凝土。

（4）浇筑楼板混凝土的虚铺厚度应略大于板厚，用振捣器顺浇筑方向及时振捣，不允许用振捣棒铺摊混凝土。在钢筋上挂控制线，保证混凝土浇筑标高一致。顶板混凝土浇筑完毕后，在混凝土初凝前，用 3m 长杠刮平，再用木抹子抹平，压实刮平遍数不少于两遍，初凝时加强二次压面，保证大面平整、减少收缩裂缝。浇筑大面积楼板混凝土时，提倡使用激光铅直、扫平仪控制板面标高和平整。

（5）施工缝位置：宜沿次梁方向浇筑楼板，施工缝应留置在次梁跨度的中间 1/3 范围内。施工缝表面应与梁轴线或板面垂直，不得留斜槎。复杂结构施工缝留置位置应征得设计人员同意。施工缝宜用齿形模板挡牢或采用钢板网挡支牢固。也可采用快易收口网，直接进行下段混凝土的施工。

（6）柱、墙混凝土设计强度等级高于梁、板混凝土设计强度等级时，梁柱节点核心区处混凝土浇筑应符合下列规定：

1）柱、墙混凝土设计强度比梁、板混凝土设计强度高一个等级时，柱、墙位置梁、板高度范围内的混凝土经设计单位确认，可采用与梁、板混凝土设计强度等级相同的混凝土进行浇筑；

2）柱、墙混凝土设计强度比梁、板混凝土设计强度高两个等级及以上时，应在交界区域采取分隔措施；分隔位置应在低强度等级的构件中，且距高强度等级构件边缘不应小于 500mm，参见图 5-4-2。

3）宜先浇筑强度等级高的混凝土，后浇筑强度等级低的混凝土。

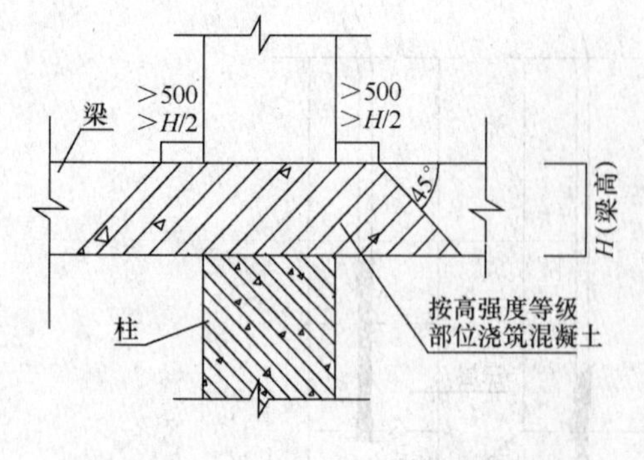

图 5-4-2 梁柱节点核心区混凝土留槎

4. 超长结构混凝土浇筑

(1) 超长结构是指按规范要求需要设缝或因种种原因无法设缝的结构构件。超长结构可留设施工缝分仓浇筑，分仓浇筑间隔时间不应少于 7d；

(2) 当留设后浇带时，后浇带封闭时间不得少于 7d；

(3) 超长整体基础中调节沉降的后浇带，混凝土封闭时间应通过监测确定，应在差异沉降稳定后封闭后浇带；

(4) 后浇带的封闭时间尚应经设计单位确认。

5. 施工缝或后浇带混凝土浇筑

(1) 施工缝处应待已浇筑混凝土的抗压强度不小于 1.2MPa 时，才允许继续浇筑。

(2) 水平施工缝应剔除软弱层，露出石子，竖向施工缝剔除松散石子和杂物，露出密实混凝土。

(3) 在继续浇筑混凝土前，施工缝混凝土表面应凿毛，剔除浮动石子，并用水冲洗干净。水平施工缝可先浇筑一层与混凝土同配比减石子砂浆，注意接浆层厚度不应大于 30mm，然后继续浇筑混凝土。

(4) 后浇带混凝土浇筑时间应符合图纸设计要求。图纸设计无要求时，高层建筑的后浇带封闭时间宜滞后 2 个月以上。

(5) 后浇带混凝土强度等级比两侧混凝土提高一级，并宜采用减少收缩的技术措施，低温入模，覆盖养护；后浇带的养护时间不得少于 28d。

6. 混凝土施工缝与后浇带的留置

(1) 基本要求

1) 施工缝和后浇带的留置位置应在混凝土浇筑前确定。施工缝和后浇带宜留设在结构受剪力较小且便于施工的位置。受力复杂的结构构件或有防水抗渗要求的结构构件，施工缝留设位置应经设计单位确认。

2) 施工缝、后浇带留设界面，应垂直于结构构件和纵向受力钢筋。结构构件厚度或高度较大时，施工缝或后浇带界面宜采用专用材料封挡。

3) 混凝土浇筑过程中，因特殊原因需临时设置施工缝时，施工缝留设应规整，并宜垂直于构件表面，必要时可采取增加插筋、事后修凿等技术措施。

4) 施工缝和后浇带应采取钢筋防锈或阻锈等保护措施。

(2) 水平施工缝的留设

1) 柱、墙施工缝可留设在基础、楼层结构顶面，柱施工缝与结构上表面的距离宜为 0～100mm；墙施工缝与结构上表面的距离宜为 0～300mm；

2) 柱、墙施工缝也可留设在楼层结构底面；施工缝与结构下表面的距离宜为 0～50mm；当板下有梁托时，可留设在梁托下 0～20mm；

3) 高度较大的柱、墙、梁以及厚度较大的基础，可根据施工需要在其中部留设水平施工缝；当因施工缝留设改变受力状态而需要调整构件配筋时，应经设计单位确认；

4) 特殊结构部位留设水平施工缝应经设计单位确认。

(3) 竖向施工缝和后浇带的留设

1) 有主次梁的楼板施工缝应留设在次梁跨度中间 1/3 范围内；

2) 单向板施工缝应留设在与跨度方向平行的任何位置；

3）楼梯梯段施工缝宜设置在梯段跨度端部 1/3 范围内；

4）墙的施工缝宜设置在门洞口过梁跨中 1/3 范围内，也可留设在纵横墙交接处；

5）后浇带留设位置应符合设计要求；

6）特殊部位留设竖向施工缝应经设计单位确认。

（4）设备基础施工缝的留设

1）水平施工缝应低于地脚螺栓底端，与地脚螺栓底端的距离应大于 150mm；当地脚螺栓直径小于 30mm 时，水平施工缝可留设在深度不小于地脚螺栓埋入混凝土部分总长度的 3/4 处。

2）竖向施工缝与地脚螺栓中心线的距离不应小于 250mm，且不应小于螺栓直径的 5 倍。

3）承受动力作用的设备基础，施工缝留设位置，应符合以下规定：

①标高不同的两个水平施工缝，其高低结合处应留设成台阶形，台阶的高宽比不应大于 1.0；

②竖向施工缝或台阶施工缝的断面处应加插钢筋，插筋数量和规格应由设计单位确定；

③施工缝的留设应经设计单位确认。

5.4.2　混凝土养护

1. 养护方式选择

（1）混凝土养护可采用浇水、覆盖、喷涂养护剂等方式。选择养护方式应考虑现场条件、环境温湿度、构件特点、技术要求、施工操作等因素。覆盖养护主要指使用塑料薄膜、麻袋、草帘等进行覆盖。

（2）对养护环境温度没有特殊要求的结构构件，可采用浇水养护方式，浇水养护可采用直接浇水、覆盖麻袋或草帘浇水等方法，并应根据温度、湿度、风力情况、阳光直射条件等，通过观察混凝土表面，确定浇水次数，确保混凝土处于湿润状态。混凝土养护用水可选用中水。当日平均温度低于 5℃时，不得浇水。

（3）对养护环境温度没有特殊要求或浇水养护有困难的结构构件，可采用喷涂养护剂养护方式；养护剂的使用应符合使用说明书的要求，应均匀喷涂在结构构件表面，不得漏喷，确保混凝土处于保湿状态。

2. 混凝土养护时间

（1）采用硅酸盐水泥、普通硅酸盐水泥或矿渣硅酸盐水泥配制的混凝土不得少于 7d；采用其他品种水泥时，养护应根据水泥技术性能确定；

（2）采用缓凝型外加剂、大掺量矿物掺合料配制的混凝土不得少于 14d；

（3）抗渗混凝土、强度等级 C60 及以上混凝土、高性能混凝土不得少于 14d；

（4）地下室底层墙、柱和上部结构首层墙、柱宜适当增加养护时间，增加时间应根据技术方案确定。

3. 混凝土养护工艺要点

（1）楼板结构表面应在混凝土初凝前抹压，混凝土终凝前用抹子再次搓压表面，然后进行直接浇水、覆盖麻袋或草帘浇水养护或喷涂养护剂养护，必要时可采用覆盖自身养护或采用覆盖喷水湿润养护。

对于平面结构，一般面积较大，易于失水，塑性收缩增大，易于产生裂缝，应通过及时覆盖和充分的保湿养护来降低风、太阳直射和温度等的影响。

（2）地下室底层和上部结构首层柱、墙混凝土宜采用带模养护方法，带模养护时间不宜少于 3d；带模养护结束后应继续采用直接浇水、覆盖麻袋或草帘浇水养护等方法，必要时可采用喷涂养护剂养护方法；其他部位柱、墙混凝土宜采用直接浇水、覆盖麻袋或草帘浇水养护等方法，必要时可采用喷涂养护剂养护方法；

（3）带模养护和浇水养护时间不得少于14d。

5.5　混凝土季节性施工

5.5.1　混凝土冬期施工

当室外日平均气温连续5d稳定低于5℃时，即进入冬期施工，要采取冬期施工措施；当室外日平均气温连续5d稳定高于5℃时，可退出冬期施工。而当气温骤降至0℃以下或防冻剂规定温度时，也应采取冬施措施进行施工和防护。

1. 冬期浇筑的混凝土的受冻临界强度

（1）采用蓄热法、暖棚法、加热法施工的普通混凝土，采用硅酸盐水泥、普通硅酸盐水泥配制时，其受冻临界强度不得小于混凝土设计强度等级值的30%；采用矿渣硅酸盐水泥、粉煤灰硅酸盐水泥、火山灰质硅酸盐水泥、复合硅酸盐水泥时，不应小于设计混凝土强度等级值的40%；

（2）当室外最低气温不低于－15℃时，采用综合蓄热法、负温养护法施工的混凝土受冻临界强度，不得小于4.0 MPa；当室外最低温度不低于－30℃时，采用负温养护法施工的混凝土受冻临界强度，不得小于5.0MPa；

（3）对强度等级等于或高于C50的混凝土，不宜小于设计混凝土强度等级值的30%；

（4）对有抗渗要求的混凝土，不宜小于设计混凝土强度等级值的70%；

（5）对有抗冻耐久性要求的混凝土，不宜小于设计混凝土强度等级值的70%；

（6）当采用暖棚法施工的混凝土中掺入早强剂时，可按综合蓄热法受冻临界强度取值；

（7）当施工需要提高混凝土强度等级时，应按提高后的强度等级确定受冻临界强度。

2. 混凝土冬期施工要点

（1）原材料及配合比：

原材料及配合比见5.1节、5.2节的相关内容。

（2）混凝土搅拌：

1）混凝土搅拌前应对搅拌机械进行保温或采用蒸汽进行加温；

2）液体防冻剂使用前应搅拌均匀，由防冻剂溶液带入的水分应从混凝土拌合水中扣除；

3）蒸汽法加热骨料时，应加大对骨料含水率测试频率，并应将由骨料带入的水分从混凝土拌合水中扣除；

4）混凝土搅拌时应先投入骨料与拌合水，预拌后再投入胶凝材料与外加剂。胶凝材料、引气剂或含引气组分外加剂不得与60℃以上的热水直接接触；

5）搅拌时间应比常温搅拌时间延长30～60s；

6）混凝土拌合物的出机温度不宜低于10℃，入模温度不得低于5℃。对预拌混凝土或需远距离输送的混凝土，混凝土拌合物的出机温度可根据运输和输送距离经热工计算确定，但不宜低于15℃。大体积混凝土的入模温度根据计算确定。

（3）混凝土运输：

1）混凝土运输与输送机具应进行保温。运输距离应尽量缩短，装卸次数尽量少，在运输过程中的温度损失最好不超过5～6℃。在运输、浇筑的过程中，应符合热工计算的数值。如不符合时，可采取提高原材料加热温度、减少装卸次数、缩短运输时间等措施来调整。

2）泵送混凝土在浇筑前应对泵管进行保温。并用与施工混凝土同配比砂浆进行预热。

（4）混凝土浇筑：

1）钢制大模板在支设前，背面应进行保温；采用小钢模板或其他材料模板安装后应在背面张挂阻燃草帘进行保温；支撑不得支在冻土上，如支撑下是素土，为防止冻胀应采取保温防冻胀措施。

2）混凝土浇筑前，应清除地基、模板和钢筋上的冰雪和污垢，并进行覆盖保温。应尽量加快浇筑速度，防止热量散失过多。

混凝土分层浇筑时，分层厚度不应小于400mm。已浇筑层的混凝土温度在被上一层混凝土覆盖前，温度不得低于2℃。同时，应加快浇筑速度，防止下层混凝土在被覆盖前受冻。混凝土在初期养护期间应防风防失水。

（5）混凝土养护：

1）当室外最低气温不低于－15℃时，对地面以下的工程或表面系数不大于$5m^{-1}$的结构，宜采用蓄热法养护，并应对结构易受冻部位加强保温措施。

2）当采用蓄热法不能满足要求时，对表面系数为5～$15m^{-1}$的结构，可采用综合蓄热法养护。采用综合蓄热法养护时，围护层散热系数宜控制在50～200kJ/（m^3·h·K）。

3）对表面系数大于$15m^{-1}$或不易保温养护，且对强度增长无特殊要求的一般高层混凝土结构工程，可采用掺防冻剂的负温养护法进行施工。对于重要结构工程或部位，尽量采用综合蓄热法养护。

4）当采用蓄热法、综合蓄热法或负温养护法不能满足施工要求时，可采用暖棚法、蒸汽加热法、电加热法等方法进行养护，但应采取降低能耗的措施。

5）混凝土浇筑后，应对裸露表面采用防水保湿材料覆盖并进行保温，对边、棱角及易受冻部位的保温层厚度应提高2倍至3倍。

6）在混凝土养护期间，应采取防风、防失水措施，并不得直接向负温混凝土表面浇水养护。

7）混凝土在达到规定强度并冷却到5℃后方可拆除模板。墙体采用组合钢模板时，宜采用整装整拆方案，混凝土强度达1MPa后，可先拧松螺栓，使侧模板轻轻脱离混凝土后，再合上利用模板进行保温养护到拆模。当混凝土与环境温度差大于20℃时，拆模后的混凝土表面应立即进行保温覆盖，保证缓慢冷却。

8）混凝土拆模后，在强度未达到受冻临界强度和设计要求时，应继续进行养护。

9）工程越冬期间，应进行保温维护，采取防风、防失水措施。

（6）混凝土测温：

1）混凝土冬期施工测温项目与次数，见表5-5-1。

混凝土冬期施工测温项目和次数 **表5-5-1**

测温项目	测温次数
室外气温	测量最高、最低气温
环境温度	每昼夜不少于4次
搅拌机棚温度	每一工作班不少于4次
水、水泥、矿物掺合料、砂、石及外加剂溶液温度	每一工作班不少于4次
混凝土出罐、浇筑、入模温度	每一工作班不少于4次

注：室外最高最低气温测量起、止日期为当地天气预报出现5℃时初冬期起始至连续5天现场测温平均5℃以上时止。

2）采用蓄热法或综合蓄热法时，在达到受冻临界强度之前每隔4～6h测量一次；采用负温养护法时，在达到受冻临界强度之前每隔2h测量一次；采用加热法时，在升温、降温期间每1h测定一次，在恒温期间每2h测定一次。混凝土在达到受冻临界强度之后，可停止测温。

3）混凝土养护温度的测定方法如下：

① 应提前绘制测温孔平面布置图，全部测温孔均应编号，并在结构实体对应位置做出明显标识。

② 测温孔宜设在迎风面、易于散热的部位，孔深50～100mm。对结构构件的梁、板、柱、墙等，布设的测温点应不少于该批次浇筑典型构件的25％；大体积结构应在表面及内部分别设置。

3. 混凝土热工计算

(1) 混凝土拌合物温度可按式（5-5-1）计算：

$$T_0=0.92(m_{ce}T_{ce}+m_sT_s+m_{sa}T_{sa}+m_gT_g)+4.2T_w(m_w-\omega_{sa}m_{sa}-\omega_gm_g)+c_w(\omega_{sa}m_{sa}T_{sa}+\omega_gm_gT_g)-c_i(\omega_{sa}m_{sa}+\omega_gm_g)/4.2m_w+0.92(m_{ce}+m_s+m_{sa}+m_g) \tag{5-5-1}$$

式中 T_0——混凝土拌合物温度（℃）；

T_s——掺合料的温度（℃）；

T_{ce}——水泥的温度（℃）；

T_{sa}——砂子的温度（℃）；

T_g——石子的温度（℃）；

T_w——水的温度（℃）；

m_w——拌合水用量（kg）；

m_{ce}——水泥用量（kg）；

m_s——掺合料用量（kg）；

m_{sa}——砂子用量（kg）；

m_g——石子用量（kg）；

ω_{sa}——砂子的含水率（％）；

ω_g——石子的含水率（％）；

c_w——水的比热容［kJ/（kg・K）］；

c_i——冰的溶解热（kJ/kg）；当骨料温度大于0℃时：

$c_w=4.2$，$c_i=0$；当骨料温度小于或等于0℃时：$c_w=2.1$，$c_i=335$。

(2) 混凝土拌合物出机温度可按式（5-5-2）计算：

$$T_1=T_0-0.16(T_0-T_P) \tag{5-5-2}$$

式中 T_1——混凝土拌合物出机温度（℃）；

T_P——搅拌机棚内温度（℃）。

(3) 采用商品混凝土泵送施工时，混凝土拌合物运输与输送至浇筑地点时的温度可按式（5-5-3）计算：

$$T_2=T_1-\Delta T_y-\Delta T_b \tag{5-5-3}$$

其中，ΔT_y、ΔT_b 分别为采用装卸式运输工具运输混凝土时的温度降低和采用泵管输送混凝土时的温度降低，可按式（5-5-4）、（5-5-5）计算：

$$\Delta T_y=(\alpha t_1+0.032n)\times(T_1-T_a) \tag{5-5-4}$$

$$\Delta T_b=4\omega\times\frac{3.6}{0.4+\dfrac{d_b}{\lambda_b}}\times\Delta T_1\times t_2\times\frac{D_w}{c_c\times\rho_c\times D_l^2} \tag{5-5-5}$$

式中 T_2——混凝土拌合物运输与输送到浇筑地点时温度（℃）；

ΔT_y——采用装卸式运输工具运输混凝土时的温度降低（℃）；

ΔT_b——采用泵管输送混凝土时的温度降低（℃）；

ΔT_1——泵管内混凝土的温度与环境气温差（℃），$\Delta T_1 = T_1 - T_y - T_a$；

T_a——室外环境温度（℃）；

t_1——混凝土拌合物运输的时间（h）；

t_2——混凝土在泵管内输送时间（h）；

n——混凝土拌合物运转次数；

c_c——混凝土的比热容［kJ/（kg·K）］；

ρ_c——混凝土的质量密度（kg/m^3）；

λ_b——泵管外保温材料导热系数［W/（m·K）］；

d_b——泵管外保温层厚度（m）；

D_l——混凝土泵管内径（m）；

D_w——混凝土泵管外围直径（包括外围保温材料）（m）；

ω——透风系数，可按表 5-5-3 取值。

α——温度损失系数（h^{-1}），采用混凝土搅拌车时，$\alpha=0.25$。

（4）考虑模板和钢筋的吸热影响，混凝土浇筑完成时的温度，可按式（5-5-6）计算：

$$T_3 = \frac{c_c m_c T_2 + c_f m_f T_f + c_s m_s T_S}{c_c m_c + c_f m_f + c_s m_s} \tag{5-5-6}$$

式中 T_3——混凝土浇筑完成时的温度（℃）；

c_f——模板的比热容［kJ/（kg·K）］；

c_s——钢筋的比热容［kJ/（kg·K）］；

m_c——每立方米混凝土的重量（kg）；

m_f——每立方米混凝土相接触的模板重量（kg）；

m_s——每立方米混凝土相接触的钢筋重量（kg）；

T_f——模板的温度（℃），未预热时可采用当时的环境温度；

T_S——钢筋的温度（℃），未预热时可采用当时的环境温度。

（5）蓄热养护过程中的温度计算

1）混凝土蓄热养护开始到某一时刻的温度、平均温度可按式（5-5-7）计算：

$$T_4 = \eta e^{-\theta V_{ce} \times t_3} - \varphi e^{-V_{ce} \times t_3} + T_{m,a} \tag{5-5-7}$$

$$T_m = \frac{1}{V_{ce} t_3}\left(\varphi e^{-V_{ce} \times t_3} - \frac{\eta}{\theta} e^{-\theta V_{ce} \times t_3} + \frac{\eta}{\theta} - \varphi\right) + T_{m,a} \tag{5-5-8}$$

其中：θ、φ、η 为综合参数，可按以下公式计算。

$$\theta = \frac{\omega \times K \times M_s}{V_{ce} \times c_c \times \rho_c} \tag{5-5-9}$$

$$\varphi = \frac{V_{ce} \times Q_{ce} \times m_{ce,1}}{V_{ce} \times c_c \times \rho_c - \omega \times K \times M_s} \tag{5-5-10}$$

$$\eta = T_3 - T_{m,a} + \varphi \tag{5-5-11}$$

$$K = \frac{3.6}{0.04 + \sum_{i=1}^{n} \frac{d_i}{\lambda_i}} \tag{5-5-12}$$

式中 T_4——混凝土蓄热养护开始到某一时刻的温度（℃）；

T_m——混凝土蓄热养护开始到某一时刻的平均温度（℃）；

t_3——混凝土蓄热养护开始到某一时刻的时间（h）；

$T_{m,a}$——混凝土蓄热养护开始到某一时刻的平均气温（℃），可采用蓄热养护开始至 t_3 时气象预报的平均气温，亦可按每时或每日平均气温计算；

M_s ——结构表面系数（m^{-1}）；

K ——结构围护层的总传热系数［kJ/（m^2·h·K)］；

Q_{ce} ——水泥水化累积最终放热量（kJ/kg)；

V_{ce} ——水泥水化速度系数（h^{-1}）；

$m_{ce,1}$ ——每立方米混凝土水泥用量（kg/m^3）；

d_i ——第 i 层围护层厚度（m)；

λ_i ——第 i 层围护层的导热系数［W/（m·K)］。

2）水泥水化累积最终放热量 Q_{ce}、水泥水化速度系数 V_{ce} 及透风系数 ω 取值，可按表 5-5-2、5-5-3 选用。

水泥水化累积最终放热量 Q_{ce} 和水泥水化速度系数 V_{ce} **表 5-5-2**

水泥品种及强度等级	Q_{ce}（kJ/kg）	V_{ce}（h^{-1}）
硅酸盐、普通硅酸盐水泥 52.5	400	0.018
硅酸盐、普通硅酸盐水泥 42.5	350	0.015
矿渣、火山灰质、粉煤灰、复合硅酸盐水泥 42.5	310	0.013
矿渣、火山灰质、粉煤灰、复合硅酸盐水泥 32.5	260	0.011

透风系数 ω **表 5-5-3**

围护层种类	透风系数 ω		
	V_w＜3m/s	3m/s≤V_w≤5m/s	V_w＞5m/s
围护层有易透风材料组成	2.0	2.5	3.0
易透风保温材料外包不易透风材料	1.5	1.8	2.0
围护层由不易透风材料组成	1.3	1.45	1.6

注：V_w ——风速。

3）当需要计算混凝土蓄热冷却至 0℃的时间时，可根据式（5-5-7)、式（5-5-8）采用逐次逼近的方法进行计算。当蓄热养护条件满足 $\frac{\varphi}{T_{m,a}}\geqslant 1.5$，且 $KM_s\geqslant 50$ 时，也可按式（5-5-13）直接计算。

$$t_0=\frac{1}{V_{ce}}\ln\frac{\varphi}{T_{m,a}} \tag{5-5-13}$$

式中 t_0 ——混凝土蓄热养护冷却至 0℃的时间（h)。

混凝土冷却至 0℃的时间内，其平均温度可根据式（5-5-8)，取 $t_3=t_0$ 进行计算。

（6）用成熟度法计算混凝土早期强度

1）成熟度法的适用范围及条件应符合下列规定：

① 不掺外加剂在 50℃以下正温养护和掺外加剂在 30℃以下养护的混凝土，也可用于掺防冻剂负温养护法施工的混凝土；

② 预估混凝土强度标准值 60％ 以内的强度值；

③ 采用工程实际使用的混凝土原材料和配合比，制作不少于 5 组混凝土立方体标准试件在标准条件下养护，测试 1d、2d、3d、7d、28d 的强度值；

④ 取得现场养护混凝土的连续温度实测资料。

2）用计算法确定混凝土强度应按下列步骤进行：

①用标准养护试件的各龄期强度数据，应经回归分析拟合成下列曲线方程：

$$f=a\cdot e^{-b/D} \tag{5-5-14}$$

式中　f——混凝土立方体抗压强度（MPa）；

D——混凝土养护龄期（d）；

a、b——参数。

②根据现场的实测混凝土养护温度资料，按式（5-5-15）计算混凝土已达到的等效龄期：

$$D_e = \Sigma(\alpha_T \times \Delta t) \quad (5\text{-}5\text{-}15)$$

式中　D_e——等效龄期（h）；

α_T——等效系数，按表 5-5-4 采用；

Δt——某温度下的持续时间（h）。

等效系数 α_T　　**表 5-5-4**

温度（℃）	等效系数 α_T	温度（℃）	等效系数 α_T	温度（℃）	等效系数 α_T	温度（℃）	等效系数 α_T
50	2.95	33	1.72	16	0.81	0	0.28
49	2.87	32	1.66	15	0.77	−1	0.26
48	2.78	31	1.59	14	0.74	−2	0.24
47	2.71	30	1.53	13	0.70	−3	0.22
46	2.63	29	1.47	12	0.66	−4	0.20
45	2.55	28	1.41	11	0.62	−5	0.18
44	2.48	27	1.36	10	0.58	−6	0.17
43	2.40	26	1.30	9	0.55	−7	0.15
42	2.32	25	1.25	8	0.51	−8	0.13
41	2.25	24	1.20	7	0.48	−9	0.12
40	2.19	23	1.15	6	0.45	−10	0.11
39	2.12	22	1.10	5	0.42	−11	0.10
38	2.04	21	1.05	4	0.39	−12	0.08
37	1.98	20	1.00	3	0.35	−13	0.08
36	1.92	19	0.95	2	0.33	−14	0.07
35	1.84	18	0.90	1	0.31	−15	0.06
34	1.77	17	0.86				

③ 以等效龄期 D_e 作为 D 代入公式（5-5-14），计算混凝土强度。

3）用图解法确定混凝土强度宜按下列步骤进行：

① 根据标准养护试件各龄期强度数据，在坐标纸上画出龄期—强度曲线；

② 根据现场实测的混凝土养护温度资料，计算混凝土达到的等效龄期；

③ 根据等效龄期数值，在龄期—强度曲线上查出相应强度值，即为所求值。

4）当采用蓄热法和综合蓄热法养护时，也可按如下步骤确定混凝土强度：

① 用标准养护试件各龄期的成熟度与强度数据，经回归分析拟合成下列成熟度—强度曲线方程：

$$f = a \cdot e^{-b/M} \quad (5\text{-}5\text{-}16)$$

式中　M——混凝土养护的成熟度（℃·h）。

② 根据现场混凝土测温结果，按式（5-5-17）计算混凝土成熟度：

$$M = \Sigma(T + 15) \times \Delta t \quad (5\text{-}5\text{-}17)$$

式中　T——在时间取 Δt 内混凝土平均温度（℃）。

③ 将成熟度 M 代入式（5-5-16），可计算出现场混凝土强度 f。

④ 将混凝土强度 f 乘以综合蓄热法调整系数 0.8，即为混凝土实际强度。

4. 计算实例

楼板厚度 $h=150$mm，出罐温度 $T'_1=15$℃，大气均温 $T_a=-5$℃，风速 $V_w=2$m/s，每 m^3 水泥用量 $m_{ce,1}=280.00$kg/m^3，水泥水化速度系数 $V_{ce}=0.015h^{-1}$，水泥水化最终放热量 $Q_{ce}=350$kJ/kg，泵管内径为 0.1m，泵管厚度为 0.005m，泵送时间为 0.1h，泵管保温材料选用 0.02m 厚草帘，导热系数 $\lambda_b=0.08$W/(m·K)。透风系数 $\omega=2$。

构件保温材料选用 30mm 草帘加一层塑料薄膜，透风系数 $\omega=1.35$，保温材料密度 $\rho_i=150$kg/m^3，保温材料比热容 $c_i=1.47$kJ/(kg·K)，导热系数=0.08W/(m·K)；塑料薄膜厚度取 1mm，导热系数=0.03W/(m·K)。楼板下层围挡保温至−1℃，木模板比热容 $c_f=2.51$kJ/(kg·K)，钢筋比热容 $c_s=0.48$kJ/(kg·K)。

混凝土比热容 $c_c=0.92$kJ/(kg·K)，混凝土密度 $\rho_c=2500$kg/m^3，每立方米钢筋重量 $m_s=18.055$kg，每立方米混凝土重量 $m_c=2500$kg，模板厚度取 18mm，模板重量 $m_f=105$kg，模板导热系数=0.17W/(m·K)。

检验此保温方案是否合格。考虑实际情况温降，按最不利计算。保证初始养护温度>5℃。

（1）计算泵管温降

已知：泵管内径 $D_l=0.1$m，泵管厚度 $D'_w=0.005$m，泵送时间 $t_2=0.1$h，泵管保温材料厚度 $d_b=0.02$m，导热系数 $\lambda_b=0.08$W/(m·K)。泵管毛外径 $D_w=D_l+2\times(D'_w+d_b)=0.15$m，泵内混凝土与环境温差 $\Delta T_1=T'_1-T_a=20$℃。

泵管温降 ΔT_b 按公式 5-5-5 计算：

$$\Delta T_b=4\omega\times\frac{3.6}{0.04+\dfrac{d_b}{\lambda_b}}\times\Delta T_1\times t_2\times\frac{D_W}{c_c\cdot\rho_c\cdot D_l^2}=4\times2\times\frac{3.6}{0.4+\dfrac{0.02}{0.08}}\times20\times0.1$$

$$\times\frac{0.15}{0.92\times2500\times0.1^2}=1.30℃$$

出管温度 $T_2=T'_1-\Delta T_b=15-1.30=13.70$（℃）

（2）计算吸热温降

钢筋和模板不加热，其温度 T_s 和 T_f 按气温取为−5℃；

吸热后温度 T_3 按公式（5-5-6）计算：

$$T_3=\frac{c_cm_cT_2+c_fm_fT_f+c_sm_sT_s}{c_cm_c+c_fm_f+c_sm_s}$$

$$=\frac{0.92\times2500\times13.70+2.51\times105\times(-5)+0.48\times18.055\times(-5)}{0.92\times2500+2.51\times105+0.48\times18.055}$$

$$=11.73(℃)$$

（3）计算养护温度

保温材料和模板的总传热系数 K 按式（5-5-12）计算：

上层保温总传热系数 K_1：

$$K_1=\frac{3.6}{0.04+\sum_{i=1}^{n}\dfrac{d_i}{n_i}}=\frac{3.6}{0.04+\dfrac{0.03}{0.08}+\dfrac{0.001}{0.03}}=8.04\text{kJ/(m}^2\cdot\text{h}\cdot\text{K)};$$

下层模板总传热系数 K_2：

$$K_2=\frac{3.6}{0.04+\sum_{i=1}^{n}\frac{d_i}{\lambda_i}}=\frac{3.6}{0.04+\frac{0.018}{0.17}}=24.68\text{kJ/(m}^2\cdot\text{h}\cdot\text{K)};$$

$$K=(K_1+K_2)/2=16.36\text{kJ/(m}^2\cdot\text{h}\cdot\text{K)};$$

按公式（5-5-9）计算综合参数 θ：

$$\theta=\frac{\omega\cdot K\cdot M_s}{V_{ce}\cdot c_c\cdot\rho_c}=\frac{1.35\times16.36\times2/0.15}{0.015\times0.92\times2500}=8.6;$$

按公式（5-5-10）计算综合参数 φ：

$$\varphi=\frac{V_{ce}\cdot Q_{ce}\cdot m_{ce,1}}{V_{ce}\cdot c_c\cdot\rho_c-\omega\cdot K\cdot M_s}=\frac{0.015\times350\times280}{0.015\times0.92\times2500-1.35\times16.36\times13.33}=-5.61;$$

养护均温取大气均温−5℃和楼板下层围挡保温−1℃的平均值，$T_{m,a}=-3.00$℃；

综合参数 $\eta=T_3-T_{m,a}+\varphi=11.73-(-3)+(-5.61)=9.12$；

按公式（5-5-7）计算 T_4：$T_4=\eta e^{-\theta V_{ce}\cdot t_3}-\varphi e^{-V_{ce}\cdot t_3}+T_{m,a}=9.12e^{-8.6\times0.015t_3}+5.61e^{-0.015t_3}-3$

采用逐次逼近方法计算，见表 5-5-5。

逐次逼近法 **表 5-5-5**

时间 t_3（h）	40	42	43
温度 T_4（℃）	0.12	0.39	−0.021

当 $T_4=0$ 时，取 $t_3=42.00$h；

混凝土养护平均温度 T_m 按公式（5-5-8）计算 T_m：

$$T_m=\frac{1}{V_{ce}t_3}\left(\varphi e^{-V_{ce}\cdot t_3}-\frac{\eta}{\theta}e^{-\theta V_{ce}\cdot t_3}+\frac{\eta}{\theta}-\varphi\right)=\frac{1}{0.015\times42}$$

$$\left[-5.61\times e^{-0.015\times42}-\frac{9.12}{8.6}e^{-8.6\times0.015\times42}+\frac{9.12}{8.6}-(-5.61)\right]=5.83℃;$$

按照公式（5-5-17）计算混凝土成熟度 M：

$$M=(T_m+15)\times t_3=(5.83+15)\times42=874.9℃\cdot\text{h};$$

由搅拌站提供参数 $a=36$，$b=1700$；

按照公式（5-5-16）计算混凝土强度 f：

$$f=\text{a}\cdot\text{e}^{-\text{b}/\text{M}}=36\times\text{e}^{-1700/874.9}=5.16(\text{MPa})$$

f 乘以蓄热调整系数 0.8，得出混凝土实际强度为 4.13>4MPa（临界强度）

（4）结论：保温方案合格。

5.5.2 混凝土雨季施工

1. 雨期施工时，应对水泥和掺合料采取防水和防潮措施，并应对粗、细骨料含水率实时监测，当雨雪天气等外界影响导致混凝土骨料含水率变化时，及时调整混凝土配合比。

2. 模板脱模剂应具有防雨水冲刷性能。

3. 现场拌制混凝土时，砂石场排水畅通，无积水，随时测定雨后砂石的含水率；搅拌机棚（现场搅拌）等有机电设备的工作间都要有安全牢固的防雨、防风、防砸的支搭顶棚，并做好电源的防触电工作。

4. 施工机械、机电设备提前做好防护，现场供电系统做到线路、箱、柜完好可靠，绝缘良好，防漏电装置灵敏有效。机电设备设防雨棚并有接零保护。

5. 采用水泥砂浆及木板做好结构作业层以下各楼层水平孔洞围堰、封堵工作，防止雨水从楼层进入地下室。

6. 地下工程，除做好工程的降水、排水外，还应做好基坑边坡变形监测、防护、防塌、防泡等工作，要防止雨水倒灌，影响正常生产，危害建筑物安全。地下车库坡道出入口需搭设防雨棚、围挡水堰防倒灌。

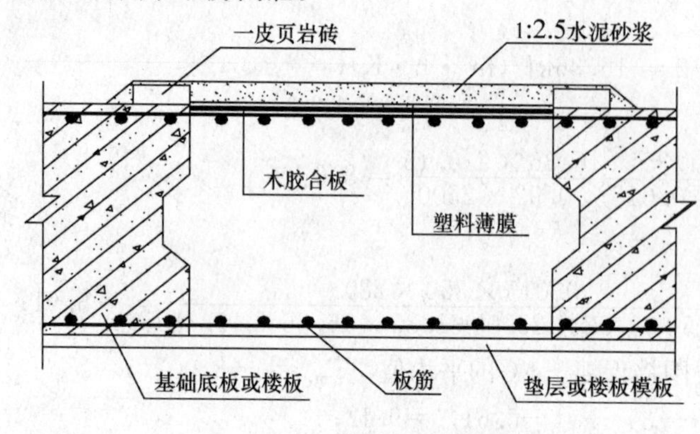

图 5-5-1　底板后浇带的保护

7. 底板后浇带中的钢筋如长期遭水浸泡而生锈，为防止雨水及泥浆从各处流到地下室和底板后浇带中，地下室顶板后浇带、各层洞口周围可用胶合板及水泥砂浆围挡进行封闭。底板后浇带具体保护做法见图 5-5-1，并在大雨过后或不定期将后浇带内积水排出。而楼梯间处可用临时挡雨棚罩或在底板上临时留集水坑以便抽水。

8. 外墙后浇带用预制钢筋混凝土板、钢板、胶合板或不小于 240mm 厚砖模进行封闭，见图 5-5-2。

9. 大面积、大体积混凝土连续浇筑及采用原浆压面一次成活工艺施工时，应预先了解天气情况，并应避开雨天施工。浇筑前应做好防雨应急措施准备，遇雨时合理留置施工缝。

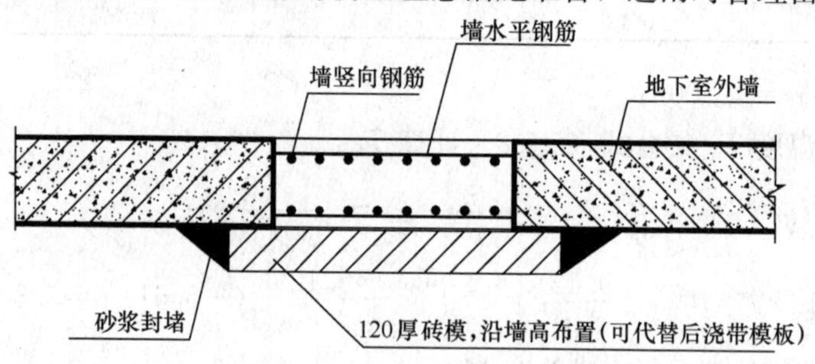

图 5-5-2　外墙后浇带的保护

10. 除采用防护措施外，小到中雨天气不宜进行混凝土露天浇筑，并不应开始大面积作业面的混凝土露天浇筑；大到暴雨天气严禁进行混凝土露天浇筑。

11. 混凝土浇筑过程中，对因雨水冲刷致使水泥浆流失严重的部位，可采用补充水泥砂浆、铲除表层混凝土、插短钢筋等补救措施。

12. 混凝土浇筑完毕后，应及时覆盖塑料薄膜等，避免被雨水冲刷。

5.5.3　混凝土高温施工

当室外大气温度达到 35℃及以上时，应按高温施工要求采取措施。

1. 原材料要求

(1) 高温施工时，应对水泥、砂、石的贮存仓、料堆等采取遮阳防晒措施，或在水泥贮存仓、砂、石料堆上喷水降温。

(2) 根据环境温度、湿度、风力和采取温控措施实际情况，对混凝土配合比进行调整。调整时要考虑以下因素：

1) 应考虑原材料温度、大气温度、混凝土运输方式与时间对混凝土初凝时间、坍落度损失等性能指标的影响，根据环境温度、湿度、风力和采取温控措施的实际情况，对混凝土配合比进行调整。

2) 宜在近似现场运输条件、时间和预计混凝土浇筑作业最高气温的天气条件下，通过混凝土试拌合与试运输的工况试验后，调整并确定适合高温天气条件下施工的混凝土配合比。

3）宜采用低水泥用量的原则，并可采用粉煤灰取代部分水泥。宜选用水化热较低的水泥。

4）混凝土坍落度不宜小于70mm。当掺用缓凝型减水剂时，可根据气温适当增加坍落度。

2. 混凝土搅拌与运输

（1）应对搅拌站料斗、储水器、皮带运输机、搅拌楼采取遮阳措施；

（2）对原材料进行直接降温时，宜采用对水、粗骨料进行降温的方法；可采用冷却装置冷却拌合用水，并对水管及水箱加设遮阳和隔热设施，也可在水中加碎冰作为拌合用水的一部分。混凝土拌合时掺加的固体冰应确保在搅拌结束前融化，且其重量并应在拌合用水中扣除；

（3）原材料进入搅拌机的最高温度不宜超过表5-5-5的规定。

原材料最高入机温度（℃） **表5-5-5**

原材料	最高温度（℃）
水泥	60
骨料	30
水	25
粉煤灰等矿物掺合料	60

（4）混凝土拌合物出机温度不宜大于30℃。出机温度可按式（5-5-18）。

$$T_0=\frac{0.22(T_gW_g+T_sW_s+T_cW_c+T_mW_m)+T_wW_w+T_gW_{ws}+T_sW_{ws}+0.5T_{ice}W_{ice}-79.6W_{ice}}{0.22(W_g+W_s+W_c+W_m)+W_w+W_{wg}+W_{ws}+W_{ice}} \tag{5-5-18}$$

式中 T_0——混凝土出机温度（℃）；

T_g、T_s——石子、砂子入机温度（℃）；

T_c、T_m——水泥、掺合料（粉煤灰、矿粉等）的入机温度（℃）；

T_W、T_{ice}——正常搅拌水、冰的入机温度（℃）；冰的入机温度低于0℃时，T_{ice}应取负值；

W_g、W_s——石子、砂子干重量（kg）；

W_c、W_m——水泥、掺合料（粉煤灰、矿粉等）重量（kg）；

W_w、W_{ice}——搅拌水、冰重量（kg）；当混凝土不加冰搅拌时，$W_{ice}=0$；

W_{wg}、W_{ws}——石子、砂子中所含水重量（kg）。

（5）必要时，可采取喷液态氮和干冰措施，降低混凝土出机温度。

（6）宜采用混凝土运输搅拌车运输混凝土，且混凝土运输搅拌车宜采用白色涂装；混凝土输送管应进行遮阳覆盖，并洒水降温。

3. 混凝土浇筑及养护

（1）混凝土浇筑入模温度不应大于35℃。

（2）混凝土浇筑宜在早间或晚间进行，且宜连续浇筑。当混凝土水分蒸发较快时，应在施工作业面采取挡风、遮阳、喷雾等措施。

（3）混凝土浇筑前，施工作业面应遮阳，并应对模板、钢筋和施工机具采用洒水等降温措施，但在浇筑时模板内不得有积水。

（4）混凝土浇筑完成后，应及时进行保湿养护，防止水分蒸发过快产生裂缝和降低混凝土强度。侧模拆除前宜采用带模湿润养护。

5.6 混凝土施工质量控制与检验

5.6.1 质量检查

混凝土施工质量检查可分为过程中控制检查和拆模后的实体质量检查。

1. 施工过程中控制检查

混凝土施工过程检查，包括混凝土拌合物坍落度、入模温度及大体积混凝土的温度测控；混凝土输送、浇筑、振捣；混凝土浇筑时模板的变形、漏浆；混凝土浇筑时钢筋和预埋件位置；混凝土试件制作及混凝土养护等环节的质量。

2. 实体质量检查

混凝土拆模后质量检查，包括混凝土构件的轴线位置、标高、截面尺寸、表面平整度、垂直度；预埋件的数量、位置；混凝土构件的外观缺陷；构件的连接及构造做法；结构的轴线位置、标高、全高垂直度等。

5.6.2 混凝土缺陷修整

1. 现浇结构的外观质量缺陷，应由监理（建设）单位、施工单位等各方根据其对结构性能和使用功能影响的严重程度，按表 5-6-1 确定。

现浇结构外观质量缺陷 表 5-6-1

名称	现象	严重缺陷	一般缺陷
露筋	构件内钢筋未被混凝土包裹而外露	纵向受力钢筋有露筋	其他钢筋有少量露筋
蜂窝	混凝土表面缺少水泥砂浆而形成石子外露	构件主要受力部位有蜂窝	其他部位有少量蜂窝
孔洞	混凝土中孔穴深度和长度均超过保护层厚度	构件主要受力部位有孔洞	其他部位有少量孔洞
夹渣	混凝土中夹有杂物且深度超过保护层厚度	构件主要受力部位有夹渣	其他部位有少量夹渣
疏松	混凝土中局部不密实	构件主要受力部位有疏松	其他部位有少量疏松
裂缝	缝隙从混凝土表面延伸至混凝土内部	构件主要受力部位有影响结构性能或使用功能的裂缝	其他部位有少量不影响结构性能或使用功能的裂缝
连接部位缺陷	构件连接处混凝土缺陷及连接钢筋、连接件松动	连接部位有影响结构传力性能的缺陷	连接部位有基本不影响结构传力性能的缺陷
外形缺陷	缺棱掉角、棱角不直、翘曲不平、飞边凸肋等	清水混凝土构件有影响使用功能或装饰效果的外形缺陷	其他混凝土构件有不影响使用功能的外形缺陷
外表缺陷	构件表面麻面、掉皮、起砂、沾污等	具有重要装饰效果的清水混凝土构件有外表缺陷	其他混凝土构件有不影响使用功能的外表缺陷

2. 一般缺陷修整

(1) 对于露筋、蜂窝、孔洞、疏松、外表缺陷，应凿除胶结不牢固部分的混凝土，用钢丝刷清理，浇水湿润后用 1∶2～1∶2.5 水泥砂浆抹平。

(2) 裂缝应进行封闭。

(3) 连接部位缺陷、外形缺陷可与面层装饰施工一并处理。

(4) 混凝土结构尺寸偏差一般缺陷，可采用装饰修整方法修整。

3. 严重缺陷修整

(1) 应制定专门处理方案，方案经论证审批后方可实施。对可能影响结构性能的混凝土结构外观严重缺陷，其修整方案应经原设计单位同意。

(2) 露筋、蜂窝、孔洞、夹渣、疏松、外表质量严重缺陷，应凿除胶结不牢固部分的混凝土至密实部位，用钢丝刷清理，支设模板，浇水湿润并用混凝土界面剂套浆后，采用比原混凝土强度等级高一级的细石混凝土浇筑并振捣密实，且养护不少于7d。

(3) 开裂严重缺陷，对于民用建筑及无腐蚀介质工业建筑的地下室、屋面、卫生间等接触水介质的构件，以及有腐蚀介质工业建筑的所有构件，均应注浆封闭处理，注浆材料可采用环氧、聚氨酯、氰凝、丙凝等；对于民用建筑及无腐蚀介质工业建筑不接触水介质的构件，可采用注浆封闭、聚合物砂浆粉刷或其他表面封闭材料进行封闭。

(4) 清水混凝土及装饰混凝土的外形和外表严重缺陷，宜在水泥砂浆或细石混凝土修补后用磨光机械磨平。

(5) 钢管混凝土不密实部位，应采用钻孔压浆法进行补强，然后将钻孔补焊封固。

(6) 混凝土结构尺寸偏差严重缺陷，修整方案宜应制定专项修复矫正方案，由原设计单位制订。

(7) 混凝土结构缺陷修整后，修补或填充的混凝土应与本体混凝土表面紧密结合，在填充、养护和干燥后，所有填充物应坚固、无收缩开裂或产生鼓形区，表面平整且与相邻表面平齐，达到修整方案的目标要求。

5.7 大体积混凝土施工

大体积混凝土是混凝土结构物实体最小尺寸不小于1m的大体量混凝土，或预计会因混凝土中胶凝材料水化引起的温度变化和收缩而导致有害裂缝产生的混凝土。

由于大体积混凝土硬化期间水泥水化过程释放的水化热所产生的温度变化和混凝土收缩，以及外界约束条件的共同作用，而产生的温度应力和收缩应力，是导致大体积混凝土结构出现裂缝的主要因素。因此大体积混凝土施工的关键是防止产生温度裂缝。

5.7.1 控制大体积混凝土裂缝的技术措施

1. 构造措施

(1) 采取分段浇筑。超长大体积混凝土施工，可采取分段浇筑，留置必要的施工缝或后浇带。

(2) 合理配置钢筋。为提高混凝土结构的抗裂性，采取增加配置构造钢筋的方法，可使构造筋起到温度筋的作用，提高混凝土的抗裂性能。

(3) 设置滑动层。在遇到约束强的岩石类地基、较厚的混凝土垫层时，可在接触面上设置滑动层。滑动层的做法，涂刷两道热沥青加铺一层沥青油毡；铺设10～20mm厚的沥青砂；铺设50mm厚的砂或石屑层等。

(4) 避免应力集中。在结构的孔洞周围、变截面转角部位、转角处会因为应力集中而导致混凝土裂缝。为此，可在孔洞四周增配斜向钢筋、钢筋网片；在变截面处避免截面突变，可作局部处理使截面逐步过渡，同时增配一定量的抗裂钢筋，对防止裂缝产生有很大作用。

(5) 设置缓冲层。在高、低底板交接处、底板地梁处等，用30～50mm厚的聚苯乙烯泡沫塑料作垂直隔离，以缓冲基础收缩时的侧向压力。

(6) 设置应力缓和沟。在混凝土结构的表面，每隔一定距离（结构厚度的1/5）设置一条沟。设置应力缓和沟后，可将结构表面的拉应力减少20%～50%，能有效地防止表面裂缝的发生。

2. 原材料和配合比要求

(1) 大体积混凝土宜采用后期强度作为配合比设计、强度评定及验收的依据。基础混凝土，确定混凝土强度时的龄期取为60d（56d）或90d；柱、墙混凝土强度等级不低于C80时，确定混凝土强度时的龄期取为60d（56d）。确定混凝土强度时采用大于28d的龄期时，龄期应经设计单位确认。

（2）在保证混凝土强度及工作性要求的前提下，应控制水泥用量，宜选用中、低水化热水泥，掺加粉煤灰、矿渣粉，并采用高性能减水剂。

（3）温度控制要求较高的大体积混凝土，其胶凝材料用量、品种等宜通过水化热和绝热温升试验确定。

3. 混凝土浇筑技术措施

（1）超长大体积混凝土施工，可采取分段浇筑，留置必要的施工缝或后浇带。施工时采取"跳仓法"施工，跳仓的最大分块尺寸不宜大于 40m，跳仓间隔施工的时间不宜小于 7d。

（2）大体积混凝土浇筑根据整体连续浇筑的要求，结合结构物的大小、钢筋疏密、混凝土供应条件（垂直与水平运输能力）等具体情况，选择如下方式，见图 5-7-1：

1）全面分层。适用于结构平面尺寸≯14m、厚度 1m 以上，分层厚度 300～500mm 且不大于振动棒长 1.25 倍。

2）分段分层。适用于厚度不太大，面积或长度较大的结构物。分段分层多采取踏步式分层推进，按从远至近布灰（原则上不反复拆装泵管），一般踏步宽为 1.5～2.5m。分层浇灌每层厚 300～350mm，坡度一般取 1∶6～1∶7。

3）斜面分层。适用于结构的长度超过宽度的 3 倍的结构物。振捣工作应从浇筑层的下端开始，逐渐上移。此时向前推进的浇筑混凝土摊铺坡度应小于 1∶3，以保证分层混凝土之间的施工质量。

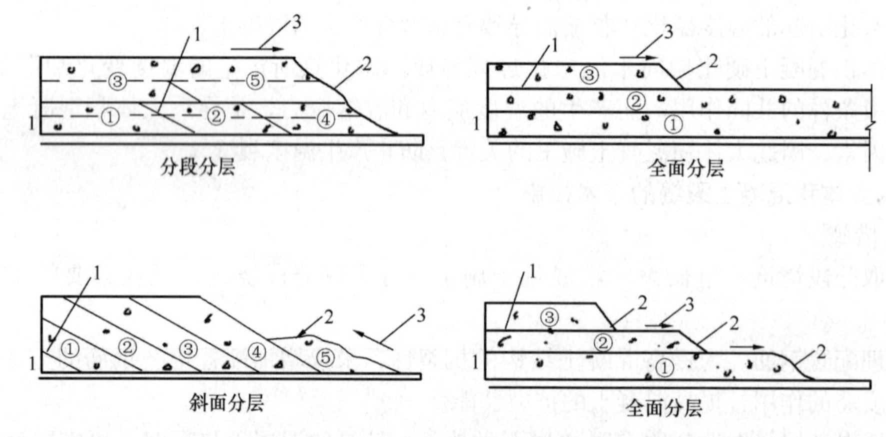

图 5-7-1　大体积混凝土浇筑方式
1—分层线；2—新浇筑的混凝土；3—浇筑方向

4）大体积混凝土基础由于其体形大，混凝土量大，而且流动性强，特别是上口浇筑点，当插入式振捣器振捣后，混凝土无法形成踏步式分段分层的浇筑方案，针对这种情况，可采取"分段定点、一个坡度、薄层浇筑、循序渐进、一次到顶"的方法，如图 5-7-2。只有当基础厚度小于 1.5m 以内，方可考虑采取分段分层踏步式推进的浇筑方法。

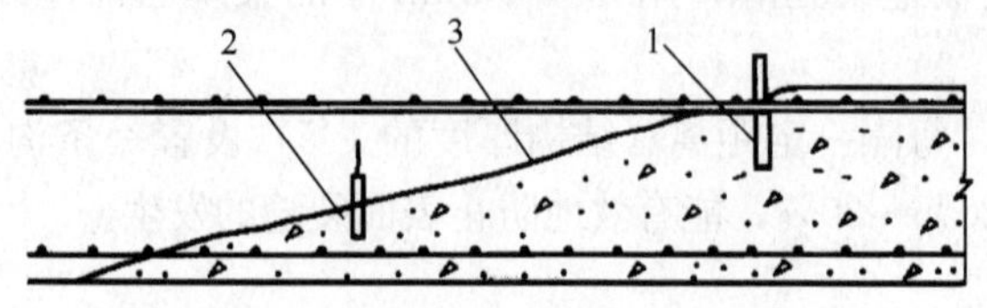

图 5-7-2　混凝土浇筑和振捣示意图
1—卸料点混凝土振捣；2—坡脚处混凝土振捣；3—混凝土振捣后形成的坡度

5）局部厚度较大时先浇深部混凝土，然后再根据混凝土的初凝时间确定上层混凝土浇筑的时间间隔。

（3）大体积混凝土浇筑，宜采用二次振捣工艺。在混凝土浇筑后即将初凝前，在适当的时间和位置进行再次振捣，其中振捣时机选择以将运转的振捣棒以其自身重力逐渐插入混凝土进行振捣，混凝土在慢慢拔出时能自行闭合为宜。

4. 混凝土的表面处理措施

(1) 基础底板大体积混凝土浇筑时，当混凝土大坡面的坡角接近顶端模板时，改变浇灌方向，从顶端往回浇筑，与原斜坡相交成一个集水坑，并有意识地加强两侧模板处的混凝土浇筑速度，使泌水逐步在中间缩小成水潭，并使其汇集在上表面，派专人用泵随时将积水抽出。

(2) 当混凝土浇筑体的钢筋保护层厚度超过 40mm 时，可采用在浇筑体表面加细钢丝网的构造措施，以防止混凝土表面裂缝产生。

(3) 大体积混凝土浇筑施工中，其表面水泥浆较厚，为提高混凝土表面的抗裂性，在混凝土浇筑到底板顶标高后要认真处理，用大杠刮平混凝土表面，待混凝土收水后，再用木抹子搓平两次（墙、柱四周 150mm 范围内用铁抹子压光），初凝前用木抹子再搓平一遍，以闭合收缩裂缝，然后覆盖塑料薄膜进行养护。

5. 混凝土的养护措施

(1) 基础大体积混凝土养护

1) 基础大体积混凝土裸露表面，高温季节优先采用蓄水法（水深 50～100mm）养护，后用薄膜覆盖。

2) 冬期施工的大体积混凝土养护先采用不透水、气的塑料薄膜将混凝土表面敞露部分全部严密地覆盖起来，塑料薄膜上面须覆盖一至两层防火草帘（或阻燃保温被）进行保温。

3) 塑料薄膜、防火草帘、阻燃保温被应叠缝、骑马铺放，以减少水分的散发，保持塑料薄膜内有凝结水、混凝土在不失水的情况下得到充分养护。

4) 对边缘、棱角部位的保温层厚度增加到 2 倍，加强保温养护。

5) 基础大体积混凝土内部温度与环境温度的差值小于 25℃，可以结束蓄热养护。蓄热养护结束后宜采用浇水养护方式继续养护，蓄热养护和浇水养护时间不得少于 14d，炎热天气还宜适当延长。

(2) 柱、墙大体积混凝土养护

1) 地下室底层和上部结构首层柱、墙混凝土宜采用带模养护方法，带模养护时间不宜少于 7d；带模养护结束后应继续采用直接浇水、覆盖麻袋或草帘浇水养护等方法，必要时可采用喷涂养护剂养护方法；

2) 其他部位柱、墙混凝土宜采用直接浇水、覆盖麻袋或草帘浇水养护等方法，必要时可采用喷涂养护剂养护方法；

3) 带模养护和浇水养护时间或浇水养护时间不得少于 14d，炎热天气还宜适当延长。

(3) 养护注意事项

1) 日平均气温低于 5℃时，不得浇水养护。

2) 在养护过程中，如发现遮盖不好，表面泛白或出现干缩细小裂缝时，要立即仔细加以覆盖，补救。

3) 保温覆盖层的拆除应分层逐步进行，当混凝土的表面内部温度与环境温差小于 30℃时，方可拆除。且应继续测温监控。必要时适当恢复保温。

5.7.2 大体积混凝土的温度控制及测温

1. 温度控制要求

(1) 入模温度应尽可能低，不宜大于 30℃，但不宜低于 5℃；混凝土最大绝热温升不宜大于 50℃；

(2) 在覆盖养护或带模养护阶段，混凝土浇筑体表面以内 40～100mm 位置处的温度与混凝土表面温度差值不应大于 25℃，结束覆盖养护或拆模后，混凝土浇筑体表面以内 40～100mm 位置处的温度与环境温度差值不应大于 25℃；

（3）混凝土浇筑体内部相邻两侧温点的温度差值不应大于 25℃；

（4）混凝土降温速率不宜大于 2℃/d，当有可靠经验时，可适当放宽。

2. 测温要求

（1）测温基本要求：

1）宜根据每个测点被混凝土初次覆盖时的温度确定各测点部位混凝土的入模温度；

2）结构内部测温点应与混凝土浇筑、养护过程同步进行；

3）结构表面测温点的布置应与养护层的覆盖同步进行，测温应与混凝土养护过程同步进行。

（2）基础大体积混凝土测温点布置应符合的规定：

1）宜选择具有代表性的两个竖向剖面进行测温，竖向剖面应从中部区域开始延伸至边缘，竖向剖面的四周边缘及内部应进行测温；

2）竖向测温点和横向测温点应从中部区域开始布置，竖向测温点布置不应少于 3 点，间距不应小于 0.4m，且不宜大于 1.0m；横向测温点布置不应少于 4 点，间距不应小于 0.4m，且不应大于 1.0m；

3）位于竖向剖面上、下、外边缘的测温点应布置在距离基础表面内 40～100mm 位置；

4）基础厚度变化的位置测温点布置应根据结构特点进行调整；

5）蓄热养护层底部的基础表面测温点宜布置在有代表性剖面的位置，每个剖面测温点布置不应少于 3 点；环境温度测温点布置应距基础边一定位置，且不应少于 2 点；

6）对基础厚度不大于 1.6m，裂缝控制技术措施完善，并具有成熟经验的工程可不进行测温。

（3）柱、墙大体积混凝土测温点得布置：

柱、墙断面中部区域至边缘最小尺寸大于 1m 时，且采用 C80 强度等级的柱、墙大体积混凝土，测温点布置宜符合下列规定：

1）第一次浇筑宜进行测温，测温点宜布置在高度方向 1/3 处的两个横向剖面中；

2）每个横向剖面的测温点应从中部区域开始布置，横向测温点布置不应少于 3 点，间距不宜大于 0.5m；

3）位于横向剖面边缘的测温点应布置在距离结构表面内 40～100mm 位置；

4）环境温度测温点布置应距结构边一定位置，不应少于 1 点；

5）应根据第一次测温结果，完善技术措施，确认温度在可控范围，后续工程可不进行测温；

6）混凝土浇筑体表面以内 40～100mm 位置的温度与环境温度差值小于 20℃时，可停止测温。

（4）测温方法：

1）使用普通玻璃温度计测温：测温管端应用软木塞封堵，只允许在放置或取出温度计时打开。温度计应系线绳垂吊到管底，停留不少于 3min 后取出并迅速查看记录温度值。

2）使用建筑电子测温仪测温：附着于钢筋上的半导体传感器应与钢筋隔离，保护测温探头的导线接口不受污染，不受水浸，接入测温仪前应擦拭干净，保持干燥以防短路。也可事先埋管，管内插入可周转使用的传感器测温。

（5）测温频率：

第 1d 至第 4d，每 4h 不应少于一次；第 5d 至第 7d，每 8h 不应少于一次；第 5d 至测温结束，每 12h 不应少于一次。

5.7.3 大体积混凝土裂缝控制的计算

大体积混凝土施工一般要对水化热及保温层厚度进行计算。

1. 水化热温度估算

(1) 混凝土的出机温度，可按式 (5-7-1) 计算：

$$T_0 = \frac{\Sigma c_i W_i T_i}{\Sigma c_i W_i} \tag{5-7-1}$$

式中 T_0——混凝土的出机温度 (℃)；

W_i——分别为每 m^3 混凝土中水泥、各种矿物外加剂、砂、石、水的实际干重量(kg/m^3)；对砂、石应按含水量扣除水进行计算，并将其中所含的水按水的热容进行计算；

T_i——分别为水泥、各种矿物外加剂、砂、石、水的入罐温度(℃)；

c_i——分别为水泥、各种矿物外加剂、砂、石、水的比热[kJ/(kg·K)]；对水泥、各种矿物外加剂、砂、石一般可取 0.9kJ/(kg·K)，水的比热可取 4.2 kJ/(kg·K)。

(2)混凝土的浇筑温度，可按式(5-7-2)估算：

$$T_j = T_0 + T'_0 \tag{5-7-2}$$

式中 T_j——混凝土的浇筑温度(℃)；

T'_0——混凝土运输、泵送、浇筑时段的温度补偿值(℃)；当运输、泵送、浇筑所用全部时间在 1h 以内时，日平均气温低于 15℃取 $T'_0 = 0$，在 15～25℃之间，取 $T'_0 = 1$℃，高于 25℃，取 $T'_0 = 2$℃。

(3)混凝土最大绝热升值，可按式(5-7-3)计算：

$$T_r = \frac{WQ}{c\rho} \tag{5-7-3}$$

式中 T_r——混凝土最大绝热温升值(℃)；

W——每 m^3 混凝土中的水泥用量(kg/m^3)；

Q——每 kg 胶凝材料水化热总量(kJ/kg)，在水泥、掺合料、外加剂用量确定后根据实际配合比通过试验得出。当无试验数据时，可按式(5-7-4)计算；

c——混凝土的比热 [kJ/(kg·K)]，一般为 0.92～1.0kJ/(kg·K)；

ρ——混凝土的密度(kg/m^3)。

(4) 胶凝材料水化热总量，可按式 (5-7-4) 计算：

$$Q = kQ_0 \tag{5-7-4}$$

$$Q_t = \frac{1}{n+t} Q_0 t \tag{5-7-5}$$

$$\frac{t}{Q_t} = \frac{n}{Q_0} + \frac{t}{Q_0} \tag{5-7-6}$$

$$Q_0 = \frac{4}{7/Q_7 - 3/Q_3} \tag{5-7-7}$$

式中 Q_t——龄期 t 时的累积水化热 (kJ/kg)；

Q_0——水泥水化热总量 (kJ/kg)；

t——龄期 (d)；

n——常数，随水泥品种、比表面积等因素不同而异；

k——不同掺量掺合料水化热调整系数。

当现场采用粉煤灰与矿渣粉双掺时，不同掺量掺合料水化热调整系数可按式 (5-7-8) 计算：

$$k = k_1 + k_2 - 1 \tag{5-7-8}$$

式中 k_1——粉煤灰掺量对应的水化热调整系数，可按表 5-7-1 取值；

k_2——矿渣粉掺量对应的水化热调整系数，可按表 5-7-1 取值。

不同掺量掺合料水化热调整系数 **表 5-7-1**

掺量	0	10%	20%	30%	40%
粉煤灰（k_1）	1	0.96	0.95	0.93	0.82
矿渣粉（k_2）	1	1	0.93	0.92	0.84

注：表中掺量为掺合料占总胶凝材料用量的百分比。

（5）混凝土内部最高温度，可按式（5-7-9）估算：

$$T_{\max} = T_j + \zeta T_r \tag{5-7-9}$$

式中 $T_{\max}$——混凝土内部最高温度（℃）；

ζ——与水化热龄期、结构厚度、浇筑温度等有关的系数；混凝土内部温度达到最高值时，一般可取 ζ= 0.60～0.72，结构厚度较小、浇筑温度较低时取小值，反之取大值。

2. 保温层厚度计算

混凝土浇筑体表面保温层厚度，可按式（5-7-10）估算：

$$\delta = 0.5h\lambda_i \cdot (T_b - T_q)K_b/\lambda_0(T_{\max} - T_b) \tag{5-7-10}$$

式中 δ——混凝土表面的保温材料厚度（m）；

λ_0——混凝土的导热系数［W/（m·K)］；

λ_i——第 i 层保温材料的导热系数［W/（m·K)］，见表 5-7-2；

T_b——混凝土浇筑体表面温度（℃）；

T_q——混凝土达到最高温度时（浇筑后 3～5d）的大气平均温度（℃）；

$T_{\max}$——混凝土浇筑体内的最高温度（℃）；

h——混凝土结构的实际厚度（m）；

$T_b - T_q$——可取（15～20)℃；

$T_{\max} - T_b$——可取（20～25)℃；

K_b——传热系数修正值，取 1.3～2.3，见表 5-7-3。

常用保温材料的导热系数 λ［W/（m·K)］ **表 5-7-2**

材料名称	λ	材料名称	λ
木模	0.23	草袋	0.14
钢模	58.2	麻袋	0.07
砖砌体	0.81	泡沫塑料板	0.03～0.05
黏土	1.38～1.47	泡沫混凝土	0.10
干砂	0.33	棉织毯	0.06
湿砂	1.13～1.31	水	0.60
空气	0.03		

传热修正系数 **表 5-7-3**

序号	保温层的种类	K_1	K_2
1	保温层完全由容易透风的保温材料组成	2.00	3.00
2	保温层由容易透风的保温材料组成，但混凝土面层上铺一层不易透风的保温材料	2.00	2.30
3	保温层由容易透风的保温材料组成，并在保温层上再铺一层不透风的材料	1.60	1.90
4	保温层由容易透风的保温材料组成，而在保温层的上、下面各铺一层不易透风的材料	1.30	1.50
5	保温层完全由不易透风的保温材料组成	1.30	1.50

注：1. K_1 为风速小于 4m/s（相当于 3 级及以下）、结构物高出地面不大于 25m 情况下的系数；

2. K_2 为风速和高度大于注 1 情况的系数。

5.7.4 工程实例——大体积混凝土施工裂缝控制

北京电视中心工程地下部分为钢骨架钢筋混凝土结构和钢筋混凝土框架剪力墙结构，采用钢筋混凝土钻孔灌注桩基础，共有桩 249 根。其筏片基础底板厚 2m，局部厚达 6.5m，东西向长 88.2m，南北向长 77.45m。混凝土设计强度等级 C35，抗渗等级 P10，浇筑量为 15000m^3。浇筑时间为北京的冬季 12 月份。

由于工期的要求，同时出于结构整体性的考虑，基础底板混凝土施工采用不留置后浇带、施工缝，一次连续浇筑成型的施工方案。由于基础底板超长且面积大，88.2m×77.45m，厚度 2m，局部厚度达 6.5m，且有密集的 249 根基础桩的约束，底板的裂缝控制难度很大。

1. 裂缝控制的主要技术措施

（1）设计方面的措施：

选用中低强度等级的 C35 混凝土，采用混凝土 f_{60} 来评定混凝土的强度。

底板钢筋上铁、下铁采用 ϕ32 钢筋，局部配有 ϕ25 的上层下铁钢筋，中层铁采用 ϕ12 钢筋，双向间距均为 150mm，配筋率为 0.774%。

（2）混凝土原材料：

水泥 32.5 普通硅酸盐水泥；砂 B 类低碱活性天然中、粗砂，石子选用 5～25mm 的低碱活性的自然连续级配的机碎石或卵石，空隙率较小。

粉煤灰选用Ⅰ级粉煤灰，矿粉为 S75 磨细矿粉，外加剂选用 WDN-7 高效减水剂。不掺加有膨胀性质的外加剂。

（3）配合比设计：

在混凝土配合比设计上，抗渗等级比设计要求提高一级（0.2MPa）；水灰比控制在 0.40～0.50；砂率在 40%～45%范围内；胶凝材料的总量在 420kg/m^3 以下；混凝土初凝时间在 12h 以上；采用“双掺法”，加入Ⅰ级粉煤灰；混凝土的碱含量不大于 3kg/m^3。

混凝土配合比，见表 5-7-4。

混凝土配合比 **表 5-7-4**

材料	P.O32.5 水泥	水	Ⅱ区中砂	石子	Ⅰ级粉煤灰	S75 磨细矿粉	WDN-7 高效减水剂
单位kg/m^3	248	170	778	1035	100	60	9

注：水胶比 0.42、水灰比 0.43、砂率 0.43%。

2. 施工方面的技术措施

（1）采用泵送混凝土施工技术：

在基坑周边同时布置 9 台混凝土 HBT80 型拖式柴油泵，并准备 2 台备用泵。见图 5-7-1。

（2）采用斜面分层的浇筑方法：

2m 厚基础底板按 500mm 厚分四步浇筑到顶，斜面每层浇筑厚度不超过 500mm。并要保证上层混凝土覆盖已浇混凝土的时间不得超过混凝土初凝时间，混凝土以同一坡度（1∶6～1∶10），薄层浇筑，循序推进，一次到顶。

（3）混凝土表面的抗裂处理：

混凝土浇筑后上表面的水泥浆较厚，为提高混凝土表面的抗裂性能，在初步按标高用铝合金大杠刮平混凝土表面后，将预先准备好的钢丝网压入混凝土内，钢丝网标高控制在基础底板顶标高下 20mm 处，随混凝土浇筑的进行随时铺放，并用 ϕ8 的弯钩钢筋间距 2m 将钢丝网固定，及时用木抹子将混凝土表面抹平，待混凝土收水后，用木抹子搓平两次，闭合混凝土面层的收缩裂缝。

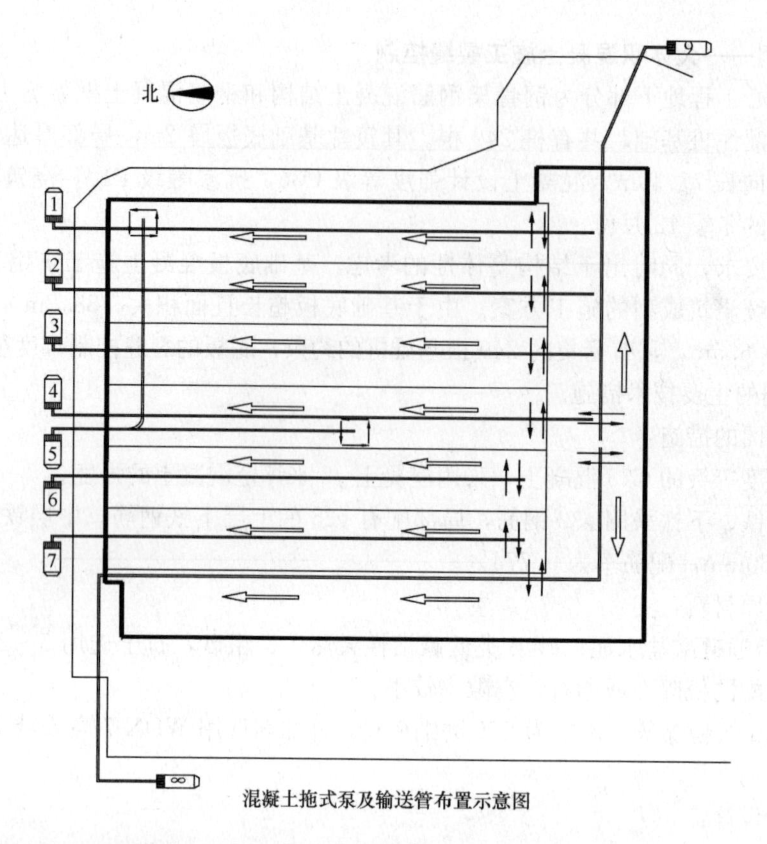

图 5-7-3　混凝土拖式泵布置图

3. 混凝土的保湿控温养护

混凝土养护采用一层不透水、气的塑料薄膜和两层保温被进行保湿和控温养护，养护时间为 30d，养护期间严格做到了控制其内外温差小于 25℃，混凝土降温速率小于 1.5℃/d 及表面温度与大气温度之差小于 25℃，从而有效避免出现有害裂缝。

4. 温度监测情况

（1）监测设备：

采用上海市建筑科学研究院网络化温度监测系统，系统采用测量精度为 0.2℃的数字温度传感器。现场布设了 11 个监测点（图 5-7-4），监测周期自基础底板混凝土浇筑开始，24h 连续监测 30d，将监测数据及其变化趋势以图、表两种方式实时显示。测温报警温差设置为 25℃，随时提醒现场采取有效措施，控制温差及降温速率，为施工过程中及时准确采取温控对策提供依据。

（2）测温结果及分析：

基础底板于 2003 年 11 月 29 日 14：00 开始浇筑，2003 年 12 月 2 日 14：10 浇筑完毕。H—2 测温点自 2003 年 12 月 4 日 2：39 首先进入温度峰值值域，2003 年 12 月 4 日 8：00，37 号测温点达到温度峰值 42.00℃；K-4 测温点自 2003 年 12 月 8 日 2：03 进入温度峰值值域，2003 年 12 月 8 日 9：00，32 号测温点达到温度峰值 55.56℃；至此 44 个测温点均达到各自的温度峰值。监测点 A 的测温曲线见图 5-7-5，监测点 E 的测温曲线见图 5-7-6。

水化热升温时，各监测点测试立面的中心测点的温度峰值为该测试立面的温度峰值最高点，符合中心温度高，边缘温度低的原则。各测试立面中心测点温度在第 5 天、第 6 天达到温度峰值，然后各测温点开始进入降温过程。在降温过程中，上层测温点降温较快，中部测温点次之，下层测温点降温较慢，基础底板中部与上部区域的温差大于中部与下部区域的温差，最大温差为 2003 年 12 月 6 日 8：00，5 号测温点 E-1 与 E-2 间 23.44℃温差，但小于监测报警温差 25℃。

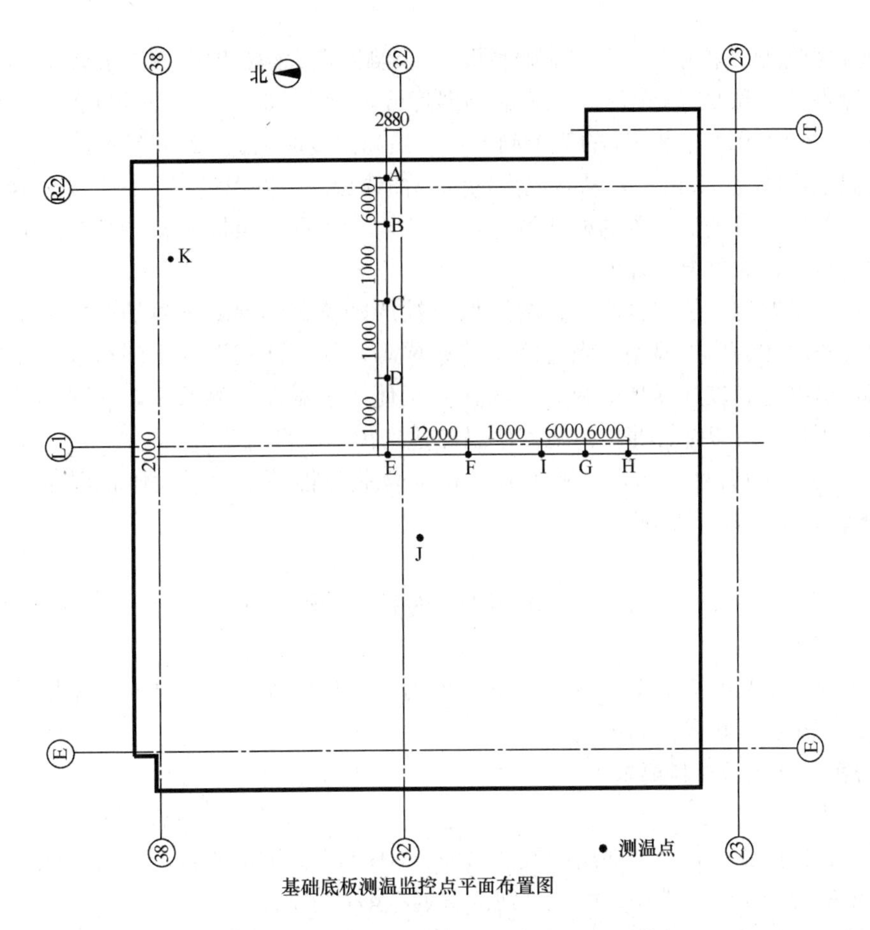

图 5-7-4　基础底板测温监控点平面布置图

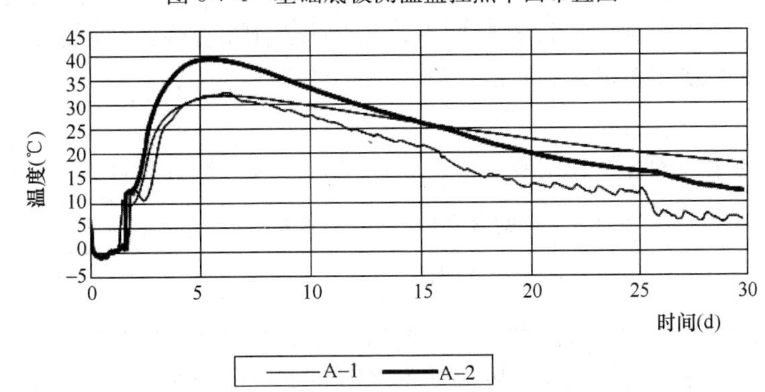

图 5-7-5　监测点 A 温度-时间曲线

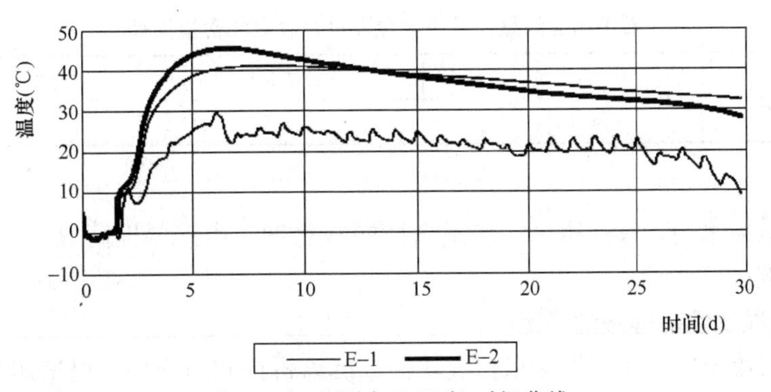

图 5-7-6　监测点 E 温度-时间曲线

从整个温度监测结果可以看出，基础底板44个测温点大约在混凝土浇筑后5～6天温升至温度峰值。监测点A～H的24个测温点中最高温度峰值为45.63℃；监测点I的5个测温点中最高温度峰值为48.81℃；监测点J的7个测温点中最高温度峰值为52.38℃；监测点K的8个测温点中最高温度峰值为55.63℃；从各测点的降温曲线分析，降温过程平稳，降温速率平均下降控制在1.5℃/d内，各测试位置的相邻测温点温差均未超过监测报警温差25℃，均在温控要求数值内，没有产生较大的温度梯度。

由此可见，采取的一层塑料薄膜、两层保温被严密覆盖的混凝土养护措施能够有效控制大体积混凝土浇筑块体的内外温差，满足降温速率要求，使大体积混凝土浇筑块体始终处于良好的养护状态，最终达到较好养护效果。同时，由于使用了温度监测系统，使测温数据能够及时准确的反馈给现场，可以结合养护措施，使温控达到预期的目的。

（注：本工程实例引自《北京电视中心工程综合业务楼基础底板大体积混凝土裂缝控制技术》，作者王鑫、艾永祥、郭剑飞。）

5.8 自密实混凝土及施工

自密实混凝土是具有高流动度、不离析、均匀性和稳定性，浇筑时不加振捣施工也能依靠其自重均匀地填充到模板各处的性能。

5.8.1 自密实混凝土原材料要求

1. 胶凝材料

根据工程具体需要，符合《通用硅酸盐水泥》GB 175标准的水泥，均可选用。但使用矿物掺合料的自密实混凝土，宜选用硅酸盐水泥或普通硅酸盐水泥。

矿物细掺合料应具有低需水量，高活性，往往可利用不同细掺合料的复合效应。例如：矿渣比粉煤灰活性高，而需水性大，抗离析性差；粉煤灰比矿渣抗碳化性能差，但需水性小，收缩少。按适当比例同时掺用粉煤灰和矿渣，则可取长补短。

2. 骨料

（1）细骨料宜选用级配Ⅱ区的中砂，砂的含泥量、泥块含量宜符合表5-8-1的要求。

砂的含泥量、泥块含量指标　　表5-8-1

项目	含泥量	泥块含量
指标	≤3.0%	≤1.0%

（2）粗骨料宜采用连续级配或2个单粒径级配的石子，最大粒径不宜大于20mm；石子的含泥量、泥块含量及针片状颗粒含量宜符合表5-8-2的要求；石子空隙率宜小于40%。

石子的含泥量、泥块含量及针片状颗粒含量指标　　表5-8-2

项目	含泥量	泥块含量	针片状颗粒含量
指标	≤1.0%	≤0.5%	≤8%

3. 外加剂

要求使用高效减水剂，宜选用聚羧酸系高性能减水剂。当需要提高混凝土拌合物的黏聚性时，可掺入增黏剂。

5.8.2 自密实混凝土性能等级的确定

（1）自密实混凝土的自密实性能包括流动性、抗离析性和填充性。可采用坍落扩展度试验、V漏斗试验（或T_{50}试验）和U形箱试验进行检测。混凝土自密实性能等级分为三级，其指标见

表 5-8-3。

混凝土自密实性能等级指标 表 5-8-3

性能等级	一级	二级	三级
U 形箱试验填充高度（mm）	320 以上（隔栅型障碍 1 型）	320 以上（隔栅型障碍 2 型）	320 以上（无障碍）
坍落扩展度（mm）	700±50	650±50	600±50
T_{50}（s）	5～20	3～20	3～20
V 漏斗通过时间（s）	10～25	7～25	4～25

（2）自密实混凝土性能等级的选用确定应根据结构物的结构形状、尺寸、配筋状态等确定。其中，一级：适用于钢筋的最小净间距为 35～60mm、结构形状复杂、构件断面尺寸小的混凝土结构物及构件的浇筑；二级：适用于钢筋的最小净间距为 60～200mm 的钢筋混凝土结构物及构件的浇筑；三级：适用于钢筋的最小净间距 200mm 以上、断面尺寸大、钢筋量少的钢筋混凝土结构物及构件的浇筑，以及无筋结构物的浇筑。

对于一般的钢筋混凝土结构物及构件的自密实混凝土性能等级，可采用自密实性能等级二级。

（3）自密实混凝土强度等级应满足配合比设计强度等级的要求。

5.8.3 自密实混凝土配合比设计

1. 设计原则

（1）自密实混凝土配合比应根据结构物的结构条件、施工条件以及环境条件所要求的自密实性能进行设计，在综合强度、耐久性和其他必要性能要求的基础上，提出试验配合比。

（2）在进行自密实混凝土的配合比设计调整时，应考虑水胶比对自密实混凝土设计强度的影响和水粉比对自密实性能的影响。

（3）配合比设计宜采用绝对体积法。

（4）对于某些低强度等级的自密实混凝土，仅靠增加粉体量不能满足浆体黏性时，可通过试验确认后适当添加增黏剂。

（5）自密实混凝土宜采用增加粉体材料用量和选用优质高效减水剂或高性能减水剂，改善浆体的黏性和流动性。

2. 配合比设计

（1）粗骨料最大粒径不宜大于 20mm，单位体积粗骨料量可参照表 5-8-4 选用。

单位体积粗骨料量 表 5-8-4

混凝土自密实性能等级	一级	二级	三级
单位体积粗骨料绝对体积（m^3）	0.28～0.30	0.30～0.33	0.32～0.35

（2）单位体积用水量、水粉比和单位体积粉体量。

1）单位体积用水量宜为 155～180kg。

2）水粉比根据粉体的种类和产量有所不同，按体积比宜取 0.80～1.15。

3）根据单位体积用水量和水粉比计算得到单位体积粉体量，单位体积粉体量宜为 0.16～0.32 m^3。

4）自密实混凝土单位体积浆体量宜为 0.32～0.40 m^3。

（3）自密实混凝土的含气量应根据粗骨料最大粒径、强度、混凝土结构的环境条件等因素确定，宜为 1.5%～4.0%。有抗冻要求时，应根据抗冻性确定新拌混凝土的含气量。

(4) 单位体积细骨料量应由单位体积粉体量、骨料中粉体含量、单位体积粗骨料量、单位体积用水量和含气量确定。

(5) 单位体积胶凝材料体积用量可由单位体积粉体量减惰性粉体掺合料体积量以及骨料中小于0.075mm的粉体颗粒体积量确定。

(6) 根据工程设计强度计算出水灰比，并得到相应的理论单位体积水泥用量。

(7) 根据活性矿物掺合料的种类和工程设计强度确定活性矿物掺合料的取代系数，然后通过胶凝材料体积用量、理论水泥用量和取代系数计算出实际单位体积活性矿物掺合料和实际单位体积水泥用量。

(8) 根据上述计算得到的单位体积用水量、实际单位体积水泥用量以及单位体积活性矿物掺合料量计算出自密实混凝土的水胶比。

(9) 高效减水剂和高性能减水剂等外加剂掺量根据所需的自密实混凝土性能经过试配确定。

5.8.4 自密实混凝土浇筑及养护要点

1. 浇筑时要控制混凝土自由下落高度，防止自密实混凝土在垂直浇筑中因高度过大产生离析现象，或被钢筋打散，使混凝土不连续。在非密集配筋情况下，自密实混凝土浇筑点间的水平距离不宜大于7m，垂直自由下落距离不宜大于5m；对配筋密集的混凝土构件，自密实混凝土浇筑点间的水平距离不宜大于5m，垂直自由下落距离不宜大于2.5m。

2. 当自密实混凝土的垂直浇筑高度过大时，可采用导管法，即用直通到底部的竖管浇筑自密实混凝土，在向上提管的过程中，管口始终埋在已经浇筑的自密实混凝土内部，也可采用串筒、溜槽等常规的施工方法。

3. 浇筑时应防止钢筋、模板、定位装置等的移动和变形，对于型钢混凝土结构，应均匀浇筑，防止扭曲变形。浇筑的混凝土应填充到钢筋、埋设物周围及模板内各角落，为防止产生浇筑不均匀及表面气泡，可在模板外侧辅助敲击。

4. 混凝土浇筑后，静停过程中因气泡溢出导致混凝土沉降，可在浇筑时适当提高所要求的标高，也可在混凝土初凝前补充浇筑至所规定的标高。

5. 养护。由于自密实混凝土与普通混凝土相比，其表面泌水量少，甚至没有泌水，为了减少混凝土的水分散失和塑性开裂，应加强养护。并适当延长预养护时间，养护时间不得少于14d。

5.9 清水混凝土及施工

5.9.1 清水混凝土分类

清水混凝土是指直接利用混凝土成型后的自然质感作为饰面效果的混凝土，可分为普通清水混凝土、饰面清水混凝土和装饰清水混凝土，见表5-9-1。

清水混凝土的主要分类 **表5-9-1**

分类	特　点
普通清水混凝土	表面颜色无明显色差，对饰面效果无特殊要求
饰面清水混凝土	表面颜色基本一致，由有规律排列的对拉螺栓孔眼、明缝、禅缝、假眼等组合形成，以自然质感为饰面效果
装饰清水混凝土	表面形成装饰图案、镶嵌装饰片或色彩。其质量要求由设计确定

5.9.2 清水混凝土模板设计

为满足清水混凝土装饰效果，模板设计除参照本手册《模板工程》相关内容外，还应满足以下要求：

1. 模板分块设计应满足清水混凝土饰面效果的设计要求。当设计无具体要求时，应符合下列要求：

（1）外墙模板分块宜以轴线或门窗口中线为对称中心线，内墙模板分块宜以墙中线为对称中心线；

（2）外墙模板上下接缝位置宜设于明缝处，明缝宜设置在楼层标高、窗台标高、窗过梁梁底标高、框架梁梁底标高、窗间墙边线或其他分格线位置；

（3）阴角模与大模板之间不宜留调节余量；当确需留置时，宜采用明缝方式处理。

2. 单块模板的面板分割设计应与禅缝、明缝等清水混凝土饰面效果一致。当设计无具体要求时，应符合下列要求：

（1）墙模板的分割应依据墙面的长度、高度、门窗洞口的尺寸、梁的位置和模板的配置高度、位置等确定，所形成的禅缝、明缝水平方向应交圈，竖向应顺直有规律。

（2）当模板接高时，拼缝不宜错缝排列，横缝应在同一标高位置。

（3）群柱竖缝方向宜一致。当矩形柱较大时，其竖缝宜设置在柱中心。柱模板横缝宜从楼面标高开始向上作均匀布置，余数宜放在柱顶。

（4）水平模板排列设计应均匀对称、横平竖直；对于弧形平面宜沿径向辐射布置。

（5）装饰清水混凝土的内衬模板的面板分割应保证装饰图案的连续性及施工的可操作性。

3. 饰面清水混凝土模板应符合下列要求：

（1）阴角部位应配置阴角模，角模面板之间宜斜口连接；

（2）阳角部位宜两面模板直接搭接；

（3）模板面板接缝宜设置在肋处，无肋接缝处应有防止漏浆措施；

（4）模板面板的钉眼、焊缝等部位的处理不应影响混凝土饰面效果；

（5）假眼宜采用同直径的堵头或锥形接头固定在模板面板上；

（6）门窗洞口模板宜采用木模板，支撑应稳固，周边应贴密封条，下口应设置排气孔，滴水线模板宜采用易于拆除的材料，门窗洞口的企口、斜坡宜一次成型；

（7）宜利用下层构件的对拉螺栓孔支撑上层模板；

（8）宜将墙体端部模板面板内嵌固定；

（9）对拉螺栓应根据清水混凝土的饰面效果，且应按整齐、匀称的原则进行专项设计。

5.9.3 清水混凝土的配制、浇筑与养护

清水混凝土的配制、浇筑与养护除满足本章 5.1～5.7 的相关要求外，尚应满足以下要求：

1. 原材料质量控制要求

（1）用于清水混凝土的原材料应有足够的存储量，颜色和技术参数应一致。

（2）对所有用于清水混凝土的水泥、掺合料，样品经验收后进行封样。对首批进场的原材料经取样复试合格后，应立即进行封样，以后进场的每批来料均与封样进行对比，发现有明显色差的不得使用。

（3）涂料应选用对混凝土表面具有保护作用的透明涂料，且应有防污染性、憎水性、防水性。

2. 配合比设计要求

（1）按照设计要求进行试配，确定混凝土表面颜色；

（2）按照混凝土原材料试验结果确定外加剂型号和用量；

（3）考虑工程所处环境，根据抗碳化、抗冻害、抗硫酸盐、抗盐害和抑制碱－骨料反应等对混凝土耐久性产生影响的因素进行配合比设计。

(4) 配制清水混凝土时，应采用矿物掺合料。

3. 浇筑

(1) 根据结构特点进行构件分区，同一构件分区应采用同批混凝土，并应连续浇筑；

(2) 同层或同区内混凝土构件所用材料牌号、品种、规格应一致，并应保证结构外观色泽符合要求。

4. 养护及饰面处理

(1) 清水混凝土拆模后应立即养护，对同一视觉范围内的清水混凝土应采用相同的养护措施。

(2) 清水混凝土养护时，不得采用对混凝土表面有污染的养护材料和养护剂。

(3) 普通清水混凝土表面宜涂刷保护涂料；饰面清水混凝土表面应涂刷透明保护涂料。同一视觉范围内的涂料及施工工艺应一致。

5.9.4 清水混凝土表面孔眼和缺陷修复

1. 对拉螺栓孔眼修复

(1) 螺栓孔眼处理：

堵孔前对孔眼变形和漏浆严重的对拉螺栓孔眼进行修复。首先清理孔表面浮渣及松动的混凝土；将堵头放回孔中，用界面剂的稀释液（约 50%）调同配合比砂浆（砂浆稠度为 10～30mm），用刮刀取砂浆补平尼龙堵头周边混凝土面，并刮平，待砂浆终凝后擦拭表面砂浆，轻轻取出堵头。

(2) 螺栓孔的封堵：

采用三节式螺栓时，中间一节螺栓留在混凝土内，两端的锥形接头拆除后用补偿收缩防水水泥砂浆封堵，并用专用封孔模具修饰，使修补的孔眼直径、孔眼深度与其他孔眼一致，并喷水养护。采用通丝型对拉螺栓时，螺栓孔用补偿收缩水泥砂浆和专用模具封堵，取出堵头后，喷水养护。

2. 表面缺陷修复

(1) 气泡处理：

对于不严重影响清水混凝土观感的气泡，原则上不修复；需修复时，首先清除混凝土表面的浮浆和松动砂子，用与原混凝土同配比减砂石水泥浆，首先在样板墙上试验，保证水泥浆硬化后颜色与清水混凝土颜色一致。修复缺陷的部位，待水泥浆体硬化后，用细砂纸将整个构件表面均匀地打磨光洁，并用水冲洗洁净，确保表面无色差。

(2) 漏浆部位处理：

清理混凝土表面浮灰，轻轻刮去松动砂子，用界面剂的稀释液（约 50%）调制成颜色与混凝土表面颜色基本相同的水泥腻子，用刮刀取水泥腻子抹于需处理部位。待腻子终凝后用砂纸磨平，再刮至表面平整，阳角顺直，喷水养护。

(3) 明缝处胀模、错台处理：

用铲刀铲平，打磨后用水泥浆修复平整。明缝处拉通线，切割超出部分，对明缝上下阳角损坏部位先清理浮渣和松动混凝土，再用界面剂的稀释液（约 50%）调制同配比减石子砂浆，将明缝条平直嵌入明缝内，将砂浆填补到处理部位，用刮刀压实刮平，上下部分分次处理；待砂浆终凝后，取出明缝条，及时清理被污染混凝土表面，喷水养护。

(4) 修复后应达到的要求：

混凝土墙面修复完成后，要求达到墙面平整，颜色均一，无明显的修复痕迹；距离墙面 5m 处观察，肉眼看不到缺陷。

5.9.5 工程实例

某工程，建筑面积 2 万 m^2，地下 1 层、地上 3 层。外檐及大部分内墙、柱均采用清水混凝土，外墙为 C35P6 抗渗混凝土，内墙柱为 C35 混凝土。

混凝土施工时，重点研究与控制的内容如下：

1. 禅缝

禅缝的布置、构图在设计阶段进行，配模设计时根据设计的意图考虑设缝的合理性、均匀对称性、长宽比例协调的原则，确定模板分块、面板分割尺寸。

2. 明缝

明缝是凹入混凝土表面的分格线，清水混凝土除设置明缝和禅缝不得出现其他的施工缝，因此层间水平施工缝必须与明缝有机的结合。

本工程的明缝宽 20mm，深 15mm ，将明缝条镶嵌在模板上经过混凝土浇筑脱模而自然形成。根据设计高度将明缝条固定模板上口，采用 4mm×40mm 的木螺钉固定，木螺钉间距为@1000mm，见图 5-9-1。

3. 对拉螺栓

利用模板对拉螺栓（受力构件）的孔眼，作为混凝土表面装饰。为便于螺栓的安装和拆除，将螺栓穿入塑料套管内，在模板拆除后，当混凝土达到一定强度后将塑料套管剔除形成了螺栓孔，见图 5-9-2。

图 5-9-1 明缝条

图 5-9-2 螺栓孔

4. 堵头

用于固定模板和套管，设置在穿墙套管的端头对拉螺杆两边的配件，拆模后形成统一的孔洞作为混凝土重要的装饰效果之一。见图 5-9-3。

图 5-9-3 堵头

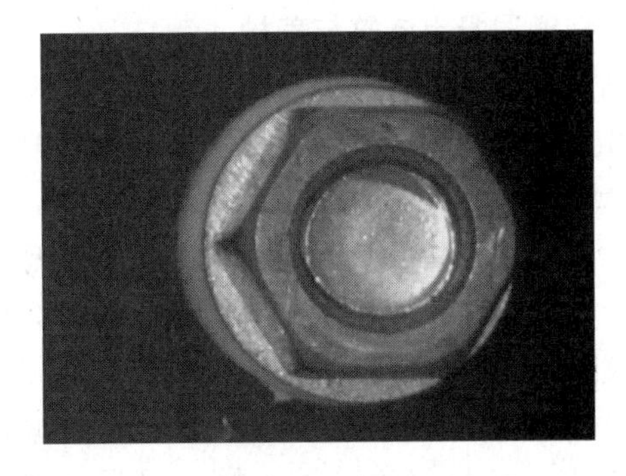

图 5-9-4 假眼

5. 假眼

框架柱和梁体无法设置穿墙螺栓，为了统一对拉螺栓孔的设计效果，在模板工程中无法设置对拉螺杆的位置设置堵头，其外观尺寸要求与对拉螺栓孔相同。拆模后成为与对拉螺栓位置一致的孔眼，见图 5-9-4。

6. 混凝土配比设计与施工（略）

7. 螺栓孔封堵

清水墙体的对拉螺栓孔眼封堵，材料使用橡胶止水条和高于原强度等级的膨胀豆石混凝土。封堵方法分步进行：①在墙中间位置放入 5cm 橡胶止水条；②墙内外两人同时往孔里填料，边填边用圆木棒顶实（不可一次填满，以免出现空隙）；③用专用模具做出装饰孔造型。

（注：本工程实例节选自《景观造型清水混凝土施工工法》，作者：曹勤、王京生、徐伟、崔桂兰、崔宝合、郭彦玉、高兴宽）

5.10 型钢混凝土施工

型钢混凝土组合结构是混凝土内配置型钢和钢筋的结构，它具有钢结构和混凝土结构的双重优点，目前已被广泛采用。型钢混凝土施工因其内有钢骨，外又有梁、柱、墙钢筋与其相交。因此，与普通混凝土相比，其施工具有一定难度和特殊性。提高混凝土的工作性、优化浇筑和振捣工艺、加强养护十分重要。

5.10.1 型钢混凝土原材料要求

用于型钢混凝土的原材料基本要求，见本章 5.1、5.2 节的相关内容。针对型钢混凝土的原材料还应满足以下要求：

1. 混凝土强度等级不宜小于 C30，宜采用预拌混凝土。

2. 混凝土最大骨料粒径应小于型钢外侧混凝土保护层厚度的 1/3，且不宜大于 25mm。石子含泥量不得大于 1%。

3. 砂：宜用粗砂或中砂，含泥量不大于 3%。

4. 振捣上若有困难或普通混凝土无法满足施工要求时，应与设计单位协商使用自密实混凝土，其原材料及配合比等要求，见本章 5.8 相关内容。

5. 当采用普通混凝土浇筑时，应根据浇筑方式合理控制好坍落度。当采用自密实混凝土时，应根据实际情况对混凝土的坍落度和扩展度进行控制。对于水平结构，坍落度一般情况下在 240mm±20mm，扩展度宜大于 700mm，对于竖向结构，坍落度一般情况下在 220mm±20mm，扩展度大于 600mm。

5.10.2 型钢混凝土浇筑与养护

型钢混凝土浇筑与养护，除满足本章 5.3、5.4 节的相关内容（采用自密实混凝土时，尚应满足 5.8 节要求）外，型钢混凝土浇筑及养护尚需注意以下环节。

1. 型钢柱浇筑

(1) 由于柱、梁中型钢柱影响，当模板无法采用对拉螺栓时，模板外侧应采用柱箍、梁箍，间距经计算确定，柱身四周下部加斜向顶撑，防止柱身涨模及侧移。柱子根部留置清扫口，混凝土浇筑前清除残余垃圾。

(2) 柱混凝土应分层振捣。除上表面振捣外，下面要有人随时敲打模板。若型钢结构尺寸比较大，柱根部的混凝土与原混凝土接触面较小时，也可事先将柱根浸湿，柱子高度超过 6m 时，应分段浇筑或模板中间预开洞口（门子板）下料，防止混凝土自由倾落高度过高。

(3) 柱、墙与梁、板宜分次浇筑，浇筑高度大于 2m 时，建议采用串筒、溜管下料，出料管口至浇筑层的倾落自由高度不应大于 1.5m。柱与梁、板同时施工时，柱高在 3m 之内，可在柱顶直接下灰浇筑，超过 3m 时，应采取措施（用串桶）或在模板侧面开门子洞安装斜溜槽分段浇筑。每段高度不得超过 2m，每段混凝土浇筑后将门子洞模板封闭严实，与柱箍箍牢。并在柱和墙浇筑完毕后停歇 1～1.5h，使竖向结构混凝土充分沉实后，再继续浇筑梁与板。

（4）柱子混凝土宜一次浇筑完毕，若型钢组合结构安装工艺要求施工缝隙留置在非正常部位，应征得设计单位同意。

（5）采用自密实混凝土浇筑时，应采用小直径振捣棒进行短时间的振捣，时间应控制在普通振捣的 1/5～1/3 左右。

（6）浇筑完后，应随时将溅在型钢结构上的混凝土清理干净。

2. 型钢梁混凝土浇筑

（1）在梁柱节点部位由于梁纵筋需穿越型钢柱，施工中宜采用钢筋机械连接技术，便于操作。

（2）梁浇筑时，应先浇筑型钢梁底部，再浇筑型钢梁、柱交接部位，然后再浇筑型钢梁的内部。

（3）梁浇筑普通混凝土时候，应从一侧开始浇筑，用振捣棒从该侧进行赶浆，在另一侧设置一振捣棒，同时进行振捣，同时观察型钢梁底是否灌满。若有条件时，应将振捣棒斜插到型钢梁底部进行振捣。

（4）梁柱节点钢筋较密时，浇筑此处混凝土时宜用小粒径石子同强度等级的混凝土浇筑，并用小直径振捣棒振捣。

（5）在梁柱接头处和梁型钢翼缘下部等混凝土不易充分填满处，要仔细浇捣，可采取门子板、适当加大保护层厚度等措施。

（6）若型钢梁底部空间较小、钢筋密度过大及型钢梁、柱接头连接复杂，普通混凝土无法满足要求时候，可采用自密实混凝土进行浇筑。浇筑自密实混凝土梁时应采用小振捣棒进行微振，切忌过振。

3. 型钢组合剪力墙混凝土浇筑

（1）剪力墙浇筑混凝土前，先在底部均匀浇筑 50mm 厚与墙体混凝土成分相同的水泥砂浆，并用铁锹入模，不应用料斗直接灌入模内。

（2）浇筑墙体混凝土应连续进行，间隔时间不应超过 2h，每层浇筑厚度控制在 600mm 左右，因此必须预先安排好混凝土下料点位置和振捣器操作人员数量。

（3）振捣棒移动间距应小于 500mm，每一振点的延续时间以表面呈现浮浆为度，为使上下层混凝土结合成整体，振捣器应插入下层混凝土 50mm。振捣时注意钢筋密集及洞口部位，为防止出现漏振。须在洞口两侧同时振捣，下灰高度也要大体一致。大洞口的洞底模板应开口，并在此处浇筑振捣。

（4）混凝土墙体浇筑完毕之后，将上口甩出的钢筋加以整理，用木抹子按标高线将墙上表面混凝土找平。

4. 养护

（1）型钢结构采用的混凝土强度等级较高或混凝土流动性大，容易产生混凝土裂缝，因此应高度重视混凝土养护工作。

（2）做好混凝土的早期养护，防止出现混凝土失水，影响其强度增长。混凝土浇筑完毕后，应在 12h 以内加以覆盖和浇水，浇水次数应能保持混凝土有足够的润湿状态，养护期一般不少于 7 昼夜。

5.11 钢管混凝土施工

钢管混凝土采用的钢管有圆形和方形，管内混凝土可采用泵送顶升浇筑法、导管浇筑法、手工逐段浇筑法及高位抛落面振捣法。

5.11.1 材料要求

用于钢管内灌注的混凝土，除符合本章5.1节、5.2节相关要求外，应满足下列要求。

1. 应采用预拌混凝土。混凝土强度等级不应低于C30，并随着钢管钢材级别的提高，而提高强度等级。通常Q235钢管宜配用C30、C40级混凝土；Q345钢管宜配C40、C50级混凝土；Q390、Q420钢管宜配C60级以上混凝土。

2. 由于钢管、混凝土共同作用，管内混凝土宜采用无收缩混凝土。

3. 钢管内混凝土配合比设计时，要使混凝土拌合物具有良好的自身密实性能，获得最佳的流动性能；浆骨比例适当，既要不影响混凝土流动性，又要尽量减少自身收缩。

4. 混凝土配合比应根据混凝土设计等级计算，并通过试验确定，除满足强度指标外，混凝土坍落度和可泵性能应与管内混凝土的浇筑方法相一致。其中，对于泵送顶升浇筑法和高抛浇筑法，粗骨料粒径可采取5～30mm，水灰比不大于0.45，坍落度不小于160mm，并应注意可泵性；对于手工逐段浇筑法，粗骨料粒径可采取10～40mm，水灰比不大于0.4；当有穿心部件时，粗骨料粒径宜减小为5～20mm，坍落度不小于160mm。

5.11.2 管内混凝土浇筑方法

1. 泵送顶升浇筑法

(1) 采用顶升法时钢管截面（直径）不小于泵管直径的2倍。

(2) 在钢管接近地面的适当位置安装一个带闸门的进料管，直接与泵车的输送管相连，由泵车将混凝土连续不断地自下而上灌入钢管，无需振捣。钢管顶部需留置排气孔。

(3) 顶升前应计算混凝土泵的出口压力（钢管的入口压力），出口压力应考虑局部压力损失、管壁的沿程压力损失等以确定采用何种混凝土泵。对于矩形钢管柱还应验算板的局部稳定，板的局部变形不应大于2mm。混凝土顶升应将浮浆顶出，柱头混凝土应以高强度无收缩混凝土补灌以补充混凝土顶部的沉陷收缩。

2. 导管浇筑法

钢管柱插入装有混凝土漏斗的钢制导管，浇筑前，导管下口离钢管底部距离不小于300mm，导管与管壁（及管内隔板）侧向间隙不小于50mm，以利于振动棒振捣，直径小于（或边长）400mm的钢管柱，宜采用外侧附着式振动器振捣。

3. 手工逐段浇筑法

混凝土自钢管上口灌入，用振捣器振实。管径大于350 mm时，采用内部振捣器。每次振捣时间不少于30s，一次浇筑高度不宜大于1.5m。钢管最小边长小于350mm时，可采用附着在钢管外部的振捣器振捣，外部振捣器的位置应随混凝土浇筑的进展加以调整。外部振捣器的工作范围，以钢管横向振幅不小于0.3mm为有效。振捣时间不小于1min。一次浇筑的高度不应大于振捣器的有效工作范围和2～3m柱长。

4. 高位抛落面振捣法

利用混凝土下落时产生的动能达到振实混凝土的目的。适用于管径大于350 mm，高度不小于4m的情况。对于抛落高度不足4m的区段，应用内部振捣器振实，钢管顶部清除浮浆。一次抛落的混凝土量宜在0.7m^{3}左右，用料斗装填，料斗的下口尺寸应比钢管内径小100～200mm，以便混凝土下落时，管内空气能够排出。

5. 养护

(1) 管内混凝土浇筑后，应及时采取养护措施，可能遇到低温情况时，应制定冬施措施，严防管内混凝土受冻害。

(2) 管内混凝土养护期间注意防止撞击该钢管混凝土，以免造成"空鼓"。

(3) 钢管内的混凝土的水分不易散失，但要将管口及顶升口等进行保湿封闭。由于混凝土的水分不易散失，混凝土受冻后体积膨胀会使钢管在胀力的作用下开裂，从而造成严重的质量事故，国内已有此类问题发生。因此，钢管混凝土宜避免冬期施工，如无法避免时，混凝土浇筑时应有严格的冬期施工措施。

5.11.3 工程实例

天津津塔工程，总建筑面积约为34.2万m^2，由办公楼、公寓楼两部分组成。其中办公楼高336.9m，地上75层，建筑面积约20.4万m^2，建筑外立面为帆形。

办公楼结构设计采用钢框架结构体系，柱采用钢管混凝土组合柱，其中核心筒柱23根，外框筒柱32根，钢管柱直径1700mm至600mm，壁厚65mm至20mm。部分核心筒柱内还设置了纵、横向隔板，增加了内灌混凝土的难度。

经试验研究对比，确定钢管柱内混凝土浇筑采用顶升法浇筑工艺。

1. 顶升法施工的相关试验研究工作

顶升法与高抛法两种浇筑方法的对比分析，见表5-11-1。

两种浇筑方法的对比分析　　表5-11-1

浇筑方法	优　　点	缺　　点
顶升法	1. 对于内部有较多横竖隔板的钢管，混凝土质量有保证，横隔板下方不易形成空腔 2. 混凝土浇筑不是钢结构安装的紧后工作，可以与钢结构安装同时进行	1. 对混凝土性能要求高，经时和泵送坍落度损失小 2. 每根钢柱浇筑混凝土时都需要泵管与管柱有可靠的连接，接泵管的时间较长
高抛法	1. 操作方便 2. 适合外侧加钢柱的肋，混凝土振捣 3. 混凝土浇筑速度较快	1. 混凝土质量不容易保证 2. 存在交叉作业，影响钢结构安装进度

2. 顶升法浇筑混凝土的施工

(1) 施工配合比（表5-11-2）

配合比　　表5-11-2

项目	PO.42.5	中砂	碎石5～20	自来水	外加剂	矿粉	CSA
配合比	1	2.42	2.73	0.5	0.0279	0.64	0.11
每立方混凝土用量（kg）	330	798	900	165	9.2	210	35

注：外加剂采用聚羧酸型减水剂，CSA为北极熊膨胀剂，中砂细度模数为2.8。

配合比性能为：混凝土试块28d标养的强度达到60MPa以上；混凝土坍落度达到270mm，扩展度大于700mm；坍落度经时损失3h不大于10mm，400m的泵送损失不大于10mm；扩展度经时损失4h不大于100mm。

(2) 泵管的布置

该工程混凝土浇筑总高度为324m。低区（B4层～F30层）采用普通地泵及泵管，高区（F31层～F70层）采用中联重科生产的HBT110-26-390RS地泵，该泵的最大理论出口泵压为

26MPa，泵管采用 $\phi125\times8$（壁厚），内表面经高频淬火处理，直管分节有 3000、2000、1000mm，弯管有 45°、90°，局部采用异形管，泵管接口采用平口法兰连接。

混凝土施工至高区换泵配管时，F1 层水平管及 F30 层以下立管应使用特制泵管，F30 层以上立管及楼层内水平泵管可使用 5mm 厚普通规格泵管。在 F29 层设置了缓冲弯管，并接 60m 左右的水平管，以解决垂直高度过大所引起的逆压。

（3）混凝土顶升浇筑

在泵送顶升过程中，应保证混凝土泵的连续工作，受料斗内应有足够的混凝土，泵送间歇时间不宜超过 15min。在混凝土泵送顶升过程中，需要两个有经验的混凝土工长，分别在混凝土下料口处和钢管柱顶升口，对混凝土的出料进行观察，当出现异常情况时，立即停止泵送。顶升过程中，如出现堵管情况，立即停止泵送，将钢管柱的阀门关闭，如确认是泵管被堵塞，查出堵塞位置并清除之；如检查是钢管柱内部被堵塞，则通过钢管柱留设的观察孔找出被堵管的位置，然后在其上部重新钻孔，重新开始泵送。

（4）主要经验的有关数据

1）该工程内外筒钢管柱共 55 根（分成 27 节，平均每节 3 层），施工时一般实际泵送压力为 18MPa。

2）单次钢管柱（3 层，长 12.6m）混凝土顶升只用 2h，每次钢管柱顶升混凝土（一节柱共 55 根，12.6m 高）约需连续浇筑 5 昼夜，总体施工质量情况良好。

（本工程实例引自《天津津塔超高层钢管内采用顶升法浇筑混凝土工艺的研究和施工》，作者：杨嗣信、刘文航、张婷）

参 考 文 献

［1］ 杨嗣信等. 混凝土工程现场施工实用手册. 北京：人民交通出版社，2006.

［2］ 林寿，杨嗣信等. 建筑工程新技术丛书. 北京：中国建筑工业出版社，2009.

［3］ 艾永祥等. 建筑分项工程施工工艺标准（第三版）. 北京：中国建筑工业出版社，2008.

［4］ 杨嗣信，刘文航，张婷. 天津津塔超高层钢管内采用顶升法浇筑混凝土工艺的研究和施工. 中国建筑，2009.

［5］ 王鑫，艾永祥，郭剑飞等. 北京电视中心工程综合业务楼基础底板大体积混凝土裂缝控制技术. 二〇〇四年度北京市混凝土技术交流会论文集，2004.

［6］ 曹勤，王京生，徐伟等. 景观造型清水混凝土施工工法，2008.

6　装配式结构工程

装配式混凝土结构（Precast concrete structure）是指由预制混凝土构件或部件通过各种可靠的连接方式装配而成的混凝土结构。装配式混凝土结构不但具有现浇混凝土结构的优越性，而且在集约化、标准化和精细化等方面独具特色，其耐久性优越，适宜工业化生产。装配式混凝土结构技术是国际建筑工业化的潮流与发展方向之一，该技术体系可以推动建筑产业化，降低建筑全寿命期间的能源消耗，提高建筑产品的质量，也是重要的可持续发展技术，并在发达国家及许多地区都获得了广泛推广与应用。

装配式混凝土结构技术是建筑工业化和混凝土工程技术现代化的重要组成部分。装配式混凝土结构具有施工速度快、标准或规模化预制构件适于工业化生产、质量易于控制和保证、可以降低原材料消耗等优点，因此具有广阔的应用前景与良好经济效益。

国际上在住宅建设产业化中应用装配式混凝土结构方面，不同国家有各自的特点。美国的预制混凝土住宅注重舒适性、多样化及个性化；日本自 20 世纪 60 年代开始采用预制工业化生产住宅与部品；法国是世界上推行预制建筑工业化最早的国家之一；瑞典是世界上住宅工业化最发达的国家，其 80%的住宅采用以通用部件为基础的住宅通用体系；丹麦是世界上第一个将模数法制化的国家。

国外在房屋建筑结构中使用装配式混凝土结构已有 50 余年历史。20 个世纪 60 年代，前南斯拉夫就已经采用了 IMS 装配式结构体系，IMS 体系建筑经受了 8 度地震后未发现主体结构有明显损害。日本则建成了大量的多层装配式混凝土板式住宅结构；2002 年在美国旧金山，建成了 39 层（高度 128m）世界上最高的的装配式混凝土结构公寓大楼。欧洲每年预应力混凝土楼板构件产量达到 2000 万 m^2，预制空心板的跨度可以达到 20 m。预制混凝土结构广泛应用于工业和商业建筑、住宅、办公楼等。新西兰为地震频发区，对于结构抗震要求相当严格，采用预制构件的可靠的安装方法建造的预制混凝土结构在新西兰得到普遍使用，具有工程质量高、节约模板以及缩短工程工期等各方面优势。

美国预制预应力学会（Precast/Prestressed Concrete Institute，简称 PCI）经过 50 余年的技术积累和工程应用，总结出了体系完备的 PCI 预制预应力混凝土结构体系。PCI 的知识体系非常完善，如 PCI 认证管理体系、PCI 预制预应力混凝土设计手册、PCI 预制预应力混凝土结构抗震设计手册、期刊（PCI Journal）、PCI 相关的规程与规范、研究与应用学术论文及出版物等构成了 PCI 的知识体系，对美国预制工业的发展有重要指导作用。

20 世纪 50 年代，我国学习苏联经验，在住宅建设中推行标准化、工业化、机械化，发展预制构配件和预制装配建筑，掀起中国建筑工业化的第一次高潮。20 世纪 70 年代末期，北京市装配式建筑所占比例曾一度达到 30%。从 20 世纪 80 年代末至 90 年代中后期，住宅建设预制工业化未有实质性的发展，在此期间，现浇混凝土在建筑工程中占据了绝对主导地位。1998～2009 是一段特殊的发展历程，汲取了国内外预制工业化发展的经验和教训，工业化装配式结构住宅建设重新提上了议事日程，并受到业内有关人士的重视。2010 年以来，推动住宅建设产业化中应用装配式混凝土结构的政策陆续出台，在国内许多地区的有关部门、建筑业和房地产行业等领域得到了前所未有的重视和积极响应，该项技术的推广应用又迎来了新的机遇和挑战。

装配式混凝土结构作为混凝土结构工程中的重要组成部分，有其自身的合理定位和独特的发展规律，正确地认识其适用性与优势，发挥其工业化的巨大潜力是预制混凝土工业化长期与可持续发展的必然选择。

本章内容的主要编制依据为《混凝土结构工程施工规范》GB 50666和近年来装配式混凝土结构住宅工程的部分应用实例，力图体现目前装配式混凝土结构的基本技术要求和工程应用经验总结。

6.1 专项方案与深化设计

6.1.1 专项方案

装配式结构的施工主要包括构件制作、运输与存放、安装与连接等阶段，具有很强的专业性。施工中应编制指导整个施工过程的专项施工方案。根据工艺流程和工程实际情况，装配式结构专项施工方案一般包括：构件制作、运输与存放、安装与连接、与其他有关分项工程的配合、施工质量要求和质量保证措施、施工过程的安全要求和安全保证措施、施工现场管理和质量管理措施等。

具体编制装配式结构专项方案包括但不限于下列内容：

（1）整体进度计划：结构总体施工进度计划，构件生产计划，构件安装进度计划；

（2）预制构件运输：车辆数量，运输路线，现场装卸方法；

（3）施工场地布置：场内通道，吊装设备，吊装方案，构件码放场地；

（4）构件安装：测量放线、节点施工，防水施工，成品保护及修补措施；

（5）施工安全：吊装安全措施、专项施工安全措施；

（6）质量管理：构件安装的专项施工质量管理；

（7）绿色施工与环境保护措施。

6.1.2 深化设计

预制构件深化设计在装配式混凝土结构施工中具有重要的作用，此项工作目前尚未形成成熟的制度和工作程序，一般由有经验的设计、咨询、研究单位或预制构件加工制作单位承担；也可以由施工单位采用设计施工一体化模式完成，但深化设计的结果必须经工程设计单位确认。深化设计应包括施工过程中脱模、存放、运输、吊装等各种工况验算，并应考虑施工顺序及支撑拆除顺序的影响。装配式结构深化设计文件一般包括：预制构件设计详图（包括预制构件平、立、剖面图，预埋吊件及施工用埋件、永久性埋件的细部构造图等）、预制构件装配详图（包括构件的装配位置、相关节点详图及临时支撑等）、施工工艺要求（包括构件制作、装配的施工及检查验收方法，装配顺序要求、临时支撑安装及拆除要求等）。其中预制构件制作的深化设计文件应包括但不限于下列内容：

（1）预制构件模板图、配筋图、预埋吊件及各种预埋件的细部构造图等；

（2）对带饰面砖或饰面板的构件，应绘制排砖图或排板图；

（3）对夹心外墙板，应绘制内外叶墙板拉结件布置图及保温板排板图；

（4）预制构件脱模、翻转过程中构件与预埋吊件的承载力的验算。

对采用标准预制构件的工程，其专项施工方案、深化设计可取用有关标准设计图集的规定。

6.2 施 工 验 算

装配式混凝土结构的施工过程主要包括构件制作、构件运输与存放、安装与连接阶段。装配式混凝土结构在施工安装过程中和形成整体结构之后在受力上有较大差别，因此需要根据设计要求和施工方案对预制构件、预制构件中的配件及临时支撑等进行施工验算。

6.2.1 验算工况和荷载取值

1. 预制构件脱模

脱模起吊时，构件与模板或模具之间会产生吸附力，吸附力的作用可通过引入脱模吸附系数来考虑，即将构件自重标准值乘以脱模吸附系数作为等效荷载标准值。脱模吸附系数宜取1.5，并可根据构件和模具表面状况适当增减；对于复杂情况，脱模吸附系数宜根据试验确定。

2. 预制构件吊运

构件吊运是指将构件吊起并放置到指定场地的动作，包括预制构件的起吊、运输吊运及现场吊装等。从构件在空中的位置，可把吊运分为平吊、直吊和翻转吊等。施工验算时，应考虑吊运过程中产生的动荷载和冲击力。通过引入动力系数来考虑该动荷载，即将构件自重标准值乘以动力系数作为等效荷载标准值。考虑到吊运过程的复杂性与重要性，并与设计规范统一，吊运、运输阶段的动力系数宜取1.5；构件翻转及安装过程中就位、临时固定时，动力系数可取1.2。当有可靠经验时，动力系数可根据实际受力情况和安全要求适当增减。应当注意，脱模与吊运不会同时发生，故吸附系数和动力系数不需连乘。如脱模吸附系数和动力系数取值一致，且脱模起吊的吊点和后期其他施工环节吊运的吊点相同时，考虑到混凝土强度随时间增长，显然脱模时是最不利的施工环节。

3. 预制构件运输与存放

(1) 构件运输

预制构件的运输除需考虑运输路线和运输车辆的要求外，尚需根据预制构件的放置方式以及由于构件的尺寸和自重限制以及路面条件引起的振动效应等，运输过程的动力系数宜取1. 5。

(2) 构件存放

构件堆放时的支撑位置宜与脱模、吊装时的位置一致，当位置不一致时，应根据存放支撑条件进行验算。在存放期间，预制构件主要受到自重、预应力及混凝土收缩徐变的作用；另外，对于放置室外且有特殊要求的构件，则尚需考虑构件截面温差分布的影响，特别是带有面砖或石材饰面的构件，应充分考虑饰面对混凝土的约束影响。如需考虑存放时其他施工荷载不利影响，可取1. 2的动力系数。

4. 预制构件安装

预制构件安装阶段，对于简支受弯构件，如空心板、双T板、预制梁等，主要考虑自重的作用；对于叠合受弯构件，则尚需考虑现浇层混凝土的自重及浇筑混凝土时的施工荷载；对于预制外墙挂板、预制柱等竖向围护构件，则尚需考虑风荷载等水平方向的作用。

对于自重作用，当自重为不利作用时，应通过动力系数考虑由于安装固定时产生的振动和冲击力效应，动力系数可取1.2；当自重为有利作用时，如进行抗倾覆或抗滑移验算时，动力系数则应取1.0。

进行叠合构件验算时，可根据混凝土的实际密度和钢筋的实际配筋量确定现浇层的自重，当采用普通混凝土时，钢筋混凝土自重可取25kN /m^3；施工活荷载可按实际情况计算，且不宜小于1. 5kN /m^2。

预制外墙挂板承受的水平作用主要为风荷载，风荷载的标准值可按荷载规范的有关规定确定，基本风压可按10年一遇取值，且不应小于0. 20kN /m^2。对于预制柱的临时支撑，需要考虑混凝土浇筑或不均匀堆载等因素产生的附加水平荷载。

6.2.2 《混凝土结构工程施工规范》GB 50666 施工验算要求

1. 预制构件

预制构件的施工验算应符合设计要求。当设计无具体要求时，宜符合下列规定：

（1）钢筋混凝土和预应力混凝土构件正截面边缘的混凝土法向压应力，应满足式（6-2-1）的要求：

$$\sigma_{cc} \leqslant 0.8 f'_{ck} \tag{6-2-1}$$

式中　σ_{cc}——各施工环节在荷载标准组合作用下产生的构件正截面边缘混凝土法向压应力（MPa），可按毛截面计算；

f'_{ck}——与各施工环节的混凝土立方体抗压强度相应的抗压强度标准值（MPa），按现行国家标准《混凝土结构设计规范》GB 50010 确定。

（2）钢筋混凝土和预应力混凝土构件正截面边缘的混凝土法向拉应力，宜满足式（6-2-2）的要求：

$$\sigma_{ct} \leqslant 1.0 f'_{tk} \tag{6-2-2}$$

式中　σ_{ct}——各施工环节在荷载标准组合作用下产生的构件正截面边缘混凝土法向拉应力（MPa），可按毛截面计算；

f'_{tk}——与各施工环节的混凝土立方体抗压强度相应的抗拉强度标准值（MPa），按现行国家标准《混凝土结构设计规范》GB 50010 确定。

（3）预应力混凝土构件的端部正截面边缘的混凝土法向拉应力，可适当放宽，但不应大于 $1.2 f'_{tk}$。

（4）叠合式受弯构件尚应符合现行国家标准《混凝土结构设计规范》GB 50010 的有关规定。在叠合层施工验收阶段验算中，作用在叠合板上的施工活荷载标准值可按实际情况计算，且取值不宜小于 1.5kN/m²。

2. 预埋吊件、临时支撑

预制构件中的预埋吊件及临时支撑，宜按式（6-2-3）进行计算：

$$K_c S_c \leqslant R_c \tag{6-2-3}$$

式中　K_c——施工安全系数，可按表 6-2-1 的规定取值；当有可靠经验时，可根据实际情况适当增减；

S_c——施工阶段荷载标准组合作用下的效应值；

R_c——按材料强度标准计算或根据试验确定的预埋吊件、临时支撑、连接件的承载力；对复杂或特殊情况，宜通过试验确定。

预埋吊件及临时支撑的施工安全系数 K_c　　**表 6-2-1**

项目	施工安全系数（K_c）
临时支撑	2
临时支撑的连接件 预制构件中用于连接临时支撑的预埋件	3
普通预埋吊件	4
多用途的预埋吊件	5

注：对采用 HPB300 钢筋吊环形式的预埋吊件，应符合现行国家标准《混凝土结构设计规范》GB 50010 的有关规定。

6.2.3　预制构件验算

预制构件的最不利的荷载工况可能是脱模工况；当不设置竖向临时支撑时，水平叠合构件最不利的荷载可能出现在浇筑混凝土工况。竖向构件可采用平卧方式制作，并采用水平方式吊运和运输，即施工阶段的受力与其作为结构构件的受力状态完全不同，此种情况下构件的配筋可能由施工阶段控制。

当施工验算不满足要求时，一种方式是直接加大构件的截面和配筋；另一种方式是调整吊点的位置、数量以及吊运形式。后一种是较为经济的方式。

对于柱、墙板等竖向构件，安装后应安装临时支撑，作用在构件上的水平荷载相对于构件的自重是比较小的，对此种施工工况仅需对支垫和临时支撑进行验算。

预制构件吊运应根据构件的形状以及现场的机械设备、吊运条件来确定吊运方案，可采用多线吊运、多台起重机、多个滚动装置、多个分配梁等方式。由于吊运方式决定了预制构件吊运的受力大小，吊运验算的计算模型必须与实际吊运方案相符。

6.2.4 临时支撑验算

采取临时固定措施的目的在于保证预制构件的稳定和装配安装的精度，临时支撑是主要的临时固定措施之一，应进行必要的施工验算。

1. 水平构件临时支撑

装配式混凝土结构预制梁、板可采用叠合构件，预制构件承受的施工荷载比较大，当竖向支撑构件无法满足施工支撑要求，或者预制构件自身不能承受施工荷载时，需要在水平构件下方设置临时竖向支撑、在预制构件两端设置临时牛腿或临时支撑次梁等。临时支撑顶部标高应符合设计规定，并应考虑支撑系统自身在施工荷载作用下的变形。在预制梁与预制板形成整体结构前，支撑系统应承受预制梁或板的重力荷载，以避免由于荷载不平衡而造成预制梁发生扭转、侧翻；对多层楼板系统形成整体结构前，结构的整体性较差，支撑系统应确保避免意外荷载造成的结构连续倒塌。

2. 竖向构件临时支撑

竖向构件在安装就位后，竖向荷载可以传递到下层的结构上，施工验算需考虑风荷载以及结构施工所可能产生的附加水平荷载。临时斜撑是竖向构件最常用的临时固定措施。连接临时斜撑后，采用经纬仪或吊线确定竖向构件的水平标高和垂直度偏差，并通过临时斜撑上的微调装置进行调整。

对于预制墙板，临时斜撑一般不少于 2 道，对于宽度较小的墙板也可只设置 1 道斜撑。当墙板底部没有水平约束时，墙板的每道临时支撑包括上部斜撑和下部支撑，下部支撑可做成水平支撑或斜向支撑。临时支撑与柱、墙板及楼板一般做成铰接，可通过预埋件进行连接。对于预制柱，由于其底部纵向钢筋可以起到水平约束的作用，因此其支撑主要以斜撑为主。柱子的斜撑最少也要设置 2 道，且要设置在 2 个相邻的侧面上。当有条件时，中柱或边柱也可在柱的 4 个侧面或 3 个侧面设置支撑。考虑到临时斜撑主要承受的是水平荷载，为充分发挥其能力，对上部的斜撑，其支撑点距离板构件底部的距离不宜小于构件高度的 2 /3，且不应小于高度的 1 /2。

6.2.5 预埋吊件验算

预埋吊件是指在混凝土浇筑成型前埋入预制构件内用于吊装连接的专用配件。主要有热轧光圆钢筋吊环、高强钢丝绳或预应力钢绞线吊环、螺纹埋件及其他专用预埋件等。由于用热轧光圆钢筋吊环设计强度低、所需锚固长度长，耗材较多，经济性较差，且当构件安装就位后，需将吊环外露部分切割掉，可能影响预制构件外观质量和耐久性，因此其应用受到一定限制。

近年来，国内开始采用专用预埋吊件，其形式有内埋式螺母、内埋式吊杆或预留吊装孔等，并采用配套的专用吊具实现吊装。专用预埋吊件构造比较复杂，实际承载力缺少计算依据，需要通过试验确定。在预制构件中设置专用预埋吊件时，预埋吊件到构件边缘最小距离、预埋吊件的中心最小间距、预埋吊件的固定方式、吊件周围的附加钢筋以及起吊时混凝土的最低强度限值等应严格遵守有关产品应用技术手册的要求。

6.3 构 件 制 作

6.3.1 构件制作准备

1. 台座

台座是制作预制构件的作业平台，主要用于长线法生产先张预应力预制构件或普通梁板构件，包括混凝土台座和钢台座等类型。台座的质量直接影响到预制构件的质量，制作预制构件的台座应平整、坚实，室外台座应有必要的排水措施。

2. 模具

模具是专门用来生产预制构件的各种标准或非标准模板系统，主要有固定模具和可移动模具等类型。模具应具有足够的强度、刚度和整体稳定性，应具有足够的精度以保证拼装严密且不漏浆；模具应能抵抗混凝土浇筑时的冲击力、侧压力、振动力，以及蒸汽养护所产生的膨胀及收缩变形；模具应易于组装和拆卸，并应能满足预制构件预留孔、插筋、预埋吊件及其他预埋件的定位要求；模具应便于清理和用隔离剂涂刷。模具设计除应保证预制构件制作质量，还需满足生产工艺、组装与拆卸、使用周转次数等要求。跨度较大的预制构件模具应根据结构设计要求预设反拱。

3. 钢筋与混凝土

钢筋的质量必须符合现行有关标准的规定。钢筋成品中配件、埋件、连接件等应符合有关标准的规定和设计文件要求。

钢筋进场应按钢筋的品种、规格、批次等分别堆放，并有可靠的措施避免锈蚀和污染。钢筋的骨架尺寸应准确，宜采用专用成型架绑扎成型。加强钢筋应有两处以上部位绑扎固定。钢筋入模时严禁表面沾上作为隔离剂的油类物质。

混凝土的质量和工作性应符合现行有关标准的规定，并满足预制构件混凝土浇筑成型的要求。

4. 饰面材料

石材、面砖等饰面材料质量应符合现行有关标准的规定。饰面砖、石材应按编号、品种、数量、规格、尺寸、颜色、用途等分类放置。

石材在入模铺设前，应根据构件加工图核对石材尺寸，并提前 24h 在石材背面涂刷处理剂。

5. 门窗框

门窗的品种、规格、尺寸、性能和开启方向、型材壁厚和连接方式等应符合设计和现行有关标准的要求。

6. 其他材料

根据设计要求，预制构件的制作有可能采用钢筋套筒灌浆连接接头、预制混凝土夹心保温外墙板用拉结件、保温材料、预埋管线材料等，各种材料均应符合设计和现行有关标准的要求；根据施工需要采用的预埋吊具等，应符合产品应用技术手册的要求。

6.3.2 构件制作工艺要求

1. 模具组装

在预制构件生产区，根据生产操作空间进行模具的布置排列。模具组装前，模板必须清理干净，与混凝土接触的模板表面应均匀涂刷脱模剂，饰面材料铺贴范围内不需涂刷脱模剂。模具安装应平直、尺寸准确且接缝紧密。

2. 钢筋安装

在模外成型的钢筋骨架，可吊运到模内整体拼装连接。钢筋骨架尺寸应准确，骨架吊运时应使用多吊点的专用吊架进行，防止钢筋骨架在吊运时的变形。钢筋骨架可采用专用定位塑料支架以确保各部位钢筋的保护层厚度。钢筋骨架应轻放入模，防止钢筋骨架直接接触饰面砖或石材，入模后尽量避免移动钢筋骨架，防止引起饰面材料移动或走位。

3. 门窗框的安装

当采用在构件制作过程中预装门窗框工艺时，门窗框可直接安装在墙板构件的模具中，安装位置应符合设计要求。应在模具上设置限位框或限位件进行固定，防止门窗框移位。门窗框与模具接触面应采用双面胶密封保护，与混凝土的连接可采用专用金属拉片固定。门窗框应采取纸包裹和遮盖等保护措施，不得污染、划伤和损坏。在生产制作和吊装工序完成之前，禁止撕除门窗保护。

4. 脱模剂涂刷

预制构件制作应采用脱模剂。脱模剂的使用与预制构件混凝土表面颜色和观感有直接关系，对清水混凝土及表面需要涂装的混凝土构件，应采用专用脱模剂。油性脱模剂会造成混凝土表面颜色偏暗无光泽、气泡多、受轻微污染等不利影响，预制构件生产宜选用脱模效果好且不易污染构件表面的水性或蜡质脱模剂。当采用平卧重叠法制作预制构件时，上、下层构件之间应采取适宜的隔离措施且应在下层构件的混凝土强度达到 5.0MPa 后，再浇筑上层构件混凝土。

5. 混凝土浇筑与振捣

预制构件的浇筑与现浇结构差别不大。对先张法预应力构件，应在预应力筋张拉后及时浇筑混凝土。预制构件的振捣除可采用插入式振捣棒、平板振动器、附着振动器等方式外，振动台振捣方式是预制构件混凝土振捣的重要方式之一。振动台多用于中小预制构件和专用模具生产的先张法预应力预制构件。部分板类预制构件截面尺寸较小，应选择小型振捣棒辅助振捣、加密振捣点，并应适当延长振捣时间。预制构件的振捣不仅要求混凝土达到成型密实，而且单块预制构件混凝土浇筑过程应连续，以避免单块构件施工缝或冷缝出现。

配件、埋件、门窗框处混凝土应密实。配件、埋件和门窗外露部分应有防止污损的措施，并应在混凝土浇筑后将残留的混凝土及时擦拭干净。混凝土表面应及时用泥板抹平提浆，需要时还应对混凝土表面进行二次抹面。

6. 构件养护

预制构件混凝土浇筑完毕后应及时养护。预制构件可根据需要选择自然养护、蒸汽养护或电加热养护等工艺，当有特殊要求时，还可采用浸水养护。预制构件的蒸汽养护主要是为了加速混凝土凝结硬化，提高生产效率，养护时应合理控制升温、降温速度和最高温度。蒸汽养护温度过高会影响混凝土后期强度增长，升温、降温速度过快会影响构件混凝土质量，养护过程中构件表面宜保持 90％～100％的相对湿度。

7. 结合面处理

采用现浇混凝土或砂浆连接的预制构件结合面，制作时应按设计要求进行处理。设计无具体要求时，宜进行拉毛或凿毛处理，也可采用露骨料。实现露骨料粗糙面的施工工艺主要有两种：①在需要露骨料部位的模板表面涂刷适量的缓凝剂；②在混凝土初凝或脱模后，采用高压水枪、人工喷水与钢刷清理等措施清理掉未凝结的水泥砂浆。

8. 脱模起吊

预制构件可采用单边起吊、垂直起吊及旋转、倾斜等方式脱模起吊。预制构件脱模起吊前应检验其同条件养护混凝土的试块强度，达到设计强度 75％方能拆模起吊。从安全角度考虑，并结合相关工程实践经验，预制构件脱模起吊时的强度不宜小于 15MPa。后张有粘结预应力混凝土预制构件应在预应力筋张拉且孔道灌浆后起吊，起吊时同条件养护的水泥浆试块抗压强度不宜小于15MPa。应根据模具结构按顺序拆除模具，不得使用震动构件方式拆模。预制构件起吊前，应确认构件与模具间的连接部分完全拆除后方可起吊。预制构件起吊的吊点设置，除强度应符合设计要求外，还应满足预制构件平稳起吊的要求。

9. 特殊预制构件制作

(1) 带饰面预制构件

预制构件的饰面应符合设计要求，根据预制构件的制作特点和工程经验，对带面砖或石材饰面的预制构件一般采用反打成型法制作，即将面砖先铺放于模板内，然后直接在面砖上浇筑混凝土并成型。反打成型法取消了后粘贴砂浆层，可有效地提高面砖粘结强度，且更利于控制外观质量。反打成型法对模具平整度、面砖保护、面砖与混凝土的粘结性能等方面均有较高要求，构件制作中应予以注意。

饰面砖或石材铺贴前应清理模具，按预制加工图分类编号与对号铺放。饰面砖或石材铺放应按控制尺寸和标高在模具上设置标记，并按标记固定和校正饰面砖或石材。应根据模具设置基准进行预铺设，待全部尺寸调整无误后，再用双面胶带或硅胶将面砖套件或石材位置固定牢固。饰面材料与混凝土的结合应牢固，二者之间连接件的结构、数量、位置和防腐处理应符合设计要求。满粘法施工的石材和面砖等饰面材料与混凝土之间应无空鼓。饰面材料铺设后表面应平整，接缝应顺直，接缝的宽度和深度应符合设计要求。

涂料饰面的构件表面应平整、光滑，棱角、线槽应顺畅，大于1mm的气孔应进行填充修补。

(2) 带保温材料预制构件

构件外保温和夹心保温是应用较多的墙体保温方式。相对于现浇结构，在预制构件中实现外保温和夹心保温的施工难度明显减小，其中预制夹心保温外墙板已成为墙体保温主要方式之一。带保温材料的预制构件宜采用水平浇筑方式成型。采用夹心保温的预制构件，宜采用专用拉结件连接内外两层混凝土，其数量和位置应符合设计要求。

(3) 清水混凝土预制构件

为保证清水混凝土预制构件质量，构件边角设计可采用倒角或圆弧角；构件模具应满足清水混凝土表面设计精度要求；应控制原材料质量和混凝土配合比，并应保证每班生产构件的养护温度均匀一致；构件表面应采取针对清水混凝土的保护和防污染措施。出现的质量缺陷应采用专用材料修补，修补后的混凝土外观质量应满足设计要求。

(4) 带门窗和预埋管线预制构件

带门窗和预埋管线预制构件制作应符合的规定：①门窗框和预埋管线应在浇筑混凝土前预先放置并固定，固定时应采取防止窗破坏及污染窗体表面的保护措施；②当采用铝窗框时，应采取避免铝窗框与混凝土直接接触发生电化学腐蚀的措施；③应采取控制温度或受力变形对门窗产生的不利影响的措施。

6.4 运输与存放

预制构件运输与存放时，如支撑位置设置不当，可能造成构件开裂或损坏等缺陷。预制构件支撑位置应经计算确定；按标准图生产的构件，支撑位置应依据标准图设置。

6.4.1 运输

预制构件的运输通常包括预制构件出厂至施工现场运输及施工场内二次转运，应根据预制构件的受力特点，采取有针对性的措施，保证运输过程中预制构件不发生损坏。预制构件运输宜选用低平板运输车，运输车应根据构件特点设运输架，并采取用钢丝绳加紧固器等措施绑扎牢固，防止构件在运输过程中受损。

预制构件采用集装箱方式运输时，箱内四周应采用木材或混凝土块作为支撑物，构件接触部位用柔性垫片垫实，支撑牢固不得有松动。

预制外墙宜采用直立方式运输，预制叠合楼板、预制阳台板、预制楼梯可采用平放方式运输，并正确选择支撑位置。

预制构件的运输具体要求包括：

（1）预制构件的运输线路应根据道路、桥梁的实际条件确定，并且提前踏勘确认，根据运输车辆特点，选择避开涵洞、急转弯、大坡度等不利运输道路；

（2）场内运输宜设置循环线路，道路应坚实、平整，坡度不宜太大，并根据运输车辆长度设置道路转弯半径；

（3）运输车辆应满足构件尺寸和载重要求；

（4）装卸构件的过程中，应采取保证车体平衡、防止车体倾覆的措施；

（5）应采取防止构件移动或倾倒的绑扎固定措施；

（6）运输细长构件时应根据需要设置水平支架或中间固定支点；

（7）构件边角部或绳索接触处的混凝土表面，宜采用垫衬加以保护。

对于所有情况，预制构件的支座位置均应在设计时考虑，对于开大洞的墙板，运输时需要配置工具靠放架、支撑或拉杆以保证其应力不超过设计限值。

6.4.2 存放

预制构件存放要求包括：

（1）场地应平整、坚实，并应有良好的排水措施；

（2）预制构件应按规格、品种、所用部位、吊装顺序分别设置堆场；

（3）应保证最下层构件垫实，预埋吊件宜向上，标志宜朝向堆垛间的通道；

（4）垫木或垫块在构件下的位置宜与脱模、吊装时的起吊位置一致。重叠堆放构件时，每层构件间的垫木或垫块应在同一垂直线上；

（5）堆垛层数应根据构件与垫木或垫块的承载能力及堆垛的稳定性确定，必要时应设置防止构件倾覆的支架；

（6）施工现场存放的构件，宜按安装顺序分类存放，堆垛宜布置在吊车工作范围内且不受其他工序施工作业影响的区域；

（7）预应力构件的存放应根据反拱影响采取必要的措施。

6.4.3 墙板的运输和存放

墙板类构件应根据构件受力特点和施工要求选择运输和存放方式。几何形状复杂的墙板宜采用插放架或靠放架直立运输和存放的方式。如受运输路线等因素限制无法直立运输时，也可采用专用支架水平运输。采用靠放架直立存放的墙板宜对称靠放、饰面朝外，构件与竖向垂直线的倾斜角不宜大于10°。对墙板类构件的连接止水条、高低口和墙体转角等薄弱部位应加强保护。预制墙板插放架设计为两侧插放，插放架应满足强度、刚度和稳定性要求，插放架必须设置防磕碰、防下沉的保护措施；预制构件存放场地的布置应保证构件存放有序，安排合理，确保构件起吊方便且占地面积较小。

6.4.4 屋架的运输和存放

屋架多为平卧制作，运输采用直立方式并应采取可靠的固定措施。屋架存放时，可将几榀屋架绑扎固定成整体直立存方。吊运安装平卧制作混凝土屋架时，应根据屋架跨度、刚度确定吊索绑扎形式及加固措施，一次平稳就位。

6.5 安装与连接

安装与连接是装配式结构工程施工的重要内容，安装施工指预制构件在现场的吊运及安装就位的施工过程；连接施工指将各构件连接为整体的施工过程。

6.5.1 施工组织

装配式结构的安装施工组织具有重要指导作用，科学的组织有利于保证质量、安全和工期。装配式结构安装施工组织应根据工期要求、工程量、机械设备等现场条件，组织符合安装工艺要求、均衡有效的安装施工流水作业。

6.5.2 安装准备

预制构件安装前的准备工作包括：

(1) 核对已施工完成结构的混凝土强度、外观质量、尺寸偏差等符合设计文件要求和《混凝土结构工程施工规范》GB 50666 的有关规定；

(2) 核对预制构件混凝土强度及预制构件和配件的型号、规格、数量等符合设计文件要求；

(3) 在已施工完成结构及预制构件上进行测量放线，并设置安装定位标志；

(4) 确认吊装设备及吊具处于安全操作状态；

(5) 核实现场环境、天气、道路状况满足吊装施工要求。

6.5.3 吊具准备

预制构件起吊宜采用可调式横吊梁均衡起吊就位。预制构件吊具宜采用标准吊具，吊具应经计算，有足够安全度。吊具可采用预埋吊环或埋置式接驳器。预制构件吊装前应根据构件类型准备吊具。

6.5.4 支座条件

安装预制构件时，其搁置长度应满足设计要求。预制构件与其支承构件间宜设置厚度不大于 30mm 的坐浆或垫片，以便在一定范围内调整构件的标高。对叠合板、叠合梁等的支座，当符合设计要求时，可不考虑搁置长度的影响，也可不设置坐浆或垫片，构件的位置和标高可通过临时支撑加以调整。

6.5.5 构件安装

装配式混凝土结构预制构件的吊装方法可按照不同吊装工况和构件类型选用，构件安装的基本要求包括：

(1) 预制构件安装前应按吊装流程核对构件编号，清理数量。吊装流程可按同一类型的构件，以顺时针或逆时针方向依次进行。构件吊装应按设计和施工组织工艺流程进行，各楼层设置安全围挡以保证作业安全。

(2) 预制构件搁置的支座表面应清理干净，按楼层标高控制线铺设坐浆或垫放硬垫块，逐件安装。

(3) 预制构件吊装前，应根据预制构件的单件质量、形状、安装高度、吊装现场条件来确定吊装机械型号与配套吊具，回转半径应覆盖吊装区域，并便于安装与拆除。

(4) 为了保证预制构件安装就位准确，预制构件吊装前，应按设计要求在构件和相应的支承结构上标志出中心线、标高等控制线或控制点，按设计要求校核埋件及连接钢筋等，并作出标志。

(5) 预制构件应按标准图或设计的要求吊装。起吊时绳索与构件水平面的夹角不宜小于 60°，不应小于 45°，否则应采用吊架或经验算确定。

(6) 预制构件安装应采用"慢起、稳升、缓放"的操作方式，应避免小车由外向内水平靠放的作业方式和猛放、急刹等现象。预制外墙板就位宜采用由上而下插入式安装形式，保证构件平稳放置。

(7) 预制构件吊装校正，可采用“起吊→就位→初步校正→精细调整”的作业方式，充分利用和发挥垂直吊运工效，缩短吊装工期。

(8) 预制构件吊装前应进行试吊，吊钩与限位装置的距离不应小于1m。起吊应依次逐级增加速度，不应越档操作。构件吊装下降时，构件根部应系好揽风绳控制构件转动，保证构件就位平稳。

(9) 外挂预制墙板安装前应检查并复核连接预埋件的数量、位置、尺寸和标高，并避免后浇筑填充梁内的预留钢筋与预制外墙板埋件螺栓相碰。

(10) 外挂预制墙板吊装应先将楼层内埋件和螺栓连接并固定后，再起吊预制外墙板，预制外墙板上的埋件、螺栓与楼层结构形成可靠连接后，再脱钩、松钢丝绳和卸去吊具。

(11) 装配整体式结构的预制外墙板安装时，与楼层应有安全可靠的临时支撑。与预制外墙板连接的临时调节杆、限位器应在连接节点混凝土强度达到设计要求后方可拆除。

(12) 预制叠合楼板、预制阳台板、预制楼梯需设置支撑时，应经过计算并符合设计要求。支撑体系可采用钢管排架、单顶支撑架或门架式等。支撑体系拆除应符合设计验算或现行国家标准《混凝土结构工程施工质量验收规范》GB 50204 相关要求。

(13) 预制外墙板相邻两板之间的连接，可采用设置预埋件焊接或螺栓连接，以控制板与板之间位置。

(14) 预制外墙板饰面材料如有损坏，应在安装前进行修补与更换，修补饰面材料应采用配套粘结剂等材料。涉及结构安全的损伤，需经设计、施工和构件制作单位提出处理方案并应满足结构安全和使用功能要求。

6.5.6 构件连接

预制构件连接是装配式结构施工的关键工序之一，其施工质量直接影响整个装配式结构能否按设计要求可靠受力。预制构件的连接方式可分为湿式连接和干式连接，其中湿式连接指连接节点或接缝需要支模及浇筑混凝土、砂浆或灌浆料；而干式连接则指采用焊接、锚栓连接预制构件。传统的预制单层工业厂房中，主要采用的是干式连接方式；在民用建筑中，则主要采用湿式连接，部分节点也会采用干式连接或干式与湿式混合的连接方式。

(1) 钢构件连接

干式连接主要为焊接或螺栓的连接，其施工方式与钢结构相似，施工应符合设计要求或国家现行有关钢结构施工标准的规定，并应对外露铁件采取防腐和防火措施。采用焊接连接时，应采取避免已施工完成结构、预制构件开裂和橡胶支座、镀锌铁件等配件的损坏。

(2) 钢筋连接

预制构件间钢筋的连接方式主要有焊接、机械连接、搭接及套筒灌浆连接等，其中前3种为常用的连接方式。钢筋套筒灌浆连接是用高强、快硬的无收缩浆体填充在钢筋与专用套筒连接件之间，浆体凝固硬化后形成钢筋接头的钢筋连接施工方式。近年来在新型装配式结构中广泛应用。

(3) 现浇混凝土、砂浆或灌浆料连接

承受内力的连接接缝或节点处可采用混凝土浇筑，并依据结构受力要求和工程设计经验，采用混凝土强度等级值不低于连接处构件混凝土强度设计等级值的较大值即可，如梁柱节点中柱的混凝土强度较高，则以混凝土柱的强度为准。当设计计算有具体要求时，连接接缝或节点处浇筑用混凝土的强度应符合设计要求。连接处混凝土强度达到设计要求后，方可承受全部设计荷载。

非承受内力的连接可采用混凝土、砂浆、水泥浆或灌浆料等，其强度等级值不应低于C15或M15，不同材料的强度等级值应按相关标准的规定进行确定。

混凝土浇筑前应清除浮浆、松散骨料和污物，并宜洒水湿润。节点、水平缝应一次性连续浇筑密实；垂直缝可逐层浇筑，每层混凝土浇筑倾落高度限值应符合施工规范要求。应采取保证混凝土或砂浆浇筑密实的措施，如采用自密实混凝土等。

（4）叠合式受弯构件

叠合式受弯构件的后浇混凝土层施工前，应按设计要求检查结合面的粗糙度和预制构件的外露钢筋。施工过程中，应控制施工荷载不超过设计取值，并应避免单个预制构件承受较大的集中荷载。

（5）连接处的防水

当设计对构件连接处有防水要求时，材料性能及施工应符合设计要求及国家现行有关标准的规定。

6.5.7 成品保护

预制构件在运输、存放、安装施工过程中及装配后均要做好成品保护。预制构件在运输过程中宜在构件与刚性搁置点处填塞柔性垫片，以防止运输车辆颠簸对预制构件造成破坏。现场预制制构件存放附近2m内不应进行电焊、气焊以及使用大、中型机械进行施工，避免对存放的成品预制构件可能产生施工作业的破坏。

预制外墙板饰面砖、石材、涂刷表面可采用贴膜或其他专业材料保护。构件饰面材料保护应选用无褪色或污染的材料，以防揭膜后，表面被污。预制构件暴露在空气中的预埋铁件应涂刷防锈漆，以防产生锈蚀。预埋螺栓孔还应使用海绵棒进行填塞，防止混凝土浇捣时将其堵塞。

预制楼梯安装后，为避免楼层内后续施工导致的预制楼梯磕碰损坏，踏步口等宜用铺设木条或其他覆盖形式保护。预制外墙板安装完毕后，门、窗框全部用槽型木框给予保护，以防铝框表面产生划痕。

6.6 施工质量检查

根据装配式结构工程的施工特点，应对预制构件的制作、运输与存放、安装与连接等过程进行质量检查。具体内容如下：

1. 预制构件的台座或模具

预制构件的台座或模具在使用前应进行外观质量和尺寸偏差的检查。

2. 预制构件的制作过程

预制构件的制作过程中应进行的检查有：①预埋吊件的规格、数量、位置及固定情况；②复合墙板夹心保温层和连接件的规格、数量、位置及固定情况；③门窗框和预埋管线的规格、数量、位置及固定情况；④制作过程中埋入构件的其他材料与配件等。

3. 预制构件质量检查

预制构件进场后检查构件厂提供的产品合格证，预制构件混凝土强度报告，灌浆钢筋套筒直螺纹性能检测报告，预制构件保温材料性能检测报告、预制构件面砖拉拔试验报告；预制构件进场后明显部位必须注明生产单位、构件型号及质量合格标志，构件表面不得存在对构件受力性能、安装性能、使用性能有严重影响的缺陷和偏差。

4. 预制构件的起吊、运输

预制构件的起吊、运输过程应进行的检查有：吊具和起重设备的型号、数量、工作性能；运输路线；运输车辆的型号和数量；预制构件的支座位置、固定措施和保护措施等。

5. 预制构件的存放

预制构件的存放应进行的检查有：存放场地、垫木或垫块的位置及数量；预制构件堆垛层数和稳定措施等。

6. 预制构件的安装质量检查

预制构件安装前应进行的检查有：已施工完成结构的混凝土强度、外观质量和尺寸偏差；预制构件的混凝土强度，预制构件、连接件及配件的型号、规格和数量；安装定位标志；预制构件与后浇混凝土结合面的粗糙度，预留钢筋的规格、数量和位置；吊具及吊装设备的型号、数量及工作性能等。

预制构件安装连接应进行的检查有：预制构件的位置及尺寸偏差；预制构件临时支撑、垫片的规格、位置及数量；连接处现浇混凝土或砂浆的强度、外观质量；连接处钢筋连接及其他连接等。

6.7 质 量 验 收

6.7.1 一般规定

1. 预制构件与预制构件、预制构件与主体结构之间的连接应符合设计要求。

2. 装配式结构采用螺栓连接时应符合设计要求，并应符合现行国家标准《钢结构工程施工质量验收规范》GB 50205 及《混凝土用膨胀型、扩孔型建筑锚栓》JG 160 的要求；装配式结构采用埋件焊接连接时应符合设计要求，并应符合现行国家标准《钢筋焊接及验收规程》JGJ 18 的要求。

3. 装配式结构工程应在安装施工及浇筑混凝土前完成下列隐蔽项目的现场验收：

（1）预制构件与现浇混凝土结构连接处混凝土结合面；

（2）后浇混凝土处钢筋的牌号、规格、数量、位置、锚固长度等；

（3）结构预埋件、螺栓连接、预留专业管线的数量与位置。

6.7.2 预制构件安装

6.7.2.1 主控项目

1. 预制构件安装临时固定及支撑措施应稳固可靠，应符合设计、专项施工方案及相关技术标准要求。

检查数量：全数检查。

检验方法：观察检查，检查施工记录或设计文件。

2. 预制构件采用直螺纹钢筋灌浆套筒连接时，钢筋的直螺纹连接应按照现行行业标准《钢筋机械连接技术规程》JGJ 107 的规定制作连接接头，其质量应符合设计要求。

检查数量：按现行行业标准《钢筋机械连接技术规程》JGJ 107 的规定确定。

检验方法：检查接头力学性能试验报告。

3. 装配式结构安装结合部位和连接接缝处的后浇筑混凝土强度应符合设计要求。

检查数量：每工作班同一配合比的混凝土取样不得少于一次，每次取样应至少留置一组标准养护试块，同条件养护试块的留置组数宜根据实际需要确定。

检验方法：检查施工记录及试件强度试验报告。

4. 装配式结构后浇混凝土的外观质量不应有严重缺陷。

对已经出现的严重缺陷，应由施工单位提出技术处理方案，并经监理（建设）单位认可后进行处理。对经处理的部位，应重新检查验收。

检查数量：全数检查。

检验方法：观察，检查技术处理方案。

5. 对工厂生产的预制构件，进场时应检查其质量证明文件和表面标志。预制构件的质量、标志应符合本规范及国家现行相关标准、设计的有关要求。

检查数量：全数检查。

检验方法：观察检查、检查出厂合格证及相关质量证明文件。

6. 预制构件的外观质量不应有严重缺陷，且不应有影响结构性能和安装、使用功能的尺寸偏差。

检查数量：全数检查。

检验方法：观察，尺量检查。

7. 施工现场钢筋套筒接头灌浆料试块强度应符合现行国家标准《水泥基灌浆材料应用技术规范》GB/T 50448 的规定。

检查数量：同种直径钢筋、同配合比灌浆料、每工作班灌浆接头施工时留置一组试件，每组 3 个试块，试块规格为 40mm×40mm×160mm。

检验方法：检查试件强度试验报告。

8. 装配式结构预制构件连接接缝处防水材料应符合设计要求，并具有合格证、厂家检测报告及进场复试报告。

检查数量：全数检查。

检验方法：检查出厂合格证及相关质量证明文件。

6.7.2.2 一般项目

1. 装配式结构中后浇混凝土结构模板安装的偏差应符合表 6-7-1 的规定。

检查数量：在同一检验批内，对梁和柱，应抽查构件数量的 10%，且不少于 3 件；对墙和板，应按有代表性的自然间抽查 10%，且不少于 3 间；

模板安装允许偏差及检验方法 表 6-7-1

项目		允许偏差（mm）	检验方法
轴线位置		5	尺量检查
底模上表面标高		±5	水准仪或拉线、尺量检查
截面内部尺寸	柱、梁	+4，−5	尺量检查
	墙	+2，−3	尺量检查
层高垂直度	不大于 5m	6	经纬仪或吊线、尺量检查
	大于 5m	8	经纬仪或吊线、尺量检查
相邻两板表面高低差		2	尺量检查
表面平整度		5	2m 靠尺和塞尺检查

注：检查轴线位置时，应沿纵、横两个方向量测，并取其中的较大值。

2. 装配式结构中后浇混凝土中连接钢筋、预埋件安装位置允许偏差应符合表 6-7-2 的规定。

检查数量：在同一检验批内，对梁和柱，应抽查构件数量的 10%，且不少于 3 件；对墙和板，应按有代表性的自然间抽查 10%，且不少于 3 间。

连接钢筋、预埋件安装位置的允许偏差和检验方法 表 6-7-2

项目		允许偏差（mm）	检验方法
连接钢筋	中心线位置	5	尺量检查
	长度	±10	
灌浆套筒连接钢筋	中心线位置	2	宜用专用定位模具整体检查
	长度	3，0	尺量检查

续表

项目		允许偏差（mm）	检验方法
安装用预埋件	中心线位置	3	尺量检查
	水平偏差	3，0	尺量和塞尺检查
斜支撑预埋件	中心线位置	±10	尺量检查
普通预埋件	中心线位置	5	尺量检查
	水平偏差	3，0	尺量和塞尺检查

注：检查预埋件中心线位置时，应沿纵、横两个方向量测，并取其中较大值。

3. 装配式结构后浇混凝土的外观质量不宜有一般缺陷。

对已经出现的一般缺陷，应由施工单位按技术处理方案进行处理，并重新检查验收。

检查数量：全数检查。

检验方法：观察，检查技术处理方案。

4. 预制构件的外观质量不宜有一般缺陷。

检查数量：全数检查。

检验方法：观察。

5. 预制构件的尺寸偏差应符合表6-7-3的规定。对于施工过程用临时使用的预埋件中心线位置及后浇混凝土部位的预制构件尺寸偏差可按表6-7-3的规定放大一倍执行。

检查数量：按同一生产企业、同一品种的构件，不超过100个为一批，每批抽查构件数量的5%，且不少于3件。

预制结构构件尺寸的允许偏差及检验方法 **表6-7-3**

项目			允许偏差（mm）	检验方法
长度	板、梁、柱、桁架	＜12m	±5	尺量检查
		≥12m且＜18m	±10	
		≥18m	±20	
	墙板		±4	
宽度、高（厚）度	板、梁、柱、桁架		±5	钢尺量一端及中部，取其中偏差绝对值较大处
	墙板		±3	
表面平整度	板、梁、柱、墙板内表面		5	2m靠尺和塞尺检查
	墙板外表面		3	
侧向弯曲	板、梁、柱		$l/750$且≤20	拉线、钢尺量最大侧向弯曲处
	墙板、桁架		$l/1000$且≤20	
翘曲	板		$l/750$	调平尺在两端量测
	墙板		$l/1000$	
对角线差	板		10	钢尺量两个对角线
	墙板		5	
预留孔	中心线位置		5	尺量检查
	孔尺寸		±5	
预留洞	中心线位置		10	尺量检查
	洞口尺寸		±10	
预埋件	预埋板中心线位置		5	尺量检查
	预埋板与混凝土面平面高差		±5	
	预埋螺栓、预埋套筒中心位置		2	
	预埋螺栓外露长度		+10，−5	
桁架钢筋高度			+5，0	尺量检查

注：1. l为构件长度（mm）；

2. 检查中心线、螺栓和孔洞位置偏差时，应沿纵、横两个方向量测，并取其中偏差较大值。

6. 装配式结构预制构件的结合面应符合设计要求。

检查数量：全数检查。

检验方法：观察检查。

7. 装配式结构钢筋连接套筒灌浆应饱满。

检查数量：全数检查。

检验方法：观察检查。

8. 装配式结构安装完毕后，预制构件安装尺寸允许偏差应符合表 6-7-4 要求。

检查数量：按楼层、结构缝或施工段划分检验批。在同一检验批内，对梁、柱，应抽查构件数量的 10%，且不少于 3 件；对墙和板，应按有代表性的自然间抽查 10%，且不少于 3 间；对大空间结构，墙可按相邻轴线间高度 5m 左右划分检查面，板可按纵、横轴线划分检查面，抽查 10%，且均不少于 3 面。

预制构件安装尺寸的允许偏差及检验方法 **表 6-7-4**

项目			允许偏差（mm）	检验方法
构件中心线对轴线位置	基础		15	尺量检查
	竖向构件（柱、墙板、桁架）		10	
	水平构件（梁、板）		5	
构件标高	梁、板底面或顶面		±5	水准仪或尺量检查
	柱、墙板顶面		±3	
构件垂直度	柱、墙板	<5m	5	经纬仪量测
		≥5m 且<10m	10	
		≥10m	20	
构件倾斜度	梁、桁架		5	垂线、尺量检查
相邻构件平整度	板端面		5	钢尺、塞尺量测
	梁、板下表面	抹灰	5	
		不抹灰	3	
	柱、墙板侧表面	外露	5	
		不外露	10	
构件搁置长度	梁、板		±10	尺量检查
支座、支垫中心位置	板、梁、柱、墙板、桁架		±10	尺量检查
接缝宽度			±5	尺量检查

9. 装配式结构预制构件的防水节点构造做法应符合设计要求。

检查数量：全数检查。

检验方法：观察检查。

6.7.3 文件与记录

1. 装配式结构工程质量验收时应提交下列文件与记录：

(1) 工程设计单位已确认的预制构件深化设计图、设计变更文件；

(2) 装配式结构工程所用主要材料及预制构件的各种相关质量证明文件；

(3) 预制构件安装施工验收记录；

(4) 钢筋套筒灌浆连接的施工检验记录；

(5) 连接构造节点的隐蔽工程检查验收文件；

(6) 后浇筑叠合构件和节点的混凝土或灌浆料强度检测报告；

(7) 密封材料及接缝防水检测报告；

(8) 分项工程验收记录；

(9) 工程的重大质量问题的处理方案和验收记录；

(10) 其他文件与记录。

2. 装配式结构工程质量验收合格后，有关文件与记录可归入混凝土结构子分部工程进行验收，且应将所有的验收文件存档备案。

6.8 工 程 实 例

6.8.1 假日风景项目

1. 工程概述

假日风景项目 D1 号楼建筑面积为 11396.5m^2，其中地下 1 层，地上 15 层，建筑高度 44.25m；D8 号楼建筑面积为 21141 m^2，其中地下 2 层，地上 15 层，建筑高度 44.25m。结构体系为装配整体式剪力墙结构，内墙为现浇混凝土剪力墙、外墙为预制混凝土剪力墙。设计采用了预制叠合楼板、预制楼梯、预制混凝土外墙板、预制阳台板与外飘窗等类型预制混凝土构件（图 6-8-1）。

(a)

(b)

图 6-8-1 假日风景项目

(a) 施工过程；(b) 竣工后外景

2. 深化设计与预拼装

为满足预制构件加工制作和安装的各方面要求，在设计施工图纸的基础上，进行了深化设计，并制定了现场预拼装方案。① 预制构件生产前认真复核深化设计图纸及相关文件；②现场进行外墙板预拼装，确保外墙板与现浇结构、外墙板与外墙板之间、外墙板与阳台板之间的拼接组合符合设计要求并便于施工。

通过深化设计与现场预拼装，掌握了预制构件的制作、起吊、运输、安装及临时固定用预埋件等设计细节；掌握了有关施工安装及各专业相互配合要求，使预制构件安装符合结构要求和相关功能设计要求，保证了预制构件安装的合理顺序和施工组织要求。

3. 构件运输及现场存放

预制构件运输过程中，运输车上设有专用支架，且需有可靠的固定构件措施；预制外墙板可采用直立方式运输，预制叠合楼板、预制阳台板、预制楼梯可采用平放方式运输。墙板运输车示意见图 6-8-2。

现场运输道路应平整坚实，符合预制构件的运输要求。卸放和吊装工作范围内，不得有障碍物，并应有可满足预制构件周转使用的场地。

预制构件运送到施工现场存放时，应按吊装顺序、规格、品种、所用幢号房等分区配套存放，且应布置在塔吊有效范围内，不同构件存放之间宜设宽度为 0.8～1.2m 的通道，并有良好

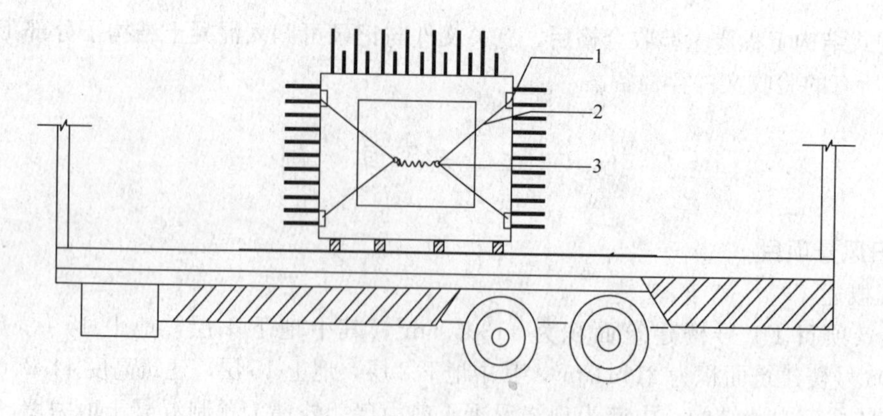

图 6-8-2 墙板运输示意图

1—橡胶防护垫；2—钢丝绳；3—2t 手动葫芦

的排水措施；对连接止水条、高低口、墙体转角等部位应加强保护。

预制外墙板可采用直立插放或靠放，插放或靠放架应有足够的刚度，并需支垫稳固，防止倾倒或过大变形；墙板宜垫高离地存放，确保根部面饰、高低口构造、软质缝条和墙体转角等部位不受损伤，预制墙板专用插放架见图 6-8-3。

图 6-8-3 预制墙板专用插放架

预制叠合楼板、预制阳台板、预制楼梯堆放时，应选择平放，按各种板的受力情况正确选择支垫位置；预制叠合楼板可采用叠放方式，层与层之间应垫平，各层支垫位置必须在一条垂直线上，最下面一层支垫应是通长的。叠放层数依据施工验算确定。

4. 外墙板构件安装

（1）墙板构件吊运

起吊墙板采用专用吊运钢梁，用卸扣将钢丝绳与外墙板上端的预埋吊环相连接，并确认连接紧固后，在板的下端放置两块 1000mm×1000mm×100mm 的海绵胶垫，以预防墙板起吊离地转动时板的边角被撞坏。注意起吊过程中，板面不得与堆放架发生碰撞。预制外墙板吊装见图 6-8-4。

用塔吊缓缓将外墙板吊起，待板的底边升至距离地面大约 500mm 时略作停顿，检查吊挂是否牢固，板面有无污染和破损。确认无误以后，继续提升缓慢靠近安装的作业面。

在距作业层上方 600mm 左右略作停顿，以便施工作业人员可以控制墙板下落方向，墙板缓慢下降，待到距预埋钢筋顶部 20mm 处，墙两侧挂线坠对准地面上的控制线，预制墙板底部套筒位置与预埋钢筋位置对准后，将墙板缓慢下降平稳就位。

（2）墙板就位调节

墙板安装时，由施工作业人员进行外墙板下口定位、对线，并用 2m 靠尺找直。由于第一层为上部各层的基准，安装预制外墙板的第一层时，应特别注意偏差控制。

外墙板临时固定采用可调节斜支撑将墙板进行固定。先将支撑托板安装在预制墙板上，吊装完成后将斜支撑拉接在墙板和楼面的预埋铁件上（图 6-8-5）。外墙板安装精调采用斜支撑上的可调螺杆进行调节。外墙板的垂直方向、水平方向和标高均应校正达到规范规定及设计要求。

安装固定预制外墙板的临时斜支撑和限位器，应在与外墙板相连接的接缝现浇混凝土达到设计强度要求后方可拆除。

(3) 预制外墙板间钢筋套筒连接

本工程预制外墙板钢筋连接采用直螺纹钢筋灌浆套筒连接接头。直螺纹钢筋灌浆套筒连接接头采用一端滚轧直螺纹连接，另一端套筒灌浆连接。

套筒及一端钢筋直螺纹连接后预埋在预制墙板底部，另一端的钢筋则预埋在下层预制墙板的顶部，墙板安装时，下层墙顶部钢筋插入上层墙底部的套筒内，连接套筒进行灌浆施工，完成上下墙板内钢筋的连接（图 6-8-6）。

预制外墙板安装就位后进行灌浆，外墙板底部有约 20mm 施工缝，底部四周外围采用水泥砂浆封堵成模。灌浆采用胶枪注浆或压力泵注浆，浆料由注浆口先填充至底座，再从排浆口溢出，每个套筒都需单独灌浆，直至每个排浆口都溢出浆料为止，灌浆过程中每个套筒的排浆口及注入口均用橡胶塞封堵。灌浆操作结束后 1d 内不得对墙板施加振动或冲击等作用，对构件连接部位混凝土浇筑应在灌浆 1d 后进行。

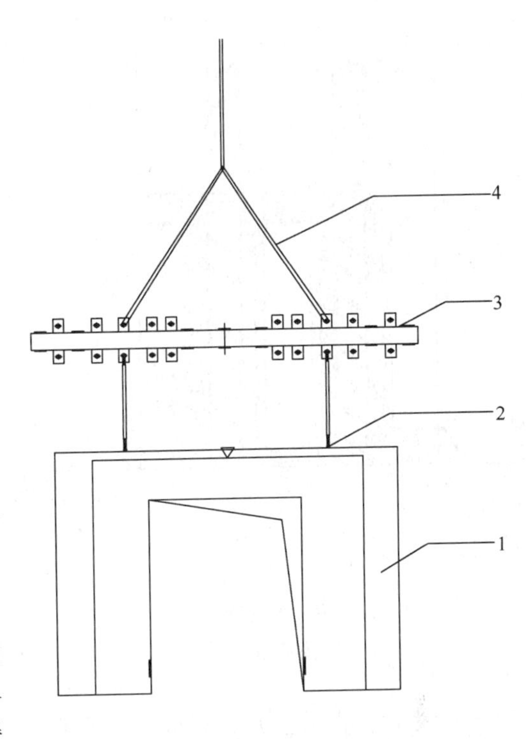

图 6-8-4　预制外墙板吊装图示

1—预制墙板；2—预埋吊环；
3—专用吊运钢梁；4—吊装钢丝绳

(4) 外墙板构件与现浇节点模板

现浇节点模板采用定型钢模板，根据实际尺寸加工定型钢模板，模板固定采用对拉螺栓。为防止漏浆污染预制墙板，模板接缝处粘贴海棉条进行密封。

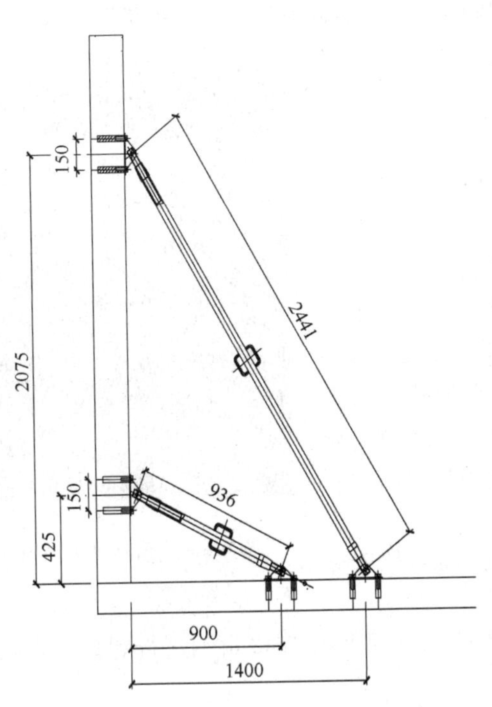

图 6-8-5　预制墙板支撑图示

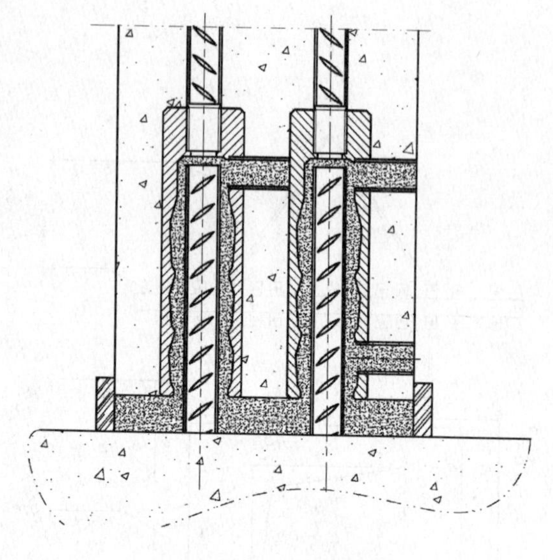

图 6-8-6　钢筋灌浆套筒连接节点图示

5. 飘窗构件安装

(1) 安装准备工作

飘窗顶部两侧预埋有供吊装施工使用的螺母，用螺栓将吊环与飘窗连接紧固。为保证飘窗受力均匀，采用专用吊运钢梁吊装，现场存放采用直立方式，便于安装时起吊。

上下楼层的飘窗间距较小，为满足安装调节标高的需要，专门设计制作了工具式承重托座，单个承重托座的承载力在15kN以上。工具承重托座由上承板、底座、可调螺母组成，可调节高度为70mm。配合不同尺寸的飘窗，每个飘窗安装时设置2～4个承重托座进行调节。

(2) 飘窗安装就位

①预先设置并调整好托座的标高；②将钢丝绳穿入飘窗上面的两个预埋吊环内，确认连接紧固后缓慢起吊；③待飘窗底边升至距地面约500mm时，检查吊挂是否牢固，板面有无污染和破损，确认无误后，继续提升至安装作业面；④待飘窗靠近作业面上方约300mm，作业人员控制飘窗并按照位置控制线使飘窗缓慢就位；⑤飘窗与现浇外墙连接处四周设有锚固钢筋或采用埋件焊接的连接方式与外墙连接。埋件焊接连接应先进行点焊，固定后再进行满焊。采用锚固钢筋现浇连接施工时，应特别注意飘窗钢筋与现浇混凝土梁钢筋互相错位；⑥飘窗吊装完毕后，采用两根可调节斜支撑将飘窗与楼面进行临时固定（图6-8-7）；⑦飘窗上预留钢筋与墙体钢筋进行绑扎，墙模板采用定型钢模板，飘窗与墙连接处模板缝隙采用海绵条密封，以保证混凝土浇筑不漏浆；⑧墙体混凝土达到设计要求强度后方可拆除斜支撑。承重托座需待完成本楼层之上3层飘窗施工后方可拆除。

6. 预制楼梯构件安装

(1) 弹出楼梯安装控制线，对控制线及标高进行复核，控制安装标高。

(2) 在梯段上下口梯梁处铺20mm厚M10水泥砂浆找平层，找平层标高要控制准确。楼梯侧面距结构墙体预留30mm空隙，作为保温砂浆抹灰层的预留空间。

(3) 预制楼梯梯段采用水平吊装（图6-8-8），将吊装吊环用螺栓与楼梯板预埋的内螺纹连接，以便钢丝绳吊具连接吊装。

(4) 安装就位时，楼梯板应保证踏步平面呈水平状态自上而下进入安装部位，在作业面上空300mm左右处略作停顿，施工人员控制并调整方向，将楼梯板的边线与梯梁上的安放位置线对准并就位。

图 6-8-7　飘窗斜支撑固定

(5) 初步就位后再用撬棍微调楼梯板，直到标高与位置完全正确，搁置稳定并定位。

(6) 楼梯段校正完毕后，将梯段上口预埋件与平台预埋件用连接角钢进行焊接，焊接完毕接缝部位采用35MPa灌浆料进行灌浆。

7. 叠合楼板构件安装

(1) 安装准备

①在剪力墙模板上安装支撑叠合板的墙顶标高定位方钢，浇筑混凝土前调整标高位置，保证此部位混凝土的标高及平整度（图 6-8-9）；②在剪力墙面上弹出标高线，墙顶弹出板安放位置线，并作出明显标志，以控制叠合板安装标高和平面位置；③对支撑板的剪力墙或梁顶面标高进行认真检查并修整找平。

（2）预制叠合板安装

①安装叠合板时底部应设置临时支架，支撑采用可调节钢制工具式支撑，安装楼板前调整支撑标高与两侧墙预留标高一致（图 6-8-10）；②叠合板起吊采用专用吊运钢梁进行吊装，设 4 个吊点均匀受力，保证构件平稳吊装（图 6-8-11）。就位时叠合板应从上向下安装，在作业面上空约 200mm 处，施工人员控制调整方向，将板的边线与墙上的安放位置线对准后就位。楼板安装完后进行标高校核，可通过调节叠合板下的可调支撑校正标高；③根据钢筋间距弹线定位绑扎，绑扎钢筋前清理干净叠合板上杂物，钢筋上铁的弯钩朝向、双向配筋的直径、间距和相互位置关系应符合设计或规范的要求；④隐检验收合格后，浇筑叠合层混凝土。

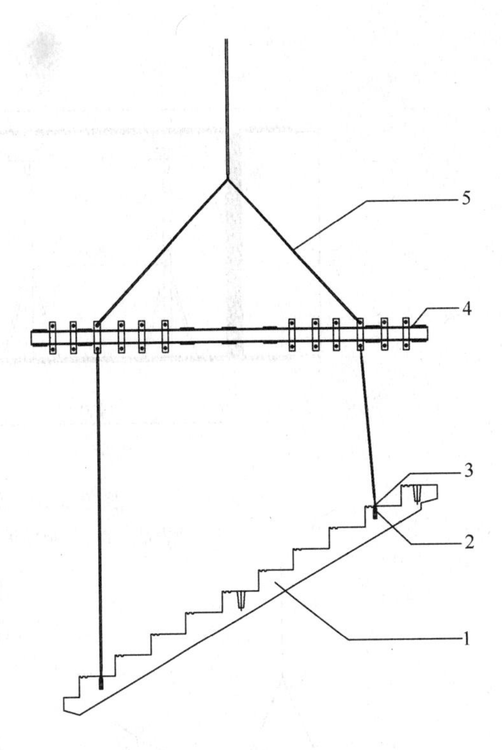

图 6-8-8　预制楼梯板吊装图示
1—预制楼梯；2—预埋内螺纹螺栓；3—定型吊具；4—专用吊运钢梁；5—吊装钢丝绳

8. 成品保护

（1）预制构件安装施工过程中及装配完成后，应做好预制构件成品保护。

（2）预制外墙板饰面面砖及清水混凝土饰面可采用表面贴膜或用专业材料保护。

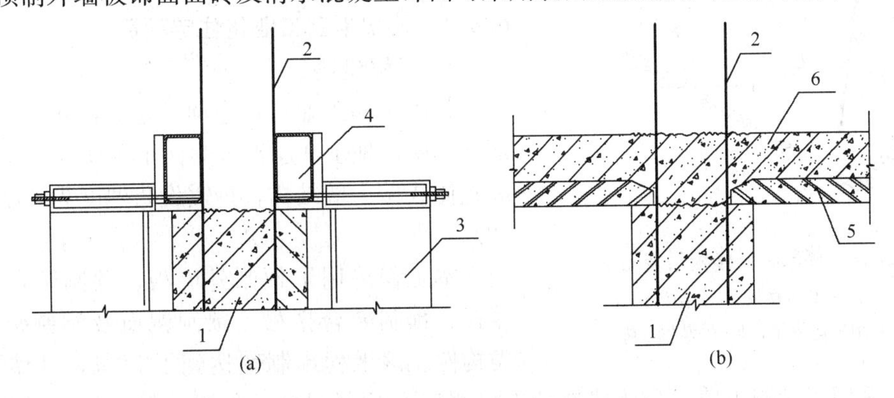

图 6-8-9　预制叠合板板底标高控制
（a）墙板模板组装；（b）叠合板安装及浇筑叠合层
1—现浇剪力墙墙体；2—剪力墙竖向钢筋；3—钢模板；4—控制标高方钢或木模；5—预制叠合板；6—现浇混凝土

（3）成品楼梯安装后，踏步口宜用铺设木条或覆盖形式保护。

（4）阳台或空调板成品表面和侧面宜选用木板等硬质材料铺盖。

9. 质量检查与验收

质量检查与验收主要包括三方面：①预制混凝土构件产品进场质量检查与验收；②装配式

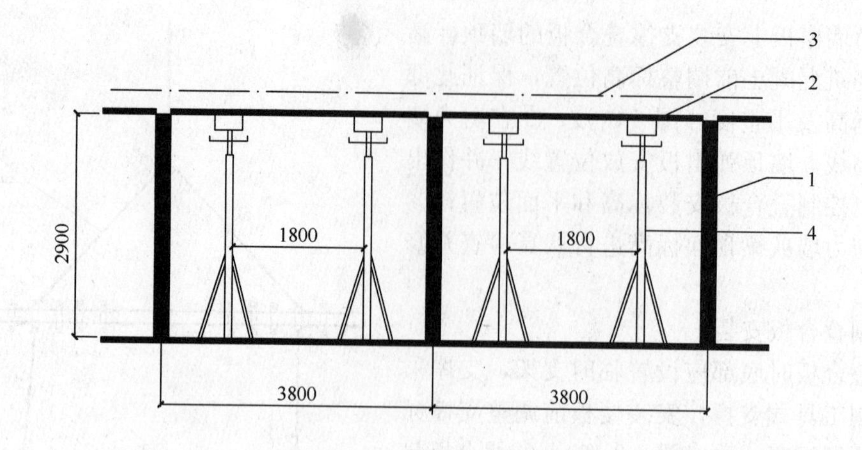

图 6-8-10 可调节独立支撑图示

1—剪力墙；2—预制楼板；3—现浇混凝土层；4—独立支撑

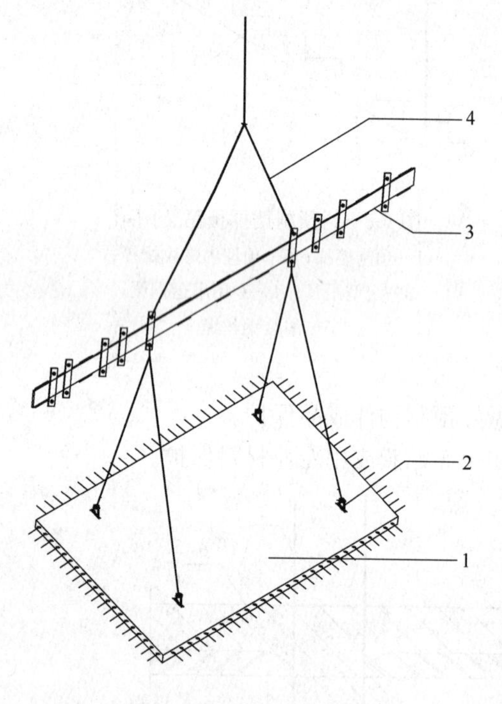

图 6-8-11 预制叠合楼板吊装图示

1—预制叠合楼板；2—吊环；

3—专用吊运钢梁；4—吊装钢丝绳

混凝土结构安装质量检查与验收；③装配式混凝土结构连接接缝、节点与防水施工检查与验收。

10. 效益分析与推广应用

假日风景 D1 号、D8 号住宅楼作为北京地区大规模应用装配式住宅结构安装技术项目的案例，在装配式住宅结构安装施工中总结出了完整的运输、吊装、安装等技术工法和实施经验；住宅剪力墙结构夹心保温外墙的 70％为饰面完成面，饰面施工时间可以大大缩短，经济效益明显。该成果符合国家住宅产业化的发展要求，社会效益显著，具有很好的推广前景。

6.8.2 长阳半岛工业化住宅项目

1. 工程概述

长阳半岛工业化住宅项目建筑面积为 53186 m^2，地下 1 层，地上 9 层，分为四个单体，结构形式为装配整体式剪力墙结构，抗震设防烈度为 8 度（图 6-8-12）。

本工程采用了预制外墙板、预制阳台板、预制楼梯、预制叠合楼板、预制飘窗及预制装饰板等 6 类构件。该工程预制率达到了 38％，外墙预制率达到了 76％，采用了预制山墙、分体式螺栓连接飘窗及预制混凝土保温装饰一体化模板等构件；进行了预制叠合楼板机电专业综合布线设计，实现了机电专业的预制构件预留预埋及现场接驳。

2. 工程特点与难点

工程特点：①装配式结构施工组织需合理选择及布置施工机械、综合考虑预制构件的运输路线及存放场地；②预制构件安装过程中大量采用专用安装工器具，如预制墙板斜支撑、飘窗工具式承重托座、专用吊装钢梁、吊耳吊具等，提高了安装效率、保证了安装质量；③竖向钢筋连接采用直螺纹钢筋灌浆套筒连接。

工程难点：①缺少成熟的预制构件安装施工工法及质量验收标准，需根据工程的特点，编制指导施工及验收技术文件；②专业预制构件安装工人匮乏，需要培训出具有一定技能的安装

(a)

(b)

图 6-8-12 长阳半岛工业化住宅项目
(a) 施工过程；(b) 竣工后外景

工人；③预制构件连接采用钢筋灌浆连接接头新技术，必须严格控制灌浆钢筋接头的施工质量；④节点区域钢筋密集，绑扎难度大，应通过现浇节点区域钢筋、模板与预制构件安装协同设计解决。

3. 预制墙板安装及节点施工

（1）预制墙板钢筋定位

使用定位工具（钢板模具）对进行灌浆套筒连接钢筋精确定位，墙板吊装前校核定位钢筋位置，保证墙板吊装就位准确。在浇筑混凝土前将套筒连接钢筋露出部分进行保护，避免浇筑混凝土时污染钢筋，并使用定位工具对套筒连接钢筋位置及垂直度进行再次校核，保证预制墙板吊装一次完成。

（2）预制墙板套筒灌浆准备工作

①在预制墙板灌浆施工前，对操作人员进行专项培训，通过培训增强操作人员质量意识，明确该操作的重要性。通过灌浆作业模拟操作培训，规范灌浆作业流程；②现场存放灌浆料时，需搭设专门的灌浆料储存仓库，仓库内搭设放置灌浆料存放架，保证灌浆料保持干燥；③灌浆操作时需要准备量筒、水桶、搅拌机、灌浆筒及电子秤等；④预制墙板与现浇结构连接施工缝部位应通过周边封闭形成灌浆连接区。每个预制墙板下较大的灌浆连接区应划分为小单元，确保每个单元在灌浆料初凝前连续灌注完成。

（3）预制墙板吊装与固定

①墙板吊装采用专用吊装钢梁，设置合理的起吊点，用卸扣将钢丝绳与外墙板的预留吊环连接，起吊至距地约500mm，检查构件外观质量及吊环连接无误后方可继续起吊；②预制墙板吊装时，塔吊应缓慢起吊，吊至作业面上方约500mm时，施工人员将两根溜绳用搭钩钩住，用溜绳控制外墙板，缓慢将墙板就位；③将斜支撑二端分别安装在预制墙板与楼板的预埋螺栓连接件上进行初调，保证墙板的初步竖直，利用可调节斜支撑螺栓杆进行精确调整并临时固定。

（4）预制墙板套筒灌浆

①灌浆料加水拌和，加水量与干料量为厂家标准配比，拌和水必须经称量后加入；②搅拌时，先加水至约80%总水量，搅拌3～4min后，再加入所剩约20%总水量，搅拌均匀后静置稍许以便排出气泡，然后进行灌浆作业；③根据灌浆分区，先从灌浆孔处灌入，待灌浆料从溢流孔中冒出，表示预制墙板底20mm连接施工缝灌满；④灌浆从套筒底部灌浆孔依次灌入，其对应的上部溢流孔冒出灌浆料时，表明钢筋套筒中已灌满，灌满后利用软木塞将灌浆孔和溢流孔封堵严实；⑤灌浆施工过程中，灌浆料需留置同条件试块。每层每工作班留置一组试块，每组3块，试块规格为40mm×40mm×160mm；⑥灌浆完成后1d之内，预制墙板不得受到振动。

4. 预制叠合阳台板安装施工

(1) 安装准备

①检查核对构件编号，确认吊装顺序和安装位置；②根据施工图纸将阳台的水平位置线及标高弹出，并对控制线及标高进行复核；③搭设预制阳台支撑架，根据阳台板的标高位置线将支撑体系的顶托调至合适位置处。

(2) 阳台吊装及浇筑叠合层混凝土

①采用预埋的四个吊环进行吊装预制阳台，确认卸扣连接牢固后缓慢起吊；②待预制阳台板吊装至作业面上 500mm 处略作停顿，根据阳台板安装位置控制线进行安装。就位时缓慢放置；③阳台板按照控制线对准安放后，利用撬棍进行微调，就位后采用 U 托进行标高调整；④机电管线铺设完毕后，进行叠合板钢筋绑扎，为保证钢筋的保护层厚度，钢筋绑扎时利用阳台叠合板的桁架钢筋作为马凳。阳台板叠合层钢筋验收合格后进行混凝土浇筑。

5. 预制叠合楼板施工

(1) 安装准备

①根据施工图纸，检查叠合板构件类型，确定安装位置，并对叠合板吊装顺序进行编号。弹出叠合板的水平及标高控制线，并进行复核；②为了保证叠合板的甩出钢筋能够快速就位，将叠合板周边支撑连梁的上铁钢筋抽出；待叠合板就位校正完毕后，将连梁的上铁钢筋插入绑扎固定；③安装叠合板独立支撑体系。

(2) 叠合板吊装

①叠合板吊装时，四个吊点应均匀受力，缓慢起吊保证叠合板平稳吊装并就位；②机电管线铺设完毕，根据叠合板钢筋间距控制线进行叠合层钢筋绑扎；③叠合板叠合层钢筋隐检合格后，清理干净叠合面后浇筑叠合板混凝土。

6. 预制飘窗安装施工

(1) 安装准备

①根据飘窗型号，确定安装位置，并对预制飘窗吊装顺序进行编号；②根据安装控制线安放工具承重托座，并将 4 个承重托座调至标高位置处；③确定安装位置线，并对控制线及标高进行复核。

(2) 飘窗吊装与连接节点做法

①飘窗吊装采用通用吊耳、螺栓与预埋飘窗上的预埋螺母连接，待飘窗吊至墙板位置处，调节两侧倒链，将螺栓水平调节至螺栓孔洞位置处；②室内人员两侧均采用溜绳牵引飘窗，塔吊大臂回转使得飘窗水平平移，调节两侧倒链使得螺栓插入墙板连接孔洞；③飘窗的竖向节点螺栓连接牢固后，采用附加角钢将飘窗埋件和墙板埋件焊接形成一体；飘窗的水平节点连接采用螺栓连接；飘窗与墙体之间的缝隙灌入专用灌浆料，外侧接缝处内垫橡胶密封条，然后采用硅酮耐候密封胶封堵。

7. 预制楼梯板安装施工

(1) 安装准备

①检查核对构件编号，确定安装位置，并对吊装顺序进行编号；②弹出楼梯安装控制线，对控制线及标高进行复核；③楼梯段上下口梯梁处采用砂浆找平，保证标高控制准确。

(2) 预制楼梯板安装

①采用螺栓将通用吊耳与楼梯板预埋吊装内螺母连接，起吊前检查卸扣卡环，确认牢固后方可继续缓慢起吊；②楼梯板就位后，利用撬棍微调和校正，之后将梯段预埋件与结构预埋件焊接固定；③预制楼梯板与休息平台连接部位采用灌浆料进行灌浆，灌浆要求密实饱满。

8. 施工质量检查

本工程对预制构件运输、存放、吊装、安装、连接、现浇混凝土节点处理以及构件成品保护等各环节质量进行了严格控制。通过严格的质量检查，保证了预制构件安装质量符合设计及相关技术标准的要求。

（1）预制构件及连接材料进场

预制构件进场后，检查构件厂提供的产品合格证、预制构件混凝土强度报告、灌浆直螺纹性能检测报告，预制构件保温材料性能检测报告及预制构件面砖拉拔试验报告等；预制构件钢筋套筒连接接头灌浆料、螺栓锚固灌浆料产品合格证齐全且进场复试符合设计要求；预制构件进场后明显部位必须注明生产单位、构件型号、质量合格标志，构件表面不得存在对构件受力性能、安装性能及使用性能有严重影响的缺陷和偏差。

（2）预制构件及连接材料存放

预制构件叠放类构件（预制叠合阳台板、预制叠合板、预制楼梯板、预制装饰板）应确保构件存放状态与安装状态相一致，堆垛层数不得超过4层，垫木应放在起吊点位置下方，预制构件堆放顺序应与吊装顺序及施工进度相匹配；预制构件不宜在施工现场进行翻身操作；钢筋接头灌浆料合理分批进场，进场后必须采取妥善的存放措施，并确保在灌浆料保质期内使用完毕。

（3）预制构件安装

预制构件吊装时应保持吊装钢丝绳竖直；预制墙板安装时临时固定措施应有效可靠；灌浆作业前，应对灌浆作业人员进行专业技能培训，灌浆时应合理地安排作业时间，保证作业环境及灌浆构件的温度，合理安排作业时间，灌浆作业时，应进行旁站并做好旁站记录；节点区后浇混凝土应采取可靠的浇筑质量控制措施，确保连续浇筑并振捣密实；钢筋接头灌浆料配合比应符合灌浆工艺及灌浆料使用说明书要求，灌浆直螺纹钢筋连接套筒灌浆必须饱满，灌浆直螺纹套筒连接接头力学性能检验，其质量必须符合有关规程的规定，同时灌浆料应留设同条件试块，试块质量应符合有关规程的规定，构件安装的允许偏差符合装修工程有关规定及设计要求。

预制叠合类构件临时支撑措施应有效可靠，叠合类构件叠合面应未受损坏、无浮灰等污染物，构件安装偏差符合设计要求。

预制飘窗临时固定措施应有效可靠，水平连接螺栓应牢固，连接螺栓锚固灌浆料必须灌注密实，竖向连接角钢焊接质量应满足相关规定；预制飘窗安装允许偏差应符合装修工程有关规定及设计要求。

预制楼梯安装时预埋角钢的焊接质量满足设计要求，预制楼梯连接处的灌浆质量及措施必须符合工艺及设计要求；预制楼梯安装质量偏差必须符合装修工程有关规定及设计要求。

预制装饰板安装临时固定设施应有效可靠，预埋角钢焊接质量应符合相关规定，预制装饰板安装质量偏差应符合装修工程有关规定及设计要求。

现浇节点区去施工质量，现浇节点区混凝土浇筑前，应进行以及构件连接处的粗糙面隐蔽验收，混凝土浇筑时采取可靠的质量控制措施，确保连续浇筑并振捣密实，构件安装完成后，应采取有效可靠的成品保护措施，防止构件损坏。

预制构件拼缝防水节点施工，拼缝防水材料合格证、检测报告齐全且进场复试符合设计要求；拼缝处密封胶打注必须饱满、密实、连续、均匀、无气泡，宽度和深度符合要求，胶缝应横平竖直、深浅一致、宽窄均匀、光滑顺直。

9. 效益分析与推广应用

装配式结构住宅构件设计标准化、制作工业化减少了材料浪费；外饰面均为工厂装配施工，减少了现场外保温施工及外饰面砖粘贴等湿作业，降低了施工噪声和粉尘污染，减少了建筑垃圾和污水排放；预制叠合楼板可作为水平模板使用，叠合板生产过程中已经将机电的线盒及部分管线预留预埋，减少了水平模板支设及机电专业的作业时间。该工程总工期较传统全现浇结构施工工期缩短、综合效益显著，具有重要的推广应用价值。

参 考 文 献

[1] 建筑施工手册编委会. 建筑施工手册（第五版）. 北京：中国建筑工业出版社，2012.

[2] 赵勇，王晓锋等. 装配式混凝土结构施工验算评析 [J]. 施工技术，2012，41（3）.

[3] 王晓锋，蒋勤俭，赵勇. GB 50666—2011 混凝土结构工程施工规范编制简介——装配式结构工程 [J]. 施工技术，2012，41（361）.

[4] 郭正兴，董年才，朱张峰. 房屋建筑装配式混凝土结构建造技术新进展 [J]. 施工技术，2011，40（342）.

[5] 张鹏，迟锴. 工具式支撑系统在装配式预制构件安装中的应用 [J]. 施工技术，2011，40（353）.

[6] 张鹏，迟锴. 工具式吊装系统在装配式预制构件安装中的应用 [J]. 施工技术，2012，41（365）.

[7] 李晨光. 美国预制预应力与后张预应力技术发展与应用考察 [J]. 第五届全国预应力结构理论及工程应用学术会议论文集。《建筑技术开发》增刊，2008（10）.

[8] 李晨光. 美国预制及预应力混凝土的知识体系——《预制预应力混凝土结构连接节点设计手册》简要介绍 [J]. 2009 预应力上海论坛论文集，《工业建筑》增刊，2009（11），1-11.

[9] 李晨光，杨洁。预制预应力混凝土夹心墙板设计、施工及质量检测控制研究 [J]. 建筑技术开发，Vol. 38，No. 10，2011（10）.

[10] S. Pampanin，K. Seeber，李晨光，曲秀姝. 预应力预制混凝土结构体系的抗震性能研究新进展 [J]. 第七届全国预应力结构理论及工程应用学术会议论文集。《工业建筑》增刊，2012（12）.

[11] 杨卉，李晨光. 装配整体式混凝土结构质量控制研究综述 [J]. 建筑技术开发，Vol. 40，No. 05 2013（5）.

[12] PCI Design Handbook. 7th Edition. MNL 120-10，Precast/Prestressed Concrete Institute.

[13] PCI Connections Manual for precast and prestressed concrete construction First Edition. MNL 138－08，Precast/Prestressed Concrete Institute.

7　施工管理与环境保护

7.1　一　般　规　定

1. 施工项目部应在施工组织设计中制定混凝土结构施工环境保护措施或专项施工方案，落实责任人员，并组织实施。混凝土结构施工过程的环保效果，宜进行自评估。

2. 混凝土结构施工环境保护专项施工方案的编制，应充分考虑施工现场的自然与人文环境特点，尽量利用规划内设施，减少资源浪费和环境污染。

3. 施工过程中，应采取建筑垃圾减量化措施。产生的建筑垃圾，应进行分类处理。

7.2　资　源　节　约

1. 混凝土结构

施工应实行用电计量管理，严格控制施工阶段用电量。

2. 混凝土结构

施工应实行用水计量管理，严格控制施工阶段用水量。

3. 对周转材料进行保养维护，维护其质量状态，延长其使用寿命。按照材料存放要求进行材料装卸和临时保管，避免因现场存放条件不合理而导致浪费。

4. 模板支护等专项方案应予会审、优化，合理安排工期，加快周转材料周转使用频率，降低非实体材料的投入和消耗；推广先进工艺、技术，降低材料剪裁浪费；合理确定商品混凝土掺和料及配合比，降低水泥消耗。

5. 统计分析实际施工材料消耗量与预算材料消耗量，有针对性地制定并实施关键点控制措施，提高节材率；建筑钢筋损耗率不宜高于预算量的 2.5%，混凝土实际使用量不宜高于图纸预算量。

7.3　环　境　保　护

7.3.1　扬尘污染控制

1. 施工现场主要道路应根据用途进行硬化处理，土方应集中堆放并采取覆盖措施。

2. 对施工现场、施工周边环境，应进行适当的绿化和美化工作，改善施工现场环境。

3. 施工现场大门口应设置冲洗车辆设施。

4. 施工现场易飞扬、细颗粒散体材料，应密闭存放。

5. 施工现场材料存放区、加工区及大模板存放场地应平整坚实。

6. 规划市区范围内的施工现场，混凝土浇筑量超过 $100m^3$ 以上的工程，应当使用预拌混凝土；施工现场应采用预拌砂浆。

7. 施工现场应建立封闭式垃圾站。建筑物内施工垃圾的清运，必须采用相应容器或管道运输，严禁凌空抛掷。

7.3.2 光污染控制

1. 施工过程中，应采取光污染控制措施。可能产生强光的施工作业，应采取防护和遮挡措施。夜间施工时，应采用低角度灯光照明。

2. 在高处进行电焊作业时应采取遮挡措施，避免电弧光外泄。

7.3.3 有害气体排放控制

1. 施工现场严禁焚烧各类废弃物。

2. 施工车辆、机械设备的尾气排放应符合国家和地方规定的排放标准。

施工车辆、机械设备等应定期维护保养，使其保持良好的运行状态。采取有效措施减少车辆尾气中有害物质成分的含量（如：选用清洁燃油、代用燃料或安装尾气净化装置和高效燃料添加剂等）。

3. 施工中所使用的阻燃剂、混凝土外加剂氨的释放量应符合国家标准。

7.3.4 水土污染控制

1. 施工现场搅拌机前台混凝土输送泵及运输车辆清洗处应设置沉淀池。废水不得直接排入市政污水管网，可经二次沉淀循环使用或用于洒水降尘。

2. 宜选用环保型脱模剂。涂刷模板脱模剂时，应防止洒漏。含有污染环境成分的脱模剂，使用后剩余的脱模剂及其包装等不得与普通垃圾混放，并应由厂家或有资质的单位回收处理。

3. 施工过程中，对施工设备和机具维修、运行、存储时的漏油，应采取有效的隔离措施，不得直接污染土壤。漏油应统一收集并进行无害化处理。

4. 施工现场存放的油料和化学溶剂等物品应设有专门的库房，地面应做防渗漏处理。废弃的油料和化学溶剂应集中处理，不得随意倾倒。

7.3.5 施工废弃物控制

1. 施工现场使用预拌混凝土应按照有关规定执行，对工程浇筑剩余的预拌混凝土要进行妥善再利用，严禁随意丢弃。

2. 施工中应减少施工固体废弃物的产生。工程结束后，对施工中产生的固体废弃物（如塔吊基础）必须全部清除。

3. 施工现场应设置封闭式垃圾站，施工垃圾、生活垃圾应分类存放，并按规定及时清运消纳。

4. 不可循环使用的建筑垃圾，应集中收集，并应及时清运至有关部门指定的地点。可循环使用的建筑垃圾，应加强回收利用。

7.3.6 噪声污染控制

1. 施工现场应根据国家标准《建筑施工场界噪声测量方法》GB/T 12524 和《建筑施工场地噪声限值》GB 12523 的要求制定降噪措施，并对施工现场场界噪声进行检测和记录，噪声排放不得超过国家标准。

2. 施工场地的降噪声设备宜设置在远离居民区的一侧，可采取对降噪声设备进行封闭等降低噪声措施。

3. 运输材料的车辆进入施工现场，严禁鸣笛。装卸材料应做到轻拿轻放。